Springer-Verlag Berlin Heidelberg GmbH

Handbibliothek für Bauingenieure

Ein Hand- und Nachschlagebuch für Studium und Praxis

Herausgegeben von

Dr.-Ing. E. h. **Robert Otzen** †

weiland Präsident des Staatlichen Materialprüfungsamtes,
Geheimer Regierungsrat und Professor, Technische Hochschule Berlin

I. Teil: Hilfswissenschaften.

1. Band: Mathematik. Von Prof. Dr. phil. H. E. Timerding, Braunschweig. Mit 192 Textabbildungen. VIII und 242 Seiten. 1922. Gebunden RM 5.76
2. Band: Mechanik. Von Dr.-Ing. Fritz Rabbow, Hannover. Mit 237 Textfiguren. VIII und 204 Seiten. 1922. Gebunden RM 5.76
3. Band: Maschinenkunde. Von Prof. H. Weihe †, Berlin. Zweite, völlig neu bearbeitete und ergänzte Auflage von Prof. Dipl.-Ing. J. Hanner, Berlin. Mit 634 Textabbildungen. VIII und 322 Seiten. 1935. Gebunden RM 17.50
4. Band: Vermessungskunde. Von Geh. Baurat Prof. Dr.-Ing. Martin Näbauer, München. Zweite, umgearbeitete und verbesserte Auflage. Mit 439 Textabbildungen. IX und 401 Seiten. 1932. Gebunden RM 23.50
5. Band: Betriebswissenschaft. Von Dr.-Ing. Max Mayer, Duisburg. Mit 31 Textabbildungen. IX und 219 Seiten. 1926. Gebunden RM 14.85

II. Teil: Eisenbahnwesen und Städtebau.

1. Band: Städtebau. Zweite, umgearbeitete Auflage. Von Prof. Dr.-Ing. Otto Blum, Hannover. Mit 143 Textabbildungen. VIII und 244 Seiten. 1937. Gebunden RM 22.50
2. Band: Linienführung. Von Prof. Dr.-Ing. Erich Giese, Prof. Dr.-Ing. Otto Blum und Prof. Dr.-Ing. Kurt Risch, Hannover. Mit 184 Textabbildungen. XII und 435 Seiten. 1925. Gebunden RM 18.90
3. Band: Unterbau. Von Prof. W. Hoyer, Hannover. Mit 162 Textabbildungen. VIII und 187 Seiten. 1923. Gebunden RM 7.20
4. Band: Oberbau und Gleisverbindungen. Von Dr.-Ing. Adolf Bloß, Dresden. Mit 245 Textabbildungen. VII und 174 Seiten. 1927. Gebunden RM 12.15
5. Band, Erster Teil: Personen- und Güterbahnhöfe. Von Prof. Dr.-Ing. Otto Blum, Hannover. Mit 337 Textabbildungen. VI und 273 Seiten. 1930. Gebunden RM 25.65
5. Band, Zweiter Teil: Rangierbahnhöfe. Von Prof. Dr.-Ing. A. Raab, Karlsruhe, und Reichsbahnoberrat Wagner, Essen. In Vorbereitung.
6. Band: Eisenbahn-Hochbauten. Von Regierungs- und Baurat C. Cornelius, Berlin. Mit 157 Textabbildungen. VIII und 128 Seiten. 1921. Gebunden RM 5.76

7. Band: Sicherungsanlagen im Eisenbahnbetriebe. Auf Grund gemeinsamer Vorarbeit mit Prof. Dr.-Ing. M. Oder † verfaßt von Geh. Baurat Prof. Dr.-Ing. W. Cauer, Berlin. Mit einem Anhang „Fernmeldeanlagen und Schranken" von Regierungsbaurat Privatdozent Dr.-Ing. F. Gerstenberg, Berlin. Mit 484 Abbildungen im Text und auf 4 Tafeln. XVI und 460 Seiten. 1922. Gebunden RM 13.50

8. Band: Verkehr und Betrieb der Eisenbahnen. Von Prof. Dr.-Ing. Otto Blum, Hannover, Oberregierungsbaurat Dr.-Ing. G. Jacobi, Erfurt, und Prof. Dr.-Ing. Kurt Risch, Hannover. Mit 86 Textabbildungen. XIII und 418 Seiten. 1925. Gebunden RM 18.90

9. Band: Bergbahnen. Von Prof. Dr.-Ing. O. Ammann, Karlsruhe, und Privatdozent Dr.-Ing. C. v. Gruenewaldt, Karlsruhe. Mit 205 Textabbildungen und einer Tafel. VIII und 178 Seiten. 1930. Gebunden RM 25.20

10. Band: Der neuzeitliche Straßenbau. Aufgaben und Technik. Von Prof. Dr.-Ing. E. Neumann, Stuttgart. Zweite, umgearbeitete und verbesserte Auflage. Mit 274 Textabbildungen. XII und 474 Seiten. 1932. Gebunden RM 35.50

III. Teil: Wasserbau.

1. Band: Der Grundbau. Von Prof. O. Franzius, Hannover. Unter Benutzung einer ersten Bearbeitung von Regierungsbaumeister a. D. O. Richter, Frankfurt a. M. Mit 389 Textabbildungen. XIII und 360 Seiten. 1927. Gebunden RM 25.65

2. Band: See- und Seehafenbau. Von Reg.- und Baurat Prof. H. Proetel, Magdeburg. Mit 292 Textabbildungen. X und 221 Seiten. 1921. Gebunden RM 6.75

3. Band: Gewässerkunde und Flußbau. Von Professor Dr.-Ing. H. Wittmann, Karlsruhe. In Vorbereitung.

4. Band: Kanal- und Schleusenbau. Von Regierungs- u. Baurat Friedrich Engelhard, Oppeln. Mit 303 Textabbildungen und einer farbigen Übersichtskarte. VIII und 262 Seiten. 1921. Gebunden RM 7.65

5. Band: Wasserversorgung der Städte und Siedlungen. In Vorbereitung.

6. Band: Kanalisation und Abwasserreinigung. Von Oberbaurat a. D. Professor Wilhelm Geißler, Dresden. Mit 302 Textabbildungen. VIII und 378 Seiten. 1933. Gebunden RM 31.50

7. Band: Landwirtschaftlicher Wasserbau. Von Ministerialrat Dr.-Ing. G. Schroeder, Berlin. Mit 261 Textabbildungen. IX und 397 Seiten. 1937. Gebunden RM 36.—

8. Band: Wasserkraftanlagen. Von Prof. Dr.-Ing. Dr. techn. h. c. Adolf Ludin, Berlin. Erste Hälfte: Planung, Triebwasserleitungen und Kraftwerke. Mit 601 Abbildungen im Text und auf einer Tafel. XVIII und 516 Seiten. 1934. Gebunden RM 33.50

9. Band: Wasserkraftanlagen. Herausgegeben von Prof. Dr.-Ing. Dr. techn. h. c. Adolf Ludin VDI, Berlin. Zweite Hälfte, Erster Teil: Talsperren (Staudämme und Staumauern). Bearbeitet von Prof. Dr.-Ing. Friedrich Tölke VDI, Berlin. Mit 1189 Abbildungen im Text. XII und 734 Seiten. Gebunden RM 78.—

10. Band: Wasserkraftanlagen. Von Prof. Dr.-Ing. Dr. techn. h. c. Adolf Ludin, Berlin. Zweite Hälfte, Zweiter Teil: Wehre, Hochwasserentlastungs- und Betriebsanlagen der Talsperren. In Vorbereitung.

IV. Teil: Konstruktiver Ingenieurbau.

1. Band: Statik der Tragwerke. Von Prof. Dr.-Ing. Walther Kaufmann, Hannover. Zweite, ergänzte und verbesserte Auflage. Mit 368 Textabbildungen. VIII und 322 Seiten. 1930. Gebunden RM 17.55

2. Band: Der Holzbau. Von Dr.-Ing. Th. Gesteschi, Berat. Ingenieur in Berlin. Mit 533 Textabbildungen. X und 421 Seiten. 1926. Gebunden RM 40.50

3. Band: Der Massivbau. (Stein-, Beton- und Eisenbetonbau.) Von Geh. Reg.-Rat Prof. Dr.-Ing. E. h. Robert Otzen, Berlin. Mit 497 Textabbildungen. XII und 492 Seiten. 1926. Gebunden RM 33.75

4. Band: Der Eisenbau. Erster Teil: Grundlagen der Konstruktion, feste Brücken. Von Prof. Martin Grüning, Hannover. Mit 360 Textabbildungen. VIII und 441 Seiten. 1929. Gebunden RM 24.—

Handbibliothek für Bauingenieure

Ein Hand- und Nachschlagebuch für Studium und Praxis

Herausgegeben

von

Dr.-Ing. e. h. **Robert Otzen**

Präsident des staatlichen Materialprüfungsamtes
Geh. Reg.-Rat u. Professor, Techn. Hochschule Berlin

II. Teil. Eisenbahnwesen und Städtebau. 10. Band:

Der neuzeitliche Straßenbau

Von

E. Neumann

Zweite
umgearbeitete und verbesserte Auflage

Springer-Verlag Berlin Heidelberg GmbH
1932

Der neuzeitliche Straßenbau

Aufgaben und Technik

Von

Dr.-Ing. E. Neumann
o. Professor an der Technischen Hochschule zu Stuttgart

Zweite
umgearbeitete und verbesserte Auflage

Mit 274 Textabbildungen

Springer-Verlag Berlin Heidelberg GmbH
1932

Ursprünglich erschienen bei Julius Springer in Berlin 1932
Softcover reprint of the hardcover 2nd edition 1932

ISBN 978-3-662-30677-2 ISBN 978-3-662-30748-9 (eBook)
DOI 10.1007/978-3-662-30748-9

Vorwort.

Bei der Bearbeitung der zweiten Auflage ist mir recht zum Bewußtsein gekommen, welcher Fortschritt in der Technik und in der wissenschaftlichen Behandlung des Straßenbaues in den letzten vier Jahren seit dem Erscheinen der ersten Auflage dieses Buches erzielt worden ist. Diesem Umstande habe ich durch eine völlige Neubearbeitung der zweiten Auflage Rechnung getragen. Eine geringe Vermehrung des Umfanges hat sich dabei nicht vermeiden lassen.

Im Abschnitt „Teer und Asphaltbitumen im Straßenbau" habe ich die praktischen Erfahrungen und die Forschungsarbeiten der von mir vor sechs Jahren geschaffenen Versuchsanstalt für Straßenbau an der Technischen Hochschule in Stuttgart verwertet, wobei mich der erste Chemiker der Anstalt, Herr Dr.-Ing. Wilhelmi, in dankenswerter Weise unterstützt hat. Dem Reichsverkehrsministerium und der Vereinigung von Freunden der Technischen Hochschule Stuttgart möchte ich an dieser Stelle für die mehrfachen Zuwendungen, mit denen sie die Arbeiten meiner Anstalt gefördert haben, meinen besonderen Dank aussprechen.

Zu Dank bin ich weiterhin für die Durchsicht einiger Abschnitte Herrn Professor Dr.-Ing. Risch, Hannover, und Herrn Regierungs- und Baurat Schuppan, Berlin, verpflichtet. Zu dem Inhalt der ersten Auflage sind mir aus Fachkreisen manche Verbesserungsvorschläge zugegangen. Auch für die zweite Auflage werde ich alle Anregungen mit Dank aufnehmen.

Bei der Durchsicht des Textes, Zusammenstellung des Schrifttums und des Schlagwortverzeichnisses hat mich Herr Regierungsbaumeister Heeb unterstützt, wofür ich ihm besonders verbunden bin. Die Verlagsbuchhandlung hat trotz der Ungunst der Verhältnisse den Druck und die Ausstattung wieder in der bewährten Form besorgt.

Stuttgart, April 1932.

E. Neumann.

Inhaltsverzeichnis.

Verzeichnis der Abkürzungen.

Stufa	Studiengesellschaft für Automobilstraßenbau.
K. V. O.	Verordnung über den Kraftfahrzeugverkehr.
D. V. M.	Deutscher Verband für Materialprüfung der Technik.
A. S. T. M.	American Society for Testing Materials.
D. Str. B. V.	Deutscher Straßenbauverband.
I. Str. K.	Internationaler Straßenkongreß.
Z. f. A. T.	Zentralstelle für Asphalt- und Teerforschung.
B. P. R.	United States Bureau of Public Roads.
V. St. A.	Vereinigte Staaten von Nordamerika.
V. T.	Verkehrstechnik.
V. T. Stra.	Verkehrstechnik Beilage Straßenbau u. Straßenunterhaltung.
Str. B.	Der Straßenbau.
Z. V. D. I.	Zeitschrift des Vereins deutscher Ingenieure.
Z. f. T. u. Str.	Zeitschrift für Transportwesen und Straßenbau.
Z. d. B.	Zentralblatt der Bauverwaltung.
P. R.	Public Roads.
T. G.	Technisches Gemeindeblatt.
Bztg.	Süddeutsche Bauzeitung.
Z. Bauw.	Zeitschrift für Bauwesen.
Schw. Z. f. Str.	Schweizerische Zeitschrift für Straßenwesen.
B. u. G.	Bauamt und Gemeindebau.
A. T.	Asphalt- und Teer-Straßenbautechnik.
Bauing.	Der Bauingenieur.
B. T.	Die Bautechnik.
Eng. News Rec.	Engineering News Record.
St. T.	Der städtische Tiefbau.
H. f. B.	Handbibliothek für Bauingenieure.
V. T. W.	Verkehrstechnische Woche.
Str. V. St.	Straßenbauversuchsanstalt der Techn. Hochschule Stuttgart.
B. E. St.	British Engineering Standards.
B. O.	Bau- u. Betriebsordnung der deutschen Eisenbahnen 1928.
N. I. V. M.	Neuer Internationaler Verband für Materialprüfungen.
I. V. Str. K.	Internat. ständ. Verband für Straßenkongresse.

Druckfehlerberichtigungen.

Seite 50, 3. Zeile von unten lies e_i statt e_l.

Seite 71, Abb. 51, in der Abbildung lies I. Gang statt IV., II. statt III., III. statt II., IV. statt I. Gang.

Seite 79, 2. Zeile von oben lies $\frac{1}{p_{max}} = \frac{\sqrt{\lambda^2 + x^2}}{\lambda \cdot x}$.

Seite 81, Gleichung (65) im Nenner lies $\left(1 - \frac{m'^2}{m^2}\right)$ statt $\left(l - \frac{m'^2}{m^2}\right)$.

Druckfehlerberichtigungen zu Neumann, Straßenbau, 2. Aufl.

S. 52, Gl. (42) lies: $= G\,(f \cdot \cos\alpha + \sin\alpha)$ statt $= G\,(f \cdot \cos\alpha + G \sin\alpha)$,

S. 75, Zeile 7 von unten lies: $v = \sqrt{2500 \cdot 9{,}81}$ statt $v = 2500 \cdot 9{,}81$,

— Zeile 6 von unten lies: $v = 360$ km/h statt 390 km/h ,

— Zeile 5 von unten lies: $v = 252$ km/h statt 79 km/h ,

S. 79, Zeile 2 von oben lies: $\frac{1}{p\,\mathrm{max}} = \frac{\sqrt{\lambda^2 + x^2}}{\lambda \cdot x}$ statt $\sqrt{\frac{\lambda^2 + x^2}{\lambda \cdot x}}$,

S. 133, Zeile 3 von oben lies: in kg statt mt,

S. 199, Zeile 11 von oben lies: Statt – Teer oder Asphaltbitumen – setze Mineralstoffen,

S. 223, Zeile 10 von unten lies: 68,16 statt 87,21,

— Zeile 9 von unten lies: 87,21 statt 68,16,

S. 322, Zeile 5 von oben lies: (153) statt (135),

S. 455, Zeile 25 von oben lies: Azienda statt Agienda,

S. 470, linke Spalte, Zeile 6 von oben lies: 262 statt 282.

Handbibliothek II. 10. 2. Aufl.

I. Entwicklungslinien zum neuzeitlichen Straßenbau.

Eine Schrift, die sich mit dem neuzeitlichen Straßenbau befaßt, muß davon ausgehen, daß Fahrzeug und Straße nach Einführung des Kraftfahrzeuges in engsten Beziehungen zueinander stehen. Man hat den Ausdruck geprägt und ihm auch durch die Anordnung der Straßeneinteilung sichtbare Form gegeben, daß die Straße, auf der sich der Kraftwagen bewegt, einen bahnmäßigen Charakter haben muß. Wir müssen uns der dynamischen Kräfte, die im heutigen Straßenverkehr stecken und durch ihn zur Wirkung kommen, mehr bewußt werden und ihnen in der Ausgestaltung der Straßen Genüge tun. Alle dynamischen Wirkungen sind mit Verlusten verbunden. Diese auf das Mindestmaß einzuschränken, ist heute der Leitgedanke bei allen technischen Aufgaben. Das Streben nach dem größten Erfolge mit dem geringsten Aufwand von Mitteln muß auch im neuzeitlichen Straßenbau einsetzen. Zwar hat Launhardt in seiner Schrift über kommerzielle Trassierung diesen Gedanken schon aufgegriffen. Die einfache Form der Straßenbeförderung zu seiner Zeit, das geringe Verständnis der Wirtschaft für die Ermittlung der Beförderungskosten, die mangelnde Übersicht über Größe und Art des Verkehres und der Stillstand des Straßenverkehres nach dem Bau der Eisenbahnen wird wohl die Veranlassung gewesen sein, daß die von ihm aufgestellten Grundgedanken keine ausgiebige Anwendung im Straßenbau gefunden haben. Vor allem sind sie durch die Entwicklung überholt. Es muß hier auf den Unterschied zwischen Straße und Eisenbahn aufmerksam gemacht werden. Im Eisenbahnverkehr liegen Bahn und Beförderung in einer Hand, die Beförderungskosten sind an die Bahnunternehmer zu entrichten. Sie unterliegen der öffentlichen Kritik. Der Eigentümer der Straße — Staat, Provinz, Gemeinde — hat mit dem Straßenverkehr keine wirtschaftliche Verbindung. Er hat bisher dem Beförderungsgewerbe die Straße zur Verfügung gestellt, ohne sich darum zu kümmern, ob der Benutzer auch den wirtschaftlichsten Gebrauch davon gemacht hat. Das hat in der Natur der Sache gelegen. Die Bau- und Unterhaltungskosten hat die Allgemeinheit, besonders nach Fortfall der Chausseegelderhebung, getragen. Nachdem aber die stärkere Inanspruchnahme der Straßen durch das Kraftfahrzeug seine Heranziehung zu den Kosten notwendig gemacht hat, ist die Beziehung zwischen Fahrzeug und Straße hergestellt. Sie sind aufeinander angewiesen. Zudem ist das Kraftfahrzeug eine Maschine von hoher Empfindlichkeit. Seine Unterhaltung, Lebensdauer und Leistung wie Betriebskosten werden durch den Zustand der Straße in höherem Maße beeinflußt, als es bei dem Pferdewagen der Fall ist. Bei den hohen Werten, die heute im Kraftwagenpark eines Landes stecken, muß man auf diese Eigenschaften ganz besondere Rücksicht nehmen. Die volkswirtschaftlichen Verluste an Triebstoff, Reifenverschleiß, beschränkte Lebensdauer der Wagen und die ungenügende Ausnutzung der Fahrgeschwindigkeit und Auslastung schlagen so zu Buch, daß sich heute kein Land mehr den Luxus schlechter Straßen leisten kann. Da aber andererseits die Kosten für den Straßenbau und die Unterhaltung zu gewaltigen Summen anschwellen, wird heute die Straßenbautechnik die schwierige Aufgabe zu lösen haben, den richtigen Ausgleich zwischen den Aufwendungen für die Straße und für die Beförderungskosten zu finden, vor allen Dingen, um aus den Ersparnissen in der Beförderung einen Anteil für den Bau und Unterhaltung der Straßen beanspruchen zu können. Diese Aufgabe wird auf recht verschiedene Weise gelöst werden müssen. Es wäre falsch, nur eine Lösung für die richtige zu halten. Die örtlichen Bedingtheiten werden einen gewichtigen Einfluß haben. Die Kunst des Straßenbauingenieurs wird darin beruhen, auf Grund seiner Erfahrungen und des geschulten Blickes für den ihm unterstellten Bezirk die besonderen Bedingungen zu erkennen und die richtigen Mittel zur Lösung zu finden und anzuwenden. Aufgabe dieser Schrift kann daher nur sein, dem Straßenbauingenieur die Mittel und das Rüstzeug an die Hand zu geben, um ihn auf die Lösung seiner Aufgabe hinzuführen.

Zu beachten ist besonders, daß wir in Deutschland, im Gegensatz zu den Vereinigten Staaten von Amerika und anderen noch weniger erschlossenen Ländern, schon ein gut angelegtes und ausgebautes Landstraßennetz haben. Das macht die Aufgabe noch besonders schwierig und wird zu eigenartigen Lösungen zwingen. Ferner besteht ein großer Gegensatz in der Technik des Kraftfahrzeuges und der der Straße, der weiterhin vor schwierige Entscheidungen stellt. Die Maschinentechnik schreitet sehr schnell vorwärts, sie hat alle Mittel ausgebildet, um die Wirkungen von Erfindungen und Verbesserungen schnell beurteilen zu können, wobei viele Konstruktionen auf mathematisch-mechanischer Berechnung beruhen. Ganz anders liegt der Fall bei der Straße. Bisher ist es nur in bescheidenem Maße gelungen, die Beanspruchungen des Kraftfahrzeuges auf die Straßen in ihrer tatsächlichen Größe festzustellen. Es wirken bei der Fahrt eines Kraftwagens so viele Kräfte auf die Straße, daß ihre Erfassung unmöglich erscheint. Die Beziehungen zwischen Rad, Fahrzeug und Straße sind so verwickelt geworden, daß man mit einer mehr handwerksmäßigen Ausübung des Straßenbaues, wie es früher der Fall gewesen ist, nicht mehr zum Ziele kommt. Verkehrssicherheit und Wirtschaftlichkeit bei der Straßenbenutzung rufen nach der Leitung durch wissenschaftlich geschulte Kräfte, die das ganze Rüstzeug der technischen Wissenschaften auf den Straßenbau anzuwenden verstehen. Um dem schnellen Fortschritt in der Fahrzeugtechnik nachzukommen und auch die Verbesserungen in der Straßenbautechnik schnell auf ihren Wert festzustellen, wird nichts anderes übrigbleiben, da die Beobachtung auf einer dem üblichen Verkehr ausgesetzten Straße zu lange Zeit beansprucht, besondere Versuchsstraßen anzulegen und zu betreiben und die Ergebnisse auf diesen Versuchsstraßen auf die Verkehrsstraßen zu übertragen. Dabei wird auf diesen Versuchsstraßen nicht nur die Bewährung der einzelnen Deckenarten in ihrem materialtechnischen Verhalten, sondern auch nach ihrer Wirtschaftlichkeit, bezogen auf eine Verkehrsgröße, festzustellen sein. Diese Untersuchungen werden zugleich die Prüfung und die Bewertung der Bau- und Konstruktionsstoffe in der Prüfungsanstalt erfordern, damit man Güteziffern erhält, aus denen man auf die Zweckmäßigkeit und Brauchbarkeit der Stoffe für bestimmte Verhältnisse schließen kann. Der neuzeitliche Straßenbau stellt also eine Fülle von Aufgaben, deren Lösungen nicht aufgeschoben werden können. Denn das Kraftfahrzeug hat sich, wie man es bei jedem neuen Verkehrsmittel beobachten kann, mit einer solchen Kraft durchgesetzt und wird unser Wirtschafts- und Verkehrsleben in solchem Maße beeinflussen, daß seine weitere Entwicklung an der Straße nicht zum Scheitern kommen darf und auch nicht wird. Der Gedanke, daß etwa das Flugwesen das Kraftfahrzeug ausschalten könnte, ist ebenso abwegig, als ob der Kraftwagen den Eisenbahnverkehr ausschalten könne. Man hat stets die Beobachtung gemacht, daß ein Verkehrsmittel das andere nicht ablöst, sondern nur ergänzt. Die auf der Eisenbahn unwirtschaftlichen Frachten werden auf den

Kraftwagen übergehen und damit die Eisenbahn entlasten und ihre Leistung steigern. Es kommt in Frage die Beförderung von hochwertigen Stückgütern auf verhältnismäßig kurzen Strecken, z. B. Industrieerzeugnisse und Lebensmittel — Milch, Gemüse, Vieh. Im Personenverkehr wird die Eisenbahn von dem ihr lästigen und wenig einträglichen Nah- und Siedlungsverkehr insofern entlastet werden, als der weitere Zuwachs dieses Verkehres, mit dem bestimmt zu rechnen ist, nicht allein auf die Eisenbahn, sondern auch auf den Kraftomnibus übergehen wird. Es ist für deutsche Verhältnisse kaum anzunehmen, daß die Eisenbahnen und Straßenbahnen ihre Linien werden stillegen und zum Kraftwagenbetrieb übergehen müssen, wie es z. Z. in den Vereinigten Staaten von Nordamerika bisweilen schon geschehen ist. Solche Fälle werden nur ganz vereinzelt auftreten. Dagegen wird der Kraftomnibus sowohl im inner- und außerstädtischen Verkehr, wie im Überlandverkehr eine bedeutende Stelle einnehmen. Es ist sehr wohl denkbar, daß der gesamte Landverkehr auf Kraftomnibus und Lastkraftwagen übergehen wird und damit der Ausbau der Kleinbahnnetze abgeschlossen ist.

Dem Flugverkehr wird der Kraftwagen etwas Personen- und Postverkehr abgeben, aber es ist kaum anzunehmen, daß sich hier irgendwelche Verschiebungen bemerkbar machen werden. Vielmehr wird der Flugverkehr, dessen Vorteile in dem Zeitgewinn auf sehr großen Strecken liegt, sich sein eigenes Verkehrsgebiet und Verkehrsgut schaffen und sich in die bestehenden Verkehrsarten eingliedern.

Wenn man besonders berücksichtigt, welche Anwendung der Kraftwagen in der Landwirtschaft in den V. St. A. gefunden hat, möchte man glauben, daß er berufen ist, die Agrarfrage, die allen Ländern, die zugleich Industrieländer sind, ernste Schwierigkeiten bereitet, zu lösen, indem er die Landbewohner der Stadt näherbringt und den schnellen und wirtschaftlichen Austausch der Güter bewirkt, abgesehen davon, daß auch die Mechanisierung des landwirtschaftlichen Betriebes durch den Kraftwagen die landwirtschaftliche Erzeugung erhöhen kann. Deshalb wird letzten Endes die Erstellung eines für den Kraftwagen geeigneten Straßennetzes, auf dem er sich leicht, gefahrlos und billig unter Ausnutzung seiner Vorteile bewegen kann, nicht nur dem Kraftwagen und seiner Erzeugungsindustrie nebst allen Nebenbetrieben, sondern dem ganzen Lande selbst zugute kommen.

Die Wandlung im Straßenbau hat sich nun keineswegs sprunghaft vollzogen, sondern die heutigen Vorgänge haben ihre Vorläufer gehabt. Noch ehe der Kraftwagen als Beförderungsmittel erschienen ist, hat eine Bewegung im Straßenbau eingesetzt, die man bereits als eine neuzeitliche ansprechen muß. Sie ist durch dieselben Erscheinungen hervorgerufen worden, die dann später das Bedürfnis nach dem Kraftwagen wachgerufen hat, so daß beides, neuzeitlicher Straßenbau und Kraftwagen, auf denselben Ausgangspunkt zurückgeführt werden müssen, und dieser Ausgangspunkt ist im Übergang vom Ackerbau zur Industrie zu suchen. Die Industrialisierung der Kulturländer hat zur Städtebildung und jener Anhäufung von Menschenmassen geführt, deren Notwendigkeit in dem vorhandenen Ausmaß zwar bestritten wird, die aber einmal da ist und ihre Anforderungen stellt. In der Entwicklung zur Großstadt hat die Straße eine wesentliche Rolle gespielt. Um überhaupt die Großstadt durchführen zu können und ihre Entwicklung in die richtigen Bahnen zu lenken, hat man besondere Rechtsverhältnisse für die Straße schaffen müssen. Die Straße als Mittel zum Anbau erforderte eine andere Behandlung in rechtlicher und technischer Beziehung, als die frühere Straße, die den Verkehr von der Gutswirtschaft zum Acker und von Ortschaft zu Ortschaft vermittelte und nur einem mäßigen Verkehr diente. Die Geburtsstunde des neuzeitlichen Straßenbaues muß man daher in Deutschland etwa in die Zeit von 1870 verlegen, als die Entwicklung zur Großstadtbildung eingesetzt hat.

Der Städtebau fordert, die Straßen nach Wohnstraßen und Verkehrsstraßen zu unterscheiden. Die Wohnstraßen dienen dem Anbau, der Besonnung und Belüftung der Blöcke und Häuser, sie vermitteln den Zugang zu den Wohnungen und nehmen die Versorgungsleitungen auf. Der Verkehr auf ihnen ist nur gering. Diesen Anforderungen entsprechend müssen die Straßen ausgestaltet werden. Vor allen Dingen muß bei ihnen auf die Bedürfnisse der Anwohner Rücksicht genommen werden, auf ihre Ruhe, Gesundheit und Wohlbehagen, aber auch auf die Wirtschaftlichkeit der Geländeerschließung, die nur durch billige Straßen gewährleistet ist. Bei den Verkehrsstraßen muß diesen Anforderungen zwar auch Genüge getan werden, sie müssen aber zugleich mit denjenigen des Verkehres vereinigt werden. Der Verkehr nimmt hier die vorherrschende Stellung ein. Da zugleich mit dem Anwachsen der Städte eine erhebliche Zunahme des Verkehres eingetreten ist, hat man bessere als die sonst üblichen Straßenbefestigungen wählen müssen, um die Unterhaltungskosten herabzusetzen, um Wagen und Zugtiere zu schonen, eine leichte Reinigung zu ermöglichen, die starken Geräusche, Erschütterungen und die Staubbildung, die auf schlechten Straßen auftreten, zu verhindern. Man ist zu einem Straßenbau damals übergegangen, dessen besondere Eigenart seine hygienischen Vorzüge sind, die Geräusch- und Staubarmut. Es ist bekannt, daß das Stampfasphaltpflaster im Jahre 1873 in Berlin gerade wegen seiner Geräuschlosigkeit eingeführt worden ist. Daß es sich später dann sogar als das wirtschaftlichste erwiesen hat, spricht für den richtigen Blick der Ingenieure, die zu seiner Anwendung geschritten sind (1).

Der städtische Straßenbau hat dann im Laufe der Entwicklung unserer Großstädte ein reiches Arbeitsfeld geboten. Den Aufwendungen, die der Straßenbau erfordert, stehen aber sichtbare Einnahmen nicht gegenüber. Deshalb haben die Ingenieure alle technischen Errungenschaften im Bauwesen heranziehen müssen, um durch eine wirtschaftliche Betriebsführung im Straßenbau die Ausgaben soweit als möglich einzuschränken. Man hat das auch auf dem Wege erreicht, daß man bei der ersten Herstellung von Anbaustraßen gemäß § 15 des Fluchtliniengesetzes in Preußen den Anliegern eine möglichst gute Straßenbefestigung vorgeschrieben hat. In diesem Bestreben ist man allerdings bisweilen über das Ziel hinausgeschossen, aber weniger bei der Straßenbefestigung, als bei den sonstigen Auflagen, die man den Anliegern gemacht hat — Beiträge zu Parkanlagen, Untergrundbahnen u. a. m. Der Auffassung des späteren Reichskanzlers Dr. Luther in seiner Schrift über den Immobiliarkredit vom Jahre 1914 (2), daß die Straßen bisweilen zu sehr für die Ewigkeit befestigt erscheinen, kann nicht beigetreten werden. Solange die Wohnstraßen durch Anbau mit fünfgeschossigen Häusern zu Verkehrsstraßen gestempelt worden sind, hat man einen dauerhaften, hygienisch besonders einwandfreien Straßenbau betreiben müssen. Dagegen hat die Anlegung der Wohnviertel in flachen Bauweisen, von denen Verkehr durch die richtige Anlegung des Bebauungsplanes ferngehalten wird, gestattet, die Anforderungen an die Straßenbefestigung, was Breite der Verkehrsstreifen und Widerstandsfähigkeit der Fahrbahndecke anbetrifft, herabzumindern. Dagegen hat man die hygienischen Anforderungen beibehalten müssen. Diese Verhältnisse haben dem Straßenbauingenieur wieder neue Aufgaben gestellt, die nahezu wohl als gelöst gelten können.

Um die Jahrhundertwende herum haben die Straßen in allen Groß- und Mittelstädten in der ganzen zivilisierten Welt, kann man sagen, einen hohen Grad der Vollkommenheit gehabt und dem damals im Verkehrsleben erscheinenden Kraftwagen die Wege geebnet. Man muß sich darüber klar sein, daß die Einführung des Kraftwagens sich nicht so schnell hätte durchführen lassen, wenn infolge der schlechten Beschaffenheit der Straßen seine anfänglich an sich noch hohen Betriebskosten noch erhöht worden wären. Der Kraftomnibus ist anfangs überhaupt an die guten Straßen gebunden gewesen, weil auf schlechten Straßen sein Reifen- und Getriebverschleiß so groß geworden wäre, daß er den Wettbewerb mit den anderen öffentlichen Verkehrsmitteln nicht hätte aufnehmen können. Der gute Zustand der Straßen in allen Ländern — Deutschland, Frankreich, England, Nordamerika — hat dem Kraftwagen den Boden bereitet und seine Ausbreitung gefördert. Den durch den Kraftwagen hervorgerufenen Beanspruchungen ist die meist fugenlose ebene und mit gutem Unterbau versehene Straße in der Stadt im allgemeinen gewachsen.

Neue und dringliche Aufgaben im Straßenbau hat der Kraftwagen gestellt, als er von den städtischen Straßen auf die Landstraßen übergegangen ist. Vor dieser Zeit haben die Landstraßen an der Entwicklung der Technik im städtischen Straßenbau nicht teilgenommen. Sie haben nach dem Bau der Eisenbahnen kaum noch Anregungen zu besonderen technischen Maßnahmen geboten. Durch die in der letzten Hälfte des Jahrhunderts eingetretene Ertragsteigerung der Landwirtschaft und durch die Ansiedlung von Industrien auf dem Lande hat der Verkehr auf den Landstraßen zwar eine Zunahme erfahren, die aber zu wesentlichen Veränderungen an den Straßen nicht geführt hat. Die einzigen Neuerungen sind die Einführung der Dampfwalze und das von Gravenhorst im Jahre 1887 erfundene Kleinpflaster gewesen, das überall dort angewendet worden ist, wo schon längst die sonst übliche Steinschlagdecke den Verkehrsansprüchen nicht mehr gewachsen gewesen ist. Aber einen großen Umfang hat diese Verbesserung der Straße nicht angenommen.

Von den Straßen des deutschen Straßenbauverbandes — das sind die Straßen der einzelnen deutschen Länder und der preußischen Provinzen — und von den Straßen der preußischen Landkreise — im Gesamtbetrage von 146985 km sind nur etwa 15 vH mit Groß- oder Kleinpflaster versehen (s. Zusammenstellung 1). Der Anteil der ungeschützten Steinschlagstraßen beträgt nach dem letzten Stande noch annähernd 70 vH. Die Ausführung von etwa 21000 km als Asphalt- und Teerdecken oder Decken mit Tränk- oder Oberflächenbehandlung sind auf die Maßnahmen des letzten Jahrfünft zurückzuführen.

Zusammenstellung 1.

	Gesamtlänge km	Groß- u. Kleinpflaster, Riesenschotter km	Beton, Klinker km	Asphalt und Teerdecken km	Tränk- u. Oberflächenbehandlung km	Steinschlagdecke km
Deutscher Straßenbauverband	59866	3280	97	888	16989	38612
Landkreise	128025	—	—	—	—	—
Davon in Preußen	87119	19034	1526	3126		63433
In vH-Teilen	—	15 vH	1 vH	14 vH		70 vH

Wie bekannt, sind Steinschlagdecken und noch leichtere Befestigungen den Beanspruchungen der Kraftwagen nicht gewachsen. Die Schwierigkeiten, die hier in technischer und geldlicher Hinsicht zu lösen sind, um die Landstraßen den besonderen Eigenarten des neuen Verkehrsmittels anzupassen, sind recht erheblich und werden noch große Aufwendungen erfordern.

Der Kraftwagen hat auch insofern eine andere Auffassung in den Straßenbau hineingebracht, als die scharfe Trennung zwischen Landstraße und Stadtstraße nicht mehr gerechtfertigt ist, wenigstens, was die Straßenbefestigung anbelangt. Der Kraftwagen stellt für die Stadt- und Landstraße die gleichen Anforderungen, beispielsweise auf dem Gebiete der Staubbekämpfung, die bisher nur in den Städten dringend ist, nunmehr aber auch auf den Landstraßen eingeführt werden muß. Sie wird im übrigen nicht für sich allein zu behandeln sein, sondern die Staublosigkeit wird sich aus der besseren Deckenbefestigung von selbst ergeben. Ein Unterschied zwischen Land- und Stadtstraße wird nur noch im Kern der Städte anzunehmen sein, wo die Kraftwagen bei geringerer Fahrgeschwindigkeit aber durch die große Zahl besondere Maßnahmen in der Straßenanlage für die Verkehrsregelung verlangen. In den Außenbezirken der Städte und auf der Landstraße wird das Bestreben, dem Kraftwagen die volle Ausnützung seiner Eigenschaften zu gestatten, zu den gleichen technischen Anordnungen führen müssen.

II. Die neuzeitlichen Straßenverkehrsmittel.

A. Fahrrad und Kraftrad.

Als erstes Massenverkehrsmittel in Form des Selbstfahrers ist das Fahrrad anzusehen. Bei dem geringen Preise, zu dem jetzt die Fahrräder auf den Markt kommen, hat die handarbeitende Bevölkerung leicht die Möglichkeit, es zu erwerben. Sie benutzt es auf den Wegen zur und von der Arbeitsstätte und zur Erholung. Das Fahrrad ermöglicht es demnach der in den Außenbezirken der Städte oder auf dem Lande wohnenden Bevölkerung, ihre Wohnungen zu behalten und in der Stadt Arbeit und Beschäftigung zu nehmen. Einen Anhalt für den Umfang des Radfahrverkehres geben einige Zahlen. Vor dem Kriege sind in Deutschland jährlich etwa 1000000, nach dem Kriege zeitweilig sogar bis 2400000 Fahrräder hergestellt worden, von denen aber ein Teil ins Ausland ausgeführt worden ist. Immerhin sind genügend im Lande verblieben, so daß eine weitere Zunahme des Radfahrverkehres zu erwarten ist. Städte in günstiger ebener Lage, wie Magdeburg, Kopenhagen, Amsterdam weisen so viele Fahrräder auf, daß etwa auf drei bis vier Einwohner ein Fahrrad kommt. Es muß deshalb auf das Fahrrad bei der Straßenanlage Rücksicht genommen werden. Da seine Geschwindigkeit geringer ist als die der Kraftwagen, so muß man die Fahrstreifen des Fahrrades von denen der Kraftwagen trennen. Es verlangt zwar keine besonders widerstandsfähige Befestigung, immerhin ermüdet der Benutzer weniger, wenn er eine ebene und glatte Fahrbahn benutzt, so daß es im öffentlichen Interesse liegt, die Fahrradwege mit fugenloser Decke zu versehen. Der Bau des Fahrrades dürfte als abgeschlossen anzusehen sein, denn es sind in den letzten Jahren kaum noch Verbesserungen eingeführt worden. Eine Vervollkommnung kann nur noch im motorischen Antrieb gesehen werden. Nach dieser Richtung geht denn auch die Entwicklung. Vom leichten mit Hilfsmotor angetriebenen Fahrrad bis zum schwersten Kraftrad gibt es eine ganze Reihe von Zwischenstufen, die, je nach dem Zweck, den sie erfüllen sollen, Verwendung finden. Nach der Verordnung über das Kraftwesen v. 5. Dezember 1925 werden mit Krafträdern solche Kraftfahrzeuge bezeichnet, die auf nicht mehr als 3 Rädern laufen und nicht mehr als 200 kg Gewicht im betriebsfähigen Zustande haben. Als Krafträder gelten außerdem Kraftfahrzeuge mit 2 Laufrädern und 2 seitlichen Stützrädern, wenn ihr Eigengewicht im betriebsfertigen Zustande 300 kg nicht übersteigt.

Nach der Statistik des Deutschen Reiches sind am 1. Juli 1931 417569 Großkrafträder und 374506 Kleinkrafträder in Deutschland im Gebrauch gewesen. Die große Zahl der Krafträder und die starke Zunahme (200 vH seit 1926) läßt annehmen, daß sie sich auch in den Kreisen der werktätigen Bevölkerung eingebürgert haben und als Verkehrsmittel benutzt werden, um die Entfernung zwischen Wohnung und Arbeitsstätte abzukürzen. Um ihre Verwendung für diesen Zweck nicht durch falsche Steuermaßnahmen zu unterbinden, ist die Steuer auf Krafträder nach dem letzten Kraftfahrzeugsteuergesetz nicht in dem gleichen Maße erhöht wie bei den anderen Kraftfahrzeugen. Bezüglich des Einflusses auf die Straßen wird man das leichte Kraftrad mehr dem Fahrrad zurechnen, das schwere dagegen dem leichten Personenkraftwagen gleichsetzen müssen. Das Kraftrad bietet aber den Vorteil, daß es auch auf Wegen fahren kann, die für einen vierrädrigen Kraftwagen unbenutzbar sind.

Die verkehrswirtschaftliche Bedeutung des Kraftrades wird aber immer nur beschränkt bleiben. Das erkennt man an seiner geringen Verwendung in den Ländern, wo der Kraftwagen selbst das Feld beherrscht. So findet man z. B. in den V. St. A. Krafträder nur in geringer Zahl. Der niedrige Anschaffungspreis eines mehrsitzigen Personenwagens hat dort das Kraftrad nicht aufkommen lassen. Der Güterbeförderung kann es nur in sehr bescheidenem Maße dienen, allenfalls als Dreirad z. B. in der Form der Zyklonette. Sein Eigengewicht ist aber dann schon so groß, daß es die für Krafträder festgesetzte Grenze von 300 kg übersteigt und als Kraftwagen zu gelten hat.

B. Personen- und Lastkraftwagen.

Statistische Angaben.

Die Ausbreitung des Kraftwagens als Personen- und Lastkraftwagen in Deutschland ist durch die folgenden Zahlen des Bestandes in den Jahren 1914, 1926 und 1931 gekennzeichnet:

Zusammenstellung 2. Zahl und Verwendungsart der Kraftfahrzeuge.

Bezeichnung	1914	1926	1931
Großkrafträder und Kleinkrafträder	20611	263321	792075
Personenkraftwagen	55000	206456	522943
Lastkraftwagen	9071		
Bis 2000 kg Eigengewicht		33208	95335
Mit mehr als 2000 kg Eigengewicht		56811	65737
Kraftfahrzeuge für sonstige Zwecke			
Zugmaschinen ohne Güterladeraum		10263	24788
Feuerlöschwagen, Straßenreinigungsmaschinen		1769	4353
Zugmaschinen mit Elektromotoren oder Dampf			1898
Kraftfahrzeuge insgesamt	84682	571828	1507129

Ein Vergleich der letzten Zählung mit der des Jahres 1930 ergibt, daß in der Hauptsache die kleinen Fahrzeugtypen, sowohl bei den Krafträdern, als auch bei den Personen- und Lastwagen zugenommen haben.

Zusammenstellung 3. Weltbestand an Kraftwagen.

	1931	
	Personen- u. Lastkraftwagen in 1000 Stück	Auf einen Kraftwagen entfallen Einwohner
Ver. Staaten von Amerika	26524	4,6
Großbritannien	1506	31
Frankreich	1520	27
Deutschland (ohne Saargebiet)	684	94
Italien	275	150
Niederlande	119	67
Spanien	190	120
Schweiz	77	53

Der Kraftfahrzeugbestand ist aber ungleichmäßig über die einzelnen Bezirke Deutschlands verteilt. Er ist am größten in den dichtbevölkerten, industriellen Bezirken und am niedrigsten in den rein landwirtschaftlichen Gegenden. Im

Rheinland kommen auf 1 Kraftwagen 53 Einwohner, in Berlin 40, in Ostpreußen 75, in Oberschlesien 88, im Staate Sachsen 34, in Mecklenburg 43.

An sich ist der Bestand an Kraftwagen in Deutschland gegenüber anderen Kulturländern als gering zu bezeichnen. Er wird mehrfach überholt durch die westlichen Länder, wie aus der Zusammenstellung 3 zu entnehmen ist, die den Weltbestand an Kraftwagen wiedergibt.

Die Zahl der Wagen kann aber allein nicht ausschlaggebend sein für die Beurteilung des Anteiles am Gesamtverkehr. Die größere Geschwindigkeit des Wagens und seine jederzeitige Fahrbereitschaft gestattet eine größere Ausnutzung als beim Pferdewagen, infolgedessen belastet auch der Kraftwagen räumlich wie dynamisch die Straßen in größerem Umfange. Außerdem steigt die jährliche Fahrtstrecke der Kraftwagen stärker als ihre Zahl.

Obwohl die Landstraßen für die nächste Zukunft im allgemeinen den Verkehr werden fassen können, so liegen andererseits ausreichende Erfahrungen vor, daß ihre Befestigung auf große Strecken noch unzulänglich ist. Die Anpassung der Straßendecke an den Kraftwagenverkehr und die Verbreiterung der Fahrbahnen ist daher die Aufgabe, die gegenwärtig die dringlichste ist und auch mit Nachdruck behandelt wird. Es wäre aber verfehlt, bei weitgehenden Verbesserungen an der Decke nicht gleich auch die anderen Anforderungen, die vom Kraftwagen an Breite, Linienführung, Ausbau der Kurven und sonstige Ausgestaltung gestellt werden, zu berücksichtigen. Das wäre eine Kurzsichtigkeit, die sich in Kürze schon rächen würde. Darum gilt es, einen Straßenbau auf weite Sicht zu betreiben, der die Bahnen für die sicher zu erwartende weitere Entwicklung ebnet. Wenn man aber die Entwicklung des Kraftwagenverkehrs in anderen Ländern verfolgt, so drängt sich unwillkürlich die Empfindung auf, daß der Kraftwagenverkehr auch in Deutschland noch weiter zunehmen wird, und daß die Grenzen heute noch nicht zu erkennen sind.

C. Bauart und Wirkungsweise der Kraftwagen.

Unter einem Kraftwagen (Automobil) versteht man ein zur Beförderung von Personen und Gütern bestimmtes Fahrzeug, das die zu seiner Fortbewegung dienende und durch irgendeine Kraft getriebene Maschine selbst trägt. Nach dem Gesetz über den Verkehr mit Kraftfahrzeugen (K. F. G.) vom 3. Mai 1909 und 21. Juli 1923 werden als Kraftfahrzeuge Landfahrzeuge bezeichnet, die durch Maschinenkraft bewegt werden, ohne an Bahngleise gebunden zu sein. Die Maschinenkraft besteht entweder in einer Dampfmaschine, elektrischen Sammelbatterie oder Verbrennungsmotor. Die letztgenannte Antriebsweise ist gegenwärtig vorherrschend im Kraftwagenbau, weil sie die meisten Vorteile bietet: Geringes Gewicht, große Geschwindigkeit, großer Aktionsradius.

Die Übertragung der im Motor erzeugten Kraft vollzieht sich im Kraftwagen in der Weise, daß die durch den Motor in Drehungen versetzte Kurbelwelle über ein Wechselgetriebe ihre Kraft an die Triebräder abgibt (Abb. 1). Die Übertragung auf die Triebachse erfolgt durch die Gelenkwelle mit Kreuzgelenken mittels Kegelräder oder Schnecke und auch durch Zwischenschaltung von Ketten. Beim Kreuzgelenkantrieb sitzen die Räder fest auf der angetriebenen Achse. Da beim Durchfahren von Krümmungen die beiden Räder verschieden große Wege durchlaufen, ist die Achse mit einem Ausgleichgetriebe versehen. Bei den Wagen mit Kettenantrieb ist das Ausgleichgetriebe an der Antriebwelle der Ketten angebracht. Bei den elektrisch angetriebenen Wagen treiben die Motoren entweder die Räder unmittelbar an, und zwar sowohl die Vorder- wie die Hinterräder, oder der Motor überträgt die Kraft auf Ketten wie bei den Wagen mit Verbrennungsmotoren. Die letztgenannte Antriebsart findet man hauptsächlich bei den schweren Lastwagen und den Elektroschleppern.

Der Unterschied zwischen dem Pferdefuhrwerk und Kraftfahrzeug besteht darin, daß das Fuhrwerk gezogen, das Kraftfahrzeug angetrieben wird. Hinsichtlich der Berührung zwischen Rad und Straße unterscheidet man daher zwischen gezogenem und angetriebenem Rad. Da der Motor des Kraftwagens mit allen Nebenanlagen und Getriebe das Wagengewicht vergrößert und auch die Kraftübertragung im Wagen selbst eine besonders kräftige Rahmenausbildung verlangt, so ist das tote Gewicht beim Kraftwagen wesentlich höher als beim Fuhrwerk. Das gilt ganz besonders für den Lastkraftwagen. Damit ein gesundes

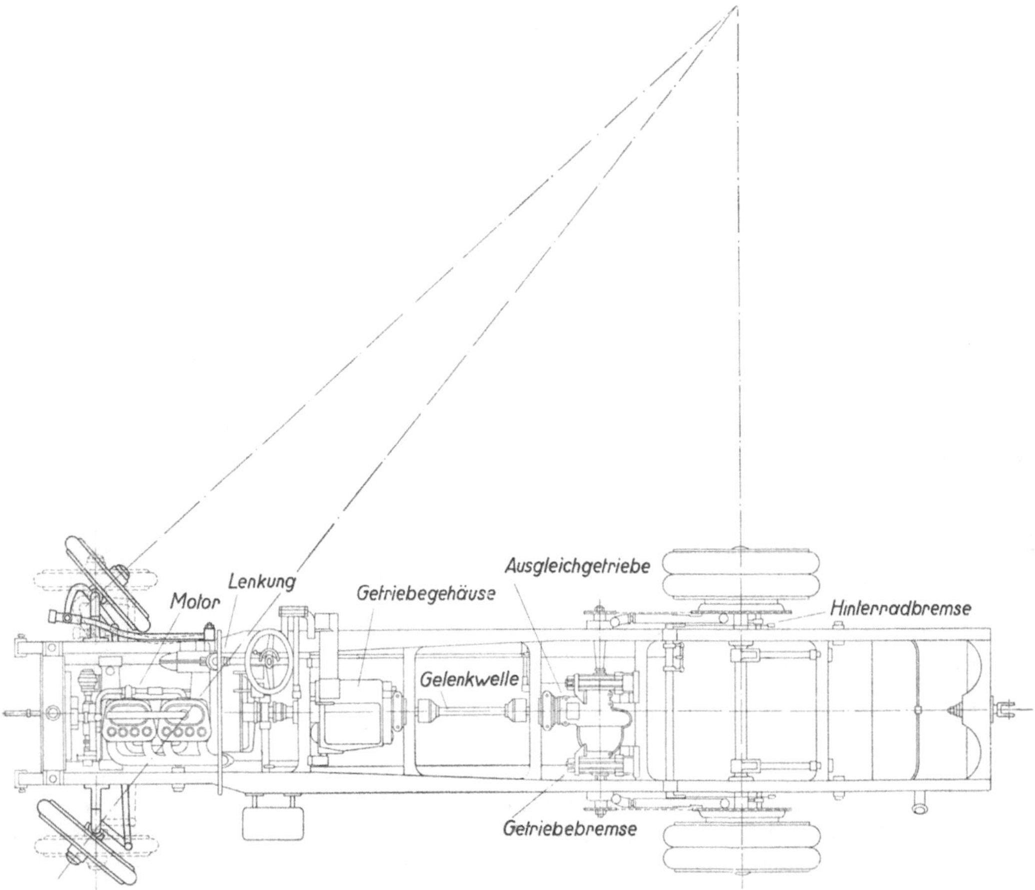

Abb. 1. Aufsicht auf das Fahrgestell eines Lastkraftwagens.

Verhältnis zwischen totem Gewicht und Nutzlast vorhanden ist, muß eine größere Belastung zugelassen werden. Es werden damit erheblich höhere Lasten auf die Straße übertragen. Der Kraftwagen entwickelt gegenüber dem Pferdewagen wesentlich größere Geschwindigkeiten, wodurch die Bauart des Wagens beeinflußt worden ist. Entsprechend seinen besonderen Eigenschaften hat der Kraftwagen, ehemals dem Pferdewagen nachgebildet, jetzt eigene Formen erhalten. Der Kraftantrieb wird benutzt zur Personenbeförderung in Personenwagen, die entsprechend der geringeren Belastung leicht gebaut sind, ferner für Lastkraftwagen. Leichte Lastwagen, etwa bis 1 t Nutzlast, haben denselben Unterbau wie Personenwagen. Es wird in diesem Falle auf das gleiche Untergestell ein für Güterförderung geeigneter Wagenkasten aufgesetzt.

Die Beförderung schwerer Lasten verlangt einen besonderen Unterbau, der von demjenigen des Personenwagens in wesentlichen Teilen abweicht. Ein solch schwerer Unterbau wird auch für die Personenmassenbeförderung — den Omnibus — verwendet. Nach der Verordnung über Kraftfahrzeugverkehr (K.V.O.) gelten als Kraftomnibusse Personenkraftwagen mit mehr als acht Sitzplätzen einschl. Führersitz.

Eine besondere Form des Kraftzuges sind die Motorschlepper, die nach der Verordnung als Zugmaschinen ohne Güterladeraum bezeichnet werden. Sie ziehen angehängte Lasten und gestatten daher eine sehr vielseitige Verwendung sowohl im städtischen wie im landwirtschaftlichen Verkehr. Sie fahren mit geringer Geschwindigkeit, üben aber bei geringem Eigengewicht hohe Nutzzugleistungen aus. Sie gestatten eine Steigerung der Arbeitsleistung gegenüber dem Pferdezug und sind wirtschaftlicher als dieser. Im städtischen Verkehr werden sie bei der Beförderung von Massengütern verwendet, z. B. Kohlen und Baustoffen und in der Spedition (Möbelwagen). In der Landwirtschaft dienen sie der Güterbeförderung und der Bodenbearbeitung, z. B. bei der Urbarmachung von Mooren, zum Pflügen, Walzen und Eggen und anderen Arbeiten.

Eine Abart der Motorschlepper sind die Raupenschlepper, die im Abschnitt II C b 7 behandelt werden.

a) Die Abmessungen der Kraftwagen.

1. Die Abmessungen und Gewichte der Kraftwagen für Personen- und Kraftverkehr sind in der folgenden Zusammenstellung 4 zusammen mit denen der Pferdefuhrwerke angegeben. Da die Breite der Wagenkasten maßgebend ist für die Straßenbreite, so hat eine gesetzliche Regelung hierüber stattfinden müssen. Die Einigung hierüber zwischen Wegeunterhaltungspflichtigen, Industrie und Verkehrsgewerbe ist nicht leicht gewesen. Die Industrie hat das Bestreben, die Breite der Wagenkästen zu vergrößern, um die Fahrzeuge leistungsfähiger zu machen. Das Verkehrsgewerbe legt auch auf breite Wagen besonderen Wert, um sie gut ausnützen zu können. Die Wegeunterhaltungspflichtigen haben diesen Bestrebungen aber nur beschränkt nachgeben können; denn die vorhandenen Straßen — auf dem Lande wie in den Städten — haben nur eine beschränkte Breite. Eine Verbreiterung würde erhebliche Aufwendungen mit sich gebracht haben. Die K.V.O. vom 15. Juli 1930 regelt diese Angelegenheit folgendermaßen:

Die höchstzulässige Breite beträgt 2,15 m für Personen- und leichte Lastkraftwagen, für Lastkraftwagen über 5,5 t Gesamtgewicht 2,25 m, und für Lastkraftwagen mit einem Gesamtgewicht von über 9,5 t 2,35 m. Auch Omnibusse dürfen also auf keinen Fall breiter als 2,25 m sein. Es sind aber Postkraftwagen von 2,35 m Breite in Betrieb. Ferner darf die Ladung bei Lastkraftfahrzeugen die angegebenen Breiten nicht übersteigen.

Die Landwirtschaft verwendet eine ganze Anzahl von Geräten, die entsprechend ihrem Verwendungszweck größere Breiten aufweisen, z. B. Düngerstreu- und Sämaschine bis 4,5 m, Motorpflüge bis 2,5 m Breite. Das sind Sondergeräte, denen man die Benutzung der Straße wird gestatten müssen, denn es liegt im öffentlichen Belange, die Ertragfähigkeit und Wirtschaftlichkeit der Landwirtschaft durch Einführung von Maschinen zu erhöhen. Dennoch darf man nicht verkennen, daß ein breites Gerät den Verkehr stark behindert. Diese Maschinen fahren aber nur zur Zeit der Bestellung und der Ernte auf den Straßen, also in verhältnismäßig kurzen Zeitabschnitten, auf kurzen Strecken und in geringer Zahl. Eine Regelung für diese Wegebenutzer ist nur so denkbar, daß sie durch Vorschriften gehalten sind, auszuweichen und dem anderen Verkehr eine genügende Bahn freizugeben. Ohne Aufenthalte für den übrigen Verkehr wird das aber nicht abgehen. Aber diese Rücksicht wird der übrige Verkehr zugunsten der Volksernährung nehmen müssen.

2. Die Länge der Fahrzeuge wird auf die Abmessung in den Krümmungen von Einfluß sein. Besondere Bestimmungen über Beschränkung der Längen sind bisher nicht ergangen. Als dasjenige Fahrzeug, das in letzter Linie die Abmessungen der Krümmungen von Straßen bestimmt, ist der Langholzwagen anzusehen. Die Art des in der Holzabfuhr jetzt schon vielfach eingeführten Kraftwagens geht aus der Abb. 2 hervor.

Bei Pferdewagen erfolgt die Lenkung durch Drehung der Vorderachse um einen durch Achse, Langbaum und Drehschemel gehenden vertikalen Bolzen. Beim Kraftwagen sitzen die Vorderräder nicht fest auf der Vorderachse, sondern auf besonderen Achsenschenkeln, die drehbar auf der Achse befestigt sind. Durch eine Hebelübertragung, die von einem Lenkrad im Führersitz betätigt wird, werden die Vorderräder bewegt. Die Richtungsänderung für die beiden Räder ist so eingestellt, daß sich die Verlängerungen der beiden Radzapfen in

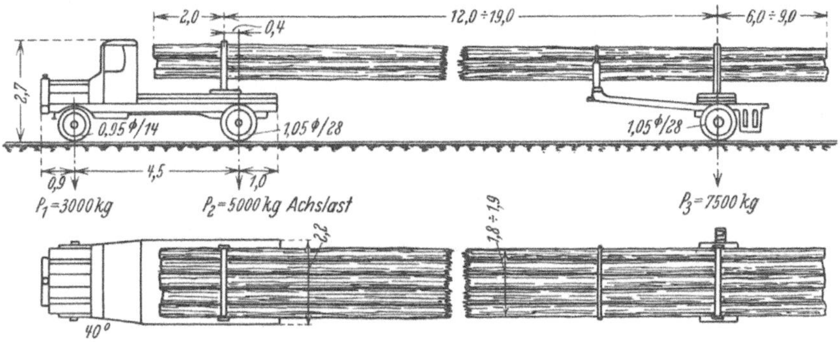

Abb. 2. Lastkraftwagen für Langholz.

einem Punkte auf der verlängerten Hinterachse schneiden. Es ist demnach der Drehwinkel der beiden Achsenschenkel verschieden, damit die beiden Räder konzentrische Kreise beschreiben, deren Mittelpunkt auf der verlängerten Hinterachse liegt. Auf diese Weise wird vermieden, daß eines der beiden Lenkräder gleitet. Der Drehwinkel beträgt etwa 30—40°.

3. Die Zusammenstellung 4 enthält auch Angaben über die Spurweiten. Sie ist für Pferdefuhrwerke in einzelnen Ländern gesetzlich geregelt, in Preußen durch das Gesetz vom Jahr 1839 auf 1,52 m festgelegt worden. Diese Bestimmung ist aber durch die Entwicklung im Wagenbau überholt. Die Standsicherheit fordert bei breiten schweren Wagen, deren Schwerpunkt zuweilen recht hoch liegt, breite Spuren. Das gilt besonders für die schweren Lastkraftwagen. Es soll sich daher die Spurweite der Wagen, ihrer Bauart und Zweckbestimmung anpassen. Es ist angeregt worden, die Außenspurweite, d. h. das Maß der Entfernung der Räderaußenseiten voneinander durch den Deutschen Normenausschuß festlegen zu lassen. Ein großes Bedürfnis nach einer solchen Normalisierung kann aber nur soweit anerkannt werden, als damit das Höchstmaß von Außenkante Rad bis Außenkante Rad (oder auch Nabe) normalisiert wird, das in Beziehung zur Wagenkastenbreite stehen müßte. Die Rücksicht auf eine gleichmäßige Abnutzung der Straßenfahrbahnen läßt es viel eher angezeigt erscheinen, daß eine möglichst große Verschiedenheit in der Spurweite besteht. Denn gerade durch das Spurfahren werden die Straßendecken am stärksten mitgenommen. Die Spurbreite wird sich jetzt nach den Vorschriften über die Wagenbreite von selbst ergeben.

Die Höhe der Fahrzeuge wird durch die Anforderungen der Straßen nicht bestimmt. Es sind andere Rücksichten, die hier die Einhaltung gewisser Maße

Zusammenstellung 4.
Abmessungen, Eigengewichte und Tragfähigkeit von Pferde- und Kraftwagen.

Bezeichnung der Fahrzeuge	Breite	Länge in m	Achsstand in m	Eigengewicht in kg	Nutzlast in kg
Personenfuhrwerk		2,5—4,0	1,5—2,25	600—700	— 500
Lastfuhrwerk:					
a) Dreizölliger		—6,0	—4,0	600—1000	— 3000
b) Vierzölliger		—6,0	—4,0	1000—1300	— 5000
Langholzwagen	2,20	20—30	⅔ der Stammlänge	—4000	—10000
Möbelwagen	2,1—2,6	4—9	2—5	2000—2500	— 6000
Pferdewalze	10,4 mit 2 Deichseln			4000—10000	
		Kraftwagen.			
Kleinwagen	1,2—1,5	2,75—3,5	1,9—2,8	400—1200	200—500
Personenwagen	1,45—1,8	3,5—5,1	2,8—3,75	1000—2600	400—800
Omnibusse					
unter 9,5 t Gesamtgew. .	1,9—2,25	6,0—9,0	4,0—6,0	3000—5000[1]	2000—5000
über 9,5 t „ .	2,0—2,35	—10,0	5,0—6,0	6000—9000[1]	5000—6000
Lastwagen					
unter 9,5 t Gesamtgew. .	1,8—2,25	5,0—7,0	3,8—5,0	2500—4500[1]	— 5000
über 9,5 t „ .	2,0—2,35	6,0—8,8	4,0—5,6	4000—9000[1]	—10000
Spezialfahrzeuge:					
Müllwagen					
Sprengwagen				—6800	— 5000
Feuerwehrfahrzeuge .					

Raddurchmesser, Felgen- und Spurbreite von Pferde- und Kraftwagen.

Art der Fahrzeuge	Durchmesser der Räder		Felgenbreite		Spurweite	
	Vorderrad in m	Hinterrad in m	Vorderrad in cm	Hinterrad in cm	Vorderrad in m	Hinterrad in m
Zweiräderige Frachtkarre	—1,6	—	—	—	—	—
Landfrachtfuhrwerk . .	0,9—1,4	1,1—1,5	6,5—10	6,5—10	1,1—1,25	1,1—1,25
Dreizölliger Lastwagen .	0,9—1,4	1,1—1,5	7,5	7,5	1,1—1,25	1,1—1,25
Vierzölliger Lastwagen .	0,9—1,4	1,1—1,5	10	10	1,1—1,25	1,1—1,25
Personenfuhrwerk . . .	0,85—1,4	1,1—1,4	4—5	4—5	1,1—1,52	1,1—1,52
Roll- oder Möbelwagen .	0,75	0,90	7,5—12	7,5—12	1,3—1,5	1,3—1,5
			Kraftwagen.			
Personenwagen	0,82—0,90	0,82—0,90	6,0—9,5	6,0—9,5	0,9—1,5	0,9—1,5
Omnibus, zweiachsig . .	0,80—1,05	0,80—1,05	15—25	15—25	1,5—1,9	1,5—1,9
Lastwagen, zweiachsig .	0,90—1,05	0,90—1,05	12—40	12—40	1,4—1,75	1,4—1,75
Lastwagen, dreiachsig .	0,72—1,08	0,72—1,08	14—46	14—46	1,5—1,85	1,5—1,85

verlangen. Für die Höhe vieler Fahrzeuge ist die Höhe der üblichen Toreinfahrten zu Scheunen, Lagerhäusern und Fabrikanlagen maßgebend. Auf der Straße selbst schreibt die Durchfahrtshöhe der Brücken die zulässige Höhe und Beladung der Wagen vor. Aus diesem Grunde weisen auch die Verordnungen der Verkehrspolizei Vorschriften über die Höhe der Fahrzeuge auf; aber diese Vorschriften sind wiederum sehr verschieden, wie bei den Wagenbreiten. Geht man von der üblichen Durchfahrtshöhe der Brücken aus, die allgemein jetzt wohl 4,5 m beträgt, dann würde man eine höchste Lade- oder Wagenhöhe von 4,0 m zulassen können. Telegraphenleitungen, Hochspannungsleitungen und Leitungen der elektrischen Straßenbahnen liegen an den Aufhängepunkten etwa 6 m, an den tiefsten Punkten etwa 5,5 m über der Straßenkrone, so daß

[1] Hinterachse überträgt annähernd ⅔ des Gesamtgewichts.

bei 4,0 m Ladehöhe die Gefahr der Berührung mit Starkstromleitungen und die Beschädigung von Telegraphenleitungen an Straßenkreuzungen nicht vorhanden ist. Größere Lade- oder Wagenhöhe dürfte nur in Ausnahmen zugelassen werden. Die K.V.O. schreibt die größte Höhe mit 3,8 m vor.

4. Gewichte. Die Gewichte der Fahrzeuge — Eigengewicht wie Nutzlast — entsprechen ihrer Eigenart. Die schwersten Fahrzeuge sind diejenigen, die der Güterbeförderung dienen. Zur Schonung der Straße hat man bisher die Höchstbelastung durch Verordnung festgesetzt. Nach dem preußischen Gesetz vom 20. 6. 1887 muß die Felgenbreite betragen bei den höchstzulässigen Ladungsgewichten

2000 kg —	5 — 6½ cm
2500 „ —	6½ — 10 „
5000 „ —	10 — 15 „
7500 „	15 cm und darüber

Das entspricht einer Belastung von 125 kg auf 1 cm Felgenbreite, Nutzlast. Da die üblichen schwersten Pferdefuhrwerke in Norddeutschland 10 cm (4′) breite Felgen haben, so ist damit die Höchstbelastung eines Rades mit 1500 kg festgelegt worden oder 150 kg auf 1 cm Felgenbreite.

Die K.V.O. setzt das zulässige Gesamtgewicht für zweiachsige Kraftwagen auf 10,8 t (früher 9 t) fest, für Sonderfahrzeuge, wie zweiachsige Müll-, Spreng-, Tank- und Fäkalienwagen, sowie für zweiachsige Kippwagen mit mechanischer Kippvorrichtung auf 11,8 t und für dreiachsige Kraftfahrzeuge auf 16 t (früher 15 t).

Für diese Erhöhung der Gewichte ist entscheidend gewesen, daß die Eigengewichte der Lastkraftwagen infolge Verbesserung der Betriebseinrichtungen, z. B. Bremsen, so groß geworden sind, daß bei der früher vorgeschriebenen Begrenzung des Gesamtgewichtes auf 9 t Nutzlast die Fahrzeuge nicht mehr wirtschaftlich ausgenutzt werden konnten und Überbelastung die Regel war. Um diese zu unterbinden, ist die Nutzlast in der K.V.O. auf 5 t für zweiachsige und auf 10 t für dreiachsige Fahrzeuge begrenzt worden. Der zulässige Achsdruck darf im beladenen Zustande für zweiachsige Kraftwagen 7,5 t, für die genannten Sonderfahrzeuge 8 t und für dreiachsige Kraftwagen höchstens 5,5 t betragen.

Für Anhängerwagen wird vorgeschrieben, daß das Gesamtgewicht bei einachsigen 5,5 t, bei zweiachsigen 10 t und bei dreiachsigen 15 t nicht überschreiten darf, sofern diese mit Luftbereifung versehen sind, im andern Falle dürfen die Gewichte nur 4, 7,5 und 10,5 t betragen, wobei der zulässige Achsdruck auf 5,5 bzw. auf 4 t festgesetzt ist.

Die Vorschriften über die Höchstgewichte der Kraftwagen in außerdeutschen Ländern sind recht verschieden. In Belgien errechnet sich die Höchstlast für das Rad nach der Formel

$$R = P \cdot D \cdot L$$

es bedeutet:

R = Höchstlast für das Rad in kg,
P = eine Gewichtzahl, die abhängig von der Bereifung, der Art des Fahrzeuges und der Straßenbefestigung ist, s. Zusammenstellung 5 (S. 14),
D = Durchmesser des Rades einschl. Reifen in m,
L = Breite des Reifens auf der Felge gemessen in cm.

In Frankreich darf der Bodendruck für den cm Felgenbreite 150 kg nicht überschreiten.

Die Schweiz schreibt ein Höchstgewicht von 10 t und 7 t Höchstachsdruck vor.

Einheitliche Vorschriften bestehen in den Vereinigten Staaten von Amerika nicht, vielmehr hat jeder Staat eigene Bestimmungen. Die Gewichtsbeschrän-

Der Wert P (S. 13) ist aus der folgenden Zusammenstellung zu entnehmen:

Zusammenstellung 5.

Art der Bereifung	Art des Fahrzeuges		
	Motorwagen		Anhänger
	nicht gepflasterte Straße	gepflasterte Straße	gepflasterte Straße und andere
Nicht biegbare .	100 kg	100 kg	150 kg
Elastische. . . .	100 „	120 „	160 „
Pneumatische . .	120 „	150 „	180 „

kungen liegen zwischen 7,25 und 13,6 t für zweiachsige und zwischen 12,7 und 18,1 t für dreiachsige Fahrzeuge. Es wird eine Regelung angestrebt, bei der auch der Straßenzustand für die Höchstgewichte mit maßgebend ist. Die Straßen sollen hierfür in vier Klassen eingeteilt werden (3).

In England sind zugelassen als Höchstgewicht:

bei zweiachsigen Wagen Gesamtgewicht 12 t, Höchstachslast 8 t
bei dreiachsigen „ „ 19 t, „ 7,5 t.

5. Da höhere Lasten und größere Geschwindigkeiten besondere Eigenschaften der Kraftwagen sind, die sich im Straßenverkehr sowie in ihrem Einfluß auf die Straßendecke bemerkbar machen, so hat man für notwendig gehalten, nicht nur die Gewichte, sondern auch die Geschwindigkeiten, und zwar in Abhängigkeit von der Belastung und der Güte der Bereifungsart zu regeln. Die Personenwagen haben verhältnismäßig geringes Gewicht, wie aus der Zusammenstellung 4 hervorgeht, deshalb ist auf der Landstraße ihre Geschwindigkeit durch Verordnungen nicht beschränkt, sondern nur in der bebauten Ortslage, aber mehr zur Sicherung des Verkehres als zur Schonung der Straßen. Die Personenkraftwagen nehmen bei ihrem geringen Gewicht, infolge ihrer guten Abfederung und Luftbereifung, die Straßen weniger in Anspruch.

Die Lastkraftwagen dagegen übertragen zwar erhebliche Gewichte auf die Straßen. Die Einführung des Luftreifens auch für Lastkraftwagen gestattet, die Fahrgeschwindigkeit auf Landstraßen nicht mehr zu beschränken (4). Lediglich für Kissenreifen, deren Federungseigenschaften bei höheren Geschwindigkeiten stark abnehmen, ist die Geschwindigkeit auf Landstraßen auf 25 km/h beschränkt worden (II C b 3).

Die Erfahrungen in England (Bericht 54 vom VI. I. Str. K.) haben erkennen lassen, daß die Abnutzung der Straßen in höherem Maße von der Bauart des Fahrzeuges und seiner Bereifung abhängt als vom Gewicht des Fahrzeuges und seiner Ladung.

b) Besonderheiten zur Minderung der Straßeninanspruchnahme.

Die wissenschaftliche Kraftwagenwertung (Riedler, Becker, Wawrziniok, Langer) hat sich in den letzten Jahren um die Klarstellung der Wechselkräfte zwischen Fahrzeug und Fahrbahn bemüht und den Nachweis erbracht, daß die Straßenbeanspruchung entscheidend von der Bauart der Fahrzeuge, vor allem von der Bereifung abhängig ist. Als Ergebnis dieser Forschung kann angesehen werden, daß die Vollgummireifen als die wahren Straßenzerstörer verboten sind, daß Kissenreifen nur mit bestimmter Elastizität zugelassen sind, im wesentlichen die Luftbereifung vorherrschen soll. Die Heraufsetzung des Wagengewichtes von 9 auf 10,8 t zufolge K. V. O. kann als Erfolg dieser Forschungsarbeit gewertet werden.

Als weitere Maßnahmen zur Minderung der Straßeninanspruchnahme sind anzusehen:

1. tiefe Lage des Schwerpunktes,
2. richtige Abfederung des Wagenrahmens gegen die Räder,
3. geringes Gewicht der nicht abgefederten Massen,
4. Vermehrung der Räder,
5. Vorderradantrieb,
6. Schwingachsen,
7. Ersatz der Räder durch Raupen.

Zu 1. Die Lage des Schwerpunktes ist abhängig von der Konstruktionshöhe der Getriebeteile. Eine tiefe Lage kann durch Kröpfung der Hinterachsen, aber auch durch den Vorderradantrieb erreicht werden.

Zu 2. Die Abfederung eines Kraftfahrzeuges hat die Aufgabe, die Bauteile des Wagens vor schädigenden Stößen zu bewahren und zu bewirken, daß die

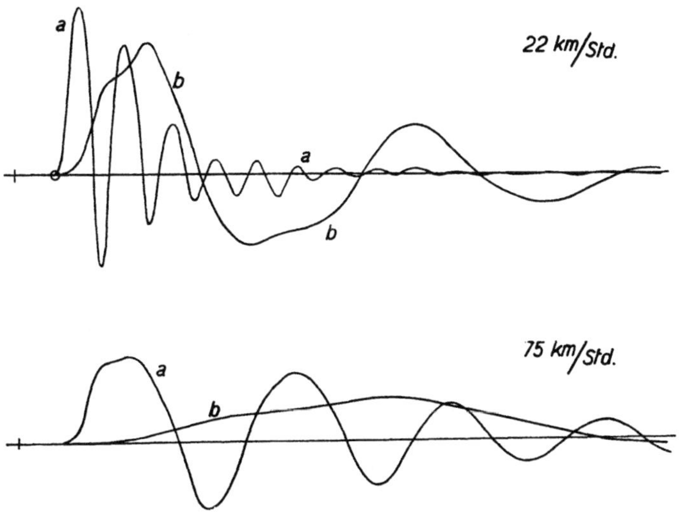

Abb. 3. Bewegung des Rahmens *b* und der Achse *a* infolge eines Stoßes.

von den Wagenfedern getragenen Teile des Fahrzeuges beim Lauf des Wagens auf unebener Fahrbahn ihre normale Lage behalten und nicht um ihre Gleichgewichtslage auf und ab schwingen, sondern ausschließlich in der Fahrtrichtung sich vorwärts bewegen.

Die bisher angewendeten Abfederungsarten der Kraftwagen erfüllen diese Aufgabe allerdings nur unvollkommen. Bei Unebenheiten in der Fahrbahn führt der Wagenoberbau mehr oder weniger beträchtliche Schwingungen aus, wobei die Abfederung selbst erhebliche Beanspruchungen erleidet, die sogar, worauf in späteren Abschnitten mehrfach hingewiesen wird, zu Federbrüchen führen kann. Immerhin wird die Stoßwirkung unter Mitwirkung von elastischer Bereifung durch die Abfederung gemildert, vor allem der Schwingungsausschlag abgeflacht und ihm damit seine schädigende Wirkung auf die Wagenteile und Stärke für die Insassen und Wagenladung genommen.

Der Verlauf der Schwingungsbewegung der Achse eines elastisch bereiften Rades und des Rahmens während eines Stoßvorganges nach Untersuchungen von Bobeth auf dem Prüfstand (s. Abschnitt II C c) ist in der Abb. 3 dargestellt (5). Der Stoß ist durch ein Hindernis in der Bahn, über das das Rad hinwegrollen mußte, hervorgerufen worden. Kurve *a* zeigt den Verlauf der Achsbewegung, Kurve *b* der Rahmenbewegung. Beim Überspringen über ein Hindernis erhält die Achse eine vertikale Beschleunigung, die so lange andauert, als die senkrecht nach oben wirkenden Kräfte diejenigen übersteigen, die der Aufwärtsbewegung der Achse entgegenstehen, d. h. so lange die Kräfte nach oben stark genug sind, die Feder durchzubiegen. Ist die Grenze erreicht, so ist ein Gleichgewichtszustand eingetreten. Es schließt sich nunmehr ein Abwärtsschwingen der Achse an, wobei die Achsmasse eine beträchtliche lebendige Kraft nach unten erhält, die sich darin ausdrückt, daß die Achse über ihre normale Lage nach unten schwingt und einen erhöhten Bodendruck ausübt. Als Folge des gesteigerten Bodendruckes setzt eine zweite Aufwärtsschwingung ein, der sich weitere Schwingungsbewegungen anschließen. Diese Ausschläge werden aber immer kleiner, weil die Kräfte durch innere Arbeit, z. B. durch Reibungsarbeit in den Feldern aufgezehrt werden. Die Achse überträgt ihre Bewegung durch die Feder auf den Rahmen. Aber seine Bewegung bleibt hinter der der Achse beträchtlich zurück. Der Anstieg des Rahmens (s. die Kurve *b*) erfolgt erheblich später als der der Achse, und es tritt ebenso die Höchstlage des Rahmens beträchtlich später ein als die der Achse. Das beruht darauf, daß die Feder nach ihrer Durchbiegung wieder in die normale Form übergehen will und dabei den Rahmen hebt, weil sie infolge der nach oben gerichteten Schwingungen der Achse nach unten nicht ihre normale Lage annehmen kann. Je größer die Dämpfung der Federn ist, desto schneller ebbt die Schwingung aus und desto geringer fallen auch die Bodendrücke aus. Eine zweckmäßig ausgebildete Abfederung schont daher auch die Straße. Die Zerstörung der Straße wird im wesentlichen durch die nicht abgefederten Massen, das sind die Räder, Achse und Getriebe, bewirkt, die hammerartig auf die Fahrbahn einwirken.

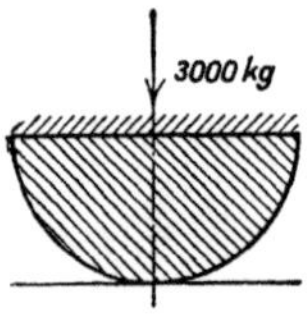

Abb. 4. Vollgummireifen.

Die Spannung der Feder muß sich aber der Nutzlast anpassen. Beim unbeladenen Lastkraftwagen wird die Feder nur in beschränktem Maße in Wirkung treten und in diesem Falle der ganze Wagen als ungefedert anzusehen sein. Leerfahrende Lastkraftwagen können daher größere Erschütterungen hervorrufen als beladene.

Zu 3. Das wirkungsvollste Mittel, um auch diese Kräfte auf unebener Fahrbahn zu vermindern, ist die elastische Bereifung. Gegenwärtig verwendet man drei Arten:

α) den Vollgummireifen,
β) den hochelastischen Kissenreifen,
γ) den Luftreifen.

α) Der Vollgummireifen hat halbkreisförmigen Querschnitt (Abb. 4) und ist auf ein Stahlband aufgezogen. Die elastische Bereifung von Kraftfahrzeugen federt um so weicher, je größer ihre Eindrucktiefe bei gleicher Belastung ist. Die Elastizität des zur Kraftwagenbereifung verwendeten Gummis gegenüber Druckbeanspruchung ist recht begrenzt. Ein Vollgummireifen läßt sich nur zu einem kleinen Teil seiner Höhe elastisch zusammenpressen. Sobald die Belastung wächst, oder der Druck infolge starker Bodenunebenheiten durch die abwärts gerichteten Achsschwingungen für kurzen Zeitabschnitt vergrößert wird, tritt eine so weitgehende Zusammendrückung des Gummis ein, daß er alle Federungseigenschaften einbüßt. Da er bei der Benutzung auch schneller Abnutzung unterworfen ist, wird seine federnde Wirkung mit zunehmender Fahrleistung geringer, um schließlich so weit herabzusinken, daß er sich von unelastischer Bereifung nur wenig unterscheidet.

Die Berührungsfläche zwischen Reifen und Boden nimmt etwa die Form einer Ellipse an. Der Einheitsbodendruck ist aber nicht gleich groß. Er wächst wegen der Wölbung des Reifens von der Seite nach der Mitte sowohl in der Richtung der großen wie kleinen Achse parabelförmig an.

Der Größtwert ist nach den Untersuchungen von Agerley und Schaar zu dem 1,75fachen der Durchschnittsbelastung anzunehmen. Ist P die Radlast,

F die Berührungsfläche und p der Einheitsdruck, so besteht die Gleichung

$$p = \frac{P}{F} \quad \text{und} \quad p_{max} = 1{,}75 \frac{P}{F}. \tag{1}$$

Die Berührungsfläche kann man für Vollgummireifen durch Versuche feststellen, indem man die abgeplattete Fläche des Reifens, die die Form einer Ellipse hat, mißt. Bei der Fahrt erhält aber der Höchstdruck noch einen Zusatzdruck infolge der Bewegungsvorgänge. Weil durch die Fliehkräfte die Gummiteilchen am Reifen nach außen geschleudert werden, wächst der innere Widerstand, die Eindrucktiefe wird geringer und damit auch die Größe der Berührungsfläche. Bei sehr schneller Fahrt ist die Zeit auch zu gering, um die Formänderungsarbeit am Reifen zu vollziehen, wodurch die Eindrucktiefe weiter verringert wird. Es wird angenommen, daß diese Zusatzbelastung $^1/_5$ des Höchstdruckes ausmacht, so daß der Höchstdruck auf das 2,1fache der Einheitspressung wächst.

Für die Triebräder reicht bei größeren Lasten ein Vollgummireifen nicht aus, weil ein Stahlband von bestimmter Breite nur eine genau bemessene Gummimenge tragen kann, es müssen dann zwei Reifen nebeneinander auf die Felge gelegt werden. Eine gleichmäßige Lastverteilung auf beide Reifen ist aber nicht immer gewährleistet. Das hängt mit der Straßenwölbung zusammen. Der ungünstigste Fall ist der, daß der Wagen in Straßenmitte fährt, dann steht das Rad auf einer geneigten Fläche (Abb. 5). Infolgedessen wird der innere Reifen stärker zusammengepreßt als der äußere. Das Maß der verschiedenen Gewichtsverteilung hängt von der Querneigung der Fahrbahn ab. Für einen Abstand e der beiden zusammengehörenden Reifenmitten und ein Quergefälle in s in vH ist der Höhenunterschied $\frac{e \cdot s}{100}$. Die Eindrucktiefe des äußeren Reifens sei zu a angenommen, dann ist die Eindrucktiefe des inneren Reifens $a + \frac{e \cdot s}{100}$. Da die Eindrucktiefen mit der Belastung nicht gleichmäßig wachsen, wird der innere Reifen stets einen höheren Druck übertragen. Diese ungleiche Belastung ist ebenso nachteilig für die Reifen wie für die Straße. Die Reifenfabriken schreiben daher für Zwillingsreifen eine um 20 vH geringere zulässige Belastung vor als für einfache Reifen. Infolge der Verschiedenheit der Belastung werden die Reifen auch verschieden zusammengedrückt und ihre Durchmesser dadurch ungleich. Am Umfange der beiden Reifen wirken daher Umfangsgeschwindigkeiten von verschiedener Größe, die ein Radieren der Fahrbahn verursachen. Das gilt für alle Reifenarten. Man erstrebt daher auch, bei den stärksten Belastungen nur einen Reifen anzuwenden, oder die Radbelastung zu verringern, was durch den Sechsradwagen erreicht ist. Die Erfahrung hat gelehrt, daß, je elastischer die Radbereifung, desto günstiger sich die wirtschaftliche Ausnutzung des Lastkraftwagens gestaltet.

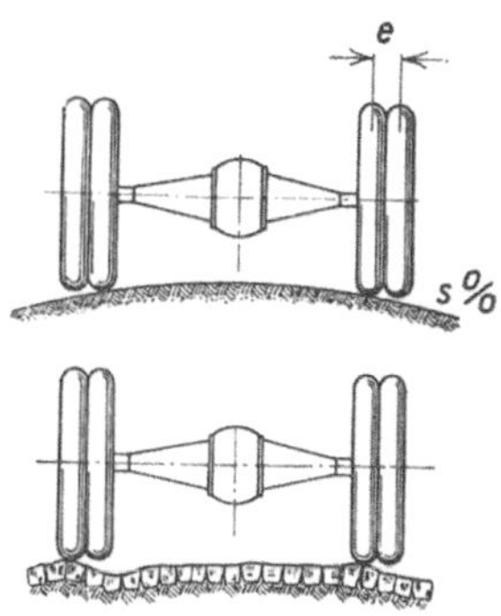

Abb. 5. Ungleichmäßige Belastung von Doppelreifen.

Die schon erwähnte ungenügende Elastizität des Vollgummireifens lassen ihn daher ungeeignet erscheinen. Eine Verbesserung durch eine größere Höhe der Gummiauflage ist nicht möglich, da sie zur Breite des Stahlbandes nur in einem bestimmten Verhältnis stehen darf. Infolgedessen ist der Vollgummireifen wegen der durch ihn hervorgerufenen Straßenzerstörung verboten. Sowohl die Versuche auf der Versuchsstraße des D. Str. B. V. in Braunschweig wie die später noch zu behandelnden Untersuchungen in den Versuchsanstalten von Prof. Dr. Becker, Berlin und Prof. Langer in Aachen haben die ungenügende Elastizität des Vollgummireifens erwiesen.

β) Die Nachteile des Vollgummireifens sind bei dem Kissenreifen, auch Elastik- und Polsterreifen genannt, herabgemindert, weil durch Vergrößerung des Gummiquerschnittes, Wahl eines elastischeren Materiales, durch Aussparung in kurzen Abständen und durch die Querschnittsform dem Material Gelegenheit geboten wird, dem Druck besser nachzugeben (Abb. 6). Eine konstruktive Umgestaltung, bei der dem Vollreifen die Möglichkeit genommen ist, sich bei hohem Druck im Kern zu einer fast unelastischen Masse zusammenzudrücken, bedeutet der Continental-Elastik-Hohlraumreifen und der Fulda-Parabelkissenreifen mit Luftkammer (Abb. 7). Bei diesen Reifenarten bleibt die Elastizität auch bei zunehmender Abnutzung erhalten.

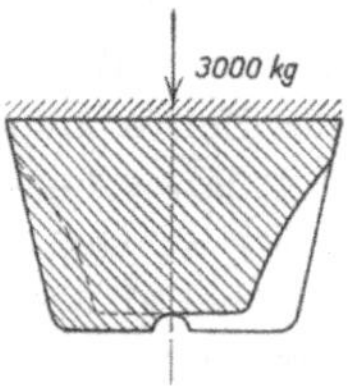

Abb. 6. Fuldakissenreifen.

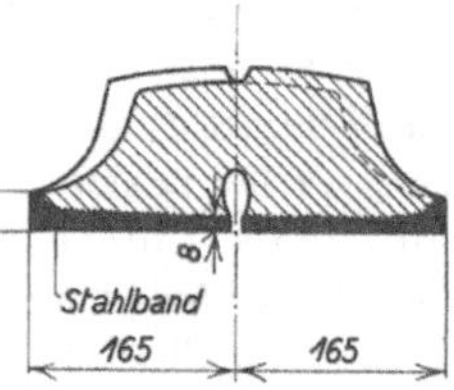

Abb. 7. Parabelkissenreifen mit Luftkammer.

Die zuvor erwähnte Eigenschaft der Vollgummireifen, mit zunehmender Belastung an Nachgiebigkeit einzubüßen, zeigt auch der Kissenreifen. Es nimmt mit der Belastung die Auflagerfläche nicht in gleicher Weise zu, die Bodenpressung wächst infolgedessen. Da die Schub- und Stoßkräfte in unmittelbarer Beziehung zur Einheitsbodenpressung stehen, nehmen diese auch entsprechend höhere Werte an. Prof. Dr.-Ing. Becker hat für die Beziehungen zwischen Auflagefläche und mittlerer Bodenpressung der Triebradbereifung die Beziehung der Abb. 8 gefunden (6). Nach der Bekanntmachung des Reichsverkehrsministers vom 26. Juli 1928 werden die zum Verkehr zugelassenen hochelastischen Reifen wie folgt umschrieben:

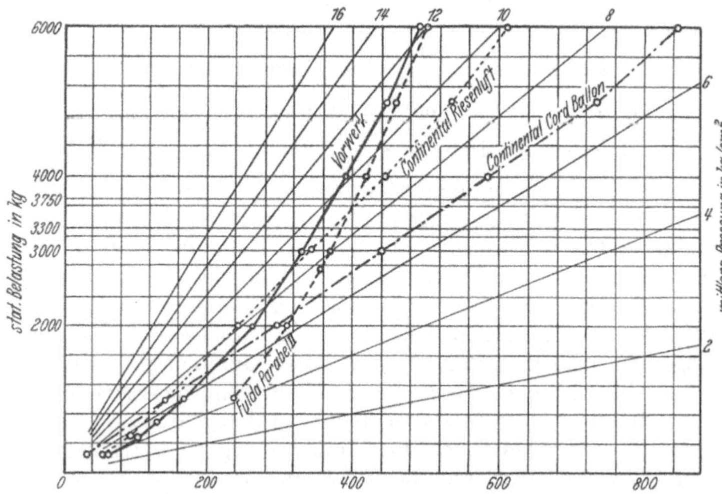

Abb. 8. Auflagefläche und mittlere Bodenpressung der Triebradbereifung.

Hochelastische Vollgummireifen müssen in neuem Zustand bei der für sie zulässigen statischen Belastung mindestens 8 mkg Arbeitsvermögen haben. Dieses Arbeitsvermögen ist vorhanden, wenn die Eindrückung der Bereifung eines Rades (Einzelreifen oder Doppelreifen) beim Aufbringen von 1000 kg Mehrlast auf diese — mit der zulässigen statischen Belastung bereits beschwerte — Bereifung um einen Mindestbetrag zunimmt, der nach folgender Gleichung zu berechnen ist:

$$f = \frac{8000}{P + 500} \tag{2}$$

worin f den erforderlichen Mindestbetrag der Zunahme der Eindrückung in mm, P die zulässige statische Belastung in kg bedeutet.

Professor Langer, Aachen (7), weist nun nach, daß durch Verschmälerung der Reifen das Arbeitsvermögen erhöht werden kann und die zuvor genannte Bestimmung zur Herstellung schmaler Reifen führen muß, die einen hohen Einheitsflächendruck aufweisen und trotz ihrer rechnungsmäßigen Elastizität eine hohe Straßenbeanspruchung ausüben. In dem Begriff Arbeitsvermögen ist die Gummibeschaffenheit mit der Gestaltung des Reifenquerschnittes so verquickt, daß der weiche Reifen breit sein darf, der harte Reifen aber schmal sein muß, um ein bestimmtes Arbeitsvermögen zu erreichen.

Die Straßenschonung verlangt aber breite Reifen. Professor Langer stellt für den mittleren Einheitsbahndruck p_m die Gleichung auf

$$p_m = C_1 \left(\frac{Q}{b}\right)^x S^z \tag{3}$$

Q bedeutet die Gesamtbahnkraft während der Fahrt,
b die Laufbreite des Reifens,
S eine die Gummihärte bestimmende Zahl,
C_1 eine Konstante, die vom Straßenzustand abhängt.

Die Exponenten x und z geben an, welchen Einfluß dabei die Gesamtbahnkraft und die Gummihärte auf p_m haben. Auf Grund von statischen Versuchen an Reifenprüfmaschine und von Fahrversuchen nimmt die Formel die folgende Form an:

$$p_m = k \sqrt{\frac{P}{b} S^3} \tag{4}$$

P = die statische Nennlast des Reifens,
k = eine Konstante bei gegebener Fahrgeschwindigkeit nur vom Straßenzustand abhängig, ermittelt zu 0,6.

Soll der Einheitsbahndruck 12 kg/cm² nicht überschreiten, muß der Wert

$$\frac{P}{b} \cdot S^3 \leqq 400 \text{ werden.}$$

Die Härtezahl S wird an einer besonders dafür geprüften Versuchseinrichtung ermittelt (8).

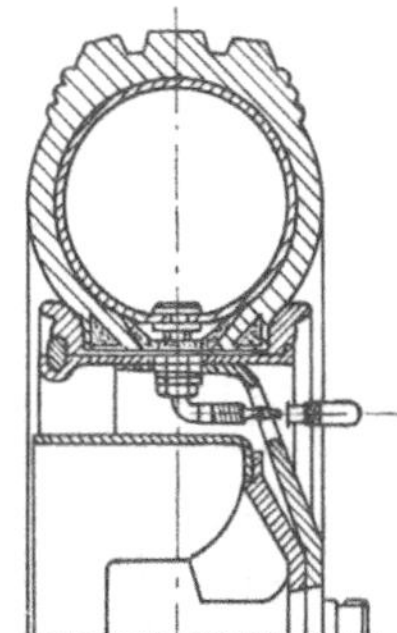

Abb. 9. Luftreifen.

Unbestimmt ist noch, wie groß der Wert p_m werden darf. Das wird sich auch nach der Art der Fahrbahn richten. Beton, Asphalt, Steinpflaster werden eine höhere Einheitsbelastung vertragen können als Steinschlagdecken, auch wenn sie geschützt sind. Besondere Versuche mit Reifen verschiedener Breite und Gummihärte würden auf einer Versuchsbahn, wie sie z. B. die Materialprüfungsanstalt der Technischen Hochschule in Stuttgart betreibt (S. 373), für die zulässigen Werte p_m Aufschluß geben.

γ) Der Luftreifen schont die Straßenoberfläche am meisten. Anfangs nur für leichte Fahrzeuge, Personen- und Lieferwagen von geringer Tragfähigkeit anwendbar, hat er jetzt eine so kräftige Durchbildung erfahren, daß er auch für schwere Lastkraftwagen verwendet werden kann (Abb. 9). Seine Nachgiebigkeit ist so groß, daß er die Unebenheiten der Fahrbahn nahezu völlig schluckt und dadurch keine Stöße auf die ungefederten Massen des Wagens übertragen werden.

Wählt man die Felgenbreite als Maßstab für die Beanspruchung der Straße, so verhalten sich die drei behandelten Reifenarten für dieselbe Tragkraft von 1800 kg folgendermaßen:

	Vollgummi	Kissenreifen	Riesenluftreifen
Profilbreite	160 mm	170 mm	225 mm
Wertzahl	1	1,06	1,40

Für die ruhende Last ist also infolge der größeren Auflagerfläche der Bahndruck beim Riesenluftreifen um $\left(1 - \frac{1,0}{1,4}\right) = 30$ vH geringer als beim Vollgummireifen.

Die Luftschlauchinnenpressung beträgt 1,5—8 at. Diesem Innendruck muß auch der Bahndruck entsprechen. Der Luftreifen übt demnach im Zustand der Ruhe einen verhältnismäßig geringen Druck auf die Fahrbahn aus. Auch beim Luftreifen tritt beim Fahren durch die innere Walkarbeit und die Fliehkräfte mit zunehmender Geschwindigkeit ein Härterwerden des Reifens ein. Die Walkarbeit bewirkt ein Warmwerden der Reifen, dadurch erhöht sich der innere Luftdruck. Das Maß, um das der Flächendruck gegenüber der Schlauchinnenpressung zunimmt, wird auch von ihrer Größe abhängen. bei niedrigem Schlauchinnendruck wird sie gering sein, bei stark aufgepumpten Riesenluftreifen soll die Bodenpressung auf das Doppelte des Innendrucks steigen, wozu für Erwärmung der Luft ein Zuschlag von 30 vH gemacht wird. Man rechnet mit einer Zunahme von 20 vH im Mittel.

Die günstigste Bahnbeanspruchung haben die Niederdruckreifen, auch Ballonreifen genannt. Ihr Innendruck liegt bei den kleinen Abmessungen zwischen 2¼—3 at und steigt bei den Reifen von großem Durchmesser und entsprechend hoher Tragfähigkeit auf 5½ at.

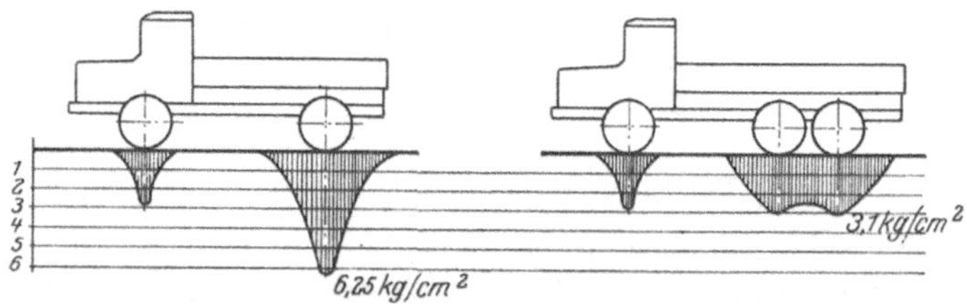

Abb. 10. Unterschied in der Bodenbelastung beim zwei- und dreiachsigen Wagen.

Auch bei Luftreifen genügt ein Reifen bei hoher Belastung nicht, es müssen Doppelreifen verwendet werden, womit gewisse Nachteile, wie schon beim Vollgummireifen erwähnt, verbunden sind. Bei unebenen Straßen und bei verschiedenem Luftdruck der Reifen werden die Wagenlasten, die Antriebs- und Bremskräfte ungleichmäßig auf die Räder und damit auf die Straße verteilt. Es nutzt sich daher der eine Reifen mehr als der andere ab. In Straßenkrümmungen haben beide Reifen verschiedene Wege zurückzulegen. Es muß deshalb eine Zerrung an den Reifen vor sich gehen. Dieser letzte Vorgang soll allerdings die Schleudergefahr vermindern. Werden zwei Hinterachsen angebracht, so daß die Räder nicht mehr neben- sondern hintereinander stehen, so fallen diese Übelstände fort.

Zu 4. Die Vermehrung der Achsen von zwei auf drei hat den Vorteil der Lastverteilung auf sechs statt vier Punkte, wobei die Last durch eine besondere Wagenbalkenanordnung auf alle vier Hinterräder gleichmäßig verteilt wird. Ein weiterer Vorzug dieser Bauart ist, daß eine Erhöhung des Ladegewichtes auf 10 t ohne Überlastung der Achsen vorgenommen werden kann.

Die Verringerung des Bodendruckes geht aus der Abb. 10 hervor, entsprechend ermäßigen sich auch die Stoßwirkungen. Wenn der Wagen über ein Hindernis fährt, wird er nur um die halbe Höhe des Hindernisses gehoben, dafür allerdings zweimal. Es sind also mit dieser Bauart erhebliche Vorteile für die Beanspruchung der Straße verbunden. Die Folge davon ist ein sehr ruhiges Fahren, so daß besonders für den Überlandverkehr dreiachsige Wagen bevorzugt werden. Die Verwendung von Luftreifen gestattet außerdem, mit einer höheren Geschwindigkeit zu fahren. Beide Hinterachsen werden durch je eine besondere Gelenkwelle angetrieben.

Zu 5. Mit dem Vorderradantrieb sollen verschiedene Vorteile erreicht werden. Die Verlegung des Antriebs auf die Vorderachse nötigt den Wagenschwerpunkt mehr nach vorn zu verschieben. Die Last wird dann gleichmäßiger auf beide Achsen verteilt. Die Ermäßigung der Radlasten ist für die Straße günstig. Bei Fahrzeugen zur Überwindung schwierigen Geländes können auch beide Achsen angetrieben werden. Auf jeden Fall wird die seitliche Schleudergefahr vermieden. Die Verlegung des gesamten Antriebs — Motor und Getriebe — nach vorn gestattet den Wagenkasten niedriger anzulegen und ihn besser auszunützen.

6. Schwingachse. Bei dieser Bauart ist jedes Rad durch einen am Rahmen befestigten Schwinghebel geführt, die das völlig senkrechte Schwingen in der Radebene bewirkt. Die Achse ist in der Mitte durchschnitten. Der Antrieb geht von einer Schnecke auf ein Stirnradausgleichgetriebe über, durch das die gelenkige Bewegung der Achse ermöglicht wird (Abb. 11).

7. In noch höherem Maße wird das Ziel, den Bahndruck zu ermäßigen, durch den schon im Abschnitt II C b 7 erwähnten Raupenschlepper erreicht. Die Kraftübertragung zwischen Maschine und Straße erfolgt hier nicht an einer Radfelge, sondern einer Kette, die sich mit breiter Fläche auf den Boden auflegt und über den Boden abgewälzt wird, wodurch die Auflagefläche auf dem Boden über das bei Rädern erreichbare Maß hinaus vergrößert wird, da die Kette zwischen den beiden Raupenführungsrädern, von denen das eine Triebrad ist, durch besondere Stützrahmen die Lasten auf den Boden überträgt. Zur Vorwärtsbewegung sind die Bodenplatten mit Rippen versehen. Diese liegen aber in solcher Breite und so großer Zahl auf dem Boden, daß der Einheitsbodendruck nur wenige Kilogramm beträgt, z. B. bei dem W. D.-Raupenschlepper der Hanomagwerke bei einem Eigengewicht von 3160 kg und 28 Rippen von 21 cm Breite und 2,3 cm Dicke 2,35 kg/cm². In weichem Boden, in dem sich die Rippen eingraben und die Bodenplatten mittragen, sinkt die Einheitsdruck sogar auf 0,53 kg/cm². Bei anderen Schleppern, z. B. M.T.W.-Raupenschlepper, werden die Raupenglieder bei der Straßenfahrt mit Gummiklötzen versehen. Professor Dr. Becker hat bei den von ihm untersuchten Raupenschleppern Bodendrücke von weniger als 1 kg/cm² festgestellt (9). Raupenschlepper üben daher nur geringe Drücke aus und eignen sich daher besonders für Arbeitsleistungen auf weichem Boden in der Land- und Forstwirtschaft. Bei der geringen Fahrgeschwindigkeit (bis etwa 8 km/stdl.) ist allerdings der Raupenschlepper auf die Lastenbeförderung beschränkt, bei der es auf Schnelligkeit nicht besonders ankommt. Nach der K.V.O. rechnen die Raupenschlepper nicht zu den Kraftfahrzeugen, bedürfen daher ebenso wie die Dampfstraßenlokomotiven, Straßenwalzen, Motorpflüge einer besonderen Genehmigung zur Benutzung der öffentlichen Straßen.

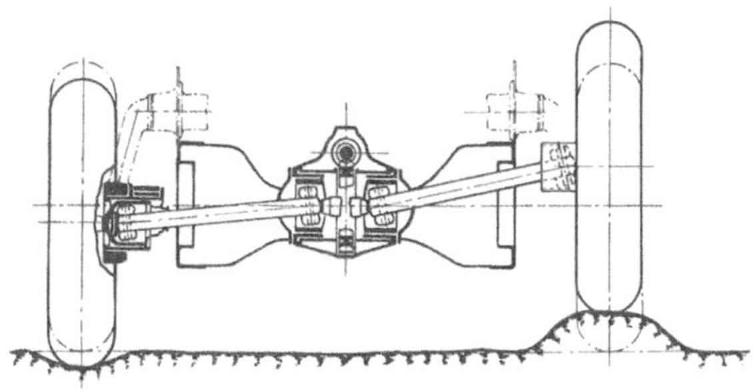

Abb. 11. Schwingachse.

8. Unterschied zwischen eiserner und elastischer Bereifung. Es wird noch die Frage zu klären sein, ob der eiserne Reifen auf die Straße einen höheren Druck ausübt als der elastische Reifen, und zwar als Voll-, Kissen- oder Luftreifen, ob also durch die Einführung des elastischen Reifens, besonders mit Rücksicht auf die beim Kraftwagen zugelassenen höheren Lasten, eine Schonung der Straße anzunehmen ist. Hierzu ist es notwendig, sich Kenntnis von dem üblichen Druck des eisernen Reifens zu verschaffen. Nach dem preußischen

Gesetz vom 20. 6. 1887 darf die Nutzlast auf den Zentimeter Felgenbreite 125 kg nicht überschreiten (s. S. 13). Bei einem Eigengewicht des Wagens von etwa 2000 kg und 15 cm Felgenbreite, von der aber nur 10 cm wegen der Abnutzung der Radreifen als Auflagefläche angenommen werden sollen, errechnet sich eine Belastung von etwa 240 kg für 1 cm Felgenbreite. Nach den Beschlüssen des II. I. Str. K. wird die Belastung für den Zentimeter Felgenbreite noch von dem Durchmesser des Rades abhängig gemacht. Diese Bestimmung ist insofern berechtigt, als auch beim eisernen Reifen die Berührung zwischen Rad und Straße nicht in einer Linie (Mantellinie des zylinderförmigen eisernen Reifens), sondern in einer Fläche erfolgt, weil sowohl das Rad unter der Last etwas seine Form ändert, als auch die Fahrbahn sich eindrückt. Es entsteht ein Berührungsbogen, dessen Größe vom Raddurchmesser abhängig ist. Die Berührungsbogen verhalten sich wie die Wurzel der Raddurchmesser. Ein großes Rad wird einen größeren Berührungsbogen aufweisen als ein kleines. Infolgedessen wird auch die zulässige Belastung auf den Zentimeter Felgenbreite in Abhängigkeit von der Wurzel des Durchmessers gebracht werden müssen. Der II. I. Str. K. schlägt folgende Beziehung vor:

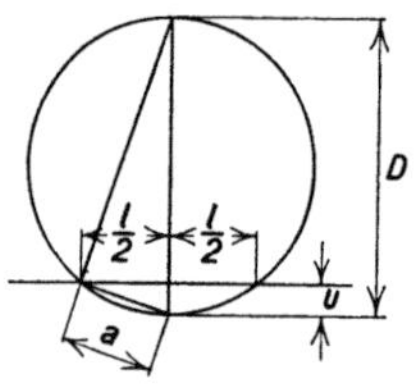

Abb. 12. Beziehung zwischen Berührungsbogen und Raddurchmesser.

$$p = c\sqrt{d}\,\text{kg/cm}\;(d \text{ in m}) \qquad (5)$$
$$c = 125$$

Für eiserne Reifen von 1,0 m Durchmesser wird $p = 125$ kg/cm.

Das Einsinken des Rades wird von der Nachgiebigkeit der Fahrbahn abhängen. Eine schwache Fahrbahn wird sich unter der Felge tief eindrücken, damit eine möglichst große Lastenverteilung entsteht und die Belastung für den Quadratzentimeter gering ausfällt. Unter Annahme der Beziehungen der Abb. 12 verhält sich

$$u : \frac{l}{2} = \frac{l}{2} : (D - u).$$
$$\frac{l}{2} = \sqrt{u\,D - u^2}.$$

Da u gegen D sehr klein ist und da bei der Flachheit des Bogens $\frac{l}{2} = a$ gesetzt werden kann, wird

$$a = \sqrt{u\,D}\;(D \text{ in cm}). \qquad (6)$$

Bei einem Berührungsbogen von 1 cm Breite würde statt a p gesetzt werden können. Dann würde nach den Annahmen des II. I. Str. K $\sqrt{u} = 125$ zu setzen sein, wenn D in Meter eingesetzt wird.

Nach dieser Überlegung wird also die Annahme des I. Str. K. bestätigt.

Wird eine größere Berührungslänge angenommen, dann wird die Bodenpressung der Eindrückungsform und die Belastung P dem Inhalt des Druckdiagramms

$$P = \tfrac{2}{3}\,l\,p$$

entsprechen.

Für den Wert p werde die aus dem Gleisbau bekannte Bettungsziffer C eingeführt, das ist diejenige Belastung, unter der sich die Fahrbahn um 1 cm zusammendrückt. Bei u cm Einsenktiefe würde die Gleichung den Wert annehmen.

$$P = \tfrac{2}{3}\,l\,u\,C$$
$$= \tfrac{4}{3}\,a\,u\,C \text{ mit Gleichung (5)}$$
$$= \tfrac{4}{3}\,C\sqrt{u^3 D}$$
$$p_{\max} = u\,C$$
$$p = \sqrt[3]{\frac{9\,P^2 C}{16\,D}} \qquad (7)$$

Für den Lastwagen mit 240 kg Belastung auf den Zentimeter Felgenbreite, 1 m Raddurchmesser und verschiedene Bettungsziffern ergeben sich dann die folgenden Drücke:

1. Erdbahn $C = 2$ kg/cm², $p = 8{,}6$ kg/cm²;
2. Kiesbahn $C = 4$ kg/cm², $p = 10{,}9$ kg/cm²;
3. frisch beschotterte Steinschlagbahn $C = 8$ kg/cm², $p = 13{,}7$ kg/cm²;
4. festgefahrene Schotterdecke nach Dr.-Ing. Bloss $C = \sim 30$ kg/cm², $p = 21{,}1$ kg/cm²;
5. Betondecke nach Dr.-Ing. Bloss $C = \sim 120$ kg/cm², $p = 33{,}8$ kg/cm².

Das letzte Ergebnis bedarf noch einer Nachprüfung. Während die Steinschlagdecke nachgiebig ist und infolgedessen der Reifen sich auf eine größere Breite in die Decke eindrücken wird, ist mit einem solchen Vorgang auf den unnachgiebigen Decken, Stampfasphalt oder Beton, vor allem auch auf Steinpflaster nicht zu rechnen. Die Annahme, daß die Felge auf 10 cm Breite aufliegt, kann daher nur für nachgiebige Decken, z. B. Steinschlagdecken, gelten, für andere wie Beton ist sie viel zu günstig. Bei abgefahrenen eisernen Reifen wird die Berührungsbreite auf starren Decken wesentlich geringer sein und in der Regel höchstens 2 cm betragen. Dann aber wird die Bodenpressung z. B. bei Beton für die Radlast $P = 1200$ auf 1 cm Felgenbreite, $C = 120$, $p = 46$ kg/cm².

Es kann also allgemein die Frage gar nicht entschieden werden, welche Bereifungsart die höchsten Einheitsdrücke ausübt, sondern die Deckenart wird dabei mit berücksichtigt werden müssen. Bei den elastischen Reifen ist davon ausgegangen, daß sie auf der Fahrbahn in Form einer Berührungsellipse die Drücke übertragen. Auf weichen Befestigungen mit niedriger Bettungsziffer werden aber auch die elastischen Reifen sich eindrücken und die Ellipse wird sowohl nach der großen wie kleinen Achse sich vergrößern, d. h. infolge der Vergrößerung der Berührungsfläche werden die für Vollgummi- und Luftreifen berechneten Einheitsdrücke geringer werden. Aus der folgenden Gegenüberstellung lassen sich die wahrscheinlichen Drucke für ruhende Last erkennen.

Zusammenstellung 6.

	Eiserner Reifen kg/cm² $p =$	Stoßfrei	
		Vollgummireifen kg/cm²	Luftreifen kg/cm²
1. Erdbahn	8,6	Wahrscheinlich geringer als 28,5	Wahrscheinlich geringer als 12
2. Kiesbahn	10,9		
3. Schotterdecke, frisch	13,7		
Schotterdecke, festgefahren	29		
4. Beton	46	28,5	12 (höchstens 16)

Eine Nachprüfung der Berührungsellipsen würde bei Vollgummireifen und Luftreifen bei den Fahrbahndecken zu 1—3 ergeben, daß sie wesentlich größer sind als zu 4, so daß also die für Beton errechneten Bodenpressungen nicht in

Erscheinung treten. Wertvoll ist aber die Feststellung zu 4, daß der eiserne Reifen den höheren Bodendruck abgibt.

Die Ergebnisse der Versuchsstraße des D. Str. B. V. bei Braunschweig haben das bestätigt, so daß vorgeschlagen wird, daß bei eisernen Reifen der Felgendruck für 1 cm 90 kg nicht überschreiten soll. Im Abschnitt VII wird auf diese Feststellung noch besonders eingegangen werden.

An sich muß aber an dieser Stelle darauf hingewiesen werden, daß die ruhende Last (statische) nicht ausschlaggebend für die Beanspruchung der Fahrbahnoberfläche ist, sondern daß die dynamischen Kräfte, die vom Kraftwagen auf die Straße ausgeübt werden, die größte Beanspruchung hervorrufen.

c) Die Kraftübertragung zwischen Felge und Straße im Kraftwagen.

Die richtige Ausbildung der Kraftübertragung im Kraftwagen ist sowohl für den Kraftwagen wie für die Straße von erheblicher Bedeutung. Darum hat die wissenschaftliche Kraftwagenwertung den Vorgängen im Getriebe sowohl wie

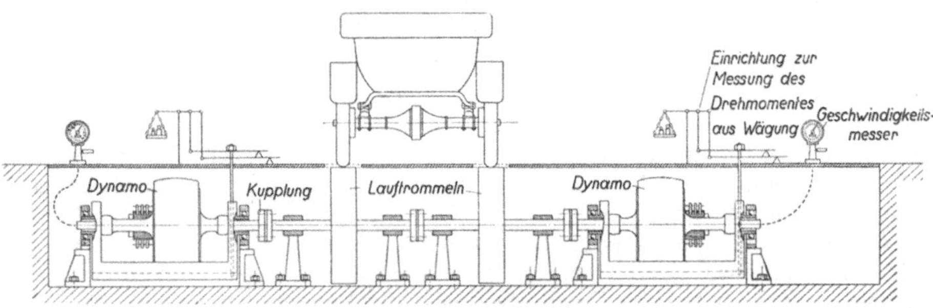

Abb. 13. Trommelprüfstand für Kraftwagen.

an den Radumfängen ihre besondere Aufmerksamkeit zugewendet und sie eingehend untersucht. Es sind zu diesem Zwecke Prüfstände gebaut worden, bei denen die Triebräder des Kraftwagens auf Trommeln gestellt werden und ihre Kraft an diese abgeben, indem der Wagen selbst durch Zugbänder festgehalten wird. Die Fahrleistung wird dann auf den Trommeln in der Weise gemessen, daß die Trommeln mit Dynamomaschinen gekuppelt sind, deren elektromotorische Leistung abgelesen wird. Die Abb. 13 gibt die Anordnung des Prüfstandes der Versuchsanstalt für Kraftfahrwesen an der Technischen Hochschule zu Dresden (10). Als Nachteil der Trommeln wird angeführt, daß die Räder nicht auf einer Ebene, sondern auf Zylindern abrollen, was Fehler bei der Bestimmung der Rollverluste verursachen muß. Denn auf der gekrümmten Laufbahn wird die Eindrückungstiefe des Reifens und damit die Formänderungsarbeit erhöht. Statt der Trommeln hat Professor Langer in Aachen Laufbänder, die wie bei den Raupenschleppern aus einzelnen mit Gelenken verbundenen Gliedern bestehen, angewendet, die dem Triebrad eine der guten Pflasterstraße ähnliche Laufbahn darbieten (Abb. 14). Bei dieser Form ist es möglich, die einzelnen Raddrücke während des Betriebes zu messen, da unter dem Laufband ein Rollentisch angeordnet ist, der auf einer Waage liegt. Die Raddrücke wirken auf Meßdosen, die unter dem Rollentisch angeordnet sind und die Drücke mittels selbstschreibender Manometer aufzeichnen. Der Prüfstand kann gekippt werden, um Bergfahrtstellung einzunehmen (11).

Der Prüfung von Straßendecken unter der Beanspruchung von Kraftwagen dient die Prüfmaschine für Verkehrsmittel in der Materialprüfungsanstalt der Technischen Hochschule Stuttgart, die im Abschnitt VII A b 2 beschrieben ist.

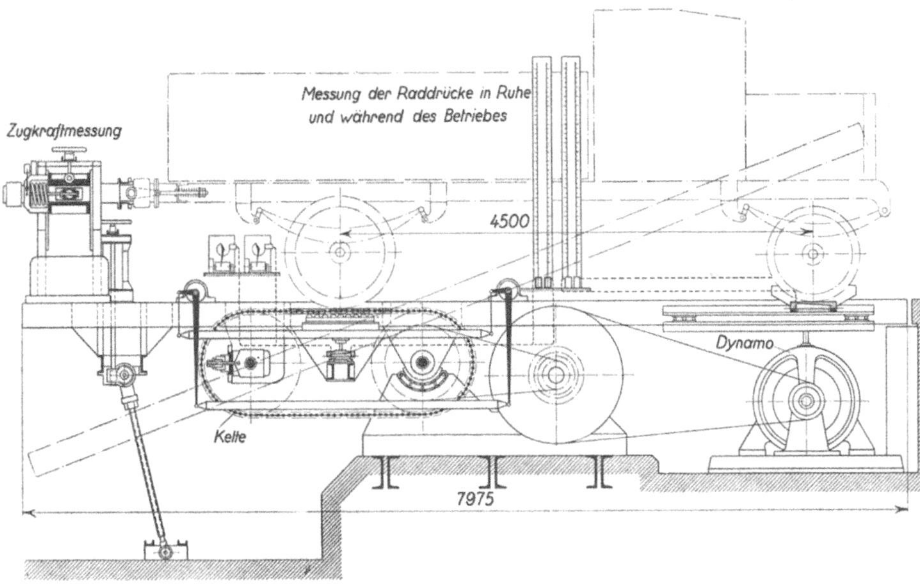

Abb. 14. Laufbandprüfstand für Kraftwagen.

1. Die dynamischen Kräfte.

Die Ergebnisse der Kraftwagenprüfung werden als Fahr- und Steigungsbilder zeichnerisch aufgetragen, so daß man Vergleichsbilder erhält, die die Eigenart jedes Wagens kennzeichnen. Aus diesen Fahrbildern können die Werte über

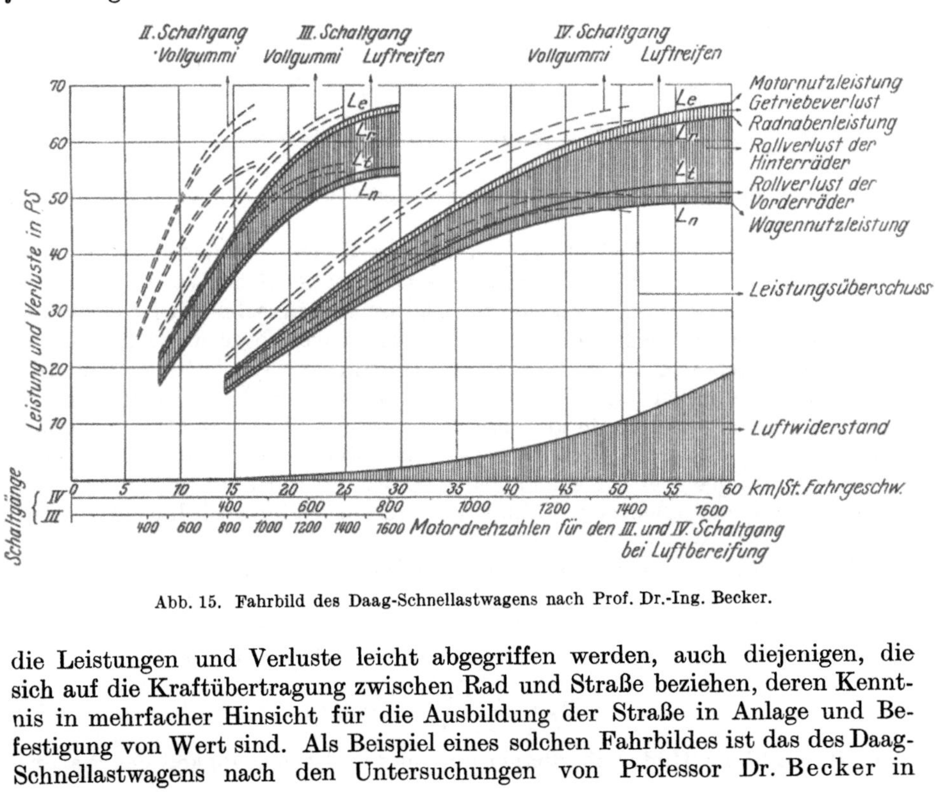

Abb. 15. Fahrbild des Daag-Schnellastwagens nach Prof. Dr.-Ing. Becker.

die Leistungen und Verluste leicht abgegriffen werden, auch diejenigen, die sich auf die Kraftübertragung zwischen Rad und Straße beziehen, deren Kenntnis in mehrfacher Hinsicht für die Ausbildung der Straße in Anlage und Befestigung von Wert sind. Als Beispiel eines solchen Fahrbildes ist das des Daag-Schnellastwagens nach den Untersuchungen von Professor Dr. Becker in

Charlottenburg in der Abb. 15 wiedergegeben (12). Sämtliche Werte, mit Ausnahme des Luftwiderstandes, sind auf dem Prüfstand ermittelt. Der Luftwiderstand ist nach bekannten Formeln berechnet. Aus diesem Fahrbild ist für den Straßenbau zu entnehmen: Die Leistung des Motors bei den verschiedenen Fahrgeschwindigkeiten und Schaltgängen, die Rollverluste der Vorderräder und der Hinterräder, verursacht durch den Fahrbahnwiderstand und die Größe des Leistungsüberschusses. Dieser wird auf der Ebene nicht ausgenutzt und kann für die Beschleunigung und zur Überwindung von Steigungen verwendet werden. Aus dem Leistungsüberschuß in Kilogrammmeter kann man diejenige Steigung für eine bestimmte Geschwindigkeit ermitteln, die der Wagen mit dem betreffenden Schaltgang noch überwinden kann. Es ist:

$$s \text{ (Steigung der Fahrbahn in vH)} = \frac{3{,}6 \cdot 75 \cdot 100}{G\,V} L_s, \tag{8}$$

worin

G = Wagengewicht,
V = Geschwindigkeit km/stdl.,
L_s = Leistungsüberschuß in PS.

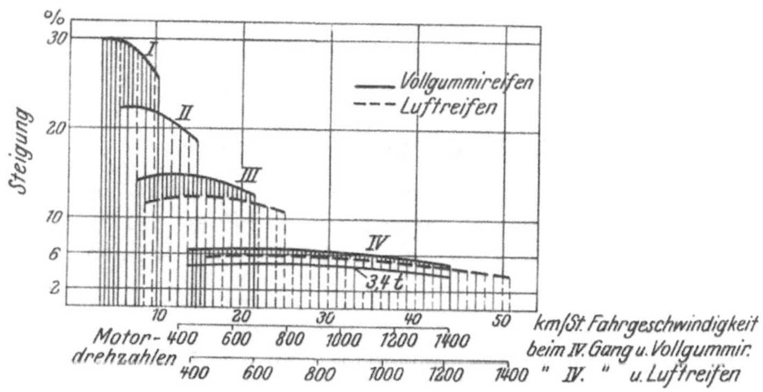

Abb. 16. Steigungsbild des Daag-Schnellastwagens.

Die errechneten Steigungsdiagramme des 2-t-Daag-Schnellastwagens zeigt die Abb. 16.

Man erkennt die bedeutende Größe des Steigungsvermögens der Kraftwagen, das ausreichend ist für die Überwindung aller dem Kraftwagen zugänglichen Straßen auch im Hochgebirge. Die im Steigungsbild des Daag-Wagens vermerkten Unterschiede zwischen dem Steigungsvermögen mit Luftreifen und Vollgummireifen sind durch die größeren Durchmesser der Luftreifen gegenüber den Vollgummireifen und das dadurch verschiedene Übersetzungsverhältnis zwischen Motor- und Triebraddrehzahl verursacht. Die besondere Eigenschaft des Kraftwagens, große Steigung vollausgelastet nehmen zu können, macht ihn besonders geeignet für gebirgiges Gelände. Sie wird auf die Linienführung von Kraftwagenstraßen von Einfluß sein, worauf später noch hingewiesen wird (Abschnitt III. B.).

Die Vorwärtsbewegung des Wagens erfolgt durch ein von dem Motor erzeugtes Drehmoment, das durch das Getriebe auf die Hinterräder ausgeübt wird. Dieses Drehmoment berechnet sich aus der Motorleistung N in PS und der Drehzahl der Räder in der Minute (n) bei einem Wirkungsgrad η.

$$M_d = \frac{N \cdot 716{,}20 \cdot \eta}{n} \text{ cmkg}. \tag{9}$$

Die Drehzahl der Hinterräder hängt ab von der Geschwindigkeit des Wagens V

in km/Std. und dem Halbmesser r. Es ist $n = \frac{V \cdot 60}{3{,}6 \cdot 2r}$. Der Wert von n, eingesetzt in Gleichung (9), ergibt dann

$$M_d = \frac{N \cdot 270 \cdot \eta \cdot r}{V} \tag{10}$$

und die Umfangskraft an einem Rad wird

$$\frac{M_d}{r} = P = \frac{270 \cdot N}{2\,V}. \tag{11}$$

Diese Umfangskraft muß, damit die Räder auf dem Boden abrollen, kleiner sein als die Gegenstützkraft der gleitenden Reibung. Diese Stützkraft ist das Produkt aus dem Reibungsgewicht Q_r des Wagens, das auf den Triebrädern ruht, und der Reibungsziffer f für gleitende Reibung

$$P < Q_r \cdot f.$$

Um diese Stützkraft möglichst groß zu gestalten, wird die Triebachse stärker belastet als die Laufachse. Bei Lastkraftwagen erhält sie 64—75 vH des Wagengewichtes einschließlich der Nutzlast, bei Personenwagen 0,56—0,62 vH.

Zu dem ruhenden Raddruck aus Eigengewicht und Belastung treten bei der Bewegung noch Zusatzdrücke durch die folgenden Kraftwirkungen:

α) Das Drehmoment, das vom Motor ausgeht, sucht den Wagen um die Hinterachse zu drehen. Auf Prüfständen kann daher aus der Entlastung der Vorderachse die Größe des Drehmoments ermittelt werden.

β) Das am Ausgleichgetriebe angreifende Drehmoment belastet das eine Hinterrad und entlastet das andere.

Wenn mit

M_d das Drehmoment
r_1 der Halbmesser des Kegelrades an der Gelenkwelle,
r_2 der Halbmesser des Kegelrades am Ausgleichgetriebe,
a der Achsabstand
und b die Spurbreite

bezeichnet werden, ist die tatsächliche Zusatzbelastung des am stärksten belasteten Hinterrades

$$P_z = \frac{1}{2}\frac{M_d}{r_1} \cdot \frac{r_2}{a} + K\frac{M_d}{b}, \tag{12}$$

wobei $K > \frac{1}{2}$ anzunehmen ist (13).

2. Der Rollwiderstand.

Mit zu den Bewegungswiderständen gehört der Rollwiderstand, der auf den verschiedenen Pflasterarten verschieden groß ist. Betrachtet man wieder den Vorgang bei einem abrollenden Gummireifen, so zeigt sich folgendes Bild (14): Das Material des Reifens wird bei I (Abb. 17) mit der abwärts gerichteten Geschwindigkeit v_I angeliefert, es wird elastisch auf einen kleineren Halbmesser gestaucht; entsprechend kann es bei II mit der aufwärts gerichteten Geschwindigkeit v_{II} der Zusammenpressung entweichen und wieder aufquellen. Von I—B ist, verglichen mit der gleichförmigen Verteilung des Normaldruckes, ein Überdruck, von B bis II ein Unterdruck. Die Mittelkraft des Rückdruckes der Bahn gegen das Rad wird dadurch vor den Radmittelpunkt verschoben. Es entsteht ein Moment des Rollwiderstandes, das der vorhandenen Drehgeschwindigkeit entgegenwirkt und bei Lauf- und Triebrad vorhanden ist. Der Wechsel zwischen Über- und Unterdruck ruft Schwingungen hervor, die in Wärme übergehen.

Am Umfang des Triebrades treten zudem noch Momente zwischen Stahlfelge und Straßenoberfläche auf, die den Gummi zu verformen suchen. Die Diagonale *IV—II* (Abb. 18) des Reifenstückes wird gestaucht, die Diagonale *I—III* wird gestreckt. Das Moment $T \cdot h$ dreht der Drehbewegung ω entgegen, die innere Arbeit ist $T \cdot h\gamma$ kgm. Auf 1 lfd cm des Umfanges entfallen davon

$$\frac{T \cdot h\gamma}{I-II} \quad \frac{\text{kg m}}{\text{cm}}.$$

Da in der Sekunde an Umfang

$$\omega \cdot r \, \frac{\text{cm}}{\text{sec}}$$

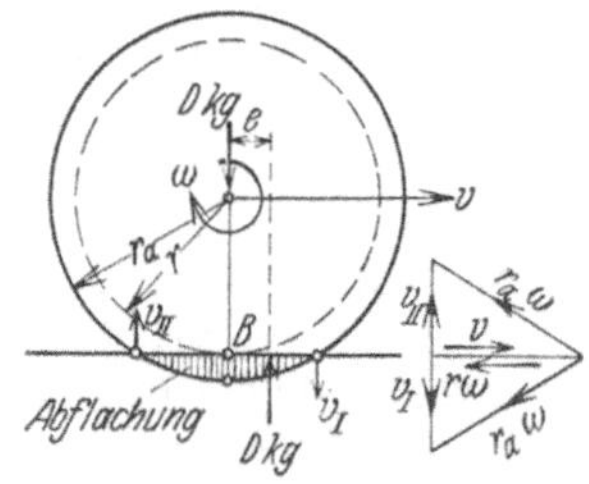

Abb. 17.

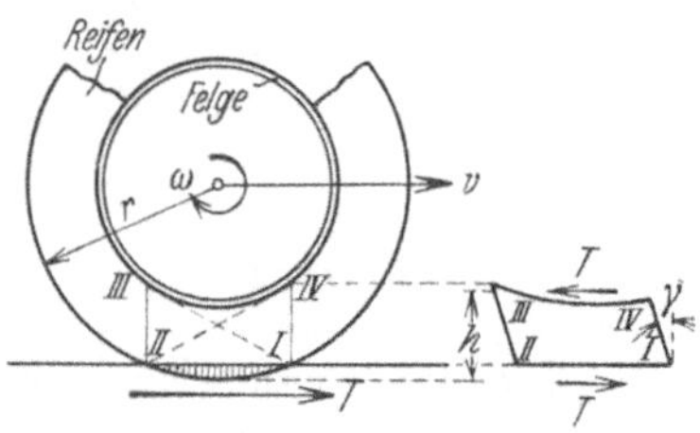

Abb. 18.

Abb. 17—18. Vorgänge beim Abrollen eines Rades mit elastischer Bereifung.

angeliefert werden, so ist der sekundliche Arbeitsverlust

$$\frac{\omega r}{I-II} \cdot T h \gamma \frac{\text{kg m}}{\text{sec}} = \frac{1}{75} \frac{\omega r}{I-II} \cdot T h \gamma \quad \text{in PS.} \tag{13}$$

Das ist die Arbeit, die vom Rollwiderstand verzehrt wird. Der Rollwiderstand ist in gleichem Maße auch abhängig von der Oberfläche der Fahrbahn. Ist diese eben und bleibt sie unter dem Raddruck eben, dann tritt nur das Gegenmoment $T \cdot h$ auf, wie z. B. auf festen Asphalt- oder Betondecken. Ist die Decke aber nachgiebig, dann sinkt das Rad ein. Es schiebt einen Wulst vor sich her, über den es fortwährend gehoben werden muß. Es entsteht also Hubarbeit. Der geringste Rollverlust ist daher auf völlig ebenen Straßen. Das Geringstmaß entspricht der Arbeit im Reifen. Ihre Größe ist nach amerikanischen Versuchen auf 11 kg/1^t für Luftreifen und 15 kg/1^t für Vollgummireifen ermittelt (15). Der Rollwiderstand für verschiedene Befestigungsarten ist bisher angenommen nach Zusammenstellung 7.

Zusammenstellung 7.

Deckenart	w kg/t
Beton	= 12,7
Asphalttränkmakadam, etwa	= 30,0
Stampfasphalt — Sandasphalt	= 12,5
Beton mit 1 cm Asphaltbelag	= 22,5
Steinschlagstraße, gut	= 30,0
Teermakadam, angenommen zu . . .	= 25,0

Offenbar werden die Rollwiderstände auch durch die Fahrgeschwindigkeit beeinflußt. Die Engineering Experimental Station des Iova State College (16) hat darüber Versuche angestellt, indem Personenkraftwagen, aus denen die Antriebe herausgenommen und die Radachsen auf Walzlager gesetzt sind, von Lastkraftwagen gezogen worden sind. Die Fahrgeschwindigkeit wurde dabei in der Weise gemessen, daß ein liniiertes Papier durch eine Riemenübertragung abrollt, auf dem ein mit einem Schreibstift versehener Magnet Zeitabstände von einer halben Sekunde aufzeichnet. Aus den Abständen der veränderlichen Zeitabstände auf dem Papierstreifen wird die Fahrgeschwindigkeit ermittelt, zugleich aber auch die Beschleunigung und Verzögerung. Die Wagen sind von dem Lastwagen bis zu einer bestimmten Geschwindigkeit gezogen, abgekuppelt worden und dann ausgelaufen. Um Einfluß von Wind und Neigung der Straße auszuschalten, sind die einzelnen Strecken in beiden Richtungen befahren worden.

Der Widerstand W ist dann aus der Verzögerung berechnet worden:

$$W = M \cdot a + \frac{J \cdot \omega}{r} \tag{14}$$

hierin ist M die Masse des Wagens

$a =$ die Beschleunigung bzw. Verzögerung aus der aufgenommenen Geschwindigkeitszeitkurve,

$J =$ das Trägheitsmoment der sich drehenden Teile,

$\omega =$ die Winkelbeschleunigung,

$r =$ Durchmesser des Rades.

Die Versuche haben keine großen Unterschiede für diejenigen Straßenbefestigungen ergeben, die harte und ebene Oberflächen zeigen. Mit zunehmender Fahrgeschwindigkeit haben auch die Widerstandswerte zugenommen. Das darf aber nicht nur auf die Zunahme des Luftwiderstandes zurückgeführt werden, sondern kann auch im Härterwerden der Gummireifen begründet sein, wenn infolge der Fliehkraft die Nachgiebigkeit des Reifens zurückgeht. Auf minderwertigen Straßen aus Kies oder Erde sind sehr hohe, aber auch unterschiedliche Bewegungswiderstände gefunden worden.

Feststellungen auf der Versuchsstraße des D. Str. B. V. bei Braunschweig haben wesentlich höhere Werte des Rollwiderstandes ergeben. Er ist als Drehmoment an den Triebrädern mit Kondensatormikrometern gemessen und für einen Büssing-10,5-t-Lastkraftwagen mit Hochdruckbereifung bei 30 km/h Fahrgeschwindigkeit zu 52,6 kg/t für Kleinpflaster, 54 kg/t für Beton, 57,9 kg/t für Oberflächenbehandlung mit Asphaltbitumen und Teer und für Steinschlagasphalt und zu 58,3 kg/t für die Teerdecken ermittelt worden. Die im Vergleich mit anderen Messungen hohen Werte sind zu erklären aus dem Meßverfahren, daraus, daß eine Kreisbahn befahren ist, aus dem großen Gewicht des Versuchswagens (10,5 t) und dem Luftwiderstand. Auf einer geraden Strecke mit Basaltkleinpflaster ist ein Rollwiderstand von 43,2 kg/t gemessen worden, vgl. Denkschrift über die Versuchsstraße des D. Str. V. bei Braunschweig Nr. VIII, die eine wohl lückenlose Zusammenstellung der zur Messung des Rollwiderstandes durchgeführten Versuche enthält.

3. Reibungsbeiwerte.

Auf die Ermittlung der Reibungsbeiwerte ist in den letzten Jahren viel Forschungsarbeit verwendet worden. Aber ein völlig klares Bild über die Werte hat sich noch nicht ergeben. Es werden 3 Zustände zu unterscheiden sein; unter der Voraussetzung, daß der Wagen mit der gleichförmigen Geschwindigkeit v fährt (Abb. 19):

α) Das Rad macht n Umdrehungen in der Minute, seine Drehgeschwindigkeit um seine Achse ist.

$$\omega = \frac{2\pi n}{60} \sec^{-1}.$$

Die Geschwindigkeit des Punktes B am Radumfang, der augenblicklich mit der Straße in Berührung ist

$$v_B = v - r\omega. \tag{15}$$

Wenn der Wert v_B positiv ist, also

$v > r\omega$ findet „Gleiten“,

$v = r\omega$ findet reines Rollen

$v < r\omega$ findet Schlüpfen statt.

Das Maß für das Gleiten ist in der Zeiteinheit

$$\frac{v - r\omega}{v} \cdot 100 = \alpha\,\%. \tag{16}$$

Das Maß für das Schlüpfen

$$\frac{r\omega - v}{r} \cdot 100 = \beta\,\%. \tag{17}$$

Beim reinen Rollen ist der am Umfang des Rades zurückgelegte Weg gleich der Fahrstrecke (s) und die Zahl der Umdrehungen $= \frac{s}{2r\pi}$. Dieser Zustand wird auch **Reibung der Ruhe** genannt. Es wird nur soviel Reibungskraft

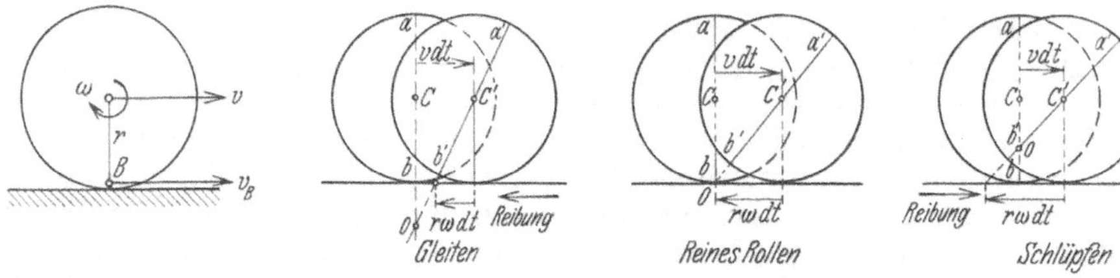

Abb. 19. Einfluß der Reibung auf den Rollvorgang.

ausgelöst, als zur Aufrechterhaltung der Ruhe notwendig ist. Sie kann alle Werte zwischen Null und dem größtmöglichen Betrag annehmen und sie kann vorwärts oder rückwärts gerichtet sein, je nachdem die Ruhe den Charakter eines latenten Schlüpfens (wie beim Triebrad) oder eines latenten Gleitens hat (wie beim Laufrad). Beim Gleiten wird die Zahl der Umdrehungen herabgemindert auf

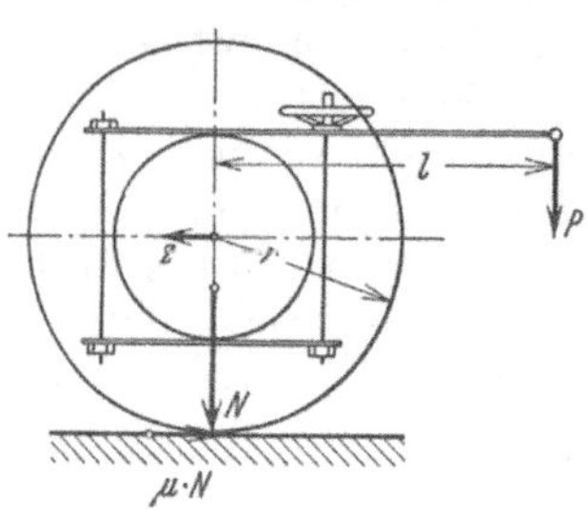

Abb. 20. Bremsrad zur Messung der Fahrbahn-Reibung.

$$n_1 = \frac{s \cdot \left(1 - \frac{\alpha}{100}\right)}{2r\pi},$$

beim Schlüpfen dagegen vergrößert

$$n_2 = \frac{s}{2r\pi \cdot \left(1 - \frac{\beta}{100}\right)}.$$

Überträgt das Rad den Normaldruck N auf die Straße und ist f der Reibungsbeiwert, so ist der größte Wert, den die Reibung überhaupt annehmen kann

$$f \cdot N \text{ kg}. \tag{18}$$

Dieser Wert ist nur in der Reibung der Ruhe, der statischen Reibung vorhanden. Bei Überschreiten dieses Zustandes tritt die dynamische Reibung auf, deren Reibungsbeiwert stets geringer ist.

Die bisher vorgenommenen Versuche solche Reibungsbeiwerte festzustellen, sind hinsichtlich ihrer Größe an sich unsicher, sie haben nur Erkenntnis darüber gebracht, wie verschieden sie auf den einzelnen Fahrbahnen und bei verschiedener Beschaffenheit der Fahrbahnen sind. Vor allem sind bei den ermittelten Werten, der Roll- und Luftwiderstand und die Lagerreibung in den Achsen mitenthalten. Je nach der Größe dieser Bewegungswiderstände im Vergleich zu den Reibungsbeiwerten selbst sind die gewonnenen und errechneten Werte beeinflußt.

Die Reibungsbeiwerte lassen sich messen, wenn die Momentengleichung an einem gebremsten Rade aufgestellt wird. Für ein nach Abb. 20 gezogenes gebremstes Rad gelten nachstehende Beziehungen

$$Z = \mu N. \tag{19}$$

$$P \cdot l = \mu N \cdot r.$$

$P =$ die Bremskraft am bekannten Hebelarm l in kg,
$Z =$ die Zugkraft, die vom Schleppfahrzeug aufzubringen ist, in kg,
$N =$ der Raddruck in kg,
$\mu =$ der Reibungsbeiwert zwischen Rad und Fahrbahn.

Gleichung (18) nach μ aufgelöst, ergibt

$$\mu = \frac{Pl}{Nr}. \tag{20}$$

Voraussetzung ist, daß die Schleppachse mit gleichmäßiger Geschwindigkeit gefahren wird.

Der Reibungsbeiwert läßt sich aber auch aus der Zugkraft bei Bremswirkung berechnen. $\sum$ der horizontalen äußeren Kräfte $= 0$ ergibt

$$Z' + Z = \mu \cdot N. \tag{21}$$

Z' ist die Erhöhung der Zugkraft unter Wirkung der Bremsen.

Solange das geschleppte Rad rollt, besteht die statische Reibung. Mit Zunahme der Bremsung wird die Umdrehungsgeschwindigkeit des Rades abnehmen, es tritt Schlupf ein, bis das Rad blockiert ist, dann besteht die dynamische Reibung. Beim Übergang von der statischen zur dynamischen Reibung wird der Höchstwert der Reibung vorhanden sein. Um auf diesem Wege die Reibungsbeiwerte zu messen, ist von der Materialprüfungsanstalt der Technischen Hochschule in Stuttgart, unter Benutzung auf der auf S. 373 beschriebenen Straßenprüfbahn, eine Schleppachse ausgebildet worden, die aus einem Kraftwagenrad besteht, das in Kugellagern läuft. Der Raddruck läßt sich durch Zusatzgewichte ändern. Auf der Achse des Rades sitzt eine Bremstrommel, die mit einem Pronyschen Zaum gebremst werden kann. Die Schleppachse wird an den in Abschnitt VII C auf S. 374 beschriebenen Wagen angehängt. Sie wird durch einen Mitfahrer mittels der Stange s über ein Kegelgetriebe gebremst. Die Bremskraft P wird mit einem Preßzylinder und Manometer gemessen und aufgetragen. Die Fahrgeschwindigkeit und der Schlupf können festgestellt werden.

Für verschiedene Fahrbahnbeläge sind mit dieser Einrichtung bereits die Reibungsbeiwerte ermittelt, und zwar für verschiedene Fahrgeschwindigkeiten, Belastungen der Schleppachse und verschiedene Zustände der Fahrbahn trocken, naß und mit Straßenglibber bedeckt, der angetrocknet war und dann leicht mit Regenwasser angefeuchtet worden ist. — Für Gußasphalt haben sich Reibungsbeiwerte bei Geschwindigkeiten zwischen 4—16 km/h und Radbelastungen von 440—766 kg ergeben von:

Zusammenstellung 8:

	neue Fahrbahn	nach längerem Befahren
trocken	0,61—0,70	0,58—0,67
naß	0,49—0,53	0,55—0,47
mit Glibber bedeckt . . .	0,26—0,41	0,23—0,49

Die schon (S. 28) erwähnten, von der Experimental Station des Iova State College vorgenommenen Versuche haben sich auch auf die Ermittlung der gleitenden Reibung erstreckt, und zwar in der Fahrbahnrichtung und normal zu ihr. Der Reibungsbeiwert wird zu 0,65—0,85 angegeben, der auf feuchten Decken, die mit Schicht von Öl oder Glibber überzogen sind, auf 0,1—0,4 zurückgeht.

Zur Messung der Schlüpfrigkeit hat man auch in England Versuche angestellt, die in der Versuchsanordnung ähnlich denjenigen der Materialprüfungsanstalt Stuttgart sind. Bei diesen hat sich ergeben, daß eine Verringerung des Reibungsbeiwertes bei Zunahme der Geschwindigkeit auftritt. Die gemessenen Beiwerte für die trockenen und nassen Fahrbahnen unterscheiden sich nicht sehr von denjenigen der Stuttgarter Materialprüfungsanstalt.

d) Auswirkung der dynamischen Kräfte auf die Straßenoberfläche.

1. Schubkraft.

Für die Beanspruchung der Straße ist nicht die Größe der zur Vorwärtsbewegung des Wagens erforderlichen Schubkraft an sich maßgebend, sondern die Einheitsschubkraft auf den Quadratzentimeter Fläche. Die Schubkraft wird sich in der gleichen Weise über die Berührungsellipse zwischen Reifen und Straße verteilen, wie die Druckkräfte, worüber bereits im Abschnitt II C c 1 die Angaben gemacht sind (Abb. 8).

Für Kissenreifen, die einen nahezu rechteckigen Querschnitt haben und für Luftreifen kann angenommen werden, daß die Bodenpressung sich nahezu gleichmäßig über die Berührungsfläche verteilt. Infolgedessen ist auch die Einheitsschubkraft $k = \frac{K}{F}$ für den ganzen Querschnitt unveränderlich. Bei Vollgummireifen ist das nicht der Fall. Hier wird mit Bezug auf die Ausführungen auf S. 17 die maximale Schubkraft gleich dem 2,1fachen der Durchschnittsschubkraft anzusetzen sein. Bezeichnet man diese mit K, so ist ihre Größe (17)

$$k = \frac{K}{F} \quad \text{und} \quad k_{\max} = 2{,}1\,\frac{K}{F}. \tag{22}$$

Da nach der Gleichung (1) S. 17 $F = \frac{P}{p}$ ist, kann man der Gleichung (22) auch die Form geben:

$$k_{\max} = 2{,}1\,\frac{K \cdot p}{P}. \tag{23}$$

Für die Ermittlung der Schubkräfte muß man daher auf die Auflagerfläche und mittlere Bodenpressung für die verschiedenen Raddrücke und Bereifungsarten zurückgehen. Professor Dr. G. Becker (6) hat in seinen Untersuchungen über Automobilreifen die Berührungsflächen für verschiedene Reifenarten ermittelt[1]. In der folgenden Zusammenstellung 9 sind für Vollgummireifen, Fulda

Zusammenstellung 9.
Bodenpressung und Schubkräfte für verschiedene Radlasten und Reifenarten.

Radlast	Reifenarten												
	Vorwerk Vollgummireifen				Fulda Parabel II			Continental Riesenluft			Continental Cord Ballon		
	Berührungsfläche	Mittlere Bodenpressung	Maximale Bodenpressung	Maximale Schubkraft	Berührungsfläche	Bodenpressung	Einheitsschubkraft	Berührungsfläche	Bodenpressung	Einheitsschubkraft	Berührungsfläche	Bodenpressung	Einheitsschubkraft
kg	cm²	kg/cm²	kg/cm²	kg/cm²	cm²	kg/cm²	kg/cm²	cm²	kg/cm²	kg/cm²	cm²	kg/cm²	kg/cm²
3000	344	8,7	18,5		370	8,1		343	8,8		455	6,6	
4000	390	10,2	21,5		420	9,5		444	9,0		584	6,85	
3300 Büssing IV Gn	348	9,5	20,0	2,0	384	8,6	0,86	367	9,0	0,9	485	6,8	0,68
3750 Krupp L 5 N	375	10	21,0	2,1	408	9,2	0,85	420	8,95	0,82	552	6,8	0,62

Parabel II, Continental Riesenluftreifen und Continental Cord Ballon die mittleren Bahndrücke und Schubkräfte auf den cm² für die Lastwagentypen Büssing 10 t, Type IV Gn und 40 km/h Fahrgeschwindigkeit und Krupplastwagen von 11,3 t Gesamtgewicht, Type L 5a 30 km/h Fahrgeschwindigkeit errechnet. In der Zusammenstellung 9 ist angenommen, daß die zwei Lastwagen mit allen drei Reifenarten versehen werden können, ohne daß wesentliche Änderungen der Wagenform (Raddurchmesser) notwendig werden. Die Schubkräfte sind bei Vollgummireifen mindestens doppelt so hoch unter den gemachten Annahmen, wie bei Kissenreifen und die der Kissenreifen etwas höher als die für Ballonreifen. Auch aus

[1] s. Abb. 8.

dieser Feststellung ergibt sich die Schonung der Straße durch die Verwendung vor allem der Luftbereifung.

Bei Fahrten in Steigungen und mit Anhängewagen nehmen die Schubkräfte entsprechend höhere Werte an. Da sie aber verhältnisgleich mit den Zugleistungen steigen, bleiben sie bei den Wagen mit Kissen- und Luftreifen und bei höheren Belastungen auch bei Bergfahrt und Fahrt mit Anhänger unter denjenigen der Vollgummireifen.

Der Einfluß der Schubkräfte ist an den Fahrbahnen unmittelbar bisher schwer festzustellen gewesen, da bei den meisten Fahrbahnen infolge der Unebenheiten der Oberfläche dynamische Zusatzbelastungen hervorgerufen werden. Sobald aber im Straßenbau die fugenlosen und völlig ebenen Decken, wie Asphalt- und Betondecken, eine größere Ausbreitung erlangt haben werden, fallen die dynamischen Zusatzbelastungen nahezu fort und die Deckenoberflächen werden nur noch durch die Gewichte und Schubkräfte beansprucht. Das Verhalten stoßfreier Beton- und Asphaltfahrbahnen auf der Versuchsstraße des Deutschen Straßenbauverbandes in Braunschweig hat erwiesen, daß reiner Gummiverkehr selbst schwerer Wagen, die mit hohen Geschwindigkeiten gefahren worden sind, den Decken nichts anhaben kann.

Es wird noch die Frage zu prüfen sein, ob die Schubkräfte der Kraftwagen eine höhere Beanspruchung auf die Straßendecke ausüben als der Pferdeverkehr. Bei tierischem Zug wird die Bewegung in der Weise erzeugt, daß die Lastpferde mit den Hufeisen, die mit Stollen oder Griffen versehen sind, sich in die Fahrbahn einstemmen. Bei flotter Gangart werden die Zugkräfte im ungünstigsten Falle durch zwei Hufe, im ganzen also durch sechs Punkte, auf die Fahrbahn übertragen. Bei 350 kg Gewicht eines mittelstarken Pferdes entfallen auf jeden Punkt 58,5 kg. An den Stollen, die das Pferdegewicht aufnehmen, muß auch die Zugkraft übertragen werden, die waagerecht ausgeübt wird und sich mit der Druckkraft zu einer Resultante vereinigt. Die von einem Pferde auszuübende Zugkraft wird zu $^1/_5$ seines Gewichtes = etwa rd. 75 kg angesetzt. Diese Kraft wiederum nur auf sechs Punkte übertragen, gibt auf jeden etwa rd. 18 kg. Die Mittelkraft aus beiden beträgt dann rd. 60 kg, die unter einem steilen Winkel auf der Straßenoberfläche ansetzt und auf die geringe Fläche von 1 cm² einwirkt. Es mag dieser Fall etwas ungünstig sein, aber mit seinem Auftreten muß gerechnet werden.

Da die Stollen kaum einen größeren Querschnitt als 1 cm² aufweisen, wird mit einer recht hohen Druckkraft bei Pferdeverkehr zu rechnen sein. Das bestätigt auch die Erfahrung. Auf neuen Schotterstraßen oder Teer- und Asphaltstraßen hinterlassen die Pferdehufe scharfe Eindrücke, die die Decken wund machen, während die schwersten Lastkraftwagen keinerlei Beschädigung hervorrufen. Die Beanspruchungen der Straße durch Pferdeverkehr auf völlig ebenen Fahrbahnen müssen daher, bei gleichmäßiger Fahrt, ungünstiger beurteilt werden als durch den Kraftwagenverkehr. Es besteht aber eine Wechselwirkung insofern, als auf einer durch Pferdeverkehr wundgemachten Decke der Kraftwagen schwache Punkte in der Decke findet, z. B. Rollsteine oder Vertiefungen, an denen dann die Angriffe der Kraftwagenräder ansetzen können, durch die dann eine sehr schnelle Zerstörung der Decke herbeigeführt wird. Wie auch die Ergebnisse auf der Versuchsstraße in Braunschweig (s. Abschnitt VII D.) gezeigt haben, ist es keineswegs der Kraftwagenverkehr, der den schnellen Verschleiß auf den Decken herbeiführt, sondern die Zusammenwirkung von Pferde- und Kraftwagenverkehr, der gemischte Verkehr.

2. Beschleunigte und verzögerte Bewegung.

Bei den bisherigen Betrachtungen über Schubkraft ist von der gleichmäßigen Bewegung auf grader Bahn ausgegangen. Die Vorgänge ändern sich aber, wenn die Fahrt eines Wagens beschleunigt oder verzögert wird, bei Störungen in der Fahrt und beim Durchlaufen von Krümmungen. Beim Anfahren und Bremsen des Wagens, sowie bei jeder Änderung des Übersetzungverhältnisses, die beim Kraftwagen sprunghaft durch Einschalten eines anderen Ganges vor sich geht, treten besondere Kräfte auf, die auf der Fahrbahn erhöhte Schleifarbeit hervorrufen. Die Größe dieser Kräfte wird abhängig sein von der Strecke, auf der die Beschleunigung bis zur Erlangung der Endgeschwindigkeit und der Verzögerung bis zum Stillstand vor sich geht.

Wird die Geschwindigkeit v_1 auf der Strecke s auf die Geschwindigkeit v_2 gebracht, so errechnet sich die zu leistende Arbeit

$$K_b s = \frac{Q}{2g}(v_2^2 - v_1^2). \tag{11}$$

K_b ist die Schubkraft, die auf der Strecke s ausgeübt wird. Je kürzer diese Strecke ist, desto größer ist K_b. Demnach wird die Fahrbahn durch Wagen mit hohem Anzugsmoment, bei denen die volle gleitende Reibung zur Anwendung kommt, und bei starker Bremsung besonders stark in Mitleidenschaft gezogen. Bei Steigungen findet an Gefällbrechpunkten, bei denen ein anderer Gang eingeschaltet werden muß, eine merkbare Beanspruchung der Fahrbahn statt. Wenn die Räder beim Sprung über ein Hindernis die Berührung mit der Fahrbahn verlieren, fällt für kurze Zeit der Widerstand der Fahrbahn fort, die Triebräder erhalten infolgedessen eine Beschleunigung. Wenn sie wieder auf die Fahrbahn aufsetzen, haben sie eine Umdrehungsgeschwindigkeit, die größer ist als die Wagengeschwindigkeit. Sie werden dem Wagen nur eine geringe Beschleunigung erteilen können, der größte Teil der lebendigen Kraft wird durch Reibungsarbeit an der Fahrbahn vernichtet werden. Die Räder werden stark auf der Decke schleifen, wie durch Beobachtungen hinlänglich bestätigt ist.

3. Wirbelkräfte.

Der schnellfahrende Kraftwagen ruft je nach der Größe seiner Fahrgeschwindigkeit starke Luftbewegungen hervor. Denn bei der Fahrt des Wagens bildet sich hinter dem Wagen ein luftverdünnter Raum, in den die vorn verdrängte Luft neben, über und unter den Wagen zu strömen sucht. Die Wirkung wird nicht auf die unmittelbar am Wagen liegenden Luftflächen beschränkt bleiben, sie wird auf größere Strecken einwirken, und auf diese Weise werden auch die am Boden liegenden Luftschichten mitgerissen werden. Sie werden, genau so wie der Wind die feinen Staubteilchen, die bei ihrem geringen Gewicht und geringen Kohäsion zum Boden keinen Widerstand leisten, emporwirbeln und in die Luftströmungen hinter den Wagen bringen. Dann bildet sich jene bekannte Staubfahne, die die Fahrt eines Kraftwagens abzeichnet. Diese Staubbildung wird noch durch verschiedene Einwirkungen verstärkt. So werden die sich verhältnismäßig schnelldrehenden Räder die sie umgebende Luft erfassen und in Drehung versetzen, durch die wiederum der Bodenstaub mitgerissen wird. Der Reifen nimmt zufolge seiner Adhäsion Bodenteilchen mit, die tangential emporgeworfen werden. Sie geraten in die zuerst genannten Luftströmungen und werden von diesen aufgenommen und weitergeschoben.

Man spricht ferner davon, daß der elastische Reifen auch noch eine Saugwirkung hervorruft, die beim Abheben des Radkranzes vom Boden beteiligt sein kann. Diese Saugwirkung ist durch die Untersuchungen auf S. 28 erklärt.

Alle durch die schnelle Bewegung des Wagens hervorgerufenen Kräfte, wie Luftströmungen, Wirbel, Saugwirkungen greifen nun besonders die Steinschlagdecken an, deren Deckschicht stets bei Trockenheit aus feineren Stoffen besteht. Man hat versucht, diese Vorgänge auch rechnerisch zu erfassen, was bei dem Zusammenwirken vieler Einflüsse unmöglich erscheint (17).

Die Wege, um die Kräfte, die hier auftreten, abzuschwächen, sind an sich klar vorgezeichnet. Je geringer die Luftströmungen sind, die bei der Fahrt auftreten, um so weniger Staubteilchen werden emporgerissen werden. Diejenige Wagenform, die die geringsten Luftströmungen hervorruft, wird auch den geringsten Fahrwiderstand haben. Bei Anwendung von Wagenformen mit geringstem Fahrwiderstand werden auch die Wirbelkräfte eingeschränkt werden. Das hat der Versuch mit dem Jarayschen Stromlinienwagen bestätigt (Motorwagen 1923, S. 355), bei dem der Staub nur etwa 0,5—0,6 m vom Boden emporgehoben, dann aber völlig wieder auf den Boden gedrückt worden ist. Je schwerer auch die Bodenteilchen sind und je größer ihre Kohäsion und Verkittung untereinander, desto eher werden sie den Saug- und Wirbelbewegungen standhalten. Für diesen Fall die Grenzen des Gewichtes und Bindekräfte zu bestimmen, ist insofern überflüssig, als schon aus anderen Gründen, z. B. gegen Stoßwirkungen, Witterungseinflüsse u. a. wesentlich höhere Ziele für die Widerstandsfähigkeit der Straßendecken gesteckt sind, als die Saug- und Wirbelkräfte verlangen.

4. Fliehkraft in Krümmungen.

In Krümmungen wirkt die Fliehkraft, deren Größe sich nach der Formel

$$C = \frac{m v^2}{R} \tag{24}$$

berechnet, auf den Kraftwagen ein. Diese horizontal wirkende Kraft muß von der Fahrbahn aufgenommen werden, wenn der Wagen nicht aus der Kurve herausgeworfen werden soll. Zudem werden die äußeren Räder infolge des durch die Fliehkraft entstehenden Momentes belastet. Die Größe der Zusatzbelastung beträgt nach Abb. 21

$$C \cdot u = P_c \cdot s,$$

$$P_c = \frac{C \cdot u}{s} = \frac{m v^2 \cdot u}{R \cdot s}. \tag{25}$$

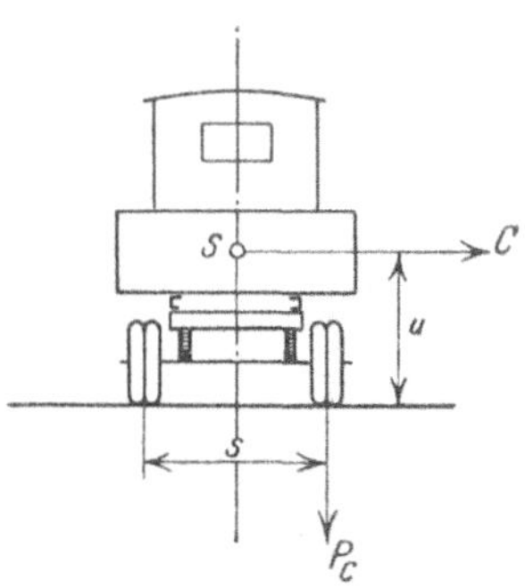

Abb. 21. Zusatzbelastung infolge der Fliehkraft.

Damit ein Kraftwagen in der Krümmung nicht aus der Bahn herausgeschleudert wird, muß die Fahrbahn Schubkräfte normal zur Fahrtrichtung aufnehmen. Die Größe der Schubkräfte ergibt sich aus der Reibung der Fahrbahn. Ist die Fahrbahn in der Krümmung glatt, fehlt es also an der genügenden Reibung am Berührungspunkt des Rades mit der Fahrbahn, dann können diese Schubwirkungen nicht entstehen, und der Wagen wird aus der Bahn geworfen. Dieser für den Kraftwagenverkehr sehr gefährlichen Wirkung der Fliehkraft kann man dadurch begegnen, daß man der Straße in der Krümmung eine einseitige Querneigung gibt und die Fahrbahn mit einer rauhen Befestigung versieht. Auf nachgiebigen Fahrbahnen macht sich die Schubkraft beispielsweise dadurch bemerkbar, daß sich in der äußeren Spur ein Wulst bildet. Die Ausbildungen der Krümmungen zur sicheren Führung der Wagen wird unter dem Abschnitt Linienführung der Straßen, Abschnitt III A. a, S. 51, behandelt werden.

5. Stoßwirkungen.

Die Stöße sind diejenigen dynamischen Einwirkungen auf die Fahrbahn, die die größten Beanspruchungen hervorrufen und daher auch die größten Zerstörungen verursachen. Infolge der Unebenheiten der Fahrbahn wird das Rad in Schwingungen versetzt, dadurch steigen die Raddrücke bei unvollkommen federnden Reifen bis zu einem vielfachen Betrage des statischen Raddruckes. Die sich immer wiederholenden gesteigerten Raddrücke, die einem um das Vielfache überladenen Wagen entsprechen, sind die hauptsächlichen Ursachen für die Straßenzerstörung. Das Ziel des Straßenbaues wird darauf gerichtet sein, unebene Fahrbahnen auszuschließen und solche Deckenbefestigungen zu vermeiden, die von vornherein uneben sind, wie z. B. Pflaster mit großen Fugen. Stöße, hervorgerufen durch die Straßendecke, beschädigen nicht nur den Kraftwagen und wirken schädlich auf die Decke ein, sondern rufen auch Erschütterungen hervor, die in städtischen Straßen die Gebäude an der Straße empfindlich in Mitleidenschaft ziehen.

Es liegt in der Natur der Sache, daß Stöße sich nicht ganz vermeiden lassen. Es sei nur auf die Einbauten von Versorgungsleitungen in städtischen Straßen hingewiesen, deren glatter Anschluß an das umgebende Pflaster als nahezu unmöglich anzusehen ist. Diese Verhältnisse erfordern daher, über Wesen und Größe der Stoßwirkung Klarheit zu besitzen, zumal die starren Decken, wie Beton, im Kraftfahrstraßenbau bevorzugt werden, die aber unter den Stößen besonders leiden. Die wissenschaftliche Kraftwagenwertung hat die Stoßwirkung zuerst unter dem Gesichtspunkt der Einwirkung auf den Wagen — Abfederung — dann aber auch das Verhalten der Bereifungsart beim Stoß untersucht und dabei auch für den Straßenbau wertvolle Ergebnisse erzielt. Auf den im Abschnitt II C c 1 erwähnten Trommelprüfständen sind durch Auflegen von Nocken Stöße erzeugt worden, deren Verlauf für verschiedene Geschwindigkeiten, Bereifungsarten, Luftschlauchinnenpressungen, verändertem Achsdruck u. a. m. verfolgt worden ist. Soweit die Ergebnisse für den Straßenbau von Bedeutung sind, sollen sie im folgenden wiedergegeben werden.

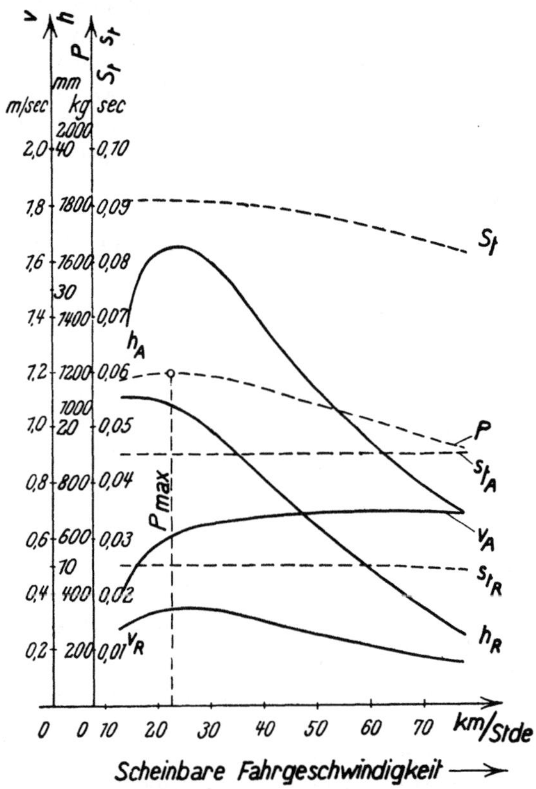

Abb. 22. Beziehungen zwischen der Fahrgeschwindigkeit, Stoßbewegung und Bodendruck nach Bobeth.

Das Ergebnis der Untersuchung über den Einfluß der Fahrgeschwindigkeit auf die Stoßwirkung stellt das Diagramm Abb. 22 dar, das mit einem Cardan-Wagen und Luftreifen flaches Profil 895/135 von Bobeth (5) aufgenommen worden ist. In ihm bezeichnet

h_A die Höhe, bis zu der die Achse über ihre normale Gleichgewichtslage angehoben wird,

h_R die Höhe, bis zu der der Rahmen über seine normale Gleichgewichtslage angehoben wird,

v_A die beim Schwingungsvorgang erreichte größte Vertikalgeschwindigkeit der Achse (der Tangentenwinkel α besitzt seinen Größtwert),

v_R die beim Schwingungsvorgang erreichte größte Vertikalgeschwindigkeit des Rahmens (der Tangentenwinkel α besitzt seinen Größtwert),

S_t der Zeitraum zwischen dem ersten Augenblick des Anhebens der Achse und dem des erstmaligen Zurückkehrens in die Gleichgewichtslage,

st_A die mittlere halbe Schwingungszeit der Achsschwingung,

P die Größe des Druckes zwischen der Bereifung und dem Boden, d. i. nach Beendigung der ersten Achsrückschwingung.

Die Beziehung zwischen Rad und Fahrbahn wird durch das Anheben der Achse beim Hinwegrollen über das Hindernis gekennzeichnet. Je schneller das Rad über das Hindernis hinwegrollt, um so schneller muß die Achse und durch Vermittlung der Feder auch der Rahmen angehoben werden, d. h. um so größer müssen die Vertikalbeschleunigungen sein, die die Achsmasse erfährt. Für große Beschleunigungen sind aber Drücke zwischen Rad und Hindernis erforderlich. Bei einer elastischen Radbereifung ist die unmittelbare Folge hiervon, daß sich das Hindernis bis zu einer größeren Tiefe in den Radreifen einbettet. Die die Achse anhebenden Kräfte werden gesteigert, ihre Einwirkungszeit ist aber geringer. Es müssen sich daher mit gesteigerter Fahrgeschwindigkeit die Schwingungsausschläge der Achse und die während des Schwingungsvorganges erreichten Höchstgeschwindigkeiten der Achse verändern. Eine rechnerische Verfolgung des Vorganges ist wegen der vielen unsicheren Annahmen nicht möglich. Der Versuch zeigt aber deutlich, daß die Schwingungsausschläge h_A der Achse mit der Fahrgeschwindigkeit zunächst etwas ansteigen, daß sie aber bei einer Geschwindigkeit von rd. 22 km/stdl. stark abzufallen beginnen. Die Kurve der Schwingungsausschläge h_R des Rahmens zeigt denselben Anstieg und Abfall mit zunehmender Fahrgeschwindigkeit. Auf der Straße selbst dürfen sich diese Vorgänge noch günstiger stellen, da kleinere Vertiefungen in einer sonst ebenen Bahn bei einem schnell fahrenden, elastisch gelagerten und bereiften Fahrzeug überhaupt nicht zur Wirkung kommen, da das Fahrzeug vermöge seiner waagerecht wirkenden lebendigen Kraft über die Vertiefung hinwegschwebt. Die kritische Geschwindigkeit von 22 km/stdl. gilt nur für den untersuchten Fall. Sie wird bei anderer Wagenform und Art des Hindernisses einen anderen Wert annehmen.

Welche Unterschiede in der Stoßwirkung beim Überfahren eines 15 mm hohen Hindernisses zwischen einer elastischen Bereifung (Riesenluftreifen) und Vollgummi, also weniger elastischen, bestehen, veranschaulichen die Untersuchungen von Professer Dr. Becker, Charlottenburg (Abb. 23) für 20 und 50 km Fahrgeschwindigkeit (12). Abgesehen von den Größenangaben, zeigen diese Aufnahmen, daß bei Vollgummireifen die Sprunghöhen der Räder zwei bis zweieinhalbmal und die des Wagenrahmens eineinhalb bis dreimal so groß wie bei Riesenluftreifen sind.

Aus den Schwingungen, die die Achsen durchmachen, kann man auf die Bahndrücke schließen, wenn man die Belastungen vorher ermittelt hat, die notwendig sind, um das Rad mit Reifen um das der Schwingung entsprechende Maß zusammenzudrücken, d. i. die sogenannte statische Federungscharakteristik. Es sind daher unter den Schwingungsausschlägen die zu ihnen entsprechend gehörenden Bahndrücke in Abb. 23 dargestellt. Den hohen Bahndrücken der Vollgummireifen stehen die wesentlich geringeren der Riesenluftreifen gegenüber. Die Ergebnisse stehen auch mit denjenigen von Bobeth (s. Abb. 22) im Einklang, wonach die Bahndrücke mit der zunehmenden Geschwindigkeit nach Überschreitung einer Maximalgrenze abnehmen.

Beim Vollgummireifen treten viele Vertikalschwingungen und damit bei jeder Abwärtsschwingung starke Druckerhöhungen auf. In der ersten Abwärtsschwingung wächst der Fahrbahndruck von 2000 kg auf 7600 kg, also fast auf den vierfachen Wert, in der zweiten Abwärtsschwingung auf 5300 kg, in der dritten auf 4000 kg, in der vierten und fünften Abwärtsschwingung noch auf 3000 kg. Erleidet demnach ein mit Vollgummi bereiftes Rad einen Stoß, so gerät es in starke Schwingung, wobei es mit jedem Schwingungsaufschlag eine starke Schlagwirkung auf die Straße ausübt, durch die auf Steinschlagdecken die bekannten Schlaglochreihen hervorgerufen werden. In ihnen zeichnen sich die Bahndruckdiagramme ab, die um so stärker werden, je mehr gleichartig gebaute Fahrzeuge mit der gleichen Fahrgeschwindigkeit auf derselben Strecke fahren.

Das Bahndruckbild für den Riesenluftreifen bestätigt dagegen die schon zuvor angeführten Feststellungen von Bobeth, daß beim Überfahren des Hindernisses der Luftreifen das Hindernis schluckt und daher wesentlich geringere Schwingungen und dementsprechend geringere Bahndrücke auftreten, die auch mit zunehmender Geschwindigkeit abnehmen. Daraus folgt, daß die Luftbereifung die Wegeabnutzung vermindert, und daß fernerhin bei Luftbereifung

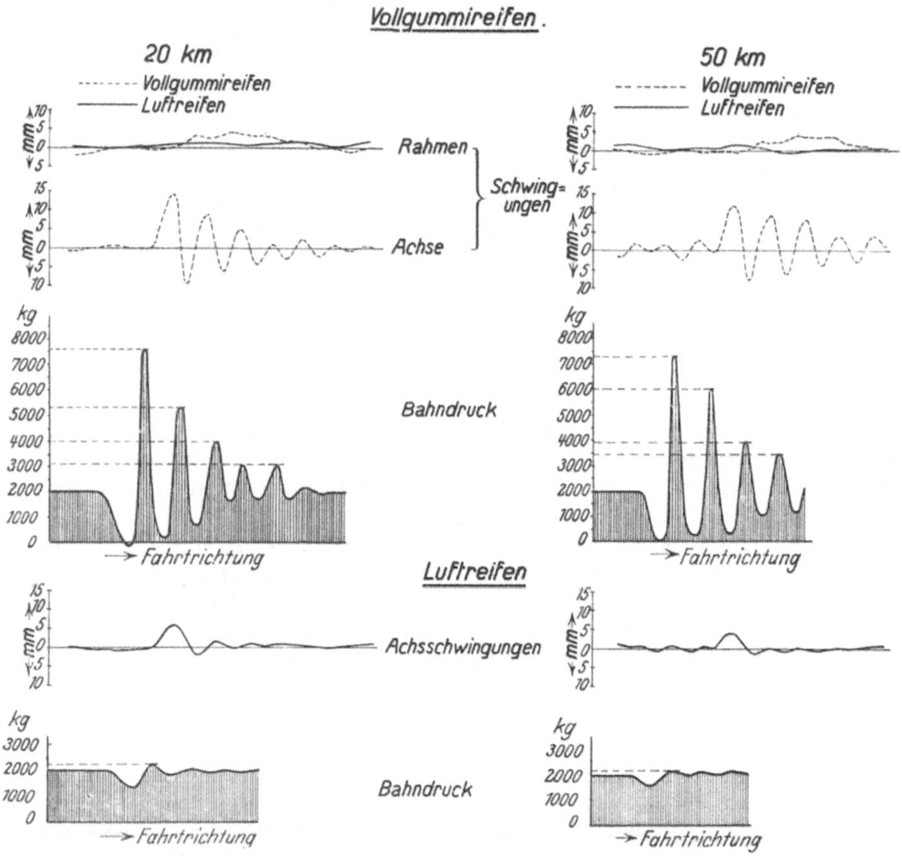

Abb. 23. Schwingungen und Bahndrücke beim Überfahren eines 15 mm hohen Hindernisses für Vollgummi- und Luftreifen nach Prof. Dr.-Ing. Becker.

keine Ursache vorliegt, mit Rücksicht auf die Straßenunterhaltung die Geschwindigkeit zu beschränken. Vielmehr wird man die Geschwindigkeit, die der Eigenart des Wagens entspricht, zulassen dürfen.

Diese Feststellungen haben durch die weiteren Untersuchungen von Professor Dr.-Ing. G. Becker Berlin (6) in der Versuchsanstalt für Kraftfahrzeuge der Technischen Hochschule zu Berlin eine weitere Stütze gefunden. Es wird in dieser Schrift nachgewiesen, daß die höchsten Betriebsdrücke gleichschwerer Fahrzeuge bei Hochdruckluftreifen, Kissenreifen und Vollgummireifen sich wie

$$1 : 2{,}3 : 3{,}6$$

verhalten. Bei den Ballonreifen mit 3,5 at anstatt 8 at, beim Hochdruckreifen wird der statische Raddruck nur noch um 15 vH durch die dynamischen Zusatzkräfte im Betriebe erhöht.

Amerikanische Versuche. Die am Prüfstand erzielten Ergebnisse finden ihre Bestätigung durch die Untersuchungen am Fahrzeug auf der Straße. In den Vereinigten Staaten von Nordamerika (Büreau of Public Roads) (18) sind wohl zuerst Stoßmessungen am fahrenden Fahrzeug in der Weise vorgenommen worden, daß auf der Radachse eines Lastkraftwagens ein Beschleunigungsgewicht angebracht worden ist, das seine vertikalen Bewegungen beim Überfahren von Hindernissen auf einen Papierstreifen überträgt, der auf einer Trommel abrollt, die sich infolge einer Riemenübertragung von der Triebachse mit einer der jeweiligen Fahrgeschwindigkeit des Wagens entsprechenden Geschwindigkeit abdreht. Aus der aufgezeichneten Kurve kann die infolge eines Stoßes dem Gewicht erteilte Beschleunigung ermittelt und daraus der Bodendruck des Rades berechnet werden. Die Anordnung dieser Meßvorrichtung ist aus Abb. 24

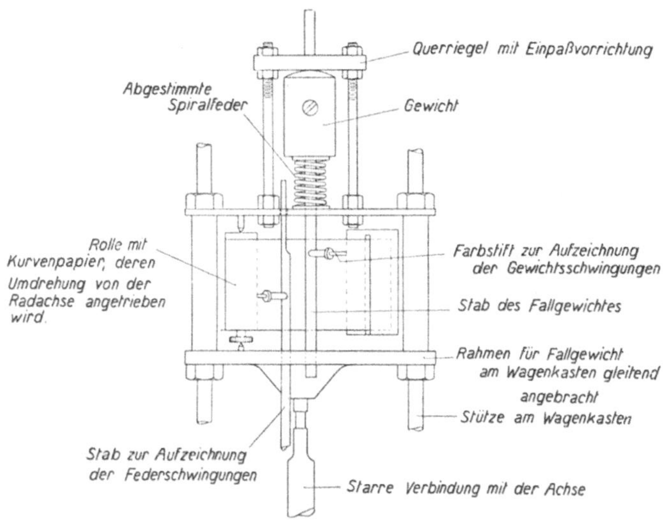

Abb. 24. Meßeinrichtung der Stöße.

zu ersehen. Die gesamte Druckkraft, hervorgerufen auf der Straße durch die Stoßwirkung, berechnet sich dann nach der Formel:

$$F = m\,(a + g) + P, \tag{26}$$

m = Masse der ungefederten Teile des Lastkraftwagens,
a = Beschleunigung der ungefederten Teile m/sec^2,
g = Erdbeschleunigung,
P = Druck der Feder in kg.

Messungen beim Sprung über Hindernisse verschiedener Form und Größe haben ergeben, daß der Bahndruck bei stark abgefahrenen Vollgummireifen bis zum 11fachen der statischen Last wachsen kann, während er bei Kissenreifen etwa das 3—4fache, bei Luftreifen höchstens das Doppelte der statischen Last erreicht.

6. Erschütterungen.

Die bei vorgenannten und ähnlichen Verfahren benutzten Beschleunigungsmesser ergeben eine ununterbrochene Kurve, die je nach der Bauart des Meßgerätes eine Zeit-, Weg- oder eine Beschleunigungskurve der zu messenden Bewegung ist. Solche Beschleunigungsmessungen sind unzuverlässig, da die Beschleunigungen aus verhältnismäßig ungenau aufgezeichneten Kurven und nur unter besonderen Annahmen errechnet werden können.

Die Mängel der dynamischen Beschleunigungsmesser werden vermieden bei den statischen Beschleunigungsmessern. Sie werden so ausgebildet, daß Massen gegen Anschläge vorgespannt werden und der Augenblick festgehalten wird, in dem die Massen unter Einfluß der Beschleunigungen sich von ihren Anschlägen loslösen. Die Anschläge werden als elektrische Kontakte ausgebildet, und der Stromschluß oder die Stromunterbrechung wird für jeden einzelnen Beschleunigungsmesser durch elektrische Schreibeinrichtungen aufgezeichnet. Die Meßeinrichtung, wie sie Professor Langer, Aachen, unter Mitarbeit von Dr.-Ing. Thomé ausgebildet hat, ist nun mit einer großen Anzahl von Beschleunigungsmessern versehen, die untereinander abgestuft sind (19, 20, 21, 22). Sie wird auf der Achse eines besonderen Meßwagens, dessen Gewicht bekannt ist, starr aufgebracht. Das Relais und die Schreibeinrichtung kann in einem Beobachtungssitz, der abgefedert ist, untergebracht werden. Beim Fahren über eine Straße oder Hindernisse werden nunmehr die Stöße verschiedener Stärke auf einen Registrierstreifen, der sich während der Fahrt abrollt, aufgezeichnet. Die Größe der Stöße kann demnach dadurch gemessen und daraus die Bahndrücke berechnet werden. Der Hauptwert dieser Meßvorrichtung liegt aber nicht in der Messung einzelner Stöße, sondern in der Aufzeichnung von den Stoßvorgängen bei der Fahrt über eine Straße. Um hier ein charakteristisches Bild zu erhalten, werden die Stöße für eine bestimmte Wegstrecke nach ihrer Größe zusammengezählt und in einem Koordinatenblatt aufgetragen, in dem die Ordinate die Stoßstärke, die Abszisse die Zahl der Stöße der einzelnen Stoßstärken angibt. Die Linie der Punkte, die die Zahl der Stöße für eine bestimmte Stoßstärke verbindet, gibt den augenblicklichen Straßenzustand an, sie wird als Straßenzustandslinie bezeichnet. Die Abb. 25 gibt einige kennzeichnende Straßenzustandslinien wieder, die mit einer solchen Meßvorrichtung auf der Versuchsstraße des D. Str. B.V. aufgenommen worden sind. Aus den Angaben der Abb. 25 kann entnommen werden, was diese Zustandslinie hinsichtlich der Beschaffenheit der Straße besagt.

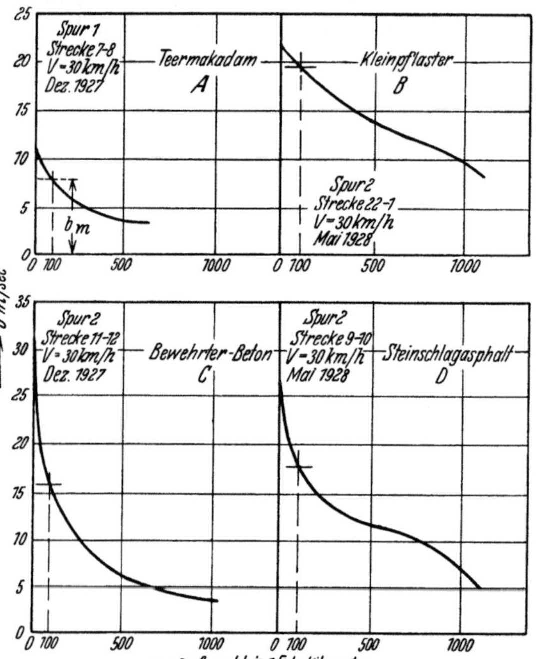

Abb. 25. Versuchsstraße Braunschweig. Kennzeichnende Straßenzustandslinien.
A Straße mit gleichmäßigen, schwächeren, mittleren und stärkeren Stößen, *B* Straße durchschnittlich mehr oder weniger stoßhaft. (Keine ausgefallenen hohen Stöße, Aufblähung der Zustandslinie in Gegend der mittleren Stöße), *C* Straße durchschnittlich mehr oder weniger stoßarm mit einigen starken Unebenheiten, Rissen, Fugen, Schlaglöchern. (Scharfes Ansteigen zu hohem Spitzenstoß), *D* Straße durchschnittlich mehr oder weniger schlecht mit einigen besonders starken Unebenheiten, Rissen, Fugen, Schlaglöchern. (Stärkerer Spitzenstoß und Aufblähen der Linie in Gegend der mittleren Stöße).

Um mehrere Straßen miteinander vergleichen zu können, muß ein Maßstab dafür gefunden werden, wie diese Angaben über den Straßenzustand zu werten sind. Man könnte ausgehen von der Stärke oder von der Zahl der Stöße oder einer Vereinigung beider. Letzteres Verfahren gibt das beste Kennzeichen für den Straßenzustand. Mit Kennzahl der dynamischen Straßenwertung (Stoßgrad) wird die Größe bezeichnet, die mit der Häufigkeit von 10 auf 100 m Fahrstrecke oder 100 auf 1000 m auftritt. Der Stoßgrad ist abhängig von der Art der Bereifung. Er kann bei gegebenem Straßenzustand auch als Wertungszahl für die Bereifung benutzt werden. So hat ein Versuch mit einem eisenbereiften Fahrzeug auf der Versuchsstraße in Braunschweig Aufschluß darüber gegeben, daß die senkrechten Bahnkräfte je Tonne Gesamtgewicht eisenbereifter Fuhrwerke trotz der bei ihnen üblichen geringen Fahrgeschwindigkeit fast durchweg größer sind als die elastikbereifter Lastkraftwagen mit ihrer hohen Fahrgeschwindigkeit. Bei schweren eisenbereiften Fahrzeugen sind trotz ihrer niedrigen Fahrgeschwindigkeiten auch die Gesamtbahnkräfte nicht kleiner als bei elastisch bereiften Lastkraftwagen. Die Flächendrücke schwerer eisenbereifter Fuhrwerke betragen somit ein Vielfaches der Flächendrücke elastikbereifter Lastkraftwagen (s. Zusammenstellung 9). Die Stoßhaftigkeit der verschiedenen Straßenbeläge kann wie folgt angenommen werden:

Zusammenstellung 10.

Art der Straße	Stoßgrad m/sec²
Sehr gute Straßen	3,5
Gute Teer- u. Asphaltdecken, sehr gute Kleinpflasterstraßen	10—18
Neu angelegte Großpflasterstraßen mit Fugenverguß	20
Gewöhnl., schon längere Zeit befahrenes Steinpflaster	30
Schlechtes Kleinpflaster	30
Sehr schlechtes ausgefahrenes Großpflaster	60

Alle Stoßgrade beziehen sich auf die Fahrgeschwindigkeit 30 km/h und auf Kissenbereifung des Meßfahrzeuges. Solche Ergebnisse sprechen für die fugenlosen Straßendecken.

Die Fahrgeschwindigkeit ist auf die Stoßwirkung von Einfluß. Auch darüber liegen Versuche innerhalb eines Geschwindigkeitsbereiches von 0—35 km/h vor, die das folgende Ergebnis gehabt haben.

Die Stoßgrade nehmen bei der normalen elastischen Bereifung der Meßachse mit zunehmender Fahrgeschwindigkeit rascher als linear zu.

Der Gesamtbahndruck nimmt etwa proportional mit dem Gesamtgewicht zu.

Eine etwas einfachere Vorrichtung zur Beurteilung des Straßenzustandes wird in den V.St.A. verwendet. Auf der Vorderachse des Kraftwagens ist eine lotrecht stehende Zahnstange angebracht, die die Stöße der ungefederten Achse auf ein Zahnrad überträgt. Dieses Zahnrad ist so gelagert, daß jede Drehung infolge des Stoßes auf ein Zählwerk übertragen wird, worauf das Rad, geführt durch die Zahnstange, eine neue Ruhestellung einnimmt. Es wird also nur die Zahl der Stöße gezählt, die ein Kraftwagen beim Fahren über eine Fahrbahn erleidet und nach der Zahl der Stöße die Rauhigkeit der Fahrbahn beurteilt (Abb. 26).

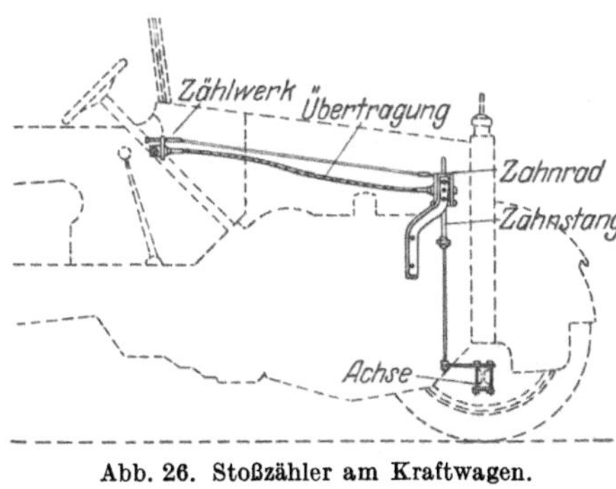

Abb. 26. Stoßzähler am Kraftwagen.

Die Nachprüfung beim Befahren derselben Strecke in beiden Richtungen mit derselben Geschwindigkeit hat eine sehr genaue Übereinstimmung in der Zahl der Stöße ergeben und damit die Brauchbarkeit dieser Meßvorrichtung erwiesen. Die Schwingungen des Wagens in Beziehung zur Zahl der Stöße gebracht, hat zur Aufstellung folgenden Maßstabes geführt:

Weniger als 0 Stöße auf	1 Meile:	Keine wahrnehmbare Bewegung;
80—100 „ „	1 „	Leichtes Erzittern;
100—150 „ „	1 „	Wahrnehmbares Erzittern und leichtes Schlingern;
150—200 „ „	1 „	Unangenehmes Erschüttern und wahrnehmbares Schlingern;
200—300 „	1 „	Unangenehmes Schlingern und bereits gefahrvoll für leichte Wagen bei hoher Fahrgeschwindigkeit.

Die durch den Verkehr auf der Straße bewirkten Stöße pflanzen sich fort und rufen seitlich der Straßen Erschütterungen hervor.

Es ist begreiflicherweise der Wunsch entstanden, solche Erschütterungen zu messen, um Unterlagen zu gewinnen, welche Bedeutung ihnen zukommt, in welcher Straße sie erträglich oder unerträglich und als erhebliche Belästigung oder sogar als Gefährdung anzusehen sind, und wie sie eingeschränkt werden können.

Zur Messung der Erschütterungen werden Seismographen, Vibriographen, Piezoquarz-Beschleunigungsmesser benutzt. Mit Seismographen hat Professor de Quervain in Zürich auf Veranlassung des Verbandes schweizerischer Motorlastwagenbesitzer Messungen vorgenommen, um den Einfluß festzustellen, den Wagengewicht und Bereifung auf die Größe der Erschütterungen haben. Die Ergebnisse decken sich ziemlich mit denjenigen, die im Abschnitt II C d 5 hinsichtlich der günstigen Wirkung der elastischen Bereifung bereits behandelt sind.

Zur Messung der Erschütterungen in Gebäuden sind Seismographen von Wittig (23) und von Thein benutzt worden. Gegen die Zuverlässigkeit der Seismographen wird aber mancherlei eingewandt. Die Eigenschwingungen der Meßgeräte sollen sich sehr ungünstig mit den Schwingungen, die dem Gerät vom Boden aufgezwungen werden, überlagern und infolgedessen die aufgezeichneten Zeitweglinien nicht als getreue Abbilder der Bodenbewegung anzusehen sein. Auch die Auswertung der aufgenommenen Kurven ist, wie schon erwähnt (S. 39), mit Fehlern behaftet. Prof. Dr.-Ing. Risch (24), Hannover, benutzt daher einen Piëzoquarz-Beschleunigungsmesser, der auf dem Vorgang aufgebaut ist, daß ein Quarzkristall unter Druck sich elektrisch auflädt. Die Ladungen sind genau verhältnisgleich dem Druck. Der Druck wird von einer Stahlmasse ausgeübt und ändert sich unter dem Einfluß der Bodenbewegung. Die den Ladungen verhältnisgleichen elektrischen Spannungen werden an das Gitter einer Verstärkerröhre gelegt und dadurch der hindurchfließende Anodenstrom gesteuert, der auf ein Saitengalvanometer geschaltet ist. Die durch die Anodenstromschwankungen hervorgerufenen Funkenausschläge werden fortlaufend zugleich mit einer Zeitmarkierung photographiert. Die Aufzeichnungen geben die Zeitbeschleunigungslinie wieder. Neuerdings benutzen die Stadtverwaltungen Berlin und Hamburg die gleichen Meßgeräte zur Feststellung von Verkehrserschütterungen.

Die Mercalli-Cancani-Erdbebenskala ist als Maßstab für die Beurteilung der Erschütterungen ungeeignet, weil die Perioden der Erdbeben mit denen von Verkehrserschütterungen nicht übereinstimmen. An ihre Stelle ist im Institut von Prof. Dr.-Ing. Risch von seinem Mitarbeiter Dr.-Ing. Zeller eine neue Stärkeskala ausgearbeitet worden, die nach einem logarithmischen Gesetz in 12 Grade eingeteilt ist (25).

Der Straßenbau wird so auszuführen sein, daß die Erschütterungen, wenn irgend möglich, überhaupt nicht entstehen und die trotz Abfederung der Wagen und elastischer Bereifung noch entstehenden möglichst unschädlich bleiben. Die Stoßenergie des fahrenden Wagens wird in einen plastischen Anteil (bleibende Formänderung) und in einen elastischen Teil (elastische Formänderung) umgesetzt. Kann die Straßendecke den plastischen Anteil sehr groß werden lassen, wird der elastische und damit die Erschütterungswirkung um so geringer. Die Größe der Erschütterung wird vermindert, wenn die Fläche des Untergrundes, auf die die Straßenunterbettung den Stoß verteilt, groß ist, und ferner, wenn die Kohäsion des Bodens groß ist, weil dann die Dämpfung zunimmt. Die Reihenfolge ist hierbei etwa: Fels, trockener Kies und scharfer Sand, feuchter Kies und Sand, Lehm, Ton, Letten, Moor, Schlamm, Wasser. Je höher das Grundwasser steht, um so größer ist die Reichweite der Verkehrserschütterungen. Der Ausschuß „Verkehrserschütterungen" der Stufa hat „Vorläufige Richtlinien über die Maßnahmen zur Einschränkung von Verkehrserschütterungen" aufgestellt, auf die verwiesen wird (26). Im Abschnitt VI werden bei den einzelnen Decken ihr Verhalten gegen Verkehrserschütterungen und die Maßnahmen zu ihrer Einschränkung behandelt werden.

III. Linienführung der Straßen.

A. Im Grundriß.

Die Führung der Straße nach Lage und Höhe wird von dem Zweck bestimmt, den sie erfüllen soll. Das gesteigerte Verkehrsbedürfnis zwischen Stadt und Land hat jetzt dazu geführt, das Straßennetz auf dem Lande weiter auszubauen, wobei es sich im wesentlichen darum gehandelt hat, vorhandene Verbindungswege, die von leistungsschwachen Gemeinden verwaltet und daher nur mäßig befestigt und unterhalten worden sind, auszubauen. Diese Arbeit haben in anzuerkennender Weise hauptsächlich die Kreis- und Bezirksverwaltungen übernommen. So ist denn das Netz der Kreisstraßen in Deutschland auf 128025 km angewachsen. Die dabei angewandte Bauweise hat sich den örtlichen Bedürfnissen und dem Pferdeverkehr angepaßt und daher neue technische Gesichtspunkte nicht entwickelt. Der Kraftwagen im Durchgangs- wie im ländlichen Verkehr stellt neue Aufgaben, die Änderungen an den Straßen verlangen. Bisher hat der Grundsatz gegolten, die Straße dem Gelände unter Einhaltung einer zuvor festgesetzten Höchststeigung möglichst anzuschmiegen, um die Baukosten zu ermäßigen. Im bewegten Gelände hat man keine Bedenken getragen, zahlreiche und starke Krümmungen einzulegen, um die Falten des Geländes auszufahren. Man hat die dadurch bewirkte Linienverlängerung in Kauf genommen, weil damit Ersparnisse an Erdarbeiten und eine Ermäßigung der Steigung verbunden gewesen sind. Nach den Grundsätzen der wirtschaftlichen Linienentwicklung nach Launhardt (27) sollen zwar die Verzinsung der Anlagekosten, die Unterhaltungskosten und die Beförderungskosten einen Geringstwert annehmen.

In der Mehrzahl der Fälle hat man wohl im Landstraßenbau mangels genügender Kenntnis der zu erwartenden Gütermengen und der Höhe der Beförderungskosten keine Rücksicht auf die Wirtschaftlichkeit des Verkehres genommen, sondern unter einer Zahl von Linien die mit dem geringsten Baukostenaufwand bei Einhaltung einer Höchststeigung gewählt. Vielfach sind für die Linienführung auch noch andere Rücksichten maßgebend gewesen, z. B. die Höhe der Zuschüsse der anzuschließenden Ortschaften, kostenlose Geländeabtretungen, Grundbesitzlage, bisherige Führung alter Wege, aber auch Geländeverhältnisse, wie schlechter Untergrund, schattige Lage, Gefahr der Schneeverwehungen, Nähe von Baustofflagerplätzen und ähnliches. Um diesen Anforderungen stets gerecht zu werden, hat man keine Bedenken getragen, Krümmungen in die Linie einzulegen, die den Kraftwagenverkehr erschweren.

Die vielfach enge Ortslage, schmale und gewundene, mit starken Knickpunkten versehenen Ortsstraßen, durch die sich die Landstraßen hindurchwinden müssen, behindern den Kraftwagenverkehr, belästigen und gefährden die Bewohnerschaft und zwingen zu erheblichen Ermäßigungen der Geschwindigkeit. In dieser Hinsicht stellt der Kraftwagenverkehr andere Anforderungen. Bei der höheren Fahrgeschwindigkeit sind Krümmungen mit geringem Halbmesser nicht nur lästig wegen der notwendigen Geschwindigkeitsermäßigung, sondern auch gefährlich. Der Kraftwagenverkehr verlangt möglichst gradlinige und gestreckte Linienführung, um seine Geschwindigkeit ausnutzen zu können. Schnellverkehr erfordert aber auch Übersichtlichkeit der Straßen. Die Ortschaften müssen daher vom Durchgangsverkehr durch Umgehungsstraßen entlastet werden. Unzureichende Übersicht findet man ferner auf heutigen Landstraßen bei Eisenbahnübergängen, wenn Bahn- und Straßenachse sich spitzwinklig schneiden.

Sind also die vorhandenen Landstraßen nach dieser Richtung hin durch Abflachung der Krümmungen, Umgehung der Ortschaften und Umlegung der Bahnüberführungen hauptsächlich umzubauen, so werden unter Beachtung der erwähnten Gesichtspunkte besondere Rücksichten zu erfüllen sein, wenn neue Straßen anzulegen sind, die nur oder hauptsächlich dem Kraftwagenverkehr dienen sollen. Hier werden ähnliche Grundsätze anzuwenden sein, wie beim Bau von Eisenbahnlinien. Im einzelnen ist bei der Linienführung folgendes zu beachten:

a) Ausbildung der Krümmungen.

1. Mindestgrößen der Halbmesser.

Wie im Eisenbahnwesen, verlangt auch der Straßenbau mit Rücksicht auf die Wirkungen der Fliehkräfte (II C d 4) möglichst große Halbmesser, damit die Fahrgeschwindigkeit wie in der Graden beibehalten werden kann. Für Kraftverkehrsstraßen und Fernstraßen sollen die Halbmesser nicht geringer als 300 m sein. Das wird aber nur in völlig ebenem und freiem Gelände möglich sein. Der Ruhrsiedlungsverband schreibt für seine Verbandsstraßen in dem stark besiedelten Gebiet nur 100 m Normalhalbmesser und 30 m Mindesthalbmesser vor. Sowohl in Städten wie im Gebirge sind die Möglichkeiten, große Halbmesser zu verwenden, beschränkt. Meist wird man an die untere Grenze herangehen müssen und die Ausbildung der Krümmungen dann von der Art der Fahrzeuge, die auf der Straße zugelassen sind, abhängig machen.

2. Halbmesser und Verbreiterung.

Beim Durchfahren einer Krümmung beschreiben die Hinterräder einen kleineren Halbmesser als die Vorderräder. Deshalb wird eine größere Breite der Fahrbahn von einem Wagen in der Krümmung als in der Geraden in Anspruch genommen. Die Verbreiterung hängt ab vom Halbmesser der Krümmung, der Spurweite des Wagens und dem Radstand. Wenn derselbe Spielraum zwischen zwei sich begegnenden Wagen in der Krümmung wie in der Geraden vorhanden sein soll, dann muß die Krümmung weiterhin um ein entsprechendes Maß verbreitert werden. Es gibt aber für jede Wagenform einen Mindesthalbmesser, der nicht unterschritten werden darf, um die Krümmung glatt zu durchfahren. In diesem Falle ist der kleinste zulässige Krümmungshalbmesser von dem Radstand, der Spurweite und dem Drehwinkel der Straßenfuhrwerke abhängig. Die Ermittlung des kleinsten Halbmessers ist besonders notwendig bei Bergstraßen mit Kehren (Wendeplatten). Je geringer der Halbmesser ist, desto geringer werden auch die Erdarbeiten an dieser Stelle ausfallen. Entscheidend wird der Halbmesser beeinflußt auch durch die Forderung, daß Langholzbeförderung möglich ist.

Nach Abb. 27 ist $R_i = l \cdot \operatorname{ctg} \alpha - \frac{s}{2}$.

$$R_a = \frac{l}{\sin \alpha} + \frac{B}{2}. \tag{27}$$

Hierbei ist l der Achsstand, s die Spurweite, R der Halbmesser der Krümmung, B die Wagenbreite und α der Einschlagwinkel. Aus dem Unterschiede $R_a - R_i$ errechnet sich dann die vom Wagen beim Durchfahren beanspruchte Breite. Bei mehrspurigen Straßen ist die Verbreiterung für jede Spur anzunehmen.

Es soll die erforderliche Straßenbreite und der kleinste Halbmesser in der Krümmung für den Sonderfall untersucht werden, daß sich in der Krümmung zwei Lastkraftwagen mit Anhänger begegnen können. Hier muß von der zutreffenden Annahme ausgegangen werden, daß die Hinterachse des Triebwagens und die Vorderachse des Anhängewagens spuren. Gegeben sind der Drehwinkel

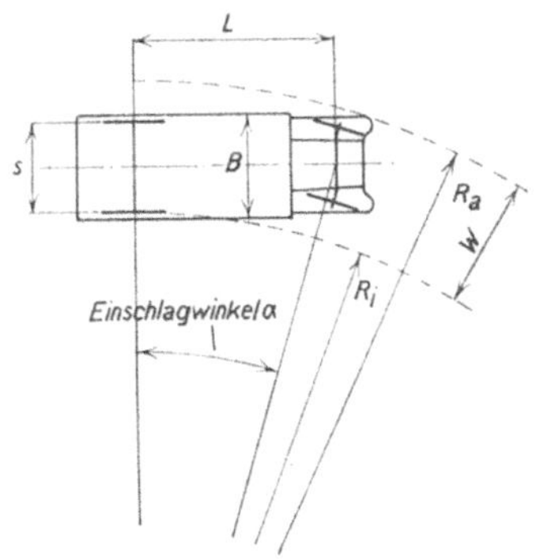

Abb. 27. Verbreiterung in der Krümmung.

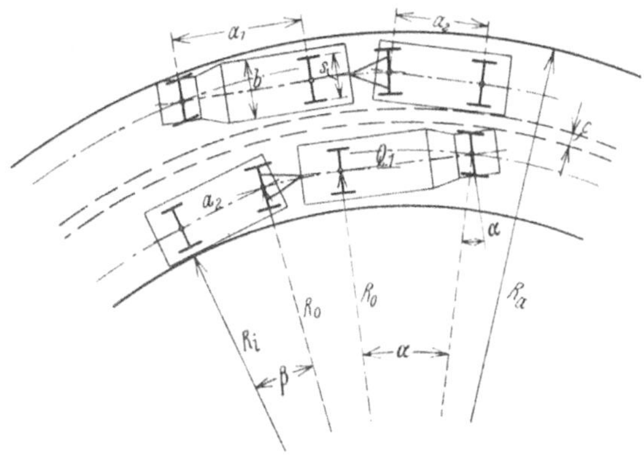

Abb. 28. Verbreiterung in der Krümmung bei Begegnung zweier Lastkraftwagen mit Anhänger.

des Triebwagens α, der Achsabstand des Triebwagens a_1 und des Anhängewagens a_2, die Wagenbreite b und der Sicherheitsabstand c, der zwischen den beiden Wagenzügen eingehalten werden soll. Nach Abb. 28 ist:

$$\left.\begin{aligned} R_i &= \sqrt{R_0^2 - a_2^2} - \frac{b}{2} = \sqrt{a_1^2 \cdot \operatorname{ctg}^2 \alpha - a_2^2} - \frac{b}{2} \\ R_a &= \sqrt{a_1^2 + a_2^2 + \left(\frac{a_1}{\sin \alpha} + b + c\right)^2} + \frac{b}{2} \end{aligned}\right\} . \tag{28}$$

In diesen Gleichungen ist der Drehwinkel des Anhängewagens, Winkel β, nicht enthalten. Die Größe dieses Einschlagwinkels ist aber auch begrenzt. Denn es muß sein:

$$R_i = a_2 \cdot \operatorname{ctg} \beta - \frac{b}{2} .$$

Am Wert von R_i wird nachzuprüfen sein, ob β nicht einen unzulässigen Wert annimmt. Der Abstand c wird zu mindesten 0,5 m anzunehmen sein.

Nach dem gleichen Verfahren sind auch die Verbreiterung in der Krümmung und der kleinste Halbmesser für Langholzbeförderung zu berechnen, die jetzt auch mit Lastkraftwagen besonderer Bauart betrieben wird (Abb. 2). Hier ist besonders zu beachten, daß die hintere dritte Achse auch gedreht werden kann, eine Bewegung, die Schwiggen genannt wird. Ohne diese Drehbewegung würde bei langen Stämmen der Halbmesser der Krümmung eine Größe annehmen, die im Gebirge nur selten durchführbar ist. Die Stammenden dürfen im Anschnitt über die Straßenkante hinausragen etwa bis zur Mitte des Straßengrabens oder in der Auffüllung bis zu einem Abstande von 40 cm von den Schutzmitteln (Geländer). An der Innenseite der Krümmung soll zwischen den Stämmen und der Bordkante des Fußweges noch ein Spielraum von 30 cm vorhanden sein. Für die rechnerische Ermittlung nach den Verhältnissen der Abb. 29 sind die folgenden Größen gegeben. Der Einschlagwinkel α (30—35°), der Schwiggwinkel β

(35—40°), die Stammlänge L, der Abstand der 2. und 3. Achse $a =$ rd. ⅔ L, der Überstand der Stammenden über die letzte Achse l, die Spurweite s, die Ladebreite b und der Abstand der Ladung von der Fußwegkante $n =$ rd. 30 cm. Gesucht sind: der Weg des Stammendes R'_a, der in der Mitte des Grabens verläuft, der innere Halbmesser R_i. Nach der Abb. 29 ist:

Fall I (Waldwege), die Stämme ragen beidseitig über die Fahrbahn

$$\left.\begin{aligned} R_{iI}\ (\text{Hinterrad}) &= \frac{a\cdot\cos\alpha}{\sin(\alpha+\beta)} - \left(\frac{s}{2}+n\right)\\ R_{iI}\ (\text{Vorderrad}) &= \frac{a\cdot\cos\beta}{\sin(\alpha+\beta)} - \left(\frac{s}{2}+n\right)\end{aligned}\right\}\ \text{Hiervon ist der kleinste Wert zu wählen.} \tag{29}$$

$$\left.\begin{aligned} R_{aI}\ (\text{Hinterrad}) &= R_{iI} + s + 2n\\ R_{aI}\ (\text{Vorderrad}) &= R_{iI} + s + 2n\end{aligned}\right\}\ \text{Hiervon ist der größte Wert zu wählen.}$$

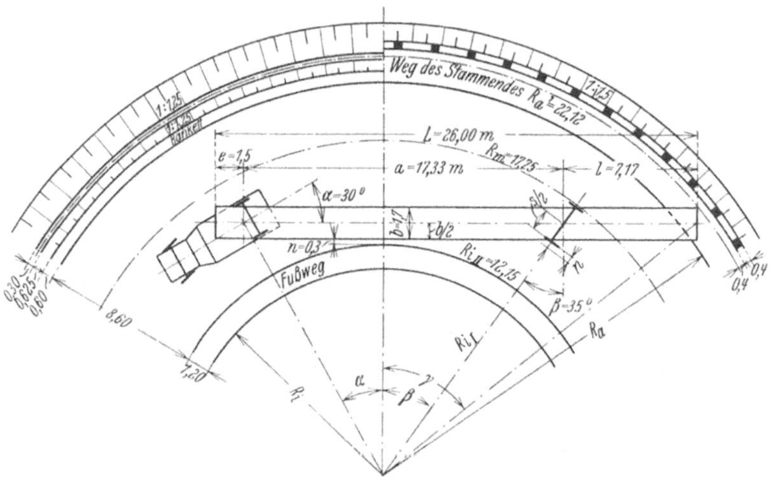

Abb. 29. Mindesthalbmesser und Verbreiterung in der Krümmung für Langholzbeförderung.

Fall II (Straßen), Erbreiterung liegt in der Innenspur.

$$R_{iII} = a\frac{\cos\alpha\cdot\cos\beta}{\sin(\alpha+\beta)} - \left(\frac{b}{2}+n\right)$$

$$R'_a = \sqrt{\frac{a^2\cdot\cos^2\alpha}{\sin^2(\alpha+\beta)} + \frac{a\cdot\cos\alpha}{\sin(\alpha+\beta)}\cdot 2\cdot l\cdot\sin\beta + l^2} + \frac{b}{2}\cdot\cos\gamma \tag{30}$$

$$\text{wobei } \operatorname{tg}\gamma = \operatorname{tg}\beta + \frac{l}{a}\cdot(\operatorname{tg}\alpha + \operatorname{tg}\beta)$$

Die vorstehende Lösung kann auch auf zeichnerischem Weg gefunden werden.

Bei Langholzbeförderung kommt im allgemeinen nur die Fahrtrichtung bergab in Frage. Soll in der Krümmung eine Begegnung mit andern Fahrzeugen möglich sein, so muß eine weitere Erbreiterung der Fahrbahn erfolgen. Bei einer Linkskurve (Abb. 30) macht die Erbreiterung nach innen keine Schwierigkeit. Der hierbei meistens entstehende kleine Innenhalbmesser ist für Personenwagen und Lastwagen ohne Anhänger befahrbar. Bei einer Rechtskurve (Abb. 31) muß die Fahrbahn für das entgegenkommende Fahrzeug nach außen um eine Spurbreite verbreitert werden. Naturgemäß führt dies zu Fahrbahnbreiten in der Wendeplatte von 10—12 m, die nur dann erforderlich sind, wenn nachweisbar auf der betreffenden Straße ein reger Langholzverkehr sich mit einem starken Personenwagenverkehr kreuzt.

Den Halbmesser des äußeren Fahrbahnrandes R_a erhält man, wenn man von R_a' die halbe Grabenbreite, die Grabenböschung sowie die Breite des Außenbanketts abzieht. Der Unterschied zwischen R_a und R_i ergibt dann die Fahrdammbreite in der Krümmung. Je kleiner diese Halbmesser ausfallen, desto größer wird die Verbreiterung. Die Vorteile, die eine starke Krümmung, z. B. als Wendeplatte, in der Ermäßigung der Erdarbeiten haben kann, werden erkauft mit einer größeren Fahrbahnbreite und einer beschränkten Bewegungsmöglichkeit in der Krümmung. Die Wahl größerer Halbmesser als die Rechnung ergibt, kann bisweilen am Platze sein, ohne daß Mehrausgaben entstehen. Bei Annahme eines größeren Halbmessers treffen die zuvor gemachten Berechnungen nicht mehr zu, denn in diesem Falle wird der volle Einschlag- und Schwiggwinkel nicht ausgenutzt. Es empfiehlt sich in solchem Falle, die erforderliche Verbreiterung auf zeichnerischem Wege durch maßstäbliches Auftragen der Kurve mit den Fahrzeugen zu ermitteln.

Zur Erleichterung des Kraftwagenverkehres wird man ohne Zwang sehr kleine Halbmesser nicht mehr zulassen dürfen. Als Mindestmaß für Lastkraftwagen wird ein Halbmesser von 10 m anzunehmen sein. Die Kehren der Schweizer

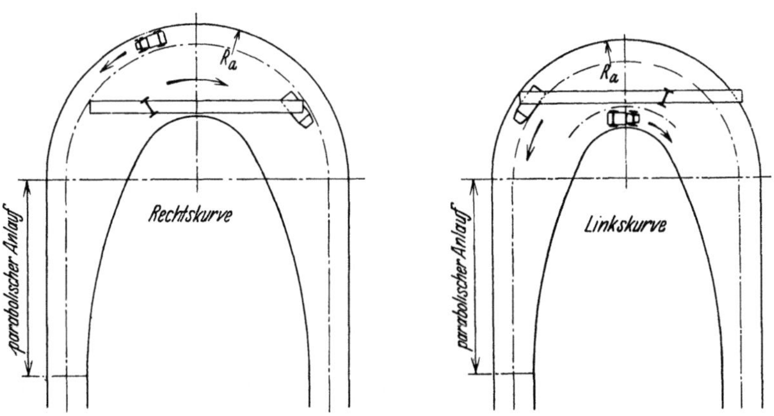

Abb. 30 u. 31. Verbreiterung in der Krümmung für Begegnung von Langholzwagen mit Kraftwagen.

Alpenpässe haben einen äußeren Durchmesser von nur 12—12,5 m, die von Postwagen bis 17 Sitzplätzen noch befahren werden können (28). Die neuen bayrischen Straßen, wie die Jochbergstraße, haben Halbmesser von 20 m in den Kehren erhalten.

Nach den Richtlinien des RVM gelten als kleinste Halbmesser bei Umbauten im Flachlande 200 m, im Hügellande 150 m, im Berglande 50 m. Noch geringere Halbmesser sind nur bei weitestgehender Verbreiterung der Fahrbahn zulässig.

Geringste Krümmungshalbmesser.

Für Hauptstraßen mit Kraftwagenverkehr	
im Flachlande	$R = 300$ m
„ Hügellande	$R = 150$ „
Für Hauptstraßen ohne Kraftwagenverkehr	$R = 30$ „
„ Straßen mit Langholzverkehr	$R = 15$ bis 30 m
„ Gemeindewege	$R = 20$ m
„ Wirtschaftswege	$R = 10$ „

auf die Straßenmitte bezogen.

Vom Standpunkt des Kraftfahrers aus gesehen ist bei Einhaltung obiger Geringsthalbmesser eine kurze, aber scharfe Bogenkrümmung einer langen, dafür aber flachen vorzuziehen. Die in Krümmungen erforderliche Erbreiterung der Fahrbahn erfolgt mit Rücksicht auf den Kraftwagenverkehr im allgemeinen nach innen. In scharfen Krümmungen, insbesondere Kehren, wird bei Pferdeverkehr und dort, wo der Halbmesser der Innenkante Fahrbahn $R_i < 10$ m wird, zweckmäßig nach außen, bzw. bei R_i zwischen 10 und 15 m je hälftig nach außen und innen erbreitert. Die normale Erbreiterung in Krümmungen bei einer Fahrbahnbreite von 6 m und mehr mit und ohne Langholzverkehr ergibt sich aus

Zusammenstellung 11.

Halbmesser *R* m	20	25	30	40	50	60
Ohne Langholzverkehr Erbreit. m	2	1,30—1,50	1,10—1,30	0,90—1,10	0,80—1,00	0,70—0,90
Mit Langholzverkehr Erbreit. m	3,50	2,50	2,00	1,35	1,00	0,70

Halbmesser *R* m	90	120	150	190	über 200—300 m je nach Bedeutung der Straße
Ohne Langholzverkehr Erbreit. m	0,60—0,70	0,50—0,70	0,40—0,60	0,25—0,50	
Mit Langholzverkehr Erbreit. m	0,60—0,70	0,50—0,70	0,40—0,60	0,25—0,50	

Bei Fahrbahnbreiten von 5,5 m sind die Erbreiterungen um 20—30 cm größer zu wählen.

3. Übergangsbögen.

Ein Kraftwagen, der aus einer Geraden in eine Krümmung unvermittelt eintritt, erhält einen Stoß. Um einen ruhigen Lauf der Wagen und einen allmählichen Übergang aus der Geraden in die Krümmung zu ermöglichen, muß nach dem Vorbilde des Schienenweges ein Übergangsbogen zwischen Gerade und Krümmung eingelegt werden. Diese Übergangsbögen müssen sich vor allem der Bewegung des Fahrzeuges bei der Ein- und Ausfahrt anpassen. Diese soll im folgenden behandelt und daraus die beste Form des Übergangsbogens abgeleitet werden.

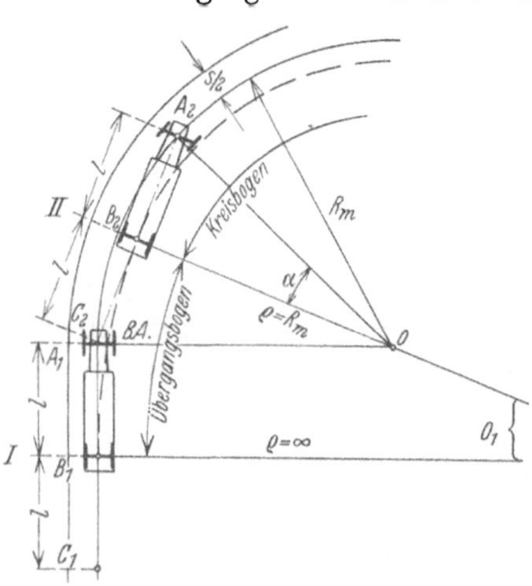

Abb. 32. Übergangsbogen in der Form eines Korbbogens.

Bei Einfahrt in eine Kurve muß die Vorderachse vom Bogenanfang *BA* (Abb. 32), um überhaupt eine Bogenfahrt zu ermöglichen, gedreht werden. Die Hinterachse *B* eines Wagens bleibt stets normal zur Wagenmittellinie *A B*, ihre Verlängerung muß daher bei Kreisfahrt stets durch den Mittelpunkt der Krümmung gehen. Bei der Kreisfahrt selbst (Lage *II*, Abb. 32) geht die verlängerte Hinterachse durch den Mittelpunkt *O*. Man erkennt, daß wegen des rechten Winkels bei B_2 der Endpunkt der um den Achsabstand l nach hinten verlängerten Mittellinie sich auf der Bahn der Vorderachse bewegen muß. Die Kreisfahrt muß also beginnen, wenn das Fahrzeug soweit in den Kreisbogen eingefahren ist, daß der Endpunkt der verlängerten Mittellinie bei C_2 angekommen ist (Lage *II*). In der Lage *I* — bei Beginn der Kreisfahrt — bewegt sich die Hinterachse B_1 auf einer Krümmung vom Krümmungshalbmesser $\varrho = \infty$, sie geht dann allmählich in eine Krümmung vom Halbmesser $\varrho = R_m$ über. Dieser Übergang kann durch einen Kreisbogen ersetzt werden, dessen Mittelpunkt im Schnittpunkt der verlängerten Hinterachse in der Lage I mit derjenigen B_2 in der Lage II bestimmt ist. (0_1). Der Mittelpunkt 0_1 des den Übergangsbogen ersetzenden Kreises wird gefunden, indem man vom Bogenanfang ($B\,A$) auf dem Kreis $2\,l$ abträgt ($C_2\,A_2$) und auf der halbierten Sehne (B_2) das Lot errichtet. Der Schnittpunkt des Lotes mit der Senkrechten auf der Straßenachse im Abstand l vom Bogenanfang an rückwärts abgetragen (B_1) gibt den Mittelpunkt 0_1. An dieses Übergangsbogenstück schließt dann der Kreisbogen an. Für die Ausfahrt aus dem Bogen gelten die gleichen Verhältnisse (29).

Für zweispurige Fahrbahnen kann man unter der Voraussetzung, daß die Größe der Erbreiterung nur so groß gewählt werden soll, wie es die Durchfahrt zweier sich begegnender Kraftwagen erfordert, den Übergangsbogen nach Abb. 33 entwerfen.

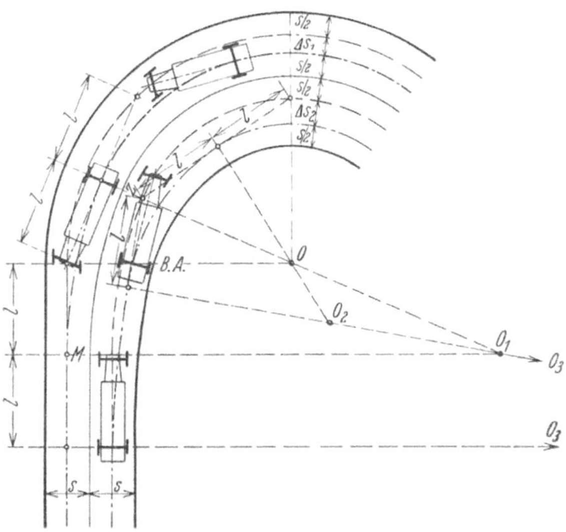

Abb. 33. Übergangsbogen für zweispurige Fahrbahn.

Diese zum Auftragen und Abstecken im Gelände etwas umständliche Konstruktion des Übergangsbogens läßt sich annäherungsweise vereinfachen, wenn man die im Gleisbau übliche kubische Parabel (30)

$$y = K\left(\frac{x}{l}\right)^3 \qquad (31)$$

für den Übergangsbogen annimmt. Hierbei wird der Abstand zwischen Übergangsbogen und der verlängerten Anschlußgeraden am Bogenanfang $= \frac{d}{2}$, am Ende des Übergangsbogens $= 4\,d$, wenn d das Maß der Verbreiterung ist. Zwischenpunkte im Übergangsbogen errechnen sich auch nach der Formel $y = 4d\left(\frac{x}{l}\right)^3$, worin

$$l = 2 \cdot \sqrt{6rd - 15d^2} \qquad (32)$$

ist.

Die Anwendung dieser Verfahren wird in Beziehung zum Achsabstand des Wagens und zur Größe des Zentriwinkels der Krümmung stehen. Bei flachen Krümmungen wird ein Übergangsbogen nicht erforderlich sein. Eine Gerade, die in genügender Entfernung vor dem Bogenanfang ansetzt, wird in diesem Fall als Tangente an den Kreisbogen gelegt. Die bayrische Anweisung schreibt allgemein vor, daß der Übergangsbogen in Form einer Geraden von 50 m Länge ausgebildet werden soll.

An Stelle der Ausbildung der Krümmung mit Übergangsbögen kann auch eine Kurve mit stetig abnehmendem Krümmungshalbmesser in Form der Lemniskate angewendet werden (31). Die Gleichung der Lemniskate lautet (Abb. 34)

$$r = a\sqrt{\sin 2\varphi} \qquad (33)$$

Hierbei ist

r = Länge des Leitstrahles,

a = Halbachse der Kurve (Parameter),

φ = Winkel zwischen Tangente im Bogenanfang und dem Leitstrahl.

Für die Krümmungsbogen in der Form der Lemniskate sind als gegeben anzunehmen der Tangentenschnittwinkel β, sowie der Halbmesser R der Krümmung.

Die Tangente in einem beliebigen Punkt der Lemniskate bildet mit der Tangente im Bogenanfangspunkt 0 den Winkel τ. Es besteht die Beziehung $\tau = 3\,\varphi$. Ferner gilt nach Abb. 34 für den Scheitelpunkt S der Lemniskate

$$\left.\begin{aligned} \tau_s &= 90^0 - \frac{\beta}{2}, \\ \varphi_s &= \frac{\tau_s}{3} = \frac{90^0 - \frac{\beta}{2}}{3} = 30^0 - \frac{\beta}{6}. \end{aligned}\right\} \tag{34}$$

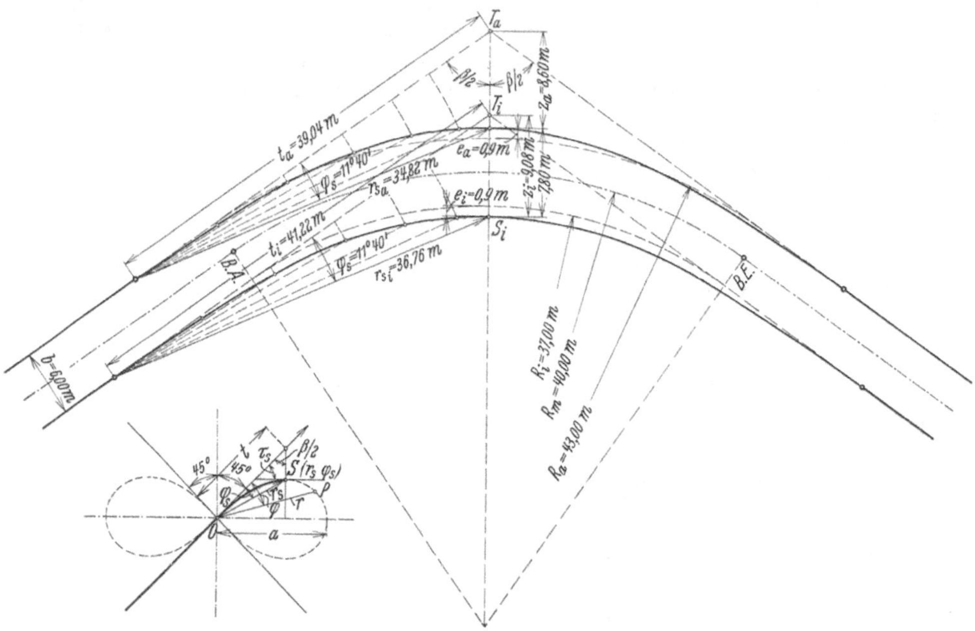

Abb. 34. Krümmungsausbildung an der Form einer Lemniskate.

Nach dem Sinussatz gilt:

$$r_s = t\,\frac{\sin\frac{\beta}{2}}{\sin\left(\varphi_s + \frac{\beta}{2}\right)}, \tag{35}$$

aus Gl. 33

$$a = \frac{r}{\sqrt{\sin 2\,\varphi_s}}.$$

Die Erbreiterung der Krümmung mittels Lemniskate erfolgt in gleichem Ausmaß für die äußere Spur nach außen, für die innere Spur nach innen. Für die innere Begrenzungslinie ist das Maß der Erbreiterung e_1 im Scheitel der Krümmung anzunehmen; φ_s und β sind bekannt. Der Parameter a_i der Innenlemniskate bestimmt sich aus der Gleichung

$$a_i = \frac{Z_i \sin\frac{\beta}{2}}{\sin\varphi_s \sqrt{\sin 2\,\varphi_s}}, \tag{36}$$

wobei $Z_i = \dfrac{R_i}{\sin\frac{\beta}{2}} - R_i + e_i$ ist.

R_i ist der Halbmesser des Berührungskreises an die innere Begrenzungslinie der Straße; t und r_s ergeben sich sodann aus Gleichung (35). Der Parameter der Außenlemniskate wird bestimmt aus

$$a_a = \frac{Z_a \sin\frac{\beta}{2}}{\sin\varphi_s \sqrt{\sin 2\varphi_s}},$$

wo

$$Z_a = \frac{R_a}{\sin\frac{\beta}{2}} - R_a - e_a$$

ist. Der übrige Rechnungsgang ist derselbe wie bei der Innenspur. Statt e kann man auch die Tangentenlänge t, d. h. den Beginn der Erbreiterung festlegen. Für $R = 40$ m und $\beta = 110^0$ ist ein Beispiel in Abb. 34 durchgerechnet.

4. Überhöhungen.

Bei der Durchfahrt durch Krümmungen wirkt auf das Fahrzeug die Fliehkraft, deren Größe sich aus der Formel

$$C = \frac{G \cdot v^2}{g \cdot R} \tag{37}$$

errechnet. C ist die Fliehkraft, G das Wagengewicht, g die Erdbeschleunigung, R der Halbmesser der Krümmung und v die Fahrgeschwindigkeit in m/sec.

Bei gleichbleibender Geschwindigkeit nimmt die Fliehkraft mit wachsendem Krümmungshalbmesser ab. Demnach ist ein Mittel, ihren Einfluß auf die Bewegung eines Wagens durch die Krümmung zu ermäßigen, die Wahl eines genügend großen Halbmessers. Die Wirkung der Fliehkraft kann sich am Wagen in zweierlei Form äußern. Sie kann den Wagen zum Kippen bringen oder ihn aus der Bahn herausschleudern. Die erste Wirkung tritt auf, wenn die Resultierende aus dem Gewicht des Wagens und der Fliehkraft, die beide am Wagenschwerpunkt angreifen, die Fahrbahn außerhalb der Wagenspur schneidet. Mit der zweiten Wirkung ist zu rechnen, wenn der Fliehkraft keine gleich große, aber entgegengesetzte Horizontalkraft zwischen Rad und Fahrbahn entgegenwirkt. Damit der Wagen bei der Fahrt durch eine Krümmung im Gleichgewicht ist, muß $H = 0$ sein, d. h. an der Berührungsstelle zwischen Rad und Fahrbahn müssen Horizontalkräfte aufgenommen werden können, die der Fliehkraft entgegengesetzt gerichtet gleich oder größer sind als sie. Diese Horizontalkräfte auf der Fahrbahn werden bewirkt durch das Gewicht des Wagens und die gleitende Reibung zwischen Rad und Fahrbahn. Wie schon im Abschnitt II C d 4 auf S. 35 erwähnt, muß die Fahrbahn durch ihre Rauhigkeit in der Lage sein, seitliche Schubkräfte aufzunehmen.

Die Rauhigkeit der Fahrbahndecke steht aber zur Aufnahme der Fliehkraft nicht voll zur Verfügung, da ein Teil durch die Schubkraft des Wagens aufgezehrt wird (II C d 1). Dieser Zustand bringt Gefahren für die Fahrt eines Fahrzeuges durch die Kurve mit sich. Wird die Fahrbahnreibung z. B. durch Bremsung der Hinterachse voll aufgezehrt, so ist kein Anteil mehr für die Aufnahme der Fliehkraft vorhanden, der Wagen kommt ins Schleudern. Reicht bei dem Vorderrad die Reibung nicht mehr aus, um die Seitenkraft zu erzeugen, die notwendig ist, um den Wagen in der gekrümmten Fahrt zu erhalten, dann gehorcht er nicht mehr dem Steuer, er kommt ins Schwimmen.

Die Sicherheit eines Wagens, der eine Krümmung durchfährt, kann dadurch erhöht werden, daß man nach dem Vorbilde der Eisenbahn in der Krümmung die Straße mit einer einseitigen Neigung versieht, indem die Straße außen höher als innen angelegt wird. Da bei der Eisenbahn die innen liegenden Spurkränze durch Anlaufen gegen die äußere Schiene den Zug vor dem Herausschleudern bewahren, kommt für die sichere Führung eines Zuges durch die Krümmung nur die zuerst genannte Wirkung des Umkippens in Frage. Beim Kraftwagen liegen die Verhältnisse anders. Hier fehlt es an den besonderen Einrichtungen, die den Wagen in der Spur festhalten, er wird daher von beiden Wirkungen erfaßt, und es handelt sich nur, zu entscheiden, welche unter sonst gleichen Umständen die größere, gefährlichere ist. Es sei angenommen, daß die Fahrbahn bereits eine einseitige Neigung erhalten hat, deren Neigung $\operatorname{tg}\alpha$ sei. Für die Abmessungen des Wagens, nach der Abb. 35, erhält man die Grenzgeschwindigkeit, damit der Wagen nicht umkippt, wenn man die Momentengleichung durch den linken Radauflagerpunkt ansetzt und nach v auflöst

$$v \leqq \sqrt{\frac{g \cdot R \cdot \left(h \operatorname{tg}\alpha + \frac{b}{2}\right)}{h - \frac{b}{2} \cdot \operatorname{tg}\alpha}}\ \mathrm{m/sec}. \tag{38}$$

Bei Straßen, die noch keine einseitige Neigung in den Krümmungen haben, würde die Grenzgeschwindigkeit des Wagens, der an der Außenseite die Krümmung durchfährt, den Wert annehmen

$$v \leqq \sqrt{\frac{g \cdot R \cdot \left(h \cdot \operatorname{tg}\alpha + \frac{b}{2}\right)}{h + \frac{b}{2} \operatorname{tg}\alpha}} \tag{39}$$

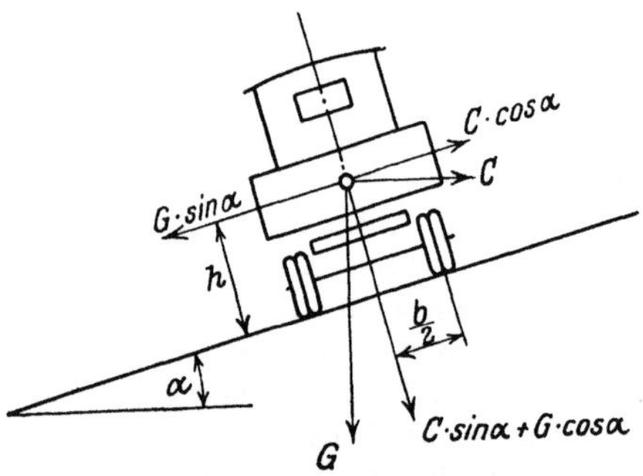

Abb. 35. Kräftebild beim Durchfahren einer Krümmung mit Querneigung.

und bei Auflösung der Gleichung nach R

$$R \geqq \frac{v^2}{g} \cdot \frac{\left(h + \frac{b}{2} \operatorname{tg}\alpha\right)}{h \cdot \operatorname{tg} a + \frac{b}{2}}. \tag{40}$$

Da der Nennerwert in der Gleichung größer geworden ist, wird diese Grenzgeschwindigkeit wesentlich geringer sein als die bei vorhandener einseitiger Querneigung.

Das Kippmoment verringert sich, wenn man den Schwerpunkt des Wagens tief legt und die Spur verbreitert.

Wenn kein Kippen des Wagens eintritt, so bewirkt doch die Fliehkraft eine einseitige Belastung des Wagens, wie schon aus dem Kräfteplan der Abb. 35 zu ersehen ist. Nach Gleichung (25) auf S. 35 ist

$$P_c = \frac{C \cdot h}{s} = \frac{G \cdot v^2 \cdot h}{g s R}. \tag{41}$$

Beim unvermittelten Einfahren in die Krümmung muß das Stöße geben, die, von den Federn aufgenommen, auf die Räder übertragen werden und dort Zusatzbelastungen hervorrufen. Zur Verminderung der Stöße wird ein Übergangsbogen eingelegt (s. S. 48/55).

Die Grenzgeschwindigkeit für Gleiten tritt dann ein, wenn, wie oben schon erwähnt, $H = 0$ ist. Diese Werte nach der Abb. 35 geben die Beziehung

$$\left.\begin{aligned} C \cdot \cos\alpha - G \cdot \sin\alpha &= (C \cdot \sin\alpha + G \cdot \cos\alpha)\, f, \\ C \cdot (\cos\alpha - f \sin\alpha) &= G(f \cdot \cos\alpha + G \sin\alpha), \\ \frac{G\, v^2}{g\, R}(\cos\alpha - f \sin\alpha) &= G(f \cdot \cos\alpha + G \sin\alpha), \\ v &= \sqrt{\frac{g\, R \cdot (f \cdot \cos\alpha + \sin\alpha)}{\cos\alpha - f \sin\alpha}} \\ &= \sqrt{\frac{g\, R \cdot (f + \operatorname{tg}\alpha)}{1 - f \cdot \operatorname{tg}\alpha}} \end{aligned}\right\} \tag{42}$$

und bei Auflösung der Gleichung nach R

$$R = \frac{v^2(1 - f\,\mathrm{tg}\,\alpha)}{g(f + \mathrm{tg}\,\alpha)}. \tag{43}$$

Da in diesen Gleichungen vier Abhängige vorhanden sind, R, v, $\mathrm{tg}\,\alpha$ und f, muß für zwei von ihnen eine Annahme gemacht werden, wenn die Beziehungen der beiden anderen zueinander verfolgt werden.

Für $\mathrm{tg}\,\alpha = 0$, also auf einer Fahrbahn ohne Überhöhung, nimmt die Gleichung (42) die Form an

$$v = \sqrt{R \cdot g \cdot f}. \tag{44}$$

Über die Wechselbeziehungen zwischen Halbmesser und Geschwindigkeit gibt die Abb. 36 für eine Querneigung von 6 vH und einem Beiwert der gleitenden Reibung $f = 0{,}2$ einen Überblick. Zugleich ist auch die Beziehung zwischen Geschwindigkeit und Halbmesser für das Kippmoment eines Kraftwagens, dessen Schwerpunkt 0,7 m über der Fahrbahn liegt, und der eine Spurweite von 1,8 m hat, dargestellt. Aus dem Vergleich beider Kurven ist zu entnehmen, daß bei demselben Krümmungshalbmesser die Gefahr des Kippens bei weitem nicht so groß ist, wie die des Schleuderns.

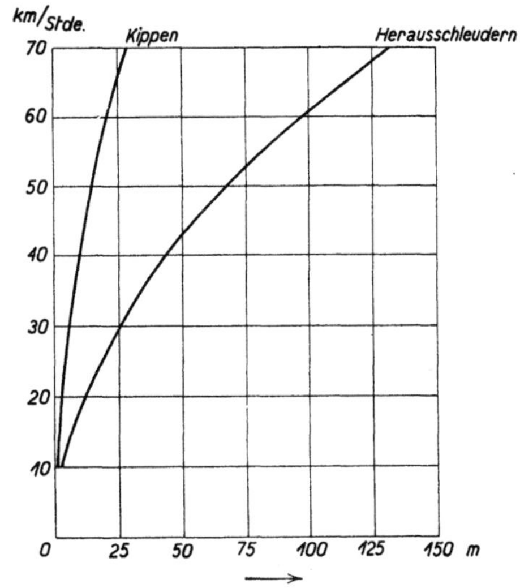

Abb. 36. Beziehungen zwischen Krümmungshalbmesser, Fahrgeschwindigkeit und Gefahr des Herausschleuderns und Umkippens.

An sich könnte demnach das Kippmoment bei der Betrachtung unberücksichtigt bleiben. Infolge der Gewichtsverlagerung bei der Fahrt durch die Krümmung werden aber im Wagen Einflüsse erzeugt, die durch entsprechende Maßnahmen an der Straße ausgeglichen werden müssen.

Schon eine Verminderung des Raddruckes auf der Innenseite innerhalb geringer Grenzen vermag Schleudern des Wagens oder Hinaustragen aus der Krümmung verursachen. Außerdem wird der Fahrwiderstand auf der Außenseite infolge des höheren Raddruckes größer als auf der Innenseite. Das wirkt sich auf die Lenkvorrichtung aus und bewirkt, daß das Fahrzeug bestrebt ist, tangential aus der Krümmung zu gehen. Diese Kraft kann so stark werden, daß der Lenker ihr nicht mehr entgegenwirken kann, so daß das Fahrzeug aus der Krümmung fliegt.

Da bei schwerbeladenen Fahrzeugen — Lastwagen und Personenomnibussen — der Schwerpunkt sehr hoch liegt, tritt eine starke Schiefstellung bei der Fahrt durch eine Krümmung infolge der unterschiedlichen Belastung der Innen- und Außenseite der Wagen ein. Abb. 37 aus den Mitteilungen des Institutes für Kraftfahrwesen an der Technischen Hochschule Dresden veranschaulicht den Unterschied der Raddrücke bei einer Fahrgeschwindigkeit von 36 km/h bei verschiedenen Querneigungen, sowohl vom Mittelpunkt weg als zum Mittelpunkt hin und für die drei Halbmesser $R = 100$, 50 und 20 m. Für einen Halbmesser von 100 m sind beide Wagenseiten erst bei einer Querneigung von 11,4 vH gleichbelastet. Aus diesen Feststellungen folgt, daß auch die Fahrtechnik eine ausreichende Überhöhung der Fahrbahn in den Krümmungen fordert.

Wenn auch nach dem zuvor Ausgeführten die horizontale Wirkung der Fliehkraft für die Beurteilung der Sicherheit des Fahrzeuges bei der Fahrt durch eine Krümmung ausschlaggebend ist, so darf aber ihr Zusammenwirken mit dem Gewicht des Wagens hinsichtlich der Kraftverteilung im Wagen selbst nicht übersehen werden. Die Resultierende aus beiden Kräften bewirkt, daß die äußere Wagenhälfte stärker belastet wird als die innere. Diese ungleichmäßige Verteilung ist schon vorhanden bei einem Wagen, der in der Geraden auf der quergeneigten Fahrbahn steht. Sie bewirkt, daß die äußeren Federn und Gummireifen sich stärker zusammendrücken als die inneren, der Wagen also etwas nach außen überhängt. Durch die Verschiebung der Resultierenden aus Gewicht und Fliehkraft wird dieser Vorgang in der Krümmung erheblich verstärkt, abgesehen von der dadurch bewirkten, unangenehmen, einseitigen Federdurchbiegung, die Schiefstellen des Wagenaufbaues veranlaßt, findet einerseits eine Überbeanspruchung des Luftreifens und andererseits eine derartige Verminderung des Raddruckes auf der Gegenseite statt, daß die Adhäsion der Reifen an der Fahrbahn aufhört (33, 34, 35).

Wird die Krümmung mit einer gleichmäßigen Überhöhung angelegt, so würde sich die Geschwindigkeit, mit der sie durchfahren werden kann, aus der Größe des Halbmessers ergeben. Zur Sicherung des Verkehres ist es erwünscht, in der Ausbildung der Krümmungen eine gewisse Einheitlichkeit walten zu lassen, damit jeder Kraftfahrer weiß, mit welcher Höchstgeschwindigkeit er die Krümmung durchfahren kann. So hat z. B. die Schweiz für den Ausbau der Krümmungen eine Geschwindigkeit von 30 km/h. zugrunde gelegt (32). Aber diese wünschenswerte Einheitlichkeit ist von geringer praktischer Bedeutung, weil sich ein Faktor nicht maßgebend beeinflussen läßt, das ist der Rauhigkeitsgrad der Fahrbahn, der bei den meisten Deckenarten unter der Witterung stark schwankt. Dieser Unsicherheit kann man nur dann aus dem Wege gehen, wenn man in den Krümmungen gleichmäßig eine bestimmte Deckenart verwendet, die auch bei jeder Witterung rauh bleibt. Die Verwendung einer widerstandsfähigen Befestigung in der Krümmung empfiehlt sich schon wegen der seitlichen Schubkräfte. In diesem Falle ist mit Ausnahme von Schnee und Glatteis eine gleichmäßige Rauhigkeit des Pflasters anzunehmen.

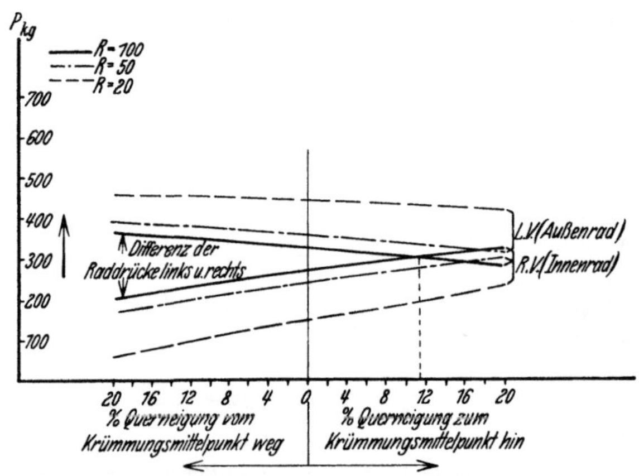

Abb. 37. Vorderraddrücke des mit zwei Personen besetzten 8/30-PS-Mathis-P.-K.-W. beim Befahren verschiedenartiger Rechtskurven mit V-36km/Std (10 m/sec).

Von allen Möglichkeiten erscheint diejenige am zweckmäßigsten, daß einheitlich alle Krümmungen eine bestimmte Querneigung erhalten. Der Kraftfahrer weiß alsdann, mit welcher Querneigung er rechnen kann und richtet nach dem Halbmesser, den er schätzen kann, und nach dem Straßenzustand seine Geschwindigkeit ein.

Der III. I. Str.K. in London hat eine Querneigung von 6 vH empfohlen. Sie ist noch sicher für Zugtiere. Bei ausgesprochenen Kraftfahrstraßen könnte man höhere Querneigungen zulassen. Die Bauvorschriften nordamerikanischer Staaten stufen die Querneigung ab und nehmen bei Halbmessern bis 150 m 8,3 vH, darüber 6,25 vH, nähern sich also bei größeren Halbmessern dem Vorschlage des III. I. Str.K.

Den Anforderungen des Kraftwagenverkehrs wird man am ehesten gerecht, wenn man bei der Annahme von der Geschwindigkeit ausgeht und diese recht hoch ansetzt und die erforderliche Querneigung ermittelt. Dann ergeben sich aber für verhältnismäßig große Halbmesser schon so starke Querneigungen, daß auf Straßen mit gemischtem Verkehr der Zugtierverkehr die Straße nicht mehr gefahrlos benutzen kann. Es muß daher in dieser Hinsicht ein Ausgleich überall dort geschaffen werden, wo noch mit Gespannverkehr zu rechnen ist. Die deutschen Länder haben daher geringere Überhöhungen vorgeschrieben. Bayern sieht eine Querneigung vor von 3 vH bei allen Teer- und Bitumendecken und Oberflächenanstrichen, 2,5 vH bei Beton und Kleinpflasterdecken. Württemberg: 4—5 vH bei rauher Befestigung, 2,5—3,5 bei Bitumendecken einschl. Oberflächenanstrichen. Sachsen: Bei Halbmessern von 300—120 m 3,3 vH, 120—80 m 4 vH, 80—50 m 5 vH. Diese Verschiedenheit in der Ausbildung der Kurvenüberhöhung kann nur aus der wirtschaftlichen Struktur der Länder erklärt werden. Bayern und Württemberg nehmen dabei auf die landwirtschaftlichen Fuhrwerke besonders Rücksicht. Am zweckmäßigsten erscheinen die Vorschriften des Staates Sachsen, die die Querneigung in Beziehung zum Halbmesser setzen und eine gleiche Rauhigkeit der Fahrbahn in den Krümmungen annehmen. Nach den vom RVM erlassenen Richtlinien für den Ausbau von Fernverkehrstraßen soll das einseitige Quergefälle der Krümmung auf Straßen mit gemischtem Verkehr 6 vH nicht überschreiten. Bei Halbmessern über 400 m ist die einseitige Querneigung nicht mehr erforderlich.

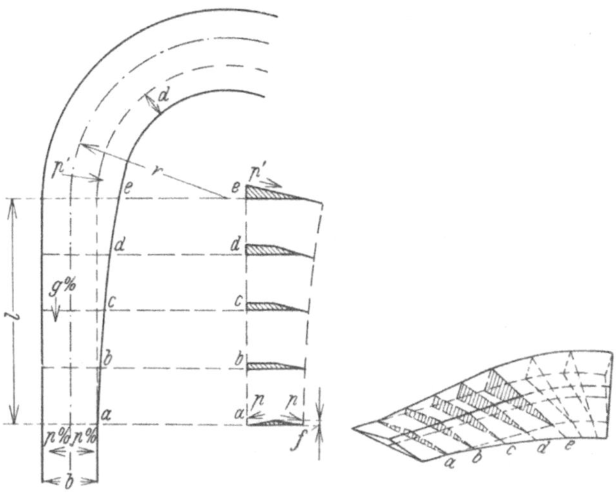

Abb. 38. Übergang von zweiseitiger in einseitige Querneigung.

Zwischen der zweiseitigen Querneigung des Straßenprofiles in der Geraden und dem einseitigen in der Krümmung ist ein **Übergang** herzustellen. Das geschieht am besten durch Drehen der Ebene der äußeren Fahrbahnhälfte um die Straßenachse, bis sie mit der inneren Hälfte eine Ebene bildet. Die Straßenachse bleibt in ihrer Höhenlage unverändert, damit für die Absteckung eine feste Grundlage besteht sowohl für die Bauausführung wie die spätere Unterhaltung. Erhält die Krümmung eine größere Querneigung als in der Geraden, dann ist auch der innere Straßenrand entsprechend zu senken. Die volle Querneigung soll bei dem theoretischen Bogenanfangspunkt vorhanden sein (Abb. 38). Die äußere Fahrbahnseite bildet auf dem Übergang eine windschiefe Fläche, auf der die Räder der Fahrzeuge eine ungleiche Belastung erleiden, die sich bei zu starker Verdrehung der Fläche als Stoß bemerkbar macht. Um die Wirkung solcher Stöße herabzumindern, darf der Übergang nur sehr allmählich angelegt werden. Dies läßt sich dadurch erreichen, daß die Steigung bzw. das Gefälle der äußeren Fahrbahnkante beim Übergang vom zweiseitigen zum einseitigen Gefälle innerhalb bestimmter Grenzen bleibt. Der Staat Sachsen schreibt ein Gefälle von 1:150 bis höchstens 1:75 vor (0,7—1,3 vH). Im Mittel wird man 1 vH annehmen können. Die Länge der Rampenstrecke l errechnet sich dann, wenn f der Stich des zweiseitigen Profiles, b die Straßenbreite, p vH das einseitige Quergefälle in der Krümmung und g vH die höchstzulässige Steigungsänderung im Übergang ist (Abb. 38)

$$l = \frac{100 f}{g} + \frac{b \cdot p}{2 \cdot g}. \tag{45}$$

Bleibt die Querneigung in der Krümmung die gleiche wie in der Geraden, so wird

$$l = \frac{b \cdot p}{g}.$$

Dieser Übergang von zweiseitigem in einseitiges Quergefälle wird zweckmäßig in Beziehung zum Übergangsbogen für die Straßenverbreiterung gebracht, indem das Maß l auf die Länge des Übergangsbogens erstreckt wird, soweit die zuvor gestellte Bedingung hinsichtlich der Stärke des Anstieges der Außenkante eingehalten wird.

Diese Leitsätze für die Ausbildung der Krümmungen beeinflussen die Anlage von Gegenkrümmungen. Es ist bisher Grundsatz gewesen, zwischen Gegenkrümmungen eine Zwischengerade von etwa 20 m Länge zur Sicherung des Verkehrs einzulegen. Unter Beachtung der Anlage des Übergangsbogens und der Rampensteigung infolge Änderung der Querneigung ergibt sich für die Länge der Zwischengerade jetzt ein ganz bestimmter Wert. Er ist gleich der Summe der beiden Übergangsbögen bzw. der Länge $2\,l$ der beiden Rampensteigungen (Gleichung 45).

Im Eisenbahnwesen verlangt die B.O. § 7 eine Zwischengerade von mindestens 30 m zwischen den Endpunkten der Überhöhungsrampen. Im Straßenbau wird es genügen, wenn man die Zwischengerade gleich der Länge der beiden Übergangsbögen bzw. Rampensteigungen macht und eine besondere Gerade zwischen den Übergangsbögen nicht einlegt, weil die windschiefe Fläche nur je einmal für die beiden Fahrbahnseiten vorhanden ist (Abb. 39). Indessen wird man auch bei dieser Annahme mit der bisher als ausreichend angenommenen Länge von 20 m zwischen den beiden Bogenanfängen nicht mehr auskommen. Es empfiehlt sich beim Entwurf von Linienführungen der Straßen von vornherein, Längen von 30—40 m zwischen den Bogenanfängen anzunehmen. Beim Umbau bestehender Straßen wird soviel Spielraum nicht immer zur Verfügung stehen. In diesem Falle kann ein Ausgleich geschaffen werden, indem die Rampensteigung etwas stärker angenommen und der Übergang noch in die Krümmung hineingezogen wird. Solche Gegenkurven werden bekanntlich durch Warnungstafeln für die Kraftfahrer gekennzeichnet; es ist demnach mit Herabsetzung der Fahrgeschwindigkeit zu rechnen, so daß diese Behelfsmaßnahme die Sicherheit des Verkehres nicht stören kann.

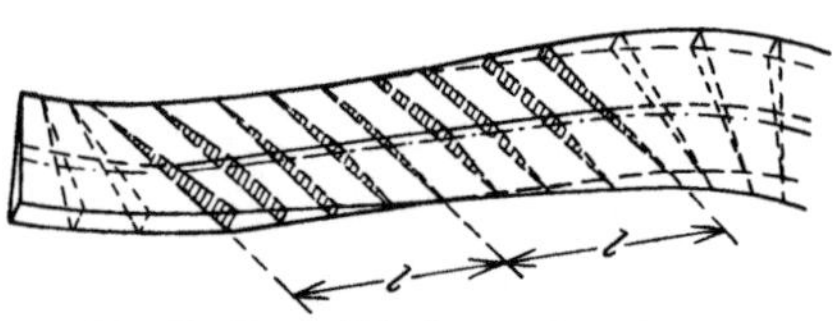

Abb. 39. Quergefälle in der Zwischengrade bei Gegenkrümmungen.

5. Übersichtlichkeit der Straße.

Straßen, auf denen Kraftwagen verkehren, verlangen eine ausreichende Übersicht, so daß zu jeder Zeit, selbst bei höchster Geschwindigkeit, der Fahrer in der Lage ist, Hindernissen auszuweichen oder rechtzeitig seinen Wagen zum Stehen zu bringen. Das muß bei der Linienführung der Straßen beobachtet werden und wird an den Krümmungen besondere Maßnahmen erfordern. Ihre Anlage wird daraufhin nachzuprüfen sein, ob diese Übersichtlichkeit überall gewahrt ist, und wie sie gegebenenfalls bewirkt werden kann. Auf ebenem, völlig freiem Gelände wird diese Übersicht an und für sich vorhanden sein, wenn die Bäume am Rande der Straße nicht zu dicht stehen. Überall aber, wo der Straßenrand auf der Innenseite der Krümmung bebaut oder mit Wald bestanden ist, wo die Straße am Bergabhang oder im Einschnitt liegt, fehlt die Übersicht bei kleinem Halbmesser völlig. Selbst wenn der Wagen auf der rechten Seite der Fahrbahn fährt, so ist doch, zumal auf Straßen mit gemischtem Verkehr, mit unerwarteten Hindernissen zu rechnen, z. B. Pferdewagen, die meistens in der Straßenmitte fahren, so daß es an Platz zum Überholen fehlt, breitgeladene landwirtschaftliche Fuhrwerke, Viehherde und ähnliches. Krümmungen mit mangelhafter Übersicht sind daher Gefahrenpunkte erster Ordnung für den Kraftwagenverkehr, sie müssen verschwinden und dürfen auch nicht mehr gebaut werden; denn es kann dem Kraftwagenverkehr nicht zugemutet werden, in der Krümmung seine Geschwindigkeit zu ermäßigen, daß er allen Gefahren rechtzeitig aus dem Wege geht, vielmehr verlangt die technische Durchbildung, daß die Geschwindigkeit, für die die Krümmung nach den zuvor gemachten Ausführungen ausgebaut ist, auch ohne Gefährdung durch den übrigen Straßenverkehr eingehalten werden kann. Es muß also eine ausreichende Sehstrecke vorhanden sein. Die Länge dieser Sehstrecke ergibt sich aus dem ungünstigsten Falle, daß zwei mit voller Geschwindigkeit einander entgegenkommende Wagen, von denen einer auf der falschen Seite fährt, sich ausweichen oder rechtzeitig anhalten können, ehe ein Zusammenstoß erfolgt. Es muß für die verschiedenen Möglichkeiten der ungünstigste Fall ermittelt werden, der dann bei der Ausführung zu berücksichtigen ist. Vorauszuschicken ist, daß eine gewisse Überlegungszeit vorgesehen werden muß, das ist die Zeit, die ein Fahrer braucht, um nach Erkennen des Hindernisses die notwendigen Steuer- oder Bremsbewegungen auszuführen.

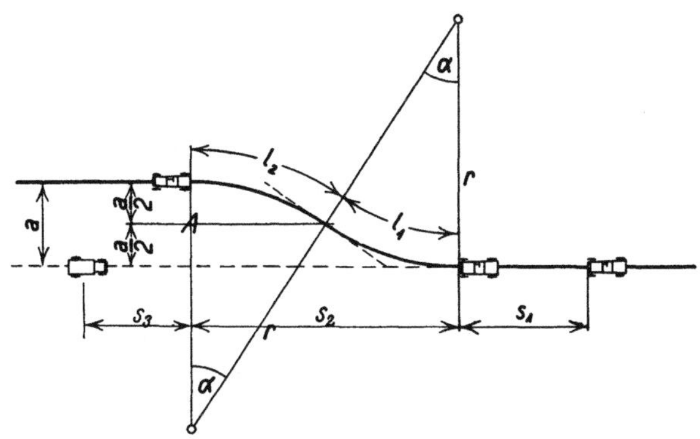

Abb. 40. Erforderlicher Abstand der Wagen, um ausweichen zu können.

Sie wird allgemein zu 1 Sek. angenommen. In dieser Zeit fährt der Wagen mit seiner ursprünglichen Geschwindigkeit in seiner Richtung weiter.

Zuerst soll die Möglichkeit des Ausweichens auf gerader Strecke betrachtet werden. Ein Kraftwagen, der auf der falschen Seite fährt, muß rechtzeitig in die richtige Fahrspur überschwenken können, ehe ein Zusammenprall eintritt. Hierzu muß der Wagen eine S-Krümmung durchfahren, deren Halbmesser nicht zu gering sein darf, damit der Wagen nicht schleudert. Für den zu erreichenden Abstand a der beiden Fahrspuren nach der Abb. 40 errechnet sich die Entfernung, in der beide Wagen sich spätestens erkennen müssen, folgendermaßen.

Die in der Überlegungszeit zurückgelegte Strecke

$$s_1 = v \text{ m/sec} = \frac{V \text{ km/h}}{3{,}6},$$

die Ausweichstrecke

$$s_2 = l_1 + l_2 = 2r \cdot \frac{\pi}{180} \cdot \alpha .$$

Der Zentriwinkel α hängt ab von dem zu gewinnenden Abstand a und dem Halbmesser r, mit dem der Fahrer ausweicht

$$\cos \alpha = \frac{r - \frac{a}{2}}{r} .$$

Die Gesamtstrecke ist dann

$$s_1 + s_2 = v + 2r\frac{\pi}{180}\cdot\alpha$$
$$= v + 2\cdot 0{,}01745\cdot r\cdot\alpha$$
$$= \sim v + 2\sqrt{r^2 - \left(r - \frac{a}{2}\right)^2}. \tag{46}$$

Dieses Ergebnis gilt für ein feststehendes Hindernis. Besteht dieses aber aus einem entgegenkommenden Kraftwagen mit der Fahrgeschwindigkeit v', so legt dieser in derselben Zeit, in der die Ausweichbewegung ausgeführt wird, eine Strecke zurück, deren Länge sich nach seiner eigenen Fahrgeschwindigkeit v' und der Ausweichzeit des ersten Wagens bemißt. Bis zur Begegnung an der Stelle A legt er folgende Strecke zurück

$$s_3 = v' + 2\cdot 0{,}01745\cdot r\cdot\alpha\frac{v'}{v}.$$

Die Länge der Gesamtübersichtsstrecke wird dann

$$\sum s = s_1 + s_2 + s_3 = v + 2\cdot 0{,}01745\, r\cdot\alpha + 2\cdot 0{,}01745\cdot r\cdot\alpha\frac{v'}{v}$$
$$= v + v' + 2\cdot 0{,}01745\cdot r\cdot\alpha\frac{v+v'}{v}. \tag{47}$$

Für die gleiche Geschwindigkeit v beider Wagen nimmt die Gleichung den Wert an

$$s = 2v + 4\cdot 0{,}01745\cdot r\cdot\alpha = \sim 2v + 4\sqrt{r^2 - \left(r - \frac{a}{2}\right)^2}. \tag{48}$$

Für $r = 30$ m, $a = 3$ m ergeben sich für verschiedene Geschwindigkeiten folgende Werte für die notwendige Sehstrecke zweier einander sich begegnender Wagen in der Geraden:

Zusammenstellung 12.

v km/h	20	30	40	50	60	70	80	90	100
Sehstrecke. . . . . . m	49	54,7	60,2	65,8	71,4	77	82,6	88	94

Ist ein Ausweichen nicht möglich, dann muß rechtzeitiges Halten erfolgen. Aus der Gleichsetzung von Bremsarbeit und der zu vernichtenden lebendigen Kraft

$$Q_h\cdot f\cdot b = \frac{Q\,V^2}{2g\cdot 3{,}6^2}\ \text{mkg}$$

findet man den Bremsweg

$$b = \frac{Q\,V^2}{2g\cdot 3{,}6^2 f\cdot Q_h};$$

hinzu kommt noch die Überlegungszeit

$$s_1 = \frac{V\,(\text{km/h})}{3{,}6}\ \text{m},$$

für Q_h (Gewicht der gebremsten Achsen) $= Q$ (Vierradbremse), $f = 0{,}3$ (schwankt zwischen 0,15 und 0,6 je nach Rauhigkeit) wird

$$b = \frac{V}{3{,}6} + \frac{V^2}{2g\cdot 3{,}6^2 f}. \tag{49}$$

Für die Geschwindigkeiten von 20—100 km/h ist mit den folgenden Bremsstrecken für einen Wagen mit Vierradbremse zu rechnen (Reihe 2). Da der andere Wagen auch bremsen muß, gilt für ihn die gleiche Strecke und außerdem noch ein Sicherheitszuschlag von 5 m, damit erhält man als einzuschaltende Sehstrecke die Werte der Reihe 3.

Zusammenstellung 13.

1) V km/h	20	30	40	50	60	70	80	90	100
2) Bremsstrecke rd. m	10	20	32	46	63	82	104	130	157
3) Sehstrecke . . . m	25	45	69	97	131	169	213	265	319

Diese errechneten Werte sind durch praktische Prüfungen auf dem Nürburgring bestätigt worden. Bei einer Fahrgeschwindigkeit von 60 km/h haben die Wagen mit Zweiradbremse eine Bremsstrecke von 30 m, die Wagen mit Vierradbremse von 15—16 m gehabt. Die Fahrbahn war trocken und rauh, die Überlegungszeit ist nicht mit eingerechnet. Würden alle Fahrzeuge mit Vierradbremse ausgerüstet sein, könnte der Straßenbau daraus in der Anlage der Krümmungen Vorteile ziehen.

In Krümmungen ist anzustreben, daß der Halbmesser möglichst so groß ist, daß die zwischen die beiden sich begegnenden Wagen als Sehstrecke gelegte Verbindungslinie die Innenkante der Krümmung berührt; dann ist eine Sicht-

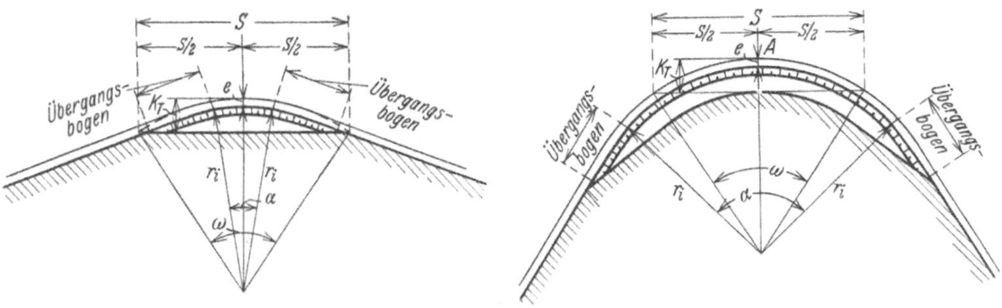

Abb. 41 und 42. Schaffung der Sichtweite in Krümmungen.

freilegung überflüssig. Ist dies nicht der Fall, so gilt nach der Abb. 41/42, daß für bestimmte Sehstrecken S und Halbmesser $r_i + e$ (Fahrspur des Wagens) der Stich zwischen der als Sehstrecke angenommenen Sehne und dem Scheitel der Krümmung, d. i. die Strecke K_T, einen bestimmten Wert annehmen muß. Bleibt K_T innerhalb der Fahrbahn, dann tritt der zuerst erwähnte Fall ein, daß die Sehstrecke innerhalb der Straßenkrümmung bleibt und die Krümmung an der Innenseite nicht freigelegt zu werden braucht. In der Mehrzahl der Fälle wird wegen des kleinen Halbmessers der Sehstrahl zur Bogensehne werden. Für den Krümmungshalbmesser der Innenkante r_i und die erforderliche Sichtweite S, sowie den Abstand e des Wagens von der Innenkante wird nach Abb. 42

$$K_T = r_i - \sqrt{(r_i + e)^2 - \left(\frac{S}{2}\right)^2} + e\,. \tag{50}$$

Muß ein bestimmtes Maß K_T eingehalten werden, weil Baulichkeiten, Gebäudestützmauern u. a. vorhanden sind, die nicht beseitigt werden können, dann bietet die Gleichung (50) die Möglichkeit, r_i zu berechnen.

$$r_i = \frac{K_T^2 - 2e\,K_T + \frac{S^2}{4}}{2K_T}\,. \tag{51}$$

Es ist nicht erforderlich, in Einschnitten und Berglehnen bis zur Höhe der Straßenkrone freizulegen, denn das Auge des Fahrers liegt etwa 1,0 m über der Straßenkrone, auch die Straßenwölbung erhöht noch die Lage des Gesichtsfeldes. Bei geböschtem Einschnitt verringert sich damit die Breite der erforderlichen Abgrabung um das Maß der Höhe des Gesichtsfeldes über dem Böschungsfuß entsprechend der Böschungsneigung. Für die Lage des Wagens im Abstand e von der Böschungskante und bei einem Straßenquergefälle $1:p$ und Böschungsneigung $1:u$ errechnet sich nach der Abb. 43 die Breite der Abgrabung

$$a = K_T - e - 1{,}0 \cdot u.$$

Auf der dadurch gebildeten Berme wird sich Pflanzenwuchs entwickeln, der den Blick versperren wird, darum wird man sicherheitshalber die Berme noch 30 cm tiefer abgraben müssen.

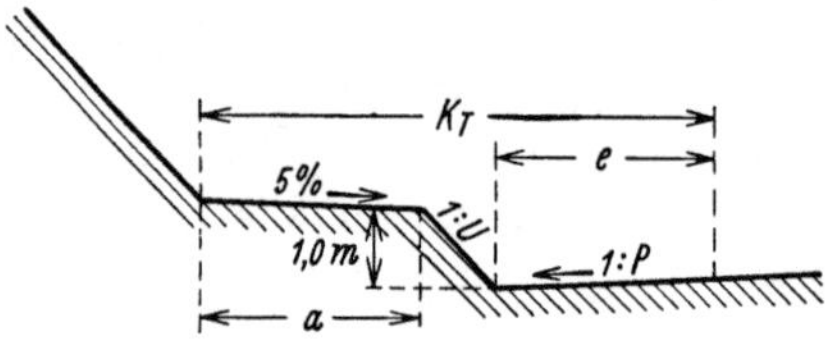

Abb. 43. Maß der Freilegung in Krümmungen.

Die Freilegung bleibt auf die Bogensehne beschränkt, solange der Krümmungswinkel α kleiner ist als der aus der Beziehung

$$\cos\frac{\alpha}{2} = \frac{r_i}{r_i + e}$$

errechnete Winkel α (Abb. 41). Andernfalls ist die Linie der Freilegung ein Kreisbogen mit anschließenden Tangenten, der von den Sehstrahlen von der Länge S umhüllt wird. Den Beginn der Freilegung erhält man, wenn man um den Punkt A (Abb. 42) mit Halbmesser S einen Kreis beschreibt bis zum Schnitt mit der Innenkante der Fahrbahn. Dann wird um den Krümmungsmittelpunkt ein Kreis mit Halbmesser $(r_i + e - K_T)$ geschlagen und von den Anfängen der Übergangsbögen die Tangenten daran gelegt. Diese Kurve gibt die Abgrenzung, bis zu der die Innenböschung freigelegt werden muß.

b) Bahnfreie Straßenkreuzungen.

Bahnfreie Kreuzungen kommen auch für die Überschneidung zwischen Straßen in Frage, wenn eine oder beide Straßen Kraftwagenbahnen sind. Solche Anlagen für den Kraftwagenverkehr verlangen dieselben Rücksichten und technischen Maßnahmen, wie die Schienenbahnen. Das ist in der Fahrgeschwindigkeit, die beiden eigen ist, begründet. Die freie Beweglichkeit des Kraftwagens verlangt aber, daß an der Kreuzung zweier Straßen eine Übergangsmöglichkeit besteht, da jede Straße, mit Ausnahme von Feldwegen und untergeordneten Straßen, die nur als Zugang zu landwirtschaftlichen Flächen dienen, als Zubringer zu den Kraftwagenbahnen angesehen werden kann. Es wird stets diejenige Straße möglichst glatt durchgeführt werden, die die höhere Verkehrsbedeutung hat. Wo also eine Kraftwagenbahn andere öffentliche Verkehrswege kreuzt, wird anzustreben sein, die Kraftwagenbahn glatt durchzuführen und die anderen Straßen, je nach der Geländelage, über- oder unterzuführen. Zur Ermäßigung der Rampen für die Straße und damit zur Verringerung der Kosten ist es zulässig, die Kraftwagenbahn leicht zu senken oder zu heben. Der Anschluß der Straßen untereinander wird an solche Kreuzungsstellen zu legen sein. Sie haben die Bezeichnung Bahnhöfe erhalten. Dieser Ausdruck ist insofern berechtigt, als nach den Grundsätzen des Eisenbahnverkehres Zusammenführungen von Linien in Bahnhöfen stattfinden müssen. Wenn öffentliche oder private Verkehrsmittel auf den Kraftwagenbahnen laufen, würden solche Kreuzungen mit anderen Straßen die gegebenen Stellen sein, um Fahrgäste und Güter aufzunehmen, um Tankstellen und Raum für nicht betriebsfähige Wagen vorzusehen und um die Einrichtungen für die etwaige Gebührenerhebung und die Dienstgebäude und Wohnungen der Betriebsbeamten aufzunehmen. Damit würden aber diese Stellen alle diejenigen Merkmale annehmen, die die Bahnhöfe der Eisenbahn kennzeichnen. Nach dem Entwurfe für die Kraftwagenbahn

Köln—Bonn ist die Ausbildung nach der Abb. 44 als zweckmäßig anzusehen. An dieser Stelle können auch die Wagen durch Unterfahrung der Bahn wenden, da auf der Bahn selbst dieser Vorgang nicht zugelassen werden kann.

Die Zusammenführung oder Kreuzung zweier Kraftwagenbahnen ist nur

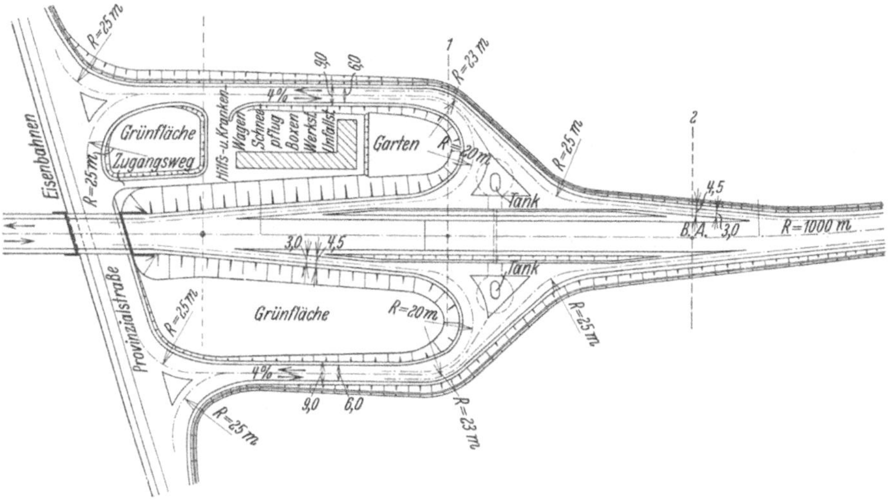

Abb. 44. Bahnfreie Straßenkreuzung mit Auffahrten (Kraftwagenbahn Bonn-Köln).

so denkbar, daß sich die entgegengesetzten Verkehrsrichtungen bahnfrei überschneiden. Der Eckverkehr, der im Eisenbahnbetrieb durch den Bahnhof geführt wird, kann zweckmäßig beim Kraftwagenverkehr schon vorher abgelenkt werden (Abb. 45/46).

In der Abb. 45 ist der Trennungspunkt für Eckverkehr und Übergang vereinigt, ebenso der Vereinigungspunkt. Der Übergang vollzieht sich im Kreis-

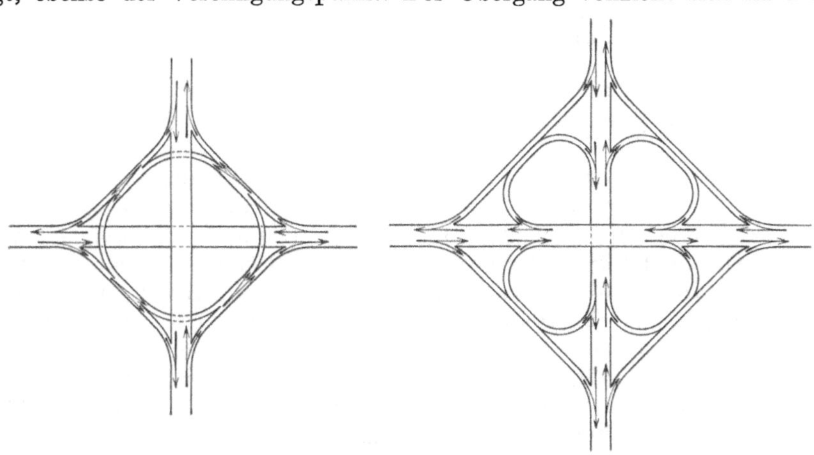

Abb. 45 und 46. Bahnfreie Straßenkreuzungen mit Übergangsmöglichkeiten.

verkehr. Die innere Kreisfläche kann für Unterstellraum und Tankanlagen benutzt werden.

In der Abb. 46 sind Übergang und Eckverkehr getrennt. Nach dieser Anordnung ist eine Verkehrskreuzung in New Jersey bei Raway in V. St. A. angelegt. Es kreuzen sich an dieser Stelle der Radialverkehr von New York nach Philadelphia und Atlantic City mit dem Verkehr, der parallel mit dem Hudson verläuft.

c) Krümmungen und Kreuzungen von Stadtstraßen.

Die Notwendigkeit, in den Krümmungen Rücksicht auf die Wirkung der Fliehkräfte zu nehmen, gilt nicht nur für die Landstraßen, sondern auch in gleichem Maße für die Stadtstraßen. Das erhellt schon daraus, daß in den Städten mit 30 km/h Geschwindigkeit gefahren werden darf, das ist die Geschwindigkeit, für die auf den Landstraßen die Krümmungen ausgebaut werden sollen (s. S. 54). Allerdings wird bei kurzen Wendungen, z. B. beim Einfahren aus einer Straße in die andere, abgebremst, weil im allgemeinen in solchem Falle mit dem geringsten Krümmungshalbmesser gefahren wird, den die Steuerung zuläßt. Nach der Berliner Polizeiverordnung soll beim Umfahren der Ecken Schrittgeschwindigkeit eingehalten werden. Es gibt indessen viele Stellen in den städtischen Straßen, in denen auch durch größere Halbmesser und demnach mit größerer Geschwindigkeit gefahren werden kann. Dieser Fall tritt ein, wenn die Straßen selbst gekrümmt sind, oder wenn Innenplätze umfahren werden müssen. Da bei den städtischen Straßen auf gute Entwässerung besonderer Wert gelegt wird, so erhalten die Fahrdämme starke Quergefälle. Ist ein solches Quergefälle in einer Krümmung in der Richtung der Fliehkraft geneigt, so kann die Krümmung nur mit sehr geringer Geschwindigkeit befahren werden, wenn die Wagen nicht ins Schleudern geraten sollen. Bisher sind die Anforderungen der Entwässerung denen des Verkehres vorangestellt worden. Das kann aber jetzt nicht mehr zugelassen werden. Fast ausnahmslos wird in Straßen mit zwei Fahrdämmen und Mittelstreifen die Dammkrone in die Bordkante des Mittelstreifens gelegt und das Quergefälle nach den Baufronten zu gegeben. In geraden Strecken ist dagegen nichts einzuwenden. In der Krümmung würde aber der Außenfahrdamm mit Bezug auf die Wirkung der Fliehkräfte falsch geneigt und der Verkehr gefährdet sein. Eine solche Ausführung ist zu verwerfen. Es muß in diesem Falle die Dammkrone von der Bordkante der inneren Bordschwelle schon vor dem Beginn der Krümmung herumgeschwenkt werden, damit der Fahrdamm die richtige Querneigung erhält. Zwei Beispiele aus der Praxis des Verfassers sollen die Ausführung und die Zweckmäßigkeit solcher Maßnahmen erläutern (32). Im ersten Falle handelt es sich um eine breite Verkehrsstraße, die einen starken Kraftwagenverkehr aufnehmen muß (Abb. 47). Die Straße hat zwei Fahrdämme und an der Einmündung einer Querstraße einen Knick, der ausgerundet ist. An dieser Stelle hat sich die Notwendigkeit ergeben, die zuvor erwähnte Ausschwenkung der Dammkrone für den südlichen Fahrdamm vorzunehmen, was in der Form der strichpunktierten Linie geschehen ist. Schwieriger gestaltete sich die Durchführung der gleichen Maßnahme beim Umbau des Wittenbergplatzes in Charlottenburg, weil hier der Fahrdamm zwei S-Krümmungen beschreibt (Abb. 48). In der geraden Strecke liegt die Dammkrone an den Bordkanten des Mittelstreifens. Die Durchführung der Querneigung des Dammes in dieser Form um den Platz herum wäre für den schnellfahrenden Verkehr verhängnisvoll gewesen, da in diesem Falle die Neigung des Fahrdammes in der Richtung der Fliehkraft gelegen hätte. Es mußte vielmehr die Dammkrone an dieser Stelle nach der Bordkante der beiden äußeren Bürgersteige verlegt werden. Das ist auch geschehen, wie in der Abb. 48 durch Querschnittschraffur zu erkennen ist. Die Überleitung der Dammkronen — in der Abbildung strich-

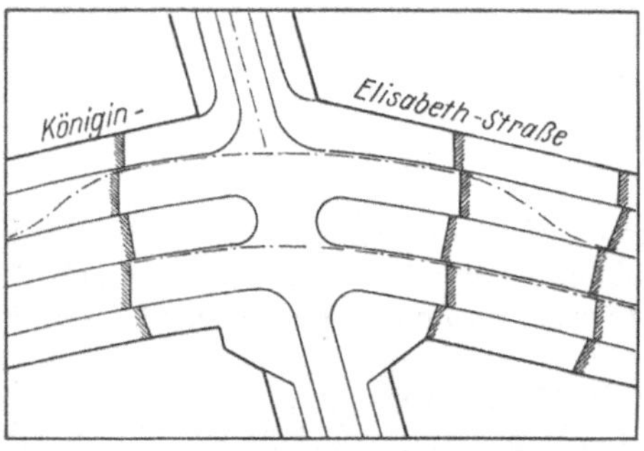

Abb. 47. Stadtstraße mit einseitigem Quergefälle in der Krümmung.

punktiert — von der Mitte nach den Seiten erforderte besondere Sorgfalt, damit beim Überfahren die Wagen keinen Stoß erleiden. Zum Teil konnte das bei der Herstellung der mit Asphalt versehenen Fahrdämme durch Anlegung sanfter Übergänge erreicht werden. Wäre das bei der Umänderung des Platzes aus Anlaß des Einbaues der Untergrundbahn im Jahre 1912 nicht beachtet worden, dann hätte bei dem dichten Kraftwagenverkehr, der jetzt an dieser Stelle herrscht, der ganze Platz alsbald umgebaut werden müssen.

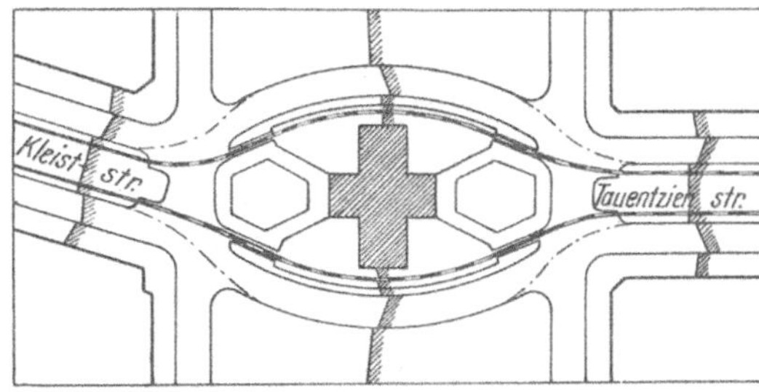

Abb. 48. Querneigung der Fahrdämme am Wittenbergplatz in Charlottenburg.

Die Ausbildung des Platzes in dieser Weise kann aber nur als eine Verlegenheitslösung betrachtet werden, weil gegebene Verhältnisse vorgelegen haben. Die Anlage einer Zwischengerade zwischen den beiden Gegenkrümmungen ist z. B. wegen des beschränkten Raumes nicht möglich gewesen. Dem Straßenverkehr hätte ein schwach gekrümmter Übergang aus der Richtung der Tauentzienstraße in die der Kleiststraße bei Fortfall des breiten Mittelplatzes besser entsprochen. Für die Führung der städtischen Straßen, vor allem bei Verkehrsstraßen, muß dieselbe Forderung wie bei den Landstraßen gestellt werden, daß die Linienführung eine gestreckte ist und scharfe S-Krümmungen möglichst vermieden werden. Aber selbst in Bebauungsplänen der neueren Zeit ist das nicht beachtet. Verstöße in dieser Hinsicht können auch durch eine noch so ausgeklügelte Ausbildung der Fahrbahn nicht wieder gutgemacht werden. Der Scholzplatz in Charlottenburg-Westend ist ein Beispiel dafür gewesen. Auf ihm wurde der Verkehr in scharfen S-Kurven geführt, deren Gefährlichkeit für den Verkehr durch entsprechende Neigung der Fahrbahn nur unvollkommen behoben werden konnte. Er mußte infolgedessen völlig umgebaut werden.

Abb. 49. Platz vor dem Fährgebäude in San Franzisko (V. St. A.). Führung des Verkehrs in 3 Stockwerken.

Die beim Landstraßenbau erwünschte bahnfreie Kreuzung der Straßen wird in den Städten im gleichen Maße erwünscht sein, sie wird sich nur nicht in dem Maße durchführen lassen, weil es an Platz für die Entwicklung der Rampen fehlen wird. Dagegen würde sie in neuzeitlichen Bebauungsplänen vorzusehen sein. Die bahnfreie Kreuzung ist angewendet an dem Hauptbahnhof der Grand Central in New York am Schnittpunkt der Park Avenue mit der 42. Straße. Auf der von Süden kommenden Park Avenue entwickelt sich eine Rampe, die mit einer Brücke über die 42. Straße setzt. Der Verkehr wird im ersten Stock um das Empfangsgebäude auf beiden Seiten herumgeführt. Es bestehen eine große Anzahl von Entwürfen für ähnliche Lösungen für Großstädte in den

V. St. A., über die der Reisebericht des Verfassers (33) Mitteilungen macht. Um den Raum zur Entwicklung der Rampen zu gewinnen, müssen in einschneidender Weise Gebäude niedergelegt und Straßen durchbrochen werden.

In San Franzisko ist an der Landestelle der Hafenfähren ein Fußgängersteg über den sehr belebten Straßenvorplatz angelegt worden, der stark benutzt wird, weil die Fahrgäste der Fähren, die auf dem geräumigen Oberdeck befördert werden — das untere Deck dient dem Wagenverkehr — in der Höhe des Fußsteiges, etwa 5 m über Platzhöhe, an Land gesetzt werden. Der Uferverkehr auf der Straße, der am Fährgebäude entlanggeht und den dichten, von den Fähren abstrahlenden Verkehr vor allem von Straßenbahnwagen schneidet, wird in einem Tunnel geführt (Abb. 49). Eine ähnliche Anlage ist auch für den neuen Bahnhof in Duisburg vorgesehen.

B. Linienführung der Straßen im Aufriß.

a) Allgemeines.

Bei Straßen, die in Steigungen verlegt werden müssen, tritt zu dem Bewegungswiderstand auf der ebenen Fahrbahn noch derjenige der Steigung hinzu. Es muß demnach die Zugkraft noch um den Betrag des Steigungswiderstandes vergrößert werden. Der Gesamtwiderstand W, der von der Zugkraft Z überwunden werden muß, setzt sich zusammen aus dem Fahrwiderstand einschließlich des Luftwiderstandes und dem aufzuwendenden Steigungswiderstand

$$W \leqq Z = k \cdot G \cdot \cos\alpha \pm G \cdot \sin\alpha, \tag{52}$$

G = Wagengewicht (einschl. Nutzlast), α der Neigungswinkel, k der Fahrwiderstand in kg für 1 t. Wird das Wagengewicht G in Tonnen eingesetzt und statt $\tang\alpha$ die Straßensteigung s in vH, dann wird die Zugkraft:

$$\frac{Z}{\cos\alpha} \geqq W \geqq k \cdot G \pm 10 G \cdot s. \tag{53}$$

Das positive Vorzeichen gilt für Bergfahrt, das negative für Talfahrt. Bei Pferdeverkehr ist bei der Berechnung des Steigungswiderstandes zum Wagengewicht das gesamte Zugtiergewicht hinzuzuzählen. Da die Steigungswinkel sehr klein sind, kann ohne bedeutenden Fehler $\cos\alpha = 1$ gesetzt werden. Dann nimmt die Gleichung (53) die vereinfachte Form an

$$Z \geqq G \cdot (k \pm 10 s) \text{ in t}.$$

Ergibt diese Gleichung für Z einen negativen Wert, so muß der Wagen bei der Talfahrt gebremst werden. Steigungen, bei denen für einen gegebenen Wert von k $Z = 0$ wird, werden als unschädliche bezeichnet. Wenn die Zugkraft gegeben ist, berechnet sich die zulässige Zuglast für eine bestimmte Steigung s

$$G = \frac{Z}{k + 10 s} \text{ in t}. \tag{54}$$

Dieselbe Gleichung nach s aufgelöst, ergibt die maßgebende Steigung für eine angenommene Zuglast:

$$s = \frac{k - K \cdot G}{10 G}. \tag{55}$$

Für kürzere Strecken kann mit der doppelten üblichen Zugkraft des Pferdes gerechnet werden, dann nimmt die Gleichung für die maßgebende Steigung den Wert an

$$s = \frac{2Z - kG}{10 G}.$$

Trennt man das Zuggewicht nach Nutzlast Q und Wagengewicht Q_0 und Eigengewicht des Pferdes G_p, so geht die Formel (53) in den folgenden Ausdruck über:

$$Z = (Q + Q_0)\, k + 10\, (Q + Q_0 + G_p)\, s \text{ (alles in t)},$$

$$Z = Qk + Q_0 k + 10 \cdot Qs + 10\, (Q_0 + G_p)\, s,$$

$$Q = \frac{Z - 10\,(Q_0 + G_p) \cdot s - Q_0 k}{k + 10 s}, \tag{56}$$

$$s = \frac{Z - (Q + Q_0)\, k}{10\,(Q + Q_0 + G_p)}. \tag{57}$$

Die Werte für Q und s können nur dann gefunden werden, wenn für Zugkraft, Wageneigengewicht, Zugtiergewicht und Widerstandsziffer k Annahmen gemacht werden. Diese können aber sehr verschieden sein.

Launhardt hat das Gesetz aufgestellt (25): Bei richtiger Anordnung gleichzeitig der Nutzladung wie der Steigung, muß sich die Nutzladung zum Gewicht des unbeladenen Fuhrwerkes einschließlich seiner Bespannung für Bergfahrten verhalten wie die Steigung s zu dem Widerstandsbeiwert:

$$\frac{Q}{Q_0 + G_p} = \frac{\operatorname{tg} \alpha}{\mu}. \tag{58}$$

Zur Veranschaulichung der Verschiedenheiten in der Höhe der Beförderungsleistung eines Pferdes für einen gegebenen Straßenwiderstandsbeiwert $\mu = \frac{1}{33}$ bei verschiedenen Fahrgeschwindigkeiten und Steigungen diene die nachstehende Zusammenstellung aus dem Handbuch der Ingenieurwissenschaften I. 4.

Zusammenstellung 14.
Mittlere Nutzlast eines Pferdes auf Straßen verschiedener Steigung.

Gewöhnliche Straßensteigung	Geschwindigkeit in Metern für die Sekunde			
	$V = 1{,}5$ Nutzlast kg	1,25 Nutzlast kg	1,0 Nutzlast kg	0,75 Nutzlast kg
Waagerecht	1100	1650	2223	2800
1 vH	612	1025	1455	1887
3 vH	125	400	687	975
4 vH	—	214	467	714
5 vH	—	87	303	519
6 vH	—	—	174	366
8 vH	—	—	—	145

Die technischen und wirtschaftlichen Grundlagen für die Trassierung von Straßen mit tierischer Zugkraft sind seit langem festgelegt. Zu verweisen ist hierbei auf Launhardt: Theorien des Trassierens, Hannover 1887; ders., Bestimmung der zweckmäßigsten Steigungverhältnisse der Chausseen, Z. d. Arch.- u. Ing.-Vereins zu Hannover 1867, S. 198; Löwe: Straßenbaukunde, Wiesbaden 1895, und Handbuch der Ingenieurwissenschaften I. 4, Leipzig 1912, Euting: Landstraßenbau einschl. Trassieren, Leipzig 1920.

b) Beziehungen zwischen Straßensteigung und Betriebskosten des Kraftwagens.

Der Kraftwagen ist in der Lage, ohne Verminderung seiner Nutzlast sehr starke Steigungen zu nehmen, solange diese Nutzlast innerhalb der Leistung des Motors liegt. Die höchste Steigung, die ein Wagen nehmen kann, berechnet sich nach dem Leistungsüberschuß L_s [vgl. S. 26 Gleichung (8)].

$$s = \frac{3{,}6 \cdot 75 \cdot 100}{G \cdot V}\, L_s \text{ vH}. \tag{59}$$

L_s kann aus dem Fahrbild entnommen werden. Für eine bestimmte Geschwindigkeit, die nicht überschritten werden soll, ist damit die Steigungsgröße gegeben. Selbst bei Geschwindigkeiten, die für Lastförderung gegenüber dem Straßenfuhrwerk sehr hoch angesehen werden müssen, kommt man noch zu erheblichen Steigungen. Damit ist aber die Beförderung auf Straßen unabhängig von den Steigungen der Straße gemacht worden. Diese erheblichen Vorteile des Kraftwagens sowohl für Personen- wie Güterbeförderung lassen es begreiflich erscheinen, wenn gerade im Gebirge die Benutzung des Kraftwagens für die Personen-, Post- und Güterbeförderung einen großen Umfang angenommen hat und z. T. wohl nur noch ausschließlich betrieben wird. Für die Linienführung von Straßen, bei denen Kraftwagenverkehr vorherrscht, sind damit neue Gesichtspunkte gegeben. Bei Straßen mit gemischtem Verkehr allerdings wird die Rücksicht auf den leistungsschwachen Pferdeverkehr vorherrschen müssen.

Aber dort, wo der Kraftwagen der alleinige Straßenbenutzer ist, wird seinen besonderen Eigenarten Genüge geschehen müssen. Auch für solche Straßen wird bei der Prüfung ihrer Wirtschaftlichkeit der Grundsatz gelten müssen, daß — für einen km gerechnet — die Jahreskosten für die Verzinsung und Tilgung der Anlage $\frac{A \cdot i}{100}$, wenn A die Anlagekosten und i der Zins- und Tilgungsfaktor sind, die Unterhaltungskosten U und die Beförderungskosten für einen geschätzten Verkehr eine Mindestgröße annehmen müssen. Die Anlagekosten einer Straßenlinie ergeben sich aus dem Bauentwurf und dem Kostenanschlag, die Unterhaltungskosten müssen aus den Erfahrungen anderer Straßen entnommen werden. Über die Beförderungskosten besonders hinsichtlich des Einflusses der Steigungen und der Arbeitsweise des Motors sollen einige Unterlagen gegeben werden.

Die Betriebskosten jedes Beförderungsmittels setzen sich aus zwei Größen zusammen:

1. aus jährlich in der Regel feststehenden Ausgaben, wie Lohn des Fahrers, gegebenenfalls Mitfahrers, Putzers, Steuern, Versicherungen, aus rechnerisch zu erfassenden Ziffern für die Verzinsung des in Wagen, Wagenschuppen, Tankanlage, Werkzeug usw. angelegten Kapitals, für die Abschreibungen bzw. Rücklage zur Neubeschaffung;

2. die mit der Fahrstrecke in Zusammenhang stehenden, daher mit der Länge dieser Fahrstrecke veränderlichen Kosten für Bereifung, Betriebsstoff, Schmier- und Putzmittel.

Auch für Kraftwagen gilt der selbstverständliche Satz, daß die kürzeste Verbindung zwischen zwei Verkehrsknotenpunkten in der Ebene die geringsten Beförderungskosten erfordert. In dieser Hinsicht sind Pferdefuhrwerk und Kraftwagen gleich zu achten. Sind aber auf der kürzesten einzuhaltenden Straße Steigungen zu überwinden, so besteht der schon erwähnte Unterschied zwischen Straßenfuhrwerk und Kraftwagen, daß der Kraftwagen nahezu unabhängig von Steigungen ist. Es wird nur noch zu entscheiden sein, ob nicht die Überwindung von Steigungen mit zu hohen Betriebskosten verbunden ist, ob also die unter 2. genannten Aufwendungen für Steigungen besonders hohe Werte annehmen. Die Kraftwagenmotoren werden mit hohen Leistungsüberschüssen gebaut, um große Anfahrbeschleunigung und eine bessere Steigfähigkeit der Wagen zu erzielen, so daß sie möglichst mit der oberen Geschwindigkeitsgrenze auch größere Steigungen nehmen können. Die Folge davon ist, daß die Motore auf der Fahrt in der Ebene bei mittleren Geschwindigkeiten ihre volle Leistung nicht ausnutzen. Es ist die Eigenart des Kraftwagenmotors, daß der Brennstoffverbrauch für die Nutzpferdekraft mit abnehmender Leistung des Motors steigt. Das Befahren von Steigungen ist daher keineswegs mit erheblich höherem Brennstoffverbrauch verbunden. Andrerseits kann bei der Talfahrt durch Auskuppeln des Motors oder Ausrüstung mit Freilaufgetriebe ohne Brennstoffverbrauch gefahren werden.

Schon aus dieser Feststellung heraus ergibt sich die Unempfindlichkeit des Lastkraftwagens gegen Steigungen. Außerdem darf der Anteil des Brennstoffverbrauches an den Betriebskosten nicht überschätzt werden. Er beträgt z. B. bei Personenwagen zwischen 1—2½ l Hubvolumen nur etwa 12 vH bei einer Jahresfahrleistung von 20000 km und einem Brennstoffpreis von 32 Pfg. für den Liter ohne Lohn für den Wagenführer. Er steigt bei größeren Wagen von 3—4 l auf etwa 20 vH unter den gleichen Bedingungen. Für Lastkraftwagen liegen die anteiligen Brennstoffkosten je nach ihrer Fahrleistung etwa zwischen 12—18 vH der Gesamtkosten, sie fallen bei Mitführen von Beiwagen auf etwa 10—15 vH[1].

Es sind demnach die festen Kosten zu Ziffer 1 in erster Linie ausschlaggebend für die Betriebskosten. Sie fallen mit der größeren Leistung des Wagens. Diese kann gesteigert werden, wenn auf einer gegebenen Entfernung die Fahrzeit des Wagens herabgesetzt wird. Die Wirtschaftlichkeit eines Lastkraftwagens wird demnach beeinflußt von der tkm-Leistung in der Zeiteinheit. Es ist demnach unter verschiedenen Linien einer Ortsverbindung diejenige die wirtschaftlichste, die die kürzeste Fahrzeit hat. Steigungen und sogar verlorene Steigungen können dann bis zu einem gewissen Grade ohne Einfluß bleiben.

Theoretische Grundlagen (36). Bei der Betrachtung sollen die Personenwagen, soweit sie nicht dem Massenverkehr dienen, ausscheiden und nur Lastkraftwagen, die dem Güterverkehr und Personenverkehr als Kraftomnibusse dienen, herangezogen werden. Man wird für eine Straßenanlage eine bestimmte Kraftwagenart auswählen, deren Leistungscharakteristik bekannt ist, d. h. die Leistung, die der Motor bei einer bestimmten Umdrehungszahl und Gang aufweist. Kennt man die Leistung, die der Wagen bei voller Auslastung zur Überwindung des Fahrwiderstandes und der Steigung aufwenden muß, dann kann aus dem Fahrbild auf die Fahrgeschwindigkeit und bei gegebener Strecke auf die Fahrzeit geschlossen werden. Es läßt sich ferner auch der Brennstoffverbrauch berechnen, wenn die Verbrauchseinheiten für die verschiedenen Auslastungsverhältnisse gegeben sind. Um Fahrwiderstand und Steigung auf die gleiche Maßeinheit zu bringen, wird für den Kraftwagen die aus der Linienführung der Eisenbahn bekannte Widerstandshöhe eingeführt. Es wird die auf der Waagerechten geleistete Arbeit in Hubarbeit umgerechnet. Um diese Rechnung durchführen zu können, müssen die Widerstandswerte für die einzelnen Pflasterarten bekannt sein (s. S. 28).

Handelt es sich um Lastkraftwagen mit Anhänger, von denen der Triebwagen einen Laufwiderstand w_1 und ein Gesamtgewicht Q_1, der Anhänger den Laufwiderstand w_2 hat und Gesamtgewicht Q_2, dann ist der mittlere Laufwiderstand

$$w = \frac{Q_1 w_1 + Q_2 \cdot w_2}{Q_1 + Q_2} \text{ (in kg/t)}. \tag{60}$$

Diese Werte werden hier angeführt, da sie für die folgenden Berechnungen gebraucht werden. Krümmungswiderstände sollen nicht berücksichtigt werden. Die Widerstandshöhe ist dann auf der Strecke l_1 m

$$h_w = 0{,}001\, w\, l_1 \text{ tm}.$$

Hierzu treten dann die wirklich zu ersteigenden Höhen h_s. Die maßgebende Arbeitshöhe beträgt alsdann

$$H = h_w + h_s \text{ in m}.$$

Die zu leistende Zugförderungsarbeit würde jetzt dieselbe sein, die der Motor eines Lastwagens zu leisten hat, der keinen Fahrwiderstand, sondern nur auf der Strecke l_1 die Höhe H zu erklimmen hat. Für diesen Fall kann das Steigungsverhältnis p_i berechnet werden.

$$p_i = \frac{H}{l_1}. \tag{61}$$

[1] Bei der 30-Tagefahrt auf dem Nürburgring haben sich höhere Verbrauchsziffern ergeben.

Die Höhe H ist für 1 t errechnet. Die Zugförderungsarbeit muß daher noch um das Gewicht des Lastzuges in t vermehrt werden.

Die Zugförderungsarbeit muß vom Kraftwagenmotor geleistet werden. Die Leistung des Motors in PS bei den verschiedenen Gängen und Geschwindigkeiten wird aus den Fahrlinien entnommen, die für jeden Motor bekannt sind. (Vgl. Abschnitt II C c 1.) Diese Fahrlinien lassen die tatsächlichen Steigungen erkennen, die der Wagen vollausgelastet bei den verschiedenen Schaltgängen nehmen kann. Luftwiderstand und Rollverluste sind dabei von der Motorleistung abgezogen. Da in den vorhergehenden Ausführungen eine Steigung p_i als Maßstab für die Zugförderungsarbeit einschließlich des Fahrwiderstandes angenommen ist, würde es entsprechen, wenn aus dem Fahrdiagramm des Kraftwagenmotors für die volle Leistung nach Abzug des Luftwiderstandes ein Steigungsdiagramm entworfen würde. Die Steigung würde sich nach der Formel (59) errechnen

$$p_i = \frac{L_s \cdot 3{,}6 \cdot 75 \cdot 100}{Q \cdot V}. \qquad (62)$$

In dieser Formel ist L_s die gesamte Motorleistung bei der Geschwindigkeit V km/h nach Abzug des Luftwiderstandes. Der in der angenommenen Steigung p_i ausgedrückten Zugförderungsarbeit (Gleichung 61) steht jetzt die als Steigung ausgedrückte Leistung des Motors gegenüber, und es kann nunmehr aus dem Steigungsdiagramm, in dem die Steigungen als Ordinaten, die Fahrgeschwindigkeiten in km/h als Abszissen aufgetragen sind, entnommen werden, bei welcher Fahrgeschwindigkeit der Kraftwagen die Arbeit leistet, woraus wieder die Fahrzeit errechnet werden kann.

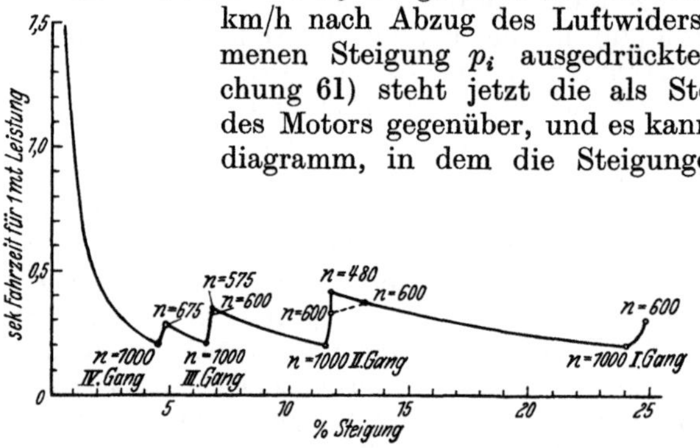

Abb. 50. Fahrzeitlinie für Büssing 11-t-Lastwagen.

Um die Fahrzeit unmittelbar zu erhalten, wird noch eine Umrechnung empfohlen. Die Neigung p_i ist in vH, also auf 100 m Länge angegeben. Aus der Fahrgeschwindigkeit für die verschiedenen p_i kann nunmehr auf die Fahrzeit in sec selbst geschlossen werden. Die Steigung p_i wird bei der Fahrgeschwindigkeit v m/sec vollbracht. Die Fahrzeit auf 100 m beträgt dann $f = \frac{100''}{v}$, in der p_i überwunden wird oder 1 t p_i m gehoben. Um auf die Einheit zu kommen (Zahl der Sekunden, um 1 t 1 m hoch zu heben für die Neigung p_i), muß f noch durch p_i geteilt werden (V in km/h),

$$f = \frac{100 \cdot 3{,}6}{V \cdot p_i}.$$

Für diese Zwischenrechnung ist für einen 11-t-Lastwagen die Fahrzeitkurve (Abb. 50) berechnet.

Es muß noch ein Ausgleich der Kurven stattfinden. Mit abnehmender Fahrgeschwindigkeit steigt der Leistungsüberschuß für Steigung in demselben Schaltgang bis zu einem Höchstwerte, dann fällt er ab. Die Überschreitung des Höchstwertes nach unten ist der Augenblick, in dem der niedere Gang eingeschaltet werden muß. Einer Abnahme der Geschwindigkeit in demselben Schaltgang entspricht ein langsamerer Lauf des Motors, er arbeitet mit geringerer Drehzahl. Da aber jeder Motor innerhalb bestimmter engbegrenzter Drehzahl am wirtschaftlichsten arbeitet, ist es zweckmäßig, den Motor weder mit zu hoher, noch zu geringer Drehzahl zu fahren. Das bedeutet, daß bei dem Befahren einer Steigung der niedere Gang schon eingeschaltet wird, ehe die Drehzahl des Motors zu weit abfällt. Die Schwankungen in der Leistung innerhalb desselben Schaltganges machen sich auch in der Wellenform der Fahrzeitkurve bemerkbar. Hier könnte auch ein Ausgleich vorgenommen werden, etwa in der Weise, daß die Fahrzeitpunkte für eine bestimmte Drehzahl des Motors miteinander verbunden werden, damit eine stetige Kurve entsteht.

In der Abb. 50 — Fahrzeitlinie — ist beim Übergang vom zweiten zum ersten Gang bei derjenigen Steigung, bei der die Drehzahl von 600 in der Minute erreicht ist, die Spitze mit einer Linie abgeschnitten. Denn tatsächlich wird kein Kraftfahrer den Motor auf zu geringe Drehzahl heruntergehen lassen, weil er dann leicht stehen bleiben kann. Er wird schon rechtzeitig vorher den niederen Gang einschalten. Ein zeichnerisches Verfahren zur Ermittelung der Fahrzeiten, Betriebsstoffe, Verbrauchs- und der Fahrkosten des Kraftwagens hat Prof. Dr.-Ing. Müller, Dresden, in V.T. 1930 Nr. 8[1] veröffentlicht. Ein Verfahren zur Berechnung der mittleren Reisegeschwindigkeit aus der Motorleistung für eine gegebene Straße findet sich auch bei Dr. Ing. Kamm (15).

Der günstige Brennstoffverbrauch des Motors in der Steigung und die Möglichkeit, bei der Talfahrt überhaupt ohne Brennstoff fahren zu können, hat angeregt, die Linienführung von Kraftverkehrsstraßen im Aufriß sägeförmig zu führen. Die Steigung darf aber dann nur so gering sein, daß sie noch im höchsten Gang befahren werden kann. Bei niederen Gängen verlängert sich die Fahrt und damit die Fahrzeit und die tkm-Leistung auf die Zeiteinheit geht zurück. Gegen die sägeförmige Anlage lassen sich verschiedene Einwendungen erheben. Vor allem erfordert sie höhere Baukosten, weil jede Fahrtrichtung eine besondere Straße verlangt. Bei Straßen mit drei Spuren — eine für jede Richtung und eine Überholungsspur — würde man alsdann für jede Richtung zwei Spuren vorzusehen haben. Solche Mehrausgaben können nicht durch Betriebsstoffersparnisse gedeckt werden. Nicht berücksichtigt ist dabei ferner, daß auf Steigungen wegen der größeren Schubkraft die Fahrbahn und die Reifen stärker abgenutzt werden und daß die Anlage nur für eine bestimmte Wagenart erfolgen kann. Jede Änderung in der Wagenform und des Antriebes wirft die Voraussetzungen für die Anlage der Straße über den Haufen.

Für die Neigung der Straße hinsichtlich der Talfahrt gilt auch für den Kraftwagen die Bedingung, die schon Launhardt für den Pferdewagen ermittelt hat, daß dasjenige Gefälle das vorteilhafteste ist, bei dem die in Richtung der Straße abwärts wirkende Teilkraft der Schwerkraft dem Widerstande des Fuhrwerkes das Gleichgewicht hält. Zusammengefaßt wird daher festzustellen sein, daß eine verlorene Steigung dann zuzulassen ist, wenn sie mit dem höchsten Gang des Motors noch befahren werden kann, und wenn bei der Talfahrt die Geschwindigkeit in solchen Grenzen bleibt, daß Bremsen unterbleiben kann, ohne daß die Sicherheit des Wagens gefährdet ist. Das ist das Ergebnis von Untersuchungen des Research Board der Straßenbauverwaltungen der amerikanischen Bundesregierung.

c) Wahl der Steigungen und virtuelle Längen.

Wenn auch nach den Steigungsbildern Kraftwagen sehr erhebliche Steigungen nehmen können, so wird man dennoch übermäßig steile Steigungen nicht zulassen dürfen. Denn in starken Steigungen wird die Decke stark beansprucht, sowohl auf der Berg- wie Talfahrt. Beim Abwärtsfahren wird außerdem das gesamte Fahrwerk der Wagen mitgenommen. Man wird auch beachten müssen, daß selbst auf reinen Kraftfahrstraßen Wagen ganz verschiedener Stärke fahren, und daß vornehmlich die kleineren Personenwagen nicht stark genug sind,

[1] S. a. „Die Selbstkostenberechnung der Kraftwagenfahrten". Verkehrstechn. Woche 1932 Heft 6.

steile Steigungen, besonders auf langen Strecken, zu überwinden. Aber auch für stärkere Wagen, z. B. Postomnibusse, müssen auf starken Steigungen (10 vH), wenn sie sich auf größere Längen erstrecken, Ruhepunkte geschaffen werden, damit das Kühlwasser sich abkühlen kann. Sobald Lastkraftwagen mit Beiwagen fahren, ermäßigt sich ihr Leistungsüberschuß, worauf bei Festsetzung der Steigung zu achten ist. Die klimatischen Verhältnisse sind auch zu berücksichtigen. Wo mit viel Nässe und im Winter mit Frost zu rechnen ist, werden die Straßen zeitweilig so glatt, daß sie in starken Steigungen selbst mit Schneeketten nicht befahren werden können. Es sind also in dieser Hinsicht Grenzen gezogen. Die preußischen Vorschriften vom Jahr 1871 schreiben folgende Steigungen vor:

im Gebirge	5 vH,
im Hügelland	4 vH,
im Flachland	2 vH.

Für Bayern sind die Steigungsverhältnisse durch Ministerialerlaß vom 3. 4. 1909 in der Weise festgelegt, daß in der Nähe größerer Städte oder bei starkem Verkehr 3 vH nicht überschritten werden sollen. Unter schwierigen Verhältnissen sind dagegen bei Staats- und Distriktsstraßen 5 vH, bei Gemeindewegen bis zu 7 vH zulässig. In Nordfrankreich und Belgien, verhältnismäßig flachen Gebieten, ist für den Neubau von Straßen 3 vH vorgeschrieben, für hügeliges Gelände 5 vH. Ähnliche Festsetzungen bestehen auch für Baden und Württemberg.

Bei diesen Festsetzungen ist auf die Leistungsfähigkeit von Zugtieren Rücksicht genommen aber noch nicht auf Kraftfahrzeuge. Die Erfahrungen auf den von Kraftwagen viel befahrenen Straßen, wie Jochbergstraße bei Hindelang, Ettaler Steige zwischen Oberammergau und Partenkirchen und der Kesselbergstraße zeigen, daß die dort vorhandenen Steigungen von 5,75 vH glatt genommen werden. Es werden auf diesen Steigungen noch Durchschnittsgeschwindigkeiten von 40 km/stdl. gefahren. In der Schweiz wird angestrebt, im Flachlande nicht mehr als 5 vH Gefälle anzuwenden. Im Gebirge findet man aber größere Steigungen. So befinden sich auf der Straße Thusis—Avers an zwei Stellen Steigungen von 18 vH auf 600 m Länge, die von Postautomobilen befahren werden können (27). Die steilste Straßenstrecke wird sich wohl auf dem Nürburgring befinden. Hier ist zur Abkürzung zwischen zwei Schleifen als Prüfungsbahn auf 550 m eine Steigung eingebaut, die auf 150 m 27 vH aufweist.

Der erste Kongreß für Sicherheit auf den Straßen in den V. St. A. vom Dezember 1924 hat als höchste Steigung 6 vH (1:17) festgesetzt. Die meisten Staaten lassen für Straßen erster Ordnung Steigungen bis zu 5 vH zu, manche 6—7 vH. West-Virginia geht sogar bis 9 vH. Für Straßen zweiter Ordnung gehen die meisten Staaten bis 7 vH, Connecticut bis 10 vH. Diese Angaben zeigen bei allen Staaten die Richtung, die zulässigen Steigungen zu ermäßigen, früher waren sie höher. Allerdings bestehen keine festen Regeln, die Steigungen richten sich nach dem Charakter des Landes und den örtlichen Verhältnissen. Kansas bringt die Steigung auch in Beziehung zur Länge der Steigung und geht bis zu 300 m Länge bis 6 vH, über 400 m Länge bis 5 vH.

Den Höchstgefällen stehen auch Geringstgefälle gegenüber. Denn die Trockenhaltung der Straße läßt ein gewisses Längsgefälle erwünscht erscheinen. In Deutschland wird als Gefälle, das möglichst eingehalten werden soll, 0,5 vH, in England 1,25, in Frankreich 0,8, in den V. St. A. 0,5 vH empfohlen. Die Anwendung bleibt auf solche Stellen beschränkt, wo sich ein Gefälle überhaupt anlegen läßt. Künstlich Erdbewegungen vorzusehen, um dieses Gefälle zu erzielen, dürfte unzweckmäßig und durch die angenommenen Vorteile in der Unterhaltung der Straße kaum zu rechtfertigen sein. Bei Straßen ohne oder mit ganz geringem Gefälle ist zwecks geordneter Wasserabführung durch Heben und Senken der Rinne nachzuhelfen (s. S. 80).

Die Tiefbauverwaltung der Stadt Stuttgart hat zwei Hauptverkehrsstraßen, die neuerdings ausgeführt worden sind, mit 6 vH Gefälle angelegt mit der ausdrücklichen Begründung, daß bei dem starken Anteil des Kraftwagens im städtischen Verkehr solche Steigungen unbedenklich sind.

Da auf der horizontalen Straße die größte Geschwindigkeit entwickelt werden kann, die in der Steigung ermäßigt werden muß, so wird man jede Steigung auf die Horizontale beziehen können, wenn man sie um das Maß verlängert, das für ihre Durchmessung mehr gebraucht wird als auf der Horizontalen. Nach diesem Verfahren werden die virtuellen Längen von Straßenlinien ermittelt und miteinander verglichen. Es werden also Verhältniszahlen festzusetzen sein, die die Zeitverluste bei den Steigungen durch entsprechende Verlängerung der Steigungsstrecken zum Ausdruck bringen.

Eine Unterlage für diese Zahlen gibt das Steigungsdiagramm derjenigen Wagenform, die auf der betreffenden Straße hauptsächlich verkehren wird. Das

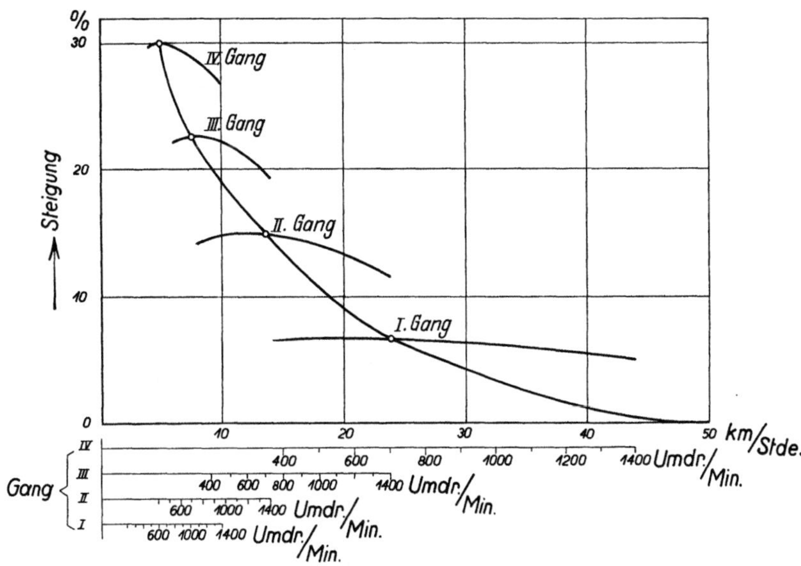

Abb. 51. Steigungsbild des Daag-Lastkraftwagens mit Ausgleichskurve.

kann sein ein Lastwagen bestimmter Bauart, Personen- oder Postomnibus oder Lastzug. Da das Steigungsbild Sprünge zeigt, so muß ein Übergang durch Annahme eines mittleren Steigungsbildes geschaffen werden. Für die Form dieser Ausgleichslinie ist folgende Überlegung maßgebend. Der vollbelastete Motor hat den geringsten Brennstoffverbrauch. Bei Vollast läuft der Motor mit einer mittleren Tourenzahl, die für jeden Motor bekannt ist. Dieser Drehzahl entspricht eine bestimmte Geschwindigkeit. Der Motor ist bei dieser Geschwindigkeit voll belastet, d. h. auch sein Leistungsüberschuß völlig ausgenutzt, wenn er bei dieser Drehzahl auf der aus seinem Steigungsdiagramm für den betreffenden Schaltgang sich ergebenden Steigung fährt. Ein Punkt der Ausgleichskurve ist also der Schnittpunkt der Tourenzahl mit dem zu dem Schaltgang gehörenden Steigungsbild. In dieser Lotrechten liegt zugleich die Fahrgeschwindigkeit. Bei geringerer Steigung würde eine höhere Fahrgeschwindigkeit zuzulassen sein, um den Motor möglichst voll auszunutzen.

Für den Daag-Schnellastwagen ist unter der Annahme, daß eine günstige Drehzahl des Motors 700 ist — nach Angaben von Professor Becker verbraucht der Motor innerhalb 650—1350 Touren die geringste Menge Brennstoff —, eine solche Ausgleichskurve entworfen. Die Drehzahl darf nicht zu hoch genommen werden, weil sonst beim Übergang von einem Schaltgang zu einem anderen der Motor eine noch höhere Drehzahl annimmt (Abb. 51).

Aus diesem Bild kann man nunmehr die virtuellen Längen berechnen, wenn die Geschwindigkeit — z. B. für einen Schnelllastwagen — auf der Wagerechten zu $V = 50$ km/h angenommen ist, ergeben sich die Verhältniszahlen zur Ermittelung der virtuellen Längen für verschiedene Steigungen nach der nebenstehenden Zusammenstellung.

Zusammenstellung 15.

Steigung vH	Geschwindigkeit km/stdl. v_a	Verhältniszahl $\frac{v}{v_a}$
2	39	1,28
4	30	1,67
6	25	2,0
8	22	2,27
10	19	2,63
12	17	2,94
14	14	3,57
16	12	4,16
18	10	5,00
20	9	5,56
22	8	6,25
24	7	7,15

Für den Büssing-10-t-Wagen mit dem B-4-K-Motor ergeben sich für $V = 25$ km/h folgende Zahlen für die virtuellen Längen:

Zusammenstellung 16.

Steigung	2	4	6	8	10	12	14	16	20	24 vH
Geschwindigkeit v_a.	21	17	13	10	8	7	6	5	4	3 km/stdl.
Verhältniszahl $\frac{v}{v_a}$.	1,19	1,47	1,92	2,5	3,13	3,57	4,17	5	6,25	8,35

Der Einfluß der Krümmungen auf die Betriebskosten und Fahrzeit macht sich dann bemerkbar, wenn in den Krümmungen eine Ermäßigung der Fahrgeschwindigkeit eintreten muß. Hierfür gibt die Gleichung (44) auf S. 53 eine Unterlage. Wird als Geschwindigkeit in der Horizontalen und Geraden 50 km/h zugrunde gelegt, dann verlängern sich die Krümmungsstrecken entsprechend dem Halbmesser im folgenden Verhältnis:

$$v_a = \sqrt{f \cdot R \cdot g} \quad (g = 9{,}81,\ f = 0{,}2)$$

Zusammenstellung 17.

Halbmesser R . . .	90	80	70	60	50	40	30	25	20	15	10
Geschwindigkeit v_a .	42	39,6	37	34,4	31,4	28,5	24,3	22,2	19,8	17,2	14
Verhältniszahl $\frac{v}{v_a}$ . .	1,19	1,26	1,35	1,45	1,59	1,75	2,06	2,25	2,52	2,9	3,56

Bei Überhöhung der Krümmungen würden die virtuellen Längen auf Grund der Gleichung (43) auf S. 53 zu berechnen sein (37).

Durch die virtuellen Längen sind die Steigungen in ebene Strecken umgewandelt worden und die Betriebskosten für ein Jahr werden nunmehr berechnet, indem der zu erwartende Verkehr in Tonnen mit der virtuellen Länge und dann mit dem Einheitssatz für 1 tkm in der Ebene multipliziert wird. Bei Personenbeförderung würde man statt Tonnen die Zahl der Omnibusfahrten einzusetzen haben und dann Wagenkilometer erhalten.

Kommt Verkehr von Lastkraftwagen und Personenomnibus in Frage — leichte Personenwagen scheiden bei diesen Betrachtungen aus —, so würde der Anteil der beiden Beförderungsarten zu ermitteln und die eine Beförderungsart in die Werte der anderen umzurechnen sein.

Wie bekannt, sind die Beförderungskosten allein nicht ausschlaggebend für die Wirtschaftlichkeit, vielmehr müssen auch die Bau- und Unterhaltungskosten der Straße herangezogen werden. Das geschieht in der Weise, daß die jährlichen

Aufwendungen für die Verzinsung und Tilgung des Baukapitals, die jährlichen Unterhaltungs- und die nach den zuvor gemachten Angaben errechneten Beförderungskosten für jede Linie summiert und dann die sich ergebenden Endsummen verglichen werden. Diejenige Linie, die den geringsten Aufwand erfordert, ist dann die wirtschaftlichste.

Die Verwendung der Verkehrsgeschwindigkeit und daraus die Ermittlung der Fahrzeit ist bereits auch schon für den Pferdeverkehr von dem Franzosen Lèchalas eingeführt worden. Er kapitalisiert die beim Vergleich mehrerer Linien entstehenden Beförderungsersparnisse aus dem Zeitgewinn. Um diesen Betrag kann der rascher zu durchfahrende Straßenzug teurer sein als ein anderer, der einen geringen Baukostenaufwand erfordert, aber mehr Zeit zur Durchfahrung beansprucht.

Bei der Linienführung von Kraftwagenstraßen können daher Steigungen ohne weiteres zugelassen werden, wenn damit günstige Richtungsverhältnisse erreicht werden. Auch der Aufwand für gute Fahrbahnbefestigungen wird durch entsprechende Ermäßigungen der Wagenförderungskosten wieder eingebracht.

Der wirtschaftliche Maßstab für die Beurteilung von Straßenstrecken ist die Fahrzeit. Dazu kommen aber noch Belange, deren Einfluß auf die Verkehrsabwicklung nicht zu unterschätzen sind. Landesoberbaurat Sighartner (37) geht von folgenden Merkmalen aus:

1. Nutzbare Straßenbreite,
2. spezifische Verkehrsbelastung,
3. Steigungs-,
4. Krümmungs- und
5. Sichtverhältnisse.

Während die Unterschiede unter Ziffer 3. und 4. auf Grund der virtuellen Längen bei Straßen verschiedener Lage sich genau vergleichen lassen, muß für die Merkmale zu 1., 2. und 5. eine Punktwertung angenommen werden. Bei der Straßenbreite wird die zweispurige Bahn mit 6 m Breite zugrunde gelegt. Sie erhält den Wert 1, die einspurige den Wert 2, alle Breiten dazwischen, einen verhältnismäßigen Wert. Die spezifische Verkehrsbelastung ergibt sich aus der vorhandenen bzw. erwarteten Verkehrsbelastung, geteilt durch die jeweils vorhandene Straßenbreite.

Die Sichtverhältnisse werden bewertet, indem eine übersichtliche Kurve den Wert 1 erhält, und je nach Krümmungshalbmesser und Sichtverhältnissen die Punktzahl vergrößert wird. Diese Merkmale unter einer Straßenlinie aufgetragen, geben dort, wo ungünstige Verhältnisse in der Breite, in der Verkehrsbelastung, Steigung, Krümmung und Sicht vorliegen, eine Linie mit Maxima und Minima, diese geben die günstigen Stellen an, jene die ungünstigen, wo gegebenenfalls eine Verbesserung am Platze ist. Beim Vergleich verschiedener Linien wird auch noch die Befestigung und die danach erforderliche Zugkraft mit zu berücksichtigen sein, unter Anwendung der auf S. 28 gemachten Angaben.

Aus den virtuellen Längen für Steigung und Krümmung werden beim Vergleich für verschiedene Linien unter Bezug auf die Streckenlänge Multiplikatoren errechnet, die noch durch die durchschnittliche Straßenbreite und den Zugkraftaufwand berichtigt werden müssen.

Beispielsweise seien für drei zum Vergleich stehende Linien

Linie	*A*	*B*	*C*
Die tatsächlichen Längen l	6,14	3,92	4,38 km
Die virtuellen Längen l_a	18,873	14,401	15,736 „
Die Multiplikatoren $\frac{l_a}{l}$	3,07	3,67	3,59

Die Einheits-Verkehrsbelastungen für die gleiche Verkehrsbelastung aber verschiedene Straßenbreite der drei Linien

Linie	*A*	*B*	*C*
Verhältniszahl s_1	1,0	1,2	1,07

und die Unterschiede in der Fahrbahnbefestigung und daher an Zugkraftaufwand

Linie	*A* Gewalzte Steinschlagdecke 30	*B* Schlechte Schotterstraße 50	*C* Neue gewalzte Steinschlagdecke 25
Verhältniszahl s_2.	1	1,67	0,83

Auf die Multiplikatoren der virtuellen Längen umgerechnet ergibt das:

Linie	*A*	*B*	*C*
$z =$	18,873	29	14

$$z = l \cdot \frac{l_a}{l} \cdot s_1 \cdot s_2 = l_a \cdot s_1 \cdot s_2 .$$

Diese Werte haben die Dimension tkm, so daß zugleich die Unterschiede in den Beförderungskosten damit gegeben sind. Der niedrigste Wert bezeichnet die Straßenlinie mit den besten Verhältnissen.

d) Ausrundung der Gefällswechsel.

Der Übergang von einer Steigung zur anderen muß allmählich vor sich gehen, sonst erleidet der Wagen einen Stoß, der zu Feder- oder Achsbrüchen führen kann. Außerdem wird die Fahrbahn durch das Einschalten eines niederen Ganges unmittelbar vor der Steigung, ein Vorgang, der sich immer an der gleichen Stelle wiederholt, wenn kein allmählicher Übergang vorhanden ist, stark abgenutzt. Es müssen also an allen Gefällbrechpunkten Ausrundungen angelegt werden. Je größer der Halbmesser der Ausrundung ist, um so angenehmer befährt sich die Straße. Für Landstraßen soll ein Halbmesser von 1000—2000 m gewählt werden. In Württemberg ist als Mindesthalbmesser 650 m vorgeschrieben. Für städtische Straßen sind Halbmesser von 2000 bis 5000 m angebracht. Die Größe des Halbmessers ist aber auch durch den an den beiderseitigen Anschlußstrecken zur Verfügung stehenden Raum bedingt.

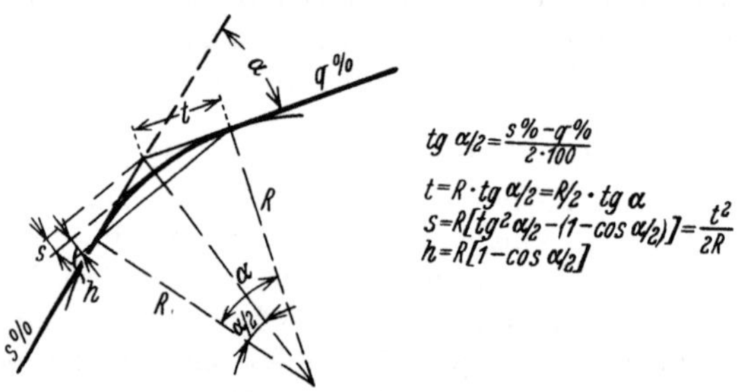

Abb. 52. Ausrundung der Gefällwechsel.

Wenn die Ausrundung nach einem Kreisbogen erfolgt (Abb. 52), so ist:

$$\operatorname{tg}\frac{\alpha}{2} = \frac{s\,\mathrm{vH} - q\,\mathrm{vH}}{2 \cdot 100},$$

$$t = R \operatorname{tg}\frac{\alpha}{2} = \frac{R}{2}\operatorname{tg}\alpha ,$$

$$s = \frac{t^2}{2R} \quad \text{und} \quad h = R\left(1 - \cos\frac{\alpha}{2}\right).$$

Die Ausrundung der Gefällbrechpunkte bei Stadtstraßen mit großen Halbmessern wird ausgeführt, indem der Übergangsbogen aus einzelnen Sehnenabschnitten zusammengesetzt wird, deren Neigungen nur gering voneinander abweichen dürfen. Zu diesem Zweck teilt man den Bogen in eine gleichgroße Anzahl Sektoren. Der Neigungsunterschied zwischen den anschließenden Sehnen zweier Sektoren soll auf Hauptstraßen nicht größer als 2,5 vT, auf Nebenstraßen

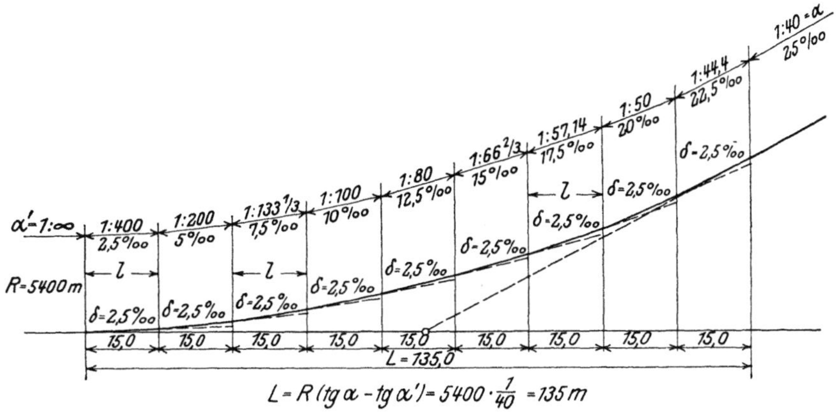

Abb. 53. Ausrundung von Gefällwechsel.

nicht größer als 5 vT angenommen werden. Man unterteilt demnach den Zentriwinkel der Ausrundung in so viele Sektoren, als notwendig sind, um einen Teil-Zentriwinkel zu erhalten, dessen Tangente bei Hauptstraßen unter 2,5 vT, bei Nebenstraßen unter 5 vT beträgt (Abb. 53).

Die Sehnen selbst dürfen nicht zu kurz sein, man macht sie mindestens der Straßenbreite gleich, wenn möglich aber noch länger.

Der Übergang aus der Steigung in das Gefälle erfordert besondere Aufmerksamkeit. Bei Fahrt über solche Buckel ist damit zu rechnen, daß bei starker Wölbung und großer Geschwindigkeit der Wagen sich abhebt, sodann hart aufsetzt und dabei beschädigt wird; daher ist nachzuprüfen, ob ausreichend Spielraum zwischen Fahrbahn und Wagen vorhanden ist und kein Abheben von der Fahrbahn erfolgt. Der Spielraum ist bei Halbmessern über 500 m auf jeden Fall vorhanden. Ein Herausschleudern aus der Bahn würde bei folgenden Halbmessern und Geschwindigkeiten eintreten:

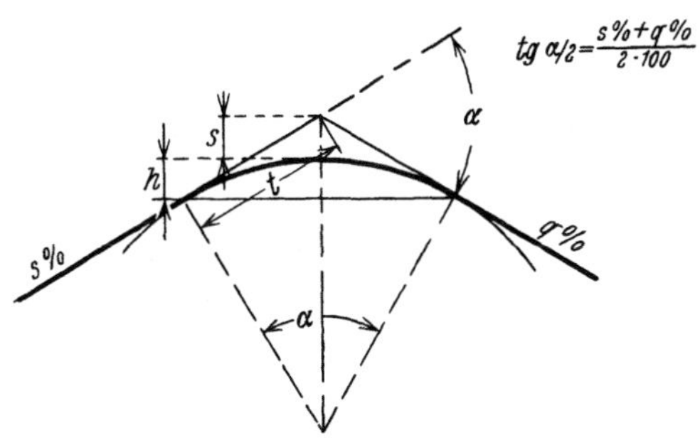

Abb. 54. Ausrundung bei Kuppen.

$$R = 2500 \qquad v = 2500 \cdot 9{,}81 = 157 \text{ m/sec} = 570 \text{ km/h},$$
$$R = 1000 \qquad v = 390 \text{ km/h},$$
$$R = 500 \qquad v = 79 \text{ km/h}.$$

Solche Geschwindigkeiten werden in keinem Falle erreicht und es genügen daher die angegebenen Ausrundungen. Bei Kuppen berechnet sich die Ausrundung in Gestalt eines Kreisbogens nach Abb. 54. Es wird

$$\operatorname{tg}\frac{\alpha}{2} = \frac{s \text{ vH} + q \text{ vH}}{2 \cdot 100}.$$

e) Wendeplatten.

Die im Abschnitt III erörterte Linienführung im Grundriß und Aufriß soll an dem besonderen Beispiel der Ausbildung einer Wendeplatte behandelt werden.

Voraussetzung für eine Wendeplatte.

Wenn in einem steilen Gelände bei der Auslegung einer Straßenlinie sich durch die Einhaltung einer maßgebenden Steigung eine künstliche Längenentwicklung notwendig erweist, wird sie vielfach so vorgenommen, daß die Straße in Windungen an dem Hang entlang geführt wird. Die Auslegung der Linie geht bekanntlich so vor sich, daß mit der maßgebenden Steigung auf den Höhenlinien eine Nullinie abgesetzt wird, die einen gebrochenen Linienzug darstellt, die dann durch Gerade und Kreisbogen zu ersetzen ist. Die Ausrundung wird an solchen Stellen besonders scharf, an denen die Nullinie aus einer Richtung in die entgegengesetzte übergeht. Diese Stellen werden mit Kehre oder Wendeplatte bezeichnet.

Lage der Wendeplatte.

Die Einhaltung eines angemessenen Krümmungshalbmessers verlangt an solchen Stellen ein erhebliches Abweichen von der Nullinie. Da damit eine sehr erhebliche Vergrößerung der Erdarbeiten verbunden ist, wird die Kehre nach Möglichkeit an flache Stellen des Hanges gelegt werden müssen, um die aus der Anlage einer Wendeplatte sich ergebenden Erdarbeiten möglichst gering zu halten. Mit Rücksicht auf einen günstigen Massenausgleich innerhalb der Wendeplatte wird bei gleichem Geländegefälle am zweckmäßigsten der Brechpunkt der Nullinie zum Mittelpunkt des Halbmessers der Kehre gewählt. Der Anschluß an die Nullinie wird durch Gegenkrümmungen geschaffen, wobei zwischen Krümmung und Gegenkrümmung eine Zwischengerade von mindestens 20 m Länge, besser aber von 30—40 m Länge eingeschaltet werden muß (S. 56). Wechselt die Neigung des Geländes innerhalb der Kehre, so wird der Mittelpunkt der Kehre unter Einhaltung der Längenentwicklung seitlich verschoben, bis ein angenäherter Massenausgleich zu erwarten ist. Zur besseren Übersicht wird das Gelände auf der Innenseite der Kehre vielfach soweit abgehoben, daß es mit der Straßenfläche eine Ebene bildet.

Die durch die Anlage einer Wendeplatte bedingten Erdarbeiten lassen sich durch Wahl eines möglichst kleinen Krümmungshalbmessers einschränken. Seine Größe richtet sich nach dem auf der Straße verkehrenden größten Langholzwagen (s. Abb. 29), günstiger aber ist es, ihn mit Rücksicht auf den übrigen Kraftwagenverkehr noch größer, also möglichst nicht unter 20 m zu wählen.

Durch die Einlegung eines solchen Krümmungshalbmessers wird die Nullinie verlängert. Also wird bei Einhaltung der maßgebenden Steigung vor und hinter der Wendeplatte die Strecke der Kehre, um die sich die Nullinie verlängert, horizontal gelegt werden müssen. Dies ist aber mit Rücksicht auf die Entwässerung der Straße, auf den Verkehr und die Erdarbeiten unvorteilhaft. Zweckmäßig ist es, die durch die Wendeplatte bedingte Verlängerung der Nullinie dazu zu benutzen, im Zuge der Kehre eine Steigungsermäßigung eintreten zu lassen. Das Gefälle in der Wendeplatte wird zu 1 bis 2½ vH je nach Größe der maßgebenden Steigung angenommen. Die Gefällbrechpunkte sollen innerhalb der vor und hinter der Wendeplatte einzuschaltenden Zwischengeraden liegen. Der Höhenplan der im Grundriß dargestellten Wendeplatte nimmt dann die Form der Abb. 55 an. Die Lage der Brechpunkte kann rechnerisch bestimmt werden. Es wird bezeichnet mit

q in vH die Steigung der Wendeplatte,
s in vH die maßgebende Steigung der Straßenlinie,
λ in Meter die Länge der Horizontalen,

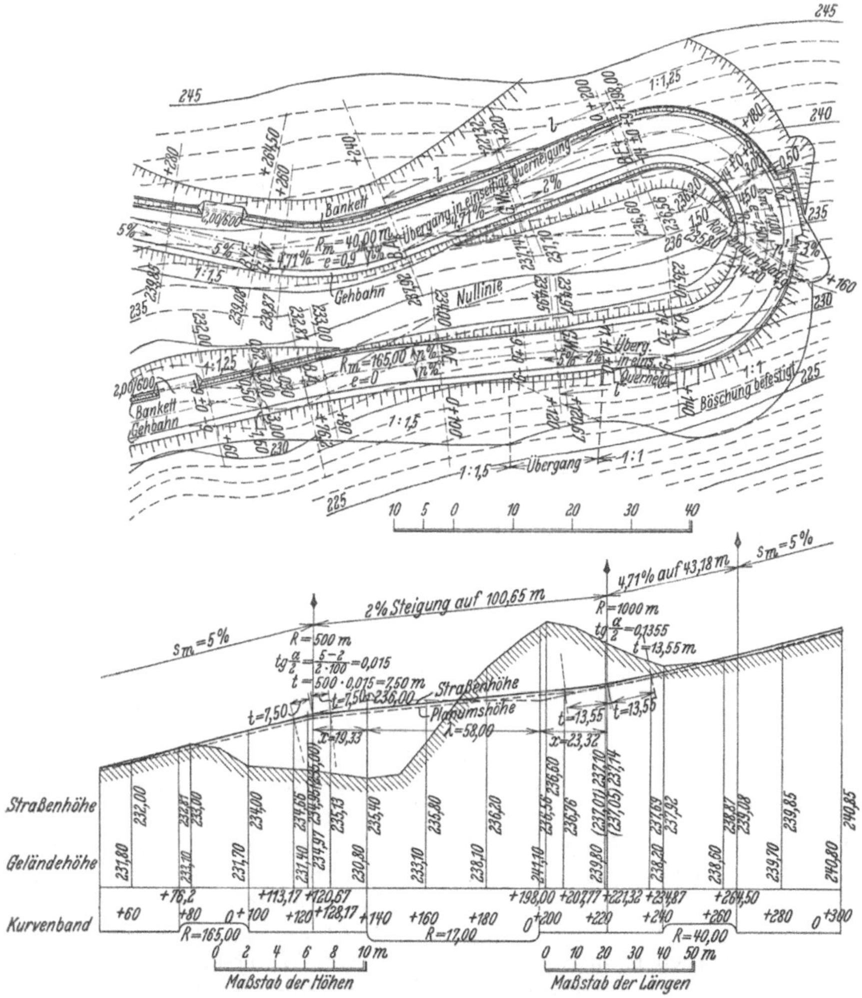

Abb. 55. Entwurf einer Wendeplatte im Grundriß und Aufriß.

dann ist $h = \frac{\lambda/2 \cdot q}{100}$ und daraus folgt nach Abb. 56

$$x = \frac{h \cdot 100}{s - q} = \frac{\lambda/2 \cdot q}{s - q}. \tag{63}$$

Fällt x nicht in die an die Wendeplatte anschließende Gerade, so muß die Steigung der Wendeplatte q noch weiter ermäßigt werden.

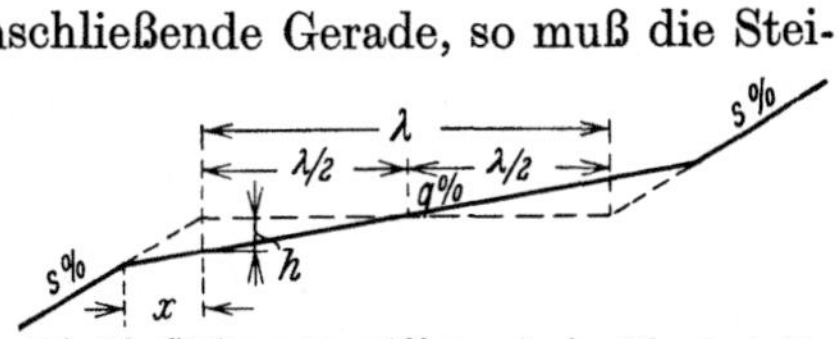

Abb. 56. Steigungsermäßigung in der Wendeplatte.

Die Gefällbrechpunkte müssen nunmehr nach Abschnitt III. B. d. ausgerundet werden. Die Größe des Ausrundungshalbmessers soll 500 m nicht unterschreiten. Damit ist die Höhenlage der Straßenachse festgelegt.

Im Grundriß ist nun die Erbreiterung und die Überhöhung der Straße vorzunehmen, wobei von dem Halbmesser der Achse ausgegangen wird. Die Länge der Übergangsbogen, die Erbreiterung und die Überhöhung wird nach den an anderer Stelle behandelten Grundsätzen vorgenommen.

C. Längs- und Quergefälle der Straßen.

Ein Hauptterfordernis bei der Anlage von Straßen ist, das Wasser von der Straßenoberfläche so schnell als möglich seitlich abzuführen. Zu diesem Zwecke erhält die Straßenfläche eine Neigung nach der Außenkante. Wenn es sich daselbst sammeln soll, muß ein genügendes Längsgefälle vorhanden sein, um es nach Tiefpunkten zu leiten, an denen es unschädlich abgeführt werden kann. Jede ordnungsgemäß gebaute Straße muß demnach Quer- und Längsgefälle erhalten. Das Ausmaß des Quer- und Längsgefälles wird durch sehr verschiedene Umstände bestimmt. Es bestehen zudem Beziehungen zwischen dem Quer- und Längsgefälle.

Quergefälle. Die Form des Quergefälles kann dachförmig von der Straßenkrone nach der Rinne abfallen, oder parabelförmig ausgebildet sein. Die letztere Form ist früher üblich gewesen, weil die Hinterräder der Pferdewagen einen Sturz haben und die gewölbte Form sich der geneigten Stellung der Räder am besten anpaßt. Auf ebenen Straßenflächen würden die Wagenräder nur auf der Kante fahren und die Decke stark abnützen. Bei einem parabelförmigen Quergefälle nimmt die Neigung des Quergefälles von der Mitte nach der Rinne stark zu; das ist für die Wasserabführung günstig. Für den Kraftwagenverkehr aber ist eine starke Querneigung ungünstig und besonders bei doppelbereiften Rädern werden die beiden zusammenliegenden Reifen sehr unterschiedlich belastet. Infolge der dadurch bedingten verschiedenen Zusammendrückung nehmen die Reifen verschiedenen Umfang an, und beanspruchen durch ihren Schlupf die Straßendecke (vgl. S. 17). Der Kraftwagenverkehr verlangt daher Quergefälle, die nicht zu stark und nicht gewölbt sind. Dementsprechend werden die Fahrdämme jetzt auch mit dachförmigem Quergefälle angelegt und nur in der Dammkrone auf etwa 1—2 m Breite abgerundet. Die Größe des Quergefälles hängt von der Rauheit der Fahrbahnen ab. Je ebener eine Decke ist, je weniger Widerstand ihre Oberfläche dem Wasserabfluß entgegensetzt, desto flacher kann das Quergefälle gehalten werden. Die für die einzelnen Straßenbefestigungen zulässigen Grenzquergefälle werden im Abschnitt VI bei den Befestigungsarten angegeben.

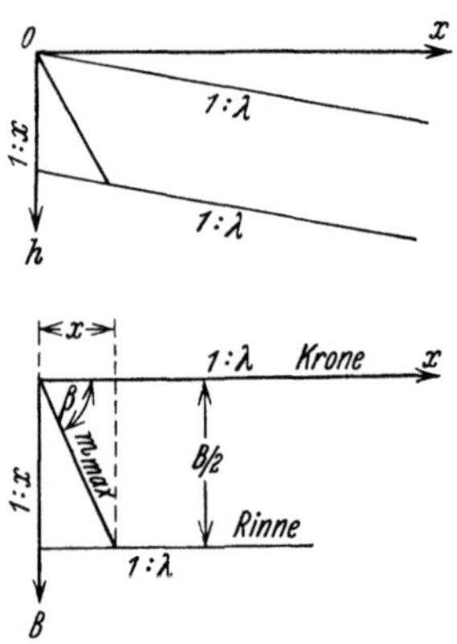

Abb. 57. Beziehung zwischen Längs- und Quergefälle.

Da bei Straßen im Gefälle das Wasser nicht normal zur Straßenachse abläuft, sondern sich den Weg des größten Gefälles sucht, so kann bei Straßen mit starkem Längsgefälle das Quergefälle, gemessen in der Linie normal zur Straßenachse, flacher angelegt werden. Für dieses maßgebende Gefälle ist die Bezeichnung — Diagonalgefälle — geprägt worden und für dieses Diagonalgefälle die Quergefälle bei verschiedenen Straßenbreiten und Längsgefällen für parabelförmig gewölbte Fahrdämme berechnet worden (39, 40). Das größte Gefälle ist nicht in der Diagonale eines Quadrates, sondern es steht in Beziehungen zum Längs- und Quergefälle (Abb. 57). Für ein Längsgefälle $1:\lambda$ in der Krone und Rinne und ein Quergefälle $1:x$ ist die Seitenlinie des Rechteckes für $\frac{B}{2} = 1$, in dem die Diagonale das stärkste Quergefälle hat, $m = \frac{x}{\lambda}$. Hiernach kann für ein gegebenes Längsgefälle $1:\lambda$ und Maximalgefälle $1:p$

das Quergefälle $1:x$ berechnet werden

$$\frac{1}{p\,\mathrm{max}} = \sqrt{\frac{\lambda^2 + x^2}{\lambda \cdot x}}\,.$$

Bei Straßen mit horizontaler Lage wird $\frac{1}{p} = \frac{1}{x}$.

Für Land- und Stadtstraßen gelten etwa die folgenden Mittelwerte:

Zusammenstellung 18. Quergefälle von Straßen (Mittelwerte).

Längsgefälle vT	Quergefälle vH					
	Schotter	Stein	Holz	Klinker	Asphalt	Beton
0	6	5	3,5	3	2,0	2,0
0—35	5	4	2	1,5	1,0	1,5
35 und mehr	3	3,5	1,5	—	—	1,0

Zusammenstellung 19.

Fahrbahnbelag	Quergefälle (Sehnengefälle) vH	Höchste Längsgefälle vH
Chaussierung	4—5	12
Chaussierung mit Teerung, Spramexierung und Innentränkung	3	8—12
Walzasphalt und Asphaltbeton	2,5—3	6—7
Hartgußasphalt	1,5—2	5
Gußasphalt	2	4
Stampfasphalt	1,5	1,6
Granitgroßpflaster (Reihenpflaster)	3—4	10
Kleinpflaster		
Granit	3—4	10
Basalt	3	8
Holzpflaster	1—1,5	3

Längsgefälle. Die Grundlagen für die Bemessung des Längsgefälles in Beziehung zur Linienführung der Straße, finden sich im Abschnitt III B b. Die Grenze des Längsgefälles, die durch die Eigenart der Fahrbahndecke bestimmt ist, wird bei den einzelnen Fahrbahnarten Abschnitt VI angegeben, siehe auch Zusammenstellung 18. Zur Abführung des Oberflächenwassers soll

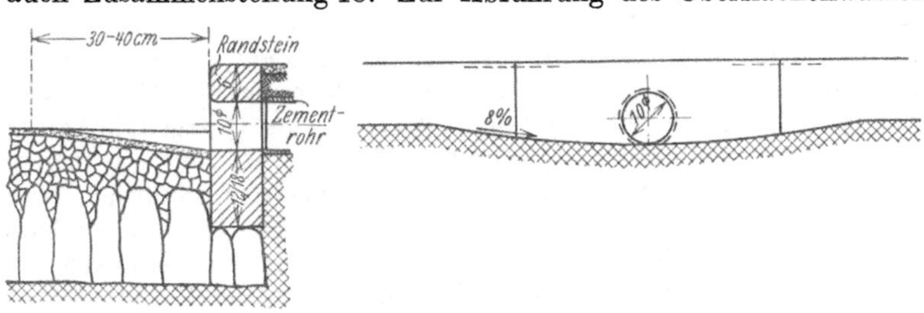

Abb. 58. Abführung des Regenwassers unter dem Gehweg.

jede Straße ein, wenn auch geringes Längsgefälle erhalten (S. 70). Bei Landstraßen, die keinen seitlichen Abschluß haben, läuft das Wasser über die Bermen zu den Gräben oder Abflußleitungen (vgl. S. 106). Bei Landstraßen mit erhöhten Fußsteigen wird das Wasser in der Rinne nach Tiefpunkten geführt, wo es mit Dohlen unter dem Gehweg abgeleitet wird. Die Dohleneinläufe werden, damit das Wasser nicht an ihnen vorbeiläuft, muldenförmig nach Abb. 58 angelegt. Hier ist zu beachten, daß die Mulde möglichst flach hergestellt wird, andernfalls erleiden die Fahrzeuge, vor allem die Kraftwagen, schon bei geringer Geschwindigkeit solche Stöße, daß Federbrüche eintreten können.

Im Gebirge haben die Straßen starke Steigungen, die von den Kraftwagen voll ausgelastet überwunden werden. Von neueren Straßen hat die Straße auf den Gaisberg bei Salzburg streckenweise 10—12,7 vH, auch die neue Groß-Glocknerstraße wird solche Steigung aufweisen. Hier wird die Wasserabführung Schwierigkeiten bereiten. Diese Straßen erhalten zum Teil eine einseitige Querneigung nach dem Anschnitt hin (Abb. 65). Früher pflegte man an solchen Straßen in kurzen Abständen Querrinnen anzulegen, um das herabstürzende Wasser abzufangen und in die seitlichen Gräben zu führen. Bei Kraftwagenstraßen dürfen solche Querrinnen nicht angelegt werden. Gerade im Hochgebirge wird bei den dort üblichen dichten Niederschlägen der Wasserstrom einen gefährlichen Umfang annehmen können und die Straßendecke beschädigen. Besonders auf wasserundurchlässigen mit Asphaltbitumen oder Teer gedichteten Decken wird mit einem starken Wasserabfluß zu rechnen sein. Aus diesem Grunde sollte der Fahrdamm in Abständen einen ausgemauerten Schlitz erhalten, der mit Eisenrosten abgedeckt wird, in dem das Wasser sich unschädlich ansammeln kann.

Stadtstraßen. Die Deckenbefestigungen der Stadtstraßen sind nahezu undurchlässig, so daß auf ihnen der gesamte Niederschlag, abgesehen von der nur zeitweilig auftretenden Verdunstung, abfließt. Die Verkehrssicherheit und Hygiene verlangen, daß das Wasser so schnell als möglich abgeführt wird. In erster Linie muß daher für leistungsfähige Entwässerungsanlagen gesorgt werden. Aber auch die Durchbildung der Straßenflächen muß sehr sorgsam erfolgen. Bei Straßenkreuzungen, beim Vorhandensein von Straßenbahngleisen, Schutzinseln u. a. m. muß ein solcher Regulierungsplan sehr eingehend hinsichtlich der Höhen und Gefälle durchgearbeitet werden, damit keine Pfützen sich bilden oder Wassersäcke entstehen, die Fahrbahnflächen aber auch ohne scharfe Knicke mit dem erforderlichen Quergefälle angelegt werden. Das Längsgefälle der Rinne darf nicht flacher als 4 vT (höchstens 3 vT) sein. Ist kein Längsgefälle oder nur sehr flaches vorhanden, dann muß die Rinne stärkeres Gefälle erhalten. Die Rinne führt zu Tiefpunkten, wo sich die Regeneinfälle befinden, hinter denen ein kurzes Gegengefälle eingeschaltet wird. Der Unterschied zwischen der Steigung der Fahrbahnkrone und der Rinne muß dann durch verschiedene Neigung des Quergefälles ausgeglichen werden. Nach Din. 1991 und 1992 soll das Quergefälle bei Asphaltstraßen an dem Brechpunkt der Rinne 1:55 (1,8 vH) (Abb. 59), am Regeneinlauf 1:35 (2,86 vH) betragen. Starke Quergefälle sind verkehrsgefährlich. Auch wird bei breiten Fahrdämmen der Höhenunterschied (Auftritt) zwischen Fahrbahnrinne und Bordkante der Gehbahn, die parallel mit der Dammkrone geführt wird, dann zu groß. Der geringstzulässige Auftritt an der Bordkante soll nicht weniger als 8 cm und höchstens 20 cm betragen. Für die Bezeichnungen der Abb. 59 ergibt sich die Lage des Knickpunktes des Rinnengefälles aus dem Verhältnis

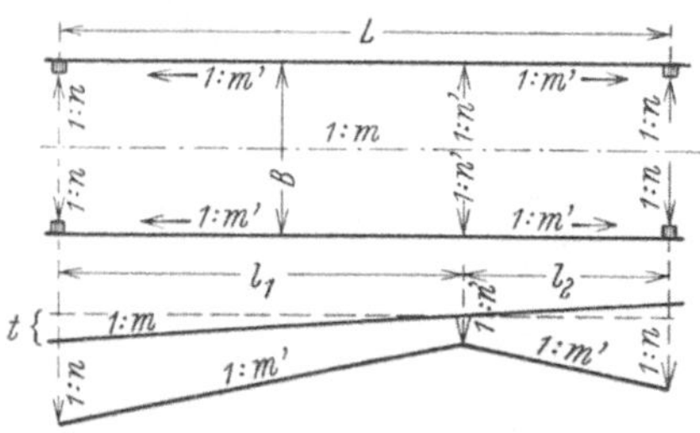

Abb. 59. Ausbildung des Rinnengefälles bei Stadtstraßen.

$$\frac{l_1}{l_2} = \frac{1 + \frac{m'}{m}}{1 - \frac{m'}{m}}. \tag{64}$$

Das Gefälle der Rinne hat dann eine sägeförmige Form. Da die Dammkrone gradlinig verläuft, sind die Abschnitte der Fahrdammflächen windschief. An jedem Gefällbrechpunkt ist ein unmerklicher Knick und bei jedem Regeneinlauf eine Mulde. Sind die Unebenheiten zu stark, so kommt ein schnell fahrender Kraftwagen in Schwingungen. Eine völlig horizontale Führung der Stadtstraßen ist daher ungünstig und möglichst zu vermeiden.

Die Rinne erhält bei Asphaltstraßen eine Breite von 10—15 cm, die mit einem stärkeren Quergefälle angelegt werden kann, etwa 1:40 (2,5 vH). Aus dem Unterschied des Quergefälles am Brechpunkt und am Regeneinlauf und aus dem Unterschied zwischen dem Längsgefälle der Dammkrone und dem

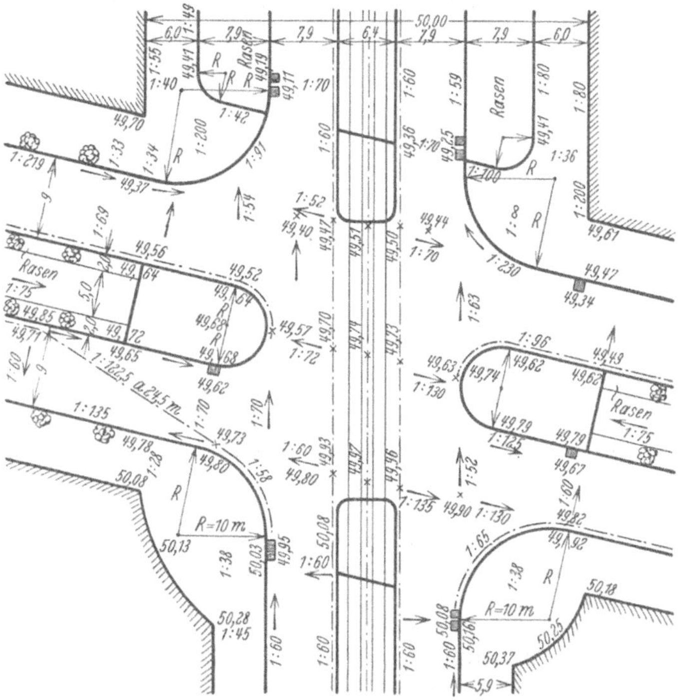

Abb. 60. Kreuzung zweier Stadtstraßen. Entwurf für die Ausführung.

Rinnengefälle errechnet sich der Abstand der Regeneinläufe. Nach Abb. 59 ist

$$L = \frac{B \cdot m' (n' - n)}{n \cdot n' \left(l - \frac{m'^2}{m^2}\right)} \,. \tag{65}$$

Wenn das Quergefälle statt dachförmig parabelförmig ausgebildet wird, so müssen hinsichtlich der Aufwölbung Annahmen gemacht werden. Es soll das Quergefälle dargestellt als die Tangente an der Parabelwölbung 1 m von der Dammkrone und bei Fahrdämmen mit Straßenbahngleisen an der äußeren Schiene 1 vH, und an der Rinne beim Brechpunkt 1:55, beim Regeneinlauf 1:35 Neigung haben, damit ist der Parameter der Parabel bestimmt. Daraus läßt sich dann ein mittleres Quergefälle errechnen, dessen Werte in die Gleichung (65) eingesetzt werden können.

Straßenkreuzungen. Bei Straßenkreuzungen werden die Dammkronen in einem Punkte zusammengeführt. Der Verkehr muß dann an der einmündenden Straße über einen Rücken fahren. Hat die einmündende Straße einen geringen Verkehr, empfiehlt es sich, die Dammkrone der Nebenstraße an die dachförmigen Flächen der Hauptstraße nur heranzuführen. Wenn die sich schneidenden Straßen eigenes Längsgefälle haben, erfordert die Schaffung eines zulässigen

Quergefälles, daß die Dammkronen der einen Straße kurz vor der Einmündung aus der Mitte bergauf geführt werden. Dadurch erhält die einmündende Straße ein einseitiges Quergefälle, das in der gleichen Richtung wie das Längsgefälle der Hauptstraße fällt. Der Schnittpunkt zweier Hauptverkehrsstraßen, von denen die eine ein Längsgefälle 1:60, die andere 1:75 hat, beide mit Mittelstreifen und 2 Fahrdämmen, ist mit allen Einzelheiten in Abb. 60 veranschaulicht.

IV. Straßenbreite und Straßeneinteilung.

An allgemeingültigen Bestimmungen über die Abmessungen für die Straßenbreite hat es bisher gefehlt. Die Breiten der Landstraßen in den einzelnen deutschen Ländern, deren Maße durch Bestimmungen festgelegt sind, die aus den Anfangszeiten des Landstraßenbaues stammen, weichen sehr voneinander ab. In den Städten herrscht gleichfalls eine große Mannigfaltigkeit der Breitenabmessungen. Auf der Städtebauausstellung in Dresden 1903 sind 130 verschiedene Straßenprofile mit 50 verschiedenen Fahrdammbreiten in den ausgestellten Stadtplänen gezählt worden. Im allgemeinen hat man in den Städten den Einfluß des Verkehres auf die Straßenbreite bei Anlage von Stadterweiterungen in den letzten 50 Jahren überschätzt und zu breite Fahrdämme angelegt, bis man sich des Unterschiedes zwischen Wohn- und Verkehrsstraße bewußt geworden ist. Die Straßenbreite setzt sich zusammen aus den Breiten der einzelnen Verkehrsstreifen, die auf ihr untergebracht werden sollen. Jede Verkehrsart beansprucht ihren besonderen Streifen. Als Verkehrsart kommen in Frage: Fußgänger, Fuhrwerke, Straßenbahnen, Reiter und Radfahrer. Die Breite der Fahrdämme, die den Hauptteil der Straße ausmachen und daher zuerst behandelt werden sollen, wird sich aus der Breite der Fahrzeuge und der Zahl der Fahrspuren, die die Straße wird aufnehmen müssen, ergeben. Die Breite der Fahrzeuge ist jetzt durch die K.V.O. festgelegt. Durch die Typisierung im Bau der Kraftfahrzeuge ist eine größere Gleichmäßigkeit der auf den Straßen verkehrenden Fahrzeuge erreicht, nach denen sich der Straßenbaufachmann bei der Einteilung seiner Straßen richten kann (S. 12). Die schwierigste Entscheidung ist stets die der Breitenbemessung der Fahrdämme. Maßgebend ist hier die Anzahl der Fahrspuren. In dieser Hinsicht ist ein Unterschied zwischen Land- und Stadtstraßen zu machen.

A. Landstraßen.

Für die Breite der bestehenden Fahrbahnen der Landstraßen sind die von den einzelnen Landesregierungen erlassenen Bestimmungen maßgebend gewesen. In Preußen hat bisher die Zirkularverfügung des preußischen Handelsministeriums vom 17. Mai 1871 die Breitenabmessung der Kunststraßen geregelt, die aber jetzt überholt ist, da sie noch Sommerwege vorsieht, die immer mehr aus den Straßen verschwinden.

Der Erlaß des Reichsverkehrsministers über die Ausgestaltung des Fernstraßennetzes empfiehlt für diese Straßen eine Fahrbahnbreite von 6 m. Die „Stufa" schlägt die folgenden Breitenmaße und Einteilungen vor.

1. Fahrbahn: 2·3,0 = 6,0 m; soll in der Mitte liegen.
2. Fußweg: Beiderseits je 1,0 m; einseitig (1,5) bis 3 m.
3. Radfahrwege: Beiderseits je 1,0 m; einseitig (1,5) bis 2 m.
4. Seitenbanketts: Mit Bäumen 0,80 m; mit Schutzsteinen 0,50 m.
5. Materialbankett: Besondere Plätze außerhalb des Planums (Durchlaß statt Graben).

6. Bäume und Schutzsteine: Möglichst nahe am inneren Grabenrand; Bäume sind zu bevorzugen; Achse 0,4 m vom Grabenrand; Schutzsteine 0,3 m stark, Hinterseite 0,2 m vom Grabenrand.

7. Sicherheitsstreifen: Bis Grenzsteinaußenkante 0,5 m.

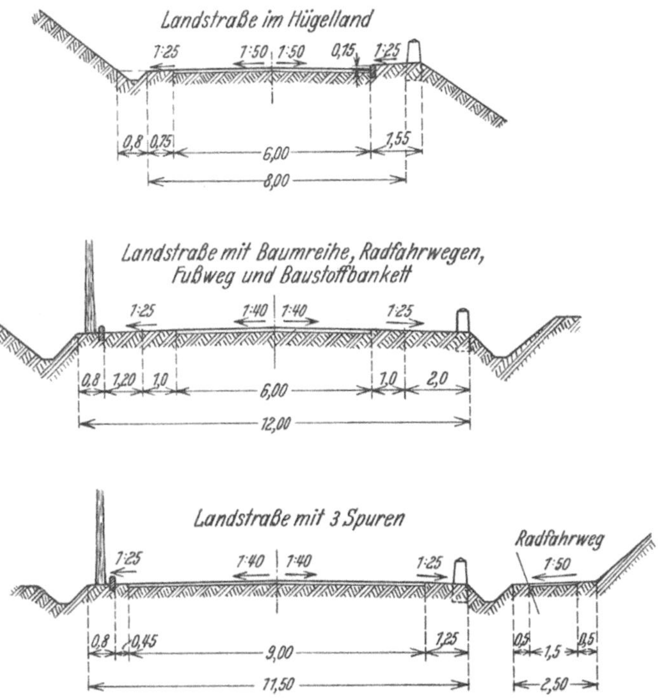

Abb. 61. Regelquerschnitte für Landstraßen.

Wert wird darauf gelegt, das Planum von vornherein so breit anzulegen, daß aus der zweispurigen Straße leicht eine dreispurige Straße geschaffen werden kann, wie dies aus der Abb. 61 zu erkennen ist. Die Mindestbreite zwischen den inneren Grabenkanten muß dann 11,5 m betragen. Die Entwicklung in den V. St. A. läßt deutlich erkennen, daß mit zunehmendem Kraftverkehr die Breiten auch der Landstraßen vergrößert werden müssen. Im Jahr 1925 hatte

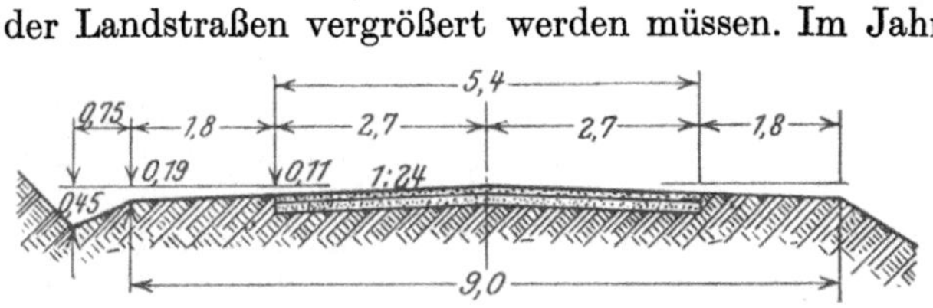

Abb. 62. Regelform der amerikanischen Landstraße.

die Regelform in den V. St. A. eine befestigte Fahrbahn von 5,4 m (Abb. 62), die aber damals schon in den Staaten mit Industrie auf 6 m verbreitert worden ist. Im Jahre 1930 hat die Besichtigung der amerikanischen Landstraßen deutlich erkennen lassen, daß man eine weitere Verbreiterung auf 3 Fahrspuren, etwa 9 m, anstrebt, damit die schnellen Personenfahrzeuge die breiten und langsam fahrenden Lastkraftwagen überholen können. Die nur zweispurigen Ausfallstraßen bei San Francisco (Kal.) sind bei Tage für Lastkraftwagen gesperrt, damit der Personenverkehr nicht aufgehalten wird. Die Bermen neben der befestigten Fahrbahn sind genügend breit angelegt, damit ein leichtes Fahrzeug darauf ausweichen oder ein beschädigtes sich aufstellen kann. Die Heranziehung der Bermen zum Verkehrsstreifen wird empfohlen. Die noch in Württemberg beibehaltene Einrichtung der erhöhten Nebenwege (Grasbankette) als Schutzstreifen für Fußgänger erschwert eine gute Entwässerung der Straßenoberfläche und beschränkt außerdem die ausnutzbare Straßenbreite. Die bayerische Anordnung genügt den Anforderungen des Verkehres besser, indem die Bermen nicht erhöht, aber leicht befestigt werden, da nach Ansicht der Verwaltung sich der Verkehr reibungsloser und viel sicherer vollzieht, wenn die Straße auf die volle Breite eine voll ausnutzbare Oberfläche zeigt. In Sachsen hat eine Fahrbahnbefestigung von 6 m Breite sich als unzureichend erwiesen. Die Straßen werden jetzt mit 9 m Kronenbreite hergestellt. Der beiderseits liegende unbefestigte Randstreifen soll 0,5 m breit sein.

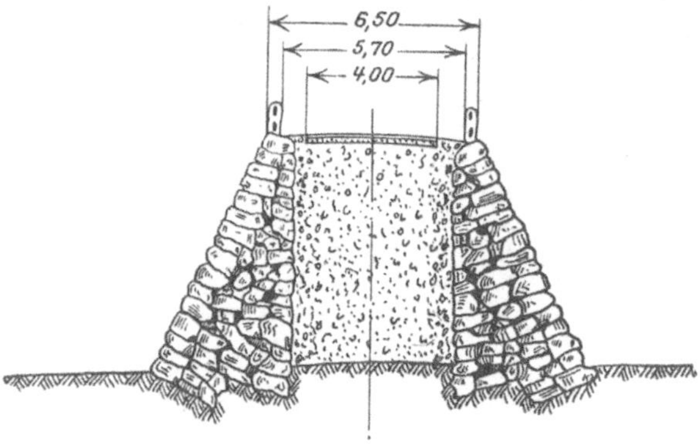

Abb. 63. Querschnitt der Jochbergstraße.

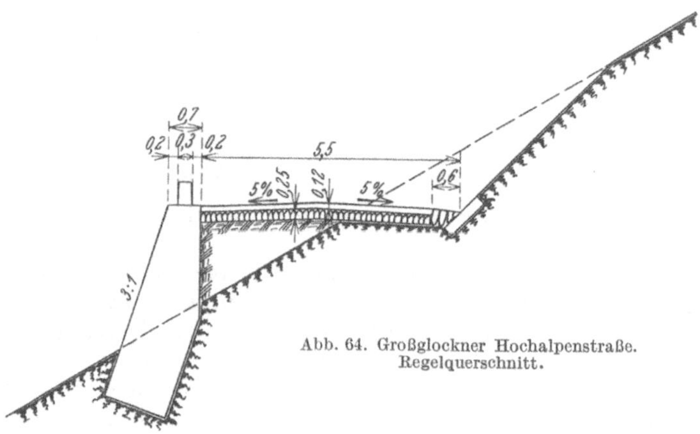

Abb. 64. Großglockner Hochalpenstraße. Regelquerschnitt.

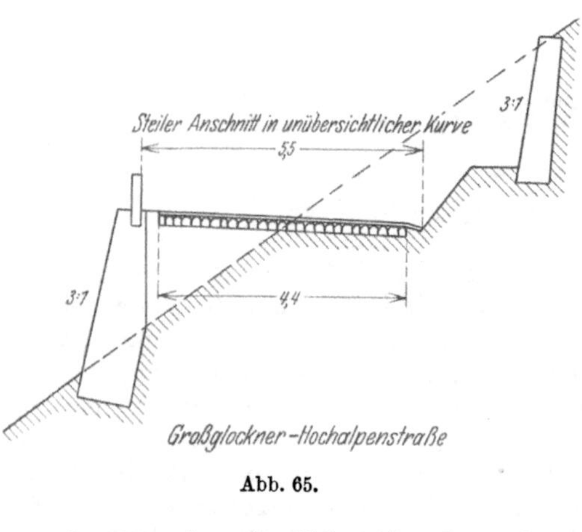

Abb. 65.

In bergigem Gelände wird die Anlage breiter Straßen nur mit hohen Kosten zu erschwingen sein. Aber sobald Postkraftwagen bis zu 2,35 m Breite solche Straßen befahren, wird eine wesentliche Einschränkung in der Breite kaum möglich sein. Die Jochbergstraße bei Hindelang (bayrisches Allgäu) hat eine 4 m breite befestigte Fahrbahn und 5,7 m lichte Gesamtbreite (Abb. 63). Die Schweiz erstrebt bei ihren Straßen im Flachlande eine Breite von 6 m. Von der neuen Großglockner Hochalpenstraße (41) geben die Abb. 64/65 Querschnitte in der Geraden und in enger Kurve.

B. Einteilung von Land- und Stadtstraßen.

Bevor der Kraftwagenverkehr seinen Einfluß geltend gemacht hat, ist als Wagenspur in den städtischen Straßen das Maß von 2,5 m als Grundlage für die Breitenbemessung der Fahrdämme angenommen worden. Je nach der Anzahl der für notwendig gehaltenen Fahrspuren hat die Breite des Fahrdammes ein Mehrfaches des Grundmaßes von 2,5 m erhalten. Der zweispurige Damm ist 5,0 m, der dreispurige 7,5 m, der vierspurige 10 m usf. angelegt worden, wobei zur Erleichterung des Verkehres geringe Zuschläge von 0,5—1 m gemacht worden sind, so daß dann Fahrdammbreiten von 6, 8, 11 m mit vielen Zwischenstufen entstanden sind. Das Maß von 2,5 m hat Berechtigung nur noch in den verkehrsarmen Wohnstraßen. Hier genügt ein zweispuriger Fahrdamm von 5,0 m, wenn die Straßenränder flach bebaut sind. Bei hoher Bebauung muß darauf Rücksicht genommen werden, daß neben dem Verkehr noch Platz für Wagen gelassen werden muß, die an der Bordschwelle halten. Mit dieser Möglichkeit ist unbedingt zu rechnen. Theoretisch würde eine Breite von 7,5 m notwendig sein. Eine über das erforderliche Maß hinausgehende Breite des Fahrdammes belastet nur die anliegenden Grundstücke mit hohen Anliegerbeiträgen und verteuert die Bebauung. Sammelstraßen, das sind solche Straßen, die den Verkehr aus Wohnstraßen zusammenfassen und in die Verkehrsstraßen leiten, werden dreispurig anzulegen sein und dann mindestens 8,0 m breite Fahrdämme erhalten müssen. In diesem Falle wird die Verkehrsspur von etwa 2,75 m ausreichen. Bei den Verkehrsstraßen wird man zur 3,0 m breiten Spur übergehen müssen. Eine geringere Breite von 2,75 m ist zulässig, wenn die Verkehrsstraße so unterteilt ist, daß die Fahrdämme nur in einer Richtung befahren werden, besonders wenn sich dieser Verkehr langsam bewegt. Der zweispurige Fahrdamm würde dann 5,5 m breit sein. Im übrigen würde die Fahrdammbreite von 3 m zu 3 m gestaffelt werden müssen (Zusammenstellung 20 S. 86).

Die Spurzahl wird unter dem Gesichtspunkte der Leistungsfähigkeit der Straße zu betrachten sein. Bei Fuhrwerken, die alle gleich schnell fahren, ist eine zweispurige Straße, wie noch im Abschnitt X näher nachgewiesen wird, recht leistungsfähig. Sobald aber langsamer und schneller Verkehr über die Straße geht oder mit Standraum an der Bordkante zu rechnen ist, fehlt es bei zweispurigen Straßen an Überholungsraum. Zweispurige Verkehrsstraßen sollten daher nur als Einbahnstraßen in einer Richtung betrieben werden. Dreispurige Straßen können bei geringerem Verkehr in beiden Richtungen befahren werden, ihre Leistung ist aber dann nicht wesentlich größer als die von zweispurigen Straßen, die Sicherheit zudem bei stärkerem Verkehr gefährdet. In beiden Richtungen betriebene Straßen sollten in Gebieten dichteren Verkehres mindestens vier Spuren erhalten, und zwar je eine Spur für den langsamen Verkehr — Lastkraftwagen — und je eine für die schnellfahrenden Personenwagen.

Die folgenden Abmessungen der Breiten für die Spuren der verschiedenen Verkehrsarten sind von der Stufa nach eingehenden Verhandlungen der beteiligten Verwaltungen aufgestellt worden. Sie werden daher für die Zukunft maßgebend sein und bei den neuen Anlagen und den Umbauten bestehender Straßen anzuwenden sein.

Die gesamte Breite von Straßen ist abhängig von der gewählten straßenmäßigen Einteilung.

Unter der straßenmäßigen Einteilung versteht man die Unterteilung des Straßenraumes nach den verschiedenen Verkehrsarten. Es kommen in Frage:

1. die Fußgänger, für die Gehbahnen und Promenaden vorzusehen sind,
2. langsamer Verkehr von Lastwagen,
3. Schnellverkehr,

4. an Schienen gebundene Bahnen, wie Straßenbahnen und Schnellbahnen,
5. Radfahrer,
6. Reiter.

Die Sicherheit des Verkehres verlangt, daß jede Verkehrsart einen genügend breiten Streifen erhält, und daß die einzelnen Streifen so zueinander liegen, daß

Zusammenstellung 20.

A. Fahrbahnen	Standspur		2,50 m
	Fahrspur		3,00 m
B. Straßenbahn	Wagenbreite		2,20 m
	Schutzstreifen, beiderseits je		0,40 m
	Gesamtbreite für eine Richtung	$2 \cdot 0{,}4 + 2{,}2 =$	3,00 m
	Abstand der Gleismitten		2,60 m
	Gesamtbreite für 2 Richtungen.	$2{,}6 + 2 \cdot \left(\frac{2{,}2}{2}\right) + 2 \cdot 0{,}4 =$	5,60 m
	Gesamthöhe (einschl. Stromabnehmer u. Aufhängevorrichtung für die Oberleitung)	mind.	4,20 m
		höchst.	4,50 m
C. Radfahrwege	Eine Spurbreite	mind.	1,00 m
	Zwei Spurbreiten		1,50 m
	Drei Spurbreiten		2,00 m
D. Vorgärten	Dringend erwünscht (für spätere Straßenverbreiterung).		
E. Baumpflanzung	In Verkehrsstraßen zu vermeiden	verkehrsgefährlich	
	Unzulässig auf eigenem Bahnkörper		

sie sich nicht gegenseitig behindern, sondern der Verkehr sich so reibungslos als möglich abwickelt. Die Breite der Verkehrsbänder richtet sich nach den Abmessungen der Verkehrsmittel und nach dem Verkehrsumfang. Für die Landstraßen ist die zweckmäßigste Einteilung bereits im Abschnitt IV A gegeben. In dichtbesiedelten Gebieten wird man die Verbindungsstraßen der Städte, auch wenn sie noch nicht angebaut sind, als Landstraßen nicht ansprechen können. Bei solchen Straßen wird auf die Stärke des Verkehres, auf die Möglichkeit zukünftiger Bebauung der Ränder, auf Straßen- oder Schnellbahnen besonders Rücksicht zu nehmen sein. Solche Straßen werden als zwischengemeindliche Straßen angesprochen. Sie haben nach den Verkehrszählungen einen starken Verkehr aufzunehmen. Ihre Ausgestaltung wird daher nach zwei Richtungen besondere Rücksichten fordern: auf den Verkehr, dem in den Außengebieten die volle Entfaltung seiner Schnelligkeit ermöglicht werden muß, ferner auf die siedlungstechnische Entwicklung der Stadt. Es darf weder die Straße die zukünftige Entwicklung des Stadtgebildes, noch der Bebauungsplan die kommende Verkehrsentwicklung und Abwicklung behindern. Es wird also für Entwicklungsmöglichkeiten der nötige Spielraum zu lassen sein. Der Ausbau des Straßennetzes wird schrittweise vor sich gehen und nach folgenden Gesichtspunkten zu erfolgen haben.

Die Fahrdammflächen für den Verkehr mit der größten Geschwindigkeit liegen in der Mitte, für die geringere Geschwindigkeit (Orts- und Haltverkehr und Fußgänger) an den Seiten. Diese Verteilung ist eine allgemein anerkannte Regel und gilt für alle Land- wie Stadtstraßen (42). Ihre Anwendung auf die Landstraßen ermöglicht zugleich eine leichte Einführung der Landstraße in die Stadtstraße. Die Aufgabe wird folgendermaßen zu lösen sein. Der Fahrdamm der alten Landstraße bildet das Rückgrat der neuen Straße, indem er später für den Schnellverkehr in Aussicht genommen wird. Er bildet die Mitte, die Erweiterung erfolgt nach beiden Seiten. Bei einer Breite der befestigten Fahrbahn von 5,0 m, 3 m Sommerweg, 2 m Gehbahn und 1,5 m Berme beträgt die ganze Planumsbreite 11,5 m. Das entspricht dem zuvor unter A. behandelten Regelquerschnitt (Abb. 61). In diesem Falle können also auch die Bäume erhalten werden. Bei schmälerem Planum wird man die Bäume auf einer Seite opfern müssen.

Sobald die Landstraße sich dem Siedlungsrand nähert, oder auf Landstraßen in dichter besiedelten Gegenden (Rheinland, Westfalen), macht sich das Bedürfnis geltend, eine Kleinbahn anzulegen. Wird die Bahn eingleisig betrieben,

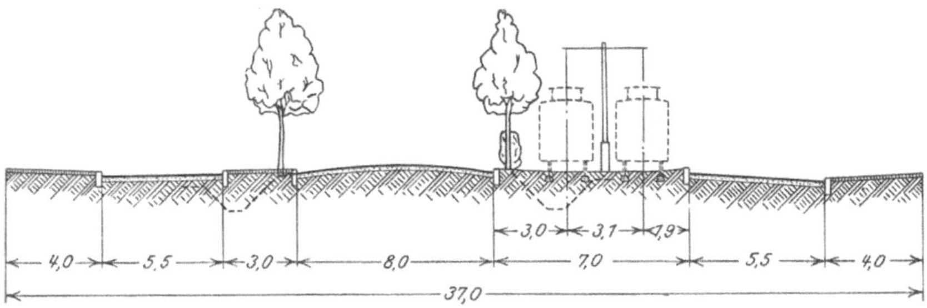

Abb. 66. Umbau einer Landstraße in eine städtische Ausfallstraße.

so wird das rechte Gleis zuerst angelegt und der Graben zur Entwässerung der Straße und des Bahnplanums belassen. Mit dem zweigleisigen Ausbau wird zumeist wohl eine unterirdische Entwässerung der Straße verbunden sein, so daß

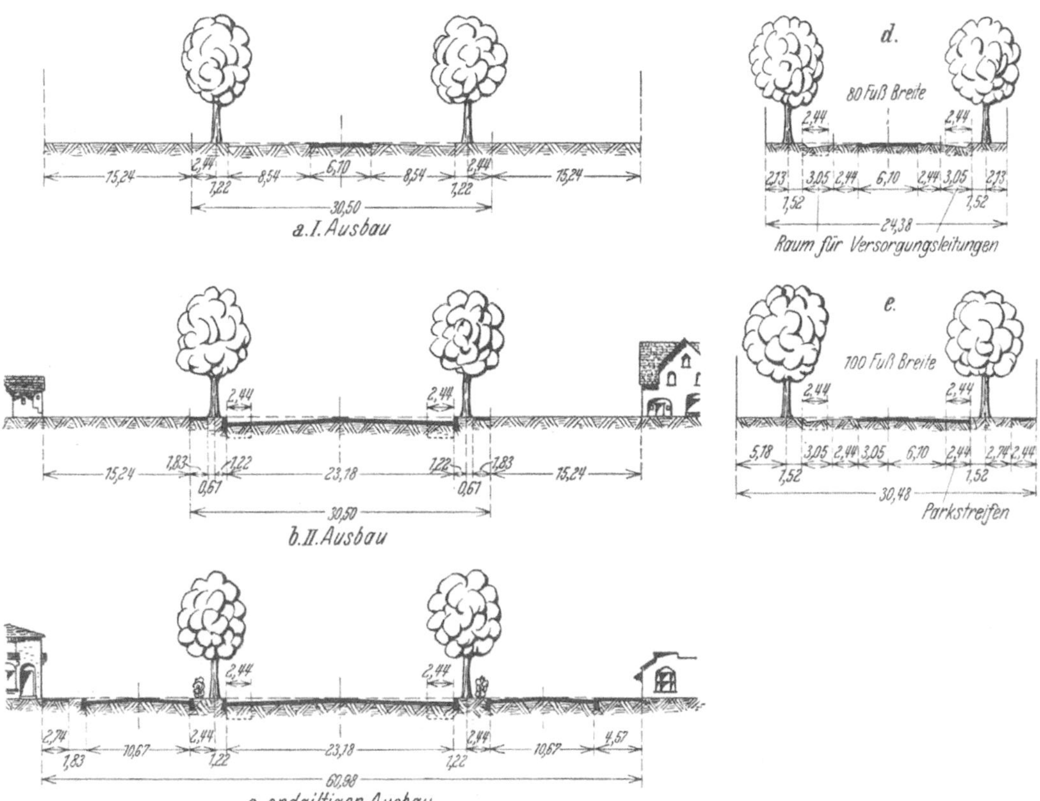

Abb. 67 *a*—*c*. Regelquerschnitte von Ausfallstraßen in Kalifornien für 60 m Breite. *d*—*e*. *d* für 24,38 m und *e* für 30,48 m Breite.

der Graben zugeschüttet werden kann. Greift die Bebauung auf die Straßenfluchten über, müssen sie durch besondere Ortsfahrdämme zugänglich gemacht werden, die zugleich dem langsamen Schwerverkehr dienen. Der endgültige Ausbau entspricht dann der Abb. 66 mit einer Breite zwischen den Baufluchten von 37,0 m.

Aus diesen Ausbauvorschlägen der Landstraßen folgt, daß rechtzeitig durch Erlaß entsprechender Bauordnungen die nötige Breite der zukünftigen Straße sichergestellt wird. Es muß durch Vorschriften und sogenannte elastische Bebauungspläne jede zu dicht an der Straße liegende Bebauungsmöglichkeit verhindert werden. Als Beispiel dafür, wie auch in anderen Ländern für eine ausreichende Straßenbreite vorgesorgt wird, um allen zukünftigen Ansprüchen des Verkehres genügen zu können, sind in der Abb. 67 die Normalbreiten der Land-

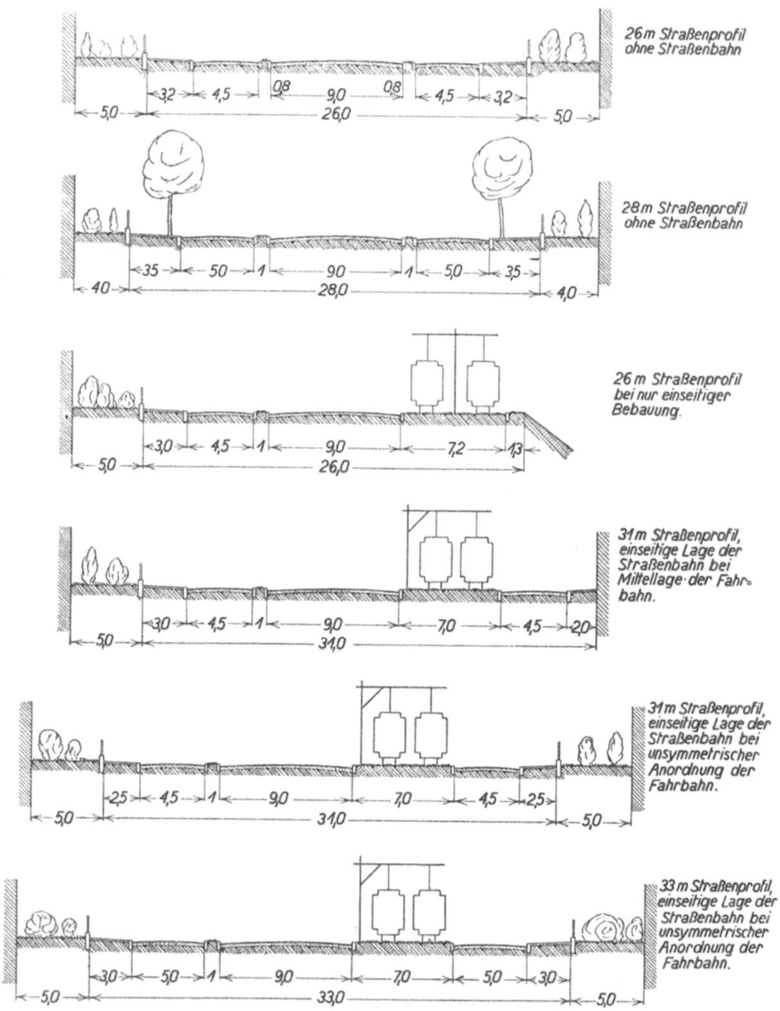

Abb. 68. Regelformen des Ruhrsiedlungsverbandes.

straßen des Staates Kalifornien wiedergegeben. Die Querschnitte *a*, *b* und *c* stellen die schrittweise Inanspruchnahme der Straßenbreite dar bei einer Breite von 200 Fuß = 60,98 m, *d* und *e* diejenige der Fahrbahneinteilung bei 80 Fuß (24,38 m) und 100 Fuß (30,48 m).

In dichter besiedeltem hochwertigen Gelände wird die Durchführung von Straßen solcher Einteilung und Breite auf erhebliche Schwierigkeiten stoßen. Die Kosten für Straßen in einer Gesamtbreite zwischen den Baufluchten bis zu 50 m werden nicht aufzubringen sein. In solchen Gebieten bleibt nichts anderes übrig, als unter Beibehaltung der gegebenen Einteilung Einschränkungen vorzunehmen. Solche Verhältnisse liegen jetzt beim Ruhrsiedlungsverband vor, zu dessen Zuständigkeit die Festlegung von Verkehrsbändern und Ausbau von Überlandverbindungen auch in den städtischen Weichbildern gehört. Da es sich hierbei um große Durchgangsstraßen handelt, wird man sie noch unter den Begriff Landstraßen rechnen können. Die Zustände im Verbandsgebiet, die sich von ähnlichen stark besiedelten Gebieten kaum unterscheiden werden, haben zu klaren technischen Entscheidungen geführt, deren Grundsätzlichkeit für die gesamte Frage von Bedeutung ist, und die daher im nachfolgenden behandelt werden sollen.

Für das Verbandsgebiet kommen Fernstraßen, auf denen nur Kraftwagen verkehren und die nicht dem Anbau dienen, nicht in Frage, weil die Bebauung ins Innere des Industriebezirkes zu weit fortgeschritten ist. Sie würden aus wirtschaftlichen Schwierigkeiten auch nicht durchzuführen sein. Solche Straßen würden außerdem bahnfreie Kreuzungen mit den andern Straßen verlangen. Um dem Kraftwagen aber die freie Beweglichkeit nicht zu nehmen, müßten in geringeren Abständen Rampen angelegt werden, für deren Anlage das Gelände kaum oder nur sehr schwer zu beschaffen ist. Für solche Bezirke kommt also nur die ausgebaute, dem gemischten Verkehr dienende Straße in Frage, für deren straßenmäßige Einteilung die Vorschläge nach Abb. 68 gemacht worden sind.

C. Stadtstraßen.

Im bebauten Stadtgebiet ist zwischen Wohn- und Verkehrsstraßen zu unterscheiden. Mit diesen Begriffen wird nicht eine ganz bestimmte Form bezeichnet, sondern es ist nur ein Gattungsbegriff, der viele Spielarten umfaßt. Wohnstraßen fallen in Kleinstädten, städtischen Außensiedlungen anders aus, als im

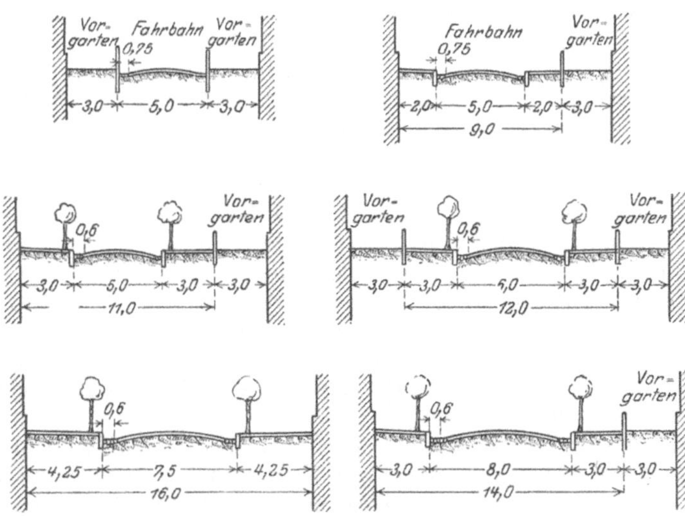

Abb. 69. Einteilung von Wohn- und Verkehrsstraßen in Siedlungen.

geschlossenen Wohnbezirk. Die Abb. 69 zeigt eine Gegenüberstellung von Wohn-, Verkehrs- und Hauptverkehrsstraßen aus den staatlichen Bergmannsiedlungen Hassel, Scholven und Bertlich, die um 1915 herum erbaut worden sind. Die Abmessungen der Straßen decken sich nahezu mit den in der Zusammenstellung 20 gegebenen Grundmaßen. Da es sich um kleine Siedlungsmittelpunkte handelt, bleiben die Straßenbreiten innerhalb beschränkter Grenzen. Für Einteilung der Wohnstraßen in Gebieten des Flachbaues haben bisher die Normalmaße dieser Abbildung gegolten. Sie sind nur noch zulässig in sehr bescheidenen Anlagen, z. B. in Wohnhöfen. Vielfach sind in Wohnsiedlungen auch einspurige Straßen angelegt worden, die seitlich schmale Fußwege erhalten haben. Das muß als eine verfehlte Anordnung bezeichnet werden, weil Gehbahnen zum Schutze der Fußgänger vor dem Wagenverkehr an solchen Straßen nicht erforderlich sind. Es ist viel zweckmäßiger, den Raum der Gehbahnen zum Fahrdamm zuzuschlagen, diesen auf diese Weise zweispurig anzulegen und auf die Gehbahnen zu verzichten. Dafür spricht die Tatsache, daß auch der Kraftwagen heute schon in die bescheidensten Siedlungen eingedrungen ist. Seine dezentralisierende Wirkung im Siedlungswesen, indem er dem Siedler gestattet, weitergelegene Wohngebiete aufzusuchen, wird sich bald auch bei uns bemerkbar machen. Die Benutzung des Kraftwagens erfordert, nach dem Beispiel der amerikanischen Wohnstraßen, daß es möglich ist, den Wagen auch auf der Straße stehenzulassen. Das Schema der schmalen Wohnstraße wird revisionsbedürftig. Für die Zukunft wird es sich empfehlen, in den Wohnstraßen Fahrbahnen von 6 m Breite vorzusehen. Solche Straßeneinteilung würde für Gebiete der dreigeschossigen Bauweise noch anwendbar sein. Für die geschlossenen Wohngebiete mit vier- bis fünfgeschossigen Bauten, die zwar nach den geltenden Anschauungen nicht mehr ausgeführt werden sollen, die aber in vielen Bebauungsplänen und Bauordnungen der Großstädte noch vorhanden sind und wegen der wirtschaftlichen Auswirkungen nicht mehr beseitigt werden können, müssen breitere Straßen vorgesehen werden. Die Fahrdämme werden mindestens dreispurig angelegt werden müssen. Für eine Wagenspur von 2,5 m ergeben sich Fahrdammbreiten von 7,5 m, als mittleres Maß dürften 7 m genügen, wie es sich bei Wohnstraßen in Charlottenburg als ausreichend erwiesen hat. Diese Breite ist aus den Anforderungen des Kraftwagenverkehres durchaus begründet. Hätten die nordamerikanischen Wohnstraßen nicht so breite Fahrdämme von vornherein gehabt, würden sich jetzt schon recht fühlbare Verkehrsschwierigkeiten in den Wohngebieten einstellen. Das vielfach in den nordamerikanischen Wohnstraßen geübte Verfahren, aus Mangel an Unterstellraum die Kraftwagen auf den Straßen stehenzulassen, hat bei einer Mindestbreite von etwa 7—7,5 m nachteilige Folgen auf die Verkehrsabwicklung in den Straßen nicht gehabt. Sollte eine solche Entwicklung auch in Deutschland vorauszusehen sein, muß sich die Fahrdammbreite ihr anpassen. In vorhandenen Straßen kann es durch Verschmälerung der Vorgärten erreicht werden. Selbst wenn es für unsere deutschen Verhältnisse nicht in Frage kommen sollte, die Kraftwagen nachts auf den Straßen zu belassen, so wird doch die Aufstellung am Tage, z. B. während der Geschäftspausen, in den Wohnstraßen in größerer Zahl nicht verhindert werden können und daraus zu folgern sein, daß bei der Breitenabmessung und Einteilung der Wohnstraßen auf Standraum für den Kraftwagen Rücksicht zu nehmen ist, wobei aber nicht gesagt sein soll, daß die amerikanischen Abmessungen für uns vorbildlich sind.

Die städtischen Verkehrsstraßen werden in der Regel Straßenbahnen aufzunehmen haben. Die Breite des Straßenbahnkörpers, wenn er im Fahrdamm liegt, ist bereits in der Zusammenstellung 20 S. 86 mit 5,6 m angegeben. Bei Verlegung der Straßenbahn in einen eigenen Bahnkörper wird zwar eine größere Breite in Anspruch genommen, dafür werden aber sehr wesentliche Vorteile gewonnen. Die Abmessungen des besonderen Bahnkörpers sind davon abhängig, ob die Masten mit auf ihm untergebracht werden müssen oder nicht und ob zugleich ein Aufstellungsplatz für die an der Haltestelle wartenden, ein- und aussteigenden Fahrgäste geschaffen werden soll. Die Maße sind für diese verschiedenen Fälle:

1. Ohne Mast auf freier Strecke	6,30,	an der Haltestelle	6,65 m
2. Masten einseitig.	7,00,	„ „ „	7,30 m
3. Mittelmast	7,10,	„ „ „	7,45 m
4. Masten beiderseitig	7,60,	„ „ „	7,60 m

Die Haltestellen sind in diesem Falle gegeneinander versetzt und der von ihnen eingenommene Raum durch Verminderung der Fahrdammbreite gewonnen (Abb. 70). Bei neuen Straßen wird es sich empfehlen, den Bahnkörper in der Abmessung seiner größten Breite voll durchzuführen. Dann beträgt die Höchstbreite für den Fall 1—3 7,60 m und für Fall 4 8,4 m.

Die Vorteile des eigenen Bahnkörpers sind:

1. keine Verkehrshemmungen durch andere Fahrzeuge, daher
2. Erhöhung der Fahr- und Reisegeschwindigkeit,
3. Ersparnisse an Betriebskosten,
4. Erhöhung der Sicherheit des übrigen Verkehrs, vor allem der Fahrgäste an den Haltestellen und der die Straße kreuzenden Fußgänger;
5. Herabminderung der Anlagekosten, da an Stelle einer Auspflasterung der Gleise eine Bekiesung oder Berasung genügt, außerdem kann Querschwellenoberbau mit Vignolschienen benutzt werden. Die Unterhaltungskosten sind wesentlich niedriger, die Riffelbildung der Schienen tritt langsamer ein, die Lebensdauer des Gleises ist eine größere. Vignolschienen haben ferner einen geringeren Laufwiderstand.
6. Herabminderung des Geräusches und der Erschütterungen der Straßenbahn.

Die Zusammenlegung der Gleise hat wesentliche Bau- und betriebswirtschaftliche Vorzüge gegenüber der getrennten Lage. Einmal sind die Anlagekosten geringer für zweigleisigen Straßenbahnkörper. Außerdem kann bei Unterhaltungsarbeiten durch Einlegen von Behelfsweichen ein eingleisiger Betrieb hergestellt werden, ohne daß der übrige Straßenverkehr davon berührt wird. Bei getrennter Gleisanlage müßten Notgleise neben dem Bahnkörper auf dem benachbarten Fahrdamm verlegt werden. Darum sind auch in den Straßeneinteilungen des Ruhrsiedlungsverbandes (Abb. 68) die Gleise zusammengelegt worden, ebenso in der Ausfallstraße der Stadt Köln.

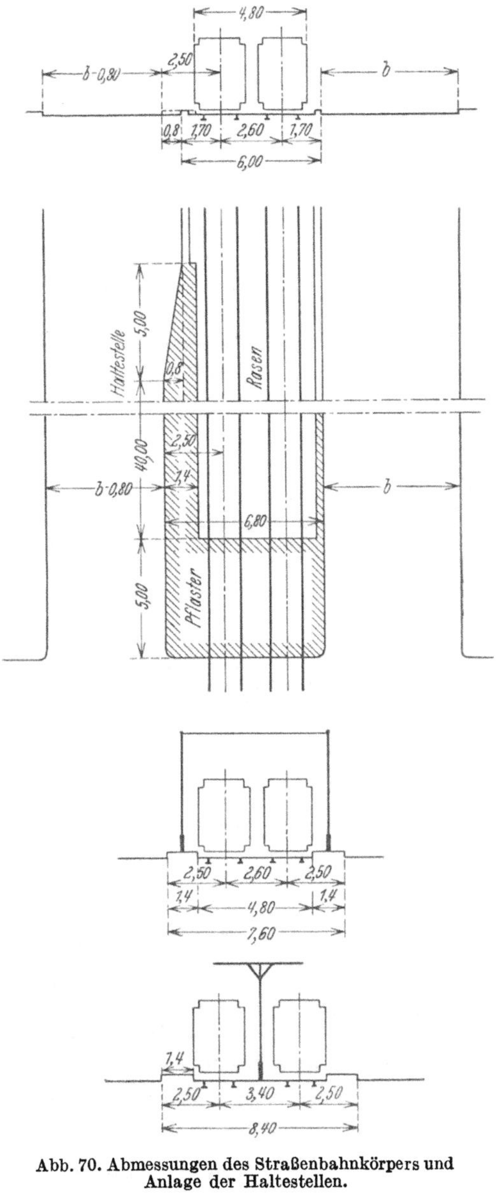

Abb. 70. Abmessungen des Straßenbahnkörpers und Anlage der Haltestellen.

Aus den angegebenen Grundmaßen ergeben sich zwangläufig die straßenmäßigen Einteilungen und Breiten der Straßen. Eine besondere Überlegung ist nur anzustellen, wieviel Fahrspuren die Fahrdämme erhalten sollen, ob Radfahrwege und in welcher Breite dieselben anzulegen sind. Eine solche systematische Entwicklung führt dann zu Normen, wie sie durch die Abb. 71 veranschau-

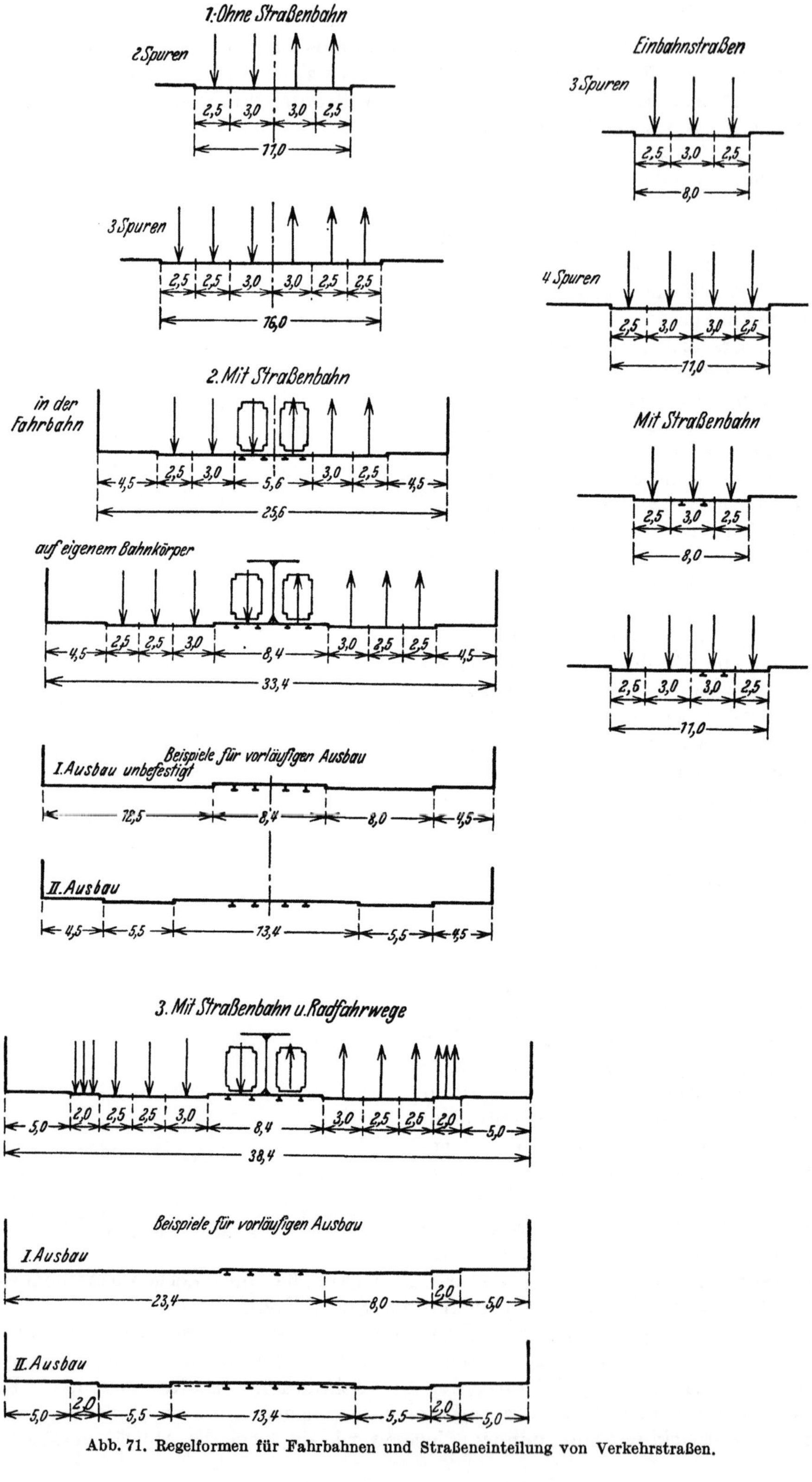

Abb. 71. Regelformen für Fahrbahnen und Straßeneinteilung von Verkehrstraßen.

licht werden. Da die Anlage sehr breiter Straßen sehr hohe Aufwendungen erfordert, andrerseits in den Stadterweiterungsgebieten das Bedürfnis zum vollen Ausbau der Straßen von vornherein nicht besteht, sind die Normen so aufgestellt, daß ein Ausbau schrittweise erfolgen kann, indem vorerst ein Fahrdamm, der in zwei Richtungen befahren werden kann, angelegt wird. Die Fahrdämme erhalten auch nicht gleich die volle Breite. Das wesentliche dieser Normen ist, daß sie die Breite angeben, die zwischen den Baufluchten eingehalten werden muß, damit eine dem endgültigen Verkehrsbedürfnis entsprechende Straße geschaffen werden kann.

Die Abb. 71 gibt auch Hinweise für die Breiten von Einbahnstraßen. Diese werden bei Regelung des Verkehrs in der bebauten Innenstadt geschaffen. Ob sich diese Einteilungen durchführen lassen, wird im wesentlichen von der vorhandenen Breite der Straße abhängen.

D. Gehbahnen, Radfahrwege, Parkstraßen.

Für die Abmessung der Gehbahnen ist der Umfang des Verkehrs an Fußgängern in erster Linie maßgebend, aber auch die Notwendigkeit, auf den Gehbahnen Maste, Laternen, Bäume, Anschlagsäulen, Zeitungshäuschen u. a. m. und unter ihnen Versorgungsleitungen unterzubringen, bestimmt ihre Abmessungen. In Wohnstraßen flacher Bauweise wird vielfach mit Rücksicht auf den geringen Verkehr auf Gehbahnen verzichtet. Besonders in der Form des Wohnhofes, der als Sackgasse ausgebildet ist, wird das zulässig sein. Dagegen wird bei Straßen, die einen durchgehenden Verkehr gestatten, eine Gehbahn auf beiden Seiten jetzt gefordert werden müssen. Das ergibt sich aus den Überlegungen, daß auch in den Wohnstraßen der Kraftwagen eindringen wird. Es muß dann zwischen dem Haus oder dem Vorgarten und dem auf dem Damm stehenden Personenkraftwagen Raum für Fußgänger geschaffen werden.

Eine Gehbahn, die Raum für zwei sich begegnende Personen bieten soll, muß mindestens 1,50 m breit sein. Wenn am Rande Laternen oder Bäume aufgestellt werden sollen, muß das Maß auf 2,00 m vergrößert werden. Straßen, die an den Häusern Geschäfte aufweisen, brauchen breitere Gehbahnen, damit der schnelle Fußgängerverkehr den langsamen ohne gegenseitige Störung überholen, und daß sich beide Verkehrsrichtungen bequem nebeneinander vorbeibewegen können. In Sammelstraßen wird eine Breite von 3,5 m genügen. Bei dieser Breite ist es möglich, alle Versorgungsleitungen, zu denen Gas-, Wasser-, Entwässerungsleitungen, Kabel der Post und Feuerwehr, der Elektrizitätswerke und Straßenbahn rechnen, unterzubringen. Geschäfts- und Verkehrsstraßen verlangen Gehbahnen von mindestens 6 m Breite. Sollen Bäume an den Bordkanten aufgestellt werden, so ist darauf zu achten, daß ihre Baumkronen nicht den unteren Geschossen das Licht fortnehmen. Wenn schmale Gehbahnen Baumreihen erhalten sollen, werden Baumarten auszuwählen sein, die keine Kronen entwickeln, z. B. Pappeln, oder die Bäume werden geschnitten: Kugelakazien, Platanen, Rot- und Weißdorn u. a. Breite Gehbahnen werden in Geschäfts- und Verkehrsstraßen viele Vorteile bieten. In solchen Straßen nehmen die Versorgungsleitungen solchen Umfang an, daß die sonst in Wohnstraßen auskömmliche Breite nicht mehr zureicht. Denn in solchen Straßen werden neben den Leitungen zur Versorgung der Häuser noch die Hauptstränge unterzubringen sein. Auch treten zu den oben genannten noch andere hinzu, wie z. B. neuerdings die Fernheizleitungen, die mindestens einen Streifen von 1,0 m Breite beanspruchen. Breite Gehbahnen bieten zudem den Vorteil, daß sie, wenn die Fahrdammbreite nicht mehr genügt, unbedenklich verschmälert und zur Verbreiterung der Fahrdämme benutzt werden können. Es wird sich daher stets empfehlen, die Gehbahnen so breit als irgend möglich anzulegen.

Radfahrwege, die in einer Richtung befahren werden, müssen mindestens 1,2 m Breite erhalten. Die nutzbare Breite für zwei Fahrrichtungen wird mindestens 2,0 m betragen müssen. Auf Ausfallstraßen mit starkem Radfahrerverkehr, auf Parkstraßen und überall da, wo es möglich ist, soll die Breite auf 3 m vergrößert werden. Reitwege werden nur gelegentlich anzulegen sein. Sie werden in Parkanlagen und Stadtwäldern gewünscht werden und auf den Zufahrtsstraßen zu solchen Grünflächen angebracht sein. Die geringste Breite ist zu 3,0 m anzunehmen. Der Reitweg auf dem Kaiserdamm in Charlottenburg hat zwischen den Bordkanten 6,5 m Breite. Von diesem Maß geht aber noch ein mit Bäumen besetzter Grünstreifen von 1,0 m ab. Ein anderer Reitweg in Charlottenburg ist sogar auf 9 m Breite innerhalb der Bordschwellen angelegt; nach Abzug von etwa 2 m für zwei Baumreihen bleiben 7,0 m für den Reitweg nutzbar.

Bei der Zuweisung der Streifen auf die einzelnen Verkehrsarten verlangt ihre Geschwindigkeit und Eigenart gewisse Rücksichten. Z. B. ist bei Reitwegen zu beachten, daß sie möglichst nicht neben die Straßenbahn gelegt werden, weil das Geräusch der Straßenbahn, namentlich das Läuten, die Pferde scheu macht. Reitwege sollen auch nicht neben den Gehbahnen geführt werden, weil

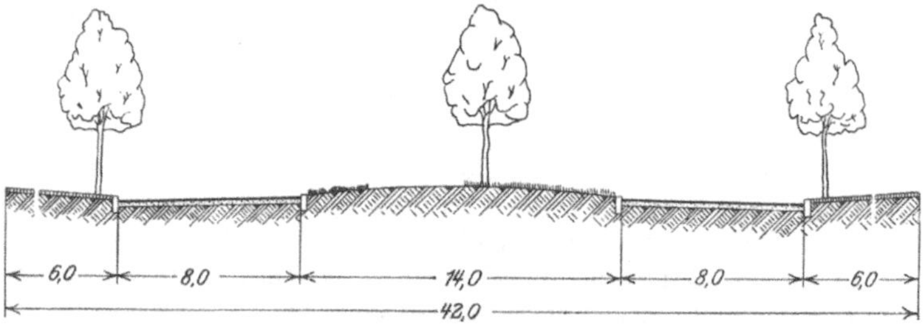

Abb. 72. Promenadenstraße (Reichsstraße) in Charlottenburg.

der aufgeworfene Reitwegkies u. a. die Fußgänger beschmutzt und der Verkehr von den Häusern zur Straße unterbrochen und erschwert wird.

Radfahrwege sind auf Straßen mit ebenem Pflaster nicht notwendig, da der Radfahrer sehr beweglich ist und sich leicht durch den Verkehr windet. Ihm kann der Ortsfahrdamm, auf dem nur langsames Fuhrwerk sich bewegt, mit zugestanden werden. Wo mit starkem Verkehr von Fahrrädern zu rechnen ist, liegen die Streifen für Radfahrer am besten neben dem Reitweg oder neben den Gehbahnen auf einem durch eine Bordschwelle vom Bürgersteig abgetrennten Streifen, damit die Radfahrer nicht verführt werden, die Gehbahn zu benutzen.

Für Fußgänger werden vielfach Promenadenwege angelegt. Sie dienen mehr der Erholung der Menschen als dem Verkehr und sind nur dort am Platze, wo ein besonderer Zweck damit verfolgt wird, ohne daß die Belange anderer Verkehrsarten dadurch beeinträchtigt werden. Auf Verkehrsstraßen sind Promenaden überflüssig, denn auf solchen Straßen ist keine Möglichkeit der Erholung vorhanden. Die geeigneten Straßen für Promenaden sind die Parkverbindungsstraßen, die meistens als Ringstraßen angelegt werden. Sie bieten dann den Erholung suchenden Fußgängern die Möglichkeit, auf ruhigen Straßen, unbelästigt von anderem Verkehr, die Grünflächen zu erreichen. Beispiel für solche Parkstraßen mit Promenaden ist die Reichsstraße (Abb. 72) in Charlottenburg.

Die Parkstraße hat die Aufgabe, die städtischen Grünflächen in die bebauten Viertel hineinzuziehen; ihre Bedeutung für den Verkehr tritt damit zurück. Es zeigt sich hier die Möglichkeit, bei der Stadtanlage die Straße für besondere Aufgaben, die auf hygienischem, sozialem oder ästhetischem Gebiet liegen, zu benutzen. Diese Möglichkeit wird nun in den Bebauungsplänen in mannigfacher Weise ausgenützt. Wo es z. B. gilt, Wohnbezirke von Industrie- oder Gewerbebezirken zu trennen, kann das durch besondere Ausgestaltung der Straße geschehen. Die Abb. 73 entspricht einem Vorschlage des IV. Intern. Kongresses für Städtebau und Landesplanung für eine solche Straße. Die 30,6 m breite Grünfläche soll die Trennung der beiden Bezirke übernehmen.

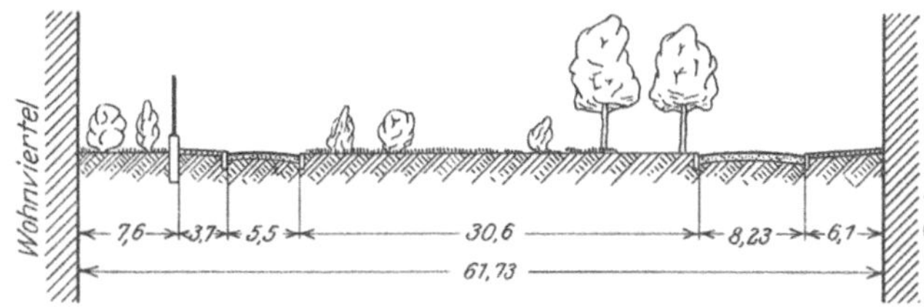

Abb. 73. Trennung des Industrie- vom Wohnviertel durch Straße mit Grünanlagen.

Peripherische Straßen haben meist geringen Verkehr, so daß von diesem Gesichtspunkt aus sie sich als Parkstraßen nicht bezahlt machen. Wenn sie aber dazu dienen, den Radialverkehr zu entlasten und seine Spitzen zu mindern, dann sind sie die Ausgabe wert. Danach wird man ihre Lage und Linienführung einrichten müssen.

E. Nebenanlagen und Bahnübergänge der Landstraßen.

Zur Entwässerung des Straßenplanums dient der Graben, über dessen Anlage und etwaigen Ersatz durch Kanalleitungen mit Einfallschächten auf S. 106 Angaben gemacht sind. Bei Dammböschungen über 1,5 m Höhe sowie zur Abgrenzung besonders tiefer Gräben von der Straße werden an den Straßenrand Bäume oder Schutzsteine gesetzt. Die Zweckmäßigkeit der Bäume ist stark bestritten. Sie erfordern besondere Pflege und Aufwendungen, denen meist bei Obstbäumen ein allerdings nur geringer Ertrag gegenübersteht. Die Baumwurzeln ziehen sich unter dem Straßenkörper durch und können Bewegungen veranlassen, z. B. wenn die Bäume gefällt werden und die Wurzeln verfaulen. Die Bäume beschatten zwar die Straße, das Tropfwasser ihrer Kronen bei Nebel und Tau hält aber die Straßen feucht, ebenso kommen durch Laub und Fallobst Stoffe auf die Straße, die den neuzeitlichen Decken schädlich sind und sie schlüpfrig machen. Die Obstpflege und Ernte behindern den Verkehr. Unter diesen Umständen sind die Nachteile der Bäume größer als ihre Vorteile. Es wird also in vielen Fällen zweckmäßig sein zu prüfen, ob Bäume am Platze sind, oder ob sie nicht besser durch Prellsteine, die in Abständen von 2—4 m stehen, ersetzt werden. Auf Trockenmauern werden zur Platzgewinnung solche Prellsteine eingelassen, indem sie, statt in Höhe der Fahrbahn abzuschließen, über diese hinausragen. In dieser Lage haben sie nur eine geringe Standfestigkeit; sie müssen deshalb in Beton versetzt werden, da sie sonst bei geringem Anstreifen durch Fahrzeuge herausstürzen. An besonders gefährlichen Stellen empfiehlt es sich, auf die Prellsteine eiserne Stangen anzubringen, sofern nicht eine vollständige eiserne Abschrankung oder eine Steinbrüstung angebracht ist.

Die Krümmungen müssen gesichert werden, besonders wenn sie noch im Auftrag liegen, z. B. durch Geländer. Gut sind dichte Hecken und Stauden, die den herausgeschleuderten Wagen aufhalten und, weil sie nachgiebig sind, die Wucht des Aufpralles mildern. Um den gleichen Zweck zu erreichen, werden in den V. St. A. Drahtseile gespannt, die durch die Abweissteine geführt und an ihren Rändern im Boden mit Spannschlössern verankert sind (Abb. 74). Auf Bergstraßen, die durch Lawinen gefährdet sind, werden die Gitter abnehmbar ausgebildet. Sie werden im Herbst abgenommen, damit sie durch die Lawinen nicht fortgerissen werden (Abb. 75), und im Frühjahr wieder aufgestellt. Zur Kenntlichmachung von Krümmungen hat sich auch das Anstreichen der Baumstämme oder Prellsteine mit weißer Farbe bewährt. Prellsteine mit quadratischem Querschnitt sind besonders gut bei Nacht zu erkennen, wenn sie über Eck gestellt werden. Das Aufstellen von Warnungstafeln vor Krümmungen, Kurven, Bahnübergängen u. dgl. ist im Abschnitt X behandelt.

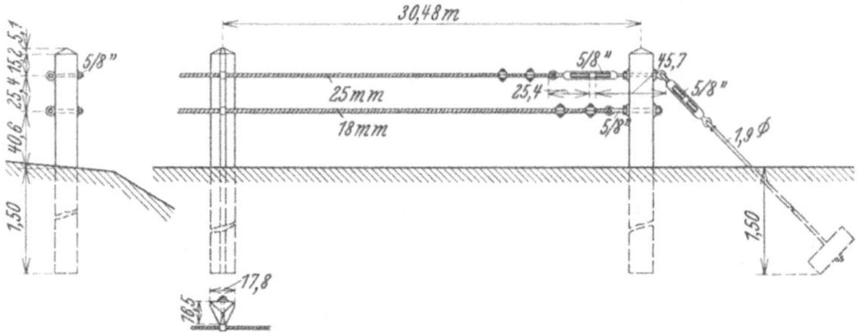

Abb. 74. Drahtseilsicherung an Krümmungen.

Bei Straßen mit nur schmalen Bermen werden entlang der Straßen besondere Materiallagerplätze zum Lagern der Straßenbaustoffe von etwa 12—30 m² Grundfläche in Entfernungen von durchschnittlich 50 m an der Bergseite angelegt.

Bahnübergänge.

Bei Bahnübergängen ist gestreckte Durchführung der Straße ein unabweisbares Erfordernis. Dabei ist auf ausreichende Übersichtlichkeit zu achten. Bei spitzwinkliger Kreuzung bleiben die mit dem Kraftwagen in gleicher Richtung fahrenden Züge leicht unbemerkt, da das Geräusch des Kraftwagens das des Zuges übertönt. Deshalb muß der spitze Winkel zwischen Straße und Bahn auf weite Strecken hin frei bleiben. Aber auch nach dem stumpfen Winkel hin muß volle Blickfreiheit bestehen, damit die entgegenkommenden Züge gleichfalls erkannt werden. Mit dieser Anordnung wird man die Gefahren der Bahnübergänge mildern, aber nicht beseitigen können. Schienenfreie Kreuzung ist hier die einzige Lösung. Liegt die Bahn im Einschnitt, so ist die Überführung des Weges, liegt sie im Auftrag, so ist die Unterführung das Gegebene. In völlig ebenem Gelände werden die Vorteile und Nachteile beider Möglichkeiten gegeneinander abgewogen werden müssen. Vom Standpunkte der zu überwindenden Höhe wird die Wegeunterführung zweckmäßiger sein. Denn für den Straßenverkehr wird eine lichte Durchfahrtshöhe von 4,5 m genügen. Giese verlangt für städtische Straßen 4,4 m (43). Die Unterführungen der neuen Kraftwagenbahn Köln—Düsseldorf sollen 4,5 m Durchfahrtshöhe erhalten. Mit Rücksicht auf die einzuführende elektrische Zugförderung verlangt die Eisenbahnverwaltung schon jetzt 5,5 m lichte Durchfahrtshöhe. Unter der Annahme, daß die Bauhöhen der Brücken in beiden Fällen dieselben sind, hätte der Straßenverkehr bei einer Überführung mindestens 1 m mehr zu überwinden. Es werden auch die Zufahrtsrampen der Straße bei gleichem Gefälle entsprechend länger. Für den Eisenbahnverkehr hat die Wegüberführung den Nachteil, daß die Übersicht über die Strecke und die Signale behindert ist. Die Eisenbahnverwaltung tritt daher für die Wegeunterführung

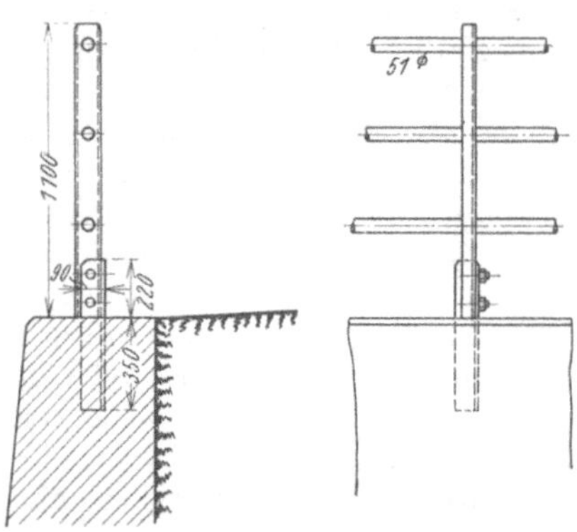

Abb. 75. Geländer mit abnehmbaren Ständern für lawinengefährdete Strecken.

ein. Diese Anordnung hat aber für die Straße den Nachteil der Blickbeschränkung, besonders wenn sie in einer S-Krümmung liegt, und das Erschwernis in der Entwässerung (Grundwasser). Die in solchen Unterführungen stets vorhandene Feuchtigkeit macht die Bahn schlüpfrig und im Winter glatt, darin liegt eine Gefährdung des Schnellverkehrs.

Die Umwandlung einer Geländekreuzung in eine schienenfreie, gleich welcher Art, ob Unter- oder Überführung, hat Rückwirkungen für den Straßenverkehr im Gefolge, deren Ausmaß von der Steigung der Rampen abhängt. Das Steigungsverhältnis wird sich dem Charakter der Gegend anzupassen haben, es wird im Flachlande flacher als im Gebirge sein müssen, damit die Nutzlasten des Pferdeverkehrs auf der die Bahn kreuzenden Straßenstrecke nicht vermindert werden müssen, weil sonst die Beförderungskosten auf der Straße erhöht werden. Die Rampen werden also flach gehalten werden müssen, als stärkstes Gefälle wird 3 vH empfohlen. Bei Wegeunterführungen müssen an der tiefsten Stelle die beiden Gegengefälle mit genügend großem Halbmesser ausgerundet werden, womit wiederum eine Senkung des Gefälles und eine Verlängerung der Rampen verbunden ist. Bei Überführungen kann der Ausgleich im Buckel durch die bei Brücken übliche Anhebung des Brückenscheitels erfolgen. Für bekannte Verkehrsmengen würde sich die Erhöhung der Beförderungskosten, die sich durch Einlegung der schienenfreien Kreuzung ergeben, berechnen lassen, und eine solche Untersuchung würde dann auch mit zu der Entscheidung beitragen, ob Über- oder Unterführung anzuwenden ist. Unbedingt wird die Eisenbahnverwaltung bei solchen Anlagen den Anforderungen des Verkehrs wie der Wirtschaft Genüge leisten müssen und bei Verkehrswegen für Kraftwagen sich nicht darüber hinwegsetzen dürfen (44, 45).

Nach dem Reichsbahngesetz vom 30. August 1924 § 39 trägt die Kosten eines solchen Bauwerkes die Reichsbahn, wenn die Veränderung allein durch den Bahnverkehr veranlaßt ist, in anderen Fällen ganz oder teilweise der Wegebaupflichtige.

V. Der Unterbau des Straßenkörpers.

A. Bodenuntersuchung.

Straßen brauchen, wie alle Bauwerke, einen tragfesten Untergrund. Die Ausführung hochwertiger Kunststraßen auf unsicherem Grunde, z. B. Moor, ist unmöglich. Aber auch bei sonst tragfestem Boden ist die Beschaffenheit des Untergrundes immer von erheblicher Bedeutung für die Bauart und Erhaltung der Decke gewesen und heute noch besonders infolge Ausbildung neuer Deckenformen geworden. Im Bauwesen gilt der Grundsatz in unserem Klima, bis auf die frostfreie Tiefe zu gründen, d. h. etwa bis zu einer Tiefe von 0,8—1,0 m. Dieser Grundsatz, auf die Straße angewendet, würde bedeuten, daß sie mindestens auch 0,8—1,0 m in den Erdboden hineingelegt werden müßte. Die Römer haben das bei ihren Straßen getan. Darum haben ihre Straßen auch Jahrtausende überdauert. Die Decken der heutigen Landstraße sind wesentlich schwächer. Nach der preußischen Zirkularverfügung vom 17. Mai 1871 schwankt die Stärke der Steinbahnen aus Packlage und Schotter zwischen 21—28 cm. Sehr viele Straßen in Deutschland von Bedeutung haben überhaupt keinen Unterbau, z. B. in Sachsen und Bayern. Der Bestand solcher Straßen hängt dann völlig von der Beschaffenheit des Untergrundes ab. Trockener Untergrund, der aus Felsen, aus Kies- oder Sandboden besteht, wird durch den Frost nicht merkenswert beeinflußt, solange das Niederschlagswasser ferngehalten wird. Auf solche Böden können daher Straßen unbedenklich gebaut werden. Bei allen Kunststraßen wird der Untergrund außerdem noch besonders durch die längs der Straße auf beiden Seiten laufenden tiefen Gräben trocken gehalten.

Bedenklicher sind solche Böden, die zufolge ihrer Kapillarität das Wasser ansaugen und zufolge ihrer Wasserkapazität auch festhalten. Sie sind der Frostwirkung, je nach ihrem Wassergehalt, unterworfen und werden unbedingt Bewegungen durchmachen müssen.

Böden, wie starke Ton- und Lehmböden, quellen bei Wasseraufnahme infolge ihrer Bodenkolloide und schwinden bei Beseitigung der Nässe, bewegen sich also. Bisweilen können sie sich sogar auflösen, zum mindesten weich werden. Diese für den Bestand der Straße gefährlichen Wirkungen solcher Böden sind bekannt und bei Straßenbauten berücksichtigt worden. Im allgemeinen ist bei solchen unsicheren Böden bisher durch Schaffung einer kräftigen Entwässerung mittels Dränröhren oder Sickerschlitzen und durch Auskoffern auf größere Tiefe und Einbringen einer Kiesschicht von entsprechender Stärke der Unterbau festgelegt worden.

Die bisher übliche Befestigungsart, Steinschlagdecken auf Packlage oder Pflasterstraßen — Groß- wie Kleinpflaster — können bis zu einem gewissen Grade als nachgiebig angesprochen werden. Sie folgen etwaigen Bewegungen des Bodens, wenn er durch Wasseraufnahme oder Frost sich aufbläht. Bei starken Bewegungen allerdings werden sie schnell zerstört. Aber die heutigen fugenlosen Decken in Asphalt, Teer und Beton sind wesentlich empfindlicher. Schon sehr geringe Bodenbewegungen können den völligen Bruch hervorrufen. Das recht verschiedene Verhalten von Teer- und Asphaltdecken auf ehemaligen Schotterdecken und manche Fehlschläge müssen darauf zurückgeführt werden, daß durch äußerlich kaum merkbare Bodenbewegungen Risse entstanden sind, durch die die Feuchtigkeit hat eindringen und ihr Zerstörungswerk beginnen können. Der Einfluß der Bodenbeschaffenheit macht sich besonders bemerkbar bei den Betondecken, die, wie später ausgeführt werden wird, nur in geringer Stärke auf dem Boden aufliegen, so daß jede Bodenbewegung die Lastübertragung und damit die statischen Vorgänge in der Betondecke selbst verändert. Darunter muß die Festigkeit der Decke leiden und sie unter Umständen zu Bruch gehen. Die neuen Befestigungsmittel, die der Kraftwagen in den Straßenbau eingeführt hat, sind, was die Beschaffenheit des Bodens anbelangt, noch weit empfindlicher als die früher üblichen. Es muß daher der Beschaffenheit des Untergrundes im heutigen Straßenbau eine eingehendere Beachtung geschenkt werden, als bisher notwendig gewesen ist.

Viele Straßen, die schon jahrzehntelang ohne jede Bewegung gelegen haben, zeigen neuerdings im Winter Bodenbewegungen und Frostaufquellungen. Hierfür gibt es vorläufig nur die Erklärung, daß durch die stärkere Verkehrsbelastung der nachgiebige Untergrund stärker verdichtet ist und nunmehr bei Wasseraufnahme eine entsprechend stärkere Aufquellung eintritt, die durch Frostbildung noch verstärkt wird, oder aber daß die neuen undurchlässigen Decken eine Verdunstung der Bodenfeuchtigkeit nach oben verhindern.

Auf schon bestehenden Straßen wird man an die gegebenen Verhältnisse gebunden sein und lediglich festzustellen haben, ob die vorhandenen Zustände die Verlegung einer neuzeitlichen Decke gestatten. Bei neu anzulegenden Straßen wird aber eine eingehende Untersuchung des Bodens vorzunehmen und darnach zu bestimmen sein, welche Art von Befestigung der Straßenkörper unbedenklich wird tragen können, oder welche Maßnahmen am Boden selbst zu treffen sind. Eine solche Untersuchung wird sich nicht allein darauf erstrecken, ob der Untergrund tragfest ist, sondern auch darauf, welche Zusammensetzung der Boden hat, wie er sich gegen Wasseraufnahme und Frost verhält.

Da neue Straßen in Westeuropa z. Z. wenig gebaut werden, so hat keine Veranlassung vorgelegen, die Untersuchungsverfahren auszubilden. Es hat die

Anregung dazu gefehlt. Dagegen haben die besonderen Verhältnisse in den V. St. A. und die dort gemachten Erfahrungen mit den Betondecken erkennen lassen, daß nur bestimmte Bodenarten dafür geeignet sind, und daß Verfahren ausgebildet werden müssen, um die Geeignetheit der Böden festzustellen. Der Straßenbau in Nordamerika ist „a question of drainage" eine Frage der Entwässerung des Bodens, und ihr wird besonders nachgegangen. Die Art der Abführung des Bodenwassers hängt aber von der Beschaffenheit des Bodens selbst ab, eine Tatsache, die aus den Arbeiten der Landeskultur auch bekannt ist. Denn die Bodennässe steht in Beziehungen zum Tongehalt des Bodens. Darum gilt es, mittelbar oder unmittelbar den Tongehalt festzustellen. Da aber auch noch andere mineralische Beimengungen die Wasseraufnahmefähigkeit beeinflussen, z. B. kohlensaurer Kalk und Eisenoxyd, so bedarf es einer eingehenden chemischen Bodenanalyse, um die Zusammensetzung festzustellen. Das ist sehr umständlich und zeitraubend. Eine Ermittlung, die sich auf die Fähigkeit des Bodens, mehr oder weniger Wasser zu halten, beschränkt, würde völlig ausreichen. Eine solche Untersuchung auf bestimmte Eigenschaften des Bodens führt schneller zum Ziel. Nach Verfahren der amerikanischen Straßenbaubehörden wird der Boden folgenden Behandlungen unterzogen:

1. Mechanische Bodenanalyse,
2. Farbenveränderung,
3. Feuchtigkeitsgleichwert,
4. Kapillarität.

a) Untersuchungsverfahren.

Zu 1. Zuerst werden die Tonteile abgeschlämmt und dann der Boden nach folgenden Korngrößen untersucht:

Die Probe wird in bekannter Weise durch Trocknen bei 100° bis zur Gewichtsstetigkeit und vorsichtige Zerkleinerung im Mörser, so daß die kieseligen Bestandteile nicht zerdrückt werden, vorbereitet, das Ganze dann im Sieb von 8 mm Lochweite gesiebt. Der Rückstand wird ausgeschieden und von dem Durchgang eine Durchschnittsprobe von 50 g entnommen. Sie wird nach nochmaliger Trocknung auf Gewichtsstetigkeit und Abkühlung im Exsikkator in 500 cm³ destilliertes Wasser gelegt und eine Stunde in einem Becherglas so gekocht, daß ausgesprochenes Sieden nicht auftritt. Nach Abkühlung wird die Flüssigkeit bis auf 3 cm über dem Boden in einem großen Kessel von 10—20 l abgehebert, Ammoniakwasser in der Lösung 1 : 500 wird dann bis auf 11 cm dem Becherglas zugesetzt, die Bodenteile zerkleinert und mit einer scharfen Bürste für 1—2 Minuten gebürstet und dann 8 Minuten stehengelassen. Die Flüssigkeit wird dann auf 8 cm Tiefe in den Kessel abgehebert. Dieses Verfahren wird so oft wiederholt, bis die Flüssigkeit im Becherglas klar wird. Auf diese Weise ist Sand und Feinsand von dem Ton, der in den Kessel übergehebert ist, getrennt. Der Inhalt des Becherglases wird verdampft und auf Gewichtsstetigkeit getrocknet und nach Abkühlung im Exsikkator durch Siebe von 2 mm, 0,85 mm und 0,074 mm Maschenweite ausgesiebt.

Der Rückstand auf dem 2-mm-Sieb ist Grobsand und wird zu dem Rückstand auf dem 8-mm-Sieb zugeschlagen. Mit Sand werden die Bestandteile bezeichnet, die zwischen dem 2-mm- und 0,05-mm-Sieb liegen, mit Feinsand der Durchgang durch das 0,05-mm-Sieb bis 0,005 mm, und mit Ton die abschlämmbaren Bestandteile unter 0,005 mm.

Der Anteil der abschlämmbaren Bestandteile wird dann ermittelt, indem aus dem Kessel eine Durchschnittsprobe von 200 cm³ abgehebert und verdampft wird. Die verbleibende Trockensubstanz ist Ton. Aus der gewonnenen mit a bezeichneten Menge wird der gesamte Anteil der abschlämmbaren Bestandteile berechnet nach der Formel

$$A = \frac{a \cdot C}{200}, \qquad (66)$$

wenn C der Inhalt im Kessel gewesen ist.

Der Tongehalt T berechnet sich, wenn G das Gesamtgewicht der Probe gewesen ist zu

$$T = \frac{A \cdot 100}{G} \text{ vH}. \qquad (67)$$

Der zuvor ermittelte Gehalt an Sand, Feinsand und Ton je in vH müssen dann zusammengezählt 100 ergeben. Abweichungen bis 3 vH sollen zugelassen sein.

Die Ermittlung der abschlämmbaren Bestandteile erfolgt in Deutschland bei der Bodenanalyse nach ähnlichen Verfahren. Sie beruhen auf dem freien Fall der in Wasser aufgeschlämmten Bodenteilchen, z. B. im Schlämmzylinder von Sikorsky (Schönescher Schlämmapparat) und in der Einrichtung von Kopetzky, bei der sich ein Wasserstrom von bestimmter Menge nacheinander durch vier Flaschen von verschiedenem Querschnitt bewegt. Entsprechend der abnehmenden Fließgeschwindigkeit in dem größeren Querschnitt setzen, sich in jeder Flasche Bodenteilchen bestimmter Größe ab (2,0 bis 0,1 mm, 0,1—0,05 mm, 0,05—0,01 mm). Die abgeführten Mengen werden als die abschlämmbaren Bestandteile (unter 0,01 mm) bezeichnet.

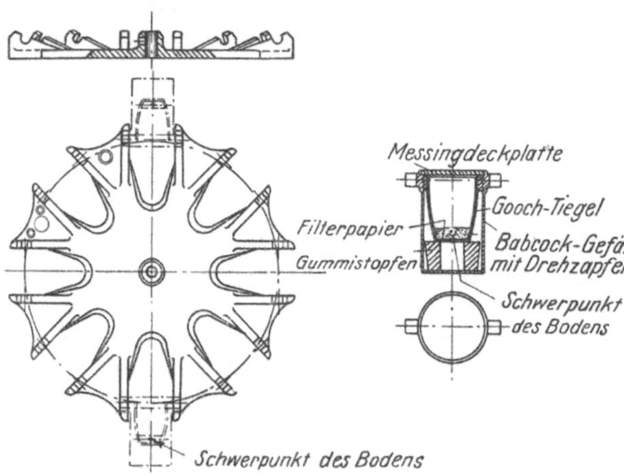

Abb. 76. Zentrifuge zur Ermittlung des Feuchtigkeitsgleichwertes.

Die Bodenanalyse dient in der Land- und Forstwirtschaft dazu, die Wachstumsbedingungen zu ermitteln. Im kulturtechnischen Wasserbau wird nach der Zusammensetzung des Bodens die Tiefenlage und Entfernung der Dräns ermittelt. Beide Ziele haben für den Straßenbau keine Bedeutung, vielmehr kommt es hier nur darauf an, das Verhalten des Bodens gegen Feuchtigkeit festzustellen und daraus zu entnehmen, wie weit er bei Wasseraufnahme und Frost quellfähig ist.

Zu 2. Der Gehalt an abschlämmbaren Bestandteilen kann auch durch den Färbungsversuch festgestellt werden, da stark tonhaltige Böden Lösungen von Anilinfarbe entfärben. Aber einen ganz zweifelsfreien Aufschluß über die Art des Tones gibt diese Probe noch nicht.

Zu 3. Man hat in den V. St. A. ein Verfahren ausgebildet, mit dem Ziel, den Feuchtigkeitsgehalt in Vonhundertteilen der Trockensubstanz nach einer bestimmten Behandlung zu ermitteln. Er wird als Feuchtigkeitsgleichwert (moisture equivalent test) bezeichnet und nach folgenden Verfahren ermittelt:

Er werden 5 g, die in der schon angegebenen Weise vorbereitet sind, in einen Gooch-Tiegel, dessen Boden ein Filter enthält, das vorher mit Fließpapier ausgelegt wird, gebracht und bis zur Sättigung angefeuchtet. Über Nacht kommt der Tiegel in einen mit Feuchtigkeit angefüllten Raum, um eine gleichmäßige Verteilung der Feuchtigkeit zu erreichen. Dann wird der Tiegel in ein Babcock-Gefäß (s. Abb. 76) gebracht, auf dessen Boden ein durchbohrter Gummistopfen liegt, dessen Loch groß genug ist, um das Wasser, das durch die Zentrifugen austritt, aufzunehmen. Der Stopfen dient zugleich als Kissen. Der Behälter wird luftdicht verschlossen. Die Probe wird dann eine Stunde lang in einer Schleuder, die durch Abb. 76 erläutert ist, mit einer Geschwindigkeit, die nach dem Durchmesser der Schleuder berechnet das Tausendfache der Schwerkraft beträgt, geschleudert. Sofort nach der Ausschleuderung wird die Probe gewogen, in einem Ofen bis zur Gewichtsstetigkeit getrocknet und zum zweiten Male gewogen. Der Feuchtigkeitsgleichwert berechnet sich dann als Vomhundertgehalt:

$$\frac{(A-b)-(A'-b')}{A'-(a+b')}\cdot 100\,, \tag{68}$$

wenn

A das Gewicht des Tiegels mit Inhalt nach der Ausschleuderung,
A' das Gewicht des Tiegels mit Inhalt nach der Trocknung,
a das Gewicht des Tiegels,
b das Gewicht des nassen Fließpapieres,
b' das Gewicht des trockenen Fließpapieres ist.

Zu 4. Für die Zwecke des Straßenbaues ist die Untersuchung auf Kapillarität von geringer Bedeutung.

b) Untersuchung plastischer Böden.

Zur Beurteilung der Böden auf ihr Verhalten für Zwecke des Straßenbaues ist ein anderes Verfahren von der Versuchsanstalt in Arlington (B.P.R.) in Washington ausgearbeitet worden. Das Verfahren geht davon aus, daß die Zustände, die ein Boden durchmacht, wenn er verschieden stark mit Wasser angereichert wird, maßgebend für seine Beurteilung sind. Unter Anlehnung an Verfahren, die von Atterberg vorgeschlagen sind, werden die folgenden Untersuchungen vorgenommen:

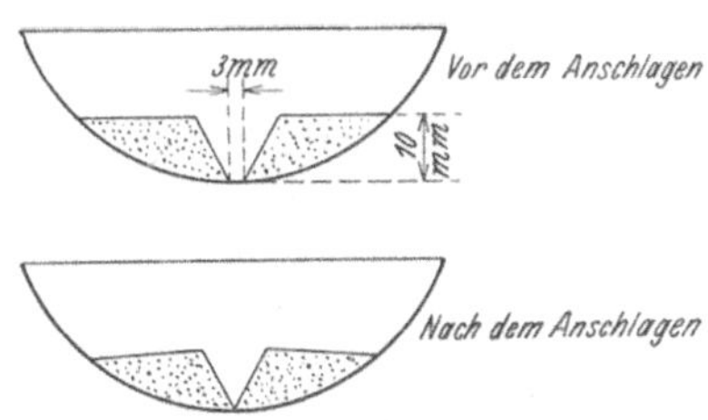

Abb. 77. Schale zur Bestimmung der Fließgrenze.

α) Es wird die untere Fließgrenze bestimmt. Sie kennzeichnet den Übergang von dem flüssigen zum bildsamen Zustand. Zu diesem Zwecke wird die leicht mit Wasser angemachte Bodenprobe in eine Schale geknetet, mit einem Dreikant in 2 Hälften scharf getrennt (Abb. 77) und alsdann durch eine begrenzte Zahl von Schlägen seitlich gegen die Schale, die mit einer genormten Kraft ausgeübt werden, festgestellt, ob die Ränder am Schnitt zusammenfließen. Derjenige geringste Gehalt an Wasser (Gew.vH der trockenen Masse), bei dem dieser Vorgang eintritt, wird als die untere Fließgrenze bezeichnet. Nach Untersuchungen des B.P.R. liegt die untere Fließgrenze für Feinsand bei 40 vH, für Glimmersand bei 123 vH, Torfboden 445 vH, für Ton 138 vH, Kieselgur 163 vH, und für Kolloide 399 vH. Die Grenze zwischen 20—40 vH weisen Mischungen auf, bei denen Sand und Feinsand vorherrschen. Die Grenze über 40 vH zeigt die Anwesenheit von Glimmer, Kieselgur, organischen Beimengungen, Ton oder Kolloiden an.

β) Der Übergangszustand vom bildsamen zum bröckeligen wird als die untere plastische Grenze bezeichnet.

Sie wird in der Weise ermittelt, daß der wieder mit Wasser angemachte Boden sich zu einem Stab von 3—6 cm ∅ mit der Hand auf einer Glasfläche ausrollen läßt, ohne in Stücke zu zerfallen. Der Wassergehalt in diesem Zustande wird in vH-Teilen angegeben. Sand, Glimmer, Kieselgur und Torf haben keine Plastizität, Feinsand gelegentlich (bis 20 vH), Ton etwa 46 vH und Kolloide

45 vH. Es leuchtet ein, daß bei der unteren Fließgrenze der Wassergehalt ein höherer ist, als bei der unteren plastischen Grenze.

γ) Der Plastizitätsindex ist der Unterschied zwischen der unteren Fließgrenze und der unteren plastischen Grenze in vH-Teilen. Er gibt die Kohäsionseigenschaften der Böden an und dient zur Unterscheidung zwischen kohäsionslosen Böden, wie Sand, Glimmer, Kieselgur und Torf, gegenüber denjenigen mit Kohäsion (bindigen Böden). Nach Atterberg werden unterschieden:

Bröckelige Böden	Plastizitätsindex	1
Schwach plastische Böden	„	1—7
Mittel „ „	„	7—15
hoch „ „	„	15

δ) Als vierte Bestimmung wird die Schwindgrenze eingeführt. Hiermit wird der geringste Feuchtigkeitsgehalt bezeichnet, bei dem die Hohlräume eines Bodens noch vollkommen mit Wasser ausgefüllt sind, oder mit anderen Worten, der maximale Wassergehalt, bei dem ein weiterer Verlust von Feuchtigkeit durch Verdunsten nicht mit einer entsprechenden Abnahme des Körpervolumens verbunden ist. Die Messung erfolgt in der Weise, daß die feuchte Bodenprobe, in ein Gefäß gefüllt und langsam an der Luft getrocknet wird. Der sich bildende Hohlraum kann durch Ausfüllen mit Quecksilber gemessen werden. Es wird der Feuchtigkeitsgehalt bestimmt, bei dem das Schwinden der Bodenprobe beendet ist. Dieser Zustand wird äußerlich dadurch kenntlich, daß die Farbe der Probe von dunkel zu hell übergeht. Für bröckelige Bodenarten kann die Schwindgrenze zwischen der unteren Fließgrenze und 50 vH dieses Wertes liegen. Für plastische Bodenarten liegt die Schwindgrenze zwischen 10 und 20 vH Wassergehalt. Zwischen Plastizitätsgrenze und Schwindgrenze bestehen keine bestimmten Beziehungen. Im allgemeinen je niedriger die Schwindgrenze um so größer pflegt die mögliche Raumveränderung zu sein.

Der Wassergehalt kann auch berechnet werden. Es ist:

V der Rauminhalt der nassen Bodenprobe,
V_0 der Rauminhalt der trockenen Bodenprobe,
w der Wassergehalt der nassen Bodenprobe bezogen auf die Einheit des trockenen Gewichtes W_0,
S der Wassergehalt an der Schwindgrenze, der bestimmt werden soll, bezogen auf die Einheit des trockenen Gewichtes W_0,
W_0 Gewicht der trockenen Probe.

Die Raummenge des verdunsteten Wassers beim Übergang von der nassen zum Zustand der unteren Schwindgrenze, kann durch die Raumänderung der Bodenprobe ausgedrückt werden. Sie ist $V - V_0$.

Das Gewicht des Wassers im nassen Zustande ist $w \cdot W_0$ und an der unteren Schwindgrenze $S \cdot W_0$, das Gewicht des verdunsteten Wassers $w \cdot W_0 - SW_0$. Bei einem spezifischen Gewicht des Wassers $= 1$ muß sein

$$w \cdot W_0 - S \cdot W_0 = V - V_0,$$

$$S = w - \frac{V - V_0}{W_0}. \tag{69}$$

Diese Untersuchungen lassen sich nur an plastischen Böden vornehmen. Im allgemeinen nehmen der Feuchtigkeitsgleichwert, die Volumenänderung, die untere Fließgrenze und der Plastizitätsindex mit dem Tongehalt zu, was vorauszusehen ist. Sand, Kies auch mit geringem Ton- oder Lehmgehalt scheiden für diese Untersuchungen aus. Als Schwindverhältnis bezeichnet man das Verhältnis der vH-Teile der Raumänderung zur Wasseraufnahme über der unteren Schwindgrenze.

$$R = \frac{\frac{V - V_0}{V_0}}{w - S} = \frac{W_0}{V_0} \tag{70}$$

Da Laboratorien nicht immer in das Gelände mitgenommen werden können, so hat man versucht, durch einfachere Verfahren die Eignung des Bodens für Straßen zu ermitteln und hier hat gerade die Ermittlung des Schwindens sich als brauchbar erwiesen. Es wird in ähnlicher Weise, wie schon auf S. 102 beschrieben, eine Probe von 300 g, die mit Wasser voll gesättigt ist, in eine Form von 13 mm Höhe, 40 mm Breite und 350 mm Länge gebracht und eingeknetet. Die Probe wird gewogen, aus der Form genommen, ihre Länge gemessen und im Ofen bei 105^0 getrocknet und dann wieder gemessen. Der Längenunterschied, in vH-Teilen der feuchten Probe gemessen, wird als lineares Schwindmaß angenommen. Daraus kann die räumliche Schwindung berechnet werden, wenn angenommen wird, daß sie nach allen drei Richtungen hin in gleichem Verhältnis erfolgt.

Die Beobachtungen über den Einfluß des Schwindmaßes haben ergeben, daß ein lineares Schwinden über 5 vH auf schlechte Bodenbeschaffenheit hinweist.

Wenn die untere Fließgrenze bei kolloiden Bodenarten über 35 vH hinausgeht, hat der Boden die Neigung, die Raumänderung 17 vH zu überschreiten. Diesem räumlichen Schwindvorgang entspricht ein lineares Schwindmaß, das größer als 5 ist, womit ein Maßstab zur Beurteilung eines Bodens gegeben ist.

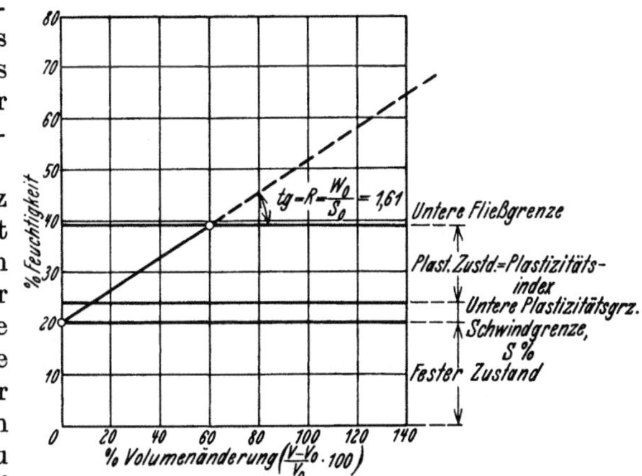

Abb. 78. Zeichnerische Darstellung der Eigenschaften eines plastischen Bodens.

Da die Bodenarten ganz verschieden zusammengesetzt sind, werden sich die einzelnen Bestandteile gegeneinander beeinflussen und vielfach ihre Eigenschaften verwischen. Die hier behandelten Verfahren zur Beurteilung der Böden haben daher nur Wert, wenn sie zu dem Verhalten der Böden auf Grund der praktischen Erfahrungen und Beobachtungen in Beziehung gesetzt werden. Bestehen darüber charakteristische Anzeichen, dann kann man jeden Boden auf Grund der vorgenommenen Untersuchungen in der Versuchsanstalt eingruppieren und sicheres über sein Verhalten voraussagen. Zur Kenntlichmachung werden die einzelnen Eigenschaften eines Bodens in Beziehung zu anderen gebracht. die sich in einem rechtwinkligen Koordinatensystem darstellen lassen, z. B. die untere Fließgrenze zur Schwindgrenze bzw. zum Plastizitätsindex oder zum Feuchtigkeitsgleichwert. Die einzelnen Bodenarten nehmen dann in diesen Systemen eine bestimmte Lage ein, die zugleich ihr Verhalten charakterisiert, wie an einer Bodenprobe, die in der Str.V.A. untersucht worden ist, durch Abb. 78 erläutert wird. Über die Einflüsse des Gehaltes an Ton, Feinsand und Sand auf die Eigenschaften des Bodens gewährt die nachfolgende Zusammenstellung 21 einen Einblick.

Die Untersuchungen des B.P.R. haben zum Ziele, das Verhalten des Bodens als Untergrund für neuzeitliche Decken und für Straßen, bei denen der Boden zugleich als Baustoff dienen soll, sogenannte Kies-Lehmwege, die durch Zusatz von gröberem Steinkorn, Asphaltöl und Teer verbessert werden sollen, zu erforschen.

In Verbindung mit der geologischen Bundesanstalt der V. St. A. sind die Böden im ganzen Land untersucht und klassifiziert worden. Für den Straßen-

Zusammenstellung 21.

Ton	Feinsand (silt)	Sand	Feuchtigkeitsgleichwert	Volumenzunahme	Untere Fließgrenze	Untere Plastizitätsgrenze	Plastizitätsindex	Schwindgrenze
vH der Bodenprobe			vH Gehalt an Wasser					
0	20	80	9	0	18	18	0	15
14	43	43	28	23	24	19	5	16
20	0	80	13	0	23	23	0	16
37	26	37	30	24	38	22	16	16
52	24	24	35	30	45	26	19	18

bau wurden 8 Bodenklassen aufgestellt. Da diese nur für amerikanische Untergrundverhältnisse passen, sollen sie hier nicht angeführt werden. Es wird vielmehr notwendig sein, der Verschiedenheit der Erdoberfläche entsprechend, in jedem Lande eigene Klassen aufzustellen, gegebenenfalls diese Grundlagen auch noch abzuändern. Die vom B.P.R. aufgestellten 8 Klassen sind im Bauingenieur 1929 S. 782 veröffentlicht.

Die Maßnahmen in der Bodenverbesserung als Untergrund für Straßen bestehen im wesentlichen in einer durchgreifenden Entwässerung, im Abwalzen, um den Boden in einen mehr gleichmäßigen Zustand zu versetzen, im Aufbringen körniger Stoffe und Behandlung mit leichtflüssigem Asphaltbitumen oder Teer (S. 272).

Die Bodenbeschaffenheit wird auch noch unter dem Gesichtspunkt der Tragfähigkeit zu beurteilen sein. Hierüber liegen noch sehr wenig Erfahrungen vor. Die Beanspruchung des Bodens wird auch von der Art der Straßendecke abhängen, ob sie die Lasten unmittelbar überträgt oder infolge starrer Ausführung eine starke Druckverteilung übernimmt. Für das Verhalten des Bodens mit Bezug auf seinen Widerstand gegen Belastung ist der Ausdruck Bettungsziffer geprägt worden. Da diese Vorgänge von der Deckenart abhängig sind, sollen sie bei den einzelnen Deckenarten besprochen werden.

c) Frosterscheinungen.

Auf die Frosterscheinungen im Boden muß größeres Augenmerk gerichtet werden, da mangels genügender Erkenntnis, worauf sie zurückzuführen sind, die Maßnahmen zu ihrer Verhütung unwirksam geblieben sind. Bodenerhebungen unter Frost, die bisweilen ein sehr hohes Maß annehmen (30—40 cm), sind sehr verkehrsgefährlich und erfordern große Ausgaben für Instandsetzung. Bei Eintreten von Frost gehen in nassem Boden Veränderungen vor sich, er vergrößert seinen Rauminhalt unter Rißbildung und verliert seinen Zusammenhalt bei Tauwetter. Die Frosterscheinungen sind wiederum in V. St. A. in besonders eingehender Weise untersucht worden. Sie sind auf die folgenden physikalischen Vorgänge zurückzuführen:

1. Wenn Wasser gefriert, dehnt es sich um 9 vH aus. Damit ist die Möglichkeit einer Raumzunahme gegeben, wenn Wasser z. B. in eine Steinschlagdecke eingedrungen ist, und dort gefriert.

2. Wasser unter Druck gefriert bei Temperaturen unter 0^0. (Gefrieren von unterkühltem Wasser.) Läßt der Druck nach, so gefriert das Wasser plötzlich und die Eisbildung kann explosionsartig vor sich gehen, oder es bilden sich Frostbeulen.

3. Eis hat einen linearen Ausdehnungsbeiwert von 0,000053 für 1^0 C. Beim Sinken der Temperatur schwindet das Eis (bis auf -22^0), was Rißbildung zur Folge haben kann. Dringt in diese Risse Wasser ein, das wieder gefriert, so muß bei Zunahme der Temperatur das Eis sich stark ausdehnen. Wiederholtes Frieren

und geringes Tauen, bei dem der Boden selbst noch nicht genügend auftaut, kann erhebliche Raumzunahme bewirken.

4. Eislinsen im Frostboden entstehen, weil das Wasser, das in größeren Kapillarröhren gefriert, die Fähigkeit hat, noch ungefrorenes Wasser aus den feineren Kapillarröhren anzuziehen, und dadurch seinen Rauminhalt vergrößert. So große Aufblähungen, wie sie an Straßen zu beobachten sind, können durch die Raumvergrößerung des Eises beim Übergang vom flüssigen in den gefrorenen Zustand nach Ziff. 1 allein nicht erklärt werden. Vor allem ist zu beachten, daß die Frostvorgänge im Boden nicht mit denen in einem geschlossenen Gefäß verglichen werden können, denn jedes Bodenstück steht mit dem umgebenden Erdreich in Verbindung. Anders liegt der Fall z. B. bei einem Rohrgraben, in dem eine undichte Wasserleitung liegt. Der lockere Boden des Grabens nimmt das Wasser leichter auf, als das gewachsene Erdreich. Die Eisbildung im Boden schreitet von oben nach unten fort, weil mit dem undichten Rohr noch Wasser in der Frostperiode zugeführt werden kann. Die Auftreibung nimmt dann eine größere Höhe an, als aus der Ausdehnung des Wassers beim Übergang in Eis sich ergibt. Die Wirkungen des Frostes sind auch abhängig von der Zufuhr der Kälte.

Vor allem ist die Bodenart auf die Frosterscheinungen ausschlaggebend. In grobem Sande können keine besonderen Frosterhebungen auftreten, da alles Wasser bei 0^0 gefriert und nicht genügend ungefrorenes Wasser vorhanden ist, um ein Wachsen der gefrorenen Wassermengen zu erzeugen. Durchlässige Feinsande, die kapillar schnell Wasser auf große Entfernung anziehen, können beträchtliche Frosterhebungen bewirken. In bindigen Tonböden mag die Kapillarkraft größer sein als in Feinsanden. Die Geschwindigkeit, mit der das Wasser in Tonen steigt, ist aber geringer. Infolgedessen treiben Tonböden nur bei hohem Grundwasserstand auf.

Es wird aber beobachtet, daß in Lehmböden die Aufblähung und Auflösung beim Aufgehen des Frostes noch größeres Ausmaß annehmen. Das hat seinen Grund darin, daß durch das gefrorene Wasser der Lehm zusammengepreßt wird. Beim Auftauen dehnen sich die Bodenkolloide aus. Diese Raumvergrößerung nimmt ein besonders großes Maß an, wenn das Wasser nicht abziehen kann, solange der umgebende Boden noch gefroren ist. Überall da, wo eine Ansammlung von Wasser möglich ist, können solche Bodenerhebungen während und nach dem Frost auftreten, so daß zur Vermeidung eine gründliche Entwässerung erste Voraussetzung ist, alsdann eine Bodenbehandlung.

B. Bodenentwässerung.

Das Ziel der Bodenuntersuchungen ist, Unterlagen zu gewinnen, auf welche Weise der Untergrund der künftigen Straße durch Entwässerungsanlagen trockengelegt werden kann. Die Erfahrungen des kulturtechnischen Wasserbaues können hier nur in beschränktem Maße herangezogen werden. Denn der Boden, der Pflanzen tragen und ernähren soll, darf nur so weit vom Wasser befreit werden, daß ein bestimmter Luftgehalt entsteht, und daß die Ebene der Bodenfeuchtigkeit unterhalb der Bodenoberfläche liegt, damit keine Verdunstung eintreten kann, die dem Boden Wärme entzieht. Bekanntlich gefährdet eine zu weit getriebene Bodenentwässerung den Bodenertrag; er darf niemals ganz austrocknen. Beim Untergrund einer Straße muß aber erreicht werden, daß der Boden auf die übliche Frosttiefe überhaupt keine Feuchtigkeit mehr aufweist, und daß alles Niederschlagswasser so schnell als möglich abgeführt wird. Es ist daher unzureichend, die in der Kulturtechnik für Tiefenlage und Entfernung der Dräns geltenden Grundsätze auch auf den Untergrund für Straßen anzuwenden. Vielmehr muß der Wasserspiegel bei Straßen viel tiefer abgesenkt werden. Während in der kulturtechnischen Entwässerung eine Tiefenlage der Leitungen von 1,25 m üblich ist, wird man im Straßenbau bis auf 2 m Tiefe gehen müssen.

Für die Lage der Dräns wird empfohlen, sie zu beiden Seiten der Pflasterung anzulegen, damit die ungeschützten Planumstellen am stärksten entwässert werden. Das gilt besonders für Dämme, die aus einem lehm- oder tonhaltigen Boden bestehen. Solche Dämme sollen bekanntlich lagenweis geschüttet und die einzelnen Lagen gewalzt werden, damit der Damm sich möglichst wenig setzt. Jede Lage bildet dann aber gewissermaßen eine undurchlässige Schicht, in der Schichtwasser sich ansammeln kann. Damit dieses abgeführt wird, müssen beiderseits der Pflasterung die Entwässerungsleitungen verlegt werden, und zwar nach Fertigstellung des Dammes. Denn durch das Einschneiden der

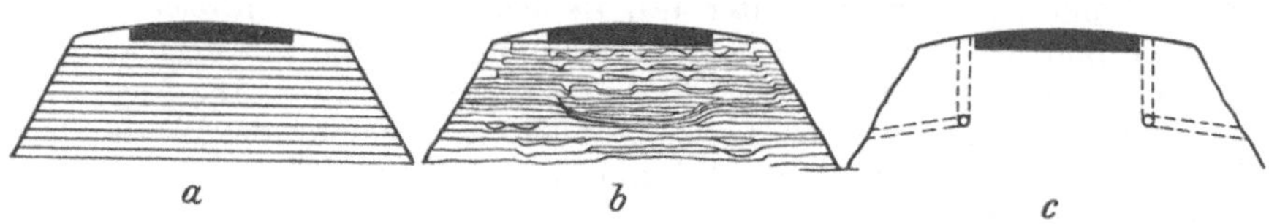

Abb. 79. Entwässerung von Dämmen aus tonig-lehmigen Böden.

beiden Gräben für die Entwässerungsleitungen wird eine Verbindung zwischen den einzelnen Schichten hergestellt, und das Wasser findet aus allen Schichten seinen Weg zum Dränrohr (Abb. 79).

Da Baumwurzeln ihren Weg zu den Dränröhren nehmen und diese leicht verstopfen, müssen Bäume möglichst weit von den Leitungen entfernt sein. In der Kulturtechnik wird ein Abstand von 15 m empfohlen. Überhaupt wird die Anpflanzung von Bäumen, die, wie im Abschnitt IV E. behandelt ist, auch aus anderen Gründen nicht mehr zweckmäßig ist, bei feuchtem Untergrund am besten ganz fortbleiben.

Die Dräns, die im übrigen sowohl aus Tonröhren, wie aus Holz-, Faschinen- und Steindräns oder Rigolen bestehen können, müssen in ausreichendem Gefälle verlegt werden. Soweit die Straße selbst kein ausreichendes Gefälle besitzt, müssen die Dräns zu Tiefpunkten geführt werden, wo sie nach den Gräben hin entwässern können. Es wird sich überhaupt empfehlen, diese Ausmündungen, in kurzen Abständen anzulegen, damit Dräns, die sich verstopft haben, schnell aufgefunden und mit geringen Kosten aufgegraben und neu verlegt werden können.

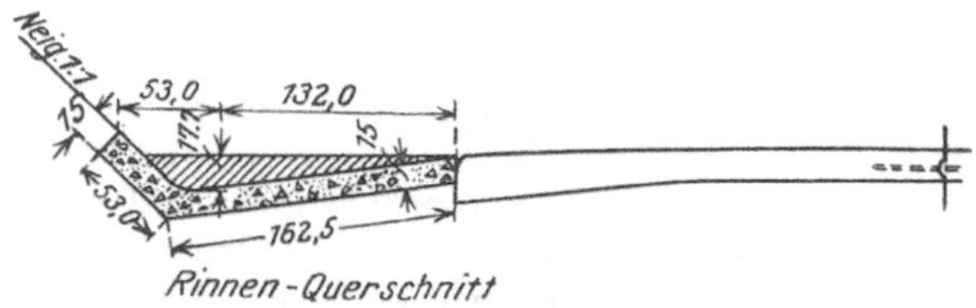

Abb. 80. Rinnenausbildung.

Bei Anwendung der Dränage wird zu entscheiden sein, ob die in Deutschland üblichen Gräben in Einschnitten und bei Lage der Straße im Gelände notwendig sind. Sie nehmen viel Breite in Anspruch. In der preußischen Zirkularverfügung vom 17. Mai 1871 (s. S. 82) wird, je nach der Tiefe des Grabens, eine obere Breite von 2—4 m vorgeschrieben. Vorteilhaft wäre es, wenn diese Breite noch für die Straße ausgenützt werden könnte. Vielleicht müßte die Anschauung über Bedeutung des Grabens eine Wandlung erfahren. Gegenüber den Wassermengen, die die Gräben abzuführen haben, sind sie zwar nicht zu tief, aber zu groß. Ihre Herstellung ist zweifellos bei Anlage der Landstraßen billig, und der Grunderwerb für die beiden Gräben ist nicht bedeutend gewesen, Gesichtspunkte, die heute anders gewertet werden müssen. Für den Kraftwagenverkehr ist zudem der Graben gefährlich, weil jedes Abweichen vom Wege sich beim Sturz in den Graben verhängnisvoller auswirkt, als ein Anprall an eine Böschung. Deshalb wird zu erwägen sein, ob nicht der Graben bei Straßen, deren Breite nicht mehr ausreicht, mit zur Fahrbahn hinzugenommen wird. Es würde dann ein Straßenprofil nach der Abb. 80 ausgebildet werden. Die schraffierte Fläche wird als Entwässerungsrinne anzusehen sein. Ihre Leistungsfähigkeit ist natürlich begrenzt, und es muß von Zeit zu Zeit eine Abführung nach einem Vorfluter oder eine Leitung eingelegt werden. Die Straßenbauverwaltungen in der Schweiz legen besonderen Wert auf schnelle und gründliche Beseitigung des Oberflächenwassers, bevorzugen aber statt der Chausseegräben die Anlage von Beton- oder Pflasterschalen. Abb. 81 zeigt den Regelquerschnitt des Kantons Zürich (46).

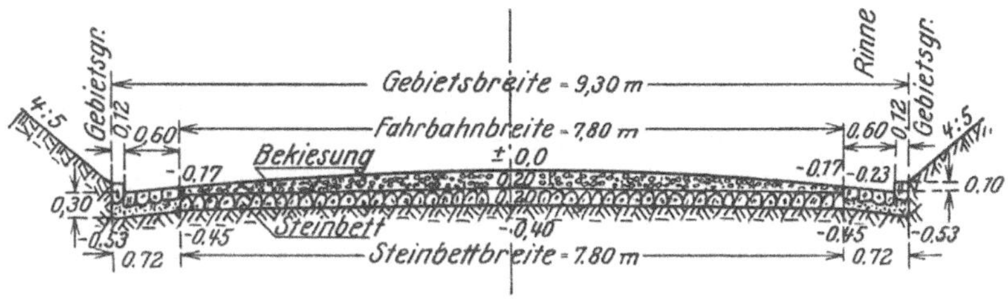

Abb. 81. Regelquerschnitt des Kantons Zürich.

Es wird angenommen, daß die Rinne nur das Oberflächenwasser der Straße aufzunehmen hat, das nach einem Vorfluter geführt werden soll. Hierzu genügt aber die Rinne nach der Abb. 80 oder auch eine gepflasterte Rinne. Sie kann bei einem Querschnitt von etwa 0,17 m² für die einzelnen Gefälle folgende Wassermengen abführen:

Zusammenstellung 22.

1 Gefälle J =	2 Geschwindigkeit v = m	3 Wassermenge Q = m³	4 Entwässert Fläche bei 120 l/sec ha Regenfall in ha
0,005	0,50	0,085	0,7
0,01	0,70	0,102	0,85
0,015	0,85	0,145	1,2
0,02	1,00	0,17	1,42
0,025	1,10	0,19	1,58
0,03	1,20	0,2	1,66

In einem Boden, dessen Schichtung und Beschaffenheit als durchlässig bekannt ist, der aber Wasser führt, wird zur Ableitung am sichersten eine Sickerung wirken, die nach Abb. 82 angelegt ist. Der Durchmesser des Rohres wird nach den bekannten Regeln der Kanalisationstechnik und für Dränageentwürfe zu berechnen sein. Die Tiefenlage des Entwässerungsrohres richtet sich je nach der Bodenbeschaffenheit und wird etwa in tonigem Boden 1,8—2,0 m betragen. Der Graben, in den das Rohr verlegt wird, erhält erst eine Lage von Schotter auf etwa 8 cm Höhe, darauf wird das Rohr verlegt, das mit Schotter mindestens

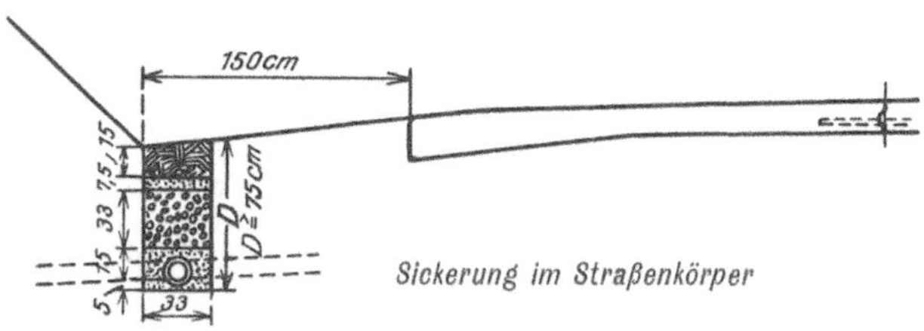

Abb. 82. Straßenentwässerung.

30 cm über dem Rohrscheitel umpackt wird. Die Fugen werden mit Werg oder Teerpappe umkleidet, damit keine abschlämmbaren Bestandteile in die Leitung gelangen. Bei Verwendung von Muffenrohren muß die Muffe gegen die Fließrichtung verlegt werden. Über der Packung wird dann gröberer Schotter bis 7 cm Korngröße eingebaut. Die obere Schicht besteht aus undurchlässigem Boden, um Oberflächenwasser fernzuhalten. Diese Sickerung wird alles Wasser schlucken, auch etwaiges Quellwasser, das von Berglehnen an die Straße herantritt. Sickerungen und Rohre sollen im Gefälle $> 0{,}5$ vH verlegt werden. Für flache Strecken sind Gräben vorzusehen. Die neuen englischen Landstraßen, die alle eine wasserundurchlässige Decke erhalten, haben keine Gräben mehr. Das Wasser wird vielmehr wie auf städtischen Straßen in der durch einen Bordstein gebildeten Rinne in kurzen Abständen durch Einfallschächte ohne Schlammfang in Leitungen abgeführt. Daß auch in Deutschland die Vorteile dieser Ausbildung der Entwässerung bei Landstraßen erkannt sind, beweist eine Mitteilung aus dem Industriegebiet, die folgendermaßen lautet: Die höheren Kosten einer Rohrleitung mit Rinne werden z. Zt. durch Ersparnisse in der Unterhaltung aufgewogen. Für Verhältnisse im Industriegebiet sind die Unterhaltungs- und Reinigungskosten für den offenen Graben f. d. lf. m jährlich zu 0,9 RM, für die Rinne einschließlich Rinneneinlaufschächte und Umlegung des Rinnenpflasters nach 20 Jahren zu 0,46 RM berechnet worden. Eine Leitung mit Rinne gewährleistet eine viel bessere Entwässerung des Straßenkörpers, besonders wenn die Dränleitungen unter dem Straßenkörper in die Leitung eingeführt werden.

Zur Vermeidung von Rutschungen in Einschnitten ist es angezeigt, schon beim Bau von Straßen im Rutschgelände durch Umgehung derselben, bzw. durch gute Entwässerung und Abflachung der Böschungen die Rutschgefahr zu beseitigen.

C. Bodenbewegung.

Die Linienführung der Straßen erfolgt bekanntlich auch unter dem Gesichtspunkte der Ersparnis an Erdarbeiten oder des Massenausgleiches. Die hierfür geltenden technischen Grundlagen decken sich mit denen des Eisenbahnbaues. Sie sind im II. Teil, 3. Band der H. f. B. — Unterbau — und in der Schrift: Massenermittlung, Massenverteilung und Kosten der Erdarbeiten von Dr. Ing. W. Müller, Berlin 1929 behandelt. Es sind aber in den letzten Jahren Bauweisen entwickelt worden, die auf die besonderen Anforderungen des Straßenbaues zugeschnitten sind, und die daher als Kennzeichen des neuzeitlichen Straßenbaues angeführt werden müssen. Es handelt sich dabei um die maschinelle Bodenbewegung, die zur Ersparung von Arbeitskräften in den V. St. A. weitgehend ausgebildet ist. Ob diese Bauweisen in der Gegenwart für den Straßenbau auch in Deutschland geeignet sind, mag einigem Zweifel begegnen, da der Straßenbau vor allem zur Beschäftigung Erwerbsloser geeignet ist und gerade bei den Erdarbeiten am besten Erwerbslose aus allen Berufen angestellt werden

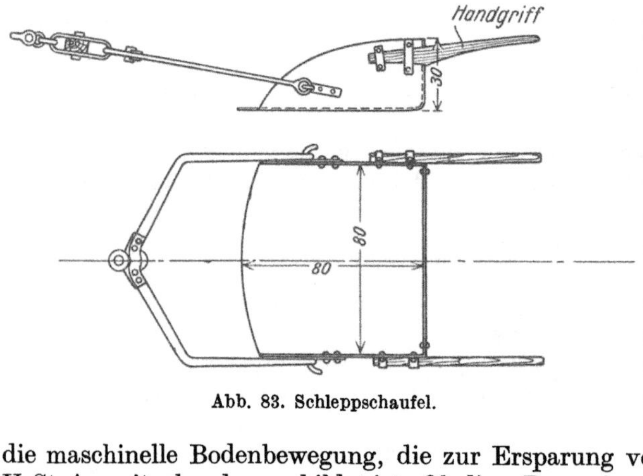

Abb. 83. Schleppschaufel.

können. Wenn daher auch im Augenblick das Verwendungsgebiet für Maschinen in Deutschland nicht groß ist, so ist doch die Kenntnis dieser Verfahren und der dabei verwendeten Maschinen und Geräte nützlich. Denn für Kolonialgebiete und in Ländern mit ungenügenden Verkehrsmitteln, in denen gerade der Straßenbau zur Erschließung des Landes betrieben wird, werden diese Bauweisen eine Zukunft haben.

An der Stelle der in Deutschland üblichen Schubkarren werden Bodenschraper (Schleppschaufeln), Abb. 83, verwendet. Sie fassen etwa 0,08—0,32 m³ losen Boden. Sie werden von einem oder zwei Pferden gezogen und schleifen auf dem Boden. Um sie zu füllen, kantet ein Arbeiter an den hinten angebrachten Griffen

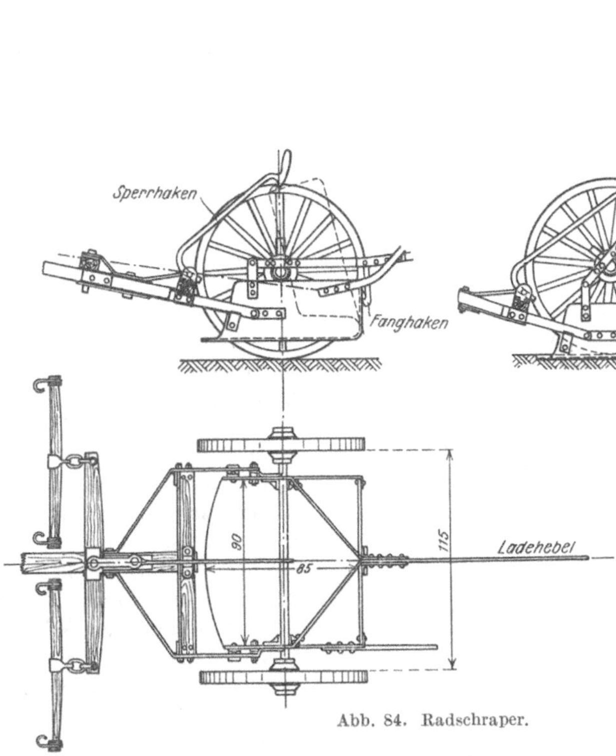

Abb. 84. Radschraper.

die Schaufel um die Schneide. Infolge des von dem Gespanne ausgeübten Zuges arbeitet sich die Schneide in den Boden und nimmt ihn auf. Die gefüllte Schaufel wird dann zur Abladestelle geschleift, wo sie wieder durch Anheben der Griffe gekippt und entleert wird. Die Beförderung soll bis zu etwa 50 m wirtschaftlich sein. An der Aufladestelle sind besondere Arbeiter aufgestellt, die die Schraper anheben und füllen, und an der Abladestelle, die sie entleeren. Der Gespannführer wird zu diesen Arbeiten nicht herangezogen. Der Boden wird vorher durch einen Pflug aufgelockert. Die Leistung soll bei zehnstündiger Arbeitszeit und Beschäftigung von 1 Vorarbeiter, 14 Arbeitern, 1 Pflug mit Gespann und 6 Schaufeln mit Gespann 220—260 m³ auf 10—15 m Beförderungslänge betragen (47).

Für größere Förderweiten wird eine Schleppschaufel verwendet, die von zwei Rädern getragen wird (Radschraper), s. Abb. 84. Die Fassung beträgt 0,25—0,5 m³. Zur Aufnahme des Bodens, der durch einen Pflug gelockert ist, wird der Schraper so gesenkt, daß die Schneide den Boden aufnimmt. Ist er gefüllt, wird er durch einen Hebel gehoben und durch eine Klinke festgehalten. Auf der Abladestelle wird der Schraper zur Entleerung gestürzt (s. gestrichelte Linie auf Abb. 84). Auf einer üblichen Baustelle sind beschäftigt 1 Vorarbeiter, 6 bis 11 Gespannführer, 1 Pflüger, 2 Auflader, 2 Entlader, 1 Arbeiter für das Anlegen der Böschung, 1 Gespann für den Pflug, 4—8 Gespanne für die Schraper, 1—2 Gespanne zum Vorspannen beim Aufnehmen des Bodens. An Geräten werden gebraucht: 8 Schraper von 0,3—0,4 m³ Fassung, 1 Pflug. Förderlänge 50—180 m, tägliche Fördermenge 150—220 m³ (47).

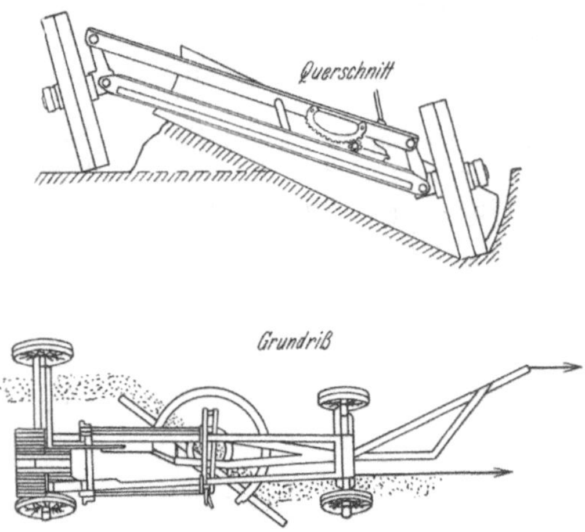

Abb. 85. Arbeit der Grabmaschine beim 1. Arbeitsgang.

Der Nachteil der Bodenschraper soll darin bestehen, daß bei schwerem Boden die Aufschüttung aus einzelnen Schollen besteht, zwischen denen lose Erde liegt. Diese setzt sich schneller als die Schollen, und dadurch wird ein ungleichmäßiges Setzen des Dammes bewirkt. Es entstehen Hohlräume, in denen Wasser stehenbleibt. Unter dem Verkehr bilden sich später Sackungen. Für Auffüllung mit Schrapern eignet sich am besten Sandboden.

Für größere Leistungen müssen Rollbahnen verwendet werden, die mit Dampfschaufeln beladen werden. Diese Bauweise behandelt Band 3 des II. Teiles H. f. B. — Unterbau — ausführlich.

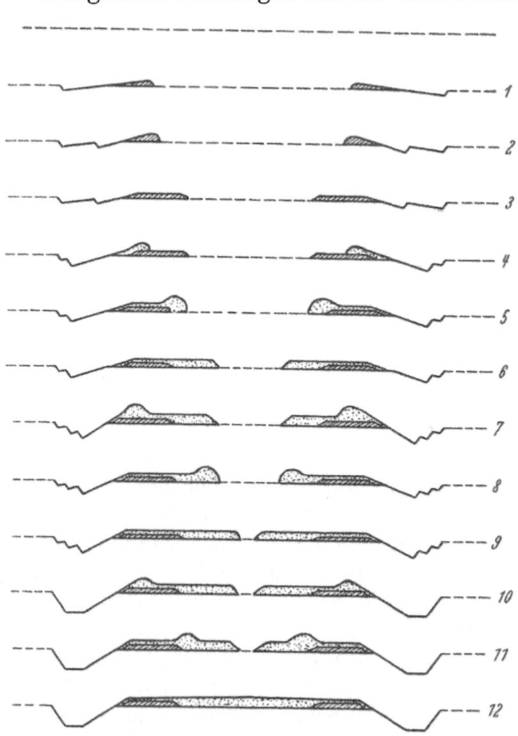

Abb. 86. Straßenbauweise mit der Grabmaschine.

Für den Bau einfacher Straßen, die sich dem Gelände anschmiegen und vorerst keine Befestigung erhalten sollen, ist ein Gerät eingeführt, das ohne Inanspruchnahme besonderer Arbeitskräfte mechanisch das Straßenplanum herstellt. Es wird in Nordamerika Road Grader (Grabmaschine) genannt und besteht aus einer 2,1 bis 3,6 m langen Pflugschar, die an einem vierrädrigen Wagen verstellbar aufgehängt ist. Die Pflugschar oder das Schneidzeug läuft auf einer kreisförmigen, am Wagengestell aufgehängten Schiene, so daß sie in verschiedener Neigung zur Längsachse eingestellt werden kann. Auch kann sie beliebig gehoben werden (Abb. 85).

Der Aufwuchs auf dem Boden, in dem die Straße hergestellt werden soll, wird erst abgebrannt, dann wird die Schneide schief gestellt, so daß sie nur mit einer Ecke den Boden faßt und an die Grabenecke angesetzt. Es entsteht ein Graben von 15 cm Tiefe und 45 cm Breite. Der aufgenommene Boden wird nach der

Mitte zu getrimmt, da die Schneide unter 60° gegen die Straßenachse geneigt ist. Beim nächsten Arbeitsgang wird das Schneidzeug gesenkt und flacher eingestellt und eine zweite Kante 45 cm von der ersten entfernt angesetzt und der Boden weiter nach der Mitte getrimmt. Das Außenrad läuft dabei in der ersten Furche. Auf diese Weise wird durch eine ganze Anzahl von Arbeitsgängen, wie sie durch die Abb. 86 dargestellt sind, die auf beiden Seiten der Straße gleichartig ausgeführt werden, das Straßenprofil hergestellt. Um den Straßenkörper einzuebnen, wird die Oberfläche der Aufschüttung erst geharkt, um die Schollen zu zerkleinern, worauf der Straßenpflug mit senkrecht zur Straßenachse eingestelltem Schneidzeug über die Straße fährt und sie glättet. Kann die Schneide umgedreht werden, dann wird diese Fahrt mit der konvexen Seite der Schneide nach vorn gerichtet ausgeführt. Damit der Fahrer die vorgeschriebene Richtung einhält, werden bei Beginn der Arbeit auf die innere Seite des Grabens Pfähle in 30—60 m Abstand gesetzt, die beim ersten Gang allerdings umgerissen werden. Das ist aber bedeutungslos, da die Straßenlage nach dem ersten Anschnitt festgelegt ist und es der Pfähle dann nicht mehr bedarf. Damit das Fahrzeug den von der Schneide ausgeübten seitlichen Schub aufnehmen kann, werden die Laufräder schräg gestellt. (Abb. 85.) Da die Zugmaschine nicht unmittelbar vor die Grabmaschine gespannt werden kann, sondern seitlich davon fährt, übt sie auch eine Seitenkraft auf die Grabmaschine aus, die sie aus der Fahrtrichtung bringen will. Durch die besondere Ausbildung des Fahrwerkes wird diese Seitenkraft so aufgenommen, daß die Grabmaschine die Fahrtrichtung einhält. Die Grabmaschinen werden in verschiedenen Größen ausgeführt. Sie erfordern Zugmaschinen bis zu 60 PS Zugkraft bei 3—6 km Fahrgeschwindigkeit (48).

Abb. 87. Bodenhobel mit Auswurfrädern auf einer Straßenbaustelle in Kalifornien.

Abb. 88 Auswurfrad des Bodenhobels der Abb. 87.

Ein Gerät, das für alle Bauarten von Straßen zum Einebnen geeignet ist und jede Handarbeit ausschließt, besteht in einem Wegehobel, der eine gewisse Ähnlichkeit mit demjenigen hat, wie er später im Betonstraßenbau (VI D g) beschrieben ist. Der Hobel läuft auf seitlichen Schienen. Durch schräggestellte Schneiden wird der abgehobene Boden nach den Seiten getrimmt. Hier wird er einem breiten Rad zugeschoben, das wie ein Bagger innen mit Taschen versehen ist, in die der Boden hineingedrückt wird (Abb. 87). Das Rad wirft den Boden bei der Vorwärtsbewegung seitlich neben der Schalung auf die Berme aus (Abb. 88). Der Hobel wird von einem Traktor gezogen.

Für große Bodenbewegungen werden die auch sonst gebräuchlichen Maschinen verwendet. Zum Lösen besonders die Dampfschaufel in allen denkbaren Formen.

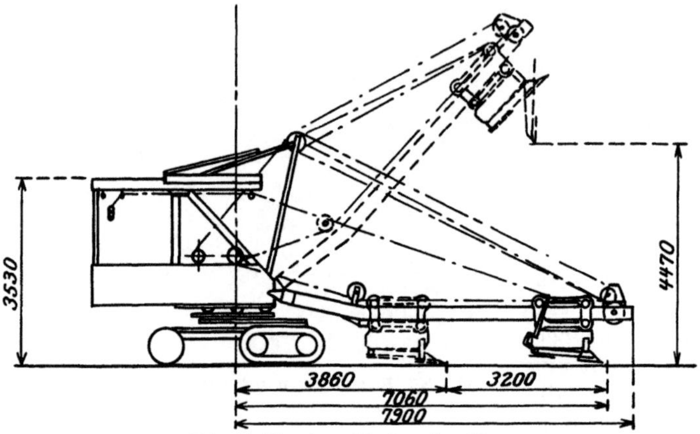

Abb. 89. Keystone-Straßenschaufel.

Da sich hierüber auch nähere Angaben in Band 3, Teil II der H.f.B. finden, soll nur auf eine vornehmlich im Straßenbau benutzte Schaufel aufmerksam gemacht werden, die das Gut nicht aus der Böschung nimmt, sondern vom Boden abhebt. Die Abb. 89 zeigt die Keystone-Straßenschaufel. Sie kann auf verhältnismäßig beschränktem Raum arbeiten, z. B. wird sie beim Umbau von Straßenbahngleisen benutzt. Die Schaufel holt hier den Betonaufbruch und Boden zwischen dem normalspurigen Gleis heraus, das eine neue Unterbettung und Auspflasterung erhalten soll.

VI. Oberbau der Straßen.

Vorbemerkung.

Die Erkenntnis ist wohl in allen technischen Kreisen vorhanden, daß es keine Straßenbefestigung gibt, die alle Anforderungen erfüllt und etwa als die „Standard"-Befestigung oder Befestigung der Zukunft angesehen werden kann. Vor allen Dingen wird man zwischen Land- und Stadtstraßen zu unterscheiden haben und bei diesen wieder zwischen Verkehrs- und Wohnstraßen. Wenn man Merkmale für die Brauchbarkeit der Baustoffe und ihre Zusammensetzung sucht, so wird hier nicht entscheidend sein, ob die Deckenbeläge nach dem Makadam- oder Betonverfahren zusammengesetzt sind, sondern ob sie „anpassungsfähig" sind. Der Wert der Baustoffe und der Bauweisen soll nach ihrer „Anpassungsfähigkeit" beurteilt werden. Anpassungsfähigkeit an Art und Stärke des Verkehrs und die Verkehrsentwicklung, an den Untergrund, an das Klima, an die örtlich vorhandenen Baustoffe, hinsichtlich der Beschäftigung gelernter oder ungelernter Kräfte, an die Benutzung von Maschinen leichter und schwerer Bauart bei der Herstellung, an Gefälle, Reinigungs- und Unterhaltungsmöglichkeiten und schließlich auch an die zur Verfügung stehenden Mittel. Anpassungsfähig vor allem auch insofern, als sich aus der wiederholten Anwendung einer leichten Deckenart mit der Zeit eine widerstandsfähigere bildet, und daß die schwere Deckenart sich aufbringen läßt, ohne daß die leichtere beseitigt zu werden braucht, vielmehr diese als Vorbereitung für jene noch ausgenutzt und auch bei Verbreiterung der Fahrbahn ein guter Anschluß an die frühere Decke erreicht werden kann.

In dem folgenden Abschnitt soll versucht werden, bei der Behandlung der Baustoffe und Bauweisen das Merkmal der Anpassungsfähigkeit besonders hervorzuheben. Die Baustoffe selbst werden darauf zu betrachten sein, ob sie sich in zweckmäßiger Weise in den Straßenkörper einfügen oder mit dem Steingerüst vermischen lassen, ob sie die Straße gegen die auf sie einwirkenden Beeinflussungen (Wärme, Kälte, Sonnenschein, Regen u. dgl.) und gegen die Beanspruchungen durch den Verkehr in genügender Weise schützen und selbst auf längere Dauer diesen Angriffen widerstehen können; sie dürfen keine schädlichen Einwirkungen auf Sachen, Menschen, Tiere und Pflanzen ausüben und müssen wohlfeil in der Anlage und Unterhaltung sein.

Die Decken werden auch nach ihren Eigenschaften für die Sicherheit des Verkehrs zu beurteilen sein, ob sie leicht schlüpfrig werden oder auch bei ungünstiger Witterung die nötige Griffigkeit aufweisen. Zur Sicherheit gehört auch, ob sie bei Beleuchtung blenden oder das Licht gut wiedergeben.

Die Wirtschaftlichkeit spielt eine ausschlaggebende Rolle. Indessen hängen die Kosten der einzelnen Deckenarten von so vielen Umständen ab und sind örtlich und zeitlich bedingt, so daß davon abgesehen wird, Angaben darüber zu machen. Lediglich die Gesichtspunkte und Maßstäbe zur Beurteilung der Wirtschaftlichkeit und bisherige Erfahrungen darüber werden in dem besonderen Abschnitt VIII behandelt.

Hinsichtlich der Befestigungsart der Decken kann man die nachstehende Einteilung treffen:

1. Schwere Decken:
a) Großpflaster, Kleinpflaster, Schlackensteinpflaster auf fester Unterbettung,
b) Beton,
c) Stampf-, Guß- und Hartgußasphalt auf fester Unterbettung,
d) Asphaltdecken nach dem Mischverfahren mit einer Mindeststärke von 6 cm auf fester Unterbettung, wie Asphaltbeton, Sandasphalt mit und ohne Binder,
e) Holzpflaster.

2. Mittelschwere Decken:
a) Plaster aus Klinker auf neuem oder altem festem Unterbau,
b) Zement- und Traßmörteldecken mit und ohne Oberflächenbehandlung,
c) Riesenschotter,
d) Asphalt- und Teerdecken jeder Art nach dem Mischverfahren von weniger als 6 cm Stärke, wie Steinschlagasphalt, Teerbeton und Teermakadam,
e) Asphalt- und Teerbeläge nach dem Tränkverfahren in jeder Stärke.

3. Leichte Decken:
a) Wassergebundene Steinschlagdecken ohne oder mit Oberflächenbehandlung mit Asphaltbitumen oder Teer, Einstreudecke,
b) mit Wasserglas gebundene Steinschlagdecken ohne oder mit Oberflächenbehandlung mit Asphalt oder Teer,
c) Klinkerpflaster ohne festen Unterbau.

A. Steinschlagdecke.

Es ist nicht so, wie vielfach angenommen wird, daß die Steinschlagstraße, auch Schotterbahn, Kleinschlagdecke und Chaussierung genannt, im Zeitalter des Kraftwagens sich überlebt hat. Aus der Übersicht auf S. 5 ist zu entnehmen, daß auf den Landstraßen in Deutschland die Steinschlagdecken überwiegen. Aber auch in den städtischen Wohnstraßen sind sie noch viel zu finden. Vornehmlich die Städte in hügeligem Gelände und mit flacher Wohnweise sind auf die Steinschlagdecke angewiesen. Es ist ganz ausgeschlossen, sie in größerem Umfange zu beseitigen, dazu fehlen die Mittel, es würde auch technisch nicht zu begründen sein. Die Aufgabe wird vielmehr darin bestehen, die in den Steinschlagstraßen steckenden Werte durch entsprechende Maßnahmen zu erhalten. Auch wird bei Neubauten sehr wohl zu überlegen sein, ob nicht Steinschlagdecken angebracht sind, wenn sie nur nach dem neuesten Stande der technischen Erkenntnis aufgebaut werden. Eigenschaften der Steinschlagbahn: Sie ist selbst bei dem steilsten Gefälle anwendbar. Da sie rauh und griffig ist, kommt sie daher für sehr steile Straßen mit mehr als 10 vH Steigung fast allein in Frage. Zur schnelleren Abführung des Niederschlagswassers muß die Steinschlagbahn ein starkes Quergefälle erhalten, etwa 3—5 vH je nach der Längsneigung. Das Quergefälle wird dachförmig angelegt, nur in der Mitte wird auf eine kurze Strecke (2 m) die Dammkrone ausgerundet.

Viele der vorhandenen Steinschlagstraßen besitzen keinen Grundbau. Abgesehen von untergeordneten Wegen wird man wohl Steinschlagbahnen ohne Grundbau nicht mehr ausführen. Die für die Verbesserung des Untergrundes notwendigen Maßnahmen sind bereits im Abschnitt V A u. B. behandelt. Auf dem guten oder verbesserten und entwässerten Untergrund wird nunmehr der Grundbau, der in der bekannten Packlage besteht, errichtet. Er überträgt die Lasten der Straßendecke auf den Untergrund. Da dieser selbst bei guter Beschaffenheit nur eine geringe Tragfähigkeit von einigen Kilogramm auf den Quadratzentimeter hat, so muß eine ausreichende Lastverteilung durch die gesamte Decke erfolgen. Je stärker diese Decke ist, um so geringer ist der Einheitsdruck auf den Boden. Das trifft aber nur zu, wenn die Decke selbst so gut in sich verspannt ist, daß sie eine Druckverteilung bewirkt. Die Stärke der Decken der vorhandenen Steinschlagstraßen kann als ausreichend angesehen werden. Nicht immer ist die wünschenswerte Verspannung vorhanden. Bei der Packlage selbst kann von einer Verspannung kaum gesprochen werden. Die einzelnen Steinpyramiden stehen für sich, wenn auch die zwischen ihnen bestehenden Hohlräume gut ausgezwickt sind. Die Packlagesteine sind die Widerlager von Bögen, die sich gewissermaßen von einer Steinpyramide zur anderen spannen. Es hängt also die Lastübertragung davon ab, ob die vom Steinschlag zu übernehmende Gewölbewirkung auch erreicht ist. Wie jedes Gewölbe bei Belastungen Durchbiegungen erleidet, so wird auch das Deckengewölbe der Steinschlagdecke, wenn es gut verspannt ist, nachgiebig sein. Den Steinschlagbahnen können daher elastische Eigenschaften zugesprochen werden. Die gute Verspannung der Steinschlaglage wird erreicht durch Verwendung eines harten und zähen Gesteines mit Stücken von möglichst würfeliger Form und durch kräftige Abwalzung. Der Vorteil harter Gesteine besteht darin, daß sie beim Walzen nicht zerdrückt werden, sondern höchstens Stücke absplittern, die sich in die vorhandenen Hohlräume legen und die größeren Stücke durch Vermehrung der Zahl der Berührungspunkte gegeneinander abstützen. Die Form der einzelnen Steine soll sich der Würfelform nähern, weil ihre Widerstandsfähigkeit gegen Druck bei dieser Form besonders groß ist. Außerdem sollen die Steine möglichst gleiche Größe haben, weil dann eine gleichmäßige Abnutzung erzielt wird. Das ist eine alte Erfahrung, die schon ihren Niederschlag in der Anweisung des preußischen Ministeriums für Handel, Gewerbe und Bauwesen vom 6. April 1834 betreffend Bau und Unterhaltung der Kunststraßen gefunden hat. § 63 Ziffer C lautet:

„Es wird den Wegebaubeamten zur ganz besonderen Pflicht gemacht, auf eine vollkommene Gleichförmigkeit des Steinschlages in der vorgeschriebenen Größe zu halten und die Steinschläger darauf abzurichten. Diese Gleichförmigkeit bedingt die genaue Verbindung, mithin die Festigkeit und Glätte der Steinbahn. Sie bewirkt eine gleichmäßige Abnutzung der Bahn, wogegen größere Steine, welche länger hervorstehen, sich von den übrigen ablösen, Veranlassung zu steten Reparaturen geben und Steine des Anstoßes für den Verkehr sind."

Damals ist die Größe von 2,6—3,9 cm vorgeschrieben worden, die dann auf 3—5 cm erhöht worden ist. Dieser Korngröße soll $^1/_8$ der Menge Grobsplitt beigegeben werden. Neuerdings wird eine Korngröße von 5—7 cm empfohlen, weil beobachtet worden ist, daß Steinschlag von kleinerem Korn vor der Walze hergeschoben wird und vor dem Lenkrad Wulste bildet, die dann von der Walze übersprungen werden, so daß die verdichtende Wirkung ausbleibt, außerdem Wellen in der Fahrbahn entstehen, an denen der Angriff der Verkehrslasten später ansetzen kann. Je gröber der Steinschlag ist, desto geringer ist die Gefahr ungleichmäßiger Zusammenpressung, desto geringer die Gefahr der Lockerung des Gefüges durch die Abnutzung der Kanten unter dem Verkehr. Schon MacAdam hat die Bedeutung der richtigen Größe und Gleichförmigkeit der Körnung erkannt und zur Nachprüfung einen Ring von entsprechendem Durchmesser verwendet. Bei härteren Gesteinen kann die Korngröße geringer sein als bei weicheren. Bedauerlicherweise wird die Forderung der würfelförmigen Gestalt bei Steinschlag, der maschinell gebrochen wird, nur unzureichend erfüllt. Der Anteil der flachen und schalenförmigen Stücke ist bei Maschinenschotter immer größer als bei Handschlag. Die schalenförmigen Stücke brechen leicht beim Walzen und schwächen dann die wünschenswerte Verkeilung. Vorgeschlagen wird, den Überlauf aus den Siebtrommeln zu nehmen und ihn von Steinschlägern mit der Hand nachschlagen zu lassen.

Um die Verspannung zu unterstützen, wird Splitt und Kies unter kräftiger Anfeuchtung der Decke zugesetzt, aber erst nachdem sie durch Walzung eine gewisse innere Festigkeit erreicht hat. Ein zu frühes und reichliches Geben von Kies hat ein Schieben der Decke unter der Walze zur Folge. Der für Beton und Steingemische geltende Grundsatz der kleinsten Hohlraumausfüllung mit Asphalt und Teer gilt für die Steinschlagdecke nicht. Es würden zwar durch Beigaben von kleinen und kleineren Korngrößen die verhältnismäßig großen Hohlräume ausgefüllt; aber die einzelnen Steine würden durch die übergroße Zahl der Stützpunkte labil gelagert sein und sich nicht mehr unter dem Walzendruck verzwicken. Der lose gelagerte Steinschlag hat etwa 40—50 vH Hohlräume. Durch die Arbeit der Walze sollen diese erheblich vermindert werden. Je geringer der Hohlraum nach der Walzung ist, um so fester ist die Decke geworden. Die Beigabe kleinerer Korngrößen würde die Verdichtung der Decke unmöglich machen.

Die Walzung kann durch Pferdewalzen oder Dampfwalzen (Motorwalzen) erfolgen. Pferdewalzen, die nur noch wenig gebraucht werden, sind Einradwalzen; sie haben leer ein Gewicht von 3—5 t, belastet 6—8 t. Man rechnet auf 1 t Walzengewicht ein Pferd. Das Gestell hat zur Vermeidung des zeitraubenden jedesmaligen Umspannens am Ende der Walzstrecke eine in einem waagrechten Ring drehbare Deichsel. Die Walzarbeit erfolgt mit unbelasteter Walze von der Seite nach der Mitte hin, wobei die Gänge sich um 20—30 cm überdecken. Dann wird das Walzengewicht vermehrt. Die stündliche Leistung beträgt 20—25 m^2 fertige Decke oder 1,5—2 m^3 bei hartem, 2—4 m^3 Steinschlag bei weichem Gestein. Das Einwalzen wird zweckmäßig bei feuchter Witterung vorgenommen. Bei trockenem Wetter und sicherem Untergrund wird zur Beschleunigung der Walzarbeit und zur leichteren Verspannung des Steinschlages mit Schlauch oder Sprengwagen angefeuchtet. Bei feuchtem oder tonigem Untergrund muß dieses Anfeuchten vorsichtig erfolgen oder unterbleiben. Die Dampfwalze wird jetzt bevorzugt. Sie hat eine größere Arbeitsleistung. Sie drückt die doppelte Menge Steinschlag in derselben Zeit an wie eine Pferdewalze und führt dabei eine gleichmäßigere Arbeit aus, zumal das Aufreißen der gewalzten Decke durch die Pferdehufe fortfällt. Die Dampfwalze kann auf steilen Straßen (bis zu 1 : 6) verwendet werden, sie walzt vorwärts und rückwärts ohne zu wenden, ist leicht lenkbar. Daher verbilligt sie die Walzarbeit und erzielt eine vollkommenere Dichtung der Decke. Über die Bauart der Dampfwalzen werden nähere Angaben im Abschnitt IX B a S. 417 gemacht.

Die Arbeitsgeschwindigkeit der Dampfwalze beträgt ca. 0,5 m/sec. Die Länge der Walzstrecke kann kurz und lang sein, während sie bei Pferdewalzen 400—700 m betragen muß, wenn nicht durch das Umspannen zu viel Arbeitszeit verloren werden soll. Eine Steinschlagdecke ist fertig gewalzt, wenn sie so fest geworden ist, daß ein vor die Walze geworfenes Steinstück von etwa 4 cm Seitenlänge nicht mehr in die Oberfläche eingedrückt, sondern zerquetscht wird. Eine solche Festigkeit ist etwa nach 80 Walzengängen erreicht. Die Zahl der Walzengänge hängt aber von der Art des Gesteines ab. Sie schwankt zwischen 60 und 150. Die auf einmal von der Walze anzudrückende Steinschlaglage darf nicht stärker als 12 cm sein, weil sonst die Decke nicht fest wird. Stärkere Lagen müssen in zwei Schichten abgewalzt werden. Es empfiehlt sich, bei Lohnarbeit nach der Menge des eingewalzten Steinschlages abzurechnen. Durch das Festwalzen wird der lose aufgebrachte Steinschlag auf $^3/_4$ bis $^4/_5$ seines Rauminhalts zusammengedrückt. Bei der Walzung und ebenso unter dem Verkehr reiben sich die Steine gegeneinander. Dadurch entsteht ein Gesteinsstaub, von dem eine Kittwirkung ausgehen kann, die die innere Festigkeit der Decke vergrößert. Abgesehen von der richtigen Ausführung und genügenden Verdichtung durch die Walzung hängt demnach die Haltbarkeit einer Steinschlagdecke von der Art des Gesteins ab, ob es eine genügende Druckfestigkeit, Zähigkeit, Kantenfestigkeit und Widerstand gegen Verwitterung besitzt, ob es würfelig geschlagen ist, nicht zu sehr splittert und sein Gesteinsstaub bindig ist. Das sind die Gesichtspunkte, nach denen Hirschwald und Brix im Laboratorium für technische Gesteinsforschung der Technischen Hochschule zu Berlin versucht haben, auf dem Wege der experimentellen Untersuchung Unterlagen für die Brauchbarkeit von Gesteinen zu Steinschlagstraßen zu gewinnen, die im Abschnitt VII, Prüfung und Bewertung, S. 345, behandelt sind (49). Es ist anzunehmen, daß nicht die Steine mit der größten Härte und Druckfestigkeit die besten Straßen abgeben, sondern daß auch noch andere Eigenschaften mitwirken. Das vielfach festgestellte gute Verhalten des Diabas, obwohl er nicht zu den härtesten Gesteinen gehört, kann z. B. auf seinen Chloritgehalt zurückgeführt werden, der den Stein zäh macht und ein kittfähiges Gesteinsmehl bildet. Bevorzugt werden: Basalt, Porphyr, Granit, Diorit als Hartgesteine, brauchbar sind von den mittelharten Gesteinen: Diabas, manche Porphyre, von den Weichgesteinen für Straßen mit geringem Verkehr bessere Kalksteine und feste Sandsteine.

Die Steinschlagbahn erhält an der Oberfläche eine Verschlußdecke, die den Eintritt des Wassers in das Innere verhüten soll. Der Abschluß wird erreicht, indem nach Festwalzung der Steinschlaglage nacheinander erst Splitt aufgebracht wird, der die großen Öffnungen ausfüllt, dann Kies bis Sand, die eingeschlämmt werden, wodurch dann auch die feineren Fugen geschlossen werden. Durch Abwalzen wird die Decke noch verdichtet. Zum völligen Schluß der Decke wird lehmhaltiger Kies oder abgelagerter Chausseeschlick empfohlen. Das erscheint aber nicht richtig, weil diese Bindestoffe durch Wasser der Erweichung ausgesetzt sind. Sie bilden Schlamm, der ein schnelles Austrocknen der Decke verhindert, oder bei Trockenheit Staub. Das gilt besonders für schattige Stellen, während frei dem Wind ausgesetzte Strecken eher bindige Deckstoffe vertragen können. Durch den Verkehr werden die Kieskörner zermahlen und die dadurch entstehende Zerkleinerungsmasse übernimmt die Fugendichtung. Besonders schädlich sind lehmige und schlickige Bindestoffe, wenn die Steinschlagdecke später eine Oberflächenteerung erhalten soll. Splitt, Sand und Kies werden auch eingewalzt. Sollte der am Ort oder in der näheren Umgebung vorhandene Kies ungeeignet sein, dann kann auch Steinsplitt zur Schlußdecke allein verwendet werden.

Ebenso wichtig für die Dauerhaftigkeit einer Steinschlagbahn, wie die technisch richtige Herstellung, ist die ordnungsgemäße Unterhaltung. Da der Druck der Verkehrslasten größer ist als der der Walze, so bilden sich auf einer frischen Decke Gleise aus, bis sie durch den Verkehr eine weitere Verdichtung erhalten hat. Deshalb ist es zweckmäßig, anfangs nur leichteren Wagen das Befahren der Decke zu gestatten. Das wird sich aber nur selten durchführen lassen. Auch das Auslegen von Spursteinen, um das Einfahren von Gleisen zu verhüten, ist wegen der damit für den Kraftwagenverkehr verbundenen Gefahren unzulässig, wird aber noch viel von den Wegeverwaltungen angewendet. Die einzige Maßnahme zur Beseitigung der Gleise besteht in dem rechtzeitigen Einkehren der Gleise durch den Wegewärter. Es bilden sich selbst in guten Steinschlagbahnen bisweilen alsbald nach der Herstellung weiche Stellen, die sofort mit Steinschlag, Splitt und Kies eingedeckt und festgerammt werden müssen. Rollsteine müssen sorgsam abgesucht werden, weil sie die Decke wund machen; die Decke ist feucht zu halten, alles Maßnahmen, die sofort nach Herstellung zur Erhaltung der Decke aufzunehmen sind. Bei Herstellung der Steinschlagbahn durch Unternehmer ist es angebracht, die fortlaufende Unterhaltung der Bahn noch auf mindestens zwei Monate oder länger ihnen aufzuerlegen und erst nach dieser Frist die Straße abzunehmen.

In welcher Weise eine pflegliche Unterhaltung einer Steinschlagdecke ihre Lebensdauer erhalten kann, beweist die Kraftwagenstraße auf den Gaisberg bei Salzburg. Diese allerdings nur mit Luftreifen befahrene Straße mit starker Steigung hat auf ihrer unteren Strecke eine Steinschlagdecke, die die Wegewärter fortlaufend mit einer leichten Grusschicht überdecken, indem die weggeschleuderten Körner immer wieder auf die Bahn gefegt werden. Die Oberfläche dieser Straße ist nach dreijährigem Bestehen noch völlig geschlossen, eben und ohne Gleise und Abnutzungserscheinungen.

Unter dem Einfluß des Verkehres erleidet die Steinschlagbahn eine Abnutzung, die sich anfangs in Bildung von Staub und bei Nässe in Schlamm bemerkbar macht. Alsbald bilden sich auch Mulden und Schlaglöcher: die obere Schlußdecke wird abgefahren, und die Steine treten an die Oberfläche. Durch das Eintreten von Wasser wird der Zusammenhang gelockert. Die jetzt notwendigen Arbeiten zur Erhaltung der Decke sind seit vielen Jahrzehnten nach zwei verschiedenen Verfahren vorgenommen worden, nach dem Flick- und dem Deckverfahren. Beim Flickverfahren werden fortlaufend die Schäden beseitigt. Vertiefungen, Mulden, Schlaglöcher werden mit der Picke aufgerauht, von Schmutz gereinigt, der gewonnene Steinschlag ausgegabelt, mit Zusatzsteinen wieder eingebaut und gerammt, dann mit Kies abgedeckt, nochmals abgerammt und dabei für eine ausreichende Wölbung gesorgt. Bisweilen sind die Flickstellen bei größeren Platten mit der Pferde- oder Dampfwalze abgewalzt worden. Die weitere Verdichtung wird dem Verkehr überlassen. Zu beachten ist, daß stets das gleiche Steinmaterial genommen wird, und daß die Nacharbeiten am besten bei feuchter Decke im Frühjahr oder Herbst vorgenommen werden, also entweder nach dem Regen oder nach vorheriger gründlicher Annässung. Bei Frost oder Trockenheit bindet der Steinschlag in der Flickstelle nicht an; er kann sich nicht in die Decke eindrücken. Da diese Stellen erst allmählich fest werden, so müssen sie dauernd beobachtet werden, weil sie leicht durch Hufe oder schwere Lasten wieder aufgerissen werden. Die Ausbesserungsstellen werden in größeren Zwischenräumen und in solchen Breiten angelegt, daß es den Fuhrwerken ohne Erschwerung der Fahrt möglich ist, die Flickstellen am Rande zu überfahren und die Neuschüttung nach der Mitte hin anzudrücken, so daß die Fahrzeuge selbst die Verdichtung vornehmen. Gleichmäßig abgefahrene Decken erhalten bisweilen eine Kiesüberdeckung, um den Steinschlag zu schützen. In dieser Weise wurden fortlaufend die Decken durch Flicken in fahrbarem Zustande erhalten, und zwar Jahrzehnte hindurch. Es ist anzunehmen, daß bei pfleglicher Behandlung ein solches Verfahren zweckmäßig gewesen ist. Aber für den Kraftwagen ist es wenig geeignet, weil eine solche Decke infolge der vielen Übergangsstellen zwischen neuen Schüttungen und alter Decke stets uneben sein wird. Dadurch erleidet sowohl der Kraftwagen ebenso wie die Decke Stöße, und abgesehen von der Erschwerung für den Kraftwagen selbst wird die Zahl der Schlaglöcher so zunehmen, daß man mit der Unterhaltung durch Flicken nicht mehr nachkommen kann. Auch die Arbeit des Andrückens der Flickstellen wird von den Kraftwagen nicht zu erwarten sein. Sie können nur in gerader Richtung fahren und durchschneiden dann die Flickstellen meist in der gleichen Spur. Dadurch werden diese Stellen wieder aufgerissen, Steine und Deckstoffe herausgeschleudert. Es geht viel Baustoff verloren, und das Wasser füllt die Mulden. Daher ist das Flickverfahren auf Straßen mit regem Kraftwagenverkehr in dem früheren Umfange nicht mehr angebracht. Vor allem wird dasselbe alsdann schon durch den Stoffverlust kostspieliger als das andere, das Deckverfahren.

Bei dieser Betriebsweise läßt man die Steinschlagbahn bis auf einen Zustand abfahren, der gerade noch zulässig ist. Die Instandsetzung erfolgt dann durch Neuschüttung auf der ganzen Länge, mindestens auf größeren Strecken, und zwar entweder als Profilschüttung, die sich nicht auf die ganze Breite der Bahn erstreckt, sondern nur so weit, als sie abgefahren ist, und es an genügendem Quergefälle fehlt, oder als Breitschüttung über die ganze Straßenbreite.

Bei der Profilschüttung muß das gleiche Gestein genommen werden, das sich schon in der Decke befindet. Bei Breitschüttungen kann auf eine vorhandene Decke von Weichgestein sehr wohl Hartgestein aufgebracht werden. Die Deckenstärke darf nicht unter 8 cm betragen, weil es sonst dem Steinschlag an der Möglichkeit fehlt, sich zu verspannen. Damit er auf der alten Decke haftet, werden in diese Querrillen mit der Picke gehackt, oder, was besser ist, die vorhandene, mit vielen Unebenheiten versehene Decke wird mit dem Aufreißer aufgerissen. Dieses Gerät wird im Abschnitt IX. noch besonders beschrieben werden. Der losgelöste Steinschlag wird aufgenommen, ausgegabelt oder gesiebt und dadurch von den Schmutzstoffen befreit und kann mit dem Zusatz wieder verwendet werden. Soweit durch den Aufreißer die Unterlage nicht schon ausgeglichen worden ist, muß das vor dem Aufbringen der neuen Decke geschehen und alle Mulden und Unebenheiten ausgefüllt, Erhebungen abgepickt werden. Es muß die Unterlage schon im Profil der späteren Straße hergestellt werden, damit die neue Decke profilmäßig in gleichmäßiger Stärke aufgebracht werden kann. Im anderen Falle würde sich bei ungleichmäßiger Stärke die neue Decke unter dem Verkehr ungleichmäßig zusammendrücken und damit in Kürze ein Profil nicht mehr vorhanden sein. Die neue Decke wird dann abgewalzt. Beim Walzen ist stets von den Seiten nach der Mitte zu walzen.

Die Vorteile des Flickverfahrens beruhen darin, daß die Decke dauernd wenigstens einigermaßen instand gehalten wird, und daß Straßensperrungen nicht oder nur selten notwendig sind. Die Kosten bleiben bei geringem Verkehr niedrig. Die Nachteile beruhen in der stets unebenen Fahrbahn. Noch nicht festgefahrene Flickstellen können dem Kraftwagen gefährlich werden. Das Flickverfahren ist von Frankreich nach Deutschland gekommen und beispielsweise in Baden seit 1848 ausgeübt worden. Es hat sich als zweckmäßig dort erwiesen, wo eine Straße nicht mehr als etwa 40—60 m³ Steinschlag auf 1 km jährlich erfordert und wo guter Steinschlag vorhanden ist. Erst um das Jahr 1900 hat sich die Notwendigkeit ergeben, auf einzelne Strecken mit der Dampfwalze ganz neue Decken aufzubringen. Die Vorteile dieses Verfahrens für Straßen mit stärkerem Verkehr sind dabei erkannt und diese Unterhaltungsweise dann auf ⅓ des Straßennetzes in Baden ausgedehnt worden (50). Die deckweise Instandhaltung bietet dem Verkehr auf Straßen mittelstarker und starker Abnutzung Vorteile, die

die Mehrkosten der Unterhaltungsweise rechtfertigen. Der Mehraufwand ist in Baden nach den Mitteilungen über die Instandhaltung der Landstraßen im Großherzogtum Baden vom Jahre 1907 auf ⅓ gegenüber der flickweisen Unterhaltung angegeben worden (1070 M. für den Kilometer gegen 774 M.). Diese Verhältnisse dürften allerdings heute wohl überholt sein. Württemberg ist schon in den achtziger Jahren allmählich zum Deckverfahren übergegangen. Bayern hat auf der Mehrzahl seiner Steinschlagstraßen das Deckverfahren eingeführt.

Die Beanspruchung der Decken durch die Kraftwagen ist, wie zuvor nachgewiesen, eine andere als durch das Pferdefuhrwerk. Deshalb wird man die auf Landstraßen mit Pferdefuhrwerk gemachten Erfahrungen nur bedingt auf die heutigen Verhältnisse übertragen können. Es macht den Eindruck, als ob die Straßenverwaltungen, die bisweilen machtlos diesen Angriffen gegenüberstanden, das Heil der Straßenunterhaltung im Deckverfahren allein gesucht haben, selbst wenn die Straßen zweimal im Jahr neu geschüttet werden mußten. Indessen scheint es durch eine Vereinigung von Flick- und Deckbetrieb möglich zu sein, die Wiederholung der sonst in kurzen Abständen erforderlichen Neudeckungen hinauszuschieben und damit die Gesamtkosten zu ermäßigen. Die durch die sorgfältige Unterhaltung erzielbare Verlängerung der Lebensdauer der Steinschlagbahnen wird die Beantwortung der Frage stark beeinflussen, ob und inwieweit es wirtschaftlich richtig ist, die vorhandenen Steinschlagbahnen auf den durch mäßigen Kraftwagenverkehr beanspruchten Straßen bestehen zu lassen, und unter welchen Verhältnissen ein völliger Umbau vorzuziehen ist.

Zur Erhöhung der Lebensdauer werden, abgesehen von besonderen Schutzdecken, die in den Abschnitten VI. K d beschrieben werden, folgende Maßnahmen zur Erhaltung der Steinschlagbahnen vorzuschlagen sein:

1. Gründliche Entwässerung des Untergrundes, besonders bei lehmhaltigen und Tonböden.
2. Einbau von Grundbau, wo er fehlt.
3. Schnelle Abführung des Tagewassers.
4. Bau der Decke aus grobem, gebrochenem Hartgestein möglichst gleicher Körnung und reinem Sand und Kies.
5. Unterhaltung der Decken in einem Verbundverfahren, das besteht in einer sorgsamen Unterhaltung und rechtzeitigen Beseitigung aller Unebenheiten, also Flicken in kleinem Umfange, unter Umständen unter Benützung von Bindestoffen, Teer oder Emulsionen von Teer oder Asphaltbitumen und zeitweisen Neudeckungen.

Die Beantwortung der Frage, wann eine Decke noch wirtschaftlich ist, und wann sie durch eine dauerhaftere ersetzt werden muß, wird z. T. wohl auch von den zur Zeit bestehenden Unterhaltungskosten der Steinschlagstraßen abhängen, die bekanntlich im Laufe der letzten Jahre erheblich angewachsen sind. Angaben über die Kosten der Unterhaltung von Steinschlagstraßen haben nur einen geringen Wert, weil die Vorbedingungen — Höhe der Löhne und Beschaffungskosten der Baustoffe — durchaus verschiedene sein können. Der Verbrauch an Kubikmeter Steinschlag bezogen auf den Kilometer Straße, der allerdings auch von der Breite der Straße abhängig ist, gibt vielleicht noch den besten Vergleichsmaßstab ab. Er liegt etwa bei 40 cm^3 für den Kilometer.

Wenn auch durch die zuvor genannten Maßnahmen Steinschlagbahnen selbst unter Kraftwagenverkehr eine längere Lebensdauer aufweisen werden, wie auch die Beobachtungen auf der Versuchsstraße in Braunschweig ergeben haben, so ist doch die vorherrschende Anschauung, daß sie ohne besonderen Schutz nur noch auf Straßen mit geringem Verkehr gehalten werden können. Die sächsische Straßenbauverwaltung vertritt den Standpunkt, daß Steinschlagstraßen ohne Oberflächenbehandlung nicht mehr wirtschaftlich sind. Die badische Verwaltung vertritt die Ansicht, daß bei dem heutigen Geldstande die Walzschotterdecke bei nur einjähriger Lebensdauer die billigste Unterhaltungsweise der Fahrbahn ist, sie kommt aber zu dem Schluß, daß trotzdem diese Deckenart in ihrer Anwendung beschränkt ist, weil sie, kaum fertiggestellt, vom ersten Tage an in einen den Fuhrwerksverkehr in steigendem Maße belästigenden Unterhaltungszustand zur Ausbesserung der alsbald eintretenden Beschädigungen gerät. Es sind demnach ebenso die wirtschaftlichen, wie die Rücksichten auf den Verkehr, die diese Deckenart für Kraftwagenverkehr ausschließen, es sei denn, daß sie einen besonderen Schutz erhält.

Geht man von der Verkehrsbelastung aus, so wird die Steinschlagdecke noch auf solchen Straßen erhalten werden können, deren Verkehr in 24 Stunden 200 t nicht übersteigt. Nach den Verkehrszählungen des D. Str. B. V. weisen aber noch 8 vH der gezählten Straßen einen Verkehr auf, der diese Grenze nicht überschreitet. Da die Verkehrzählungen sich aber nur auf 132600 km, — das sind die verkehrsreichen — von rd. 200000 km erstreckt haben, wird man noch mit rd. 80—100000 km Straßen rechnen können, auf denen die Steinschlagdecke noch am Platze ist. Für höhere Verkehrsbelastung muß die Steinschlagdecke geschützt werden. Durch Oberflächenbehandlung mit Teer und Asphaltbitumen ist es möglich, wassergebundene Steinschlagdecken noch bis zu einem täglichen Verkehr von 2000 t zu verwenden. Nach den Zählungen des D. Str. B. V. haben 87 vH der deutschen Landstraßen noch einen Verkehr, der unter dieser Grenze liegt. Es besteht daher noch keine Veranlassung, die wassergebundene Steinschlagdecke als eine überwundene Bauweise anzusehen. Im Gegenteil wird man ihrer Technik noch weiter große Aufmerksamkeit zuwenden müssen, da sie in Verbindung mit erprobten Bindemitteln eine sehr anpassungsfähige Deckenform darstellt, die noch für lange Zeit den Anforderungen des Straßenverkehres entsprechen wird; auf jeden Fall den Unterbau für die verschiedenen Grade der Straßenbefestigung geben wird.

Zur Erhaltung der Steinschlagbahnen dient eine möglichst trockene Lage. Deshalb ist eine Bepflanzung der Ränder mit Bäumen eigentlich vom technischen Standpunkt aus falsch. Bisher haben die Bäume bei Nacht und bei hoher Schneedecke der Wegebezeichnung gedient, sie sind also nicht ganz nutzlos. Aber dasselbe läßt sich auch mit anderen Mitteln erreichen, z. B. mit Steinpfosten, die am Straßenrande aufgestellt und weiß gekalkt werden. Der Schaden, der durch das Abtropfen von Regen und Tau und durch den Blätterfall an den Steinschlagstraßen verursacht wird, hebt den Ertrag an Obst wieder auf, abgesehen davon, daß auf belebten Straßen die Aberntung den Verkehr stört und das Fallobst ihn gefährdet. In Württemberg sind die Anlieger früher durch Gesetz verpflichtet worden, in 3 m Entfernung vom Grabenrand auf ihrem Grundstück Obstbäume zu pflanzen. Anläßlich von Straßenverbreiterung haben sie aber für die Beseitigung der Bäume hohe Entschädigungen verlangt. In den V. St. A. kennt man die Bepflanzung der Straßen mit Bäumen nicht. Hier übernehmen die Telegraphenpfosten, die auf 2 m über dem Erdboden weiß gestrichen sind, die Wegbezeichnung. Die Schweiz hat auf ihren Straßen jetzt auch die Baumpflanzung eingeschränkt.

Aus den Vorgängen der letzten Jahre muß man die Folgerung ziehen, daß das Ziel verfolgt wird, die bewährte Steinschlagdecke in ihrem Grundaufbau weiter zu benutzen, und sie nur den neuzeitlichen Verkehrsarten und Verkehrsbeanspruchungen anzupassen. Die Entwicklung, die der Straßenbau mit Asphaltbitumen, Teer und Zement genommen hat, geht in der Richtung, das gewöhnliche Steingeschläg zu benutzen, ihm aber bei der Walzung die notwendigen Bindemittel einzuverleiben. Die später zur Behandlung kommenden Halb- und Volltränkverfahren mit Teer oder Asphalt, die nicht nur in Europa, sondern auch in den V. St. A. wieder an Bedeutung gewonnen haben, die Einstreudecken sowie Zementschotter- und Traßmörtelstraßen, die erst in den letzten Jahren ausgebildet sind, lassen das ganz deutlich erkennen.

B. Riesenschotter.

Möglichst großer Steinschlag — 5—7 cm — ist schon für den Aufbau der Steinschlagdecke als zweckmäßig erkannt worden. Die Verwendung noch größerer Schottersteine ist zweifellos geeignet, eine noch widerstandsfähigere Decke zu schaffen, vorausgesetzt, daß es gelingt, diese Steine gut zu lagern und gegeneinander zu verkeilen. Auf dem Wege dieser Überlegung ist Baurat Gravenhorst im Jahr 1887 auf das Kleinpflaster gekommen, das im Abschnitt VI E b behandelt wird. Eine Zwischenlösung ist die Riesenschotterdecke nach D.R.P. 424836, die gewissermaßen in der Mitte zwischen der gewöhnlichen Steinschlagdecke und dem Kleinpflaster liegt.

Der Riesenschotter verlangt einen festen unnachgiebigen Unterbau, der aus einer abgefahrenen Steinschlagdecke bestehen kann, in der die Schlaglöcher ausgefüllt und ausgeglichen sind, oder die aufgerissen und nachgewalzt worden ist. Als Unterlage für die Schottersteine wird eine Mischung von Sand, Grus und Splitt in der Körnung von 1 bis 18 bzw. 25 mm eingebracht. Diese Bettung erhält bei der leichten Decke 5 cm (entsprechend 70 kg/m^2), bei der schweren 7 cm (120 kg/m^2) Höhe, und wird mit der Profillatte genau abgezogen. Dann werden die Riesenschottersteine gesetzt, die eine Kantenlänge von 9—11 cm bei der schweren Decke, und 6—8 cm bei der leichten Decke haben, und deren Höhe im ersten Falle 11 cm, im zweiten Falle 8 cm nicht überschreiten darf. Die Fußfläche soll etwa ⅔ der Kopffläche haben. Diese Schottersteine werden in das Grus-Splittbett gesetzt, so daß die Steine möglichst dicht stehen. Durchgehende Fugen sollen nicht vorhanden sein, es sollen die Ecken und Kanten der Steine sich gegenseitig berühren. Die entstehenden keilförmigen Fugen sollen niemals eine größere Breite als 15 mm aufweisen. Die Decke wird dann durch eine schwere Walze (20 t) festgewalzt. Damit eine Verspannung eintreten kann, muß die Decke an den Seiten durch Tiefbordsteine oder eine Reihe Packlagesteine mit Steinschlag eingefaßt werden. Die Walze walzt von der Seite beginnend nach der Mitte zu, unter reichlicher Beigabe von Wasser. Das Walzen soll schnell vor sich gehen, es werden täglich bis zu 500 m^2 abgewalzt. Die gleiche Fläche muß infolgedessen gesetzt werden. Durch das Walzen sollen die Schottersteine in das Grus-Splittbett eingedrückt werden und das kleine Korn in den Fugen bis etwa auf 3—4 cm unter der Oberfläche die Fugen füllen. Die Gesamtstärke der Decke ist dann etwa 12 cm bei der schweren, 9 cm bei der leichten Ausführung. Bei der Walzung muß unter Umständen Grus und Splitt von oben zugegeben und eingekehrt werden, wenn die Schottersteine zu pyramidenförmig sind und die Neigung haben sich umzulegen, oder wenn sie breit am Fuß sind und der Grus-Splitt nicht hoch steigt. Die Fugen werden dann bis auf 2 cm unter der Oberfläche mit Basaltsand trocken aufgefüllt und mit Wasser nachgeschlämmt. Das Pflaster muß jetzt fest und unbeweglich stehen. Wegen der großen und offenen Fugen muß diese Decke einen Oberflächenschutz erhalten. Hierzu sind Teeremulsionen z. B. Magnon verwendet worden (S. 259). Nach den Erfahrungen der letzten Jahre sollen Asphaltemulsionen, die nach dem Calhumidverfahren aufgebracht sind, sich bewährt haben. Die Emulsion wird in diesem Falle auf der Baustelle selbst hergestellt (S. 261), aufgebracht und mit 9—11 kg/m^2 abgesplittet, sodann schwach nachgewalzt, damit der Splitt sich eindrückt. Absplitten, Abkehren des überflüssigen Splitts und Nachsplitten fetter Stellen erfolgen nach Maßgabe der im Abschnitt VI K d 2 (S. 270) gegebenen Grundsätze.

Die Decke hat keine ebene Oberfläche. Deshalb ist sie zwar griffig, aber der Lauf eines Kraftwagens ist nicht stoßfrei. Infolgedessen ist überall eine schnelle Abnützung der Oberfläche beobachtet worden, wozu auch die verhältnismäßig großen Fugen beitragen, die frühzeitig nötigt, Unterhaltungsarbeit durch Erneuerung der Oberflächenasphaltierung vorzunehmen. Auch wird die Anwendbarkeit und Wirtschaftlichkeit des Riesenschotters da schwer nachzuweisen sein, wo Kleinpflaster ausreichend und preiswert zu haben ist. Denn der Riesenschotter wird nach den Regeln der Steinsetzkunst genau so wie der Kleinpflasterstein gesetzt. Dadurch entstehen Arbeitslöhne. Es wird nachzuprüfen sein, ob es nicht wirtschaftlicher ist, die Löhne auf einen hochwertigeren Stoff, wie z. B. Kleinpflaster, aufzuwenden, das ein Pflaster von hoher Lebensdauer bekanntlich darstellt, als auf den Riesenschotter, der die Lebensdauer des Kleinpflasters bei starkem Verkehr kaum erreichen wird. Auf den Bundesstraßen in Österreich haben Versuche mit Riesenschotter ergeben, daß die erzielte Ersparnis nicht so groß gewesen ist, um den Anreiz zu bieten, vom bewährten Kleinpflaster abzugehen. Die Anwendung des Riesenschotters wird daher wie manche andere Pflasterarten nur für bestimmte Fälle Vorteile bieten, vor allem dort, wo ein Hartgestein leicht zu haben ist, das an sich brauchbar ist, aber wegen seiner schlechten Spaltbarkeit nicht zu Kleinpflastersteinen verarbeitet werden kann.

C. Die Mörtelschotterstraße.

a) Die Zementschotterstraße.

Schon im Jahre 1910 hat der Leiter des Straßenbauamtes in Washington, Page, vor Portlandzementindustriellen den Vorschlag gemacht, um die Spannungen infolge der Wärmeänderungen im Beton, die nach seiner damaligen Ansicht den Beton für Straßenbau ungeeignet machen, auszuschalten, die Decke aus mehreren Schichten herzustellen, die verschiedene Dehnungsbeiwerte besitzen, wodurch das Auftreten von Spannungen in der Pflasterdecke verhindert wird. Die von ihm empfohlene Ausführungsweise besteht aus einer Steinschlagschicht von 15 cm Stärke, die abgewalzt wird. Darauf kommt eine 2—3 cm dicke, nicht zu feuchte Zementmörtelschicht, die mit einer 8 cm starken Steinschlagschicht abgedeckt wird. Diese wird in die Mörtelschicht hineingewalzt. Es sollen Straßen nach diesem Verfahren gebaut worden sein, über ihre Bewährung ist nichts bekannt geworden. Diese Deckenbauweise kann als der Vorläufer der inzwischen eingeführten Zementschotterstraße angesehen werden.

Die Beschreibung der Betonstraße im Abschnitt VI D läßt erkennen (Bem. S. 134), daß ihr das fehlt, was die Teer- und Asphaltstraßen besonders auszeichnet, die Anpassungsfähigkeit. Nach dem Vorbilde der Teer- und Asphaltdecken, die nach dem Makadamverfahren ausgebildet sind (S. 281), hat es nahe gelegen, an Stelle des Bindemittels Teer oder Asphaltbitumen Portland- oder anderen Zement zu nehmen und eine Zementbetonstraße gewissermaßen nach dem Makadamverfahren zu konstruieren. Dieser Gedanke hat Page in seinem schon beschriebenen Verfahren vorgeschwebt, und ist schon 1920 in Frankreich, 1925 in England und Irland, 1926 in Österreich und 1925 in der Tschechoslowakei verwirklicht worden.

Die Zementschotterdecke weicht von der Betondecke insofern ab, als nur Zement und Sand in der Mischmaschine zu Mörtel gemischt werden, die groben Zuschläge erst nachher auf der Unterbettung ausgebreitet werden. Die angewendeten Verfahren sind aber nicht einheitlich. Sie unterscheiden sich in der Verwendung plastischen oder trockenen Zementmörtels, die erst nach dem Einbau angenäßt werden, und in der verschiedenen Anordnung der Mörtelschicht in der Steinschlaglage. Als Unterbau dient eine profilierte Steinschlagdecke.

Für das Zusammenfügen von Steinschlag und Mörtel auf der Straße sind bisher 7 verschiedene Verfahren angewendet worden, die durch die Abb. 90 mit Beschreibung im einzelnen erläutert sind.

Das Verfahren zu 3, auch als englisches Sandwichverfahren bezeichnet, wird in England und Österreich angewendet, in Österreich als Trockenmörtelverfahren, bei dem durch besonderes Eineggen des Mörtels eine satte Einlagerung der Steine im Mörtel in der folgenden Weise angestrebt wird. Auf eine Steinschlagschicht von 12 cm kommt eine Lage von 3 cm Trockenmörtel 1 : 4. Sie wird eingewalzt, zugleich aber wird der Steinschlag durch eine Egge wiederholt aufgerissen, damit der Mörtel in alle Hohlräume eindringen kann. Diese Arbeit kann nur mit Trockenmörtel vorgenommen werden. Erst wenn auf diesem Wege die volle Ausfüllung der Hohlräume erreicht ist, wird die Decke angenäßt und der Mörtel sauber in die Fugen eingekehrt. Der Vorteil des Trockenmörtelverfahrens liegt darin, daß das Abbinden des Mörtels erst beginnt, wenn die Decke vollständig fertig ist. Man ist also nicht gezwungen die Einbauarbeiten zu beschleunigen, wie bei Naßmörtelverfahren, um zu vermeiden, daß schon im Abbindevorgang befindlicher Mörtel noch gewalzt wird. Ein Nachteil des Trockenmörtelverfahrens wird darin gesehen, daß der richtige Wasserzusatz zum Mörtel leicht über- oder unterschritten werden kann, und daß die gleichmäßige Zuführung des Wassers in die unteren Zonen fraglich ist und sich Nester bilden.

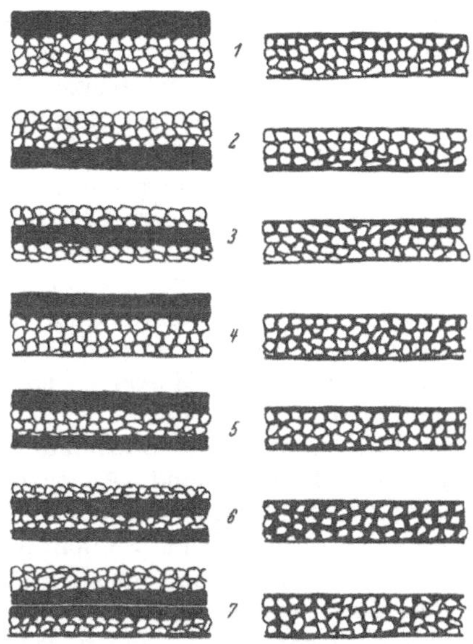

Abb. 90. Verschiedene Ausführung der Mörtelschotterdecken. Reihenfolge der Arbeiten: Aufbringen des: *1* Steinschlages — Mörtel, trocken oder naß — Walzen, *2* trockener Mörtel — Steinschlag — Walzen mit Wässern, *3* Steinschlag — leichtes Walzen — Mörtel trocken oder plastisch — Walzen mit Wässern bei trockenem Mörtel, *4* Steinschlag — Mörtel trocken — Eineggen des Trockenmörtels — Walzen mit Wässern, *5* Dünnes Mörtelbett naß — Steinschlag — Mörtellage — Walzen, *6* Mörtel — Steinschlag — Leichtes Walzen — Mörtel — Steinschlag — Walzen, *7* Steinschlag — Mörtel — Eineggen — Walzen — Mörtel — Steinschlag — Walzen.

Nach den Erfahrungen in Deutschland gelingt es nicht immer, bei dem Verfahren zu 2 oder 3, den meist plastisch angemachten Mörtel bis an die Oberfläche zu bringen, dann muß von oben noch trockener Mörtel eingekehrt werden, der angenäßt wird, oder flüssiger Mörtel muß eingegossen werden. Damit andererseits nicht überschüssiger Mörtel durch die obere Schicht dringt, und sich auf der Dampfwalze aufwickelt, muß die obere Steinschlagschicht dicht eingebracht werden. Vielleicht wird es sich empfehlen, beim Sandwichverfahren auch die untere Lage etwas anzuwalzen. Der Gefahr, daß dann nicht genügend Mörtel in die Hohlräume gelangt, kann in der Weise vorgebeugt werden, daß nach Verfahren Nr. 6 unter die erste Steinschlagschicht auch eine dünne Mörtellage kommt, die auf die profilgerecht hergestellte Unterbettung gelegt wird. Damit der Mörtel etwas Halt hat, wird vorher Splitt ausgebreitet. Dieser Mörtel wird trocken oder erdfeucht sein können.

Die Walzung soll nur mit mittelschweren Walzen vorgenommen werden. Denn bei dem Zementschotterverfahren ist nicht das Ziel, den Steinschlag an sich zu verspannen, sondern nur den Mörtel in die Hohlräume zu bringen, wobei aber eine Verdichtung der Gesamtmasse angestrebt wird, die durch die Schmierwirkung des Mörtels auch mit Walzen mittleren Gewichtes — etwa 10 t — erreicht wird. Tandemwalzen sind am zweckmäßigsten, weil ihre Räder ziemlich gleichmäßig belastet sind.

Die Baustoffe. Der Steinschlag muß eine gleichmäßige Körnung zwischen 3—5 cm oder 4—6 cm haben. Nach der größten Körnung richtet sich die Stärke der Steinschlaglagen. Er muß sauber, am besten gewaschen sein. Nur gesundes hartes Gestein kommt in Frage, wie auch sonst verlangt wird. Für die obere Schicht bei den Verfahren 3, 6, 7 wird auch eine kleinere Körnung angebracht sein, um einen guten Oberflächenschutz zu bilden. Da Mörtel nicht die Verschleißfestigkeit wie das Gestein hat (vgl. S. 155), sind große Mörtelflächen der Abnützung stark ausgesetzt. Dann können aber die Steine in der Oberlage locker werden. Wenn der Mörtel nur in den Fugen an die Oberfläche tritt, ist er nicht gefährdet.

Der Sand wird den üblichen Anforderungen an Mörtelsand entsprechen müssen, scharfkantiger Quarzsand, nicht zuviel Feinstoff — Korngröße bis 7 mm — also mehr ein Kiessand.

Der Zement muß den Normen für Portlandzement entsprechen. Es ist auch hochwertiger Zement verwendet worden. Die Menge des Zementes ergibt sich aus der Mörtelmischung, die bei den bisherigen Ausführungen zwischen 1 : 2 bis 1 : 4 schwanken. Bezogen auf die Fläche sind 17—21 kg Zement für 1 m² verbraucht worden. Ein bestimmtes Mischungsverhältnis wird sich nicht angeben lassen, da alles von der als notwendig erkannten Stärke der Decke und dem angewendeten Verfahren abhängt. Es liegen die Baustoffmengen etwa bei 160 kg Steinschlag. 80 kg Sand und 20 kg Zement für 1 m². In einem Falle sind 180 kg Steinschlag, 60 kg Mörtel — enthaltend 13 kg Zement und 2 kg Kalk — angewendet worden.

Eine rechnerische Bestimmung würde von den folgenden Annahmen auszugehen und die folgende Ausbeuteberechnung vorzunehmen haben: Der Steinschlag hat geschüttet einen Hohlraum von 45 vH, gewalzt etwa 30 vH, der mit Mörtel ausgefüllt werden muß. Beim Mörtel verschwindet der Zement, sobald er naß ist, in den Hohlräumen des Sandes. Es müßte also der Anteil des Mörtels etwa 30 vH des Steinschlages in Raummaß ausmachen. Aus dem Raumgewicht beider können dann die Gewichtsteile berechnet werden. Die erreichbare Verdichtung des Steinschlages müßte von Fall zu Fall ermittelt werden.

Ausführung. Besondere Aufmerksamkeit erfordert der Anschluß an eine schon fertige Decke nach einer Arbeitsunterbrechung. Da die eingebaute noch frische Zementschotterdecke im Abbinden nicht gestört werden darf, muß verhindert werden, daß beim Abwalzen der neuen Schichte die Walze auf die fertige auffährt, sie darf nur heranfahren. Bei Dreiradwalzen mit schweren Hinterrädern müßte die Walze rückwärts an den Anschluß heranfahren. Soweit die Walze die Flächen nicht befahren kann, muß mit Stampfern gestampft werden.

Die Ausführung der Zementschotterstraße verlangt seitliche Einfassung, an der die Steinschlaglage beim Walzen ein Widerlager findet. Diese Einfassung können Hochbordsteine, Tiefbordsteine oder Balken sein, die mit Schnurnägeln im Untergrund befestigt und nach der Fertigstellung fortgenommen werden. Die Walzung geht von der Mitte nach den Seiten. Wenn hierbei Steinschlag über die Einfassung gedrückt wird, muß er mit Gabeln wieder auf die Decke vor die Walze geworfen werden.

Die Decke braucht einige Zeit zur Erhärtung. Feuchthalten wird erwünscht sein, besonders bei heißer Witterung. Ohne Nachteile sind solche Zementschotterdecken schon nach 2 Tagen freigegeben worden.

Oberflächenbehandlung. Die Oberfläche der Decke ist griffig. Sie ist nicht so eben wie die der Betonstraße, denn durch Walzen wird man die Ebenheit nicht erreichen können, wie mit dem Straßenfertiger, der auf genau verlegten Randgleisen läuft. An sich liegt eine besondere Veranlassung zum Aufbringen eines Oberflächenschutzes nicht vor, er wird aber gegen Staubbildung in Form der Behandlung mit Teer oder Asphaltbitumen angewendet.

Die ersten Zementschotterstraßen sind im Jahre 1925 in Deutschland, Kreis Liegnitz, gebaut worden. Seit 1929 sind sie in größerem Ausmaß ausgeführt worden.

b) Die Traßmörteldecke.

Es ist seit den Römern bekannt, daß Traß als hydraulischer Zuschlag dem Kalkmörtel besondere Festigkeit verleiht und das Abbinden unter Wasser ermöglicht. Im Wasserbau und Talsperrenbau ist Traß noch bis vor wenigen Jahren in ausgedehntem Maße verwendet worden. Seine Anwendung im Straßenbau ist daher keine neue Technik oder Erfindung, sondern nur die Übertragung eines bekannten Verfahrens im Straßenbau. Der Traßmörtel bindet nur sehr langsam ab. Das ist der Grund für seine Verwendung im deutschen Talsperrenbau unter Intze gewesen, weil die Staumauern in diesem Falle ohne Gerüst gebaut werden konnten. Der fertige in Traßmörtel hergestellte Mauerkörper konnte die durch den weiteren Aufbau entstehenden Erschütterungen ohne Unterbrechung des Abbindevorganges ertragen. Mit Zementmörtel ist eine solche Bauweise nicht möglich. Es ist also durchaus denkbar, daß bei Straßenbauten der Verkehr über eine frisch hergestellte Traßdecke geleitet werden kann, ohne den Abbindevorgang zu stören, im Gegenteil werden die Verkehrslasten, besonders wenn es Wagen mit elastischer Bereifung und verhältnismäßig geringem Einheitsbahndruck sind, die Verdichtung und damit die Festigkeit der Decke erhöhen. Das Traßmörtelverfahren baut sich auf der alten Schotterdecke auf (51).

Baustoff. Der Traß wird in gemahlenem Zustand mit Ätzkalkpulver trocken gemischt und in Säcken fertig geliefert. Der Traß muß den Bestimmungen der DIN 1043 entsprechen. Das Mischungsverhältnis Traß zu Kalk ist: 2 Gew.-Tl. Kalkpulver und 3 Gew.-Tl. Traß. Der zur Herstellung des Traßkalkmörtel notwendige Sand soll frei von Lehm und Ton, grobkörnig und scharf sein, also gutem Mauersand entsprechen. Die abschlämmbaren Bestandteile dürfen 3 vH nicht übersteigen, was bei Grubensand nachzuprüfen ist.

Unterbau. Die Traßmörteldecke erfordert einen geschlossenen tragfesten Unterbau, der aus einer ehemaligen Steinschlagdecke bestehen kann, die vorher gut ausgebessert oder neu gewalzt worden ist und etwa ein Quergefälle von 3 vH erhält.

Ausführung. Da es sich bei der Traßmörteldecke nur um eine Abnutzungsschicht handelt, wird sie nur etwa 6—8 cm stark angelegt. Die lose Schüttung des Mörtels und des Steinschlages von 4—6 cm Körnung hat etwa 9 cm Höhe. Der Mörtel, bestehend aus 8—10 Sack auf 1 m³ Sand, je nach der Verkehrsbeanspruchung der Decke, wird in Mörtelmischmaschinen oder durch Hand trocken hergestellt, in 3,5—4 cm auf der Unterbettung aufgebracht, der Steinschlag nach Profil eingebaut und die Lage trocken etwas eingewalzt. Alsdann wird die Decke mit einem Sprengwagen angenäßt. Es soll nur soviel Wasser gegeben werden, daß sich der Mörtel bildet und er so bildsam wird, daß er sich beim weiteren Walzen in das Steinschlaggemisch hineinarbeiten kann. Die Walze soll 15—18 t Gewicht haben. Dringt er nicht bis an die Oberfläche durch, so wird von oben Traßkalkmörtel zugesetzt, der vorsichtig eingefegt und eingeschlämmt wird.

Um eine dichte Decke zu erhalten, empfiehlt es sich, mittels einer Ausbeuteberechnung aus dem Hohlraumgehalt des gewalzten Steinschlages den Mörtelbedarf zu errechnen. Dabei ist zu beachten, daß der Traßkalk nach dem Annässen in den Hohlräumen des Sandes verschwindet. Auf 100 m² werden 9 m³ Steinschlag und 2,5 m³ Sand bei einer fertigen Deckenstärke von 7 cm gerechnet.

Ähnlich wie bei der Zementschotterdecke wird die Traßdecke auch in 3 Lagen hergestellt. In diesem Falle wird die untere Mörtelschicht von 2—2,5 cm Stärke trocken ausgebreitet, die Steinschlaglage darauf gebracht und durch eine schwere Walze eingewalzt, dann Wasser gegeben und weiter gewalzt. Alsdann wird der Trockenmörtel der oberen Schicht 1—1,5 cm stark aufgebracht und gleichfalls unter Wasserzugabe eingewalzt. Sein Mischungsverhältnis ist 12 Sack Traß auf 1 cm³ Sand. Der Wasserbedarf darf nicht zu groß sein und das Wasser nicht zu kräftig aufgebracht werden, da sonst der Mörtel ausgespült oder entmischt wird.

Viel Wert wird bei der Traßmörteldecke auf ihre Rauhigkeit gelegt. In starken Steigungen soll daher die Oberfläche nicht vollständig geschlossen sein, sondern der Mörtel in den Fugen um einige Millimeter tiefer liegen als der Steinschlag. Durch die Festigkeit des Traßmörtels sind die Steinschlagstücke so fest gelagert, daß sie durch die Stöße des Verkehrs nicht mehr herausgelöst werden können. Bei Straßen in der Ebene und mit geringen Steigungen wird eine geschlossene ebene Oberfläche hergestellt, die wegen des Unterschiedes in der Härte zwischen dem Gestein und weicheren Mörtel immer eine gewisse Griffigkeit behalten wird.

Das schon erwähnte langsame Erhärten des Traßmörtels tritt nur ein, wenn die Decke genügend feucht bleibt. Es muß also Verdunstung des Mörtelwassers an der Oberfläche verhindert werden. Zum Schutze gegen Verdunstung und Abnutzung in der ersten Zeit, ehe die Mörtelschicht erhärtet ist, erhält die fertige Decke eine dünne Sandschicht. Versuche, den gleichen Zweck mit dem Aufbringen von Asphaltemulsionen zu erreichen, deren Wasser dem Mörtel zugute kommen soll, sind nicht in dem erwarteten Maße eingetreten. Das Asphaltbitumen hat schlecht an dem noch nicht abgebundenen Mörtel gehaftet. Nach der Erhärtung aufgebrachte Emulsionen haben wie auf anderen Decken auch hier gehalten. Die Emulsion kann daher nicht als ein notwendiger Bestandteil der Traßmörteldecke angesehen werden. Sie wird nur da angebracht sein, wo die Stärke des Verkehres einen besonderen Schutz verlangt. Die Annahme, daß durch Bodenfeuchtigkeit dem Mörtel von unten Wasser zugeführt wird, ist denkbar, aber nur in einem Boden anzunehmen, der selbst wasserhaltend ist. Traßmörteldecken, die nicht genügend feucht gehalten worden sind, haben nicht gehalten.

Wenn der Verkehr die anfangs noch plastische Masse nicht genügend verdichtet, kann durch Walzen in den Tagen nach der Herstellung nachgeholfen werden. Beim Aufbringen der Asphaltemulsion muß die Decke staubrein gekehrt werden und alle die Maßnahmen beachtet werden, die im Abschnitt VI K d 2 (S. 266) angegeben sind.

Selbst bei gutem Einwalzen werden sich an der Oberfläche verhältnismäßig große Fugenflächen bilden, die einer schnelleren Abnutzung als das Hartgestein unterliegen. Diese Schwäche der Decke kann behoben werden, indem beim Walzen Splitt aufgebracht wird, der sich in den Mörtel eindrückt und die Oberfläche dichter schließt, zugleich sie griffiger und widerstandsfähiger macht.

Wie eine gewöhnliche Steinschlagdecke erfordert auch die Traßmörteldecke nach der Herstellung eine Pflege, die im wesentlichen in der Erhaltung der Sanddecke besteht, die bei trockener Witterung angefeuchtet werden muß. Auch werden Spuren, die sich anfangs in der Decke einfahren können, und Verdrükkungen durch Aufbringen von Mörtel und Splitt zu beseitigen sein.

Später auftretende Schlaglöcher können durch Asphaltemulsionen mit Splitt ausgefüllt, oder mit Traßmörtel ausgebessert werden. In diesem Falle muß die Flickstelle mit dem Meißel scharfkantig ausgestemmt werden.

Die Traßmörteldecke gehört zu den anpassungsfähigen Decken. Sie kann je nach der Verkehrsbedeutung der Straße mit geringerem oder größerem Aufwand hergestellt werden. Durch einmalige oder wiederholte Anwendung von Asphaltemulsionen wird sie auch stärkerem Verkehr auf die Dauer standhalten. Ihre Anlagekosten sind dabei gering. Die Decken können auch halbseitig hergestellt werden, also ohne Verkehrsstörungen und nach Herstellung, sobald die schützende Sandschicht aufgebracht ist, sofort befahren werden.

Traßmörtelstraßen werden dort am Platze sein, wo Traß frachtgünstig zu haben ist, das ist der Westen Deutschlands. Hinsichtlich ihrer sonstigen Eigenschaften ist diese Bauart in feuchten und schattigen Lagen (Waldstrecken) und in Gegenden mit nassem Untergrund, sowie wegen der Möglichkeit, eine besonders griffige Oberfläche herzustellen, in starken Steigungen angebracht.

Bindemittel 10. Eine Verbesserung der Steinschlagdecke, bei der der Mörtel so langsam erhärtet, daß eine Nachverdichtung des Steinschlages unter der Walze und unter dem Verkehr möglich ist, ohne daß der Abbindevorgang gestört wird und der Mörtel selbst sich gegen Nässe, Trockenheit, Frost und Hitze unempfindlich erweist, sucht das hydraulische „Bindemittel 10" zu erreichen. Seine Wirkungsweise und sein Verhalten unter Wärmeeinflüssen ist in dem Materialprüfungsamt der Technischen Hochschule München untersucht worden. Es ist ein hydraulisches Bindemittel mit Bitumenzusatz in geeigneter Form. Die Zuschläge — Steinschlag und Sand — sind die gleichen, wie bei den Mörtelschotterstraßen, auch die Bauweise ist die gleiche. Bei Verfahren nach Nr. 2 der Abb. 90 (S. 123) — einschichtig — wird auf den Unterbau eine Schicht von 3 cm nassen Mörtel im Mischungsverhältnis 1 : 3 oder 1 : 2½ aufgebracht, auf die Steinschlag lose aufgelegt wird. Mit schweren Walzen wird solange gewalzt, bis der Mörtel an die Oberfläche tritt und der Steinschlag festliegt. Soweit noch Hohlräume sich zeigen, werden sie von oben ausgefüllt.

Beim zweischichtigen Verfahren (Abb. 90 Nr. 6) wird eine 1,5—2 cm starke Schicht trockenen Mörtels 1 : 3 aufgebracht, dann eine Schicht Steinschlag, die zusammen abgewalzt werden. Nach den ersten Walzgängen wird Wasser gegeben, bis der plastische Mörtel hochsteigt. Verbleibende Hohlräume sind mit Trockenmörtel auszufüllen. Die zweite Lage, deren Mörtel das Mischungsverhältnis 1 : 2 erhält, wird in der gleichen Weise hergestellt. Der Baustoffbedarf beträgt auf 1 m^2 rd. 0,10 m^3 Steinschlag, rd. 0,04 m^3 Sand und rd. 15 kg Bindemittel 10 für 11 cm lose Schüttung. Mit der einschichtigen Bauweise lassen sich große Leistungen erzielen, die zweischichtige gibt eine Decke von größerer Widerstandskraft. Äußerlich machen die Mörtelschotterstraßen mit Bindemittel 10, von denen schon einige Versuchsstrecken im Sommer 1931 hergestellt sind, den Eindruck wie die Zementschotterstraßen. Die besonderen Eigenschaften des Bindemittels gestatten, die Decke unter Aufrechterhaltung des Verkehres zu bauen. Es wird jeweils nur die eine Hälfte der Straßenbreite hergestellt. Während auf der einen Seite der Mörtel aufgebracht wird, kann der Verkehr die andere, auf der der Steinschlag schon angewalzt ist, benutzen. Die fertige Decke erhält, nachdem der Mörtel angezogen hat, eine Schutzschicht von scharfkörnigem Sand oder Grus 3 bis 6 mm, die nach 14 Tagen wieder abgekehrt wird. Bei starker Hitze soll die Decke zweimal täglich angefeuchtet werden. Die Oberfläche ist rauh und griffig, neigt aber zur Staubbildung, so daß Oberflächenbehandlung mit Emulsion oder Kaltteer angebracht ist. Ein Urteil über die Bewährung kann vorerst nicht abgegeben werden.

c) Wasserglas-, Betonal-, Silikatstraßen.

Statt der Bindemittel Zement oder Traßkalk wird bei diesem Verfahren eine Kieselsäureverbindung verwendet in Form von Wasserglas mit höherem Kieselsäuregehalt, als die gewöhnliche Handelsware, die sich mit dem Kalkstein verbindet. Die Silikatstraßenbefestigung ist eine Steinschlagdecke, deren Hohlräume möglichst dicht mit einem Kitt aus Kalksand und Spezialwasserglas ausgefüllt werden, der mit dem Steingerüst eine betonartige Verbindung herstellt.

Die wissenschaftliche Durchforschung, worauf die Wirkung des Silikates beruht und welche Vorbedingungen erfüllt sein müssen, ist in Frankreich in den

Jahren 1926—1928, wo Wasserglas seit 1922 zuerst im Departement Doubs angewendet worden ist, vorgenommen worden. Einige grundlegende Feststellungen sollen hier folgen (52, 53). Zuerst muß das geeignete Gesteinsmaterial nach seinen physikalischen und mechanischen Eigenschaften bestimmt werden. Als Maßstab hierfür hat man die Härteskala nach Mohs, die Dichte, die Porosität, die Druckfestigkeit, die Abnutzung in der Devaltrommel (s. Abschnitt VII, B a 8) und im Abschleifverfahren eingeführt. Für das Silikatverfahren sind Kalksteine mittlerer Härte von einer Druckfestigkeit von 400—1600 kg/cm^2, einem spez. Gewicht von 2—2,7, einer Porosität von 3—25 vH, Abnutzung in der Devaltrommel 2,5—8 und in der Abschleifmaschine (Dorry) 2,5—10 cm geeignet.

Das Wasserglas soll folgenden Anforderungen entsprechen: Die Dichte soll liegen zwischen 34,5—37° Bé bei 32° C. Das Verhältnis $S_1O_2 : Na_2O$ soll = 3,34 sein. Außerdem wird noch gemessen die Viskosität nach Beaumé, die Erstarrungstemperatur, die Siedetemperatur, das Tropfmaß, als Maßstab, wie weit das Wasserglas fähig ist, in die Haarröhrchen des Gesteins einzudringen, die Trocknung an der Luft und Veränderung der Dichte unter Temperaturänderungen. In Deutschland wird das Spezialwasserglas auch Betonal genannt und pulverförmig geliefert und zugesetzt.

Als Unterbau kommt nur eine ehemalige Steinschlagdecke in Frage, die gesäubert, und deren Schlaglöcher ausgebessert sein müssen. Die Mineralmasse soll aus gebrochenem Kalkstein von höchstens 40 mm Stückgröße und Kalksand bestehen in dem Mischverhältnis 3 R.T. Kalksteinschlag 10—40 mm und 1 R.T. Kalksand 0—10 mm. Der Kalksand soll einen dem Zementmörtelsand entsprechenden Kornaufbau haben (S. 150). Auch bei diesem Baustoff wird darauf gesehen, daß die Zusammensetzung eine solche ist, daß die eingebaute Masse völlig dicht ist. Auf 1 cm^3 Sand-Steinschlag kommen mindestens 65 kg Spezialwasserglas. Die Menge muß der Gesteinsart, ihrer Adsorptions- und Aufsaugungsfähigkeit angepaßt werden.

Es können harte und weiche Kalksteine verwendet werden. Je reiner der Kalk ist, desto sicherer wirkt Betonal. Aber der Kalkstein darf keinen Mergel oder Humus und lehmige Bestandteile enthalten, auch nicht aus Abraum stammen. Brauchbar sind Dolomite, Wetterstein- und Jurakalke, Muschelkalk und kreideartige Kalksteine. Als Steinschlag können auch andere wetterfeste und gesunde Gesteine verwendet werden. Rundkiesel sollen zu Stücken mit möglichst viel Bruchflächen gebrochen werden. Geschiebekalke und gipshaltige Kalksteine sind auszuschalten.

Nach Untersuchungen im Materialprüfungsamt der Technischen Hochschule in Darmstadt ist die Druckfestigkeit von Kalkstein rheinhessischer Herkunft, gemessen an 4 cm-Würfeln von im Durchschnitt 731 kg/cm^2 durch Behandlung mit Betonal auf 1398 kg/cm^2 gesteigert worden. Die Bindung der Gesteinsstoffe durch Betonal ist in derselben Anstalt dadurch nachgewiesen, daß Würfel aus Kalksteinsplitt, die nach Behandlung mit Betonal 28 Tage an der Luft gelagert haben, eine Druckfestigkeit von 70—81 kg/cm^2 angenommen haben (54).

Wenn auch eine Festigung der Decken durch die Wasserglasbehandlung eintritt, so ist doch eine Staubbildung infolge der Deckenabnutzung zu beobachten. Zur Staubbindung und Erhaltung der Decke wird daher eine Oberflächenbehandlung für zweckmäßig gehalten. Es ist unter diesen Umständen, die Frage zu stellen, ob dann noch ein Bedürfnis für die Wasserglasbehandlung gegenüber einer gut hergestellten wassergebundenen Steinschlagdecke besteht und mit einem Anstrich von Teer oder Asphaltbitumen noch irgendwelche technischen und wirtschaftlichen Vorteile hat. In Österreich haben Silikatdecken sich bewährt, in Württemberg, dessen Kalkreichtum für das Silikatverfahren ein günstiges Feld bietet, ist man über Versuche nicht hinausgekommen.

D. Betonstraßen.

a) Allgemeines.

Aus den Betrachtungen im Abschnitt II C c über die Beziehungen zwischen Rad und Straße ist der Schluß gezogen worden, daß die Fahrbahn für Kraftwagen so ausgebildet werden muß, daß sie einen möglichst stoßfreien Lauf gewährt. Zu den Deckenbelägen, die durch die ebene, fugenlose Oberfläche diese Anforderung erfüllen, gehört die Betonbahn. Beton ist als Baustoff im Straßenbau schon um die Mitte des 19. Jahrhunderts als Unterbau für Straßenbeläge — Stampfasphalt und Holzpflaster — eingeführt worden und hat sich bewährt.

Der Gedanke, den Beton allein ohne eine aufgelegte Verschleißschicht als Straßenbefestigung zu wählen, ist schon 1891 in Deutschland in die Tat umgesetzt worden. Damals sind die ersten Betonstraßen in Deutschland in den Städten Leipzig, bald darauf in Breslau, Zwickau, Stettin und anderen ausgeführt worden.

Diese Betonstraßen können allerdings nur als Versuchsstraßen angesehen werden. Es sind immer nur geringe Flächen, die gelegentlich verlegt worden sind. In größerem Maße ist der Beton als Straßenbaudecke bis vor kurzem nicht verwendet worden. Das hat manche Gründe gehabt. In lebhaften Verkehrsstraßen hat er sich unter dem Verkehr mit eisernen Reifen und Pferdegespannen nicht bewährt. Das ist ganz deutlich an zwei Gegenbeispielen aus Berlin zu erkennen. Das Kieserlingsche Betonpflaster, das mancherlei Anwendung im Vieh- und Schlachthofbau gefunden hat, und das technisch gut durchgebildet ist, hat sich auf der stark belasteten Kesselstraße nicht gehalten; es hat bald einen Überzug aus Hartgußasphalt erhalten müssen. Dasselbe Pflaster dagegen auf dem großen Weg im Tiergarten, der für Lastwagenverkehr gesperrt ist, hat, ohne ernstliche Zerstörungserscheinungen zu zeigen, über 20 Jahre gelegen (55).

Die Aufgabe im Straßenbau in den letzten Jahrzehnten vor und nach 1900 hat in der Herstellung von billigen aber dauerhaften Belägen für städtische Straßen bestanden und hier hat, wie niemand wird bestreiten können, der Beton die Erwartungen nicht erfüllt. Der Stampfasphalt und das Großpflaster sind nicht zu übertreffen gewesen.

Anders hat sich die Entwicklung im Landstraßenbau abgespielt. Allerdings ist auch die Betondecke vorerst in großem Ausmaß nur unter besonderen Verhältnissen zur Anwendung gekommen. In Ländern, die ein gut ausgebautes Straßennetz schon vor dem Erscheinen des Kraftwagens besessen haben, besteht, worauf wiederholt hingewiesen ist, die Aufgabe der Gegenwart mehr in der Anpassung an den Kraftwagenverkehr durch Aufbringen widerstandsfähiger Fahrflächen auf dem meist tragfesten Unterbau, der dabei vorteilhaft ausgenutzt werden kann. In Ländern dagegen, die sich erst ein leistungsfähiges Landstraßennetz schaffen müssen, liegen die Verhältnisse anders. Wo von Grund auf aufgebaut werden muß, liegt der Gedanke nahe, eine Bauweise anzuwenden, bei der Unterbau und Abnutzungsschicht aus einem Stoff und in einem Guß hergestellt werden. Das verbilligt und beschleunigt die Ausführung. Für eine solche Bauweise ist der Betonstoff der gegebene. Er hat daher in solchen Ländern — allen voran in den V. St. A. — eine weitgehende Anwendung im Landstraßenbau gefunden. Aus dem gleichen Grunde gewinnt die Betondecke in Siedlungsstraßen an Bedeutung.

Sicherlich ist die noch unvollkommene Technik des Betonbaues vor 30 Jahren mit die Ursache für die Mißerfolge gewesen. Auch der Zement war damals noch nicht von der Güte und Zuverlässigkeit wie heute.

Für die Aufgabe, die der Beton für den Kraftwagenverkehr zu erfüllen hat, weist er gegenüber anderen Pflasterungen erhebliche Vorzüge auf. Die Betondecke vereinigt Unterbau und Abnutzungsschicht. Die maschinelle Herstellung des Betons ermöglicht die Ausführung mit großen Leistungen unter Verwendung weniger Arbeitskräfte. Die Decke selbst ist bei richtiger Ausführung eben, hat die nötige Rauhigkeit, um bei feuchter Witterung nicht schlüpfrig zu werden, infolge des geringen Fahrwiderstandes geringer Triebstoffverbrauch und Reifenverschleiß. In den meisten Ländern können alle Baustoffe, wie Zement, Sand, Kies und Schotter im Lande selbst, die Zuschläge bisweilen in nächster Nähe der Baustelle entnommen werden. Angesichts dieser Vorzüge ist es erklärlich, wenn die Betonstraße sich in den V. St. A. besonders auf den Landstraßen durchgesetzt hat und mit jedem Jahre größere Anwendung findet. Die Technik des Betonstraßenbaues ist dort in fast vollendeter Weise ausgebildet, und die dortigen Erfahrungen werden sich alle anderen Völker zunutze machen müssen, wenn sie nicht Fehlschläge erleiden wollen. Bereits sind auch die englischen Straßenbaubehörden bei ihren umfangreichen Umgehungsstraßen dazu übergegangen, auf völlig neuen Wegestrecken Beton zu bevorzugen. Aber auch in anderen Ländern, die sich erst ein ganz neues Straßennetz schaffen, z. B. Spanien, Italien, Brasilien, überhaupt in allen noch gering erschlossenen Ländern und Erdteilen sind Betonstraßen verlegt worden und werden in Zukunft bevorzugt werden.

b) Die konstruktiven Grundlagen.

1. Längs- und Quergefälle.

Die Oberfläche der Betonstraße ist griffig, so daß sie in Gefällen etwa bis 5 vH (1 : 20) ohne weiteres verlegt werden kann. In den V. St. A. verwendet man sie sogar in noch stärkeren Gefällen, was sich aber für Straßen mit gemischtem Verkehr nicht empfehlen wird. Die stärkste Steigung hat wohl die Betonstraße auf den Roanake (Virg.), V. St. A., mit teilweise 11 vH. Die Steilstrecke auf dem Nürburgring (S. 70) hat 27 vH Steigung. Die Oberfläche der Betondecke hat aber eine besondere Anrauhung erhalten. Das Quergefälle kann sehr flach angelegt werden; denn bei der sehr ebenen Oberfläche kann das Wasser gut ablaufen, so daß die Neigung zwischen 2 vH (1 : 50) und 1 vH (1 : 100) liegen kann. Auf den deutschen Versuchsstraßen ist ein Quergefälle zwischen 2—2½ vH gewählt; die Betonstrecke auf der Versuchsstraße in Braunschweig hat sogar nur ein Quergefälle von 1 vH erhalten. Je flacher das Quergefälle ist, desto leichter und sicherer fahren die Kraftwagen. Wenn in der Mitte eine Längsfuge vorgesehen ist, soll das Querprofil dachförmig ausgebildet werden, so daß die obere Verbindungslinie zwischen Fahrbahnmitte und Außenkante eine Gerade ist. Im anderen Falle soll nur die Mitte mit einem kleinen Halbmesser ausgerundet werden. (§ 8. Merkblatt für den Bau von Automobilstraßen aus Beton der Stufa.)

2. Die Querschnittsform.

Rechnerische Ermittlung.

Die Querschnittsform der Betonstraße hat im Laufe der Zeit manche Wandlungen erfahren, bis sich eine befriedigende, den auftretenden Beanspruchungen entsprechende Form herausgebildet hat. Die Form ist aus praktischen Versuchen hervorgegangen. Es ist aber auch der Versuch gemacht worden, für die Bemessung der Platte rechnerische Grundlagen zu gewinnen. Es liegen Untersuchungen vor von Professor Westergaard an der Universität Illinois (56) und Dr.-Ing. Leitz (57). Beide gehen von der Gleichung für eine Steifigkeitslänge aus, innerhalb der der Untergrund die auf der Platte liegende Last aufnimmt. Diese Steifigkeitslänge l ist abhängig von der Bettungsziffer des Bodens (C), dem Elastizitätsmaß des Betons (E), der Plattenhöhe (h) und der Querdehnung (ν) nach dem Poissonschen Bruch. Die Gleichung lautet

$$l = \sqrt[4]{\frac{E h^3}{12 (1 - \nu^2) C}}. \tag{71}$$

Während Leitz den Wert $\nu = 0$ setzt, nimmt Westergaard 0,15 an. l wächst mit der Steifigkeit der Platte und nimmt mit der Steifigkeit des Untergrundes ab (höhere Bettungsziffer).

Für $E = 180000$, $\nu = 0{,}15$ verschiedene Bettungsziffern und Plattenhöhe berechnet sich die Steifigkeitslänge in cm zu

cm	$C = 4$	16	32
$h = 10$	$l = 44$	31,2	26,1
$h = 15$	$l = 59{,}6$	42,2	35,5
$h = 20$	$l = 74$	52,4	44,1

an.

Drei Sonderfälle werden für die Belastung der Platten angenommen:

Fall I. Die Last steht auf einer Ecke.

Fall II. Die Last steht am Rande der Platte.

Fall III. Die Last steht in der Mitte einer Platte in genügender Entfernung von den Rändern.

Alle drei Fälle bezeichnen Zustände, die bei Straßen vorkommen können. Die Untersuchung ergibt unter Anwendung der Navierschen Biegungstheorie zufriedenstellende Ergebnisse mit Ausnahme in der nächsten Nähe der Angriffspunkte der Last, solange diese als in einem Punkte angreifend angenommen wird. Hier werden die Biegungsmomente unendlich groß. Es muß daher die Last auf eine größere Fläche verteilt werden, was den tatsächlichen Verhältnissen beim Kraftwagen entspricht, denn wie aus Abschnitt II. C b 3, S. 18, entnommen werden kann, plattet sich der Gummireifen an der Berührungsstelle mit der Fahrbahn zu einer Ellipse ab, deren Größe bei derselben Last von der Elastizität, bei Vollgummi- und bei Luftreifen von der Schlauchinnenpressung abhängt. Statt des Angriffes in einem Punkte kann ein der Ellipse flächengleicher Kreis angenommen werden, damit symmetrische Verhältnisse geschaffen werden.

Unter Benutzung von Entwicklungen, wie sie Schleicher über „Kreisplatten auf elastischer Unterlage", Festschrift zur Jahrhundertfeier der Technischen Hochschule Karlsruhe 1925, gebracht hat, werden dann die Bodendrücke für die Fälle I, II und III ermittelt und daraus Momente und Querkräfte berechnet.

Aus der Kenntnis der Kräfte kann dann auf die Spannungen in der Platte für bestimmte Plattenhöhe und Bettungsziffern geschlossen werden. Im Falle I (Eckstellung) und II (Randstellung) ist noch zu beachten, daß auch der außerhalb der Platte liegende Boden mittragen wird, da sich der Bettungsdruck zufolge der Lastverteilung im Boden selbst auch auf die neben der Platte liegenden Zonen erstrecken wird. Leitz berücksichtigt diesen Mangel in der Theorie, indem er für Fall II (Randstellung) die Bettungsziffer auf das Doppelte und im Falle I (Eckstellung) auf das Vierfache der vollen Platte erhöht. Als Ergebnis seiner Untersuchungen ist die Abb. 91 wiedergegeben, aus der die Biegungsspannungen für eine Last von 1 t bei Mittelstellung (Fall III), und zwar für gleichmäßige Lastverteilung über die Lastfläche und 15 cm Plattenhöhe für verschiedene Bettungsziffern und verschieden große Durchmesser der Berührungsfläche zwischen Reifen und Platte entnommen werden können. Für Vollgummireifen ist ein Spannungszuschlag von 0,4 kg/cm² bei Mittelstellung, 0,6 bis 0,7 kg/cm² für Randstellung und 1,0—1,2 kg/cm² für Eckstellung zu machen.

Für $e_0 = 7{,}5$ cm und 3 t Last können die Biegungsspannungen einschließlich der Zuschläge aus der Abb. 91 entnommen werden zu (Bettungsziffer = 16)

Fall I = 43,8 kg/cm²,
Fall II = 19,1 „
Fall III = 11,7 „

Die zulässigen Spannungen werden bei der unbewehrten Platte, bei der also der Beton Zugspannungen aufnehmen muß, nach diesen zu bemessen sein. Bei der Biegungsbelastung übernimmt Beton Zugspannungen gleich dem Doppelten der reinen Zugbeanspruchung. Diese muß von Fall zu Fall nach der Güte des Betons bestimmt zu werden.

Für Luftreifen mit 4 kg/cm² Innendruck kann mit einem Einheitsflächendruck von 5 kg/cm² gerechnet werden. Bei 3 t Last wird $e = 14$ cm, und die Biegungsspannungen ergeben sich nach Abb. 91 wiederum unter denselben Annahmen wie bei dem Vollgummireifen zu

Fall I = 27,0 kg/cm²,
Fall II = 12,0 „
Fall III = 8,4 „

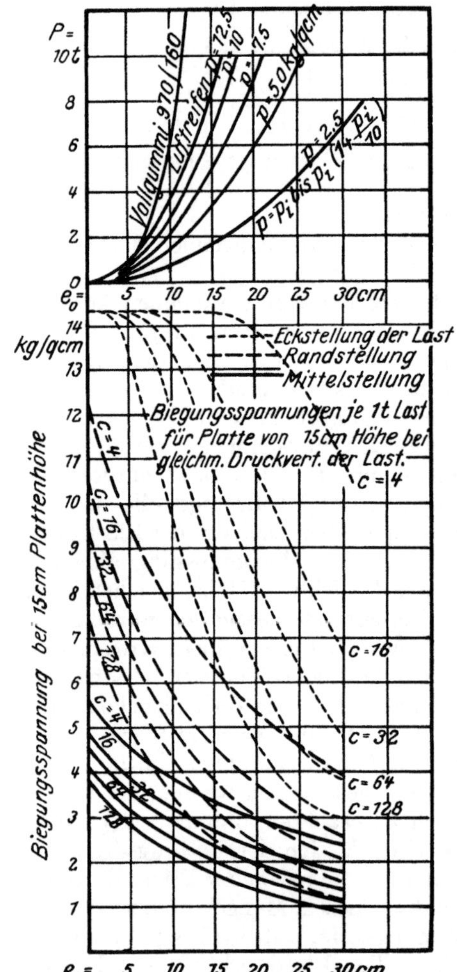

Abb. 91.

Westergaard geht in seinen Untersuchungen von den gleichen Theorien wie Dr. Ing. Leitz aus, kommt aber bezüglich der Spannungen zu höheren Werten. Es fällt besonders auf, daß bei ihm die Randstellung (Fall II) die höchsten Werte annimmt. Das ist zum überwiegenden Teil darauf zurückzuführen, daß in allen drei Fällen dieselben Bettungsziffern benutzt werden, während Dr.-Ing. Leitz im Falle II die doppelte und im Falle I die vierfache Bettungsziffer einführt. Vor allen Dingen wird die Bettungsziffer bei verschiedenartigem Untergrund Schwankungen unterworfen sein, so daß also die Anwendung der Berechnung den wirklichen Vorgängen nicht genügt. Man erkennt, auf wie unsicheren Füßen das ganze Berechnungsverfahren steht, besonders auch hinsichtlich der Belastung. Es ist schon im Abschnitt II C d 5 darauf hingewiesen, daß die Stoßbelastung ein Vielfaches der ruhenden Last annehmen kann. Allerdings gehört die Betondecke zu den ebenen Decken, die Stöße eigentlich nicht hervorrufen können und sollen. Aber an den Fugen ist die Führung des Wagens doch mit Stößen verbunden, die demnach bei Berechnung der Platten mit berücksichtigt werden müssen. Die Ergebnisse von Westergaard bestätigen jetzt das, was auf dem Wege des Versuches (Versuchsstraße bei Bates, Ill.) bereits festgestellt worden ist, daß der Rand der Platte verstärkt werden muß. Trotz aller Bemühungen, Rechnungsgrundlagen für die Bemessung der Platten zu finden, muß festgestellt werden, daß bisher der Querschnitt der Betonstraße auf rein erfahrungsmäßiger Grundlage beruht, und daß es noch nicht gelungen ist, die Querschnitte mit derselben statischen Sicherheit zu bemessen, wie man es bei anderen Ingenieurbauwerken gewohnt ist. Als Faustregel gibt B.P.R. an, daß die Stärke einer Ecke

$$t = \sqrt{\frac{3P}{f}} \qquad (72)$$

in einer Entfernung 5 cm von der Außenkante sein soll

t = Stärke der Platte in cm

P = die höchste Achslast mt

f = Biegezugfestigkeit des Betons kg/cm².

Die zuerst in Kalifornien verlegten Betonstraßen sind nur 10 cm stark gewesen, haben ein zu starkes Quergefälle und nur 4,5 m Breite gehabt. Sie sind schon in

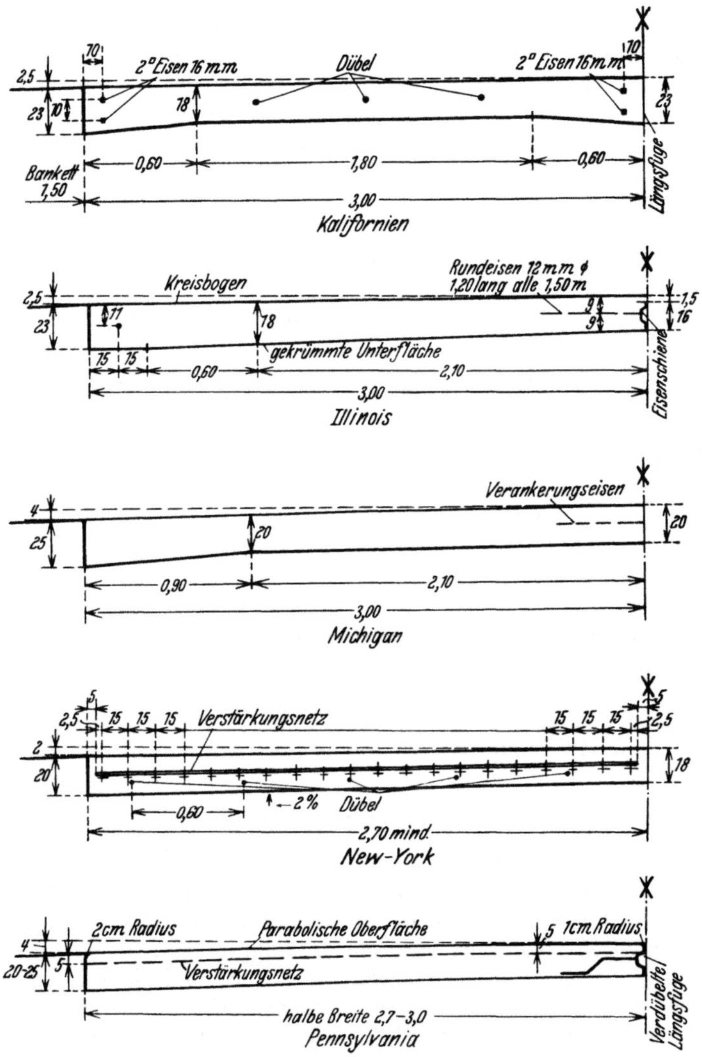

Abb. 92. Regelformen von Betondecken aus V. St. A.

den Jahren 1916/17 zu Bruch gegangen. In Staaten mit mehr landwirtschaftlichem Verkehr sind die Stärken geringer gewesen als in denjenigen mit industriellem Verkehr. Inzwischen haben sich die Verhältnisse ausgeglichen. Die Querschnitte einiger Betondecken gibt die Abb. 92. Während die amerikanischen Betonstraßen die auf gewachsenem Boden verlegt werden, eine Stärke von mindestens 17 cm oder mehr haben, glaubt man in Deutschland bei Verlegung von Betonstraßen auf ehemaligen Steinschlagdecken bis auf 10 cm zurückgehen zu können. Das hat sich als nachteilig erwiesen. Eine Platte von so geringer Stärke ist weder in der Lage die Verkehrskräfte noch die Einflüsse der

Witterung, Sonnenbestrahlung, Kälte und Feuchtigkeit aufzunehmen. Solche Deckenplatten zeigen Risse in einem Ausmaße, daß vielfach vollständige Erneuerung notwendig wird. Die Versuche von Probst (58) haben diese Tatsache bestätigt, daß dünne Betonplatten äußerst empfindlich gegen die geringsten Schwankungen der Temperatur und des Feuchtigkeitsgehalts sind. Die Erfahrung läßt darauf schließen, daß Betonplatten unter 15 cm überhaupt nicht hergestellt werden sollten.

In dieser Hinsicht ist die Betonstraße wegen ihrer Starrheit längst nicht so anpassungsfähig, wie die Teer- und Asphaltdecken. Sie muß in ihrer Stärke von vornherein für die höchstmöglich auftretenden Lasten ausgebildet werden, die jemals über die Decke fahren werden, da eine Betondecke viel eher durch das Gewicht des Verkehres als durch die Dichte des Verkehres zerstört wird. Eine einmal darüber fahrende schwere Last kann die ganze Betondecke zerstören, wenn sie nicht genügend stark ist, während eine viel leichter gebaute Steinschlagdecke mit Oberflächenanstrich eine solche einmalige Last wegen ihrer elastischen Eigenschaften ohne Beschädigung aufnehmen kann (59). Selbst wenn diese eine Beschädigung erleiden sollte, so ist sie mit Leichtigkeit beseitigt. Bei einer Betonstraße würde die Instandsetzung etwaiger Beschädigungen großen Aufwand und eine Sperrung der Straße erfordern. Das Bestreben, durch schwache Decken aus Beton, die gewissermaßen nur Verschleißdecken sind, die gleiche Anpassungsfähigkeit, wie sie bei den Teer- und Asphaltdecken als hervorstechendes Merkmal vorhanden ist, zu erreichen, muß zu Mißerfolgen führen, wofür viele Beweise vorliegen. Das Anwendungsgebiet der Betondecke liegt daher im Bereich der Straßen mit schwerem Verkehr. In diesem Falle wird die eingebaute starke Konstruktion am besten ausgenutzt.

Diese mangelnde Anpassungsfähigkeit der Betonstraße zwingt zu verhältnismäßig hohen Anlagekosten bei Straßen, die an sich einen Verkehr haben, dessen Anforderungen mit geringeren Mitteln bei Anwendung von Teer- und Asphaltdecken Genüge geschehen kann. Der große Geldaufwand bei der Herstellung von Betonstraßen ist daher der Grund, wenn sie sich in Deutschland nicht in dem Maße wie in anderen Ländern haben durchsetzen können. In der Ausbildung der Mörtelschotterstraßen (Abschnitt VI C.) ist das Bestreben zu erkennen, billigere und leichtere Decken unter Verwendung von Zement zu schaffen.

c) Untergrund.

Der allgemein im Straßenbau geltende Grundsatz, daß nur auf festem Untergrund Straßen errichtet werden sollen, gilt in erhöhtem Maße für den Betonstraßenbau. Es kommt dabei nicht nur darauf an, daß der Untergrund fest ist, sondern er muß eine völlig gleichartige Tragfähigkeit haben, und diese auch unter allen Umständen behalten, wenn er für Betondecken geeignet sein soll. Er darf sich bei Nässe und Frost nicht ungleichmäßig bewegen. Boden, der abschlämmbare Bestandteile enthält, dehnt sich bei Wasseraufnahme aus, gefriert im Winter, wodurch er aufgetrieben wird. Beim Auftauen wird er weich und gerät in Bewegung. Es ist schon im Abschnitt V A b auf diese Erscheinungen hingewiesen und die Versuchsverfahren behandelt, mit denen die Zusammensetzung des Bodens und sein hygroskopisches Verhalten ermittelt werden. Der Betonstraßenbau kann ohne diese Feststellungen nicht erfolgreich betrieben werden. Auch wenn die Betondecke auf eine schon bestehende Decke, ehemalige Steinschlagstraße, aufgebracht werden soll, wird eine eingehende Bodenuntersuchung zweckmäßig sein. Es wird festzustellen sein, ob die vorhandene Decke selbst stark genug ist, um als tragfähig angesehen zu werden, und ob sie auf einem Untergrund liegt, der gleichförmig ist. Der Untergrund soll die Betondecke gleichmäßig unterstützen. Es macht nichts aus, wie groß die Tragkraft des Bodens ist, wenn nur eine gleichförmige Abstützung vorhanden ist, dann wird Rißbildung nicht auftreten. Wenn ein sehr harter Boden abwechselt mit weichem — die Bettungsziffer innerhalb derselben Platte also verschieden ist — sind Risse nicht zu vermeiden. Betonstraßen, die durch moorigen Boden führen, haben nach den Berichten aus den V. St. A. überrascht durch das völlige Fehlen von Rissen, während sie über alten schon verdichteten Makadamstraßen schon nach kurzer Zeit mit einem Netzwerk von Rissen überzogen sind. Die Erklärung hierfür ist einfach. Der weiche, moorige Boden trägt die Betondecke ganz gleichmäßig und an keiner Stelle ist eine starke Biegungsbeanspruchung zu erwarten. Es ist nur erforderlich den Unterbau gut zu entwässern und eine Kiesschicht aufzubringen, um die Frostwirkung abzuhalten. Das B. P. R. empfiehlt geradezu Betondecken für weiche Bodenarten. Als Beweis für die Zweckmäßigkeit der Betondecke auf wenig tragfähigem Boden kann die Ausführung der Umgehungsstraße im Zuge der Staatsstraße München-Tegernsee bei Oberwarngau (60) angesehen werden. Bei dieser Neubaustrecke aus dem Jahre 1928 war es nicht möglich, einen Grundbau standfest zu verlegen. Nach Aufbringen einer 10 cm hohen Kiesdecke ist eine 15 cm starke Betondecke mit 2,15 kg/m^2 Eiseneinlagen verlegt worden. Bei einer durchgehenden Längsfuge und Querdehnungsfugen in 9 m Abstand zeigt diese Decke auffallend wenig Risse. Makadamstraßen werden als Unterbau für Betondecken in den V. St. A. nicht zugelassen, was wohl darauf zurückzuführen ist, daß sie meistens ohne Packlage gebaut sind und ihre Stärke sehr wechselt, sie also nicht genügend gleichmäßig sind. Mit dem Bau neuer Straßen sind zumeist Verbreiterungen oder Änderungen im Höhenplan verbunden. Bei Makadam- oder Steinschlagstraßen ist zu beachten, daß die harten Grate neben den weicheren Stellen die Betondecke wie auf Schneiden tragen. Schwere Lasten rufen daher eine starke Biegungsbeanspruchung hervor und die Betonplatte reißt über den Graten. Das Quergefälle einer Makadam- oder Kiesstraße ist meist größer, als für Betonstraßen verlangt wird. Wenn die Dammkrone in der Mitte abgetragen wird und die Straße außerdem verbreitert wird, bleibt eine feste Unterlage beiderseits in etwa ein Viertel der Deckenbreite, in der Mitte und an den Rändern wird aber eine gelockerte Unterlage geschaffen. Der Erfolg ist bei einer Betondecke dann das Entstehen von zwei parallel laufenden Rissen. Darum soll zur Vermeidung ungleicher Beanspruchung der ganze Untergrund auf seine ganze Breite aufgerissen werden, bis er gleichmäßig weich ist und dann gleichmäßig abgewalzt werden, wobei eine leichte Walze angebracht ist. Bei der Güte der deutschen Steinschlagdecken und der angemessenen Linienführung der Straßen, die nur gelegentlich, z. B. in Krümmungen oder Buckeln, verändert werden muß, wäre es Vergeudung, die Steinschlagdecken herauszureißen. Es wird im Gegenteil anzustreben sein, das in sie gesteckte Kapital zu erhalten. Bei der Vorbereitung solcher Decken werden die hier gemachten technischen Überlegungen zu beachten sein. Für die Beseitigung von Schlaglöchern eignet sich Magerbeton.

Da der Vorteil der Betonstraße darin besteht, daß bei ihr Unterbau und Abnutzungsschicht in einem Guß hergestellt werden, so wird sie sich in erster Linie für Straßen eignen, die neu auf frischem Grund verlegt werden. Erweist sich der Boden nach den vorgenommenen Untersuchungen (Abschnitt V A a) geeignet, oder ist er durch Aufbringen körniger Massen verbessert und durch besondere Anlagen (Abschnitt V B) entwässert worden, dann muß das ausgekofferte Planum noch durch Abwalzen verdichtet und geglättet werden. Die Walzen sollen keine dreirädrigen, sondern Tandemwalzen sein, weil sonst der mittlere Streifen des Untergrundes bis auf die Breite des großen Triebrades doppelt gewalzt, der Rand aber nur einmal gewalzt wird. Diese ungleiche Festigung des Untergrundes fällt bei der Tandemwalze mit nur zwei Rädern fort. Die Glättung ist erwünscht, damit der Reibungswiderstand, wenn die Decke sich bewegt, möglichst gering ist. Ein geglätteter Untergrund kann die Gefahr der Rißbildung vermindern. Betondecken können nur auf gewachsenem Boden verlegt werden. Unter diesem Gesichtspunkt betrachtet, ist die Betondecke für Landstraßen oft am Platze. In städtischen Straßen sind die Untergrundverhältnisse meist ungünstig, Die städtischen Straßen im Flachlande sind aufgeschüttet, durch die Verlegung der Versorgungsleitungen haben sie sich ungleichmäßig gesetzt, sie bieten daher für Betonstraßen einen höchst ungeeigneten Untergrund.

d) Die konstruktive Ausbildung.

Ein- und zweischichtige Querschnitte. Wenn anfangs die Behauptung aufgestellt worden ist, daß mit der Betonstraße Tragschicht und Abnutzungsschicht in einem Guß hergestellt wird, so bestehen doch zwei Möglichkeiten für diese Ausführung, die erste, daß die ganze Platte aus einer einzigen Mischung hergestellt wird, die zweite, daß die obere Abnutzungsschicht für sich aus einer besonders guten Mischung auf die aus magerem Beton bestehende Tragschicht aufgebracht wird. Es wird zwischen der ein- und zweischichtigen Betondecke unterschieden. Welche anzuwenden ist, wird sich aus den Anforderungen ergeben. Nach Feststellungen des Verfassers wird die zweischichtige in den V. St. A. wohl nur noch selten ausgeführt. Das hat besondere Gründe. Der Verkehr besteht in den V. St. A. bekanntlich fast ausschließlich aus Kraftwagen mit Gummibereifung, der die Oberfläche nicht so in Anspruch nimmt, wie eiserne Reifen und Pferdeverkehr. Aus den Ergebnisesn der nur aus Betondecken verschiedener Bauart bestehenden Versuchsstraße in Pittsburg (Kal.) (61), ist gefolgert worden:

Der ohne besondere Oberflächenbehandlung hergestellte Beton hat allen Angriffen von Vollgummireifen widerstanden. Einbeschränkter Verkehr mit eisernen Reifen hat erkennen lassen, daß mit entsprechend schweren Lasten frühzeitig die Oberfläche beschädigt würde.

Außerdem wird die Oberfläche der einschichtigen Decke jetzt mit Maschinen so gut hergestellt, daß sie gegenüber einem gewöhnlichen Betongemisch besondere Festigkeit erhält, und daß eine besondere Abnutzungsschicht nicht mehr notwendig ist. Der Gummireifenverkehr nutzt die Betondecke kaum ab (S. 167). Wo dagegen Verkehr von Pferden und eisernen Reifen noch in ausgedehntem Maße besteht, ist mit einem starken Verschleiß der Decke zu rechnen. Das hat Verfasser auch an Betonstraßen in den V. St. A. (33) beobachtet. Gefährlich wird für die Betondecke auch bei Schnee der Verkehr mit Schneeketten. Auf dem V. I. Str. K. Mailand ist ausdrücklich festgestellt worden, daß Betonstraßen für Verkehr mit schweren gummibereiften Fahrzeugen gute Ergebnisse gezeigt haben. Dagegen ist die Fassung, daß bei Metallreifen und Zugtierverkehr die gleichen Erfahrungen gemacht worden sind, abgelehnt worden.

Der VI. I. Str. K. in Washington 1930 hat die Frage erneut behandelt und die folgenden Leitsätze aufgestellt:

Zementbetondecken und Unterbeton mit entsprechenden Abnützungsdecken sind für Schwerverkehr geeignet.

Wo viel Verkehr mit Eisenreifen vorkommt, sind zweischichtige Betondecken erforderlich und haben sich als dauerhaft erwiesen, bei denen die obere Lage aus sehr harten Zuschlagstoffen besteht. Andere Decken auf Betonunterlage haben sich in diesem Falle gleichfalls bewährt.

Einschichtige Decken haben mit Erfolg größte Verkehrsmengen und größte Radbelastungen getragen, wenn die Verkehrsmittel vorwiegend Gummibereifung hatten.

Die Auffassung besteht also immer noch zu recht, daß bei Verkehr von Pferdehufen und eisernen Reifen die Oberfläche der Betonstraße stark beansprucht wird, und daher besonders ausgebildet werden muß. Da ein solcher Verkehr in den V. St. A. nicht mehr vorhanden ist, werden die Betondecken aus einer Schicht hergestellt. Im Gegensatz dazu wird in Deutschland die zweischichtige Form immer noch beibehalten. Das Mindestmaß für die Oberschicht sind 5 cm, besser 6—7 cm. Da die Unterschicht nicht unter 7—8 cm angelegt werden kann, ergibt sich als Mindeststärke für eine zweischichtige Decke 12—15 cm. Das größere Maß dürfte nach den oben gemachten Ausführungen das bessere sein. Gegen die Ausführung zweischichtiger Decken führt Probst (58) auf Grund von Beobachtungen gewichtige Bedenken an. Die Unterschiede im Baustoff und in der Herstellung der Ober- und Unterschicht bewirken starke Volumenänderungen, die bei einschichtigen Decken nicht auftreten.

Bewehrung mit Eiseneinlagen. Die Querschnittsform mit den verdickten Rändern ist aus den Versuchen auf der Versuchsstraße in Bates V. St. A. hervorgegangen. Auch die Frage, ob die Betondecke mit Eiseneinlagen versehen werden soll oder nicht, ist durch eine Versuchsstraße bei Pittsburg (Kal.) geklärt worden. Rechnerische Grundlagen für die Bemessung der Eiseneinlagen bestehen ebensowenig, wie für die Stärke der Decken selbst. Eiseneinlagen werden bisweilen angewendet als Ersatz für die Verstärkung an den Rändern. Sonst können sie noch die folgenden Aufgaben erfüllen: den Querschnitt gegen Biegungsbeanspruchungen aussteifen, das Reißen des Betons infolge Schwinden und Ausdehnung in der Wärme verhindern oder wenigstens einschränken. Zur Aufnahme der Biegungsspannungen werden Eiseneinlagen sowohl in der oberen wie in der unteren Zone verlegt werden müssen. Denn wie aus der theoretischen Berechnung hervorgeht, können bei den verschiedenen Laststellungen Zug- und Druckspannungen sowohl in der oberen wie unteren Zone entstehen. Infolge Wärmeunterschiede zwischen der Oberfläche und Unterfläche kann sich die Betonplatte in der Mitte oder an den Rändern abheben und dadurch bei Belastung abwechselnd in der oberen wie unteren Zone gleichfalls Zug- und Druckspannungen auftreten. Ähnliche Beanspruchungen treten auf, wenn bei Frost der Unterbau am Rand stärker durchgefroren ist als in der Fahrbahnmitte und wenn bei Frostaufgang die Mitte noch gefroren ist, der Rand aber bereits auftaut. Wenn daher dem Beton Zugspannungen nicht zugemutet werden sollen, werden die untere und die obere Zone mit Eiseneinlagen zu bewehren sein. Die Stärke der Eiseneinlagen wird von der Beanspruchung der Straße abhängen. In dieser Hinsicht hat die Versuchsstraße in Pittsburg (Kal.) folgende Erfahrung gezeitigt.

Die Betonabschnitte, die Eiseneinlagen in solcher Lage haben, daß sie befähigt sind, die Zugspannungen von Biegungsmomenten aufzunehmen, haben eine größere Lebensdauer, als die von denselben Abmessungen, aber ohne Eiseneinlagen an entsprechender Stelle.

Bisher hat an Stelle einer zweifelsfreien Berechnung das Gefühl des Entwerfers die Eisenmengen bestimmt. Es schwanken daher die Eisengewichte, die in den Betondecken verlegt worden sind, beträchtlich zwischen 2—9 kg/m^2. Bei Eiseneinlagen wird bisweilen der Betonquerschnitt um ein geringes schwächer angelegt. Nach dem Bulletin 1077 des U.S.B.of P.R.V.St.A. sollen Eisenbewehrungen eingelegt werden, wenn mit sehr schwerem Verkehr zu rechnen ist, oder wenn der Untergrund weich ist und nicht durch besondere Maßnahmen verbessert werden kann. In dieser Hinsicht kommt eine besondere Bedeutung den Eiseneinlagen zu, die in etwa 15 cm Entfernung von den Außenrändern wie eine Ringverankerung in die Betondecke in die Mitte zwischen Ober- und Unterschicht verlegt sind. Damit sollen besonders die Ecken versteift und Risse in der Decke verhindert werden.

Bei bestehenden eingefahrenen Straßen auf festem Untergrund werden Eiseneinlagen nur von geringem Nutzen sein, vor allem Mehrkosten hervorrufen, die in keinem Verhältnis zu den Vorteilen stehen.

Die Notwendigkeit und der Umfang der Eiseneinlagen ist von Fall zu Fall zu prüfen. So verlangen die Vorschriften des Staates Kalifornien, daß Eiseneinlagen am Rande und längs der Längs- und Querfugen nach Abb. 92 angeordnet werden sollen. Bei Anschlüssen an Brücken, über Durchlässen und anderen Stellen, wo der Untergrund unzuverlässig ist, soll die Bewehrung nach besonderen Vorschriften erfolgen. Die Eiseneinlagen werden jetzt hauptsächlich unter dem Gesichtspunkt der Verminderung der Rißbildung verwendet. Nach den Aufstellungen der amerikanischen Portland Cement Ass. vom Jahre 1930 über die in allen 49 Staaten (einschließlich Washington D. C.) ausgebildeten Querschnitten werden in 10 Staaten zur Verhinderung von Rissen in der Oberfläche Eiseneinlagen 5 cm unter der Oberfläche im Gewicht von 2—3,5 kg/m² verlegt. Nach den Erfahrungen soll durch Bewehrung mit Eiseneinlagen die Rißbildungen wirtschaftlicher bekämpft werden können, als durch Verstärkung der Betonplatte. Mit schwächeren Eisen in geringeren Abständen wird eine bessere Wirkung erzielt, als mit stärkeren Eisen in größerem Abstande. Bevorzugt werden daher Stahldrahtgewebe, geschweißte Drahtgewebe und Drahtgeflechte, die in Rollen oder Matten angeliefert werden und sich schnell und leicht ausbreiten lassen. Durch Eiseneinlagen läßt sich vor allem das Abbrechen der Ecken verhindern. In einzelnen Fällen hat man die Beobachtung gemacht, daß die Bewehrung zwar die Entstehung von Rissen nicht hat verhüten können, daß sie aber die weitere Entwickelung von Rissen und Zerstörungen verhindert hat.

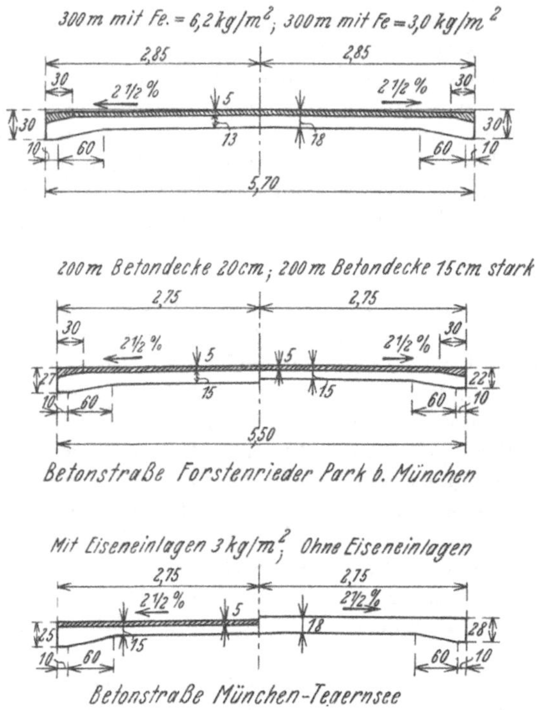

Abb. 93. Querschnitte von Betondecken in Deutschland und in der Schweiz.

Die deutschen geschweißten Stahlgewebe bestehen aus Stahldrähten mit einer Zugfestigkeit von 67—70 kg/mm², einer Streckgrenze von 60—61 kg/mm² und einer Bruchdehnung von 6—8 vH. Sie werden in Normalabmessungen geliefert. Breite der Rollen 2 m, Länge 50 m. Für gute Überdeckung an den Stoßstellen ist zu sorgen (62).

Nach Angabe von Probst auf Grund von Beobachtungen können die Eiseneinlagen sich ungünstig auf die Betondecke auswirken, wenn die Eisenmenge über etwa 5 kg/m² hinausgehen und in dickeren Stäben bestehen. Die im folgenden Abschnitt behandelte Volumenänderung des Betons wird durch zu kräftige Eiseneinlagen, die das Schwinden und Schwellen des Betons nicht mitmachen können, stark behindert, so daß sich Risse bilden. Ein Übermaß von Eiseneinlagen muß sich schädlich auswirken. während leichte Netzarmierungen in geringen Mengen und kleinem Durchmesser der Drähte sich als zweckmäßig erweisen.

Bei den in Deutschland ausgeführten Betonstraßen sind Eiseneinlagen nur selten verwendet worden. Einheitliche Gesichtspunkte hinsichtlich der Querschnittsausbildung lassen sich für die deutschen Betonstraßen noch nicht feststellen. Einige Formen bekannter Betonstraßen aus Deutschland und der Schweiz sind in der Abb. 93 wiedergegeben.

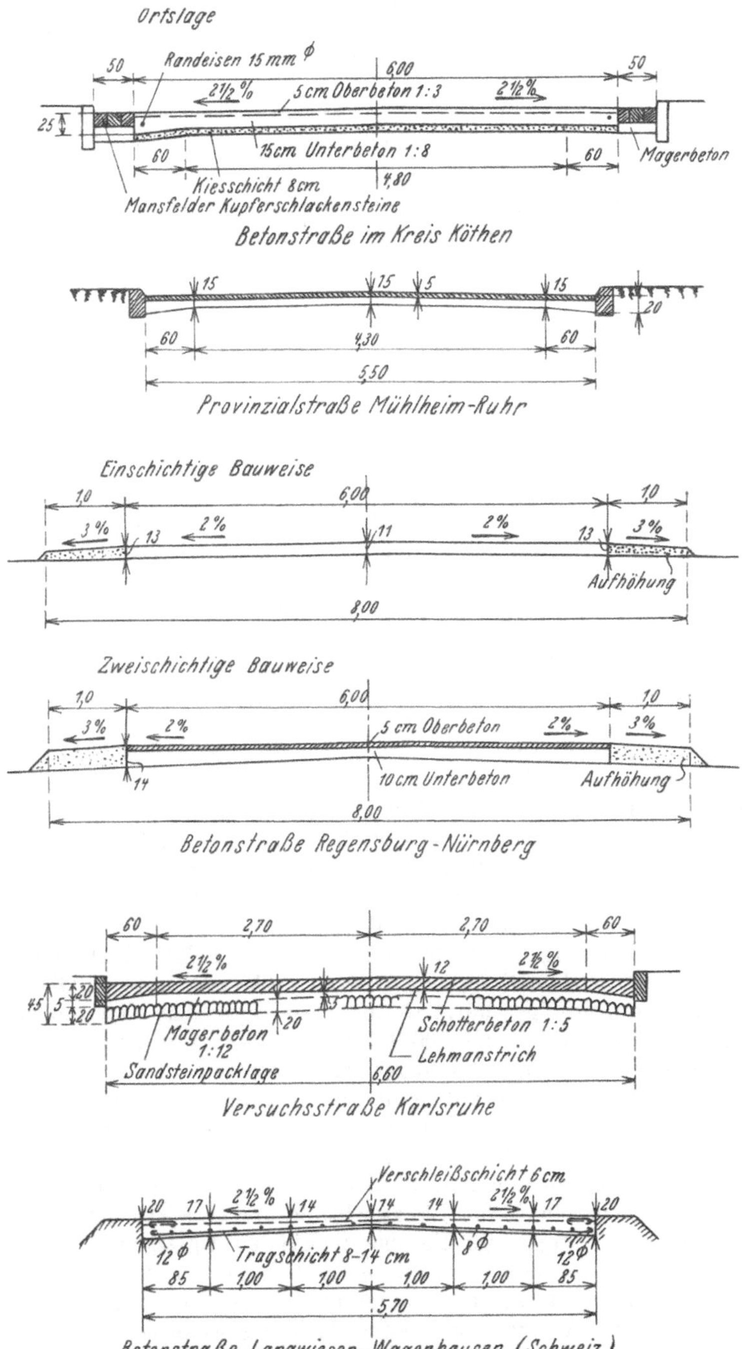

Abb. 93 (Fortsetzung). Querschnitte von Betondecken in Deutschland und in der Schweiz.

e) Bewegungsfugen.

1. Allgemeines.

Die Ursachen von Bewegungen in Betondecken können dreierlei Art sein: Wärmespannungen, Verkehrsbelastungen und Volumenänderungen. Diese drei Ursachen können jede für sich oder zusammen zur Rißbildung der Deckenplatte führen. Man muß ihnen also nachgehen und durch Herstellung von künstlichen Fugen, in denen die Bewegungen sich ausgleichen können, einer Rißbildung, die u. U. zur Zerstörung der Decke führen kann, vorbeugen. Spannungen infolge Erwärmung treten, wie schon auf S. 134 erwähnt, entweder durch Sonnenbestrahlung ein, wenn die Oberschicht der Decke infolge Erwärmung sich verlängert gegenüber der Unterschicht und sich die Fahrbahnmitte vom Straßenuntergrund abhebt. Durch das Eigengewicht der Platte und gegebenenfalls durch Verkehrsbelastung entstehen Biegungsspannungen, Druck auf der Oberseite, Zug auf der Unterseite. Oder aber wenn die stark erwärmte Platte z. B. durch einen Regen sich an der Oberfläche abkühlt und zusammenzieht, heben sich die Ränder von der Unterlage ab und es entstehen in der Platte die entgegengesetzten Biegungsspannungen.

Die Betonplatte erhält Risse, wenn sie für die aufzunehmenden Lasten nicht genügend stark genug gemacht ist, vor allem wenn der Untergrund beweglich ist, weil er ein großes Quell- und Schrumpfmaß besitzt und bei Aufnahme und Abgabe von Feuchtigkeit und infolge Frost starke Volumenänderungen erleidet. Die Beschaffenheit des Untergrundes spielt daher bei Betonstraßen eine besondere Rolle, wie schon im Abschnitt VI D c behandelt ist. Auch infolge Setzungen des Untergrundes bei Dämmen, bei Rohrgräben und im Bergsenkungsgebiet treten in den Betonplatten Spannungen auf, die sie nicht aufnehmen können, so daß Risse sich bilden. Auch sie können z. T. durch Eiseneinlagen aufgenommen werden. Nur die Berechnung und Abschätzung der auftretenden äußeren Kräfte und inneren Spannungen beruht auf unsicherer Grundlage, wie schon im Abschnitt VI D b 2 behandelt.

Starke Bewegungen werden drittens in den Betonplatten durch die Volumenänderung hervorgerufen, die beim Erhärten des Betons und durch klimatische Einflüsse auftreten. Der bei der Herstellung feuchte Beton trocknet allmählich aus und schwindet. Das Schwindmaß ist abhängig von dem Zementgehalt und der bei der Mischung zugesetzten Wassermenge. Je schneller dem Beton die Feuchtigkeit entzogen wird, desto größer ist die Schwindung. Die Oberfläche einer Betonplatte schwindet stärker, da sie schneller abtrocknet als die Unterlage. Infolgedessen wird die Zugfestigkeit des Betons in der oberen Schicht leicht überschritten; es bilden sich netzartige Risse. Um diese zu verhüten, muß die Oberfläche vor schneller Wasserabgabe geschützt werden. Der Beton hat einen hohen Wärmeausdehnungsbeiwert, der etwa 0,00001 beträgt. Bei starker Erwärmung dehnt er sich aus. Diese Erscheinung ist weniger gefährlich, da der Beton die hieraus entstehenden Druckspannungen aufnehmen kann. Nachteiliger macht sich die Zusammenziehung bei Kälte in der Bildung von Rissen bemerkbar. Diese Volumenänderungen an und für sich würde der Beton aufnehmen können, wenn er frei aufgehängt oder aufgestellt ist, sie würden sich in einer Verlängerung des Betonprismas oder Verkürzung in der Längsrichtung und Ausdehnung oder Schrumpfung in der Querrichtung zeigen. Da aber die auf dem Untergrund liegende Betonplatte bei dieser Volumenänderung durch die Reibung zwischen Beton und Untergrund Widerstände findet, treten Spannungen im Beton auf. Denn zwischen der Betonplatte und dem Untergrund entsteht Reibung, wenn sich die Platte auf ihm bewegt. Angenommen eine Betonplatte sei in der Mitte festgehalten und ziehe sich nunmehr zusammen, dann wollen sich die Enden nach der Mitte hin bewegen. Dieser Bewegung entgegen wirken die Reibungskräfte am Boden. Die Größe dieser

Reibungskräfte kann ermittelt werden, sie ist $Q \cdot f$, wenn Q das Gewicht der Platte ist und f der Reibungswert zwischen Boden und Beton. Dieser liegt nach Untersuchungen im Technischen Untersuchungsamt der Stadt Berlin etwa zwischen 0,6—0,9 (63), für trockene Erde kann er zu 0,7, für feuchte zu 0,8 angenommen werden. Ist das Gewicht der Betonplatte für 1 m² bei 20 cm Stärke 440 kg und der Reibungswert 0,7, dann errechnet sich der Reibungswiderstand zu 308 kg für 1 m Plattenbreite. Wo dieser Reibungswiderstand vom Beton nicht mehr aufgenommen werden kann, wo also die zulässige Zugfestigkeit überschritten wird, muß der Beton reißen. Ein Beton 1 : 6 feucht angemacht, hat eine Zugfestigkeit von etwa 10 kg für den cm² nach 28 Tagen. Ein Querschnitt von 1 m Breite und 20 cm Dicke kann also 20000 kg Zugkraft aufnehmen. Eine solche wird erreicht bei einer Länge der Betonplatte von

$$l = \frac{20000}{308} = 65 \text{ m}. \tag{73}$$

Tatsächlich treten aber die Risse in geringeren Abständen auf. Es liegen eine Anzahl Beobachtungen vor, die aber in weiten Grenzen schwanken.

Nach den Versuchen auf der bundesstaatlichen Versuchsbahn in Arlington ist der Reibungsbeiwert für verschiedene Bodenarten in folgenden Größen gefunden worden, wobei auch die Geschwindigkeit, mit der der Beton über den Boden bewegt worden ist, mit berücksichtigt worden ist:

	Geschwindigkeit v m/sec	Beiwert f	Geschwindigkeit v m/sec	Beiwert f	Geschwindigkeit v m/sec	Beiwert f
Eingeebneter Ton	0,001	0,55	0,01	1,30	0,05	2,07
Unebener Ton.	0,001	0,57	0,01	1,29	0,05	2,07
Lehm.	0,001	0,34	0,01	1,18	0,05	2,07
Ebener Sand	0,001	0,69	0,01	1,24	0,05	1,38
18 mm starker Kies . . .	0,001	0,52	0,01	1,10	0,05	1,26
18 mm großer Schotter. .	0,001	0,44	0,01	0,92	0,05	1,09
7,5 cm großer Schotter. .	0,001	1,84	0,01	1,78	0,05	2,18

Gewicht des Betonblockes 400 kg, Widerstand gemessen am Dynamometer, die Umfangsgeschwindigkeit an einer Kurbel, die ein Rad drehte, an dem das Zugseil des Betonblockes befestigt gewesen ist (47). Der Gleitwiderstand ist demnach verhältnismäßig hoch und die richtige Bewertung des Reibungsbeiwertes zwischen Beton und Unterlage von ausschlaggebender Bedeutung.

Volumenänderungen können aber auch durch Wasseraufnahme (Schwellen) und Wasserabgabe (Schwinden) auftreten. Nach Goldbeck ist geringe Wasseraufsaugefähigkeit neben anderen eine sehr wichtige Eigenschaft für den Beton. Es ist möglich, die Bewegungen infolge der Volumenänderung des Betons durch entsprechende Zusammensetzung der Stoffe und Behandlung der Decke in gewissem Maße zu beeinflussen. Indessen können sie nicht ganz unterbunden werden, so daß man ihre schädlichen Einflüsse durch Schaffung von Bewegungs- oder Dehnungsfugen aufheben muß. Die Anlage und Ausbildung solcher Dehnungsfugen ist eine sehr wichtige Aufgabe des Betonstraßenbaues, die aber eindeutig und endgültig noch nicht gelöst ist.

Die Bildung von Rissen im Beton infolge von Bewegungen ist zuerst am Betonunterbau der Asphalt- und Holzpflasterstraßen studiert worden. Obwohl dieser Beton als Unterlage für die Abnutzungsschichten einen gewissen Schutz gegen die unmittelbare Einwirkung von Wärme, Kälte und Feuchtigkeit besitzt, erleidet er doch Veränderungen, die sich auf die darüber liegenden Decken übertragen. Nach Feststellung des Verfassers bilden sich solche Risse infolge Kältewirkung bei einem Unterbeton in magerer Mischung, also mit geringer Zugfertigkeit im Abstande von 9—10 m. Der schon genannte Goldbeck, ehemals Leiter der Versuchsanstalt im B. P.R.V.St.A. behandelt in der Zeitschrift P.R. 1925 die Beziehungen zwischen den Eiseneinlagen und Querrissen bei Betonstraßen. Er geht von der gleichen Voraussetzung aus, daß durch die Reibung am Boden die Betonplatte sich nicht zusammenziehen kann und daher dort reißen muß, wo die Zugspannung des Betons überwunden ist. Er nimmt an, daß die Platte in der Mitte festgehalten wird und sich an beiden Enden zusammenzieht (Abb. 94).

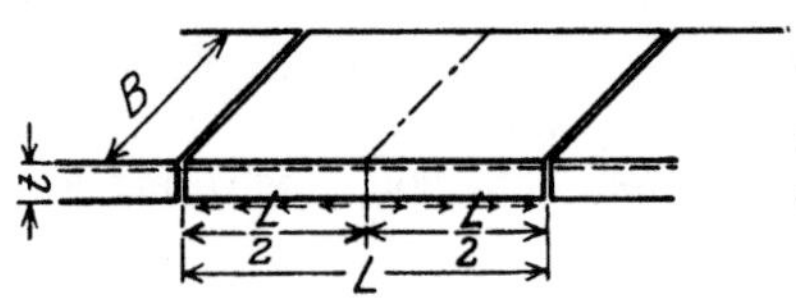

Abb. 94.

Für die Entfernung der Risse stellt er dann die folgende Gleichung auf in Kilogramm und Zentimeter für 1 m Breite umgerechnet:

$$f \cdot \frac{L}{2} \cdot g = 100 \cdot t \cdot \sigma_z^b + a \cdot \frac{E_e}{E_b} \sigma_z^e. \qquad (74)$$

In dieser Gleichung ist:

f der Reibungswert zwischen Boden und Platte,
L die Entfernung zwischen den Rissen in m,
G das Plattengewicht kg/m²,
t die Plattenstärke in cm,
σ_z^b die Betonzugspannung kg/cm² (angenommen zu 2,1 kg/cm²),
a der Querschnitt der Eiseneinlagen in cm²,
$\frac{E_e}{E_b}$ = Verhältnis der Elastizitätswerte = 10,
σ_z^e = Eisenzugspannung (kg/cm²).

Für diese Gleichung werden die folgenden wahrscheinlichen Rißentfernungen berechnet:

1	2	3
	Verlangte Fugenentfernung	
Längseisenbewehrung für einen laufenden Meter Breite	wenn keine Zwischenrisse auftreten sollen m	wenn keine Zwischenrisse auftreten sollen (Haarrisse) m
Keine	8,7	8,7
2,1 cm² = 0,14 vH	8,9	10
4,2 cm² der Fläche = 0,28 vH	9,0	20
6,3 „ „ „ = 0,42 „	9,1	30

Aus der Spalte 2 ist zu entnehmen, daß die Eisenbewehrung nur einen geringen Einfluß auf die Fugenentfernung hat, wenn keinerlei Zwischenrisse auftreten sollen.

Sind im Beton Haarrisse zugelassen, dann muß die Zugfestigkeit des Betons außer Betracht bleiben und nur die Eiseneinlage für die Aufnahme der Zugkräfte herangezogen werden. Die Gleichung lautet dann:

$$f \cdot \frac{L}{2} \cdot G = a \cdot \sigma_z^e. \qquad (75)$$

Die zulässige Zugspannung im Eisen zu 1750 kg/cm² angenommen, ergibt die Werte der Spalte 3. Aus der Gleichung ist zu erkennen, daß der Abstand der Fugen proportional der Zugfestigkeit und umgekehrt proportional des Beiwertes der Reibung zwischen Platte und Erdboden ist. Daraus ist zu entnehmen, wie wichtig es ist, den Beton lange genug feucht zu halten, bis er eine hohe Zugfestigkeit erlangt hat, bevor zugelassen wird, daß der Beton sich zusammenzieht und Zugkräfte aufnimmt. Außerdem ist daraus zu entnehmen, daß der Untergrund möglichst glatt gemacht werden soll, um den Reibungsbeiwert niedrig zu halten und damit die Zugkräfte beim Schwinden des Betons zu ermäßigen.

Der Reibungsbeiwert ist im allgemeinen sehr hoch; er kann unter gewissen Bedingungen geringer sein, dann sind die Fugenentfernungen größer. Goldbeck folgert aus seinen Betrachtungen, daß seine Annahmen in mancher Hinsicht verbesserungsfähig sind, wenn weitere Erkenntnisse gewonnen werden. Man ist daher in der theoretischen Erfassung der Fugenentfernung recht weit vom Ziel.

Auch Berechnungen über Grenzfugenabstände, wie sie von Glaßer (64) aus den Spannungsverhältnissen in Betonplatten für Stadtstraßen, ringförmige Straßen und Plätze aufgestellt hat, beruhen auf so unsicheren Annahmen z. B. hinsichtlich der Elastizitätszahl von Beton, der Poissonzahl, Verhältnis zwischen Biegungs- und reiner Zugfestigkeit u.a.m., daß ihnen praktische Bedeutung nicht zugemessen werden kann. Schon geringe Abweichungen von den Annahmen ergeben stark abweichende Werte.

Mehr Erfolg versprechen Beobachtungen über den richtigen Fugenabstand an Betonstraßen selbst, wie sie in Nordamerika schon vielfach vorgenommen sind, z. B. von Zaß, von Goldbeck und Jackson (65, 66) und in Deutschland von Probst (58). Aus ihnen können die folgenden Werte abgeleitet werden.

Die Volumenänderung des Betons infolge Feuchtigkeitsschwankungen beträgt 0,1 mm auf 1 m. Die aus den Höchst- und Tiefsttemperaturen sich ergebenden Ausdehnungen von 0,5 mm/m und die Zusammenziehung 0,7 mm/m, entsprechen einer gesamten Temperaturspanne von 68°. Probst faßt das Ergebnis vielfacher Untersuchung dahin zusammen (58), daß die Grenzwerte der Längenänderungen bei gemischter Lagerung (Wasser- und Luftlagerung) wesentlich kleiner sind, als die bisher festgestellten größten Schwindmaße bei Luftlagerung oder Schwellmaße bei Wasserlagerung. Wieweit die Stoffeigenschaften für die Volumenänderung maßgebend sind und beeinflußt werden können, soll im folgenden Abschnitt behandelt werden.

2. Preßfugen.

Im Gegensatz zu den Anschauungen im gesamten Auslande ist in Deutschland die Anlegung von Preßfugen als zweckmäßig angesehen und verfolgt worden. Unter Preßfugen werden solche Fugen verstanden, die zwar eine Zusammenziehung zulassen, aber keine Ausdehnung des Betons über sein Anfangsvolumen gestatten. Der Verfasser hat sich stets gegen solche Preßfugen gewendet, da er seit nunmehr 20 Jahren die Frage der Dehnungsfugen verfolgt und schon bei Betonunterbau von Asphaltstraßen Erfahrungen hat sammeln können (67). Die Feststellungen von Probst stützen diese Auffassung. Man nimmt an, daß das anfängliche Schwinden des Betons eine so große bleibende Längenverkürzung bewirkt, daß unter normalen Umständen die Betonplatte nicht über ihr Anfangsvolumen hinausgeht. Sollte dieser Fall dennoch eintreten, so kann, da der Beton erhebliche Druckfestigkeit besitzt, die Ausdehnung infolge Wärme oder Wasseraufnahme durch innere Spannungen aufgenommen werden. Nach Feststellungen von Probst hat sich diese Annahme als irrig erwiesen. Es können auch Quellungen z. B. infolge von Niederschlägen auftreten, die über die Abmessungen der Platten bei der Herstellung hinausgehen. Außerdem wird aber damit zu rechnen sein, daß sich im Winter die geöffneten Fugen mit feinem Sand und Staubteilchen füllen, die bei Wärmeausdehnung nicht oder nur z. T. herausgedrückt werden. Der Fugenspalt kann sich nicht wieder vollständig schließen, es werden an einzelnen Stellen erhebliche Druckbeanspruchungen hervorgerufen, die zu Absplitterungen an den Kanten führen, wie der Zustand an verschiedenen deutschen Betonstraßen, die mit Preßfugen hergestellt sind, beweist (67). Nach Probst sind Preßfugen nur in außerordentlich niederschlagsarmen Gegenden zulässig, wenn die betreffende Straße zu Zeiten hoher Temperatur oder zu Beginn der Trockenheit gebaut wird. Wenn die Preßfugen nicht genau lotrecht abgeglichen werden, schieben sich die Platten infolge Wärmeausdehnung gegeneinander hoch. Schon eine Abweichung von 5° von der Lotrechten kann bewirken, daß die eine Platte 5—7 cm über die andere sich erhebt. Auch Aufwölbungen treten ein, worüber aus dem V. St. A. berichtet wird. Sind größere Kantenabsplitterungen eingetreten, so daß ein Fugenschutz notwendig wird, dann bietet die Preßfuge gegenüber der Raumfuge dem Verguß durch Asphalt erhebliche Schwierigkeiten. Ohne Ausstemmen der Fuge läßt sich ein wirksamer und dauerhalter Kantenschutz nicht einbringen.

3. Raumfugen als Dehnungsfugen.

Über den Fugenabstand wird in den „Vorschriften des nordamerikanischen Portland Zement Verbandes für einschichtige Betonstraßen" vom Juni 1930 die folgende Vorschrift gegeben:

Dehnungsfugen werden in die Betondecke eingelegt, um die Wirkung der Druckkräfte zu verhindern, die entstehen, wenn der Beton sich mit wachsender Hitze oder Feuchtigkeit ausdehnt. Sie sollen aber auch, wenn der Beton sich zusammenzieht oder schwindet, dies ermöglichen. Die Bildung von Rissen in den Betondecken soll auf diese Weise unterbunden werden.

Die Bedeutung des geforderten Spielraumes hängt ab von der Temperatur des Betons, bei der er hergestellt wird, und der höchst möglichen Temperatur während des heißesten Tages im Sommer. Für die meisten Gegenden der Vereinigten Staaten genügt ein Zwischenraum von 25 mm für je rd. 30 m Fahrbahnlänge. Dieser kann als eine 9 mm Fuge alle 10,50 m, als eine 12 mm-Fuge alle 15,00 m, als eine 15 mm-Fuge alle 18,00 m, als eine 19 mm-Fuge alle 22,50 m oder als eine 25 mm-Öffnung alle 30 m angelegt werden.

Wenn die Entfernung zwischen zwei Dehnungsfugen größer als 12 m ist, so müssen Scheinfugen eingelegt werden, und zwar in gleichen Abständen zwischen den Ausdehnungsfugen.

Sowohl Theorie als auch Praxis weisen darauf hin, wenn Querfugen eingelegt sind, daß diese in Abständen von 7,50—12,00 m angeordnet werden sollen. Durchschnittlich wird bei einem Untergrund aus Sandboden die obere Grenze genommen, hauptsächlich wenn der grobe Gesteinszuschlag aus gebrochenen Steinen besteht. Auf Böden, welche sich ziemlich ausdehnen und zusammenziehen, oder wo eine sandreiche Betonmischung oder ein Gesteinszuschlag von geringer Größe verwendet ist, kommt die untere Grenze in Frage.

Eine Dehnungsfuge von 25 mm alle 31,50 m mit Scheinfugen in Abständen von 10,50 m dazwischen, wird für durchschnittliche klimatische und sonst übliche Verhältnisse empfohlen.

Diese Zwischenfugen müssen bei städtischen Ausführungen etwas geändert werden, um Platten von annähernd der gleichen Länge zwischen die Abschnitte einzubringen.

Regelmäßige Dehnungsfugen und Scheinfugen werden in einigen Ländern der V. St. A. fortgelassen auf Grund der Anschauung, daß es weniger kostet, wenn sich Risse bilden, als Fugen einzubauen und zu unterhalten, und daß die unregelmäßig verlaufenden Ecken an Rissen dazu dienen, Lasten von einem Ende der Platte zum Beginn der nächsten hinüberzuleiten. Diese Ausführung wäre unbedenklich, wenn die Ecken von Rissen gegen weiteres Ausbrechen durch sorgfältige Unterhaltung geschützt werden. Probst kommt zu dem Ergebnis, daß bei den deutschen klimatischen Verhältnissen der Fugenabstand bis zu 20 m gemacht werden kann, ohne Rißbildung zu befürchten, daß bei diesem Fugenabstand ein Fugenspalt von 5—6 mm Weite genügt. Die Größe des Spaltes hängt aber von der Jahreszeit und der Temperatur bei der Herstellung der Betonplatten und im gewissen Grade auch vom Abstand der Dehnungsfugen ab.

Diese Entfernung scheint dem Verfasser zu groß. Wenn man alle Einflüsse, wie Verkehrsbelastung, Wärme- und Feuchtigkeitsunterschied, Unsicherheit in der Untergrundbeschaffenheit berücksichtigt, wird man dazu gedrängt, engere Fugenabstände vorzuschlagen, zumal der Zustand einer großen Zahl besichtigter Betonstraßen geradezu darauf hinweist. Es wird empfohlen, die Dehnungsfugen selbst in größerem Abstand, dazwischen aber noch Scheinfugen anzuordnen.

Dieser Vorschlag geht auf Erfahrungen des Staates Kalifornien zurück, der auf Grund der Feststellungen an einer über 5 km langen Versuchsstraße im Ventura County die Fugen in folgender Form anordnet (67): Es werden drei Arten von Fugen bezeichnet. Die Preßfuge (contact joint), die Scheinfuge (weakened plane joint), auch (dummy joint) und die Dehnungsfuge (expansion joint). Die Preßfuge kommt nur für Arbeitsfugen und Längsfugen, nicht für Querfugen in

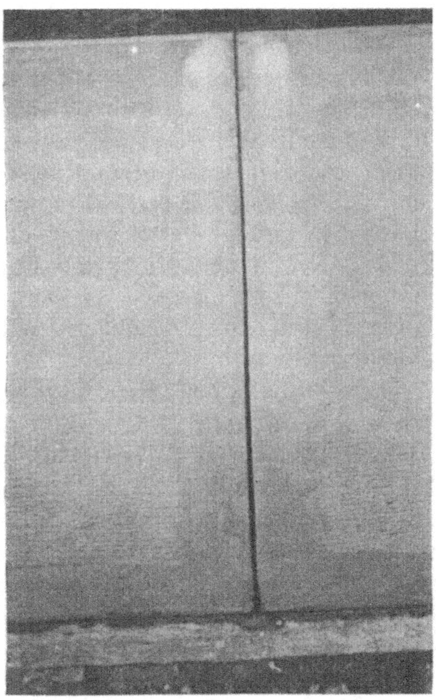

Abb. 95. Scheinfuge.

Abb. 96. Breite Dehnungsfugen bei Anordnung in großem Abstand.

Frage. Dehnungsfugen sind in 18 m Abstand anzulegen und Scheinfugen dazwischen in je 6 m Abstand. Diese dienen dazu, wenn der Beton schwindet, durch Schwächung des Querschnittes die Rißbildung an diesen Stellen eintreten zu lassen.

Die Entfernung der Fugen von 6 m scheint auch für deutsche Verhältnisse das richtige zu sein. Auf den bayrischen Versuchsstraßen weisen die Felder unter 6 m Länge keine Querrisse auf.

Eine Scheinfuge wird in der Weise hergestellt, daß in die fertige ohne Unterbrechung hergestellte Decke eine 5 cm tiefe Fuge durch ein T-förmiges Eisen eingedrückt wird, die 6 mm breit ist und sich nach unten verjüngt. Die Kanten werden mit einem Reibeisen genau abgerundet, die entstandene Fuge später ausgegossen (Abb. 95).

Andere Staaten wie z. B. Illinois verzichten auf die Anlegung von Dehnungsfugen in engem Abstand. Alle 60 m werden Dehnungsfugen von 5 cm Spaltgröße angeordnet, die mit einer Asphaltsandmischung ausgefüllt werden (Abb. 96).

Die Betonplatte reißt dann in kurzen Abständen unregelmäßig. Diese Risse werden als unabänderlich in Kauf genommen und durch Ausgießen mit Asphaltbitumen gut unterhalten. Die Risse ebenso wie die Preßfugen haben den Nachteil, daß sie sich schwer vergießen lassen, da die Spaltöffnung zu klein ist, um Vergußmasse aufzunehmen, es sei denn, daß die Fuge zuvor schon ausgestemmt worden ist.

Fugen entstehen außerdem noch als Arbeitsfugen. Sie müssen angelegt werden, wenn die Betonierung für mehr als 30 Minuten unterbrochen wird. Fallen sie in die Nähe von Dehnungsfugen, werden sie als solche ausgebildet. Sonst wird an den bei Arbeitsschluß lotrecht hergestellten und mit einer Bohle geschützten Abschluß bei Fortsetznug der Arbeit unmittelbar anbetoniert und die Fugen als Zusammenziehungsfugen angesehen.

Hinsichtlich der Entfernung der Fugen muß noch auf die Gefahr der Erzeugung von Schwingungen im Fahrzeug beim Befahren von Betonstraßen hingewiesen werden. Selbst die beste Fugenausfüllung und sorgsamste Behandlung können nicht verhindern, daß eine geringe Unebenheit entsteht — bei Wärme ein Aufquellen der Fugenfüllung, bei Kälte eine Sackung — durch die der Kraftwagen einen Stoß erhält. Es besteht die Gefahr, daß eine Resonanz zwischen der Eigenschwingung des schnellfahrenden Wagens und der periodisch auftretenden Stöße infolge der Fugen auftritt, wodurch das Fahrzeug in solche Schwingungen versetzt wird, daß die Steuerung erschwert und die Fahrsicherheit herabgemindert, die Ladung und die Fahrgäste infolge des Schwingens des Wagens unzulässig erschüttert werden. Darum werden neuerdings die Fugenabstände nicht gleichmäßig sondern mit geringen Unterschieden bemessen. Die dadurch bewirkten Stöße werden im Fuhrwerk aufgefangen und rufen dort allerdings starke Beanspruchungen in den Federn hervor.

Wenn zur Vermeidung von Längsrissen Längsfugen in der Mitte vorgesehen werden, über die im folgenden noch einiges ausgeführt wird, bildet die Stelle, wo sich Quer- und Längsfuge schneiden, einen schwachen Punkt, da die vier sich hier treffenden Ecken die geringste Biegungsfestigkeit haben. Es ist daher der naheliegede Vorschlag gemacht worden, die Fugen zu versetzen. Bei versetzter Anordnung der Querfugen mit großem Ausmaß hat sich aber gezeigt, daß die Reibung an der Längsfuge bei Bewegung der einen Plattenseite die andere mitgenommen hat, und daß an Stelle der Querfuge sich in dem benachbarten Feld ein Querriß gebildet hat. Diese Risse sind auch bei nur geringem Maß der Versetzung (selbst bis 40 cm) aufgetreten, so daß auf Grund der damit gemachten schlechten Erfahrung auf ein Versetzen der Querfugen jetzt verzichtet wird.

Auch die Anordnung der Fugen in einem von dem Rechten gegen die Straßenachse abweichenden Winkel hat keinen Erfolg gebracht. Nur bei ganz geringer Abweichung (etwa 10^0) ist bei Preßfugen eine geringere Abnutzung festgestellt worden. Aber der Erfolg steht in keinem Verhältnis zu den Erschwerungen bei der Ausführung. Bei Raumfugen ist ein Abweichen vom rechten Winkel kaum möglich, weil die Ausführung erschwert wird.

4. Längsfugen.

Die Dehnung und Zusammenziehung der Betonplatten erfolgt nicht nur in der Längs- sondern auch in der Querrichtung. Da die Rißbildung nach den zuvor gemachten Ausführungen dann eintritt, wenn das Reibungsgewicht der sich bewegenden Plattenteile solche Spannungen im Querschnitt der Platte hervorruft, daß die Festigkeitsgrenze des Betons gerade überschritten wird, so können die Normalspannungen aus den Längenänderungen nach den zwei Achsen verringert werden, wenn man die Betonplatten nicht zu breit werden läßt, d. h. von einer bestimmten Breite ab die Platten durch Längsfugen unterteilt. Auch die schon erwähnte Aufwölbung der Platten in der Mitte oder an den Rändern bei ungleichem Wärmezustand und die daraus sich ergebenden Biegungsbeanspruchungen können durch Anordnung von Längsfugen verringert werden, in gleicher Weise die Einflüsse beweglichen Untergrundes.

Die Notwendigkeit solcher Längsfugen ergibt sich aus der Beobachtung, daß selbst bei geringem Abstand der Querdehnungsfugen sich in den Platten unregelmäßige Längsrisse bilden. Nach dem Bulletin 1077 des B.P.R. treten in Decken von 3 m Breite Risse noch nicht auf, aber sobald die Breite über 4,8 m hinausgeht. Fast auf allen deutschen Betonstraßen haben sich dort, wo keine Längsfugen angeordnet worden sind, Längsrisse gebildet, die sich z. T. mit der Zeit stark erweitert haben.

Längsfugen sollen auch zum Abschluß an Bordschwellen, an Einbauten in der Fahrbahn und am Gleiskörper hergestellt werden, d. h. überall dort, wo Eigenbewegungen auftreten, die auf die Betonplatten übergreifen können und Querrisse dann erzeugen müssen.

In den vorstehenden Ausführungen ist das Auftreten von Rissen als eine Gefahr für die Betonstraßen angesehen. Tatsächlich sind auch in einzelnen Fällen durch zuviel Risse Betondecken zu Bruch gegangen. Die Auffassung, daß Risse ungefährlich sind und durch entsprechende Pflege mittels Ausgießen mit bituminösen Mitteln unschädlich gemacht werden können, wird nicht geteilt. Risse entstehen infolge Überbeanspruchung des Betons. Diese tritt nicht nur in der Linie des Risses selbst, sondern auch in den benachbarten Zonen auf, was sich durch das schnelle Absplittern des Betons an den Rißkanten deutlich zeigt. Wenn diese nicht rechtzeitig geschützt werden, kann die Zerstörung große Ausdehnung annehmen. Für die Risse gilt dann das gleiche wie für die Preßfugen, sie sind nicht breit genug, um bituminöse Bindemittel einzubringen. Die Unterhaltung, über die auf S. 182 weiteres gesagt wird, ist sehr erschwert. Auf jeden Fall sollte nichts versäumt werden, um durch Vorbereitung des Untergrundes, Querschnittsausbildung, Bewehrung, Nachbehandlung, Baustoffzusammensetzung und Fugenanordnung Risse soweit als irgend möglich zu verhindern. Das Fehlen oder Vorhandensein von Rissen wird stets ausschlaggebend für die Beurteilung der Güte einer Betondecke sein und bleiben.

f) Die Baustoffe.

Der allgemeine Fortschritt in der Betonbauweise und die gewonnene Erkenntnis über die richtige und zweckmäßige Zusammensetzung des Betons sind in vollem Maße der Betonstraße zugute gekommen, und haben unmittelbar ihre Entwicklung gefördert. Durch wissenschaftliche Uutersuchungen in den Versuchsanstalten sind die Grundlagen geschaffen worden, deren Beachtung einen brauchbaren, jedem besonderen Zwecke angepaßten Beton gewährleisten. Zugleich sind aber auch die besonderen Anforderungen festgestellt, die der Straßenbau an den Beton stellt, und die Mittel angegeben worden, wie sie befriedigt werden können.

Der Betonstraßenbau kann nur dann Erfolg haben, wenn er sich die gesamten für den Betonbau geltenden Ergebnisse wissenschaftlicher und praktischer Forschung zunutze macht und ferner die für ihn selbst geltenden Vorschriften beachtet. Beide sollen im folgenden behandelt werden. Eine Zeitlang haben noch die V. St. A. vor Europa einen Vorsprung in der wissenschaftlichen Durchdringung der Betontechnik gehabt. Mit den reichen Mitteln der amerikanischen Zementindustrie hat Professor Abrams von der Portland Cement Ass. in Chicago umfangreiche Versuche am Beton vornehmen können, die besonders darüber aufgeklärt haben, welchen Einfluß der Wassergehalt und die Kornzusammensetzung auf die Festigkeit des Betons haben. Gleichlaufend ist aber auch in Deutschland auf diesem Gebiete gearbeitet worden, und die Forschungsarbeiten vor allem von Professor Graf (68) von der Materialprüfungsanstalt der Technischen Hochschule Stuttgart, von Professor Dr. Ing. Probst (58) von der Technischen Hochschule Karlsruhe, von Professor Otzen (69) von dem staatl. Materialprüfungsamt Berlin-Dahlem und anderen bestätigen nicht nur die amerikanischen Ergebnisse, sondern gehen bereits über dieselben hinaus. Mit Rücksicht auf ihre Bedeutung für den Betonstraßenbau werden sie im folgenden behandelt werden. An die Eigenschaften der einzelnen Baustoffe werden für die Herstellung eines sachgemäßen Betons folgende Anforderungen gestellt:

1. Zement.

Es darf nur solcher Zement verwendet werden, der langsam bindet und den Normen für die Lieferung und Prüfung von Zement entspricht. Es kann Portlandzement und hochwertiger verwendet werden. Hochwertiger Zement mit hoher Anfangsfestigkeit hat den Vorteil, daß die Betondecke schneller erhärtet und um so früher dem Verkehr übergeben werden kann. Bei Herstellung zweischichtiger Decken besteht aber die Gefahr, daß der Unterbeton schon in den Zustand der Erhärtung übergegangen ist, ehe der Oberbeton aufgebracht werden kann, und daß dann beide Schichten nicht mehr aneinander anbinden. Dieser Umstand wird bei zweischichtiger Decke besondere Aufmerksamkeit erfordern.

Da nach Probst hochwertiger Zement in den ersten 28 Tagen keine größere Verschleißfestigkeit aufweist, als gewöhnlicher, bietet seine Verwendung keine besonderen Vorteile, vielmehr kann eine frühere Freigabe der Straße zu Abuntzungserscheinungen führen. Noch bedenklicher ist es, für die beiden Schichten verschiedene Zemente zu verwenden — in der Unterschicht Normenzement und für die Oberschicht hochwertigen — weil in diesem Falle der Unterschied im physikalischen Verhalten, der sowieso schon infolge der Abweichungen im Mischungsverhältnis und der Zuschläge vorhanden ist, nur noch vermehrt wird.

Auch werden solche Zemente bevorzugt werden müssen, die möglichst wenig schwinden und hohe Zugfestigkeit haben. Gerade auf die letztgenannte Eigenschaft wird besonders im Straßenbau Wert gelegt werden müssen, da schon darauf hingewiesen ist, daß bei der wechselvollen Beanspruchung des Betons Zugspannungen in allen Querschnitten auftreten können und auch die Rißbildung von der Zugfestigkeit des Zementes abhängig ist.

2. Sand, Kies und andere Zuschläge.

Die praktischen Bedürfnisse haben es erwünscht erscheinen lassen, einheitliche Korngrößenabstufungen und einheitliche Bezeichnungen zu schaffen. Die Aussiebung nach verschiedenen Korngrößen erfolgt mit Sieben deren Größe durch DIN 1171 (Abschnitt VII B a) bestimmt ist. Die Bezeichnungen sind in der DIN 1179 (Abschnitt VII B a) „Körnung für Sand, Kies und zerkleinerte Stoffe" festgelegt. Alle Korngrößen, die durch das 3 mm Rundlochsieb hindurchgehen, werden als Sand bezeichnet. Im Betonbau wird der Durchgang durch das 7 mm Rundlochsieb mit Kiessand bezeichnet (5 mm Korngröße).

Art der Zuschlagstoffe: Sand: Gruben-, Fluß-, Brech- oder Quetschsand aus natürlichem Gestein oder aus Stückschlacke (Hochofenschlacke) und Schlackensand (gekörnte Hochofenschlacke bis zu höchstens 7 mm Korngröße).

Kies: Natürliche Kiesgraupen, Kiessteine, Kiesel von 7 bis höchstens 50 mm Korngröße.

Kiessand: Das natürliche Gemenge von Sand und Kies.

Steingrus und -splitt: Zerkleinertes Gestein bis zu 25 mm Korngröße.

Steinschlag oder Schotter: Zerkleinertes Gestein zwischen etwa 25—50 mm Korngröße.

Er darf nur gesundes, wetterbeständiges Gestein benutzt werden. Gebrochenes und gequetschtes Gestein hat sich als vorteilhaft erwiesen. Hinsichtlich der Frostsicherheit hat der Amerik. Portland Zement Verband festgestellt, daß viele Schäden an Betonoberflächen, wie z. B. Abschälen, Ausbrüche, auf mangelnde Frostsicherheit zurückgeführt werden müssen, wobei der Glimmergehalt des Gesteins den Widerstand gegen Frost auffallend herabsetzt.

Die Sande und Kiese dürfen keine organischen Verunreinigungen haben, die durch Behandlung mit Ätznatron und Beobachtung der Verfärbung des Spülwassers (Abschnitt VII B b 1) festgestellt werden können. Der Gehalt an Lehm und Ton darf nur gering sein. Er wird nach dem auf S. 99 behandelten Schlämmverfahren festgestellt.

Die im Betonstraßenbau verwendete Hochofenschlacke muß den Vorschriften, wie sie auf S. 264 angegeben sind, entsprechen.

3. Mischungsverhältnis.

Das Mischungsverhältnis von Zement und den Zuschlägen richtet sich nach den Anforderungen, die an den Beton auf Druck- und Zugfestigkeit, Biegungsfestigkeit, Widerstand gegen Abnutzung, geringe Schwindung und geringe Wasseraufnahme u. a. m. gestellt werden. Neben dem Mischungsverhältnis sind aber noch andere Einflüsse für die Eigenschaften des Betons maßgebend, wie z. B. Kornaufbau der Zuschläge, Art der Zuschläge, ob natürliches Korn oder gebrochenes Korn, Art der Aufbereitung, Wasserzusatz und die Nachbehandlung des fertigen Betons.

Mit Rücksicht auf die schwankenden Raumzustände des Zements (lose oder eingerüttelt) empfiehlt es sich nicht, den Anteil des Zementes an der Betonmischung in Raummaß anzugeben. Vielmehr wird das Mischungsverhältnis in der Weise festgelegt, daß die Gewichtsmenge Zement auf 1 m^3 fertig verarbeiteten Beton angegeben wird. Es entspricht dem Fortschritt im Betonbauwesen, wenn in den Vorschriften der amerikanischen Straßenbehörden für die Unternehmer die Zusammensetzung und Beschaffenheit des Betons ziemlich genau festgelegt wird. So finden sich Vorschriften über die Kornzusammensetzung des feinen und des groben Zuschlages und ihre Widerstandsgröße gegen Abschleifen und Abnützung in der Devaltrommel (s. Abschnitt VII B a 8), Anteil der abschlämmbaren Bestandteile, die auf 3 vH beschränkt sind, und die Mindestmenge des Zementes auf 1 m^3. Das Mischverhältnis ist fast übereinstimmend 1 : 2 : 3, in einzelnen Fällen 1 : 2 : 4 oder 1 : 2 : 3½, wird aber neuerdings auch in Gewichtsmengen auf 1 m^3 angegeben (VI. I. Str. K. 1930). Das Mischverhältnis beeinflußt auch das Maß der Setzprobe (S. 154), das 2,5—5 cm betragen soll.

Bei Bemessung der Zuschläge nach Gewicht ist zu beachten, daß sie meist etwas Feuchtigkeit haben, die bei Sand von 2—6 Gew. vH, wenn er gewaschen ist, beträgt im Mittel etwa 3 vH. Grobe Zuschläge haben etwa 2 Gew. vH. Probst gibt die Eigenfeuchtigkeit von Grubensandschotter zu 2,45—3,7, Kiessand 2,15—1,8 Gew. vH an.

Ein Nachteil bei der Bemessung nach Gewicht liegt darin, daß ein gleiches Gewicht nicht immer dem gleichen Raummaß entspricht. Bei großem Hohlraumgehalt ergibt sich für das gleiche Gewicht eine größere Raumverdrängung. Das kann zu Mangel an Mörtel führen, wenn die Ausbeuteberechnung z. B. von einem groben Zuschlag ausgegangen ist, der geringe Hohlräume gehabt hat. Keine Betonausführung sollte ohne eine genaue Ausbeuteberechnung vorgenommen werden.

4. Die Kornzusammensetzung.

Der Wert der richtigen Abstufung des Korngemisches zur Schaffung eines guten Betons, gemessen an der Druckfestigkeit für das gegebene Mischungsverhältnis, ist bekannt. Der Körnungsaufbau wird durch Aussieben nach Korngrößen festgestellt, die Siebgrößen sind durch DIN 1179 (S. 353) festgelegt. Ein anschauliches Bild über die Zusammensetzung eines Korngemisches läßt sich gewinnen, wenn die Gewichtsanteile der einzelnen Körnungen in vH zeichnerisch, beginnend mit der kleinsten Korngröße, so aufgetragen werden, daß die vH-Teile jeder folgenden Korngröße zu den vorhergehenden hinzugezählt werden. Es wird also eine Summenkurve der einzelnen Kornstufen von der kleinsten (0) bis zur größten aufgetragen. Diese Summenkurve muß eine bestimmte Form haben, wenn der Kornaufbau der Zuschläge für die Betonherstellung geeignet sein soll. Vorschläge für solche Kurven haben Fuller und Thompson, Herrmann, Graf, Grün und Otzen gemacht, wobei als Maßstab für die Güte des Betons die Druckfestigkeit zugrunde gelegt ist. Im weiteren Verlaufe wird darauf hingewiesen werden, daß für den Beton im Straßenbau auch noch andere Maßstäbe, wie z. B. Verschleißfestigkeit in Frage kommen. Auf einen grundsätzlichen Unterschied in der Form der Kurven muß hingewiesen werden. Graf (68) trennt den Beton auf in den Mörtel und die groben Zuschläge in der sicherlich zutreffenden Annahme, daß die Festigkeit des Mörtels die Güte des Betons bestimmt. Die groben Zuschläge sind nach unten begrenzt als Rückstand auf dem 7-mm-Lochsieb. Der Durchgang durch das 7-mm-Lochsieb — das ist die Kornstufe 0—5 mm — wird als der Sand angesehen, der zusammen mit dem Zement den Mörtel abgibt. Nach Ansicht von Graf ist der Aufbau der groben Zuschläge ohne Einfluß auf die Druckfestigkeit. Maßgebend ist die Festigkeit des Mörtels. Für den Aufbau des Mörtels gibt er eine Summenkurve — die Grafkurve. Das Mörtelgemisch wird in die Kornstufen 0—0,24 mm (Maschensieb) — diese Stufe enthält auch den Zement — und in die Stufen 0,24 bis 1 mm, 1—3 mm, 3—7 mm (Rundlochsiebe) zerlegt. Graf schlägt für die praktische Anwendung vor, die Sieblinie der Flußsandmörtel nicht unter die Linie, *a*, *b*, *c*, *d* der Abb. 97, vielmehr etwas höher liegend zu wählen (68). Bei Mörtel mit langsplittrigem Quetschsand soll die Summenkurve sogar noch höher liegen und die in der Abb. 97 gestrichelte Form haben. Die Kornzusammensetzung der gröberen Zuschläge ist gegenüber den feinen nur von geringer Bedeutung. Erwünscht ist nur eine gewisse Abstufung und eine möglichst rauhe und scharfkantige Beschaffenheit. Steingemische haben, ohne daß die Korngröße Einfluß darauf hat, etwa 48—55 vH Hohlraumgehalt, den der Mörtel ausfüllen muß. Diese Forderung ist etwa erfüllt, wenn das Verhältnis von Sand zu Steinschlag zu 2 : 3 gewählt wird, und je nach der gewünschten Druckfestigkeit 250—350 kg Zement auf 1 m³ Beton genommen wird. Rauhe splittrige Zuschläge erfordern mehr Mörtel als glatte, rundliche. Die Fullerkurve setzt dem Steinkorngemisch gleichfalls das trockene Zementpulver zu. Sie unterscheidet sich insofern von der Grafkurve, als sie den gesamten Zuschlag bis zur größten Körnung erfaßt.

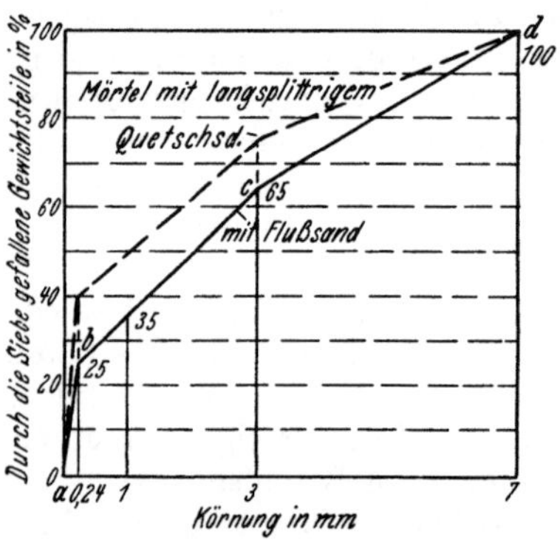

Abb. 97. Zusammensetzung der Mörtel, welche im allgemeinen bei sorgfältiger Verarbeitung besonders hohe Ausnutzung des Zements ermöglichen, auch sonst hochwertige Eigenschaften aufweisen nach Prof. Graf.

Otzen (69) setzt sich für eine Summenkurve ohne Zementzusatz ein, was insofern berechtigt ist, als Beton in ganz verschiedenen Mischungsverhältnissen hergestellt wird. Außerdem muß für jede Mischung und für abweichende maximale Korngrößen eine besondere Fullerkurve gezeichnet werden. Unter Anlehnung an die Fullerkurve und auf Grund ihrer in der Anstalt der Technischen Hochschule Hannover ermittelten Abstufungen der Bestkörnungen, die über der Fullerkurve liegen, hat Otzen Kurven der besten Kornzusammensetzungen für natürliche (Abb. 98) und gebrochene Zuschlagstoffe (Abb. 99) (ohne Zement) für die verschiedenen Mischungsverhältnisse aufgestellt. Die Ordinaten der neuen Körnungskurven sind aus der Zusammenstellung unter den Abbildungen zu entnehmen. Die Kurven Abb. 98/99 sind für eine Maximalkörnung = 1 aufgestellt. Durch Anpassung des Maßstabes an die jeweils vorhandene maximale Korngröße kann für jede maximale Korngröße im Gemisch die beste Körnung aus der Kurve abgegriffen werden. Die Anteile im Gewicht für die einzelnen Mischungsverhältnisse bei einem mittleren Raumgewicht der Zuschlagstoffe von 1,7 sind aus der Zusammenstellung 23 zu entnehmen.

Die Benutzung der Kurven soll an einem Beispiel erläutert werden.

Es soll ein Straßenbeton mit 350 kg Zement auf 1 m³ fertigen Betons hergestellt werden. Der Zuschlagstoff ist gebrochen mit der maximalen Korngröße 40 mm. Es gilt für Abb. 99 die Maßstabreihe 5. Gewählt werden nach DIN 1179 die Kornstufen (die Sieblochgrößen sind in Klammern beigefügt) [0/2 (3 mm), 2/5 (3/7), 5/20 (7/30), 20/40 (30/60)].

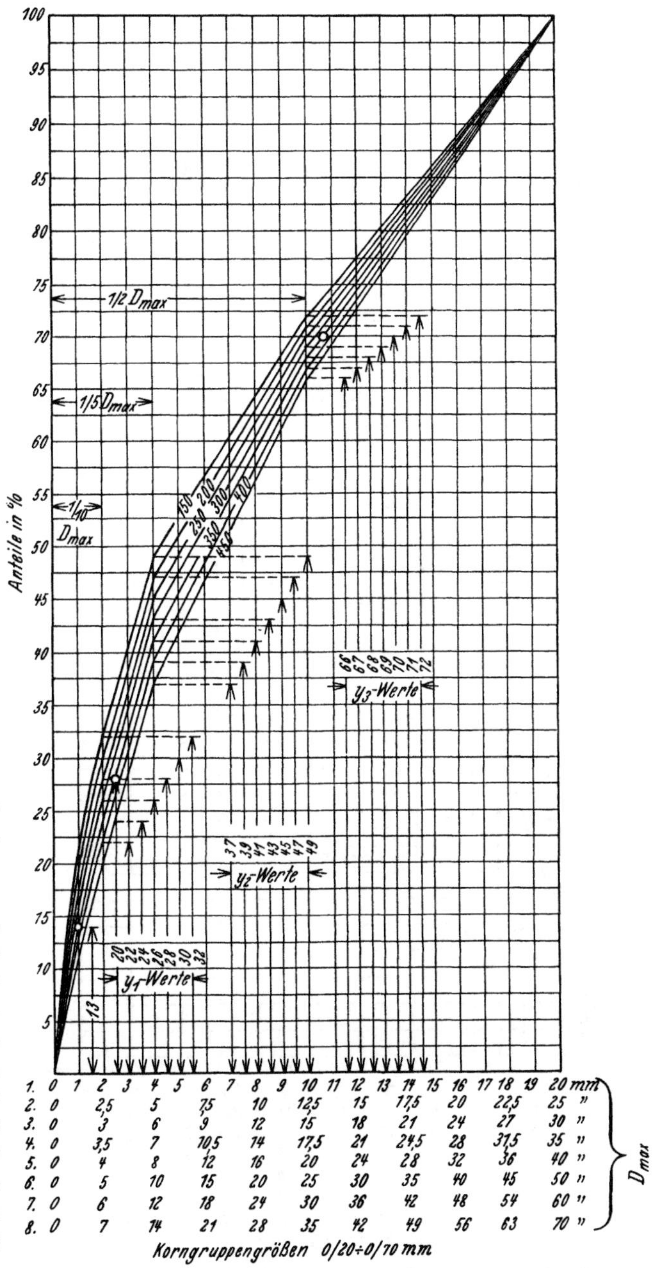

Abb. 98. Kurven der besten Kornzusammensetzungen für gebrochene Zuschlagstoffe (ohne Zement).

Zusammenstellung 23.

Korngruppen in . . . . . . mm	0/2	2/5	5/20	20/40	
Anteil in . . . . vH	14	14	42	30	
Auf 1 m³ Gew.-Teile	258	258	772	552	Sa. 1840 kg
In Raumteile	151	151	453	325	„ 1080 m³

Die Anteile müssen nun in Gewichtsteile für 1 m³ umgerechnet werden. Bei 350 kg Zement kommen nach Zusammenstellung 23 1840 kg Zuschlagstoffe in Frage. Für die einzelnen Kornstufen ergeben sich dann die Gewichts- bzw. Raummengen der Zeile 3 und 4 der Zusammenstellung 23.

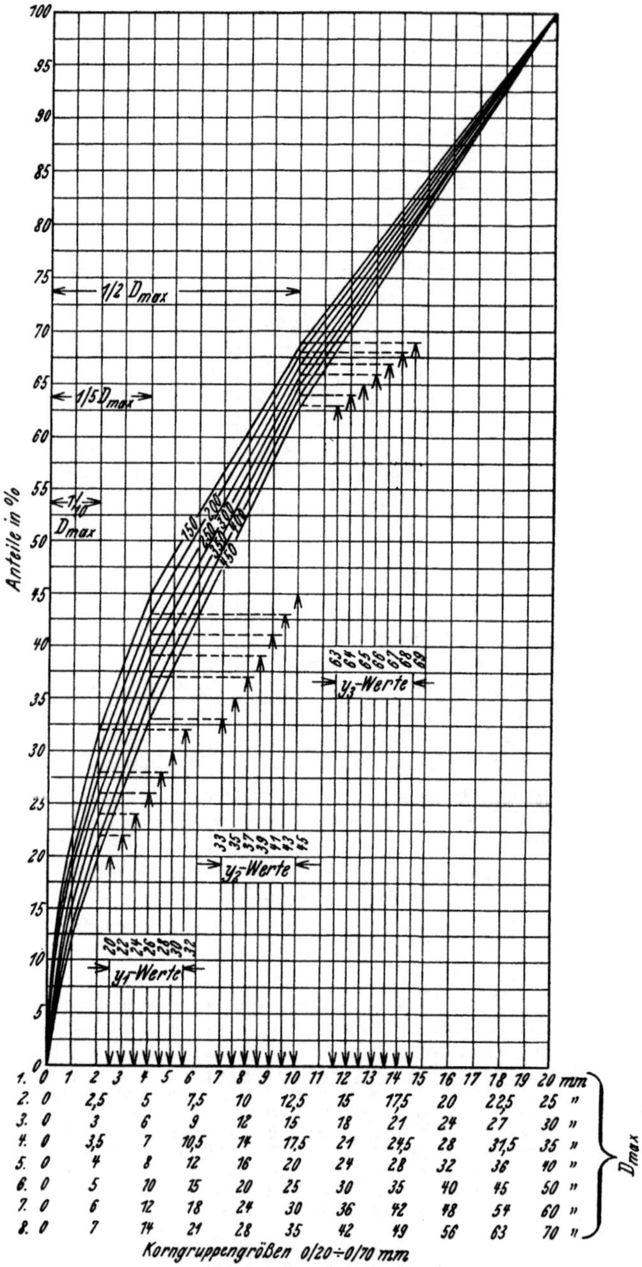

Abb. 99. Kurven der besten Kornzusammensetzungen für natürliche Zuschlagstoffe (ohne Zement).

Zusammengefaßt kann gesagt werden, daß unter vielen möglichen Kornabstufungen diejenige die wirtschaftlichste ist, die bei der gewünschten Druckfestigkeit die größte Ausbeute liefert und bei der ein hoher Anteil an groben Zuschlägen einem geringeren Sandanteil gegenübersteht.

Nach Erfahrungen des Verfassers ist es durchaus möglich, bei der Auswahl von Betonzuschlägen sich nach diesen Vorschriften zu richten. Es gibt viele Kiese, die angenähert dieser Zusammensetzung entsprechen. Wenn das nicht der Fall sein sollte, dann gibt die Feststellung der Abstufung der Korngrößen ein Bild, welche Größe fehlt, und wie durch Hinzusetzen des fehlenden Bestandteiles eine Verbesserung vorgenommen werden kann. Erfahrungsgemäß sind die Kiese meist zu fein, so daß sie durch Hinzufügen von grobem Zuschlag verbessert werden können.

Abrams (70) benutzt für die Untersuchung der Zuschläge Siebe in den folgenden Maschenweiten:

Sieb	$1^1/_2$ = 38 mm,	Sieb Nr.	16 = 1,19 mm
„	$^3/_4$ = 19 „	„ „	30 = 0,59 „
„	$^3/_8$ = 9,5 „	„ „	50 = 0,297 „
„ Nr.	4 = 4,76 „	„ „	100 = 0,149 „
„ „	8 = 2,38 „		

Nach diesen Größenabstufungen werden die Sande und Zuschläge ausgesiebt und der Durchgang durch die einzelnen Siebe als Vomhundertteil der Gesamtmasse festgestellt, sämtliche Teile summiert und durch 100 geteilt. Das gibt den Feinheitsmodul, der, sobald ein Sand mehr als eine Korngröße hat, größer als 1 ist. Je mehr der Sand verschiedene Korngrößenabstufungen hat, desto größer ist der Feinheitsmodul. Nach Abrams ist Sand die Körnung, die zu 95 vH durch ein Sieb von 4,76 mm Maschenweite hindurchgeht, und zwischen 50—80 vH auf dem 0,59-mm-Maschensieb zurückgehalten wird. Der Feinheitsmodul soll 2,5—3,2 betragen.

Kies soll durch einen Ring von 7,6 cm voll durchfallen. Zwischen 20—40 vH sollen auf dem 38-mm-Sieb zurückgehalten werden, dagegen nichtmehr als 5 vH durch das 4,76-mm-Maschensieb fallen. Der Feinheitsmodul soll zwischen 7,5—8,3 liegen.

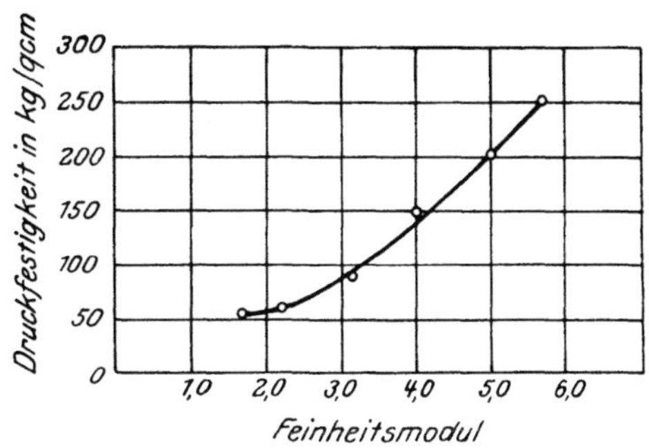

Abb. 100. Einfluß der Korngrößenverschiedenheit auf die Festigkeit des Betons.

Schotter soll dieselben Bedingungen wie der Kies erfüllen. Zur Veranschaulichung, welchen Einfluß eine möglichst große Kornabstufung und Verwendung von Schotter auf die Festigkeit des Betons hat, wird die folgende Kurve (Abb. 100) von Abrams gegeben, die bei gleichem Zementgehalt und Wasserzusatz die Druckfestigkeit für verschiedene Feinheitsmodul und Zuschlagsgrößen wiedergibt. Das Merkblatt für Betonstraßen der Stufa empfiehlt, bei zweischichtiger Decke in der oberen Schicht Sand und Splitt bis 25 mm und 350 kg Zement und in der unteren Lage (Tragschicht) 250 kg/cm³ (§ 3) zu verwenden.

5. Wasserzusatz.

Besondere Beachtung ist dem Wasserzusatz bei der Betonbereitung zu schenken, weil davon die Festigkeit und, wie bei den Bewegungsfugen behandelt, auch die Raumbeständigkeit beeinflußt werden.

Die Druckfestigkeiten wachsen mit geringer werdendem Wasserzusatz. Dem Verhältnis $w = \frac{\text{Wassergehalt}}{\text{Zementgehalt}}$ kommt demnach eine erhebliche Bedeutung zu. Der Wasserzusatz muß aber auch so geregelt werden, daß die Masse sich für den beabsichtigten Zweck handhaben läßt. In dieser Hinsicht kommt es auch auf die Zusammensetzung der Zuschläge an, da die Oberfläche ihrer Körner Benetzungswasser verbraucht, und zwar je größer die Körner sind, desto geringer ist ihre verhältnismäßige Oberfläche und damit der Wasserbedarf (70/71). Beton mit viel feinem Sand braucht daher entsprechend mehr Wasser. Hierüber hat Abrams eine Übersicht gegeben, die gestattet, festzustellen, in welchem Maße die Festigkeit des Betons abnimmt, wenn mehr Wasser zugeführt wird, als zur Erreichung der Höchstfestigkeit notwendig ist. Die Darstellung (Abb. 101) zeigt, daß bei falschem Wasserzusatz bis zu ⅔—¾ der erreichbaren Festigkeit verlorengehen kann.

Die Untersuchungen von Graf (68) über den Einfluß des Wassergehaltes auf die Druckfestigkeit des Betons haben eine Kurve ergeben, die derjenigen von Abrams ähnlich ist. Beton mit der größten Druckfestigkeit wird erhalten, wenn nur soviel Wasser zugesetzt wird, wie zur Bearbeitung des Betons notwendig ist. Der Wasserzementfaktor w, bezogen auf das gesamte im Beton befindliche Wasser, also auch das, was Sand und Kies als natürliche Feuchtigkeit mitbringen, liegt etwa bei $w = \frac{\text{Wassergehalt}}{\text{Zementgewicht}} = 0{,}5$.

Um bei der Bemessung des Wasserzusatzes stets das richtige Maß einzuhalten. geht man in den V. St. A., wie der Verfasser auf Baustellen erfahren hat, soweit, die Feuchtigkeit der Zuschläge mehrmals am Tage teilweise in einstündigem Abstand festzustellen und danach den Wasserzusatz zu bemessen.

Zu beachten ist, daß der Wasseranspruch verschiedener Zuschläge ganz verschieden groß ist. Mörtel bei den rauhen, splittrigen Stoffen muß wasserreicher gewählt werden, also einen höheren Wasserzementfaktor haben, um bei gleichem Zementaufwand die gleiche Verarbeitbarkeit zu erlangen wie bei gutem Kies. Grubensandschotterbeton (d. i. Grubensand von 0—5 mm, Splitt und Schotter) braucht wesentlich mehr Wasser als Kiessandbeton (d. i. Grubensand mit Rheinkies). Probst (58) schlägt daher vor, den nutzbaren Wasserzementfaktor einzuführen, d. i. diejenige Wassermenge, welche dem Zement tatsächlich zum Abbinden zur Verfügung steht, der aber für jeden Zuschlag besonders ermittelt werden müßte. Die Bemessung des Wasserzusatzes unter diesem Gesichtspunkt ist bereits von Jung (71) (Doktorschrift, Braunschweig) behandelt worden.

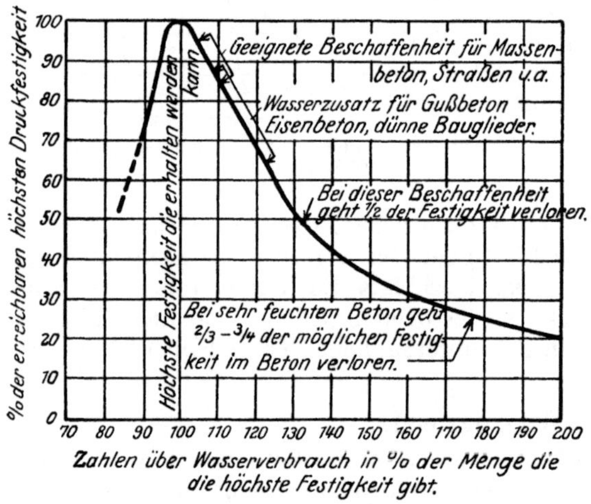

Abb. 101. Einfluß des Wasserzusatzes auf die Betondruckfestigkeit.

Wenn so viel von dem richtigen Wasserzusatz abhängt, muß ein Mittel bestehen, sehr schnell nachzuprüfen, ob die Betonmischung den richtigen Wassergehalt hat. Das geschieht jetzt mit der Setzprobe. Es wird ein Trichter in Form eines abgestumpften Kegels mit einem Durchmesser der Grundfläche von 200 mm, des oberen Halses von 100 mm bei 30 cm Höhe mit dem Beton der vorgeschriebenen Beschaffenheit gefüllt und leicht gestampft. Wird der Trichter abgehoben, dann wird ein trockener Beton die Form ganz oder nahezu behalten, ein sehr feuchter zusammensinken. Das Setzmaß, d. h. das Maß, um das der Betonkegel gegen die Höhe der Form zusammensinkt, wird zur Kennzeichnung der Beschaffenheit des Betons bezeichnet. Es wird nun auf Grund der Zusammensetzung des Betons, der Art der Zuschläge, der erwünschten Druckfestigkeit und Behandlungsart ein bestimmter Wasserzusatz gewählt, dem ein Setzmaß entspricht. Es können fortlaufend beim Bau aus dem Beton Proben entnommen und an ihnen die Setzprobe gemacht werden. Allerdings ist die Bestimmung nicht frei von Zufälligkeiten und störenden Einflüssen und daher nicht sehr zuverlässig. Es wird noch nach einem besseren Verfahren gesucht. Die Ergebnisse mit dem Rütteltisch, bei dem der Beton nach der Setzprobe noch gerüttelt wird und sich alsdann zu einem Kuchen ausbreitet, dessen Durchmesser ein Maß für den Feuchtigkeitsgehalt abgeben soll, gelten z. Z. als zuverlässiger. Die Menge des Wasserzusatzes wird nunmehr nach der Setzprobe oder Ausbreitung auf dem Rütteltisch nachgeprüft. Da schlechtes Wasser, das vor allem nicht frei von fäulnisfähigen Stoffen ist, oder das Sulfate und Humussäuren enthält, für den Beton schädlich ist, so empfiehlt sich im Zweifelsfalle eine chemische Untersuchung. Das Vorhandensein von fäulnisfähigen Stoffen kann durch Behandlung mit Ätznatron und Beobachtung der Verfärbung des Wassers festgestellt werden (S. 354).

6. Biegezugfestigkeit.

Der Straßenbeton erleidet erhebliche Beanspruchungen auf Biegung, wie schon eingangs erwähnt. Es wird also besonderer Wert auf die Biegezugfestigkeit zu legen sein. Die Kurven von Otzen (Abb. 98/99) sind unter diesem Gesichtspunkt aufgestellt. Gute Zugfestigkeit verlangt einen gewissen Anteil an feinem Zuschlagstoff, d. h. möglichst geringen Hohlraum der Zuschlagmasse. Hinsichtlich des Wasserzusatzes hat Probst ermittelt, daß bei Kiesbeton die Biegezugfestigkeit in den gleichen Beziehungen zum Wasserzementfaktor wie die Druckfestigkeit steht. Dagegen ergeben sich bei Grubensandschotterbeton bei gut plastischer Beschaffenheit, entsprechend einem Wasserzementfaktor von etwa 0,67, die höchsten Biegezugfestigkeiten, die noch über denen des Kiessandbeton liegen. Korn bis etwa 40 mm stellt das äußerste, praktisch Verwendbare dar. Nach Probst kann mit 270—300 kg Zement auf 1 m^3 fertiger Masse ein guter Straßenbeton erzielt werden bei einem Wasserzusatz von 6,5—8,5 vH des Trockengemenges bei Verwendung von Kiessand bzw. Grubensandschotterbeton (Wasserzementfaktor zwischen 0,55—0,65 bzw. 0,65—0,75).

7. Verschleißfestigkeit.

Sie wird auf der Schleifscheibe nach DIN DVM 2108 gemessen, indem ein Würfel aus dem zu untersuchenden Beton unter Zugabe von Naxos-Schmiergel trocken abgeschliffen wird. Die Einrichtungen dazu sind im Abschnitt VII B a

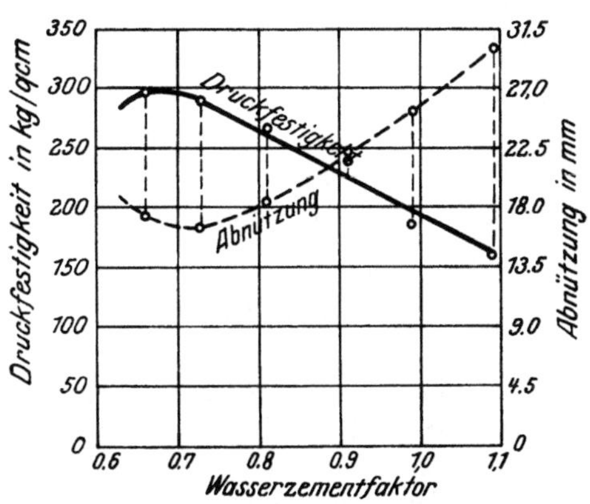

Abb. 102. Beziehungen zwischen Wasserzusatz, Druckfestigkeit und Abnutzung.

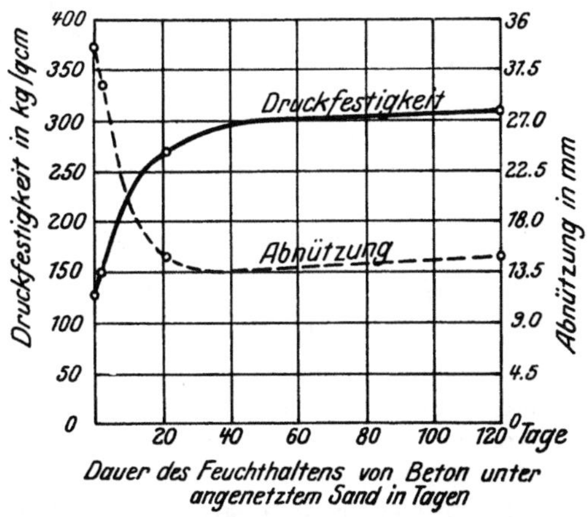

Abb. 103. Einfluß des Feuchthaltens des Betons auf Druckfestigkeit und Abnutzung.

beschrieben. Da der Straßenbeton besonders widerstandsfähig gegen Verschleiß gemacht werden muß, sind alsbald die Eigenschaften untersucht worden, die den Beton verschleißfest machen.

Besondere Untersuchungen von Abrams (70) haben bezüglich des Einflusses der Zusammensetzung des Betons auf die Abnutzung folgendes ergeben:

1. Im allgemeinen gewährleisten die Bestandteile im Beton, die eine hohe Druckfestigkeit erzeugen, auch eine hohe Verschleißfestigkeit.
2. Zementzunahme setzt die Verschleißfestigkeit herab.
3. Höhere Wasserzusätze als notwendig sind, um einen verarbeitungsfähigen Beton zu erhalten, bewirken eine Zunahme der Abnutzung (Abb. 102).
4. Je größer die Korngrößen der Zuschläge bis zum Feinheitsmodul 5,5—6,0, desto geringer die Abnutzung.
5. Die Feuchthaltung des Betons übt einen wirksamen Einfluß auf die Verschleißfestigkeit aus (Abb. 103).

6. Die Verschleißfestigkeit wird durch längeres Mischen verbessert.
7. Mit dem Alter nimmt die Verschleißfestigkeit zu.

Die Versuche von Probst decken sich mit denjenigen von Abrams. Sie haben hinsichtlich der Kornzusammensetzung ergeben, daß mit zunehmendem Sandgehalt der Verschleiß zunimmt, und je mehr Grobzuschläge vorhanden sind, desto geringer der Verschleiß ist. Aus diesem Grunde kann eine Vermehrung des Zementgehaltes den Abnutzungswiderstand nur sehr beschränkt verbessern. Wichtig dürfte die Erkenntnis sein, daß „es wesentlich nachteiliger für den Abnutzungswiderstand ist, zur Erzielung leichter Verarbeitbarkeit den Sandgehalt bei gleichzeitiger Vermehrung der Zementmenge zu steigern, als bei einer guten Kornzusammensetzung den Wasserzusatz zu erhöhen". Es ist deshalb verfehlt, bei zweischichtigem Beton die Oberschicht als fette Mörtelschicht auszubilden, weil sie sich schnell abnutzt. Sie soll nach denselben Richtlinien hergestellt werden, wie bei einer einschichtigen, nur die untere Schicht kann magerer ausfallen.

Graf (68) faßt seine Ergebnisse dahin zusammen, daß ein Beton, der einen hohen Verschleißwiderstand erlangen soll, mit harten Zuschlägen und mit möglichst kleinem Sandgehalt hergestellt werden muß, selbstverständlich derart, daß bei ordentlicher Verarbeitung noch ein geschlossener Beton entsteht. Bei dem großen Einfluß der Zuschläge und des Wassergehaltes beim Abbinden tritt die Eigenschaft des Zementes, selbst wenn er nur normengemäß ist, etwas zurück, so daß z. B. die Verwendung hochwertigen Zementes keine erheblichen Vorteile bietet (vgl. Bemerkungen S. 148).

Die Versuche haben ergeben, daß bei der günstigsten Zusammensetzung die Abnützung bei Probst auf der Maschine von Böhme bei 550 m Schleifweg etwa bei 0,1—0,15 cm^3/cm^2 und nach Graf auf der Bauschinger-Scheibe bei 628 m Schleifweg etwa bei 0,2 cm^3/cm^2 liegt.

Untersuchungen (72) an Betonstücken aus der Straßendecke Düsseldorf-Mülheim haben nach 6 Monaten ergeben:

Gewicht kg/dcm	2,21	2,37	2,32
Druckfestigkeit kg/cm^2	231	452	380

Abnutzung nach dem Bauschingerschen Schleifverfahren:

cm^3/cm^2	0,22	0,19	0,24.

Um die Behandlungsweise und Beschaffenheit des Betons als Straßenbaustoff zu ermitteln, sind auch Untersuchungen auf Versuchsstraßen vorgenommen worden. Sie beziehen sich vor allem auf den Widerstand der Oberfläche gegen die Abnützung durch den Verkehr. Auf der Versuchsstraße in Arlington sind 62 verschiedene Betonarten in einer Kreisbahn verlegt und durch einen Blockwagen von 1,4 t Gewicht und 35 km Geschwindigkeit 300000mal befahren worden (s. Abschnitt VII D), um die Verschleißfestigkeit der mannigfachen Zuschläge, die nach den örtlichen Verhältnissen für Betonstraßen in Frage kommen, zu klären. Einige auch für deutsche Verhältnisse anwendbaren Ergebnisse mögen folgen:

Die Verschleißgröße hängt ab von der Widerstandsfähigkeit des groben Zuschlages. Weiches Gestein zeigt hohe Abnutzung, auch wenn der Mörtel von guter Beschaffenheit ist. Es soll daher Gestein, das für Beton in Straßendecken verwendet wird, mindestens den Härtegrad 7 (s. Abschnitt VII.) aufweisen.

Schotter- und Kiesbeton zeigen keinen Unterschied, auch die runde, abgeschliffene Form der Kiesel sind ohne Einfluß.

Hochofenschlacken sind brauchbar, wenn ihr Raumgewicht 1200 kg beträgt (die deutschen Vorschriften, S. 264, schreiben 1250 kg vor).

Grober Sand bei sonst gleichen Verhältnissen hat größeren Verschleißwiderstand als feiner.

Unter sonst gleichen Verhältnissen zeigen ungewöhnlich trockene und ungewöhnlich nasse Mischungen einen größeren Verschleiß als Mischungen mit mittlerem Feuchtigkeitsgehalt.

Um auch auf fertigen Betonstraßen die Verschleißfestigkeit festzustellen, hat das B.P.R.V.St.A. (73), eine Einrichtung geschaffen, die aus 3 Scheibenrädern aus gehärtetem Stahl von 20,32 cm ∅ besteht, die auf einer Spurscheibe im Winkel von 60° gegeneinander angebracht sind. Die Räder werden durch die Spurscheibe in Umdrehung versetzt und beschreiben einen Kreis von 53,34 cm. Sie arbeiten sich unter dem Druck von 280 kg Belastungsgewicht in die Betondecke ein. Die Tiefe der Abnutzungsrinne, die die 3 Räder nach 1000—1500 Umdrehungen erzeugen, kann sehr genau (0,001 Zoll) gemessen werden, sie ist ein Maßstab für die Abnützung des Betons.

8. Wasseraufsaugung und Volumenänderung.

Bei Behandlung der Bewegungsfugen ist bereits auf die Bedeutung hingewiesen, die die Wasseraufsaugungsfähigkeit des Betons für die Volumenänderung hat, daß diese Fähigkeit unerwünscht ist und zu besonderen Maßnahmen — Dehnungsfugen — zwingt. Aber auch Frostgefahr und Verminderung des Verschleißwiderstandes ist mit Wasseraufnahme verbunden. Bei Feuchtwerden erfolgt die Wasseraufnahme nur durch die kapillare Saugfähigkeit der Mikroporen im Beton. Diese ist bei Grubensandschotterbeton und Kiesbeton nach den Untersuchungen von Probst gleich groß, wenn beim ersteren der Sandgehalt so gering als möglich bemessen wird. Im allgemeinen erhöht jede Steigerung des Sandgehaltes die kapillare Saugfähigkeit, weil die Zahl der Mikroporen bei sandreichen Mischungen größer sein muß als bei sandarmen. Außerdem wird bei sandreichen Mischungen wegen der großen Oberfläche mehr Zementkitt zur Umhüllung verbraucht, es steht daher weniger Zementbrei zur Dichtung der Hohlräume zur Verfügung wie bei sandarmen. Auch diese Feststellung beweist, daß es falsch ist, fette Mörtelschichten in die obere Verschleißschicht einer Betondecke zu legen. Auch ein hoher Wasserzementfaktor ist unzweckmäßig, da er die Wasseraufnahme begünstigt. Bei geringem Wasserzementfaktor kann sogar mit einer Selbstdichtung der Mikroporen durch Quellung der Hydrogele des Zementes gerechnet werden.

9. Zusätze zum Beton.

Den Einfluß der Nachbehandlung des Betons durch längeres Feuchthalten auf den Verschleißwiderstand zeigt die Kurve der Abb. 103, die von Abrams ermittelt ist. Man erkennt, daß nur eine beschränkte Nachbehandlung von Wert ist. Auch Probst (58) stellt fest, daß nur bei plastischem und nahezu gießfähigem Beton eine Verlängerung der Nachbehandlung von 14 auf 28 Tage eine Verringerung des Verschleisses um 9 bzw. 13 vH zur Folge hat. Decken, die unbeabsichtigt feucht ausgefallen sind, z. B. bei der Herstellung Regen erhalten haben, können durch entsprechend längere Behandlung verbessert werden.

Behandlung mit hygroskopischen Zusätzen. Die wasseranziehenden Eigenschaften des Kalziumchlorids sind im Straßenbau bekannt. Im Beton soll die Wirkung auch auf dieser Eigenschaft beruhen, indem das Kalziumchlorid das Wasser, das der Zement zur Erhärtung braucht, zur Verfügung hält. Abrams (74) hat die Wirkung nur hinsichtlich der Druckfestigkeit untersucht und unterschiedliches Verhalten festgestellt. Es bildet eine äußere Schutzschicht, die ein Austrocknen des Betons verhindert. Dagegen bewirkt nach neueren amerikanischen Feststellungen der Zusatz von 2 vH Kalziumchlorid zum Anmachwasser des Betons eine solche Erhöhung der Festigkeit, daß nach 6 Tagen bereits Biegefestigkeit erreicht ist, die sonst nach 13 Tagen vorhanden ist, so daß der Zusatz dort angewendet wird, wo Straßen schnell dem Verkehr freigegeben werden müssen. Bei einem Mischungsverhältnis des Betons 1 : 1,75 : 3 und 2 vH $CaCl_2$ ist eine Biegefestigkeit nach 3 Tagen von 40 kg/cm² gemessen worden. Auch die Verschleißfestigkeit soll gegenüber einer üblichen Nachbehandlung um 18 vH zugenommen haben. Bis zu 3 vH ist eine Zunahme der Druckfestigkeit festzustellen, bei höherem Zusatz fällt sie wieder ab. Die Wirkungen eines Anstriches von Kalziumchlorid auf die Verschleißfestigkeit werden von Probst nur als unbedeutend angegeben. Nach Graf (75) kann mit Kalziumchlorid den Hemmungen begegnet werden, die durch niedere Temperatur auftreten, jedoch ist durch Versuche klarzustellen, ob der in Aussicht genommene Zement die erforderliche Festigkeit liefert. Schwinden und Quellen soll durch Kalziumchlorid vergrößert werden. Dagegen wirkt Natriumsilikat auf längere Zeit verschleißmindernd. Bei diesem Zusatz kann aber auch ein chemischer Vorgang angenommen werden, indem das Silikat sich mit dem freien Kalk des Zementes zu Kalziumsilikat verbindet, worauf der günstige Einfluß zurückgeführt werden kann. Die bisherigen Erfahrungen mit diesen Zusätzen gestatten noch nicht, die Behandlungszeit der Betondecken damit abzukürzen und sie früher dem Verkehr freizugeben.

Zusatz von Kalkhydrat zum Beton bei Bauten ist bekannt. Im Straßenbau ist er in den V. St. A. auch angewendet worden. Es wird behauptet, daß der Beton trockener behandelt werden kann, daß er gleichmäßiger ausfällt, keine Entmischung eintritt, sich besser verarbeiten läßt, dichter wird und auch eine höhere Festigkeit erreicht. Die Fahrversuche auf der Versuchsbahn in Arlington (Virg.) haben allerdings eine höhere Verschleißfestigkeit bei Zusatz von Kalkhydrat zum Beton nicht erkennen lassen, auch die Laboratoriumsversuche von Abrams haben keinen besonderen Einfluß des Kalkzusatzes auf die Druckfestigkeit und Verschleißfestigkeit ergeben. Dennoch wird der Kalkzusatz zum Beton angewendet, z. B. schreiben die zwei Staaten Massachusetts und Delaware 8 vH Kalk in Raumteilen als Zusatz zum Zement vor.

g) Bauausführung einschließlich der Baumaschinen bei Betonstraßen.

Vorbereitung des Untergrundes. Hier wird zwischen der groben Herrichtung und der feinen Nacharbeit unterschieden. Da Betondecken nur auf gewachsenem Boden verlegt werden können, muß also der gesamte Aufwuchs mit Wurzeln beseitigt und der Mutterboden ausgehoben werden. Bei der Herstellung der Bettung ist zudem zu beachten, daß die im Entwurf vorgesehene Höhenlage genau eingehalten und nirgends infolge von Unaufmerksamkeit zu tief ausgehoben wird. Denn die Ausfüllung solcher Löcher auf die vorgeschriebene Höhe wird niemals die Standfestigkeit annehmen wie der gewachsene Boden. Da Beton als hochwertiges Gut anzusehen ist, soll die Betondecke die im Entwurf vorgesehene Stärke genau erhalten, aber nicht überschreiten. Wenn die Decke keine gleichmäßige Stärke hat, treten beim Schwinden ungleiche Kräfte auf, die zu Rißbildung führen können. Um das vorgeschriebene Straßenprofil nach Länge und Breite zu erhalten, muß der Untergrund bereits peinlich genau hergerichtet werden. Um ihn während der Deckenherstellung in diesem Zustande zu erhalten, sollen die Baustoffe nicht auf dem vorbereiteten Bett befördert werden. Es soll überhaupt so wenig als möglich betreten werden. An Kreuzungen mit anderen Wegen soll das neue Straßenbett überbrückt werden. Ausgenommen hiervon ist die Mischmaschine, die sich auf dem Straßenbett bewegt und den Beton hinter sich ausschüttet. Bei der groben Herrichtung soll das Planum horizontal so hergestellt werden, daß die Dammkrone etwas tiefer liegt, damit die Bodenmenge, die für die seitlichen Verstärkungen ausgehoben werden muß, die

Aufhöhung in der Planumkrone deckt. Der Unterschied beträgt etwa 5 cm. Die Nacharbeit und endgültige Fertigstellung des Planums wird erst aufgenommen, nachdem die seitlichen Einfassungen gesetzt sind. Sie soll immer um eine Tagesleistung vorausgehen.

Die Betondecke verlangt bei der Ausführung einen seitlichen Abschluß, eine Art Schalung, wie sie bei allen Betonbauten notwendig ist, um die Masse zu formen. Diese Schalung, ursprünglich eine Bohle von 2,5—5 cm Stärke und einer Höhe entsprechend der Deckenstärke, die mit Pfählen am Boden befestigt worden ist, besteht jetzt allgemein aus Stahl, wenn die Strecke länger als 800 m ist, weil durch sie nicht nur der Arbeitsvorgang bei Verwendung besonderer Maschinen vereinfacht wird, sondern allein die verlangte ebene Oberfläche der Decke gewährleistet werden kann. Die Querschnittsausbildung der Form paßt sich den besonderen Anforderungen an. Der abgerundete Kopf (Abb. 104) kann keinen Beton annehmen oder schnell davon gereinigt werden. Er dient den Rädern des Straßenfertigers (Finisher), der später noch beschrieben wird, als Führung. Er besitzt großen Widerstand gegen Knicke, die die genaue Flucht der Decke beeinträchtigen können. Formen, die 6 mm auf 3 m in lotrechtem Sinne ein- oder ausgeknickt sind, dürfen nicht verwendet werden. Sie müssen kräftig ausgebildet sein, damit sie den seitlichen Druck des Betons und die Erschütterungen durch die Abgleichmaschine aufnehmen können. Die Formschienen haben eine Länge von 3,60 m. Sie werden mit dichten Fugen verlegt und erhalten, um dem Straßenfertiger eine glatte Führung zu geben, am Stoß eine Keilschloßdeckung nach der Abb. 104, die ein Einknicken der Form am Stoß unmöglich macht. Die Formschienen werden auf dem genau vorbereiteten Untergrund aufgesetzt und mit Nägeln am Untergrund angeheftet. Diese Nägel sind aus Flacheisen, 37,5 cm lang, 5 cm breit und 10 mm stark. Mit der am Kopf angebrachten Leiste greift er in die Aufbördelung der Formschiene und hält sie fest. Jede Schienenlänge wird mit mindestens drei Nägeln befestigt. Es lassen sich mit der Formschiene auch Kurven legen, da das Trägheitsmoment für die horizontale Achse nicht übermäßig groß ist, so daß, wie bei Eisenbahnschienen, lediglich durch Annageln der Formen am Untergrund die gewünschte Krümmung erreicht werden kann, wie Verfasser auf verschiedenen Baustellen in den V. St. A. beobachtet hat. Allerdings wird zugelassen, daß in Halbmessern unter 45 m entweder Holzformen oder 1,5 m lange Stahlschienen verwendet werden dürfen.

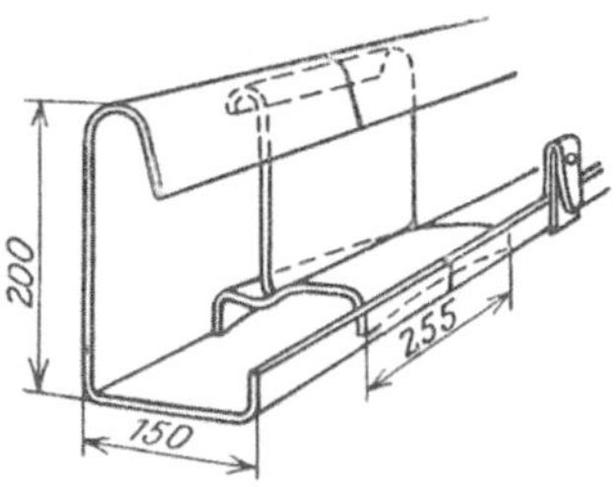

Abb. 104. Querschnitt der flußeisernen Schalung mit Stoß. Maße in mm.

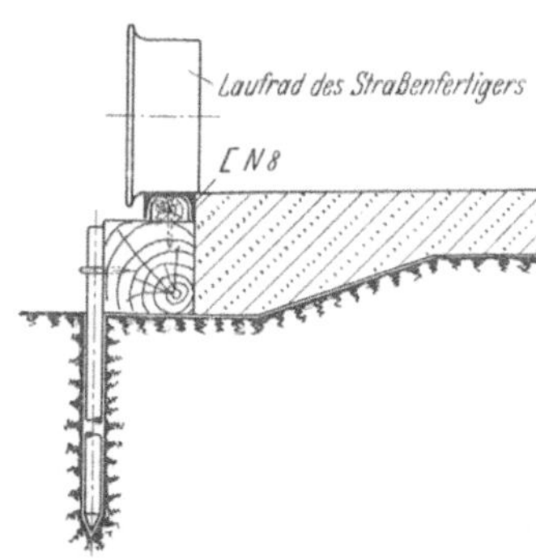

Abb. 105. Holzschalung für Betondecken.

Bei deutschen Ausführungen wird eine Holzschalung nach der Abb. 105 bevorzugt. Die Schiene soll einen höheren Reibungswiderstand haben. Die Formen werden nach der Schnur gesetzt, seitlich sind Höhenpfähle eingemessen, nach denen die Höhenlage der Formen bestimmt wird. Da ein Setzen der Formen die Genauigkeit der Ausführung stört, soll die grobe Planierung etwas über der Höhe der Sohle der Formen bleiben, so daß etwas Boden ausgehoben werden muß, um die Formen auf der richtigen Höhe zu setzen. Dann wird das Planum auf eine Tiefe von 5—8 cm aufgeeggt, um zu vermeiden, daß im Untergrund weiche und harte Stellen vorhanden sind. Das Abwalzen allein wird nicht mehr für zweckmäßig angesehen, weil gerade bei dieser Arbeit der Untergrund ungleichmäßig verdichtet wird. Die Theorien über die Berechnungen und Beanspruchungen einer Betondecke gehen von einer gleichmäßigen Bettungsziffer aus. Diese Grundlage besteht nicht, wenn der Untergrund sehr feste und dazwischen weiche Stellen hat. An jenen Stellen liegt die Betonplatte fest auf, an diesen muß sie ihr Eigengewicht und die Verkehrlasten überbrücken. Ein auch nicht so stark verdichteter aber gleichmäßiger Untergrund schafft bessere statische Bedingungen für die Betondecke. Abwalzen kommt allein noch für schlechten Untergrund in Frage. Nach dem Eggen folgt der Wegehobel, der die richtige Planumkrone herstellt (Abb. 106). Er läuft auf den Formschienen, lockert mit Stahlzähnen den Boden, trimmt mit pflugartig ausgebildeten Messern den überschüssigen Boden in zwei Strichen auf dem Bett zusammen, von wo er leicht mit Schaufeln abgehoben werden kann. Der Wegehobel wird von einem Motorschlepper, Lastkraftwagen oder Dampfwalze gezogen. Die Messer und die Zähne sind genau auf die untere Begrenzungslinie der späteren Betondecke eingestellt, so daß nicht 1 cm Boden mehr abgehoben wird, als notwendig ist. Der Wegehobel kann auf verschiedene Breiten und die Messer auf verschiedene Höhen eingestellt werden. Er fährt 2 bis 3 mal über die Strecke. Dann folgt ein leichtes Abwalzen durch eine Walze

Abb. 106. Wegehobel zur Herstellung des Planum.

von 1,5—3 t Gewicht. Wenn auch die Vorbereitung des Planums mit großer Sorgfalt vor sich gehen muß, damit an allen Stellen die Betondecke die gleiche Querschnittsform erhält, muß beachtet werden, daß eine zu weit getriebene Genauigkeit unwirtschaftlich wird. Es wird deshalb mit Rücksicht auf die Schwierigkeit der Planumvorbereitung, die Möglichkeit des Nachgebens der Seiteneinfassungen und andere Störungen, ein Spielraum in der Deckenstärke von 1—2 cm zugelassen. Gerade mit einem Setzen der Formen muß nach den Erfahrungen um etwa 3—5 mm gerechnet werden. Wenn sie mehr als 5 mm heruntergegangen sind, wird ein Anheben der Formen verlangt. Ein letztes Nachprofilieren erfolgt dann kurz vor dem Mischer durch eine genügend schwere Lehre, die bisweilen vom Mischer selbst gezogen wird und etwa 3—6 mm vom Boden fortnehmen kann. Damit ist bisweilen ein Annässen des Bodens verbunden, besonders bei Ton- oder Lehmboden, damit die Lehre den überschüssigen Boden abheben kann. Das Annässen muß aber so weit vorangehen, daß der Mischer nicht mehr auf weichem Boden fährt. Sollten sich Mulden gebildet haben, in die die Abziehlehre Boden hineingeschoben hat, dann muß diese Auffüllung durch Stampfen verdichtet werden.

Einbringen des Betons. In das seitlich von den mit Öl eingefetteten Formschienen eingefaßte und sauber abgeglichene Bett wird nunmehr der Beton eingebracht, nachdem vorher der Untergrund, je nach seinem Vermögen, Wasser aufzunehmen, angefeuchtet worden ist. Um das der Deckenstärke entsprechend angelegte Bett nicht zu beschädigen, erfolgt die Baustoffanfuhr auf den seitlichen Streifen auf besonderen Rollbahnen, oder aber, bei Benutzung von Lastkraftwagen, vermittels einer Drehscheibe, die im Straßenkoffer liegt und die Wagen von der Seite her über die Formschienen hebt und vor dem Mischer absetzt. Im Straßenbett bewegt sich eigentlich nur der Mischer, der auf sehr breiten Rädern oder auf Raupen läuft und daher nur geringe Eindrücke auf der Oberfläche hinterläßt. Um etwaige entstandene Verdrückungen auszugleichen, zieht

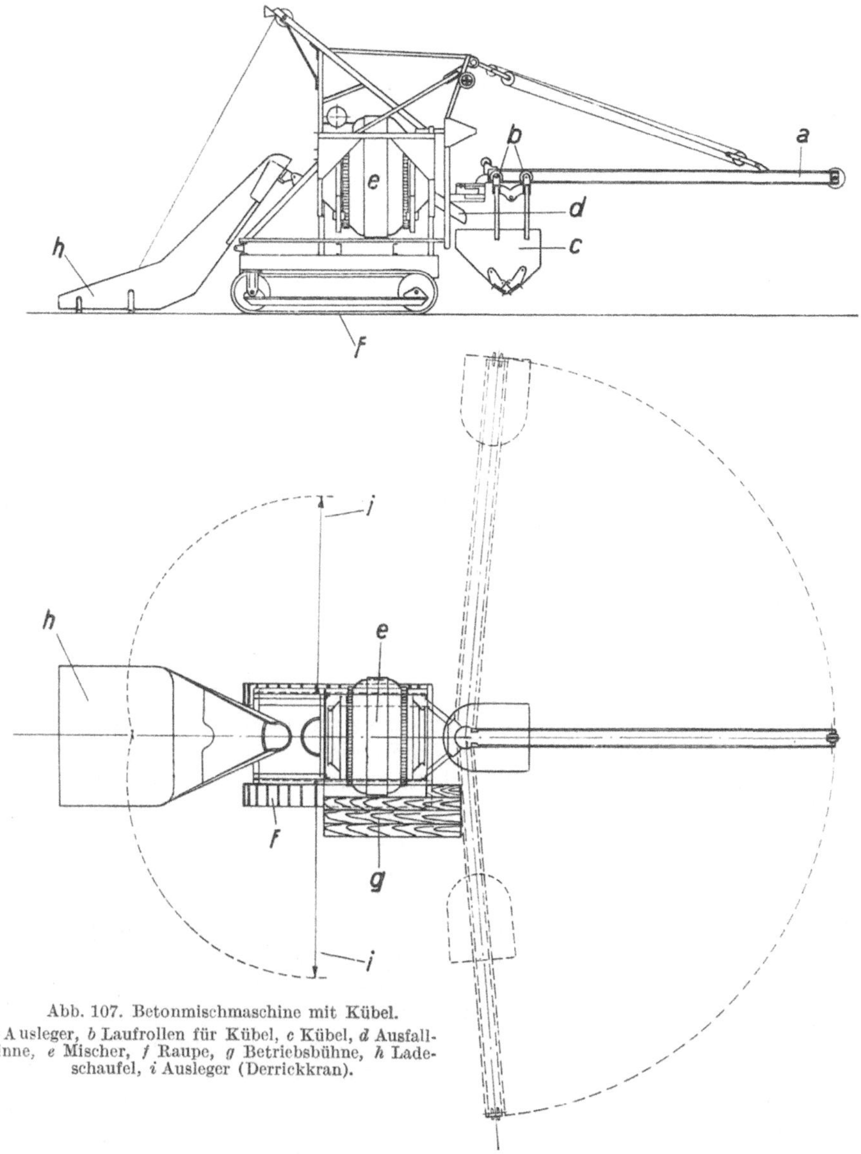

Abb. 107. Betonmischmaschine mit Kübel.
a Ausleger, *b* Laufrollen für Kübel, *c* Kübel, *d* Ausfallrinne, *e* Mischer, *f* Raupe, *g* Betriebsbühne, *h* Ladeschaufel, *i* Ausleger (Derrickkran).

er eine Lehre sich nach, die auf den seitlichen Führungsschienen läuft und das Bett wieder einebnet. Verschiedene Werke in den V. St. A. beschäftigen sich mit dem Bau von Mischern, bekannt sind die Koehring-Mischer mit Füllungsgrößen des Mischers von 0,38 m³, 0,575 m³ und 0,765 m³. Abgebildet ist hier der Multifoote-Mischer, dessen einzelne Teile durch die Beschreibung der Abb. 107 erläutert sind. Die flach auf der Erde liegende Ladeschaufel (*h*), auch Löffel genannt, wird durch Lastkraftwagen, die als Hinterschütter ausgebildet sind und auf der schon erwähnten Drehscheibe (s. o.) an den Mischer heranfahren können, oder bei Rollbahnanfuhr durch einen Derrickkran, der die abnehmbaren Wagenkästen abhebt und auskippt, gefüllt. Der Löffel wird von der Maschine selbst angehoben und der Inhalt in die Mischtrommel geschüttet. Hierbei wird entweder die ganze Mischung einschließlich Zement auf den Löffel gegeben, oder nur die Zuschläge und der Zement, der in Säcken seitlich aufgestapelt ist, besonders zugeführt. Letztere Arbeit muß aber in 40—50 Sek. erfolgen, wenn kein Zeitverlust eintreten soll. Diese Arbeit erfordert sehr kräftige Arbeiter, da sie schwer ist. Das Anheben des Löffels beansprucht 9—10 Sek. Dabei fällt in den letzten 2 Sek. schon die Masse in die Mischtrommel, so daß zur völligen Entleerung nur noch 3—5 Sek. notwendig sind, sobald der Löffel seine höchste lotrechte Stellung eingenommen hat.

Die Mischung dauert 60 Sek. Damit sie nicht überschritten wird, befindet sich eine Meldevorrichtung — Glocke — auf der Maschine, die die Beendigung der Mischung dem Führer angibt. Die Entleerung der Mischtrommel dauert 8—9 Sek. bei nassem, mindestens 10 Sek. bei erdfeuchtem Beton.

Das gesamte Spiel umfaßt:

Die Mischung	60 Sek.
Die Auffüllung durch den Löffel	5 „
Das Anheben.	10 „
Sa.	75 Sek.

Dieses ist die geringste Spieldauer nach den nordamerikanischen Vorschriften (76). In der Stunde sind 48 Mischerfüllungen möglich. Wenn die Trommelentleerung beginnt, sobald der Löffel seine lotrechte höchste Stellung eingenommen hat, überdecken sich Aufgabe und Entleerung um 2 Sek. Da die Trommel mit 15 Umdrehungen minutlich läuft, entspricht eine Umdrehung 4 Sek, so daß keine Gefahr besteht, daß Masse, die noch nicht 60 Sek. gemischt ist, mit entleert wird. Alle Maßnamen am Mischer müssen sich dieser Zeiteinteilung unterordnen. Vor allem müssen die Baustoffe so schnell angeliefert werden, daß sie in der Mischzeit von 60 Sek. auf den Löffel aufgegeben werden können. Die volle Ausnutzung des Mischers ist daher unbedingt durch eine zweckmäßige Baustoffanfuhr oder Verteilung längs der Baustrecke und damit eine Beförderungsfrage geworden.

Die Entleerung des Mischgutes auf die Straße erfolgt auf zwei Weisen. Der Beton fällt vom Mischer entweder in einen Kübel, der, wie Abb. 107 zeigt, an einem schwenkbaren Ausleger von 5,50 m Länge geführt wird und an der gewünschten Stelle durch einen Anschlag am Ausleger geöffnet wird und durch Bodenklappen seinen Inhalt entleert, oder durch eine Rinne, die unterteilt ist, so daß durch Hochklappen einzelner Stücke die Schüttweite verändert werden kann. In beiden Fällen kann der Mischer größere Mengen Beton verarbeiten und Straßenflächen von 3—5 m Länge herstellen, ohne seinen Standort zu verändern. Bei der Schüttrinne muß der Mischer hoch liegen, so daß der ganze Aufbau der Maschine groß ausfällt, auch wird als Nachteil angegeben, daß der Beton sehr weich sein muß, um in der Rinne gut zu fließen; es muß Gußbeton sein, während bei Bewegung in Kübeln auch trockener Beton verarbeitet werden kann. Gußbeton erhärtet aber langsamer; es besteht daher die Gefahr, daß sich Kiesnester bilden, was bei der geringen Stärke der Decke ihren Bestand gefährden muß. Es wird daher auch die Maschine mit Kübel bevorzugt. Bei einem Spiel von 75 Sek. lassen sich bei genügender Größe der Trommelfüllung schon erhebliche Tagesleistungen erzielen. Wenn diese aber noch überschritten werden sollen, darf das nicht durch die Beschränkung der Mischzeit erfolgen. Es müssen dann zwei Mischer an der Baustelle arbeiten oder aber, wie der Verfasser auf einer Baustelle in Chicago gesehen hat, es mischt ein Mischer vor, entleert die Masse in den Löffel des zweiten, der dann noch einmal durchmischt. Es handelte sich dort um die Verbreiterung einer Straße und Herstellung einer nur 3 m breiten

Platte, bei der eine große Leistung erzielt werden sollte. Der Mischer rückt in der Zeit des Mischens vor. Die Maschinen sind stark genug, um mehrere Arbeiten durchzuführen. Die jeweils erforderliche Strecke ergibt sich aus der Leistung des Mischers und der Masse der Betondecke auf 1 m Straßenlänge. Das Vorrücken erfolgt in größeren Zeitabständen, je nach der Leistung nach 4, 5, 6 Trommelmischungen. Das Ausschütten des Betons muß so erfolgen, daß für das Ausbreiten des Betons möglichst wenig Handarbeit notwendig wird. Über die richtige Mischdauer sind von verschiedenen Stellen Untersuchungen vorgenommen, so von Abrams, Mahir und neuerdings von Garbotz und Graf (77). Für Straßenbeton soll eine Mischdauer von 1½ Minuten, sowohl für Freifall wie Zwangsmischer, völlig ausreichen.

Nach den nordamerikanischen Anschauungen soll das Wasser der Mischung in abgemessener Menge sofort bei Beginn der Durchmischung zugeführt werden. Die früher in Deutschland übliche trockene Vormischung ist jetzt wohl aufgegeben worden, da nach den Feststellungen von Garbotz und Graf die sofortige Naßmischung eher höhere als niedrigere Festigkeiten liefert.

In Deutschland werden jetzt Straßenmischer gebaut, die zwar denselben Arbeitsgang erledigen, in ihrer baulichen Anordnung aber durchaus eigene Formen zeigen. Das Hüttenamt Sonthofen hat einen Mischer ausgeführt, bei dem durch einen Muldenaufzug, dessen Inhalt 15 vH mehr als der des Mischers beträgt, die Baustoffe aufgegeben werden (Abb. 108). Als Mischer ist der bekannte Sonthofener Flügelmischer mit doppeltem Mischwerk und Seitenmischung verwendet worden, der auch erdfeuchten Beton unter Vermeidung jeder überflüssigen Wasserzugabe schnell verarbeitet. Zwangs- oder Rührwerksmischer sollen anerkanntermaßen die beste Mischleistung erzielen, so daß sie für Straßenbau, bei dem es auf einen sehr gleichmäßigen Beton ankommt, besonders geeignet sind. Sie sind allerdings schwerer als Freifallmischer, beanspruchen höhere Maschinenkraft und größere Unterhaltung. Der größere Kraftbedarf der Zwangsmischer gegenüber den Freifallmischern kann aber durch Ersparnisse in der Mischzeit wieder ausgeglichen werden. Der Vorteil der Flügelmischer besteht auch darin, daß sie offen sind, und daher die Beschaffenheit des Betons beobachtet werden kann. Ihre Fassung beträgt 500 l. Diese Größe wird nach den im Straßenbaumaschinen-Ausschuß der Stufa gemachten Vorschlägen für deutsche Verhältnisse als die zweckmäßige gehalten. Das Mischgut fällt durch eine Bodenklappe in den Kübel, der sich an einem 8 m langen Ausleger entlang bewegt. Dieser Ausleger, der bei einem Drehwinkel von 90° eine Fläche von 6 m Breite und 8 m Länge bestreichen kann, wird bei der Sonthofener Maschine durch Kupplung und Schneckenrad mechanisch geschwenkt, weil bei schräger Lage, d. h. mit Schlagseite z. B. bei Betonschüttung in überhöhten Krümmungen und bei Winddruck, die Bewegung mit Hand zu anstrengend ist. Der Kübel von 500 l Inhalt wird durch ein Seil ohne Ende befördert. Er wird mit der Hand oder durch besonderen Antrieb geöffnet und hat einen besonderen Betonabstreifer. Das Fahrwerk des Mischers hat zwei Vorwärts- und einen Rückwärtsgang bei 1,7 und 3,5 km Fahrgeschwindigkeit in der Stunde. Den gesamten Antrieb besorgt ein Zweizylinder-Rohölmotor von 24 PS. Am Mischer sind zwei Mann erforderlich, einer bedient Aufzug und Mischer, der andere Schwenkwerk und Seilwinde für den Kübel. Die Leistung der Maschine ist bereits bis auf 54 Mischungen, entsprechend 27 m^3/stdl. gebracht worden. Das geht noch über die amerikanische Leistung hinaus und ist wohl darauf zurückzuführen, daß der Flügelmischer kräftiger die Massen durcharbeitet, als die sonst üblichen Freifallmischer, so daß die Mischzeit herabgesetzt werden kann.

Die A.-G. Jos. Vögele, Mannheim hat einen selbstfahrenden Mischer ausgebildet, die Mischtrommel ist ein Jägerschnellmischer. Nach amerikanischem Vorbild erfolgt die Verteilung durch einen Kübel, der an einem Ausleger läuft

(Abb. 109). Solche fahrenden Mischanlagen können nur bei Straßenbauten benutzt werden. Sie sind auch nur bei großen Baulosen am Platze, wenn die Be-

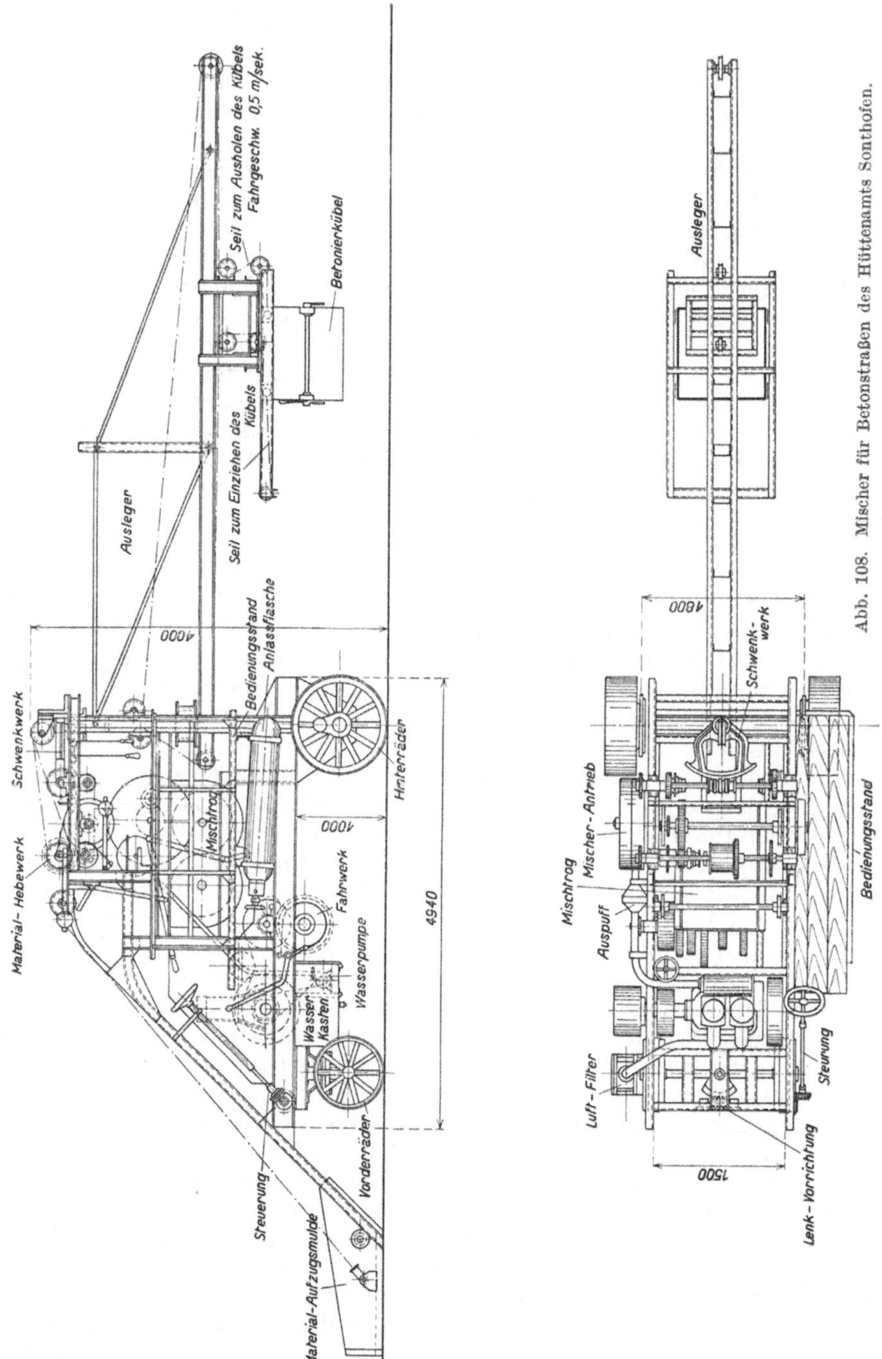

Abb. 108. Mischer für Betonstraßen des Hüttenamts Sonthofen.

förderung des Betons auf große Strecken wegen der Entmischung oder des Abbindens bedenklich ist. Bei kleinen Ausführungen, wie sie in Europa noch die Regel sind, wird der Beton zumeist noch an der Baustelle in ortsfesten Anlagen gemischt und in Kipploren mit Hand oder Benzinlokomotiven zur Verwendungsstelle befördert. Als Mischer werden dann alle jene Formen gebraucht, die auch sonst im Betonbau üblich sind. Beachtenswert ist, daß auch schon in den V. St. A. in den großen Städten die Betonmischung in ortsfesten Anlagen erfolgt, von

Abb. 109. Selbstfahrender Mischer mit Ausleger der A. G. Jos. Vögele, Mannheim.

denen er dann in schnell fahrenden Kraftwagen zur Baustelle auch für den Straßenbau gebracht wird. Die Behälter sind liegende Trommeln, die während der Fahrt in Umdrehung versetzt werden können.

Das Abgleichen der Betonschicht. Der abgeworfene Beton wird von Hand mit Schaufeln 2—5 cm über die erforderliche Stärke ausgebreitet, und dann beginnt sofort die Arbeit des Andrückens und Abgleichens. Diese Arbeit wird von Hand mit besonderen Einrichtungen oder mit Maschinen besorgt.

Bei der Handarbeit wird erst mit einer Abziehlehre (Abb. 110) der Oberfläche die vorgeschriebene Form gegeben, wobei die Lehre selbst einen etwa 6 mm grö-

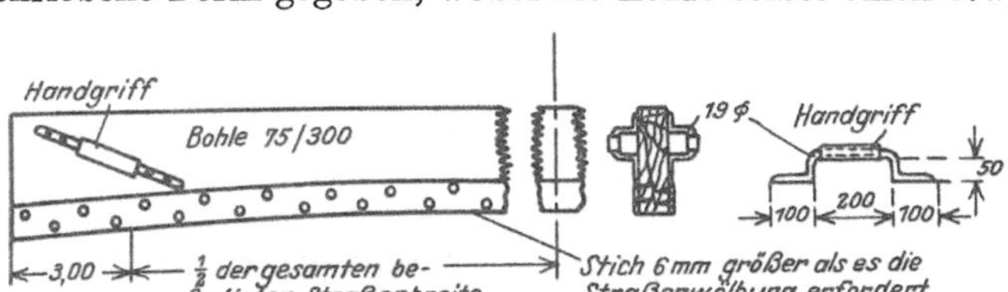

Abb. 110. Abziehlehre.

ßeren Stich hat als die spätere Straßenwölbung, weil der Beton im Laufe der folgenden Behandlungen etwas zusammensackt. Die Lehre wird nicht nur in der Längsrichtung bewegt, wobei sie an den Formschienen die Führung findet, sondern auch durch Hinundherschieben in seitlicher Richtung. Vor der Abziehlehre soll sich immer ein geringer Überschuß an Beton befinden, da sich sonst leicht an der Oberfläche Mulden bilden, wo es an Masse gefehlt hat. Daran schließt sich die Bearbeitung der Oberfläche mit einer Handlehre (Abb. 111) an, deren untere Wölbung genau der Deckenwölbung entspricht. Mit ihr werden kurze und schnelle Schläge auf die Oberfläche ausgeübt. Die beste Art der Anwendung ist, daß die Lehre auf der einen Formschiene festgehalten und das andere Ende einen halben bis ganzen Meter vorwärts bewegt wird, indem gleichzeitig die Stampfbewegung erfolgt. Dann wird derselbe Arbeitsgang auf der anderen Seite fortgesetzt. Es werden auch kleinere Stampfer nach Abb. 112 verwendet. Es folgt ein Abwalzen der Decke mit einer Walze nach Abb. 113. Diese Arbeit muß so schnell als möglich sich der Stampfarbeit anschließen, ehe die

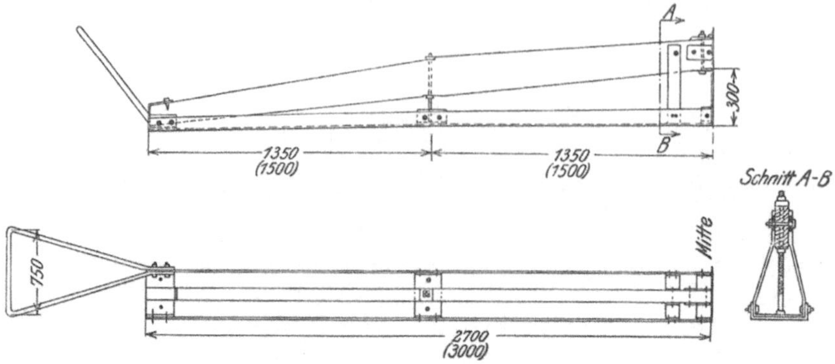

Abb. 111. Handlehre zum Abgleichen des Betons.

Oberfläche hat abbinden können. Die Walze hat zwei lange Stiele oder Ketten, an denen sie von einer Seite zur anderen mit einer Geschwindigkeit von etwa 1 m/sec gezogen werden kann. Die Walzenbahnen sollen sich um die halbe Wal-

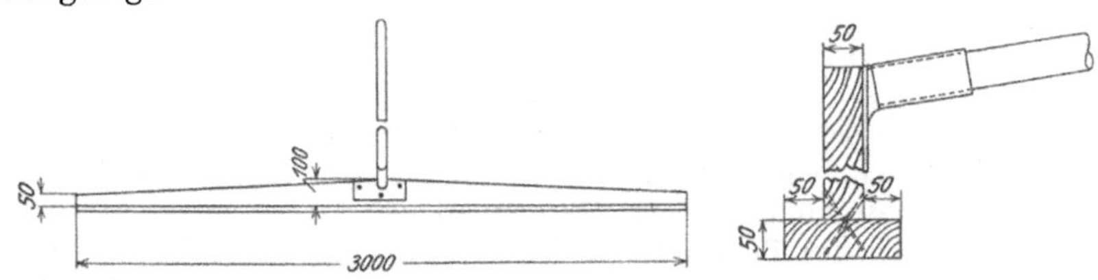

Abb. 112. Stampfer.

zenbreite überdecken. Das Walzengewicht soll 1 kg auf 1 cm betragen. Die Walze hat die Aufgabe, leichte Unebenheiten an der Oberfläche zu beseitigen und das überschüssige Wasser auszutreiben. Nach der Abwalzung wird die Oberfläche mit einer 3 m langen Lehre nachgeprüft, ob sich nicht Mulden oder Buckel gebildet haben. Diese werden angezeichnet und sofort von einer Brücke aus, die auf die seitlichen Formschienen gelegt wird, mit Hand und mit Reiben nach gebessert. Die Schlußarbeit besteht in einem Abglätten der Oberfläche mit einem Gummigewebe oder Lederriemen von 25—30 cm Breite. Der Riemen soll 0,6 m länger sein, als die Decke breit ist und mit Handgriffen versehen sein. Er kann auch nach Abb. 114 durch einen Bügel gespannt sein. Er wird zweimal angewendet, zuerst mit langen Querstrichen bei langsamem Fortschritt, darauf ein nochmaliges Abgleichen mit kurzen Querstrichen und schnellem Fortschritt. Der Riemen soll feucht oder geölt und stets sauber sein. Er darf nicht so schwer sein, daß er Eindrücke in dem Beton hinterläßt. Die letzte Arbeit sollte erst vorgenommen

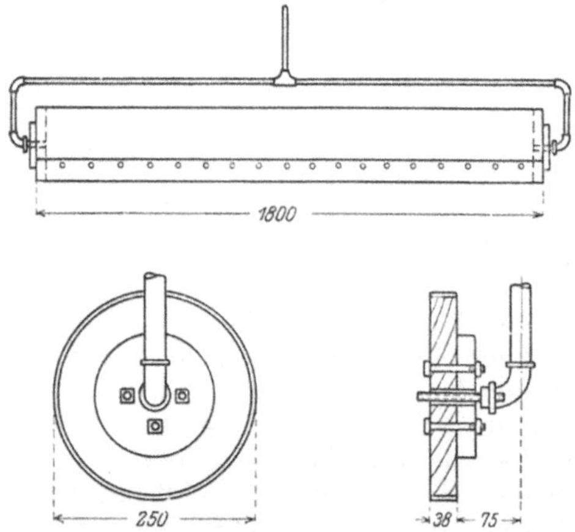

Abb. 113. Walze.

werden, wenn der Wasserglanz von der Decke verschwunden ist und ihre Oberfläche ein stumpfes Aussehen angenommen hat. Außerdem wird mit einem Reibebrett die Kante an der Formschiene abgerundet und dort hängengebliebener Beton beseitigt. Von der Brücke aus werden auch die Kanten der Bewegungsfugen nachgebessert und abgerundet und eingedrungener Beton ausgekratzt. Die Handbearbeitung der Decke ist noch allgemein gebräuchlich und bei Straßen in starken Steigungen auch nur möglich, weil bei maschineller Behandlung der Beton bergabdrängt und die Decke dann wellig wird. Die Ausführung muß von unten nach oben erfolgen. Bei Straßen in Steigungen wird bisweilen der Beton angerauht in der Weise, daß eine Bohle quer über die Decke gelegt wird, die auf den seitlichen Formschienen ruht, und an der ein Piassavabesen entlang gezogen wird. Bei Gummireifenverkehr halten sich die durch den Besenstrich erzeugten Rippen auffallend lange, wie Verfasser an älteren Betonstraßen in Massachusetts hat feststellen können, so daß daran zu erkennen ist, wie wenig sich die Oberfläche der Betondecke abnützt.

Die Abgleichung der Oberfläche kann aber auch durch Maschinen unter nahezu vollständiger Ausschaltung der Handarbeit erfolgen. Diese Maschinen —

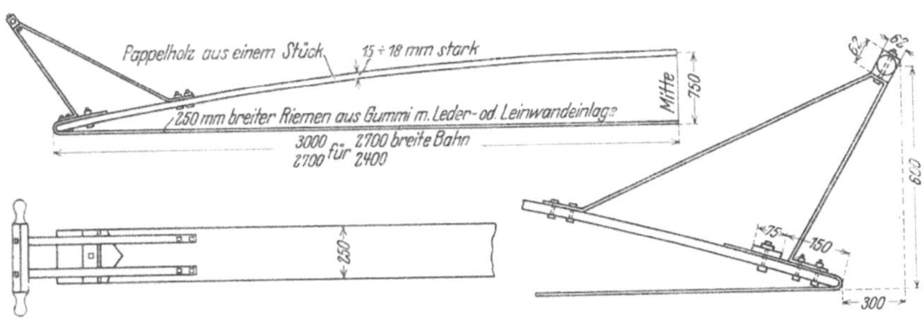

Abb. 114. Bügel.

Finisher, Abgleichmaschinen oder Straßenfertiger genannt — laufen mit Rädern mit einem Spurkranz auf den seitlichen Formschienen. Bei dem großen Gewicht der Maschine von etwa 2000 kg und ihren Erschütterungen muß auf eine sehr feste Lage und große Steifigkeit der Formschienen geachtet werden, da von der festen Lage derselben die Güte der Arbeit erheblich abhängt. Im allgemeinen sind zwei Gruppen von Fertigern zu unterscheiden: die Fertiger mit Stampfbohlen und die Fertiger mit schwingender Arbeitsbohle.

Auf der Abb. 118, S. 171 ist eine schematische Darstellung der Fertiger mit Stampfbohle der Lakewood Engineering Co., Cleveland (Ohio), nach der Ausführung der Maschinenfabrik Dingler, Zweibrücken, wiedergegeben. Diese Maschine leistet drei verschiedene Arbeitsgänge: erst gleicht sie im Vorwärtsgang (etwa 2 m/min) mit einer in leichter Schwingbewegung befindlichen Winkeleisenlehre oder Bohle, deren Unterfläche dem Profil der Straße entspricht, die Betonschüttung ab, wobei auf eine gute Verteilung des vorgeschütteten Betons geachtet werden muß, da sich nicht mehr als etwa 5 cm Masse vor dem Abstreifer anhäufen darf; dann fährt die Maschine zurück (etwa 8 m/min) und bearbeitet in einem zweiten Gang auf der abgeglichenen Strecke mit einer Stampfbohle die Decke. Durch die Stampfbewegung wird die Betonmasse erstens festgeschlagen und zweitens wird der Mörtel hochgebracht, der notwendig ist, um alle Hohlräume zu schließen. Zugleich wird auch Luft und Wasser aus dem Beton ausgetrieben. Das Glätten der gestampften Decke geschieht vermittels eines Riemens, der ebenfalls an dem Fertiger angebracht ist. Die Arbeitsgänge werden wiederholt ausgeführt, so daß bis fünf Fahrten über die gleiche Deckenplatte bis zu ihrer endgültigen Fertigstellung gemacht werden. Das Stampfen erfolgt mit etwa 240 Schlägen in der Minute. Die kräftige Bearbeitung der Oberfläche durch Stampfen führt nach amerikanischen Beobachtungen zur Entmischung des Betons, indem die größeren Steine mehr nach unten gedrückt werden und das Feinmaterial nach oben gesaugt wird und sich in verhältnismäßig großer Menge in der oberen Schicht ansammelt, wodurch, wie aus früheren Angaben zu entnehmen (S. 156), die Verschleißfestigkeit der Oberfläche leidet.

Bei dem Ord-Fertiger werden statt der vertikal schwingenden Arbeitsbohlen 2 schwere kastenförmige Arbeitsbohlen von größerer Breite verwendet, deren untere Fläche auf das Profil der späteren Straße eingestellt werden kann und deren vordere zum Festkneten und die hintere zum Abgleichen der Betonmasse dient (Abb. 115). Sie sind beiderseits am Fahrgestell quer zur Längsrichtung aufgehängt und werden durch Schubkurbelgetriebe in seitliche Schwingungen

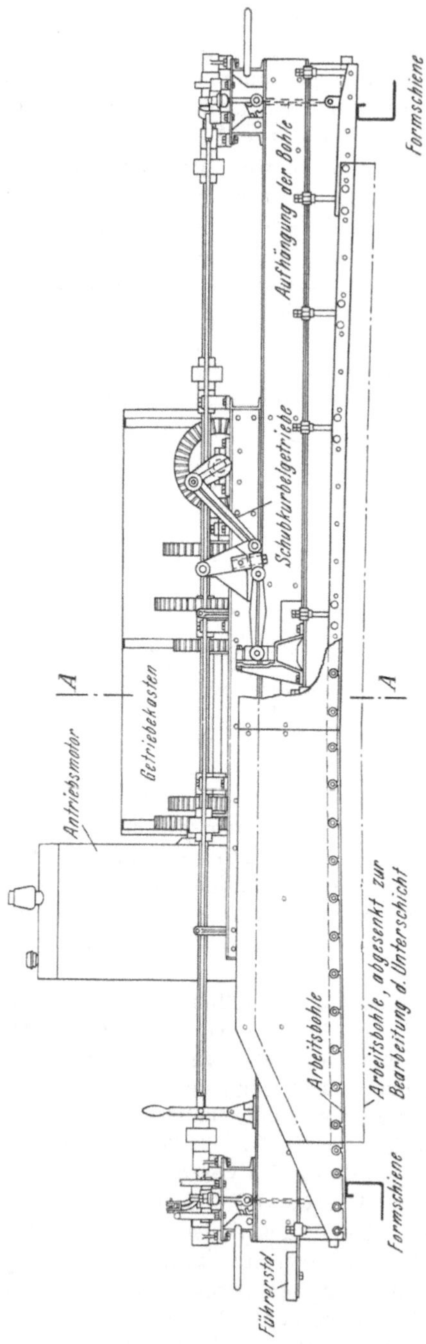

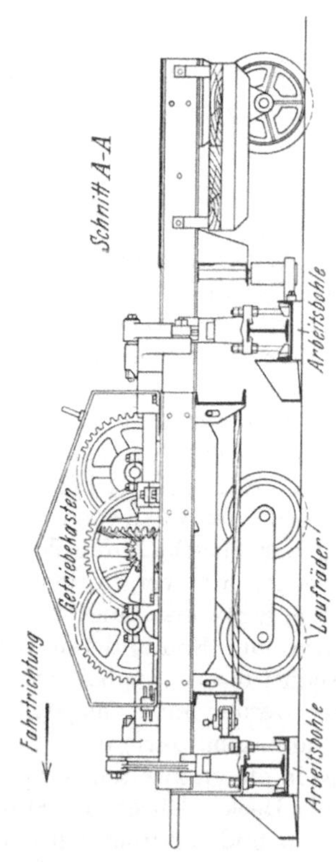

Abb. 115. Straßenfertiger mit schwingender Bohle von Krauß & Co. J. A. Maffai, München.

versetzt. Im Gegensatz zu dem zuerst beschriebenen Lakewood-Abgleicher wird vor dieser Maschine Beton in erheblicher Höhe aufgeschüttet. Infolge der schwingenden Bewegung heben sich die Bohlen etwas in die Höhe, wobei die vordere Arbeitsbohle beim Vorwärtsfahren von dem vor der Maschine liegenden Beton etwas faßt und beim Niedergehen durch ihr erhebliches Gewicht unter ruhigem Druck zusammenpreßt. Auf diese Weise wird ein sehr starkes und gleichmäßiges Verdichten des Betons erzielt und ein Hochsaugen der leichten Bestandteile verhindert. Beim Arbeiten mit einem Ord-Fertiger kann keine Entmischung der Betonmasse eintreten, da infolge der nur mit einem geringen Hub verbundenen hin- und hergleitenden Bewegung der Arbeitsbohle ein Zusammendrücken und -kneten der Masse erfolgt im Gegensatz zu der Arbeit des Lakewood-Fertigers, der durch starke, rasch aufeinanderfolgende Schläge den Beton verdichtet, wodurch dieser entmischt wird.

Straßenfertiger, welche nach dem Stampfverfahren arbeiten, werden in Deutschland von der Firma Dingler A.-G., Zweibrücken, und Joseph Vögele A.-G., Mannheim, gebaut. Straßenfertiger, welche mit schwingenden Bohlen arbeiten, werden in Deutschland von der Maschinenfabrik Eßlingen A.-G. und der Firma Krauß & Co. — J. A. Maffei A.-G., München, gebaut. Der von der letzteren Firma gebaute Universal-Betonstraßen-Fertiger (Abb. 116) kann durch entsprechende Ausführung des Maschinenrahmens und der Bohlen für ver-

Abb. 116. Straßenfertiger mit schwingender Bohle — Ansicht.

schiedene Straßenbreiten und durch entsprechende Einstellung der Arbeitshöhen der Arbeitsbohlen über oder unter den Formschienen zur Bearbeitung der ganzen Decke, oder nur der Oberschicht oder nur der Unterschicht verwendet werden. Aus Abb. 115 ist die Absenkung der Bohlen zur Bearbeitung der Unterschicht ersichtlich. Wenn die Aufgabe der maschinellen Abgleichung darin besteht, eine ebene und in ihren Abmessungen genaue Oberfläche zu liefern, so darf andererseits mit diesem Verfahren keine Beeinträchtigung der Betongüte verbunden sein. Unbedingt muß die Bearbeitung der Oberfläche so schnell vor sich gehen, daß sie nicht etwa in die Zeit des Abbindens des Betons hineinreicht, da in diesem Falle der Beton im Abbinden gestört und seine Festigkeit vermindert würde. Lange dauernde Bearbeitung der Oberfläche ist geeignet, eine Menge feiner Mörtelstoffe an die Oberfläche zu bringen, also eine Entmischung herbeizuführen. Dann tritt alsbald ein Abblättern an der Oberfläche ein. Nach den heutigen Anschauungen in den V. St. A. gilt als der einfachste, billigste und wirkungsvollste Straßenfertiger der mit 2 schwingenden Bohlen. Mit diesem kann ein verhältnismäßig trockener Beton verarbeitet werden (Setzmaß nur 2,5 cm). Abgesehen von den sonstigen nachteiligen Eigenschaften nasser Mischungen zeigen sie im Straßenbau das Bestreben auszuweichen, wobei sich Mulden bilden, die besonders aufgefüllt werden müssen. Durch die langsame, hin und her gehende Bewegung der Bohlen wird die Masse durchgeknetet und scharfe Übergänge und Absätze vermieden. Solange die Seitenformen nicht nachgeben, können Mulden oder Unregelmäßigkeiten an der Oberfläche, die nachgearbeitet werden müssen, nicht auftreten. Wenn die Betonmasse durch den Mischer gleichmäßig verteilt wird, genügen 2 Mann vor dem Fertiger. Es wird empfohlen, um die Oberfläche abzuglätten, mit einem Abziehbrett von den Einfassungsformen aus die Oberfläche von der Seite nach der Mitte und wieder zurück abzuziehen (Abb. 117). Diese Arbeit kann auch von 2 Brücken aus, die auf den Seitenformen aufruhen und sich über den Beton spannen, von 2 Mann mit einem entsprechend größeren Abziehbrett vorgenommen werden. Noch bessere Arbeit leistet das Abziehen mit dem Lederriemen als dritter Arbeitsgang des Abgleichens. Der Verfasser hat aber die Verwendung des Lederriemens letzthin in den V. St. A. nicht mehr gesehen. Man vermeidet, jetzt zuviel Arbeit auf die Behandlung der Oberfläche zu verwenden, weil sie zuviel Zeit beansprucht und dadurch das Abbinden gestört wird, und legt die gesamte Bearbeitung möglichst auf die ersten Arbeitsvorgänge. Vor allem bringt Stampfen Wasser an die Oberfläche zusammen mit dem Mörtel, es tritt eine Entmischung ein. Auch verlangt das Stampfen meist sehr viel Nach-

Abb. 117. Abziehen der Betondecke.

arbeit an der Oberfläche, um Mulden und Löcher zu beseitigen. Bei dem Ord-Straßenfertiger ist die Bearbeitung der Oberfläche in 15 Minuten beendet. Auch die Haarrisse sind eine Folge der zu dick gewordenen Mörtel- und Wasserschicht der Oberfläche, infolge Schwinden des Mörtels. Wie aus den früheren Angaben zu entnehmen, ist auch die Verschleißfestigkeit der Oberfläche dann eine geringere. Die mit Stampfern arbeitenden Straßenfertiger erschüttern stark die seitlichen Formen, auf denen sie fahren, während der nur abgleichende Fertiger mit seinem Gewicht auf der Betonmasse ruht und damit die Führungsschienen entlastet. Da für kleinere Bauausführungen ein fahrbarer Mischer sich wenig lohnt, besonders wenn er nur kurze Zeit im Jahr ausgenutzt wird, ist er in Deutschland auch selten. Der Straßenfertiger hat dagegen eine größere Verbreitung gefunden, allerdings wird auf die Stampfarbeit besonderer Wert gelegt.

Bei den in Deutschland meist noch bevorzugten zweischichtigen Decken wird der in erdfeuchtem Beton bestehende Unterbau mit Preßluftstampfern abgestampft. Um eine gleichmäßige Verdichtung zu erzielen und ein Entmischen zu vermeiden, hat die Bauunternehmung C. Baresel A.-G. in Stuttgart beim Bau der Cannstatter Straße in Stuttgart nicht unmittelbar auf den Beton gestampft, sondern einen Holzrahmen dazwischen gelegt, auf dem gestampft wurde. Der Oberbeton wird dann entweder mit der Hand abgezogen, oder es wird der Straßenfertiger benützt, der unter Anlehnung an die amerikanischen Vorbilder in Deutschland z. B. von der Dinglerschen Maschinenfabrik A.-G., Zweibrücken (Pfalz), hergestellt wird. Diese Unternehmung hat eine Hammerstampfmaschine (Abb. 118) im Betonstraßenbau eingeführt, die zur Bearbeitung der ganzen Decke wie auch für die Bearbeitung des Unterbetons allein benutzt werden kann. Sie läuft, durch einen Benzinmotor angetrieben, auf den seitlichen Schalungen und hat schwere Fallhämmer, von rhombenförmiger Grundfläche, die durch eine Welle mit Nocken angehoben werden und dann frei herunter fallen. Die einzelnen Hämmer stampfen versetzt, so daß von dem einen Hammer die Stampffläche des danebenliegenden überdeckt wird und die Bildung von Graten vermieden wird. Vor den Stampfhämmern läuft eine Abgleichbohle, deren Unterkante ebenso wie die Unterkante der einzelnen Hämmer dem Straßenprofil genau angepaßt ist. Die Maschine erzeugt sehr starke Erschütterungen und verlangt daher eine sehr standfeste Schalung. Diese ist schon in Form von Betonschwellen ausgeführt worden, auf denen die Hammerstampfmaschine läuft, und die in die Betonfahrbahn eingerechnet werden. Für die Bearbeitung des Oberbetons wird auch Abstampfen mit Preßluft empfohlen, was aber nur sehr selten ausgeführt wird; zumeist wird der Straßenfertiger benützt.

Da von der dichten Herstellung der Oberfläche das Verhalten der Betondecke günstig beeinflußt wird, indem sie eine größere Verschleißfestigkeit und geringere Bewegung bei Wärme- und Feuchtigkeitsänderungen zeigt, so sind verschiedene Wege beschritten worden, um die Betondecke in dieser Hinsicht zu verbessern. Einmal auf mechanischem Wege, indem in gesteigertem Maße, als es bereits durch die Stampfarbeit der Abgleichmaschine erfolgt, durch Erschütterung der Decke eine Härtung der Oberfläche angestrebt wird: Das Vibrolithik- oder Vibration-Verfahren. Zur Erhöhung der Wirkung wird vorher die leicht abgeglichene Decke mit Hartgesteinschotter beworfen. Es werden auf die Oberfläche eines Betons im Mischverhältnis 1:2:3½ bis 1:2:5 sofort nach der Ausbreitung je nach der Verkehrsbedeutung der Straße 15—30 kg/m² Hartgestein von 2,5—5 cm Größe geworfen und ausgebreitet. Dann werden Holzstabmatten mit 3 mm weiten Fugen darauf gelegt, auf denen kleine Wagen, die durch einen nicht ausgewogenen Motor erschüttert werden, hin- und herbewegt werden. Die Matten sind an ihren Längsseiten etwas abgeschrägt, so daß sie sich der

Abb. 118. Hammerstampfmaschine. a) Ansicht. b) Querschnitt in Zusammenarbeit mit Straßenfertiger mit Stampfbohle. Dinglersche Maschinenfabrik Zweibrücken.

Deckenkrone anpassen. Beim Erschüttern spritzt das Wasser durch die 3 mm weiten Fugen der Matten und steht auf der Betondecke, die eine stark gerippte Oberfläche annimmt. Sie wird mit einem gewöhnlichen Gartenschlauch als Bügler abgezogen, wobei das Wasser dann seitlich abläuft. Die Oberfläche ist sofort so erhärtet, daß man sie begehen kann. Eine Nachbehandlung mit Wasser wie bei den Betondecken sonst findet nicht mehr statt. Selbst im heißen Sonnenbrande in Atlanta, wo Verfasser mehrere Ausführungen nach der Vibrolithik-Weise gesehen hat, unterläßt man sie. Die Straßen können nach 10 Tagen dem Verkehr übergeben werden. Durch die Erschütterung soll das Hartgestein in die Decke getrieben werden. Daß eine solche Wirkung durch Rütteln am Beton erreicht werden kann, ist auch bei uns schon bekannt und ausgenutzt. Der Vorteil dieses Verfahrens soll darin liegen, daß man zum Beton selbst weniger gute Zuschläge nehmen kann. Durch den Zusatz von Hartgestein in der Oberschicht, dessen Abnutzungsbeiwert (s. S. 356) mindestens 15 betragen soll, erhält die Decke die nötige Härte gegen Abnutzung. Durch die Erschütterung wird außerdem die Decke gedichtet und nimmt kein Wasser auf. In Chicago liegt eine 1922 nach dieser Bauweise hergestellte Decke im Lincoln-Park, die einen sehr lebhaften Verkehr vor allem von Autobussen aufzunehmen hat. Die Zementschlammschicht an der Oberseite hatte sich abgefahren, aber die Decke selbst zeigte bei der Besichtigung i. J. 1930 große Dichte und noch keinerlei Abnutzung. Die Unkosten der Oberflächenbehandlung werden dadurch eingebracht, daß diese Decken um 2,5 cm schwächer sein können als die gewöhnlichen. In Wohnstraßen macht man sie 15 cm, in Verkehrsstraßen höchstens 17,5 cm stark; denn nach Untersuchungen im Pittsburger Untersuchungsamt hatte gewöhnlicher Mörtel 1:2 eine Druckfestigkeit von 210 kg/cm² (Zylinderproben), der erschütterte Mörtel 1:2½ 295 kg/cm², also etwa 40 vH mehr (35).

Bei zweischichtigen Decken läßt sich ein gutes Anhaften der oberen an die untere Schicht durch Sica-Zusatz zum Beton erreichen (S. 181). Bei der Ausführung auf der Versuchsstraße des D. Str. V. bei Braunschweig (78) sind die nur 2 und 3 cm starken Verschleißschichten mit Sica-Zusatz nicht abgeblättert, sondern haften fest auf dem Unterbeton im Mischungsverhältnis 1 : 2 : 3. Der Sica-Beton hat die folgende Zusammensetzung gehabt: 1 RT hochwertiger Zement, 1,6 RT Gabbrosand 0—3 mm, 1,2 RT Basaltgrus 3—5 mm und 1,2 RT Basaltgrus 5—8 mm. Das Trockengemisch ist mit Sica-Lösung 1 : 4 angemacht worden. Der Wasserzusatz betrug 10 Gew.-vH des Trockengemisches. Der Sica-Verbrauch hat bei der 3 cm starken Decke 1,78 kg/m², bei der 2 cm starken mit Sica-Lösung 1 : 3 behandelten Decke 1,35 kg/m² betragen.

h) Ausführung der Fugen.

In der Ausführung der Fugen, deren Anlegung sich aus den Betrachtungen auf S. 140 als notwendig erweist, hat sich eine ausgedehnte Technik entwickelt, je nach der Bedeutung, der die Fuge zugemessen wird. Die einfache Preßfuge entsteht durch die Arbeitsunterbrechung. Bei ihr ist vor allem darauf zu achten, daß sie genau lotrecht abgeglichen wird. Nach längeren Pausen, wenn der Beton bereits abgebunden hat, kann der neue Beton ohne weiteres gegen den Abschluß gelegt werden. Bei kurzen Unterbrechungen (Mittagspause) wird die Fläche mit einer dünnen Schicht Lehm bestrichen. Damit der Betonabschluß an der Arbeitsfuge seine genaue Lage und ebene Fläche während der Arbeitsunterbrechung behält, wird eine kräftige Lehre gegengesetzt, die mit Schnurnägeln und Keilen festgehalten wird. Die Trennung zwischen den beiden Platten kann auch durch eine Lage Dachpappe erfolgen.

Die Längsfugen werden meist knirsch aneinandergesetzt, weil zwischen der Ausführung der einen und anderen Straßenhälfte ein längerer Zeitraum liegt. Damit sich die beiden Plattenhälften nicht gegeneinander verschieben können, werden Eisendübel verwendet, die in der einen Seite in Abständen von 0,6—0,9 m mit einbetoniert werden und auf ihrem freien Ende mit Pappe umhüllt oder mit Teer angestrichen werden, damit sie in der anderen Deckenhälfte nicht anbinden (Abb. 119).

Die Raumfugen (vgl. S. 144) werden mit besonderen Hilfsmitteln hergestellt und mit nachgiebigen Zwischengliedern versehen. Zum Schutz der Kanten an den Fugen sind früher Flacheisen oder Winkeleisen eingebaut worden, die im Beton verankert sind. Sie haben zwar die Fugenkante selbst geschützt, aber dafür ist der Angriff der Verkehrslasten an der Fuge hinter das Fugeneisen verlegt worden, und die Zerstörungen haben dort eingesetzt. Von einem besonderen Schutz der Fugenkanten durch widerstandsfähige Bewehrung ist man abgekommen. Durch Ausfüllung der Fugen mit einer nachgiebigen Masse, wie Asphaltpappe und Asphalt, lassen die Fugen sich besser schützen. Für die dabei angewendeten Bauweisen werden im folgenden einige Beispiele gegeben.

Alle Dehnungs-, Konstruktions-, Quer- und Längsfugen sollen lotrecht, eben und frei von allen Unregelmäßigkeiten sein. Unebenheiten, hervorgerufen durch ungenaue und fahrlässige Arbeit, rufen Schäden in der Decke hervor, z. B. in der Weise, daß eine Platte sich gegen die andere hebt, und daß Risse sich bilden. Die Fugen sollen genau nach den Zeichnungen und den Bedingungen verteilt und ausgebildet werden; sie sollen normal zur Straßenachse in der Geraden und radial in den Kurven angelegt werden. Vor der Verwendung der Fugeneinlage muß die Fuge selbst nach ihren Abmessungen und Beschaffenheit untersucht werden. Viele schlechte Ergebnisse sind die Folge von Fugen, die zu eng und nicht tief genug sind.

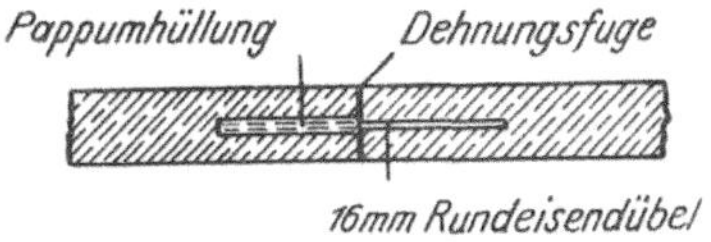

Abb. 119. Längsfuge.

Die Fugeneinlage muß in glatten und nicht gekrümmten Stücken angeliefert werden. Sie muß dauernd, mit Ausnahme kurz vor dem Einbau, unter Verschluß aufbewahrt werden. Fugeneinlagen, die bei der Anlieferung gerissen oder gebrochen sind, müssen zurückgewiesen werden.

Die Raumfugen werden gewöhnlich durch eine Einlage ausgefüllt, die eingelegt wird, kurz bevor der Beton eingebracht wird.

Die stählerne Lehre, die die Fugeneinlage an der Stelle der Fuge festhält, soll genaue Abmessungen haben und eingeölt oder eingefettet sein. Wenn sie nicht gebraucht wird, muß sie flach hingelegt werden, damit sie sich nicht wirft. Alle Verwindungen müssen sofort geglättet werden, sobald sie bemerkt werden. Die Lehre muß auf der Seite, wo der Mischer steht, mit eisernen Nägeln befestigt werden (Abb. 120). Die Fugeneinlage soll an die Seite der Fugenlehre gesetzt werden, die vom Mischer abgewendet liegt. Bei den Arbeitsfugen bei Tagesende soll eine 8 cm starke hölzerne Bohle verwendet werden.

Die stählerne Lehre, gegen die die Fugeneinlage gelegt wird, muß festgehalten werden durch mindestens zehn Nägel, 30—45 cm lang, je nach Art des Untergrundes (Abb. 120). Je fünf Nägel auf beiden Seiten der Lehre und der Fugeneinlage, deren Höhe 5 cm unter der Oberfläche liegt.

Die Fugeneinlage soll beim Abgleichen des Betons mit Hand höher sein als die abgeglichene Betonoberfläche. Bei Benützung des Straßenfertigers soll die Oberkante mit der Oberfläche bündig liegen. Bisweilen wird sie einige Millimeter tiefer gelegt. Der Spielraum wird dann vom Straßenfertiger mit Beton ausgefüllt. Anschließend an die Arbeit des Fertigers wird der Beton abgekratzt und die Fugenkanten abgerundet. Die am meisten befriedigende Art, um eine bündig liegende Ausfüllung zu erhalten, besteht darin, die Fugeneinlage etwas höher zu machen, als die Fuge tief ist und gegen die Lehre zu setzen und dann entlang der Krone der Lehre mit einem Messer abzuschneiden.

Etwas Zwischenraum soll an der geölten und eingefetteten Lehre belassen werden, damit man sie leicht fortnehmen kann. Die Lehre soll erst fortgenommen werden, nachdem mindestens 30 cm Beton vor Kopf ausgebreitet ist und das Stampfen und Abgleichen der Oberfläche auf beiden Seiten begonnen hat, oder wenigstens auf der oberhalb liegenden Seite. Kein Stampfen oder Abgleichen soll ausgeführt werden, nachdem die Lehre fortgenommen ist, außer dem Abgleichen mit einer Kelle, um den Hohlraum auszufüllen, den die Lehre gelassen hat. Die Lehre soll herausgenommen werden, indem sie an beiden Seiten angehoben wird. Die Lehre hat zu diesem Zwecke auf beiden Seiten Löcher, in die Haken eingeführt werden (oder Handgriffe). Nachdem die Lehre herausgenommen ist, soll die Fugeneinlage bei Abgleichen mit der Hand, wenn sie über der Oberfläche liegt, scharf abgeschnitten werden und dann die Kante mit einem Halbmesser von 3 mm abgerundet werden.

Bei Benutzung des Straßenfertigers soll dort, wo die Einlage etwas überschaut oder bündig abschneidet, die Kante mit demselben Halbmesser abgerundet

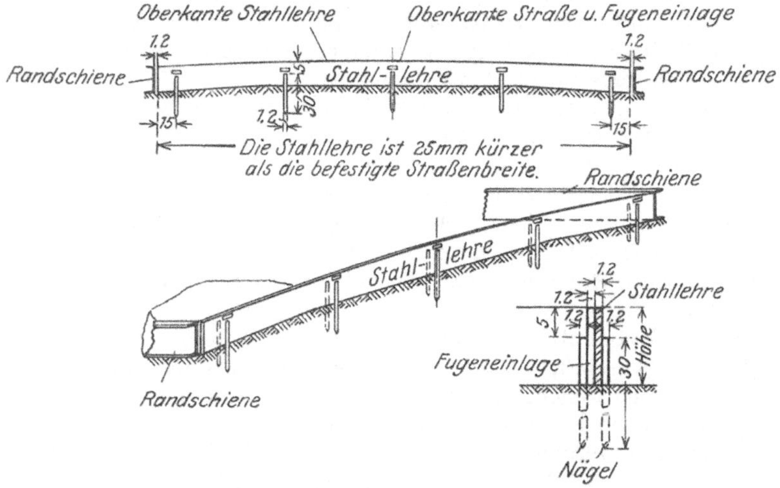

Abb. 120. Fugenausführung im Staate Pennsylvania.

werden. Das Fertigmachen der Fuge soll von einem besonders geübten Arbeiter von einer Brücke aus vorgenommen werden. Auf keinen Fall darf zusammenhängender Beton die Fugen überdecken, da dieser Zustand die Fuge unter dem Verkehr zum Absplittern bringt. Für das Abrunden ist eine besondere Hohlkelle zu verwenden.

Sorge ist dafür zu tragen, daß kein überflüssiger Beton auf der Fuge liegen bleibt. Sehr oft sind Abschuppungen festgestellt, wo die Neigung bestanden hat, zuviel Arbeit auf das Abgleichen zu verwenden. Das Abgleichband sollte sofort auf beiden Seiten der Fuge in Anwendung treten, um der gesamten Oberfläche ein gleichmäßiges Aussehen zu geben. Die Oberfläche längs der Fugen muß durch einen erfahrenen Arbeiter mit der größten Sorgfalt abgeglichen werden, um unebene Fugen zu vermeiden, welche eine unebene wellige Oberfläche hervorrufen. Das Aussehen einer fertigen Fuge zeigt Abb. 121.

Sobald die Seitenschalungen fortgenommen sind, muß untersucht werden, ob auch alle Fugeneinlagen durch die ganzen Fugen hindurchgehen, wenn nicht, soll der Unternehmer beide Seiten mit dem Meißel öffnen. Auf keinen Fall darf erlaubt werden, daß die Bermen mit Schottermaterial angeschüttet werden, bevor nicht volle Sicherheit besteht, daß die Fuge auch völlig offen ist.

Die Bauleitung muß sich versichern, daß der Unterbau so profiliert ist, daß die Fugeneinlage durch die ganze Stärke der Decke hindurchgeht.

Ausfüllen der Fugen und Risse. Es ist vorzuziehen und billiger, die Fugen auszugießen, bevor der Verkehr über die Decke gehen darf. Wenn die Fugeneinlage über der Oberfläche steht, soll sie bündig mit der Oberfläche abgeschnitten werden und der Schmutz auf beiden Seiten mit einem scharfen Gerät gelöst und dann mit einem scharfen Besen abgekehrt oder durch Dampfstrahl oder Handblasebalg gereinigt werden.

Dasselbe Verfahren soll benutzt werden, um die Fugen zu reinigen, bei denen die Einlage bündig oder etwas unter der Oberfläche liegt. Alle Fugen oder Risse müssen völlig gereinigt und ausgetrocknet werden, bevor der Asphalt eingefüllt wird. Eine leichte Schicht von Staub oder Feuchtigkeit im Augenblick des Aufbringens bewirkt, daß der Asphalt am Beton nicht haftet. Eine bewährte Asphaltmischung bis zu einer genügenden Temperatur erhitzt, soll bündig mit der Fuge eingefüllt werden. Man muß dafür sorgen, daß die Fugenlinie genau eingehalten wird und der Streifen nur schmal ist. Bei einem Übermaß von Asphalt, der Wellen über dem Beton bildet, erleiden die Wagen starke Stöße; das ist immer ein Zeichen schlechter Fugenunterhaltung.

Abb. 121. Ansicht einer fertigen Raumfuge vor dem Vergießen (rechts die Brücke, von der aus die Fuge abgeglichen ist).

Im allgemeinen soll der Fugenfüllstoff in solcher Menge eingebracht werden, daß er auf beiden Seiten etwa 26 mm seitlich der Fuge sich erstreckt und nur ganz wenig höher als die Fuge liegt (flach und nietkopfartig). Der Asphalt darf nur so weit erhitzt werden, daß er so dickflüssig wie Sahne ist. Asphalt, der so dünnflüssig wie Wasser ist, bricht unter dem Verkehr, es ist auch schwer, ihn so auszugießen, daß er nur einen geraden dünnen Streifen gibt. Sogleich nach der Einfüllung, aber vor der Erkaltung, soll der Asphalt mit scharfem Sand (Quarzriesel) bedeckt werden.

Um sicher zu gehen, daß nur ganz schmale Streifen entstehen, besonders wo die Öffnungen nur eng sind, soll ein Gießgefäß mit enger Schnauze benützt werden, damit der Asphalt nur in dünnem Strahl ausfließt. Alle Fugen und Risse sollen mit Asphalt ausgefüllt werden, bevor die Bauten gegen den Winter eingestellt werden. Um die Fahrzeuge stoßfreier über die Fugen zu führen, sind sie zuweilen im spitzen Winkel zur Achse angelegt. Dadurch entstehen aber an allen Platten spitzwinklige Ecken, die leicht abbrechen. In England werden die Betonstraßen mit Fugen in sehr geringem Abstand, 4—5 m, mit einer Neigung von 60° gegen die Straßenachse ausgeführt. Die englischen Ingenieure neigen aber nach mündlicher Auskunft jetzt auch dazu, die Dehnungsfugen normal zur Achse zu legen.

Die Längsfuge wird in Pennsylvania durch ein Fugenblech gebildet, das nut-

und federartig gebogen ist, so daß die beiden Deckenhälften auf diese Weise miteinander verzahnt werden. Außerdem werden auch noch die eisernen Dübel angewendet, die durch das Fugenblech durchgesteckt werden (vgl. Abb. 92).

Eiserne Dübel werden auch in den Querfugen verwendet, um eine lotrechte Verschiebung der beiden Deckenplatten gegeneinander zu verhindern. Auf der einen Seite dürfen die Dübel aber nicht an den Beton anbinden, um die Möglichkeit der Bewegung zu erhalten.

Die Fugenweite ist verschieden; sie schwankt etwa zwischen 6—12 mm, beträgt aber in einzelnen Fällen sogar 25 mm. Im Staat Ohio macht man 6 mm starke Fugen, wenn die Luftwärme während des Baues über 10° C, und 12 mm, wenn sie unter 10° C ist. Die Fugenbreite richtet sich auch nach der Dicke der eingelegten Asphaltpappe (vgl. die Ausführung auf S. 173). Bei Straßen im Gefälle stützen sich die obenliegenden Platten gegen die tieferliegenden. Dadurch können Verschiebungen eintreten. Es wird deshalb die Auflagerfläche der Platte am Fuß mit einem Anker versehen, daß sie noch in den gewachsenen Boden einbindet (Abb. 122). Nach den Vorschriften des Nordamerikanischen Zement-Verbandes vom Juni 1930 soll die Fugeneinlage bei Dehnungsfugen 6 mm kürzer sein, als die Betonplatte stark ist. Die Einlage soll während des Einbringens und Bearbeitens des Betons durch ein Stahlblech von 6 mm Dicke an der Stelle festgehalten werden. Die Stahlplatte soll genau dem Querschnitt der Betondecke entsprechen. Sie soll an ihrer oberen Kante umgeschlagen sein, so daß die Fugeneinlage 5 cm umfaßt wird. Damit soll verhindert werden, daß die Einlage unter dem Druck des Betons nach oben ausweicht. Die innere lichte Weite des Umschlages soll 5 mm weiter sein, als die Stärke der Fugeneinlage ist. Um das Stahlblech möglichst leicht zu machen, kann der untere Teil Aussparungen erhalten, soweit nicht dadurch sein Widerstand geschwächt wird (Abb. 123). Durch die Öffnungen kann der Beton mit der Einlage in Berührung kommen und sie an ihrem Platze festhalten. Das Blech wird auch durch Nägel festgehalten. Beton muß auf beiden Seiten der Fuge liegen und gestampft sein, ehe das Blech fortgenommen werden kann. Bei Verwendung von Holzbohlen als Fugenschalung entsteht beim Herausnehmen ein großer Hohlraum. Der Druck des Betons auf der fertigen Seite drückt die Einlage in den Hohlraum hinein und bringt sie aus der Lage. Deshalb soll die Bohle nur langsam auf der einen Seite angehoben und sofort der Hohlraum mit Beton ausgefüllt werden (Abb. 124).

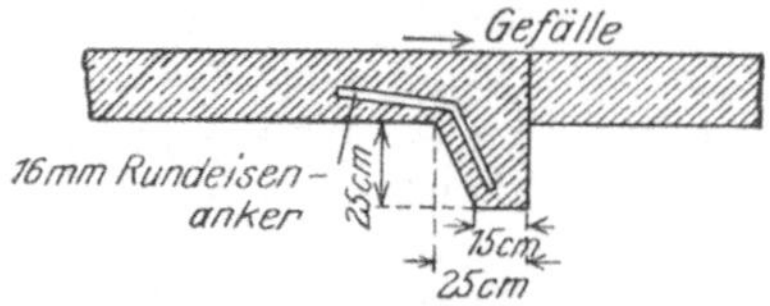

Abb. 122. Fugenausbildung bei starkem Gefälle.

Abb. 123. Fugenblock aus Stahl mit Aussparungen.

Bei Fugen, die nur ausgegossen werden sollen, wird eine Holzbohle rechtwinklig zur Straßenachse eingesetzt, die genau dem Querschnitt der Decke entspricht. Die Lehre soll erst fortgenommen werden, wenn der auf beiden Seiten eingebrachte Beton erhärtet ist und steht. Vor dem Ziehen muß die Kante mit dem Fugeneisen auf 12 mm Halbmesser abgerundet werden. Diese Bauweise hat viele Mängel. Wird die Bohle zu früh gezogen, dann werden die Kanten leicht beschädigt, es fällt Beton in den Spalt. Wird zu spät gezogen, wenn der Beton schon erhärtet ist, muß die Bohle zuweilen herausgestemmt werden. Solche Erfahrungen sind z. B. beim Bau von Betonstraßen im Kreise Köthen gemacht worden.

Fugenfüllmaterial soll aus präparierten Streifen von Filzmatritzen und Asphaltbitumen oder einer gleichmäßigen Mischung von Filz und Asphaltbitumen oder einer Mischung von beiden bestehen, die nicht mehr als 25 vH grobes Material enthält und insgesamt 2,5 cm stark ist. Es soll dabei ca. 6 mm unter der Deckenoberfläche aufhören.

Das bei der Herstellung des Fugenmaterials verwendete Bindemittel soll entweder Teer oder Asphaltbitumen von einem solchen Erweichungspunkt sein, daß es bei heißem Wetter nicht zerfließt und bei kaltem Wetter nicht spröde wird. Die präparierten Streifen sollen in Längen von 3 m geschnitten werden, kürzer dort, wo die Straßenbreite nicht ein Vielfaches von 3 m ist. Hervorstehende Streifenenden des Füllmaterials sollen eingefaßt oder abgeschnitten werden.

Abb. 124. Fugenschalung aus Holz mit Schlitzen für die Eisendübel.

Wenn Dübel vorgesehen sind, soll das Füllmaterial ausgesparte Löcher haben, durch welche die Dübeleisen in gleichen Zwischenräumen und in bestimmten Abständen durchgesteckt werden können.

Bei den Betonstraßen der Versuchsstraße des D. Str. V. hat sich Igas-Kitt als Füllstoff bewährt. Er hat an den Betonkanten sehr gut gehaftet, ist weder hochgequollen, noch nach unten abgesackt.

Wenn hier den amerikanischen Verfahren ein so breiter Raum eingeräumt ist, so geschieht es, weil die Fugenherstellung der schwierigste Teil der Betonstraße ist und die amerikanischen, über einen langen Zeitraum sich erstreckenden Erfahrungen in Deutschland wenig ausgenützt worden sind, obwohl die klimatischen Verhältnisse in beiden Ländern die gleichen sind. Man hat auf eigene Faust experimentiert und ist dabei zeitweilig auf Abwege geraten. Die verfehlte Anwendung der Preßfuge ist schon auf S. 143 behandelt. Die Entwicklung ist jetzt zur Raumfuge in verhältnismäßig kurzem Abstand übergegangen. Der Umstand, daß die zweischichtige Decke noch vorherrscht, hat in Deutschland zu einer besonderen Ausbildung der Fuge geführt.

Im Unterbeton wird die Trennung der Platten durch eine doppelte Asphaltpappe bewirkt. Die Umbiegung liegt unten, so daß ein Eisenblech von oben in die Pappe gesetzt werden kann. Dieses Blech soll die Pappe in ihrer Lage festhalten und ein Ausweichen oder Verbiegen während des Stampfens verhindern. Nach der Fertigstellung des Unterbetons wird dieses Blech durch ein konisches Flacheisen ersetzt, das die Höhe der Oberbetonschicht hat, oben ist es 10—20 mm, unten 5 mm breit. Dieses Blech liegt bündig mit der Oberfläche, so daß der Straßenfertiger darüber hinweggehen kann. Nach Beendigung der Abgleicharbeit der Oberschicht, wird das Fugeneisen herausgezogen und die Kanten mit einer besonderen Fugenkelle nachgearbeitet. Die entstandene Öffnung wird nach Erhärten des Betons mit Vergußmasse ausgefüllt. Diese Raumfuge kann auch nach dem für die Scheinfuge empfohlenen Verfahren (S. 145) durch nachträgliches Einschlagen mit einem T-Eisen hergestellt werden. Vorbedingung ist, daß der obere Spalt genau über dem unteren liegt.

Während bei dieser Bauweise die Fuge in der unteren Schicht sehr gering ausfällt gegenüber der Fuge in der Oberschicht, ist auch schon der andere Weg beschritten worden, sie breiter zu halten, indem in der Unterschicht eine 25 mm starke Zellotexplatte, die beiderseits mit Inertol bestrichen war, eingelegt worden ist. Die Einlage wurde mit einem Holzbalken festgehalten, der etwa nach einer halben Stunde entsprechend dem Fortschritt in der Betonierung der Unter-

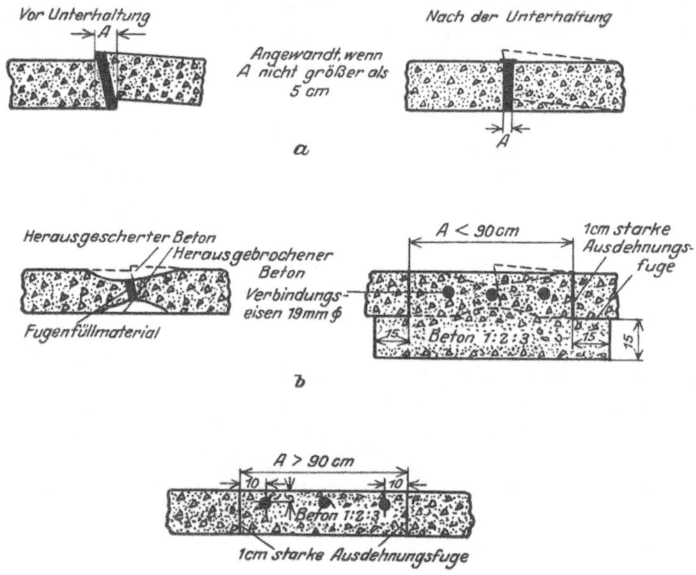

Abb. 125. Ausbesserung beschädigter Dehnungsfugen.

schicht entfernt und sein Raum mit Beton ausgefüllt wurde. (Bau der Cannstatter Straße in Stuttgart.)

Eine besondere Lösung ist in der Anordnung der Betonbalkenfuge gesucht worden. Sie ist aus der Bauweise entstanden, daß in Abschnitten Feld über Feld betoniert worden ist, bei der jedes zweite Feld vorerst ausgespart wird, bis die ersten Felder erhärtet und die Schwindung durchgemacht haben. Dann sind die Zwischenfelder betoniert worden. Diese Zwischenfelder sind dann nur noch in Form schmaler Streifen ausgespart worden von 30 bis 60 cm Breite und nach dem Erhärten der großen Felder ausbetoniert worden. Eine Versuchsstrecke liegt in Essen (79). Es muß bezweifelt werden, daß diese Bauweise brauchbar ist. Denn statt eines Fugenspaltes werden jetzt deren zwei geschaffen, die allen schon genannten Gefahren ausgesetzt sind.

Die Lösung liegt unbedingt in der Raumfuge mit Asphaltpappe und Asphaltausguß, bei der die Beweglichkeit vorhanden ist, deren Kanten geschützt sind und die sich leicht unterhalten läßt. Die Unterhaltung besteht im wesentlichen in der Erneuerung der Asphaltfüllung, die von Zeit zu Zeit nachgearbeitet und ergänzt werden muß, es sei denn, daß größere Schäden entstanden sind, die weitgehendere Arbeiten erfordern. Wenn z. B. die beiden Platten sich an einer Fuge übereinandergeschoben haben (Abb. 125a) und daß Maß A nicht größer als

5 cm, muß ein schmaler Schlitz mit dem Meißel ausgehauen werden und die neue Fuge mit Bitumen ausgefüllt und mit scharfem Sand bedeckt werden. Ist der Beton an einer Fuge abgeplatzt und eine Vertiefung entstanden, so wird ein größeres Plattenstück herausgehauen. Bei einer Breite der Öffnung unter 90 cm wird die Ausfüllung durch neuen Beton mit Eiseneinlagen nach der Abb. 125b und wenn die Breite über 0,9 m beträgt, nach der Abb. 125c vorgenommen. An den beiden Stoßstellen sind Fugen von 9 mm zu lassen, die mit Füllmassen auszugießen sind.

i) Nachbehandlung.

Wie schon auf S. 153 erwähnt, hängt die Druckfestigkeit und Verschleißhärte des Betons stark davon ab, wie lange er feucht gehalten wird. Es muß sich daher an die Arbeit des Verlegens und Glättens sofort die Behandlung des Betons anschließen, die in einem Schutz gegen Austrocknen durch länger anhaltendes Anfeuchten besteht. Es werden zuerst, solange der Beton nicht betreten werden darf, feuchte Decken auf der Oberfläche ausgebreitet. Nach 24 Stunden werden sie durch feuchte Erde oder Stroh ersetzt. Die Erddecke muß mindestens 5 cm stark sein und täglich zweimal angenäßt werden. Der Boden wird aus den Seitenstreifen entnommen und bleibt 20 Tage auf der Decke. Dieses Verfahren hat nach Versuchen des B.P.R. die besten Ergebnisse gehabt (80). Wo der Boden steinig ist, oder, wie in bebauten Straßen, es an Boden fehlt, wird Stroh in 10 cm Höhe aufgebracht und angenäßt. Stroh läßt sich sehr leicht beim Baufortgang vorwärts bewegen und weiterbenutzen. Das Annässen allein ohne Schutzmasse erfolgt in Becken, die durch Aufbringen von kleinen Erddämmen geschaffen und mit Wasser gefüllt werden. Nach mindestens einundzwanzigtägiger Behandlung darf die Decke erst dem Verkehr übergeben werden. Durch die Feuchthaltung soll die Schwindung der Decke verhindert werden, ehe eine genügende Zugfestigkeit im Beton erzeugt ist (s. S. 140).

Andere Verfahren zur Verdichtung der Oberfläche beruhen in Zusätzen zum Zement oder Verwendung von Sonderzementen und in Behandlung mit Zusätzen, die eine chemische Wirkung ausüben.

Kalziumchlorid. Auf die Wirkung von Kalziumchlorid ist schon auf S. 157 hingewiesen. Seine Anwendung ist nicht nur unter dem Gesichtspunkte der Verbesserung des Betons, — die nicht vorhanden ist —, sondern als Ersatz für die Nachbehandlung anzusehen, weil es wegen seiner hygroskopischen Eigenschaften dem Beton das Wasser festhält. Die Kosten für die Behandlung mit Kalziumchlorid und der Nachbehandlung mit angenäßter Erde oder Stroh sind die gleichen. Eine Ersparnis liegt nur insofern vor, als die Nachbehandlung große Wassermengen erfordert, deren Beschaffung im Landstraßenbau bisweilen schwierig und teuer ist. In solchem Falle erweist sich Kalziumchlorid als wirtschaftlich.

Kalium- und Natriumsilikat (Wasserglas). Die Betonerhärtung erfolgt auf chemischem Wege, indem das Silikat mit dem freien Kalk des Zementes ein Kalksilikat bildet, wodurch die Hohlräume im Beton ausgefüllt und ein Härterwerden des Betons bewirkt wird. Die Masse ist flüssig und wird auf den Beton, nachdem er fertig verhärtet ist, aufgestrichen. Ihre Eigenschaften sind übrigens in der Technik seit langem bekannt. Auf der Versuchsstraße in Braunschweig hat eine Fläche einen Anstrich mit Wasserglas erhalten, ebenso die Strecken III und IV (Natronwasserglas 1 T. und 4 T. Wasser) der Versuchsstraße München—Tegernsee, und die Versuchsstraße im Forstenrieder Park. Irgendwelche Vorteile sind noch nicht festgestellt worden.

Fluate. Wässerige Lösungen von Fluorverbindungen, die auch den Kalk binden und damit eine Härtung des Betons vornehmen. Bekannt sind die Keßlerschen Fluate Lithurin. Im Betonstraßenbau liegen noch keine abgeschlossenen Erfahrungen vor.

Anstriche mit Teer und Asphaltbitumen. Betonstraßen haben bisweilen einen Anstrich von Teer oder Asphaltbitumen erhalten. Auf diese Weise soll der Feuchtigkeit der Eintritt in den Beton verwehrt, die aus der Feuchtigkeitsaufnahme entstehenden Bewegungen der Decke und etwaige sich bildende feine Risse durch den nachgiebigen Überzug geschützt werden und überhaupt nicht in Erscheinung treten, so daß keine Feuchtigkeit eindringen kann. Auch soll die Blendwirkung der hellen Betondecken bei Sonnenbestrahlung durch solche Anstriche aufgehoben werden. Die dunkle Farbe wird die Wärme aufspeichern und die Decke daher eine höhere Wärme annehmen, als die Betondecke ohne Anstrich, so daß mit einer entsprechend größeren Ausdehnung im Sommer zu rechnen ist. Der Schutz der Betondecke ist nur gering, so daß besondere Vorteile in dem Anstrich nicht zu erkennen sind. Die Betondecken der oberitalienischen Kraftwagenstraßen haben einen Teer- oder Asphaltbitumenanstrich erhalten um den Verschleiß der Fahrfläche zu verringern und um die Staubfreiheit zu sichern (81).

Auf der Versuchsstraße in Braunschweig ist eine Betonfläche mit Inertol, eine andere mit Teer angestrichen worden, die bald verschwunden sind, während der Inertolanstrich auf der Forstenrieder Parkstraße nach 6 Jahren noch vorhanden war.

Asphaltemulsion ist in Kalifornien auch zur Nachbehandlung der Betonstraßen verwendet worden. Der Beton wird nach dem Abgleichen mit einem Sprühregen angenäßt, um die Oberfläche feucht zu halten. Wenn der Beton so weit erhärtet ist, daß er keine Eindrücke mehr erhält, sich aber noch in feuchtem Zustande befindet, wird die Emulsion mit Druck möglichst gleichmäßig, etwa 0,2—0,3 kg für den Quadratmeter, aufgespritzt. Die Emulsion entspricht den üblichen Asphaltemulsionen (55 vH Asphaltbitumen vom Erweichungspunkt R. & K. 45°). Der Emulsionsanstrich soll die Verdunstung der Feuchtigkeit verhindern, zugleich aber auch die Betonoberfläche wasserabweisend machen.

Diese Anwendung von Asphaltemulsionen ist anders zu beurteilen, wie diejenigen, die bei fertigen oder beschädigten Betonstraßen stattgefunden hat, z. B. auf der Kraftwagenrennbahn zu Monthléry bei Paris und an anderen Stellen wo Colas aufgebracht worden ist, das abgegrust worden ist, um die Rauhigkeit der Bahn zu erhöhen, oder die beschädigte Oberfläche der Betondecke zu schützen (Königstraße in Dresden Überzug 2—5 mm stark aus Colas mit Abgrusung).

Als allgemeine Regel wird zu gelten haben, daß solche Anstriche sich gut mit dem Beton verbinden müssen. Sind sie zu dick, so wird ihr eigener Zusammenhang größer sein als ihr Haftvermögen an dem Beton, und sie werden sich aufwickeln oder wellig werden. Solche Wellen bei größerer Tiefe gefährden aber den Beton, denn sie rufen Stöße hervor. Soweit diese Anstriche aus Teer und Asphaltbitumen bestehen, wird verlangt werden müssen, daß sie sich in ihrem knetbaren Zustand (s. S. 246) den klimatischen örtlichen Verhältnissen anpassen, und daß sie wetterbeständig sind. Die Anstriche werden daher verschieden beurteilt. Die einen sehen darin ein mangelndes Zutrauen zu den Betonstraßen, die anderen gehen davon aus, daß Betonstraßen sowieso reißen und abgenutzt werden, und daß sie dann nur mit Asphaltbitumen oder Teer geflickt werden können. Dann erscheint es aber zweckmäßiger, von vornherein zu diesen Mitteln zu greifen und damit die Abnutzung aufzuhalten.

Die Anstriche können nur auf der ganz reinen Decke warm aufgebracht und müssen mit Steinsplitt gebunden werden.

k) Sika-Zusatz.

Um dem Beton eine größere Wasserdichtigkeit zu geben, ihn verschleißfester zu machen und seine Erhärtungszeit abzukürzen, wird dem Beton Sika zugesetzt. Die Erfahrungen mit Sika auf der Versuchsstraße des D. Str. V. bei

Braunschweig (78) sind schon auf S. 172 behandelt. Sika wird dem Anmachwasser zugesetzt. Beim Ausflicken von Schlaglöchern in Betonstraßen wird Flicksika mit 1½—3 Teilen Wasser verdünnt. Der mit Flicksika angemachte Beton muß so rasch als möglich verarbeitet werden.

l) Sonderausführungen.

1. Soliditit

ist ein von einem Spanier erfundener Spezialzement, der durch seine besondere chemische Zusammensetzung andere Wirkungen wie der gewöhnliche Zement hervorrufen soll. In dem daraus hergestellten Beton wird nicht, wie bei dem gewöhnlichen Zement, nur eine mechanische Verkittung der Zuschläge bewirkt, sondern es soll der Soliditzement durch thermochemische Wirkungen mit den Zuschlägen, die stets aus siliziumreichen Gesteingranit bestehen müssen, eine chemische Verbindung eingehen. Nach einer Angabe in den Drucksachen des IV. I. Str. K. in Sevilla 1923 sind die Anteile Kalk, Kieselsäure und Aluminium und noch andere Substanzen in bestimmtem geheimgehaltenen Verhältnis genau abgemessen. Nach einer einfachen Begriffsbestimmung im Genie civil 1924 ist der Solidititzement reich an Silizium und arm an Kalk und geht mit dem an Quarz reichen Granit daher innige Verbindung ein.

Die mit Solidititzement hergestellten Straßen zeigen nur geringe Bewegung und sind auch frei von Rissen, obwohl sie ohne Raumfugen sondern nur mit Preßfugen hergestellt werden. Die Oberfläche ist hart und griffig. Fehlschläge mit Soliditit, wie z. B. in Leipzig, sind nicht auf den Solidititzement, sondern auf die Bauausführung zurückzuführen.

2. Rhoubenitebeton.

Um die Bewegung des Betons zu verhindern, wird ihm eine Masse aus Sägemehl mit einer wasserabweisenden teerigen Substanz beigemengt, die eine Erfindung des Ingenieurs R. Houben ist. Die genaue Zusammensetzung und Vorbehandlung der Stoffe ist nicht bekannt. Dem Schotter wird so viel Mörtel im Mischverhältnis 1 RT Zement zu 1 RT Sand zugesetzt, daß die Schottersteine ausgefüllt sind. Da die Decke mit Dampfwalzen abgewalzt wird, tritt eine starke Verdichtung des Schotters ein, so daß nur mit etwa 25 vH Hohlraum gerechnet wird. Danach wird die Menge des Mörtels bemessen. Das Rhoubenitepulver wird bei der Mischung während der ersten Umdrehung dem trockenen Gemisch in der Trommel zugesetzt, alsdann naß gut durchgemischt. Nach der Ausbreitung wird der Beton abgeglichen und mit Dampfwalzen abgewalzt.

Die Festigkeitseigenschaften des Betons sollen nicht beeinträchtigt werden, dagegen soll der Beton völlig dicht und die Rißbildung gering sein. Es liegen günstige Erfahrungen mit Rhoubenitebeton aus Belgien vor. Er ist dort in 10 cm Stärke auf alten Steinschlagbahnen verlegt worden. Die Oberfläche ist eben, aber nicht schlüpfrig. Rhoubenitebetonstraßen sind inzwischen auch in Deutschland durch die A.-G. Wayss & Freytag gebaut worden. In den letzten Jahren sind Ausführungen mit Rhoubenitebeton nicht mehr bekannt geworden.

3. Stahlbeton.

Der Ausdruck Stahlbeton ist irreführend, es müßte Stahlmörtel heißen. Denn das Stützgerüst besteht aus Eisenfeilspänen, Drehspänen u. a. Abfalleisen, das in eine feine körnige Form umgearbeitet ist, daß es sich leicht mit Zement als Bindemittel zu einem Mörtel verarbeiten läßt. Mit Rücksicht auf die Feinheit des Kornes kann nur von Mörtel gesprochen werden. Stahlmörtel hat ein sehr dichtes Gefüge und infolgedessen eine hohe Druckfestigkeit von 600—700 kg/cm^2, entsprechende Zugfestigkeit und eine hohe Verschleißhärte. Die Staubbildung unter dem Verkehr ist daher sehr gering. Durch die Eisenspäne ist die Oberfläche rauh, bietet also den Verkehrsmitteln eine gute Haftung. Der Mörtel wird als Schicht in 10—20 mm Stärke als Abnutzungsfläche auf einer Betonunterbettung von üblicher Stärke aufgebracht. Die Stärke der Tragschicht wird sich nach der Stärke des Verkehres richten müssen. Da die Mörtelschicht unelastisch ist, überträgt sie die Stöße und Verkehrslasten unmittelbar auf die Unterbettung, die daher die Querschnittsausbildung der Betonstraßen erhalten muß.

Im Straßenbau hat sich Stahlbeton nicht bewährt, dagegen als Bodenbelag in Fabriken, Güterschuppen, Sohlenauskleidungen und bei Sturzbetten von Wehren.

m) Unterhaltung der Betonstraßen.

Beträchtliche Schwierigkeiten bestehen, am Beton in irgendeiner Form Ausbesserungen vorzunehmen, wobei das Haupterschwernis darin beruht, eine einwandfreie, sichere Verbindung zwischen dem neuen und alten Beton herzustellen. Instandsetzungen erweisen sich notwendig, wo Schlaglöcher entstehen, Risse sich gebildet haben, und an den Fugen und ausnahmsweise der Ersatz größerer verunglückter Deckenplatten. Vielfach ist die Ursache von Fehlstellen Schmutz, Erde oder andere weiche Stoffe, die beim Betonieren in die Decke geraten sind, was bei einem geordneten Bauvorgang nicht geschehen darf. Da der Verkehr in kurzer Zeit kleine Schäden vergrößert, so daß die Decke zu Bruch gehen muß, ist schnelle Instandsetzung das erste Gebot bei Betonstraßen. Kleine Löcher, Risse und Fugen sollen nach der amerikanischen Anschauung mit Asphaltbitumen oder Teer ausgefüllt werden, der mit scharfem Sand überstreut wird. Für solche Arbeiten werden die Unterhaltungskolonnen mit Gerät ausgerüstet, daß sie die Arbeit schnell und sauber ausführen können. Zweimal im Jahre sollen sie die Straßen abfahren und ausbessern. Größere Fehlstellen werden mit dem Meißel mit lotrechten Rändern und mindestens 2,5 cm tief herausgearbeitet. Das Loch wird dann gereinigt, mit Teer oder Asphaltbitumen angestrichen, worauf es mit Teer oder Asphaltmischungen ausgefüllt wird. Die Oberfläche wird mit Sand, Grus oder Splitt abgestreut. Die Teer- oder Asphaltmischungen müssen die Beschaffenheit haben, die im Abschnitt VI. K d verlangt werden. Auch Kalteinbau mit Teerschotter oder Colas wird für solche Ausbesserungen geeignet sein. Die Ausrüstung einer Instandsetzungskolonne soll aus einem leichten Lastkraftwagen, Gießkannen, Drahtbesen, Hammer, Meißel, Splitt und Kies und einem Teerkessel bestehen, der hinten am Wagen angehängt ist. Die Arbeiten mit Teer und Asphaltbitumen können ohne Störung des Verkehres ausgeführt werden. Nach den Beobachtungen des Verfassers wird diese Ausbesserungsweise in weitem Umfange in V. St. A. angewendet. Stellen, die eine Instandsetzung mit Beton erfordern, müssen für den Verkehr gesperrt werden. Die Arbeiten sollen dann mit derselben Sorgfalt vorgenommen werden wie bei der Herstellung neuer Decken. Sie müssen infolgedessen während der Erhärtung feucht gehalten werden und dürfen erst nach völliger Erhärtung, d. h. in 14—21 Tagen, dem Verkehr freigegeben werden.

Die amerikanische Unterhaltungsweise besteht also zum großen Teile in der Verwendung von Teer oder Asphaltbitumen. Nach dem deutschen Merkblatt für die Unterhaltung von Automobilstraßen aus Beton der Stufa soll nur Beton zur Ausbesserung verwendet werden. Nach § 2 sollen schadhafte Stellen in genügender Tiefe, bis 10 cm, mit dem Meißel mit lotrechten Rändern herausgehauen und dann mit reinem Zementmörtel überzogen werden. Alsdann ist Beton von der gleichen Zusammensetzung und in der gleichen Weise wie bei Herstellung der Straße in die Vertiefungen einzubringen und zu behandeln. Dabei soll nach Möglichkeit schnell erhärtender Zement verwendet werden.

Die Zuschlagstoffe zum Beton sollen nicht größer sein, als etwa der halben Tiefe des auszubessernden Loches entspricht. Der einzubringende Beton soll gut erdfeucht sein. Die Mischung muß fest eingestampft werden, so daß keinerlei Hohlräume übrigbleiben. Nach einer Pause von 5—30 Minuten soll das Stampfen wiederholt werden, bevor die letzte Oberflächenbehandlung vorgenommen wird. Die Länge der Zwischenpause richtet sich nach der Abbindezeit des Zementes und nach den Temperatur- bzw. Witterungsverhältnissen. Zur Beschleunigung der Erhärtung wird ein Zusatz von Sika empfohlen. S. 181.

Nach der letzten Stampfung ist die Oberfläche mit einem hölzernen Handbrett zu bearbeiten, um die Ränder der ausgebesserten Stelle tadellos an die bestehende Fahrbahn anzuschließen.

Die ausgebesserten Stellen sind mit Sand zu bedecken, der feucht zu halten ist, und mindestens 2 Tage lang dem Verkehr zu entziehen. Sie sind gut sichtbar durch Umzäunung abzusperren.

Die Sperrung des Verkehres auf Kraftwagenbahnen, selbst wenn sie sich nur auf 2 Tage erstreckt, ist nach den Erfahrungen des Verfassers ein sehr gefährliches Unternehmen und geht selten ohne Unfälle ab. Sie kann wirksam nur erfolgen, wenn jede Stelle mit Wächtern besetzt ist, die den Verkehr warnen und die Absperreinrichtungen instand halten. In dieser Erkenntnis scheint man in Amerika die Ausbesserung mit Teer oder Asphaltbitumen für zweckmäßiger zu halten.

An einer gut gebauten Betonstraße sollen überhaupt keine Schäden entstehen, die eine Instandhaltung notwendig machen, da Anlaß dazu überhaupt nicht vorhanden ist. Die Decke ist völlig eben, Stöße sind daher bei guter Fugenunterhaltung ausgeschlossen. Es kann also nur durch Abschleifen eine Abnutzung eintreten, die bei Gummireifenverkehr, wie schon auf Seite 136 erwähnt, nur sehr gering ist. Daher wird zugunsten der Betonstraße ihr geringer Unterhaltungsaufwand angeführt, und das wohl auch mit Recht. Die einzigen schwachen Stellen sind die Dehnungsfugen und die Risse. Hier ist allerdings fortlaufend Unterhaltungsarbeit notwendig.

Städtische Straßendecken müssen sehr oft aufgebrochen werden, um zu den unterirdischen Leitungen zu gelangen. Das kann nur mit besonderen Werkzeugen, z. B. Preßluft, geschehen. Bei gutem Beton ist ein erheblicher Arbeitsaufwand erforderlich, besonders wenn der Beton mit Eiseneinlagen versehen ist. Bei der Wiederherstellung solcher Aufbruchstellen besteht vor allem die Gefahr, daß die Gräben nicht fest genug verfüllt werden, so daß später die Decke hohl liegt. Über den Baugruben der Untergrundbahn in Berlin hat Verfasser verkehrsgefährliche Durchbrüche infolge Nachsacken des Untergrundes erlebt. Die Ausfüllung der Aufbruchstelle selbst muß dann nach den schon gegebenen Vorschriften erfolgen. Nach § 3 des Merkblattes sind die Eiseneinlagen in der Mitte des Grabens vorsichtig abzuschneiden und abzubiegen. Später sind sie wieder zurückzubiegen, und durch Überlegen von neuem Eisen oder Schweißen ist der Verband wiederherzustellen.

Die besonderen Schwierigkeiten beim Aufbruch und der Wiederherstellung machen die Betondecken weniger geeignet für städtische Straßen.

n) Vorläufige Leitsätze für die Prüfung des Betons bei Ausführung von Betonstraßen.

1. Anfertigung der Probekörper.

a) Herstellung von drei Würfeln mit 20 cm Kantenlänge aus Betonmasse gleicher Art, gleicher Aufbereitung und gleichen Feuchtigkeitsgehaltes wie im Bauwerk.

b) Herstellung von drei Würfeln mit 20 cm Kantenlänge aus erdfeuchter Betonmasse.

c) Herstellung von drei Balken mit 15 cm Breite, 10 cm Höhe und 70 cm Länge (Auflagerabstand 60 cm) aus Betonmasse wie unter a). Herstellung, Behandlung und Aufbewahrung der Probekörper erfolgt nach den „Bestimmungen für Druckversuche an Würfeln bei Ausführung von Bauwerken aus Beton und Eisenbeton" (Dinorm 1048), jedoch sind die Balken nicht in eisernen Formen, sondern in Holzformen aus gehobelten Brettern mit dicht schließenden Fugen herzustellen.

d) Bei Herstellung der Probekörper unter a) und c) ist eine Steifeprobe in Form der Setzprobe und der Ausbreiteprobe vorzunehmen (S. 154). Das Setzmaß und der Kuchendurchmesser sind der die Prüfung vornehmenden Versuchsanstalt bei Übersendung der Probekörper zwecks Aufnahme dieser Zahlenwerte in das Prüfungszeugnis mitzuteilen.

e) Bei Herstellung der Straßendecke ist gleichzeitig mit dieser — etwa an ihrem Rande, durch eine Pappfuge getrennt — ein Betonstück von gleicher Art und Stärke, in etwa 60 cm Länge und 30 cm Breite herzustellen. Die Nachbehandlung dieses Probestückes erfolgt in der gleichen Weise wie bei der Straßendecke selbst. Aus diesem Probestück werden in der Versuchsanstalt zehn Würfel von 50 cm² Seitenfläche herausgeschnitten, und zwar so, daß eine Seitenfläche jedes Würfels mit der Oberfläche des Probestückes zusammenfällt.

Wird die Straßendecke in zwei Schichten ausgeführt, so sind die Proben unter a) bis d) von jeder Schicht herzustellen.

2. Prüfung der Probekörper.

a) Bestimmung der Druckfestigkeit W_{b28} und W_{e28} an den nach 1. a) und 1. b) hergestellten Würfeln im Alter von 28 Tagen bei Verwendung von Handelszement und von 7 Tagen bei Verwendung von hochwertigem Zement, gemäß den „Bestimmungen für Druckversuche an Würfeln bei Ausführung von Bauwerken aus Beton und Eisenbeton" (Dinorm 1048).

b) Bestimmung der Biegezugfestigkeit an den nach 1. c) hergestellten Balken im Alter von 28 Tagen. Belastung durch Einzellast P in der Mitte bei $l = 60$ cm Stützweite. Berechnung der Biegezugfestigkeit B_{28} nach der Formel

$$B_{28} = \frac{3}{2} \frac{P \cdot l}{b \cdot h^2}. \qquad (76)$$

c) Bestimmung der Wasseraufnahme an drei nach 1. e) hergestellten Würfeln von 50 cm² Seitenfläche. Alter der Würfel bei Beginn der Prüfung ca. 45 Tage.

d) Bestimmung der Abnutzbarkeit durch Schleifen der Oberfläche bei vier nach 1. e) hergestellten Würfeln im Alter von ca. 45 Tagen.

e) Bestimmung der Abnutzbarkeit durch Sandstrahl an der Oberfläche bei drei nach 1. e) hergestellten Würfeln im Alter von ca. 45 Tagen. Die Prüfungen 2. c) bis 2. e) sind nach den betreffenden Vorschriften für natürliche Gesteine durchzuführen.

f) Bestimmung der Schlagfestigkeit (Zähigkeit). Diese Prüfung wird vorerst nicht vorgeschrieben. Sollte sie sich als erforderlich erweisen, so ist ein besonderes Verfahren auszubilden, da das für die Prüfung der natürlichen Gesteine vorgeschriebene Verfahren nach Föppl sich für Beton als nicht zweckmäßig erwiesen hat. Außerdem wird es sich empfehlen, die Beschaffenheit des Betons in der Decke durch Herausbohren von Zylindern, die abgeglichen und auf Druckfestigkeit untersucht werden, nachzuprüfen (S. 185).

Die Bewertung hat nach den sonst im Betonbau üblichen Maßstäben zu erfolgen. Für die Prüfungen zu 2. e), f) fehlt es noch an den Vergleichsunterlagen.

Die amerikanischen Straßenbauingenieure begnügen sich nicht damit, während des Baues fortlaufend Probekörper zu entnehmen und den Baufortgang selbst sehr genau zu beaufsichtigen, um Gewähr für einen guten Beton zu haben, sondern sie bohren auch Betonstücke aus der fertigen, abgebundenen Decke heraus, um festzustellen, wie der Beton beschaffen ist, ob er sich entmischt hat, welchen Einfluß die Oberflächenbehandlung gehabt hat, und welche Festigkeit der Beton angenommen hat. Die Probekörper werden durch eine besondere Maschine herausgebohrt, die am Hinterteil eines Lastwagens angebracht ist (Abb. 126). Mit dem Bohrer können Betonkerne von 5—25 cm Durchmesser gewonnen werden. Die Bohrgeschwindigkeit der Maschine kann genau eingestellt, der Druck genau abgelesen werden. Der von Hand ausgeübte Druck auf den Bohrer wird verdreißigfacht. Der Antrieb erfolgt nicht durch den Kraftwagenmotor, sondern durch einen besonderen 8 PS-Motor. Außerdem ist ein

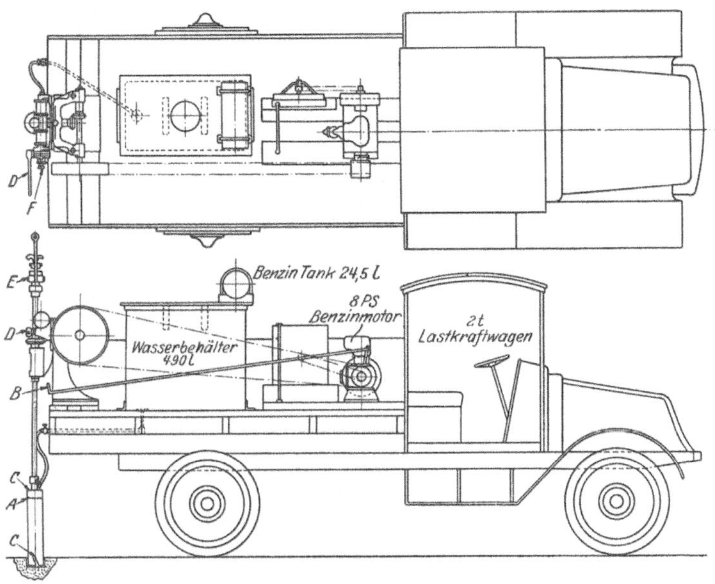

Abb. 126. Maschine zum Ausbohren von Betonkernen der Ingersoll Rand Co.
A **Bohrzylinder,** ***B*** **Kupplung,** ***D*** **Druckhebel mit Sperrklinke.**

Wasserbehälter von 500 l mit einer Pumpe zum Auffüllen vorhanden. Das Wasser wird zum Kühlen des Bohrers verwendet. Der Wasserverbrauch soll ganz gering sein, für einen Kern von 20 cm Durchmesser 12 l. Der Bohrer besteht aus einem zylindrischen Bohrkranz aus weichem Eisen, am Kopf leicht abgerundet, der mit 200 Umdrehungen in der Minute gedreht wird. Zwischen Bohrkranz und Beton wird eine dünne Lage Stahlschrot gebracht. Dieser wird durch den Druck und die Umdrehungen in feine scharfkantige Stücke gerissen. Sie drücken sich in den weichen Bohrkranz und üben damit die Bohrwirkung aus. Durch eine Führung wird dauernd Stahlschrot zugegeben. Wenn er zu feinem Mehl vermahlen ist, wird er durch das Kühl- und Spülwasser hoch- und abgeschwemmt. Diese Bohreinrichtung wird von der Ingersoll Rand Co., New York, einem Werk, das besondere Maschinen für Tiefbohrungen herstellt, geliefert.

Da in den V. St. A. die Festigkeit an Zylindern und nicht wie in Deutschland an Würfeln nachgeprüft wird, so gestattet die Prüfung eines solchen Bohrkernes einen unmittelbaren Vergleich mit den während des Baues hergestellten Probekörpern. An solchen Bohrkernen ist auch festgestellt worden, daß der zuvor beschriebene Lakewood-Straßenfertiger eine Entmischung des Betons herbeiführt, indem die schweren Bestandteile nach unten, die feinen nach oben gebracht werden. Auf der französischen Versuchsstraße bei Bry sur Marne sind nach demselben Verfahren Zylinder ausgebohrt und auf ihre Festigkeit geprüft worden. Der Kraftwagen mit der Bohreinrichtung dient im Staate Pennsylvania zugleich noch zur Aufnahme von Unterhaltungsgerät.

o) Baustelleneinrichtung bei Betonstraßen.

Der große Vorteil der Betonstraße liegt in der maschinellen Ausführung, die einen genau ineinandergreifenden Baubetrieb gestattet. Wenn diese Vorteile aber auch ausgenutzt werden sollen, muß von vornherein eine sicher arbeitende Baustelleneinrichtung geschaffen werden, bei der alles so angelegt ist, daß keine Arbeitsunterbrechungen eintreten können, daß in der Massenbeförderung und -verteilung keine Zeit- und Wegevergeudung vorhanden ist, und daß möglichst kein Arbeitsvorgang von Zufälligkeiten oder menschlichem Irrtum oder Nachlässigkeit abhängig ist.

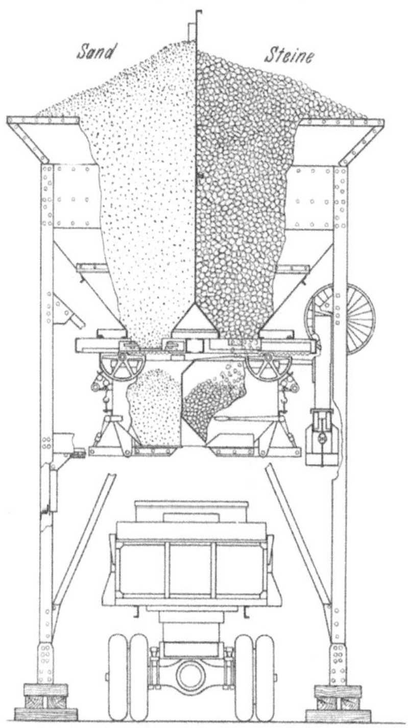

Abb. 127. Silo für Sand und Zuschläge.

Zuerst muß alles darauf angelegt sein, daß der Mischer dauernd arbeiten kann. Bei dem hohen Anschaffungspreis des Mischers bringt jede Unterbrechung erhebliche Verluste mit sich. Sie können entstehen durch Mangel an Baustoffen und Störungen in der Zufuhr und gegebenenfalls auch im Wassermangel. Vorratlagerung der Baustoffe ist daher zuerst erforderlich. Sie kann auf der Baustelle selbst erfolgen, indem nach Herstellung des Untergrundes die groben und feinen Zuschläge und der Zement unter Segeltuchplanen geschützt daselbst abgelagert werden. Die Zufuhr erfolgt mit Karren. Eine solche Baustelleneinrichtung hat viele Mängel. Denn die Benutzung des Straßenbettes zur Lagerung und Anfuhr der Baustoffe zwingt dazu, vor Aufbringen des Betons das Bett noch einmal nachzuarbeiten. Solche Einrichtung kann daher nur für kleine Ausführungen mit geringen Leistungen in Frage kommen.

Hauptwert ist auf eine zweckmäßige Anlage des Baustofflagers zu legen, so daß die Beförderungseinrichtungen — Rollbahnen oder Kraftwagen — möglichst nur mit kurzen Aufenthalten beladen werden können. In der Mehrzahl der Fälle müssen die Baustoffe von anderen Gewinnungsstellen mit der Bahn angefahren werden. Es kommt nun alles darauf an, den Umschlag von Bahn auf Lager und Rollbahn oder Kraftwagen möglichst leistungsfähig und einfach zu gestalten.

Als Grundsatz gilt, die Anlieferung der Rohstoffe dem Verbrauch anzupassen, um möglichst wenig auf Lager nehmen zu müssen. Die Kosten sind halb so groß, wenn die Rohstoffe unmittelbar dem Verbrauch zugeführt werden können. Da andererseits eine Stockung in der Rohstoffzufuhr zu verlustbringenden Arbeitsunterbrechungen zwingt, wird zum Ausgleich ein Rohstoffvorrat auf alle Fälle vorhanden sein müssen. Bei geringen Leistungen rechnet man in den

V. St. A. mit 90 vH Belieferung unmittelbar zur Baustelle und 10 vH Lagerung. Bei großen Baustellen sollen höchstens 25 vH der Baustoffe über das Lager gehen. Beim Lagern ist außerdem mit Stoffverlusten zu rechnen. Die Lagerplätze sind so zu bemessen, daß die unbedingt notwendige Menge gut untergebracht werden kann.

Wenn mit fahrbaren Mischern gearbeitet wird, müssen die groben Zuschläge und der Zement im richtigen Mischungsverhältnis auf die Fahrzeuge (Kraftwagen oder Rollwagen) gegeben werden. Dies geschieht am besten bei den Zuschlägen über Silos, die mit Meßvorrichtungen versehen sind. Wenn nach Raumteilen gemessen wird, dauert die Abmessung 15 Sek., bei Gewichtsteilen 45 Sek. Solche Silos werden entweder in einfacher Form aus Holztaschen hergestellt, oder sie sind aus Stahl, wie in der Abb. 127 dargestellt, deren Vorteil ist, daß sie schnell auf- und abgebaut werden können. Das Silo muß so aufgestellt sein, daß die Lastkraftwagen darunter durchfahren können und nicht rückwärts einfahren müssen, und daß es unmittelbar durch den Greiferkran aus den Eisenbahnwagen oder dem Vorratshaufen beladen werden kann. Bei Rollbahnbeförderung kann die Beladung alle 15 Sek. (bei Bemessung nach Raumteilen) erfolgen. Diese Zeitspanne genügt, um die Wagen vorrücken zu lassen.

Die Zementlagerung muß in Schuppen zum Schutze gegen die Witterung erfolgen. Der Schuppen soll bei täglicher Eisenbahnlieferung ein Viertel der Tagesleistung aufnehmen können. Ist die Tagesleistung geringer als eine Eisenbahnwagenladung, wird der Schuppen eine ganze Ladung aufnehmen müssen. Der Zement kann in Säcken zur Baustelle gefahren werden, wo er zwischengelagert und mit Hand in den Mischerlöffel aufgegeben wird, oder die nach dem Mischungsverhältnis vorgeschriebene Menge wird zusammen mit Sand und den Zuschlägen auf den Kraftwagen in Säcken gegeben, die erst am Mischer geöffnet werden, oder der Zement wird lose am Zementlager den Zuschlägen beigemischt. Das erste Verfahren ist umständlich, beim zweiten müssen die Zementsäcke zweimal in die Hand genommen werden, beim dritten besteht die Gefahr des Verlustes. Bei großen Ausführungen ist das dritte Verfahren zumeist eingeführt. Die Abb. 128 zeigt eine Baustofflager- und Verteilungsstelle, die nach den zuvor gegebenen Grundsätzen angeordnet ist (76).

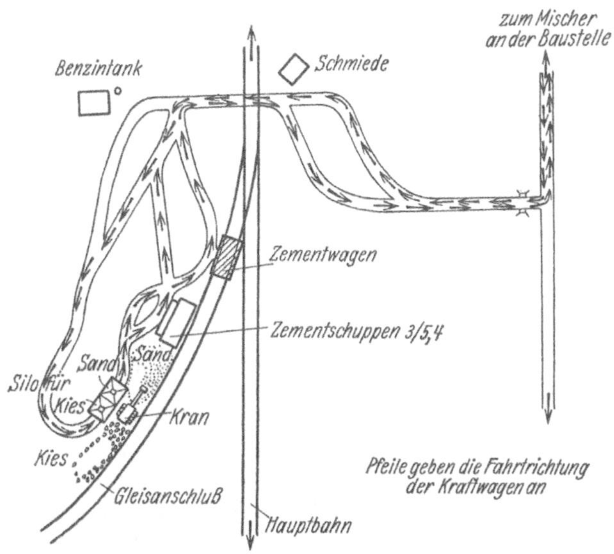

Abb. 128. Baustofflager- und Verteilungsstelle für den Bau einer Betonstraße.

Die Zuführung der Stoffe zur Baustelle (Mischer) erfolgt in den V. St. A. überwiegend jetzt mit Kraftwagen. Bei voller Ausnützung des Mischers muß die Zeit eines Spieles gleich der Wagenfolgezeit sein. Die Fahrzeit für eine Entfernung d in km einschließlich der Beladezeit am Steinsilo und Zementschuppen ist $T = 4 + 12\,d$ Minuten, bei einer Fahrgeschwindigkeit von etwa 24 km/std. So würden bei einem Mischerspiel von 75 Sek. und einer Strecke von 0,8 km 11 Lastkraftwagen notwendig sein.

Bei der Benutzung von Rollbahnen zur Anfuhr der Baustoffe ist mit Zeitverlusten am Mischer beim Auswechseln der Züge zu rechnen. Bei längeren Strecken müssen Ausweichen angelegt werden, für die es meistens an Platz fehlt, weil die Bermen des Straßenplanums nicht genügend breit sind. Stockungen am Mischer lassen sich nur vermeiden, wenn an der Spitze der Baustrecke jeweils eine Ausweiche mit Ausziehgleis angelegt ist. Die Nachprüfungen an Baustellen mit Rollbahnen haben in den V. St. A. große Zeitverluste ergeben, so daß es verständlich ist, wenn der mehr bewegliche Kraftwagen bevorzugt wird. Eine Baustelleneinrichtung mit Rollbahnbetrieb, wie sie Verfasser in den V.St.A. in Nord-Carolina mit einer Tagesleistung von 300 m Straße besichtigt hat, soll im folgenden beschrieben werden (Abb. 129).

Von der Bahnlinie zweigt ein Freiladegleis ab, auf dem die Wagen mit Schotter, Sand und Zement abgestellt werden. Ein elektrisch oder mit Dampf betriebener Laufkran entladet die Eisenbahnwagen mit Greifern und wirft die Massen auf einem geräumigen Platz, getrennt je nach der Art, ab. Für Sand und Schotter

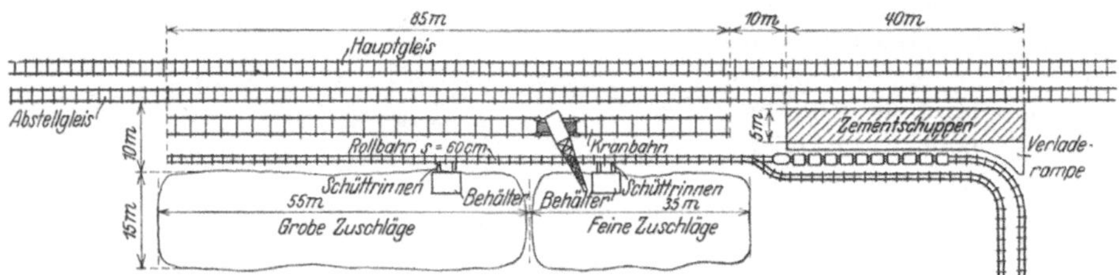

Abb. 129. Baustofflager bei Rollbahnbetrieb.

sind außerdem an dieser Stelle Vorratsbehälter aufgestellt, die von demselben Kran dauernd gefüllt gehalten werden. Neben diesen Behältern läuft das Gleis der Rollbahn, so daß die Wagen durch eine Schurre mit dem Gut beladen werden. Die Behälter entleeren auf eine Waage oder ein Hohlraumgefäß, die ihren Inhalt im vorgeschriebenen Mischverhältnis an die Rollbahnwagen abgeben. Es fährt demnach der Zug an den Sand- und Schotterbehältern vorbei, und jeder Wagen erhält die zugemessene Menge Sand und Schotter. Dann fährt er an dem Zementschuppen vor, wo jedem Wagen die genau festgesetzte Menge Zement beigeladen wird (Abb. 129). Alsdann rollt der Zug zur Baustelle ab, wo ein Kran den Kasten des Wagens abhebt und ihn in die Löffel des Mischers entleert. Es sind 32 km Betonstraße herzustellen gewesen. Hierzu hat eine 60 cm-Spurbahn zur Verfügung gestanden. Die Baustelle ist 2,5 km von der Bahnlinie entfernt gewesen. Eine 5 cm starke Wasserleitung ist entlang der ganzen Baustelle verlegt gewesen, die von einer mit Benzinmotor angetriebenen Pumpstation aus einem benachbarten Bachbett gespeist worden ist. Der Bedarf an Arbeitern wird etwa wie folgt angegeben: 1 Platzverwalter, 1 Kranführer, 1 Vorarbeiter, 2 Wagenreiniger, 3 Mann an den Schurren der Vorratsbehälter, 1 Bremser, 4 Mann zum Aufnehmen des Zements in den Zementschuppen und 4 zum Aufladen auf die Rollbahn. Auf der Baustelle selbst folgende Besetzung: 1 Polier, 5 Mann am Ausbreiten und Abgleichen des Betons, 2 Mann am Mischer, 1 Kranführer und 2 Mann an den Wagen, 6 Lokomotivführer. 8 Mann bei der Aufstellung der Formschienen und Herrichten des Bettes, 3 Mann an der Wasserleitung, 6 Mann an der Gleisunterhaltung, 12 Mann bei der Abdeckung und Anfeuchtung des fertigen Betons, insgesamt 62 Mann, auf je einen Mann etwa 5 m Straße täglich.

Gerätebedarf: 1 Kran, 6 Benzinlokomotiven, 72 Wagen mit abnehmbarem Kasten, entsprechende Kilometer Gleis, 1 Betonmischer, 1 Abgleichmaschine, 1 Straßenwalze, 1 Wasserpumpanlage und Wasserleitung, mindestens 1200 m Formschienen.

Für kleinere Ausführungen, wie sie in Deutschland üblich sind, wird zu unterscheiden sein, ob ein fahrbarer Mischer verwendet wird oder ein ortsfester. Im ersten Falle können die Rohstoffe auf einem Zufuhrgleis für die vollen und einem Rückfahrgleis für die leeren Wagen herangebracht werden. Der Mischer wird auf eine kurze Strecke den Unterbeton, dann daran anschließend den Oberbeton herstellen, der Vortrieb zwischen Unter- und Oberbeton wird von der Reichweite seines Auslegerarmes abhängen. Bei ortsfester Mischanlage ist am Mischer eine Weiche vorgesehen, damit die Beladung nicht unterbrochen wird. Es ist immer nur ein Zug unterwegs. Die Gleise liegen bei Anfuhr des Unterbetons im Straßenkörper auf Klötzen und bei Anfuhr des Oberbetons neben dem Straßenkörper. Die Wagen werden durch eine Kletterdrehscheibe auf ein Stichgleis gehoben, das bei der Herstellung des Oberbetons auf den Unterbeton mit Zwischenlage kleiner Bohlen gelegt wird. Die Kletterdrehscheibe kann beliebig auf dem Gleis verschoben werden. Die Gesamtanordnung einer solchen Baustelle gibt die Abb. 130, einen Überblick an der Baustrecke Abb. 131. Für solche Baustellen kommen Kraftwagen lediglich für die Anfuhr von Sand, Kies und Zement in Frage.

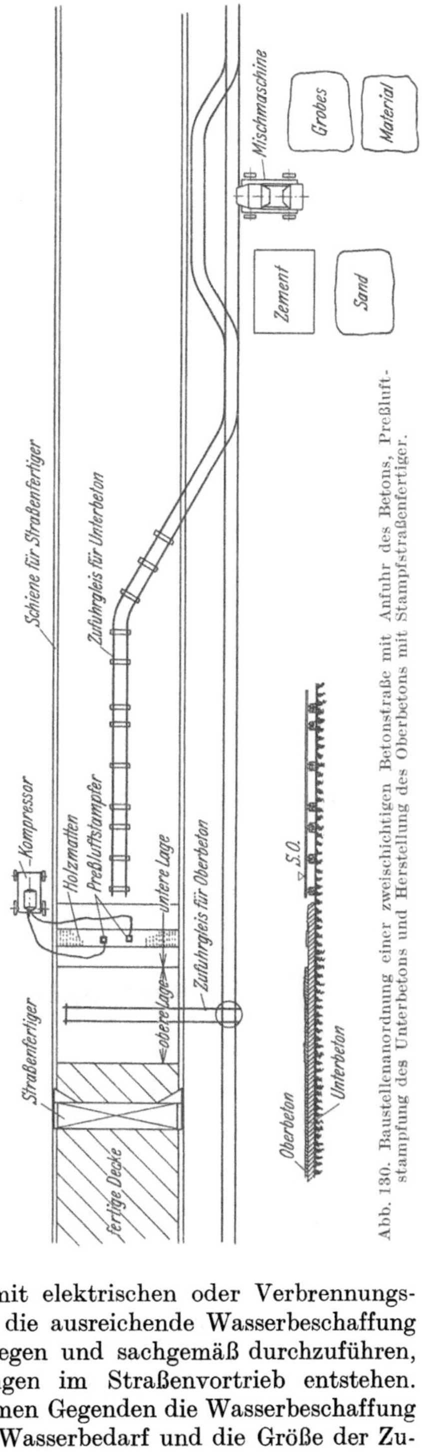

Abb. 130. Baustellenanordnung einer zweischichtigen Betonstraße mit Anfuhr des Betons, Preßluftstampfung des Unterbetons und Herstellung des Oberbetons mit Stampfstraßenfertiger.

Der Wasserbedarf spielt eine entscheidende Rolle. Bei städtischen Straßen wird die Wasserbeschaffung keine Schwierigkeiten bereiten, anders auf Landstraßen. Da aber sowieso Wasser zur Betonbereitung und zum Feuchthalten des Betons notwendig ist, so gehört zur Baustelleneinrichtung einer Betonstraße eine Wasserzuleitung. Die Anfuhr mit Wasserwagen dürfte sich als kostspieliger ergeben als eine Leitung, die entweder aus höher gelegenen Quellen oder Bachläufen das Wasser zuführt, oder das Wasser wird mit elektrischen oder Verbrennungsmotoren hochgepumpt. Auf jeden Fall ist die ausreichende Wasserbeschaffung beim Betonstraßenbau besonders zu überlegen und sachgemäß durchzuführen, damit nicht durch Wassermangel Störungen im Straßenvortrieb entstehen. In der Kostenberechnung kann in wasserarmen Gegenden die Wasserbeschaffung einen beachtlichen Posten annehmen. Der Wasserbedarf und die Größe der Zuleitung soll an einem Beispiel nachgewiesen werden. Beim Bau einer 6 m breiten Betonstraße soll die tägliche Leistung der im Mittel 18 cm starken Betondecke 205 laufende Meter betragen. Das Betongemisch soll als Klatschbeton 13 Gewichtshundertteile Wasser erhalten. Der Boden soll mit 5 l/m² und die fertige Betondecke mit 1 l/sec angenäßt werden, ferner noch Wasser zur Pferdetränkung, Waschen, Genuß u. a. Zwecke verbraucht werden. Da der Wasserbedarf während der achtstündigen Arbeitszeit gedeckt werden muß, so sind etwa 3 l/sec zuzuführen, die eine Leitung von 5 cm Durchmesser erfordern. Leitungen solcher Abmessungen von mehreren Kilometern Länge sind auf Baustellen in den V. St. A. vom Verfasser festgestellt worden.

Abb. 131. Baustelle einer zweischichtigen Betonstraße mit Anfuhr des Betongemisches, Preßluftstampfung des Unterbetons und Abgleichen des Oberbetons mit Straßenfertiger.

Für eine große Baustelle mit einer täglichen Leistung von 1300 m² wird ein Bedarf von 6 l/sec angegeben und eine 75 mm-Leitung dafür vorgesehen, damit bei größerer Länge der Zuleitung der Druck nicht zu hoch werden muß.

E. Pflasterungen aus natürlichen Steinen.

a) Der Baustoff.

Bei der Verwendung von Steinpflaster ist die Wahl des Gesteins von wesentlicher Bedeutung[1]:

Im Straßenbau unterscheidet man:

a) Weichgesteine, und zwar kommen in Betracht von den Sedimentgesteinen Kalksteine, festere Sandsteine, von den Eruptivgesteinen Basaltlava (Blasenbasalt), Trachyt.

b) Mittelharte Gesteine, wie Melaphyr, z. T. Grauwacke und Diabase (grüne Diabase), manche Porphyre, Trachyte und Andesite.

c) Hartgesteine, wie Granit, Syenit, Diorit, Gabbro und alle Basalte mit Ausnahme der Blasenbasalte oder Basaltlaven, schwarze Diabase, schwarze Melaphyre, Porphyrite, manche Quarzporphyre; dichte Quarzite, Hornsteine.

[1] Nach dem Merkblatt der Stufa „Steinpflaster aus Natursteinen“.

Die genannten Gesteine weisen in bezug auf das spezifische Gewicht, die Druckfestigkeit, Wasseraufnahmefähigkeit und dergleichen, je nach der Beschaffenheit des Gefüges derartige Unterschiede selbst bei der gleichen Art auf, daß aus allgemeinen Angaben dieser Art kein Anhalt über ihre Bewertung im Straßenbau gewonnen werden kann.

In früherer Zeit sind besonders für Reihenpflaster im allgemeinen weichere, gleichmäßig sich abnutzende und nicht glattwerdende Gesteinsarten bevorzugt worden. Mit der Zunahme des Verkehrs hat man zu mittelharten und harten Steinen seine Zuflucht genommen. Weichgesteine sind für Straßen mit Steigungen, Hartgesteine allgemein für solche mit schwerem Verkehr und Granit besonders auch für ansteigende Straßen geeignet.

Das Gesteinsmaterial muß für seine Verwendung zu Pflasterzwecken bestimmte physikalische Eigenschaften besitzen. Um sich gut bearbeiten zu lassen, muß es leicht zu spalten sein und ebenen Bruch haben. Mit Rücksicht auf sein Verhalten in der Fahrbahn muß es von frischer petrographischer Beschaffenheit, wetterbeständig, hart und zäh sein und hinreichende Druckfestigkeit besitzen. Das Gefüge kann gleichmäßig körnig oder porphyrisch sein. Das Gestein soll sich nur gering und gleichmäßig abnutzen und darf nicht glatt werden. Es muß also große Dauerhaftigkeit verbürgen.

Das Gefüge muß besonders aufmerksam geprüft werden. Es eignet sich nicht jedes Gestein für jeden Zweck. Grobkörnige, feinkörnige, porphyrische, dichte oder auch parallel geschichtete Gesteine wie manche Granite oder Gneise, Grauwacken u. a. verhalten sich in der Straße sehr verschieden. Bei der Wahl der Pflasterart und des Pflastersteins müssen also die maßgebenden Eigenschaften der Straßenstrecke berücksichtigt werden, wie namentlich Steigung, Wölbung, Geräuschbildung, Belastung durch Kraftwagen und Pferdefuhrwerk usw. Von Wichtigkeit ist die Feststellung des Grades der Wasseraufnahme des zu wählenden Gesteins, weil wassersüffige körnige Gesteine der Frostwirkung unterliegen, rasch abgenützt werden oder zerfallen und Löcher verursachen. Ebenso dürfen keine von Haarrissen begleiteten Quetschzonen vorhanden sein. Dichte Gesteine, die also keine Körnung erkennen lassen, sind oft spröde und glätten sich stark. Im Reihenpflaster werden an ihnen die Kanten abgesplittert, und die Kopffläche wird gerundet (Katzenköpfe). Blasen, die mit Kalkspat oder Zeolith ausgefüllt sind, sollen möglichst fehlen.

Um eine Gesteinsart, die man nicht genügend kennt, nach ihren technischen und physikalischen Eigenschaften beurteilen zu können, läßt man die petrographische Untersuchung durch einen technisch erfahrenen Geologen und die technische Prüfung in einer Materialprüfungsanstalt vornehmen. Für die abgekürzte Untersuchung genügen die folgenden Arbeiten: petrographische Untersuchung nach Zusammensetzung, Art und gegenseitiges Mengenverhältnis der Gemengteile, Gefüge usw. mit Hilfe von Dünnschliffen und dazu bei Basalten Untersuchung auf Sonnenbrand, ferner Prüfung auf Druckfestigkeit nach mehreren Richtungen, Abnutzung auf der Schleifscheibe, Wasseraufnahme und Frostwirkung (vgl. Abschnitt VII, B, S. 345). Bei großen Lieferungen empfiehlt sich Besichtigung des anstehenden Gesteins im Steinbruch. Umfrage bei anderen Behörden über Bewährung eines bestimmten Materials kann von Nutzen sein, jedoch muß man dabei stets auch die oben erwähnten besonderen Verhältnisse der Straßenstrecke feststellen, unter denen es verwendet worden ist oder werden soll.

b) Das Kleinpflaster.

Das Kleinpflaster wird man zu den neuzeitlichen Decken rechnen müssen, wenn es auch schon 1887 durch Gravenhorst eingeführt worden ist, als der Kraftwagenverkehr noch unbekannt war. Zu seiner Ausbildung und weiteren

Anwendung haben aber die damals schon auf den Landstraßen bestehenden Verkehrsverhältnisse genötigt, die haltbare Deckenbefestigungen verlangt haben. Kleinpflaster ist eine ausgesprochene deutsche Pflasterart, weil Deutschland viel Hartgesteinsarten besitzt, die sich dazu besonders eignen. Die damit gemachten guten Erfahrungen haben vielfach den Wunsch entstehen lassen, die gesamten notwendigen Verbesserungen am deutschen Straßennetz mit Kleinpflaster vorzunehmen. Indessen stehen einer solchen Maßnahme gewichtige technische und wirtschaftliche Bedenken gegenüber. Aber damit ist wohl zu rechnen, daß bedeutende Strecken, und sicherlich die mit dem stärksten Verkehr, Kleinpflaster erhalten werden. Auf die richtige Ausführung dieser Kleinpflasterdecken wird es dabei besonders ankommen.

1. Unterbau.

Als Unterbau dienen in erster Linie Steinschlagdecken, da das Kleinpflaster in der Mehrzahl der Fälle zur Verbesserung solcher Decken verwendet wird. Die abgenutzten, mit Schlaglöchern versehenen Decken müssen durch Aufreißen und Abwalzen eingeebnet werden. Besteht die Abgleichung nur im Ausfüllen der Schlaglöcher, dann sind die folgenden Grundsätze zu beachten (82):

1. Die Unterbauebene für das Kleinpflaster muß so vorbereitet werden, daß sie die gleiche Form der zukünftigen Pflasteroberfläche erhält, und muß eine gleichmäßig feste, unwandelbare Masse darstellen, je härter, desto besser.
2. Der Ausgleich der Unebenheiten darf keinesfalls mit Pflastersand geschehen.
3. Die ausgebesserte Unterbauebene kann man vor dem Einbau des Pflasters dem Verkehr aussetzen, bis sie gleichmäßig fest ist. Besonders ist auf das vorherige Ausbessern der Schlaglöcher zu achten. Unmittelbar vor dem Pflastern sind neugebildete Unebenheiten nochmals sorgfältig auszugleichen.

Soll die neue Pflasterdecke seitlich durch Bordschwellen begrenzt werden, dann darf mit dieser Arbeit erst begonnen werden, nachdem die Abwalzung vorgenommen ist.

Für neue Straßen besteht der Unterbau entweder aus Packlage, auf der eine Schüttlage aufgewalzt wird, oder aus Beton. In städtischen Straßen ist Beton in 15 cm Höhe vielfach verwendet worden. In besonderen Fällen ist die Betondecke auch stärker, wenn es der Verkehr erfordert. Beton hat sich in zweifacher Weise als nachteilig erwiesen: die im Unterbau unvermeidlichen Risse können sich auch in der Decke fortsetzen, wenn z. B. das Kleinpflaster in Zementmörtel verlegt wird, die Betonplatte pflanzt die Geräusche und Erschütterungen stärker fort.

Für die Größenabmessung der Kleinpflastersteine ist der Verkehr maßgebend, für leichten Verkehr 7—9 cm Kopfgröße und Höhe, für schweren 8—10 cm (Din. 481). Die Kopffläche soll nicht größer als 120 cm^2 sein. Ob sich aber die Anforderungen nach der Dinorm stets werden erfüllen lassen, hängt von der Art des Gesteines und seiner Spaltbarkeit ab. Verlangt muß aber werden, daß die Steine derselben Lieferung nur innerhalb gewisser Grenzen voneinander abweichen. Aus Kleinpflaster kann auch Reihenpflaster hergestellt werden, allerdings nur aus solchem Gestein, das sich zu Reihensteinen ohne zu großen Aufwand an Arbeit und Verlust an Stoff verwenden läßt. Feinkörnige schlesische Granite geben ein gutes Reihenpflaster, das Verfasser auf Betonunterbettung als Ersatz für Holzpflaster in Groß-Berlin eingeführt hat.

2. Baustoff.

Für Kleinpflaster haben sich alle gesunden Hartgesteine bewährt. Trotzdem muß für bestimmte Zwecke eine besondere Auswahl getroffen werden. Basalt, ein an sich sehr geeignetes Gestein, wird unter dem Verkehr glatt, bei Feuchtigkeit für Zugtiere sowohl wie für Kraftwagen unsicher und kann daher in Steigungen nur bis höchstens 4 vH verlegt werden. Granit ist rauher und geeignet bis zu 6 vH. Feinkörniger Granit gibt ein ausgezeichnetes ebenes dabei rauhes Pflaster. Grobkörniger Granit ebenso wie Gabbro liefern wegen ihres muscheligen oder pockennarbigen Bruches ein holperiges Pflaster, das bei Granit eher wie

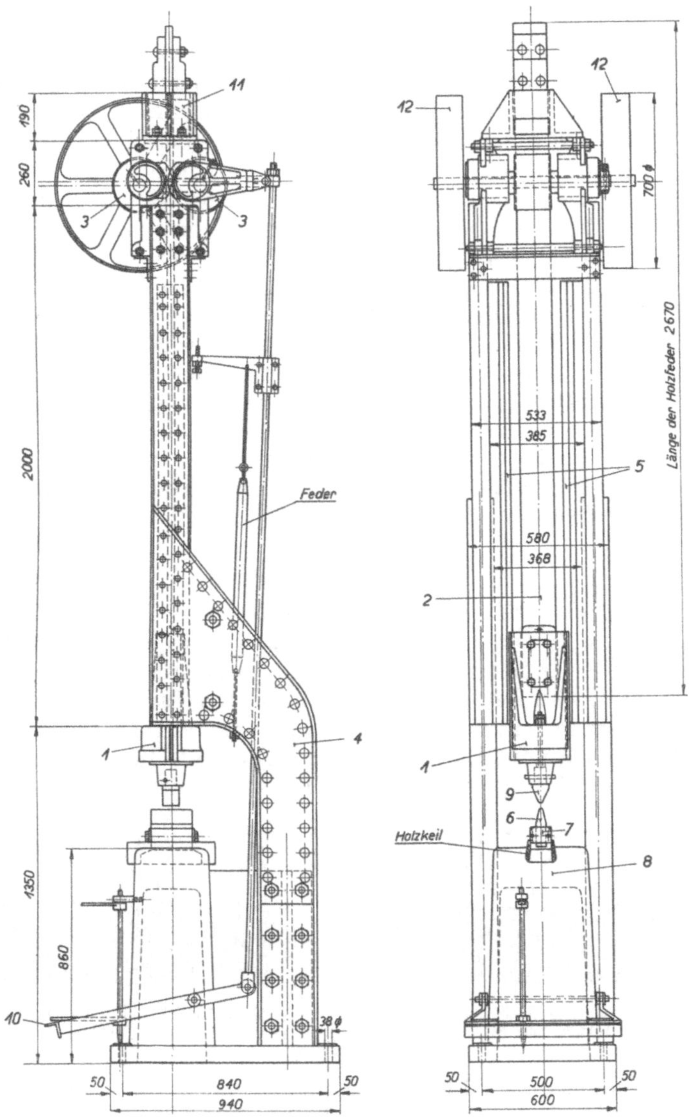

Abb. 132. Steinspaltmaschine für Kleinpflaster.

bei Gabbro mit der Zeit je nach der Stärke und Art des Verkehres eben wird. Quarzporphyr soll bis zu 8 vH Steigungen verwendbar sein. Die gute Spaltbarkeit des Quarzporphyrs ist bisweilen auch die Ursache, daß er durch Frost und stärkeren Verkehr in schmale Platten gespaltet wird. Sächsische Quarzporphyre zeigen diesen Nachteil besonders. Diabas hat sich in der Gegend des Harzes und in Sachsen zu einem sehr brauchbaren Kleinpflaster verarbeiten lassen (Speck). Nach Beobachtungen des Verfassers ist auch Grauwacke ein rauhes, haltbares Gestein für Kleinpflaster. Nach Erfahrungen von Dr.-Ing. Scheuermann sollen die Gesteine, die zu Kleinpflaster verwendet werden folgenden Prüfungsansprüchen (vgl. Abschnitt VII B) genügen (83).

Druckfestigkeit mehr als 2500 kg/cm^2,
Abnutzung bei 608 m Schleifweg weniger als 18 g,
Spezifische Dichte mehr als 0,990,
Schlagfestigkeit mehr als 600 cmkg/cm^3.

Nur Gesteine, die sich gut spalten lassen, sind für Kleinpflaster geeignet.

Für das Schlagen der Kleinpflastersteine wird jetzt eine Steinspaltmaschine (Abb. 132) der Maschinenfabrik Max Friedrich u. Co. Leipzig-Plagwitz verwendet, weil Handarbeit sich zu teuer stellt. Der zum Spalten der Steine benötigte Schlag wird durch einen Fallbär (*1*) ausgeübt, der von einem Friktionsrollenpaar angehoben wird. Der Spaltmeißel (*6*) ist in einen Amboß (*7*) eingebaut. Der Fallbär wird mit einem Fußhebel (*10*) gesteuert. Beim Heben des Fußhebels hebt sich der Fallbär, während beim Senken des Fußhebels der Fallbär fällt. Wird der Hebel ganz frei gegeben, so hebt sich der Fallbär bis in die Höchststellung und wird dort festgehalten. Die Maschine wird durch zwei feste Riemenscheiben an den beiden oberen Rollen angetrieben. Gespalten wird in der Weise, daß der Arbeiter das Bruchgestein mit beiden Händen auf den Spaltmeißel an der Stelle setzt, an der das Stück getrennt werden soll und dann den Bär fallenläßt. Große Leistungen lassen sich erzielen, wenn der Arbeiter aus Erfahrung die Flächen kennt, in denen das Gestein spaltet. Dabei muß er aber darauf sehen, daß sich die geforderten Abmessungen ergeben. Ein geschickter Arbeiter kann 2 m^3 in 8 Stunden herstellen.

3. Verlegung.

Kleinpflaster wird auf ein flaches Sandbett von 3—4 cm gesetzt. Es hat sich erwiesen, daß die früher angewandte Stärke von 2 cm unter Verkehrsstößen nicht genügend elastisch ist. Die württembergische Anleitung gibt an, daß das Sandbett ⅓ der Höhe der Steine betragen soll. Der Sand soll nicht zu fein und frei von Ton und Lehm sein. Als seitlichen Abschluß für Landstraßen genügen hammerrecht bearbeitete Randsteine nach Din. 482. In Stadtstraßen werden neben den Bordstein erst noch zwei Reihen Großpflaster gesetzt. Die Groß-

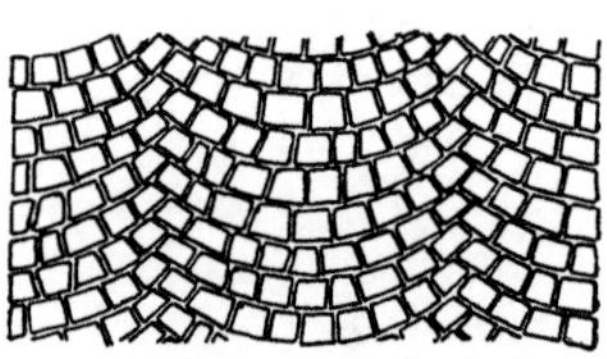

Abb. 133. Kleinpflaster, segmentförmig verlegt.

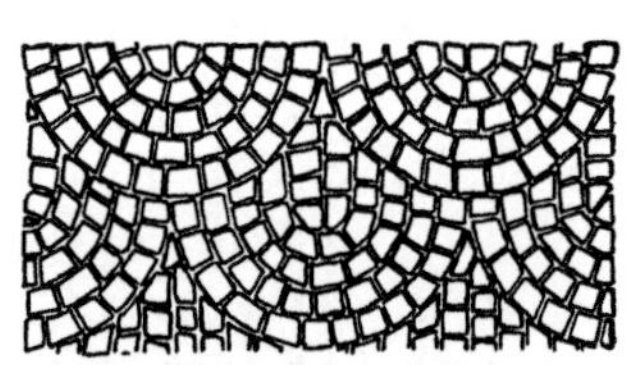

Abb. 134. Kleinpflaster, bogenförmig verlegt.

pflastersteine können aus Altmaterial stammen, sofern sie noch genügend hoch sind und gute Setzfläche haben. Sie erleichtern dann mit ihrer glatten Oberfläche als Rinnenpflaster den Wasserablauf. Dieses Pflaster wird in Kies gesetzt und so hoch angelegt, daß es mit dem späteren abgerammten Kleinpflaster bündig liegt. Eine Reihe Großpflaster in Beton versetzt wird auch auf Landstraßen als Randbegrenzung verwendet. Die Einfassung kann zur Abgleichung des Sandbettes benutzt werden, indem eine Lehre, die auf der Einfassung reitet, über den Sand gezogen wird. Kleinpflaster wird in folgenden Formen gesetzt:

1. Als Mosaikpflaster,
2. in Segmentform (Abb. 133),
3. in Kreisbogen (Abb. 134),
4. in Sägeform,
5. als Reihenpflaster.

Für die Wahl der verschiedenen Einpflasterformen ist maßgebend die Gesteinsgröße. Kleine Steine, wie z. B. beim Basalt, müssen mosaikartig versetzt werden. Bei Steinen mit größeren und regelmäßigeren Kopfflächen können die zuvor aufgeführten Formen 2—4 angewendet werden. Als Nachteil der Segmentform wird angesehen, daß der Zwickel im Ansatz zweier Bogen schlecht ausgefüllt werden kann. Kreisbogen werden bevorzugt. Der Winkel zweier Kreisbogen am Kämpfer soll ein rechter sein. In Steigungen werden Segment und Kreisbogen so angelegt, daß die Scheitel stets höher liegen als die Kämpfer. Das entspricht auch der Beanspruchung durch den Verkehr und erleichtert den Wasserabfluß. Die Abmessung der Bogen soll sich den folgenden Vorschlägen anpassen:

Steingröße in cm	Bogenlänge in m	Bogenhöhe in cm	Bogenradius in m
6—8	0,80—1,10	22/24	0,65
8—10	1,10—1,35	24/27	0,90
10—12	1,35—1,70	27/32	1,25

Die Zahl der Bogen richtet sich nach der Straßenbreite, über die die Bogen gleichmäßig verteilt werden. Die württembergische Verwaltung schreibt für verschiedene Straßenbreiten die Bogensehne $2s = 1{,}0 - 1{,}5$ m, den Bogenhalbmesser $r = s \cdot \sqrt{2}$ vor.

Straßenbreite	$B = 5{,}0$	5,5	6,0 m
	$2s = 1{,}25$	1,38	1,20 „
Bogenhalbmesser	$r = 0{,}88$	0,93	0,85 „

An der Bordkante setzen die Bogenscheitel an. Die Stichhöhe der Bogen soll mit der Größe der Steigung abnehmen, weil das den Verkehr erleichtert.

Bei allen Formen ist in erster Linie auf möglichst schmale Fugen zu achten. Denn der Kleinpflasterstein soll bei seiner kleinen Fußfläche nicht befähigt sein, allein den Verkehrsdruck auf die Unterbettung zu übertragen. Es muß nach der üblichen Anschauung eine Druckverteilung durch Reibung in der Fugenfläche auf die benachbarten Steine erfolgen, die dadurch mittragen sollen. Ob eine solche Wirkung vorhanden ist, scheint zweifelhaft. Auf jeden Fall wird zur Erhöhung der Standfestigkeit der gesamten Pflasterfläche, wie des einzelnen Steines, wie auch zur Verhinderung der Staubbildung mit engen Fugen gepflastert werden müssen. Danach sind die Steine vom Steinsetzer auszuwählen. Sie sollen auch nach unten keinen Anzug haben, wie es bei Großpflaster üblich ist, weil bei Kleinpflaster infolge seiner geringen Höhe eine geringe Abnutzung ein Loswerden der Steine bewirken muß.

Die Kleinpflasterdecke wird zwei- bis dreimal abgerammt und dann wie üblich eingeschlämmt. Die gesamte Pflasterfläche soll auch nach der Freigabe für den Verkehr noch reichlich mit Sand überdeckt werden, der auf etwa vier Wochen eingekehrt werden muß, damit die Pflasterfugen sich dicht füllen. Die Sandfugen werden trotzdem durch die saugende Wirkung der Reifen freigelegt. Hiergegen kann man eine Oberflächenbehandlung mit Kaltasphalt anwenden. Die Decke wird staubarmer und trocknet auch schneller auf. Auch werden die Kanten der Steine vor Absplitterung geschützt. Das Vergießen mit Heißbitumen würde noch wirksamer sein. Es ist aber zu kostspielig, da es etwa den fünften Teil der gesamten Kosten der Neupflasterung ausmacht.

An Einbauten im Pflaster, besonders an runden Einsteigeschächten, ist schwer ein Anschluß mit Kleinpflaster herzustellen. Es wird deshalb der Einbau mit Großpflaster umgeben, das eine rechteckige Form erhält, an das sich das Kleinpflaster anschließen kann. Das gleiche gilt auch vom Anschluß an Straßenbahnschienen. Der Höhenunterschied zwischen Schiene und Stein müßte durch ein hohes Sandbett ausgeglichen werden, in dem der Stein ohne festen Halt stehen würde, zumal der Sand unter den Gleiserschütterungen sich bewegt. Daher werden Gleise mit würfeligem Großpflaster eingefaßt.

Eine Sonderausführung ist das Reihenpflaster in Zementmörtel. Seine Zweckmäßigkeit hat sich in Straßen ergeben, die mit Holz gepflastert gewesen sind, das abgängig durch eine andere Decke hat ersetzt werden müssen. Um eine Veränderung der Höhenlage der Unterbettung, der Einbauten und Anschlüsse zu vermeiden, hat nur ein Pflaster verwendet werden können, das von der gleichen Höhe wie das Holzpflaster (13 cm) ist. Die starke Steigung der Straßen (2 vH) und der schwere Verkehr (Seitendamm des Kaiserdammes in Charlottenburg) hat außerdem ein besonders widerstandsfähiges Pflaster verlangt. Es ist schlesischer Granit gewählt worden, der einen guten, würfeligen Kleinpflasterstein auch als Reihenstein liefert. Die Steine sind in trockenem Zementmörtel verlegt und eingerammt worden. Die Fugen sind dann mit nassem Mörtel ausgegossen und die ganze Fläche stark gewässert worden, so daß auch der trockene Mörtel hat abbinden können. Zur vollständigen Erhärtung ist das Pflaster 2 Wochen dem Verkehr gesperrt gewesen und in dieser Zeit noch weiter gewässert worden. Das gute Verhalten der Versuchsstrecke hat dann die weitere Anwendung in größerem Ausmaß als Ersatz für Holzpflaster bewirkt.

Die Pflasterung soll möglichst in voller Breite der Straße erfolgen, um die Verspannung der Decke zu erreichen. Wo der Verkehr aufrechterhalten werden muß, wie das vielfach auf Landstraßen nicht zu umgehen ist, und erst eine, dann die andere Straßenhälfte gepflastert werden kann, ist für die erste Hälfte als Seitenabschluß nach der Fahrdammitte eine eiserne Schiene oder kräftige Bohle mit Schnurnägeln am Untergrund zu befestigen, gegen die sich die Pflasterung legt. Beim Anschluß der anderen Hälfte ist eine Verzahnung mit der ersten vorzusehen.

Der Baufortschritt bei Kleinpflaster ist gering, da ein Pflasterer kaum mehr als 13 m² am Tage verlegt. Um größere Leistungen zu erzielen, müßten sehr viele Steinsetzer beschäftigt werden, mehr als in den einzelnen Bezirken vorhanden sind und auch an einer Stelle beschäftigt werden können. Für eine 1 km lange und 5 m breite Kleinpflasterstraße würden bei einer Bauzeit von 4 Wochen = 25 Arbeitstagen allein sechzehn Steinsetzer und die gleiche Anzahl Hilfsarbeiter und Rammer notwendig sein. Dieselbe Straßenfläche kann bei Ausführung in Gußasphalt in 10 Tagen, bei Zementbeton und Asphaltbeton in längstens 6 Tagen mit einem wesentlich geringeren Aufwand an Arbeitskräften hergestellt werden. Der geringe Arbeitsfortschritt bei Kleinpflaster ist ein wesentlicher Nachteil, der besonders in der Gegenwart, weil es darauf ankommt, unsere Straßen schnell in Ordnung zu bringen, ins Gewicht fällt. Die maschinelle Herstellung des Pflasters läßt eine größere Förderung erwarten. Die hierfür bisher gemachten Vorschläge haben ihre Brauchbarkeit noch nicht erwiesen. Auch die Abrammung mit maschinellen Rammen hat noch verhältnismäßig wenig Ausbreitung gefunden. Eine zweckmäßige Ramme ist die Demagramme, die als Rammbär mit Zylinder und Kolben ausgebildet ist und durch Explosionsdruck hochgeworfen wird.

Das Quergefälle beträgt je nach der Steigung der Straße 2—3 vH. Betonunterbau ist nur am Platze, wenn das Kleinpflaster in Verkehrsstraßen mit starker Steigung verwendet werden soll, weil andere Beläge nicht griffig genug sind. Für Einfahrten in Gehbahnen hat Verfasser eine Betonunterbettung aus einzelnen Betonplatten von 30 cm Seitenlänge und 15 cm Stärke verwendet, die mit dichten Fugen, in die feinkörniger Sand eingeschlämmt wird, verlegt werden. Da Gehbahnen aus Anlaß von Leitungsverlegungen oft aufgebrochen werden, ist eine durchlaufende Betonunterlage auf ihnen nicht angebracht. Die Betonplatten lassen sich leicht aufnehmen und wieder verlegen, haben zudem genügende Auflagerfläche, um größere Lasten auf den Untergrund zu übertragen.

4. Unterhaltung.

Die Abnutzung an Kleinpflasterdecken zeigt sich im Zerfall einzelner Steine und in der Bildung von Schlaglöchern, Schüsseln oder Mulden. Diese können eine Folge der schlechten Ausführung sein, wenn die Schlaglöcher der Unterbettung mit weichem Füllstoff, der nicht Gelegenheit gehabt hat, sich zusammenzudrücken, ausgefüllt worden sind. In solchen Fällen muß die Instandsetzung am Unterbau beginnen. Im anderen Falle genügt der Ersatz der schlechten oder abgenutzten Steine. An sich sollen die Unterhaltungsarbeiten an sachgemäß hergestellten Kleinpflasterstraßen gering sein. Die Erfahrung bestätigt, daß der Unterhaltungsaufwand selbst auf stark befahrenen Straßen gering ist und die niedrigen Unterhaltungskosten, sowie die lange Lebensdauer der Decken geben ihnen das wirtschaftliche Übergewicht gegen die Steinschlagstraßen. Nach den Erfahrungen beläuft sich die Lebensdauer auf mindestens 20—30 Jahre, und kann bei schwachem Verkehr bis auf 50 Jahre geschätzt werden. Abgefahrene Decken werden unter Steinersatz umgepflastert und können auf diese Weise noch für längere Zeit erhalten werden. In städtischen Straßen hat das abgefahrene Kleinpflaster einen Überzug aus Gußasphalt, Teersplittdecke oder einen Teppichbelag aus Emulsion (1,2 kg/m² und 7 kg/m² Edelsplitt) mit Erfolg (s. S. 327) erhalten.

5. Bewährung.

Kleinpflaster verbindet mit einer griffigen aber ebenen Oberfläche, die geringe Zugkraft erfordert, Staub- und Geräuscharmut, so daß es allgemein als ein sehr brauchbares, für viele Zwecke geeignetes Pflaster angesehen wird. Indessen hat sich herausgestellt, daß die Erschütterungen, die es durch schweren Kraftwagenverkehr erleidet, von allen Pflasterarten am größten sind, wie die Versuche auf der Versuchsstraße in Braunschweig mit Erschütterungsmeßeinrichtungen erwiesen haben, so daß es aus diesem Grunde in städtischen Straßen in seiner Anwendung beschränkt ist (vgl. Abb. 25 S. 40). Aber diesem Übelstand kann durch Überziehen mit Gußasphalt oder Emulsion schnell und mit geringen Mitteln abgeholfen werden. Kleinpflaster kommt daher in erster Linie für Landstraßen in Frage, in städtischen Straßen machen ihm die Decken aus Asphalt, Teer und Beton, vornehmlich in Wohn- und Siedlungsstraßen erfolgreichen Wettbewerb.

c) Großpflaster.

1. Unterbau.

Die neuzeitliche Entwicklung am Großpflaster ist gekennzeichnet durch Anordnung eines kräftigen Unterbaues und Maßnahmen zur Ausfüllung der Fugen durch dauerhaften Stoff. Der Anstoß dazu ist von den Städten ausgegangen, deren starker Verkehr ein widerstandsfähiges Pflaster aber zugleich ein staub- und geräuscharmes erfordert hat.

Etwa um 1880 haben viele deutsche Großstädte, Berlin an der Spitze, bevor Stampfasphalt sich durchgesetzt hat, in großem Maße das Reihenpflaster auf fester Unterbettung, die aus Pack- und Schüttlage oder 20 cm starker Betonlage bestanden hat, als die endgültige Befestigung auch für Wohnstraßen angesehen. Beton als Unterbettung hat den Nachteil, daß er längere Zeit zum Abbinden braucht, den Aufbruch und die Wiederherstellung der Decke erschwert und zugleich die bei Pflaster unvermeidlichen Geräusche als Resonanzboden verstärkt und fortpflanzt. Dagegen ist der Anschluß an Einbauten im Fahrdamm besser herzustellen. Die Unterbettung aus Packlage und Schüttlage wird daher jetzt wieder bevorzugt.

2. Baustoff.

Für die Höhe und Breite der Großpflastersteine sind vielfach die Art des Gesteins und der Gewinnungsort maßgebend. Schmale Steine (12—14 cm) werden für zweckmäßiger gehalten, obwohl dann die Fugen stark vermehrt werden; in Steigungen werden sie noch schmäler gewählt, 8—10 cm, um den Pferdehufen guten Halt zu bieten. Bei der Höhe der Steine ist zu berücksichtigen, daß bei guter Unterbettung ein hoher Stein an sich nicht mehr notwendig ist, daß aber hohe Steine eine längere Lebensdauer haben, da eine größere Schicht abgenutzt werden kann. Großpflaster wird jetzt nur noch in Verkehrsstraßen verwendet, wo zumeist Straßenbahngleise liegen. Die Höhe der Steine muß sich nach diesen richten, worüber im Abschnitt VI L weitere Ausführungen gemacht werden.

Als Gesteinsarten kommen alle gesunden, frostbeständigen Gesteine in Frage, wie alle Arten Granit, Diorit, Synit, Dolerit, Diabas, Gabbro, Porphyr, Basalt, Melaphyr, Kohlensandstein, Weserkeuper, Grauwacke u. a. Es wird noch immer nach den drei Klassen, I völlig würfelförmiger Stein, Klasse II mit einer Fußfläche von $^4/_5$, Höhe 14—16 cm, und Klasse III mit $^2/_3$ der Kopffläche und Höhe 13—15 cm unterschieden (Abb. 135). Die Länge der Steine beträgt das 1½ bis 2½fache der Breite. Ein Spielraum von ½ cm für die Höhe und die Breite ist zugelassen, für die Länge 2 cm. Bei zu großer Länge der Steine besteht die Gefahr, daß sie unter dem Verkehr kippen. Klasse I als überaus kostspieliges Pflaster findet nur noch ausnahmsweise Verwendung (z. B. im Straßenbahngleis).

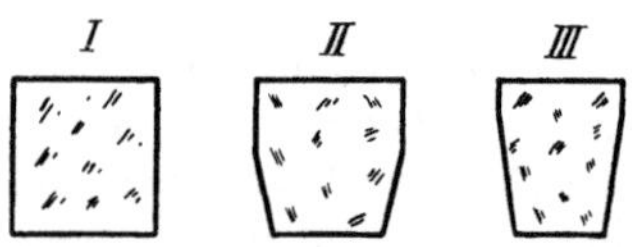

Abb. 135. Formen des Großpflasters.

Das Großpflaster ist in den Großstädten durch den Stampfasphalt zurückgedrängt worden. Es hat sich aber alsbald gezeigt, daß das Großpflaster dem Stampfasphalt in Straßen mit sehr schwerem Verkehr, z. B. Zufahrten zu Güterbahnhöfen, Häfen, Industrieanlagen überlegen ist. Solche Straßenflächen müssen unbedingt mit Großpflaster versehen werden, besonders wenn sie in Steigungen liegen.

3. Verlegung.

Großpflaster wird als Reihenpflaster, bei dem die durchgehenden Fugen rechtwinklig zur Straßenachse, und als Diagonalpflaster, bei dem die Fugen unter 45° zur Straßenachse laufen, verlegt. Das letztgenannte Diagonalpflaster wird jetzt nicht mehr angewendet, weil die Annahme, daß das Kanten der Steine unter den Pferdehufen dadurch verhindert würde und die Räder ruhiger über die Fugen geführt würden, sich nicht bestätigt hat. Auch der Anschluß an die Straßenbahngleise läßt sich mit Reihenpflaster besser herstellen als mit Diagonalpflaster. Bei Kreuzdämmen und Straßeneinmündungen werden die Reihen ineinander verzahnt oder die Reihen der einen — Haupt- — Straße laufen durch, die der anderen — Nebenstraße — schließen rechtwinklig an.

Als Zwischenlage, zum Ausgleich der Höhenunterschiede der Steine und Unregelmäßigkeiten des Unterbaues wird eine Sandschicht von 3—4 cm vorgesehen. Das Quergefälle richtet sich nach dem Längsgefälle, kann aber bei Fugenverguß flacher gehalten werden.

In starken Verkehrsstraßen mit ihrem Staub und Schmutz ist ein geschlossenes Pflaster besonders erwünscht, dessen Fugen weder selbst Staub erzeugen, noch Schmutz und Feuchtigkeit aufnehmen können. Zementmörtel als Fugenfüllung hat sich nicht bewährt, weil die dadurch entstehende starre Decke den Verkehrsstößen nicht gewachsen gewesen ist. Der Mörtel ist an den Steinen gerissen und ausgebröckelt. Die Fugenausfüllung muß nachgiebig sein und darf nicht durch die nicht zu vermeidende Bewegung des einzelnen Steines beschädigt werden. Das läßt sich durch Ausfüllung mit Teer (Pechöl) und Asphaltmischungen erreichen. Die Fugenausfüllung durch diesen Stoff wird allgemein angewendet. Damit sie wirksam bleibt, muß die Ausfüllung so beschaffen sein, daß sie im Winter bei Kälte nicht splittert, im Sommer bei Wärme nicht aus den Fugen ausfließt. Sie muß also in dem beim Asphaltbitumen geforderten knetbaren Zustand bleiben (s. S. 246). Da diese Anforderungen restlos nur Asphaltbitumen erfüllt, so ist es der beste Fugenguß. Aber auch Pechölmischungen mit Asphaltzusatz sind brauchbar. Beide Massen müssen aber noch ein Stützgerüst aus feinem mehligen Stoff erhalten, da sie bei hohen Temperaturen zu weich werden und eine Beanspruchung nicht mehr aushalten. Nach den Vorschriften DIN 1995/96, die im Abschnitt VII, B d 8 abgedruckt sind, soll bei Pflasterfugenkitt der Gehalt an Teer oder Asphaltbitumen nicht weniger als 30 und nicht mehr als 50 Gewichtshundertteile betragen. Teer als Bindemittel soll einen Schmelzpunkt nach K. S. zwischen 30° bis 45°, Asphaltbitumen über 40° und unter 60° haben. Die mineralischen Stoffe sollen Gesteinsmehle von feinster Mahlung sein. Der Ausguß erfolgt gewöhnlich sofort; wenn ein Setzen des Pflasters erwartet wird, erst später. Die Fugen werden mit Kies gut eingeschlämmt, dann die Fugen auf 6—8 cm mit dem Fugeneisen ausgekratzt und die heiße Vergußmasse mit Schnabelkannen eingefüllt. Beim Einschlämmen wird auch eine Kiesschicht aufgebracht, die den Verkehr einfahren soll. Damit diese nicht staubt, empfiehlt es sich, die Oberfläche vorher mit Chlormagnesium abzustreuen.

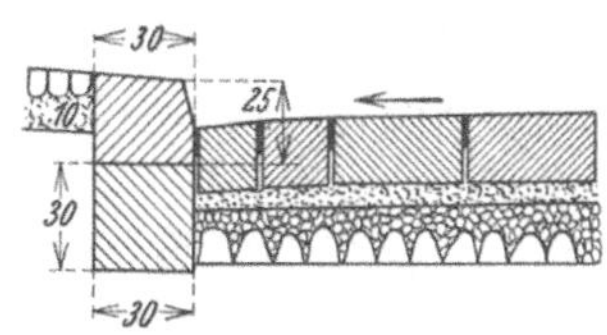

Abb. 136. Großpflaster auf Pack- und Schüttlage.

Nur in einer Ausführung hat das Verfahren des Vergusses der Fugen mit Zementmörtel praktische Bedeutung erlangt, und die günstigen Erfahrungen haben neuerdings die Anwendung an anderen Arten veranlaßt. Ausschlaggebend für das Beibehalten des Zementmörtels ist aber die Art des Gesteines gewesen. Die Güte des schlesischen Granites ist bekannt. Es gibt feinkörnige, die sich sehr gleichmäßig abnutzen und dabei rauh bleiben. Die Stadt Breslau ist gegenüber anderen deutschen Großstädten, die sich mehr dem Asphalt zugewendet haben, wegen seiner günstigen Lage zu den Gewinnungsplätzen beim Großpflaster geblieben, hat es aber in Zementmörtel besonderer Art verlegt. Der Unterbau besteht aus Beton, auf dem das Großpflaster in Pflasterkies von 3—5 cm Stärke verlegt und abgerammt wird. Die Fugen werden dann mit dem Fugeneisen ausgekratzt und im unteren Teil mit Mörtel 1 : 3, im oberen auf 10 cm Tiefe mit Mörtel im Mischungsverhältnis 1 : 1 vergossen, und mit dem Fugeneisen geglättet. Erst wenn der Mörtel, der längere Zeit feucht gehalten wird, erhärtet ist, wird die Decke dem Verkehr freigegeben, also etwa nach 10 bis 14 Tagen. Granit und Fuge nutzen sich unter dem Verkehr gleichmäßig ab, so daß die Steinpflasterstraße eine völlig ebene Oberfläche und ein asphaltähnliches Aussehen zeigt, mit dem besonderen Unterschied, daß sie wesentlich rauher ist. Der Erfolg beruht in der Gesteinsart, dem fetten Zementmörtel und der Pflege, die die Decke nach dem Fugenverguß erhält. Ihr Nachteil beruht im wesentlichen darin, daß sie sich sehr schwer aufbrechen läßt und dabei die Steine zerschlagen werden, da der Mörtel so fest am Stein haftet, daß eher der Stein springt als die Fuge abplatzt.

Die Abb. 136 gibt eine Großpflasterfahrbahn auf Packlageunterbettung mit Anschluß an die Bordkante wieder.

Die Leistung beim Einpflastern von Großpflaster ist gering. Ein Steinsetzer wird je nach der Geschicklichkeit und Fleiß kaum mehr als 12 m² an einem Tage verpflastern. Das Abrammen kann jetzt maschinell durch die schon erwähnte Demag-Explosionsramme erfolgen.

4. Unterhaltung.

Die besondere Eigenart des Großpflasters ist, daß es nur geringe laufende Unterhaltung erfordert. Einmal gut verlegt, bedarf es jahrzehntelang nur geringer Pflege. Die Decke nützt sich gleichmäßig ab. Der Verschleiß ist allerdings unter dem Verkehr mit Gummireifen sehr stark zurückgegangen. Einzelne Steine, die gesprungen oder versackt sind, werden durch eine Zange herausgenommen und durch neue ersetzt. Bei Fugenverguß kommt als Unterhaltungsmaßnahme ein Nachfüllen der Fugen in Frage. Erst im Laufe längerer Zeit zeigt das Großpflaster Verfallserscheinungen je nach der Stärke des Verkehres, den es hat aufnehmen müssen, die sich in einer S-förmigen Verschiebung der Reihenfuge, in Schlaglöchern und in Abrundung der Kanten am Kopf bemerkbar machen. Alsdann ist die Zeit gekommen, daß das Großpflaster unter Zusatz neuer Steine völlig umgepflastert werden muß. Zeitweilig ist auch bei diesem Pflaster das Flickverfahren angewendet worden, indem nur die schadhaften Stellen ausgebessert werden. Zweckmäßiger ist es aber, wenn erst verkehrsgefährliche Schäden vorhanden sind, größere zusammenhängende Flächen umzulegen.

Beim Aufnehmen der Steine zeigt sich in vielen Fällen, daß das Pflaster gekippt ist und der lotrechte Schnitt durch die Steine an der Fahrfläche keinen rechten Winkel mehr aufweist. Das ist darauf zurückzuführen, daß das Rad vom Sprung über die Fuge von einem Stein zum anderen einen Schlag auf die der Fahrtrichtung zunächst liegende Kante ausübt und der Stein langsam sich entgegen der Fahrtrichtung neigt und entsprechend abgeschliffen wird. Beim Kraftwagenverkehr ist es das angetriebene Rad, das in der gleichen Richtung auf den Stein einwirkt (Abb. 137). Es liegt keine Veranlassung vor, bei Umpflasterungen Steine, die so abgenutzt sind, fortzuwerfen. Sie können wieder verwendet werden, wenn die Steine so eingepflastert werden, daß die Reihenfuge in der Fahrtrichtung geneigt ist, also entgegengesetzt der Lage, aus der die Steine aufgenommen worden sind (Abb. 138). Wird das nicht beachtet, so wird das Pflaster sehr bald eine sägeförmige Oberfläche erhalten. Im anderen Falle werden dieselben Kräfte, die in der ursprünglichen Lage den Stein gekippt haben, sie in der neuen Lage aufzurichten suchen und sie gleichmäßig abnutzen (84). Um das Umkippen der Steine etwas zu erschweren, käme in Frage, beim Abrammen des neuen Pflasters den ersten Schlag auf den Stein gegen die Verkehrsrichtung zu führen. Die vorgeschlagene Maßnahme hat zur Folge, daß bei Fahrbahnen mit zwei Verkehrsrichtungen in zwei Hälften gepflastert werden muß und bei Aufbruch in ganzer Straßenbreite die beiden Pflasterkolonnen in entgegengesetzter Richtung arbeiten.

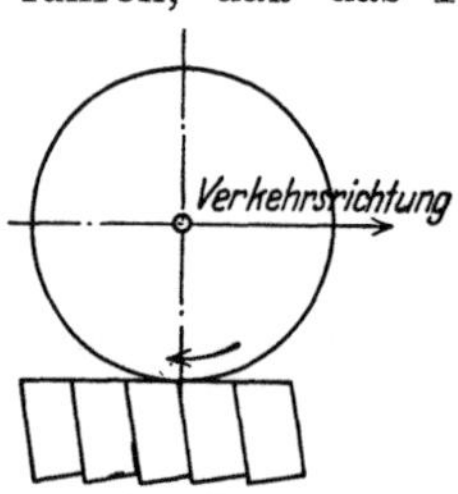

Abb. 137.

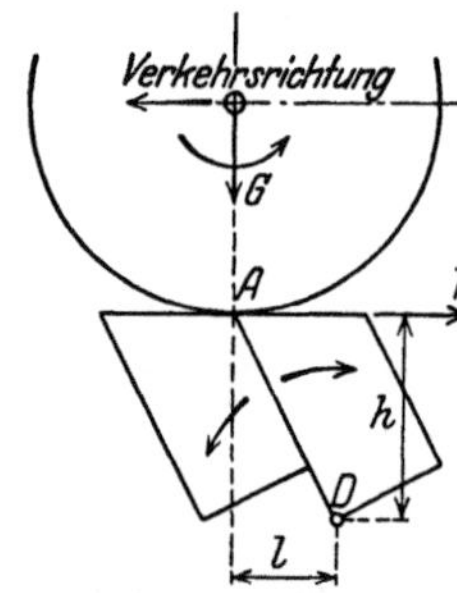

Abb. 138.

Reihenpflaster, das wegen Abnutzung aus einer Straße mit schwerem Verkehr herausgenommen werden muß, kann in einer Straße mit geringerem Verkehr noch als Reihenpflaster IV. Klasse verwendet werden. Entspricht es dort den Anforderungen nicht mehr, wird es auf untergeordneten Wegen oder in Straßen mit nachgiebigem Untergrunde noch als Kopfsteinpflaster eingebaut. Hat es auch dort seine Pflicht erfüllt, können die Steine noch zu Kleinpflaster oder Schotter verarbeitet werden. Das ist wenigstens früher der Lebensweg eines Pflastersteines gewesen. Heute wird mit Erfolg unebenes Großpflaster mit Teer- oder Asphaltbitumendecken (Abschnitt VI K d 9, S. 327) überzogen und kann dann als Unterbau für einen Kunstbelag ein Lebensalter erreichen, mit dem es alle anderen Pflasterarten übertrifft. Die Notwendigkeit hierzu hat sich in den Großstädten ergeben, da die unebenen Großpflasterflächen wegen ihrer Erschütterungen eine Gefahr für die Häuser geworden sind.

F. Pflasterung aus künstlichen Steinen.

a) Mansfelder Schlackensteine.

Neben den Pflastersteinen aus Naturgestein haben sich auch künstliche Steine im Straßenbau durchsetzen können, z. B. die Schlackensteine der Mansfelder A.-G. für Bergbau und Hüttenbetrieb. Dieses Werk fertigt aus den Schlakken der Erzverhüttung der Kupferschiefer Steine, die in eiserne Formen gegossen werden, in denen sie langsam unter Luftabschluß erstarren. Sie haben eine hohe Druckfestigkeit und große Härte. Ihre Sprödigkeit gemessen an der Schlagfestigkeit nach Föppl liegt etwa zwischen der von Basalt und Granit nach Feststellungen der Materialprüfungsanstalt der Technischen Hochschule Stuttgart (192 cmkg/cm^3). Die Steine zeichnen sich durch regelmäßige Formen, scharfe Kanten und Ecken aus. Sie haben entweder Würfelform 16×16 und 15—17 cm Höhe oder sind Rechtecksteine mit 16×12 cm Kopf und 15—17 cm Höhe. Waren sie früher wegen der Glätte, die sie nach längerer Liegdauer einnahmen, weniger beliebt, so ist dieser Nachteil durch die Art der Herstellung behoben. Die Versuche auf der Straßendeckenprüfmaschine der Materialprüfungsanstalt der Technischen Hochschule Stuttgart haben ergeben, daß die Oberflächen der Kupferschlackensteine im Vergleich zu denjenigen von Granit und Basalt weniger abgenützt und rauher und griffiger geblieben sind. Der Mansfelder Kupferschlackenstein kann daher den Wettbewerb mit den natürlichen Pflastersteinen aufnehmen. Die Schlackensteine werden wie andere Pflastersteine verlegt. Wegen ihrer regelmäßigen Form sind sie besonders geeignet für Rinnenpflaster, Überwege in Steinschlagstraßen, Radfahrstreifen neben den Bordkanten, Auspflastern von Gleiskörpern, Einfassung von Einbauten in den Fahrbahnen u. ä. Wegen ihrer scharfen Kanten können die Fugen enger ausfallen, die auch vergossen werden. Das Pflaster ist dann auch für Gummiverkehr anwendbar.

b) Klinkerpflaster.

Klinkerpflaster ist in Norddeutschland auf etwa 5000 km in den Provinzen Hannover, Schleswig-Holstein und in Oldenburg verwendet worden. In Nordamerika kann es zu den üblichen Pflasterarten gerechnet werden. Nach dem Bericht zum VI. I. Str. K. liegen in Holland 1200 km Staatsstraßen mit Klinker, 52 vH der Stadtstraßen in Amsterdam und 42 vH im Haag sind mit Klinker befestigt. Seine Anwendung hat sich überall dort als zweckmäßig und wirtschaftlich erwiesen, wo Hartgestein oder überhaupt Naturgestein schwer zu beschaffen ist. Auch im neuzeitlichen Straßenbau wird es nicht nur seine Stellung behaupten, sondern es muß nach den Erfahrungen in den V. St. A. angenommen werden, daß es sein Anwendungsgebiet erweitern wird. Nach den Berichten zum VI. I. Str. K. ist Klinkerpflaster in Frankreich und England neu eingeführt und in Polen ist diese Bauweise unter Verbesserung der Klinker wieder aufgenommen worden.

1. Unterbau.

Tragfester Unterbau ist auch hier Vorbedingung für ein gutes Verhalten. In Norddeutschland werden die Klinker auf eine 30 cm hohe Sandschicht verlegt. Ehemalige Steinschlagstraßen geben, wenn sie fest eingefahren sind, und ihr Querprofil gut nachgearbeitet und die Schlaglöcher beseitigt sind, eine zuverlässige Unterlage. Klinkerpflaster kommt daher auch als Verbesserung der Steinschlagstraßen in Betracht, wenn diese den Verkehr nicht mehr aufnehmen können. Bei neuen Straßen wird eine Betonunterbettung von 20—25 cm Stärke verwendet. Sonst gelten für den Unterbau alle jenen Grundsätze, die schon bei den natürlichen Gesteinen gegeben sind.

2. Baustoff.

Die Abmessungen der Klinker sind etwas geringer als die des üblichen Ziegels.

Bockhorner Klinker	220—105—50 mm
Hamburger Klinker	220—105—50 „
Kieler Klinker	230—110—55 „
Holland-Klinker	228—108—52 „
Normalgröße der Vereinigten Klinkerfabriken V. St. A.	216—102—88 „ 216—102—63 „ 216—102—76 „

Die Bockhorner Klinker haben zwischen 1700—2000 kg/cm² Druckfestigkeit. Die Wasseraufnahme in 48 Stunden darf 5 Gewichtshundertteile nicht überschreiten. Die holländischen Klinker haben eine Druckfestigkeit von 600 bis 750 kg/cm² und nur 1—2 vH Wasseraufnahme. Neuerdings erhalten die Klinkersteine in den V. St. A. an den Seiten Leisten und Vorsprünge, um die Fugen gründlich mit Füllstoff ausfüllen zu können. In den V. St. A. wird die Biegungsfestigkeit und Abnutzung in der Talbot-Jones-Schleifmaschine (A. S. T. M. 6—7—15) festgestellt.

3. Verlegung.

Die Klinkerdecke bedarf eines seitlichen Randsteines, um zusammengehalten zu werden. Hierzu werden 3—5 zueinander treppenförmig versetzte Längsseiten von Klinkern verlegt (Abb. 139). In den V. St. A. werden Betonbordschwellen verwendet, die zugleich als Rinne ausgebildet sind (Abb. 140). Die Klinker werden nicht unmittelbar auf den Unterbau gelegt, sondern erhalten in jedem Fall eine Unterlage von 2—5 cm Stärke aus Sand, dessen Korngröße über 6 mm nicht hinausgehen darf. Auch Zementmörtel wird angewendet. Das B. P. R. in Washing-

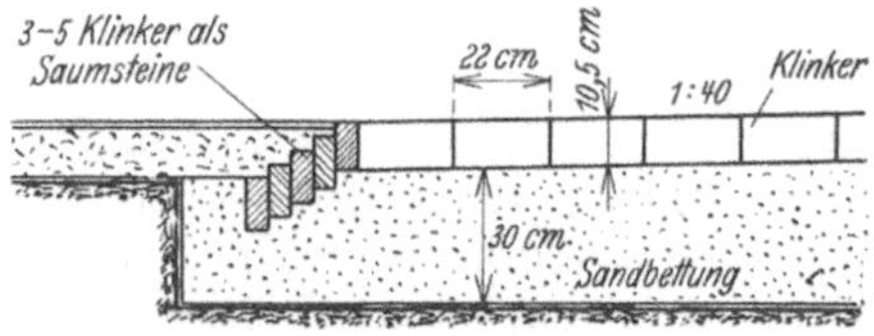

Abb. 139. Abschluß des Klinkerpflasters durch versenkte Klinkerreihen.

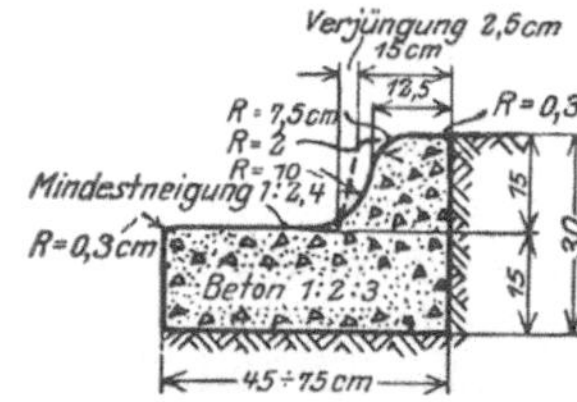

Abb. 140. Rinne und Bordkante aus Beton.

ton hat auf der Versuchsstraße in Arlington Versuche mit Klinkerpflaster vorgenommen, um festzustellen, welche Stärke die Decke haben muß, da das Bestreben besteht, die Klinker mit möglichst geringer Stärke zu verlegen. Die Flächen sind mit Lastkraftwagen bis zu 5 t Radlast sogar mit Kettenbespannung befahren und das Verhalten der Decken an der Zahl der geborstenen Steine bewertet worden (85). Empfohlen wird, das Sandbett nicht über 20 mm stark zu machen. Die Gründe sind wohl dieselben, die auch beim Kleinpflaster für ein schwaches Sandbett sprechen.

In Europa ist der Klinker zumeist hochkant verlegt worden. Diese Bauweise ist auch in den V. St. A. bisher üblich gewesen. Aber neuerdings haben die Erfahrungen in vielen Städten und auf der Versuchsbahn in Arlington erwiesen, daß Klinkerdecken von 63 mm Stärke, also flach gelegt, schweren Verkehr aushalten können, wenn der Unterbau durchaus fest ist. Das Sandbett wird in der vorgeschriebenen Stärke ausgebreitet und die Klinker darauf mit den Leisten immer in derselben Richtung verlegt. Es wird vermieden, die Steine über das Sandbett mit Karren zu fahren, sondern die Steine werden zu beiden Seiten längs der Straße aufgestapelt und auf einer Rutsche dem Arbeiter zugeführt, der die beste Seite aussucht und sie nach oben legt. An der Bordkante wird eine Dehnungsfuge von 12 mm bei 6 m, 20 mm bei 6—9 m, 25 mm über 9 m Fahrdammbreite vorgesehen, indem ein entsprechend starkes Brett eingelegt wird, das nach dem Verlegen herausgezogen wird, damit die Reihen sich nach der Seite bei starker Sonnenbestrahlung ausdehnen können. Diese Fuge ist nicht allgemein üblich. Im gemäßigten Klima genügen zwei Längsreihen an der Bordkante, die in ihren Längsfugen einen gewissen Spielraum bieten. Es werden nur volle Steine verlegt. Um einen Verband herzustellen, werden in jeder zweiten Reihe auch halbe Steine als Anfänger zugelassen. In Krümmungen werden von Zeit zu Zeit Keile eingesetzt. Das verlegte Pflaster wird darauf mit einer Walze von 3—5 t Gewicht abgewalzt. Die Walze arbeitet von den Seiten nach der Mitte, dann aber auch diagonal. Die Oberfläche soll völlig eben sein, und bei Auflegen eines Richtscheites von 3 m Länge dürfen keine Vertiefungen über 6 mm vorhanden sein. Etwa geborstene Steine müssen ersetzt werden. Alsdann werden die Fugen ausgefüllt. In Deutschland wird in die möglichst dicht verlegten Steine Sand eingeschlämmt. In den V. St. A. wird nur noch Asphaltbitumen verwendet. Dieses Asphaltbitumen wird mit 175° C in die Fugen eingegossen und mit Gummischiebern über das Pflaster ausgebreitet.

Es wird aber davor gewarnt, einen Asphaltüberzug auf der Decke entstehen zu lassen. Eine Abrundung der Kanten wird gelegentlich beobachtet, die aber auf einen zu großen Fugenabstand zurückgeführt werden muß.

Von der Klinkerdecke gilt dasselbe, wie von allen anderen Kunstdecken, daß sie selbst starken Kraftwagenverkehr aushält, wenn die Oberfläche eben ist und keine Stöße entstehen können. Wird eine Decke aus guten Klinkern von vornherein dicht und völlig eben verlegt, dann erleidet sie unter dem Kraftwagenverkehr mit Gummibereifung keine merkliche Abnützung und zeigt eine hohe Lebensdauer.

Bei Verkehr mit eisernen Reifen können Klinkerpflasterungen nur bei mittlerer Verkehrsbelastung zugelassen werden (500 t tgl.). In diesem Falle haben sie ein Lebensalter von 30—40 Jahre erreicht.

c) Bitumensandsteine.

Der im Hochbau bewährte Kalksandstein, dessen Festigkeit und Härte hinlänglich bekannt ist, ist auch als Straßenbelag eingeführt worden. Hierzu wird er nach dem Verfahren der Elbinger Maschinenfabrik F. Komnick nach der Erhärtung in einen Tränkkessel gebracht und hier unter Vakuum mit Asphaltbitumen getränkt. Der Stein in den Abmessungen des genormten Ziegels 25/12/6,5 nimmt etwa 1 kg Asphaltbitumen auf. Die Steine werden auf einer festen Unterbettung aus Beton oder ehemaliger Steinschlagdecke flach auf ein Sandbett von etwa 2 cm Stärke verlegt und die Fugen mit Asphaltbitumen vergossen. Die Fugen schließen sich unter dem Verkehr fast völlig, so daß diese Befestigung eine ebene, fast fugenlose Decke abgibt. Die Probestrecke auf der Versuchsstraße des D. Str. V. in Braunschweig hat unter gemischtem Verkehr sich bewährt. Unter dem Einfluß der Sonnenwärme schließt das aus den Steinen vermutlich in geringem Maße auftretende Asphaltbitumen die Fugen vollständig, so daß die Oberfläche ein fast völlig geschlossenes Aussehen erhält. Die im Asphaltstraßenbau bewährte Eigenschaft des Asphaltbitumens, plastisch zu bleiben, so daß entstandene Eindrücke unter dem Verkehr ausgebügelt werden, zeigt sich offenbar auch bei dieser Befestigung aus Bitumensandsteinen. Die Unterhaltungskosten werden daher gering sein. Auf einen Quadratmeter werden etwa 33 Steine benötigt. Bitumensandsteine sind im östlichen Deutschland und in Budapest in größerem Ausmaß verwendet worden.

d) Andere künstliche Pflasterdecken.

Von den vielen Versuchen, künstliche Steine für Fahrdämme herzustellen, haben nur wenige zu Erfolgen geführt. Lediglich in Straßen mit geringem Verkehr haben sich solche Ersatzbauweisen halten können. Verwendet sind die Vulkanolsteine — ein Plattenbelag, dessen Schwäche die Kanten an den Fugen sind. Auch die Ara-Quarzitplatten, obwohl sie eine hohe Druckfestigkeit und geringe Abnutzung (86) aufweisen, haben überall versagt. Ähnliche Erzeugnisse, wie Vulkanexsteine — aus Müllschlacke mit Asphalttränkung — und Schmelzbasalt, dessen Zustand auf der Straße Köln-Düsseldorf nach längerer Liegedauer nicht befriedigt, dürften keine Aussicht auf weitere Anwendung im Straßenbau haben. Pflasterarten mit Fugen sind stets gefährdet, es sei denn, daß der Baustoff solche Widerstandsfähigkeit besitzt, wie es bei guten Naturgesteinen der Fall ist. Sonst lassen sich selten Unebenheiten vermeiden, die dann zu Stößen und Kantenabsplitterungen und Brüchen führen. Das Schwergewicht des neuzeitlichen Kunststraßenbaues liegt im fugenlosen Pflaster, zumal nur bei diesen Deckenarten ein schneller Baufortschritt zu erzielen ist.

G. Holzpflaster.

Die geschichtliche Entwicklung des Holzpflasters ist sehr anschaulich in der Schrift „Das Holzpflaster in London“ von Dr.-Ing. e. h. Heinrich Freese, der sich um die technische Durchbildung des Holzpflasters in Deutschland sehr verdient gemacht hat, behandelt. Es sei auf diese Schrift verwiesen (87). Die Bewertung, die das Holzpflaster in den verschiedenen Zeitläuften gefunden hat, ist schwankend gewesen. Die heutige Auffassung ist wohl die, daß das Holzpflaster ein sehr brauchbares Straßenpflaster ist, daß es sich wegen seines geringen Gewichtes und Elastizität für Brücken besonders eignet, seine hygienischen Vorzüge, Geräusch- und Staubarmut und leichte Reinigung es für Kurorte und vor öffentlichen Gebäuden sehr empfehlen und seine Anwendung im Gleiskörper der Straßenbahnen und für Reitwege sich als zweckmäßig erwiesen hat. Seine Rauhigkeit hat früher bewirkt, daß es in Städten auf steilen Straßen mit Vorliebe verlegt worden ist, wo Stampfasphalt wegen seiner Glätte ausscheidet. Wieweit der Übergang zum Kraftwagenverkehr die Verwendung des Holzpflasters beeinflussen wird, ist noch nicht klar zu übersehen. Das Tropföl von den Kraftwagen hat auf Holzpflasterflächen eine solche Glätte geschaffen, daß neuerdings Holzpflaster als ungeeignet bezeichnet wird. Die Vor -und Nachteile werden in den folgenden Ausführungen nach dieser Richtung hin besonders behandelt werden.

a) Baustoff.

Es können nur sehr dicht gewachsene Hölzer für Zwecke der Straßenpflasterung verwendet werden. Erfahrungen liegen in europäischen Ländern — Deutschland, England, Frankreich, Österreich — mit der schwedischen oder nordischen Kiefer, die als Weichholz bezeichnet wird, mit der steyrischen Lärche und den australischen Harthölzern vor. In den V. St. A. werden außerdem Yellow pine (pinus ponderosa), Douglas-Föhre und Tamarack (Larix laricina) für Pflasterzwecke zugelassen. Verwendet werden auch: europäische Lärche und norwegische Kiefer. Die seit langem bestehenden Meinungsverschiedenheiten über Brauchbarkeit der einzelnen Holzarten sind wohl jetzt zugunsten der Weichhölzer entschieden worden. Das australische Hartholzpflaster wird aus verschiedenen Baumarten gewonnen, die aber alle zu den Eukalyptusarten gehören, z. B. Red Gum (Eucalyptus saligna), Blackbutt (E. pilularis), Blue Gum (E. botroides), weißer Buchsbaum (E. albeus), Tallowwood (E. microcorys), Jarrah (E. marginata) Karri (E. diversicolor). Von diesen Arten sind in Deutschland verlegt worden: Tallowwood, Blackbutt und Jarrah. Die genannten Holzarten sind keineswegs gleichwertig. Die drei in Deutschland verlegten Arten haben als die besseren Sorten gegolten, von denen wiederum Tallowwood als das beste, auch nach den Erfahrungen in Australien selbst, bezeichnet worden ist. Demnach ist Tallowwood zumeist mit Blackbutt gemischt geliefert worden (88). Das australische Holz ist so fest gewachsen, daß es z. T. ein Raumgewicht hat, das über 1 liegt. Eine Tränkung ist unmöglich, da es Tränkmasse nicht aufnimmt. Die Druckfestigkeit ist hoch und die Abnutzung gering. Wegen seiner Dichte nimmt es Wasser, solange es noch jung ist, nicht an, treibt also nicht, wie es sonst bei Holz und beim Pflaster aus Weichholz der Fall ist. Dagegen hat es die nachteilige Eigenschaft, daß es im Laufe der Zeiten sehr schwindet. Australisches Hartholz, zumeist Tallowwood und Blackbutt, das auf dem Kaiserdamm in Charlottenburg im Jahre 1907 in großem Ausmaß verlegt worden ist, ist im Jahre 1921, trotz einer im Jahre 1914 vorgenommenen Umlegung, so zusammengeschwunden, daß die Klötze einzeln herausgenommen werden konnten. In diesem Zustande hat es dann auch Wasser aufgenommen und infolgedessen stark gearbeitet. Das ist darauf zurückzuführen, daß das räumlich schwere Holz, d. h. dasjenige, das die größte Menge an Holzsubstanz auf die Raumeinheit besitzt, am stärksten quillt und schwindet. Diese Erscheinung hat sich in anderen Fällen sowohl in Deutschland wie in anderen Ländern noch in viel kürzerer Zeit als in Charlottenburg gezeigt, so daß in den europäischen Ländern australisches Hartholz für Pflasterungszwecke als unbrauchbar angesehen wird. In Paris sind die Hartholzpflasterungen bereits nach 6 Jahren zerstört gewesen (III. I. Str. K., Ber. 31), weil die locker gewordenen Klötze durch die Schläge, die sie unter dem Verkehr erleiden, den Beton darunter zermürbt hatten. Die gleichen Vorgänge sind auch in Charlottenburg beobachtet worden.

Behauptet hat sich dagegen das Weichholzpflaster vor allem aus der schwedischen Kiefer. Dieses Holz wächst auf dem steinigen Boden sehr langsam, Stämme von 30—35 cm Durchmesser haben ein Alter von 150—200 Jahren. Die Jahresringe liegen demnach sehr dicht beieinander. Je älter das Holz ist, desto fester ist der Kern. Darum werden die Stämme aus größerer Wachstumszeit vorgezogen. Das Holz für die Pflasterklötze wird in Bohlen von 3 Zoll = rd. 8 cm Stärke geliefert. Die Bohlen aus Stämmen hohen Alters haben etwa 9 Zoll = 23 cm Breite. Sie sind die wertvollsten. Schmälere Bohlen stammen von Stämmen von geringerer Lebensdauer und geben daher keine so dichten Klötze. Aus den Bohlen werden die Klötze geschnitten. Die Bohlenbreite bestimmt daher die Klotzlänge. Um daher stets Klötze aus dichtem, hochwertigem Holz zu erhalten, ist es zweckmäßig, vorzuschreiben, daß die Klötze nicht kürzer als 20 cm sein sollen. Dann ist Gewähr gegeben, daß nur dicht gewachsenes Holz geliefert wird.

Die Höhe der Klötze beträgt 10—13 cm. Aus Ersparnisgründen wird die geringere Höhe von 10 cm bevorzugt, nachdem es gelungen ist, durch Tränkung der Klötze die Widerstandsfähigkeit des Holzes gegen die Einflüsse der Witterung und des Verkehres zu erhöhen. Als Tränkungsmasse ist in den letzten Jahrzehnten nur noch Teeröl verwendet worden, das nicht so leicht wie Salze, die außerdem das Holz zerstören, aus dem Holz ausgewaschen wird. Die früher nur im Eintauchverfahren getränkten Klötze werden jetzt entweder im Bethell- oder im Rüpingverfahren durch und durch getränkt. Beim englischen Bethellverfahren werden die Holzklötze in großen verschlossenen Kesseln unter Luftleere gesetzt, um ihnen das Wasser zu entziehen und die Poren luftleer zu machen. Dann wird unter Druck von 7—10 kg/cm² heißes Teeröl 6—7 Stunden lang in die Klötze gedrückt. Diese Tränkungsart, falsch ausgeführt, hat den Nachteil, daß die Klötze zuviel Teeröl aufnehmen, bis zu 300 kg auf den Festmeter, und daß sie dann bei Wärme das Teeröl ausschwitzen. Verfasser hat im Jahre 1912 in den V. St. A., vor allem in Chicago, Holzpflasterstraßen gesehen, die mit einer flüssigen Schicht Teeröl bedeckt gewesen sind, so daß erhebliche Übelstände sich daraus ergeben haben (89). Im Bericht 30 zum III. I. Str. K. wird auch die in den V. St. A. zugelassene Ölmenge zu 230—330 kg/fm Holz angegeben. Wegen der sich daraus ergebenden Mißstände ist Holzpflaster nach Feststellungen des Verfassers im Jahre 1925 in den V. St. A. weniger verwendet worden. Die richtige Tränkung muß so erfolgen, daß 1 fm Holz nur etwa 140—160 kg Teeröl (nach Freese bis 190 kg) aufnimmt. Das in England angewendete Bethellverfahren ist auch nach dieser Richtung hin verbessert worden. In Deutschland wird das Rüpingverfahren bevorzugt, bei dem die Klötze im Kessel erst unter Druck von 2—3 kg/cm² gesetzt werden, dann wird mit Drucksteigerung auf 5—6 kg/cm² heißes Teeröl in die Klötze gepreßt und darauf Unterdruck von 50—60 mm Quecksilbersäule hergestellt, so daß die in den Zellen zusammengepreßte Luft das überflüssige Teeröl wieder herausdrückt. Durch Regelung von Luftdruck und Unterdruck kann beliebig die Teeraufnahme beeinflußt werden. Die Teerölaufnahme beträgt gewöhnlich nur etwa 110 kg auf den Festmeter. Es werden nur die Zellwände mit Teeröl getränkt und damit gegen die Angriffe des organischen Lebens, d. h. vor Fäulnis geschützt. Die Teersäuren sollen die Eiweißstoffe der Holzmasse zum Gerinnen bringen, so daß Fäulnispilze auf ihnen keinen Nährboden mehr finden.

Große Teeraufnahme beim Bethellverfahren füllt die Holzzellen und verhindert die Wasseraufnahme, so daß die Klötze weniger treiben als beim eingeschränkten Bethell- und Rüpingverfahren. Dem steht der Nachteil des starken Teerausschwitzens gegenüber.

Das Arbeiten des Holzpflasters, d. h. die Ausdehnung bei Wasseraufnahme und das Schwinden bei Austrocknung, ist ein Nachteil des Holzpflasters, der durch die Tränkung durch und durch zwar gemäßigt ist, aber nicht ganz beseitigt werden kann. Es hängt auch von der Dichte des Holzes ab. So zeigt z. B. die steyrische Lärche (Larex europea) ein sehr dicht gewachsenes Holz, das bei der Tränkung nur etwa 80 kg Teeröl aufnimmt, in den ersten Lebensjahren keine Bewegung, sobald aber die oberen Schichten abgefahren sind und die Oberfläche sich dem Kern nähert, an den bei der Tränkung weniger Teeröl herangekommen ist, fängt auch dieses Holz stark an zu arbeiten, so daß die Lebensdauer dieser an sich sehr brauchbaren Holzart dadurch frühzeitig zu Ende geht, ehe die Klötze selbst weit abgenutzt sind. Um eine Gewähr für dichtes Holz zu haben, wird bisweilen vorgeschrieben, daß auf eine gegebene Länge eine bestimmte Anzahl von Jahresringen entfallen müssen, z. B. nach englischer Vorschrift auf 1 Zoll mindestens fünfzehn Jahresringe.

Im allgemeinen pflegt man Holz im Bauwesen nur zu verwenden, nachdem es abgelagert ist, Freese und Vespermann sind daher der Ansicht, daß auch das Holz zur Pflasterung wenigstens 6 Monate abgelagert haben muß. Englische Ingenieure verlangen dagegen ausdrücklich frisches Holz. Es herrschen demnach hier Meinungsverschiedenheiten, die insofern wenig belangreich erscheinen, weil das Holz getränkt wird und die damit verbundene Behandlung ähnliche Vorgänge wie die Ablagerung bewirkt.

Selbst das dichteste Holz zeigt noch Ungleichheiten in der Masse, z. B. Äste, so daß Heinrich Freese in seinem Werk eine Aussonderung der Klötze nach drei Arten vorgenommen hat. Das dichte Holz — Klasse I — wird für die Fahrdammitte bestimmt, die Klasse II für die Fahrdammseiten und Klasse III, das am wenigsten dichte Holz, für die Längsreihen an der Bordschwelle. Die Abmessungen der Klötze betragen: Stärke 8 cm. Damit die Längsfugen glatt durchlaufen können, sind Abweichungen nicht zugelassen. Länge: nicht unter 20 cm, damit nur ausgewachsenes Holz verwendet wird. Höhe: zwischen 13—10 cm.

Die Bestrebungen gehen dahin, die Höhe einzuschränken. Die Höhe wird in erster Linie von der Abnutzung abhängen. Diese ist in Charlottenburg bei Weichholz im Verlaufe von 15 Jahren zu rd. 5 cm gemessen worden, bei Hartholz zu 0,6 cm. In Paris hat allerdings die Abnutzung in 12 Jahren nur 15 mm betragen. In Stuttgart ist eine noch geringere Abnutzung festgestellt worden, etwa nur 5 mm in 6 Jahren, da der gummibereifte Kraftwagenverkehr eine wesentlich geringere Abnutzung der Klötze bewirkt hat. Die Tiefbauverwaltung von Paris hat deshalb die Klotzhöhe für die Zukunft von 12 auf 10 cm herabgesetzt und rechnet mit der Möglichkeit, sie in Zonen geringeren Verkehres, z. B. innerhalb der Straßenbahngleise, auf 8—6 cm weiter ermäßigen zu können. Für eine größere Klotzhöhe spricht der Umstand, daß die Klötze, wenn sie an der Oberfläche abgefahren sind, durch Umdrehen noch einmal benutzt werden können. So haben die 12 cm hohen Klötze auf dem Schloßplatz in Stuttgart im Verlaufe von 15 Jahren um 2 cm an Höhe verloren. Da sie ursprünglich 12 cm hoch gewesen sind, hat man sie durch Umdrehen noch einmal benutzen können, was bei niedrigeren Klötzen kaum möglich ist. Aus diesem Grunde hat auch die Tiefbauverwaltung Stuttgart bei einer Neupflasterung in der Königstraße wieder 12 cm hohe Klötze eingebaut. Der Kraftwagenverkehr wird demnach sicherlich eine Verringerung der Klotzhöhe gestatten, dafür aber, wie im folgenden nachgewiesen, eine Verstärkung des Unterbaues erfordern.

b) Unterbau.

Für Holzpflaster wird nur Beton als Unterbau verwendet, der an der Oberfläche nach dem Deckenprofil genau abgeglichen wird, damit die Klötze völlig eben liegen. Es wird zumeist die Betonoberfläche mit einem haltbaren Glattstrich (1 : 2) versehen, um eine unbedingt ebene Fläche zu erzielen. Verfasser hat aber stets die Erfahrung gemacht, daß diese 2—3 cm starke Schicht an dem unteren Beton schlecht anbindet und sich in großen Schalen abtrennt und dann leicht zerbröckelt. An dieser Stelle setzt dann die Zerstörung der Decke ein. Es erscheint daher zweckmäßiger, die Zementmenge der Glätteschicht der ganzen Betondecke zuzugeben und die Oberfläche gut abzuziehen. Ein Beton im Mischverhältnis 1 : 7 bis 1 : 6 läßt sich sehr wohl an der Oberfläche glätten, wenn die nötige Sorgfalt darauf verwendet wird. Die Ausführung der Betondecke muß genau nach den gleichen Grundsätzen erfolgen, die bei den Asphalt- und Betonstraßen ausgeführt werden. Der Beton muß erst völlig erhärten unter Feuchthalten, ehe die Holzdecke aufgebracht werden darf. Wesentlich ist die Stärke. Sie hat ursprünglich mit Glattstrich 20 cm betragen. Sie ist aber im Laufe der Zeit wegen der durch den Verkehr schwerer Lastkraftwagen und Kraftomnibusse eingetretenen Beanspruchungen bis auf 40 cm gesteigert worden. Es sind das dieselben Vorgänge, die im Abschnitt Stampfasphaltstraßen noch eingehend behandelt werden (S. 238). Auf die dortigen Ausführungen wird verwiesen. Das Holzpflaster verlangt aus dem Grunde einen noch kräftigeren Unterbau, weil infolge der Fugen und der Unebenheiten, die leicht durch weiche oder angefaulte Klötze entstehen können, starke Stöße bewirkt werden, die nur von sehr kräftigen Betondecken aufgenommen werden können. Daß der Betonunterbau nur auf einem tragfähigen Boden aufgelegt werden kann, ist in den früheren Abschnitten hinreichend oft betont worden. Holzpflaster kann daher nur auf völlig sicherem Untergrund verlegt werden. In weichen Bodenarten und im Bergbausenkungsgebiet ist Holzpflaster ausgeschlossen.

c) Verlegung.

Hartholzpflaster ist im allgemeinen mit engen Fugen verlegt worden. Die Klötze werden in heiße Ausgußmasse getaucht und dann dicht an dicht gesetzt. Die Längsfugen müssen glatt durchgehen; die Stoßfugen werden um eine halbe Klotzlänge versetzt. Es bleiben dünne Fugen zwischen den Klötzen, die mit heißer Ausgußmasse ausgefüllt werden. In der Annahme, daß bei dieser Verlegungsart die Fugen nicht genügend ausgefüllt werden können, hat man bei Weichholz die Klötze nur an den schmalen Stoßfugen eng aneinandergesetzt, dagegen haben die Längsfugen durch Einlegen von Leisten eine größere Breite erhalten. Die Leisten haben eine Höhe von 25 mm und eine Stärke von 5 mm. Der obere Teil der Fuge ist mit Zementmörtel ausgegossen worden. Für diese Fugenanordnung und die Zementmörtelfüllung führt Freese in seiner Schrift viele gute Gründe an. Dennoch ist die Praxis dazu übergegangen, auch das Weichholz mit engen Fugen (Preßfugen) zu verlegen, auf die Gefahr hin, daß die engen Fugen nicht ganz gedichtet werden können und Wasser in und unter die Holzdecke gelangt. Weichholz wird heute so verlegt, daß entweder die getränkten Klötze trocken gegeneinander gestellt werden, oder daß sie nur durch Eintauchen in heiße Ausgußmasse an einer Schmal- und einer Längsseite mit Kittmasse benetzt werden, das sind die beiden Flächen, mit denen der Klotz gegen die schon verlegten Reihen gedrückt wird, oder daß die untere Hälfte des Klotzes in Ausgußmasse getaucht wird.

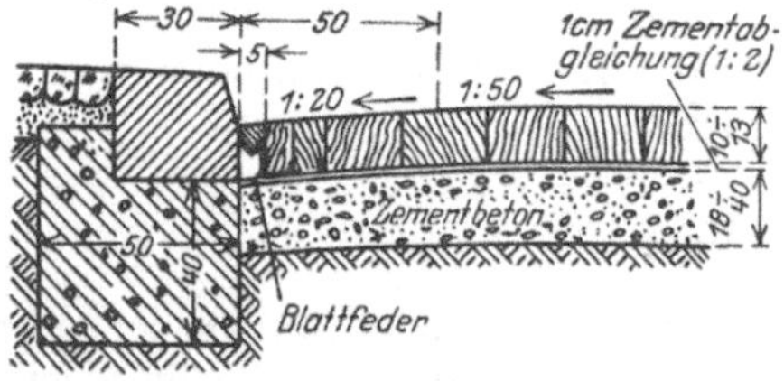

Abb. 141. Holzpflasteranschluß an die Bordschwelle mit Dehnungsfuge.

In allen Fällen wird nach dem Verlegen die Oberfläche angestrichen, damit die Fugen noch von oben gedichtet werden. Als Ausgußmasse soll eine Mischung von Anthrazenöl und Pech verwendet werden, die dem präparierten Teer entspricht (S. 220). Sie wird durch Zusatz von Asphaltbitumen noch verbessert. Die Verlegung der Holzklötze kann wegen der Empfindlichkeit der Ausgußmasse gegen Feuchtigkeit nur bei trockenem Wetter erfolgen. Um von der Witterung unabhängig zu sein, verwendet Heinrich Freese ein Zelt, das auf Schienen läuft und in dessen Schutz die Verlegungsarbeit vorgenommen werden kann. In Paris hat man bei feuchter Witterung als Klebemasse die Asphaltemulsion Colas zum ersten Male gebraucht und damit günstige Erfolge erzielt. Von den beiden Verlegungsarten — Längsfugen normal oder diagonal zur Straßenachse — hat sich die erstere überall durchgesetzt. Sie wird heute in London, Paris und Berlin nur noch angewendet. An der Bordkante werden zwei oder drei Reihen Klötze parallel mit ihr verlegt. Beim Weichholz muß von vornherein auf die Ausdehnung des Holzes beim Verlegen Rücksicht genommen werden. Geschieht das nicht, so besteht die Gefahr, daß beim ersten Regen das Holzpflaster, wenn es an allen Seiten eingespannt ist, sich nach oben wirft und Buckel bildet, die höchst verkehrsgefährlich sind. Um solche Bewegungen von vornherein auszuschalten, läßt Heinrich Freese beim Verlegen am Bordstein einen größeren Abstand und spart in der Decke in geringerer Entfernung Reihen aus. In diese Räume drängt das Holzpflaster, das angefeuchtet wird. Sobald es zum Stillstand gekommen ist, werden erst die dann noch verbliebenen Lücken geschlossen, gegebenenfalls durch Rollschichten, d. h. Klotzreihen, deren Längsfugen parallel mit der Straßenachse verlaufen. Am Bordstein verbleibt eine Dehnungsfuge von 3—5 cm Dicke, die unten mit Sand, oben mit Ton gefüllt wird (Abb. 141). Sie soll dem Holzpflaster seitliche Ausdehnung gestatten und ein Umwerfen oder Verschieben der Bordkanten unter dem Druck des sich infolge Feuchtigkeitsaufnahme ausdehnenden Holzpflasters verhindern. Die der Bordkante zunächst liegende Längsreihe wird unter Umständen erst 2 Wochen nach Verlegung des Pflasters geschlossen und die Tonfuge hergerichtet. Wegen des Druckes des Holzpflasters gegen die Bordschwelle muß diese eine besonders kräftige Gründung erhalten.

Wasser ist zweifellos der größte Feind des Holzpflasters. Es gelangt durch die Fugen unter die Holzdecke und kann von dort sein Zerstörungswerk beginnen. Deshalb sind mannigfache Vorkehrungen getroffen, um eine Abführung des Wassers ermöglichen. Auf Straßen mit Gefällen wird das Wasser nach dem Rande abzufließen suchen. Es kann dort in die Rinnenschächte abgeführt werden. Zu diesem Zweck hat Heinrich Freese eine Abflußmöglichkeit nach dem Rinnenschacht ausgebildet, die mit einem kleinen Schachtdeckel versehen ist (Abb. 142), G.M. 521416/1912 und 547848/1913, um das Rohr reinigen zu können. Verfasser hat die Wirksamkeit dieser Abflußleitungen an verschiedenen Stellen beobachtet, aber ein klares Bild nicht gewinnen können. Es ist zu beachten, daß mit dem Wasser viel Schlamm unter die Decke gelangt, die den Wasserabfluß hindert. Dennoch kann besonders auf Straßen mit Gefälle die Verwendung dieser Entwässerung empfohlen werden. In einem Falle hat Verfasser zur besseren Ableitung des Wassers in geringer Entfernung von der Bordkante im Beton eine Rinne 3×3 cm ausgespart, in der das Wasser einen besseren Abfluß finden sollte. Um sie reinigen zu können, ist ein starker verzinkter Draht eingelegt worden.

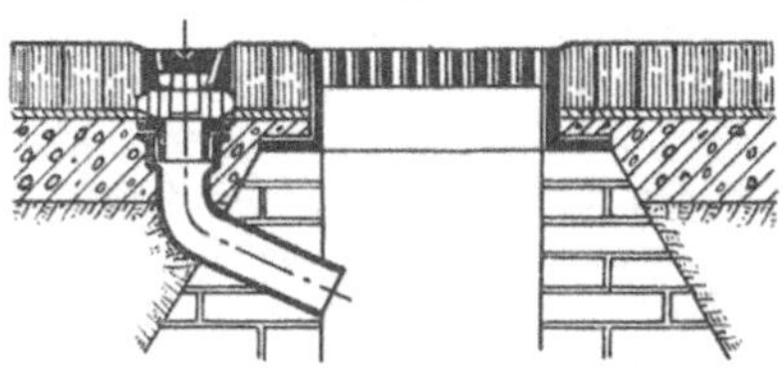

Abb. 142. Entwässerung des Holzpflasters.

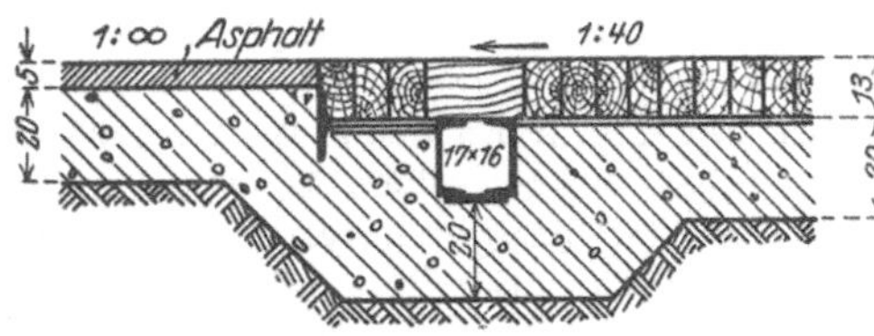

Abb. 143. Anschluß von Holzpflaster an Asphalt.

Ein besonderer Erfolg hat nicht festgestellt werden können. Eine ähnliche Anordnung hat Dr. Ing. Henneking auf der Bonner Rheinbrücke getroffen (90).

Es ist ferner an Rampen beobachtet worden, daß das unter die Decke gelangte Wasser an den Fuß der Rampen fließt und sich dort aufstaut, wenn die anschließende Befestigung, z. B. Stampfasphalt, wegen der höheren Lage der Betonunterbettung den Abfluß verhindert. An diesen Stellen ist das Holzpflaster schneller in Fäulnis geraten und hat stark gegen das anschließende Pflaster gedrängt, vornehmlich auf der Seite des Talverkehres. Um das Wasser abzuführen und den Druck des Holzpflasters aufzuhalten, ist eine Anlage nach Abb. 143 am Fuß der Rampen getroffen worden (91). Statt der Rinne aus U-Eisen hat Verfasser eine Klinkermauerung, deren obere Lage nach innen auskragt, angewendet. Das Wasser, das sich in der Rinne ansammelt, wird nach einem Rinnenschacht abgeführt. Zur Spülung ist am anderen Ende ein Schacht mit eisernem Decken (Lampenloch-) verschluß eingebaut, so daß mit Spülwasser und Draht der Kanal gereinigt werden kann.

Die Nachgiebigkeit der Tonfuge ist schwer aufrechtzuerhalten. weil leicht Fremdkörper hineingeraten. In England wird die Fuge nur mit Sand ausgefüllt. Um ihre Nachgiebigkeit zu erhalten, wird in Berlin eine verzinkte Metallfeder nach Abb. 141 eingelegt, die unten einen Hohlraum läßt und nur oben mit Sand, Ton oder Asphalt ausgefüllt wird.

d) Unterhaltung.

Die Unterhaltung des Holzpflasters ist in deutschen Städten vielfach nach dem Muster der Asphaltstraßenunterhaltung dem Unternehmer, der die Straße gebaut hat, in der Weise übertragen, daß er für einige Jahre sie unentgeltlich, dann gegen eine feste Gebühr zu übernehmen hat. Dies Verfahren hat sich nicht bewährt. Sobald das Holzpflaster älter wird, und seine Unterhaltung umfangreiche Erneuerung erfordert, suchen die Unternehmer sich ihren Verpflichtungen zu entziehen oder besondere Gründe für die Schäden am Pflaster festzustellen, deren Beseitigung nicht unter ihren Vertrag fällt. Zweckmäßiger ist es, die unentgeltliche Unterhaltung für einige Jahre beizubehalten, dann aber nur einen bestimmten Umfang dem Unternehmer gegen Pauschgebühr zu übergeben. Darunter rechnet: Dauernde Unterhaltung der Tonfuge, damit das Holzpflaster sich bewegen kann, ohne die Bordschwellen zu verdrücken oder umzukanten, ferner die Beseitigung einzelner fauler Klötze, etwa bis zu sieben an einer Stelle. Trotz größter Vorsicht bei der Auswahl gelangen schwache Klötze in die Decke, die bald zu faulen beginnen. Werden sie schnell beseitigt, hat das keine Gefahr für die Decke. Da aber leicht die benachbarten Klötze angesteckt oder beschädigt werden, wenn der Ersatz nicht sofort erfolgt, so empfiehlt es sich, auch den Ersatz der benachbarten sechs — zwei in der Reihe des angefaulten und je zwei in den angrenzenden Reihen — vorzusehen. Größere Umlegungen sollen gegen Entschädigung erfolgen.

In die Unterhaltung gegen Pauschgebühr ist auch noch der Bewurf mit Grus und das Teeren der Oberfläche einzuschließen. Um das Hirnholz der Klötze an der Fahrfläche zu festigen, wird Hartgestein in Grusform auf die Decke gestreut, das vom Verkehr in das Holz gedrückt wird, und damit der Widerstand des Hirnholzes gegen Abnützung erhöht. Heinrich Freese hat früher einen solchen Bewurf mit Porphyrgrus zweimal im Jahre vorgenommen. Der Kraftwagenverkehr verbietet aber solche Abdeckung wegen des Umherschleuderns der Gesteinsteile und der Staubbildung. Zweckmäßiger ist es, die Decke mit Straßenteer zu teeren und dann den Teer mit Grus- oder Kiesbestreuung zu binden.

Die Lebensdauer des Weichholzpflasters hängt viel von der Unterhaltung ab. Sie wird im allgemeinen auf 12 Jahre angegeben. Sie ist aber selbst bei starkem Verkehr vielfach größer gewesen. Ist das Holzpflaster stärker abgefahren, daß sich ein Umlegen und Umdrehen nicht mehr lohnt, ist es trotzdem möglich, das Pflaster noch einige Jahre zu erhalten. Man vermeide aber dann das Herausnehmen und den Ersatz größerer Flächen und begnüge sich mit Unterhaltung der Tonfuge, Bewurf mit grobem Kies und Auswechseln einzelner Klötze. Nach den Erfahrungen des Verfassers kann die Aufnahme einer größeren Fläche den Bestand der ganzen Decke gefährden, weil das neue Pflaster sich schwer in die alte verfilzte Decke einpassen läßt und nur ihren Verband lockert.

Das Arbeiten des Holzes kann dadurch eingeschränkt werden, daß es dauernd ausreichend feucht bleibt. Im Winter ist genügend Feuchtigkeit vorhanden. Im Sommer muß sie durch Besprengung dem Pflaster zugeführt werden. Durch Waschen werden die Holzpflasterdecken daher nicht nur gereinigt, sondern auch in ihrem Bestande erhalten.

Besondere Schwierigkeiten bietet die Unterhaltung der Betonunterbettung. In starkem Maße zeigt sich beim Holzpflaster die Erscheinung, daß Betondurchbrüche, die durch die Stoßwirkungen des Verkehres entstanden sind, sehr schwer wiederherzustellen sind und meist die Folge weiterer Durchbrüche sind. Außerdem muß der Verkehr von den Ausbesserungsstellen ferngehalten werden, bis der Beton genügend erhärtet ist, was selbst bei Verwendung von Beton mit hoher Anfangsfestigkeit einige Tage erfordert. Die Stadtverwaltung von Paris ist deshalb dazu übergegangen, bei Durchbrüchen die Versackungen mit Hartgußasphalt auszufüllen und hat damit nach dem neuesten Bericht große Erfolge erzielt, vor allem in der wesentlichen Abkürzung der Straßensperrung. Diese Arbeiten können auch bei Nacht ausgeführt werden. In Deutschland ist dieses Verfahren schon seit Jahren bei der Ausbesserung der Unterbettung von Stampfasphalt angewendet worden.

e) Anwendungsgebiet.

Der hohe Preis des Holzpflasters hat seine Anwendung in Deutschland stark eingeschränkt, vielfach ist Holzpflaster durch andere Pflasterarten ersetzt worden (S. 196). In London und Paris ist Holzpflaster dagegen weiter in großem Ausmaße verlegt worden. Die Straßen in der Innenstadt und die großen Durchgangs- und Ausfallstraßen aus London sind bis an die äußersten Stadtgrenzen mit Holz gepflastert. In Paris liegen gegenwärtig 2131000 m², nach neuen dem Verfasser gemachten Mitteilungen. Das sind 22,5 vH der gesamten Pflasterfläche. Gegenüber 1922 ist aber eine Abnahme von 330000 m² eingetreten. Es ist anzunehmen, daß die besonderen klimatischen Verhältnisse die Ursache für die ausgiebige Anwendung sind, weil z. B. Stampfasphaltpflaster in London bei seinem feuchten Klima leicht schlüpfrig wird; diese Eigenschaft beschränkt seine Anwendung in London beträchtlich, und zwingt zur Anwendung von Holzpflaster, dem ein feuchtes Klima eher zuträglich ist. In Paris hat der hohe Preis dazu geführt, an manchen Stellen Holzpflaster durch andere wohlfeilere Befestigungen zu ersetzen. Auf diesem Wege soll angeblich fortgeschritten werden und nur noch die Hauptadern des Verkehres, die jetzt schon Holzpflaster haben, es behalten. Holzpflaster wird daher auf die großen Städte beschränkt bleiben und auf solche Stellen wie vor öffentlichen Gebäuden, Krankenhäusern u. ä. und in Kurorten, wo seine besonderen hygienischen Eigenschaften seine Anwendung trotz der hohen Kosten erwünscht erscheinen lassen. Sollte allerdings seine Glätte, über die in vielen Städten (Stuttgart — Hannover) geklagt wird, zunehmen, würde es als Straßenbelag ausscheiden.

Zur Beseitigung der Glätte werden dieselben Verfahren wie bei den Asphaltstraßen angewendet. Die Oberfläche wird erst mit heißem Anthrazenöl benetzt, das mit Gummischiebern sehr dünn ausgestrichen wird. Dann wird Irgateer, Emulsion oder ein anderes, sehr dünnflüssiges Bindemittel aufgespritzt und reichlich Grus aufgetragen. Dieser Grus wird nach einigen Tagen, soweit er nicht eingefahren ist, abgekehrt.

H. Gummipflaster.

Anzeichen sind vorhanden, daß Pflasterungen aus Gummi einige Bedeutung erlangen werden, nachdem es gelungen ist, die anfangs sehr hohen Kosten zufolge des Fallens der Rohgummipreise zu ermäßigen. Was bisher in England, Nordamerika und Frankreich an Gummipflaster verlegt ist, kann nur als Versuch bewertet werden. Da Gummi wegen seiner Elastizität Stöße und Erschütterungen auffängt, abschwächt und auch sonst gute Fahreigenschaften hat, z. B. gute

Zusammenstellung 24.

Fabrikat	Länge cm	Breite cm	Höhe cm	Dicke der Gummischicht cm	Bemerkungen
1. North British Block	23	11,5	10	3,5	Befestigt auf Betonblock von 6,5 cm Höhe
2. Gaismann Block	26,5	21,25	11,5	1,6	Auf Klinker aufvulkanisiert
3. Cowper Block	2 × 23	11,5	5,75	3 verschied. Schichten	Doppelblock m. Nut und Feder (nach Abb. 144)
4. Cresson	23	7,5	9	Mischung aus Sand, Splitt mit Gummi und einer 1 cm starken Gummihaube als Oberschicht	

Adhäsion, ist es als Pflaster geeignet und vielleicht berufen, das Holzpflaster, dessen Preis in den letzten Jahren stark gestiegen ist, und das wegen seiner Schlüpfrigkeit unbeliebt geworden ist, abzulösen.

Das englische Pflaster besteht aus einzelnen Klötzen, die zusammengesetzt werden, etwa wie Holzpflaster, deren Maße für die einzelnen Fabrikate in der Zusammenstellung 24 auf S. 211 angegeben werden.

Der Unterbau für alle Gummipflasterungen muß eine kräftige Betonplatte sein. Als Zwischenschicht dient bei Nr. 1 ein Sandmörtel im Mischungsverhältnis 1 : 3 von 2,5 cm Höhe, der leicht angefeuchtet wird. Hierauf wird der Klotz gesetzt, leicht abgerammt, und die Fugen mit Pech vergossen. Die Klötze von Nr. 2 werden nur auf ein leicht angewalztes Sandbett verlegt und dicht aneinander gesetzt, die Bodenfläche, eine lange und eine kurze Seitenfläche mit einer Bitumenlösung bestrichen zum Anschluß an die verlegte Reihe. Die Klötze von Nr. 3 werden unmittelbar auf die 20 cm starke mit einer 5-cm-Abgleichschicht versehene Betondecke verlegt. Die Fugen werden mit einer dünnflüssigen Emulsion bestrichen. In der gleichen Weise werden die Klötze von Nr. 4 auf Beton verlegt, die Lagerfläche, eine kurze und eine lange Seite, mit heißem Bitumen bestrichen und fest aneinandergepreßt, die Fugen dann noch mit Bitumen ausgegossen. Die Masse soll eine Druckfestigkeit von 558 kg/cm² haben und die Haftung der Gummihaube auf der Grundmasse beträgt 19 kg für einen 1 cm breiten Streifen.

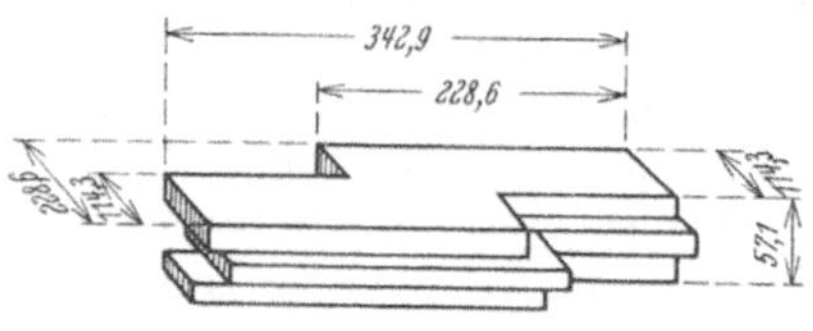

Abb. 144. Cowper Block Gummipflaster.

Über die Bewährung dieser Pflasterarten läßt sich noch wenig angeben. Sie liegen zumeist in Straßen mit sehr starkem Verkehr. Das Pflaster ist griffig, Neigung zu Glätte und Schlüpfrigkeit besteht nicht. Abnützung soll überhaupt nicht auftreten, so daß mit einer sehr großen Lebensdauer gerechnet wird, die die sehr hohen Anlagekosten wieder ausgleicht. Die Gummipflasterung wird sich deshalb wohl nur dort durchsetzen können, wo ihre Vorteile auch voll zur Geltung kommen werden, also bei stark beanspruchten Großstadtstraßen, auf Brücken, in der Nähe wissenschaftlicher Institute und Krankenanstalten, wo besonderer Wert auf eine dauerhafte, geräusch- und erschütterungsfreie Decke gelegt wird. Gummipflaster ist auf der Doppelklappbrücke über den Chicagofluß im Zuge der Michigan Avenue in Chicago, an Stelle von Holzpflaster, das eine sehr gefährliche Glätte angenommen hat, im Jahr 1924 verlegt worden. Im Gegensatz zum englischen Gummipflaster, besteht es nicht aus Klötzen, sondern 2,5 mm starken Platten in den Abmessungen 15 und 30 cm. Die Platten sind mit Ohrlappen versehen, die angenagelt worden sind. Die Lappen sind überdeckt. Herstellungskosten etwa 65 M/m². Unter dem starken Verkehr von 80000 Wagen am Tag hat die Befestigung nicht gehalten und sich verschoben. Bei der nach Jahresfrist vorgenommenen Umlegung sind die Platten 32 mm stark gemacht, die Ohrlappen verstärkt und außerdem noch die Platten in der Mitte befestigt worden (Abb. 145). In diesem Zustand hat es sich besser gehalten, wie Verfasser im Jahr 1930 hat feststellen können. Die Unterhaltungskosten sind aber hoch; die Lebensdauer wird auf höchstens 4 Jahre berechnet. Es macht den Eindruck, daß das englische Blockpflaster dem ameri-

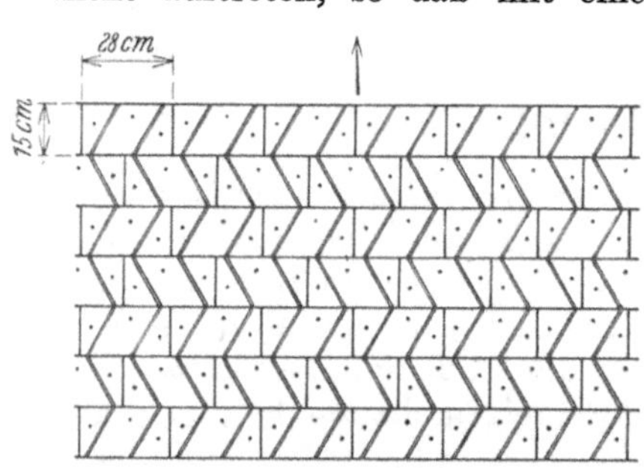

Abb. 145. Gummiplattenpflaster auf der Michigan-Avenue-Brücke in Chicago (Ill.).

kanischen Plattenpflaster überlegen ist. In Los Angeles hat Verfasser Gummiplattenpflaster auf einem Bürgersteig angetroffen.

In Paris ist auf einer Versuchsstrecke am Platz Mazas auch auf einer kleinen Fläche englisches Gummipflaster verlegt worden. Der Gummiüberfluß auf dem Weltmarkt und sein niedriger Preis hat die Gummifabrikanten veranlaßt, Gummi zu Pflasterzwecken zu verarbeiten und seine Zweckmäßigkeit zu studieren, da noch viele Fragen offen sind. Der VI. Int. Str. K., Abteilung I, Frage 1, hat die folgenden Leitsätze für die weitere Verfolgung der Anwendung von Gummi zu Straßenbelagszwecken aufgestellt.

1. Welche Gummiart am besten für Pflasterung geeignet ist,
2. Die zweckmäßigste Form des Klotzes und seine Verlegung,
3. Herstellung und Anwendung eines geeigneten Fugenfüllmaterials.

I. Straßenbefestigungen aus Eisen.

In London wurde vor kurzem die erste eiserne Straße Europas eröffnet. Ihre Oberfläche besteht aus dreieckigen gußeisernen Platten (mit rhombusartigen Erhöhungen), die auf eine Asphaltunterlage gelegt sind. Als Vorteile dieses Straßenbelages werden angeführt: lange Lebensdauer, Griffigkeit, leichte Reparaturmöglichkeit. Gummireifen werden auf eisernen Decken geräuschlos fahren, eiserne Reifen dagegen starke Geräusche hervorrufen.

Auch in Amerika hat man Stahl in den Straßenbau eingeführt. Eine erste Versuchsstraße, bei der Stahl als Baustoff verwendet wird, ist z. Zt. in Sangamon County, Illinois, im Bau. Auf den gewalzten Untergrund wird eine Stahlunterlage und Stahleinfassung aufgelegt. Darauf wird eine Schicht aus einer Mastixasphalt-Sand-Mischung gebracht, auf die eine Lage dreizölliger Ziegel folgt; die Fugen der Ziegel werden mit Asphalt ausgegossen. Die Stahllage muß aus einem ausreichend rostbeständigen Werkstoff hergestellt werden und erhält verschiedenartige Rippen und Versteifungen. Man glaubt, so eine Straßendecke herstellen zu können, die außerordentlich fest, immer eben bleibt, schmiegsam, temperaturbeständig und sicher gegen Risse sein wird, ohne gegenüber anderen hochwertigen Straßendecken allzu teuer zu werden.

Die Ergebnisse dieser Versuche, die wohl auch unter dem Gesichtspunkte zu betrachten sind, für Stahl in der gegenwärtigen Zeit des Tiefstandes der Eisenindustrie neue Absatzgebiete zu erschließen, werden erst abzuwarten sein.

K. Teer und Asphalt im Dienste des Straßenbaues.

a) Allgemeines.

Die Verwendung von Teer und Asphaltbitumen im Straßenbau kann man zu einem Teil unter dem Gesichtspunkt betrachten, daß dadurch eine Verbesserung der Steinschlagdecke erfolgen soll und die darauf gegründeten Bauweisen eine Fortentwicklung dieser Befestigungsart darstellen. Aber zu einem anderen Teil muß man die Teer- und Asphaltstraßen ausgesprochen als selbständige Gebilde ansehen, bei denen aus dem Stoff heraus ganz andere Aufbaugrundsätze zur Anwendung kommen.

Bezeichnung und Begriffsbestimmung.

1. Mit Bitumen werden bezeichnet alle natürlich vorkommenden oder durch einfache Destillation aus Naturstoffen hergestellten flüssigen oder festen, schmelzbaren und löslichen Kohlenwasserstoffgemische. Sauerstoffverbindungen können darin enthalten sein, mineralische Stoffe dagegen nur in untergeordnetem Maße.

2. Erdöl-Asphalte und Erdöl-Destillationsrückstände gehören zu den Bitumina und werden in paraffinische, paraffinisch-asphaltische und asphaltische unterteilt. Die asphaltischen Destillationsrückstände tragen die Bezeichnung Erdöl-Asphalt.

3. Das Wort bituminös soll nur für Stoffe benutzt werden, die nach Ziffer 1 zu den Bitumina gehören.

4. Pech ist nur auf Destillationsrückstände der Teere anzuwenden.

5. Unter künstlichen Asphalten sind Mischung der Bitumina mit Gesteinsstoffen zu verstehen.

Dieser Fassung liegen wohl die erschöpfenden Untersuchungen von Dr. Mallison (92) zugrunde. Auch Österreich hat sich zu dieser Begriffbestimmung bekannt (Prof. Dr. Suida N. I. V. M. Bericht Zürich 1931). Sie entspricht auch der von Abraham in den V. St. A. vertretenen Auffassung (93), während nach der Ansicht der A. S. T. M. auch die Teere und Peche zu den Bitumina gerechnet werden. Es ist zu bedauern, daß anscheinend die eindeutige Auffassung in Deutschland erschüttert ist durch die Begriffsbestimmungen, die der I. V. Str. K. im Juni 1930 in Paris beschlossen hat. Sie lauten:

Mischungen natürlicher oder pyrogener Kohlenwasserstoffe oder ihrer Verbindungen (oft begleitet von ihren nicht metallischen Derivaten), die gasförmig, flüssig, halbfest oder fest sein können und die in Schwefelkohlenstoff vollständig löslich sind.

Zwar hat Professor Dr. Gräfe (94) nachgewiesen, daß diese Fassung vom chemischen Standpunkt nicht haltbar ist. Eine eindeutige Stellung für oder gegen die neue Fassung ist in Deutschland noch nicht erfolgt. Selbst Professor Dr. Mallison (95) scheint den internationalen Anschauungen Rechnung tragen zu wollen. Denn er hält die Bezeichnung Teerbitumen für möglich und empfehlenswert. Dagegen ist einzuwenden, daß nach deutschem Sprachgebrauch unter Teerbitumen eine Mischung von Teer mit Asphaltbitumen verstanden werden könnte, wie aus den Ausführungen auf S. 253 zu entnehmen ist. Um jede Unklarheit zu vermeiden, wird in den folgenden Ausführungen der Ausdruck Asphaltbitumen benutzt werden. Mit Asphalt werden die Verbindungen von Asphaltbitumen mit Mineralstoffen bezeichnet, z. B. Trinidadasphalt, Stampfasphalt u. a.

b) Der Teer und seine Verbindungen.

Mit Teer und Pech werden Stoffe bezeichnet, die künstlich durch destruktive Destillation aus der Steinkohle gewonnen werden. Unterschieden wird nach Gasanstaltsteer, Kokereiteer, Hochofenteer, Steinkohlenurteer. Die Erzeugnisse der destruktiven Destillation anderer organischer Stoffe, wie Holz und Braunkohle u. a., finden im Straßenbau keine Verwendung und können daher außer Betracht bleiben. Bei der Entgasung der Kohle entstehen im wesentlichen Koks, Gas und Teer. Der Anteil an Teer, bezogen auf die Menge der vergasten Kohle, beträgt 4—5 vH. Er setzt sich zusammen aus einem Gemenge von Ölen und Pech; die Öle sind von recht verschiedener chemischer Zusammensetzung und wechselndem Flüssigkeitsgrad, der sich von leichtsiedend und beweglich bis zu hochsiedend und schwerflüssig erstreckt. Fängt man bei einer Destillation des Teeres die einzelnen Fraktionen zwischen bestimmten Temperaturgrenzen gesondert auf, so bekommt man Erzeugnisse verschiedener Beschaffenheit. Man unterscheidet bei den Teerölen:

Leichtöl, bis 170°,
Mittelöl, von 170—230°,
Schweröl, zwischen 230° und 260°, nach Holde (96),
Anthrazenöl, das letzte Fließende zwischen 260—400°.

Zurück bleibt dann das Pech. Der Vorgang der Teerdestillation und seine Erzeugnisse sind in dem Kurvenband der Abb. 146[1] dargestellt. Man nennt die Ausscheidungen zwischen den einzelnen Temperaturgrenzen Fraktionen.

Die einzelnen Fraktionen unterscheiden sich in ihrem spezifischen Gewicht und in ihrem Flüssigkeitsgrad. Die Leichtöle haben ein spezifisches Gewicht leichter als 1 und eine Zähflüssigkeit (Viskosität) bei 20⁰ nach Engler etwa = 1, die Mittelöle haben ein spezifisches Gewicht zwischen 0,98—1,03, die darüber liegenden Schweröle ein spezifisches Gewicht > 1 und eine Zähflüssigkeit zwischen 1,5 und 2,2 (92).

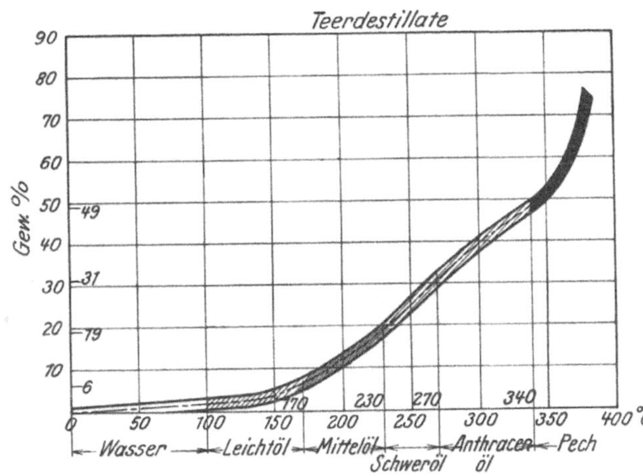

Abb. 146. Anteile der einzelnen Fraktionen im Teer.

Das Pech, das nach Absonderung des Anthrazenöles übrigbleibt, wird als Hartpech bezeichnet. Das handelsübliche Pech, enthält noch etwas Anthrazenöl, und wird in der DIN 1995/1996 dadurch gekennzeichnet, daß es einen Erweichungspunkt nach Krämer-Sarnow von 60—75⁰ haben soll.

Teer ist unter allen Umständen ein verschieden ausfallendes Gemisch mannigfacher chemischer Verbindungen. Auf seine Zusammensetzung und Eigenschaften haben die Kohlensorte, die Art des Destillationsverfahrens und der dabei verwandten Einrichtungen und andere Umstände Einfluß.

1. Zusammensetzung und Eigenschaften der Teere.

Der Teer besteht im Gegensatz zum Asphaltbitumen, das hauptsächlich aliphatische Verbindungen enthält, durchweg aus aromatischen Stoffen (Kohlenwasserstoffen, Basen, sauren Bestandteilen, freiem Kohlenstoff). Man kann deutlich 3 Gruppen dieser Bestandteile unterscheiden, nämlich

Teeröle (Leicht-, Mittel-, Schwer- und Anthrazenöl),
Teerharze (Pech),
freien Kohlenstoff,

auf welche sich die oben genannten chemischen Verbindungen verteilen. Nach Nellensteyn (97, 98) hat man den Teer als ein kolloides System anzusehen, in dem die Teeröle das Dispersionsmittel (auch Medium genannt) darstellen und der Kohlenstoff, durch die Teerharze geschützt, als disperse Phase verteilt ist. Die Schutzkörper (Teerharze) sind am Kohlenstoff adsorbiert und bilden mit ihm die Mizellkerne. Beim Teer findet man als Mizellkerne neben Ultramikronen (Größenordnung $10\mu\mu$—$100\mu\mu$) hauptsächlich Mikronen (Größenordnung $500\mu\mu$ bis 1μ) und sogar Teilchen von makroskopischer Größe. Beim Asphaltbitumen, das ähnlichen kolloiden Aufbau besitzt, über den auf S. 245/6 nähere Ausführungen zu finden sind, bestehen die Mizellkerne nur aus Ultramikronen, Mizellen, welche die feinsten mikroskopischen und ultramikroskopischen Kohlenstoffteilchen enthalten, sind in der Regel besser geschützt, als die gröberen Teilchen. Die Netz-

[1] Nach einer Darstellung des Herrn Dr. Nübling, Direktor des städt. Gaswerkes in Stuttgart.

fähigkeit oder Adhäsionskraft eines Teeres hängt weitgehend von den Eigenschaften des öligen Mediums ab, in dem die Mizellen verteilt sind. Je geringer die Oberflächenspannung des öligen Mediums und die des gesamten kolloiden Systems im allgemeinen ist, um so besser ist die zu erwartende Netzfähigkeit. Teer hat eine bedeutend höhere Oberflächenspannung als Asphaltbitumen, demnach an sich schlechtere Benetzungseigenschaften.

Wie schon erwähnt, sind auf die Beschaffenheit der Teere von Einfluß die Kohlensorten, aus denen der Teer gewonnen wird, und die Öfen, in denen die Vergasung der Kohle erfolgt. Horizontalretortenteere sind dickflüssig; die aus Vertikalretorten und Kammeröfen gewonnenen, meist Kokereiteere genannt, sind dünnflüssig. Da die Teere aber nicht als Haupterzeugnis bei der Vergasung der Kohle anfallen, sondern als Nebenprodukt, vielmehr bei den Kokereien die Koksausbeute und bei den Gasanstalten die Gasausbeute maßgebend für das Verfahren ist, wird auf die Beschaffenheit des anfallenden Teeres keine allzugroße Rücksicht genommen. Der Straßenbau verlangt aber Teere bestimmter Zusammensetzung und bestimmter Eigenschaften, die nur durch zweckentsprechende Aufbereitung erreicht werden können.

Die Rohteere haben sich für diesen Zweck als ungeeignet erwiesen, da sie noch Wasser und leichte Öle enthalten. Das Wasser muß dem Teer entzogen werden, weil er sonst beim Erwärmen schäumt und überkocht, Brände erzeugt und die Arbeiter gefährdet.

Versuche über die Verdunstungszeit der Teere haben ergeben, daß Teerstoffe mit Pech eine höhere Verdunstungszeit haben, als diejenigen ohne Pech, und daß bei Mischungen mit Pech die Verdunstungszeit mit dem Siedepunkt des beigemischten Teeröles steigt. Versuche nach Bredtschneider (63) gibt Zusammenstellung 25.

Zusammenstellung 25. Verdunstungszeiten in Stunden.

Nr.	Versuchsprobe	Verdunstungszeit in Stunden
	Natürliche Bestandteile von Gasanstaltsteer:	
1	Steinkohlenrohteer	62
2	Leichtöl	20
3	Schweröl	43
4	Anthrazenöl	225
	Mischungen aus Anthrazenöl und Hartpech, gewonnen aus Kokereiteer:	
5	20 Gew.-T. Anthrazenöl und 80 Gew.T. Hartpech	2380
6	30 „ „ „ 70 „ „	820
7	40 „ „ „ 60 „ „	423
8	50 „ „ „ 50 „ „	313

Die leichten Öle enthalten außerdem Phenole oder Rohteersäuren, die besondere schädliche Eigenschaften haben, da sie wasserlöslich sind. Wenn sie aus dem Teer abgeschwemmt werden und in Gewässer geraten, können sie, selbst in sehr schwacher Verdünnung, die Fische vergiften oder zum mindesten den Geschmack beeinflussen.

Nach dem Bericht des englischen Flußverunreinigungs-Ausschusses vom Jahre 1925 hat sich Teer als ein starkes Gift für alle Lebewesen ergeben. Kleine Fische werden bei Verdünnungen 1 : 80000 in 18—20 Stunden getötet. Das Fischfleisch nimmt bei einem Mischungsverhältnis 1 : 70000 bereits nach 6 Stunden einen leichten Teergeschmack an. Stärkere Anteile 1 : 40000 und mehr machen schon in kürzerer Zeit die Fische ungenießbar (vgl. auch Berichte der Emschergenossenschaft über phenolhaltige Abwässer). Bei größerer Verdünnung 1 : 233000 werden die Fische unruhig und wandern ab. Bei 1 : 235000 Verdünnung werden die Kiemen von Bachforellen befallen. Wenn durch Unachtsamkeit und Sorglosigkeit Teer in die Gewässer gelangt, können sehr erhebliche Schädigungen am Fischbestand erfolgen. In dieser Hinsicht muß große Vorsicht im Teerstraßenbau obwalten. Von Straßenteerungen selbst sind wohl Beeinträchtigungen von Gewässern nicht mehr beobachtet worden (99). Die aus den Kokereien der Industriegebiete abgeschwemmten Phenole haben bereits die Gewässer bis in den Rhein hinein so verunreinigt, daß besondere Einrichtungen zu ihrer Beseitigung getroffen werden müssen. Auch eine Gefährdung der Pflanzen ist möglich, wenn Straßenstaub, der mit solchem Teer getränkt ist, sich auf Pflanzen niederlegt. Sie sterben dann ab. Nach Holde (96) ist die schädliche Einwirkung des Teeres auf Pflanzenblätter auf den Gehalt an Anthrazen, Methylanthrazen, Akridin und Hydrakridin zurückzuführen. Bekanntlich rufen die Anthrazenverbindungen bei Menschen und Tieren die Teer- oder Paraffinkrätze hervor, die früher der Wirkung der Phenole und Kresole zugeschrieben wurde. In den Vorschriften für den Teer wird daher der Phenolgehalt beschränkt. Auch der Gehalt an Naphthalin im Teer unterliegt einer kritischen Würdigung. Er gehört zu den flüchtigen Bestandteilen im Teer, hat aber die Eigenschaft, die Zähflüssigkeit der Teere herabzusetzen, was für die leichte Verwendung der Teere im Straßenbau erwünscht ist. Der Gehalt an Naphthalin ist daher in den Teerlieferungsvorschriften ebenfalls eingeschränkt. Besondere Beachtung wird dem Gehalt an freiem Kohlenstoff im Teer geschenkt. Als freier Kohlenstoff im Teer wird der in Benzol unlösliche Teil des Straßenteeres bezeichnet. Nach Mallison (100) soll es sich dabei nicht um Kohlenstoff selbst, sondern um ein Gemisch von unlöslichem, rußartigem Kohlenstoff mit hochmolekularen Kohlenstoffverbindungen wechselnder Zusammensetzung handeln, die in Teeröl, Anilin und Pyridin löslich, in Benzol aber unlöslich sind. Dies wurde auch durch neuere Untersuchungen von Marcusson (101) bestätigt, der den durch Benzol aus Teer abgeschiedenen freien Kohlentoff durch chemische Behandlung in hochmolekulare Kohlenstoffverbindungen und verkokte Stoffe zerlegt hat, die je nach der Art des Teeres verschieden große Anteile des gesamten freien Kohlenstoffes ausmachen. Der freie Kohlenstoff verleiht dem Teer seine schwarze Farbe; er übt wegen seiner feinen Verteilung die Rolle eines Füllstoffes aus und trägt somit wesentlich zur Stabilisierung des Teeres bei. Über die stabilisierende Wirkung des Kohlenfüllstoffes werden auf S. 256 noch weitere Ausführungen gemacht. Auch Nellensteyn (97) betont in seinen Arbeiten über Teer die große Bedeutung des freien Kohlenstoffes. Er bezeichnet ihn als einen nützlichen, für die Bindekraft des Teeres notwendigen Bestandteil. Nicht nur der Gehalt an freiem Kohlenstoff, sondern auch die Qualität, die Feinheit und Beweglichkeit der Kohlenstoffteilchen sind von Bedeutung. Sowohl einem Überschuß als auch einem Mangel an freiem Kohlenstoff in den Teeren muß vorgebeugt werden, ersterer verursacht Sprödigkeit und Adhäsionsmangel, d. h. ungenügende Zähigkeit oder Benetzungseigenschaften; letzterer verursacht zu große Flüssigkeit und Kohäsionsmangel, d. h. ungenügende Bindefähigkeit oder Stabilität.

Der Grad der Zähflüssigkeit der Teere hat eine besondere Bedeutung für die Verwendung des Teeres. Ist der Teer zu dünnflüssig, dann fließt er von der Straßendecke ab und übt keine genügende Bindekraft im Steingerüst aus; ist er zu zähflüssig, dann läßt er sich nur schwer verteilen, dringt nicht genügend in die Decken ein, oder muß zu stark erwärmt werden. Der Zähflüssigkeitsgrad dient mit dazu, die Eigenschaften der Teere festzulegen. Die Chemie bedient sich bei der Beurteilung von fetten, pflanzlichen und mineralischen Schmierölen der Einrichtung, die als Ausflußgerät bezeichnet wird. Mit ihm wird die Zeit gemessen, die eine abgemessene Menge Öl von bestimmter Temperatur braucht, um aus einer Öffnung bestimmter Weite auszufließen. Ein allgemein eingeführtes Gerät ist der Zähflüssigkeitsprüfer (Viskosimeter) von Engler. Legt man den

Zähflüssigkeitsgrad des Wassers (bei Zimmertemperatur + 20° C) mit 1 zugrunde, so stellt sich im Englerschen Prüfer die Zähflüssigkeit (nach Bredtschneider) (63) z. B. von

Maschinenöl	zu	62
Gasanstaltsteer	zu	80
Gasanstaltsteer, dem durch Überdampfen der Vorlauf entzogen ist	auf	1600

Diese Zahlen, die nur einen Überblick geben sollen, was unter Zähflüssigkeitsgrad zu verstehen ist, lassen zugleich erkennen, daß der Englersche Zähflüssigkeitsmesser für Teere nicht geeignet ist, weil für sie die nach Engler angenommene Ausflußöffnung zu klein ist. Zur Messung der Zähflüssigkeit der Teere werden deshalb andere Geräte benützt, die entweder nach dem Verfahren des Ausflusses oder der Senkspindeln ausgebildet sind. Von England ist zur Messung der Zähflüssigkeit der Teere der Hutchinson-Teerprüfer eingeführt, eine Senkspindel, die ein Gewicht von 35,47 g hat, eine Länge von 230 mm; der Hohlkörper hat 50,8 mm ⌀ (Abb. 147). Mit diesem Gerät wird die Zeit gemessen, die vergeht, bis die Spindel im Teer von bestimmter Temperatur bis zu einer festgesetzten Marke eingesunken ist. Bei leichtflüssigen Teeren wird das schneller vor sich gehen, als bei schwerflüssigen. In Frankreich wird das E. P. C.-Viskosimeter benützt, das gleichfalls aus einer Senkspindel aber mit anderen Abmessungen besteht. Die Senkspindeln haben den Nachteil, daß die Prüfung ein Gefäß von ausreichender Größe und Tiefe verlangt und mindestens eine Menge von 2 l Teer für die Prüfung erforderlich ist. Bei gewissenhafter Nachprüfung von Ausführungen in Teer hinsichtlich des Zähflüssigkeitsgrades, werden infolgedessen erhebliche Mengen an Teer gebraucht. Vorteilhafter und schneller arbeiten die nach dem Ausflußverfahren ausgebildeten Geräte, von denen jetzt im Gebrauch sind das Standard Consistometer und das Rütgers Viskosimeter (100). Das erstgenannte ist englischen Ursprungs (Abb. 148). Es hat eine Ausflußöffnung von 9,8 mm Weite, die mit einer Phosphorbronzekugel von 12,7 mm verschlossen wird. Die Kugel ist an einem 4 mm dicken Stab befestigt, der einen Ansatz im Abstande von 92 mm von Unterkante der Kugel hat. In das 160 mm weite und 105 mm hohe Wasserbadgefäß wird das Gefäß für die zu untersuchende Flüssigkeit eingesetzt. Der Teer wird auf 30° C erwärmt und dann bis an die an dem Stiel angebrachte Marke eingefüllt, die Menge beträgt dann 100 cm³. Die Temperatur des Wassers und damit des Teeres wird auf 30° C gehalten. Unter die Ausflußöffnung wird ein Meßgefäß gestellt mit 20 cm³ Mineralöl. Da der abfließende Teer keine ebene Oberfläche bildet, dient das spezifisch leichtere Mineralöl dazu, die Oberfläche im Gefäß für eine genaue Ablesung abzugleichen. Die Ausflußöffnung wird geöffnet und Teer ausgelassen. Die Zeit wird in Sek. ab-

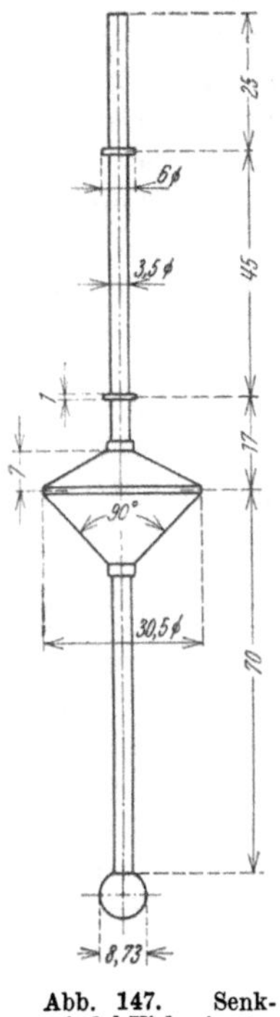

Abb. 147. Senkspindel-Viskosimeter nach Hutchinson.

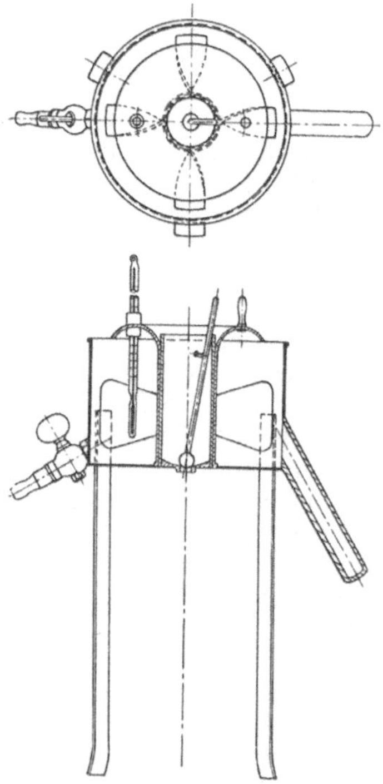

Abb. 148. Standard Consistometer.

gestoppt, wenn das Meßgefäß 25 cm³ zeigt, bis 75 cm³ eingelaufen sind. Es wird also die Ausflußzeit in Sek. für 50 cm³ bestimmt. Für dünne Teere soll die Temperatur 30° betragen, für dickere kann eine höhere angenommen werden, die im Gutachten vermerkt werden muß.

Das Rütgers Viskosimeter enthält 475 cm³ Teer, die Öffnung hat 5,15 mm ⌀, die Gebrauchstemperatur ist 50°. Es ist besonders für Teere, Dachlacke u. ä. eingerichtet.

2. Straßenteere.

Um das Wasser und die Leichtöle zu beseitigen, werden die Teere abdestilliert. Sie werden als destillierte Teere bezeichnet. Um das Verhältnis

Zusammenstellung 26. Vorschriften für die Beschaffenheit von Straßenteer[1].

a) Reiner Straßenteer.

	Straßenteer T I	Straßenteer T II	Anthrazenölteer 50/50 T	Anthrazenölteer 60/40 T	Anthrazenölteer 65/35 T	Anthrazenölteer 70/30 T	Untersuchungsverfahren[2] U.
1. Äußere Beschaffenheit .			ist anzugeben				U. 1
2. Viskosität Straßenteerkonsistometer in Sek. .	b. 30° 10—17	b. 30° 20—100	b. 30° 4—17	b. 30° 20—70	b. 40° 15—40	b. 40° 40—80	U. 2
3. Wasser, nicht mehr als Gew.-vH.	0,5	0,5	0,5	0,5	0,5	0,5	U3/U4
4. And. Destillate (Leichtöle unter 170°) nicht mehr als Gew.-vH . .	1,0	1,0	1,0	1,0	1,0	1,0	U. 3
5. Destillate zwischen 170 und 270° (Mittelöle), innerhalb Gew.-vH . . .	9—17	8—16	1—15	1—10	1—8	1—6	U. 3
6. Destillate zwischen 270 und 300° (Schweröle), innerhalb Gew.-vH . .	4—12	6—12	4—12	4—12	3—10	2—8	U. 3
7. (Anthrazenöl zur Ergänzung berechn.) Gew.-vH	14—27	12—26	25—40	17—31	17—27	15—25	U. 3
8. Pechrückstand mit Erweichungspunkt nach K—S zwischen 60/75° umgerechnet auf 67° Gew.-vH.	55—65	60—70	46—54	56—64	61—69	66—74	U. 3 und U. 5
9. Phenole, nicht mehr als Vol.-vH	3	3	3	3	2	2	U. 6
10. Naphthalin, nicht mehr als Gew.-vH (einschl. analyt. Fehlergrenze) .	4	4	3	3	3	2	U. 7
11. Rohanthrazen, nicht mehr als Gew.-vH (einschließl. analyt. Fehlergrenze)	3	3,5	3	3	3,5	4	U. 8
12. Freier Kohlenstoff, innerhalb Gew.-vH . . .	5—16	5—18	5—16	5—16	5—18	5—18	U. 9
13. Spezifisches Gewicht bei 25° nicht höher als . .	1,22	1,24	1,22	1,22	1,24	1,25	U. 10

Eine zeichnerische Darstellung der Zusammensetzung der Straßenteere I, II, Anthrazenölteer 60/40 und 70/30 befindet sich in der Abb. 151, S. 227.

b) Straßenteer mit Asphaltbitumenzusatz.

Bei Lieferungen von genormtem Straßenteer mit Asphaltbitumenzusatz dürfen die vorstehend angegebenen oberen Grenzwerte für Wassergehalt, Leichtöle, Mittelöle, Schweröle, Phenole, Naphthalin, Rohanthrazen und spez. Gewicht (Ziffer 3, 4, 5, 6, 9, 10, 11 und 13) bei Untersuchung des Gemisches nicht überschritten werden.

[1] Wiedergabe erfolgt mit Genehmigung des Deutschen Normenausschusses. Verbindlich ist die jeweils neueste Ausgabe des Normenblattes im Dinformat A. 4, das durch den Beuth-Verlag GmbH Berlin S. 14 zu beziehen ist.

[2] Die Untersuchungsverfahren sind im Abschn. VII. B. d. 2. abgedruckt.

von Öl und Pech genauer regeln zu können, werden außerdem die Teere aus Anthrazenöl und Pech zusammengesetzt. Man nennt diese Mischung präparierte Teere. Für die Bedürfnisse des Straßenbaues liefert jetzt die Teerindustrie verschiedene Teersorten, die den Bedingungen der Zusammenstellung 26 entsprechen müssen, die durch die vorausgeschickten Bemerkungen hinreichend erläutert sind (DIN 1995 und DIN 1996 Heft 2).

Zum Vergleich seien die englischen Vorschriften für die Teere Nr. I, II und III nach den B.E.St. angeführt.

Zusammenstellung 27.

	I	II	III
Spezifisches Gewicht bei 15° C nicht niedriger als	1,140	1,150	0,160
Spezifisches Gewicht bei 15° C nicht höher als	1,225	1,240	1,260
Wasser oder Ammoniak nicht mehr als . vH Gew.-Tl.	0,5	0,5	0,5
Anderes Destillat (Leichtöle) unter 200° C nicht mehr als . . . . „ „	1	1	1
Destillate zwischen 200 und 270° (Mittelöle) innerhalb . . . . „ „	9,5—21	8,0—16	6—12
Destillate zwischen 270 und 300° (Schweröle) innerhalb . . . . „ „	3,5—12	3,5—12	3—8
Phenole oder Rohteersäuren nicht mehr als Raum vH-Tl.	5	4	2
Naphthalin nicht mehr als . . . . vH Gew.-Tl.	6	5	3
Freier Kohlenstoff nicht mehr als . . . . „ „	20	6—21	8—22
Zähflüssigkeit (Standard Consistometer) 35° sec	—	—	70—120
„ „ „ 30 „	10—40	40—125	—

Folgende Qualitätsvorschriften sind für Straßenteere in der Schweiz (102) eingeführt:

Zusammenstellung 28.

Bezeichnung	Dest. Teere	Präpar. oder dest. Teere aus Großdestillationen oder Kokereien.	Rohteere für erste Behandlung
Beschaffenheit	fließbar homogen	fließbar homogen	fließbar homogen
Wasser nicht mehr als Gew.-vH	1	1	5 überstehend 2
Pechrückstand Gew.-vH	über 50 Vertikal- u. Kammerofenteer, 55 bis 65 Mischungen mit Horizontalretortenteer	60—70	kleiner als 70
Phenole nicht mehr als Vol.-vH	5	5	—
Naphthalin nicht mehr als Gew.-vH	5	5	—
Freier Kohlenstoff innerhalb Gew.-vH	5—18	—	—
Nicht mehr als Gew.-vH	—	18	20
Viskosität nach Hutchinson	3—15 sec	3—18 sec	nicht kleiner als ½ sec

Amerikanische Teere. Tarvia B ist der dünnste Teer, er kann kalt aufgebracht werden, Tarvia A ist schon etwas dicker, er muß auf 100° erhitzt werden, ehe er ausgesprengt werden kann. Tarvia X hat einen hohen Pechgehalt und ist daher schon recht dickflüssig und verlangt eine Erwärmung auf 100°.

Zusammenstellung 29. Amerikanische Teere.

	Tarvia A für Oberflächenbehandlung	Tarvia B Kaltteer	Tarvia X für Tränk- und Mischzwecke
Spez. Gewicht bei 25° C	> 1,2	> 1,12	1,22—1,28
Fließprobe bei 32° C sec	60—120	—	bei 50° C 130—190
Spez. Viskosität nach Engler bei 40° C 50 cm³/sec	—	8—13	—
Anteil der Fraktionen in Gew.-vH			
bis 170° nicht mehr als	1	7	1
„ 270° „ „ „	15	30	10
„ 300° „ „ „	25	40	20
Erweichungspunkt der Restmasse nach R. u. K.	< 65°	< 60°	< 65°
Löslich in CS_2 vH	80—88	88—97	75—85
Wasser in Raum vH	frei von Wasser	3	—

3. Beurteilung der Eigenschaften der Teere.

Die Zähflüssigkeit des Bindemittels wird von zwei Standpunkten aus zu betrachten sein, einmal von den Anforderungen, die der Einbau verlangt, zweitens von dem Verhalten in der fertigen Decke unter den wechselnden Lufttemperaturen und dem Verkehr. Die Zähflüssigkeit nimmt bei steigender Erwärmung ab. Daraus ergibt sich die Möglichkeit, einen an sich zähflüssigen Teer durch Erwärmung so leichtflüssig zu machen, daß er in die Straßendecke eindringt und sich auch sonst gut verarbeiten läßt. Es ist aber zu beachten, daß der Teer an der Luft und bei Berührung mit dem Steingerüst schnell erkaltet und dann seine Leichtflüssigkeit verliert. Wo es also darauf ankommt, Teere in große Tiefe eindringen zu lassen (Tränkverfahren), wird die Erwärmung einer zähflüssigen Masse unter Umständen den Erfolg allein nicht sichern. Der Zähflüssigkeitsgrad einer Mischung bei verschiedenen Wärmegraden wird in erster Linie zu berücksichtigen sein, wenn es sich darum handelt, über die Einbauweise und die dabei zu treffenden Maßnahmen zu entscheiden. Ein an sich erwünschter hoher Pechgehalt wird, wenn es die Einbauweise oder andere Umstände erfordern, zugunsten einer größeren Flüssigkeit ermäßigt werden müssen. Von einem Stoff, der bei gewöhnlicher Tageswärme aber noch flüssig ist, wird man besondere Kitt- oder Klebewirkung in einem Steingerüst kaum erwarten können.

α) Temperaturspanne.

Bei der Beurteilung des Verhaltens für Straßenzwecke geht man von der Überlegung aus, daß sich das Bindemittel möglichst wenig innerhalb der Temperaturgrenzen, mit denen man in einer Straße rechnen muß, verändert, seine Zähigkeit nicht verliert, d. h. bei Hitze nicht so weich werden darf, daß es seine Klebkraft einbüßt und unter dem Druck des Verkehrs ausweicht, andererseits aber auch bei Kälte niemals so spröde sein soll, daß es unter Beanspruchung keine Elastizität mehr besitzt. Es soll genügend widerstandsfähig gegen Temperatureinflüsse sein. Man verlangt, daß innerhalb der üblichen Lufttemperaturen in der Gegend, in der die Straße verlegt wird, das Bindemittel in dem „knetbaren" Zustand bleiben soll (Bredtschneider). Für diesen Zustand hat man als die obere Grenze den Tropfpunkt festgelegt, das ist der Wärmegrad, bei dem ein Tropfen unter seinem Eigengewicht von einer gleichmäßig erwärmten Masse des tropfenbildenden Stoffes abfällt (DIN 1995, Heft 1. A.2 S. 358) und die untere, den Erstarrungspunkt (DIN 1995 A.I.6, Ausgabe 1929[1]), das ist der Wärme-

[1] In der Ausgabe DIN 1995 vom Jahre 1931 ist der Erstarrungspunkt nicht mehr aufgenommen, da seine Genauigkeit angezweifelt worden ist, dafür ist der Brechpunkt nach Fraaß eingeführt worden (DIN 1995 Heft 1. A—5).

grad, bei dem das Bindemittel erstarrt. Soll also ein Bindemittel unter den üblichen Lufttemperaturen im knetbaren Zustand bleiben, dann muß der Tropfpunkt über der höchsten Temperatur und der Erstarrungspunkt unter der tiefsten Temperatur liegen, denen der Straßenbelag ausgesetzt ist. Für die deutschen Verhältnisse bedeutet das, daß die „Spanne“ zwischen dem Tropfpunkt und Erstarrungspunkt etwa 65—75° betragen muß, wenn man annimmt, daß in unserer gemäßigten Zone die höchste Temperatur, die eine dunkelfarbige Decke im Sommer aufweist, etwas über 50° und die tiefste Temperatur im Winter etwa —16° beträgt. Über die wirklich in den Decken auftretenden Temperaturzustände werden noch Angaben gemacht (S. 302).

Werden nach dieser allgemein für alle Bindemittel vorerst aufgestellten Forderung die Eigenschaften des Teeres untersucht, so muß man auffallende Widersprüche feststellen, die z. T. darauf zurückzuführen sind, daß die Ausgangserzeugnisse, mit denen an den einzelnen Stellen die Gradspannen festgestellt sind, recht verschieden gewesen sind. Bredtschneider, der zuerst diese Untersuchung vorgenommen hat, gibt die Gradspanne zu 45° an. Die Str.V.St. hat diese Frage an Mischungen von Pech mit einem Tropfpunkt von 82,5° und Anthrazenöl, dem alle unter 270° siedenden Anteile entzogen waren, untersucht und die in Zusammenstellung 30 wiedergegebenen Gradspannen gefunden. Da das Meßverfahren des Erstarrungspunktes als eindeutig nicht überall anerkannt wird, ist zur Kontrolle noch der Brechpunkt nach Church ermittelt worden.

Zusammenstellung 30.

Zusammensetzung		Tropfpunkt	Erstarrungspunkt	Brechpunkt	Gradspanne zwischen Tropfpunkt und	
Pech vH	Anthrazenöl 270° dest. vH	°C	°C	°C	Erstarrungspunkt °C	Brechpunkt °C
100	—	+ 82,5	+ 47	+ 50	35,5	32,5
80	20	+ 53,5	+ 17	+ 22	36,5	31,5
70	30	+ 39,5	0	+ 8	39,5	31,5
60	40	+ 31	— 20	— 1	51	33
50	50	+ 21	— 25	— 14	46	35

Dr. Hans Lüer (103), der ein Pech vom Tropfpunkt 84° und ein Anthrazenöl verwendet hat, bei dem bis 270° 25 vH, von 270—300° 16,8 vH und von 300 bis 350° 28,6 vH übergingen, hat eine Gradspanne von 53—58° gefunden. Aus allen bisherigen Nachprüfungen kann wohl mit Gewißheit gesagt werden, daß die volle Spanne von mindestens 65° beim Teer nicht vorhanden ist. Dies wird besonders betont im Gegensatz zum Asphaltbitumen. Ob allerdings auf das unbedingte Vorhandensein der Spanne Wert zu legen ist, und ob nicht dieser Mangel anderweitig ausgeglichen werden kann, ist eine besondere Frage. Die Beurteilung der Bindestoffe nach der Gradspanne ist als der erste Schritt auf der Suche nach Merkmalen für ihre Brauchbarkeit anzusehen. Sie hat eine Berechtigung wohl mehr nach der Richtung hin, daß die Zähflüssigkeit der Bindemittel je nach Anwendungsart (Ort, Klima, Lage) eine bestimmte sein muß. Daraus ergibt sich dann die Lage des Wärmegrades nach oben, bei der das Bindemittel in den tropfenden Zustand übergeht und nach unten, wenn es erstarrt, d. h. daß Tropfpunkt und Erstarrungspunkt nicht zu weit ab von den am Verwendungsort herrschenden höchsten und tiefsten Temperaturen liegen. In kalten Gegenden wird man daher leichtflüssigere, in heißen zähflüssigere Teere anwenden müssen. Auch die Jahreszeit, zu der die Teerarbeiten ausgeführt werden, beeinflussen die zu wählende Zähflüssigkeit. Im Herbst und Frühjahr wird man leichtflüssigere Teere verarbeiten müssen als im Hochsommer.

β) Zähflüssigkeit.

Beim Teer wird dieser Zustand durch die schon erwähnten Verfahren auf Zähflüssigkeit (Hutchinson, Straßenteer Konsistometer (DIN 1995 Straßenteer A 2), Rütgers Viskosimeter) (100) gemessen. Bei Pechölmischungen hat man es in der Hand, durch Erhöhung des Pechgehaltes oder Ölgehaltes die Zähflüssigkeit zu erhöhen oder zu erniedrigen. Da die Teere keine einheitliche chemische Verbindung darstellen, sondern aus einer Vielzahl verschiedener Stoffe zusammengesetzt sind (vgl. S. 215), stellen die Teere keinen einheitlichen Stoff dar und niemals wird ein Teer dem andern in seiner stofflichen Zusammensetzung und in seinem physikalischen Verhalten gleichen.

γ) Starrpunktbestimmung Höpfner-Metzger.

Beziehungen zwischen der Gradspanne und der Zähflüssigkeit von Teer lassen sich nach dem Verfahren von Professor Höpfner und Dr. Metzger Danzig (104) herstellen. Um die auf S. 221 erwähnte Unsicherheit in der Bestimmung des Erstarrungspunktes durch ein zuverlässiges Verfahren zu er-

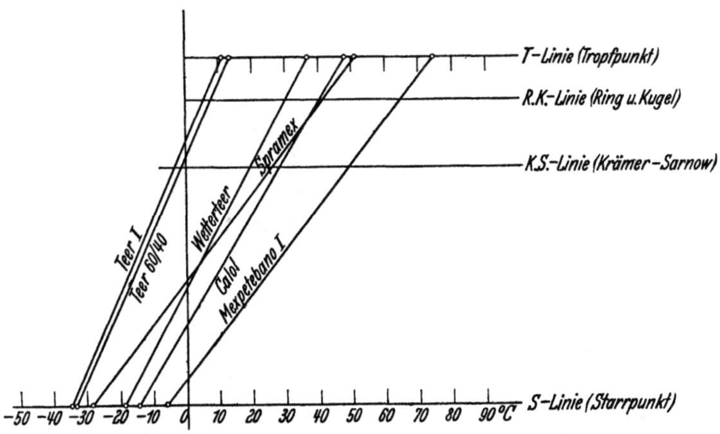

Abb. 149. Kennlinien von Teeren und Asphaltbituma nach Höpfner-Metzger.

setzen, wird diejenige Temperatur ermittelt, bei der das Bindemittel innerhalb 60 Sek. eine Eindringungstiefe von 1/10 mm unter einer Nadel bestimmter Form und bei 450 g Belastung zeigt. Dieser Wärmegrad wird als Starrpunkt bezeichnet. Er liegt nur wenige Grade über dem eigentlichen Erstarrungspunkt, bei dem das Bindemittel überhaupt keinen Eindruck mehr annehmen wird. Die Prüfeinrichtung ist in Abschnitt VII B d 4 (S. 369) beschrieben.

Nach Höpfner-Metzger liegen die Kennzahlen eines Bindemittels (Teer oder Asphaltbitumen) auf einer Geraden, die durch 2 Punkte, z. B. Starr- und Tropfpunkt, festgelegt wird, der Kennlinie. Wenn der Abstand der Gradspanne zwischen Starrpunkt und Tropfpunkt mit 100 angesetzt wird, so liegt der Erweichungspunkt nach Krämer-Sarnow auf 87,21 und nach Ring und Kugel auf 68,16. Die Kennlinien einiger Bindemittel sind in der Abb. 149 eingetragen. Diese Gesetzmäßigkeit, die innerhalb kleiner Abweichungen — Höpfner-Metzger rechnen mit 1,5° Prüffehler — als vorhanden angenommen werden kann, ermöglicht es, wenn 2 Kennzahlen gegeben sind, und somit die Kennlinie bestimmt ist, alle weiteren zu berechnen.

Auch das Zähflüssigkeitsverhalten ist für die einzelnen Meßgeräte wie Hutchinson und E.P.C. Spindel, Straßenteer- und Rütgers Konsistometer und Englergrade bestimmt und gleichfalls auf die Kennlinie der Gradspanne in Form von Kennlinien für jedes Gerät bezogen, so daß für einen bestimmten

Wärmegrad auf der Kennlinie die Sekunden der Zähflüssigkeit für das entsprechende Prüfgerät entnommen werden können (Abb. 150). Daraus wird das Gesetz abgeleitet, daß alle Bindemittel bei den Temperaturen, bei denen sie sämtlich ein und dieselbe Waagerechte schneiden, auch die gleiche Zähflüssigkeit haben, und daß die Temperaturerhöhung, die sie benötigen, um die betreffende Zähflüssigkeit anzunehmen, proportional der Größe der Spanne Starrpunkt-Tropfpunkt ist, die das betreffende Bindemittel kennzeichnet, und die sich in der Neigung der Kennlinie bildlich ausdrückt.

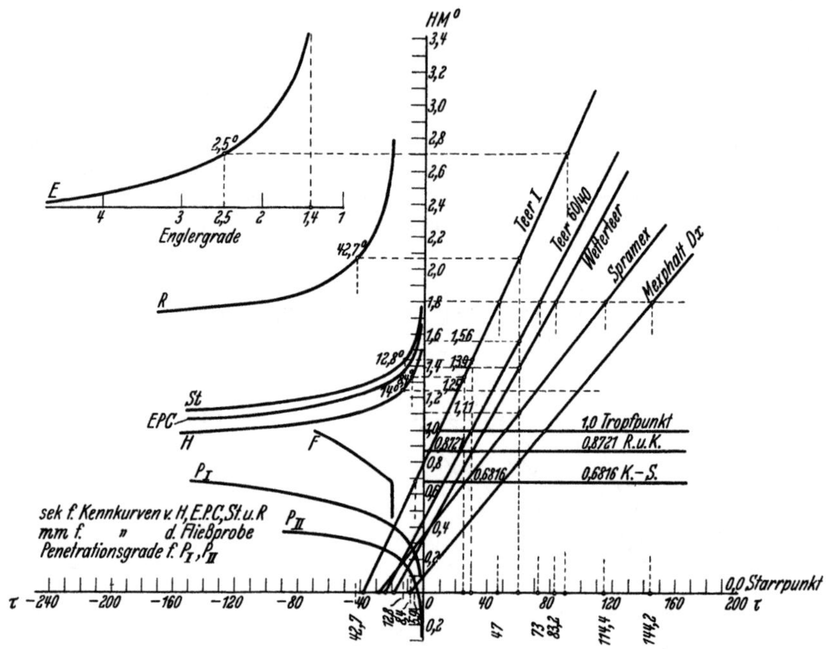

Abb. 150. **R** = **Rütgers Viskosimeter**, **St** = **Standard Viskosimeter**, **E.P.C.** = **franz. Senkspindel**, **H** = **Hutchinson Senkspindel**, **F** = **Fließprobe**, P_I **Penetration bei 100 gr (5 sec)** P_{II} **Penetration bei 200 gr (50 sec).**

δ) Veränderung der Teere an der Luft.

Straßenteer oder Pechölmischungen sind keine unveränderlichen Stoffe, sie erleiden vielmehr unter dem Einfluß der Luft und Licht weitgehende Veränderungen. Teile der leichten Öle, die notwendig sind, um dem Teer seine Leichtflüssigkeit zu geben, verdunsten, und ungesättigte Teerölanteile verharzen (105). Dieser Vorgang befördert die Klebfähigkeit des Teeres, man bezeichnet ihn mit Verharzung, die auf die folgende Weise zu erkennen ist. Es wird eine trockene Glasplatte von 6 cm Breite und 9 cm Länge 8 cm tief in den Teer von 20° getaucht und, sobald er abgetropft ist, bei einer Temperatur von 20° in zugfreiem Raum der Luft ausgesetzt. Nach 24 Stunden wird durch Auftupfen mit dem trockenen Finger festgestellt, ob und wieweit der Teer verhärtet ist. Teer, der dann nicht mehr weich, sondern lackartig festaufgetrocknet erscheint, hat die Klebeprobe nicht bestanden. Die Klebefähigkeit ist aber das Wesentliche am Teer. Denn sie soll bewirken, daß die Mineralteile miteinander verkitten. Es ist bemerkenswert, daß schon Richardson auf den Wert der Stabilität hingewiesen hat. Er sagt in dem Bericht zum 12. Kongreß der A. S. T. M. 1909, „Bituminöse Stoffe für den Gebrauch in und auf Straßendecken und Mittel um ihre Eigenschaften zu bestimmen", folgendes:

„Stabilität (stability) ist wahrscheinlich die wichtigste Eigenschaft, weil bituminöse Stoffe, welche ursprünglich brauchbar sind, ohne sie aber ihre wertvollen Eigenschaften meistens verlieren, indem sie mit dem Alter oder bei ihrer Anwendung erhärten (verspröden). Als ein Beispiel eines solchen Stoffes sei Steinkohlenteer genannt. Wenn sorgsam vorbereitet und von geeigneter Zusammensetzung, besitzt er Form und Klebkraft. Er schmilzt zu einem leichtflüssigen Stoff bei verhältnismäßig niederer Temperatur und hat ein ausgezeichnetes Tränkvermögen. Er hat aber keine Stabilität und versprödet schnell nach einem Alter von wenigen Jahren und wird bei Luftzutritt spröde und verliert alle seine Bindekraft. Das ist offenbar geworden durch die Erfahrung, die man über mehr als 30 Jahre versuchsweise mit den Straßenbelägen monolithischer Zusammensetzung mit verschiedenen Gesteinszuschlägen unter Verwendung von Steinkohlenteer als Bindemittel gemacht hat, mit dem Erfolg, daß der größere Teil von ihnen nach einigen Jahren Anzeichen von Zerfall infolge der Teerversprödung gezeigt hat. Naturasphalte, auf der andern Seite, wenn sorgsam mit geeigneten Asphaltölen gefluxt, sind als die am meisten stabilen Stoffe bekannt"

Die Veränderungen, die die Teere erleiden, also der Mangel an Stabilität, ist schon verschiedentlich nachgewiesen.

1. Nach einem Bericht im Journées du Goudron über eine Tagung der französischen Teerindustriellen am 2./3. Juli 1928, sind von M. Lepercq, Direktor der Gerlandwerke, folgende Veränderungen an Teer vor und nach 3monatiger Belichtung gefunden worden:

Zusammenstellung 31.

	vorher vH	nachher vH
Leichte Öle (80—160°)	2	0
Schweröle (160—250°)	13	4
Naphthalin	2	0
Anthrazenöl (250—330°)	16,5	14
Rohanthrazen	5	2
Pech mit Schmelzpunkt 50°	60	80
Freier Kohlenstoff	22	20
Verlust	—	16

Wasser, leichte Öle und Naphthalin sind hierbei verdunstet und ein Teil des Anthrazenöles ist in Pech umgewandelt. Nachprüfungen, die an bayrischen Versuchsstraßen vorgenommen worden sind (106), haben bei einem Straßenteer mit 4,6 vH C nach einem Jahre 13,2 vH C und bei Teer 60/40 mit ursprünglich 19,6 vH C, 32,2 vH C ergeben.

2. Die Versprödung des Teeres ist deutlich zu erkennen an der Erhöhung des Erweichungspunktes und Tropfpunktes. Einblick in das Ausmaß dieses Vorganges gibt ein Versuch der Str. V. St., der folgendermaßen vorgenommen worden ist. 100 g Teer sind auf Glasplatten 1—2 mm dick aufgetragen und während eines Jahres der Witterung ausgesetzt worden. Die Erweichungspunkte und Tropfpunkte sind vor und nach dem Versuch festgestellt worden und haben folgende Erhöhungen ergeben:

Zusammenstellung 32.

Teer	Erweichungspunkt bei Beginn	Erweichungspunkt nach 1jähr. Lagerung	Erhöhung des Erweichungspunktes	Tropfpunkt bei Beginn	Tropfpunkt nach 1jähr. Lagerung	Erhöhung
Straßenteer I	3°	60°	57	9°	69°	60°
Anthrazenölteer 65/35	5°	66°	61°	12°	74°	62°

Das Verhalten der Asphalte bei einem Versuch unter denselben Bedingungen ist auf S. 248 wiedergegeben.

Die Klebwirkung des Teeres nimmt mit wachsendem Pechgehalt ab. Während reines Steinkohlenteerpech überhaupt keine Klebwirkung mehr zeigt, kann bei einem Asphalt mit gleichem Erweichungspunkt als dem Pech, noch gute Klebkraft festgestellt werden. Für die Klebwirkung der bituminösen Bindemittel sind in erster Linie die öligen Anteile anzusehen; während diese im Teer von dünnflüssiger Konsistenz sind, zeigen sie im Asphalt so große Viskosität, daß sie bei gewöhnlicher Temperatur nur noch schwer fließen. Daß diese hochviskosen Asphaltöle eine viel größere Klebwirkung besitzen als die dünnflüssigen Teeröle, ist einleuchtend. Außerdem sind die Asphaltöle ihrer chemischen Natur nach als aliphatische Verbindungen (vgl. S. 245) gegen die Witterungseinflüsse viel beständiger als die Teeröle, die als aromatische Verbindungen durch chemische Einflüsse leicht verändert werden können und somit auch durch die Witterungseinflüsse starken Änderungen unterworfen sein werden.

Im Innern einer Teerdecke wird die Luft nicht einwirken und eine Verdunstung der öligen Bestandteile nicht stattfinden können, der Teer seine knetbaren Eigenschaften behalten, wenn nur dafür gesorgt wird, daß die Oberfläche dicht abgeschlossen ist. An der Oberfläche dagegen wird die Versprödung ungehindert vor sich gehen. Deshalb erfordern die Teerdecken in kurzen Abständen Erneuerung der Oberfläche. Denn die feine Teerschicht an der Oberfläche wird, wenn sie versprödet, durch den Verkehr leicht abgeschliffen. Auf diesen Vorgang wird die Rauhigkeit der Teerdecken zurückgeführt. Diese Abnutzung, die stärker bei Teer als bei Decken aus Asphaltbitumen auftritt, verlangt aber auch eine Erneuerung in kurzen Abständen. Darin liegt der Nachteil der Teere, der dazu zwingt, die Straßenbauweisen, worauf später noch hingewiesen wird, mit Teer so auszubilden, daß ein Luftzutritt verhindert oder aber die der Luft ausgesetzten Flächen, das ist die Fahrbahnoberfläche, in kurzen Abständen neu geteert wird. Diese Eigenschaften beschränken daher seine Anwendung. Nach DIN 1996 D ist z. B. die Verwendung von Teer für künstliche Stampfasphaltmasse nicht geeignet, da die in solchen Decken in den ersten Wochen und Monaten stets zahlreich vorhandenen Hohlräume den auf großer Oberfläche verteilten Teer der Einwirkung von Feuchtigkeit und Luft aussetzen und nachteilig verändern.

Nässe ist dem Straßenteer besonders nachteilig, infolgedessen können Teerungsarbeiten nur bei trockener Witterung ausgeführt werden. Das Steingerüst und die Straßendecken müssen völlig ausgetrocknet sein.

ε) Wetterteer.

Um auch bei feuchter Witterung teeren zu können, liefert die deutsche Teerindustrie einen V. f. T. Wetterteer, der die Eigenschaft besitzen soll, unempfindlich gegen Wasser zu sein und auch an nassen Steinen zu haften. Wetterteer hat keine Teersäuren, er ist vollkommen naphthalinfrei.

Spez. Gewicht bei 15°	nicht höher als	1,24
Wasser	„ „ „	0,5 vH
Tropfpunkt über		30° C
Erstarrungspunkt unter		— 25° C
Freier Kohlenstoff	nicht mehr als	18 vH
Siedeverlauf bis 270°	„ „ „	1 vH
bis 300°	„ „ „	5 vH
Die Gradspanne beträgt etwa		55° C

Dieser Teer entspricht nach Lage des Tropf- und Erstarrungspunktes etwa der Pechölmischung 60/40 der Zusammenstellung 30, bei der das Öl ein reines Anthrazenöl gewesen ist. Wegen seines hohen Tropfpunktes muß der Teer bei der Verarbeitung auf 100° erwärmt werden, dann ist er so flüssig wie anderer Teer. Da er beim Aufbringen auf nasses Gestein binden soll, würde er sich also für Oberflächenbehandlung von feuchten Straßen eignen, wenn er erwärmt aufgebracht wird. Versuche in der Str. V. St., Wetterteer, der auf 180° erhitzt worden ist, mit nassem Gestein in der Mischmaschine zu mischen, haben keinen Erfolg gehabt, da der Teer auf dem kalten Gestein schnell sein Fließvermögen verliert.

Mit erhitztem Gestein haben sich dagegen Teersand und Teerbetonmassen herstellen lassen, die gute Eigenschaften aufgewiesen haben.

Um die Verharzung des Teeres zu beschleunigen, sind dem Teer Zusätze verschiedener Art zugemischt worden, die nicht bekannt sind. Zu diesen Erzeugnissen ist z. B. Gebalitteer zu rechnen.

ζ) Kaltteer.

Um die Erhitzung des Teeres, die bei seiner Verarbeitung im Straßenbau notwendig ist, zu umgehen, ist man dazu übergegangen, den Teer so einzustellen, daß er sich auch kalt verarbeiten läßt, was abgesehen von der Überführung des Teeres in Emulsionsform (s. Abschnitt VI K c 4) auch durch Zusatz geeigneter Verdünnungsmittel erreicht werden kann. Ein so vorbereiteter Teer wird als Kaltteer bezeichnet und hat den Zweck, die Vorteile des Warmeinbaues mit denen der Teeremulsionen zu verbinden. Als Verdünnungsmittel für die Her-

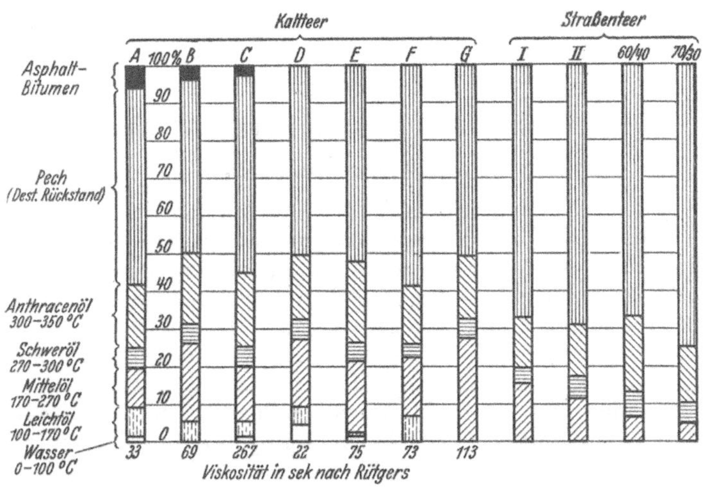

Abb 151. **Zusammensetzung von Kaltteeren und Straßenteeren.**

stellung von Kaltteeren kommen durchweg nur Steinkohlenteerdestillate in Betracht, von denen sich die Leicht- und Mittelöle als besonders geeignet erwiesen haben, die aber größtenteils nach dem Einbringen wieder verdunsten. Um die Kaltteere auch mit feuchtem Gestein mischen zu können, werden mitunter einige Prozente Alkohol zugesetzt, wodurch die Benetzungsfähigkeit gegenüber Wasser erhöht wird. Bisweilen weisen die Kaltteere einen Gehalt an Asphaltbitumen auf, der 3—15 vH erreicht. In vielen Fällen besitzen sie jedoch nicht die erforderliche Dünnflüssigkeit, so daß man besonders beim Mischverfahren noch zu einer leichten Anwärmung auf 40—50^0 gezwungen ist. Im Gegensatz zu den Emulsionen lassen sich die Kaltteere jedoch mit staubhaltigem Gestein ohne Nachteil mischen. Über die Zusammensetzung einiger handelsüblicher Kaltteere und ihre Verdunstungsgeschwindigkeit geben die Abb. 151/152 Aufschluß, wie sie von der Str.V.St. ermittelt worden sind. Zum Vergleich sind auch die Zusammensetzungen einiger genormter Teere nach Zusammenstellung 26, S. 219 beigefügt. Bekannte Kaltteere sind Irga, Vialit, Rodower Kaltteer, Viafix, GeEfTe u. a.

Die Kaltteere konnten bis jetzt mit Erfolg nur für offene Decken verwendet werden, wo das Verdünnungsmittel aus der Decke verdunsten und der Kaltteer somit genügend abbinden kann. Um das Abbinden zu beschleunigen, hat man die mit Kaltteer behandelte Decke mit sogenanntem Trockenteer abzustreuen versucht, der aus einer pulverförmigen Mischung von gemahlenem Pech und

Kalkmehl besteht. Das Pech löst sich infolge seiner feinen Verteilung in den Teerölen des Kaltteeres auf und bewirkt so eine raschere Versteifung des Bindemittels. Bei den Kaltteeren D, A, F, G, C steht die Viskosität in Beziehung zum Verdunstungsfortschritt. Bei den leichtflüssigen Kaltteeren B und E ist die langsame Verdunstung nach Feststellung der Str.V. St. auf die Verwendung von mehr Mittel- als Leichtöl zur Verflüssigung im Vergleich zu den anderen Kaltteeren zurückzuführen. Das ist unvorteilhaft. Als Verflüssigungsmittel sollten nur leichtsiedende Öle genommen werden.

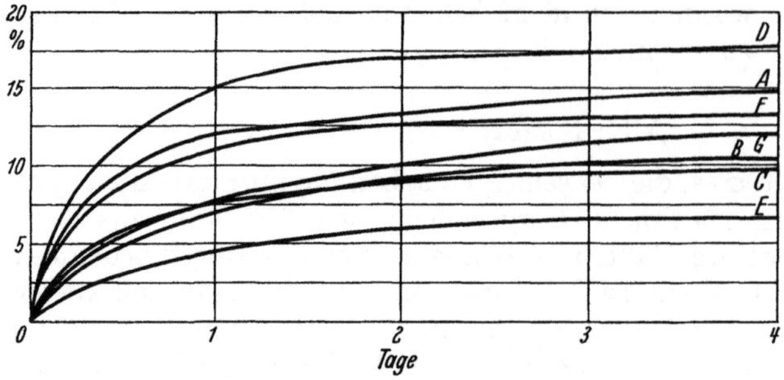

Abb. 152. Verdunstungskurve für Kaltteere.

c) Asphaltbitumen als Straßenbaustoff.

Begriffsbestimmung.

Nach der Begriffsbestimmung des Vereins Deutscher Chemiker, Fachgruppe für Brennstoff- und Mineralölchemie, werden die Asphalte als in der Natur vorgebildete Kohlenwasserstoffverbindungen unter den Begriff Bitumen gerechnet. Es ist bereits auf S. 214 darauf hingewiesen, warum in dieser Abhandlung die Bezeichnung Asphaltbitumen gewählt worden ist, um auch dem Auslande gegenüber keinen Zweifel aufkommen zu lassen, daß es sich nicht um Teer handelt.

Unter Bitumina (92) (in der Natur vorgebildet) fallen nach Mallison

I. Bitumina, größtenteils verseifbar, Sapropelwachs, Montanwachs, fossile Harze;

II. Bitumina, größtenteils unverseifbar

a) Ozokerit und Ozokeritgesteine

b) Erdöle, Erdöldestillate u. Erdöldestillationsrückstände

c) Asphalte

1 Asphaltite — 2 natürl. Asphalte — 3 Asphaltgesteine

flüssig, halbflüssig, schmelzbar

Erdöle: paraffinisch — paraffinisch-asphaltisch — asphaltisch

Erdöldestillationsrückstände: paraffinisch asphaltisch — asphaltisch Erdölasphalt

Für den Straßenbau kommen in Frage die Asphalte und die Erdöldestillationsrückstände, die im folgenden mit Asphaltbitumen bezeichnet werden.

1. Naturasphalte.

α) In selbständiger Form.

Naturasphalt ist ein Asphalt, der aus Petroleum durch den natürlichen Prozeß der Verdampfung oder Destillation in der unterirdischen Lagerstätte entstanden ist. Die Naturasphalte, die besonders im Straßenbau verwendet werden, sind als Trinidad- und Bermudazasphalt bekannt; beide werden in den als Asphaltseen bekannten Ablagerungen gewonnen. Clifford Richardson, der ein besonderes Studium den in Amerika im Straßenbau üblichen Asphalten gewidmet hat, behauptet über die Entstehung der Asphalte, daß sie noch immer in beständiger Bildung begriffen und als sekundäres Erzeugnis der Umformung aus leichteren asphaltischen Stoffen durch Verdunstung und Polymerisation entstehen, ein Vorgang, bei dem Schwefel und Sulfate in erheblicher Weise mitwirken. Es wird angenommen, daß der Ausgangsstoff das Erdöl ist.

Der Trinidadasphalt tritt in einem See, der als Krater eines erloschenen Vulkanes anzusehen ist, an die Oberfläche. Der Asphalt wird gebrochen, und abbefördert. An den Entnahmestellen strömt stets neuer Stoff nach. Der Asphalt ist sehr verunreinigt. Denn Schlamm und wäßriger Lehm quellen fortwährend zusammen von unten herauf, wodurch eine natürliche, gleichmäßige Mischung von Asphalt und feinen Bestandteilen entsteht. Er enthält außerdem noch Wurzeln und Pflanzenreste, von denen er erst befreit und gereinigt werden muß. Der Reinigungsvorgang besteht in einer Erhitzung auf 160°, durch die das Wasser und ein geringer Teil der leichten Öle abgetrieben werden. Der Trinidadasphalt setzt sich aus folgenden Bestandteilen zusammen (107):

Bitumen, löslich in CS_2	56,5 vH
Mineralgehalt (Asche)	38,5 vH
Organisch unauflöslich	5,0 vH
	100,0 vH

Infolge der großen Anteile an Mineralstoffen ist das spezifische Gewicht hoch = 1,40, gegenüber nur 1,03 von Erdölasphalt. Die Mineralstoffe sind im Asphalt sehr fein verteilt und werden als vulkanische Aschen bezeichnet. Man sieht sie auch als kolloidalen Lehm an und mißt diesen Mineralbestandteilen einen besonderen Wert bei. Der Trinidadasphalt ist dadurch gegen Wärmeschwankungen unempfindlicher.

Auf die Wirkung fein verteilter Füllstoffe wird noch besonders eingegangen (S. 291). Der gereinigte Trinidadasphalt wird mit Trinidad Epuré bezeichnet. Die Reinigung erfolgt zum geringeren Teil auf der Insel Trinidad selbst, das meiste wird ungereinigt abbefördert.

Beim Trinidadasphalt liegt der Tropfpunkt sehr hoch, weil der hohe Gehalt an Mineralstoffen die Zähflüssigkeit erhöht; sie üben denselben Einfluß aus, wie der Kohlenstoff im Pech. Schmelzpunkt K.-S. = 82—85°, R. u. K. = + 94°, Erstarrungspunkt + 25°.

Trinidad Epuré ist daher für den Straßenbau in dieser Form nicht verwendbar. Er muß erst mit Fluxöl vermischt werden, durch das die hohe Lage des knetbaren Zustandes, aber nicht seine Wärmespanne heruntergesetzt wird. Das Fluxöl ist ein schwerer Petroleumrückstand aus kalifornischen oder mexikanischen Ölen, das die folgende Zusammensetzung aufweist:

Spezifisches Gewicht bei 16° C	0,92—0,93
Flammpunkt	177° C
Verflüchtigung in 7 Std. bei 163° C nicht mehr als	5 vH

Die Vermischung des Trinidadasphaltes mit dem Fluxöl erfolgt durch Luftdruck oder durch mechanisches Schütteln bei einer Temperatur von 160° C, hierdurch entsteht eine gleichartige Masse mit folgender Zusammensetzung:

Bitumen, löslich in CS_2	67,0 vH
Mineralgehalt (Asche)	28,5 vH
Organisch unauflöslich	4,5 vH
	100,0 vH

Spezifisches Gewicht bei 16° C	1,27
Eindringungstiefe bei 25° C	60

Die so entstandene Mischung wird mit Gudron bezeichnet. In dieser Beschaffenheit wird der Trinidadasphalt zum Straßenbau verwendet. Die Lage des Erstarrungs-, Schmelz- und Tropfpunktes des Gudron kann durch die Menge des Zusatzes beeinflußt werden. Es besteht aber kein lineares Verhältnis, sondern die Erweichung verläuft nach der abgebildeten Kurve (47) (Abb. 153).

Der Mineralstoff im Trinidadasphalt ist so fein verteilt, daß er nicht abfiltriert werden kann. Verdünnt man den Trinidadasphalt mit Chloroform, dann scheidet sich der Mineralstoff aus dem Trinidadasphalt ab. Das verbleibende Asphaltbitumen ist dann leichtflüssiger:

Tropfpunkt nach Ubbelohde		74,5°
Erweichungspunkt R. & K.		65°
Fadenlänge im Tropfpunkt	über	20 cm
Eindringungstiefe bei 25°		9°
Streckbarkeit bei 25°	über	100 cm
Brechpunkt nach Fraaß	+	14°
Erstarrungspunkt	+	6°

Das reine Trinidadbitumen setzt sich zusammen aus Asphaltene 33,21 vH, Erdölharze 34,77 vH, Asphaltöle 32,02 vH.

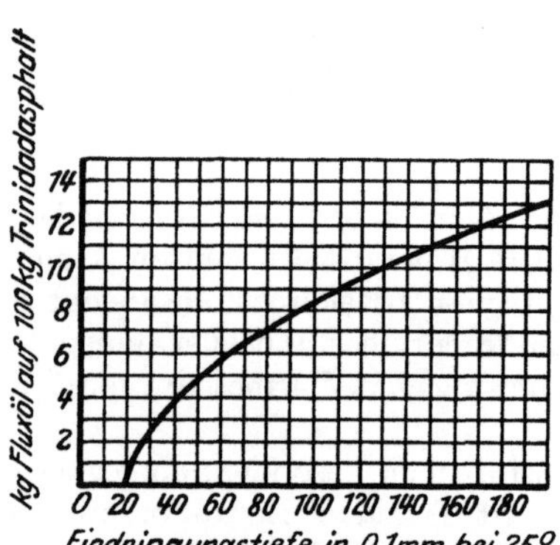

Abb. 153. Einfluß des Fluxöles auf die Eindringungstiefe (Penetration) des Trinidadasphaltes.

Bermudazasphalt tritt auf einer sumpfigen Gegend auf der Westseite des Golfs von Paria in Venezuela an der Mündung des Guacano gegenüber der Insel Trinidad hervor. Der Asphaltsee bedeckt eine Fläche von 360 ha in einer Tiefe von 0,6 bis 2,7 m. Die Oberfläche ist mit Pflanzenwuchs und Wasserpfützen bedeckt. Der Asphaltsee ist aus dem Ausfluß von weichem Asphalt aus einzelnen Quellen entstanden. An den Quellen ist der Asphalt weich und gibt Gas ab. An der Oberfläche wird er bald hart. Auch dieser Asphalt wird in Stücke gebrochen, abgefahren und auf Schiffe verladen. Der rohe Asphalt zeigt folgende Zusammensetzung:

Spezifisches Gewicht	1,005—1,075
Fließpunkt	55—86°,
Erstarrungspunkt	4°,
Schmelzpunkt K. S.	51,5°,
Löslich in Schwefelkohlenstoff	90—98 vH,
Nichtmineralische unlösliche Bestandteile	0,62—6,45 vH,
Freie Mineralstoffe	0,5—3,65 vH.

Auch der Bermudazasphalt wird geschmolzen, um die Feuchtigkeit, die zwischen 10—40 vH schwankt, und die Gase auszutreiben. Auffällig ist beim Bermudazasphalt gegenüber dem Trinidadasphalt der große Gehalt an Asphaltbitumen. Der Asphalt ist so weich, daß er mit Greifern aus dem Schiffsladeraum gehoben wird.

Die Naturasphalte können nicht für sich allein im Straßenbau verwendet werden, sondern dienen nur als Bindemittel für mineralische Gemische.

β) Asphaltgesteine (Stampfasphalt).

In ihnen ist die Grundmasse das Gestein, das mit Asphaltbitumen durchtränkt ist. Es besteht aus Kalk bei den Asphaltkalken und aus Sand bei den Asphaltsanden. Die Asphaltkalke, auch Stampfasphalte bezeichnet nach der Anwendungsweise im Straßenbau, werden an folgenden Stellen in Europa gefunden: In Sizilien (Ragusa), Mittelitalien (Abruzzen), in der Schweiz (Val de Travers) bei Neuchâtel, in Deutschland (Limmer, Vorwohle, Eschershausen), Lobsann im Elsaß) in Frankreich (Mons Seyssel, St. Jean, Marnejols), außerdem in Spanien, Dalmatien, Schweden, in Syrien und Palästina.

Diese Asphaltkalke können nach Aufbereitung ohne weiteres als Straßenbaustoff verwendet werden, soweit sie den richtigen Gehalt an Asphaltbitumen haben. Die Zusammensetzung der meist im Straßenbau verwendeten Stampfasphalte ist aus Zusammenstellung 33 zu ersehen.

Zusammenstellung 33.

Gehalt an	Val de Travers	Seyssel	Abruzzen	Ragusa	Limmer	Vorwohle (108)	
Asphaltbitumen. . . .	10,08	8,25	10,72	9,20	14,25	7,20	8,93
Kohlensaurer Kalk . .	88,20	91,40	82,25	88,00	66,90	81,30	83,20
Kohlensaure Magnesia.	0,40	0,10	5,50	0,80	—	0,60	4,18
Ton und Eisenoxyd. .	0,32	0,10	0,74	0,70	5,80	4,00	2,38
Schwefel.	—	—	—	—			0,38 Gips
Sand	—	—	—	0,70	—	—	0,21 Pyrit
Sonstige säureunlösliche Stoffe (Kieselsäure) .	0,50	—	0,10	—	12,20	4,90	0,73
Lösliche Kieselsäure. .	—	—	0,05	—	—	—	—
Verlust (Feuchtigkeit, Gase)	0,50	0,15	0,64	0,60	0,85	2,00	—

Diese Analysen geben nur Durchschnittswerte, die aber nicht erheblich schwanken. Die bitumenreichen Lager der deutschen Asphalte von Limmer und Vorwohle sind ziemlich abgebaut. Der Asphaltgehalt des in großen Lagern noch vorhandenen Gesteins beträgt nur noch etwa 6 vH. Es gibt aber auch Einschlüsse, die einen wesentlich höheren Asphaltgehalt aufweisen. Der Asphalt liegt dann in Spalten und Nestern. Die Mineralbestandteile sind bei diesen Asphalten ein sehr poröser und weicher Kalkstein. Der Stampfasphalt wird in den schon genannten Fundstätten im Tagebau oder bergmännisch gewonnen. Da der Asphalt an Mineralstoffe gebunden ist, so kann der Stampfasphalt, der im Mittel etwa 90 vH Kalkstein enthält, als Straßenbelag ohne weitere Beimischung verwendet werden. Er muß aber noch aufbereitet werden.

Ein sehr bitumenreicher Naturasphalt wird in Albanien bei Selenizza abgebaut. Er enthält:

Asphaltbitumen löslich in CS_2	78—82,5 vH
Mineralgehalt (Asche)	22—17 vH
Spez. Gewicht bei 15°	1,2
Erweichungspunkt nach K. S.	90°
Schmelzpunkt	120° C

Das von den Mineralstoffen befreite Asphaltbitumen ist hart und muß daher für den technischen Gebrauch gefluxt werden. Es dient zur Mastixherstellung. Der Gehalt an Asphalthenen ist mit 54,8 vH recht hoch (Malthenen 45,2 vH).

Eigenschaften. Das Asphaltbitumen der Stampfasphalte wird im Soxhlethkolben mit einem Lösungsmittel aus dem Durchtränkungsgestein ausgezogen und durch Abdestillieren im Wasserbade von seinem Lösungsmittel befreit. Hinsichtlich der Art des Lösungsmittels wird auf Abschnitt VII B d 7 S. 371 verwiesen. Auf diese Weise gewonnenes Asphaltbitumen zeigt eine günstige Lage des knetbaren Zustandes, wie Zusammenstellung 34 erkennen läßt.

Zusammenstellung 34.

Stampfasphalte	Frische Sizilianer-Asphalte	Frische mittel-italienische Asphalte	Val de Travers-Asphalte	Deutscher Stampf-asphalt
Schmelzpunkt K. S.	26°	53—59°	39,5	40°
Tropfpunkt	47—50°	74—81°	61	62°
Erstarrungspunkt	— 20°	— 6—8°	— 19	— 20
Fadenlänge.	>18 cm	>18 cm	>18 cm	>18 cm
Eindringungstiefe (Penetration)	rd. 200°	11—20°	44°	65°

Die Menge des Asphaltbitumens, die im Stampfasphalt vorhanden sein muß, richtet sich nach dem Hohlraum des Felsens. Der Asphalt muß die Hohlräume ausfüllen. Wird der Hohlraumgehalt zu etwa 20—30 vH angenommen, dann müssen 20—30 vH räumlich gemessene Anteile von Asphaltbitumens zugefügt werden, oder bezogen auf Gewichtshundertteile der Kalksteinmasse, deren Raumgewicht mit 2,26 angenommen werden kann, 8—13 vH. Wenn eine genügende Asphaltbitumenmenge von vornherein nicht im Stampfasphalt enthalten ist, muß sie durch Zusatz auf die richtige Höhe gebracht werden, wie das bei dem deutschen Stampfasphalt geschieht. Deutscher Stampfasphaltfelsen hat nur einen Gehalt von 6 vH Asphaltbitumen, der nicht ausreicht. Es wird daher dem deutschen Asphaltfelsen noch Erdölasphalt zugesetzt, in der Weise, daß das feingemahlene asphaltarme Gestein auf 60—90° C erwärmt und dann in einer Mischmaschine mit der erforderlichen Menge Mexphalt vermengt wird. Die Mischmaschine besteht aus einem Gefäß, in dem Rührarme und Schaber, die sich um eine senkrechte Welle drehen, die beiden Stoffe bei 160° C innig vermischen. Die nun entstandene Masse muß noch einmal gemahlen werden. Der deutsche Stampfasphalt nimmt dann die folgende Beschaffenheit an (Untersuchungsergebnis der Z.f.A.T.).

Zusammenstellung 35.

Nach dem Befund		Nach den Vorschriften
A. Chemische Zusammensetzung:		
Gehalt an löslichem Asphaltbitumen.	**11,16** Gew.-vH **= 25,0** Raum-vH	7,5—12 Gew.-vH
„ „ unlöslichem Asphaltbitumen . . .	1,07 Gew.-vH	1,6 Gew.-vH
„ „ kohlensaurem Kalk	80,20 Gew.-vH	Hauptmenge: kohlensaurer Kalk
„ „ kohlensaurer Magnesia	3,40 Gew.-vH	< 8 Gew.-vH
„ „ Ton (Al_2O_3, 2 SiO_2, H_2O).	**2,96** Gew.-vH	< 5 Gew.-vH
„ „ Gips ($CaSO_4$ ½ H_2O)	0,45 Gew.-vH	< 0,8 Gew.-vH
„ „ Pyrit (FeS_2).	0,44 Gew.-vH	< 0,5 Gew.-vH
„ „ freier Kieselsäure	0,20 Gew.-vH	< 2 Gew.-vH
	99,88 Gew.-vH	
B. Eigenschaften des löslichen Asphaltbitumens:		
Spezifisches Gewicht bei 20°	1,0398	
Schmelzpunkt nach Krämer-Sarnow . . .	**40,0°** C	> 25° C
Tropfpunkt nach Ubbelohde	62,0° C	> 50
Brechpunkt nach Fraaß		— 8° C
Streckbarkeit	18 cm	> 18 cm
Eindringungstiefe bei 25°.	65,4° = 6,54 mm	20—200°
Schwefelgehalt.	2,67 Gew.-vH	—

Wie aus der Spalte 3, die Angaben über die Vorschriften enthält, zu ersehen ist, erfüllt der deutsche Asphalt der Limmer und Vorwohler Grubenfelder in der angereicherten Form alle Bedingungen.

Die einzelnen Asphaltsorten unterscheiden sich aber noch in ihren Eigenschaften, die für ihre Anwendung von Bedeutung sind. So besteht nach

Untersuchungen der Z.f.A.T. (108) der Asphalt aus Sizilien aus einem sehr porösen Kalkstein. Während der bei 120° C mit 10 Schlägen eingestampfte mittelitalienische Stampfasphalt ein Raumgewicht von etwa rund 2 annimmt, der Neuchâtel-Asphalt 2,07, läßt sich der sizilianische Stampfasphalt nur bis auf 1,7 verdichten. Er zeigt also in diesem Zustande noch ganz erhebliche Hohlräume. Infolgedessen ist die Verdichtung des Stampfasphaltes auch in der Straßendecke anfangs eine ungenügende, so daß er leicht unter dem Verkehr schiebt, Wasser aufnimmt und durchläßt. Die Verdichtung schreitet nach unten nur sehr langsam fort. Erfolgt der Einbau im Herbst, so fehlt es an der genügenden Verdichtung bis zum Eintritt der feuchten und Frostwitterung. Die Masse nimmt Wasser leicht an, wodurch die Decke erweicht oder durch den Frost abgesprengt wird, sie zerfällt. Aber selbst wenn diese Wirkung nicht eintreten sollte, so muß mit einer anderen ebenso schädlichen gerechnet werden. Bei der Sprödigkeit des Asphaltes wird die Verdichtung von oben nach unten sehr langsam fortschreiten. Zuerst wird sich eine obere wenige Millimeter hohe dichte Schicht bilden. Im Winter wird die Verdichtung der unteren Zone durch Kälte und Wasser unterbunden; beginnt dann aber unter dem Einfluß von Sommerwärme die Verdichtung auch in die untere Zone sich fortzusetzen, dann verliert die obere Platte ihren Halt und sie bricht durch. Dieselbe Erscheinung werden solche Stellen im Stampfasphalt zeigen, die beim Darren verbrannt oder zu arm an Asphalt sind. In allen diesen Fällen zeigt die Stampfasphaltdecke dieselbe Art der Zerstörung. Es bilden sich netzförmige klaffende Risse, und die schadhafte Stelle wird mosaikartig. Sie nutzt sich unter dem Verkehr stärker ab und bildet eine Mulde, in der das Wasser stehenbleibt, das nunmehr in die Decke bis in den Beton eindringen kann und jetzt seinerseits die Zerstörung von unten fortsetzt. Beim Aufbruch des beschädigten Stampfasphaltes findet man in den meisten Fällen den Beton feucht und angegriffen. Das hat zu der Auffassung geführt, daß die ungenügende Festigkeit des Unterbetons Schuld an der Asphaltzerstörung trägt. Nach der heutigen Erkenntnis werden mosaikartige Fehlstellen sowohl auf Fehler im Beton, wie auch im Asphalt — fehlerhafte Zusammensetzung des Stampfasphaltes — zurückgeführt werden müssen. Daraus ist zu folgern:

Erstens, daß der Gehalt an Asphaltbitumen im sizilianischen Stampfasphalt eine bestimmte Grenze nicht unterschreiten darf, damit die Verdichtung nicht zu langsam vor sich geht. Es werden als Mindestgehalt 9 Hundertgewichtsteile vorgeschlagen.

Zweitens soll Stampfasphalt — das gilt für alle Arten — nur im Frühjahr oder Sommer verlegt werden, damit der Verkehr eine genügende Tiefendichte des Belages bewirken kann.

Drittens ist allgemein sachgemäße Herstellung des Unterbaues und der Decke Voraussetzung für die Haltbarkeit des Stampfasphaltes. Wie schon erwähnt, verdichtet sich der Stampfasphalt unter dem Verkehr im Laufe der Jahre sehr stark, so daß sein Hohlraumgehalt bis auf Null sinkt. Diese Verdichtung ist sogar notwendig, wenn die Decke haltbar bleiben soll. Stamphasphalt kann daher nur dort angewendet werden, wo von vornherein mit Verkehr zu rechnen ist. Bei ungenügender Verdichtung bleibt die Decke porös, Feuchtigkeit dringt ein und zerstört sie bald. Die Ansicht, daß es dem völlig verdichteten Stampfasphalt an der genügenden Nachgiebigkeit fehlt und er deshalb zertrümmert werden muß, wenn er zwischen starre Betonunterbettung und die Verkehrslast gerät, ist unzutreffend. Beobachtungen, die nach dieser Richtung hin von der Z.f.A.T. angestellt worden sind, haben keinerlei Anhaltspunkte dafür ergeben (108).

Die reichen Erfahrungen, die in den Großstädten mit Stampfasphalten gemacht worden sind und der Wunsch, von vornherein ihre Brauchbarkeit feststellen und schlechte ausscheiden zu können, haben dazu geführt, Vorschriften für die Bauausführung aufzustellen. Sie sind niedergelegt in den „Vorläufigen

Grundsätzen für die Herstellung und Unterhaltung von Stampfasphaltstraßen, aufgestellt im Jahre 1913 von der Vereinigung technischer Oberbeamter deutscher Städte und dem Verein zur Wahrung der Interessen der Asphaltindustrie in Deutschland[1]. Die Anforderungen, die an die Beschaffenheit des Stampfasphalts gestellt werden, sind niedergelegt in den „Vorschriften für die Prüfung (DIN 1995) und die Lieferung (DIN 1996) von Asphalt und Teer sowie von Asphalt und Teer enthaltenden Massen, soweit sie im Straßen-, Tief- und Hochbau verwendet werden, aufgestellt vom Hauptausschuß der Zentrale für Asphalt- und Teerforschung. Diese Vorschriften, die im Abschnitt VII B d abgedruckt sind, werden in den folgenden Abhandlungen mit DIN 1995/96 stets bezeichnet werden.

Für das deutsche Klima darf der Erweichungspunkt nicht tiefer als 25° liegen. Das entspricht einem Tropfpunkt von etwa 50°. Stampfasphalte, die einen niedrigeren Erweichungs- oder Tropfpunkt haben, werden im Sommer so weich, daß sie den Verkehr nicht mehr tragen können, sie erhalten Eindrücke.

Zu beachten ist auch der Tongehalt. Ton quillt bekanntlich bei Wasseraufnahme. Das hat sich auch bei Stampfasphalten gezeigt, die einen hohen Tongehalt aufgewiesen haben. Die Stampfasphaltflächen haben sich so ausgedehnt, daß sie sich an den Bordschwellen hochgeschoben haben. Sie haben dabei jeden Zusammenhalt verloren. 5 vH Tongehalt ist diejenige Grenze, die eingehalten werden muß, wenn die schädlichen Wirkungen des Tones vermieden werden sollen.

Die Prüfung des Stampfasphaltes erfolgt außerdem auf mechanischem Wege. Es werden 7 cm Würfel bei 120° geformt und diese folgenden Beanspruchungen ausgesetzt.

1. Es wird die Druckfestigkeit vor und nach 28tägiger Wasserlagerung bei 22° ermittelt. Der Druckabfall darf nicht mehr als 65 vH und die Quellung nicht mehr als 5 Raum-vH betragen. Höhere Werte lassen auf hohen Tongehalt schließen.

2. Die Wasseraufnahme unter Luftleere nach 28tägiger Wasserlagerung soll nicht über 25 Raum-vH betragen.

3. Die Eindrucktiefe bei 22° unter 52,5 kg/cm² Belastung in 5 Stunden darf mit Ausnahme beim Asphalt von Sizilien nur sehr gering sein. Hohe Eindrucktiefe läßt auf sehr weiches Bitumen und ungünstige Verdichtung schließen.

4. Die Asphaltmehle sollen so fein gemahlen sein, daß sie Körner über 2 mm nicht enthalten.

γ) Künstlicher Stampfasphalt.

Künstlicher Stampfasphalt besteht wie der natürliche Stampfasphalt aus Kalkstein und Asphaltbitumen und wird durch Heißmischung mittelfein gemahlenen Kalksteins mit der notwendigen Asphaltbitumenmenge hergestellt und wie natürliches Stampfasphaltpulver gelagert und eingebaut.

Vom Kalksteinfelsen selbst ist zu fordern: Tongehalt < 5 vH, Sandgehalt < 5 vH, Gips < 0,5 vH, Hohlräume < 5 Raum-vH. Die Mahlung dieses Kalksteins soll mittelfein sein und der des natürlichen Asphaltmehles ähneln, keinesfalls darf bloß, wie beim Füller, staubfeine Mahlung vorliegen, weil dann eine zu große, daher unwirtschaftliche Asphaltbitumenmenge gebraucht würde. Die Körnung des Kalksteinmehles ist in folgenden Grenzen zweckmäßig: < 0,06 und 0,06—0,088 mm etwa 30—50 vH, von 0,088—0,2, 0,2—0,6 und 0,6—2 mm je etwa 10—25 vH. Bezüglich der Korngrößenbezeichnung s. Abschnitt VII B a 12.

Das Asphaltbitumen darf keinesfalls Trinidadasphalt enthalten, sondern muß unbedingt ein guter knetbarer Erdölasphalt sein. Der Erweichungspunkt soll nicht niedriger als 35° und nicht höher als 45° liegen, damit einerseits keine

[1] Diese Vorschriften werden in Kürze in einer Neubearbeitung erscheinen.

Wellenbildung entsteht, anderseits die Verdichtung nicht zu schwierig wird. Im übrigen muß das Asphaltbitumen die Anforderungen erfüllen, die im Abschnitt VI K c 2 aufgeführt sind.

Der Asphaltbitumengehalt des durch die Maschine gründlich gemischten, bei 180° hergestellten künstlichen Asphaltmehles schwankt zwischen 8 bis 11 Gew.-vH, je nachdem der Kalkstein gröber oder feiner gemahlen ist. Die Mischung in der Hitze ist so lange fortzusetzen, bis alle Kalksteinteilchen vollkommen mit Asphaltbitumen umhüllt sind und das Pulver genau das schokoladenfarben braune Aussehen des natürlichen Stampfasphaltes besitzt. Der bei 140° eingestampfte künstliche Stampfasphalt muß haben: Druckfestigkeit bei 22°: > 30 kg/cm², nach 28tägiger Wasserlagerung darf die Druckfestigkeit nicht mehr als 65 vH abfallen.

Quellung: < 5 Raum-vH, Hohlräume: < 15 Raum-vH, Wasserdurchlässigkeit unter 0,3 Atm.: < 100 g/Stunde, Raumgewicht: $> 2{,}0$, Eindringung bei 22° unter 52,5 kg/cm² in 5 Stunden: < 5 mm, Zerstörung darf nicht eintreten.

Für künstliche Stampfasphaltmasse kommt die alleinige Verwendung von Teer als Bindemittel nicht in Frage, da die in solchen Decken in den ersten Wochen und Monaten stets zahlreich darin vorhandenen Hohlräume den auf großer Oberfläche verteilten Teer der Einwirkung von Feuchtigkeit und Luft aussetzen und nachteilig verändern (vgl. Bem. S. 225); auch würden solche Massen als Pulver nicht unverändert lagerungsfähig sein. Mischungen von Asphaltbitumen und Teer können verwendet werden, doch hat stets das Asphaltbitumen der Menge nach zu überwiegen und der Teerzusatz nur den schwierigen Mischvorgang in der Hitze zu erleichtern. An Stelle von Teer kann zu diesem Zwecke auch Anthrazenöl in Mengen von 10—15 vH des Asphaltbitumens verwendet werden. Der Ölzusatz ist vom Erweichungspunkt des Asphaltbitumens abhängig, keinesfalls darf der Ölzusatz so weit erhöht werden, daß der Erweichungspunkt der Asphaltbitumen-Teer- oder Anthrazenölmischung unter 35° liegt. Etwaige Teerzusätze sind stets der Menge und Art nach anzugeben.

Weil die ersten Versuche, den Stampfasphalt auf diesem Wege herzustellen, fehlgeschlagen sind, hat Dr. Zimmer versucht, die im Entwicklungsgang der Natur entstandene Durchtränkung des Stampfasphaltes nachzuahmen, d. h. einen Stampfasphalt synthetisch zusammenzustellen. Er geht davon aus, daß dem Schwefelgehalt im Asphalt insofern eine entscheidende Rolle zukommt, als er auf die bei der Zersetzung der Fettstoffe entstehenden Fettsäuren sulfonierend gewirkt haben müsse. Er hat daher ein ducrh Patent geschütztes Verfahren ausgebildet, bei dem der Kalkstein durch Anregung mittels der Alkalisalze der sulfonierten Fettsäuren den Asphalt bindet (109). Der Vorgang muß als ein physikalischer, nicht chemischer angesprochen werden. Auffallenderweise versteinert die Masse beim Eintritt der chemischen Reaktion. Sie muß daher wie Stampfasphalt gebrochen, gemahlen und gedarrt werden, ehe sie eingebaut werden kann. Synthetische Asphalte, die nach diesem patentierten Verfahren hergestellt und sonst wie Stampfasphalt in Berliner Verkehrsstraßen eingebracht worden sind, haben keinerlei Unterschiede gegenüber dem natürlichen Stampfasphalt gezeigt (63, 109).

δ) Die Decken unter Verwendung von Stampfasphalt.

Aufbereitung. Das Gestein wird im Bruch nach seinem Asphaltgehalt erst sortiert, indem die mageren Stücke für Stampfasphaltdecken bestimmt werden, die fetteren zur Asphaltmastixbereitung. Auch die Stampfasphalte haben vielfach noch leichte Öle, die man entweichen läßt, indem man den Asphaltfelsen einige Zeit lagert. Der Ölabgang zeigt sich dann in dem Bleichen der Masse. Das Gestein wird in Steinbrechern etwa auf Faustgröße gebrochen und dann zu Mehl gemahlen. Die Mahlung kann in Kollergängen und Kugelmühlen nicht vorgenommen werden, weil dabei Wärme entsteht, durch die der Asphalt klebfähig wird und zusammenbackt. Die Zerkleinerung zur Mehlfeinheit erfolgt daher in Gitterbrechern (Desintegratoren), die im Abschnitt IX beschrieben sind. Das Gut wird dann auf Sieben abgesiebt und der Rückstand noch einmal in die Mahlmühle geschickt. Zur Herstellung von Decken muß das Pulver erhitzt werden, damit der in den Kalksteinkörnern steckende Asphalt ausgetrieben wird, an die Oberfläche tritt und seine Bindekraft ausüben kann. Die Erhitzung erfolgt entweder in geheizten rotierenden Trommeln, in Plandarren oder Tellerdarren. Nicht alle Asphalte vertragen das Darren in Trommeln, deshalb hat das Darren auf ebenen Rosten eine größere Anwendung gefunden. Auf den Plandarren wird der Stampfasphalt in Zeitabständen umgeschaufelt, damit er gleichmäßig erwärmt wird. Asphalte aus Sizilien werden mit ungefähr 100—110° 2—3 Stunden lang gedarrt. Bei dem Asphalt von Neuchâtel kann die Darrhitze bis auf 150° gebracht werden. Der Darrvorgang bezweckt die Entfernung der Feuchtigkeit und der flüchtigen Bestandteile aus dem Pulver, Erweichung des Asphaltbitumens und seinen Austritt an die Kornoberfläche. Ferner bewirkt die Erwärmung des Asphaltes ein Weichwerden und zugleich Hervorquellen des Asphaltbitumens aus den Poren des Kalksteinmehles, so daß er klebfähig wird und sich unter Druck leicht zusammenpressen läßt. Aus gewissen Beobachtungen hat man gefolgert, daß eine Lagerung des Asphaltmehles vor dem Darren günstig ist, indem auch schon unter diesen Verhältnissen ein Austreten von Asphalt aus den Körnern bewirkt wird. Denn frisch gemahlenes Asphaltpulver läßt sich nicht so gut darren wie abgelagertes. Eine zu starke Erwärmung kann bewirken, daß der Asphalt verbrennt, d. h. daß auch die schweren Öle ausgetrieben werden und gewissermaßen nur das Pech übrigbleibt, das bei gewöhnlicher Lufttemperatur spröde ist. Einer solchen aus verbranntem Asphalt hergestellten Decke fehlt die Klebwirkung und die Fähigkeit unter dem Verkehr zu verdichten, sie zerfällt sehr schnell. Die zulässigen Darrtemperaturen, die für jeden Asphalt durch Erfahrung bekannt sind, dürfen nicht überschritten werden.

Die Plandarren sind entweder bewegliche Felddarren oder ortsfeste. Die ersteren werden in der Nähe der Baustellen aufgestellt und das Mehl gleich an Ort und Stelle gedarrt. Ihr Nachteil besteht in einer ungenügenden Ausnutzung des Heizmateriales, da diese Darren in ihrer einfachen Form mit Wärmeverlusten arbeiten, auch wird die Umgebung durch Rauch belästigt. Sie sind aber dort am Platze, wo nur gelegentlich Straßen gebaut oder ausgebessert werden. An Stellen, wo große Straßenflächen aus Stampfasphalt liegen und infolge des jährlichen Neubedarfs und der fortdauernden Unterhaltung der Asphaltflächen die Darren ununterbrochen in Betrieb sein können, sind ortsfeste Darren zweckmäßiger. Der Asphalt gibt seine Wärme nur schwer ab, so daß er nach dem Darren auf größere Entfernung befördert werden kann, ohne daß eine Abkühlung eintritt, die einen Einbau in der Straße unmöglich machen würde. Deshalb sind, in allen Städten, in denen der Stampfasphalt in größerem Umfange verlegt worden ist, ortsfeste Anlagen zu finden.

Der große Vorteil der Stampfasphaltstraßen liegt in ihrer leichten Unterhaltung. Ist die Decke abgenutzt oder durch besondere Einflüsse schadhaft geworden, dann wird sie abgehoben und mit frischem Stampfasphalt belegt. Die Umlegung erfordert nur geringe Zeit, die neuen Flächen können sofort dem Verkehr übergeben werden. Der Asphaltaufbruch kann sogar wieder verwendet werden, indem er neuem Asphalt zugesetzt wird, nachdem er vorher gereinigt und wieder feingemahlen ist. Es gibt Stampfasphalte, die sogar mit Aufbruchzusatz besser werden, z. B. die Stampfasphalte vom Val de Travers. Allerdings sind hier Grenzen gesetzt. Nach den „Vorläufigen Grundsätzen" soll der Zusatz 25 vH nicht überschreiten. Stampfasphalt, der längere Zeit schon in der Straße gelegen hat, wird durch Verdunstung härter.

Wenn man berücksichtigt, daß der Aufbruch auch noch einmal gemahlen wird und dabei eine größere Kornfeinheit erhält, wodurch wieder die Komprimierbarkeit leidet und die Dichte geringer wird, demgemäß auch eine größere Porosität und Wasseraufnahme, höhere Aufquellung und Abnutzung auftreten, dann erkennt man, welche Grenzen der Zumischung von Aufbruch gesetzt sind.

Denn ein Stampfasphalt, dessen Bindemittel in dieser Weise ölarm geworden ist, wird sich nur sehr schwer verdichten. Er bleibt sehr lange porös. Bei Einbau der Decke im Frühjahr und Sommer kann dieser Übelsstand in seiner Wirkung abgeschwächt werden, weil die Wärme und der Verkehr ihn zusammendrücken können.

Bei Einbau im Herbst oder Winter treten dieselben Erscheinungen auf, die auch der sizilianische Stampfasphalt wegen seines Gehaltes an porösem Kalkstein zeigt, d. h. ungenügende Verdichtung, und die zu denselben Mißerfolgen führen.

Aus der Verdichtung des Stampfasphaltes ergibt sich eine Erscheinung, die durch den Kraftwagenverkehr hervorgerufen wird, ganz besondere Aufmerksamkeit erfordert und für alle Asphaltstraßen gilt. Die verdichtete hohlraumlose Asphaltdecke fängt die Schlagwirkungen der Verkehrsstöße nicht mehr in dem Maße ab wie die poröse, sondern gibt sie ungemildert an die Betonunterlage weiter, so daß der Beton viel höheren Beanspruchungen ausgesetzt ist. Dieser Vorgang hat besondere Bedeutung für die Erhaltung der Asphaltstraßen unter dem Kraftwagenverkehr. Kraftwagenverkehr nutzt die Stampfasphaltdecken weniger ab als Pferdeverkehr. Anders gestalten sich aber die Verhältnisse, wenn Stöße auftreten. Ihre Wirkung wird unvermindert auf den Unterbeton übertragen.

Einbau. Der Stampfasphalt ist nur Abnutzungsschicht, nicht Tragschicht. Er erfordert also eine standfeste Unterbettung. Für Stampfasphaltstraßen gilt dasselbe wie für alle Straßen, daß sie nur auf gutem Baugrund errichtet werden können. Auf Moor- oder Torfboden, oder im Senkungsgebiet des Bergbaues können Asphaltstraßen nicht gebaut werden. Bei Lehm- und Tonböden ist eine Entwässerung wie sie im Abschnitt V B (S. 105) behandelt ist, notwendig. Unter Umständen kann eine Kiesschicht auf dem Lehm- oder Tonboden angebracht sein. Als tragender Unterbau wird seit Jahrzehnten eine Zementbetonlage von etwa 20 cm Stärke im Mischungsverhältnis 1 : 8 verwendet. Diese Form der tragenden Schicht hat sich außerordentlich bewährt, sie hat sich, solange Pferdeverkehr auf den Straßen vorgeherrscht hat, als nahezu unvergänglich erwiesen. Wo an sich der Beton gut gewesen ist, hat sich die Unterhaltung der Straße nur auf die Asphalt- als Abnutzungsschicht erstreckt. Erst der schwere Kraftwagen als Lastkaftwagen und Kraftomnibus hat auch den Betonunterbau in Mitleidenschaft gezogen.

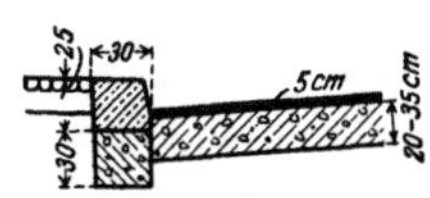

Abb. 154. Stampfasphaltdecke auf Beton.

Die Betondecke wird auf den gut abgeglichenen Boden ausgebreitet. Bei der Herstellung des Betons sind die gegenwärtig dafür geltenden Grundsätze streng zu beachten (110).

Für die Baustoffbeschaffenheit und Ausführung von Betonunterbau für Asphaltstraßen gelten dieselben Grundsätze wie für Betonstraßen (Abschnitt VI D) Die Stampfasphaltdecken verlangen an den Seiten einen Abschluß aus Bordschwellen, aus Naturstein oder Beton, die auf Unterbettung ruhen oder tief in das Planum einbinden. Abb. 154 zeigt die Ausbildung an der Bordkante. Für diese Bordschwellen gelten die Dinormen Nr. 482.

Auf dem vorschriftsmäßig verlegten Beton wird, nachdem er genügend Zeit gehabt hat, zu erhärten — etwa 14 Tage —, die gedarrte Stampfasphaltmasse ausgebreitet. Um eine 5 cm starke Decke zu erhalten, muß die Masse etwa 8 cm hoch aufgeschüttet werden. Sie wird zwischen 8 cm hohen Leisten ausgebreitet und dann mit einer Profillehre abgezogen. Alsdann wird die noch warme Masse mit 15—20 kg schweren eisernen Stampfern, die auf der Baustelle in einem Koksfeuer erwärmt worden sind, und mit kleinen Handwalzen, die innen durch ein Koksfeuer geheizt werden, eingeebnet und verdichtet. An Stellen, die mit Stampfern und Walzen schwer zu behandeln sind, wie z. B. an Bordschwellen, Schachtabdeckungen, Straßenbahnschienen u. a. wird der Stampfasphalt mit heißen Bügeleisen von 25—30 kg Gewicht mit ansteigendem Stiel und geschweifter Platte geglättet. Es werden etwa 100 kg Stampfasphaltmasse auf 1 m^2 Straßenfläche verbraucht. Der Anschluß an der Bordschwelle muß sorgsam erfolgen, damit die Feuchtigkeit, die in der Rinne am stärksten auftritt, nicht unter die Asphaltschicht gelangen kann. Weil der Verkehr den Asphalt in der Rinne nicht genügend dichtet und daher der porös gebliebene Stampfasphalt durch Wasser besonders leicht angegriffen werden kann, legen manche Asphaltunternehmungen hydraulisch gepreßte Platten (vgl. Abschn. VI K c 1 ζ) in die Rinne. Unter den mechanischen Einwirkungen verdichtet sich die Masse des Stampfasphaltes, die weitere Verdichtung wird dem Verkehr überlassen, der sofort die Decke benutzen kann. Dieser Vorgang ist äußerlich daran zu erkennen, daß das Raumgewicht im Laufe der Jahre zunimmt, da die Hohlräume immer geringer werden. Nach dem Einbau haben die besten Stampfasphalte ein Raumgewicht von etwa 2,05, nach fünf Jahren ist es auf 2,25—2,35 gestiegen. Es sind in Straßen mit starkem Verkehr Stampfasphaltdecken gefunden worden, die nur 0,0—0,5 Raum-vH Hohlräume aufweisen, mithin höhere Dichte als Granit haben (108).

Die Betonunterbettung in einer Stärke von 20 cm hat dem Verkehr der Pferdegespanne Jahrzehnte widerstanden, so daß heute noch an vielen Stellen die ersten bei der Herstellung angelegten Betonplatten liegen. Dort, wo mit Verkehr von Lastkraftwagen und Kraftomnibussen zu rechnen ist, wird diese Stärke nicht mehr ausreichen. Man ist daher schon bald in England und Amerika dazu übergegangen, sie auf 25—35 cm zu verstärken. Es hat sich auch an Straßen in Berlin gezeigt, daß nur durch eine Verstärkung der Betonunterbettung die Erschütterungen, die vom Kraftwagenverkehr ausgehen, vermindert werden können. Denn je größer die träge Masse, desto geringer werden ihre Schwingungen bei Stößen sein. Eine starke Betondecke wird also weder durchbrechen noch Erschütterungen fortpflanzen. Ganz werden sich Stöße auf Stampfasphaltdecken nicht vermeiden lassen, da an den Ausbesserungsstellen, an den Abdeckungen der Versorgungsleitungen u. a. eine gleich hohe Anlage der Stampfasphaltdecke nicht zu erreichen ist. Zu fordern ist, daß Durchbrüche der Betondecke vermieden werden. Denn die Ausbesserung der Betondecke kann niemals in einen so widerstandsfähigen Zustand gebracht werden wie die ursprüngliche einheitliche Decke. Sind erst einmal Durchbrüche eingetreten, dann wiederholen sie sich nach Erfahrungen des Verfassers in kurzen Abständen, bis schließlich die Betonunterbettung nur noch aus Flickstellen besteht und im ganzen erneuert werden muß. Das hat sich auf verschiedenen stark befahrenen Straßen in den Großstädten mit Kraftomnibusverkehr bereits als notwendig erwiesen.

Statt der Vermehrung der Betonstärke käme auch die Herstellung in einer fetteren Betonmischung und das Einlegen von Eiseneinlagen in Frage. Diese Maßnahme wird aber nur gelegentlich anwendbar sein. Die Londoner Umgehungsstraße Great West Road in Middlesex hat eine 25 cm starke Betondecke erhalten, bei der 5 cm über der Unterkante ein eisernes Maschengeflecht von $17{,}5 \times 7{,}5$ cm in Stärken von 4—5 mm Durchmesser eingelegt worden ist. Vermutlich ist wenig tragfähiger Untergrund die Ursache der Bewehrung gewesen. Bei Betonplatten von fetter Mischung mit und ohne Eiseneinlagen zur Ersparung an Plattenstärke wird aber auf den Vorteil der größeren Masse bei Erschütterungen verzichtet. Im allgemeinen wird eine Mischung von 1 Raumteil Zement und 8 Raumteilen Zuschlag angewendet. Vor allem verbietet die Möglichkeit, jederzeit die Betonunterbettung aufbrechen zu müssen, eine zu große Festigkeit des Betons sowohl wie die Verwendung von Eiseneinlagen. Da in der städtischen

Straße, für die ausschließlich der Stampfasphalt in Frage kommt, die Versorgungsleitungen untergebracht werden, die bisweilen aufgenommen, neu verlegt, ausgewechselt und bei Schadhaftigkeit instand gesetzt werden müssen, so muß unbedingt mit gelegentlichem Aufbruch des Betons gerechnet werden. Selbst bei Anwendung von neuzeitlichem Arbeitsgerät, wie Preßluftwerkzeugen, würde der Aufbruch eines Betons von zu großer Widerstandskraft oder mit einem Netz von Eiseneinlagen einen zu hohen Arbeitsaufwand und zu lange Zeit erfordern, so daß hier Grenzen gesetzt sind (110).

Unterhaltung. Der Vorteil des Stampfasphaltes gegenüber anderen Pflasterarten beruht in seiner leichten und den Verkehr wenig behindernden Unterhaltung. Sie muß allerdings auch regelmäßig und sorgsam erfolgen. Da die Aufbereitung des Stampfasphaltes Fabrikanlagen und ausreichende Erfahrung erfordert, so haben die Städte in der Mehrzahl die Unterhaltung denjenigen Unternehmern übertragen, die die Stampfasphaltdecken hergestellt haben.

Nach den schon genannten „Vorläufigen Grundsätzen“ sind bei der Unterhaltung folgende Anforderungen zu erfüllen: Die Stampfasphaltdecke einschließlich der Betonunterbettung ist in einem guten, fahrbaren Zustand zu erhalten. Sie darf keine fehlerhaften Risse oder Löcher zeigen und muß überall an den in der Straße liegenden Einbauten, Schachtabdeckungen dicht anschließen. Die Oberfläche muß eben und regelmäßig sein, so daß der Abfluß des Wassers nicht behindert wird. Es darf ein Richtscheit von 1,0 m Länge, in irgendeiner Richtung auf die Asphaltoberfläche gelegt, mit dieser an keiner Stelle einen größeren Spielraum als 45 mm zeigen. Die Oberfläche muß beim Ablauf der Unterhaltung eine gleichmäßige Stärke von 15 mm haben.

Die beiden letzten Bestimmungen sind mit Rücksicht auf den inzwischen angewachsenen Kraftwagenverkehr von besonderer Bedeutung. Höhenunterschiede in der Decke von 15 mm machen sich als Wellen bemerkbar. Laufen diese Wellen parallel mit der Straßenachse, dann behindern sie den Wasserabfluß, sind sie normal zur Straßenachse gerichtet, dann verursachen sie Stöße der Kraftwagen, durch die die Decke beschädigt werden kann. Wellenbildung zeigen Stampfasphalte selbst bei hoher Lage des Tropfpunktes im Sommer, wenn sie stark der Sonne ausgesetzt sind, beispielsweise in ostwestlich gerichteten Straßen, wenn diese Straßen zugleich einen lebhaften Gespannverkehr gehabt haben. Diese Faltenbildung ist auf ein Schieben der Räder zurückzuführen. Daher haben diese Falten, in der Fahrtrichtung des Verkehres gesehen, eine konkave Form (63) in ganzer Straßenbreite, also S-Form. Wellenhöhen bis zu 36 mm sind gemessen worden. Wellenbildung wird jetzt auch durch den Kraftwagen in Krümmungen durch die Fliehkräfte und das Abbremsen bei dem Einbiegen um eine Straßenecke hervorgerufen. Demnach ist die Beseitigung der Wellen, ganz gleich in welcher Richtung sie verlaufen, unbedingt zur Erhaltung der Decke erforderlich. Jede Vernachlässigung in der Unterhaltung kann schon in kurzer Zeit zu größeren Schäden, wie Betondurchbrüchen, führen.

Die letztgenannte Bestimmung, daß die Decke nicht unter 15 mm abgefahren sein darf — bei einer üblichen Deckenstärke von 50 mm würde das einem Verlust von 35 mm entsprechen —, erscheint gegenwärtig zu weitgehend. Eine solche flache Schicht wird unter der schiebenden Wirkung der Vorderräder und der angetriebenen Hinterräder schnellfahrender Kraftwagen nicht standhalten. Es gibt zwar Stampfasphalte, die, selbst auf eine solch geringe Stärke abgefahren, ihren Zusammenhang noch behalten. Zu diesen gehören die aus den Abruzzen stammenden Stampfasphalte, aber in der Mehrzahl können sie den Angriffen nicht mehr widerstehen. Darum wird die Erhaltung einer stärkeren Decke gefordert werden müssen, etwa von mindestens 25 mm. Eine Verteuerung der Unterhaltung wird deshalb kaum zu erwarten sein, weil mit Rückgang der Gespanne mit eisernen Reifen die Abnutzung der Stampfasphaltdecken geringer werden wird. Auf jeden Fall muß vor dem einen Irrtum gewarnt werden, als ob für den gummibereiften Kraftwagenverkehr die Anforderungen an die Unterhaltung des Stampfasphaltes herabgesetzt werden können. Nachgeben in dieser Hinsicht unter dem Druck der Finanznot hat bereits in Städten mit umfangreichen Stampfasphaltflächen zum Verfall der Decken geführt. Es wird als Erfahrungstatsache festgehalten werden müssen, daß der Stampfasphalt auch für den Kraftwagenverkehr eine ausgezeichnete Straßenbefestigung in Städten abgibt, wenn er mit derselben Sorgfalt wie früher unterhalten wird.

Da der Stampfasphalt, um der Feuchtigkeit und dem Frost zu widerstehen, verdichtet sein muß, so ergibt sich daraus von selbst, daß er im Winter nicht verlegt werden kann. Etwa in die noch poröse Decke eindringende Feuchtigkeit würde der Verdichtung entgegenstehen und im Frost die Masse aufbrechen. Deshalb schreiben die „Vorläufigen Grundsätze" vor, daß zwischen dem 16. November und 14. März Stampfasphaltarbeiten nicht vorgenommen werden dürfen.

ε) Die Schlüpfrigkeit der Stampfasphalte und die Mittel zu ihrer Beseitigung.

Gegen die Verwendung von Stampfasphalt wird geltend gemacht, daß er schlüpfrig wird. Seine glatte Oberfläche verringert die aufzuwendende Zugkraft erheblich, sie ist aber auch die Veranlassung, daß Stampfasphalt in Steigungen höchstens bis 1,25 vH (1 : 80) zugelassen wird. Die Glätte wird vermehrt, wenn die Reifen der Kraftwagen mit Gleischutznieten versehen sind, die den Stampfasphalt blank polieren. Die Hauptursache für die Schlüpfrigkeit ist aber das Tropföl, das von den Kraftwagen abtropft und durch die Reifen dünn ausgebreitet wird und dadurch die Oberfläche glättet. Das Abtropfen von Öl auf die Fahrbahn wird nicht verhindert werden können.

Das Tropföl bildet mit anderen Schmutzstoffen eine Kruste, die auf allen Fahrbahnflächen ohne Ausnahme entsteht und nicht in erster Linie der Art des Fahrdammbelags zuzuschreiben ist. Diese auf der Straße festhaftende Schmutzschicht wird bei Zufuhr kleiner Wassermengen, wie dies beim Besprengen und Eintreten leichter Regen der Fall ist, in einen zähen, als Schmierschicht wirkenden Schlamm verwandelt. Diese Schmutzschicht lagert sich sowohl auf Asphaltbelag wie auch auf Holz- und Steinpflaster ab, macht sich aber naturgemäß bei fugenloser Straßendecke beim Aufweichen besonders als Gleitschicht bemerkbar. Die Schlammschicht — auch als Glibber bezeichnet — hat einen emulsionsartigen Charakter. Das weiche Regenwasser hat ein besonders großes Aufweichvermögen. Die Schicht ist sehr dünn. Nach Messungen beträgt sie etwa nur 1—3 g/m^2, 10—20 vH der Gesamtmenge sind in Wasser lösliche Stoffe, 30—40 vH stammen vom Stampfasphalt, der Rest sind organische Stoffe — Woll- und Lederreste, Mineralöl, tierische Fäkalien, Kautschuck. Die zweite Ursache der Schlüpfrigkeit wird in den Eigenschaften des Bitumens gesehen. Nach Nellensteyn (112) kann sich dieser Einfluß auf zweierlei Art geltend machen:

1. auf die Art des gebildeten Schlammes,
2. auf die Oberflächenbeschaffenheit der Fahrbahn.

Die Schlüpfrigkeit der Stampfasphalte wird auf den fein verteilten Kalksteingehalt zurückgeführt. Zutreffender ist wohl die Ansicht, daß die Schlüpfrigkeit auf dem freien öligen Medium des Asphaltbitumens beruht, das als eine Art Oberflächenschmierung wirkt. Gerade das Asphaltbitumen des Stampfasphaltes enthält nach den Untersuchungen der Str.V.St. viel Asphaltöl. Eine Ausnahme soll der Boetonasphalt machen (s. S. 244), der eine griffige Oberfläche geben soll. Da aber der Boetonasphalt erst neuerdings eingeführt ist, und erfahrungsgemäß neue Stampfasphaltstraßen rauher sind als länger liegende, wird man mit dem endgültigen Urteil darüber noch warten müssen. Auf jeden Fall muß bei Stampfasphalt mit Schlüpfrigkeit gerechnet werden. Es sind daher viele Versuche gemacht worden, um den Stampfasphalt anzurauhen. Sie sind nach 2 Richtungen vorgenommen worden, einmal, um die Oberfläche von schon verlegten, zweitens, um neuzuverlegende Strecken anzurauhen.

An vorhandenen Stampfasphaltstraßen ist das maschinelle Einfräsen in Form sich kreuzender Rillen unbefriedigend geblieben. Auch die Versuche, die Oberfläche durch Heizwalzen plastisch zu machen und dann mit einer Prägewalze die Oberfläche zu riffeln, haben in Straßen mit schwerem Verkehr keinen Erfolg gehabt. Die Waffelmuster haben sich sehr schnell wieder ausgefahren. Es ist auch das in den V. St. A. für die Instandsetzung von Sandasphalt und Asphaltbeton eingeführte Grecoverfahren angewendet worden. Bei ihm läßt man Heißluft von 200—250°, die durch einen Ölbrenner erzeugt wird, im Schutze einer Haube auf die Oberschicht so einwirken, daß sie sich abkratzen läßt. Auf die noch warme Decke wird eine dünne Schicht Splitt aufgetragen und mit heißem flüssigen Bitumen abgespritzt und festgewalzt, oder es wird erst eine heiße bituminöse Masse (Spramex) aufgetragen und darauf eine dünne Asphaltfeinbetondecke verlegt. Auch Gußasphaltschichten von 1,2—1,5 cm Stärke sind aufgebracht worden. Bei einem anderen Verfahren wird die Decke nur angewärmt und dann eine heiße Gußasphaltschicht aufgetragen, die sich mit der Stampfasphaltschicht verbinden soll. Bei diesem Verfahren besteht die Gefahr, daß die obere Stampfasphaltschicht verbrennt und keine genügende Klebekraft ausübt. Auch durch chemische Behandlung der Oberschicht ist versucht worden, eine rauhe Deckschicht mit der Stampfasphaltlage zu verbinden.

Alle Versuche durch Anstrich mit Teer oder Asphalt und nachfolgender Absplitterung eine rauhe, griffige Oberfläche zu schaffen, haben nur kurze Dauer gehabt. Die Haftung zwischen Asphalt und Belag war unregelmäßig, so daß sich die Beläge bald loslösten und abheben ließen (113, 114).

Die Z. f. A. T. steht auf dem Standpunkte, daß es zweckmäßig ist, den Stampfasphalt so zusammenzusetzen, daß er sich nicht mehr gleichmäßig abnutzt, sondern ausgesprochen ungleichmäßig, so daß der Belag nicht mehr völlig glatt geschlossen sondern höckerig, löcherig und rauh wird, und daß andrerseits der abgenutzte, aufliegende Schlamm wenig e nheitlich in der Körnung und heterogen in stofflicher Hinsicht sich gestaltet.

Bei neuzuverlegendem Stampfasphalt werden zur Anrauhung dem Asphaltmehl Gesteinsstoffe vor dem Darren zugefügt, die mit Asphaltbitumen oder Teer umhüllt sind (Splittasphalt). Die Korngröße geht bis 8 mm. Die Menge schwankt zwischen 20—30 vH. Sie verteilt sich über die ganze Masse des Stampfasphaltes. Infolgedessen liegen nur sehr wenig Körner jeweils an der Oberfläche. Ihre Anzahl genügt nicht, um eine Anrauhung vorzunehmen. Sie nutzen sich weniger ab als das Stampfasphaltmehl. Bei der geringen Korngröße von 3—8 mm haften sie auch nicht genügend und werden bald nachdem sie an die Oberfläche gekommen sind, herausgebrochen. Die Narben sind deutlich bei Splittasphalt zu erkennen. Auch die Anwendung von magerem Asphaltfelsen (5—6 vH Asphaltbitumengehalt) (D.R.P. 517392), der auf etwa 10 mm Körnung gebrochen und auch dem Stampfasphalt zu 15—20 vH beigefügt wird, kann diese Rauhigkeit nicht verbessern. Versuche auf der Straßenbauprüfungsmaschine der Materialprüfungsanstalt der Technischen Hochschule Stuttgart, die auf S. 373 beschrieben ist, haben keine höhere Rauhigkeit als bei Stampfasphalt ergeben (S. 31).

Ein wesentlich erfolgreicheres Verfahren, das vollkommen den zuvor erwähnten Grundsätzen der Z. f. A. T. entspricht, ist das vom Verfasser schon in der ersten Auflage angedeutete, inzwischen durch vielfache Versuche erprobte Verfahren, die Anrauhung an der Oberfläche vorzunehmen (D.R.P. 526259). Das wie üblich gedarrte Stampfasphaltpulver wird ausgebreitet und dann von oben erwärmtes, bituminiertes Hartgestein zwischen 5—20 mm Körnung in erheblicher Menge aufgebracht. Dies wird dann eingewalzt. Ein Stampfen ist nicht mehr erforderlich. Während in dem üblichen Stampfasphaltmehl jede Walze einsinken und mahlen würde, wird jetzt die Oberfläche durch das Hartgestein so griffig, daß die Walze den genügenden Reibungswiderstand findet und sich vorwärtsbewegen kann. Man spart also bei diesem Verfahren die Stampfarbeit, so daß die Mehrkosten des aufzubringenden erwärmten, bituminierten Splittes dadurch nicht nur aufgewogen werden, sondern sogar eine Verbilligung eintritt, wie Ausführungen ergeben haben. Das Hartgestein dringt in das lose Stampfasphaltmehl ein und verankert sich dort. Der untere Teil der Hohlräume der Hartgesteinsmasse wird durch Stampfasphaltmehl ausgefüllt. Der obere bleibt rauh. Die Bituminierung, bei der ein besonderes Asphaltbitumen von hoher Klebkraft zu wählen ist, befördert ein sehr festes Anhaften des Gesteins im Asphalt und der Körner untereinander. Außerdem kann die Stampfasphaltschicht, die üblicherweise 5 cm beträgt, auf 4—3 cm verringert werden. Solche Decken geben sehr rauhe und griffige Beläge, wie die Versuche auf der schon erwähnten Straßenbauprüfungsmaschine gezeigt haben. Dafür sprechen die folgenden Überlegungen.

Auf allen ebenen fugenlosen Belägen breitet sich der Glibber in gleichmäßiger Schicht aus und wird durch den Verkehr aufgeplättet. Daran können so geringe Gesteinsmengen, wie sie beim Splittasphalt an der Oberfläche liegen, nicht viel ändern. Der spezifische Flächendruck bei Luftreifen ist an sich gering. Es genügt auf ebenen, fugenlosen Bahnen nicht, den Glibber beiseite zu drücken. Der Kraftwagenkonstrukteur sucht das durch eine gemusterte Lauffläche zu erreichen (Prof. Dr. Becker). Im Straßenbau kann es unterstützt werden, wenn das Rad auf einer Anzahl von Spitzen läuft, auf denen ein größerer spezifischer Flächendruck auftritt. Diese Spitzen weist das hier beschriebene Verfahren in reichen Mengen und in widerstandsfähiger Form auf, so daß die Rauhigkeit bei allen Witterungszuständen gewährleistet ist. Die Decke läßt sich auch gut wieder auffrischen. Wenn einzelne Teilchen sich lösen sollten, so hinterlassen sie Unebenheiten. Wenn jetzt eine Oberflächenbehandlung darauf gebracht wird, die mit reichlich Splitt und Grus oder mit bituminiertem Grus und Splitt abgedeckt wird, findet diese Auflage an den vielen Unebenheiten genügend Widerstand. Diese Decke kann sich nicht abschieben, wie das bei den auf gewöhnlichem Stampfasphalt verlegten Teppichen ausnahmslos beobachtet worden ist. Das beschriebene Verfahren (D.R.P. 526259) entspricht in seinem Aufbau den Grundsätzen, die auf dem VI. I. Str.K. in Washington zur Behebung der Schlüpfrigkeit von Asphalt- und Teerstraßen aufgestellt sind (vgl. S. 330).

ζ) Stampfasphaltplatten.

Bei der Behandlung des Stampfasphaltes ist schon darauf hingewiesen, daß für seine Herstellung und Unterhaltung Darranlagen notwendig sind. Um auch in kleineren Ortschaften und Städten, in denen die geringe Zahl an Straßen die Errichtung solcher Einrichtungen nicht lohnt, Stampfasphalt einführen zu können, werden Asphaltplatten hergestellt, die auf einer Betonunterbettung mit möglichst dichten Fugen verlegt werden. Bei diesen Platten kann eine Verdichtung durch den Verkehr nicht erwartet, aber auch nicht zugelassen werden, denn durch die Fugen kann Feuchtigkeit unter die Platten geraten, und selbst wenn an der Oberfläche bereits eine Verdichtung eingetreten ist, kann sie von unten zerstörend wirken. Die Platten werden daher von der Fabrik verdichtet geliefert. Gedarrtes Stampfasphaltmehl wird in Pressen, wie sie bei der Kalksandstein- oder Betonplattenerzeugung benutzt werden, mit einem Druck von 125 kg/cm² hydraulisch gepreßt. Ihre Stärke beträgt zwischen 2,5—5 cm, Kantenlänge 25 cm. Der Stampfasphalt muß den zuvor genannten Bedingungen entsprechen. Die Platten werden auf Betonunterlage verlegt, sie erhalten einen Anstrich an der Unterfläche und an den Fugen von heißem Asphaltbitumen.

Plattenasphalt kommt nur für Straßen mit geringem Verkehr in Frage. Er hat nicht überall den Erwartungen entsprochen. So haben in vielen Straßen die Platten sich in der Richtung des Verkehrs verschoben, weil die auf der Unterseite glatten Platten nicht genügend Reibung auf dem Beton finden. Die Fugen verlaufen also von einer Bordkante zur anderen in Form einer S-Krümmung. Außerdem lassen sich die Fugen nicht so dicht herrichten, daß nicht ein kleiner Zwischenraum entsteht. Diese geringe Lücke und der dadurch gebildete Absatz bieten den Verkehrslasten, vornehmlich den Pferdehufen und eisernen Wagenrädern, Angriffspunkte, und an dieser Stelle setzt die Zerstörung ein, eine Erscheinung, die bei allen Pflasterarten mit Fugen zu beobachten ist. Solche Platten lassen sich auch als Rauhstampfasphaltplatten nach D.R.P. 526259 herstellen, indem die Oberschicht mit Hartgestein gehärtet wird. Zweckmäßig haben sich Platten zur Belegung von Bahnsteigen, Versammlungsplätzen und Fabrikfußböden erwiesen.

Neuerdings werden solche Stampfasphaltplatten auch farbig hergestellt. Da solche Platten nicht unbedingt frostsicher sind, ist Vorsicht geboten. Ihre Anwendung bleibt dann auf Innenräume beschränkt.

η) Der Kalksteinasphalt.

hat eine recht einfache Verwendung in Spanien gefunden. Man verwendet hier gebrochene Masse von 1—4 cm Korngröße harten Gesteins, das wie bei einer Steinschlagstraße eingewalzt wird. Es bleiben Hohlräume bestehen, die sich mit der Zeit unter dem Verkehr vermindern. Bei der Abnutzung zeigt sich nicht, wie bei Teer- oder Asphaltstraßen aus Hartgestein das entblöste Gestein, sondern es bildet sich ein Pulver aus dem asphalthaltigen Baustoff selbst, der gleichsam ein neues Bindemittel bildet. Bisher ist nur sehr harter Asphaltkalkstein verwendet worden. Für leichten Kraftwagenverkehr werden auch die weicheren Gesteinssorten geeignet sein (111).

ϑ) Kentuckyrock.

Asphaltgestein ist schon um 1868 in Kalifornien als Straßenbelag verlegt, der bei Santa Cruz am Pazifischen Ozean südlich von San Franzisko gewonnen worden ist. Es handelt sich um durchtränkten Sand, der auf die Straße geworfen, gestampft und dann vom Verkehr eingefahren worden ist. Die Gruben sind nicht mehr abbauwürdig. Neuerdings gewinnt an Bedeutung der in Kentucky in reichen Bänken anstehende Asphaltsandstein, der 7 vH Asphaltbitumen von großer Weichheit (Eindringungstiefe 150—200, Erweichungspunkt nach R. u. K. 29°) hat. Er wird bis zur Sandkörnung gemahlen, sieht wie schwarzbrauner Zucker aus und solange er nicht verdichtet ist, kann er wie Zucker geschaufelt werden. Die leichte Handhabung des gemahlenen Felsen, solange er kalt ist, ist auf den geringen Gehalt an Asphaltbitumen von besonderer Weichheit zurückzuführen. Das Asphaltbitumen tritt erst in Wirkung, wenn die Körner zusammengepreßt werden, wodurch der Belag soviel Festigkeit erhält, um Gummireifenverkehr zu widerstehen. Z. Zt. des Pferdeverkehres und der schmalen Eisenreifen wurde er stark eingedrückt und hatte ein häßliches Aussehen. Seine jetzige Anwendung in größerem Außmaß ist nicht auf etwaige Verbesserungen zurückzuführen, sondern auf die Veränderungen im Verkehr (115). Die Stabilität ist ohne Zweifel auf die physikalischen Eigenschaften der Sandkörner zurückzuführen, die eine hohe Oberflächenadsorption mit Asphaltbitumen besitzen. Andere Sande, mit demselben Asphaltbitumen gemischt, erzeugen nur Mischungen, die sehr wenig stabil und nicht zu gebrauchen sind. Bei kalter

Witterung ist es schwer, eine befriedigende Verdichtung zu erzielen. Kalt verlegtes Asphaltgestein wird häufig zum Flicken von alten Asphaltdecken verwendet. Für diesen Zweck erweist es sich als recht vorteilhaft (115).

ι) Boeton-Asphalt.

Auf einer kleinen Insel nördlich von Sumatra (Niederländisch-Indien) sind große Lager von Asphalt gefunden worden. Nach Untersuchungen in der Str. V. St. sind die Eigenschaften des Boeton-Asphalt die folgenden:

Gehalt an Asphaltbitumen .	40,3 Gew.-vH	Gehalt an Pyrit	0,60 Gew.-vH
Gehalt an organ. Unlöslichem	2,25 Gew.-vH	Gehalt an Sand SiO_2 . . .	0,53 Gew.-vH
Gehalt an Mineral	57,45 Gew.-vH	Erweichungspunkt des extrahierten Bitumens R. u. K.	64°
Gehalt an Ton	0,34 Gew.-vH		
Gehalt an Gips.	0,49 Gew.-vH	Tropfpunkt.	74°

Die Masse wird wie Stampfasphalt gemahlen und Mineralstoffen zugesetzt, mit denen eine Art Walzasphalt hergestellt wird (116).

κ) Mastix.

Das Stampfasphaltmehl dient als Grundstoff für eine im Bauwesen als Isoliermittel und im Straßenbau viel angewendete Masse, die die Bezeichnung Mastix führt. Es wird hierzu das Stampfasphaltmehl mit Natur- oder Erdölasphalt angereichert, indem beide zusammen in Kochern mit Rührwerken etwa 6 Stunden bei 180—200° Wärme durchgekocht und gemischt werden. Die Masse wird dann in Formen abgefüllt, die 20—25 kg Gewicht haben. Der Zusatz zum Asphaltmehl soll so bemessen sein, daß der Gesamtanteil an Asphaltbitumen etwa 15 vH beträgt, keinesfalls weniger als 12 vH. Die Mineralstoffe sind im wesentlichen kohlensaurer Kalk, etwas Sand. Ton darf nur bis höchstens 10 vH vorhanden sein. Der Erweichungspunkt des Asphaltbitumens soll zwischen 45—65° liegen.

Asphaltmastix wird auch künstlich ohne Verwendung von Stampfasphaltmehl hergestellt. Der Mineralstoff ist dann kohlensaurer Kalk aus einem Gemisch aller Korngrößen < 3 mm. An Füllstoff (s. S. 291) ($< 0,09$ mm) sollen mindestens 50 vH vorhanden sein.

2. Asphaltbitumen.

α) Eigenschaften.

Die im Straßenbau verwendeten Asphaltbitumina[1] werden aus mexikanischen, venezuelanischen oder kalifornischen Erdölen durch die fraktionierte Destillation gewonnen. Die Destillation geht in der Weise vor sich, daß das Rohöl in Destillationsblasen fließt, in denen es mit überhitztem Wasserdampf erhitzt und in seine einzelnen Bestandteile — Motorentreiböl, Spindelöl, Maschinenöl und Zylinderöl — zerlegt wird; der Restbestand ist reines Asphaltbitumen. Für den Straßenbau kommen hauptsächlich die asphaltischen Erdöle in Frage, die paraffinischen Rohöle scheiden aus. Im wesentlichen sind es die mexikanischen und venezuelanischen Erdöle, deren Destillationsrückstände als Asphaltbitumen im Straßenbau verwendet werden, die zudem noch dadurch gekennzeichnet sind, daß sie größeren Gehalt stabil gebundenen Schwefels enthalten, z. B. die mexikanischen 5—6 vH. Da die Erdölbitumina im Gegensatz zu den Naturasphalten künstlich hergestellt werden, haben die Erzeuger es in ihren Anlagen in der Hand, ihnen die Beschaffenheit zu geben, die der Straßenbau fordert. Die Anforderungen an das Asphaltbitumen als Bindemittel im Straßenbau sind in der Dinorm 1995/96 festgelegt. In der Zusammenstellung 36 sind die Vorschriften für die Beschaffenheit der Erdölasphalte mit Angabe der Untersuchungsverfahren zur Bestimmung der Eigenschaften aufgeführt. Die Untersuchungsverfahren selbst sind im Abschnitt VII Bd beschrieben.

[1] Bezüglich der Begriffsbestimmung s. S. 213.

Zusammenstellung 36. Vorschriften für die Beschaffenheit des Asphaltbitumens[1].

Lfd. Nr. u. Untersuchungsverfahren	Zu fordern ist von Asphaltbitumen	I. weich	II. mittelweich	III. mittelhart	IV. hart
1	Spezifisches Gewicht bei 25°	über 1,0	über 1,0	über 1,0	über 1,0
2	Tropfpunkt nach Ubbelohde	soll mindestens 18° höher liegen als der Erweichungspunkt nach Krämer-Sarnow			
3	Erweichungspunkt nach Ring und Kugel	38—45	44—50	48—53	53—58
4	Erweichungspunkt nach Krämer-Sarnow	25—30	31—36	35—40	40—45
5	Brechpunkt nach Fraaß	mindestens — 15	mindestens — 10	mindestens — 10	mindestens — 8
6	Eindringungstiefe bei 25° (Penetration)	210—150	150—80	80—50	50—30
7	Streckbarkeit bei 25° (Duktilität)	mindestens 100 cm	mindestens 100 cm	mindestens 100 cm	mindestens 50 cm
8	Asche	höchstens 0,5 Gew.-vH	höchstens 0,5 Gew.-vH	höchstens 0,5 Gew.-vH	höchstens 0,5 Gew.-vH
9	Löslichkeit in Schwefelkohlenstoff oder Choroform	mindestens 99,0 Gew.-vH	mindestens 99,0 Gew.-vH	mindestens 99,0 Gew.-vH	mindestens 99,0 Gew.-vH
10	Paraffin	höchstens 2,0 Gew.-vH	höchstens 2,0 Gew.-vH	höchstens 2,0 Gew.-vH	höchstens 2,0 Gew.-vH
11	Gewichtsverlust bei 163° in 5 Stunden	höchstens 2,0 Gew.-vH	höchstens 2,0 Gew.-vH	höchstens 2,0 Gew.-vH	höchstens 2,0 Gew.-vH
12	Steigerung d. Erweichungspunktes nach Krämer-Sarnow nach dem Erhitzen	höchstens 10°	höchstens 10°	höchstens 10°	höchstens 10°
13	Lage des Brechpunktes nach dem Erhitzen	mindestens — 10	mindestens — 8	mindestens — 6	mindestens — 5
14	Verminderung der Eindringungstiefe bei 25° infolge Erhitzens	höchstens 60 vH	höchstens 60 vH	höchstens 60 vH	höchstens 60 vH
15	Verminderung der Streckbarkeit bei 25° infolge des Erhitzens	höchstens 60 vH	höchstens 60 vH	höchstens 60 vH	höchstens 60 vH

Zu beachten ist, daß Asphaltbitumen im wesentlichen nach den physikalischen Eigenschaften bewertet wird (Ziff. 1—7), während die chemischen zurücktreten, deren Bedeutung z. B. hinsichtlich des Paraffin- und Aschengehaltes bestritten sind, wie noch ausgeführt wird.

An sich ist Asphaltbitumen kein einheitlicher Stoff, sondern besteht zum überwiegenden Teil aus aliphatischen Kohlenwasserstoffen (gesättigter, ungesättigter und zyklischer Art). Richardson kennzeichnet diese das Asphaltbitumen bildenden chemischen Stoffe nach ihrer Löslichkeit in verschiedenen organischen Lösungsmitteln und unterscheidet darnach:

1. Petrolene, das sind die bis 180° C sich verflüchtenden Öle.
2. Malthene, das sind die nach Verdampfen der Petrolene durch Benzin ausziehbaren Öle.
3. Asphalthene, Bestandteile in Benzin unlöslich, aber löslich in kaltem Tetrachlorkohlenstoff.

[1] Siehe Fußnote auf S. 219.

4. Carbene, die in kaltem Tetrachlorkohlenstoff unlöslich, aber in Schwefelkohlenstoff löslich sind und

5. Nichtbitumen, das in organischen Lösungsmitteln unlöslich ist.

Marcusson (101) unterscheidet drei Hauptgruppen:

1. Asphalthene — 2. Erdölharze — 3. Ölige Bestandteile.

Asphalthene werden die Stoffe genannt, die in Petroläther und Normalbenzin unlöslich sind. Die in Benzin lösliche zweite und dritte Gruppe wird mit Erdölharz und Öl bezeichnet. Die Erdölharze trennt man von den Ölen, indem man die in der Petrolätherlösung befindlichen Erdölharze mit Schwefelsäure zerstört, wobei die Öle, zurückbleiben. Ein anderes Verfahren zur Trennung der Erdölharze von den Ölen besteht darin, daß man das in Benzin gelöste Asphaltbitumen auf Fullererde (eine stark adsorbierende Mineralerde) bringt und das Gemisch mit Benzin auszieht; dabei gehen nur die Öle in Lösung, während die Erdölharze von der Fullererde zurückgehalten werden.

Nach Untersuchungen von Nellensteyn (97) schreibt man dem Asphaltbitumen eine kolloide Struktur zu in der Weise, daß in einem Dispersionsmittel oder „Medium“, das hauptsächlich aus den öligen Anteilen des Asphaltbitumens besteht, die Asphalt-Mizellen als disperse Phase äußerst fein verteilt sind. Die Asphaltmizellen, welche die Größe von Ultramikronen besitzen, bestehen aus sehr fein verteilten Kohleteilchen, die in sogenannte Schutzkörper (Bestandteile der Asphalthene und Erdölharze) eingeschlossen sind und die hohe Beständigkeit des gesamten Asphaltkolloids gegenüber physikalischen Einflüssen bedingen. Die von Richardson als Asphalthene, Carbene und Nichtbitumen (Kohlenstoff) gekennzeichneten Bestandteile stellen nach den Ansichten Nellensteyns nichts anderes dar, als verteilte Kohle in abnehmendem Schutzzustand. Einen ähnlichen kolloiden Aufbau zeigt auch der Teer, wie im Abschnitt VI K b 1 dargelegt worden ist. Auf Grund ultramikroskopischer Untersuchungen hat Nellensteyn festgestellt, daß die Teilchen der dispersen Phase (Asphaltmizellen oder Ultramikronen) bedeutend kleiner sind als die des Teeres, und zwar um so kleiner, je weicher der betreffende Asphalt ist. Auf der geringen Oberflächenspannung des Bitumens beruhen die besseren Benetzungseigenschaften der Bitumina gegenüber Teer. Im übrigen zeigt auch das Bitumen die typischen Eigenschaften eines Kolloids.

Als Kennzeichen für die Herkunft eines Asphaltbitumens kann sein Schwefelgehalt angesehen werden. Untersuchungen in der Str.V.St. auf Schwefelgehalt nach dem Verfahren von Haslinga haben ergeben, daß die mexikanischen Asphaltbitumina etwa 5—6 vH, die aus Venezuela etwa 3—4,5 vH, die aus Kalifornien und Texas etwa 1—2 vH, die rumänischen, polnischen und galizischen unter 1 vH Schwefel haben. Die Naturasphalte, auf aschefreies Bitumen bezogen, sind durch einen Gehalt von meist über 6 vH Schwefel gekennzeichnet.

Aus dem Unterschied zwischen Tropfpunkt und Brechpunkt wird der knetbare Zustand (Gradspanne) festgestellt, der bei den meisten Asphaltbitumina mehr als 65° beträgt. In dieser Hinsicht sind die Asphaltbitumina den Teeren unbedingt überlegen.

Da die Lage des Brechpunktes und Tropfpunktes eines Asphaltbitumens nicht den klimatischen Verhältnissen aller Länder entsprechen kann, werden von den Destillationen Asphaltbitumina ganz verschiedener Weichheit hergestellt, wie die nachfolgenden Zusammenstellungen Nr. 38 bis 42 erkennen lassen. Es ist Sache des Straßenbauingenieurs, das für jeden Fall zweckmäßige und angebrachte Asphaltbitumen auszuwählen. Auch durch Mischungen kann man das erreichen, wie die Rhenania-Ossag in ihrer Schrift „Straßenbau mit Spramex und Mexphalt“ nachgewiesen hat. Die Asphaltbitumina haben auch eine sehr große Beständigkeit. Um diese festzustellen, wird die Verdampfungsprobe gemacht, bei der das Asphaltbitumen (50 g) in einer Petrischale (128 cm^2) 5 Stunden einer gleichmäßigen Erwärmung auf 163° in einem besonderen Trockenschrank ausgesetzt ist; der Verlust darf nur sehr gering sein (< 2vH) (Ziff. 11—15 der Zusammenstellung 36). In dieser hohen Beständigkeit unterscheiden sich die Asphalte auch gegenüber den Teeren, die dauernder Verdunstung unterliegen und allmählich verspröden. Asphaltbitumina werden von den klimatischen Wärmeschwankungen und Nässe in keiner Weise beeinflußt. Sie sind im Sinne der Ausführungen auf S. 224 als stabil anzusehen. Das hat das Verhalten von 13 Bitumina gezeigt, die nach dem schon auf S. 225 erwähnten Verfahren, dünn auf Glasplatten gestrichen, ein Jahr der Witterung ausgesetzt worden sind. Die Erweichungs- und Tropfpunkte haben sich dabei im Höchstfalle um 13⁰ erhöht, gegen 60⁰ beim Teer.

Bei den einzelnen Bauverfahren wird das Asphaltbitumen bezeichnet, das dafür in Frage kommt. Allgemein kann gesagt werden, daß die Eigenschaften nicht allein durch die Bauweise bestimmt werden, sondern daß andere Umstände, wie Jahreszeit der Ausführung, Lage der Straße, verwendetes Gerät u. a. die Auswahl des Asphaltbitumens bestimmen können.

β) Paraffingehalt.

Im wesentlichen werden die physikalischen Eigenschaften des Asphaltbitumens durch die DIN 1995 festgelegt. Von den chemischen werden nur Aschengehalt und Paraffin berücksichtigt. Die Vorschriften lassen nur einen verhältnismäßig geringen Anteil an Paraffin zu. Die Ansichten über den Einfluß des Paraffingehaltes im Asphaltbitumen sind aber noch keineswegs geklärt. Es wird befürchtet, daß Paraffin die Klebefähigkeit des Asphaltbitumens herabsetzt, weil die Streckbarkeit des paraffinischen Bitumens geringer ist, als des asphaltischen. Außerdem haben sich gewisse paraffinhaltige Asphaltbitumina im Straßenbau nicht bewährt. Damit ist aber die Frage, wie die physikalischen Eigenschaften durch den Paraffingehalt das Asphaltbitumen bei seiner Verwendung als Bindemittel im Straßenbau beeinflussen, noch nicht entschieden. Besonders ist zu beachten, daß das chemische Verfahren zur Ausscheidung des Paraffins kein eindeutiges Ergebnis hat. Es werden bei diesem Verfahren die kristallinen Paraffine ausgeschieden. Es ist aber keineswegs sicher, ob nicht auch amorphes Paraffin im Asphaltbitumen vorhanden ist, das bei dem Verfahren in kristallines umgebildet wird. Das Paraffin befindet sich im Asphalt in kolloidaler Lösung. Von den drei im Asphaltbitumen vorhandenen Bestandteilen (S. 245) — Asphalthene, Erdölharzen und Öle — kommen die letzteren als Lösungsmittel für das vorhandene Paraffin in Frage. Wenn sie genügend vertreten sind, wird das gesamte Paraffin gelöst und das Asphaltbitumen eine gleichartige Form haben. Die drei genannten Bestandteile sind in den verschiedenen Asphaltarten auch ganz verschieden vertreten. Es gibt Asphaltbitumen mit mehr Öl und weniger Asphalthene und umgekehrt. Der Asphalthengehalt beeinflußt die Weichheit, wie sich aus der folgenden Zusammenstellung (37) ergibt (Untersuchungsergebnisse der Str. V. St. 117).

Zusammenstellung 37.

	Erweichungspunkt R. u. K.	Asphaltöle vH rd.	Erdölharze vH rd.	Aspalthene vH rd.
Kalif. Asphalt	50⁰	49	44	7
Rumänischer Asphalt	43⁰	57	30	13
Mexikanischer Asphalt . . .	44⁰	38	49	13
Mexikanischer Asphalt . . .	63⁰	42	35	23
Polnischer Asphalt	56⁰	58	21	21
Naturasphalt Trinidad, extrah.	65⁰	32	35	33

Je nach dem Gehalt der einzelnen Bestandteile (Öle, Erdölharze und Asphalthene) wird sich der Paraffingehalt auf die Eigenschaften des Asphaltbitumens verschieden auswirken. Die Erdölharze können als Lösungsvermittler zwischen

Öl und Asphalthene angesehen werden. Wo Erdölharze nur in geringer Menge vertreten sind, wie z. B. im polnischen Asphalt, dessen Paraffingehalt mit 6 vH angegeben wird, mußte sich das Paraffin anders auswirken als in einem mexikanischen oder rumänischen. Auch die chemischen Eigenschaften des Paraffins werden in den einzelnen Asphaltbitumina durchaus verschieden sein, weil auch das Paraffin kein eindeutig bestimmter Stoff ist.

Neuere Untersuchungen von Suida und Kamptner (118) über Paraffin in Asphaltbitumen mit verschiedenem Paraffingehalt, wobei das Paraffin nicht nach der Methode von Marcusson-Eickmann-Holde isoliert wurde, sondern nach einer von den Autoren ausgearbeiteten Extraktionsmethode unter Verwendung jeglicher thermischer Behandlung, haben ergeben, daß das ausgeschiedene Paraffin dieser Asphaltbitumina mehr oder weniger kristallisierte Anteile verschiedener Kristallgröße aufweist. Da diese kristallisierten Paraffine nicht bei allen untersuchten paraffinhaltigen Asphaltbitumina im polarisierten Licht zu erkennen waren, wird diese Erscheinung auf die Anwesenheit und das Vermögen kristallisationsverhindernder Stoffe (Schutzkolloide) zurückgeführt. Beachtenswert ist die Feststellung, daß Art und Menge des kristallierbaren Paraffins in Asphaltbitumina nicht allein Wert und Unwert für ein Asphaltbitumen bestimmen, sondern daß auch Art und Menge der übrigen Bestandteile des Bitumens (Asphalthene, sauerstoff- und schwefelhaltige Bestandteile, sowie Asphaltöle) die Eigenschaften eines Asphaltbitumens beeinflussen. Damit nähert sich das auf diesem Wege gewonnene Ergebnis dem der Str. V. St., die auch an Mischungen mit paraffinhaltigen Erdölasphaltbitumina die gleichen Erfahrungen gewonnen hat. Eine Vorschrift, die den Paraffingehalt auf eine bestimmte Grenze etwa 2,0 vH einschränkt, entspricht nicht mehr diesen Erfahrungen.

γ) Gehalt an Asche.

Die Asche besteht im wesentlichen aus Silikaten und Eisenoxyden. Es ist selbstverständlich, daß ein hoher Aschegehalt den Handelswert des Bitumens beeinträchtigt, denn ein Bitumen mit wenig Asche enthält mehr wertvolle organische Substanz als eines mit mehr Asche. Damit ist aber die Brauchbarkeit noch nicht in Frage gestellt, wenn es die andern Vorschriften erfüllt. Denn es ist zu beachten, daß im Straßenbau das Bitumen mit Mineralien später vermischt und die feinverteilten Füllstoffe dabei gerade eine besondere Rolle spielen.

δ) Die gebräuchlichen Asphaltbitumina.

Über die im Straßenbau wohl in der ganzen Welt verwendeten Asphaltbitumina und ihre Eigenschaften sollen einige Angaben folgen.

Zusammenstellung 38. Asphaltbitumen der Rhenania-Ossag in Hamburg.

Bezeichnung	Erweichungspunkt		Eindringungstiefe	Streckbarkeit
	K. S.	Ring u. Kugel	nach Dow in 0,1 mm bei 25°	bei 25° cm
Spramex 300 . . .	20,5°	34°	295	> 100
Spramex	25—30°	35—40°	150—210	> 100
Mexphalt E_1 . . .	35—40°	45—50°	50—80	> 100
„ E	40—45°	50—55°	30—50	> 50
„ DX . . .	50—60°	60—70°	10—30	~ 10

Zusammenstellung 39. Asphaltbitumen der Deutschen Gasolin Ges.

Bezeichnung	Erweichungspunkt		Eindringungstiefe	Spez. Gew. bei 15°
	K. S.	Ring u. Kugel	nach Dow in 0,1 mm bei 15°	
Bituroad	25—35°	34—45°	150—170	über 1
Bitufalt.	40—50°	50—60°	35—45	1,03

Für den Straßenbau bestimmte Asphaltbitumina der Deutsch-Amerikan. Petroleum Ges. (Standard):

Zusammenstellung 40.

Standardmarke	Erweichungspunkt		Eindringungstiefe nach Dow bei + 25° C 100 g, 5 Sek.
	Krämer-Sarnow	Ring u. Kugel	
Road für Tränkung und Emulsion . . .	26—32	35—42	170—200
Binder C, Tränkung, Fugenausgußmasse, Emulsion	37—42	46—52	85—100
Paving M (51/60), Kunstasphaltbeläge .	42—48	52—57	51—60
Paving F (41/50), „ .	45—51	54—60	41—50
Paving H (31/40), „ .	45—54	54—63	31—40
Water proofing, Isolierung	56—64	65—74	25—40
Brick filler, Fugenausgußmasse	61—72	71—82	30—40

Das spezifische Gewicht aller Sorten ist zwischen 1,01 und 1,06.

Die von der Ebano Gesellschaft, Hamburg, hergestellten Asphaltbitumina haben die folgende Zusammensetzung:

Zusammenstellung 41.

Analyse	Mexpet-ebano 1	Mexpet-ebano 3	Mexpet-ebano 5	Petmex-ebano 6	Petmex-ebano 8	Petmex-ebano 9
Spez. Gewicht bei 25° C. .	ca. 1,055	ca. 1,045	ca. 1,040	ca. 1,035	ca. 1,032	ca. 1,030
Erweichungspunkt nach Krämer-Sarnow. . .	50—60° C	40—50° C	35—45° C	34—40° C	29—37 C°	26—34° C
„ nach Ring u. Kugel .	60—70° C	50—60° C	45—55° C	42—50° C	39—47° C	36—42° C
Eindringungstiefe bei 25° C	25—30	40—50	60—70	85—100	120—150	170—200
Tropfpunkt nach Ubbelohde	75—85° C	65—75° C	60—70° C	55—65°C	55—60° C	50—58° C
Spanne zwischen Tropf- und Erweichungspunkt .	mehr als 18° C	mehr als 18° C	mehr als 18° C	mehr als 18° C	mehr als 18° C	mehr als 18 °C
Streckbarkeit bei 25° C nach Dow	über 50 cm	über 100 cm	über 150 cm	über 150 cm	über 150 cm	über 150 cm
Löslich in Schwefelkohlenstoff	99,99 vH	99,99 vH	99,99 vH	99,99 vH	99,99 vH	99,99 vH
Paraffin.	Spuren	Spuren	Spuren	Spuren	Spuren	Spuren
Gebundener Schwefel. . .	6 vH	6 vH	6 vH	6 vH	6 vH	6 vH

Zusammenstellung 42.

Asphaltbitumen der Mineralöl- und Asphaltwerke, Berlin.

	1	2
	Mexiko-Bitumen	
	25/30°	40/50°
Spez. Gewicht bei 15° C	1,016	1,038
Gehalt an organischen Stoffen	99,17 Gew.-vH	99,11 Gew.-vH
Gehalt an Mineralstoffen	0,83 Gew.-vH	0,89 Gew.-vH
Tropfpunkt nach Ubbelohde	51° C	67,3° C
Erweichungspunkt nach Krämer-Sarnow . . .	27° C	40,8° C
Desgl. Ring u. Kugel (Ball)	39° C	56,5° C
Eindringungstiefe (Penetration) bei 25° C. . .	mehr als 200° = 20 mm	85° = 8,5 mm
Streckbarkeit (Duktilität) bei 25° C	über 100 cm	23 cm
Schwefelgehalt.	4,08 Gew.-vH	4,32 Gew.-vH

Zusammenstellung 43.

Asphaltbitumen der deutschen Petroleum A.-G. (aus deutschem Erdöl).

	Sorte Weich	Mittelweich	Mittelhart
Erweichungspunkt Kr.-S.	23	31	35
Brechpunkt (Fraaß)	−18	−18	−16
Eindringungstiefe bei 25° C	181	87	55
Streckbarkeit bei 25° C	100	100	100

Das Asphaltbitumen wird im Straßenbau bei der Verarbeitung auf 180 bis 200° erhitzt, wobei noch leichte Öle verdunsten. Bei einer starken Erhitzung kann das Asphaltbitumen sogar durch sogenannte Verbrennung eine unzulässige Härte annehmen. Darum wird in der DIN 1995/96 vorgeschrieben, daß durch die Erhitzung Veränderungen nur innerhalb der Grenzen eintreten dürfen, die in der Zusammenstellung 36 unter Ziff. 11—15 angegeben sind.

ε) Geblasenes Asphaltbitumen für den Straßenbau.

Die Erdölasphalte werden durch Destillation der Erdöle im Dampfstrom gewonnen. Werden sie jedoch im Luftstrom abdestilliert, so entsteht ein abweichendes Erzeugnis, bei dem die Ausbeute an Asphalt höher ist. Dieses Verfahren kann dazu dienen, auch die Rohöle mit geringerem Asphaltgehalt zur Asphaltgewinnung nutzbar zu machen. Allerdings entsteht durch das Einblasen von Luft bei der Destillation ein Asphaltbitumen, das sich von dem durch Dampfdestillation gewonnenen in manchen Eigenschaften unterscheidet. Bei derselben Weichheit, gemessen nach der Eindringungstiefe (DIN 1995 A—6) hat das geblasene Asphaltbitumen einen höheren Tropf- und Erweichungspunkt. Es nähert sich in dieser Hinsicht dem Naturasphalt. Die Gradspanne ist deshalb auch größer als bei dem gewöhnlichen Erdölbitumen, so daß das geblasene Asphaltbitumen eine geringere Temperaturempfindlichkeit hat. Das spez. Gewicht ist niedriger und auch die Streckarbeit. Die Unterschiede werden durch die folgende Gegenüberstellung der Eigenschaften eines geblasenen und eines dampfdestillierten Asphaltbitumens deutlich.

Zusammenstellung 44.

	Geblasenes Asphaltbitumen	Dampfdestilliertes Asphaltbitumen
Spezifisches Gewicht	1,008	1,028
Erweichungspunkt R. u. K.	64° C	56° C
Eindringungstiefe bei 0° C	18° C	5° C
„ „ 25° C	71° C	47° C
Streckbarkeit bei 0° C	3 cm	0 cm
„ „ 25° C	4,5 cm	100 cm
„ „ 50° C	6 cm	—
Löslichkeit in CS_2	99,9 vH	99,9 vH
Asphalthengehalt	28,5 vH	17,8 vH

Die Zusammenstellung 45 enthält die Eigenschaften geblasenen Asphaltbitumens aus dem Rohöl der Ebano-Gesellschaft.

Die Str. V. St. (119) hat an geblasenen Asphaltbitumina Gradspannen von 90° und 110° gefunden. Außerdem zeigen die geblasenen Asphaltbitumina eine größere Klebkraft infolge der geringeren Oberflächenspannung der öligen Bestandteile. Infolgedessen haben diese auch eine geringere Zähflüssigkeit und entsprechen auch in dieser Hinsicht mehr den Naturasphalten. Geblasenes Asphaltbitumen unterscheidet sich von dem dampfdestillierten auch durch eine gummiartige Beschaffenheit, wie es für bestimmte Verarbeitungszwecke erwünscht ist.

Zusammenstellung 45.

Analyse	Panmex Nr. 10	Panmex Nr. 11	Panmex Nr. 12	Panmex Nr. 14
Spez. Gewicht bei 25° C	ca. 1,038	ca. 1,042	ca. 1,046	ca. 1,060
Erweichungspunkt nach Krämer-Sarnow	55—65° C	65—75° C	80—90° C	115—125° C
„ nach Ring u. Kugel	65—75° C	75—85° C	90—100° C	125—135° C
Eindringungstiefe bei 25° C	35—50	20—30	10—20	5—10
Tropfpunkt nach Ubbelohde	80—90° C	90—105° C	100—120° C	145—160° C
Spanne zwischen Tropf- und Erweichungspunkt	mehr als 18° C	mehr als 18° C	mehr als 18° C	mehr als 18° C
Streckbarkeit bei 25° C	10—20 cm	2—10 cm	2—5 cm	1—2 cm
Löslich in Schwefelkohlenstoff	99,8 vH	99,8 vH	99,8 vH	99,8 vH
Paraffin	Spuren	Spuren	Spuren	Spuren
Gebundener Schwefel	6 vH	6 vH	6 vH	6 vH

Die Anreicherung von Asphalthenen beim Blasvorgang geht vermutlich auf Kosten der Erdölharze, wie Untersuchungen in der Str. V. St. gezeigt haben, und nicht auf Kosten der Asphaltöle, wie bisweilen angenommen wird.

Gegen die Verwendung des geblasenen Asphaltbitumens im Straßenbau wird seine geringe Streckbarkeit (DIN 1995 A—7) angeführt. Es ist aber fraglich, ob die Prüfung auf diese Eigenschaft ein richtiges Bild von der Brauchbarkeit im Straßenbau gibt. Streckbarkeit ist nicht mit Elastizität zu verwechseln. Prüft man aber die Asphalte daraufhin z. B. durch Schlagversuche bei 0°, so zeigen gerade die geblasenen Asphaltbitumina eine große Elastizität. Auch an Versuchskörpern aus Sandasphalt mit geblasenen Asphaltbitumina sind jene Eigenschaften bei der Nachprüfung festgestellt worden, die das Kennzeichen guter dauerhafter Beläge sind. Die mit geblasenem Asphaltbitumen hergestellten Decken sollen wesentlich rauher sein als die aus dem üblichen Bitumen, weil der Gehalt an Asphalthenen höher, an Ölen geringer ist.

Nach Nellensteyn ist diese Anreicherung an Asphalthenen bei geblasenen Asphaltbitumen als eine Vermehrung des Kohlenstoffes anzusehen, der als Ersatz für den mineralischen Füllstoff dienen kann (s. S. 246).

ζ) Weichasphaltbitumen (cut-back).

Die unbestreitbaren Vorzüge, die das Kaltverfahren im Straßenbau hat, haben den Anreiz gegeben, auch im Asphaltstraßenbau dem Bindemittel solche Zusammensetzung zu geben, daß ohne Erhitzung der Gesteine wie der Bindemittel widerstandsfähige Decken hergestellt werden können.

Um das Asphaltbitumen, das bei Lufttemperatur sich in knetbarem Zustand befindet, leichtflüssiger und bei gewöhnlicher Temperatur verarbeitbar zu machen, werden ihm Verflüssigungsmittel zugesetzt. Das Asphaltbitumen wird gewissermaßen mit Ölen „verschnitten", wofür in Ländern der englischen Sprache der Ausdruck „cut-back asphalt" eingeführt ist. Nach dem Vorbilde von Kaltteer (S. 227) würde die richtige Bezeichnung für diese Masse „Kaltasphalt" sein. Da aber unter Kaltasphalt Asphaltemulsionen landläufig bezeichnet werden, ist der Ausdruck Weichasphaltbitumen zur Unterscheidung von Asphaltemulsionen gewählt worden. Als geeignet für die Erweichung der Asphaltbitumina erweisen sich niedrigsiedende Erdöldestillate, wie z. B. Kerosinöle, die ein gutes Lösungsvermögen für Asphaltbitumina besitzen (120). Neuerdings werden auch Teeröle dazu verwendet, da schon seit längerem bekannt ist, daß die Ölfraktionen des Steinkohlenteeres, wie Leichtöle, Mittelöle und Anthrazenöle Asphaltbitumen gut lösen (DIN 1996, künstlicher Stampfasphalt unter Verwendung von Asphaltbitumen mit 10—15 vH Anthrazenöl). Nur solche Lösungsmittel kommen in Frage, die eine geringe Verdunstungszeit haben. Die Menge des Lösungsmittels wird bestimmt, einmal durch die Eigenschaften des verwandten Asphaltbitumens, ob es hart oder weich eingestellt ist, ferner durch das Lösungsvermögen des verwendeten Lösungsmittels und letzten Endes durch die Leichtflüssigkeit, die für die praktische Verwendung erreicht werden soll, d. h. daß die Aufbringung des Weichasphaltbitumens oder seine Mischung mit Gestein sich bei gewöhnlicher Lufttemperatur noch durchführen läßt. Außerdem muß das Verflüssigungsmittel von solcher Beschaffenheit und in seinen Siedegrenzen so eingestellt sein, daß es entsprechend der zur Einbauzeit vorherrschenden Temperatur verdunsten kann. So wird für die Oberflächenbehandlung eine Zähflüssigkeit nach Engler bei 50° zu 10—30 Sek., für Asphaltsteingemische 30—70 Sek. empfohlen. Die Eigenschaften der Weichasphaltbitumina sind etwa die folgenden (120):

1. Für Oberflächenbehandlung:

Flammpunkt im offenen Tiegel	nicht niedriger als 37,5° C	
	Minimum	Maximum
Spezifisches Gewicht bei 15° C	0,98	1,01
Spezifische Viskosität nach Engler bei 50° C (erste 50 cm³)	25	50 sec
Asphaltanteile mit einer Eindringungstiefe 100	85 vH	—
Verdampfungsverlust 20 g, 5 Std. 100° C	10,0 vH	13,0 vH
Eindringungstiefe des Rückstandes bei 25° C	—	200
Verdampfungsverlust 50 g, 5 Std. 165° C	12,0 vH	15,0 vH
Eindringungstiefe des Rückstandes bei 25° C	—	125
Bitumen löslich in Schwefelkohlenstoff	99,5 vH	—

2. Für Tränk- und Mischverfahren:

Spezifische Viskosität nach Engler bei 50° C (erste 50 cm³)	30	70
Destillation . . . —190° C	—	nicht weniger 10 vH
225° C	—	nicht weniger als 15 vH
360° C	—	nicht über als 35 vH
Eigenschaften des Destillationsrückstandes (360° C):		
Eindringungstiefe bei 25° C, 100 g, 5 Sec.	50	150
Streckbarkeit	—	30

Die Deutsch-Amerikanische Petroleum-Gesellschaft (Standard) stellt 3 verschiedene Weichasphalte her:

Cut-back Nr. 1 ist so dünnflüssig, daß es in kaltem Zustand verarbeitet werden kann, z. B. für Oberflächenbehandlung.

Cut-back Nr. 2 ist etwas dickflüssiger, läßt sich aus Spritzdüsen nicht mehr ausspritzen, kann aber in kaltem Zustande mit Gestein gemischt werden.

Cut-back Nr. 3 wird in leicht angewärmtem Zustand verarbeitet.

Andere im Straßenbau eingeführte Weichasphaltbitumina sind: Shellmac, Ebanol, Fluxbitumen, Kolzumix u. a.

Infolge der Dünnflüssigkeit legen sich diese Weichasphaltbitumina in sehr dünner Schicht auf das Gestein.

Tiefe Außentemperaturen beim Kalteinbau verlangen ein etwas dünnflüssigeres Asphaltölgemisch. So hat beispielsweise eines der erwähnten Handelsprodukte, das als Sommerware benutzt wird, ca. 10 vH leicht flüchtige Ölanteile, die Sorte, die als Winterware dient, hingegen ca. 12 vH Öl.

3. Mischungen von Asphaltbitumen und Teer.

Bei der Mischung von Teer mit Asphaltbitumen ist man von dem Gedanken ausgegangen, die guten Eigenschaften des Asphaltbitumens, die man in der großen Spanne seines knetbaren Zustandes erblickt, auf den Teer zu übertragen, sein

Verhalten gegen Temperatureinflüsse zu verbessern. Durch die Mischung sollen zugleich die besonderen Eigenschaften des Teeres — seine Leichtflüssigkeit — dem Asphaltbitumen zuteil werden, damit es besser eindringt und benetzt. Zusatz von Asphaltbitumen zum Teer ist gewissermaßen als Ersatz für Pech anzusehen. Die Verdunstung der Teere wird herabgesetzt und der Erweichungspunkt erhöht.

Teer-Asphaltbitumengemische werden mit T.B. bezeichnet, wobei der Gehalt (= Anteil im Hundert der Gesamtmasse) an Asphaltbitumen in Form einer

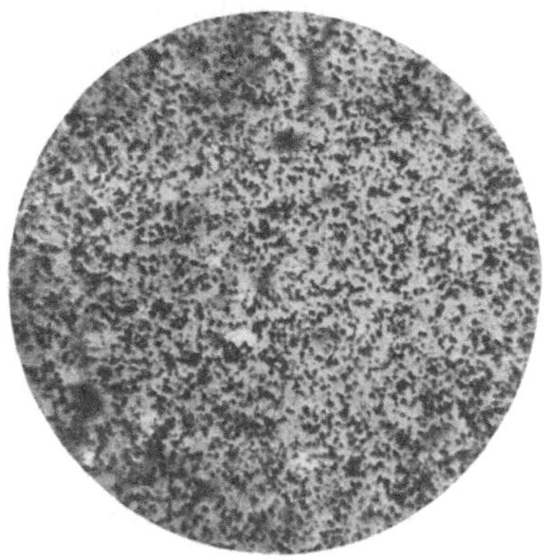

Abb. 155. Straßenteer I in 580facher Vergrößerung.

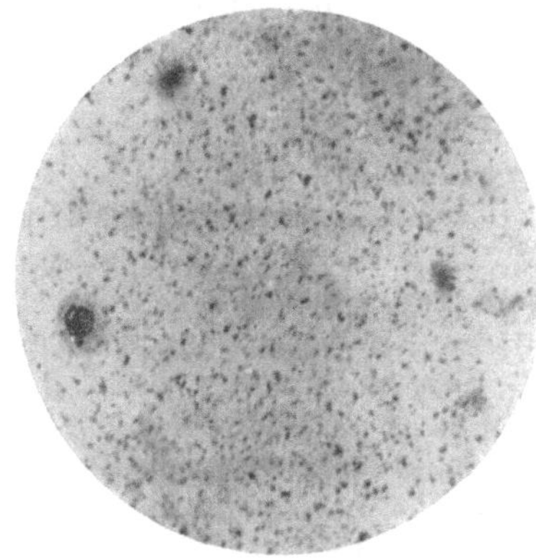

Abb. 156. Straßenteer I 90 Gew.-T. mit Asphaltbitumen 10 Gew.-T.

Indexzahl anzugeben ist, z. B. für Anthrazenölteer 60/40 mit einem Gehalt von 15 vH Asphaltbitumen 60/40 T.B.15.

Theoretische Untersuchungen. Da beim Zusammenmischen von Teer und Asphaltbitumen gelegentlich Entmischungen eintreten, die sich durch schlie-

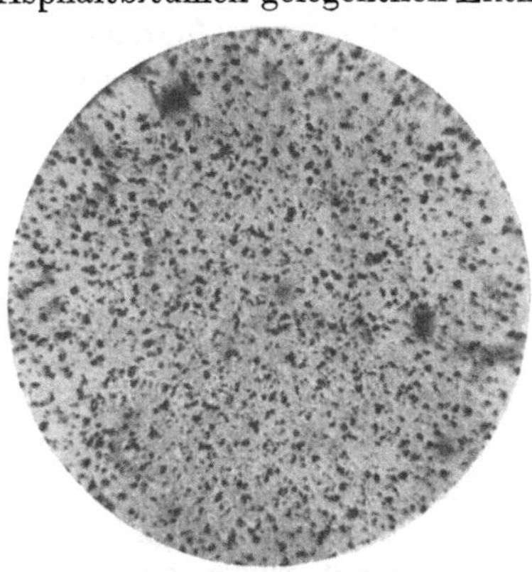

Abb. 157. Straßenteer I, 60 Gew.-T. mit Asphaltbitumen 40 Gew.-T.

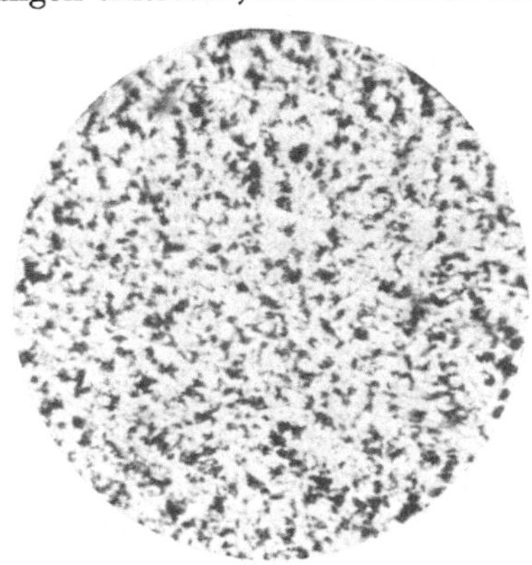

Abb. 158. Straßenteer I, 50 Gew.-T. mit Asphaltbitumen 50 Gew.-T.

riges Aufschwimmen des spezifisch leichteren Bitumens und ein Grieseligwerden der Masse zu erkennen geben, ist versucht worden, die Mischungsvorgänge aufzuklären. Zuerst sind die Mischungen im Mikroskop bei vielfach sehr großer Vergrößerung auf ihre Gleichförmig- oder Ungleichförmigkeit untersucht worden. Die Abb. 155 ist die Aufnahme eines Straßenteer I in 580facher Vergrößerung. Bei Mischungen von Teer I mit Asphaltbitumen zeigt das Bild bei sehr großer Vergrößerung bei geringen Asphaltbitumenzusätzen eine ziemlich gleichmäßige Verteilung der dunklen Asphaltstoffe mit den öligen Teerstoffen (Abb. 156).

Bei höheren Asphaltzusätzen sind im Bild zusammengeklumpte schwarze Stellen neben helleren Flächen sichtbar (Abb. 157/158). Aus dieser Erscheinung ist für größere Anteile von Asphaltbitumen im Teer die Entmischung beider Stoffe gefolgert worden.

Um die gegenseitigen Einflüsse zwischen Asphaltbitumen und Teer zu klären, ist der Weg (121) beschritten worden, beide Stoffe in ihre einzelnen Bestandteile zu zerlegen, die physikalisch oder chemisch bestimmt sind, sie hierauf einzeln miteinander zu mischen und ihr Verhalten zu beobachten. Der Teer ist in Teeröl, dem man dann auch noch die Phenole und Basen, sowie das Naphthalin und Anthrazen entzogen hat, und in die hochmolekularen Verbindungen des Peches und den freien Kohlenstoff zerlegt worden. Von Asphaltbitumen sind die Hauptbestandteile, die Asphalthene, die Erdölharze und die Öle abgeschieden worden. Es sind nun die einzelnen Bestandteile von Teer und Asphaltbitumen unter sich gemischt und ihr Verhalten gegeneinander beobachtet und untersucht worden mit dem folgenden Ergebnis:

1. Teeröl ist ein ausgezeichnetes Lösungsmittel für Asphaltbitumen.

2. Phenole, Basen, Naphthalin und Anthrazen haben keinen Einfluß auf die Entmischungserscheinungen.

3. Die Entmischungserscheinungen von Asphaltbitumen-Teermischungen sind in erster Linie auf die hochmolekularen Verbindungen des Peches zurückzuführen. Je mehr Pech also ein Teer enthält, desto weniger eignet er sich für die Mischung mit Asphaltbitumen.

4. Asphaltöle und Erdölharze und auch teilweise die Asphalthene werden im Teeröl gut gelöst.

5. Asphaltöl ist für den Teer und seine Bestandteile kein Lösungsmittel, sondern spielt bei Mischungen die Rolle des gelöst werdenden Körpers.

Es ist nach diesen Ergebnissen vorteilhaft, für die Mischungen Asphaltbitumen mit niedrigem Ölgehalt — d. h. harte Asphaltbitumina zu wählen, weiche Asphaltbitumina werden nur in für sie geeigneten Teeren richtig gelöst. Die hochmolekularen Verbindungen, also Pech und Kohlenstoff, sind die lösungsstörenden Körper. Teere mit hohem Pechgehalt eignen sich demnach nicht für die Herstellung von Asphaltbitumen-Teermischungen. Die schon behandelten schwarzen Ausscheidungen bei der mikroskopischen Untersuchung dürften nicht Asphaltbitumenteile, sondern Pechbestandteile sein (122).

Soweit aus diesen Untersuchungen zu entnehmen ist, soll der Pechgehalt der Teere 55 vH nicht übersteigen. Das Pech soll höchstens einen Schmelzpunkt von 75° R.u.K. haben[1].

Die Untersuchungen über Teer-Bitumenmischungen auf kolloidchemischer Grundlage (123) haben bezüglich der Funktionen des Bitumens zu der folgenden Theorie geführt. Bei einem Zusatz von Asphaltbitumen bis zu 15 vH wirkt dieses als Stabilisator infolge Adsorption des Bitumens an den Teerharzen. Das Asphaltbitumen übernimmt dabei die Funktionen eines Schutzkolloids. Bei Zusätzen von 15—35 vH wird das Asphaltbitumen zum ausgesprochenen Koagulator, d. h. es tritt eine starke Ausflockung der Teerharze ein, wobei jedoch die Teerharzausscheidungen noch flüssig sind. Über 35 vH Bitumenzusatz treten dann allmählich feste Teerharzausscheidungen auf und bei 50 vH Asphaltbitumen sind alle Teerharze fest. Bei höheren Bitumenkonzentrationen gehen die ausgeflockten Teerharzausscheidungen wieder in Lösung und das Asphaltbitumen wirkt dabei als Peptisator, d. h. es tritt eine Trennung der Flockungsverbände ein. Diese Theorie wurde durch Viskositäts- und Oberflächenspannungsmessungen an Teer-Bitumenmischungen, sowie durch mikroskopische Untersuchungen bestätigt. Nach Nellensteyn spielt die unterschiedliche Oberflächenspannung

[1] Die ersten Mitteilungen über die günstigen Einflüsse des Asphaltbitumens auf den Teer stammen von Oberbaurat Dr. Herrmann Z. f. A. T., der schon im Jahre 1915 darauf hingewiesen und im Tätigkeitsbericht 1919/20 als Grenze des Asphaltbitumenzusatzes 30 vH angegeben hat.

von Asphaltbitumen und Teer eine ausschlaggebende Rolle insofern, als beim Zusatz von Asphaltbitumen infolge seiner niederen Oberflächenspannung die pechartigen Anteile des Teeres, dessen Oberflächenspannung größer ist, teilweise ausgeflockt werden können, weil nur Stoffe mit annähernd gleicher Oberflächenspannung sich ohne Erscheinung von Ungleichartigkeiten mischen lassen.

Die Str.V.St. hat eine große Anzahl Asphaltbitumina verschiedener Herkunft auf ihr Verhalten in Mischungen mit Teer I mikroskopisch geprüft und dabei gefunden, daß die einzelnen Bestandteile (Asphalthene, Erdölharz und Asphaltöle) je nach ihrem Verhältnis im Asphalt sich verschieden verhalten. Ölreiche und paraffinhaltige sowie geblasene Bitumina, soweit sie reichliche Mengen Asphaltöle enthalten, zeigen im allgemeinen starke Erscheinungen der Ungleichartigkeit in Mischungen mit Teer, besonders im Bereich von 30—40 vH Asphaltbitumenzusatz. Die Mischungen mit Asphaltbitumen von hohem Asphalthen- und Erdölharzgehalt weisen auch im Bereich des kritischen Gebiets (30 bis 50 vH Bitumenzusatz) ein homogenes Aussehen auf. Darauf beruht auch das günstige Verhalten von Trinidadasphalt in Mischung mit Teer, wie es auch andere harte Asphaltbitumina in gleicher Weise zeigen.

Diese Theorie scheint Licht hineinzubringen in Beobachtungen, die die Str.V.St. an Asphalt- und Teermischungen in Verbindung mit Füllstoffen gemacht hat (124). Um einen Einblick in das Verhalten der Mischungen von Teer und Asphaltbitumen zu erhalten, sind nicht diese für sich, sondern in Mischung mit Füllstoff untersucht worden, die in der Str.V.St. mit Schmelzen bezeichnet werden. Es ist bekannt, daß der Zusatz mit Füllstoff stabilisierend wirkt (vgl. S. 295). Während nun bei Mischungen von Teer z. B. Straßenteer mit der Zunahme des Asphaltbitumens die Erweichungspunkte R.u.K. oder Tropfpunkt gleichmäßig ansteigen, ist das bei den Mischungen mit Füller nicht der Fall. Es sind Schmelzen in dem Verhältnis 65 Gew.-T. Füller und 35 Gew.-T. Bindemittel hergestellt worden. Das Bindemittel setzt sich aus den in der Zusammenstellung 46 aufgeführten Asphaltbitumensorten mit Teer zusammen. Als Füller ist Quarzmehl, Kalkmehl und Schiefermehl genommen worden.

Zusammenstellung 46.

Nr.	Mischungsverhältnis Bindemittel: Mineral	Bitumen	Teer	Mineral
1	35:65	Mexphalt E	T (Gasanstalt Stuttgart)	Quarzmehl 7
2	35:65	Spramex	T „ „	„ 7
3	35:65	Mexphalt E	T 50/50 (kohlenstofffrei)	„ 5
4	35:65	Spramex	T „ „	„ 5
5	35:65	Mexphalt E	T (Gasanstalt Stuttgart)	Kalkmehl
6	50:50	„ E	T „ „	Schiefermehl

Immer wiederholte Nachprüfungen haben ergeben, daß bei dem Mischungsverhältnis 50 Asphaltbitumen und 50 Teer die Kurve der Erweichungspunkte mit Füllstoffzusatz eine Spitze hat (vgl. die Kurven 1, 2, 5 u. 6 in der Abb. 159).

Um hierfür eine Erklärung zu finden, ist als Ausgangserzeugnis ein Teer verwendet worden, dem der freie Kohlenstoff vorher entzogen worden ist. Bei dieser Mischung ist die Spitze der Kurve der Erweichungspunkte mit Füllerzusatz nicht aufgetreten, die Kurve steigt gleichmäßig an (vgl. Kurve 3 und 4). Die Spitzen bei dem Mischungsverhältnis 50/50 müssen also darauf zurückgeführt werden, daß hier neben dem Füllstoff auch noch der freie Kohlenstoff an der Stabilisierung mitwirkt. Der Einfluß geht bei den Mischungen, in denen das Asphaltbitumen einen höheren Anteil hat, also mit Abnehmen des Teeranteiles, zurück. Die Spitze aber hat sehr verschieden hohe Lage, je nach der Art des Teeres und des Asphaltes, und zwar werden hier die auch von Dr. Flachs beobachteten Erscheinungen bestätigt, daß ein Unterschied sein muß in der Mischung von Teer und Asphaltbitumen, der zugunsten des ölarmen also harten Asphaltbitumens spricht. Denn bei Mexphalt liegt die Spitze bedeutend tiefer als bei dem ölreichen Spramex. Es muß aber darauf hingewiesen werden, daß der Verlauf der Kurve sehr abhängig ist von der Art des Teeres. Aber auch die Asphaltbitumina verhalten sich nicht gleichgültig.

Praktische Anwendung. Für Mischungen werden die Teere auf etwa 120° und das Asphaltbitumen auf 150—180° erwärmt. Entweder wird das Asphaltbitumen unter beständigem kräftigem Rühren langsam dem Teer beigegeben, oder beide Stoffe gleichzeitig unter Umrühren in einen dritten Kessel abgefüllt und möglichst innig durchgemischt.

Solche Mischungen sollen auch unbegrenzbar haltbar sein. Nach dem Merkblatt für Teer der Stufa wird der Anteil des Asphaltbitumens in Mischungen mit Teer auf 20 vH beschränkt. Für eine so starre Bindung liegt keine Veranlassung

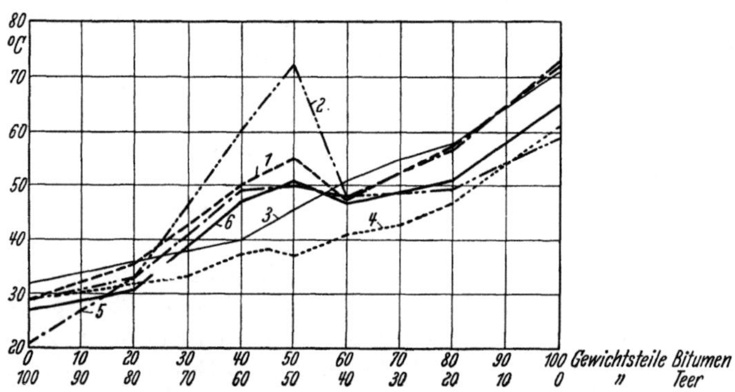

Abb. 159. Erweichungspunkt nach der Ring- u. Kugelprobe von Teer-Bitumenmischungen unter Zusatz von Füller.

1 Teer/Mexphalt-Quarzmehl, *2* Teer/Spramex-Quarzmehl, *3* Teer 50/50 C-frei/Mexphalt E-Quarzmehl. *4* Teer 50/50 C-frei/Spramex-Quarzmehl, *5* Teer/Mexphalt-Kalkmehl, *6* Teer/Mexphalt-Schiefermehl.

vor Das wird abhängen von der Art der Teere, des Asphaltbitumens und dem Verwendungszweck. Besonders bei Teerasphaltgemischen werden Mischungen von Teer und Asphaltbitumen mit bestem Erfolge verwendet, bei denen die Anteile des Teeres nur 20—30 vH ausmachen. Die Str. V. St. hat viele Decken aus solchen Bindemittelzusammenstellungen untersucht und beobachtet, die keine Anhaltspunkte dafür geben, daß die im Mikroskop als Entmischung oder Ausflockung erklärten Erscheinungen sich praktisch irgendwie auswirken. Es ist zu beachten, daß die Mischung des Teer-Asphaltbitumens oder von Asphaltbitumenteer mit dem Gestein und der Einbau bei hohen Temperaturen erfolgt, bei denen diese Entmischungs- oder Ausflockungsvorgänge nicht eintreten. Das Bindemittel kommt demnach gut durchmischt an das Gestein heran, eine spätere Trennung ist dann aber ausgeschlossen.

Das bestätigen auch langjährige Erfahrungen aus der Schweiz, deren Straßenbauingenieure aus besonderer Veranlassung zur Mischung des Teeres mit Asphaltbitumen übergegangen sind (125). Die Schweiz (102) verwendet die im Lande anfallenden Gasanstaltsteere zum Straßenbau, die vielfach roh verarbeitet werden (vgl. S. 220). Soweit diese Teere Horizontalretortenteere sind, also dickflüssiger, vertragen sie weniger Asphaltbitumen als die Kammerofenteere, die bis 30 vH Zusatz an Asphaltbitumen erhalten. Da auf den Versuchsstraßen der Schweiz die Teere mit Asphaltbitumenzusatz sich bewährt haben, ist die Mischung zur Regel geworden. Die Zusätze betragen zwischen 10—15 vH Asphaltbitumen für Oberflächenbehandlungen (125). Bei den Tränk- und Mischverfahren werden die fabrikmäßig hergestellten Mischungen von 80—90 vH destillierten Steinkohlenteer mit 10—20 vH Erdölbitumen, vielfach sogar bis 75 vH verwendet. Diese Mischungen sollen längere Haltbarkeit gegenüber dem reinen Teer gezeigt haben und billiger sein. Die Gefahr des Glattwerdens und die Beschädigungen der Decke bei höheren Temperaturen durch den Verkehr sind wesentlich geringer.

In England sind Teermakadamdecken verlegt worden, bei denen das Bindemittel in der unteren Lage aus 65 vH Asphaltbitumen und 35 vH Teer, das in der oberen Lage aus 35 vH Bitumen und 65 vH Teer besteht. Für solche Decken hat man in England den Ausdruck „asphaltic tarmacadam" geprägt. Für Oberflächenbehandlung werden Mischungen von 80 vH Teer und 20 vH Asphaltbitumen empfohlen. Die Zähflüssigkeit der Teerbitumengemische wird denjenigen der genormten Teere dabei angepaßt. (10—30 Sek. Viskosität für Oberflächenbehandlung und 30—300 Sek. für Mischmakadam.) Auch bei Teerbetondecken, bei denen die Klebfähigkeit des Bindemittels eine große Rolle spielt, wie auf S. 311 nachgewiesen wird, ist der Anteil des Asphaltbitumen auf 60 bis 70 vH gesteigert worden, so daß man solche Mischungen überhaupt als Asphaltbeton ansprechen sollte.

4. Emulsionen von Asphaltbitumen und Teer.

α) Herstellung und Eigenschaften.

Der Einbau aller Teer- und Asphaltdecken ist von der Witterung abhängig, besonders bei Regen und auf feuchten Straßen ist die Ausführung ausgeschlossen. Die unbeständigen Witterungsverhältnisse in Westeuropa erschweren daher die Verwendung von Teer- und Asphalt im Straßenbau. Die Heißverarbeitung bedarf großer und teurer Maschinenparke und ist außerdem, wenn nicht gefährlich, so doch mit Erschwerungen für die Arbeiterschaft verbunden. Einfluß der Dünste und die Beschmutzung der Kleider und Hände hemmt die Leistungsfähigkeit. Der Geruch und Rauch der Maschinen belästigt die anwohnende Bevölkerung. Um die Aufbereitung und die dabei entstehenden Belästigungen von der Straße in die Fabrik zu legen, wo die Stoffe zugleich wesentlich genauer, zuverlässiger und billiger hergestellt werden können, sind Teer und Asphaltbitumen so umgewandelt worden, daß sie sich mit Wasser mischen lassen und zusammen mit dem Wasser auf die Straße gebracht werden. Die Erfahrung hat dann gelehrt, daß besonders die Asphaltemulsionen mit diesen Vorteilen noch besonders günstige Wirkungen hinsichtlich der Straßenerhaltung verbinden. Teer und Asphaltbitumen sind nicht wasserlöslich. Damit sie sich mit Wasser vermischen lassen, müssen sie mit Stoffen verarbeitet werden, die eine Verteilung feinster Teer- oder Asphaltbitumenteilchen ermöglichen. Die Teilchen befinden sich in der Schwebe in dem Wasser, sie sind gewissermaßen über ihren Aggregatzustand getäuscht. Wenn die Teilchen in dem Dispersionsmittel, in diesem Falle Wasser, so groß sind, daß sie mit dem Mikroskop gesehen werden können, so spricht man, je nachdem, ob die in dem Dispersionsmittel dispergierten Stoffe flüssig oder fest sind, von einer Emulsion oder Suspension. Da Teer und Asphaltbitumen sich im flüssigen Zustand befinden, liegt der Fall der Emulsion vor. Sind die Teilchen kleiner als 1/1000 mm im Durchmesser, so kann man sie mit dem Mikroskop nicht mehr sehen, nur im Ultramikroskop. Dann ist die Verteilung eine kolloidale. Es ist nicht notwendig, die Verteilung des Teeres oder Asphaltbitumens so weit zu treiben. Eine Überführung in eine Emulsion genügt. Der Wert der Emulsion liegt in der feinen Verteilung des Bindemittels, wobei es nur auf die „Aktivierung" des Bitumens ankommt. Durch das leichtflüssige Dispersionsmittel (Wasser) wird die Emulsion in sehr dünner Schicht aufgetragen, so daß nach Verdunsten des Wassers nur ein sehr feiner Film auf der Straße verbleibt. Es wird damit der oft zu beobachtende Fehler vermieden, daß zuviel Bindemittel auf die Straße kommt, wodurch leicht die Griffigkeit der Decke vermindert, unter Umständen auch ein Schwitzen, Ablösen vom Bindemittel, Welligwerden u. a. m. verursacht wird. Es ist möglich mit Emulsion hinsichtlich der Menge, die auf die Decke kommt, eine weitgehende Genauigkeit zu erreichen.

Die Überführung in den feinverteilten Zustand wird als Emulgierung bezeichnet und erfolgt auf chemischem und mechanischem Wege unter Zuhilfenahme rührwerkartiger Vorrichtungen, Schlag- und Reibungsmühlen, Homogenisierungmaschinen, die unter Anwendung großer Geschwindigkeiten eine Wirbelung der Flüssigkeit und eine Zerstäubung in sehr kleine Teilchen bewirken. Das Asphaltbitumen oder das Pechöl müssen vorher geschmolzen werden, um eine möglichst weitgehende Aufteilung dieser Stoffe zu erreichen. Zur Erhöhung der Haltbarkeit der Emulsion werden gewisse Stoffe zugesetzt, die man als Schutzkolloide oder Emulgatoren bezeichnet. Sie haben die Aufgabe, die an den Grenzflächen auftretenden Kräftewirkungen so zu vermindern, daß die Aufteilung zu einer Emulsion möglich ist, wobei sie die Bitumenteilchen mit einer äußerst feinen Schutzschicht umhüllen, welche ein Zusammenfließen der Teilchen zu größeren Partikeln verhindern.

Als Emulgatoren werden Alkalien, Seifen, Harze, Salze von Sulfosäuren, Montanwachs, Kasein, Gelatine, Wasserglas und Sulfitablaugen angewendet. Um Rückemulgieren zu verhüten, wird die Menge des Emulgators so gering als möglich bemessen und so gewählt, daß sie beim Brechen mit dem Emulsionswasser sich ausscheiden oder durch die mineralischen Bestandteile der Straßendecke chemisch verändert werden. Die üblichen Emulsionsn haben etwa 50 vH Bindemittel und 49 vH Wasser. Es gibt auch Emulsionen mit höherem Bindemittelgehalt, ohne daß darin ein Vorteil zu sehen ist, weil bei ihnen die angestrebte dünne Verteilung des Bindemittels nicht zu erreichen ist.

An der Luft, besonders aber bei der Berührung mit dem Gestein muß die Emulsion zerfallen, brechen, das Wasser muß sich abscheiden und das Bindemittel auf und in der Straßendecke niederschlagen. Die Brechung ist eine Zerstörung oder Entfernung der an der Oberfläche der Bitumenteilchen adsorbierten Schutzhülle. Der Emulgator wird vom Gestein stärker adsorbiert. Die einzelnen, ihrer Schutzhülle beraubten Bitumenteilchen schließen sich jetzt zu einer Schicht zusammen. Das Wasser verdunstet und der Emulgator wird in eine solche Form überführt, daß eine Rückemulgierung bei Regen oder Hinzutritt von Wasser nicht eintreten kann, die Emulsion muß irreversibel sein.

Eine brauchbare Emulsion muß die folgenden Bedingungen erfüllen:

1. Die Emulsion muß so haltbar sein, daß sie den Bahnversand aushält und unter den herrschenden klimatischen Verhältnissen lagerfähig ist. DIN 1995 schreibt eine Lagerbeständigkeit von 8 Wochen vor.

2. Die Emulsion muß nach dem Aufbringen auf der Straße sich genügend rasch zersetzen und das Bitumen so ausscheiden, daß es beständig ist und eine Rückemulgierung nicht wieder eintreten kann. Die Brechung soll etwa in einer Stunde erfolgt sein.

3. Das Bindemittel darf bei der chemischen Behandlung und Emulgierung seine wertvollen Eigenschaften nicht verlieren oder ungünstig beeinflußt werden, d. h. Erweichungspunkt und Starrpunkt dürfen sich nicht verändern, die Duktilität und Klebefähigkeit muß dieselbe bleiben.

Die erste im Straßenbau verwendete Emulsion ist Westrumit gewesen (1913), die aus Mineralöl besteht und als Staubschutzmittel erfolgreich verwendet worden ist. Die danach eingeführten Emulsionen haben mit der Staubbekämpfung vor allem einen Schutz gegen die Angriffe des Verkehres und der Witterung und eine Erhaltung der Decke erreichen wollen, was je nach Beschaffenheit der Emulsion in geringerem oder höherem Grade eingetreten ist.

Während sich Asphaltbitumen im Wasser leicht emulgieren läßt, setzt der Teer der Emulgierung in Wasser gewisse Schwierigkeiten entgegen. Bei der Herstellung von Teeremulsionen müssen meist größere Mengen an Emulgator verwendet werden. Für den Straßenbau kommen aber derartige stark emulgatorhaltige Teeremulsionen nicht in Frage, weil der Emulgator als Fremdkörper in größeren Mengen die straßenbautechnischen Eigenschaften des Bindemittels ungünstig beeinflußt. Im Straßenbau verlangt man von den Emulsionen, wie schon erwähnt, daß sie möglichst wenig Emulgator enthalten. Diese Bedingung erfüllen die Asphaltemulsionen, bei denen der Emulgatorzusatz im allgemeinen 0,5—1 vH beträgt. Die Schwierigkeit der Teeremulgierung kommt schon darin zum Ausdruck, daß die Zahl der im Handel befindlichen Asphaltemulsionen die der Teeremulsionen um ein Vielfaches übertrifft. Offenbar erschwert die Anwesenheit bestimmter Körper im Teer seine Emulgierung, die antagonistisch wirken d. h. die nur eine bestimmte Emulsionsart begünstigen und der entgegengesetzten Emulsionsart Widerstand entgegenstellen. Als Stoffe mit antagonister Wirkung kommen wahrscheinlich der freie Kohlenstoff, Naphthalin oder die Phenole in Betracht. Durch die Mitverwendung von Asphaltbitumen bei der Teeremulgierung wird diese Erschwernis zum Teil behoben. Mitunter weisen die im Handel befindlichen Teeremulsionen einen beträchtlichen Zusatz an Asphaltbitumen auf, so daß man zu der Annahme berechtigt ist, daß dieser Zusatz weniger zur Verbesserung der Viskositätseigenschaften des Teeres erfolgt ist als vielmehr aus dem Grunde, um durch die leichte Emulgierbarkeit des Asphaltbitumens auch die Emulgierbarkeit des Teeres zu begünstigen. Über die Zusammensetzung einiger Teeremulsionen, wie sie in der Str. V. St. festgestellt worden sind, gibt die folgende Zusammenstellung Aufschluß.

Zusammenstellung 47.

	I	II	III	IV
Aussehen	dunkelbraun, schwach grieselig	dunkelbraun, stark klumpig	dunkelbraun, dünnflüssig, setzt leicht ab	dunkelbraun, setzt sich leicht ab
Klebeprobe	normal	normal	normal	normal
Brechung und Wasserlagerung gem. DIN 1995/96 U 12 (S. 369)	braune Färbung des Wassers	schwach braune Färbung des Wassers	keine Färbung	schwach braune Färbung des Wassers
Wassergehalt	44,5 vH	45,0 vH	41,6 vH	35 vH
Aschegehalt.	0,60 vH	0,75 vH	1,08 vH	—
Tropfpunkt des auf Ton abgeschiedenen Teeres . . .	36° C	32° C	37° C	28° C
Destillation des abgeschiedenen Teeres:				
Destillat bis 170° C	4,1 Gew.-vH	9,6 Gew.-vH	3,5 Gew.-vH	1,7 Gew.-vH
„ von 170—270° C .	7,5 Gew.-vH	4,9 Gew.-vH	6,2 Gew.-vH	5,9 Gew.-vH
„ „ 270—300° C .	3,1 Gew.-vH	3,6 Gew.-vH	0,6 Gew.-vH	2,5 Gew.-vH
„ „ 300—350° C .	21,4 Gew.-vH	22,0 Gew.-vH	30,2 Gew.-vH	31,7 Gew.-vH
Phenole	2,24 Vol.-vH	2,40 Vol.-vH	2,30 Vol.-vH	1,42 Vol.-vH
Naphthalin	0,5 Gew.-vH	0,5 Gew.-vH	0,9 Gew.-vH	0,6 Gew.-vH
Anthracen	2,7 Gew.-vH	3,5 Gew.-vH	3,5 Gew.-vH	1,65 Gew.-vH
Freier Kohlenstoff.	11,7 Gew.-vH	10,26 Gew.-vH	8,06 Gew.-vH	9,14 Gew.-vH
Asphaltbitumen	0 Gew.-vH	0 Gew.-vH	20 Gew.-vH	20 Gew.-vH

Bekannte Teeremulsionen sind Magnon, Viafix, Vialit, Irga, GcEfTe u. a.

Die zu 1. und 2. gestellten Bedingungen auf S. 258 für die Beschaffenheit der Emulsionen widersprechen sich eigentlich, hierin liegt die Schwierigkeit in der Herstellung der Emulsionen. Eine große Haltbarkeit geht auf Kosten des erwünschten schnellen Brechens auf der Straße. Die Unterschiede der Emulsionen beruhen daher in diesen Eigenschaften. Denn je schneller und kräftiger die Trennung zwischen Bitumen und Wasser eintritt, um so wirksamer wird sich das Bitumen auf die Decke legen, um so schneller kann das Wasser verdunsten oder abziehen, um so eher kann die Straße dem Verkehr übergeben werden. Während des Bauvorganges eintretende Niederschläge können um so weniger den Erfolg beeinträchtigen und etwa eine Rückemulgierung des Asphaltes und Abfließen aus der Decke bewirken. Eine günstige Einstellung in dieser Hinsicht hat die Asphaltemulsion „Colas" (D.R.P. 470306), die bei guter Lagerfähigkeit auch schnell bricht. Der Grundstoff von Colas ist Weichasphalt mit einer Eindringungstiefe von 200°, die Emulsion ist dickflüssig und hat eine schokoladebraune Färbung. Auf der Straße zerfällt sie schnell. Das Bitumen scheidet als tiefschwarz glänzender Überzug aus. Die günstigen Erfahrungen, die besonders die sächsische Straßenbauverwaltung mit Colas, das daselbst seit 1925 angewendet worden ist, und andere Straßenverwaltungen gehabt haben, hat dem Asphaltstraßenbau im Inn- und Auslande eine ganz neue Richtung gegeben, so daß alsbald eine große Zahl von Emulsionen auf den Markt gebracht worden sind, von denen Bitumuls, Euphalt, Colzuma, Lydtinol u. v. a. bekannt und viel angewendet sind.

Die besonderen Vorteile der Emulsionen von Asphaltbitumen beruhen außer in den schon erwähnten, wie sofortige Verwendungsfähigkeit, dünner aber fest aufliegender Film, vor allem in der Anwendung auch bei feuchter Witterung und Nässe. Es ist nicht notwendig, erst eine Austrocknung der Decke abzuwarten, im Gegenteil bindet das Asphaltbitumen auf feuchten Decken, soweit sie nicht tropfnaß sind, nach den über den Brechungsvorgang gegebenen Erklärungen besser als auf trockenen, so daß sogar die Anfeuchtung trockener Decken empfohlen wird. Die Decken können daher vor dem Aufbringen der Emulsion auch mit Druckwasser abgespritzt und gereinigt werden, was beim Heißverfahren mit Teer und Asphaltbitumen nicht möglich ist.

Nachgewiesenermaßen dringen auch die Emulsionen tiefer in die Decken ein, weil sie leichtflüssiger sind, als Teer und Asphaltbitumen selbst im erwärmten Zustand. Das Asphaltbitumen geht mit dem Wasser auch in die feinsten Poren hinein und setzt sich dort am Gestein ab, während beim Heißverfahren die Poren nur verschlossen werden, weil das in der Hitze an sich flüssige Asphaltbitumen durch die Berührung mit dem kalten Gestein abschreckt und sofort so zähflüssig wird, daß es nur in sehr grobe Poren eindringen kann. Dem nur gering anzuschlagenden Nachteil, daß in der Emulsion nahezu zur Hälfte Wasser enthalten ist, für das auch die Beförderung bezahlt werden muß, steht insofern noch ein weiterer Vorteil gegenüber, daß infolge der Feinheit des Filmes weniger an Asphaltbitumen als im Heißverfahren gebraucht wird. Bei richtiger Behandlung werden unter gleichen Verhältnissen nicht doppelt soviel Emulsion als im Heißverfahren Asphaltbitumen auf die Flächeneinheit gebracht, sondern weniger, obwohl in der Regel in der Emulsion nur wenig mehr als 50 vH an Asphaltbitumen vorhanden ist.

Die Emulsionen werden überall dort angewendet, wo auch sonst Asphaltbitumen und Teer sich als brauchbar erwiesen haben, z. B. bei der Oberflächenbehandlung, Innentränkung, Fugenverguß u. a. Zwecken (126). Das wird im Abschnitt VI K d bei den Verfahren selbst behandelt. Die Emulsionen haben aber durch ihre besonderen Eigenschaften das Anwendungsgebiet dieser Bindemittel erweitert. Ihre Prüfung erfolgt nach DIN 1995/96 (S. 367).

Wenn Emulsionen im Mischverfahren verwendet werden sollen, ist zu beachten, daß bei Vermischung mit größeren Mengen staubfeinen Minerals ein Zusammenklumpen eintritt, weil die große Oberfläche des Staubes den Emulgator stärker anzieht als die gröberen Gesteinsstücke, diese infolgedessen gar nicht oder zu gering benetzt werden. Darum muß eine Straßendecke, die einen Anstrich mit Emulsion erhalten soll, staubrein sein und jede Mischung mit Mineralzuschlägen, die auch staubfeine Füllstoffe enthalten, bleibt unvollkommen, es sei denn, daß die Emulgatormenge vermehrt wird oder die feinen Staubteilchen (Füller) werden mit einem dem Emulgator ähnlichen Mittel vorbenetzt. Beide Möglichkeiten sind für Mischverfahren angewendet (127).

β) Emulsionen besonderer Art.

Ajac-Verfahren. Verwendet wird ein besonders ausgebildeter Wagen, mit dem Teer oder Asphaltbitumen erhitzt und ausgesprengt werden kann. Der Wagen hat aber einen zweiten Kessel, in dem Wasser erhitzt wird und unter Zusatz eines von der Firma geheim gehaltenen Emulgators (2,5 vH) die Emulgierung mit Asphaltbitumen oder Teer unmittelbar vor der Auftragung auf die Straßendecke vor sich geht, die durch eine Druckpumpe und Spritzdüsen erfolgt. Die Arbeitsweise der Emulgierung unmittelbar an der Verwendungsstelle und vor der Auftragung mag insofern von Vorteil sein, als die Schwierigkeit umgangen wird, eine Emulsion fabrikmäßig herzustellen, die lagerfähig ist und doch schnell bricht, worauf schon auf S. 259 hingewiesen ist, und die Beförderung von 50 vH Wasser erspart wird. Die Emulsion kommt außerdem heiß aus der Maschine, das Bindemittel ist daher dünnflüssiger als bei den in der Fabrik hergestellten Emulsionen. Andererseits bietet die fabrikmäßige Herstellung von Emulsionen unter Aufsicht bei vorsichtiger Auswahl aller Stoffe eine besondere Gewähr für die richtige Zusammensetzung, während beim Ajac-Verfahren die Herstellung dem Zufall und nur handwerksmäßig erfahrenen Leuten überlassen wird. Wirtschaftlichkeitsuntersuchungen (128) haben eine wesentliche Verbilligung beim Ajac-Verfahren nicht ergeben. Die Herstellung der Emulsionen im Fabrikbetrieb hat gegenüber dem Handmischen auch wirtschaftliche Vorteile. Am bedenklichsten ist, daß bei dem Ajac-Verfahren jedes Wasser, das am Ort der Herstellung vorhanden ist, benutzt werden muß. Bekanntlich eignet sich nicht jedes Wasser für eine Emulgierung, die Fabriken müssen nach den Wassereigenschaften ihre Emulgatoren und das Verfahren einstellen. Die auf den Landstraßen vorhandenen Wässer, zumeist Bach- und Flußwässer, sind verunreinigt, haben Huminsäuren und andere Bestandteile, so daß die technisch einwandfreie Arbeitsweise dieses Verfahrens in Frage gestellt zu sein scheint. Auch ist die Wasserbeschaffung auf Landstraßen vielfach schwierig, auf jeden Fall die Heranschaffung von entlegenen Orten kostspielig. Das Verfahren ist daher auf Gegenden mit Wasserversorgung beschränkt, das sind zumeist bewohnte Gegenden, wo andrerseits die Aufstellung von Kesselfeuerungen unerwünscht ist. Der Wert der Ajac-Maschine wird darin liegen, daß bei trockenem Wetter im Heißverfahren, bei Nässe mit Emulsion gearbeitet werden kann.

Der Wassergehalt der Emulsionen von nahezu 50 vH ist in technischer Hinsicht als ein Vorteil, bezüglich der Wirtschaftlichkeit der Emulsionen als gewisser Nachteil anzusehen. Darum sind Emulsionen und Verfahren eingeführt worden, um diesen wirtschaftlichen Nachteil zu vermeiden, ohne daß allerdings dieselbe Güte wie bei den Emulsionen erreicht ist. Die Aufgabe ist verschieden gelöst. Beispiele sind Kiton und Arzit, die auf S. 262 behandelt werden.

Bei dem **Calhumid**-Verfahren wird auf der Baustelle in einem Kessel Wasser erhitzt, in einem zweiten Bitumen oder Teer. Dann wird der erhitzte Teer oder das Bitumen in das kochende Wasser unter Verwendung von angeblich nur ¾ vH Emulgator gegossen. Dieses Verfahren unterscheidet sich sonst kaum von dem Ajac-Verfahren. Die Vor- und Nachteile sind dieselben. Bei der fabrikmäßigen Erzeugung von Asphaltemulsion fällt das Aufschmelzen der Asphaltbitumina jetzt meist fort, weil die Emulsionsfabriken das Asphaltbitumen in noch heißem Zustand, wie es aus den Destillationen kommt, erhalten. Der Aufwand an Heizstoff bei Ajac- und Calhumid-Verfahren ist also eine Mehrausgabe gegenüber den fabrikmäßig hergestellten Emulsionen, der um so mehr ins Gewicht fällt, als die Erhitzung in den Kesseln mit großen Wärmeverlusten verbunden ist, da der Nutzeffekt solcher Anlagen nur gering ist. Außerdem ist eine Belästigung durch Rauch und Geruch damit verbunden. Die Herstellung lohnt auch nur bei mehr als 400 kg für eine Baustelle. Bei Flickarbeit mit Emulsion wird soviel selten verbraucht.

γ) Emulsionen mit festem Emulgator.

Bei Emulsionen, die als Emulgator einen festen Stoff haben (Ton, Bentonit, Braunkohle) ist das feste unlösliche Pulver die Schutzhülle. Die gröbere Form des Emulgators zwingt dazu, mehr davon zu verwenden, etwa 5—10 vH. Der Vorgang des Brechens kommt infolgedessen nicht so leicht zustande, da das Pulver besser am Asphaltbitumen als am Stein adsorbiert. Erst wenn alles Emulsionswasser verdunstet ist, kann sich das Asphaltbitumen oder Teer in einer zusammenhängenden Schicht ausscheiden. Das Brechen wird daher verzögert. Auch besteht die Gefahr der Rückemulgierung, wenn das Emulsionswasser noch nicht ganz verschwunden ist und die behandelte Decke Regen erhält. Der Vorteil dieser Emulsionen mit festen Emulgatoren besteht in der Möglichkeit, sie mit feingemahlenen Stoffen wie Zement, Gips, Kalk, Gesteinsstaub, ohne Klumpenbildung und Ausfällens des Bindemittels zu mischen. Mit festem Emulgator wird die Dispersion Y (I. G. Farben) hergestellt, die als Emulgator etwa 5 vH hochdisperse Kohle enthält.

Beim **Kiton-Verfahren,** das schon seit 20 Jahren im Straßenbau eingeführt ist, wird der Teer durch Zusatz einer geringen Menge von fettem Ton emulgiert. In Gegenwart von Teer soll der Ton die ihn sonst kennzeichnende Eigenschaft, nach dem Trockenwerden mit Wasser wieder zu einer plastischen Masse aufzuweichen, vollständig verlieren. Der Teer soll den Ton wasserbeständig machen. Kiton soll aus 50 vH destilliertem Steinkohlenteer, 10 vH Ton, 10 vH Petroleum und 30 vH Wasser bestehen. Kiton bildet eine Paste und läßt sich im Wasser leicht verteilen. Beim Einbau in die Straße wird das Kiton mit etwa derselben Menge Wasser vermischt und am zweckmäßigsten mit einem Rührwagen an Stelle des beim Walzen üblichen Wasserzusatzes auf die schon eingebaute Schotterlage ausgesprengt (Innentränkung). Die Fahrbahn wird durch weiteres Walzen und Überziehen mit Deckstoffen aus Sand mit etwa 20 vH Lehm vollständig befestigt und mit scharfem Sand abgedeckt. Der Lehm soll durch die Beimischung des Kiton seine Quellbarkeit verlieren. Der Verbrauch stellt sich auf ½ kg für den Quadratmeter und Zentimeter Deckenstärke. Zum Schutze der Kitonbehandlung wird bei stärkerem Verkehr Oberflächenteerung angewendet, mit einem Verbrauch von nur 1 kg/m². Über die Haftung des Striches sind in Österreich, wo Kiton eine weitgehende Anwendung gefunden hat, die Erfahrungen nicht einheitlich. Es empfiehlt sich, um den Einfluß des Tons auf den Anstrich auszuschalten, Asphaltbitumen zu verwenden.

Arzit setzt sich aus Kohlenpechen (Stein- und Braunkohlenpechen) mit etwa 10—20 vH Asphaltbitumen zusammen. Der Emulgator ist so gewählt, daß das Arzit in fast jedem Verhältnis mit Wasser gemischt werden kann. In der Fabrik wird es mit nur 3—5 vH Wassergehalt hergestellt. Erst bei der Verwendung wird der Masse heißes Wasser zugesetzt, die Vermischung geschieht in einem Teerkesselwagen mit leicht drehbaren Rühr- und Heizvorrichtungen. Die Mischung erfolgt bei 80° unter Umrühren und kann bis zu 80 vH Wasserzusatz verdünnt werden. Arzit kann für Oberflächenbehandlung, Splitt-, Teppichbeläge und Innentränkung benutzt werden (129). Es wird wie bei allen Oberflächenanstrichen mit Splitt und Grus in der üblichen Weise abgedeckt.

Arzit wird in Frankreich hergestellt, seine Anwendung in Deutschland ist beschränkt geblieben.

d) Fahrbahnbeläge unter Verwendung von Teer und Asphaltbitumen.

Vorbemerkung.

Die Fahrbahnbeläge, die in diesem Abschnitt behandelt werden, erfüllen in erster Linie die schon (S. 112) aufgestellte Forderung, daß sie anpassungsfähig sind. Einmal können die Bindemittel Teer und Asphaltbitumen, jedes für sich, oder in Mischung den klimatischen Verhältnissen, der Einbauzeit und Art angepaßt werden, indem sie weicher oder härter eingestellt, warm oder kalt eingebaut werden, ferner kann man sie der verwendeten Gesteinsart anpassen, aber auch die Stärke und Zusammensetzung der Deckenbeläge selbst kann sich nach dem Zustande des Unterbaues, der Verkehrsstärke und sonstigen Bedingungen richten. Die Oberflächenbehandlung oder der Oberflächenanstrich bildet die Anfangsstufe jeder Straßenverbesserung, sie dient bei weiterer Entwicklung des Verkehres als Grundstock für die fortschreitende Verbesserung. Aus dem Aufbau der Deckenbeläge selbst wird das im einzelnen hervorgehen.

1. Auswahl des Gesteins.

Je hochwertiger die Deckenbeläge sind, desto größere Aufmerksamkeit und Vorsicht ist der Auswahl des verwendeten Gesteins zu schenken. Die Aufwendungen für das Bindemittel und die Kosten für die Aufbereitung der Mischungen bestehend in anteiligen Kosten für Maschinenbenützung, Arbeitslohn, Brennstoff, Beförderungskosten sind so hoch, daß alle Sorgfalt auf die Auswahl des Gesteins zu legen ist, weil hier Ungeeignetheit und Mängel sich am ehesten und nachhaltigsten bemerkbar machen und mit nachträglichen Mitteln nicht nach- und abgeholfen werden kann. Während bei untergeordneten Straßen und Deckenbefestigungen, die nur eine vorübergehende Bedeutung haben, ein Gestein mittlerer Güte am Platze sein kann, ist für die Decken, bei denen mit einer langen Lebensdauer gerechnet wird, das beste Gestein gut genug. Ein Unterschied ist bisweilen in der Weise zulässig, daß beim Unterbau ein Gestein geringerer Güte zugelassen werden kann, wenn sonst der Unterbau stark genug ist, weil durch die Decke bereits eine Verteilung der Lasten und Beanspruchungen erfolgt. Es ist zu beachten, daß die hochwertigen Decken in erster Linie auf den Straßen mit dem stärksten Verkehr und den stärksten Beanspruchungen verlegt werden, an die Baustoffe daher die höchsten Anforderungen zu stellen sind. Die Güte, Brauchbarkeit und die Eigenschaften der Gesteine kann durch Versuchsverfahren nach DIN 2102—08 festgestellt werden, die im Abschnitt VII B a beschrieben werden. Die Erfahrungen auf der Straße gewähren aber erst ein richtiges Bild für die Bedeutung der Ergebnisse der Prüfung in der Versuchsanstalt. Die Anforderungen, die die einzelnen Bauweisen an das Gestein stellen, können daher vielfach nur umschrieben werden. Neben den physikalischen und chemischen Eigenschaften der Gesteine verlangen die einzelnen Deckenarten besondere Abstufung und Zusammensetzung der Körnungen und besondere Kornform. Die Abmessungen und Bezeichnungen der Kornformen ist durch DIN 1179 festgelegt (vgl. Abschnitt VII B a 12). Im allgemeinen kommt nur gesundes, wetterbeständiges, zähes und hartes Gestein für die Mischverfahren in Frage. Die im Asphalt- und Teerstraßenbau gebräuchlichen sind die harten und mittelharten Gesteine wie Basalt, Porphyr, Diabas u. a. Gegen Granit werden vielfach Bedenken geltend gemacht, die vielleicht im großen Quarzgehalt zu suchen sind, wofür noch später eine Erklärung gegeben wird (S. 292). Wegen des glatten Bruches soll Teer schlecht an Granit haften. Auch muß Granit bis zur vollkommenen Trocknung stark erhitzt werden. Im Asphaltstraßenbau hat aber Kalkstein von guter Beschaffenheit (Druckfestigkeit = 2000 kg) sich als durchaus brauchbar erwiesen, besonders bei Behandlung mit Emulsionen. In der Schweiz und am Bodensee wird ein sehr fester Kieselkalk gewonnen, der gleichfalls im Asphalt- und Teerstraßenbau sehr gern verwendet wird. Weiche Gesteine sind nur für Straßen mit geringem Verkehr zu empfehlen, da sie leicht zermalmt werden. Es fehlt dann an der genügenden Kittung durch den Teer, auch wird bei Staubbildung infolge Zerstörung der Steine das Bindemittel zu sehr gemagert. Dem Umstand, daß in porösem Gestein Teer oder Asphaltbitumen einziehen kann, wird keine besondere Bedeutung mehr beigemessen, da eben poröses Gestein selten genügend widerstandsfähig ist.

Nach Untersuchungen der Z.f.A.T. (130) muß sogar angenommen werden, das eine Absorption der Bindemittel durch poröse Gesteine ungünstig ist. Denn es werden dabei die leichten Öle dem Bindemittel entzogen. Bei Teer dringt das Öl ein und die hierdurch erzielte Anreicherung von Kohlenstoff auf der Oberfläche setzt die Bindekraft herab. Die gleiche Erscheinung, wenn auch nicht so kräftig, ist bei Asphaltbitumen festgestellt worden, so daß es sich empfiehlt, möglichst dichtes, nicht saugendes Gestein zu verwenden.

Basalt wird dort, wo er leicht zu haben ist, z. B. in Westdeutschland, bevorzugt. Im allgemeinen ist heute die Anschauung, daß jede nicht zu weiche Gesteinsart vom Kalkstein bis zum Basalt benutzt werden kann, wenn sie an sich gesund und wetterbeständig ist.

Eine besondere Bedeutung kommt den Schlacken zu. Hochofenschlacke ist ein bei der Erschmelzung des Roheisens in feuerflüssigem Zustande entstehendes Nebenerzeugnis. Sie besteht in der Hauptsache aus Kalksilikaten und Aluminaten mit wechselndem Gehalt von Magnesia, Schwefel und Eisenoxydul usw. Als Straßenbaustoff kommen nur die sauren Hochofenschlacken mit größerem Kieselsäure- und geringerem Kalkgehalte in Betracht, die bei der Herstellung von Thomasroheisen und Stahl entstehen. Sie zeigen nicht die Eigenschaften des allmählichen Zerfalles. Die Beobachtung von Hochofenschlacke mit dem Quarzlichtapparat durch ultraviolette Strahlen gibt einen zuverlässigen Aufschluß über die Schlackenbeschaffenheit. Beständige Schlacke leuchtet nicht auf, dagegen sind im Zerfall begriffene Schlacken durch zahlreiche, manchmal zu Nestern vereinigte größere und kleinere gelbweiße, bis bronzefarben irisierende Flecken und Punkte auf hellviolettem, seltener auf dunkelviolettem Grunde oder durch große rostbraune Flecken mit hellzimtfarbenen Punkten erkennbar (131).

Die Richtlinien für Hochofenschlacke als Straßenbaustoff, aufgestellt von der Kommission zur Untersuchung der Verwendbarkeit von Hochofenschlacke im preußischen Landwirtschaftsministerium (April 1931) (132), geben Vorschriften für die Beschaffenheit, Weiterbehandlung, Aufbereitung, Lieferbedingungen, Stoffproben, Güteprüfung und Abnahme. Die Schlacke muß raum- und wetterbeständig sein und ein möglichst gleichmäßiges, feines und dichtes Gefüge aufweisen. Schlacken mit stark blasigem, schaumigem und glasigem Gefüge sind auszuschließen. Die Schlacke darf weder zerfallen noch zerrieseln. Die Wasseraufnahme der Schlacke darf höchstens 3 vH des Gewichts betragen. Das Raummetergewicht für Kleinschlag aus Hochofenschlacke von 3—6 cm Korngröße darf 1250 kg/m^3 nicht unterschreiten. Die Widerstandsfähigkeit gegen Druckbeanspruchung wird nach dem im Abschnitt VII B a 11 S. 352 angegebenen Verfahren ermittelt. Schlacken aus der Müllschmelze, Klinkersand der Müllschlacken (Holland 133), aus der Gewinnung von Zinn, Zink, Kupfer und Blei fallen nicht unter Hochofenschlacken. Sie werden aber gelegentlich auch zum Straßenbau verwendet und sollen griffige Decken abgeben.

Das gebrochene Gestein soll eine möglichst würfelige Form haben, weil solche Körner die größte Festigkeit aufweisen, und nicht so leicht, wie schalige Stücke oder Splitter brechen, und weil kantige Stücke sich auch am besten verspannen und verzwicken. Die Gesteinsstoffe müssen frei sein von allen Verunreinigungen, wie Ton, Lehm, Gips, organischen oder sonstigen Stoffen (Stroh, Gras, Holz, tierische Auswurfstoffe). Vielfach wird auch verlangt, daß das Gestein staubfrei ist. Die völlige Reinigung wird am besten durch Waschen erreicht (Maschine dazu s. S. 404).

Bedeutung wird auch der Beschaffenheit der Bruchflächen zugemessen (97). Während diese im Asphaltstraßenbau eine geringere Rolle spielt, verlangt der Teerstraßenbau rauhes Gestein, wie z. B. die Hochofenschlacke, die durch die angebrochenen Gasbläschen eine pockennarbige, rauhe Oberfläche hat. Weitere Angaben werden bei den einzelnen Bauweisen gemacht.

2. Oberflächenbehandlung.

α) Allgemeines.

Unter Oberflächenbehandlung oder auch Oberflächenanstrich — in Österreich „Striche" genannt — versteht man das Aufbringen eines Überzuges oder einer Schutzschicht auf eine Fahrbahndecke. Eine Beschränkung dieser Anwendung nur auf Steinschlagdecken ist wohl nicht angängig, obwohl zugegeben werden soll, daß die Behandlung der Oberfläche von Steinschlagdecken im Landstraßenbau eine der Hauptaufgaben ist, während im Stadtstraßenbau auch die Behandlung von Steinpflasterstraßen und anderen Decken in Frage kommt, z. B. auf Asphalt-, Teer- und Holzpflasterdecken zur Verbesserung ihrer Griffigkeit. Bei dem großen Umfang der Steinschlagdecken auf Landstraßen und städtischen Wohnstraßen ist die Behandlung ihrer Oberfläche eine Bauweise geworden, die für sich allein bestehen kann und eine eigene Technik entwickelt hat. Die Oberflächenbehandlung ist ein organischer Bestandteil der Steinschlagdecke geworden und bei jeder Steinschlagdecke soll entweder alsbald eine Oberflächenbehandlung vorgenommen werden, oder zum mindesten alle Vorbedingungen geschaffen werden, daß sie jederzeit ausgeführt werden kann.

β) Aufgabe der Oberflächenbehandlung.

Bei den ersten Oberflächenbehandlungen, die mit Teer oder Asphaltölen vorgenommen sind, hat es sich lediglich um Vorkehrungen gegen Staubbildung gehandelt. So wichtig die Staubbekämpfung auch ist, als Maßnahme für sich allein kommt sie heute in dem früheren Umfang nicht mehr in Frage. Daher haben auch die reinen Staubbekämpfungsmittel heute nicht mehr die Bedeutung wie früher. Sie sind noch ein Bestandteil der Straßenreinigung, aber weniger des Straßenbaues und der Straßenunterhaltung. Die Behandlung von Kies-, Lehm- und Steinschlagstraßen mit Asphaltölen erfolgt z. B. in Nordamerika nicht mehr in der Form des oberflächigen Anstriches, sondern in der Durchmischung mit dem Mineralstoff. Diese Ölungsverfahren werden daher im Abschnitt „Tränkung" behandelt.

Gegenwärtig kann man die Aufgabe der Oberflächenbehandlung so umschreiben: Schutz der Decke gegen die Angriffe des Verkehrs, besonders gegen die saugende Beanspruchung der gummibereiften Kraftfahrzeuge, gegen die Angriffe der Schubkräfte am Umfang der Triebräder, Verhinderung der Staub- und Schmutzbildung, Schaffung einer ebenen Oberfläche, um die Stoßwirkung der Fahrzeuge zu vermindern, Schutz gegen die Einflüsse von Nässe und Frost.

Die Wirkung der Oberflächenbehandlung mit Teer oder Asphaltbitumen beruht in der Verkittung der Deckenstoffe, die gegen Lockerung geschützt werden. Das beruht z. T. auf der Klebekraft der Bindemittel wie auch auf der Ebenheit der Oberfläche, die den Kräften der Fahrzeuge keine Angriffspunkte mehr bietet. Die verkittete und unter Umständen vollständig mit einer wasserabweisenden Schicht versehene Oberfläche verhindert den Eintritt von Feuchtigkeit und damit auch das Auftreten von Frostwirkungen.

γ) Vorbereitung der Decke.

Wenn auch bereits im Abschnitt VI A alles über die Ausführung von Steinschlagdecken gesagt ist, so sollen die folgenden Besonderheiten, die bei Steinschlagdecken mit Oberflächenbehandlung zu beachten sind, noch erwähnt werden. Die für Steinschlagdecken zweckmäßig erkannten Vorschriften, Wahl eines möglichst gleichmäßigen Kornes des Geschläges von 3—5 cm, trockenes Einwalzen, gute Verspannung durch kräftiges Walzen, Aufbringen einer Deckschicht aus lehmfreiem Sand oder Steingrus mit Steinmehl durch Einschlämmen und Einwalzen gilt besonders, wenn Oberflächenbehandlung vorgesehen ist. Die Verwendung von lehmigem Sand und Deckstoffen wird zumeist abgelehnt, weil Lehm sich vor allem nicht mit Teer und Asphaltbitumen verträgt.

Ein besonderes Verfahren sucht eine hohlraumarme Decke zu schaffen, indem entweder schon unter dem Steinschlag Steinmehl ausgebreitet wird, das beim Einwalzen des Steinschlages von unten nach oben eindringt und dann Kies mit Steinmehl von oben eingebracht wird (128). Oder aber es werden von oben reichlich lehmige Stoffe eingebaut, die gut eingeschlämmt werden. Man glaubt damit anscheinend eine festere Decke erzielen zu können[1]. Das ist aber nicht anzunehmen, vor allem stehen die höheren Aufwendungen in keiner Beziehung zum Erfolge, gegen die Verwendung lehmhaltiger Deckstoffe sprechen die schon oben angegebenen Gründe. Solchen Verfahren ist daher auch der Erfolg versagt geblieben.

Zweckmäßig ist es, die Steinschlagstraße vor der Oberflächenbehandlung einige Zeit dem Verkehr auszusetzen, damit sie sich gut gedichtet hat, und vor allem vollständig ausgetrocknet ist. Gleich nach der Herstellung besitzt sie noch zu viel Hohlräume und würde dann zuviel Bindemittel schlucken. Während der Liegezeit muß die Steinschlagdecke sorgsam unterhalten werden, am besten durch eine Schutzschicht von reinem scharfkörnigem Sand, Splitt oder Flußsand, der von Zeit zu Zeit eingekehrt werden muß. Wenn die Notwendigkeit besteht, sofort nach der Herstellung die Steinschlagdecke mit Teer oder Asphaltbitumen zu behandeln, muß die Walzung und Einschlämmung besonders sorgfältig erfolgen. Auf jeden Fall müssen die Decken trocken sein.

Die Hauptarbeit vor dem Aufbringen der Oberflächenbehandlung besteht in einer Anzahl sehr wichtiger Maßnahmen: Herstellung eines guten Profiles bei alten Decken, Querneigung 3—3,5 vH, vorherige Beseitigung aller Schlaglöcher, Unebenheiten und Mulden, Reinigen der Deckenoberfläche von Schmutz, vor allem Tierkot und aufgeschleppten Bodenstücken und von den feinen Deckstoffen. Ist ein gleichmäßiges Profil nicht mehr zu erreichen, so muß eine neue Aufwalzung erfolgen, über die schon alles im Abschnitt VI A gesagt ist.

Die Beseitigung der Schlaglöcher und Mulden erfolgt am besten im Flickverfahren, indem die Schlaglöcher und Mulden unter Verwendung von Teer- oder Asphaltschotter, der mit Emulsionen aufbereitet (s. Abschnitt VI K d 5) ist, ausgeglichen werden. Hierzu werden die Schlaglöcher möglichst rechtwinklig ausgespitzt und von Schmutz und Staub gereinigt. Die Ränder werden mit Bindemittel z. B. Teer, Asphaltbitumen, Kaltteer, Weichasphalt und Emulsionen, die sich beim Flicken ganz besonders wegen der leichten Handhabung eingeführt haben, angestrichen, ebenso die Ränder der angrenzenden Decke in etwa 10 cm Breite. Steinschlag und Splitt sollen höchstens halb bis zweidrittel so groß sein, wie das Schlagloch und die Mulde tief sind, sonst ist eine bündige Lage nicht zu erreichen. Diese Flickarbeit ist mindestens eine Woche vor der Oberflächenbehandlung vorzunehmen, damit die Flickstellen, die abzurammen oder abzuwalzen sind, verdichten können. Die Oberflächen der Flicken müssen dann mit der vorhandenen Decke bündig liegen, damit später keine Sackungen

---

[1] Verfahren nach Büchner.

eintreten. Vor Aufbringen der Bindemittel wird die Decke steinkornrein mit Stahl- und Piassavabesen ausgekehrt und der Staub mit weichen Besen abgefegt. Hierzu werden Kehrmaschinen mit Kehrwalze verwendet, wie sie in der Straßenreinigung üblich sind, es sind aber auch für diese Arbeit besondere Kehrmaschinen ausgebildet, bei der die kreuzförmig angeordneten Besen durch Drehung auf der Decke die Reinigung ausführen (Maschinenfabrik W. u. J. Scheid, Limburg a. d. Lahn). Auch werden diese Arbeiten mit Druckluft, aber auch mit Druckwasser durch kräftiges Ausspritzen vorgenommen. Je gründlicher und sauberer die Straße vorbereitet ist, desto bessere Ergebnisse werden mit der Oberflächenbehandlung erzielt. Diese Vorbereitung der Decken ist notwendig ohne Rücksicht darauf, ob später Teer, Asphaltbitumen oder Emulsionen zur Anwendung kommen.

δ) Ausführungen im Heißverfahren.

Art und Beschaffenheit des Bindemittels. Für diese Zwecke kommen Teer, Asphaltbitumen, bisweilen auch Emulsionen in Frage. Als Teer werden Straßenteer I, Anthrazenölteer 60/40, und Wetterteer empfohlen. Ihre Verwendung wird von mancherlei Umständen und Erwägungen abhängen. Die leichtflüssigen Teere und Emulsionen werden angebracht sein, wenn bei einer ersten Behandlung das Bindemittel tief eindringen soll, wenn bei kalter Witterung ein zu schnelles Abkühlen und damit Zähflüssigwerden befürchtet wird, oder wenn die Absicht besteht, nur eine dünne Schicht aufzubringen. Ausschlaggebend sind auch die besonderen Eigenschaften der Teere. Teer I und Anthrazenölteer müssen je nach der Außentemperatur auf 90—140° erwärmt werden. Sie können nur bei warmer Witterung und bei völlig trockener Straße eingebaut werden, denn bei feuchter Beschaffenheit des Gesteins und der Decke bringt der heiß aufgebrachte Teer das auf und in dem Gestein, Kies oder Sand befindliche Wasser zur Verdunstung. Der Wasserdampf kann aber nicht entweichen, sondern wird zwischen Steinoberfläche und Teerhaut festgehalten. Er verhindert infolgedessen die notwendige innige Verbindung zwischen Gestein und Teer und eine geringe Bewegung zerreißt die Teerhaut und legt den Stein bloß. Das gilt in gleichem Maße für alle Heißverfahren sowohl für Teer wie für Asphaltbitumen. Aus diesem Grunde muß bei den später behandelten Mischverfahren das Gestein in besonderer Trockenanlage von jeder Feuchtigkeit befreit werden.

Bei Oberflächenbehandlung läßt sich eine solche künstliche Trocknung gar nicht oder nur mit sehr hohen Kosten durchführen. Für solche Zwecke sind die Straßentrockner ausgebildet worden, die mit Ölbrennern die Straßenoberfläche erwärmen. Sie können aber wegen der hohen Kosten und geringen Leistung nur zur Ausbesserung von Schlaglöchern, wie sie zuvor angegeben ist, verwendet werden. Die Straßentrockner sind in Abschnitt IX C beschrieben. Merkblätter der Stufa für Oberflächenteerungen und Oberflächenasphaltierung im Heißverfahren weisen darauf hin, daß nur bei warmer und trockener Witterung und auf völlig trockener Decke diese Arbeit ausgeführt werden kann. Während der Ausführung eintretende Niederschläge zwingen zur Unterbrechung der Arbeit, bis die Decke wieder ausgetrocknet ist. In Gegenden mit viel Niederschlag sind daher Oberflächenbehandlungen im Heißverfahren ein unsicheres Unternehmen. Man braucht auf gewöhnlicher Schotterdecke je nach ihrer Dichtigkeit und Rauhigkeit 1,5—2,5 kg/m², auf vorbehandelten Decken 0,5—1,2 kg/m². Der Teer ist so dünn und so gleichmäßig als nur möglich auf die Straßenfläche zu verteilen, so daß eine geschlossene Teerhaut entsteht. Ansammlungen und Pfützen von Teer dürfen sich nirgends bilden, da sie später leicht weich werden und schwitzen, oder Schiebungen und Wellenbildung in der Decke verursachen. Zur Oberflächenbehandlung werden die leichtflüssigen Teere bevorzugt, deren Eigenschaften im Abschnitt VI K b 2 angegeben sind.

Straßenteer wird in eisernen Fässern und in Kesselwagen geliefert. Es ist zu beachten, daß zähflüssiger Teer nur schwer aus den Behältern ausfließt oder abzupumpen ist, und zumeist die Behälter hierfür angewärmt werden müssen. Diese Arbeit ist bisweilen umständlich und vermehrt die Kosten der Teerausführungen. Zur Erleichterung des Überpumpens sind bereits Kesselwagen mit Ölheizung vorgeschlagen worden. Bei Benutzung von Fässern werden diese auf den Teerkesseln erwärmt (s. Abschnitt IX B b).

Wetterteer soll die Nachteile der anderen Straßenteere nicht haben und auch auf feuchter Decke anbinden (vgl. Bemerkung auf S. 226). Auch Wetterteer muß auf 140° für die Verwendung erwärmt werden. Mitteilungen aus der Praxis besagen, daß die Verankerung des Wetterteeres in der Decke erst allmählich sich vollzieht, die Wirkung daher erst abgewartet werden muß. Nach Erfahrungen in der Schweiz kann Wetterteer auf nasser Straße und bei feuchter Witterung nur sehr schwer benutzt werden. Wetterteer wird in eisernen Trommeln geliefert.

Asphaltbitumen zur Oberflächenbehandlung soll die Eigenschaften der Zusammenstellung 36 aufweisen (vgl. S. 245). Es sollen in der Regel weiche Asphaltbitumina mit niedrigem Erweichungspunkt und hoher Eindringungstiefe verwendet werden. Bei neuen Straßen, kalter Witterung und geringem Verkehr wird das Asphaltbitumen weicher eingestellt, bei eingefahrenen Decken, die bereits schon einen Überzug aus Asphaltbitumen oder Teer haben, und in warmer Jahreszeit muß das Asphaltbitumen härter (s. S. 246) eingestellt sein. Asphaltbitumen muß auf 180° bis höchstens 200° erwärmt werden, damit es leichtflüssig genug ist. 1,5—2,5 kg/m² Asphaltbitumen werden verbraucht. Eine geeignete Vorbehandlung vor dem ersten Aufbringen des Asphaltbitumens im Heißverfahren besteht in der Oberflächenteerung, weil der leichtflüssigere Teer eine innigere Verbindung mit den Gesteinsstoffen eingeht. Das dann aufgebrachte Asphaltbitumen bindet besser an der Decke an. Zweckmäßig wird die Asphaltierung nicht gleich an die Teerung angeschlossen, weil der Teer erst verharzen soll. Die Heißasphaltierung erfolgt erst, nachdem die Decke eingefahren ist. Wenn die Heißasphaltierung unmittelbar hinter dem Teeranstrich aufgebracht wird, muß dieser dünnflüssig und sparsam angewandt werden. Der Verbrauch von Asphaltbitumen kann bei voraufgehender Teerung auf 0,75—1,25 kg/m² eingeschränkt werden. Eine ähnliche Wirkung, wie die Vorbehandlung mit Teer verfolgt, wird durch Verwendung von Mischungen aus Asphaltbitumen mit Straßenteer erzielt, wie sie im Abschnitt VI K c 3 schon behandelt sind. Auch diese Ausführungen können nur im Heißverfahren vorgenommen werden. Zweckmäßig hat sich ein Wechsel in der Aufbringung von Teer und Asphaltbitumen erwiesen. An Stelle des Asphaltbitumens wird auch Weichasphalt verwendet, der ja nach Art des Verflüssigungsmittels auf 70—120° erhitzt wird.

Teer und Asphaltbitumen werden mit Gießkannen, Spritzeinrichtungen oder Tankwagen aufgebracht, wie sie im Abschnitt IX B b beschrieben sind.

ε) Emulsionen.

Bei der Vorbereitung der Decken ist das Reinigen durch Ausspritzen mit Druckwasser besonders zweckmäßig, weil die Emulsionen gegen Staub sehr empfindlich sind, der aber vollständig nur bei Ausspritzen beseitigt wird. Auf feuchten Decken bricht die Emulsion schneller. Bei Kalksteindecken ist Abspritzen die einzige Möglichkeit, um den Staub zu beseitigen. Bei großer Trockenheit soll die Decke etwas abgebraust werden, aber nicht tropfnaß sein. Emulsionsbehandlung kommt vor allem für alte Decken in Frage, die, wie schon erwähnt, erst instand gesetzt werden müssen. Hierzu kann die Emulsion bereits benutzt werden (126). Die Schlaglöcher werden mit senkrechten Rändern möglichst viereckig ausgespitzt und sauber ausgekehrt. Die Vertiefung wird dann mit

Emulsion ausgepinselt und kantiger Hartsteinsplitt von 20—30 mm Korngröße eingefüllt, gestampft, mit Emulsion getränkt, nochmals gestampft und leicht mit Sand überstreut. Die Ausfüllung tiefer Schlaglöcher kann auch nach dem Vorbilde, das unter „Tränkverfahren" näher beschrieben wird, so erfolgen, daß das ausgespitzte und sauber ausgekehrte Loch mit lehmhaltigem Kies 2—3 cm hoch bedeckt und mit Schotter in abgestufter Korngröße ausgepackt und unter Annässen leicht abgerammt wird. Nach mäßiger Tränkung mit Emulsion wird mit Splitt von 5—15 mm Korngröße abgedeckt und ordentlich abgerammt. Ein Nachrammen am folgenden Tage empfiehlt sich. Danach muß die Oberfläche der Flickstelle bündig mit der Nachbarfläche liegen. Es darf nur soviel Emulsion eingegossen werden, daß keine Pfütze entsteht. Die Oberfläche muß rauh und steinig sein.

Bei flachen Vertiefungen genügt es, diese vorher sauber auszukehren, mit Emulsion bis zu ¾ der Tiefe auszufüllen, hierauf mit 5—15 mm großem Grus

Abb. 160. Tankspritzwagen für Emulsionen.

so zu bedecken, daß Emulsion nicht mehr zu sehen ist, und die Stelle so lange abzurammen, bis sie wieder an die Oberfläche tritt.

Es kann auch die Mischung von Splitt, Steinschlag und Emulsion eine Viertelstunde vorher fertiggestellt und dann eingebaut werden. Bei flachen Löchern oder Mulden genügt ein Reinigen von Staub und Schlamm, Bestreichen mit Emulsion, Abstreuen mit Splitt und Abrammen. Durch diese Beseitigung der Fehlstellen muß das Profil der Straße völlig wiederhergestellt werden. Die tiefen Flickstellen sollen erst vom Verkehr eingefahren werden, wozu eine Woche genügen wird. Bei sehr flachen Mulden genügt eine Ausgleichung vor dem Oberflächenanstrich.

Auf die gereinigte und so vorbereitete Decke wird die Emulsion über die ganze Straßenoberfläche mit Gießkannen, aus Sprengwagen oder Spritzwagen, bei denen mit Hand- oder Motorpumpen die Flüssigkeit mit Druck ausgespritzt wird, oder aus Tankwagen mit Sprengeinrichtung ausgesprengt (Abschnitt IX B b). Diese Verfahren gewährleisten eine gleichmäßige und sparsame Verteilung. Zuweilen wird in den Handdrucksprengwagen die Emulsion auf 40—50^0 erwärmt, damit sie die Pumpe und Düsen nicht verstopft. Wird die Emulsion ausgegossen, so muß sie mit Besen oder Gummischiebern gleichmäßig ausgebreitet werden, und zwar immer nach dem Arbeitenden hin, ohne daß die Emulsion zuviel hin- und herbewegt wird. Die Menge der aufzubringenden Emulsion schwankt zwischen 1,2—2 kg/m^2. Es kommen dann etwa 0,6—1 kg/m^2 Asphaltbitumen auf die Decke. Die Emulsion läßt sich also dünner auf die Decke bringen als beim Heißverfahren. Es wird auch hier angestrebt, wie bei Oberflächenbehandlung im Heißverfahren, bei der ersten Behandlung nicht zuviel Masse aufzubringen. Die Straße behält daher ihre Rauhigkeit und hat dabei genügend Schutz gegen die Abnutzung. Die tägliche Leistung beträgt bei Ausbreiten der Emulsion mit Gießkannen und Spritzeinrichtungen etwa 1500 m². Sie kann bei Benützung von Tankwagen, wie sie im Abschnitt IX B b beschrieben sind, erheblich gesteigert werden, wenn die Anfuhr der Emulsion gut geregelt ist. Die sächsische Straßenbauverwaltung hat im Jahre 1926 mit der bewährten Emulsion „Colas" Durchschnittsleistungen von 3500 m² täglich und Höchstleistungen von 7000 m² täglich erreicht. Die Colas Kaltasphalt GmbH, Dresden, benutzt Tankwagen mit tiefliegendem Kessel, der ein gutes Abfüllen aus dem Bahnkesselwagen gestattet, vgl. Abb. 160.

Bei der dünnen Auflage der Emulsion muß bei stärkerer Beanspruchung der Straße die Oberflächenbehandlung nach etwa 1—2 Wochen wiederholt werden. Es hat sich als zweckmäßiger herausgestellt, zwei Überzüge in kurzen Abständen herzustellen, als die gleiche Menge Stoff in einem Arbeitsgang anzuwenden.

ζ) Die Abdeckung.

An jede Oberflächenbehandlung sowohl im Heiß- wie Kaltverfahren muß sich die Abdeckung mit Gesteinsstoffen anschließen. Diese muß sofort nach dem Aufbringen des Teeres oder des Asphaltbitumens, solange die Bindemittel noch weich und dünnflüssig sind, anschließen. Die steinkornreingefegte Decke hat ein pockennarbiges Aussehen. In diesem Zustande kann sie nicht belassen werden. In den offenen Fugen würde sich Schmutz und Feuchtigkeit festsetzen, der stark bloßgelegte Steinschlag würde von den Verkehrsstößen mit der Zeit gelockert werden. Um der Decke wieder eine ebene, geschlossene Oberfläche zu geben, wird auf das aufgebrachte Bindemittel reichlich Grus aufgestreut, der den überschüssigen Stoff binden und die Hohlräume und Fugen in der Decke ausfüllen soll. Zu diesem Zwecke wird die erforderliche Grusmenge längs der zu behandelnden Straßendecke vorher angefahren und gelagert. Nur sauberer und trockener, möglichst staub-, lehm- und tonfreier Grus aus gesundem wetterbeständigem Gestein darf verwendet werden. Verwittertes oder weiches Gestein und sonnenbrandverdächtiger Basaltgrus ist auszuschließen. Der Grus soll auch möglichst würfelförmig (Edel- oder Doppelgrus) und gewaschen sein. Vom Straßenrand aus wird der Grus mit der Schaufel breitwürfig aufgebracht, so daß gröberes und feineres Korn überall zu gleichen Anteilen verteilt ist. Für die Größe des zu verwendenden Gruses kann maßgebend sein der Zustand der Decke — bei großen Vertiefungen wird ein gröberer Grus brauchbarer sein, als ein kleinkörniger — die Art des Bindemittels und vor allem, ob es sich um die erste oder eine der nachfolgenden Oberflächenbehandlungen handelt. Für die erste Behandlung ist ein gröberes Korn (Splitt bis 20 mm) angebracht. Die späteren Behandlungen erfordern kleinere Korngröße.

Eine besondere Wirkung wird einer Grusart von 0—5 mm Körnung aus Hochofenschlacke zugeschrieben, die vorher eine ganz leichte Ölung erhalten hat. Dieser Grus ist gut lagerfähig, da die Ölung die Wasseraufnahme verhindert. Auf die Teer- oder Asphaltbitumendecke aufgebracht, bindet dieser Grus das Bindemittel besonders kräftig. Der Oberflächenanstrich wird erst mit Grobsplitt abgesplittet, dann kommt zur Fugendichtung der bituminierte Grus darauf. Er hat den Namen Bitugrus (134) (D.R.P. angemeldet). Es werden 8 bis 10 kg für den Quadratmeter davon verbraucht. Die Bituminierung ist so gering (0,5 Gew.-vH), daß die Masse streufähig bleibt und nicht klebt.

Wird Splitt verwendet, der vorher mit Weichasphalt umhüllt ist, dann erhält man eine Decke von besonderer Haltbarkeit und spart etwa die Hälfte an Bindemittel bei der Oberflächenbehandlung. Solche Beläge sollen besonders griffig sein.

Im Heißverfahren geteerte oder bituminierte Decken können erst befahren werden, wenn die Masse erkaltet ist und den Splitt gebunden hat. Bei den Emulsionen muß die Brechung abgewartet werden, die bei feuchter Witterung langsamer eintritt als bei trockener und in etwa 3 Stunden beendet sein soll.

Kaltteere und Weichasphaltbitumina werden genau so aufgebracht wie Emulsionen. Die Behandlung der Decke, das Aufbringen mit Spritzeinrichtungen u. a. und die Absplittung vollziehen sich in der gleichen Weise. Bei diesen Bindemitteln ist die Verdunstung der leichten Bestandteile abzuwarten, die wie die Ausführungen auf S. 228 erkennen lassen, besonders bei einigen Kaltteeren, nur langsam vor sich geht und infolgedessen eine lange Sperrung der Straße notwendig wird.

Bei Neuwalzungen hat sich das folgende Verfahren bewährt, das Dr.-Ing. Scheuermann in Wiesbaden in großem Umfange angewendet hat. Nach der ersten Behandlung mit Asphaltemulsion wird ein Splitt 12—18 mm aufgebracht und eingewalzt, nach einer Woche eine zweite Emulsionsbehandlung mit Grus 8—12 mm, nach einem Monat eine dritte mit Grus 5—8 mm und nach einem Jahr eine vierte Emulsionsbehandlung mit Grus 3—5 mm. Die Decke hat dann etwa 2 cm Stärke, ist durch die Kornabstufung gut in sich verankert und zeigt eine geschlossene Oberfläche.

Es liegen einige Angaben vor über die Verteilung der einzelnen Kostenanteile bei Oberflächenbehandlung.

Einzelkosten in vH-Tl. der Gesamtkosten	Staat Bayern	Baurat Dr. Kurtz (128)		Stadt Stuttgart (135)
Bindemittel:				
a) Teer	28,5	28		35
b) Asphaltbitumen	—		36	—
Splitt und Grus	31	37	33	35
Löhne	35,5	16—19	14—17	25
Walzung, Betriebsstoffe, Besen und Verschiedenes	5,0	16	14	5

In den Städten hat sich das Bedürfnis herausgestellt, alte stark abgenützte Pflasterstraßen mit einem geräuschlosen bituminösen Überzug zu versehen.

Bei einfachen Oberflächenbehandlungen besteht dabei die Schwierigkeit, die verhältnismäßig dünnen Beläge wirksam mit dem Untergrund zu verbinden. Bei stark abgenütztem Pflaster sind die Köpfe der Steine besonders rund und glatt, so daß die dünnen Oberflächenbehandlungen keinen Halt finden und schlecht haften. Sie werden durch den Verkehr bald abgeschoben. Um sie mit dem Pflaster zu verankern, ist es notwendig, die Fugen des Steinpflasters mindestens 4 cm auszukratzen, oder mit Druckluft aus Gebläsen mit Motorantrieb auszublasen oder bei Benutzung von Emulsionen mit Druckwasser auszuspritzen. Die Fugen werden dann mit Splitt und Grus ausgefüllt und mit Asphaltbitumen, Teer oder Emulsion ausgegossen, und abgerammt. Dabei werden zugleich die Mulden und Schlaglöcher mit ausgefüllt, so daß die Straße wieder ein gleichmäßiges Profil erhält. Dann bekommt die ganze Fläche einen Überzug, der mit Splitt abgedeckt wird, wie bei jeder Oberflächenbehandlung. Bei Verwendung von Emulsionen, besonders mit Colas, hat es sich gezeigt, daß der Erfolg am größten ist, wenn nicht gleich die Steinköpfe voll überzogen werden. Der Zweck der Behandlung ist schon erreicht, wenn die größten Unebenheiten und Fugenöffnungen ausgefüllt und abgeglichen sind. Bei späterer Behandlung kann die Schicht stärker werden. In dieser Weise können auch Kleinpflaster und schadhafte Betondecken verbessert werden. Für Wohnstraßen und Straßen mit mittlerem Verkehr, guter Entwässerung und freier Lage ist eine solche Behandlung erfolgreich. bei starkem Verkehr versagt sie meistens.

η) Einstreudecke,

auch Fugendecke, ist eine Straßendecke nach der Begriffsbestimmung der Stufa, in deren Steingerüst geteerter Sand, geteerter Grus oder geteerter Splitt eingebracht ist. Man kann dieses Verfahren auch als eine verstärkte Oberflächenbehandlung ansehen, insofern als der Splitt, Grus und Sand, der bei einer gewöhnlichen Walzdecke als Deckenschluß angewendet wird, vorher geteert wird. Die Decke wird unter dem Druck der Walze sich besser dichten als ungeteerte Masse und auch fester sich verspannen. Statt des Teeres werden mit besserem Erfolge Asphaltbitumen und Weichasphalt zur Umhüllung des Splittes, Gruses oder Sandes verwendet.

Die Unterlage besteht aus einer Steinschlaglage, die auf eine ehemalige Steinschlagdecke verlegt wird, die angerauht ist, oder eine Sandschicht erhalten hat. Diese Steinschlaglage wird leicht angewalzt, dann wird der umhüllte Splitt aufgebracht, der die Hohlräume der Steinschlaglage schließen soll. Es wird gewalzt und der umhüllte Splitt nachgestreut, bis alle Hohlräume ausgefüllt sind und kein umhüllter Splitt mehr eingedrückt werden kann. Die verbleibenden Hohlräume werden mit umhülltem Sand ausgefüllt.

An dem Aufbau der Decke ist zu beanstanden, daß der Steinschlag nur leicht angewalzt werden soll. Wenn eine solche Decke langen Bestand haben soll, muß der Steinschlag vorher so kräftig eingewalzt werden, daß er in sich genügend verspannt ist. Sonst besteht die Gefahr, daß die Decke sich mit der Zeit lockert und beweglich wird, daß sich die großen Steinschlagsteine mit der Zeit durcharbeiten. Der Verbrauch an bituminiertem Splitt und bituminiertem Sand wird zu 40—70 kg/m² angegeben, im Verhältnis Splitt zu Sand wie 5 : 1. Die Decke erhält sofort nach der Herstellung oder mindestens noch im Herstellungsjahr eine abschließende Oberflächenbehandlung.

Dieses Verfahren ist zwar erst im Jahre 1930 in größerem Ausmaß aufgenommen, aber die bisherigen Erfahrungen lassen auf eine Lebensdauer der Fugendecke von 3—5 Jahren schließen, die durch fortlaufende Oberflächenbehandlung auch bei starkem Verkehr (bis 3000 t/tgl.) immer wieder verlängert werden kann.

3. Decken im Tränkverfahren.

Die Decken, nach dem Tränkverfahren hergestellt, sind als eine Verstärkung der Oberflächenbehandlung anzusprechen, indem man sich nicht begnügt, das Bindemittel auf die Decke aufzubringen, sondern es dem Steingerüst durch Eingießen oder Mischen mit den Mineralkörnern an Ort und Stelle einverleibt. Diese Behandlung bietet einen stärkeren und nachhaltigeren Schutz gegen die Verkehrsbeanspruchung und die Witterungseinflüsse als die Oberflächenbehandlung, weil das Bindemittel auch das unter der Deckschicht liegende Steingerüst bindet und schützt. Der Bewegung der Oberfläche der Steine, einer Lockerung, wird vorgebeugt, die Steine im Innern des Straßenkörpers werden festgelegt und eine Abnutzung der Steine durch die innere Reibung verhindert. Dieses Verfahren ist wieder nach den verschiedensten Richtungen hin entwickelt worden, wobei wieder die große Anpassungsfähigkeit der Bindemittel Teer, Asphaltbitumen und ihrer Emulsionen ausgenutzt wird.

α) Bodenbefestigung durch Tränkung.

Die einfachste Form des Tränkverfahrens besteht darin, daß der aus dem vorhandenen Boden aufgebaute Straßendamm mit dem Bindemittel vermischt wird. Auf dieses Verfahren ist schon im Abschnitt V A Bodenuntersuchung hingewiesen worden. Diese Befestigung der Fahrbahn läßt sich nur mit bestimmten Bodenarten ausführen, sie erfordert zuweilen vorher eine entsprechende Mischung des Bodens mit anderen Gesteinsstoffen. In Trockengebieten des Westens der V. St. A. vor allem in Kalifornien ist es viel angewendet. In der im Abschnitt V C angegebenen Weise wird der Straßenkörper aufgebaut, indem die Bodenmasse aus dem Graben zur Aufhöhung des Planums benutzt wird. Da nicht jeder Boden und nicht jedes Gestein zur Tränkung geeignet ist, erfolgt eine Untersuchung, die z. B. in dem Straßenbauuntersuchungsamt des Staates Kalifornia in Sakramento eingehend vorgenommen wird. Je nach Befund kann der Boden durch Beigabe von Kies oder Steinschlag verbessert werden. Böden, die eine Korngröße von Feinsand bis Kies haben, haben sich geeignet erwiesen. Auf Grund von Adsorptionsversuchen, wie sie auch von der Str. V. St. vorgenommen sind (S. 292), wird der Bedarf an Asphaltöl nach der Oberfläche der Mineralstoffe festgestellt. Die Mineralmasse wird ausgesiebt und die Körner, die auf dem 2-mm-Maschensieb (A. S. T. M. D — 7 — 18 Nr. 10) zurückgehalten werden, zwischen 2 mm und 0,074 (Nr. 200) liegen bleiben, und durch das 0,074-Maschensieb hindurchgehen, werden je für sich ermittelt und dann aus Tafeln für jede Kornstufe die Oberfläche bestimmt. Daraus wird der Verbrauch an Asphaltöl berechnet.

Die Bauweise der Tränkung solcher Böden im Straßendamm beginnt mit einer drei- bis viermaligen Aufharkung auf 8—10 cm Tiefe mit einer Maschine, die dem in der Landwirtschaft benutzten Grubber entspricht und von einem Raupenschlepper gezogen wird. Darauf wird auf die eine Straßenhälfte aus Tankwagen (s. Abschnitt IX B b) mit Druck ein Asphaltöl aufgespritzt, das etwa auf 60—90° erwärmt ist (4,5—7 l/m²). Anschließend wird die Decke wieder durchgeharkt, damit das Öl nicht an den Maschinen ankleben kann. Die lose mit Asphaltöl getränkte Masse wird dann von der Mitte aus mit einer Abgleichmaschine (Wegeschälgerät), deren Stahlschneide etwa unter 45° gegen die Straßenachse geneigt ist, zu einem Strich nach der Straßenkante und von dieser wieder nach der Straßenmitte her- und hinübergeschoben (Abb. 161). Bei dieser Bewegung werden die Bodenteile mit dem Asphaltöl durcheinandergemischt. Dieser Vorgang wird solange wiederholt, bis eine ganz gleichmäßige Durchmischung des Bodens mit dem Asphaltöl erreicht ist. Dann wird die Stahlschneide normal zur Straßenachse gestellt und die Masse dem Straßenprofil entsprechend eingeebnet. Die Decke erhält einen Oberflächenanstrich und wird dann dem Verkehr ausgesetzt, der die Verdichtung vornimmt. Um zu verhindern, daß sich Wagengleise einfahren, wird gewöhnlich eine Woche nach der Ausführung mit der Abgleichmaschine darübergefahren, die Grate beseitigt und die Gleise aufgefüllt. Eine einmalige Behandlung genügt nicht, weil im Winter der Boden noch Wasser aufnehmen kann und dann die Straße aufbricht. Die erste Behandlung wird daher in das Frühjahr gelegt, die zweite in den Herbst. Je stärker die mit Öl durchgemengte Erdschicht gemacht wird, um so größere Lasten kann die Straße bei ungünstiger Witterung tragen. In Kalifornien werden die Decken sogar bis auf 30 cm Tiefe aufgepflügt, dann zwischen 7—8 l/m² Asphaltöl aufgegossen. Mit Eggen, die auch zickzack fahren, erfolgt dann eine Durchmischung, an die sich die Einebnung mit der Abgleichmaschine anschließt, bis das gewünschte Profil erreicht ist. Die zweite Behandlung besteht in einem Aufpflügen mit einem Dreischarpflug, es werden nochmals 7—9 l/m² Asphaltöl eingesprengt, geeggt und eingeebnet. Das Öl hat eine Zähflüssigkeit von 100—120° (Engler) und wird auf 38° erwärmt. Auch Erdöl mit 65 vH Asphaltgehalt und 80 Eindringungstiefe wird vielfach angewendet. In dieser Weise sind in Kalifornien schon seit 23 Jahren die Nebenstraßen, die in die landwirtschaftlichen Gebiete führen, behandelt. Der Boden besteht aus Sand von sehr feinem Korn (50 vH 2—0,14 mm, 50 vH 0,14—0,0 mm). Solche Decken haben dort bei dem allerdings trockenen und frostfreien Klima eine sehr lange Lebenszeit bewiesen. Die Kosten wurden

1930 zu 10000 Dollar für 1 km angegeben. Diese Art der Straßenbefestigung wird je nach Art des Untergrundes in verschiedenen Abarten ausgeführt, die in Bericht 24 zum VI.I.St.K.1930 beschrieben sind. Solche Straßenbauweise kommt überall dort in Frage, wo bei leichtem Verkehr ähnliche klimatische und Untergrundverhältnisse vorliegen und Erdöl zur Verfügung steht.

β) Tränkverfahren mit Mischung an Ort und Stelle.

Wenn die Befestigung von Kies- und Steinschlagstraßen dauerhafter ausfallen soll, als eine Oberflächenbehandlung ermöglicht, wird in den V.St.A. Steinschlag aufgebracht, der an Ort und Stelle mit Teer oder Asphaltbitumen vermischt wird (Mixed in place). Ist die Decke stark abgenutzt, so wird sie erst aufgerissen und mit Zusatz von neuem Steinschlag neu gewalzt. Besteht noch ein gutes Profil, so kann diese Arbeit unterbleiben. Die Decke wird nur von Schmutz, Staub und losen Steinen befreit. Dann wird Steinschlag und Splitt von 18—35 mm Korngröße 5 cm hoch aufgebracht und mit Straßenteer oder Weichasphaltbitumen (cutback) etwa 2,25—3,3 l/m² übergossen. Die Masse wird darauf von der Abgleichmaschine (Grader) gut durchmischt, indem sie von der einen nach der anderen Seite hin- und hergeschoben wird, solange das Bindemittel noch leichtflüssig ist. Zuletzt stellt der Grader das vorgeschriebene Querprofil her. Diese Arbeit soll sich über 4 bis 5 Tage erstrecken. Auf die Steinschlagdecke wird dann noch einmal Asphaltbitumen oder Teer als Oberflächenschluß (etwa 1,1 l/m²) und Splitt aufgebracht. Die Straße wird für den Verkehr nicht gesperrt. Der Verkehr verdichtet die Decke, soweit dies nicht mit Walzung vorbereitet ist. Über ein ähnliches Verfahren mit geringerem Verbrauch an Asphaltbitumen berichtet der Bericht 24 zum VI.I.Str.K. aus Nordamerika folgendes:

Abb. 161. Abgleichmaschine (Wegeschälgerät, Grader).

„Die alte Straßendecke wird ganz in der vorher beschriebenen Weise als Unterbau der neuen Decke vorbereitet. Hierauf wird Steinschlag mit einem Korndurchmesser 32—50 mm 5—7,6 cm hoch in gewünschter Lockerung ausgebreitet. Diese Schichte wird leicht angewalzt und dann mit etwa 1,8 l Asphaltbitumen auf den Quadratmeter übergossen, wobei das Asphaltbitumen mit einem ganz langsam trocknenden Destillat verschnitten sein muß (Weichasphaltbitumen). Die Oberfläche wird dann mit dem Abgleicher (s. Abb. 161) geebnet, wobei die Abziehschaufel so gestellt ist, daß nur der obere Teil der behandelnden Schichte bewegt und somit nur der mit Bitumen überzogene Steinschlag vor dem Abgleicher herumgeworfen wird. Nach Herstellung eines sauberen Profils wird die Straße mit einer 9-t-Walze abgewalzt, was einige Tage nach Freigabe für den Verkehr nochmals gründlich wiederholt wird. Das Oberflächengefüge ist auf dieser Stufe ziemlich schrundig, weshalb Splitt mit einem Korn zwischen 12—16 mm in genügender Menge zur Füllung der Hohlräume an der Oberfläche darüber geworfen wird. Alsdann werden nochmals auf den Quadratmeter 0,9 l Weichasphaltbitumen gegeben. Der übergossene Splitt wird mit dem Abgleicher oder mit einem Zugschlitten gemischt und verteilt und sodann in die Oberfläche eingewalzt. Nach etwa zwei Wochen wird zum dritten Male Weichasphaltbitumen, etwa 0,67 l auf den Quadratmeter, aufgebracht, leicht mit Splitt von 12 mm Korn abgedeckt und die Straße endgültig mit der Walze sorgsam geglättet. Der Gesamtverbrauch an bituminösen Stoffen beträgt 3,3 l auf den Quadratmeter, das ist weniger als die Hälfte der für eine Steinschlagasphaltdecke von derselben Stärke benötigten Menge. Trotzdem sind, sorgfältige Herstellung und Unterhaltung vorausgesetzt, mit diesem Verfahren sehr gute Ergebnisse erzielt worden. Die Unterhaltung hat unmittelbar nach Fertigstellung der Decke zu beginnen. Mitunter hat es sich als empfehlenswert erwiesen, der Oberfläche nach einem oder zwei Jahren erneut einen Deckenanstrich zu geben, wobei für den Quadratmeter etwa 1,1—2,25 l Weichasphaltbitumen und 16,2 bis 21,6 kg Splitt von 19 mm Korngröße benötigt werden."

γ) Tränkmakadam.

Bei dem Tränkverfahren wird das Steingerüst der Steinschlagdecke dadurch innerlich gefestigt, daß ihm das aus Teer oder Asphaltbitumen oder einer Mischung von beiden bestehende Bindemittel nachträglich zugeführt wird. Man bezeichnet dieses Verfahren auch mit Einguß. Dadurch wird das Mineralgerüst, das ganz nach den für Steinschlagdecken geltenden Grundsätzen aufgebaut ist, auch von den Einflüssen von Frost, Nässe und den Angriffen des Verkehrs geschützt.

Unterbau. Ein tragfester Unterbau ist Voraussetzung. Eine bestehende Steinschlagdecke, die ausgebessert und in ein gutes Profil gebracht ist, gibt einen guten Unterbau ab. Im andern Falle muß ein solcher Unterbau hergerichtet werden. In V. St. A. — Massachusetts — besteht der Unterbau aus 20 cm Kieslage und 10 cm Steinschlag oder 25 cm Packlage mit 5 cm Steinschlag. Der Unterbau soll etwas breiter angelegt werden als die Tränkdecke, damit an den Rändern eine gleichmäßige Lastverteilung gewährleistet ist. Eine Einfassung der oberen Tränkdecke wird für notwendig gehalten, um eine Beschädigung der Kanten zu verhindern, entweder in Form eines versenkten Randsteines oder durch Ansetzen eines Streifens von 30 cm Breite in Höhe der Tränkdecke, der abgewalzt wird und einen Oberflächenanstrich erhält.

Das Bindemittel. Je nach Klima, Erfahrung, Vorliebe, Lage der Straßen und sonstigen Merkmalen sind Teer, Asphaltbitumen, Mischungen von Asphaltbitumen und Teer, Weichasphaltbitumen, Kaltteere und Emulsionen von Teer und Asphaltbitumen verwendet worden. Der Teer soll den Vorschriften, wie sie im Abschnitt VI K b 1 gegeben sind, entsprechen. In England wird Teer II, in Deutschland Anthrazenölteer und Wetterteer angewendet. Die Schweiz bevorzugt Mischungen von Teer z. T. Rohteer mit Erdölasphaltbitumen. Das Asphaltbitumen soll nach den B. E. St. A. 65—45 eine Eindringungstiefe von 85—100 besitzen. Nach DIN 1996 wird eine Eindringungstiefe von 40—150 zugelassen, der Erweichungspunkt soll zwischen 28—45^0 K. S. liegen. Es ist darauf zu achten, daß das Tränkmittel möglichst heiß eingebracht wird und die Absplittung erfolgt, solange es noch heiß ist, damit der Splitt noch anbindet und sich in die Hohlräume der Oberfläche eindrückt. Die Tränkung erfolgt mit Spritzapparaten mit etwa 2—3 Atm. Druck (s. Abschnitt IX B b) oder mit Tankwagen. In Massachusetts werden die 6 m breiten Fahrdämme in der Weise getränkt, daß 3 Sprengwagen je einen Streifen von 2 m mit geringer gegenseitiger Überdeckung besprengen, die Sprengwagen fahren in geringem Abstand hintereinander.

Zur Tränkung eignen sich auch Kaltteere und Weichasphaltbitumen (Cut-back-Bitumen). Nur muß hier mit einer längeren Zeit der Erhärtung gerechnet werden, die bei Kaltteeren vielfach noch mehrere Tage dauert, bis die leichten Öle verdunstet sind (vgl. Ausführung im Abschnitt VI K b 3 ζ S. 238). Bei Verwendung von

Emulsionen haben diese den Anforderungen auf S. 258 zu entsprechen. Soweit die Emulsionen eine besondere Einbauweise erfordern, ist diese im folgenden Abschnitt behandelt (S. 279). Im einzelnen ist noch folgendes zu beachten.

Die Decklage wird aus Steinschlag gebildet. Über die anzuwendende Größe und Kornabstufung werden die folgenden Vorschläge und Angaben gemacht.

Ausführung. Die B.E.St.A. Nr. 347, 1928 gibt die folgende Anweisung:

Steinschlag von erprobter Güte von Korngröße 5,0 cm. Bei Leichtflüssigkeit des Tränkmittels kann eine Mischung bestehend aus 50 vH Steinschlag und Splitt 20 mm vom gleichen Gestein zum Deckenschluß verwendet werden, der gleich aufgebracht wird, solange die Decke noch warm ist. (1 t auf 82—110 m²).

In der Schweiz ist das Tränkverfahren weitgehend durchgebildet. Es wird überall dort angewendet, wo unter dem stärkeren Verkehr die Oberflächenbehandlung nicht mehr ausreicht. Steinschlag von der Korngröße 40—60 mm wird in 10—12 cm Stärke eingebaut und auf 9 cm eingewalzt. An Stelle eines Bindemittels wird nur Feinschlag zu etwa 10 vH in der Korngröße 15—30 mm gleichmäßig zur Dichtung der Hohlräume beigegeben. Ein Nässen der Decke darf während des Walzens nicht stattfinden. Nach gründlicher Austrocknung der gewalzten Decklage wird bei heißer Witterung etwa 4 l auf den Quadratmeter Bindemittel mit Druck eingespritzt, wozu besondere Geräte wie bei der Oberflächenteerung verwendet werden. Die Oberfläche erhält dann einen Bewurf auf 15 mm Höhe von staubfreiem, trockenem Hartsplitt von 5—13 mm Korngröße, der mit einer 10-t-Walze festgewalzt wird. Dann wird die Decke entweder mit destilliertem Teer oder Asphaltbitumen weicher Konsistenz (180—200° C) gleichmäßig getränkt und noch einmal mit einem Hartgrus von 5—10 mm Korngröße dünn abgesandet und mit einer 10-t-Walze nachgewalzt. Nach etwa 3—5 Tagen, je nach Witterung, wird die Straße dem Verkehr freigegeben. Überschüssig zutage tretendes Bindemittel wird durch Überwerfen mit Splitt gebunden.

Mit Rücksicht darauf, daß der Teer im Innern bei Anlage einer guten Schlußdecke vor dem Zutritt von Luft und Wasser geschützt ist, also weder verdunsten noch verspröden kann, ist auch zur Tränkung Rohteer genommen worden. Auf S. 256 ist schon erwähnt, daß in der Schweiz Mischung von Teer und Asphaltbitumen verwendet wird. Das Tränkverfahren erfordert Oberflächenschutz, der aber erst nach einiger Zeit aufgebracht wird. Das Tränkverfahren soll in der Schweiz billiger sein, als das im nächsten Abschnitt behandelte Mischverfahren. Es ist aber mehr abhängig von der Witterung. Angewendet wird es dort, wo der Verkehr umgeleitet werden kann, da die Ausführung längere Zeit in Anspruch nimmt.

In Deutschland ist das Tränkverfahren nach Einführung des Teerstraßenbaues auch angewendet worden, aber mit wechselndem Erfolge. Wo zuviel Teer eingegossen ist, sind die Decken nicht fest geworden. Günstige Erfahrungen gibt die sächsische Straßenbauverwaltung bekannt (136). Es ist dort ein Steinschlag in der folgenden Zusammensetzung verwendet worden:

62 vH	Steinschlag	von	4—6	cm Korngröße,
15 vH	Steinschlag	„	2,5—4	„ „
12 vH	Steinsplitt	„	0,5—2,5	„ „
11 vH	Grus und Sand.			

Nachdem die gröberen Steine aufgebracht und mit dem mittleren Korn überdeckt worden waren, wurde die Fahrbahn trocken abgewalzt, dann mit der ersten Mischung von 50 vH Pech und 50 vH Anthrazenöl und unmittelbar darauf mit der zweiten Mischung von 75 vH Pech und 25 vH Anthrazenöl, beide auf 120° C erhitzt, mittels des Reifenrathschen Teersprengwagens durchtränkt, hierauf gleichmäßig mit dem Steinsplitt dünn abgedeckt und festgewalzt. Schließlich wurde der lose Steinsplitt abgekehrt, die Fläche mit heißem, dünnflüssigem Anstrich der ersten Teermischung versehen, nach Abdeckung mit Grus und Sand nochmals gewalzt und dem Verkehre freigegeben. Zur Ausfüllung der Hohlräume waren etwas mehr als 9 kg Teer für 1 m^2 erforderlich.

Durch die Abstufung des Gesteinsstoffes, die dazu dienen soll, die Hohlräume zu ermäßigen, damit weniger Teer verbraucht wird und auch damit die Hohlräume gegen Eindringen von Wasser geschützt werden, ist zugleich eine ausreichende Bindung der an sich reichlichen Teermengen erfolgt, es ist ein Pechmörtel gebildet worden, der zugleich die Decke gut abdichtet, so daß Haltbarkeit wohl zu erwarten ist. Der Vorteil des Tränkungsverfahrens beruht darin, daß keine besonderen Maschinen gebraucht werden. Es haften ihm aber viele unsichere Eigenschaften an, die den Erfolg in Frage stellen, und der Bindemittelverbrauch ist verhältnismäßig hoch.

Die Provinz Sachsen hat auf Grund von Erfahrungen, die jetzt schon 20 Jahre zurückliegen das Verfahren unter Verwendung von Teer in großem Ausmaße auf Straßen mit mittlerem Verkehr angewendet (137).

Auf die aufgebrochenen, profilierten und eingewalzten Decken wird eine Schicht Steinschlag 35/60 mm in 8 cm Stärke aufgebracht, mit 3,5 vH Quergefälle eingewalzt und mit Steinschlag 25/35 mm durch Aufstreuen leicht gedichtet. Bei 5 m Straßenbreite werden 40 m^3 Grob- und 4 m^3 Feinschotter auf 100 m verbraucht. Diese Schicht wird trocken eingewalzt und mit 3 kg/m^2 Heißteer mit einer Teerspritzmaschine getränkt. Nachdem eine Schicht Splitt 10/25 aufgestreut und von der Walze eingedrückt ist (8 m^3 auf 100 m), erfolgt eine zweite Tränkung mit 2 kg/m^2. Das Ganze wird nunmehr mit Grus 5/10 (10 m^3 auf 100 m) dünn überzogen, der durch einmaliges Befahren mit der Walze in die Zwischenräume hineingepreßt wird. Zum Schluß erhält das Ganze eine Oberflächenbehandlung mit 1,5 kg auf den Quadratmeter unter Verwendung von Grus 5/10. Diese Oberflächenbehandlung wird in demselben Jahre und im folgenden mit Heißteer 65/35 wiederholt. Teilweise hat sie aber in jedem Jahre vorgenommen werden müssen. In dieser Weise sind in der Provinz Sachsen bis 1931 690 km Straßen mit mittlerem Verkehr befestigt worden. Auf Straßen mit feuchtem Untergrund und starkem Rübenverkehr hat man von dieser Bauweise abgesehen.

Das Gestein muß staubfrei und völlig trocken sein. Ein Annässen beim Abwalzen ist nicht zulässig, da sonst das Bindemittel am Gestein nicht anhaftet. Eine besondere Form des Aufbaues des Mineralgerüstes besteht in der Verwendung einer Sandschicht, die auf den Unterbau ausgebreitet, und auf die der Steinschlag aufgebracht wird. Der Sand soll sich in den Steinschlag beim Walzen eindrücken und zur Hohlraumausfüllung des Steinschlaggerüstes beitragen, womit eine Ersparnis an Bindemittel verbunden sein soll. Diese Bauweise ist beim Tränkverfahren mit Asphaltemulsionen eingeführt worden und wird auch jetzt für Teertränkmakadam empfohlen. Da ein zu reichliches Sandbett aber schädlich ist und die Verspannung des Steinschlages beim Walzen verhindert, bestehen dagegen erhebliche Bedenken. Es genügt ein Anwalzen mit Walzen von 10—12 t.

Auf den Landstraßen in den V. St. A. ist das Tränkverfahren seit 1907 eingeführt und viel angewendet worden. Als Tränkmittel dient in gleicher Weise Teer und Asphaltbitumen. In einzelnen Staaten sind die Bauvorschriften für die Tränkungsverfahren vereinheitlicht und besondere Ausführungsvorschriften erlassen. Die Steinschlagdecke erhält eine Stärke von 6,5—7,5 cm abgewalzt. Die Korngröße der Schottersteine ist 38—64 mm. Der Steinschlag soll vor dem Aufbringen ausgegabelt werden, damit Schmutz und kleine Steine vorher ausgeschieden werden. Durch Walzen mit einer 10-t-Walze wird, unter Zugabe von Feinschlag von 29—38 mm, eine möglichst geschlossene Decke erreicht. Das Bindemittel wird mit Sprengwagen unter einem Druck von etwa 2—5,5 at eingespritzt, auf die erste Schicht kommen etwa 8,5 l für den Quadratmeter. Damit alle Stellen gleichmäßig getränkt werden und einzelne Stellen nicht zuviel und andere zu wenig Tränkstoff erhalten, ist besonders vorgeschrieben, daß mit dem Einspritzen sofort unterbrochen werden muß, wenn der Kessel nahezu entleert ist und die Sprengstärke nachläßt (nicht unter 2 kg/cm^2). Ebenso soll zu Beginn, wenn der als Kraftwagen gebaute Sprengwagen sich in Bewegung setzt und die Sprengdüsen öffnet, Papier über die zuletzt besprengte Fläche ausgebreitet werden, damit die normale Sprengstärke erreicht ist, wenn der Wagen die noch unbenetzte Fläche erreicht. Verfasser hat Gelegenheit gehabt, zu beobachten, daß diese Sorgfalt auch beobachtet wird. Auf die getränkten Flächen, möglichst wenn sie noch warm sind, wird eine Lage von Splitt von 18 mm Größe in solcher Menge ausgestreut, daß die Hohlräume ausgefüllt werden, die dann eingewalzt wird, bis die Decke gut geschlossen ist. Nicht gebundener Splitt wird alsdann abgekehrt. Sodann werden 2 l/m^2 Bindemittel (Asphaltbitumen 85—100 Eindringungstiefe) aufgesprengt, indem der Sprengwagen mit viermal größerer Geschwindigkeit über die Strecke fährt, und die Fläche dünn mit Grus überstreut und nochmals abgewalzt. Darauf kommt noch einmal ein Guß von 1 l auf den Quadratmeter auf die Decke, nachdem vorher der überflüssige Grus abgefegt ist. Dann wird noch einmal Grus aufgeworfen, der eingewalzt wird. Überall, wo sich Überschuß an Bindemittel zu erkennen gibt, wird Grus aufgestreut. Im Staate Massachusetts werden bei einer 5,4 m breiten Straße auf 30 m 35 t Schotter, 6 t Splitt und 4 t Grus gerechnet.

Nach einem Bericht auf dem VII. Kongreß der nordamerikanischen Asphaltvereinigung (1928) haben bei einem Alter zwischen 1—12 Jahren die Unterhaltungskosten bei Asphalttränkmakadam etwa 77—92 $ f. 1 km, bei Teertränkmakadam 240 $ f. 1 km (Breite etwa 5,5 m) jährlich betragen. Beim Asphaltmakadam wird hervorgehoben, daß er die verkehrsicherste Oberfläche bietet. Es bedarf im Gegensatz zu dem Teertränkmakadam keiner Oberflächenbehandlung für 10 bis 12 Jahre. Dabei haben diese Straßen einen sehr dichten und für amerikanische Verhältnisse auch starken Verkehr von Lastwagen aufzunehmen, von 6000—10000 Wagen täglich bei 10 vH Lastkraftwagen nach Zählungen von 1927. Verfasser ist auf seinen Reisen 1925 und 1930 über 100 Meilen solcher Straßen gefahren und hat von ihrem Zustand und Griffigkeit den besten Eindruck gewonnen. Die mit Asphaltbitumen getränkten Decken sind Verschleißdecken, was von den mit Teer getränkten nicht erwartet werden kann.

Bei Verwendung von Asphaltbitumen soll die Ausführung im frühen oder mittleren Sommer erfolgen bei einer Luftwärme nicht unter 12° C, damit das Asphaltbitumen nicht zu schnell abkühlt und auch die noch auf die Decke einwirkende Sommerwärme eine Verdichtung der Decke bewirkt. Die 10-t-Walze soll in 8 Stunden etwa 40—50 m^3 abwalzen.

Die Güte einer Tränkung wird von den Eigenschaften der verwendeten Baustoffe — Gestein und Bindemittel — abhängen, die g. F. in einer Versuchsanstalt zu prüfen sind, und dann von der Art der Ausführung. Diese läßt sich in Versuchsanstalten nicht nachprüfen.

Das Tränkverfahren ist im Einbau einfach, es kann von den Straßenunterhaltungspflichtigen im Eigenbetriebe ohne großen Aufwand von Maschinen und deshalb an zahlreichen Arbeitsstellen zugleich ausgeführt werden. Allerdings bemerkt der amerikanische Bericht Nr. 24 zum VI. I. Str. K., daß das Verfahren gegen eine mangelhafte Ausführung durch eine nachlässige Mannschaft und eine unpünktliche Handhabung viel empfindlicher ist, als die meisten anderen bituminösen Beläge. Der Hauptfehler ist in einem Übermaß und einer Ungleichheit der Tränkung zu suchen, Fehler, die sich erst nach einer beträchtlichen Zeit unter dem Einfluß des Verkehres auswirken. Dagegen ist bei sorgsamer Ausführung der Belag selbst unter sehr schwerem Verkehr dauerhaft, wie die schon erwähnten Erfahrungen in V. St. A. — Massachusetts, Rhode Island und Georgia — beweisen. Die Oberfläche ist vor allem bei jeder Witterung rauh und verkehrssicher. Die Unterhaltungskosten sind sehr gering, weil diese Decken, soweit sie aus Asphaltbitumen hergestellt sind, keine Nachbehandlung in Form von Oberflächenbehandlung erfordern.

Das Tränkverfahren findet sich nicht nur auf Landstraßen in ausgedehntem Maße sondern auch in Stadtstraßen. In Wohnstraßen wird es nach der angegebenen Form hergestellt. In städtischen Verkehrsstraßen wird noch eine Abnutzungsschicht darauf gebracht, um die Oberfläche ebener zu gestalten im Hinblick auf die leichtere Reinigung. Asphaltbitumen oder ein Weichasphaltbitumen (etwa 1,0 l/m^2) wird einen Monat nach der Herstellung der Decke aufgebracht und mit sauberem feinen Kies abgedeckt und gut gewalzt. Überschüssiges Gestein wird später beseitigt. Das gibt eine dichte, ebene, leicht zu reinigende Oberfläche, die kaum von Sandasphalt unterschieden werden kann.

In Stuttgart sind eine Reihe stark belasteter Ausfallstraßen nach diesem Verfahren behandelt worden. Die Dämme der betreffenden Straßen waren z. T. frisch geschüttet, so daß noch Setzungen zu befürchten waren. In diesem Falle ist das Eingußverfahren mit Erfolg angewendet worden (139). Die alte Steinschlagdecke ist aufgerissen, eine gute Unterlage mittels der Walze hergestellt und eine 7—8 cm starke Steinschlagdecke aus reinem Hartgestein (Basalt, Diabas) verschiedener Korngröße aufgewalzt worden. Nach einem Einguß von rd. 12 kg/m^2 Mexphalt, mit einer Temperatur von 180^0, ist Grus darübergewalzt und ein Aufguß von 2 kg Spramex, gleichfalls auf 180^0 erwärmt, aufgebracht und dann abgesplittet. Dieses Verfahren ermöglicht große Flächen in kurzer Zeit herzustellen. Die Ausführung verlangt keine besonderen Maschinen. Das Mexphalt ist mit Gießkannen, das Spramex mit heizbarem Kesselwagen eingegossen worden. Zur Erwärmung ist ein Standkessel erforderlich. Die Ausführung ist billig. Zur Ersparnis an Asphaltbitumen wird neuerdings geteerter Steinschlag verwendet, der kalt eingebaut wird. Dann geht der Verbrauch an Mexphalt auf 5—6 kg zurück.

Um an Asphaltbitumen zu sparen und eine bessere Ausfüllung der Hohlräume zu erreichen, wird empfohlen, an Stelle des reinen Asphaltbitumens mit Asphaltmörtel (in der Hitze flüssiges Sand-Asphaltbitumengemisch), eine Art Mastix, auszugießen. Eine solche Decke wird als Walzschottergußasphaltdecke bezeichnet. Der Verbrauch an Mastix wird zu 25—40 kg/m^2 angegeben.

δ) Halbtränkverfahren.

Als Halbtränkverfahren wird eine Behandlung bezeichnet, bei der die wassergebundene Schotterstraße grundsätzlich nicht mit Wasser zu Ende gebunden, sondern in ihrer oberen Schicht mit Asphaltbitumen, Teer oder Emulsion fertiggestellt wird. Schon beim Aufbau der Decke wird auf die spätere Tränkung Rücksicht genommen, indem zur Verminderung der Hohlräume auf den gereinigten und in richtiges Quergefälle gebrachten Unterbau erst 1—2 cm Sand aufgebracht wird. Darauf kommt lose geschütteter Steinschlag, der unter ständiger, aber sparsamer Wasserzugabe solange gewalzt wird, bis die unteren Hohlräume geschlossen sind. Wenn die Decke vollständig ausgetrocknet ist, erfolgt der erste Einguß mit rd. ein Drittel der vorgesehenen Bindemittelmenge und anschließend Aufgabe von Splitt zur Füllung der Hohlräume und Abwalzung. Der zweite Einguß erhält im allgemeinen eine etwas feinere Abdeckung und wird abgewalzt. Für die Tränkung werden bei Verwendung von Asphaltbitumen 3 kg/m^2 und für die Oberflächenbehandlung 1 kg/m^2 gebraucht. Verwendet man Emulsion, so besteht die Halbtränkung aus einem Deckenschluß, bei dem an Stelle der Verwendung von Wasser Emulsion zur Walzung angewendet wird. Emulsion und Gestein werden in mehreren Lagen aufgebracht, erst gröber, dann feiner; die letzte Behandlung ist ein Oberflächenabschluß. Man kann auch in die Steinschlagdecke erst feinen Grus zur Hohlraumfüllung geben und dann den Deckenschluß mit gröberem Material vornehmen. Der Verbrauch an Emulsion stellt sich auf etwa 5 kg/m² für die Tränkung, 1 kg/m² für den Deckenschluß.

4. Aufbau der Mischdecken.

Vorbemerkung: Makadam-, Beton- und Stampfasphaltbauweise.

Grundlegende Unterschiede sind hierbei sowohl in der Verwendung der Bindemittel, wie auch in der Zusammensetzung der Gesteinszuschläge zu machen. Im Handbuch der neuen Straßenbauweisen von W. Reiner werden die Bauverfahren nach ihrer Zusammensetzung unterschieden. Die Decken, bei denen im wesentlichen nur Steinschlag und Splitt verschiedener Körnung verwendet werden, und bei denen die Standfestigkeit durch die Verspannung und Verkeilung des Steingeschläges durch Walzung und Verkehrsdruck erzeugt wird, sind nach der Makadambauweise, diejenigen, bei denen das Mineralgerüst mit dem Ziel eines möglichst geringen Hohlraumgehaltes zusammengesetzt wird, sind nach der Betonbauweise aufgebaut. Diese mehr auf äußere Merkmale begründete Unterscheidung kennzeichnet die Verfahren in verständlicher Weise, so daß sie im folgenden mit Abänderung in einem Falle benutzt werden soll. Bei den Mischdecken zeigt sich dieser Unterschied im Aufbau in der Form, daß die nach der Makadambauweise aufgebauten Decken sowohl im Heiß- wie im Kaltverfahren hergestellt werden können, während bei den nach dem Betonprinzip hergestellten zweckmäßigerweise das Heißverfahren bevorzugt wird. Auch die Art des Bindemittels bestimmt die Bauweise, ob Kalt- oder Heißeinbau. Asphaltbitumen verlangt ebenso wie Mischungen von Asphaltbitumen mit Straßenteer und Anthrazenölteer und auch Teer selbst heiße Verarbeitung mit dem Unterschied, daß die mit Teer hergestellten Mischungen zwar heiß hergestellt, aber kalt eingebaut werden können, während die Verwendung von Asphaltbitumen den Einbau der Mischung in heißem Zustand verlangt. Weichasphalte und Kaltteere und Emulsionen von Bitumen und Teer gestatten Mischung und Einbau im Kaltverfahren. In dieser Mannigfaltigkeit liegt die große Anpassungsfähigkeit der Asphalt- und Teerbauweisen, die eine große Unabhängigkeit von Klima, Witterung, Jahreszeit, Beförderungsmöglichkeiten, Gestein, Arbeitskräfte, Rücksichten auf den Verkehr und Baukosten gewährt.

Als dritte Bauweise nach dem Mischverfahren ist diejenige anzusehen, die als Stampfasphaltbauweise bezeichnet werden soll. Es handelt sich hierbei nicht um die Verwendung von Stampfasphalt, sondern nur um eine Zusammensetzung der Masse, bei der derselbe Vorgang, der auch beim Stampfasphalt die Deckenbildung bewirkt, ausgenutzt wird, nämlich die Verdichtung bei Verwendung recht kleiner Korngrößen. Die Stampfasphaltbauweise ist eigentlich eine Makadambauweise und unterscheidet sich von dieser nur an dem Ausmaß des verwendeten Mineralkorns. Während bei der Makadambauweise Steinschlag, Splitt und allenfalls Grus verwendet werden, also grobe Körnungen, geht die Korngröße bei den nach der Stampfasphaltbauweise zusammengesetzten Decken nicht über 2 mm hinaus und entspricht etwa derjenigen des Stampfasphaltmehles. Die Berücksichtigung des geringsten Hohlraumgehalts spielt eine untergeordnete Rolle, weil es sich bei den Mineralmassen um Mahlerzeugnisse handelt, die gemischtkörnig sind und infolgedessen eine gewisse Dichte von vornherein besitzen. Die Festigkeit beruht auf der Verspannung und Verzwickung der Körner, die durch die Walzung und Verdichtung unter dem Verkehr hervorgerufen wird, wobei das Bindemittel nur durch seine schmierende Wirkung diesen Vorgang unterstützt. Es werden daher auch nur sehr weiche Bindemittel verwendet. Beim natürlichen Stampfasphaltmehl ist schon auf S. 238 näher auseinandergesetzt, wie dort im Laufe der Zeit die Verdichtung der Decke immer mehr zunimmt. Darum ist dieser Vorgang für die Kennzeichnung des Verfahrens als „Stampfasphaltbauweise" gewählt. Als deutlich erkennbarer Vertreter der Stampfasphaltbauweise ist der Damann-Asphalt Es-As anzusprechen (S. 324).

Ein Unterschied in den einzelnen Bauweisen wird auch noch darin gesehen, daß beim Heißeinbau die Festigung durch einen physikalischen Vorgang vor sich geht, weil das in der Hitze nicht bindende Bindemittel z. B. Asphaltbitumen, nach der Abkühlung durch seine Kittwirkung die Decke zusammenhält. Beim Kalteinbau werden so weiche Bindemittel verwendet, daß sie auch bei gewöhnlicher Temperatur angeblich viel Kittwirkung nicht ausüben können (140). Die Aufgabe des Bindemittels wird hier in der Schmierwirkung und in dem Schutz gegen Feuchtigkeit gesehen. Diese Unterscheidung geht zu weit, denn ganz ohne Zweifel erhält auch eine Mischung nach der Betonbauweise eine Festigung durch das mineralische Stützgerüst, während auch bei den Bauweisen nach dem Makadamverfahren die Bindemittel durch ihre Klebwirkung die Decken zusammenhalten. Beweis dafür möge sein, daß nach der Betonbauweise zusammengesetzte Decken jetzt etwas Hohlraum erhalten, damit sie noch unter dem Verkehr nachdichten können. Das soll ihrem Bestand förderlich sein.

5. Verfahren nach der Makadambauweise.

α) Unterbau (Mischmakadam).

Beim Mischmakadam handelt es sich um eine Abnutzungsschicht, die auf einen tragfesten Unterbau gelegt werden muß. Bei der Anpassungsfähigkeit dieser Bauweise kann jeder Unterbau benutzt werden, z. B. Steinschlagdecke, Groß- und Kleinpflaster, Beton. Alle diese Decken müssen aber vorher ausgebessert werden und das richtige Profil des neuen Belages erhalten, damit keine ungleichmäßigen Setzungen eintreten können. Es handelt sich um eine Gemenge von Steinschlag, Steinsplitt mit oder ohne Steingrus und Steinquetschsand oder natürlichen Sand, die mit Bindemittel heiß oder kalt, je nach der Art des zur Verwendung kommenden Bindemittels gemischt werden und dann heiß oder kalt eingebaut und festgewalzt werden. Die Decke erhält eine Verschlußschicht, um die Hohlräume und Unebenheiten der Oberfläche zu schließen. Das Steingerüst weist Hohlräume auf, die selbst nach längerer Liegezeit sich unter dem Verkehr nicht verlieren aber verringern. Die Decke kann in einer Schicht, in der verschiedene Korngrößen vertreten sind, oder in mehreren Schichten mit abgestufter Korngröße zusammengesetzt und verlegt werden.

β) Steinschlagasphalt.

Bei Verwendung von Asphaltbitumen wird diese Deckenform Steinschlagasphalt genannt. Sie ist die erste Asphaltbauweise, die in größerem Umfange im Landstraßenbau z. B. in Holland und Deutschland angewendet worden ist, auch auf der Versuchsstraße in Braunschweig ist sie verlegt worden.

DIN 1995/96 gibt über die Zusammensetzung von Steinschlagasphalt folgendes an:

Steinschlagasphalt wird in Deckenstärken von 4—8 cm ausgeführt (Abb. 162). Das Mischverhältnis kann beispielsweise folgender Art sein:

Grus von	5—10 mm	30 vH
Splitt von	10—20 „	35 vH
Feinschlag	20—30 „	35 vH
Grus und Splitt	5—20 „	25 vH
Feinschlag	20—30 „	35 vH
Mittelschlag	30—40 „	40 vH
Fein- und Grobsplitt	20—25 „	27 vH
Feinschlag	25—35 „	33 vH
Mittelschlag	35—45 „	40 vH

Man kann den Steinschlag durch Zusatz von Sanden und entsprechende Änderung des Mischungsverhältnisses dichter gestalten. Hierbei können die größeren Steinschlagsorten fortfallen.

Der Asphaltzusatz bewegt sich etwa zwischen 5 und 7 Gewichtshundertteilen der Mineralbestandteile.

Die Verschlußdecke wird durch Aufbringen einer Oberflächenbehandlung von etwa 1—2,5 kg/m² Asphaltbitumen hergestellt, die die Hohlräume der Oberfläche der Steinschlagasphaltdecke schließt und nachträglich am besten mit möglichst trockenem Hartsteinsplitt und Hartsteingrus überworfen wird.

Nach dem Beschluß des III. I. Str. K. in London sind die Anforderungen an den Deckenaufbau folgendermaßen festgelegt, die noch heute gelten:

„Bei Teer- und Asphaltmischmakadam, der durch das Mischverfahren hergestellt ist, sollte die Größe der Schotterstärke so gewählt und so abgestuft werden, daß eine geschlossene Decke mit möglichst wenig Hohlräumen erzielt wird. Wenn das gewählte Herstellungsverfahren mehr als eine Lage Schotter erfordert, sollte die obere oder Abnutzungsschicht aus kleinen Schotterstücken gebildet werden.“

Die rheinische Provinzialverwaltung hat im Laufe von 5 Jahren 90 km Steinschlagasphalt auf ihren Straßen verlegt, von denen einzelne erst nach 5 Jahren Unterhaltungskosten erfordert haben. Solche Decken können auf Landstraßen bis zu einem Verkehr von 6000 t täglich angewendet werden, wenn die Decken 7—8 cm stark gemacht werden. Der auf der Versuchsstraße des Deutschen Straßenbauverbandes in Braunschweig im Jahr 1925 verlegte Steinschlagasphalt hat unter schwerer Beanspruchung gut gehalten. Er erfordert nur gelegentlich eine Oberflächennachbehandlung, weil die obere Verschleißschicht eine zu geringe Stärke hat.

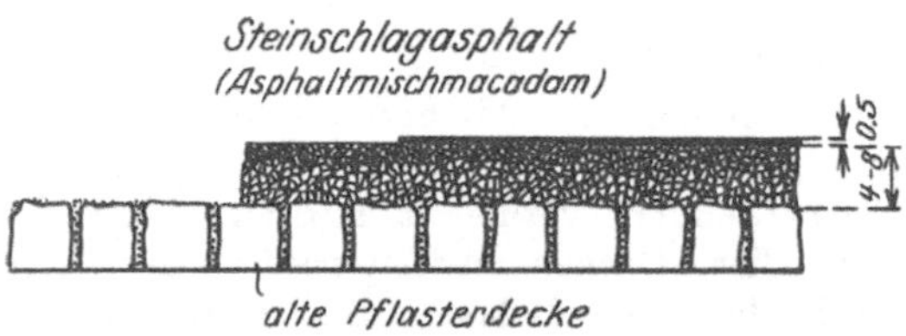

Abb. 162.

γ) Teermischmakadam.

Teermischmakadam wird auf festem Unterbau in einer oder mehreren aus Gestein und einem Teerbindemittel zusammengesetzten Schichten aufgebracht. Im Steingerüst dieser Schichten ist der geringste Hohlraumgehalt nicht berücksichtigt. Der Einbau erfolgt im heißen oder im kalten Verfahren.

Teermakadam kann der Verkehrbelastung einer Straße gut angepaßt werden, indem für geringen Verkehr dünne Decken — bis 2 cm, für stärkeren Verkehr bis 7 cm, in England sogar bis 12 cm — hergestellt werden.

Die Korngröße der Mineralstoffe muß sich dann nach der Zahl und Stärke der Decke richten (141).

Bei der Zweischichtendecke

in der unteren Schicht 20—50 mm,
in der oberen „ 5—15 mm.

Bei der Dreischichtendecke

in der unteren Schicht 30—50 mm,
in der mittleren „ 10—25 mm,
in der oberen „ 5—15 mm.

Der Teergehalt schwankt zwischen 3—6 Gew.-vH der Mineralmasse, bei grobem Gestein ist er geringer als bei feinem. Die Mischzeit und Art richtet sich nach der Kornzusammensetzung. Grobe Körner, wie Steinschlag und Splitt können im

Freifallmischer mit kurzen Mischzeiten mit Teer umhüllt werden, feinere Stoffe verlangen die knetende Wirkung von Zwangsmischern (Abschnitt IX A a 7) und längere Mischzeit, bis das Gestein vollständig umhüllt ist. Die Schichten werden einzeln abgewalzt. Die Walzen haben bei den Schichten mit gröberem Gestein 8—12 t Gewicht, mit feinerer Körnung können auch leichtere Walzen verwendet werden. Die Decke erhält noch eine Verschlußschicht, die nicht unmittelbar aufgebracht werden muß, spätestens aber vor Beginn der kalten Jahreszeit.

Beim Kalteinbau wird Straßenteer II und Anthrazenölteer 60/40, für Heißeinbau Anthrazenölteer 65/35 und 70/30 benützt. Für Hochofenschlacke hat sich T II besonders bewährt. Für glatte Naturgesteine werden Teere mit einer Viskosität von 80—100 Sek. (im Standardapparat) verwendet, für Hochofenschlacke zweckmäßig Teer mit einer Viskosität von 30—60 Sek.

Heißeinbau war die Form der nach dem Nassauer und Wiesbadener Verfahren bezeichneten Bauweise. Das Verfahren der Straßenbauunternehmung Ohl (Diez), die über langjährige Erfahrungen im Teerstraßenbau verfügt, besteht in einem Teersteinschlag (Teermischmakadam) aus drei Schichten bei etwa 8 cm fertiger abgewalzter Stärke. Die Teermischmakadamdecke von Ohl auf der Versuchsstraße in Braunschweig ist folgendermaßen zusammengesetzt: Erste Lage von 5 cm aus Steinschlag von 30—50 mm Körnung, die mit ⅓ Basaltgrus 1—15 mm Körnung gemischt wurde (142), die zweite Lage in Stärke von 4 cm aus Steinschlag von 20—30 mm vermischt mit ⅓ Grus von 1—6 mm Körnung, die dritte Lage in Stärke von 1—1,5 cm aus Splitt von 5—10 mm vermischt mit Grus von 1—6 mm Körnung. Der Teerzusatz betrug 90 kg/m^3 Gesteinsmaterial. Jede der drei Lagen ist mit einer 10-t-Walze festgewalzt worden. Unmittelbar nach dem Einbau erhielt die Decke eine Oberflächenbehandlung mit 2,5 kg/m^2 Spramex und Abdeckung mit Basaltgrus 3—5 mm Körnung. Gesamtstärke der Decke 9 cm nach dem Walzen. Diese Decke hat sich auf der Versuchsstraße gut gehalten.

Kalteinbau. Beim Kalteinbauverfahren erfolgt die Umhüllung des Gesteines mit dem Teerbindemittel in der gleichen Weise wie beim Heißeinbau maschinenmäßig, indem das Gestein verschiedener Körnung getrocknet, entstaubt, erwärmt und Teer und Gestein in ortsfesten Mischanlagen gemischt werden. Das Mischgut wird aber nicht sofort eingebaut, sondern lagert einige Wochen. Hierin liegt ein Vorteil des Verfahrens. Es kann der Baustoff in Zeiten, in denen Straßenbau nicht möglich ist, vorbereitet und damit eine Beschäftigung der Maschinen und Arbeitskräfte erzielt werden, die beim Heißeinbau brachliegen müssen. Das verbilligt die Gestehungskosten. Solche Anlagen befinden sich im Ruhrgebiet, Oberschlesen und Saarbrücken.

Der Lieferungsbereich einer solchen Anlage ist nur von den Beförderungskosten begrenzt. Das erste Kalteinbauverfahren ist durch den Straßenaufseher Aeberli in Zürich ausgebildet worden. Die erwärmten Steine werden mit kaltem Rohteer umhüllt, wozu z. T. eine besondere Maschine benutzt wird. Der geteerte Schotter wird auf Haufen geworfen und mit einer 20 cm starken Sandschicht luftdicht abgedeckt. Nach 3—6 Wochen ist das Material einbaureif und wird kalt auf der vorher eingeebneten Unterbettung aufgebracht und in etwa 10 cm Stärke eingewalzt und die fertige Straße zu geeigneter Zeit mit einer Schlußteerung versehen. Es wird angenommen, daß eine Verharzung des Teeres eintritt (S. 224). Besonders geeignet sollen Teere mit niedrigem Gehalt an leichtflüssigen Ölen und hohem Pechgehalt sein. Aeberlistraßen sind in großer Zahl verlegt worden, aber mit sehr verschiedenem Erfolg. Die Stadt Essen weist eine Anzahl solcher Straßen auf, von denen einige schon seit längerer Zeit liegen und mit Oberflächenteerungen erfolgreich unterhalten worden sind, z. B. die im Jahre 1913 hergestellte Gildehofstraße aus Hochofenschlacke und Kokereiteer.

Führend auf dem Gebiete des Kalteinbaues ist wohl die Gesellschaft für Teerstraßenbau m. b. H. in Essen, die eine Mehrschichtendecke mit verschiedenen Korngrößen ausgebildet hat, die mit Termak bezeichnet wird.

Kalteinbau kann auch bei Regenwetter durchgeführt werden. Die gröberen Schichten werden eingebaut und abgewalzt, bei den feinen Schichten unterläßt man die Walzung und nimmt sie erst vor, wenn sie haben austrocknen können.

Unter dem Verkehr tritt eine Verdichtung ein, über deren Umfang Dr. Lüer (143) einige Angaben macht. In Straßen mit geringem Verkehr beträgt der Hohlraum auch noch nach längerer Liegezeit etwa 8 vH, bei stärkerem Verkehr liegt er zwischen 4—6 vH. In der 2 cm starken Deckschicht ist er natürlich geringer und zu 0,5—3 vH ermittelt.

Damit der Teer von der Luft und Nässe abgeschlossen bleibt, wird die Oberschicht bei allen diesen Verfahren mit einer Verschleißschicht, wie beschrieben, versehen. Zur besseren Abdichtung wird bisweilen Asphaltbitumen als Anstrich gewählt (Ausführung Ohl). Diese Verschleißschicht ist aber nur von geringer Stärke und bald abgenutzt. Deshalb muß sie innerhalb kurzer Zeit erneuert werden. Das verteuert und erschwert wegen der Abhängigkeit von der Witterung die Unterhaltung und behindert den Verkehr. Nach dem Reisebericht zum Studium des Teerstraßenbaues im Jahre 1927 erstattet von einem Ausschuß der Stufa werden die englischen Teermakadamdecken fast alle jährlich behandelt. In einem Falle wird erwähnt, daß auf je 1,5 km Straßenlänge ein Straßenwärter kommt, der bei den regelmäßigen Nachteerungsarbeiten im Sommer beschäftigt wird. Nach der Ansicht des britischen Verkehrministeriums ist Teermakadam für Tagesbelastungen bis zu 5000 t zuzulassen. Teermischmakadam mag daher für Landstraßen geeignet sein, für städtische Straßen, vor allem Verkehrstraßen scheidet er aus. Nur in Wohnstraßen kann er verwendet werden.

δ) Mischmakadam mit Weichasphaltbitumen.

Die Mischungen werden besser nach der Makadambauweise als nach der Betonbauweise zusammengesetzt, etwa nach der Form des Teermakadam im Mehrschichtenverfahren. Die Splittanteile sollen möglichst groß sein, Sand und Füllstoff nicht mehr vorhanden, als zur Verfüllung der Poren im Innern der damit hergestellten Beläge nach ausreichender Verdichtung genügt. Etwas Füllstoff verbessert die Haltbarkeit, erhöht die Klebefähigkeit. Der ganze Aufbau entspricht dem Steinschlagasphalt. Die flüchtigen Bestandteile des Weichasphaltes müssen die Möglichkeit haben, verdunsten zu können, eine völlig geschlossene Decke wird nicht standfest werden. Der Deckenschluß kann später vorgenommen werden. Der Gehalt an Asphaltbitumen ist dementsprechend auch niedrig. In den unteren gröberen Lagen beträgt er etwa 3,5—4,5 Gew.-vH, in der feineren Deckschicht 5—6,5 Gew.-vH.

Mit Rücksicht auf die Art der Zusammensetzung der Asphaltbitumina (leicht verflüchtbare Öle) muß bei einem möglichst tiefen Wärmegrad gemischt werden. Das Gestein muß vollkommen trocken sein und eine Temperatur von möglichst nicht über 35° C besitzen. Die meisten Weichasphaltbitumina werden bei einer Temperatur von etwa 60° C mit dem Gestein vermischt. Um eine zu weitgehende Verdunstung der Öle im Asphaltbitumen zu vermeiden, und noch leichte Kalteinbaumöglichkeit zu haben, soll die Vermischungstemperatur möglichst niedrig sein. Falls jedoch die Mischung ohne Zwischenlagerung von der Fabrikationsstelle zur Einbaustelle gebracht und dort verlegt werden soll, darf die Mischtemperatur etwas höher gewählt werden. Es verdampft dann oft schon in der Fabrikation ein Teil der Verflüssigungsöle. Das auf der Einbaustelle verlegte Material ist infolgedessen von vornherein etwas zäher als ein nicht so hoch erwärmtes Gemisch.

Die Decken haben eine sehr rauhe Oberfläche. Gegenüber dem Teermakadam haben diese Decken den Vorzug, daß irgendwelche Oberflächenbehandlung zu keiner Zeit notwendig ist (vgl. Ausführungen auf S. 284).

Im Asphaltstraßenbau ist das Amiesiteverfahren, in den V. St. A. schon seit 1908 eingeführt, vielleicht das erste Verfahren dieser Bauweise. Es weicht von den vorstehend beschriebenen Verfahren insofern ab, als das Gestein vorerst mit Petrolnaphtha vorbenetzt wird, dann wird auf 135° erwärmtes Bitumen zugesetzt und gemischt. Als Füller wird am Schluß des Mischvorganges noch feingepulvertes CaO oder $Ca(OH)_2$ beigegeben. Amiesite wird dann kalt in 2 Schichten verlegt.

Auf einem fast gleichen Verfahren beruht das unter dem Namen Carpave bekannte (britisches Patent vom Jahr 1928). Die Erweichung des Asphaltes durch Öle macht sich auch das Colproviaverfahren zunutze, das in England und Kanada weitgehende Anwendung gefunden hat. Bei ihm wird das asphaltische Bindemittel in zwei verschiedenen Formen verwendet, ein gepulverter Hartasphalt und ein Asphaltöl, die zusammengebracht einen Asphalt mit den physikalischen Eigenschaften geben, wie er für das Heißverfahren sonst angewendet wird. Das Mineralgemisch ist nach Art eines Asphaltgrobbeton zusammengesetzt (40 Gew.-vH Splitt bis zu 18 mm). Der Hartasphalt hat einen Erweichungspunkt von 110°. Das Asphaltöl ist 50 vH übliches Bitumen und 50 vH Petrolöl mit dem spezifischen Gewicht 0,95—0,96 und einer Viskosität wie Pechölmischung 60/40. Das Gestein wird zuerst mit dem Asphaltöl im Mischer gemischt und nach vollkommener Umhüllung wird das Asphaltpulver zusammen mit dem notwendigen Füllstoff zugesetzt und gut durchmischt. Das Hartasphaltpulver läßt sich nur langsam mit dem Öl mischen, so daß die Masse einige Zeit gelagert und auch befördert werden kann (D.R.P. 446776). Die Mischung wird wie üblich auf einer Unterbettung eingebaut und abgewalzt.

6. Verfahren nach der Betonbauweise.

Bei der Betonbauweise werden die Mineralgemische nach dem Grundsatze des geringsten Hohlraumgehaltes zusammengesetzt, der vom Zementbeton entlehnt ist. Der Grundgedanke ist, daß die als Tragkorn zu bezeichnende grobe Körnung ein Stützgerüst bildet, das aber an sich wegen der geringen Größe der Körner (8 mm) noch beweglich ist. Darum muß der vorhandene Hohlraum soweit als möglich ausgefüllt und das Bindemittel so fein als möglich im Mineralgerüst verteilt sein, damit es die einzelnen Körner verbindet und gegen Verschiebung sichert. Es ist also die Aufgabe gestellt, ein Mineralgemisch aus verschiedener Körnung zusammenzustellen, das möglichst geringen Hohlraumgehalt hat. Die Erfahrung hat gelehrt, daß mit den natürlichen Sanden das auch bei geschicktester Zusammenstellung nicht möglich ist, sondern, daß zur Hohlraumausfüllung Mehle — Füller genannt — von besonders feiner Mahlung zugesetzt werden müssen, die bei ihrer großen Oberfläche zugleich eine gute Verteilung des Bindemittels bewirken. Auch dann bleibt immer noch ein Hohlraum, den ganz oder z. T. auszufüllen, Aufgabe des Bindemittels ist.

α) Hohlraumuntersuchung der Mineralmasse.

Mineralmassen. Der Hohlraum eines Steingemisches wird auf dem Versuchswege durch die Wassermenge, die notwendig ist, um die Hohlräume des Steingemisches zu füllen, rechnerisch aus dem Raumgewicht (r) des in einem Gefäß eingerüttelten Steingemisches und dem spezifischen Gewicht (s) ermittelt.

$$H = \left(1 - \frac{r}{s}\right) \cdot 100 \text{ in vH.} \tag{77}$$

Die Masse mit dem größten Raumgewicht hat bei gleichem spezifischen Gewicht den geringsten Hohlraum. Das Raumgewicht wird gemessen, indem die Masse in ein Hohlgefäß von bekanntem Rauminhalt eingefüllt und, bis keine Gewichtszunahme mehr eintritt, eingerüttelt wird. Das Einrütteln soll auf einer möglichst unnachgiebigen Unterlage erfolgen. Die Str. V. St. benutzt ein Hohlraummaß nach der Abb. 163. Für die maschinelle Einrüttelung hat die Str. V. St. eine Rüttelmaschine gebaut, die dadurch gekennzeichnet ist, daß dem Hohlgefäß mit dem Gut eine dreifache Bewegung erteilt wird, nämlich eine hin- und hergehende, eine Stoß- und eine Drehbewegung. Diese Maschine leistet auch gute Dienste für das Aussieben von Korngrößen. Die Rüttelmaschine mit dem Hohlgefäß für Einrüttelung ist in der Abb. 164 und zum Aussieben mit dem Siebsatz der DIN 1171 in der Abb. 165 dargestellt (D.R.P. 537866).

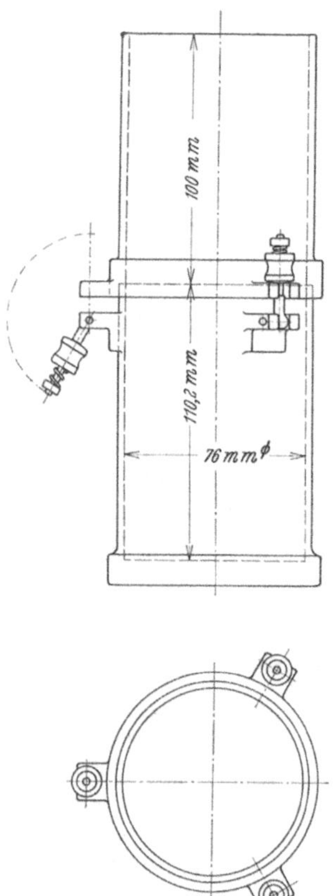

Abb. 163. Rüttelgefäß — 500 cm³ Inhalt.

Um den Anteil an Füller möglichst einzuschränken, weil er teuer ist und ein Übermaß an Füller den Mischvorgang erschwert, muß schon das Sandgemisch einen möglichst geringen Hohlraum aufweisen. Da ein Sand allein erfahrungsgemäß diese Eigenschaft nicht hat, sucht man auf dem Wege der Mischung zweier Sande oder anderweitiger Zusätze das Ziel zu erreichen.

Im Zementbetonbau, bei dem gleichfalls auf einen möglichst geringen Hohlraum der Gesteinszuschläge Wert gelegt wird, ist versucht worden, festzustellen, ob eine Abhängigkeit zwischen der Kornzusammensetzung und dem Hohlraumgehalt der Gesteinsmischung vorhanden ist (S. 149). Um diejenige Zusammensetzung zu finden, die diese Anforderungen erfüllt, werden die Zuschläge, Kiessand, Splitt und Steinschlag, nach verschiedenen Korngrößen ausgesiebt. Der Anteil der verschiedenen Korngrößen in vH aneinandergereiht, gibt eine Summenkurve, die zeichnerisch aufgetragen eine bestimmte Form haben muß, um einen Mindestgehalt an Hohlraum zu gewährleisten. Dieser Weg ist auch zur Erforschung der besten Zusammensetzung von Mineralgemischen für Asphaltbeläge beschritten worden. Gegenüber den Anforderungen im Kornaufbau des Zementbetons besteht im Asphalt- und Teerstraßenbau insofern ein Unterschied, als bei den Kunstasphaltbelägen nur feinere Körnungen verwendet werden, gewissermaßen nur Mörtel. Besonders gilt dies für den Sandasphalt, dessen größtes Korn 2 mm nicht überschreiten soll. Die Aussiebung nach Korngrößen erfolgt mit Sieben, deren Größe durch DIN 1171 festgelegt ist (S. 353). Der amerikanische Siebsatz ist stärker unterteilt als der deutsche (S. 353). Da die Feststellung des Hohlraumgehaltes durch Ermittlung des Raumgewichtes durch Einrütteln und des spezifischen Gewichtes umständlich ist, hat man den Versuch gemacht, nach dem Vorbilde der Zusammensetzung der Zuschläge beim Zementbeton Unterlagen zu gewinnen, bei welcher Kornzusammensetzung, die durch Aussieben nach verschiedenen Korngrößen ermittelt wird, der geringste Hohlraumgehalt vorhanden ist. Untersuchungen in dieser Richtung sind in Amerika von Prevost Hubbard und Skidmore vorgenommen worden. Da zwischen 0 und 2 mm beim amerikanischen Siebsatz 7 Siebe verschiedener Größe (20, 30-, 40-, 50-, 80-, 100- und 200-Maschensieb) eingeschaltet sind, ist es nicht möglich gewesen, auf dem Versuchswege die Beziehungen so vieler einzelner Korngrößenanteile zum Hohlraumgehalt festzustellen; es müssen aufeinanderfolgende Siebgrößen zusammengefaßt werden in der Weise, daß die unterste Korngröße zwischen 0 und dem Durchgang durch das 80-Maschensieb (0,17 mm), die mittlere durch den Rückstand auf dem 80- und

Abb. 164. Rüttelmaschine mit Hohlgefäß zur Bestimmung des Raumgewichtes.

Abb. 165. Rüttelmaschine zum Aussieben der Korngrößen.

Durchgang durch das 40-Maschensieb (0,36 mm) und die größte durch den Rückstand auf dem 40-Maschensieb und Durchgang durch das 2-mm-Sieb umgrenzt werden. Die systematische Untersuchung nach dem günstigsten Hohlraumgehalt kann dann anschaulich auf zeichnerischem Wege durch das bekannte Dreifeldsystem dargestellt werden. In der Abb. 166 ist die Kornzusammensetzung verschiedener Sande eingetragen und die Sande mit dem gleichen Hohlraum durch Kurven verbunden, aus der zu entnehmen ist, daß die Sande mit großem Gehalt an Grobkorn (75 vH) und Feinkorn bei geringem Anteil von Mittelkorn den geringsten Hohlraumgehalt aufweisen. Trotzdem wird man auf die Mittelkörnung nicht verzichten können, denn vermutlich muß sie vorhanden sein, um eine Entmischung der groben und feinen Körnungen zu verhindern. Den größten Hohlraum haben die Sande, die nur aus feinem oder Mittelkorn bestehen. Ein Sand, der nur eine Korngröße enthält, weist etwa 38 vH Hohlräume auf. Der günstigste Hohlraumgehalt eines Sandes, der durch entsprechende Kornabstufungen sich erreichen läßt, liegt bei 30 Raum-vH. Weitere Raumverdichtung kann nur durch Füllerzusatz, d. h. Körnungen unter 0,074 mm (200-Maschensieb) erreicht werden. Da alle natürlichen Sande Anteile solchen Feinkorns (Füller) besitzen, haben sie, wenn die an-

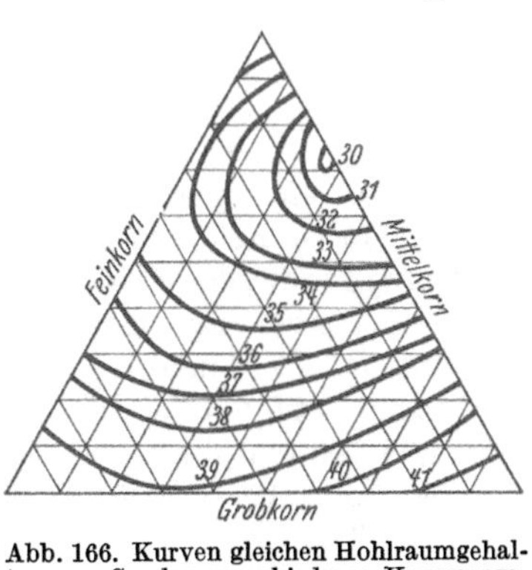

Abb. 166. Kurven gleichen Hohlraumgehaltes von Sanden verschiedener Kornzusammensetzung.

dern Kornanteile zweckmäßig verteilt sind, einen Hohlraumgehalt, der etwa zwischen 25—30 vH liegt. Das ist aber noch keine genügende Hohlraumverminderung für den Asphalt- und Teerstraßenbau. Sie kann bei Sanden, wenn die größte Kornform 2 mm nicht überschreiten soll, nur durch weiteren Zusatz von Füller erreicht werden, der bis zu 40 vH gebracht werden muß, um etwa 20 vH Hohlraumgehalt zu erreichen. Bei Mischungen mit Korngröße über 2 mm liegen die Verhältnisse günstiger. Das Ausmaß des Hohlraumes hängt auch in gewissem Maße von der Kornform ab. Rundliche Sande, wie z. B. Grubensande, ergeben die beste Hohlraumausfüllung. Das ist mit der Gleichmäßigkeit der Kugelform der Sande zu erklären. bei denen die kleinen Kugeln die Hohlräume zwischen den größeren ausfüllen. Bei gebrochenen Sanden mit splittrigen, plattigen Körnern in unregelmäßigen Abmessungen ist die Lagerung sperriger und eine glatte Schichtung der Körner nicht zu erwarten, daher auch eine weniger dichte Lagerung vorhanden. Diesem Nachteil steht eine bessere Verspannung nach der Walzung gegenüber.

Die einzige bisher als zutreffend gefundene Tatsache ist wohl die, daß Sande, bei denen die Körnungen[1] *1* (0,09—0,2 mm), *2* (0,2—0,6 mm) und *3* (0,6 bis 2 mm) gleichmäßig vertreten sind, wobei eine Abnahme von Korngröße *2* zugunsten von *1* und *3* ohne Einfluß ist, brauchbar sind. Dieses Ergebnis ist durch Untersuchung des Straßenbauinstitutes der Technischen Hochschule zu Darmstadt bestätigt worden (144).

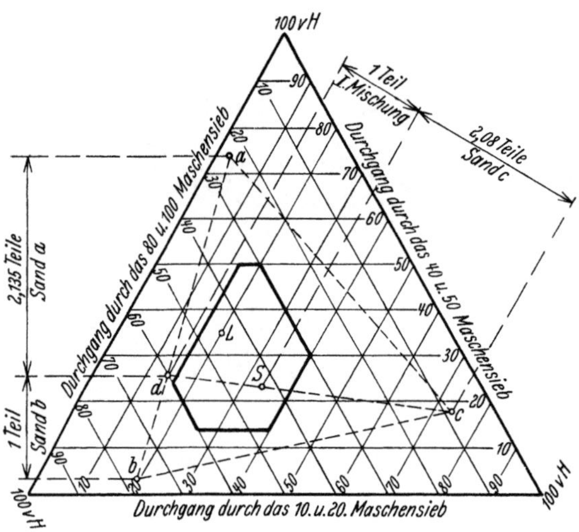

Abb. 167. Zusammensetzung aus 3 Sanden *a*, *b*, *c*.

Wenn ein Sand diese Eigenschaften nicht hat, können sie durch Mischung mehrerer Sande u. U. erreicht werden. Hierfür hat Prevost Hubbard ein zeichnerisches Verfahren angegeben. Sind die Zusammensetzungen der zwei Sande nach den Anteilen an Fein-, Mittel- und Grobkorn bekannt und damit ihre Lage im Dreifeldsystem gegeben — Punkte *a* und *b* — ,und verbindet man diese Punkte im Dreifeldsystem durch eine Gerade (Abb. 167), dann gibt ein Teilungspunkt (*d*) auf dieser Geraden ein bestimmtes Verhältnis der Mischung beider Sande an. Die Kornzusammensetzung der Mischung beider Sande entspricht der Lage des Punktes *d*. Die Annahme des Teilpunktes an einer bestimmten Stelle im Dreifeldsystem auf der Verbindungslinie, wo ein günstiger Hohlraumgehalt angenommen werden kann, schreibt das Mischungsverhältnis der beiden Sande vor. Um den Einfluß der Zufügung eines dritten Sandes auf die Mischung festzustellen, wird der Teilpunkt der beiden ersten Sande mit dem Lagepunkt (*c*) des dritten Sandes verbunden (Gerade *d*—*c*) und das Mischungsverhältnis in der gleichen Weise bestimmt (Abb. 167, Punkt *s*). In der Abb. 167 grenzt der im Dreifeldsytem liegende Polygonzug eine Zone ab, in der die Sande solcher Zusammensetzung liegen, die nach Hubbard eine günstige Kornabstufung haben sollen. Nach den zuvor behandelten Ergebnissen muß diese Zone mehr gegen die Dreieckseite verschoben werden. die die Grundlinie der mittleren Korngrößen ist.

[1] Diese Kornbezeichnungen sind von der Z. f. A. T. eingeführt und werden im sogenannten Charlottenburger Siebsatz ausgesondert.

Weil die Ermäßigung des Hohlraumgehaltes auch bei sonst gut abgestuften Sanden bei einem Fülleranteil von 20—30 vH, den zu überschreiten aus Gründen der Erschwernis der Aufbereitung mit Asphaltbitumen nicht empfohlen werden kann, unter 20 vH nicht möglich ist, schreibt DIN 1995/96 D 5 vor, daß der Hohlraumgehalt der mit Füller eingerüttelten Mischung für Sandasphalt unter 25 vH, am günstigsten bei 20 vH liegen soll. Das entspricht etwa einem Raumgewicht von 2,0, das bei etwa 20 vH Füllergehalt zu erreichen ist.

Günstiger liegen die Verhältnisse sowie gröberes Korn zugefügt werden kann. Gröberes Korn bewirkt eine größere Hohlraumausfüllung, wenn an Stelle einer großen Zahl kleinerer Körner, die zwischen sich Hohlräume haben, ein einziges Korn denselben Raum ausfüllt. Aus der schon zuvor gefundenen Tatsache, daß Grobkorn (S. 287) eine Verringerung des Hohlraumes bewirkt, läßt sich daher eine noch größere erreichen, wenn gröberes Korn z. B. bis zu 8 mm zugefügt wird, wie das bei dem Asphalt- oder Teerbeton geschieht. In diesem Falle gelten

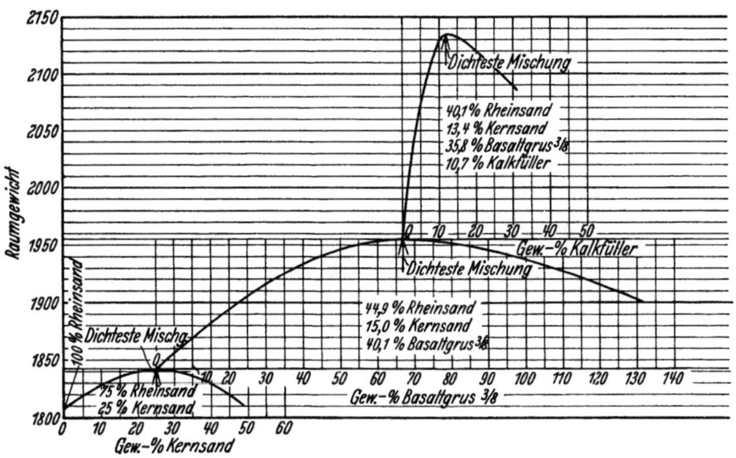

Abb. 168. Ermittlung der dichtesten Mischung aus dem Raumgewicht für verschiedene Mischungsverhältnisse.

die Grundlagen der Zusammensetzung der Gesteinsmassen des Betonbaues, die kurz dahin zusammengefaßt werden können, daß die Anteile mit der Korngröße zunehmen sollen. Es läßt sich in diesem Falle eine größere Hohlraumdichte erreichen, die leicht unter 22 vH gebracht werden kann. Deshalb ist in der DIN 1996 D 6 vorgeschrieben, daß die Mischung für Asphaltfeinbeton mit Füller einen Hohlraumgehalt unter 22 vH haben soll. Er ist mit Fülleranteilen, die zumeist unter 10 Gew.-vH liegen, zu erreichen (145).

Die günstigste Raumausfüllung kann auch auf dem Wege des Ausprobierens gefunden werden, den Ilse in seinem Buch „Asphaltstraßen" angibt (146).

Es werden 2 Sande im zunehmenden und abnehmenden Verhältnis gemischt, und das Raumgewicht ermittelt. Das Ergebnis wird in ein Achsenkreuz eingetragen, dessen Ordinate die Raumgewichte, die Abszissen den zunehmenden Anteil der zum Grundsand als Zusatzsand angenommenen Mengen sind (Abb. 168). Die Raumgewichte für die verschiedenen Mischungsverhältnisse werden eine Kurve darstellen mit einem Maximum. Dieses gibt das Mischungsverhältnis mit dem geringsten Hohlraum beider Sande an. Dasselbe Verfahren wird jetzt fortgesetzt mit Füllerzusatz. Dann erhält man die günstigste Zusammensetzung für einen Sandasphalt (Teersand). Setzt man das Verfahren fort unter Zusatz von Grus, so steigt das Raumgewicht weiter wieder bis zu einem Maximum, das die günstigsten Verhältnisse zwischen Sand, Füller und Grus für den geringsten Hohlraumgehalt angibt. Das Ergebnis wird nicht andeutig sein, aber es führt schnell zum

Ziel und entspricht den praktischen Bedürfnissen. Die Abb. 168 gibt eine in der Str. V. St. vorgenommene Untersuchung einer Mischung wieder, deren Siebsummenkurve Abb. 169 veranschaulicht. Die Reihenfolge muß sein: Sand, Füller, Grus. Wird erst Sand und Grus gemischt, dann wird das Korngefüge zu sperrig und am Schluß zur Hohlraumausfüllung zuviel Füller notwendig.

Will man für die auf diesem Wege gefundene Mischung den Hohlraumgehalt errechnen, so muß noch vorher das spezifische Gewicht der Mischung aus dem spezifischen Gewicht der Einzelteile berechnet werden. Das erfolgt auf die folgende Weise: Wenn $p_1, p_2 \ldots p_n$ die Gewichtsanteile der einzelnen Zuschläge an der Gesamtmasse mit den spezifischen Gewichten $s_1, s_2 \ldots s_n$ sind, dann beträgt das Raummaß des Anteiles

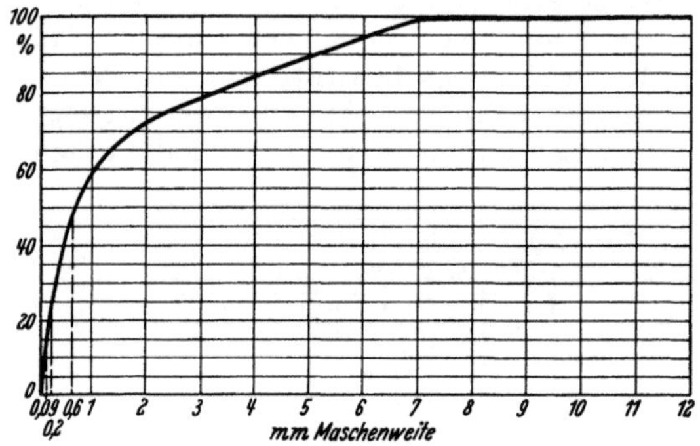

Abb. 169. Siebsummenkurve für eine Mineralmasse aus Sand, Füller und Grus.

$$\text{von } p_1 : m_1 = \frac{p_1}{s_1},$$

$$\text{von } p_2 : m_2 = \frac{p_2}{s_2},$$

$$\text{von } p_n : m_n = \frac{p_n}{s_n}.$$

Das mittlere spezifische Gewicht entspricht dem gesamten Gewicht durch die gesamte Raummasse

$$s_m = \frac{p_1 + p_2 \cdots + p_n}{m_1 + m_2 \cdots + m_n}. \tag{78}$$

Werden in diese Gleichung die Werte von $m_1 \ldots m_n$ eingesetzt, so nimmt sie die folgende Form an:

$$s_m = \frac{(p_1 + p_2 \cdots + p_n) \cdot s_1 \cdot s_2 \cdots s_n}{p_1 \cdot s_2 \cdots s_n + p_2 \cdot s_1 \cdot s_3 \cdots s_n + \cdots p_n \cdot s_1 \cdots s_{n-1}}. \tag{79}$$

Der Hohlraumgehalt der Mischung ist nach Formel (77)

$$H = \left(1 - \frac{r}{s_m}\right)$$

Die Schaffung derartiger theoretischer Grundlagen für die Zusammensetzung der Mineralgemische hat eine erhebliche Zeit beansprucht. Sie sind auch noch keineswegs überall bekannt, werden sogar in Deutschland von solchen Kreisen, die nicht das nötige Verständnis für den Wert solcher Überlegungen aufbringen können, abgelehnt. Ehe der Wert des Hohlraumgehaltes der Mineralmassen erkannt worden ist, hat man eine Grundlage in der Kornabstufung der Gesteinsgemische allein gesucht. Man hat gewissermaßen bei den an sich nach der Betonbauweise zusammengesetzten Decken die Vorstellung der Makadambauweise gehabt. Aus dieser Anschauung sind dann Vorschriften für die Abstufung der Korngrößen gegeben, für die lediglich die Erfahrung spricht, aber irgendwelche theoretischen Grundlagen fehlen. Solche als Rezepte anzusprechenden Vorschriften finden sich noch in den Normen des britischen Normenausschusses (British Engineering Standards Association, Dezember 1928). Sie werden bei der Besprechung der einzelnen Deckenarten angegeben werden. Es soll aber nicht außer acht gelassen werden, daß bei der Zusammensetzung der Sande auch die Überlegung mitspricht, daß zusammen mit der Hohlraumverminderung das Sandgemisch schon in sich eine gewisse Standfestigkeit haben muß. Diese wird z. B. bei gebrochenem, splittrigem Korn eine größere als bei rundem sein, aber auch hier hat die Erfahrung bestätigt, daß gemischtkörnige Sande, bei denen ein geringer Hohlraum vorhanden ist, auch die nötige Stabilität aufweisen. Wie diese Stabilität sich auswirkt und wie sie gemessen werden kann, wird im Abschnitt VI K d 6 ε (S. 295) behandelt.

β) Füllmasse — Füller.

Bei der theoretischen Erörterung, wie eine Verminderung des Hohlraumgehaltes von Sand und Sandgemischen erreicht werden kann, ist auf die Bedeutung der Füller hingewiesen, die die Aufgabe haben, die winzigen Hohlräume im Sande auszufüllen. Damit die Füller diese Aufgabe erfüllen können, müssen sie ganz bestimmten Anforderungen entsprechen. Ihre Mahlfeinheit in erster Linie muß sehr groß sein. Die amerikanischen und englischen Vorschriften schreiben vor, daß 75 Gew.-vH des Füllers durch das 200-Maschensieb (0,074 mm) und der Rest vollständig durch das 80-Maschensieb (0,17 mm) hindurchgehen müssen. Ein Kubikmeter des eingerüttelten Füllers soll mindestens 1442 kg wiegen.

Nach den deutschen Vorschriften (DIN 1996 D 5) soll der Gehalt an den feinsten Korngrößen K00 (Durchgang durch das 0,06-mm-Maschensieb) und K0 (Durchgang durch das 0,09-mm-Maschensieb) 80 vH betragen. Der Füller soll keine in Wasser löslichen Bestandteile enthalten und mit Wasser nicht reagieren oder aufquellen. Ausgeschlossen sind hydraulischer Kalk, Sackkalk, Gipspulver und Traß, dieser wegen seines hohen Hydratwassergehaltes. Brauchbarer Füller wird aus dichten, festen, tonarmen Gesteinen durch Feinmahlung gewonnen. Eine ganze Anzahl von Gesteinsarten kommen als Füller zur Verwendung. Z. T. sind es Nebenerzeugnisse anderer Fabrikationen oder sogar natürlich anfallende Mehle z. B. Quarzmehle von Frechen, Schiefermehle von guten Eigenschaften, Rückstände von der Kaolinwäsche bei der Porzellanherstellung u. a. Am meisten werden die Kalkmehle verwendet.

Nach dem zuvor Ausgeführten bedarf es keines besonderen Beweises, daß nur die feinstgemahlenen Teile eine gute Hohlraumausfüllung bewirken. Alle gröberen Körner über 0,06 mm sind dem Sand zuzuschlagen und führen nur zu einer Aufschwemmung und Vergrößerung des Hohlraumes des Sandes. Ein schnelles Mittel, die Mahlfeinheit festzustellen, bietet die Ermittlung des spezifischen Gewichtes und des eingerüttelten Raumgewichtes. Je feiner eine Masse gemahlen ist, desto geringer ist das Raumgewicht. Die Mahlfeinheit kann daher am Raumgewicht abgelesen werden. Da aber die Raumgewichte (r) von Massen mit verschiedenem spezifischen Gewichte (s) sich nicht unmittelbar miteinander vergleichen lassen, muß das Fehlgewicht ($s-r$) herangezogen werden. Der Feinheitsgrad (147)

$$f = \frac{s-r}{r} = \frac{s}{r} - 1 \qquad (80)$$

ist ein charakteristischer Wert, der nur durch die Kornform beeinflußt wird Untersuchungen darüber finden sich in den Mitteilungen der Str.V.St. Heft 2

Die Z.f.A.T. (148) glaubt aus dem Maß der Verdichtung, die ein Füller durch Preßdruck erleidet, einen Hinweis dafür zu erhalten, wie weit dieser Füller später in einer Asphaltdecke noch zur Verdichtung beitragen kann. Füller, die aus sehr dichten, festen, nicht mürben, vor allen Dingen kristallinischen Gesteinen gemahlen worden sind,und die bis zu ihren kleinsten Teilen kristallinische, splittrige Struktur zeigen, geben bei der Einrüttelung hohe Lagerungsdichte und auffallend wenig Hohlräume. Die Verdichtungsmöglichkeit wird unter einem Preßdruck von 800 kg/cm² festgestellt. Sie ist bei kristallinen Füllern sehr niedrig, bei weichen, porösen, mehr amorphen Gesteinen über die Lagerungsdichte hinaus noch möglich. Die dichtende Wirkung eines Füllers ist nicht nur abhängig von den Kornanteilen, die unter der Größe 0,06 mm liegen, sondern auch davon, wieweit diese kleinsten Körner unter sich noch abgestuft sind, was durch Siebung nicht mehr festzustellen ist, sondern nur noch im Mikroskop zu erkennen ist. Verhältnismäßig grobes und gleichmäßiges Korn liefert, wie aus früheren Abhandlungen über den Hohlraumgehalt der Sande verständlich, großen Hohlraumgehalt, ist aber innerhalb der feinsten Anteile eine gemischte

Körnung vorhanden, so lagert der Füller sich dicht. Die Z.f.A.T. schreibt daher für Füller einen Hohlraumgehalt (eingerüttelt) nicht über 45 vH vor. Das würde einem Feinheitsgrad nach Formel (80) von 0,80 etwa entsprechen. Nach den Erfahrungen der Str.V.St. sollen Füller mit einem Feinheitsgrad unter 0,6 nicht verwendet werden. Die Einführung dieses Feinheitsgrades ist vielleicht deshalb zu empfehlen, weil er auf der Baustelle bei der Untersuchung von der Benutzung feiner Siebe unabhängig macht. Der Füller soll nach der Z.f.A.T. stark verdichtungsfähig sein. Füller von vornherein dichter Lagerung sollen im Normensandgemisch eine Hohlraumverminderung auf 22 Raum-vH bewirken. Der entscheidende Maßstab, ob ein Füller geeignet ist, wird dann sein Verhalten in einer laboratoriumsgemäß hergestellten Asphaltbeton- oder besser Sandasphaltmischung sein, die den Anforderungen entspricht, wie sie im Abschnitt Sandasphalt und Teersand (S. 314) beschrieben sind. Beispiele dafür finden sich in den Mitteilungen der Str.V.St. Heft 1 und 2.

γ) Adsorption.

Die Eigenschaft, das Bindemittel — Teer und Asphaltbitumen — aufzusaugen, zu absorbieren, ist, wie schon erwähnt (S. 264), unerwünscht, dagegen ist die Fähigkeit, die Bindemittel mit großer Kraft anzuziehen und festzuhalten, die mit „Adsorption“ bezeichnet wird, bei den Mischverfahren von Bedeutung. Das Adsorptionsvermögen wächst mit der Größe der Oberfläche und hängt außer von der Natur der adsorbierenden auch von jener der adsorbierten Substanz ab, d. h. die Menge des Bindemittels schwankt bei den einzelnen Gesteinsarten und bei den verschiedenen Arten von Bindemitteln. Die Kenntnis dieser Verschiedenheit hat insofern praktische Bedeutung, als sie die Grundlage ist für die theoretische Berechnung der Bindemittelmengen, die notwendig sind, um eine genügende Kittwirkung hervorzurufen. Ein Bindemittel wird nur dann Kittwirkung ausüben, wenn das Adsorptionsvermögen des Gesteins gesättigt und ein Überschuß vorhanden ist, um die Kittwirkung auszuüben, der allerdings nur sehr gering zu sein braucht. Andererseits ist die Nachprüfung der Adsorption deswegen erwünscht, weil es Gesteine und Bindemittel gibt, die schlecht aufeinander einwirken, weil das Adsorptionsvermögen des Gesteins auf das Bindemittel sehr gering ist und infolgedessen eine Kittwirkung nicht zu erreichen ist.

Die Adsorptionsvorgänge sind von der Str.V.St. eingehend an Lösungen der Bindemittel mit den Füllermehlen verschiedener Gesteine auf kolorimetrischem Wege untersucht worden, indem die Unterschiede in der Farbtiefe der Lösungen vor und nach der Adsorption gemessen wurden (149). Es wurden sowohl die von einer bestimmten Mineralmenge als auch einer bestimmten Mineraloberfläche adsorbierten Bindemittelmengen (Bitumen und Teer) ermittelt und deren Abhängigkeit von der Konzentration der Lösungen durch Aufstellung sogenannter Adsorptionsisothermen festgestellt. Beim Vergleich der Adsorptionskurven wurde eine gewisse Reihenfolge in der Adsorptionskraft der Gesteinsarten gefunden, sie verläuft vom Trinidadfüller mit dem größten Adsorptionsvermögen über Schiefermehl, Basalt, Kaolin, Porphyr, Granit, Kalk und Quarz, welcher die geringste Adsorptionskraft aufweist. Wichtig waren die Feststellungen, daß die harten Asphaltbitumina stärker adsorbiert werden als die weichen, und daß Teer hinsichtlich seines Adsorptionswertes hinter Asphaltbitumen zurückbleibt. Durch Zerlegung des Asphaltbitumens in seine Bestandteile (Asphalthene, Erdölharze und Öle) und Durchführung von Adsorptionsversuchen mit diesen Zerlegungsprodukten wurde der Unterschied im Adsorptionswert der Asphaltbitumina geklärt. Dabei hat sich ergeben, daß am stärksten die Asphalthene und Erdölharze adsorbiert werden, die Öle dagegen nur schwach, woraus sich der größere Adsorptionswert des harten Asphaltbitumens, das viel Asphalthene und

Erdölharze enthält, gegenüber dem weichen Asphaltbitumen, das durchweg geringere Mengen an diesen Bestandteilen und mehr Öle aufweist, erklärt. Eingehende Untersuchungen auf Druck-, Verformungs- und Zerreißfestigkeit an Asphalt- und Teermineralmischungen haben gezeigt, daß diese Festigkeitseigenschaften von dem Adsorptionsvermögen der Gesteinsarten abhängt. Durch die starke Adsorptionskraft wird ein großes Haftvermögen an der Oberfläche des Minerals und infolgedessen eine gute Kittwirkung erzielt, die in einer Erhöhung der mechanischen Eigenschaften der Asphalt- und Teermineralmischungen zur Auswirkung kommt.

Als Füller werden im Asphalt- und Teerstraßenbau die zumeist schon genannten Mehle verwendet wie Kalksteinmehl, Basaltmehl, Schiefermehl, Kaolin, Quarzmehle, auch Stampfasphaltmehl, z. B. im Gußasphalt und in der Askalitdecke. Mikro-Asbest wird in Verbindung mit Asphalt vielfach zu anderen technischen Zwecken verwendet, im Asphalt- und Teerstraßenbau soll es zu Vergußmasse für Straßenbahnschienen (S. 332) zwischen Stampf-, Walz- und Gußasphaltbelag und für Tonrohrausgußmasse und Abdichtungen geeignet sein.

δ) Das Bindemittel.

hat die Aufgabe, die Gesteinteilchen aneinander in solchem Maße zu kitten, daß sie befähigt sind, unter dem Verkehr nicht nachzugeben, sondern ihm Stand zu halten und auch der schleifenden Wirkung des Verkehrs zu widerstehen. Außerdem soll das Bindemittel den noch vorhandenen Hohlraum ausfüllen, um den Belag wasserdicht zu machen. In gewissem Umfange kann man dem Bindemittel — das gilt besonders für die weich eingestellten vor allem für Teer — die Aufgabe zuerteilen, als Schmiermittel zu wirken und die Verdichtung der Mineralmasse herbeizuführen. Über die Eigenschaften der Bindemittel wird bei den einzelnen Bauweisen nähere Angabe gemacht. In jedem Falle wird die Güte der Decke von der Menge des Bindemittels abhängen, die übrigens auch die Kosten der Decke beeinflussen wird. für die Berechnung der Bindemittelmenge beim Asphaltstraßenbau schlägt Dr. Herrmann vor, von dem Hohlraumgehalte der Mineralmasse auszugehen. Er sagt darüber im Bericht 17 zum VI. I. Str. K. Washington folgendes.

„Stellt man Walz- und Gußasphaltmineralmassen der verschiedensten Kornzusammensetzung her und mischt jede dieser verschiedenen Mineralmassen in der Hitze mit gleichmäßig ansteigenden Mengen eines weichen, keine nennenswerte Eigenfestigkeit besitzenden Asphaltbitumens, indem man mit einer offensichtlich erheblich zu geringen Bitumenmenge beginnt, z. B. mit 6 Gew.-Tlen für 100 Gew.-Tle der Mineralmasse, so erhält man durch gleichmäßige Einschlagarbeit, z. B. bei 130° aus der bituminösen Masse Versuchswürfel, deren Raumgewicht, Dichtigkeit und Druckfestigkeit (bei 22,5°) mit wachsender Bitumenzugabe ansteigen bis zu je einem Höchstwert, von dem aus die Würfel zwar absolut dicht bleiben, aber im Raumgewicht und in der Druckfestigkeit wieder abfallen. Der Anstieg, der Höhepunkt und der Abfall sind in allen Fällen zu beobachten ganz unabhängig davon, ob die Mineralmassen für Sandasphalt, Asphaltfeinbeton oder für Gußasphalt aufgebaut sind; die Körnung des Sandes oder des Sand-Grusgemisches der durch richtigen Füllerzusatz in dem erforderlichen Maße gedichteten, hohlraumarmen Mineralmassen, zeigt bei den Versuchen keinen einschneidenden Einfluß.“

Diese Zusammenhänge zwischen Hohlraum, Asphaltgehalt und Druckfestigkeit werden durch die Kurven der Abb. 170 veranschaulicht, die aus Versuchen stammen, die die Str. V. St. durchgeführt hat (150). Vgl. die Ausführungen auf S. 291.

„Die Druckfestigkeit der zu Würfeln geformten Massen ist, solange diese noch dichtungsfähig sind, mithin noch Hohlräume vorhanden sind, etwas schwankend, je nach der Dichte, die durch die mechanische Einschlagarbeit erreicht worden ist; sie hat mit wachsendem Bitumenzusatz das Streben anzusteigen, erreicht ihren Höchstwert etwa, sobald die Hohlräume in der eingestampften Masse so gut wie verschwunden sind und fällt erst dann bei weiterer Bitumenvermehrung ab. Völlig gleichlaufend damit verhält sich das Raumgewicht. Obgleich also mit steigendem Bitumenzusatz die Dicke der die Mineralkörner umhüllenden Bitumenschicht in den fertig gemischten losen bituminösen Massen verstärkt wird, werden weder die Festigkeiten noch das Raumgewicht der eingebauten Massen vermindert, im Gegenteil sie werden solange erhöht, bis die gesamte Bitumenmenge die Hohlräume der dichtest gelagerten Mineralmasse überschreitet. Beim Einstampfvorgang tritt nämlich das heiße flüssige Bitumen in die Hohlräume hinein, indem es gleichsam von der Oberfläche der Mineralkörner abgequetscht wird, so daß auf der Mineralmasse nur ein dünnes Bitumenhäutchen verbleibt. Erst wenn auf diese Weise die Mineralhohlräume mit Bitumen ausgefüllt sind, tritt eine Verstärkung der die Mineralmasse umhüllenden Bitumenhaut und damit ein Abfall von Druckfestigkeit und Raumgewicht der eingestampften Masse ein, indem sich nun die Mineralmasse infolge des Dazwischentretens von Bitumen loser lagert.

Kennt man demnach die Hohlräume einer bis zur völligen Raumbeständigkeit eingerüttelten oder eingestampften Mineralmasse und damit auch ihr Raumgewicht in diesem Zustande, so ist man in der Lage, in jedem Falle die für die Walz- und Gußasphaltdecke notwendige günstige Bitumenmenge durch Rechnung festzustellen, sich vor Fehlschlägen infolge zu geringen oder zu hohen Bitumenzusatzes zu sichern und Decken für den bestimmten Einzelfall von höchstem Raumgewicht, höchster Druckfestigkeit und vollkommener Dichtigkeit und ohne schädlichen Bitumenüberschuß zu erzeugen.

Bei Walzasphaltmineralmassen mit besonders hohem Füllergehalt kann es manchmal zweckmäßig sein, die bekannte Nachdichtung staubfeiner Massen zu berücksichtigen. Auf Grund der Erfahrung beim Stampfasphalt wie auch auf Grund von Versuchen kann das in der Weise geschehen, daß für je 10 Gew.-vH Füllergehalt der Mineralmasse im Höchstfalle 1,0 Raum-vH für Nachdichtung von den Mineralhohlräumen abgezogen wird. Auf solche Weise erhält man einen zunächst noch hohlraumhaltigen Walzasphaltbelag, der durch Nachdichtung des Füllers erst nach gewisser Zeit unter dem Verkehr völlig dicht wird, dann aber räumlich noch schwerer und tatsächlich ohne jeden unnötigen, schädlichen Asphaltbitumenüberschuß ist.“

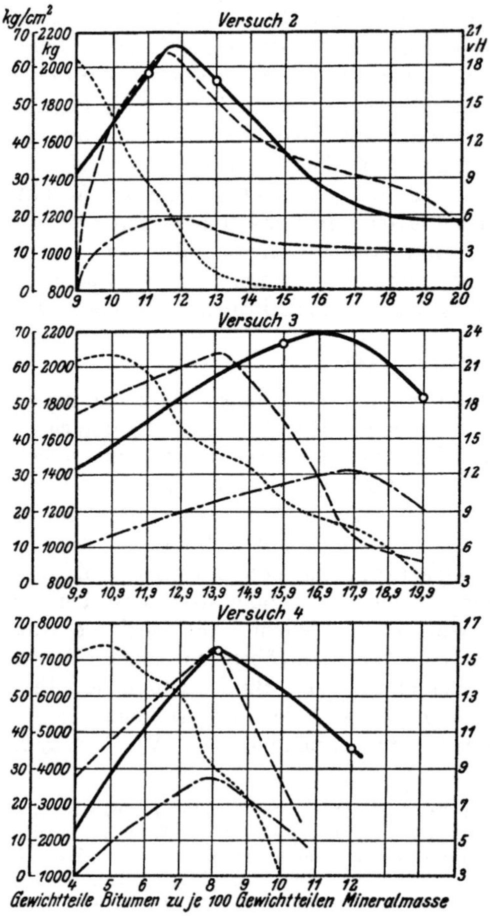

Abb. 170. Druckfestigkeit, Verformungswiderstand und Hohlraum in Abhängigkeit vom Bitumenzusatz zur Mineralmasse.

Zu Versuch 2: 30 Gew.-T. Füller; 35 Gew.-T. Sand *K1*; 35 Gew.-T. Sand *K2*.

„ „ 3: 40 Gew.-T. Füller; 30 Gew.-T. Sand *K1*; 30 Gew.-T. Sand *K2*.

„ „ 4: 22,8 Gew.-T. Füller; 12,2 Gew.-T. Sand *K1*; 9 Gew.-T. Sand *K2*; 23,5 Gew.-T. Sand *K3*; 32,5 Gew.-T. Sand *K4*.

——— Druck bei + 20° C } in kg/cm²
—·—·— „ „ + 50° C } links erste Reihe
········ Hohlraum in vH rechte Reihe
— — — Verformungswiderstand bei + 50° C in kg links zweite Reihe.

Das Verfahren zur Auffindung der Hohlräume aus spezifischem Gewicht und Raumgewicht (eingerüttelt) ist auf S. 285 behandelt. Ist H in vH der Hohlraumgehalt der Mineralmasse, so berechnet sich die Bitumenmenge in Gew.-Tl. auf 100 Gew.-Tl. Mineral unter Beachtung der Verschiedenheit des Raumgewichtes der Mineralmasse (r) und des spezifischen Gewichtes des Asphaltbitumens (G) zu

$$B = \frac{H \cdot G}{r} \tag{81}$$

Bei Berücksichtigung der Nachkompression in füllerreichen Mischungen kann alsdann für je 10 vH Fülleranteil die Asphaltbitumenmenge um 1 Gew.-vH verringert werden.

Diese Berechnungsweise ist in DIN 1995/96 aufgenommen. Sie geht davon aus, daß die Asphaltbitumenhaut, die sich um die Gesteinskörner einschließlich des Füllers legt, so dünn ist, daß ein Überschuß nicht vorhanden ist. Ein solcher würde der Masse eine unerwünschte Bildsamkeit verleihen, wie sie sich z. B. bei Gußasphalten mit zuviel Asphaltbitumengehalt bei Erwärmung durch Eindrücke zeigt. Die Feststellung der Schichtstärke des Bindemittels ist daher eine weitere Nachprüfung für die erforderliche Menge des Bindemittels, wobei die Adsorption (vgl. S. 292) eine Rolle spielt.

ε) Füllermehl und seine Einwirkung auf Asphaltbitumen.

Marcusson (101) stellt fest, daß die Gegenwart von staubfeinen Mineralstoffen im Asphaltbitumen dessen Tropfpunkt erhöht. Auch Dr. Herrmann weist in den Tätigkeitsberichten der Z.f.A.T. (130, 148) auf diese Einflüsse von Füller hin. Es zeigt sich aber, daß dieser Einfluß der Füllermehle auf die Asphaltbitumina stabilisierend zu wirken, verschieden ist. Die nach dieser Richtung hin von der Str.V.St. vorgenommenen Untersuchungen (Dr. Pöpel) (147) haben ergeben, daß die Stabilisierung abhängig ist:

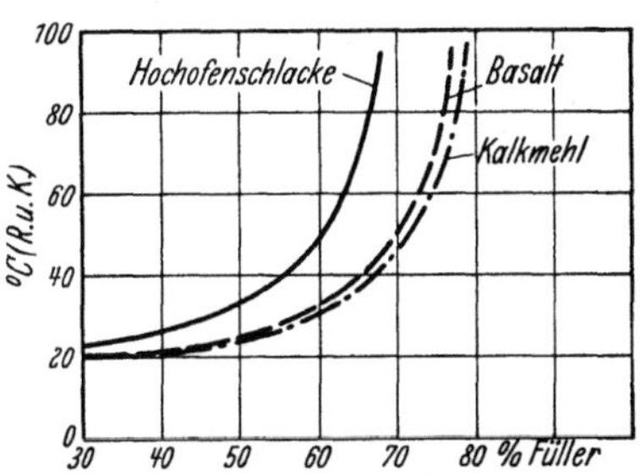

Abb. 171. Einfluß des Füllers (Hochofenschlacke, Basalt- u. Kalkmehl) auf den Erweichungspunkt (R. u. K.) von Asphaltbitumen.

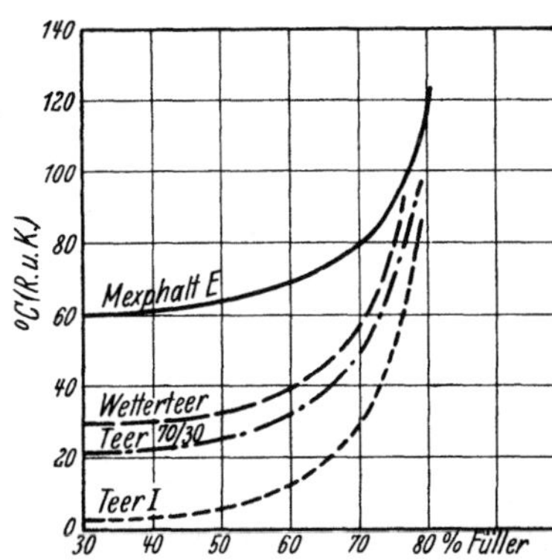

Abb. 172. Einfluß des Erweichungspunktes (R. u. K.) bei Mischung von Quarzmehl mit verschiedenen Bindemitteln.

1. von dem Mischungsverhältnis von Füller zu Asphaltbitumen,
2. von der Feinheit der Mahlung,
3. von der Asphaltbitumenart,

worüber noch Angaben folgen (S. 296).

Durch fortlaufende Versuche ist die Tatsache erhärtet, daß die Erhöhung der Temperaturkonstanten (Tropfpunkt, Erweichungspunkt nach R.u.K. und K.-S.) mit der Zunahme des Fülleranteiles in einer Kurve ansteigt, wobei die Steigerung bei den Füllermehlen aus den verschiedenen Gesteinsarten ganz verschieden ausfallen. Solche Kurven nach Ergebnissen, die in der Str.V.St. gewonnen sind, zeigen Abb. 171/172.

Für die Praxis kann man daraus entnehmen, daß die Stabilisierung bei den verschiedenen Füllerarten und Asphaltbitumen, bei diesen je nach ihrer Härte, verschieden ausfällt, und daß man daher bei einem Asphaltbitumen gegebener Weichheit und einer gegebenen Menge Füller, z. B. zur Ausfüllung der Hohlräume, Mischungen von stark abweichender Stabilität erhält je nach der Art des Füllers. Die Wahl eines Füllers wie z. B. stark adsorbierender Bauxit könnte zur Folge haben, daß schon bei einer geringen Abkühlung die Mischung so steif wird, daß sie sich schlecht verarbeiten läßt, vor allem das Einwalzen erschwert. Es ist anzunehmen, daß die Mahlfeinheit der Füller außerdem aber auch die Adsorption die stabilisierenden Eigenschaften bewirken. Denn die stabilisierende Wirkung der einzelnen Gesteinsarten deckt sich mit ihrem Adsorptionsvermögen. (S. 293). Aus den gewonnenen Ergebnissen ist zu folgern, daß Füller von Kalkstein, Basalt, Quarz, Schiefer brauchbar sind. Die Mischung von Asphaltbitumen und Füllstoff findet sich im Trinidadasphalt in natürlicher Form. Dem Trinidadasphalt wird daher eine besondere Wirkung zugemessen. Aber Nellensteyn sagt, daß dies nicht zu einer unberechtigten Überschätzung der natürlichen Asphalte führen sollte (97). Vor allem werden die Naturasphalte wie Trinidad durch den großen Füllstoffgehalt so verhärtet, daß sie für den Gebrauch in Mineralgemischen vorher mit Ölen gefluxt werden müssen (s. S. 230). Dadurch wird aber der Gehalt an Füllstoff verhältnismäßig so herabgesetzt, daß er nicht genügt, um die Hohlräume in der Mineralmischung auszufüllen. Es muß dann doch noch anderer Füllstoff (z. B. aus Kalkstein) der Mischung zur Hohlraumausfüllung zugesetzt werden. Da der Füllstoff im Trinidadasphalt auch Ton enthält, der zu Quellungen neigt, wird Trinidadasphalt in Deutschland in Kunstasphaltbelägen, wie Asphaltbeton und Sandasphalt, nicht gewünscht. Nur bei Gußasphalt der, wie auf S. 319 auseinandergesetzt ist, hohlraumlos hergestellt wird, ist Trinidadasphalt angebracht. Der Füller erfüllt in der Mischung nach der Betonbauweise zwei Aufgaben. Er verringert den Hohlraumgehalt der Mischung und er wirkt stabilisierend.

Die zuvor erwähnte Abhängigkeit der Stabilisierung von dem Mischungsverhältnis von Füller zu Asphaltbitumen, von der Feinheit der Mahlung und von der Asphaltbitumenart, ist in einer Formel folgendermaßen ausgedrückt (Dr.-Ing. Pöpel):

$$E = \left(\frac{p}{q}\right)^2 \cdot f \cdot k. \tag{82}$$

p ist der prozentuale Gewichtsanteil von Füller, q derjenige von Asphaltbitumen, f der Feinheitsgrad vom Füllermehl und K ein der Asphaltart entsprechender Faktor, auch als Asphaltkennziffer bezeichnet. E ist die Temperaturerhöhung der Mischung, gemessen am Tropfpunkt oder Erweichungspunkt nach R. und K. oder K.-S. gegenüber denjenigen des Asphaltbitumens allein. Die Asphaltkennziffer ist wahrscheinlich ein Ausdruck für die Zähigkeit der Asphaltbitumina. Sie wird für einen Füller mit gegebenem Feinheitsgrad und ein gegebenes Verhältnis Füller zu Asphaltbitumen in der Weise ermittelt, daß die Erhöhung (E^0) des Erweichungspunktes z. B. nach der Ring- und Kugelprobe zwischen dem Asphaltbitumen ohne und mit Füllerzusatz festgestellt wird. Durch Einsetzen in die Gleichung, in der jetzt E^0, p, q, f bekannt sind, kann k errechnet werden. Für verschiedene Asphaltbitumina ist der Wert zu 7,5—10,5⁰ ermittelt worden.

Will man diese Formel anwenden, um die Menge des Asphaltbitumens zu berechnen, die zur Herstellung eines Sandasphaltes oder Asphaltbeton notwendig ist, wird davon ausgegangen, daß der Verbrauch an Asphaltbitumen abhängt 1. von der Menge und Art des Füllers und 2. von der Menge und Art der Zuschlagstoffe, deren Korngröße oberhalb der Mahlfeinheit des Füllers liegt.

Die Menge zu 1. wird nach der Gleichung (82) berechnet. Denn die Menge des Füllers (p) ist bekannt aus der Zusammensetzung der Mineralstoffe zur Erreichung der dichtesten Mischung, die zuvor bestimmt sein muß. Der Feinheitsgrad (f) des Füllers ergibt sich aus den Eigenschaften des zur Verwendung kommenden Füllers. Für das ausgewählte Asphaltbitumen wird die zuvor bestimmte Asphaltkennziffer k eingesetzt. Bezüglich E^0 wird eine Annahme gemacht, daß die Temperaturerhöhung zur Stabilisierung der Mischung etwa 30—40⁰ betragen soll. Dann kann die Gleichung nach q aufgelöst und der Anteil an Asphaltbitumen bestimmt werden, den der Füller verbraucht.

Die Menge Asphaltbitumen (zu 2.), die die Zuschlagstoffe zur Umhüllung verbrauchen, wird nach der Größe der Oberfläche der Körner berechnet, unter Annahme einer Schichtstärke von etwa 5/1000 mm. Es sind verschiedene Verfahren zur Ermittlung der Oberfläche von Korngemischen aufgestellt worden, die im Abschnitt VII B b 2 behandelt werden. Das bekannteste setzt eine Kugelform der verschiedenen Kornstufen voraus,

$$O = \frac{6}{s\,d_m} \tag{83}$$

worin O die Oberfläche in Quadratzentimeter, s das spezifische Gewicht der Kornmasse und d_m in Zentimeter der mittlere Durchmesser der zwischen 2 Siebstufen liegenden Körner ist. Neuere Verfahren, in der Str.V.St. aufgestellt, berücksichtigen mehr die wirkliche Form der Körner, die von der Kugelform nicht unerheblich abweichen. Angaben darüber befinden sich im Abschnitt VII B b 2.

Es ist noch zweifelhaft, ob die Schichtstärke mit 5/1000 mm zutreffend angenommen wird. Die verschiedenen Gesteinsarten haben, wie schon auf S. 292 behandelt, ganz verschiedene Adsorptionskraft, so daß die Größe der Schichtstärke Schwankungen unterliegt. Da aber aus einer großen Zahl von Beispielen festgestellt ist, daß der Hauptanteil des Asphaltbitumens vom Füller verbraucht wird, und die Gesamtmenge des erforderlichen Asphaltbitumens keinen großen Schwankungen unterliegt, ob man die Schichtstärke der groben Zuschläge geringer oder höher als 5/1000 mm ansetzt, wird empfohlen, solange genaue Ergebnisse darüber noch nicht vorliegen, die Schichtstärke bei Asphaltbitumen nicht unter 5/1000 mm anzunehmen. Die Menge des für eine Sandasphalt- und Asphaltfeinbetonmischung notwendigen Bitumens, ist nunmehr durch den Verbrauch zu 1. und 2. bestimmt.

Ein Vergleich der Mischungen hinsichtlich des Bitumengehaltes nach der Berechnung nach Dr. Herrmann und nach dem zuletzt genannten Verfahren, zeigt einen Unterschied insofern, als die Mischungen, deren Bitumenbedarf nach dem Hohlraumgehalt berechnet ist, theoretisch keinen Hohlraum mehr aufweisen können, praktisch aber, infolge der ungleichmäßigen Lagerung der Körner, ein geringer Hohlraum bisweilen vorhanden ist. Die DIN 1995 schreibt vor, daß nicht mehr als 3 vH Wasseraufnahme vorhanden sein soll. Solche Decken sind daher auch nicht mehr verdichtbar, während die nach dem zweiten Verfahren zusammengesetzten Mischungen noch Hohlräume besitzen, also verdichtbar sind. Der Verfasser hat immer das Ziel verfolgt, auf das schon das beachtliche Verhalten des Stampfasphaltes hinweist, verdichtbare (kompressionsfähige) Decken zu schaffen. Diesem Ziel entsprechen die nach dem zweiten Verfahren aufgebauten Decken. Die Erfahrungen in V. St. A. haben offenbar auf dieselben Wege gewiesen. Denn im Bericht 24 zum VI. I. Str. K. wird für Sandasphalt die folgende Bauvorschrift gegeben. Die Beschaffenheit der einzelnen Bestandteile und ihr gegenwärtiges Mengenverhältnis sollte so überwacht werden, daß die verdichtete Mischung nicht über 5 vH und lieber nicht weniger als 2 vH Hohlräume besitzt. Zugleich soll sie als Vorbeugung gegen Verformung und Verlagerung infolge des Verkehres genügend Festigkeit besitzen. Volle Hohlraumausfüllung wird nicht verlangt. Die Menge des Asphaltbitumens wird auch nicht beliebig zu 9—10,5 vH Gew.-vH gefordert, wie gelegentlich in Deutschland, sondern die Menge wird von der Stabilität abhängig gemacht. Die Z. f. A. T. nähert sich jetzt dieser Anschauung, indem sie höheren Hohlraumgehalt, d. h. Wasseraufnahme zuläßt, wenn viel Füller und weiches Bitumen vorhanden sind. Die Begründung dafür ist auf S. 293 gegeben. Das ist aber zumeist der Fall, da Teer dem Asphaltbitumen vielfach zugesetzt wird, oder weiches Asphaltbitumen genommen wird. Wie Untersuchungen der Str. V. St. an verlegten Decken bewiesen haben, schreitet die Verdichtung sehr schnell vorwärts. Eine ganze Anzahl von Belägen, die von der Str. V. St. bei ihrer Verlegung beaufsichtigt sind und nach der DIN 1995/96 wegen ihres großen Hohlraumgehaltes beanstandet werden mußten, haben nach einem Jahr eine so starke Verdichtung gezeigt, daß an ihrer Haltbarkeit keine Zweifel mehr bestehen können.

In einem Falle hat die Mineralmasse unter Verwendung von Basaltsplitt 5/8, 3/5, 0/3, Rheinsand und Kalkmehl folgende Kornabstufung gehabt.

Korngröße 5		über 7 mm	= 4,1 vH
„ 4	von	2—7 „	= 34,8 vH
„ 3	„	0,6—2 „	= 17,8 vH
„ 2	„	0,2—0,6 „	= 22,6 vH
„ 1	„	0,09—0,2 „	= 9,1 vH
„ 0—00.	„	0—0,09 „	= 11,6 vH

Das Raumgewicht der Mineralmasse = 2,420, der Hohlraum = 18,6 Vol.-vH, der Gehalt an Bindemittel (80 Asphalt „Paving" und 20 T 60/40) = 6,7 vH. Asphaltbitumenbedarf zur völligen Hohlraumausfüllung = 7,6 vH. Von der verlegten Decke sind in verschiedenen Zeitabständen an derselben Stelle nebeneinander Stücke entnommen, die die in folgender Zusammenstellung 48 aufgeführten Raumgewichte und Porenräume aufgewiesen haben:

Zusammenstellung 48.

	Gefundenes Raumgewicht	Porenraum (Wasseraufnahme)	Kompressionsfortschritt
Unmittelbar nach dem Einbau .	2,428	9,7 Vol.-vH	0
Nach 5tägiger Verkehrseinwirkung	2,463	7,82 „	19,4 vH
Nach 17tägiger Verkehrseinwirkung	2,589	3,24 „	66,6 „

Es sind dem Verfasser aber auch Fälle bekannt, bei denen bei hartem Asphaltbitumen (Erweichungspunkt K.-S. + 60°) eine starke Nachverdichtung festgestellt worden ist.

Ein drittes Verfahren berücksichtigt bei der Ermittlung der Bindemittelmenge die Ausdehnung des Asphaltbitumens bei der Erwärmung, die bei einem Ausdehnungsbeiwert z. B. für Mexphalt $E = 0{,}00061$ verhältnismäßig groß ist. Volle Hohlraumausfüllung soll nur beim Einbau — also unter verhältnismäßig hohem Wärmegrad (135—165°) — vorhanden sein (151). Bei einem Überschuß würde die Decke unter der Walze schieben. Bei gewöhnlicher Temperatur würde die Decke infolge des Schwindens des Bitumens dann Hohlräume haben. Die sich ergebenden Unterschiede bei den drei Verfahren sollen an einem Beispiel kenntlich gemacht werden. Für einen Asphaltbeton mit einer Füllermenge von 14,5 Gew.-vH, der 18,7 vH. Hohlräumen und ein Raumgewicht = 2,25 hat, errechnet sich der Gehalt an Asphaltbitumen nach Dr. Herrmann zu 8,8 Gew.-vH, für das zweite Verfahren zu 7,80 Gew.-vH und für das dritte zu 8,15 Gew.-vH. Bei den beiden letzeren Verfahren haben die Decken noch Hohlräume und sind daher, wenn das Asphaltbitumen nicht übermäßig hart ist, noch fähig zu verdichten.

Solange die Verdichtung noch nicht eingetreten ist, besteht eine gewisse Gefahr für die Decke, daß sie Wasser aufnimmt. Das kann im Herbst, wenn keine Aussicht mehr besteht, durch Verdunstung das Wasser zu verlieren, und die kühle Temperatur eine Verdichtung der Decke erschwert, zur Folge haben, daß die Decke durch Feuchtigkeit und Frost leidet. Wie beim Stampfasphalt aus sizilianischem Asphalt (S. 233) können sich Abblätterungen oder Zerstörungen bilden, wenn die Decke zu spät im Herbst verlegt worden ist und nicht mehr Gelegenheit gehabt hat, zu verdichten. Bei den Kunstasphaltbelägen sind nach Feststellungen des Verfassers aber nur unter besonders ungünstigen Umständen solche Erscheinungen aufgetreten. Darum wird auch für den Asphalt- und Teerstraßenbau nach dem Betonverfahren gelten, die Ausführungen auf das Frühjahr und den Hochsommer zu verlegen, Herbst- oder Winterausführungen aber möglichst zu vermeiden.

ζ) Prüfung der Mischungen auf die richtige Zusammensetzung.

Für die Ausführung wird die Zusammensetzung einer Mischung nach dem Betonverfahren in einer Versuchanstalt auf Grund der zur Verfügung stehenden Mineralstoffe in der Weise festgelegt, daß die Anteile der verschiedenen Gesteinsarten und des Füllers nach dem Verfahren auf S. 289, um den geringsten Hohlraum zu erhalten, ermittelt werden. Aus dem Raumgewicht der Mineralmasse im eingerüttelten Zustand und dem spez. Gewicht wird der Hohlraum ermittelt und danach der Anteil des Bindemittels nach DIN 1995/96 oder aus dem Fülleranteil und der Kornoberfläche nach dem Verfahren der Str. V. St., festgelegt. Eine Nachprüfung, ob die gewählte Zusammensetzung auch den Anforderungen entspricht, kann in der folgenden Weise vorgenommen werden.

Es werden Würfel von 7,09 cm Kantenlänge aus der Masse heiß hergestellt. Hierzu werden die in der Materialprüfung gebräuchlichen eisernen Würfelformen verwendet. Die Masse wird in den Formen heiß eingeschlagen[1]. Nach dem Erkalten wird die Druckfestigkeit bei gewöhnlicher Temperatur (22°) und bei 40° ermittelt. Wenn Teer als Bindemittel allein benutzt wird, muß eine Verharzung des Teeres abgewartet werden, die etwa nach 3 Tagen eingetreten ist. Erst dann kann die Prüfung vorgenommen werden. Kunstasphaltbeläge haben, wenn das Asphaltbitumen keine Verhärtung durch Überhitzen bei der Aufbereitung erlitten hat, eine Druckfestigkeit, die bei 22° etwa 40 kg/cm² und bei 40° $<$ 10 kg/cm² beträgt. Besonders sorgfältig zusammengesetzte Massen erreichen auch bei unverhärtetem Asphaltbitumen höhere Festigkeiten bis nahe an 100 kg/cm² (150). (Über Zusammenhang zwischen Hohlraumgehalt und Druckfestigkeit vgl. Bem. S. 294). Die Ergebnisse solcher Druckfestigkeitsversuche im Laboratorium dienen als Unterlage zur Beurteilung der Bauausführung. Es werden fortlaufend aus der Masse, wie sie aus dem Mischer kommt, Würfel hergestellt und diese auf Druckfestigkeit untersucht (130, 148). Für die Nachprüfung in einer Versuchsanstalt empfiehlt es sich, Durchschnittsproben der Masse an die Versuchsanstalt einzusenden, aus der dann normengemäß die Probewürfel hergestellt werden, damit an ihnen die Nachprüfung vorgenommen werden kann. Da die Kontrollwürfel in kurzer Zeit erkaltet und abgedrückt sind, kann sehr schnell die richtige Zusammensetzung der Masse durch den Druckversuch und Vergleich mit den in der Versuchsanstalt aufgebauten Mischungen festgestellt und gegebenenfalls noch Abänderungen während der Ausführung vorgenommen werden. Das gilt nur für Decken mit Asphaltbitumen oder Teerasphaltbitumenmischungen, bei reinem Teer darf die Prüfung erst nach 3 Tagen erfolgen (s. o.). Die Nachprüfung ist also leichter und erfolgreicher durchzuführen als im Betonbau, bei dem erst die Erhärtung der Probewürfel abgewartet werden muß (frühestens 7 Tage, normal 28 Tage).

Die Prüfung auf Druckfestigkeit entspricht nicht ganz der Inanspruchnahme, der ein Straßenbelag auf der Straße ausgesetzt ist. Denn in der Decke sind alle Flächen gewissermaßen in einem Rahmen eingespannt, beim Würfel kann die Masse nach den Seiten ausweichen. Darum werden zur Ergänzung noch zwei andere Verfahren zur Prüfung der Asphalt- und Teerbeläge herangezogen, das sind die Prüfung auf Verformungsfestigkeit und auf Stempeldruck. Das erste Verfahren ist in V. St. A. eingeführt. Skidmore (Chikago) benutzt für Sandasphalt Zylinder von 5 cm ∅ und 4 cm Höhe, für Asphaltbeton solche von 10 cm ∅ und 6,5—7,5 cm Höhe. Die Proben werden in geeigneten Formen, warm wie sie aus der Mischung kommen, mit einem Druck von 350 kg/cm² gepreßt. Sie werden dann bei 60° in eine Zylinderform gebracht, deren Boden offen ist und eine

[1] Die Einrichtungen der Str. V. St. dazu sind aus Heft 3 der Mitteilungen — Verkehrstechnik Beilage Straßenbau 1929 Nr. 15 — zu entnehmen.

geringe Einschnürung von nur 4,4 cm lichter Weite besitzt (Abb. 173). Auf den Probekörper wird nunmehr ein Stahlkern gesetzt und in einer hydraulischen Presse der Probezylinder durch die Einschnürung, die schmäler als der Versuchskörper ist, bei einer erhöhten Temperatur von 60° durchgedrückt. Unter dem Pressendruck verformt sich der Körper, bis nach Erreichen einer Höchstbelastung ein Fließzustand eintritt, weil die Bindekraft des Asphaltbitumens an den Mineralkörnern überwunden ist. Gemessen wird die höchste Druckbelastung, die der Versuchskörper beim Durchpressen der Sandasphaltmischung durch die Einschnürung aufnimmt. Hubbard (New York) verwendet gleichfalls bei Sandasphalt Zylinder von 5 cm ∅ von 2,5—7,5 cm Höhe, setzt sie aber beim Einformen nur einem Preßdruck von 215 kg auf den Quadratzentimeter aus. Er mißt gleichfalls die Verformung bei 60°. Bemerkenswert ist, daß mit einer besonders konstruierten Bohrmaschine auch aus fertigen Decken Zylinder herausgebohrt werden, die der Verformungsfestigkeit unterworfen werden. Die Verfahren von Skidmore und Hubbard unterscheiden sich also nicht wesentlich. Dieses Verfahren ist von der Str.V.St. in Anlehnung an die amerikanische Bezeichnung (stability test) Prüfung auf Verformungsfestigkeit bezeichnet worden. Hubbard, der nach diesem Verfahren die Asphaltdecken der Stadt New York prüft (New York hat 17000000 m² Sandasphaltbeläge) gibt an, daß die Untersuchung an Decken, die großen Widerstand an Wellenbildung gezeigt haben, eine Verformungsfestigkeit von mehr als 450 kg aufweisen, und daß nach diesen Erfahrungen es zweckmäßig ist, für Straßen mit schwerem Verkehr Mischungen herzustellen, deren Verformungsfestigkeit nicht unter 900 kg liegen darf. Nach seiner Auffassung ist am meisten ausschlaggebend für die Verformungsfestigkeit die Eigenschaften des Sandes und die Korngrößenabstufung, alsdann der Charakter des Füllers, nicht so maßgebend der Füllergehalt. Abweichungen im Gehalt an Asphaltbitumen um 1 vH haben nur geringen Einfluß. Es ist bemerkenswert, daß hier die Hohlraumlosigkeit nicht besonders betont wird. Für Asphaltbeton haben Emmons und Anderton eine Ziegelform von etwa 200 mm Länge, 70 mm Breite und 150 mm Höhe eingeführt, die auf Schienen gesetzt wird und mit 60° die Verformungsfestigkeit beim Durchdrücken durch die Querschienen gemessen (s. Abb. 174).

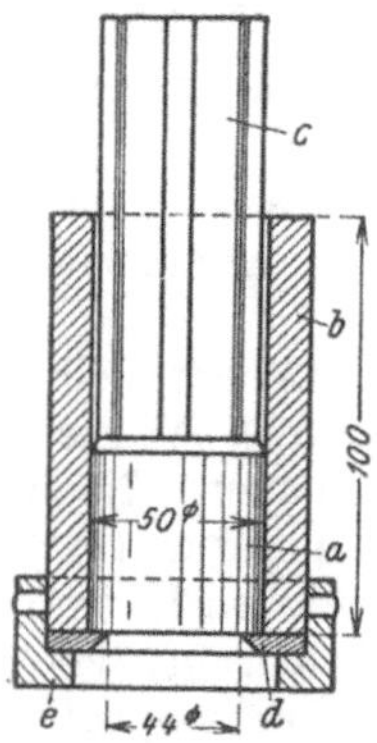

Abb. 173. Messung der Verformungsfestigkeit von Sandasphalt.

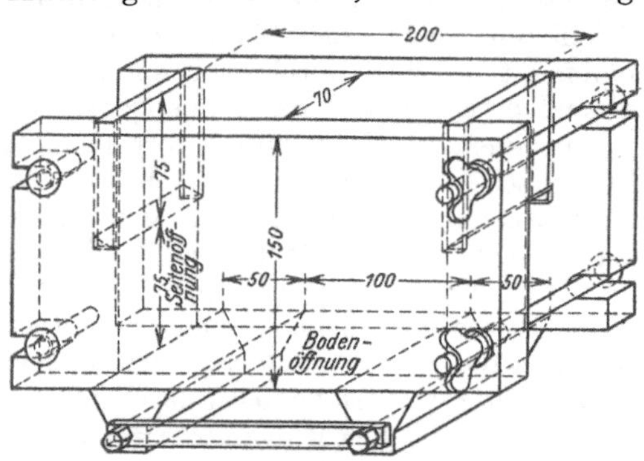

Abb. 174. Messung der Verformungsfestigkeit von Asphaltbetongemischen.

Untersuchungen in der Str.V.St. haben ergeben, daß die Verformungsfestigkeit in Abhängigkeit zum Hohlraumgehalt und damit auch zur Druckfestigkeit steht (vgl. Abb. 170). Die Verformungsfestigkeit wird daher nur in besonderen Fällen als Merkmal für die Eigenschaften der Mischung herangezogen z. B. bei den Untersuchungen über Adsorption (S. 293). Nach den Erfahrungen der Nordamerikaner soll die Hohlraumausfüllung mit Bitumen auf die Stabilität der Mischungen nicht ausschlaggebend sein, sondern eine große Anzahl anderer Einflüsse. Daraus möge entnommen werden, worauf in der Abhandlung des öfteren hingewiesen ist, daß für die Zusammensetzung der Mineralgemische die größte Hohlraumlosigkeit von gewisser Bedeutung ist, daß aber die vollständige Ausfüllung der Hohlräume mit Bindemittel als ein Rezept angesehen werden kann zur Vermeidung grober Fehler. Indessen ist die beste Herstellung aber noch von andern Einflüssen abhängig und wahrscheinlich muß der Verdichtung der Beläge eine besondere Rolle zuerteilt werden.

Das zweite Verfahren der Stempeldruckprüfung (Penetration) ist von der Z.f.A.T. eingeführt und in DIN 1995/96 vorgeschrieben. Es wird auf einen Probewürfel, der entweder aus einer Laboratoriumsmischung oder aus Masse, die der Bauausführung entnommen ist, hergestellt ist, durch einen Stempel von 1 cm^2 Querschnitt bei 22^0 ein Druck von 52,5 kg ausgeübt. Die Belastung entspricht etwa dem Druck eines Wagenrades bezogen auf die Flächeneinheit. Die für diese Prüfung in der Str. V. St. eingeführte Einrichtung ist im Abschn. VII B d 6 abgebildet. Nach fünfstündiger Beanspruchung soll die Eindringungstiefe nicht mehr als 10 mm betragen. Die Zweckmäßigkeit dieses Prüfverfahrens hat Dr. Temme in eingehender Weise nachgeprüft und in Beziehungen zum Hohlraumgehalt der Mineralmasse und zur Hohlraumausfüllung mit Asphaltbitumen gebracht. Auch bei diesem Verfahren ergibt sich das, was schon bei der Druckfestigkeit gesagt worden ist, daß hohe Werte der Stabilität unter dem Druckstempel nichts aussagen können über die Bewährung eines Belages, daß aber unter bestimmten Voraussetzungen mit dieser Untersuchung doch positive Zahlen über das Verhalten der für eine Decke gewählten Mischung zu gewinnen sind, z. B. bei der Zusammenstellung neuer Mischungen auf etwaige Verbesserung in der Beschaffenheit, also als Laboratoriumsmerkmale. Die Probe versagt nach Dr. Temme (152) bei bitumenarmen Gemischen, bei Gemischen mit verhärtetem Asphaltbitumen, bei Vorhandensein von gröberem Korn. Nach Erfahrungen der Str. V. St. ist das Prüfverfahren auf Stempeldruck gleichfalls nicht angebracht bei Mischungen mit Teer, auch bei solchen Mischungen nicht, die eine befriedigende Druckfestigkeit aufweisen. Nach Dr. Temme ist keine genügende Stabilität vorhanden, wenn das Bindemittel zu weich ist, wenn zuviel davon enthalten ist, was bei Teermischungen meist der Fall ist, bei Belägen mit ungenügender Verdichtung. Wenn überhaupt eine Verdichtung möglich ist, kann angenommen werden, daß mit Zunahme der Verdichtung nach Ansicht der Str. V. St. unter dem Verkehr auch die Stabilität eine bessere wird, wie Nachprüfungen auch an Teerbelägen ergeben haben. Übergroße Eindringungstiefe ist ferner vorhanden, wenn keine genügende Raumdichte besteht. Denn die Untersuchungen von Dr. Temme zeigen, daß der größte Widerstand gegen die Stempeldruckprobe in der Nähe der vollkommenen Hohlraumausfüllung von Mineralgemisch mit Asphaltbitumen liegt. Das Schlußergebnis sagt, daß, wenn alle anderen Zahlen zur Charakterisierung der Güte der Straßendecke gleich sind, und wenn auch der Durchmesser der gröbsten Anteile im Mineralgemisch derselbe ist, so ist der Mischung der Vorzug zu geben, die den höchsten Prozentsatz an Asphaltbitumen besitzt und den geringsten Prozentsatz an Porenraum bei vollkommener Verdichtung zeigt. Das ist insofern bemerkenswert, als auf eine Verdichtung besonderer Wert gelegt wird, die doch nur denkbar ist, wenn kein Überschuß und auch keine vollständige Hohlraumausfüllung mit Asphaltbitumen vorhanden ist. Bei großer Raumdichte, die auch aus den Gründen der Standfestigkeit (gutes Stützgerüst) anzustreben ist, kann bereits ein geringer Überschuß an Asphaltbitumen sich nachteilig auswirken z. B. durch Neigung zur Wellenbildung und Schlüpfrigkeit.

Ein endgültiges Urteil über den Ausfall einer Mischung gestattet aber erst die Nachprüfung aus der fertigen Decke. Zu diesem Zwecke wird ein Stück von etwa 30 × 30 cm aus der Decke herausgenommen und in der Versuchsanstalt auf Porenraum und Verhalten unter Stempeldruck untersucht. Diese Prüfung gibt einen guten Einblick in die Güte und vor allem auch in das Maß der Verdichtung von Asphaltbelägen, Asphaltbeton, Teerbeton, Gußasphalt, ganz besonders Sandasphalt.

Wenn eine Zusammensetzung der Mischungen angestrebt wird, daß sie sich verdichten können, muß durch besondere Prüfungseinrichtungen in der Versuchsanstalt die Verdichtungsmöglichkeit nachgeprüft werden. Das Einschlagen von Mischungen in Würfelformen entspricht nicht dem Verdichtungsvorgang, da er nicht durch Stoß oder Schlag, sondern durch Knetwirkung erzielt wird. Die Str. V. St. benutzt zu diesem Zwecke eine Walzenpresse, die den Walzvorgang auf der Straße nachahmt. Mit ihr können Walzkuchen von 20/50 cm Abmessung hergestellt werden, an denen der Porenraum, die Verdichtung und der Widerstand gegen Stempeldruck untersucht werden können. Diese Walzenpresse hat sich als sehr brauchbar erwiesen. Dr.-Ing. Dammann sucht die knetende und schiebende Wirkung der Walzarbeit für den Essener Asphalt auf eine andere Weise zu erreichen. Masse von 350 g wird in einen eisernen Ring von 40 mm Höhe und 77 mm ∅ eingefüllt. In diesem Zustande hat die Masse noch Hohlräume (140). Ein Stempel wird dann auf die Masse gesetzt, dessen Preßfläche durch zwei 5 mm tiefe Einschnitte in zwei flächengleiche Teile zerlegt ist, so daß immer nur die halbe Oberfläche des Probekörpers gepreßt wird. Durch Drehen des Stempels werden abwechselnd andere Flächen gepreßt. Die Masse wird auf diese Weise durchgeknetet und durch wiederholtes Ansetzen des Stempels, 100—200 mal, eine größere Verdichtung erreicht, als bei Volldruck mit größerer Einheitspressung. Dies Verfahren ist in der Str. V. St. eingeführt.

η) Höchst- und Tiefsttemperaturen in Belägen aus Teer und Asphaltbitumen.

Die Prüfung der Beläge aus Asphalt und Teer wird mit Rücksicht darauf zu erfolgen haben, daß beide Bindemittel in den möglichen Grenztemperaturen besonders kritische Zustände annehmen, bei tiefer Kälte werden sie spröde und bei hoher Wärme leichtflüssig und verlieren ihre Bindekraft. Welche tiefsten und höchsten Wärmegrade solche Beläge in der Straße annehmen können, ist verschiedentlich festgestellt worden. Die Z.f.A.T. hat in Stampfasphaltbelägen Temperaturen über 50° gemessen.

Beobachtungen über die größten Wärmeunterschiede in Straßenbelägen hat die Stadt Stuttgart (153) vorgenommen und die folgenden Werte erhalten:

Höchste Lufttemperatur im Schatten	In der Oberfläche	2 cm tief	4 cm tief	6 cm tief
		Teermakadam		
29°	40°	42°	38,5°	38°
		Asphaltbeton		
33°	52°	50,5°	48,5°	44,5°
		Tränkmakadam		
33°	51°	49,5°	42,5°	42°

Temperaturen über 50° sind nichts Ungewöhnliches in Asphaltbelägen und kommen in unserem Klima häufig vor.

Tiefste Temperaturen.

Luft im Schatten	−23°
An der Oberfläche	−22,75°
2 cm tief	−16,5°
4 „ „	−16,25°
6 „ „	−15,5°

Die Abkühlung im Winter entsteht durch Wärmeableitung in die Luft, während die Erhitzung im Sommer auf Wärmestrahlung zurückzuführen ist. Die tiefsten Temperaturen entsprechen daher den Lufttemperaturen, die höchsten Temperaturen liegen über den Lufttemperaturen, weil sie durch die Sonnenstrahlen Wärme aufspeichern können. Die größten Schwankungen betragen daher etwa 75°.

Die auf der Versuchsstraße des D. Str. V. bei Braunschweig vorgenommenen Feststellungen an Teer- und Asphaltbelägen haben dieselben Ergebnisse gehabt (Denkschrift VIII). Auf der Versuchsbahn des B. P. R. (V. St. A.) ist die höchste Temperatur auf thermoelektrischem Wege in Asphaltdecken zu 60° gemessen.

7. Aufbau der nach der Betonbauweise zusammengesetzten Decken.

Nachdem durch die Ausführungen in den vorhergehenden Abschnitten die Grundlagen für die nach der Betonbauweise zusammengesetzten Decken gegeben sind, wird nunmehr ihr Aufbau und ihre Ausführung behandelt werden.

α) Asphaltbeton.

Ein Gemenge von Steinsplitt, Steingrus, Quetschsand oder Quarzsand wird so zusammengesetzt, daß die Mineralmasse ein Mindestmaß von Hohlräumen erhält, im Trockner getrocknet und auf 170—200° erhitzt und mit soviel Füllstoff und Asphaltbitumen in einer Mischmaschine bei dieser Temperatur gemischt, daß die Hohlräume in der Mineralmasse möglichst ausgefüllt werden. Das Gemisch wird in heißem Zustande mit 150—170° C Temperatur auf der Straße verlegt und festgewalzt.

Bei Asphaltfeinbeton, auch Topeka genannt, fällt der Steinsplitt weg, die Mineralmasse besteht nur aus Grus bis 8 mm Korngröße, Quarzsand oder Quetschsand und Steinmehl als Füllstoff. Die Zusammensetzung des Asphaltbetons ergibt sich aus den zur Verfügung stehenden Sanden, die gegebenenfalls nach den auf S. 289 gegebenen Grundsätzen gemischt werden müssen, aus dem Füller, dessen Anteil sich aus der Menge ergibt, die zur Erreichung des günstigsten Hohlraumgehaltes zugesetzt werden muß, und aus der Menge des Asphaltbitumens. Der Hohlraumgehalt der Mineralmasse soll unter 22 vH liegen. Nach den Erfahrungen in Holland bietet der feinkörnige Asphaltbeton Vorteile vor dem Sandasphalt, der im nachfolgenden Abschnitt beschrieben ist. Topeka ist unter dem Einflusse des Verkehres weniger der Wellenbildung ausgesetzt, weil die gröberen Kornanteile im Asphaltbeton sich nicht so leicht verschieben lassen, wie die überwiegend feinen im Sandasphalt. Topeka bietet auch größeren Widerstand gegen das Einsinken bei stillstehender Belastung.

In Deutschland hat der Asphaltfeinbeton eine große Anwendung gefunden. Diese Entwicklung hat Verfasser schon auf Grund seiner ersten Studienreise nach den V. St. A. im Jahre 1912 vorausgesagt (154).

Hat der mineralische Zuschlag Korngröße über 8 bis zu 25 mm, so wird die Mischung als Asphaltgrobbeton bezeichnet. In den V. St. A. ist eine Bewegung zugunsten des Asphaltgrobbetons festzustellen, da dieser eine griffigere Oberfläche hat, und daher die Gefahr der Schlüpfrigkeit geringer wird. Dieser Asphaltgrobbeton wird besonders auf Landstraßen verwendet, wegen seiner griffigen Oberfläche in Steigungen bis zu 5 vH. Wo nur Kraftwagenverkehr vorhanden ist, ist Asphaltbeton vielfach in noch stärkeren Steigungen anzutreffen.

Unterbau. Asphaltbeton kann nur als Abnutzungsschicht angesehen werden und muß daher einen tragfähigen Unterbau erhalten. Bei neuen Straßen besteht er aus einem Asphaltbeton gröberer Zusammensetzung, bei dem an Füllmittel und Asphaltbitumen gespart wird. Dieser Unterbau erhält eine Stärke von 5—10 cm bei alten Straßen, und 13—18 cm bei neuen Straßen, je nach der Verkehrsstärke und Bodenart. Er gewährleistet eine größere Nachgiebigkeit bei Setzungen des Untergrundes, gibt keine Risse, mildert die Verkehrsstöße und schafft eine gute

Verbindung mit der Decklage. Deshalb wird in den V. St. A. der bituminöse Unterbau (black base) stark bevorzugt gegenüber dem starren aus Zementbeton. Es besteht anscheinend die Neigung, die Decken aus gleichartigen Stoffen zusammenzusetzen, Asphaltunterbau für Asphaltstraßen, Zementbetonunterbau für Betonstraßen, wofür mancherlei Gründe sprechen, z. B. die bessere Ausnutzung des Maschinengerätes. Auch Asphalttränkmakadam kann als Unterbau verwendet werden. Dieser wird nach dem im Absschnitt VI K d 3 behandelten Verfahren hergestellt. Asphaltgrobbeton als Unterbau kommt auch besonders für Stadtstraßen in Frage, weil er sehr schnell hergestellt und in Benutzung genommen werden kann. Ein Erhärten, wie bei Zementbeton, braucht nicht abgewartet zu werden. Bei Aufgrabungen, mit denen immer in Stadtstraßen gerechnet werden muß, ist das Aufbrechen von Asphaltgrobbeton wesentlich leichter und die Sperrung der Aufbruchstelle, wie bei Zementbeton, nicht notwendig. In Berlin ist es z. B. üblich, Aufbruchstellen von Stampfasphalt in Straßen mit lebhaftem Verkehr mit Asphaltgrobbeton vorläufig abzuschließen, bis der Untergrund sich gesackt hatte. Die plastischen Eigenschaften solchen Unterbaues bewirken durch die Verformungsarbeit eine Aufzehrung der Stoßenergie und verringern die Stoßfortpflanzung, mildern daher die Erschütterungen.

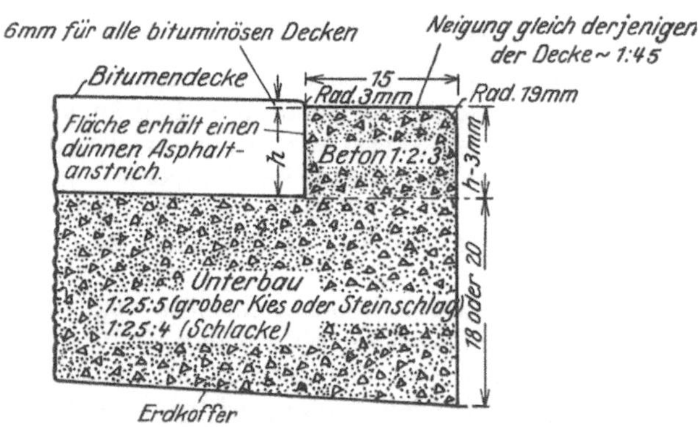

Abb. 175. Asphaltfeinbeton auf Zementbetonunterlage.

Zementbeton als Unterbau wird meist nicht so dicht hergestellt, daß er wasserundurchlässig ist. Er saugt vielmehr aus dem Untergrunde Feuchtigkeit auf, was bei einem Asphaltunterbau nicht der Fall ist, wodurch die Lebensdauer der Beläge verlängert wird. Alle diese günstigen Eigenschaften sprechen für den Unterbau aus Asphaltbeton sowohl für Landstraßen, wie für Stadtstraßen. Wo auf Landstraßen in den V. St. A. der Unterbau aus Zementbeton besteht, hat er einen seitlichen Rand in der Stärke der Asphaltdecke erhalten, der die Asphaltdecke einfaßt. Die Asphaltdecke muß etwas über den Betonrand hinausragen (rd. 3 mm) (Abb. 175). Auf diese Weise wird also ein Abschluß des Asphaltes am Rand auf gute und billige Weise erreicht. Als Unterbau können auch Pflasterstraßen benutzt werden. Da diese Bauweise eine besondere Ausbildung erfahren hat, ist sie im Abschnitt VI K d 9, S. 327 besonders behandelt.

Zusammensetzung des Asphaltbeton: Die B. E. St. A. Nr. 344, 1928 beschreiben diesen Belag folgendermaßen: Die Binderschicht soll eine Stärke nach dem Abwalzen von 4,5—9 cm, die Verschleißschicht 3,2—3,8 cm haben. Das Quergefälle soll 1 : 36 bis 1 : 48 betragen. Sie schreiben die folgende Zusammensetzung für die Zuschläge vor:

Binderschicht	Gew.-vH		
	Fein	Mittel	Grob
Durchgang durch 2,5-cm-Sieb Rückstand auf 0,8—0,3 cm M.S.	45	60	75
„ „ 0,8—0,3 cm Rückstand auf 20 M.S.	20	15	10
„ „ 20—200 M.S.	20	15	10
„ „ 200 M.S.	15	10	5

Verschleißschicht für flache Steigungen	Gew.-vH		
	Fein	Mittel	Grob
Durchgang durch 12—3-mm-SiebRückstand auf 20 M.S.	30	35	40
„ „ 20 M.S. Rückstand auf 80 M.S.	25	30	35
„ „ 80 M.S. Rückstand auf 200 M.S.	25	20	15
„ „ 200 M.S.	20	15	10
Verschleißschicht für starke Steigungen			
Durchgang durch 25-mm-Sieb bis 8—3-mm-Sieb	30	35	40
„ „ 8—3-mm-Sieb bis 20 M.S. .	25	30	35
„ „ 20 M.S. bis 200 M.S.. . . .	30	25	20
„ „ 200 M.S.	15	10	5

Für Schlackenbeton (mit Asphaltbitumen oder Teer) sind die B.E.St.A. Nr. 343 und 345 herausgegeben.

Asphaltfeinbeton nach den deutschen Normen hat etwa die folgende Zusammensetzung:

Rückstand auf dem 6 mm-Sieb (K_5)	13 vH	Grus
„ „ „ 2 „ „ (K_4)	20 vH	
„ „ „ 0,6 „ „ (K_3)	13 vH	Sand
„ „ „ 0,2 „ „ (K_2)	24 vH	
„ „ „ 0,09 „ „ (K_1)	18 vH	
Durchgang durch das 0,09 mm-Sieb ($K_0 - K_{00}$)	12 vH	Füller
	100 vH	

Die Gruskorngröße soll bei Decklagen für schweren Verkehr nicht über 8 mm und ihre Menge nicht über 30 Gew.-vH hinausgehen, um die Abnutzung niedrig zu halten. Andrerseits wird aber ein Anteil von mehr als 30 Gew.-vH Grus als notwendig angesehen, um Wellenbildung zu verhüten.

Eigenschaften einer nach den angegebenen Verhältnissen zusammengesetzten Decke:

Raumgewicht der Mineralmasse	2,185
Hohlraum etwa	20,5 vH
Raumgewicht des Deckenstückes	2,36 vH
Gehalt an Asphaltbitumen	7,55 vH
Wasseraufnahme	1,5 vH

Die Prüfung dieses Deckenstückes hatte folgende Ergebnisse:

Eindringungstiefe nach 5 Std. unter 52,5 kg/cm² Stempellast	4,3 mm (zulässig bis 10 mm)
Eindringungstiefe nach 5 Std. unter 52,5 kg/cm² Stempellast eines in der Versuchsanstalt aus der Masse geformten Würfels von 7,09 cm Kantenlänge	1,3 mm
Druckfestigkeit von aus der Masse geformter Würfel von 7,09 cm Kantenlänge:	
bei Zimmertemperatur im Mittel	60 kg/cm²
„ 50° im Mittel	12 „
Verformungsfestigkeit bei 50°	7450 und 6050 kg

Querschnitte von Asphaltbeton, wie sie in der Str.V.St. untersucht worden sind, zeigen die Abb. 176/177.

Die Deckenstärke kann sich den Beanspruchungen anpassen. Da Asphaltbeton aber als Verschleißdecke anzusehen ist, bei der eine besondere Oberflächenerneuerung nicht in Frage kommt, hängt die Lebensdauer von der Deckenstärke ab. Eine Stärke von 5 cm erscheint bei Stadtstraßen die Mindeststärke (Stuttgart 5 cm und 7 cm, Hamburg 5,5 und 7 cm). Vielfach wird eine Binderschicht von 6 cm angewendet und die Asphaltbetonschicht dann dünner gehalten, 3 bis 4 cm. Auf festliegenden, gut instandgesetzten Steinschlagdecken ist eine Binderschicht aber überflüssig, wenn die Asphaltbetonschicht ausreichend stark, mindestens 6 cm, genommen wird. Für sogenannte steingefüllte Decken und schwächeren Verkehr läßt die DIN 1995/96 Grobgrus bis zu 15 mm in einer Höchstmenge von 40 Gew.-vH zu.

Ein Asphaltgrobbeton von einer Baustelle in Kalifornien hat die folgende Zusammensetzung:

Siebanalyse	1¼″—¾″		15 vH	Grobgrus 50 vH
	¾″—½″		18 vH	
	K_5	7—12 mm	17 vH	
	K_4	2—7 „	9 vH	Feingrus
	K_3	0,6—2 „	13 vH	Sand
	K_2	0,2—0,6 „	9 vH	
	K_1	0,09—0,2 „	9 vH	
	$K_0 - K_{00}$	0—0,09 „	10 vH	Füller
			100 vH	

Hohlraum eingerüttelt	10,7 vH
Asphaltzusatz auf 100 Teile	4 Gew.-Tl.
Druckfestigkeit 10 cm Würfel bei 22°	60 kg/cm²
Abnutzung nach Böhme	0,37 cm³/cm²

Zum Vergleich sei erwähnt, daß die Abnutzung bei Granit 0,3 cm³/cm², bei Basaltbeton 1 : 3 0,3 cm³/cm² beträgt (68). Einen Querschnitt durch Asphaltgrobbeton dieser Zusammensetzung gibt Abb. 178.

Dieser Asphaltgrobbeton findet auf verkehrsreichen Straßen in Kalifornien eine weitgehende Anwendung besonders wegen der griffigen, verkehrssicheren Oberfläche.

Die Mischung des Asphaltbeton erfolgt in besonders eingerichteten Maschinen, die das Gestein erst im Gegenstrom- oder Gleichstromverfahren trocknen, aufspeichern, gegebenenfalls nach verschiedenen Korngrößen aussondern und dann mit dem heißen Asphaltbitumen mischen. Das Asphaltbitumen muß auf eine Wärme von 170° C gebracht sein. Als Mischdauer werden 1½ Min. vorgeschrieben. Die Mineralmassen sollen erst 15—20 Sek. für sich gemischt werden, ehe das Asphaltbitumen zugesetzt wird (S. 410).

Ausführung. Die in der Mischanlage aufbereitete Masse wird heiß auf die Baustelle gefahren und dort ausgebreitet. Wenn die Masse infolge der Bauart der Kraftwagen gegen Abkühlung geschützt wird, kann sie bis auf 40 km weit befördert werden. In einem Falle ist sogar eine Förderweite von 75 km ohne Nachteile bekannt geworden. Aus den als Kipper ausgebildeten Kraftwagen, die rückwärts an die Baustelle heranfahren, wird die Masse auf Bleche ausgekippt, von denen aus sie dann mit Karren zur Einbaustelle gefahren und abgeladen wird. Sie wird sogleich mit Harken verteilt und auf die vorgeschriebene Stärke ausgebreitet. Hierzu wird die Masse noch mit Profillehren abgezogen. Die Arbeit muß mit ganz besonderer Sorgfalt vorgenommen werden, denn sie ist ausschlaggebend für die Beschaffenheit der Decke. Je gleichmäßiger die Masse, was Höhe der Schicht und Dichtigkeitsgrad anbelangt, eingebaut wird, desto geringer ist die Gefahr der Wellenbildung. Die Walzarbeit schließt sich sofort an. Einige Unternehmer beginnen mit einer etwa 10—15 t schweren Walze und bügeln dann mit leichten Tandemwalzen, die auch diagonal und senkrecht zur Straßenachse fahren können, nach.

Um den Baufortschritt zu erhöhen, ist man in den westlichen Staaten der V. St. A. dazu übergegangen, diese Arbeit mit Maschinen auszuführen. Die Ausbreitung auf der Straße mit Menschenhand ist in ihrer Leistung beschränkt. Es können an der Spitze der Deckenherstellung nur eine Anzahl von Arbeitern beschäftigt werden, ohne sich gegenseitig zu behindern. Eine Erhöhung der Leistung der Trockner und Mischmaschinen hätte keinen Zweck gehabt, solange nicht eine Steigerung der Leistung an der Baustelle bewirkt werden konnte.

Um diese zu erreichen, ist ein Straßenfertiger auch für den Asphaltstraßenbau eingeführt worden, wie er zuerst ähnlich im Zementbetonstraßenbau angewendet worden ist Abb. 116 (S. 168). Durch den Straßenfertiger im Asphaltstraßenbau wird angestrebt: 1. eine größere Leistung, 2. Verringerung der Kosten für die Asphaltmischung, 3. größere Gleichmäßigkeit in der Struktur, für den Unterbau wie Decklage, 4. Verringerung der Unebenheiten (Wellenbildung) bis zu einem Maße, daß ein Unterschied mit andern Deckenarten nicht mehr besteht, 5. Schaffung einer griffigen Oberfläche, 6. Ausschaltung der Handarbeit für alle wichtigen Arbeitsvorgänge durch Maschinenarbeit, 7. Verringerung der Walzarbeit durch die Bearbeitung der Masse vor Beginn der Walzarbeit, 8. Verringerung der Kosten für die Anlage und die Straßenherstellung.

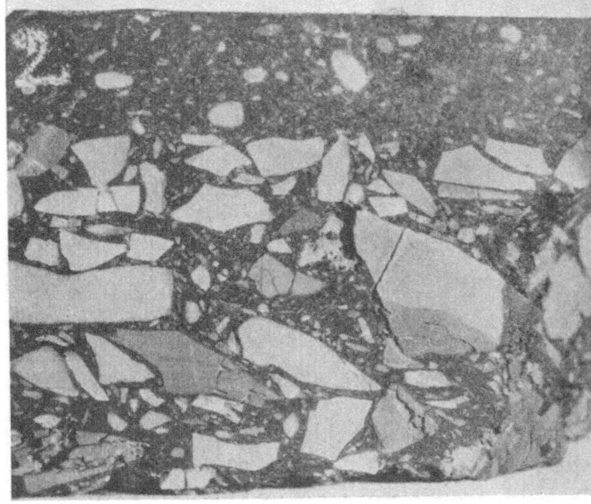

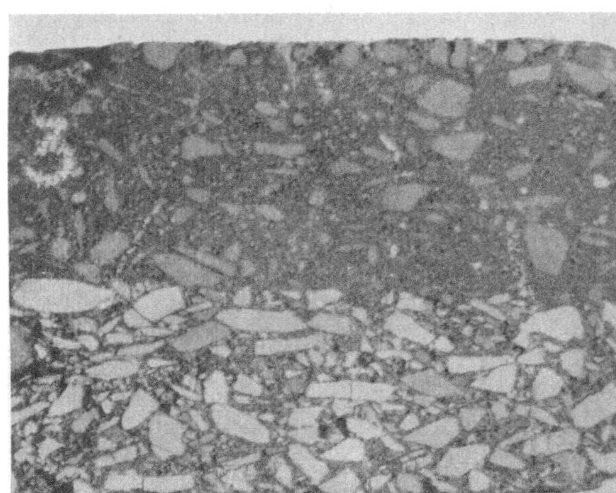

Abb. 176 und 177. Angeschliffene Schnitte von Asphaltfeinbeton auf Binderlage (etwa nat. Größe).

Die Mineralmassen werden im richtigen Verhältnis auf den Trockner gegeben, indem die einzelnen Bestandteile aus den Silos schon abgemessen auslaufen und durch ein Förderband dem Becherwerk des Trockners zugeführt werden. Die Leistung der Trockner und Mischmaschinen ist bis auf 75 bis 150 t für den Tag gebracht worden. Die Mischerfüllungen liegen zwischen 1160 bis 2300 kg. Einzelheiten der Anlagen befinden sich im Abschnitt IX A a 7, vgl. Abb. 237/38 (S. 414). Die fertige Masse wird auf der Baustelle aus den rückwärts an die Bauspitze heranfahrenden mit Hinterkippeinrichtung versehenen Kraftwagen in Verteilkasten, die an die Kraftwagen angehängt werden, ausgekippt. Die Verteilkasten haben verstellbare Auslaufschlitze (Abb. 179). Beim Auskippen der Masse bewegt sich der Kraftwagen langsam vorwärts und zieht die Tasche mit sich. Durch die Auslaufschlitze gleitet die Masse auf die Straßenfläche in einer solchen Schichthöhe, daß nach Abwalzung die vorgeschriebene Deckenstärke vorhanden ist. Die Schüttbreite beträgt etwa 2—2,5 m, so daß je nach der Straßenbreite mehrere Streifen nebeneinander gelegt werden müssen. An den Kanten bleiben Furchen, die mit überflüssigem Material mit Handarbeit aufgefüllt werden.

Das Planum ist seitlich durch kräftige Bohlen eingefaßt, die mit Schnurnägeln im Boden fest verankert sind. Auf die Bohlen werden Kranschienen von 2 cm Höhe verlegt, auf denen der Straßenfertiger läuft. Dieser hat zwei Abgleichbohlen, eine vorn, die andere hinten, die sich normal zur Straßenachse

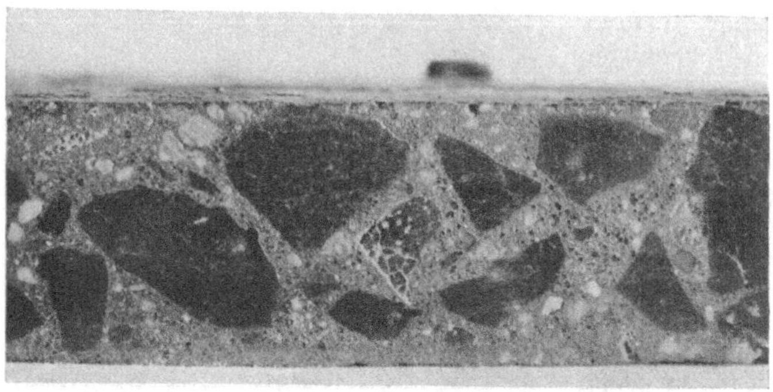

Abb. 178. Asphaltgrobbeton in der Zusammensetzung einer Straße in Kalifornien (etwa nat. Größe).

beim Vorwärtsfahren hin- und herbewegen und die Schüttmasse im vorgeschriebenen Profil glatt streichen, wie der Betonstraßenfertiger Abb. 116 (S. 116). Hinter der ersten Bohle liegen zwei Wellen mit Zähnen, die durch schwingende Bewegung die von der ersten Bohle abgeglichene Masse wieder aufharken (Abb. 180). Aus folgendem Grund: Vor dem Straßenfertiger sind noch einige Arbeiter beschäftigt, die die Massen, die sich vor der Bohle anhäufen und durch ihren Druck zusammen mit der Bohle des Straßenfertigers schon zu einer Verdichtung der Masse beitragen, verteilen, und die schon erwähnten Furchen zwischen den Schüttstreifen auffüllen müssen. Diese Arbeiter treten, was nicht zu vermeiden ist, die sonst gleichmäßige Masse unter ihren Fußtapfen fest, wodurch später eine ungleichmäßige Verdichtung unter der Walze eintreten muß, die Anlaß zu Wellenbildung gibt. Die Zähne vom $\varnothing = 15$ mm, etwa 10 cm Länge und 15 cm Abstand harken mit 16 bis 20 Schwingungen minutlich die Masse noch einmal durch und lockern sie auf. Dabei bringen sie die groben Körner, die sich beim Ausladen in die untere Schicht legen, an die Oberfläche, wodurch die Fahrfläche der Decke erheblich rauher gemacht wird. Beim Durchharken entstehen in der Längsrichtung der Straße kleine Rillen und Grate. Die am Ende des Straßenfertigers arbeitende Bohle gleicht diese bereits etwas ab. Sie wird aber nicht immer benützt. Dann muß die Walze das Eindrücken der Grate in die Rillen übernehmen. Für die Herstellung einer ebenen, möglichst wellenlosen Oberfläche ist das insofern vorteilhaft, als die Masse vor der Walze sich nicht mehr staut und geschoben wird, sondern unter

Abb. 179. Verteilkasten für Asphaltbeton.

dem Walzendruck von den Graten in die Furchen seitlich ausweicht. Die Schienen des Fertigers werden gleich hinter ihm von den Bohlen abgenommen. Dann steht die Masse 2 cm über der Bohlenkante. Dieses Maß entspricht der Verdichtung, so daß die Walze auch hart an den Rändern der Straße arbeiten kann. Die Furchenstruktur der Decke tritt nach der Walzung noch in Erscheinung, indem die Grate glatt gebügelt sind, die Furchen aber eine rauhe Oberfläche zeigen, durch die

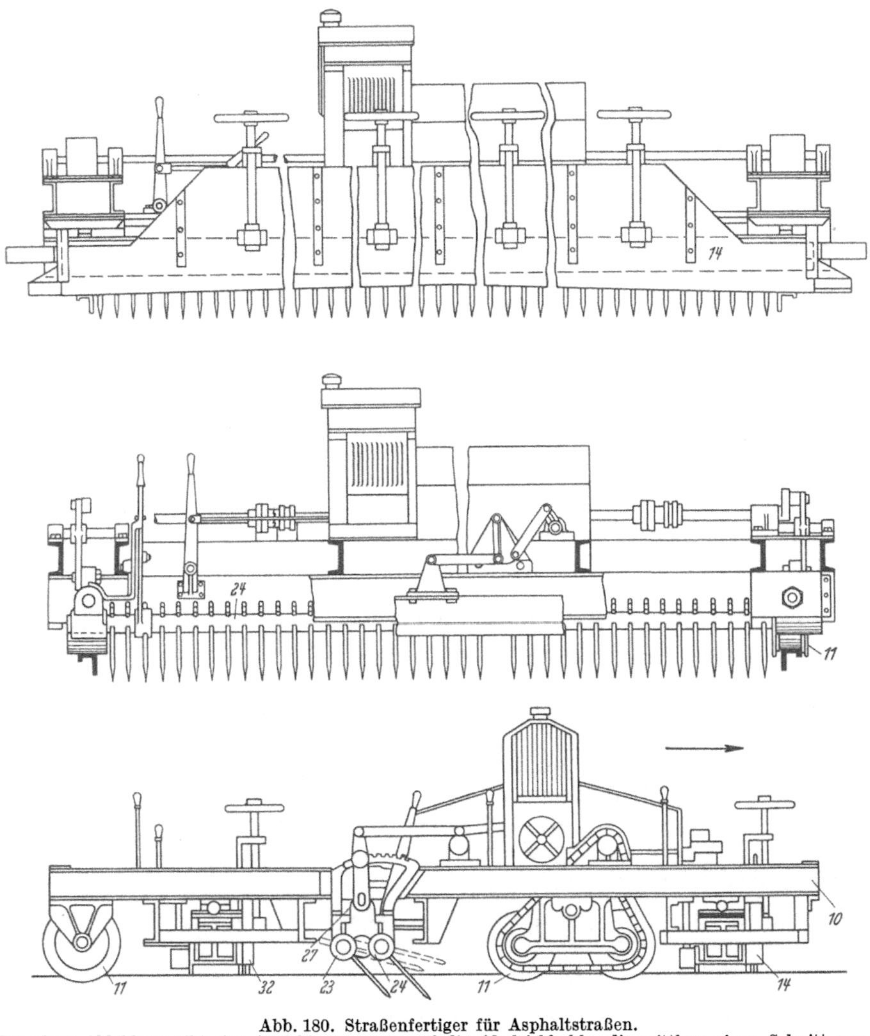

Abb. 180. Straßenfertiger für Asphaltstraßen.
Die obere Abbildung gibt eine Ansicht von vorn auf die Abgleichbohle, die mittlere einen Schnitt vor den Wellen mit den Zähnen, die untere einen Längsschnitt. Der Pfeil gibt die Fahrtrichtung an.

die Straßendecke griffig gemacht wird. Der Straßenfertiger fährt mit einer Geschwindigkeit von etwa 3 m/min., die der Leistung der Mischeinrichtung angepaßt ist. Auf einer Baustelle bei Fresno in Kalifornien hat Verfasser einen Straßenfertiger gesehen, der die auf S. 308 beschriebene Asphaltgrobbetondecke auf 8 m Straßenbreite auf volle Breite herstellte. Bei der großen Spannweite von 8 m wären die Durchbiegungen des Fahrgerüstes des Fertigers zu groß gewesen. Deshalb war auf den Rädern ein Trägerportal aufgesetzt, an das das Fahrgestell aufgehängt war (145). Wegen des schnellen Baufortschrittes, der Griffigkeit der Decke und dem Fehlen von Wellen und wegen der Kostenermäßigung hat der Staat Kalifornien die Benutzung von Straßenfertigern für Asphaltstraßen vorgeschrieben. Mit diesem Gerät werden Unterbau und Oberbau in 2 Arbeitsgängen hergestellt.

Bei den ersten Versuchen mit dem Straßenfertiger hat man noch eine Stampfbohle verwendet, deren Hub auf dem Versuchswege ermittelt worden war, um eine genügende Verdichtung zu geben. Um das Anhaften der Asphaltmischung an der Bohle zu verhindern, ist sie mit Gasolinbrennern am Morgen und nach längeren Arbeitspausen erwärmt worden. Das Stampfen hat man aber aufgegeben und hält die Abgleichung mit einer hin- und hergehenden Bohle für ausreichend (155).

Die Benutzung des Fertigers schafft eine Anzahl scharfe Unterschiede gegenüber der Handarbeit. Die Ausschaufler brauchen nicht mehr so stark beaufsichtigt werden, da sie nur dafür zu sorgen haben, daß genügend Masse vor der Bohle aufgehäuft ist, und daß Überschuß in die Furchen zwischen den ausgebreiteten Streifen geworfen wird. Man kann unbedenklich mit geringeren Temperaturen arbeiten, weil die Walze schneller an die einprofilierte Fläche herankommt. Der Verlust an Masse, die an den Anschlüssen bei Arbeitsunterbrechung fortgenommen werden muß, ist von 3 vH bei Handarbeit, auf 0,16 vH bei Fertigerarbeit zurückgegangen. Während auf einer Baustelle ohne Straßenfertiger etwa 26 Arbeiter gebraucht werden, sind es bei Anwendung eines Straßenfertigers nur noch 11 Mann bei wesentlich höherer Leistung. Infolgedessen sind nach den Angaben der Straßenbauverwaltung des Staates Kalifornien die Kosten für 1 t Asphaltbeton von 7,92 Dollar im Jahr 1921 auf 4,07 Dollar im Jahr 1928 zurückgegangen.

Asphaltbeton ist eine sehr anpassungsfähige Befestigung, die sich mit Grobkornzusatz besonders auf Landstraßen und mit feineren Grusen auf Stadtstraßen außerordentlich, auch bei schwerem Verkehr, bewährt hat. Die richtige Zusammensetzung bietet jetzt keine Schwierigkeiten mehr. An Stelle des Asphaltbitumens wird in Deutschland eine Mischung von Asphaltbitumen mit Teer verwendet. Bisweilen überwiegt der Teer mit 20—40 vH Asphaltbitumen, bisweilen auch das Asphaltbitumen, dem 20 vH Teer zugesetzt werden, um es leichtflüssiger zu machen. Entmischungserscheinungen (S. 252) haben sich dabei nicht bemerkbar gemacht.

Kalteinbau. Die Verwendung von Weichasphaltbitumen gestattet auch Asphaltgrobbeton kalt einzubauen. Die Mineralmasse wird hohlraumarm zusammengesetzt. Der Gehalt an Splitt und Grus soll 65 vH und an Sandfüllergemisch 35 vH (nach Oberingenieur Martin in „Bitumen“ 1932 S. 37) bei der folgenden Abstufung betragen:

Splitt 8/15	30 vH	Feinsand	22 vH
Grus 3/8	30 vH	Füller	8 vH
Grobsand 1/3 . .	10 vH		

Diese Korngrößen werden bei Decken von 3 cm Mindeststärke angewendet. Bei schwächeren Verschleißschichten kann nur Grus als gröbstes Korn genommen werden. Für die Binderschichten wird die Gesteinzusammensetzung 70 vH Splitt 15/25, 20 vH Splitt 5/15 und 10 vH Sand empfohlen. Als Bindemittel wird Cut-back Nr. 3 (S. 252) genommen. Die Masse wird in einer Mischmaschine, die auch ein Betonmischer (Jägermischer S. 165) sein kann, mit erwärmtem Bindemittel gemischt. Das Gestein muß trocken sein, sonst muß es in einer Trockentrommel oder Eirichgegenstrommischer getrocknet werden. Es genügt aber eine geringe Erwärmung, wenn das Gestein nicht zu naß ist. Im anderen Falle muß es höher, bis zur vollständigen Trocknung, erhitzt werden, dann aber durch Zwischenlagerung sich auf etwa 35° abkühlen.

β) Teerbeton.

Es hat nahe gelegen, an Stelle des Asphaltbitumens als Bindemittel allein Teer oder Pechölmischung zu nehmen und Teerbeton herzustellen. Nach der Begriffsbestimmung der Stufa ist: Teerbeton eine Straßendecke, die in einer aus Gestein und Teerbindemittel zusammengesetzten Schicht aufgebracht ist. Im Steingerüst dieser Schicht ist das Hohlraumminimum berücksichtigt. Da die üblichen Teere leichtflüssiger sind als Asphaltbitumen, verlieren sie bei höheren Wärmegraden ihre Festigkeit, der Teer läuft aus, die Decken fangen an zu schwitzen und werden weich. Dieser Vorgang muß schon bei gewöhnlicher Temperatur auftreten, da Straßenteer II z. B. einen Erweichungspunkt nach R. und K. von etwa 7°, Mexphalt *E* dagegen von 55—65° hat. Deshalb müssen Teere mit größerer Zähflüssigkeit genommen werden, bei denen die molekularen, zähen, pechartigen Bestandteile überwiegen. Das sind Pechanthrazenölgemische 70/30 und 75/25, deren Tropfpunkt etwa bei 24° s. Kennlinien Abb. 149, S. 223 liegen. Um den Teer zu stabilisieren, bedarf es eines hohen Gehaltes an Füller. Betrachtet man den Aufbau des Teerbetons vom Standpunkte der Umhüllung der Gesteinskörner, so ergibt sich aus der geringen Adsorptionskraft der Gesteine auf Teer eine dünnere Haut im Vergleich zum Asphaltbitumen. Wenn nach der Theorie von Dr. Herrmann beim Einstampfen das heißflüssige Asphaltbitumen gleichsam von der Oberfläche der Mineralkörner abgequetscht wird (S. 294) und damit die noch vorhandenen Hohlräume ausfüllt, so wird man das vom Teer in diesem Ausmaß nicht annehmen können wie beim Asphaltbitumen. Eine Mischung mit dem Ziel zusammengesetzt, die Hohlräume mit Teer auszufüllen, wird nur bei sehr hohem Füllergehalt und geringem Hohlraum in der Wärme standfest bleiben. Es wird aber gar nicht notwendig sein, die Teerbetonmischung auf volle Hohlraumausfüllung aufzubauen. Durch die Leichtflüssigkeit auch der Pechanthrazenölgemische wird viel leichter als beim Bitumen eine Verdichtung der Decken unter dem Verkehr eintreten. Die Teerbetondecken werden daher als Kompressionsdecken mit einem Anfangshohlraumgehalt zusammengesetzt werden können. Für die Berechnung des Bindemittelbedarfes ist daher nicht die Hohlraumausfüllung, sondern die Stabilisierung des Teeres durch den Füller und die Umhüllung der Kornoberfläche maßgebend. Volle Hohlraumausfüllung ist deshalb nicht erwünscht, damit der Teer, wenn er bei Erwärmung sich ausdehnt, Raum vorfindet, in den er ausweichen kann. Andernfalls tritt eine Erweichung der Decke und Schwitzen ein.

Es ist aber zu beachten, daß andererseits die Pechölmischung 70 : 30 oder sogar 75/25, deren Erweichungspunkt (R. und K.) bei 17° liegt, wegen des hohen Pechgehaltes nur geringe Klebkraft hat. Infolgedessen sieht sich die Gesellschaft für Teerstraßenbau genötigt, 20 vH ihres Termakol zuzusetzen, vermutlich ein Harz, um die Klebfähigkeit zu verbessern. Dasselbe kann man besser und billiger mit Asphaltbitumen erreichen. Man findet daher bis 40 vH Asphaltbitumen in den Teerbetonmischungen. Der Teerbeton der Continentalen Straßenteerungsgesellschaft z. B. hat einen Zusatz von Asphaltbitumen (156).

Im folgenden soll die Zusammensetzung eines Teerbetons nach den Untersuchungen der Str. V. St. gegeben werden, der als gut gelungen zu bezeichnen ist:

Gesamtstärke des Belages	6,4 cm
Stärke der Oberschicht.	3,0 „
„ „ Binderschicht.	3,4 „
Raumgewicht des Deckenstückes	2,32
Wasseraufnahme des Deckenstückes in Raum-vH, Mittel aus 3 Proben	4,1 vH

Zusammensetzung des Deckenstückes:

Gehalt an Bindemittel rd. 70 vH Teer + 30 vH Asphaltbitumen	= 8,81 vH vom spez. Gew. 1,114
Mineral	91,19 vH

Siebanalyse der extrahierten Mineralmasse:

Rückstand auf dem 6 -mm-Sieb	(K_5)	7 vH
„ „ „ 2 „ „	(K_4)	36 vH
„ „ „ 0,6 „ „	(K_3)	17 vH
„ „ „ 0,2 „ „	(K_2)	17 vH
„ „ „ 0,09 „ „	(K_1)	7 vH
Durchgang durch das 0,09 „ „	($K_0 - K_{00}$)	16 vH
		100 vH
Raumgewicht der extrahierten Mineralmasse		2,12
Hohlraumgehalt		19,9 vH

Aus einer Nachrechnung ist anzunehmen, daß durch Verdichtung die Hohlräume noch auf 1,5 vH zurückgehen können.

Ein Vergleich mit dem Asphaltbeton auf S. 306 läßt erkennen, daß beim Teerbeton mehr Füller verwendet ist (+ 4 vH). Das kann aber darauf zurückzuführen sein, daß die Mischung mehr grobes Korn hat, und deshalb auch mehr Füller zur Schaffung eines geringen Hohlraumes notwendig geworden ist. Teerbeton-Mineralgemische der Gesellschaft für Teerstraßenbau, Essen, weisen Füllergehalte zwischen 21—30 Gew.-vH auf, für Betongemische verhältnismäßig viel.

Eine Teerbetondecke erfordert bei den erwähnten Rücksichten, die zu nehmen sind, ganz besondere Aufmerksamkeit in der Zusammensetzung. Geringe Abweichungen in der Mineralzusammensetzung, im Teergehalt und in der Teerbeschaffenheit führen sofort zu Fehlschlägen. Folgende Anforderungen sind zu erfüllen. Eine Kornabstufung der Gesteinsmasse von 0—12 mm mit 7—11 vH Füller und 20—40 vH Grus. Die Körnungen 0,09—0,2, 0,2—0,6 und 0,6—2,0 sollen etwa zu gleichen Teilen vorhanden sein. Diese Zusammensetzung wird aber ohne weiteres eine dichte Masse noch nicht gewährleisten. Gerade beim Teerbeton wird sich empfehlen, die Zusammensetzung im Laboratorium genau festzulegen. Der Bindemittelgehalt wird zu 7—9 Gew.-vH angegeben. Im Vergleich zu Asphaltbitumen ist zu beachten, daß Teer ein spezifisches Gewicht von etwa 1,2 hat. Bei einem spezifischen Gewicht des Bindemittels von 1,114 ist der Raumanteil in der zuvor behandelten Mischung 7,9 Raum-vH, während das Asphaltbitumen nur 7,3 vH ausmacht.

Die **Ausführung** des Teerbetons erfolgt in verschiedenen Schichtstärken. Der Unterbau muß an sich tragfest sein. Es kommen alle jenen Unterlagen in Frage, die schon auf S. 303 für Asphaltbeton erwähnt sind. Die Continentale Straßen-Teerungsgesellschaft m. b. H., Berlin, setzt die Decken folgendermaßen zusammen:

	bei 5 cm	7 cm	10 cm	Gesamtstärke
Binderschicht	5/30 mm	5/50 mm	10/60 mm	Korn-
Deckschicht	00/6 „	00/6 „	00/6 „	größen

Die Binderschicht soll etwa ⅔, die Deckschicht etwa ⅓ der Gesamtstärke betragen. Die Binderschicht, die die Form eines Teermischmakadams hat, kann kalt eingebaut werden. Die Deckschicht, die nach dem Grundsatz des geringsten Hohlraumes zusammengesetzt ist, wird warm eingebracht. Im allgemeinen entspricht die Aufbereitung der Mischung und der Einbau dem schon beschriebenen Vorgang beim Asphaltbeton. Das Mineralgemenge wird gewöhnlich auf 120—130° erhitzt, darauf 10 Min. mit Teer in gleicher Temperatur gemischt. Die Einbautemperatur beträgt nicht über 100° C. Ein besonderes Bauverfahren hat die Continentale Straßen-Teerungs-Ges. bei der Herstellung der 8,5 km langen und 8 m breiten Teerbetonstrecke auf der Avus bei Berlin angewendet. Es ist ein Straßenfertiger benutzt worden, der seitlich auf genau ausgerichteten Betoneinfassungssteinen lief, und sowohl die Binder-, wie die Deckschicht abgeglichen und mit einer 1000 kg schweren Stampfbohle angestampft hat, die durch eine Nockenwelle 15 cm hoch gehoben wurde. Er ist nach dem Vorbild des im Betonstraßenbau üblichen Lakewood-Fertiger gebaut worden. Diese Anordnung hat zwar im Falle des Teerbetonbelages auf der Avus eine einwandfreie Arbeit geliefert. Indessen haften ihr eine ganze Anzahl von Mängeln an. Die schwere Stampfbohle verlangt wegen der starken Erschütterungen eine besonders starke Ausbildung der Führungsschienen. Einfache Holzbohlen, wie sie bei den amerikanischen Straßenfertigern angewendet werden, genügen nicht. Auch backt die Teerbetonmasse an der Bohle an. Um das zu verhindern, ist die Bohle mit einer Wasserberieselungsanlage versehen. Hiergegen ist einzuwenden, daß durch das Wasser eine Abkühlung eintritt, die die Wirkung der nachfolgenden Walze beeinträchtigen muß. Auch der Zutritt von Wasser zur frischen Teermischung kann ungünstigen Einfluß auf die Mischung haben. Es hat auch das Korn der oberen Deckschicht von vornherein weniger Bindung, so daß die Decke anfangs einen hohen Verschleiß gehabt hat (157). Deshalb würde es sich gerade beim Teerbeton empfehlen, auch den im Asphaltstraßenbau eingeführten Straßenfertiger anzuwenden, der nur abgleicht, aber nicht stampft. Auch das nachträgliche Durchharken würde sich zweckmäßig erweisen. Nach mannigfachen Erfahrungen ist anzunehmen, daß eine schiebende, knetende Arbeit eine bessere Verdichtung hervorruft, als eine schlagende, deren Kraft von der Oberfläche aufgefangen wird und sich nicht tief genug fortpflanzt. Auch bei Benutzung eines Fertigers mit der Stampfbohle hat ein Abwalzen stattfinden müssen (158). Der Baufortschritt bei Anwendung der Stampfbohle ist auch ein geringerer, weil die Anzahl der Hübe in der Minute beschränkt ist, wenn der Hubantrieb nicht zu schwer werden soll. Auch müssen sich die Stampfflächen überdecken, damit sich keine Grate bilden. Eine Fahrgeschwindigkeit von 1 m/min wird kaum zu erreichen sein.

Eine große Rolle spielt beim Teerbeton die Teermischmakadamunterlage. Diese, mit der Verschleißschicht aus Teerbeton, wird als ein Ganzes betrachtet. Hiergegen ist an sich nichts einzuwenden. Nur kann eine Decke, bei der die Verschleißschicht, die nur ⅓ der ganzen Deckenstärke ausmacht, wenn sie nur 1—2 cm stark ist, nicht als Teerbeton angesprochen werden. Dann handelt es sich mehr um einen Deckenaufbau, der mit dem Steinschlagasphalt (S. 281) Ähnlichkeit besitzt. Er wäre als S t e i n s c h l a g t e e r zu bezeichnen. Bei zu weichem Teer arbeiten sich hier die gröberen Steine durch, wie die V. Str. St. festgestellt hat. Wenn als Grund für die Rauhheit der Teerstraßen angesehen wird, daß der Teer auf der Oberfläche an der Luft versprödet und durch den Verkehr abgestoßen wird, so daß immer frische Masse an die Oberfläche tritt, dann muß mit einer größeren Abnutzung der Teerstraßen als der Asphaltstraßen gerechnet werden. Dann ist aber eine Verschleißschicht von 2—2,5 cm unzureichend. An ihnen zeigt sich dann das, was auf Steinschlagasphaltstraßen auch bereits festgestellt ist, daß sie nach einigen Jahren Liegedauer eine Oberflächenbehandlung erfordern (vgl. Bem. S. 282), die dann in kurzen Zeitabständen wiederholt werden muß. Damit ist aber das Ziel, das mit dem Teerbeton angestrebt wird, eine Verschleißschicht zu haben, die für längere Dauer keine Unterhaltungs- und Erneuerungsarbeiten erfordert, nicht erreicht. Wenn sogar für solche Teerbetonstraßen der Anspruch erhoben wird, daß sie für Stadtstraßen geeignet sind, wo noch immer mit Verkehr von Pferden und eisernen Radreifen, besonders schweren Kraftwagen und mit Spurfahren zu rechnen ist, dann ist das eine Überschätzung der an sich sonst gut durchgebildeten Bauweise. Nach Erfahrungen der Stadt Stuttgart hat sich gerade der Einfluß von Pferdehufen bei Teerbeton nachteilig bemerkbar gemacht, weil dadurch Verletzungen der Decken entstehen, die bei Asphaltstraßen sich wieder ausbügeln, bei Teerstraßen aber die Angriffspunkte für Zerstörungen bieten. Für Asphaltbetonstraßen wird geradezu gefordert, daß sie so weich sind, daß sie Eindrücke noch aufnehmen. Dann sind sie elastisch und erhalten vor allem keine Risse im Winter. Für ausgesprochenen, nicht zu schweren Kraftwagenverkehr wird dagegen die Teerbetondecke vielleicht am Platze sein. Darauf kann aus dem Verhalten der Teermakadamdecken auf dem Nürburgring und der Teerbetondecken auf der Avus geschlossen werden. Auch für Wohnstraßen wird Teerbeton geeignet sein.

γ) Sandasphalt.

Ein Gemenge von Quarzsand oder Quetschsand, mit Steinmehl als Füllstoff, wird so zusammengesetzt, daß die Mischung ein Mindestmaß von Hohlräumen enthält. Der Sand wird im Trockner getrocknet und auf 170—200° erhitzt und mit so viel Füllstoff und Asphaltbitumen in einer Mischmaschine heiß gemischt, daß die Hohlräume in der Mineralmasse möglichst ausgefüllt werden. Das Gemisch wird in heißem Zustande mit 150—170° C Temperatur auf der Straße je nach dem Unterbau mit oder ohne Binderschicht verlegt und festgewalzt.

Der Sandasphalt verdankt seine Entstehung dem Bestreben, den Stampfasphalt auf künstlichem Wege zusammenzusetzen. Als zwischen 1860 und 1870 die Straßen der europäischen Hauptstädte — Berlin, Paris, London — mit Stampfasphalt wegen seiner Staubfreiheit und Geräuscharmut versehen worden sind, muß wohl der Wunsch, die städtischen Straßen in den V. St. A. mit einer Decke, die dieselben Vorzüge genießt, zu verbessern, die Entstehung des Sandasphaltes begünstigt haben. Es wird berichtet, daß der holländische Chemiker E. J. de Smedt in Newark (New Jersey) im Jahre 1870 die erste Sandasphaltstraße hergestellt hat. Im Laufe der Jahre ist diese Bauweise dann verbessert worden und hat mehr und mehr Anwendung in den städtischen Straßen, neuerdings auch auf Landstraßen, gefunden.

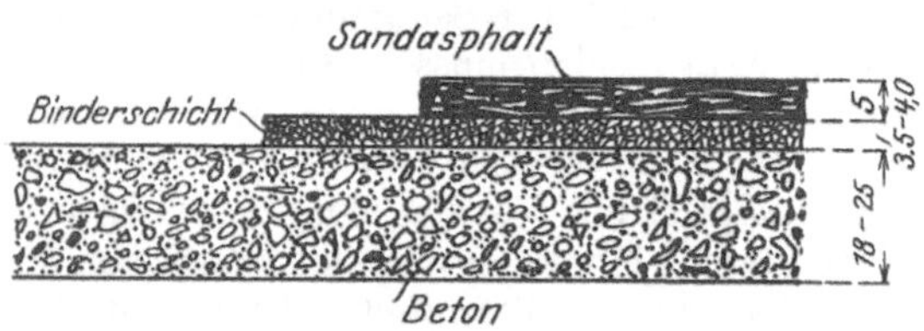

Abb. 181. Sandasphalt auf Beton mit Binderschicht.

Die Bevorzugung des Sandasphaltes gegenüber anderen Decken beruht auf denselben Vorzügen, die schon beim Stampfasphalt erwähnt worden sind, seine hygienischen Eigenschaften, die Fugenlosigkeit, seine rauhe Oberfläche, die auch die Verlegung in Steigungen gestattet, der geringe Fahrwiderstand, die Möglichkeit der leichten Reinigung, des leichten Aufbruches und der schnellen Wiederherstellung. Gerade die letztgenannten beiden Vorteile gegenüber anderen Pflasterarten, vor allem dem Beton, haben nach den Angaben der amerikanischen städtischen Ingenieure bewirkt, daß Sandasphalt sich in den Städten hat behaupten können.

Allerdings ist Sandasphalt sehr schwerem Verkehr nicht gewachsen, wie das in gewissem Maße auch beim Stampfasphalt der Fall ist. Deshalb wird in den amerikanischen Großstädten auf den Zufahrtsstraßen zu den Docks und Güterbahnhöfen oder sonst besonders stark befahrenen Straßen Sandasphalt ausgeschaltet und meistens Granitgroßpflaster mit kräftiger Unterbettung und Fugenausguß angewendet. Es sind das diejenigen Straßen, auf denen auch heute noch in Amerika Pferde und Wagen mit eisernen Reifen verkehren. Für solche schweren Beanspruchungen ist der Sandasphalt ungeeignet. Aber überall, wo sonst Kraftwagenverkehr, auch schwerer, mit Luftbereifung vorherrscht, ist Sandasphalt am Platze.

Als **Unterbau** für Sandasphalt dient in den meisten Fällen Beton, der nach denselben Gesichtspunkten herzustellen und zu beurteilen ist, wie die Betonunterbettung bei Stampfasphalt. Er enthält eine Stärke von etwa 20 cm, die aus den bereits angegebenen Gründen (S. 238) in Straßen mit starkem Verkehr auf 30—35 cm verstärkt werden muß. Zwischen der Sandasphaltschicht und dem Beton wird eine Binderschicht aus Steinschlagasphalt oder Teermischmakadam verlegt, die auf etwa 3,5 cm Stärke abgewalzt wird (Abb. 181). Sie soll als elastische Zwischenlage dienen, und ein Schieben des Sandasphaltes auf dem Beton verhindern. Alte Klinker-, Groß- und Kleinpflasterdecken können ebensogut als Unterbau verwendet werden, wenn der dadurch bewirkten Höherlegung der gesamten Fahrbahnoberfläche keine Schwierigkeiten begegnen. Die Unebenheiten solcher alten abgenutzten Befestigungen werden durch die Binderschicht ausgeglichen. Größere Vertiefungen über 25 mm sollen vorher mit Bindermasse gut ausgefüllt und festgefahren werden, ehe die Binderschicht selbst aufgebracht wird. Vor Aufbringen der Binderschicht muß das Pflaster gut gereinigt und mit einer Asphaltlösung angestrichen werden. Steinschlagdecken von größerer Stärke oder mit Packlageunterbau geben eine gute Unterlage für Sandasphalt. Wenn die Steinschlagdecke vor dem Aufbringen des Sandasphaltes ausgebessert und Schlaglöcher beseitigt werden müssen, ist eine gleichartige Festigung der gesamten Decke anzustreben, indem vorher einige Zeit der Verkehr über die Decke gelassen wird. Für die Binderschicht gelten dieselben Grundsätze wie für den Steinschlagasphalt, mit einer gewissen Einschränkung.

Falls eine Verbreiterung der früheren Steinschlagdecke erfolgen soll, kann diese mit Grundbau oder mit Beton vorgenommen werden. Die Abb. 182 entspricht einer Vorlage aus den V. St. A., wie dort die Makadamstraßen verbreitert und mit Sandasphalt befestigt worden sind. Die keilförmige Binderschicht gibt

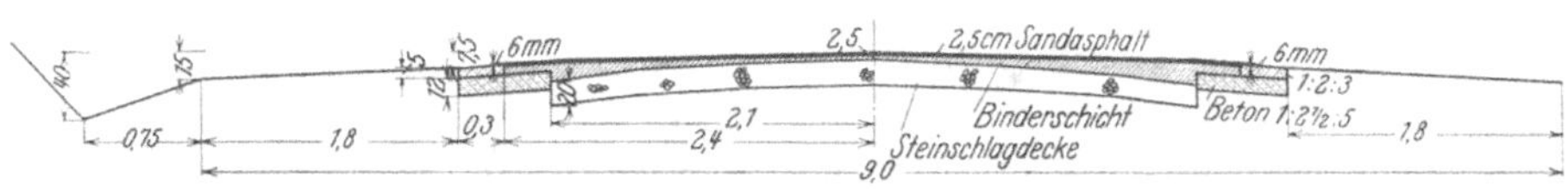

Abb. 182. Sandasphalt auf Steinschlagdecke mit Verbreiterung.

den Ausgleich zwischen der starken Wölbung der Steinschlagdecke und der Sandasphaltauflage.

Zusammensetzung. Die Schwierigkeit liegt beim Sandasphalt in der richtigen Beschaffenheit der Rohstoffe, Sand und Asphaltbitumen, in der Auswahl der Sande und der richtigen Zusammensetzung von Sand, Füllstoff und Asphaltbitumen, wie in der richtigen Mischung und Verlegung. Diesen Verhältnissen haben die amerikanischen Straßenbauingenieure ein besonderes Studium gewidmet. Bekannt ist die noch heute als grundlegend anzusehende Schrift von Clifford Richardson, „The modern asphalt pavement" New York 1902, die das Ergebnis eines fünfundzwanzigjährigen Studiums ist. Der Aufbau des Sandasphaltes soll nunmehr im einzelnen behandelt werden.

Da Sandasphalt nach dem Grundsatz der Betonbauweise zusammengesetzt ist, so gilt für ihn dasselbe wie für den Asphaltbeton, daß die Mineralmasse einen möglichst geringen Hohlraum aufweist. Da mit Sand nach der DIN 1179 die Körnungen bis zu etwa 2 mm bezeichnet werden — Durchgang durch das 3 mm Lochsieb —, so beträgt die größte Körnung im Sandasphalt nur etwa 2 mm. Wie der kleinste Hohlraum gegebenenfalls durch Mischung von Sanden und Zusatz von Füller erreicht wird, ist zuvor eingehend behandelt worden (S. 289). Es ist schon erwähnt, daß die Sande einen Hohlraum aufweisen, der zwischen 25 bis 30 Raum-vH liegt (S. 288). Dieser kann nur durch reichlich Füllerzusatz ermäßigt werden. Deshalb ist der Anteil des Füllers am Sandasphalt wesentlich höher als beim Asphaltbeton (er liegt zwischen 20—30 Gew.-vH). Die brauchbaren Füllerarten sind auf S. 291 angeführt. Nach der DIN 1995/96 soll der Hohlraumgehalt unter 25 vH betragen, besser ist es, ihn auf 20 vH herunterzubringen, was nicht immer gelingt. Infolge des größeren Hohlraumgehaltes ist der Anteil an Asphaltbitumen größer als beim Asphaltbeton, oder auch wegen des größeren Anteiles an Füller und der größeren Oberfläche des Korngemisches.

Wenn die Ausführungen auf S. 295 über die Stabilisierung des Asphaltbitumens durch den Füller beachtet werden, ist leicht zu erkennen, daß sehr viel Asphaltbitumen notwendig ist, damit nicht bei dem hohen Gehalt an Füller die Masse zu steif und zu hart wird. Der Gehalt an Asphaltbitumen liegt daher etwa zwischen 7,5—12 Gew.-vH.

Wenn Trinidadasphalt verwendet wird, muß mehr Asphalt genommen werden, weil er nur aus 62 vH Bitumen und rd. 38 vH Mineralstoff besteht. Diese Menge vermindert sich entsprechend dem Zusatz an Flußmitteln (s. Bem. S. 230). Der Anteil an Mineralstoff muß der Füllstoffmenge zugeschlagen werden, die entsprechend ermäßigt werden kann.

Bei hohem Füllergehalt sind die Decken verdichtungsfähig. Um dies auch zu ermöglichen, empfiehlt die Z.f.A.T. bei der Berechnung des Bedarfes an Asphaltbitumen nach dem Grundsatze der Hohlraumausfüllnug nach Formel (81), S. 294 für je 10 vH Fülleranteil 1 vH am Bitumen abzuziehen. Es werden damit künstlich Hohlräume geschaffen, die durch Verdichtung verschwinden sollen. Der Gehalt an Asphaltbitumen erreicht dann etwa die Menge, wie sie sich durch das Rechnungsverfahren ergibt, bei dem vom Füllergehalt ausgegangen und die entsprechende Menge Bitumen errechnet wird, die zur richtigen Stabilisierung der Masse notwendig ist und dann die Menge bestimmt wird, die zur Umhüllung der groben Bestandteile über 0,09 mm erforderlich ist (s. Berechnung S. 296).

Verlangt wird für Sandasphalt, daß der Erweichungspunkt des Asphaltbitumens zwischen 35—50° liegt.

Nach den Vorschlägen der Asphalt Association V. St. A. soll die Eindringungstiefe nach Dow für verschiedene Verkehrsstärken und Temperaturen der Straßenlage betragen:

Zusammenstellung 49.

Verkehr	Temperatur		
	niedrig	mäßig	hoch
Leicht	50—60	50—60	40—50
Mäßig	50—60	50—60	40—50
Schwer	40—50	40—50	34—40

DIN 1995/96 läßt zu: 25—90, bei Anwendung von sehr viel Füller bis 120.

Von der fertig gewalzten Decklage werden die folgenden Eigenschaften und Festigkeiten gefordert:

Raumgewicht $> 2{,}0$, Druckfestigkeit an Würfelformen von 7,09 cm Kantenlänge, die aus der Deckenmasse geformt sind, bei 22° . $> 30\ \text{kg/cm}^2$
Abfall der Druckfestigkeit nach 28 Tagen Wasserlagerung . . . < 20 vH

Druckfestigkeit bei $40^0 > 10\ \text{kg/cm}^2$. Wasseraufnahme nach dreistündiger Einwirkung im Wassersättigungsapparat < 3 Raum-vH, Quellung < 2 Raum-vH. Wasserdurchlässigkeit $= 0$. Eindrucktiefe bei 22° unter $52{,}5\ \text{kg/cm}^2$ Stempellast < 10 mm. Zerstörung darf nicht eintreten.

Bei viel Füllergehalt und weichem Asphaltbitumen kann die Wasseraufnahme höher sein, da die Decken in diesem Falle auf Verdichtung zusammengesetzt sind. Die Deckenstärke richtet sich nach dem Verkehr, Lage der Straße u. a. m. Sie soll nicht zu gering genommen werden, da Sandasphalt als Verschleißschicht anzusehen ist. Stärken unter 4 cm erscheinen zu gering. 7-cm-Decken haben sich als haltbar und wirtschaftlich gezeigt (s. Bem. S. 386).

Ausführung: Die Gesteinsmasse wird getrocknet, entstaubt und auf 230° erhitzt unter Verwendung von Maschinen, wie sie auf S. 410 beschrieben sind. Dem Sand wird das Füllermehl zugesetzt, das meist kalt ist, aber bei einzelnen Unternehmungen auch schon in besonderer Anlage erwärmt wird. Um das kalte Füllermehl auf die richtige Mischtemperatur von 180° zu bringen, muß das Gestein höher erhitzt werden, damit es genügend Wärme an das Füllermehl abgeben kann. Eine Überhitzung des Gesteins ist aber zu vermeiden. Denn dann wird das Gesteingefüge zerstört, es erhält feine Haarrisse und zerfällt in der fertigen Decke unter der Verkehrsbeanspruchung. Wenn das Gestein sehr feucht ist, erfordert die Trocknung eine längere Zeit. Dann geht die Leistung der Maschine zurück, weil weniger Masse aufgegeben werden kann, oder die Gesteinsmasse muß zweimal durch den Trockner geschickt werden. Ist die Masse noch feucht, so bindet der Asphalt nicht genügend. In einem Falle hat die Str. V. St. das feststellen können. Sie wurde darauf aufmerksam, als die, auf der Baustelle aus der Maschine entnommene Masse zu Probewürfeln geformt, nicht die genügende Druckfestigkeit aufwiesen. Eine eingehende Untersuchung der Deckenstücke, die trotz sachgemäßer Zusammensetzung der Mischung die mangelnde Bindung erkennen ließen, ergab, daß die gröberen Korngrößen wegen ungenügender Erwärmung kein Asphaltbitumen auf ihrer Oberfläche angenommen hatten. Die Entnahme von Probestücken während des Baues in Würfelformen zur Feststellung der Druckfestigkeit und Verformungsfestigkeit ist daher ein gutes Mittel, durch Baukontrollen die vorschriftsmäßige Beschaffenheit und Ausführung der Decken zu überwachen.

Das Asphaltbitumen wird in besonderen Kesseln erwärmt und genau abgemessen dem Mischer zugeführt, nachdem vorher das Kalksteinmehl mit dem Sand vermischt worden ist. Bei den großen ortsfesten Mischanlagen der amerikanischen Städte wird das erwärmte Asphaltbitumen in Rohrleitungen den Mischern zugeführt. Damit es aber nicht in den Rohren erkaltet und sie verstopft, muß es ununterbrochen durch die Leitungen gedrückt werden. Nach guter Durchmischung in Flügelmischern wird die Masse in einen Wagen gestürzt und zur Baustelle gefahren. Um den Sandasphalt gegen eine Abkühlung zu schützen, wird er im Wagen mit wollenen Decken abgedeckt. Beförderungsweiten bei ortsfesten Mischanlagen sollen bis 40 km zulässig sein. In Amsterdam werden Wagen mit doppelten Wänden als Wärmeschutz benutzt. Die Masse soll auf der Baustelle noch 170^0 haben. Hier wird die Masse mit Schaufeln ausgebreitet und mit Harken gleichmäßig auf der Binderschicht verteilt und abgewalzt. Der Sandasphalt wird entweder unmittelbar auf der Unterbettung ausgebreitet oder auf der Zwischenlage (Binder). In diesem Falle ist es vorteilhaft, die obere Sandasphaltschicht aufzubringen, solange die Binderschicht noch warm ist, weil dann die Binderschicht dem Sandasphalt keine Wärme entziehen kann, beide Schichten sich besser verbinden, und die Binderschicht nicht durch Schmutz verunreinigt werden kann. Für eine 5 cm starke Schicht nach dem Walzen können mit 1000 kg etwa 10 m^2 verlegt werden. Da die größten Mischmaschinen in Deutschland eine stündliche Leistung von 12 t haben, können stündlich 120 m^2 verlegt werden, oder bei 10stündiger Arbeitszeit 1200 m^2 täglich. Die Leistung ist eine beträchtliche, sie kann mit Stampf- und Gußasphalt in dieser Höhe nicht erreicht werden.

Die Walzarbeit muß sich dem Ausbreiten sofort anschließen, solange die Mischung noch warm ist. Die hierbei geübten Verfahren sind verschieden. Die Walze darf beim Andrücken nicht zu schwer sein, da die Sandasphaltgemische nicht solche innere Festigkeit haben wie die Asphaltbetongemische. Vielfach wird auch die Vorwalzung mit einer Handwalze empfohlen. Die erste muß eine Tandemwalze sein. 6—7 t Gewicht reichen aus. Vor allem muß Wert darauf gegelegt werden, daß sich keine Wellen bilden. Um diese zu vermeiden, sollen die Walzen möglichst große Räder haben. Die Umsteuerung von einer Fahrtrichtung in die entgegengesetzte muß ohne Rucken und Stillstand erfolgen, damit die Decke nicht Eindrücke erhält, von denen aus die Wellenbildung sich fortsetzen kann. Die Walzen müssen mit Ausgleichsgetriebe versehen sein, damit sie auf der Stelle drehen können. Weitere Einzelheiten befinden sich im Abschnitt IX B a.

Unterhaltung. An sich dürfen in den Asphaltdecken schadhafte Stellen nicht auftreten, wenn sie richtig zusammengesetzt sind und bei der Ausführung die nötige Sorgfalt beobachtet wird, daß keine Fremdkörper wie Holz, Flaschenkorken u. a. hineingeraten. Die Unterhaltung erstreckt sich dann nur auf Ersatz der im Laufe der Jahre abgefahrenen und zu dünn gewordenen Decken. Sandasphalt, der auf Steinschlagasphalt als Binder liegt, kann auf eine recht dünne Lage abgenutzt werden. Da Sandasphalt rauher ist als Stampfasphalt, erleidet er einen stärkeren Verschleiß und muß daher in kürzeren Abständen umgelegt werden. Die Stadt Berlin rechnet bei Stampfasphalt mit einer Lebensdauer von 25 Jahren, bei Kunstasphaltbelägen nur mit 15 Jahren. Es liegen aber Nachrichten aus Nordamerika vor, nach denen Sandasphaltstraßen in Buffalo eine Lebensdauer von 25 Jahren, in Washington zwischen 25—29 Jahren, in Columbus (Ohio) 25—35 Jahre gehabt haben. In Manhattan unterhalb der 50. Straße, also im lebhaftesten Geschäftsbezirk, liegt die Lebensdauer im Durchschnitt unter 19 Jahre, oberhalb der 50. Straße 25,6 Jahre. Allerdings weisen die Sandasphaltbeläge nach einer Liegedauer von 10—15 Jahren infolge der Aufbrüche, Setzungen und der starken Abnützung eine so rauhe und unregelmäßige Oberfläche auf, daß sie einer Erneuerung bedürfen. Die Lebensdauer der Beläge in verkehrsreichen Straßen muß daher wesentlich niedriger angesetzt werden, als in den vorstehenden Zahlen angegeben ist. Der Zustand der Sandasphaltstraßen in den Geschäftsvierteln der amerikanischen Großstädte machen daher auch keinen besonders guten Eindruck. Für die Erneuerung der Beläge ist ein neues Verfahren eingeführt, bei dem durch eine Maschine = Grecomaschine, die im Abschnitt IX beschrieben ist, mit Heißluft die vorhandene Binderschicht erwärmt wird, um die Schmutzstoffe und Deckenreste zu erweichen, die dann mit Harken abgekratzt werden. Auf die gereinigte und gelockerte Oberfläche wird die neue Sandasphaltschicht in einer Stärke von 3—4 cm aufgebracht und aufgewalzt. An der Bordschwelle und an den Straßenbahnschienen, an denen die Maschine einen Abstand einhalten muß, damit der Verkehr nicht gestört wird, wird mit Preßluftmeiseln ein Streifen der Binderschicht herausgeschlagen und eine neue Binderschicht eingebracht. Da die vorhandene Binderschicht schon stark verdichtet ist, ist auch die neu aufgebrachte Decke in kurzer Zeit verdichtet. Das Verfahren stellt sich wesentlich billiger, als die völlige Erneuerung der Decke einschl. Binder. Die Lebensdauer des neuen Belages hat sich in Verkehrsstraßen von New York zu etwa 10 Jahren ergeben. Die Leistung der Grecomaschine gestattet täglich 650—1000 m² neu zu verlegen.

δ) Teersand.

Für diese Deckenart gilt das schon vom Teerbeton Gesagte in erhöhtem Maße, daß die verwendeten Teere einen hohen Pechgehalt haben müssen, und daß wegen der geringen Schichtstärke der Umhüllung eine volle Hohlraumausfüllung bei Teersand um so weniger möglich ist, als die Sandgemische selbst bei hohem Füllergehalt einen größeren Hohlraum aufweisen als die Betonmischungen. Ein Teersand ist daher nur mit einer Pechölmischung 75 zu 25 möglich und mit einem Mineralgemisch von ganz besonders geringem Hohlraumgehalt, der praktisch nur schwer zu erreichen ist. Die Z.f.A.T. hat für Teersand ein Beispiel gegeben und es mit einem gleichartig zusammengesetzten Sandasphalt verglichen (160). Die Mineralmasse hat 30 Gew.-vH Füller, die Korngrößen *1*, *2* und *3* sind zu je 22,3 Gew.-vH vertreten, das Raumgewicht der eingerüttelten Mineralmasse beträgt 2,125 bei 19,8 vH Hohlraumgehalt. Die Eigenschaften von Sandasphalt und Teersand zeigen beachtenswerte Unterschiede (Zusammenstellung 50).

Der starke Druckabfall bei höheren Temperaturen ist ein Beweis für unvollkommene Stabilisierung der Teersandmasse bei Wärme. Die Str. V. St. pflegt die Druckfestigkeit bei 50° vorzunehmen, weil diese Temperatur der höchsten Erwärmung von schwarzen Deckenbelägen am nächsten kommt. Für diesen Wärmegrad würde die Teersandmischung vermutlich irgendeine Festigkeit nicht mehr be-

Zusammenstellung 50.

	Sandasphalt	Teersand	Bemerkung
Gehalt an Bitumen bzw. Teer Gew.-vH	9,7	10,5	Spez. Gew. des Teeres 1,2
Raumgewicht	2,21	2,28	
Druckfestigkeit bei 22° kg/cm² . . .	96	40	
„ 40° „ . . .	40	8	
Druckabfall bei Erwärmung auf 40° vH	58,3	80	

sitzen. Aus dem für eine Sandmischung sehr geringen Hohlraumgehalt (19,8 vH), der nur durch 30 Gew.-vH Füller hat erreicht werden können, ist zu entnehmen, daß es sich in diesem Falle um einen Laboratoriumsversuch handelt, dessen Übertragung in die Praxis nur unter ganz besonders günstigen Umständen zu erreichen ist. Es liegt im übrigen kein Bedarf für Teersand vor, da mit Teerbeton, soweit überhaupt Teer als Bindemittel verwendet werden soll, alle Bedürfnisse befriedigt werden können.

ε) Gußasphalt.

Zusammensetzung. Aus dem Stampfasphalt ist der Gußasphalt als künstliches Gemisch von Stampfasphaltpulver, Naturasphalt, Sand und Kies oder anderem Gesteinsstoff entwickelt. Schon 1800 soll Gußasphalt aus Asphaltfelsen von Seyssel verlegt worden sein. Seit 1836 wird er in England verwendet. Mastix bildet den bituminösen Grundstoff, der in großen Kesseln mit Rührwerken mit gewaschenem Sand, Kies und Hartsteingrus zusammengeschmolzen und gekocht wird. Zur Herstellung des Mastix kann auch Aufbruch aus Stampfasphaltstraßen verwendet werden. Er wird gewaschen, gebrochen und gemahlen. Der notwendige Zusatz an Asphaltbitumen wie beim Mastix erfolgt dann in den Kochern. Gußasphalt wird aber auch ohne Verwendung von Stampfasphalt nur aus Mineralstoff und aus Trinidad- und Asphaltbitumen zusammengesetzt. Die Mineralmasse ist dann ein Gemisch von Kalksteinmehl und Kiessand. Bei Hartgußasphalt tritt an die Stelle des Kiessandes Gesteinsgrus von Grauwacke, Basalt, Granit, Pochkies, Grünstein u. ä. Um eine gute Raumausfüllung und eine innere Festigkeit, hervorgerufen durch ein festes Stützgerüst, zu erhalten, muß die Mineralmasse richtig zusammengesetzt sein. Tritt an Stelle des Stampfasphaltmehles Kalksteinmehl, so soll dieses mindestens 40 Gew.-vH, höchstens 60 Gew.-vH betragen. Kiessand oder Grus sollen möglichst von verschiedener Körnung sein, die zwischen 0,6—8 mm liegt. Besteht der mineralische Zuschlag nur aus einer Korngröße, so ist die Raumausfüllung schlecht und auch nur eine mangelhafte Stützung vorhanden. Als Maß für eine gute Zusammensetung der Mineralmasse gilt ein Hohlraumgehalt (eingerüttelt), der höchstens 22 Raum vH betragen soll, aber bisweilen bis auf 16 Raum vH heruntergehen kann. Dies ist besonders durch großen Füllergehalt und einen Anteil bis etwa 50 Gew.-vH Kiessand oder Steingrus bis höchstens 8 mm zu erreichen. Der Zusatz an Bitumen muß so groß sein, daß er alle Hohlräume ausfüllt und noch etwas Überschuß von 3 bis höchstens 5 Raum vH vorhanden ist. Damit dieser Überschuß gut verteilt ist, muß die Mineralmasse aus Körnern mit großer Oberfläche bestehen. Verlangt wird, daß die Oberfläche von 1 kg Mineralmasse mindestens 20 m² beträgt. (Die Berechnung der Oberfläche erfolgt nach S. 355.) Das ist nur zu erreichen, wenn die Körnung des Kalksteinmehls, die am feinsten gemahlen ist, bei der also auf die Gewichtseinheit die größte Anzahl Körner entfallen — Korngröße 0,06 (Füller) — mit mindestens 20 vH vertreten ist. Das Asphaltbitumen besteht aus dem im Stampfasphalt befindlichen und aus dem Zusatzasphaltbitumen. In jedem Falle — besonders wenn die Masse nicht aus Stampfasphalt oder Mastix zusammengesetzt wird — soll das Asphaltbitumen reiner Erdölasphalt oder gefluxter Trinidadasphalt oder Naturasphalt sein. Der Erweichungspunkt nach K. S. soll über 45° liegen und bei Straßen mit überwiegend Fahrverkehr höchstens 65° und bei Standverkehr bis 70° betragen, im übrigen die sonst geforderten Eigenschaften (S. 245) besitzen. Von der genauen Beachtung dieser Vorschriften hängt die Güte des Gußasphaltes ab. Verstöße dagegen werden vielfach in der Weise begangen, daß zuviel Asphaltbitumen verwendet wird, daß das Asphaltbitumen beim Kochen zu stark erhitzt wird und dann verhärtet oder verbrennt. Im ersten Falle erhält der Gußasphalt in den wärmeren Jahreszeiten und bei Sonnenbestrahlung vom Verkehr starke Eindrücke und reißt im Winter bei Kälte. Die Eindrücke sind darauf zurückzuführen, daß zwischen den einzelnen Körnern, die das Stützgerüst abgeben, eine zu dicke Schicht Asphaltbitumen liegt, die unter Wärme und Sonnenbestrahlung weich wird und gewissermaßen als Schmierschicht zwischen den Gesteinsteilen wirkt, so daß die Masse unter Verkehrsdruck nachgibt. Die Wirkung der Kälte, die zu Rissen in der Decke führt, ist auf den starken Beiwert der Wärmeausdehnung des Asphaltbitumens zurückzuführen, das wiederum, wenn es in starker Schicht auf den Mineralkörnern liegt, bei Kälte sich stärker zusammenzieht, als wenn es fein über den Oberflächen der Mineralteile verteilt ist. Das dünn — etwa höchstens in 4 μ Stärke — auf dem Gestein verteilte Asphaltbitumen übt auch viel stärkere molekulare Kräfte zur Bindung der Masse aus und verleiht dem Gußasphalt große Zugkräfte.

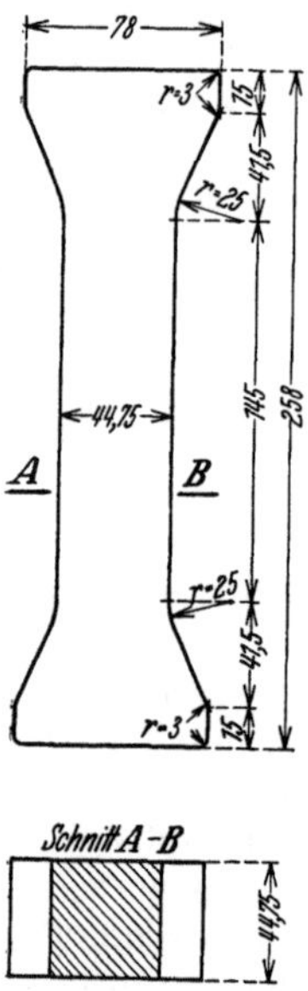

Abb. 183. Zugfestigkeitsform für Gußasphalt.

Ein nach diesen Gesichtspunkten aufgebauter Hartgußasphalt sollte etwa die folgende Zusammensetzung haben:

Gehalt an Asphaltbitumen . . .		8—10 Gew.-vH	
Äußerste Grenzen		7—12 Gew.-vH	
Korngröße	0,0 —0,06 mm etwa	22 Gew.-vH	(Füller)
„	0,06—0,09 „ „	4 Gew.-vH	
„	0,09—0,2 „ „	10 Gew.-vH	
„	0,2 —0,6 „ „	20 Gew.-vH	
„	0,6 —2,0 „ „	14 Gew.-vH	
„	2,0 —7 „	30 Gew.-vH	

Der Hohlraumgehalt einer solchen Mischung liegt etwa bei 17 vH. Eine laboratoriumsmäßige Prüfung der Gußasphalte hat sich auf die Druckfestigkeit bei verschiedenen Wärmegraden und die Dehnung beim Zugversuch, auf die Eindrucktiefe und auf die sonst noch in der folgenden Zusammenstellung angegebenen Eigenschaften zu erstrecken. Um die während der Bauausführung oder aus der Decke entnommenen Stücke prüfen zu können, wird die Masse noch einmal auf 180° erwärmt und dann in die Druck- und Zugfestigkeitsformen eingeschlagen. Die Druckfestigkeitsformen sind Würfel von 7,09 cm Kantenlänge. Die Zugfestigkeitsformen haben die Abmessungen der Abb. 183 und werden in den Zugfestigkeitsprüfmaschinen mit entsprechend ausgebildeten Klauen gefaßt. Es wird der Verlauf der Dehnung beim Zugversuch gemessen. Die Eindrucktiefe wird mit der im Abschnitt S. 371 dargestellten Prüfeinrichtung bei 22° ermittelt. Gußasphalt muß die folgenden Forderungen erfüllen:

Druckfestigkeit im geformten Zustande bei	22° > 40 kg/cm²
„ „ „ „ „	40° > 20 „
Dehnung beim Zugversuch.	6—7 vH
Eindringungstiefe bei 22° bei 52,5 kg/cm² Stempellast in 5 Stunden höchstens	10 mm
Raumgewicht zwischen 2,3 und 2,4	
Außerdem Messung der Zugfestigkeit bei	0°

Es muß aber ausdrücklich betont werden, daß die Druck- und Zugfestigkeitsversuche kein eindeutiges Ergebnis darstellen. Denn hohe Druck- und Zugfestigkeit können eine Verhärtung des Asphaltbitumens durch übermäßiges Kochen zur Ursache haben. Eher kann schon das Maß des Abfalls in der Druckfestigkeit bei höheren Wärmegraden gegenüber derjenigen von 22° ein Hinweis auf die Güte sein, insofern, als Gußasphalt mit Überschuß an Asphaltbitumen ohne entsprechende Bindung durch Gesteinsmehl einen sehr starken Abfall zeigt, daher die schon oft genannten Eindrücke durch den Verkehr, während bei richtig zusammengesetzten Gußasphalten der Abfall in mäßigen Grenzen bleibt. Zusatz von Trinidadasphalt soll die Druckfestigkeit erhöhen (160). Eine hohe Zugfestigkeit allein ist kein Schutz gegen Rißbildung. Im Gegenteil sollen hohe Zugspannungen in Gußasphaltdecken dadurch vermieden werden, daß durch die Weichheit des Asphaltbitumens und seine gleichmäßige Verteilung im Mineralgemisch die Masse eine große Dehnungsfähigkeit erlangt und schon geringeren Zugspannungen elastisch nachgeben kann. Darum soll bei der Prüfung der Zugspannungen auch die Dehnung mitgemessen werden (161). Das Verhältnis von Dehnung zur Zugfestigkeit ist ein Maß für die Zähigkeit einer Masse, das in Form einer Kurve dargestellt werden kann. Die Beziehungen zwischen Zugfestigkeit und Dehnung, gemessen bei Zimmertemperatur, in einem Achsenkreuz eingetragen, werden durch die Abb. 184 gekennzeichnet. Nach Z.f.A.T. sollen die Eigenschaften des Gußasphaltes bei Vornahme der Zugversuche bei 0° besonders eindeutig zu erkennen sein. Um die Weichheit des Asphaltbitumens kontrollieren zu können, empfiehlt es sich außerdem, die Druckfestigkeit auch bei höherer Temperatur (die Z.f.A.T. schreibt 40° vor, die Str.V.St. hat 50° gewählt) festzustellen. Eine auffallend hohe Druckfestigkeit bei hoher Temperatur läßt eine Verhärtung des Asphaltbitumens vermuten. Ebenso läßt eine hohe Zugfestigkeit bei 0° und geringe Dehnung auf ein hartes Asphaltbitumen schließen. Die Spanne bzw. der knetbare Zustand des Asphaltbitumens liegt in diesem Falle zu hoch.

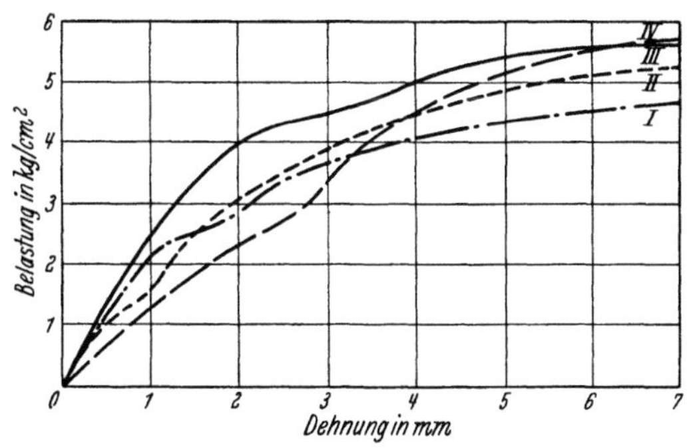

Abb. 184. Beziehung zwischen Zugfestigkeit und Dehnung bei 4 Gußasphalten mit verschiedenem Asphaltbitumen.

Sicherheit gegen Risse bieten Gußasphalte, deren Asphaltbitumen nicht verhärtet ist, wenn die Menge des über den Hohlraumgehalt der Mineralmasse hinausgehenden Überschußbitumens nicht zu groß ist, die Hohlräume der Mineralmasse recht gering, der Füllergehalt hoch, also viel Oberfläche der Mineralkörner und entsprechend dünne Schicht des Asphaltbitumens. Der geringe Überschuß an Asphaltbitumen über den Hohlraum der Gesteinsmasse dient lediglich dazu, ein Ausstreichen des heißen Gußasphaltes beim Aufbringen auf die Straße zu ermöglichen. Je geringer der Überschuß ist, desto schwerer ist diese Arbeit. Gußasphalt nimmt dann schon beinahe die Form von Asphaltbeton an, der gewalzt werden muß. Darum ist die später behandelte Verwendung von Abgleichmaschinen bei der Verlegung von Gußasphalt ein Fortschritt und bietet eine Gewähr für eine richtige Zusammensetzung der Masse.

Da das Asphaltbitumen im Laufe der Zeit härter wird, teilt sich diese Eigenschaft auch der ganzen Gußasphaltdecke mit. Dieser Veränderung wird am besten in der Weise Genüge getan, daß der Gußasphalt so eingestellt wird, daß in den ersten Jahren noch Eindrücke geringerer Art u. U. zugelassen werden, die nur als Schönheitsfehler zu werten sind. In diesem Falle wird er im Winter rißfrei bleiben. Die Eindrücke fahren sich bei Asphalt wieder aus und nehmen mit der Zeit immer mehr ab.

Als Mittel, die zweckmäßige Zusammensetzung der Gußasphalte festzustellen, wird auch der Schlagversuch angesehen, der kurze und heftig wirkende Spannungen erzeugt. Gute Gußasphalte müssen schlagunempfindlich sein. Eine Prüfeinrichtung für den Schlagfestigkeitsversuch ist von dem Tiefbauamt der Stadt Stuttgart ausgebildet (135). Ein Gewicht von 14 kg und halbkugeliger Form von 12 cm ⌀ fällt aus 15 cm Höhe auf die abgekühlten Versuchskörper, die Würfelform haben. Gemessen wird die Zahl der Schläge, die zur Zertrümmerung notwendig sind. Die feinkörnigen Asphalte, wie z. B. Gußasphalt, haben bei niedriger Temperatur eine geringe Schlagfestigkeit. Vergleichende Versuche über das unterschiedliche Verhalten von Gußasphalten verschiedener Zusammensetzung fehlen noch.

Die Voraussetzung für eine gute Verteilung des Asphaltbitumens in der Masse ist eine kräftige längere Durchmischung bei hohen Wärmegraden bei der Aufbereitung. Es wird erst das Asphaltbitumen mit dem gemahlenen Stampfasphalt (Aufbruchmehl) oder Füller zusammengeschmolzen und später die gröbere Mineralmasse zugefügt. Der Kochprozeß dauert bis zu 6 Stunden. In Hochleistungskochern, bei denen die Stoffe vorher durch die Abgase angewärmt werden, kann die Kochzeit auf 1½ Stunden ermäßigt werden.

Ein solcher Hochleistungskocher besteht aus: Feuerung mit Ventilator, Aufzug für Kaltgut, Trockentrommel, Mischtrommel mit Rührwerk, Aufzug für Heißgut, Zubringerschnecke, vier Sandtaschen, vier Bitumenschmelzbehälter mit Ablaßstutzen, Führungskanäle für die Heizgase. Steine und Sand werden zuerst in der Trockentrommel getrocknet, auf 220° erhitzt und auf Vorratstaschen geleitet, von denen aus sie den Mischtrommeln zufließen. In diesen ist der zerkleinerte Mastix auf etwa 100° erhitzt und in besonderen Bitumenkesseln auf 180° gebrachtes Asphaltbitumen zugesetzt worden, so daß das Gemisch eine Temperatur von 140° annimmt. Durch das höher erhitzte Gestein erhält das Gemisch eine Temperatur von 180°, bei der es etwa 1½ Stunden gekocht wird. Wenn an Stelle des Mastix Kalksteinmehl tritt, wird dieses in besonderen Anlagen auch vorher erwärmt. Die stündliche Leistung beträgt etwa 4 t Masse, die täglich zu verlegende Fläche bei 5 cm Deckenstärke rd. 300, bei 4 cm Deckenstärke 350 m². Die aus den Kochern entnommene Masse wird dann in fahrbaren Kesseln mit Heizeinrichtungen und Rührwerken, die während der Fahrt betätigt werden, damit keine Entmischung eintreten kann, zur Baustelle gefahren. Bei großen Bauausführungen werden Hochleistungskocher von 5—10 t Inhalt auf der Baustelle oder nicht weit davon entfernt, auf Güterbahnhöfen aufgestellt und in ihnen die gesamte Menge gekocht und gemischt. Für die Bewegung der Becherwerke für die Beschickung, und der Rührarme dient eine Lokomobile.

Der Gußasphalt, besonders in der Form des Hartgußasphaltes, bei dem die gröberen mineralischen Zuschläge aus gebrochenem Gestein bestehen, hat eine ausgedehnte Anwendung bei Stadt-, aber auch bei Landstraßen gefunden. Das hängt z. T. damit zusammen, daß er auf jedem tragfesten Unterbau aufgebracht werden kann. Gußasphalt aus Kies kann in Steigungen bis zu 2 vH, Hartgußasphalt wegen seiner rauhen, griffigen Oberfläche bis zu 6 vH Steigung verlegt werden.

Unterbau. Da der Gußasphalt nur eine Abnutzungsschicht ist, bedarf er wie andere Straßendecken, z. B. Stampfasphalt, einer tragfesten Unterlage; als solche ist zuerst Zementbeton von 15 cm Stärke angewendet worden, weil Gußasphalt zuerst nur in Wohnstraßen mit geringem Verkehr verlegt worden ist. Diese Betonunterbettung ist bei ihrer geringen Stärke infolge Wärmeschwankungen starken Bewegungen ausgesetzt und in geringen Abständen gerissen und hat den Gußasphalt in Mitleidenschaft gezogen, besonders solche Gußasphalte, die nicht richtig zusammengesetzt sind. Gegenwärtig wird Gußasphalt bevorzugt, wenn es sich darum handelt, alte Pflasterungen und Steinschlagdecken mit einer widerstandsfähigen, fugenlosen Decke zu überziehen. Die Steinschlagdecken müssen vorher ein gutes Profil erhalten, Schlaglöcher beseitigt werden, am besten mit Beton ausgefüllt, weil Ausbesserungen mit Teer oder Asphalt, wenn sie nicht genügend verdichtet sind, später nachgeben und dann der Gußasphalt darüber durchbricht. Zur Erzielung einer guten Haftung zwischen Steinschlagdecke und Gußasphalt, wird ein dünner Anstrich aus Asphaltbitumen aufgespritzt. Teer, Kaltasphalte und Emulsionen sollen dazu nicht verwendet werden, weil sie Blasenbildung beim Gußasphalt erzeugen können.

Gußasphaltdecke. Die Stärke der Gußasphaltdecken beträgt zwischen 2 und 5 cm. Bei Stärken über 3 cm werden 2 Schichten aufgebracht, bei der die untere ein Asphaltbitumen mit niedrigerem Tropfpunkt zum Ausgleich der Unebenheiten erhält, während für die obere Decke ein härteres Bitumen verwendet wird. Der weichere Gußasphalt ist auch in der Lage, etwaige Bewegung des Unterbaues zwischen diesem und der härteren oberen Lage auszugleichen, z. B. bei der Rißbildung von Betonunterbettung. Bei Gußasphalt auf Großpflaster zeichnen sich vielfach die Pflasterköpfe an der Oberfläche ab. Über ihnen wird der Gußasphalt dünner, wie an den Fugen. Dieser Vorgang wird so erklärt, daß die Haftung auf den Steinköpfen geringer ist als in den Fugen und daher der nachgiebige Gußasphalt von den Steinköpfen nach den Fugen hin geschoben wird, wo er sich netzartig verdichtet. Zur Vermeidung empfiehlt sich Ausgießen der Fugen mit Zementmörtel. Die Aufteilung stärkerer Gußasphaltschichten in zwei Lagen erfolgt aus Herstellungsgründen. Der aus dem Asphaltkessel in Eimer abgefüllte Gußasphalt wird auf der Unterbettung ausgebreitet und dann von Arbeitern mit Holzkellen ausgestrichen. Das läßt sich nur in dünnen Lagen ordentlich ausführen. Nur bei maschineller Ausbreitung kann gleich eine stärkere Lage auf einmal auf der Unterbettung aufgebracht werden. In diesem Falle wird eine Abgleichmaschine verwendet, die auf Schienen läuft, die beiderseits die Strecken einsäumen, auf denen der Gußasphalt verlegt wird. Diese Abgleicheinrichtung hat zwei Abgleichbohlen aus Stahl, die vordere hat eine höhere Lage als die hintere, die so eingestellt ist, daß sie die Gußasphaltschicht in der vorgeschriebenen Stärke abgleicht. Die vordere dient nur dazu, die Gußasphaltmasse, die bei diesem Verfahren unmittelbar aus dem Rühr- und Kochwagen auf die Unterbettung vor die Abgleichmaschine entleert wird, gleichmäßiger zu verteilen und die Arbeit für die hintere Lehre zu erleichtern. Beide Abgleichbohlen sind in ihrer Höhe verstellbar, sie werden durch eine zwischen ihnen in einer Tasche liegende Holzkohlenfeuerung erwärmt, weil sonst der Gußasphalt anhaften würde. Durch zwei Antriebe auf beiden Seiten, die mit Handkurbeln bedient werden, wird die Abgleichmaschine vorwärts bewegt. Hinter den Abgleichbohlen ist noch eine Brücke vorhanden, von der aus die noch heiße und daher für Eindrücke empfindliche Gußasphaltschicht bearbeitet werden kann, wenn sich Unebenheiten eingestellt haben. Der Vorteil dieser Abgleicheinrichtung ist in der gleichmäßigen Arbeit, auch bei Gußasphalt mit geringem Asphaltüberschuß (S. 321), im schnellen Baufortschritt und Ersparnis an Arbeitskräften zu suchen. Sie ist von der Deutschen Asphalt A.-G. der Limmer und Vorwohler Grubenfelder in Hannover eingeführt worden und der damit verlegte Gußasphalt wird Vorwohlit genannt (161).

Ein gut zusammengesetzter, richtig aufbereiteter und verlegter Gußasphalt hat eine lange Lebensdauer und erfordert nur geringe Unterhaltung. Da er infolge des Überschusses an Asphaltbitumen völlig hohlraumlos ist, kann er kein Wasser aufnehmen. Deshalb ist es möglich, Gußasphalt zu jeder Jahreszeit und bei jeder Witterung zu verlegen. Er wird daher in den Wintermonaten November bis März zur Ausbesserung solcher Beläge verwendet, die gegen die Aufnahme von Wasser empfindlich sind, wie Stampfasphalt. Es macht aber den

Eindruck, daß sich bei ihm unter starkem Verkehr Alters- oder Ermüdungserscheinungen einstellen, die sich im Mürbewerden zeigen. Das wird wohl der Grund sein, daß man vor allem Stampfasphalt in Straßen mit starkem Verkehr andern Asphaltbelägen vorzieht.

Blasenbildung an Gußasphalten (162) ist eine Erscheinung, für die verschiedene Erklärungen versucht sind. Die von der Z.f.A.T. gegebene dürfte wohl zutreffen, daß es sich dabei um Dampfdruck, der an der Unterseite des Gußasphaltes auftritt, handelt. Die Blasen werden an solchen Stellen beobachtet, wo eine starke Erwärmung durch Sonnenbestrahlung vorhanden ist. Feuchtigkeit im Unterbeton unter solchen Blasen läßt darauf schließen, daß Luft und Wasser im Beton, da sie im feuchten Beton wegen Verschluß der Poren nicht nach unten entweichen können, bei Erwärmung ihre erhöhte Damfspannung gegen den Gußasphalt richten, der dort, wo er ungenügend an der Unterlage anhaftet, aufgetrieben wird. Ein Mittel gegen Blasenbildung ist daher, den Gußasphalt nicht auf feuchter Unterlage zu verlegen, was aber nicht immer eingehalten werden kann, zumal der Beton auch durch aufsteigende Bodenfeuchtigkeit naß werden kann. Unbedingt wirksam ist, eine gute Haftung zwischen Unterbeton und Gußasphalt herbeizuführen, die durch Anstrich des Betons mit Heißasphaltbitumen (nicht Kaltasphalt) (S. 323) zu erreichen ist. Solche Maßnahme verhindert auch ein Schieben und Welligwerden des Gußasphaltes.

Säurefeste Gußasphalte werden in der Weise hergestellt, daß ein Mineralstoff gewählt wird, der von Säuren nicht angegriffen wird. Da kohlensaurer Kalk diese Forderung nicht erfüllt, muß er durch andere Steinmehle von Basalt, Granit u. a. ersetzt werden.

8. Verfahren nach der Stampfasphaltbauweise.

Essener Asphalt.

Es ist schon auf S. 280 darauf hingewiesen, daß diese Deckenart weder nach dem Grundsatze des Makadam- oder Betonverfahrens zusammengesetzt ist, sondern im Kornaufbau und Verhalten dem Stampfasphalt entspricht. Man kann diese nach dem D.R.P. 362529, 402000, 418484 zusammengesetzte Masse auch als künstlichen Stampfasphalt bezeichnen. Sie wird Essener Asphalt genannt, weil das Verfahren in Essen zuerst ausgebildet und ausgeprobt worden ist. Erfinder ist Dr. Ing. Dammann.

Der Mineralstoff ist gemahlene Hochofenschlacke, Basalt oder Kalkstein. Die Mineralmasse muß gebrochen sein.

Das gebrochene Gestein hat die Eigenschaft, daß alle Körnungen, vom feinsten Staub bis zu dem gröbsten Korn, begrenzt durch die Siebgröße, durch die die ganze Masse gegangen ist, vorhanden sind. Eine solche Mischung muß nach der Verdichtung an sich eine gute Raumdichte aufweisen. Der Kornaufbau wird dabei mehr dem Zufall überlassen, denn es erfolgt keine Zusammensetzung zur Erzielung eines möglichst niedrigen Hohlraumgehaltes wie beim Sandasphalt oder Asphaltbeton. Nur Füller wird gelegentlich zugesetzt. Eine dichte Ausfüllung der Mineralstoffe würde auch die Grundlage des Essener Asphaltes, durch Verdichtung Festigkeit zu erlangen, gefährden. Der Essener Asphalt unterscheidet sich ferner noch von den nach dem Betonverfahren zusammengesetzten Mineralgemischen in der Form der Körner. Denn das Mineralgemisch aus gebrochenem Gestein ist sperrig, das sich lockerer lagert und seiner Verschiebung größeren Widerstand entgegensetzt, während beim Sandasphalt der Sand vorherrscht, dessen rundlich geschliffene Körner leicht verschieblich sind und sich leichter dicht lagern.

Ein weiterer Unterschied besteht zwischen dem Essener Asphalt und dem Sandasphalt und Asphaltbeton (Teerbeton) in der Aufgabe, die das Bindemittel zu übernehmen hat. Bei diesen soll es Bindekraft ausüben, die von der Temperatur abhängig ist. Der Einbau erfolgt bei einer Temperatur, bei der das Asphaltbitumen oder der Teer wenig Bindekraft haben. In diesem Zustand wirken die Bindemittel noch schmierend und befördern die Verdichtung. Nach der Abkühlung übernimmt das zähflüssige Bindemittel die Festigung der Masse. Weitere Verdichtung ist nur in Zeiten warmer Lufttemperatur denkbar (S. 281). Der Essener Asphalt wird kalt eingebaut. Das Bindemittel hat sowohl beim Einbau wie vor allem nachher unter dem Verkehr die Aufgabe, eine möglichst vollständige Verdichtung bei gewöhnlicher Tagestemperatur herbeizuführen. Das kann es nur, wenn es sehr weich ist, d. h. einen sehr tief liegenden Starrpunkt hat. Die Bindemittelmenge liegt bei 5—5,5 Gew.-vH. Diese Menge soll unabhängig davon sein, ob die Mineralmasse gröber oder feiner gemahlen ist, weil bei der gröberen Mahlung ein stärkerer Film auf den Gesteinskörnern möglich ist, als bei den feineren. Die Festigung der Decke erfolgt zuerst beim Einbau durch die knetende Wirkung von leichten Walzen, unter deren Druck die Masse erst anzieht und dann immer fester wird. Der Verkehr besorgt im Laufe der Zeit die weitere Verdichtnug, ganz wie bei dem Stampfasphalt, dessen Haltbarkeit gleichfalls auf Verdichtung beruht. Nach Feststellung der Z.f.A.T.Ber. 1928 hat bei einem einhalb Jahre alten Belag der Hohlraumgehalt der Oberschicht nur noch 5,33 Raum vH betragen.

Das Bindemittel ist weicher Teer oder auch weicher Asphalt, der bei Lufttemperatur leicht flüssig ist. Beim Einbau im Frühjahr kann die Weichheit größer sein wie im Sommer. Solche Decken können nur im Sommer verlegt werden. Sie müssen bis zum Eintritt der kalten Witterung bereits eine genügende Verdichtung erfahren haben. Für diese Decken gilt das gleiche wie für Stampfasphalt, sie müssen auch genügend Verkehr haben, damit sie haltbar werden.

Hochofenschlacke, Basalt oder Kalkstein sind die Gesteine, die allein bisher für Essener Asphalt benutzt worden sind. Sie werden in Steinbrechern und Kugelmühlen zerkleinert und gut getrocknet. Da sie an der Luft bei längerer Lagerung zusammenbacken, erhalten sie nach dem besonderen Verfahren „Bitugrus“ (S. 270) einen Überzug mit 0,5 Gew.-vH eines sehr weichen Bindemittels, das die Feuchtigkeit zurückhält. Die Gesteinsmasse wird dann in Mischern bei höherer Temperatur — Teer zwischen 20—40° — Asphaltbitumen 70—100°, einem längeren Mischprozeß unterworfen. Die Verteilung der verhältnismäßig geringen Bindemittelmenge (5—5,5 Gew.-vH) erfordert eine längere Mischdauer. Die fertige Masse unterscheidet sich von ähnlichen Gemischen durch ihr Verhalten. Sie liegt außerordentlich locker und kommt in Bewegung, wenn man in einen Haufen Essener Asphalt einen Stock hineinsteckt, wie ein Ameisenhaufen.

Unterbau. Vorausgesetzt, daß er standfest und tragfähig ist, ist jeder Unterbau geeignet. Steinschlagdecken sollen vorher aufgerissen und durch Neuwalzung in ein gutes Profil gebracht werden. Bei Pflasterstraßen werden die Unebenheiten ausgeglichen oder ein Überzug aus einer Mischung von Splitt (3 Teile) und 2 Teile Essener Asphalt hergestellt, um für die 4—5 cm starke Schicht Essener Asphalt eine sichere Unterlage zu schaffen, auf der sie nicht schieben kann und nicht wellig wird. Auch auf Betonunterbau ist eine solche Binderschicht wie bei den Asphalt- und Teerbelägen am Platze, um eine unmittelbare Übertragung der Risse im Beton auf die Essener Asphaltdecke zu verhindern.

Hinsichtlich der seitlichen Einfassung gilt das auf S. 329 für die Asphalt- und Teerdecken bereits Gesagte. Weil die Walze nicht an die Rinne heran kann, auch dort wenig Verkehr ist, bleibt der Belag dort uneben, Wasserpfützen bilden sich, der Essener Asphalt verrottet dort leicht, darum wird die Rinne mit zwei Reihen Steinen ausgepflastert. Auf Steinschlagdecken werden versenkte Bordsteine zum Kantenabschluß gesetzt, oder bituminierter Schotter an den Bermen eingebracht.

Ausführung. Die kalt angelieferte Masse wird auf einer Blechunterlage ausgekippt und von dort ausgebreitet, in doppelter Höhe der fertigen Decke geschüttet, gleichmäßig ausgeharkt und mit Lehren abgezogen und dann mit leichten Handwalzen angedrückt. Durch Verwendung von Motorwalzen mit großem Durchmesser, die nicht schieben, sondern nur andrücken (S. 421), werden wellenlose Decken erzeugt. Die Ausführung kann auch bei Regenwetter vorgenommen werden, weil das Niederschlagswasser beim ersten Andrücken herausgepreßt wird. Nur langanhaltender Regen bei kalter Witterung ist schädlich. Feuchtigkeit, die im Sommer bei der Ausführung in die Decke gelangt, verdunstet sehr schnell und kann keinen Schaden anrichten. Um die Decke noch besonders zu schließen, wird neuerdings nach der Verlegung und Andrückung der Decke die Asphaltemulsion Colas aufgebracht (0,3—0,5 kg/m^2). Bei der Porosität der Decke ist anzunehmen, daß das Wasser der Emulsion schnell verdunstet, ehe die Decke geschlossen ist. Das in der Oberfläche zurückbleibende Asphaltbitumen dichtet sie schneller und schließt sie. Es wird also auch in diesem Falle eine Verbesserung des Teeres durch Asphaltbitumen vorgenommen. Auch Essener Asphaltmasse wird noch beim Walzen aufgestreut.

Solche Decken aus Essener Asphalt sind griffig wegen der Scharfkantigkeit des Kornes und können in Steigungen bis zu 5 vH, ausnahmsweise sogar bis 7 vH verlegt werden. Das Quergefälle wird zu 3,5 vH angegeben, könnte wohl aber, wenn eine gleichmäßige Verdichtung vor sich geht, flacher gehalten werden.

Da die Festigkeit erst mit dem Alter zunimmt — in der ersten Zeit ist sie meist noch nicht genügend vorhanden —, muß eine Ausführung nach der Herstellung auf ihr Verhalten beobachtet werden. Starke Lasten, wie die Räder von Rollfuhrwerken oder Pferdehufe verletzen die Decke leicht. Sie erfordert daher in der ersten Zeit Beobachtung und einige Pflege. Bei großer Wärme und starker Sonnenbestrahlung werden neuverlegte Decken bisweilen weich. Dem kann durch Besprengen mit Wasser vorgebeugt werden.

Wenn die Masse zu spröde ausgefallen ist, kann mit einem Anstrich von Anthrazenöl nachgeholfen werden, das mit Gummischiebern über die Decke verteilt wird und auch als Mittel gegen Staubentwicklung dient. Mit Anthrazenöl wird die Decke erweicht, wenn eine neue Verschleißschicht auf eine vorhandene Decke gelegt werden soll. Ausbesserungen schadhafter Stellen, die sich in ähnlicher Weise bilden, wie beim Stampfasphalt, werden herausgepickt, die Kanten glatt abgestemmt, mit Teer angestrichen und dann neue Masse eingebracht, die mit Rücksicht auf die Verdichtung höher angelegt wird.

Essener Asphalt eignet sich auch zur Belegung von Bürgersteigen, Fußböden u. a. m.

Die Vorteile des Essener Asphaltes beruhen in seiner Billigkeit und leichten Herstellung. Eine Sperrung der Straße während der Ausführung ist nur für kurze Zeit notwendig. Er ist auch nachgiebig. Aus diesem Grunde wird er viel im Ruhrkohlenbezirk verwendet, wo infolge des Bergbaues dauernd mit Bodensenkungen zu rechnen ist und daher starre Oberflächenbefestigungen, wie Beton und Stampfasphalt, ausgeschlossen sind. Außerdem gestattet die Eigenart des Stoffes viele Anwendungsmöglichkeiten. So hat man den Essener Asphalt für die Verbesserung der Steinschlagstraßen in der Weise benutzt, daß man die ungeteerte Steinschlaglage in Es-As-Masse gebettet hat. Auf die leichtangedrückte Steinschlagdecke, die aus möglichst groben Steinen bestehen soll, wird die Es-As-Masse aufgebracht, eingekehrt und abgewalzt unter Zugabe von Masse, um die Hohlräume zu füllen, bis die Decke festliegt. Zum Deckenschluß wird dann nochmals Es-As-Masse verteilt, die mit der Decklage eingewalzt wird, aber nur so wenig, daß die Steine hervorschauen. Auch hier übernimmt der Verkehr die Dichtung.

Im ganzen lauten die Urteile über Essener Asphalt günstig.

9. Asphalt- und Teerdecken auf Pflasterstraßen und als Brückenfahrbahnen.

In den Städten hat sich in den letzten Jahren die Notwendigkeit ergeben, die verschiedenen Arten von Pflasterstraßen, Großpflaster, Kleinpflaster, Klinkerpflaster, aber auch beschädigte Betonstraßen u. a. mit Asphalt- oder Teerdecken wegen der starken Erschütterungen, die von solchen Befestigungen, selbst wenn sie noch nicht zu stark abgenützt sind, auf die Grundstücke übertragen werden, zu überziehen. Die völlige Beseitigung und Ersatz durch neue Deckenarten ist zu teuer und auch nicht angebracht. Wenn die vorhandenen Pflasterdecken fest liegen, was bei festem Untergrund meistens der Fall ist, sind sie als Unterbau gut zu verwenden. Für solche Oberflächenüberzüge ist überwiegend Asphaltbitumen verwendet worden. Schwierigkeiten für die Ausführung bestehen darin, daß das Quergefälle der vorhandenen Straßen zu stark ist, daß die Straßenbahnschienen in der Höhenlage nicht verändert werden können, daß die Rinnenschächte, die Einsteigschächte und anderen Einbauten im Fahrdamm höher gelegt werden müssen, daß die neue Decke in einen Verband mit der bestehenden kommen muß.

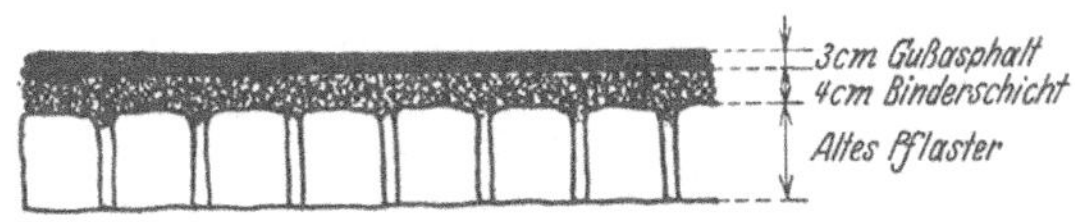

Abb. 185. Gußasphaltdecke auf Pflaster.

Die einfachste Form des Überzuges ist die Verwendung von Asphaltemulsion mit Absplittung, die bereits auf S. 271 behandelt ist. Sie kommt nur für Strecken mittleren Verkehres in Frage. In Hauptverkehrsstraßen müssen solche Überzüge schon in einer starken Abnützungsschicht bestehen und mindestens 4—5 cm

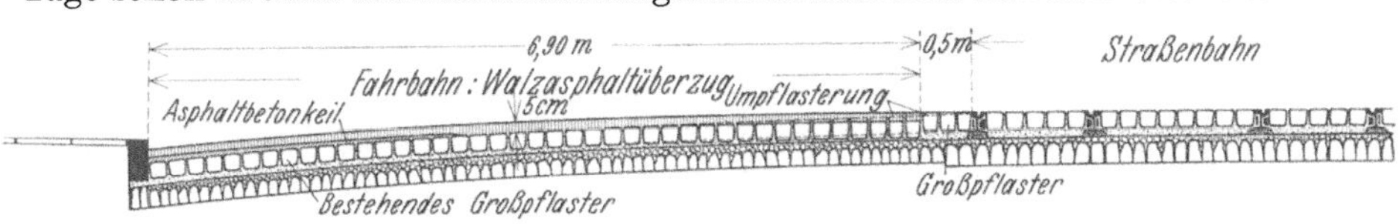

Abb. 186. Walzasphaltüberzug auf einer Steinpflasterstraße in Stuttgart.

Stärke haben. Diese Forderung erfüllen nur Gußasphalt, Asphaltbeton und Sandasphalt, auch Teerdecken. Die bestehende Straßenoberfläche wird in der Weise hergerichtet, daß alle Einbauten auf die zukünftige Höhe durch Untermauerung gebracht werden. Zum Ausgleich der Unebenheiten bei schlechtem Pflaster und zur Schaffung eines flachen Quergefälles wird dann eine Binderschicht aus Asphaltgrobbeton aufgebracht. Sehr viel ist Gußasphalt zur Überdeckung von Pflasterstraßen (Abb. 185) verwendet worden (S. 323). Die Anschlüsse an Straßenbahnschienen sind schwierig, weil diese in ihrer Höhenlage nicht verändert werden dürfen. In amerikanischen Stadtstraßen ist das Pflaster neben den Schienen tiefer gelegt worden. In Stuttgart ist das bestehende Pflaster in einem Falle nicht verändert worden. Die Asphaltbetonschicht bis zu 6 cm Stärke ist von der Bordschwelle bis zu einer Entfernung von 2 m von der Schiene aufgebracht worden. Der dann noch verbleibende Keil bis zur Schiene ist zunächst im Tränkverfahren mit Teerfeinschotter mit nachfolgender Oberflächenasphaltierung hergestellt worden. Da diese Ausführung nicht befriedigt hat, sind neuerdings entlang der Schiene 2—3 Pflasterreihen gehoben und dann die Asphaltschicht unmittelbar angewalzt worden (Abb. 186). Die zur Herstellung des flacheren Gefälles notwendige Abgleichung nach der Bordschwelle zu, ist durch einen Asphaltbetonkeil erfolgt. Statt des Asphaltbeton wird auch Gußasphalt angewendet. Um eine gute Haftung der Asphaltbeläge auf dem Pflaster, das meist durch Tropföl, Fett und Schmutz verunreinigt ist, zu erreichen, muß diese Schmutzkruste erst beseitigt werden. Hierzu eignet sich die Grecomaschine (vgl. S. 431), die die Oberfläche des Pflasters erwärmt und erweicht, so daß sie leicht gereinigt werden kann. Auf der erwärmten Oberfläche wird auch sofort der neue Belag aufgebracht, der sich dann besser mit seiner Unterlage verbindet.

Asphaltmischungen sind auch zur Ausfüllung von Brückenfahrbahnen verwendet worden. Bei Fahrbahnen aus Buckelplatten ist oft die Erfahrung gemacht worden, daß der zur Ausfüllung verwendete Beton über den Quer- und Längsträgern wegen der geringen Stärke an diesen Stellen leicht reißt. Wenn auch solche Fahrbahnen eine Abdichtung mit Asphaltpappen erhalten, so führen solche Risse u. U. zu Undichtigkeiten. Wo wegen geringer Bauhöhe die Ausfüllung der Buckelplatten möglichst niedrig gehalten werden muß, werden jetzt statt Zementbeton Asphaltmischungen verwendet, die plastisch sind und unter dem Einfluß der Brückenbewegung und Temperatur nicht reißen. Eine bemerkenswerte Ausführung, die die gestellten Erwartungen erfüllt hat, ist die Rosensteinbrücke in Stuttgart-Cannstatt, deren Fahrbahnausführung Abb. 187 wiedergibt. Die Verwendung von Asphaltmischungen zeigt hier dieselben Vorteile, auf die schon auf S. 304 hinsichtlich des Asphaltbetons als Unterbau für Straßen

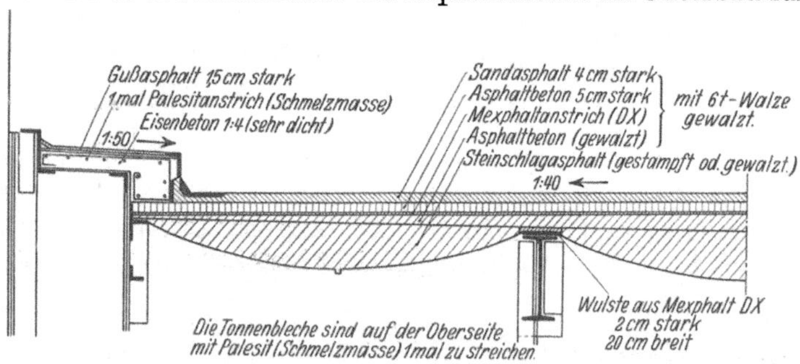

Abb. 187. Fahrbahnbefestigung der Rosensteinbrücke in Cannstatt mit Ausfüllung der Buckelplatten mit Asphaltmassen.

hingewiesen ist. Das Tiefbauamt der Stadt Stuttgart hat für die Ausführung dieser Brückenfahrbahn die folgenden Vorschriften erlassen (163):

Allgemeines. Beim Einbau soll das Material 130—160° C heiß sein; das Walzen bzw. das Einstampfen muß beendet sein, bevor die Temperatur unter 70° C gesunken ist.

Steinschlagasphalt. Die Buckelbleche werden mit einer hohlraumhaltigen Steinschlagasphaltmasse ausgestampft. Die Mineralmasse besteht aus Steinquetschsand oder Flußsand, aus Steingrus von 5—15 mm und aus Feinschotter von 15—25 mm, je zu etwa ⅓. Als Gestein darf harter Kalkstein verwendet werden. Das Bitumen soll aus asphaltischen Erdöldestillationsrückständen bestehen.

Zugesetzte Menge	5—6 vH Gewichtsanteile der Gesamtmasse
Erstarrungspunkt	$< -10^{0}$ C
Erweichungspunkt nach Krämer-Sarnow . .	50—60° C
Tropfpunkt nach Ubbelohde	70—90° C
Fadenlänge.	$>$ 18 cm

Asphaltbeton. Der eingewalzte Asphaltbeton muß wasserdicht und sehr hart sein; er darf keine nachträgliche Kompression unter dem Verkehr erleiden.

Ferner soll sein:

Raumgewicht.	$>$ 2,2
Porenvolumen	$<$ 2,5 vH Volumen Anteile
Eindringungstiefe (Penetration) bei 22,5° C und 52,5 kg/cm² Stempellast	$<$ 5 mm/5 Std.

Die Mineralmasse soll ein möglichst dichtes, hohlraumarmes Gemisch aus Steingrus, Flußsand und Füller sein. Der Grus soll aus hartem Kalkstein bestehen; der Füller soll gemahlener reiner Kalkstein sein.

Körnung 6 (über 12 mm) soll nicht vorhanden sein.

Körnung 5 und 4 (bis 12 mm) soll höchstens 45 vH der Mineralmasse betragen.

Körnung 00 und 0 (0—0,09 mm) soll mindestens 20 vH desjenigen Teils der Mineralmasse, der feinkörniger als 2 mm ist, ausmachen.

Das Bitumen soll dieselben Eigenschaften haben wie unter Abschnitt Steinschlagasphalt angegeben. Die zugesetzte Menge soll die Hohlräume der Mineralmasse bei dichtester Lagerung vollständig ausfüllen; hierzu sind 6—7,5 vH Gew.-Tl. (berechnet auf Fertigmaterial) notwendig.

Sandasphalt. Der fertige, eingewalzte Sandasphalt soll wasserdicht sein und folgende Eigenschaften haben:

Raumgewicht	$> 1,95$
Porenvolumen	< 5 vH Volumenteile
Quellung nach 28tägiger Wasserlagerung	< 1 vH „
Eindringungstiefe (Penetration) bei 22,5° C und 52,5 kg/cm² Belastung	< 20 mm/5 Std.

Die Mineralmasse soll ein möglichst dichtes, hohlraumarmes Gemisch aus Sand und Füller sein. Der Sand soll lehmfreier Flußsand oder Basaltquetschsand sein, der Füller muß aus gemahlenem, reinem und hartem Kalkstein bestehen. Es sind Sande zu verwenden von der Korngröße 1—3 (0,09—2,0 mm), von Korngröße 4 (2—7 mm) soll möglichst wenig, von Korngröße 5 (> 7 mm) gar nichts vorhanden sein. Der Füllerzusatz soll so groß sein, daß

von Korngröße 00 (0—0,05 mm) . . .	10 vH Gew.-Tl.
„ „ 00 u. 0 (0—0,09 mm) .	> 20 „ „

vorhanden sind.

Das Bitumen soll dieselben Eigenschaften haben wie unter Abschnitt Steinschlagasphalt angegeben. Die zugesetzte Menge soll die Hohlräume der Mineralmasse bei dichtester Lagerung gerade ausfüllen, hierzu sind etwa 9,5—10,5 vH Gew.-Tl. (berechnet auf Fertigmaterial) notwendig.

Diese Vorschriften entsprechen denjenigen, die für die hier erwähnten Deckenarten in früheren Abschnitten bereits gegeben sind.

10. Straßen aus Asphaltbitumen und Teer mit Gewebeeinlagen.

Versuche mit Baumwollgewebeeinlagen sind zuerst im Jahre 1928 in nordamerikanischen Staaten gemacht worden, weniger wohl um den Straßenbau als den Absatz von Baumwollgeweben zu fördern. Denn die Versuche sind in den Baumwolle erzeugenden Staaten zuerst aufgenommen worden. Es sind Baumwollgewebe in Beton eingelegt worden. Zweckmäßiger erscheint das Verfahren, nach dem auf eine geteerte Oberfläche Baumwollgewebe in meterbreiten Bahnen aufgelegt worden ist, das dann mit Asphaltöl bestrichen worden ist. Diese Bauweise ist bereits in Deutschland versuchsweise angewendet, an Stelle des Baumwollgewebes ist aber Jutegewebe genommen worden, weil Jute in Deutschland billiger als Baumwolle ist (164). Die Straßenoberfläche hat zuerst einen Anstrich von Spramex 1 l/m² erhalten. In die noch weiche Bitumenmasse sind Gewebebahnen von 1 m Breite und 8—10 m Länge mit 10 cm Überdeckung eingedrückt worden. Die Fläche hat dann noch einmal einen Anstrich von 1,5 l/m² Spramex erhalten und ist mit Basaltgrus 8/12 abgedeckt und von einer Motorwalze angedrückt worden. Das Jutegewebe von 245 g/m² kostet etwa 0,25 RM. pro Quadratmeter. Dazu kommt noch der Lohn für Verlegen. Diese Mehrkosten gegenüber einer gewöhnlichen Oberflächenbehandlung müssen durch entsprechende größere Lebensdauer der Gewebedecke ausgeglichen werden. Es wird angenommen, daß die Wellen- und Stoßbildung herabgemindert wird. Erfahrungen liegen noch nicht vor.

11. Einfassung von Asphalt- und Teerstraßen.

Wo auf Landstraßen erhöhte Streifen am Rande für Fußgängerverkehr vorgesehen sind, gibt der Bordstein die Einfassung ab. Das Walzen am Rande ist aber mit Erschwernissen verbunden. Auch die Einhaltung eines gleichmäßigen Rinnengefälles ist schwer durchzuführen. Wo die Walze nicht arbeiten kann, wird mit heißen Stampfern gestampft. Zur guten Wasserabführung wird jetzt die Rinne mit Kleinpflaster- oder Schlackensteinen ausgepflastert oder es wird ein Betonstreifen von 25—30 cm Breite hingelegt, der einige Millimeter niedriger gehalten wird, so daß das Wasser gut abfließen kann. Beim Walzen wird eine Bohle an die Rinne gelegt, an deren Stelle dann die Pflasterung kommt. Der Abschluß gegen die nicht erhöhten Bermen erfolgt während der Ausführung der Walzdecke durch eine Bohle, die im Untergrunde unverschieblich befestigt wird. Die Berme wird später mit Schotter abgedeckt, der eine Oberflächenbehandlung erhält, so daß sie zum Ausweichen und Abstellen von Wagen benutzt werden kann. Auch Splitt mit Weichasphaltbitumen ist zum Abschluß der Bermen mit Erfolg angewendet worden. Neuerdings werden Betonstreifen auf der Berme angelegt. Versenkte Randsteine, die beim Abwalzen mit heruntergewalzt werden, sind weniger beliebt. Ihre Kosten sind ziemlich hoch. Wenn infolge Verdichtung der Decke oder Abnützung die Höhenlage der Decke sich senkt, verhindern die Steine den Wasserabfluß. Außerdem bedarf eine Asphaltdecke eines seitlichen Abschlusses nicht. Wenn sie an sich haltbar ausgeführt ist, zeigt auch der Randabschluß keine Neigung zum Abbröckeln. Die Einfassung am Rande wird daher weniger nach dem Bedürfnis einer Einfassung der Asphaltdecke wie aus andern Gründen zu erfolgen haben, wie z. B. gute Wasserabführung, Anlage eines erhöhten Fußsteiges, Mitbenützung der Berme für den Verkehr u. a. m.

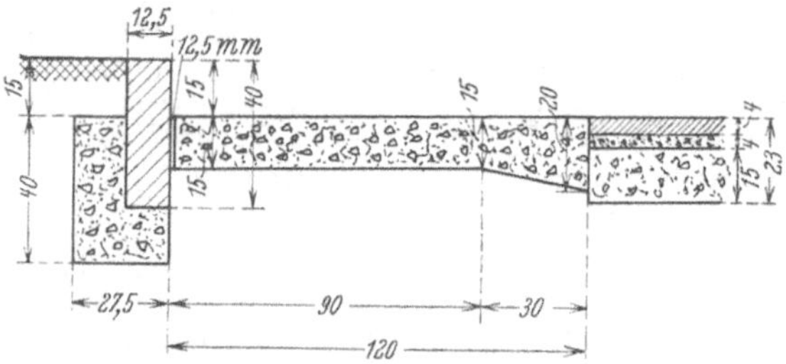

Abb. 188. Randstreifen aus Beton bei Asphaltstraßen in St. Louis (V. St. A.).

In Stadtstraßen gelten die gleichen Gesichtspunkte. Hier sind die Fahrbahnen gegen die Gehbahnen durch Bordschwellen getrennt. Die Rinne muß zur Wasserabführung genau im Gefälle gelegt werden. Unebenheiten bei sehr geringem Gefälle, bei denen das Niederschlags- und Waschwasser stehen bleibt, und die Unmöglichkeit, an der Bordkante kräftig abzuwalzen, bewirken im Rinnenstreifen ein Faulen des Asphaltbelages. Deshalb wird dieser Streifen auch ausgepflastert, oder mit Gußasphalt gedeckt. In den V. St. A. (St. Louis) wird sogar ein 1,2 m breiter Betonstreifen angelegt, weil die an der Bordkante parkenden Fahrzeuge an dieser Stelle viel Schmieröl verlieren, das den Asphalt aufweicht (Abb. 188).

12. Verhinderung der Schlüpfrigkeit.

Die Maßnahmen zur Behebung der Schlüpfrigkeit sind bei den einzelnen Deckenarten schon besprochen, sie sollen noch einmal kurz zusammengefaßt werden.

Bei den Stampfasphaltstraßen sind die Ursachen der Schlüpfrigkeit und die Verfahren zu ihrer Bekämpfung ausführlich behandelt (s. S. 240). Bei den Kunstasphaltbelägen, Steinschlagasphalt, Asphaltbeton und Sandasphalt haben sich besondere Maßnahmen als erfolgreich erwiesen, die bei den Verhandlungen des VI. I. Str. K. in Washington folgendermaßen zusammengefaßt sind:

„1. Verwendung von geeigneten Mischungsverhältnissen, die den größtmöglichen Anteil an groben Zuschlagstoffen aufweisen.

2. Das Einwalzen von Steinsplitt mit oder ohne Bindemittelüberzug in die neuhergestellte Decke.

3. Möglichst geringe Querneigung und entsprechende Überhöhung in den Krümmungen.

4. Behandlung bestehender Decken mit einem entsprechenden Überzug aus Teer oder Asphaltbitumen mit grobem und hartem Splitt und Abwalzen.“

Auch die Herstellung der Asphaltdecken mit Straßenfertiger wie auf S. 307 beschrieben, ist ein geeignetes Verfahren, um von vornherein die Decken so aufzubauen, daß sie nicht schlüpfrig werden können. Auf den vom Verfasser besichtigten Ausführungen von Asphaltbetonstraßen in den V. St. A. ist meistens beim Walzen bituminierter Grus und Splitt in die Oberfläche eingewalzt worden, bis 5 kg/m², ein Verfahren, das in den B. E. St. sogar besonders vorgeschrieben ist. Die Aufrauhung von glatt gewordenen Belägen kann durch Aufbringen von Überzügen mit Teer, Asphaltemulsion und Weichasphaltbitumen erfolgen. Die Beläge werden erst gereinigt, gelegentlich auch mit dem Flammenwerfer, Grecomaschine (S. 431) oder durch strahlende Hitze erwärmt und dann das Bindemittel aufgespritzt und mit feinem Grus abgestreut. Anschließende Oberflächenbehandlungen werden dann mit gröberem Grus abgedeckt. Weichasphaltbitumen z. B. Cut-back Nr. 1 und Grus 4/7, ist besonders klebkräftig.

13. Wellenbildung und ihre Vermeidung.

Wellen sind für die Erhaltung der Decke und für den Verkehr ebenso nachteilig, wie die Wellen im Stampfasphalt, worüber im Abschnitt VI K c 1 (S. 239) bereits Angaben gemacht worden sind. Sie entstehen in erster Linie beim Walzen, können aber auch andere Ursachen haben, die nach einem Bericht von Prevost Hubbard zum IV. I. Str. K., Sevilla, in folgendem beruhen:

1. Mängel im Unterbau.

a) Nicht genügende Tragfestigkeit.

b) Unregelmäßigkeiten im Profil, wodurch sich verschiedene Stärken der Decken ergeben, die eine ungleichmäßige Verdichtung verursachen. Die hohen Lagen werden sich stärker zusammendrücken als die dünnen. Darum muß die Verlegung auf schon bestehenden Straßendecken — Steinschlagdecken und Pflaster —, ein Ausgleich der vorhandenen Unebenheiten vorher erfolgen.

c) Glatte Oberfläche, die der Decke ein Schieben gestattet. Eine Binderlage oder Anstrich mit Asphaltbitumen kann das verhindern.

2. Mängel in der Mischung.

a) Verwendung eines Asphaltbitumen, das zu weich ist, d. h. einen zu niedrigen Tropfpunkt hat.

b) Überschuß an Bitumen gegenüber dem vorhandenen Hohlraumgehalt.

c) Zu feines Korn und zuviel Sand mit runden Flächen. Nach Untersuchungen der Z. f. A. T. soll allerdings die Kornart auf die Festigkeit keinen Einfluß haben. Das gilt aber nur für die reine Druckfestigkeit. In der Decke, bei der der Asphalt in einen Rahmen eingespannt ist, treten noch andere Beanspruchungen auf.

3. Fehler in der Bauart.

a) Ungleichmäßige Ausbreitung der Masse und Ungleichheit in der Zusammensetzung der Masse, z. T. zu trocken, z. T. zu ölig.

b) Eine zu leichte Walze und zu starke Abkühlung der Masse. Bei kalter Witterung soll die Masse mit Decken gegen Abkühlung geschützt werden.

c) Zu große Deckenstärke, die mit einem Walzgang sich nicht genügend zusammendrücken läßt.

d) Schlechter Anschluß bei Fortsetzung der Deckenherstellung nach einer Unterbrechung. Es wird daher stets bei Wiederaufnahme der Arbeiten ein Streifen am Anschlusse fortgenommen, weil er einmal an der freien Kante verschmutzt ist und außerdem nicht genügend hat abgewalzt werden können.

4. Mängel der Walzung. Die Wellen entstehen meistens beim Walzen, mindestens werden durch schlechtes Walzen die Grundlagen für die Wellenbildung geschaffen.

Die neuen Anforderungen, die der Straßenbau mit Asphaltbitumen und Teer an die Walzenkonstruktion stellt, werden im Abschnitt IX B behandelt. Es ist aber schon auf S. 309 darauf hingewiesen, daß die Benutzung von Straßenfertigern Decken ohne Wellen liefert.

Da es erwünscht ist, das Ausmaß der Wellenbildung festzustellen, sind Einrichtungen dafür geschaffen. Der im Abschnitt II C d 6 beschriebene Erschütterungsmesser (Abb. 26, S. 41) zeichnet Wellenbildung auf. Mit ihm kann aber nur die Zahl der Wellen auf der durchfahrenen Länge mit einiger Genauigkeit festgestellt werden. Die Wellentiefe wird in Kalifornien mit einer Meßvorrichtung nach Abb. 189 gemessen. Da dort die Vorschrift besteht, daß die Wellentiefe höchstens 5 mm auf 3 m Länge betragen darf, wird die Güte der hergestellten Decke mit dieser Einrichtung nachgeprüft. Statt des Tasthebels empfiehlt es sich, eine empfindliche Meßuhr, die $^1/_{100}$ mm Unterschiede genau angibt — Fabrikat Ruthart, Stuttgart —, zu verwenden.

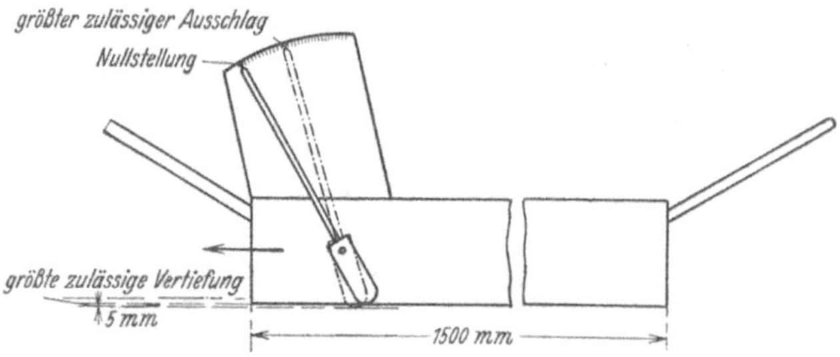

Abb. 189. Meßeinrichtung für Wellen in Asphaltstraßen.

L. Ausbildung der Straßenbefestigung mit Rücksicht auf die Straßenbahnanlagen.

a) Straßenbahngleise in Asphaltdecken.

Die Schiene ist ein Fremdkörper in der Straße, sie durchbricht die Fahrbahnfläche, hat ein anderes elastisches Verhalten und nützt sich anders ab als die Fahrdammbefestigung, sie stört die Entwässerung. Gleisbau und Straßenbau

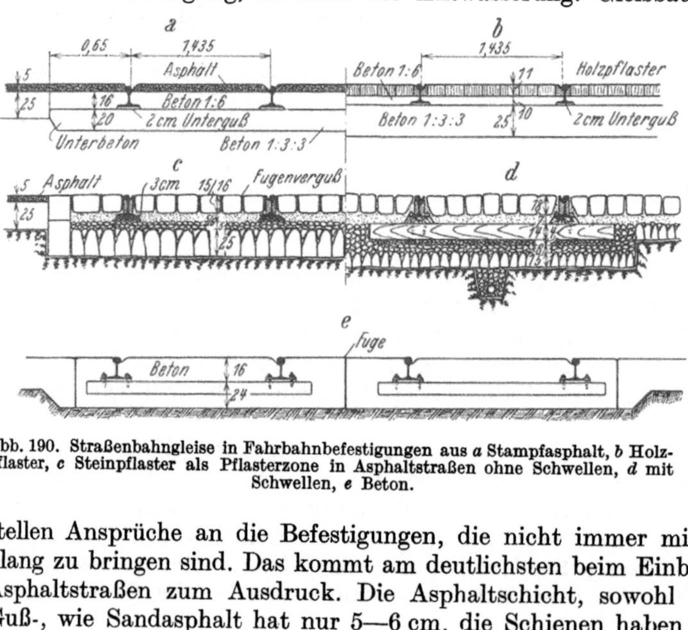

Abb. 190. Straßenbahngleise in Fahrbahnbefestigungen aus *a* Stampfasphalt, *b* Holzpflaster, *c* Steinpflaster als Pflasterzone in Asphaltstraßen ohne Schwellen, *d* mit Schwellen, *e* Beton.

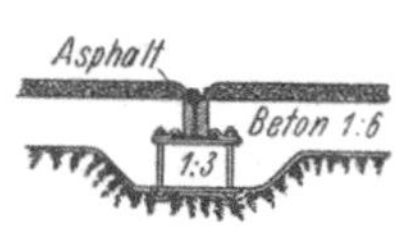

Abb. 191. Verankerung der Schiene in Beton.

stellen Ansprüche an die Befestigungen, die nicht immer miteinander in Einklang zu bringen sind. Das kommt am deutlichsten beim Einbau von Gleisen in Asphaltstraßen zum Ausdruck. Die Asphaltschicht, sowohl bei Stampf-, wie Guß-, wie Sandasphalt hat nur 5—6 cm, die Schienen haben 16—18 cm Höhe. Infolgedessen muß unter den Schienen die Unterbettung verstärkt werden (vgl. Abb. 190a). Wegen der Abnützung wird die Asphaltdecke 10 mm höher als die Schiene angelegt. Ein haltbarer Anschluß zwischen Schienenkopf und Asphalt — Stampfasphalt, Gußasphalt, Sandasphalt, Asphaltbeton — ist nicht herzustellen. Es bildet sich sehr leicht eine wenn auch schmale Fuge am Schienenkopf, durch die Wasser eindringt und mit der Zeit eine Lockerung der Decke bewirkt, die zumeist an den Schienenstößen beginnt. Seitdem diese geschweißt werden, ist die Gleislage in Asphaltdecken wesentlich verbessert. Besonders in Asphaltstraßen muß die Schiene eine möglichst feste und sichere Lage haben. Deshalb wird die ganze Schiene einbetoniert, bisweilen auch noch besonders im Beton verankert (Abb. 191). Zur Beseitigung der Lockerungen von Schienen muß (Hamburg, Stuttgart) der ganze Bahnkörper aufgebrochen und erneuert werden, obwohl die Schienen selbst noch nicht abgängig sind. Aufbruch und Wiederherstellung sind teuer und nötigen zu langen Straßensperrungen, weil der Beton längere Zeit zum Abbinden braucht. Bei Verwendung schnellerhärtenden Zementes wird diese Zeit allerdings abgekürzt. Zur satten Auflagerung der Schienen auf der leicht abgeglichenen Betonoberfläche und zur elastischen Lagerung erhalten die Schienen einen Unterguß aus Asphaltbitumen mit Mineralstoff. Verlangt wird von dieser Masse:

1. Genügende Härte.
2. Elastizität und leichte Verarbeitungsmöglichkeit.

Der Gehalt an Asphaltbitumen beträgt etwa 16—20 oder 20—25 vH vom Erweichungspunkt K. S. 50—80°. Der Mineralstoff ist feingemahlener kohlensaurer Kalk, feiner Sand, Hochofenschlacke u. ä. Um die Schwierigkeiten des Anschlusses des Asphaltes an die Schienen zu umgehen, ist versucht worden, den Gleiskörper in ein anderes Pflaster zu setzen. Entweder ist nur die obere Verschleißschicht eine andere, wie z. B. Ersatz des Stampfasphaltes in der Gleiszone durch Gußasphalt oder Holzpflaster (s. Abb. 190b) oder Einbau eines ganz anderen Straßenkörpers durch Auspflasterung auf Packlage wie in Steinpflasterstraßen. Der Anschluß an das Asphaltpflaster wird dann nach Abb. 190c hergestellt. Lockerungen der Schienen lassen sich im Pflaster schneller und mit geringeren Verkehrsstörungen beseitigen. Das gilt besonders für Weichen und Kreuzungen, die bei großstädtischem Verkehr schnell verschleißen und in kurzen Abständen ausgewechselt werden müssen. Dennoch hat das Vorhandensein völlig verschiedener Deckenarten in derselben Fahrbahnfläche viele Nachteile, wie z. B. Schleudergefahr, Geräuschbildung, ungleichmäßige Abnutzung, erschwerte Reinigung u. a. Die Fuge zwischen Asphalt und Steinpflaster an einer Stelle, wo sich lebhafter Wagenverkehr bewegt, erfordert dauernde Unterhaltung, so daß wirtschaftliche Vorteile nicht vorhanden sind. Eine solche Auspflasterung ist nur zulässig bei breiten Straßen, in denen der übrige Straßenverkehr den Gleiskörper nicht zu befahren braucht und in Städten mit geringerem Straßenbahnverkehr mit nicht zu schweren Wagen. Es sind viele Versuche gemacht worden, durch besondere Maßnahmen die Schienen mit dem Asphaltpflaster zu verbinden, damit die Haltbarkeit erhöht wird. Sie sind bisher alle erfolglos geblieben und sollen daher an dieser Stelle nicht erwähnt werden, weil nur die Maßnahmen hier behandelt werden, die der Straßenbau fordert.

b) Straßenbahngleise im Steinpflaster.

Die Straßenbahnschienen müssen auf ihre ganze Länge von einem tragfähigen Unterbau unterstützt werden. Dieser Unterbau wird zweckmäßig derselbe sein, den auch das Steinpflaster hat, und aus Beton oder Packlage bestehen. Beton wird sehr viel, besonders in Großstädten verwendet. Er hat den Nachteil, daß die Straßenbahngeräusche durch seine Starrheit verstärkt werden, besonders wenn die Schienen mit besonderen Schienenträgern, wie in Stuttgart und Hamburg, im Beton verankert werden (vgl. Abb .191). Packlageunterbau hat sich auch bei schwerem Verkehr bewährt, da er nachgiebig ist und die Geräusche nicht in dem Maße überträgt wie Beton un eine gute Entwässerung ermöglicht. Da die Bettungsziffer bei Packlage geringer ist als bei Beton, erleiden die Schienen beim Befahren Durchbiegungen, die auch das anschließende Pflaster beeinflussen, so daß es nicht so fest liegt wie auf Beton und versackt oder aufkantet, wenn Kies und Splitt unter oder neben den Schienen durch die Erschütterungen des Bahnverkehrs in Bewegung geraten, besonders an Schienenstößen. Es ist deshalb als eine Verbesserung anzusehen, wenn die Schienen auf Querschwellen aus Holz verlegt werden, was mit Erfolg in Dresden, München und z. T. auch in Berlin eingeführt ist. Die Abb. 190c/d gibt den Straßenbahnkörper mit und ohne Querschwellenoberbau in Steinpflaster wieder.

Die Pflastersteine sollen stets eine geringere Höhe haben als die Schiene, deren Höhe 160—180 mm beträgt. Nur dann ist ein sicherer Anschluß zwischen Pflasterstein und Schiene möglich. Sind die Pflastersteine höher als die Schiene, müssen sie am Schienenfuß, da er breiter als der Schienenkopf ist, verschmälert werden. Dann stehen sie aber nicht mehr fest. Die Steine sollen auch nicht viel niedriger als die Schiene selbst sein, weil dann das Kiesbett zu stark wird. Darum ist eine Auspflasterung des Straßenbahnkörpers mit Kleinpflaster unzweckmäßig. Der Raum zwischen Schienenkopf und Schienenfuß wird mit Zementmörtel oder Formsteinen ausgefüllt, damit nur eine schmale Fuge zwischen Schiene und Stein vorhanden ist. Die Breite der Pflastersteine muß so bemessen werden, daß die Gefache zwischen den Spurstangen der Schienen ausgepflastert werden können, ohne daß zu große Längs- und Querfugen entstehen. Schlackensteine eignen sich deshalb besonders gut für das Auspflastern von Gleiszonen (S. 201). Damit der Gleiskörper trocken bleibt, ist Ausgießen der Fugen mit Pflasterausgußmasse zweckmäßig. Als Ausgußmasse der Fuge zwischen Schiene und Pflaster wird wegen der großen Dehnungsfähigkeit ein Asphaltbitumen mit Micro-Asbest als Füllstoff empfohlen (S. 293). Auch Teerschotter und Teersplitt sind an dieser Stelle schon verwendet worden. Das Pflaster wird 3—5 mm höher gesetzt als der Schienenkopf, weil sonst die Gefahr besteht, daß der Schienenkopf, aus dem Pflaster herausragt, wenn es sich etwa setzt oder seine Oberflache abgenutzt wird. Zur Erzielung eines guten Anschlusses kommt für Fahrdämme mit Straßenbahnschienen nur Reihenpflaster in Frage. Diagonalpflaster würde besondere Einfassungsreihen an den Schienen erfordern.

c) Straßenbahngleise in Betondecken.

Das Einlegen von Schienen in Betondecken bereitet keine Schwierigkeiten. Da die Spurlücke in Beton leicht herzustellen ist, wird statt der Phönixschiene mit Leitkopf die gewöhnliche Eisenbahn-Breitfußschiene verwendet (Abb. 190e). Wegen der verschiedenen Beanspruchung muß der Gleiskörper von dem übrigen Fahrdamm durch eine Fuge getrennt werden.

Eisenbahnübergänge aus Beton. Um eine Auspflasterung der Schienen an Wegübergängen zu ermöglichen, müssen die Schwellen tiefer gelegt werden als auf der freien Strecke. Der Höhenunterschied zwischen Schiene und Schwelle muß durch aufgeschraubte Langschwellen oder Futterhölzer, oder durch hohe, gegossene, stuhlähnliche Platten geschaffen werden. Die Spurrille muß durch Streichbalken und Streichschienen gegen die Pflasterung abgegrenzt werden. Diese Ausführung ist umständlich und kostspielig.

Viel einfacher können die Eisenbahnübergänge mit Eisenbetonplatten ausgelegt werden. Die Platten werden aus Eisenbeton fabrikmäßig hergestellt und auf den Bahnschwellen ohne Unterbettung verlegt. Die Spurrille kann entweder, wie Abb. 192 zeigt, durch eiserne Stühle oder durch Streichbaiten frei gehalten werden. Abmessungen der Platten: 16,8 cm hoch (richtet sich nach der Schienenhöhe), 0,38—0,60 m breite und etwa 2,50 m lang. Die Platten sind mit Löchern versehen, in denen Stäbe einbetoniert sind, so daß mit Haken die Platten angehoben und aus dem Gleis getragen werden können. Die Kanten sind mit Flacheisen oder T-Eisen geschützt. Sind die Kanten in der ganzen Höhe bewehrt, kann man die Platten umdrehen, wenn die eine Seite abgenutzt ist. Die Breite bestimmt sich aus dem Gewicht, das so niedrig sein muß, daß man die Platten bequem anheben kann. Die Länge ergibt sich aus dem Schwellenabstand. Die Platten sollen sich über drei und vier Schwellen erstrecken. Die Platten erhalten Längs- und Querbewehrung. Um von den Zügen tief herabhängende Teile glatt über den Eisenbahnübergang zu führen, sollen abgeschrägte Randplatten verlegt werden.

Sie sind schwer genug, um nicht verschoben zu werden, zumal Schienenstöße an Wegkreuzungen vermieden werden und daher Erschütterungen nicht auftreten. Nur wenn die Bettung sich zwischen den Schwellen hocharbeitet, liegt die Schwelle nicht mehr genügend fest. Ein Nachstopfen und Einebnen kann aber schnell und billig ausgeführt werden, weil das Herausnehmen der Platten keine Mühe und nur wenig Zeit erfordert. Wenn die abgeschrägten Randplatten befestigt werden, verhindern sie auch das Wandern der Platten in der Richtung der Gleisachse. Die Abmessungen lassen sich leicht normen. Daher lassen sich die Platten auch leicht und billig herstellen, wenn die Schalungsformen erst einmal vorhanden sind.

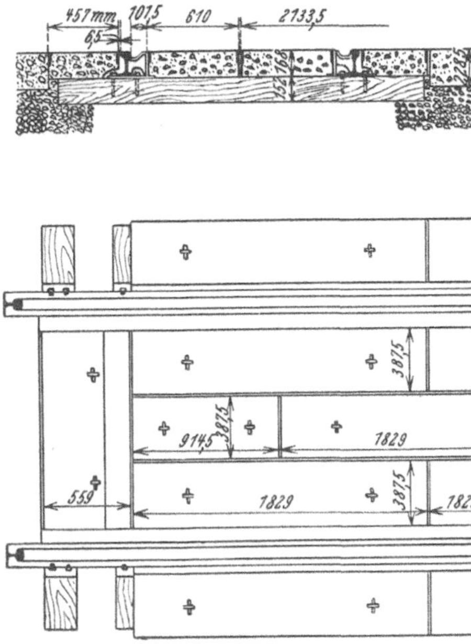

Abb. 192. Eisenbahnübergänge mit Betonplatten ausgelegt.

d) Straßenbahngleise in Holzpflaster.

Straßenbahngleise lassen sich in Holzpflaster gut verlegen. Die Unterbettung besteht aus Beton. Die Holzklötze schließen gut an die Schiene an und liegen auch sicher (Abb. 190b). Infolgedessen hat man in vielen Städten den Gleiskörper auch in Asphaltstraßen mit Holzstöckeln ausgepflastert oder die Schienenköpfe mit Holzstöckeln eingefaßt z. B. in Leipzig, Frankfurt a. M., Stuttgart u. a. O. Die Anlage ist aber sehr teuer. Die Oberkante des Holzpflasters wird 5—7 mm über Schienenoberkante gelegt. Dennoch nützt sich Holzpflaster schnell ab. Dann liegt der Bahnkörper höher als die danebenliegenden Fahrdämme, woraus sich Verkehrsgefahren und Erschwernisse in der Straßenunterhaltung ergeben.

VII. Prüfung und Bewertung der Straßenbaustoffe.

Allgemeines.

Die Verfahren zur Prüfung und Bewertung der Straßenbaustoffe sind zwar in den letzten Jahren gefördert worden, sie bedürfen aber im Verhältnis zu den Fortschritten auf anderen Gebieten der Stoffkunde noch weiterer Fortbildung.

In der Erkenntnis ihrer Notwendigkeit ist von verschiedenen Seiten die Lösung dieser Aufgabe aufgenommen worden. Daher ist es bereits jetzt möglich, eine umfassende Darstellung zu geben, weil seit Jahren an dieser Aufgabe von den verschiedensten Stellen gearbeitet worden ist, es hat nur an dem Austausch der Erfahrungen und an der Vereinheitlichung der Verfahren gefehlt. Bestrebungen, die Straßenbaustoffe zu prüfen und zu bewerten, bestehen heute in allen Kulturländern, angeregt durch die Entwicklung des Kraftwagens, und diejenigen Länder, in denen der Kraftwagen die größte Entwicklung aufweist, wie Nordamerika, England, Frankreich, Holland, Schweden, haben die wissenschaftliche Straßenbauforschung weitgehend gefördert.

Das Ziel ist, durch Prüfverfahren an den im Straßenbau verwendeten Stoffen, die zum Teil im Wege der Zeitraffung vorgenommen werden, die Brauchbarkeit der Stoffe festzustellen, was allerdings voraussetzt, daß man Bewertungsmaßstäbe hat. Prüfverfahren sind reichlich ausgebildet worden, aber an den Bewertungsmaßstäben fehlt es fast noch völlig. Das hat einen besonderen Grund. Die Untersuchungsweisen und Prüfverfahren sind von den Materialprüfanstalten und petrographischen Instituten ausgebildet worden. Die Bewertungsgrundsätze mußte der Ingenieur in der Praxis festlegen. Der verstorbene Föppl hat von vornherein den Standpunkt vertreten, daß Laboratoriumsversuche keinen Aufschluß darüber geben können, welche verhältnismäßige Bedeutung jeder einzelnen physikalischen oder chemischen Eigenschaft für den gerade vorliegenden Verwendungszweck zuzusprechen ist, ob es z. B. bei Gesteinen mehr auf Druckfestigkeit oder Widerstand gegen Abschleifen oder auf Zähigkeit ankommt. Welche Bedeutung jeder einzelnen von ihnen im Vergleiche zu den anderen zukommt, muß vielmehr der praktischen Erfahrung der Straßenbaubeamten zur Entscheidung überlassen werden. Das Laboratorium vermag dafür nur die von ihm zu beschaffenden Unterlagen zu liefern (165). Die Zusammenarbeit zwischen Versuchsanstalten, Materialprüfungsämtern, Bauverwaltungen und Straßenbaugewerbe soll durch den beim Reichsverkehrsminister gebildeten Deutschen Ausschuß für die Normung und Prüfung der Straßenbaustoffe herbeigeführt werden.

A. Die auf die Straßenbaustoffe einwirkenden Kräfte.

Die Ausbildung der Prüfverfahren setzt voraus, daß man die Kräfte kennt, die auf die Straßenbaustoffe in der Decke einwirken. Hier sind zwei wichtige Gruppen zu unterscheiden: Naturkräfte und Verkehrskräfte.

a) Naturkräfte und die Untersuchung ihres Einflusses.

Hierunter sind die Einflüsse der Witterung zu verstehen, Feuchtigkeit, Regen oder Schnee, Wärme und Kälte und Sonnenbestrahlung, chemischer Einfluß von Stoffen, die mit den Atmosphärilien zu den Straßenbaustoffen gelangen. Die Untersuchungsverfahren sind zuerst von Hirschwald (166) ausgebildet worden. Sie beziehen sich zwar nur auf natürliche Gesteine, sie lassen sich aber sinngemäß auf die künstlichen Straßenbaustoffe übertragen und werden auch schon seit längerem angewendet.

Der Einfluß von Durchfeuchtungen durch Regen und Schnee läßt sich durch Nässen der Versuchskörper getreu in der Versuchsanstalt nachahmen. Es müssen aber verschiedene Zustände der Durchfeuchtung berücksichtigt werden. Die Wasseraufnahme eines Gesteines oder körnigen Mischung ist nicht verhältnisgleich etwa der Porosität, sie hängt vielmehr von der Art und Form der Poren ab, ob sie miteinander vollkommen zusammenhängen oder getrennt sind, sie hängt auch ab von der Schnelligkeit des Eintauchens und dem Druck, unter dem das Wasser in die Masse eindringt. Das verschiedene Verhalten der Stoffe bei der Wasseraufnahme gibt Hinweise für die Porenausbildung. Die Form der

Poren beeinflußt sehr z. B. die Frost- und Wetterbeständigkeit der Gesteine. Die Prüfung der Wasseraufnahme für verschiedene Zustände ist daher eine wertvolle Grundlage zur Beurteilung der Wetterbeständigkeit. Hirschwald hat vier Zustände der Durchfeuchtung ausgebildet, die natürlichen Vorgängen entsprechen. Aus ihrer Einwirkung auf die Stoffe leitet er die Struktur der angenäßten Körper ab, d. h. die Art und Größe ihrer Hohlräume und Poren. Die Feststellung der Wasseraufnahme ist die erste Maßnahme. Sie dient dazu, den Einfluß des Wassers auf den Baustoff, Gestein, Beton u. a. festzustellen, wird aber auch angewendet, um die physikalischen Eigenschaften wie Raumgewicht, Dichtigkeit, Porenstruktur, Frostbeständigkeit u. a. zu ermitteln. Diese Prüfungsverfahren dienen daher in erster Linie zur Ermittlung der Stoffeigenschaften der Baustoffe. Die Verfahren sind durch die DIN-Vorschriften D.V.M. Nr. 2102, 2103, 2104 genormt worden [1].

1. Bestimmung des Raumgewichtes (DIN D.V.M. 2102).

Die Feststellung des Raumgewichtes geschieht durch Bestimmung des Quotienten $\frac{\text{Gewicht } (G)}{\text{Rauminhalt } (J)}$. Bei unregelmäßigen Stücken wird das Raumgewicht nach dem Wassersättigungsverfahren bestimmt, indem das Gewicht des getrockneten Probestückes an der Luft G_{tr}, das Gewicht des wassergetränkten Probestückes in der Luft G_{ws_1} und im Wasser G_{ws_2} ermittelt wird. Das Raumgewicht berechnet sich dann aus der Formel

$$r = \frac{G_{tr}}{G_{ws_1} - G_{ws_2}} \tag{84}$$

in g/cm³. Probestücke mit regelmäßiger Form sollen nicht unter 4 cm Kantenlänge, mit unregelmäßigen Formen nicht unter 50 cm³ Rauminhalt besitzen. Die Bestimmung ist an mindestens drei Probestücken gleichen Stoffes durchzuführen.

2. Spezifisches Gewicht

ist das Gewicht der Raumeinheit ausschließlich der Poren. Es wird mit 30 g des zu Pulver zerkleinerten Stoffes im Volumenometer von Erdmenger und Mann oder Schumann, oder im Pyknometer ermittelt. Das Pulver soll so stark zerkleinert sein, daß es durch das 900-Maschen-Sieb hindurch geht.

3. Dichtigkeitsgrad

ist der Rauminhalt der festen Masse in der Raumeinheit und wird errechnet aus dem Quotienten $\frac{\text{Raumgewicht}}{\text{spez. Gewicht}}$.

$$d = \frac{r}{s}. \tag{85}$$

4a) Wasseraufnahme (DIN D.V.M. 2103).

Die Probestücke von etwa 50 cm³ Rauminhalt werden bis zur Gewichtsstetigkeit getrocknet und gewogen (Gewicht G_{tr}) und etwa 1 Stunde bis ¼ ihrer Höhe in Wasser gelegt. Dann wird das Wasser bis zur Hälfte und nach 2 Stunden bis zu ¾ der Höhe aufgefüllt. Nach 22 Stunden werden die Proben völlig unter Wasser gesetzt. Sie werden das erstemal nach 24 Stunden gewogen und nach weiteren 24 Stunden wird festgestellt, ob gleichbleibendes Gewicht

[1] Wiedergabe erfolgt mit Genehmigung des Deutschen Normenausschußes. Verbindlich ist die jeweils neueste Ausgabe des Normenblattes im Dinformat A 4, das durch den Beuth-Verlag GmbH Berlin S 14 zu beziehen ist.

(G_{ws}) eingetreten ist. Die Wasseraufnahme in Gew.-vH (A_{wg}) wird nach Eintreten der Gewichtskonstanz berechnet aus der Formel:

$$A_g = G_{ws} - G_{t_2} \text{ (in g oder kg)},$$

$$A_{wg} = \frac{A_g}{G_{tr}} \cdot 100 \tag{86}$$

und die Wasseraufnahme bezogen auf den Rauminhalt aus der Formel

$$A_{wr} = \frac{r \cdot A_g}{G_{t_2}} 100 = r \cdot A_{wg}. \tag{87}$$

4b) Wasserabgabe.

Die wassersatten Proben aus 4a werden im Exsikkator von 500 cm³ Füllung solange bei 20° über 98 vH Schwefelsäure getrocknet, bis gleichbleibendes Gewicht erreicht ist. Die Trockendauer ist anzugeben.

Die Wasseraufnahme zu 4a wird auch als langsames Eintauchen bezeichnet. Der Vorgang entspricht der Einwirkung längerer Regenzeiten, durch die die Baustoffe — sowohl des Hochbaues wie des Straßenbaues — nahezu völlig mit Wasser gesättigt werden. Es wird daher auch angewendet, um die Veränderung der Druckfestigkeit infolge der Wasseraufnahme (im wassergesättigten Zustand) gegenüber der Druckfestigkeit im trockenen Zustand zu ermitteln.

Um aus der Wasseraufnahme Rückschlüsse auf die Beschaffenheit des Stoffes und seine Frostbeständigkeit zu erhalten, wird die Wasseraufnahme noch nach den folgenden Verfahren erweitert.

5a) Frostbeständigkeit (DIN D.V.M. 2104).

1. Wassersättigung des Versuchskörpers unter Luftleere. Die Proben werden in ein mit destilliertem Wasser gefülltes Gefäß gebracht und mit einer Körtingschen Wasserstrahlpumpe mindestens 3 Stunden lang einem Luftdruck von weniger als 20 mm Quecksilbersäule ausgesetzt. Damit sich die von der Luft befreiten Poren nach Herstellen des normalen Luftdruckes voll Wasser saugen, bleiben die Probekörper noch 2 Stunden unter Wasser. Die Wasserzunahme des Wassergehaltes gegenüber dem Verfahren zu 4 (langsames Eintauchen) entspricht der Verschiedenartigkeit der Porenstruktur. Die Probekörper haben nunmehr das Gewicht G_{we} angenommen.

2. Wassersättigung unter Druck. Der nach dem Verfahren zu 1) mit Wasser gefüllte Versuchskörper wird in einer hydraulischen Presse unter einem Wasserdruck von 150 kg/cm² gebracht und die nunmehrige Wasseraufnahme festgestellt (Gewicht der Proben G_{wd}).

Aus dem Unterschied in der Wasseraufnahme nach dem Verfahren zu 4 und 5a)2 (wenn eine Presse nicht beschafft werden kann, genügt auch der Zustand zu 5a)1 ermittelt Hirschwald den „Sättigungsbeiwert“, der angibt, bis zu welchem Grade die Poren der Masse (des Gesteins) durch Wasseraufsaugung gefüllt werden

$$\text{Sättigungsbeiwert} = \frac{G_{ws}}{G_{we} \text{ bzw. } G_{wd}}. \tag{88}$$

Er liefert einen wichtigen Anhalt für die Bestimmung der Frostbeständigkeit. Bekanntlich dehnt sich das Wasser beim Gefrieren um etwa $^1/_{10}$ seines Inhaltes aus. Denkt man sich einen Körper so weit mit Wasser gesättigt, daß es die Poren gleichmäßig auf $^9/_{10}$ ihres Rauminhaltes erfüllt, so wird in solchem Falle eine schädigende Frostwirkung niemals eintreten können, selbst wenn die Festigkeit des Körpers noch so gering ist, denn das Wasser findet beim Gefrieren gerade noch genügend Raum, um sich frei ausdehnen zu können, ohne daß hierbei ein namhafter Druck auf die Porenwandungen ausgeübt wird. Erst wenn die Wasserfüllung der Poren mehr als $^9/_{10}$ ihres Inhaltes beträgt, fehlt es dem sich bildenden Eis an dem erforderlichen Raum, und es schafft sich denselben durch Zersprengen des Körpers. Hieraus folgt der durch viele Versuche bestätigte Satz:

Gesteine, aber auch andere Körper, wie Ziegelsteine, Asphaltmischungen, deren Poren nahezu mit Wasser gefüllt sind, werden in allen Fällen durch Frost zerstört, selbst wenn ihre Festigkeit noch so bedeutend ist, während unvollkommen gesättigte auch bei sehr geringer Festigkeit der Frostwirkung widerstehen.

Es kommt also darauf an, festzustellen, ob der Körper bei der durch natürliche Vorgänge eintretenden Wasseraufnahme, die in diesem Falle durch das Verfahren zu 4 langsames Eintauchen, nachgeahmt wird, nur unvollkommen gesättigt wird. Das wird festgestellt durch die Zunahme der Wasseraufnahme durch die Wassersättigung zu 5a oder 5b. Ist der so ermittelte Sättigungsbeiwert größer als 0,9, so wird die Masse unter allen Umständen frost**un**beständig sein, ist dagegen der Sättigungsbeiwert beträchtlich niedriger als 0,9, so erscheint die zerstörende Wirkung des Frostes ausgeschlossen. Unter Berücksichtigung besonderer Strukturverhältnisse hat es sich als zweckmäßig erwiesen, den Sättigungsbeiwert auf 0,8 festzulegen. Alle Gesteine, die diesen oder einen Wert unter 0,8 aufweisen, können als frostbeständig angesehen werden.

5b) Der Frostversuch.

Die Ermittlung des Sättigungsbeiwertes wird auch als der theoretische Frostversuch bezeichnet. Der praktische Frostversuch besteht darin, daß zehn mit Wasser gesättigte, annähernd gleich große Proben fünfundzwanzigmal 6 Stunden lang dem Frost von -15^0 ausgesetzt werden.

Der Temperaturabfall ist so zu regeln, daß die Temperatur allmählich in etwa 4 Stunden auf mindestens -15^0 fällt[1] und diese Temperatur 2 Stunden gehalten wird. Zwischen dem Gefrieren werden die Proben 2 Stunden lang in Wasser von Zimmerwärme wieder aufgetaut. Es wird hierbei einmal festgestellt, ob die Masse durch den Frost allein schon zerstört wird oder Absplitterungen oder andere Beschädigungen eintreten und außerdem, ob die Druckfestigkeit gegenüber dem Zustande vor der Einwirkung des Frostes eine Abnahme erleidet. Zum Vergleich müssen Druckfestigkeitsergebnisse vorliegen, die an Probewürfeln, die den Frostversuch nicht durchgemacht haben, vorgenommen worden sind.

Bemerkungen. Die hier erwähnten DIN-Vorschriften sind für natürliche Gesteine herausgegeben. Sie sind aber in gleicher Weise für alle anderen Baustoffe anwendbar, wie z. B. Beton, Mischungen von Gestein mit Asphalt und Teer, Naturasphalte u. a.

Die in Deutschland üblichen, von Hirschwald aufgestellten Verfahren zur Feststellung des Widerstandes gegen Einflüsse der Witterung sind auf dem Sechsten Kongreß des Internationalen Verbandes für die Materialprüfungen der Technik in New York 1912 zur allgemeinen Anwendung angenommen worden. Man kennt in Amerika einen anderen Frostversuch, indem man den Versuchskörper 20 Stunden in schwefelsaures Natrium legt und dann 4 Stunden in einem Ofen trocknet. Diese Behandlung wird bis 100 mal wiederholt. Das schwefelsaure Natrium kristallisiert aus. Gesteine, deren Sättigungsbeiwert nach Hirschwald größer als 0,8 oder 0,9 ist, die also nicht frostbeständig sind, werden auch bei diesem Versuch durch die bei der Auskristallisation des schwefelsauren Natriums entstehende Raumvergrößerung zerstört.

[1] Nach den österreichischen Vorschriften soll die tiefste Temperatur -22^0 betragen, weil bei dieser Temperatur das Eis die größte Ausdehnung erreicht (167).

Als Einwirkungen der Naturkräfte sind auch diejenigen zu bezeichnen, die sich als Quellung oder Erweichung bei der Wasseraufnahme zu erkennen geben, ferner die Einflüsse der Erwärmung und von Säuren. Soweit diese überhaupt bei Straßenbaustoffen in Frage kommen, werden sie bei den einzelnen Stoffen für sich behandelt.

b) Verkehrskräfte und deren Nachahmung in der Versuchsanstalt.

Aufgabe des Ingenieurs wird es in erster Linie sein, die mechanischen Angriffe des Verkehres auf die Straßenbaustoffe zu verfolgen. Beim Pferdefuhrwerk sind die Radlasten als Druck, rollende Reibung und Stoß und die Schläge der Pferdehufe und Wagenräder die äußeren unmittelbaren Kräfte. Beim Kraftwagen ist es die Bodenpressung, die Schubkräfte, hervorgerufen durch die Triebräder, die sowohl Schub- wie Schleifarbeit bewirken, die Stöße und die Wirbelkräfte.

Im wesentlichen sind es also dynamische Kräfte, die auf die Straßenbaustoffe einwirken. Die Vornahme von dynamischen Versuchsverfahren in der Versuchsanstalt sind mit einigen Schwierigkeiten verknüpft, vor allem wirken auf die Stoffe der Straße verschiedene Beanspruchungen gleichzeitig, die in der Versuchsanstalt nur getrennt vorgenommen werden können. Die Entwicklung des Baustoffprüfungswesens geht daher in der Richtung, die zuerst angewendeten statischen Prüfungsverfahren durch dynamische, möglichst zusammengesetzte zu erweitern und schließlich auf besonderen Prüfbahnen die Vorgänge auf der Straße in meßbarer und kontrollierbarer Art und Größe nachzuahmen. Diese Prüfverfahren sind ursprünglich ausgebildet, um die mineralischen Baustoffe zu untersuchen. Sie werden aber auch bei den organischen — Holz, Asphalt und Teer und den damit zusammengesetzten — Straßendecken angewendet. Der mit der Vornahme dieser Verfahren verfolgte Endzweck ist nicht immer der gleiche, z. T. dient er nur der Feststellung der Stoffeigenschaften, z. T. der Gebrauchseigenschaften, darum sollen an dieser Stelle erst die Verfahren, die für alle Stoffe ohne Unterschied in Frage kommen, beschrieben werden. Diejenigen Sonderverfahren, die nur für die einzelnen Baustoffe eingeführt sind, werden bei diesen selbst behandelt, wobei auch diejenigen Prüfverfahren erwähnt werden sollen, die in andern Ländern eingeführt worden sind.

1. Druckfestigkeit (DIN D.V.M. 2105)

wird als Mittelwert an fünf würfelförmigen Proben von mindestens 6 cm Kantenlänge ermittelt. Bei Gesteinen mit gleichmäßigem, feinkristallinem Gefüge kann die Kantenlänge geringer, mindestens 4 cm sein. Die Probestücke sind möglichst aus unbehauenen Blöcken herauszusägen und die Druckflächen durch Schleifen zu ebnen.

Die Prüfung erfolgt a) in trockenem, b) wassersattem und c) nach fünfundzwanzigmaligem Gefrieren und Auftauen. Die Festigkeitsänderung in vH der Trockenfestigkeit ist bei b) und c) anzugeben. Während die Festigkeitsprüfung zu a) die Widerstandskraft des Gesteins zur Aufnahme von Kräften angibt, kann aus den Werten zu b) und c) auch der Einfluß der Feuchtigkeit, also der Witterung, und die Beständigkeit gegen solche Einflüsse entnommen werden. Die Druckfestigkeit wird im allgemeinen senkrecht zur Lagerfläche (natürliche Schichtung oder Schieferung) ermittelt. Bei ausgesprochen schiefrigen Gesteinen ist die Prüfung auch in Richtung der Schieferung durchzuführen.

2. Abnutzung — Härte (DIN D.V.M. 2108).

Der Widerstand gegen die Abnützung der Oberfläche einer Straßendecke (Fahrbahndecken, Gehbahnbefestigung, Fußbodenbelag) ist von Bedeutung für ihre Lebensdauer, soweit nicht Verwitterung oder Bruch infolge Auftreten anderer mechanischer Kräfte u. a. ihr ein Ziel setzen. Vor allem ist eine gleichmäßige Abnutzung der Straßenbaustoffe erwünscht, da die stärkere Abnützung an einer Stelle sehr schnell auch die benachbarten gesunden in Mitleidenschaft zieht.

Eingeführt ist dieses Verfahren von Bauschinger, der eine Schleifscheibe benutzt hat, die 30 Umdrehungen in der Minute bei 50 cm Schleifradius macht. Die Belastung des Körpers hat 0,6 kg/cm² betragen. Nach je 10 Umdrehungen werden 20 g Naxosschmirgel Nr. 80 aufgegeben. Gesamtzahl der Umdrehungen 200 = 628 m Schleifweg. (Materialprüfungsanstalt München und Stuttgart, letztere setzt beim Schleifen Wasser in Tropfen zu.) Der Druck und die Schmirgelbeigabe sind z. Zt. von Bauschinger so gewählt, daß die Abnutzung unabhängig vom Druck wird, wie durch Versuche von Graf bestätigt worden ist.

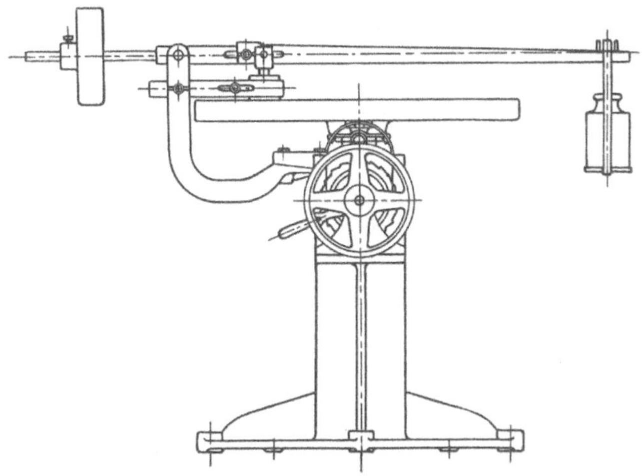

Abb. 193. Prüfvorrichtung für Abnutzbarkeit durch Schleifen nach Böhme.

In Deutschland ist zur Beurteilung der Abnutzbarkeit das Verfahren von Böhme jetzt eingeführt worden. DIN D.V.M. 2108.

Die Schleifscheibe besteht aus einer waagrecht gelagerten Scheibe von 75 cm ∅, deren Schleifbahn aus besonders hartem Stahl besteht und auswechselbar hergestellt werden kann (Abb. 193). Die Schleifbahn ist eine 20 cm breite Ringfläche auf der Schleifscheibe im Abstand von 12 bis 32 cm vom Mittelpunkt der Schleifscheibe. Für die Prüfung werden plattenförmige oder würfelförmige Probekörper von 7,1 cm Kantenlänge (50 cm² Fläche) verwendet, die nach DIN 2102 hergerichtet werden.

Die belastete Scheibe macht 30 Umdrehungen in der Minute. Durch eine selbsttätige Zähl- und Ausschaltevorrichtung mit Bremseinrichtung werden je 22 Umdrehungen der Scheibe angezeigt und die Scheibe nach je 110 Umdrehungen stillgesetzt. Der Probekörper wird in eine Haltevorrichtung eingespannt, so daß die Mitte 22 cm von der Scheibenmitte entfernt liegt. Durch einen stählernen Hebel, an dessen Ende sich ein Belastungsgewicht befindet, wird der Körper mit 30 kg gegen die Schleifscheibe angedrückt.

Als Schmirgel wird Normenschmirgel benutzt, dessen Zusammensetzung in der DIN D.V.M. 2108 genau vorgeschrieben ist. Normenschmirgel liefert die Firma Naxos Union, Frankfurt a. M.

Der Versuch wird jeweils nur mit einem Probekörper ausgeführt. Der Körper wird mit der zu beanspruchenden Fläche auf die vorher in der Schleifbahn mit 20 g Schmirgel gleichmäßig bestreute Schleifscheibe in die Haltevorrichtung gesetzt und mit 30 kg entsprechend $p = 0{,}6$ kg/cm² mittig belastet. Dann wird die Schleifscheibe in Bewegung gesetzt. Der Schmirgel wird in geeigneter Weise ständig auf die Schleifbahn zurückgeleitet. Nach je 22 Scheibenumdrehungen werden das abgeschliffene Gesteinspulver und die Schmirgelreste entfernt und neuer Schmirgel in Mengen von je 20 g aufgebracht. Nach 110 Scheibenumdrehungen wird der Gewichtsverlust auf Zehntel genau ermittelt, der Probekörper um 90^0 gedreht und in gleicher Weise mit 3 mal 110 Scheibenumdrehungen weiter geschliffen.

Die Prüfung ist mindestens an 3 Probekörpern eines Gesteins durchzuführen. Aus den Gesamtgewichtsverlusten nach 4 mal 110 = 440 Scheibenumdrehungen wird mit Hilfe des Raumgewichtes des Gesteins, bestimmt nach DIN D.V.M. 2102, der Verlust in Kubikzentimeter berechnet.

Beim Vergleich der Ergebnisse verschiedener Untersuchungen auf Abnutzung sind die folgenden Prüfungsvorgänge zu beachten: a) die Größe der Probekörper und die Zahl der gleichzeitig zu prüfenden Stücke, b) die Belastung der Probestücke gegen die Schleifscheibe, c) die Umdrehungsgeschwindigkeit der Scheibe, d) die Beschaffenheit des Schleifmittels, e) die Menge des Schleifmittels, f) die Länge des Schleifwegs, g) die Stellung der zu prüfenden Fläche zur Schleifscheibe, Durchmesser der Schleifbahn, h) Beschaffenheit der Schleiffläche, i) Feuchtigkeitszustand der Probe und des Schleifmaterials (Wasserzuführung während des Schleifens), k) die besonderen Eigenschaften des zu prüfenden Stoffes (Steine, Glas, Holz, Linoleum, Asphaltbeläge).

Eine Schleifmaschine mit beständig bewegten Probekörpern ist die Maschine von Amsler-Laffon in Schaffhausen. Während des Schleifens werden die Würfel durch Zahnradübertragung um ihre vertikale Achse gedreht (im technischen Untersuchungsamt der Stadt Berlin wandert außerdem der Körper infolge exzentrischer Einspannung von außen nach innen, damit die Schleifscheibe gleichmäßig benutzt wird). Flächendruck 0,6 kg/cm², der gesamte Schleifweg 500 m, auf je 100 m Schleifweg werden 66 g Naxosschmirgel fortlaufend aufgegeben.

England und Amerika haben ähnliche Einrichtungen zur Härtebestimmung (Verfahren nach Dorry). Der Versuchskörper ist ein Zylinder von 26 mm ∅, er wird mit 250 g/cm² gegen eine Stahlgußscheibe gepreßt. Schleifhalbmesser 26 cm, 1000 Umdrehungen. Schmirgel, bestehend aus Quarzsand von 0,5 bis 0,36 mm (zwischen 30- und 40-Maschen-Sieb A.S.T.M.D. 7/18). Gemessen wird der Gewichtsverlust w. Hieraus ergibt sich der amerikanische Härtebeiwert $H = 20 - \frac{W}{3}$. Bemerkt sei, daß man in den V.St.A. diesem Verfahren zugunsten der nachfolgenden keinen übermäßigen Wert mehr beimißt. Auch in Frankreich hält man von der Abnutzungsscheibe nicht viel, weil der Baustoff sich ungleichmäßig abnutzt. Die Materialprüfanstalt Paris hat daher eine Walze von 0,60 m ∅ gebaut, auf der die 6,5 cm großen Versuchskörper unter gleichmäßiger Zugabe von Sand und Wasser abgeschliffen werden.

Eine der Schleifmaschine von Amsler ähnliche Schleifdrehmaschine verwendet Professor Dr. Gaber (Karlsruhe), bei der die Versuchskörper, die keine Würfel zu sein brauchen, sondern Bruchstücke von 7,0—7,5 cm Kantenlänge sein können, die auf einer Seite angeschliffen sind, mit 54 kg gegen die Schleifscheibe gedrückt werden und sich bei dem Vorgang um sich selbst drehen (168).

3. Sandstrahlgebläse.

Beim Sandstrahlgebläse (Abb. 194), das von Gary für die Zwecke der Baustoffprüfung ausgebildet worden ist, werden die Proben im lufttrockenen Zustand dem unter 2 oder 3 at Dampf- oder Luftdruck stehenden Sandstrahl des Gebläses zwei Minuten ausgesetzt. Zur Erzielung gleichmäßiger Beanspruchung wird die kreisrund abgeblendete Angriffsfläche des Prüfkörpers von 28 cm² durch ein Planetengetriebe über dem Sandstrahl bewegt. Verwendet wird Normensand. Der Nachteil des Sandstrahlgebläses ist, daß es mit den Beanspruchungen der Straßendecke wenige Vergleichspunkte hat. Das Sandstrahlgebläse greift die verschiedenen Gesteinsbestandteile entsprechend ihrer verschiedenen Güte sehr verschieden an, so daß die dem Sandstrahl ausgesetzte Oberfläche ein pockennarbiges Aussehen erhält, die widerstandsfähigeren Gesteinsteile schauen als Kuppen oder Rippen heraus. Hanisch hat z. B. an einer großen Reihe von Versuchen festgestellt, daß das Gebläse die quarzreichen Gesteine in der Mehrzahl der Fälle stärker, die quarzarmen und quarzfreien Gesteine dagegen durchaus weniger abnützt als die Schleifscheibe (169). Das Sandstrahlgebläse zeigt die Härte der einzelnen Gemengeteile. Das widerspricht den natürlichen Vorgängen; denn wenn auch durch den Straßenverkehr die weicheren Gemengeteile zuerst herausgerissen werden, so folgen die härteren alsbald nach,

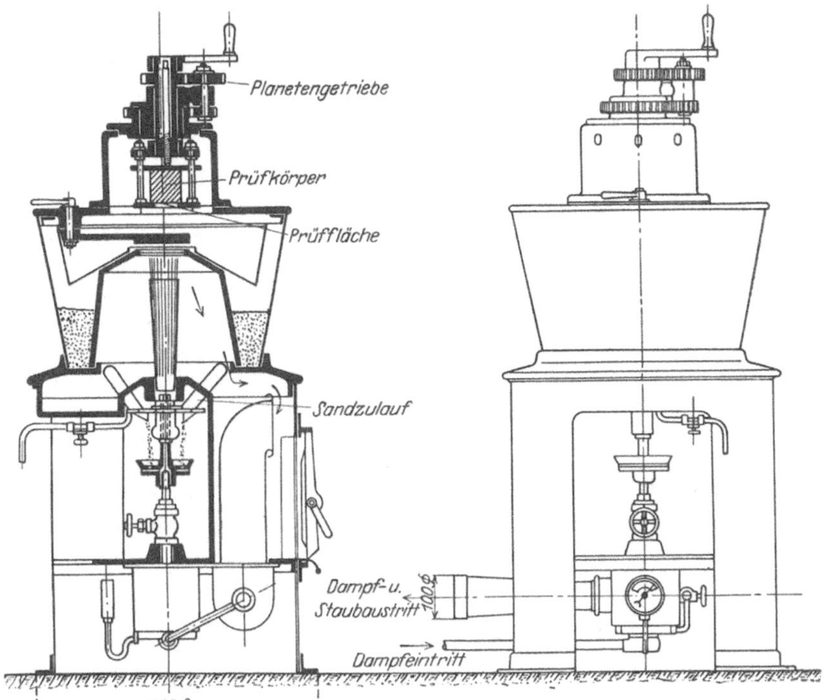

Abb. 194. Sandstrahlgebläse.

da der Verkehr sie zertrümmert. Auch der Umstand, daß der abgeschliffene Stoff, der auf der Schleifscheibe zusammen mit dem Schmirgel verbleibt, beim Sandstrahlgebläse mit dem als Sand dienenden Schmirgel sofort abgeführt wird, kann als Vorteil des Sandstrahlgebläses nicht unbedingt anerkannt werden; denn tatsächlich bleibt der abgeschliffene Stoff der Straße auch auf der Pflasterdecke liegen.

Dennoch hat das Sandstrahlgebläse viel Anwendung nicht nur bei der Prüfung von Gesteinen, sondern auch bei Stampf- und Gußasphalt gefunden, weil es über die Zusammensetzung der Baustoffe und ihre Eigenschaften recht kennzeichnende Einblicke gestattet.

Notwendig ist, daß die Düse, die der wichtigste Teil des Sandstrahlgebläses ist, die richtige Form hat und nicht zu stark abgenützt wird, da dann die Ergebnisse der Blaseinwirkung sehr stark zurückgehen. Die Düse soll daher aus einem möglichst verschleißfesten Stoff hergestellt und oft ausgewechselt werden. Als Vergleichskörper wird stets Spiegelglas wegen seiner Gleichmäßigkeit mit abgeblasen und alle Werte darauf bezogen (170).

4. Prüfung auf Schlagfestigkeit — Zähigkeit (DIN D.V.M.E. 2107).

Als Proben dienen Würfel von 4 cm Kantenlänge im lufttrockenen Zustande (bei besonders zähen Gesteinen und solchen mit gleichmäßig kristallinem Gefüge von 3,5 cm). Das Fallwerk besteht aus einem möglichst reibungslos geführten Schlaggewicht von 50 kg (Abb. 195). Die Einrichtung muß so ausgebildet sein, daß der Prallschlag aufgefangen und seine Höhe ermittelt werden kann. Das geschieht durch die Auffangvorrichtung in der Abb. 195. Der Amboß soll aus einem Stück Stahl von 500 kg Gewicht bestehen und auf einem Fundament aus Beton oder Mauerwerk von 1 m^3 Raumgewicht befestigt sein. Zur Übertragung der Schläge auf die Probe dienen quadratische Schlagplatten aus Stahl, deren untere Fläche eben geschliffen und deren obere kugelig ausgebildet sein muß. Die Fallhöhe des Schlaggewichtes beim ersten Schlag wird so gewählt, daß die Schlagarbeit für 1 cm^3 Probeneinheit 2 cmkg beträgt. Die Schlagarbeit jedes folgenden Schlages wird um diesen Betrag gesteigert, bis größere Beschädigungen an den Probekörpern auftreten. Die vollständige Zerstörung wird mit Schlägen gleicher Schlagarbeit in der zuletzt erreichten Größe herbeigeführt. Bei jedem Schlage ist der Rückprall festzustellen und aus seiner Größe zu ermitteln, ob die letzten Schläge mit ihrem vollen Wert oder nur einem Teil ihres Wertes bei der Ermittlung der Gesamtschlagarbeit in Rechnung zu bringen sind.

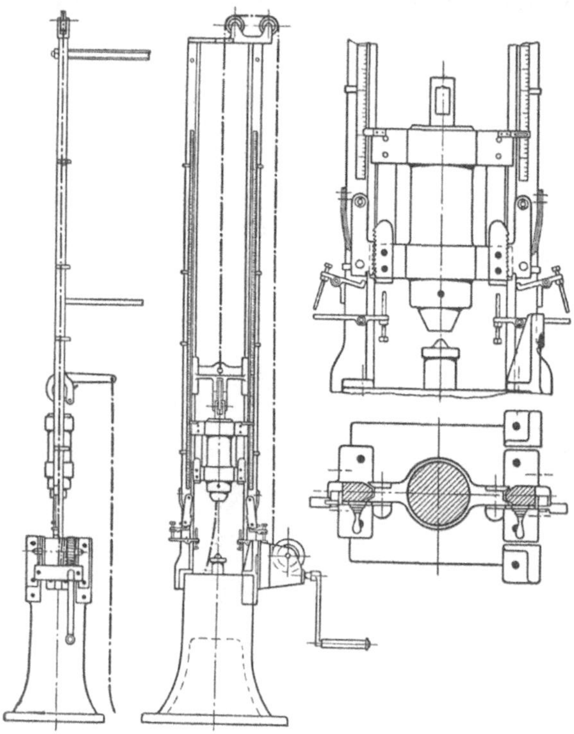

Abb. 195. Fallgewicht zur Zähigkeitsprüfung nach Föppl. Rechts die Auffangvorrichtung in größerem Maßstab.

Als Wertziffer gilt die Zähigkeitszahl Z, d. h. diejenige Gesamtschlagarbeit, die zur Zerstörung des Probekörpers erforderlich ist, bezogen auf 1 cm^3. Als Sprödigkeitsverhältnis kann außerdem der Quotient aus Druckfestigkeit (trocken) und Zähigkeitszahl gelten. Dieses Verfahren ist von Föppl d. Ä. in München ausgebildet worden und ausgiebig bei der Prüfung von Gesteinen verwendet worden.

In der Schweiz ist ein dem Föpplschen ähnliches Verfahren eingeführt worden.

In England und Amerika wendet man ein Verfahren an, bei dem ein 2 kg schwerer Bär, der durch eine Kette gehoben und durch eine Auslösung, die nach dem Fall den Bär um 1 cm höher hebt, auf den Probekörper fällt. Dieser hat die Form eines Zylinders von 23 mm ⌀ und 25 mm Höhe. Gemessen wird die Hubhöhe des letzten Schlages.

Nach diesem Verfahren werden in gleichem Maße solche Gesteine geprüft, die für Pflaster, Steinschlag und Zuschlag, für Beton-, Mörtel-, Teer- und Asphaltstraßen verwendet werden sollen, da es sich um Ermittlung der Stoffeigenschaften handelt.

B. Besondere Prüfverfahren für die einzelnen Straßenbaustoffe.

a) Natürliche Gesteine.

Um ein vollständiges Bild für die Beurteilung natürlicher Gesteine zu Straßenbauzwecken hinsichtlich ihrer Stoff- und Gebrauchseigenschaften zu erhalten, würde die Ermittlung der folgenden Eigenschaften notwendig sein:

1. Petrographische Beschaffenheit, Verwitterungszustand.
2. Gefüge- und Bruchflächenbeschaffenheit, Spaltbarkeit.
3. Raumgewicht in verschiedenen Zuständen.
4. Spezifisches Gewicht, Dichtigkeitsgrad, Porosität.
4. Wasseraufnahmefähigkeit nach verschiedenen Verfahren (Sättigungsbeiwert).
6. Frostbeständigkeit (Gefrierprobe):
   a) äußerlich beurteilt,
   b) in Verbindung mit Festigkeits- oder Abnützungsprüfung u. a.
7. Druckfestigkeit:
   a) lufttrocken,
   b) wassersatt,
   c) getrocknet,
   d) ausgefroren.
8. Biegefestigkeit.
9. Schubfestigkeit.
10. Abnützung im Sandstrahl.
11. Abnützung im Schleifverfahren.
12. Abnützung der Kanten bei Pflaster und Schotter.
13. Schlag- oder Stoßfestigkeit.
14. Statische Zertrümmerbarkeit bei Schotter.
15. Korngröße und Form bei Schotter.
16. Bindefähigkeit des Steinstaubs.
17. Rauhigkeit der Pflastersteinoberfläche nach Abnützung.
18. Gleichmäßigkeit der Gesteinseigenschaften innerhalb eines Steinbruchs oder einer Lieferung.
19. Ermüdungsfestigkeit (Dauerfestigkeit).

Übersicht über die vorzunehmenden Prüfungen[1] und ihre Ausführung.

Wie bei allen Werkstoffen sind auch bei den Straßenbaustoffen solche Prüfverfahren einzuführen, die sich möglichst einfacher Vorrichtungen bedienen, sehr schnell und wenn möglich auf der Verwendungsstelle vornehmen lassen und nur geringe Kosten verursachen. Man muß daher zwischen den unbedingt notwendigen Prüfverfahren, den wünschenswerten und besonders noch nicht allgemein anerkannten Prüfverfahren einzelner Forscher unterscheiden. Wünschenswert ist die Kenntnis der folgenden Eigenschaften (171).

1. Petrographische Beschaffenheit.
2. Gefüge- und Bruchflächenbeschaffenheit.
3. Raumgewicht, spezifisches Gewicht, Dichtigkeitsgrad und Undichtigkeitsgrad . . . . nach DIN D.V.M. 2102
4. Wasseraufnahme . . . . „ „ „ 2103
5. Sättigungsbeiwert . . . . „ „ „ 2104
6. Frostbeständigkeit . . . . „ „ „ 2104
7. Druckfestigkeit . . . . „ „ „ 2105
8. Abnutzbarkeit . . . . „ „ „ 2108
9. Zähigkeit . . . . „ „ E 2107
10. Kanten- und Stoßfestigkeit.
11. Widerstandsfähigkeit gegen Zertrümmern,
12. Aussiebung (Korngröße und -form).

Als notwendige Prüfungen werden angesehen 3, 4, 5, 6, 8 und 10, dagegen 7 nur auf besonderen Antrag. Mit den Gesteinsteilen, die den Frostversuch durchgemacht haben, sind die Versuche 8 und 10, sowie allenfalls 7 zu wiederholen.

Die mechanische und physikalische Untersuchung allein kann kein volles Bild über die Beschaffenheit des Gesteins geben. Deshalb wird empfohlen, noch

[1] In Österreich erfolgt die Prüfung der natürlichen Gesteine für Bausteine, Straßen- und Eisenbahnschotter nach Önig Onorm B 3102. Die Verfahren entsprechen im wesentlichen den deutschen.

die Untersuchung der petrographischen Eigenschaften vorzunehmen. Grundlagen darüber sollen noch aufgestellt werden.

Zu 1. Mineralogische Untersuchung zur Feststellung der speziellen mineralogischen Zusammmensetzung und Struktur der Gesteine, petrographische und mikroskopische Untersuchung zur Feststellung der speziellen mineralogischen Zusammensetzung und Struktur des Gesteins.

Da die Beschaffenheit der Gesteine selbst in demselben Bruch recht wechselnd sein kann, werden die Proben von sachverständiger Seite genommen werden müssen, so daß sie dem Durchschnitt der Gesteinslage entsprechen. Eine Besichtigung des Bruches selbst wird zweckmäßig sein.

Zu 2. Die Gefüge- und Bruchflächenbeschaffenheit ist zu prüfen, durch die alle äußerlichen Merkmale des Gesteins und die Farbe bestimmt werden. Es ist festzustellen, ob das Gestein dicht oder rissig ist, wie es bricht und spaltet, bei Straßenschotter die Form der Schotterstücke und ihre durchschnittliche Größe. Beachtenswert sind in dieser Hinsicht die Vorschläge von Professor Dr.-Ing. Grengg, Wien, in seiner Abhandlung zum II. I. Kongreß für Materialprüfungen, Zürich: „Anwendung mineralogischer und petrographischer Erkenntnisse auf die technische Materialprüfung nichtmetallischer anorganischer Stoffe.“

Zu 3, 4, 5 und 6. Die Prüfungsverfahren sind im Abschnitt A a 1—7 behandelt. Sie sind leicht und schnell durchzuführen.

Zu 7. Die Druckfestigkeit im lufttrockenen, wassergesättigten Zustand und nach der Frostprobe kann nur an würfelförmigen Probekörpern ermittelt werden, die alle aus demselben Gesteinstück geschnitten sind. Ihre Anfertigung ist kostspielig und zeitraubend. Daher versucht man die Druckversuche überhaupt fortzulassen und durch andere Verfahren zu ersetzen. Die Prüfung auf Druckfestigkeit wird wegen ihres bedingten Wertes und wegen der hohen Kosten der Probeanfertigung nur als wünschenswert bezeichnet, da aus den notwendigen Prüfverfahren auf die wahrscheinliche Druckfestigkeit geschlossen werden kann.

Professor Dr. Steuer, Darmstadt, hält dagegen den Druckversuch noch immer für das beste Mittel zur Beurteilung der Frische des Gesteines, weil sich darin ausdrückt, ob das Gestein durch frühere Einflüsse wie Druck, Hitze oder Dämpfe beeinträchtigt ist oder nicht. Nach Steuer soll die petrographische Untersuchung zusammen mit dem Druckversuch Rückschlüsse auch auf Dichtheit, Kornbindung und Frische, besonders der Feldspate, und damit auch auf Abnutzung und Zähigkeit gestatten. Die petrographische Untersuchung erfordert die Herstellung von Dünnschliffen und die Mitarbeit des Petrographen (172). Nach Professor Steuer gibt die Druckfestigkeit einen allgemeinen Befund über das Gestein, während nach den allgemeinen Anschauungen der Druckversuch den Widerstand gegen mechanische und dynamische Beanspruchung erkennen lassen soll. Da aber die vom Verkehr ausgeübten Kräfte weit unterhalb der Druckfestigkeit des Gesteins bleiben, so ist der Druckversuch für diese Widerstandsermittlung nicht unbedingt erforderlich. Als Ausweg wird vorgeschlagen, die Druckfestigkeit des Gesteins in einem Bruch nur etwa alle zwei Jahre in einer anerkannten Versuchsanstalt nach den vom Deutschen Verbande für die Materialprüfung der Technik festgesetzten Verfahren zu prüfen. Sie wird jedesmal am Gestein neuerschlossener Gesteinsbänke durch amtliche Probeentnahme festgestellt und gibt ein Bild für die Frische des Gesteins. Professor Dr. Gaber hat nachgewiesen, daß z. B. bei Pflastersteinen die Prüfung der Schubfestigkeit wichtiger ist als die der Druckfestigkeit.

Hinsichtlich der Abmessungen der Probestücke ist folgendes zu beachten: Kleinere Würfel weisen wegen der Endflächenreibung eine höhere Druckfestigkeit als größere auf. Daher ist für die Kantenlänge der Proben bei hartem und mittelhartem Gestein 4 cm, bei weichem 6—10 cm vorgeschrieben. Nach den letzten Versuchen von Prof. Gehler (173), Dresden, ist zu erwarten, daß jedes Naturgestein, bei Druckversuchen eine Grundfestigkeit W_0, einen von der Kantenlänge unabhängigen Festwert in kg/cm², ergibt. Für die Würfelgröße sollen nach den österreichischen Erfahrungen auch der Mineralbestand und das Gefüge des Gesteins maßgebend sein. Aus demselben Grunde bevorzugt Prof. Gaber, Karlsruhe, eine Kantenlänge von mindestens 7 cm, empfiehlt aber möglichst größere Abmessungen, weil sonst besondere Gefügeformen, wie Feldspat- oder Quarzkristalle, z. B. beim Granit die Druckfestigkeit beeinflussen. Die Belastungsgeschwindigkeit bei der Druckprobe ist auf die Größe der Bruchlast von Einfluß, denn bei schneller Laststeigerung zeigen die Gesteine eine auffallend höhere Druckfestigkeit als bei langsamer. Das gilt besonders bei spröden und festen Gesteinen. Daher muß noch die Laststeigerung in der Sekunde, bezogen auf 1 cm² gedrückte Fläche, vereinbart werden. Die Materialprüfungsanstalt Stuttgart hält eine sekundliche Laststeigerung um 1—5 kg/cm² für angebracht, Professor Dr. Grengg 10 kg/cm².

Zylindrische Probekörper, die in England, Nordamerika, Italien und neuerdings auch in Schweden benutzt werden, sind schneller und billiger durch Ausbohren in wenigen Minuten herzustellen. Es ist auch leichter, die Druckflächen der Zylinder eben und parallel zu schleifen. Wird der Durchmesser gleich der Höhe gewählt, so lassen sich die Druckversuche an Zylindern mit denen an Würfeln vergleichen. Nach Gehler beträgt die Zylinderfestigkeit nur etwa 0,9 der Würfelfestigkeit, weil die Endflächenreibung bei den Würfeln größer ist.

8. Abnutzbarkeit auf der Schleifmaschine erfolgt nach dem Verfahren DIN D.V.M. 2108.

Das Verfahren soll dazu dienen, die Härte der Gesteine festzustellen. Das ist aber nicht ganz einwandfrei durchzuführen, da die Gesteine aus mehreren Grundstoffen zusammengesetzt sind, deren Härte stark voneinander abweicht. Nach Hirschwald ist die Härte abhängig von der Härte des vorherrschenden Gemengeteiles, von dem Mengenverhältnis desselben gegenüber den sonstigen Bestandteilen und von dem Gefüge oder der Kornbindungsfestigkeit des Gesteins.

Man empfindet die Härteunterschiede bei der Bearbeitung z. B. beim Bohren und Abschleifen. Beide Arbeitsweisen sind angewendet worden, um die Härte von Gesteinen, die als Straßenbaustoff verwendet werden sollen, festzustellen. Das Bohrverfahren hat sich nicht durchsetzen können. Dagegen ist das Verfahren zur Feststellung der Abnutzungshärte durch Abschleifen weiter durchgebildet und die Böhmische Schleifscheibe als Prüfeinrichtung eingeführt worden. Als Mangel des Verfahrens muß bezeichnet werden, daß die Schleifmittel (Schmirgel) mit dem Schleifverlust des Gesteins vermischt werden.

Mittlere Abnutzungswerte im Vergleich zur Druckfestigkeit für einige Gesteine nach Professor Graf nach dem Verfahren von Bauschinger[1]:

Zusammenstellung 51.

Raumgewicht	Druckfestigkeit kg/cm²	Abnutzung cm³/cm²	Zähigkeit cmkg/1 cm³
Granit 2,74	1740	0,09	149 } (174)
Basalt 3,01	3730	0,08	767 } (174)
Porphyr 2,5	2900	0,07	—
Jurakalk und Muschelkalk 2,6—2,7	1800—2200	0,4—0,5	—

[1] Eine Übersicht über die Unterschiede der Abnutzung nach dem Verfahren von Bauschinger und der DIN D.V.M. 2108 gibt Professor Graf, Straßenbau 1930, S. 585.

Niederbayrische Hartsteinindustrie nach Prüfungen der Materialprüfungsanstalt München:

Zusammenstellung 51. (Fortsetzung)

Raumgewicht	Druckfestigkeit kg/cm²	Abnutzung cm³/cm²	Zähigkeit cmkg/l cm³
	Bauschinger Scheibe.		
Granit Oberfrauenwald 2,64	2820	~0,10	581
Granitwerk Kusser 2,73	2460	~0,10	441
Granitwerk Kusser 2,62	2270	0,11	324
	Böhmische Scheibe.		
Diabas von Löbau in Sachsen (Mat. Amt Berlin) 2,975	3320	0,08	

Vergleiche zwischen dem Bauschingerverfahren und dem auf der Dorryschleifscheibe in der schwedischen Anstalt haben ergeben, daß die Abnutzung auf der Bauschingerscheibe doppelt so groß ist als auf der Dorryscheibe (175). Da die Beanspruchungen auf der Straße vorwiegend mit Stößen verbunden sind und die Abnützung in Verbindung mit Stoßkräften eine viel stärkere sein wird, hat Professor Dr. Gaber eine Schleifstoßmaschine (168) eingeführt. Auf die Schleifscheibe der Schleifdrehmaschine, die schon auf S. 342 erwähnt ist, werden zwei halbkreisförmige Ringe, deren Oberfläche Schraubenflächen darstellen, so mittels Zapfen aufgesetzt und mit seitlichen Stoßlaschen verschraubt, daß jeweils das niedrige, 30 mm starke Ende des Halbkreisringes mit dem höheren, 60 mm starken Ende des anderen Halbkreisringes zusammenstößt. Bei der Prüfung drehen sich die Schleifstoßscheiben unter den beiden Versuchskörpern und heben sie bei jeder Umdrehung zweimal an, um sie bei den Stoßstellen der Scheiben um 3 cm unter einem Gewicht von 26 kg frei herabfallen zu lassen. Schmirgel läuft aus einer Düse ununterbrochen mit 30 g/min. zu, gleichzeitig Wasser mit 100 Tropfen/min. Die Scheibe macht 20 Umdr./min., die Versuchsdauer beträgt 25 Minuten, der Schleifweg 760 m.

9. Zähigkeit (Din D.V.M. E 2107).

Für Straßenbaustoffe, vor allem für Pflastersteine, muß große Zähigkeit und geringe Sprödigkeit gefordert werden. Diese Eigenschaft ist mindestens ebenso wichtig wie genügende Druck- und Schubfestigkeit. Während nach deutschen Erfahrungen Gesteine von hoher Druckfestigkeit geringe Zähigkeit haben, hat die schwedische Versuchsanstalt für Straßenbau für die schwedischen Granite, Gneise und Diabase gefunden, daß die Zähigkeit mit der Druckfestigkeit abnimmt (175). Angaben über die Zähigkeit einiger Gesteine befinden sich in der Zusammenstellung 51.

10. Kanten- und Stoßfestigkeit.

Für die Beurteilung der natürlichen Gesteine im Gleisbau und Straßenbau sind noch besondere Prüfverfahren eingeführt worden, vor allem die Prüfung auf Kanten- und Stoßfestigkeit in der Trommelmühle. Diese ist als ein abgekürztes Verfahren anzusehen, das schnell und billig durchgeführt werden kann und keine besondere Vorbehandlung des Gesteins erfordert. Man kann das Prüfgut aus der Lieferung unmittelbar entnehmen, vor allem kommt das Verfahren dem Vorgange in der Straßendecke sehr nahe. Begründet ist das Verfahren im Jahre 1878 in Frankreich, es bedient sich der Devaltrommel, die auch Eingang in England, Amerika und Schweden gefunden hat (A. S. T. M. D 2—08). Es wird eine unter 30° geneigte Trommel von 30 cm ∅ und 50 cm Länge benutzt, in der etwa 5 kg gebrochenen Gesteins eingefüllt wird. Die Trommel (Abb. 196) wird dann 10000 Umdrehungen ausgesetzt, bei 30—60 Umdr./min.

Die Wirkung des Trommelverfahrens beruht darauf, daß das Prüfgut durch die Fliehkraft bei der Drehung nach außen geworfen, in der Trommel angehoben wird und dann infolge der Neigung der Trommelachse zurückfällt. Es bestehen Beziehungen zwischen Fliehkraft und Drehung der Trommel zu dem Einfluß der Schwerkraft und den Reibungsverhältnissen. Wenn die Fliehkraft die Schwerkraft aufhebt, entsteht ein kritischer Zustand, für den die Umdrehungszahl berechnet werden kann. Nach Ermittlungen in der Versuchsanstalt von Professor Dr. Gaber, Karlsruhe (168), soll bei den Trommeln mit horizontaler Achse die Drehzahl unter der kritischen $n = 30\sqrt{\frac{1}{r}}$ liegen, bei den schrägliegenden soll sie darüber hinausgehen, um eine kräftige Schlagwirkung zu erzielen. r ist der größtmögliche Abstand des Schwerpunktes eines Schotterstückes von der Drehachse in m. Gemessen wird in der Devaltrommel der Verschleißstoff, der von den Gesteinsstücken abgeschliffen worden ist, soweit er durch ein Sieb von 1,67 mm Maschenweite hindurchgeht. Nach der heutigen Anschauung der Amerikaner ist diese Bestimmung unzulänglich, wenn nicht noch andere Proben vorgenommen werden. Hierzu gehört ein zweiter Versuch mit nassem Gestein und ein dritter mit Benutzung von 6 Stahlkugeln.

Die Devaltrommel ist das Vorbild wohl für die Trommel gewesen, die Professor Dr.-Ing. Gaber in Karlsruhe entworfen hat. Die gleichfalls unter 30^0 geneigte Trommel ist 36 cm lang mit einem inneren Durchmesser von 26 cm. Die Ecken sind mit kleinem Halbmesser ausgerundet. Zur Prüfung werden 40 Stück Steinschlag von 5 kg Gewicht möglichst gleicher Korngröße mit 6 Stahlkugeln im Gesamtgewicht von 3100 g eingefüllt. Die Trommel wird mit 88 Umdr./min. gedreht, nach 5000 Umdrehungen ist der Versuch beendet. Über die besonderen Eigenschaften dieses Trommelverfahrens ist nach Hoeffgen a. a. O. (168) folgendes festgestellt worden:

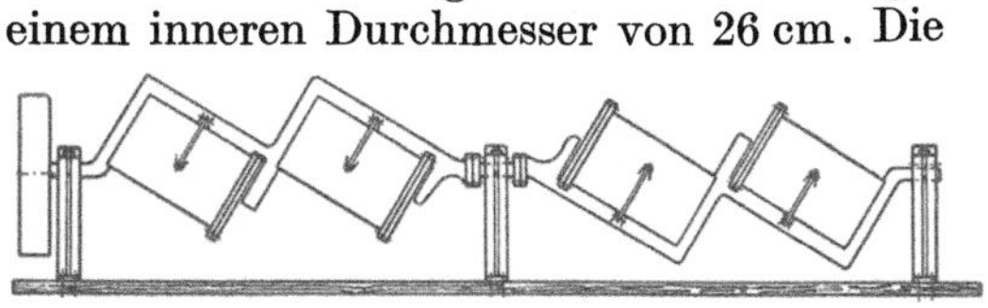

Abb. 196. Deval-Trommeln.

Die Abnützung wächst langsamer als die Versuchsdauer.

Die Größe der Abnützung im Anfang der Versuchsdauer gibt ein Maß für die Geeignetheit der Kornform.

Die Zunahme der Abnützung nach dem Abrunden der Schotterstücke gibt ein Maß für den dynamischen Abnützungswiderstand der Versuchskörper.

Würfelförmiger Schotter gibt kleinere Abnützung als pyramidenförmiger.

Die Dämpfung der Beanspruchung durch das Abgenützte selbst und die dadurch erzeugte Verminderung des Abnützungszuwachses kann im allgemeinen vernachlässigt werden.

Die Drehzahl verändert die Beanspruchung des Prüfgutes stark. Diese ist vorwiegend statisch bei Drehzahlen unter der kritischen Drehzahl und darüber vorwiegend dynamisch. Als kritische Drehzahl sind 77 Umdr./min festgestellt. Die Arbeitsdrehzahl $n = 88$ Umdr./min der Karlsruher Trommel erzeugt also vorwiegend dynamische Beanspruchungen.

Die bei der Mahlung auftretenden Zerfallsstoffe können sich als Mantel und Polster um die Bruchstücke legen und mit fortschreitender Arbeit die Wirkung abschwächen. (Bei der Trommelmühle von Professor Dr. Gaber soll es nicht der Fall sein.) Es ist daher schon mehrfach vorgeschlagen worden, den Abnützungsstaub bei dem Kollern auszuscheiden. Das geschieht z. B. bei dem Trommelverfahren, das Professor Grengg (167) in Wien eingeführt hat[1], bei dem auch die Beanspruchung des Gesteinsmaterials größer ist als bei der Deval-

[1] Önorm B 3102 o). Abnutzung von Schotter und feineren Körnungen in der Önorm Trommelmühle.

trommel. Die Trommel als dreieckiger Querschnitt mit abgerundeten Ecken hat Mantelöffnungen von 2 mm, durch die das zertrümmerte Material fortwährend ausgeschleudert wird. Es sammelt sich am Boden eines die Trommel staubdicht umschließenden Kastens.

In die Trommel werden 2,8 kg Schotter von 4—5 cm Körnung eingebracht und unter Zugabe von drei gleichgroßen Stahlkugeln gekollert. Nach jeder Stunde, entsprechend 3240 Umdrehungen, wird der Materialverlust durch Zugabe frischer Schotterstücke ergänzt, so daß jede Mahlstunde immer mit 2,8 kg Einwaage anfängt. Der Versuch gilt als beendet, wenn die stündliche Abnutzung gleich groß geworden ist oder um einen mittleren Wert nur noch wenig schwankt. Das Mittel aus den Materialverlusten im Zustand der gleich gewordenen Abnutzung A ausgedrückt in vH der Einwaage ergibt den Abnutzungsbeiwert $a = \frac{A}{28}$, die Stunde, in welcher sich der Dauerzustand im Verschleiß eingestellt hat, wird in Klammern hinter der Abnutzungsziffer a gesetzt. z. B. $a = 6{,}7$ (4).

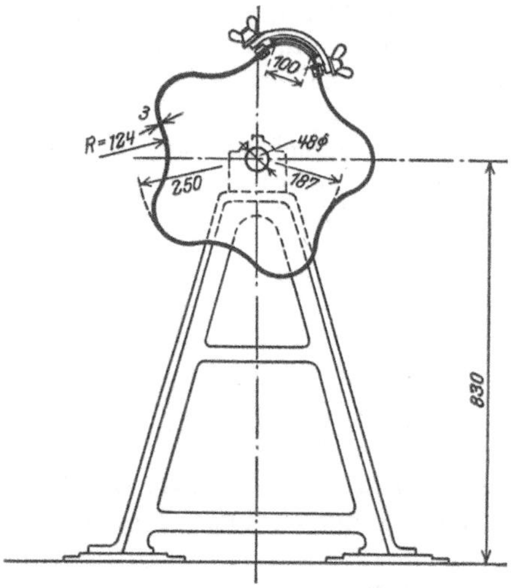

Abb. 197. Trommelmühle zur Feststellung der Kanten und Stoßfestigkeit.

Durch die Untersuchung in der Devaltrommel sollte die Brauchbarkeit der Gesteine für Steinschlagstraßen festgestellt werden. Die Ergebnisse werden nunmehr auch auf die Gesteinsarten übertragen, die im Asphalt- und Teerstraßenbau verwendet werden. Der Abschleifverlust in g/kg eingesetzt in den Bruch $\frac{40}{w}$ gibt den französischen Abnutzungsbeiwert. Die amerikanischen Ingenieure geben zum Teil den französischen Beiwert, zum Teil den Verlust in vH-Teilen an.

In Deutschland ist der Ausgangspunkt für die Einführung eines Verfahrens zur Prüfung der Kanten- und Stoßfestigkeit die Prüfung von Schotter als Gleisbettungsstoff im Eisenbahnwesen gewesen. Nach dem Vorschlage des Materialprüfungsamtes Berlin-Dahlem (176) ist eine Trommel mit horizontaler Achse eingeführt worden, deren Mantel wellenförmig gestaltet ist. Der innere Durchmesser beträgt 37,4 cm, der äußere 50 cm, die Achslänge 60 cm (Abb. 197). Von dem Gestein, das geprüft werden soll, werden 5 kg möglichst würfelförmig geschlagener Schotter, der durch das Sieb mit 6 cm Lochweite hindurchfällt und auf dem Sieb mit 4 cm Lochdurchmesser liegenbleibt, in die Trommel gegeben. Die Trommel wird dann mit 52 Umdr./min — die kritische Drehzahl liegt bei 63 Umdr./min — etwa 50 Minuten lang gedreht, darauf die Masse auf Sieben von 6, 3, 2,5, 1, 0,5 cm Lochdurchmesser abgesiebt und die Gewichtsmenge der einzelnen Kornfraktionen festgestellt. Sie werden in vH der ursprünglichen Gewichtsmenge berechnet. Als Maß für die Kanten- und Stoßfestigkeit gilt die Veränderung der Kornzusammensetzung des ursprünglichen Materials. Maßgebend ist das Mittel aus drei Versuchen.

Der aus der Untersuchung in der Devaltrommel gewonnene Gesteinsstaub dient zu einer weiteren Prüfung des Gesteins, die besondere Bedeutung bei Steinschlag hat, der zu Steinschlagdecken verwendet werden soll, durch die Feststellung des Verkittungsvermögens des Gesteinsmehles. Man geht dabei von der Ansicht aus, daß die Beschaffenheit dieses Staubes den Zusammenhalt der Decke beeinflußt. Eine kittende Wirkung des Staubes würde die Schottersteine zusammenhalten und den Deckenbestand erhöhen. Deshalb hat man in Amerika und England die Prüfung auf Verkittungsvermögen eingeführt, worunter man die Rolle des Steinstaubes als Bindemittel für die gröberen Teile versteht. Dieses Verkittungsvermögen ist durchaus verschieden bei den einzelnen Gesteinsarten und Gesteinen verschiedener Herkunft. Man führt diese Bindekraft auf chemisch gebundenes Wasser und kolloidale Zustände zurück. Das Prüfverfahren besteht darin, daß ½ kg des gebrochenen Gesteines unter 12 mm in eine Kugelmühle (Abb. 198) mit 90 cm³ Wasser gegeben wird. Zwei gußstählerne Kugeln von 6,5 cm ∅ und 8,5 kg Gewicht mahlen nun 2½ Stunde lang mit einer Geschwindigkeit von 2000 Uml./Std. Der sich bildende Teig wird zu zylindrischen Briketts von 25 mm ∅ und 25 mm Höhe in einer besonderen Presse geformt. Diese werden dann in einem Ofen getrocknet und erhalten hierauf Schläge in einer besonderen Stoßmaschine (Abb. 199), deren Hammer aus einer stets gleichen Höhe von 1 cm fällt, bis der Probekörper zerbricht. Die Zahl der Schläge, die notwendig sind, um die Zerstörung hervorzurufen, wird auf einem Streifen aufgetragen und gibt den Wert des Verkittungsvermögens an.

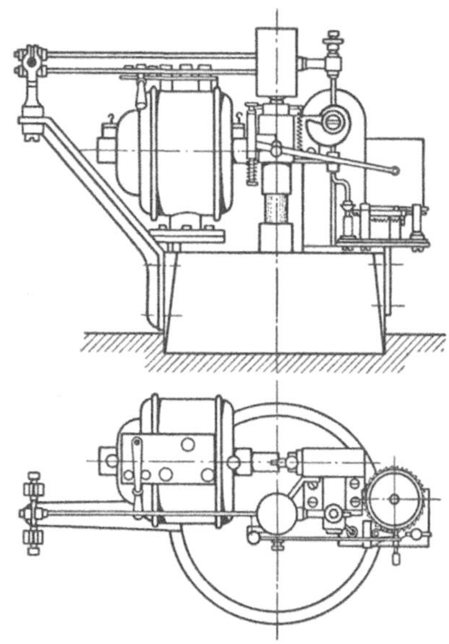

Abb. 199.

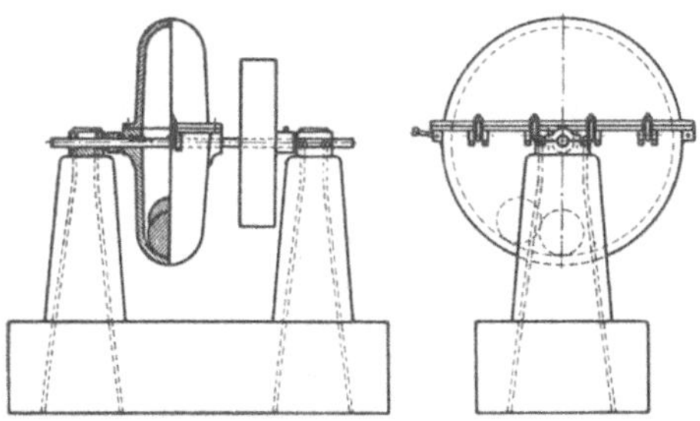

Abb. 198. Kugelmühle.

Man kann diese Kittwirkung verschieden beurteilen. Derselbe Staub, der in der Decke eine Kittwirkung hervorruft, bewirkt auf der Decke die Bildung von Kot und Schlamm, die sich aufwickeln und trocknen, feinen Staub entwickeln, wie z. B. der Basalt, während Diabas ein mehr sandiges Mehl bildet, das vom Luftzug schwer bewegt wird.

In Amerika legt man den Versuchen auf Verkittungsvermögen infolge Übergang zum Beton- und Asphaltstraßenbau und zum Gummireifenverkehr heute keine so große Bedeutung mehr bei.

Die schwedische Versuchsanstalt für den Straßenbau (175), die mit den amerikanischen Einrichtungen und Verfahren arbeitet, berichtet über das Verkittungsvermögen von Graniten, Gneisen und Diabasen aus Schweden, bei denen die Diabase ein sehr hohes Verkittungsvermögen zeigen, was auch mit Erfahrungen an deutschen Diabasen übereinstimmt. Von den Bestandteilen des Granites, Quarz, Glimmer und Feldspat, hat nur der letzte ein Verkittungsvermögen. Quarz, gemischt mit Sulfitablaugen, wie sie in Schweden zur Staubbekämpfung viel verwendet werden, hat ein sehr hohes Verkittungsvermögen.

Es fragt sich, ob die Kittwirkung der Gesteine noch Bedeutung hat, nachdem in Straßen mit starkem Verkehr die Steinschlagdecken nicht mehr ungeschützt verlegt, sondern im Tränk- oder Mischverfahren mit Teer oder Asphaltbitumen, Zement oder Traßmörtel geschützt werden.

11. Widerstandsfähigkeit gegen Zertrümmern.

Steinschlag wird beim Einbau durch die schwere Walze und dann durch den Verkehr auf Druck beansprucht, der in dem Steinschlag ein Absplittern der Kanten und Ecken hervorrufen kann. Die Güte des Steinschlages wird davon abhängen, ob er diesen Druckbeanspruchungen gegenüber seine ursprüngliche Kornform behält oder verändert. Um dies festzustellen, werden 3 kg trockenen Steinschlages von 3,5—6 cm Körnung in einem zylindrischen eisernen Behälter von 17 cm lichten Durchmesser und 20 cm Höhe eingebracht (176) (Abb. 200). Der Inhalt wird dann mit Hilfe eines Stempels unter allmählich gesteigerter Last bis zu 40000 kg belastet und der Grad der eingetretenen Zertrümmerung der Schotterstücke durch Aussieben auf den Sieben von 35, 25, 15, 10 und 5 mm Lochweite festgestellt.

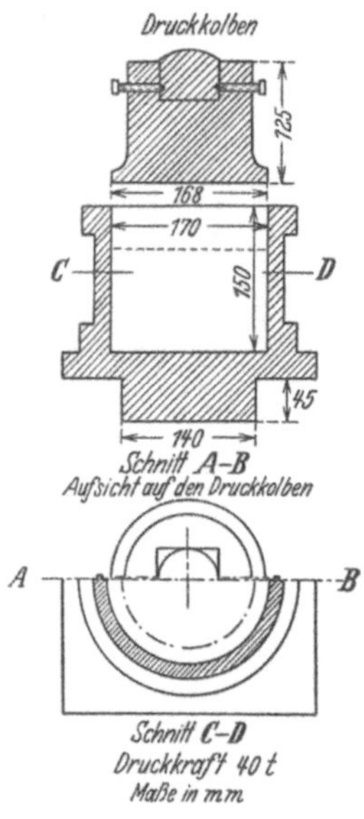

Abb. 200. Preßzylinder zur Messung der Widerstandsfähigkeit gegen Zertrümmern.

Ein Durchschnittswert wird aus mindestens drei Versuchen ermittelt. Der Grad der Zertrümmerung ist der Maßstab für die Widerstandsfähigkeit des Gesteins als Straßensteinschlag. Um den Beanspruchungen, denen die Steinschlagstraße beim Einbau und unter dem Verkehr ausgesetzt ist, möglichst nahe zu kommen, sind noch weitere Verfahren ausgebildet worden.

Unmittelbaren Einblick über den Einfluß der Walzung auf die Zertrümmerung bietet die Behandlung des Steinschlages in der von Hirschwald entworfenen Walzenpresse, bestehend in einem verschiebbaren Kasten, der eine gezahnte Bodenfläche (als Nachahmung der durch die Packlage bewirkten Rauhigkeit der Unterlage) und federnde, auf bestimmten Druck eingestellte Wände hat, und in einem in Form eines drehbaren Zylindersegmentes ausgebildeten Preßstempels. Der mit Steinschlag gefüllte Kasten wird unter dem Stempel hin- und hergezogen, dadurch wälzt sich das Zylindersegment auf dem Schotter ab und preßt ihn zusammen. Die Bewegung wird solange vorgenommen, bis die letzten fünf Walzengänge keine merkliche Zusammendrückung mehr hervorrufen. Der Druck des Zylindermantels wird nach vergleichenden Versuchen so eingestellt, daß er dem Walzendruck entspricht. Durch Trennung nach den einzelnen Korngrößen, deren Zusammensetzung vor dem Versuch ermittelt ist, und aus der sich ergebenden Zerkleinerung kann der Einfluß der Walzung und damit die Beschaffenheit des Gesteins beurteilt werden.

Die Str. V. St. (177) benutzt eine nach ihren Angaben gebaute Walzenpresse in Verbindung mit einer Druckpresse, die sich für Versuche der gleichen Art eignet, aber auch bei anderen Versuchen, z. B. Walzung von Asphalt- und Teerproben gute Dienste leistet.

12. Die Aussiebung (Korngröße und Kornform).

Zur Verständigung über die Abmessungen von Korngemischen aus gebrochenem Gestein, Steinschlag, Schotter, Sand und Kies ist es notwendig, sie nach bestimmten Korngrößen zu trennen und die einzelnen Korngrößen zu bezeichnen, zumal auch der Aufbau vieler Decken eine bestimmte Zusammensetzung der Körnungen erfordert.

Für die Bestimmung der einzelnen Korngrößen wird eine Aussiebung der Kornmenge nach bestimmten Siebgrößen vorgenommen. A. S. T. M. bestimmt die Korngrößen für die mechanische Analyse des Sandes und für andere Straßenbaustoffe (D 7—18) nach folgenden Größen:

Prüfsieb 10	2 mm	Maschenweite,	Prüfsieb 50	0,29 mm	Maschenweite,
20	0,85 „		80	0,17 „	
30	0,5 „		100	0,14 „	
40	0,36 „		200	0,074 „	

Für gröbere Stoffe sind noch die folgenden Siebe eingeführt:

Prüfsieb 4	3/8 Zoll,	Maschenweite.
	3/4 „	
	1 „	
	1 1/2 „	

In Deutschland sind die Prüfsiebe und die Prüfsiebgewebe durch DIN 1171 bestimmt. Für den Straßenbau kommen die folgenden Prüfsiebe in Frage:

Gewebe Nr.	Maschenzahl je cm²	Lichte Maschinenweite in mm
100	10000	0,06
70	4900	0,088
30	900	0,2
10	100	0,6
3 E	9	2 } Siebsatz der Z. f. A. T.
1 E	1	6 } Siebsatz der Z. f. A. T.

Die Körnungen von 1 mm und darüber werden durch Rundlochsiebe ermittelt (DIN ist noch nicht aufgestellt).

Die Körnung selbst wird nach der Maschenweite bzw. dem Lochdurchmesser der Siebe bezeichnet. Eine Körnung 30—40 z. B. ist ein Siebgut, das auf dem Sieb mit 30 mm Ø liegen bleibt und durch das Sieb mit 40 mm Ø fällt.

Die Körnungen für Sand, Kies und zerkleinerte Stoffe nach Größe und Bezeichnung sollen durch die DIN 1179 (Entwurf) festgelegt werden, die folgende Unterteilung vorsieht:

Maße in mm

Natürliches Vorkommen

Bezeichnung		Körnung: Rückstand auf dem Sieb mit Maschenweite bzw. Lochdurchmesser	Körnung: Durchgang durch das Sieb mit Maschenweite bzw. Lochdurchmesser	
Sand	Staubsand	—	0,06	□
	Mehlsand	0,06	0,088	□
	Feinsand	0,088	0,2	□
	Mittelsand I	0,2	0,6	□
	Mittelsand II	0,6	1	□ / Ø
	Grobsand	1	3	Ø
Kies	Feinkies	3	7	Ø
	Mittelkies I	7	10	Ø
	Mittelkies II	10	15	Ø
	Grobkies	15	30	Ø
	Schotterkies	30	40	Ø
		40	50	Ø
		50	60	Ø
		60	70	Ø
Feinsandkies		0	7	Ø
Mittelkiessand		0	15	Ø
Kiessand		0	30	Ø
Schotterkiessand		0	70	Ø

Zerkleinerte Stoffe

Bezeichnung		Körnung: Rückstand auf dem Sieb mit Maschenweite bzw. Lochdurchmesser	Körnung: Durchgang durch das Sieb mit Maschenweite bzw. Lochdurchmesser	
Mehl	Mehl I	—	0,06	□
	Mehl II	0,06	0,088	□
	Mehl III	0,088	0,2	□
Brechsand	Feinsand	0,2	0,6	□
	Mittelsand	0,6	1	□ / Ø
	Grobsand	1	3	Ø
Grus	Feingrus	3	7	Ø
	Mittelgrus	7	10	Ø
	Grobgrus	10	15	Ø
Splitt	Feinsplitt	15	20	Ø
	Grobsplitt	20	30	Ø
Schlag (Brechschotter)	Feinschlag	30	40	Ø
	Mittelschlag	40	50	Ø
	Grobschlag I	50	60	Ø
	Grobschlag II	60	70	Ø
	Überlauf	> 70		Ø

b) Prüfung von Sand und Kies.

Zu den natürlichen Gesteinen sind auch Sand und Kies zu rechnen, die im gesamten Bauwesen weitgehend verwendet werden. Bei ihnen kommt es ebensosehr auf die Festigkeitseigenschaften wie auch auf die Korngröße ihrer einzelnen Teile und das Verhältnis der einzelnen Korngrößen zueinander, aber auch auf die Reinheit an. Im Abschnitt V Aa sind die Verfahren der Bodenuntersuchung behandelt, bei denen der Anteil der abschlämmbaren Bestandteile und die mechanische Bodenanalyse zur Beurteilung herangezogen werden. Nach denselben Verfahren werden auch Sand und Kies als Baustoff untersucht und bewertet. Es werden durch Schlämmverfahren die tonigen Bestandteile festgestellt. Mit geringen Ausnahmen sind Sande und Kiese mit tonigen Beimengungen nicht zu gebrauchen. Das Höchstmaß an abschlämmbaren Bestandteilen, das zugelassen werden darf, wird bei den einzelnen Bauweisen angegeben. Erfahrungsgemäß sind Sande, die sich weich anfühlen, Verwitterungserzeugnisse des Feldspates, sie weisen infolgedessen erhebliche Menge Tonerdesilikate auf und sind deshalb unbrauchbar, im Gegensatz zu den scharfen Sanden, die ganz oder nahezu nur aus reinem Quarz bestehen.

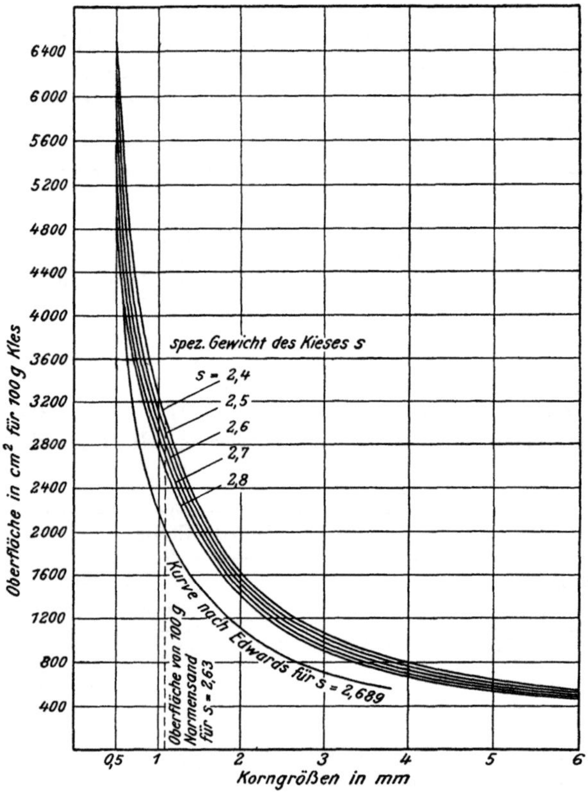

Abb. 201. Beziehungen zwischen Oberfläche und Korngröße nach Dr. Ing. Jung. BT. 1926, H. 41.

1. Organische Beimengungen.

Sand und Kies sind meistens durch organische Beimengungen verunreinigt. Wenn ihr Anteil groß ist, sind die Sande und Kiese für Bauzwecke ungeeignet. Um das Maß der Verunreinigung festzustellen, wird das folgende Verfahren angewendet. Eine Durchschnittsprobe des Sandes oder Kieses von 500 g wird in eine Flasche zu ⅓ eingefüllt, dann wird eine 3 vH-Natriumhydroxydlösung zugesetzt, daß die Flasche zu ⅔ angefüllt ist. Die Flasche wird stark durchgeschüttelt und dann 24 Stunden stehengelassen. Wenn der Sand oder Kies organische Verunreinigungen enthält, färbt sich die Natriumhydroxydlösung. Das Maß der Färbung wird kolorimetrisch an einer Lösung festgestellt, die aus 2,5 cm^3 einer 2 vH-Lösung von Gerbsäure in 10 vH Alkohollösung und 97,5 cm^3 3 vH-Natriumhydroxydlösung besteht und 24 Stunden stehen muß. Die Farbe der Natriumhydroxydlösung über dem Sand wird nun verglichen mit derjenigen der Vergleichslösung. Fällt sie dunkler aus, so sind die organischen Betandteile in solchen Mengen vorhanden, daß der Sand oder Kies für Bauzwecke ungeeignet ist.

2. Oberflächen der Korngrößen.

Für den Straßenbau mit Asphalt und Teer ist es erforderlich, die Oberfläche der Korngrößen zu kennen. Unter der Annahme, daß die einzelnen Körner Kugelform haben, ist die Gesamtoberfläche für 1 g Sand einer bestimmten Kornstufe mit dem mittleren Durchmesser d_m und dem spezifischen Gewicht s

$$O = \frac{6}{s \cdot d_m} \text{ (vgl. Gl. 83).}$$

Die Korngröße wird durch Aussieben auf Sieben zwischen zwei Siebgrößen l_1 und l_2 bestimmt. Es muß also ein mittlerer Durchmesser errechnet werden, der sich aus der folgenden Gleichung ergibt (147):

$$d_m = \frac{2 \cdot l_1 \cdot l_2}{l_1 + l_2}. \tag{89}$$

Mathematisch unter Annahme einer gleichmäßigen Verteilung auf die Stoffmenge wird (178)

$$d_m = \sqrt[3]{2 \frac{l_1^2 \cdot l_2^2}{l_1 + l_2}} \tag{90}$$

Wie eine Nachrechnung ergibt, ist der Unterschied zwischen den Ergebnissen beider Formeln nicht erheblich. Auf dem Versuchswege hat Edwards die Oberflächengrößen unter der Annahme von Kugeln bestimmt, die in der Abb. 201 eingetragen sind. Dr. Jung (71) hat die Oberfläche durch die Menge des Benetzungswassers praktisch ermittelt. Er findet etwas größere Werte, weil eben die Sandkörner keine Kugeln, sondern wohl mehr Ellipsoide sind. Unter Berücksichtigung dieser Formen hat Dr. Pöpel (147) folgende Oberflächen für 1 kg Masse gefunden:

Zusammenstellung 52.

Korngröße in mm	l_1 — l_2	d_m	O m²	
K_8	7,5 —6,3	6,85	0,402	Die Werte d_m sind noch mit einem Korrektionsfaktor versehen, der bei den großen Körnungen < 1,0 ist, bei K_5 etwa = 1 und darunter > 1,0 ist.
K_7	6,3 —4,0	4,89	0,543	
K_6	4,0 —3,0	3,43	0,744	
K_5	3,0 —2,0	2,4	1,023	
K_4	2,0 —1,0	1,33	1,725	
K_3	1,0 —0,63	0,772	2,735	
K_2	0,63—0,2	0,3035	6,290	
K_1	0,2 —0,085	0,1192	14,700	

Die Z.f.A.T. nimmt in der DIN 1995/96 kugelförmige Gestalt für die Körner an und legt die folgenden Oberflächen bezogen auf 1 kg bei einem mittleren spezifischen Gewicht = 2,65 zugrunde (Zusammenstellung 52).

Zusammenstellung 53.

Korngröße 00 von 0 —0,06 mm	Korngröße 00 = 90,6 m²	Oberfläche.
0 „ 0,06—0,09 „	0 = 32,0 „	
1 „ 0,09—0,2 „	1 = 15,0 „	
2 „ 0,2 —0,6 „	2 = 5,5 „	
3 „ 0,6 —2,0 „	3 = 1,75 „	
4 „ 2,0 —7,0 „	4 = 0,505 „	
5 „ über 7,0 „	5 = 0,15 „	

c) Bewertung der Prüfungen.

Die Bewertung aller Prüfungen setzt, wie schon auf S. 336 erwähnt, Erfahrungen über das Verhalten der Straßenbaustoffe in der Straße voraus.

Die amerikanischen und englischen Untersuchungsämter haben den Versuch unternommen, Bewertungsmaßstäbe aufzustellen. Nach amerikanischen Anschauungen gelten Steine mit einem Abnutzungsbeiwert unter 14 als weich, zwischen 14—17 mittelhart und über 17 als hart (amerikanischer Beiwert, vgl. S. 342).

Die staatliche Versuchsanstalt in Teddington bei London nimmt die Untersuchungen am lufttrockenen und nassen Gestein vor und gibt die Werte an, die in der Zusammenstellung 54 verzeichnet sind (Vomhundertteile).

Zusammenstellung 54.

Bewertung von Gesteinen als Straßenbaustoff (Teddington).

	Abschleifversuch auf Härte Devaltrommel		Zähigkeit, Fallmaschine von Page	Abnutzung	Verkittungsvermögen, Zahl der Schläge	Wasseraufnahme kg/cm³	Druckfestigkeit kg/cm²
	trocken	naß					
1. Sehr gut . .	2	2	19	19	über 100	0,0017	1360
2. Gut	2,1—2,5	2,1—3,1	16—18	17—18,9	76—100	0,0017—0,0067	1000—1360
3. Ziemlich gut	2,6—3,1	3,2—4,0	13—15	16—16,9	26— 75	0,0069—0,017	680—1000
4. Ziemlich schlecht	3,2—4,0	4,1—5,0	8—12	15—15,9	10— 25	0,017 —0,051	340— 680
5. Schlecht . .	> 4	> 5	< 8	< 15	< 10	0,051	< 340

Bewertungsmaßstäbe hat auch die schwedische staatliche Prüfungsanstalt für Straßenbaukunde aufgestellt (175).

In Deutschland sind bisher wenige Versuche unternommen, aus der Prüfung der Gesteine und ihrem Verhalten in der Straße Güteziffern aufzustellen, die als allgemeingültig angesehen werden können.

Für Kleinpflaster hat Dr.-Ing. Scheuermann (83) eine Gütebestimmung bekanntgegeben, die auf Grund langjähriger Erfahrungen aufgestellt ist und Beachtung verdient. Für Gestein zu Kleinpflasterungen wird verlangt:

Druckfestigkeit mehr als 2500 kg/cm²,

Abnutzung bei 600 m Schleifweg weniger als 18 g,

spezifische Dichte mehr als 0,990, Schlagfestigkeit mehr als 600 cmkg.

Der Verfasser hat bei der Ausführung der Versuchsstraße des D. Str. B. V. Untersuchungen über die Kanten und Stoßfestigkeit (Nr. 10 des Abschnittes B a) und auf Zertrümmerung (Nr. 11 des Abschnittes B a) des dort verwendeten Steinschlages vorgenommen (179). Die mineralogischen und Festigkeitseigenschaften der Gesteine Gabbro, Basalt und Diabas sind im mineralogischen Institut der Technischen Hochschule Berlin festgestellt worden. Der Kornaufbau der Decken ist vor dem Einbau, nach dem Einwalzen und nach einer längeren Verkehrsdauer, in den beiden letzten Fällen durch Herausnahme größerer Stücke, in der St. V. St. untersucht worden. Zwar ist eine Zunahme in der Zertrümmerung und Unterschiede dabei hinsichtlich der einzelnen Gesteinsarten festgestellt worden, die auch in einem gewissen Einklang mit der Prüfung auf Kanten- und Stoßfestigkeit stehen, die aber im Bestand der Decken und in ihren Unterhaltungskosten nicht deutlich genug zum Ausdruck gekommen sind.

d) Prüfung von Asphaltbitumen und Teer.

In dem Abschnitt Teer und Asphalt im Dienste des Straßenbaues ist bereits auf die Verfahren, um die Geeignetheit der Stoffe für die Verwendung im Straßenbau festzustellen, hingewiesen. Auch sind die Grundsätze, nach denen die Bewertung zu erfolgen hat, angegeben. Die Verfahren selbst und die dabei zur Anwendung kommenden Einrichtungen sollen im folgenden beschrieben werden. Die Verfahren sind in den einzelnen Ländern bisher nicht gleich gewesen. Eine Vereinheitlichung wird aber sowohl vom ständigen Verband für die internationalen Straßenbaukongresse in Paris wie vom neuen internationalen Verband für die Materialprüfungen erstrebt. Einzelne Verfahren werden schon allgemein benutzt. Die in Deutschland üblichen Verfahren sind in der DIN 1995/96[1] enthalten.

1. Vorschriften für die Untersuchung des Asphaltbitumens.

I. Probeentnahme: Auf eine richtige Probeentnahme ist der größte Wert zu legen; denn hierbei begangene Fehler führen trotz sorgfältigster Untersuchung häufig zu Unstimmigkeiten in den Untersuchungsergebnissen. Um möglichst den Durchschnitt der zu prüfenden Ware zu gewinnen, soll daher die Probe aus der Mitte einer Trommel oder eines Fasses entnommen werden, keinesfalls vom Rande oder von der oberen oder unteren Schicht. Es sind mindestens 2 kg zu entnehmen und sauber in gut schließender Blechdose, keinesfalls in Papier, Pappkarton oder Holzkistchen einzufüllen. Die zur Untersuchung nicht benötigte Menge der Probe wird gut verschlossen 6 Wochen lang aufbewahrt; nur bei Beanstandungen sind die Proben 3 Monate lang aufzubewahren. Zur Vermeidung von Irrtümern sind die völlig gleichlautenden Bezeichnungen der Probe nicht nur auf dem Deckel, sondern auch auf der Unterseite der Dosen anzubringen. Wenn angängig, ist zugleich auch auf den Dosen der Verwendungszweck zu vermerken, andernfalls sind nähere Ausführungen darüber in dem an die Untersuchungsstelle zu richtenden Begleitschreiben erforderlich.

II. Vorbereitung des Asphaltbitumens für die Untersuchung. Zunächst ist jedes zu untersuchende Asphaltbitumen durch kurze qualitative Vorprüfung auf Teergehalt zu prüfen, da bei positivem Ausfall der Vorprobe auf Teer der Maßstab für die Beurteilung von Asphaltbitumen nicht mehr zugrunde gelegt werden kann. Die Prüfung auf Teer erfolgt mit Hilfe der Diazo-Reaktion:

2 g Asphaltbitumen werden 5 Minuten mit 20 cm³ normaler wässeriger Natronlauge gekocht, nach dem Erkalten wird die Masse filtriert. Bei dunkler Färbung des Filtrates wird dieses mit pulverisiertem Kochsalz geschüttelt und die ausgefällten dunklen Stoffe abfiltriert (dunkle Färbung weist an sich bereits auf Gegenwart von Teerprodukten hin). Die alkalische Lösung wird nun mit einem Tropfen frischer Diazobenzolchloridlösung versetzt. Die Diazolösung wird durch Auflösen von 1 g Anilinchlorhydrat in 10 cm³ Wasser und 3 cm³ Salzsäure (25 vH) hergestellt durch allmähliches Zutropfenlassen von einer gesättigten Lösung von 0,5 g Natriumnitrit in Wasser. Beide Lösungen sind dabei unter 10° zu halten. Es tritt, falls Teer zugegen, Rotfärbung, unter Umständen auch Abscheidung eines roten Niederschlages ein. Maßgebend ist nur die unmittelbar eintretende Färbung, nicht das Verhalten bei längerem Stehen. Bei negativem Ausfall der Reaktion ist die Probe als teerfrei zu bezeichnen. Tritt die Diazo-Reaktion jedoch ein, so ist die Gegenwart von Teer erst dann endgültig nachgewiesen, wenn auch die Lucksche Anthrachinon-Probe positiv ausfällt.

1 g oder bei geringem Gehalt an Steinkohlenteer oder -Pech entsprechend mehr der über 300° siedenden Anteile evtl. 1 g der schon erstarrten, mit wenig absolutem Alkohol leicht von dem flüssigen Destillat zu trennenden Anteile wird in 45 cm³ Eisessig gelöst und in der Siedehitze im Laufe von 2 Stunden tropfenweise mit einer Lösung von 15 g Chromsäure in 10 cm³ Eisessig und 10 cm³ Wasser versetzt und durch weiteres zweistündiges Kochen oxydiert. Nach dem Erkalten und Verdünnen mit 400 cm³ kaltem destillierten Wasser saugt man das ausfallende Anthrachinon auf einer Porzellannutsche ab und identifiziert es durch Ausführung der Liebermannschen Reaktion, indem 1 Teil des Anthrachinons mit 2 Teilen Zinkstaub und 30 Teilen 50 vH. Natronlauge ½ —1 Stunde gekocht wird. Dabei bildet sich, falls Teer anwesend ist, Oxyanthranol, welches sich mit blutroter Farbe in der Natronlauge auflöst. Nach dem Filtrieren tritt infolge von Oxydation an der Luft wieder allmähliche Entfärbung ein.

Da mechanische fremdstoffliche Verunreinigungen wie Holz, Fasern, Blätter und dergl. die Untersuchungsergebnisse stark beeinflussen, mit ihrer Gegenwart aber zu rechnen ist, zumal wenn die Probeentnahme auf der Baustelle erfolgt, so ist der Vorsicht halber erforderlich, das zu prüfende Asphaltbitumen von etwa vorhandenen Fremdkörpern zu befreien. Zu diesem Zwecke wird die Hälfte der eingesandten Probemenge, also etwa 0,5 kg durch allmähliches vorsichtiges Erhitzen gut flüssig gemacht und dann durch ein Drahtsieb von 0,2 mm Maschenweite gegossen. Vorhandene mechanisch beigemengte Fremdkörper bleiben auf dem Drahtnetz zurück und sind durch Behandlung mit Schwefelkohlenstoff oder Chloroform vom Asphaltbitumen zu befreien, ihrer Art nach festzustellen und im Untersuchungsbericht gesondert anzugeben. Als letzte vorbereitende Maßnahme folgt nunmehr das Erhitzen der gefilterten Asphaltbitumenprobe, um etwa eingeschlossene Luft oder Feuchtigkeit auszutreiben.

Etwa 250 g des durchgesiebten Asphaltbitumens werden zu diesem Zwecke in einem Metall-Pfännchen in einem Luftbade bei einer Temperatur von 75—100° über den Erweichungs-

[1] Wiedergabe erfolgt mit Genehmigung des Deutschen Normenausschusses. Verbindlich ist die jeweils neueste Ausgabe des Normenblattes im Dinformat A4, das durch den Beuth Verlag GmbH., Berlin, S. 14, zu beziehen ist.

punkt (K.-S.) des Musters aufgeschmolzen und solange erhitzt, bis jede Feuchtigkeit, die sich durch mehr oder weniger starkes Schäumen kenntlich macht und etwa vorhandene eingeschlossene Luft verschwunden ist. Während dieses Aufschmelzens wird zeitweise durchgerührt, so daß eine möglichst homogene Masse erhalten wird.

Danach ist das Muster für die Untersuchung fertig, ausgenommen für die Bestimmung der Eindringungstiefe (s. Untersuchungsverfahren für die Eindringungstiefe).

III. Beschreibung der Untersuchungsverfahren für Asphaltbitumen. 1. Bestimmung des spezifischen Gewichtes. Das spezifische Gewicht wird bei 25° festgestellt. Man benutzt dazu ein weithalsiges Pyknometer oder ein Wägegläschen mit einem Glasstopfen, der am Rande einen von oben nach unten durchgehenden, 2 mm breiten und 2 mm tiefen Kerb hat. Der Inhalt von Pyknometer oder Wägegläschen soll etwa 30 cm³ betragen. Man bestimmt ein für allemal das Leergewicht des Glasgefäßes samt Glasstopfen (a) und das Gewicht nach Anfüllung mit Wasser ven 25° (b).

Von dem vorbereiteten Asphaltbitumen wird in das vollkommen trockne Gläschen eine beliebige Menge, etwa bis ⅔ der Höhe, eingefüllt und das Gefäß dann im Trockenschrank ½—1 Stunde lang auf einer Temperatur von 75—100° über dem Erweichungspunkt gehalten, damit etwa eingeschlossene Luft entweichen kann. Nach dem Erkalten wägt man Glas samt Stopfen und Asphaltbitumen (c); darauf füllt man mit Wasser von 25° auf und läßt in einem Gefäß mit Wasser von 25° stehen. Sodann trocknet man sorgfältig ab und wägt abermals (d). Das spezifische Gewicht des Asphaltbitumens ist dann:

$$S = \frac{\text{Gewicht des Asphaltbitumens}}{\text{Volumen des Asphaltbitumens}} = \frac{c - a}{(b + c) - (a + d)}. \tag{91}$$

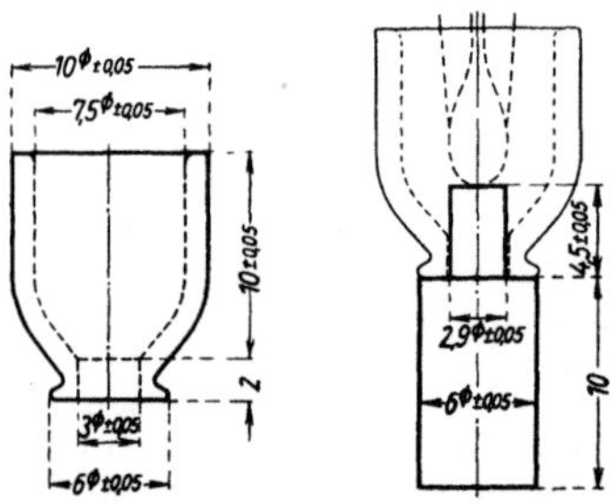

Abb. 202. Kupfernippel für die Tropfpunktbestimmung nach Ubbelohde.

Falls in Ausnahmefällen das spezifische Gewicht bei einer anderen Temperatur als bei 25° ermittelt worden ist, dient als Umrechnungsfaktor auf 25° für je einen Grad die Zahl 0,0006.

2. Bestimmung des Tropfpunktes. Der Tropfpunkt ist nach Ubbelohde die Temperatur, bei der ein Tropfen unter seinem Eigengewicht von einer gleichmäßig erwärmten Masse des tropfenbildenden Stoffes abfällt. Um ihn zu bestimmen, benutzt man den Ubbelohde-Apparat, der, um zuverlässige Ergebnisse zu liefern, in allen seinen Teilen genau nach den Vorschriften gebaut sein muß. Besonders zu prüfen ist, ob die Quecksilberkuppe des Prüfthermometers, die nach dem Einschieben des Kupfernippels in die Gewindehülse in den Kupfernippel hineinragt, sich in der vorgeschriebenen Entfernung von der Austrittsöffnung des Nippels befindet. Diese Entfernung soll 2,5 mm betragen. Da der zylindrische Ausflußansatz des Nippels selbst 2 mm lang ist, kann die vorschriftsmäßige Entfernung durch Einführen eines Metallstöpsels von 4,5 mm Länge und durch Vor- oder Zurückdrehen der Gewindehülse eingestellt bzw. nachgeprüft werden. Dies ist nötig, da bei den Abmessungen des Thermometers eine Toleranz von ± 0,6 mm zugelassen ist. — Die Abmessungen des anzuwendenden Kupfernippels gehen aus der Abb. 202 hervor.

Die Abmessungen des zu benutzenden Becherglases und Reagenzglases sind:

Becherglas: 185 mm Höhe, 90 mm unterer äußerer Durchmesser, 1—1,5 mm Wandstärke,
Reagenzglas: 200 mm Länge, 40 mm äußerer Durchmesser, 0,75 mm Wandstärke,
s. a. DIN D.V.M. E 3654.

Versuchsausführung: die Bestimmung wird stets doppelt ausgeführt. Man stellt den Kupfernippel auf eine kleine Glasplatte von 1—2 mm Stärke, drückt das betreffende Asphaltbitumen in den Nippel hinein, nachdem man es dazu nötigenfalls ein wenig durch Kneten in der Hand erweicht hat, stellt den Nippel mit Glasplatte in ein Heißluftbad und läßt dort das Asphaltbitumen völlig zusammenschmelzen, so daß etwaige Luftblasen entweichen. Der Kupfernippel wird der bequemeren Ausführung wegen, noch bevor sein Inhalt völlig erkaltet ist, in die Thermometerhülse, und zwar bis zum Anschlag innerhalb eingeschoben. Bevor der eigentliche Versuch mit dem Erhitzen beginnt, muß der Inhalt soweit erkaltet sein, daß das Tropfpunktthermometer die Zimmertemperatur anzeigt. Die Erhitzung erfolgt dann innerhalb eines Luftbades in der Weise, daß anfangs kräftiger geheizt wird. Rund 10° vor dem erwarteten Tropfpunkt muß die Regelung des Temperatur-Anstieges auf 1° pro Minute erfolgt sein. Von da ab darf die Temperatur in der Minute nur noch um 1° gesteigert werden. Der Tropfpunkt ist die Temperatur, bei der der erste Tropfen abfällt. Es empfiehlt sich, auf den Boden des Luftbades ein Pack Papierblättchen zu legen oder Sand einzufüllen. Das Asphaltbitumen tropft dann obenauf, ohne das Glasgefäß zu beschmutzen und kann später durch Aufdrücken eines Glasstabes leicht und sauber entfernt werden. Geringe Mengen von Mineralstaub verändern den Tropfpunkt des Asphaltbitumens nicht merklich. Für Asphaltbitumen. das unter 80° tropft, dient als Heizflüssigkeit Wasser, bei höher tropfendem Asphaltbitumen

Paraffinöl, da andernfalls der vorgeschriebene Temperaturanstieg nicht eingehalten werden kann.

Prüffehler: ± 1°.

3. Bestimmung des Erweichungspunktes nach dem Ring- und Kugelverfahren (Abb. 203). (A.S.T.M.D 36—26.)

Der Erweichungspunkt nach dem Ring- und Kugelverfahren ist die Temperatur, bei der eine Stahlkugel von bestimmtem Gewicht eine Asphaltbitumenschicht von bestimmten Abmessungen durchdringt.

Die Apparatur besteht aus folgenden Teilen:

Messingring mit 15,9 mm = 5/8″ innerem Durchmesser und 6,4 mm = 1/4″ Höhe, Wanddicke 2,4 mm = 3/32″.

Zulässige Abweichung für Durchmesser und Dicke 0,2—0,3 mm.

Stahlkugel von 9,5 mm = 3/8″ Durchmesser, Gewicht 3,45—3,55 g. Gestell zur Aufnahme von 2 Ringen für gleichzeitige Doppelbestimmung mit entsprechenden Löchern. Die Unterseite der Ringe soll 25,4 mm = 1″ von der oberen Oberfläche der unteren Platte dieses Gestells abstehen. Das Gestell hängt im Becherglas, berührt also den Boden des Becherglases nicht.

Becherglas aus gewöhnlichem dünnwandigen Glas mit mindestens 8,5 cm Durchmesser und 10,5 cm Höhe. Ein 600 cm³ Becherglas erfüllt diese Bedingungen.

Quecksilberthermometer, ungefähr 38 cm lang, 6—7 mm dick, eingeteilt in 0,5°, das Ablesungen der Temperatur von — 2° bis + 80° gestattet.

Es soll folgenden Anforderungen entsprechen:

Type: Geätztes Stabthermometer.

Flüssigkeit: Quecksilber.

Einteilung: — 2 bis + 80° in 0,5° geteilt.

Gesamte Länge: Ungefähr 380 mm.

Stab: Geeignetes Thermometerglas, Durchmesser 6—7 mm.

Quecksilberkugel: Jenaer Normalglas oder damit gleichwertiges Glas. Länge 9—14 mm; Durchmesser 4,5—5,5 mm.

Abstand vom Boden der Quecksilberkugel bis zum 0° Strich: 75—90 mm. Bis zum 80° Strich: 335 bis 355 mm.

Ausdehnungsraum: Muß das Erhitzen des Thermometers bis 50° über die höchste Skalentemperatur erlauben.

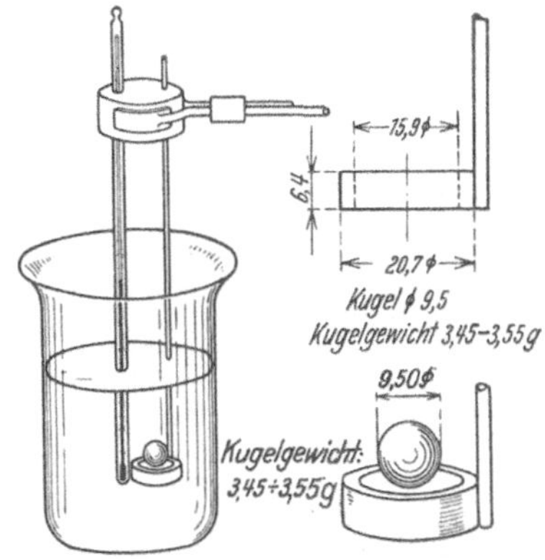

Abb. 203. Ring- und Kugelprobe.

Graduierung: Alle Linien, Zahlen und Buchstaben müssen deutlich sein; jede Ganz-Grad-Celsius-Linie muß länger sein als die übrigen Linien; die Striche sollen bei jedem Mehrfachen von 2° numeriert sein.

Eintauchung: Völlig.

Gasfüllung: Stickstoff.

Genauigkeit: Der Fehler darf auf jedem Punkte der Skala nicht mehr betragen als 0,5°.

Versuchsausführung: Das zu untersuchende Asphaltbitumen ist wie eingangs beschrieben vorbereitet worden. Die geschmolzene Masse wird in die Ringe gegossen, die vorher auf die Temperatur der Masse gebracht worden sind, so daß nach dem Erkalten ein Überschuß vorhanden ist. Während des Füllens sollen die Ringe auf einer Messingplatte liegen, die, um ein Kleben des Asphaltbitumens an der Unterlage zu verhindern, mit einer Mischung von Glyzerin und Dextrin bestrichen wird. Sodann läßt man sie etwa 30 Minuten bei Zimmertemperatur stehen und schneidet das überstehende Asphaltbitumen mit einem leicht erwärmten Messer sauber ab.

Die Ringe werden dann auf die obere Platte des Gestells gelegt. Frisch ausgekochtes destilliertes Wasser von 5° wird in das Becherglas gegossen, bis es 5 cm über der Oberfläche der Ringe steht. Die Verwendung von frisch ausgekochtem destillierten Wasser ist notwendig, da sich sonst Luftbläschen am Asphaltbitumen festsetzen könnten, die die Genauigkeit des Versuches beeinträchtigen würden. Die Kugeln werden in das Wasser gelegt, jedoch nicht auf die Probe. Dann führt man das Thermometer soweit ein, daß der Boden der Quecksilberkugel in der Ebene der Unterseite der die Ringe tragenden Platte liegt. Die Quecksilberkugel soll höchstens 6,4 mm = 1/4″ vom Ring entfernt sein, doch die Ringe nicht berühren. Nachdem die Wassertemperatur 15 Minuten auf 5° gehalten worden ist, legt man die Kugeln mit einer geeigneten Zange in die Mitte der Ringe.

Das Becherglas wird nun von unten so erhitzt, daß die Temperatur des Wassers um 5° in der Minute ansteigt. Der Temperaturanstieg soll ganz gleichmäßig sein und darf nach den ersten 3 Minuten für jede Minute höchstens ± 0,5° abweichen. Alle Versuche, bei denen die Temperaturzunahme diese Grenzen überschreitet, müssen als mißglückt betrachtet werden.

Das Asphaltbitumen wird unter dem Druck der Kugel mit zunehmender Temperatur allmählich herausgedrückt. In dem Augenblick, wo das Asphaltbitumen die untere Platte berührt, wird die Wassertemperatur abgelesen und damit der Erweichungspunkt des Asphaltbitumens festgelegt.

Bei Asphaltbitumen mit Erweichungspunkten über 80° wird statt Wasser Glyzerin genommen. Das Glyzerinbad wird auf eine Anfangstemperatur von 32° gebracht und gründlich durchgerührt; dann erst wird das Gestell mit den Ringen eingesetzt. Die weitere Durchführung des Versuchs erfolgt genau wie vorher beschrieben. Das Quecksilberthermometer ist eingeteilt in 0,5° und gestattet Ablesungen von 30—160°. Es muß folgenden Anforderungen genügen:

Type: Geätztes Stabthermometer.

Flüssigkeit: Quecksilber.

Einteilung: 30—160° in 0,5°.

Gesamte Länge: Ungefähr 380 mm.

Stab: Geeignetes Thermometerglas, Durchmesser 6,5—7,5 mm.

Quecksilberkugel: Jenaer Normalglas oder damit gleichwertiges Glas; Länge nicht mehr als 14 mm; Durchmesser 4,5—5,5 mm.

Abstand vom Boden der Kugel bis zum 30°-Strich nicht weniger als 75 mm.

Abstand vom 30°-Strich bis zum 160°-Strich 230—275 mm.

Ausdehnungsraum: Muß das Erhitzen bis 50° über die höchste Skalentemperatur erlauben.

Unterteilung: 0,5°, Skala jede 10° zu numerieren und jeden 5°-Strich länger als die übrigen.

Eintauchung: Völlig.

Gasfüllung: Stickstoff.

Genauigkeit: Der Fehler darf auf jedem Punkte der Skala nicht mehr als 0,5° betragen. Prüffehler $\pm$ 0,5°.

4. Bestimmung des Erweichungspunktes nach Krämer-Sarnow. Der Erweichungspunkt nach Krämer-Sarnow ist die Temperatur, bei der eine Quecksilbersäule von bestimmter Höhe durch eine Asphaltbitumensäule von bestimmter Höhe hindurchtritt.

Der Erweichungspunkt wird mit dem Gerät nach Krämer-Sarnow bestimmt („Chemische Industrie" 1903, S. 55, und 1914 S. 220 und „Petroleum" 1911/12 S. 158). Bei hochschmelzenden Asphaltbitumen wird für das äußere Heizbad Parraffinöl, für das innere Glyzerin benutzt, sonst Wasser. Man achte darauf, daß die Schmelzröhrchen genau 6 mm lichte Weite und die vorgeschriebene Höhe von 5 mm haben. Es ist unzulässig, die Asphaltbitumenschicht durch Eintauchen eines Röhrchens in das geschmolzene Asphaltbitumen abzumessen.

Versuchsausführung: Eine Bestimmung besteht aus vier Einzelbeobachtungen. Vier an beiden Seiten abgeschliffene Glasröhrchen von 6 mm lichter Weite und 5 mm Höhe (Bartaröhrchen) werden auf eine Glasplatte gesetzt und das, wenn nötig, etwas durch schwaches und vorsichtiges Erwärmen erweichte Asphaltbitumen so in die Glasröhrchen eingedrückt, daß es ein wenig herausragt. Die Platte kommt mitsamt den Röhrchen wie bei der Tropfpunktbestimmung in ein Heißluftbad, wo man das Asphaltbitumen zusammenschmelzen läßt.

Man läßt nun erkalten und schneidet mit einem angewärmten Messer die etwa überstehende Kuppe des Asphaltbitumens ab. Nach Abkühlen auf Zimmertemperatur, bei weicherem Asphaltbitumen auf Temperatur des Leitungs- oder des Eiswassers, werden die so vorbereiteten gefüllten Röhrchen mit Hilfe eines kleinen Gummischlauches an ein gleichweites 10 cm langes Röhrchen Glas an Glas angesetzt, worauf man 5 g Quecksilber auffüllt. Die Menge von Quecksilber mißt man am bequemsten mit einem Hahntrichter ab, dessen Hahnküken eine Durchbohrung trägt, die genau 5 g Quecksilber aufnimmt. Dann steckt man über das bitumenfreie Ende der vier so vorbereiteten Glasröhrchen einen einmal durchbohrten Kork auf, steckt die vier Röhrchen in die Öffnungen des metallenen Deckels, so daß sie von den nicht durch diese Öffnung gehenden Korken gehalten werden, und setzt den Deckel auf das doppelte Wasserbad (zwei ineinander gestellte, mit Wasser gefüllte Bechergläser DENOG 1 von 600 cm³ Inhalt für das äußere und 250 cm³ Inhalt für das innere). Nunmehr wird vorsichtig erhitzt, damit die Temperatur allmählich ansteigt, und zwar um 1° in der Minute; sobald in einem Röhrchen das Quecksilber die Asphaltbitumenschicht durchbricht, liest man die Temperatur an dem in der Mitte der Deckelöffnung sitzenden Thermometer, dessen Quecksilbergefäß in gleicher Höhe mit dem Bartaröhrchen liegt, ab. Das Mittel der vier Beobachtungen ist der Erweichungspunkt des Asphaltbitumens.

Für Asphaltbitumen, das über 80° erweicht, muß als Heizflüssigkeit für das äußere Becherglas Paraffinöl, für das innere Glyzerin genommen werden. Die Erhitzung ist so einzurichten, daß man damit bei dem Temperaturgrad beginnt, der etwa 20—25° unter dem zu erwartenden Erweichungspunkt liegt. Prüffehler: $\pm$ 1°.

5. Bestimmung des Brechpunktes nach Fraaß. Der Brechpunkt ist die Temperatur, bei der ein auf ein Stahlblech aufgeschmolzenes Bindemittelband beim Durchbiegen um eine bestimmte Strecke bricht.

Zur Bestimmung des Brechpunktes wird der Apparat nach Fraaß benutzt. Er besteht aus einer kleinen Presse, mit deren Hilfe man das Bindemittelblättchen herstellt, und in seinem Hauptteil aus dem eigentlichen Biegeapparat mit Thermometer und Kühlgefäß.

Die zur Presse gehörige zylindrische Form von 20 mm Durchmesser und 20 mm Höhe hat im Boden einen 20 mm langen und 0,5 mm breiten Schlitz, wodurch die Abmessungen des herzustellendenBindemittelblättchens einheitlich gegeben sind.

Zur Aufnahme der Bindemittelblättchen dienen Stahlbleche von 40—41 mm Länge, 0,15 mm Dicke und 20 mm Breite. Diese Stahlblättchen zusammen mit dem aufgeschmolzenen Bindemittel in den Biegeapparat eingesetzt, sollen alsdann eine schwache Biegung nach außen aufweisen. Die Biegung und Wiederstreckung erfolgt durch Drehen der Kurbel (eine Umdrehung pro Sekunde) bis zum Anschlag und zurück. Der Grad der Durchbiegung ist durch die 9 mm Durchmesser besitzende Kegelbasis einheitlich festgelegt. Der Temperaturabfall ist so einzurichten, daß er höchstens 1° je Minute beträgt und ist an dem im inneren Rohr des Biegeapparates sitzenden Thermometer zu beobachten. Als Kühlflüssigkeit dient Äther, durch den trockene Luft gesaugt wird oder für tiefere Temperaturen als etwa —20° Alkohol und Kohlensäureschnee. Gebogen wird mit abfallender Temperatur von Grad zu Grad, und zwar wird etwa 10° oberhalb des zu erwartenden Brechpunktes damit begonnen.

Versuchsausführung: Man füllt die Form der kleinen Presse mit dem Bindemittel und preßt dieses im gut knetbaren Zustande durch den Schlitz der Form. Nun legt man eines der beigegebenen Stahlbleche an das Bindemittel an, beseitigt die überstehenden Enden, schmilzt auf einer horizontal liegenden Metall- oder Asbestplatte als Unterlage das Bindemittel auf das Stahlblech vorsichtig auf, damit etwaige Luft und Feuchtigkeit beseitigt und der Verband an dem Stahlblättchen recht innig wird, läßt abkühlen, und bringt das mit der Bindemittelauflage behaftete Stahlblech in die Kerben des Biegeapparates.

Nachdem man nun den so vorbereiteten Biegeapparat einschließlich des Thermometers in das Luftbad des Kühlgefäßes eingesetzt hat, beginnt man mit der vorschriftsmäßigen Abkühlung. Bei Bindemitteln von höherer Konsistenz wird man schon von etwa + 10° an mit der Biegung beginnen. Bei guter Beleuchtung beobachtet man, ob und wann die Bindemittelauflage bricht und liest in diesem Augenblick die Temperatur am Thermometer des Biegeapparates ab.

Zur Kontrolle ist der Versuch zweimal auszuführen, und es sind mit Rücksicht darauf stets zwei Blättchen vorzubereiten. Zulässige Fehlergrenze: ± 1°.

Es wird der niedrigste Wert als Brechpunkt angegeben.

Die Presse ist nicht unbedingt notwendig; man kann mit gleich gutem Erfolg 0,4 cm³ des zu prüfenden Bindemittels direkt auf das Blättchen aufwiegen, nachdem man durch Multiplikation von 0,4 mit dem spezifischen Gewicht des Bindemittels die notwendige Gewichtsmenge festgestellt hat.

6. Bestimmung der Eindringungstiefe bei 25° (Penetration) (Abb. 204). A.S.T.M. American Society for Testing Material-Methode D 5—25.

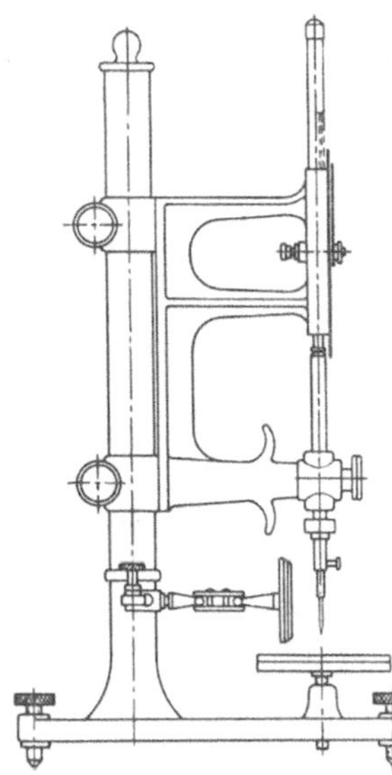

Abb. 204. Penetrometer.

Unter Eindringungstiefe (Penetration) versteht man die Strecke, um die eine Nadel von bestimmten Abmessungen unter einer Gesamtbelastung von 100 g während 5 Sek. in eine Asphaltbitumenmenge bei einer Temperatur von 25° eindringt. Man kann diese Messungen ergänzen durch Versuche bei anderen Temperaturen und entsprechenden anderen Belastungen. In solchen Fällen ist stets Belastung und Temperatur bei Angabe der Eindringungstiefe zu bezeichnen. Z. B. bei 0° 200 g und 60 Sek. oder 46,0° 50 g und 5 Sek. Werden die Versuchsbedingungen nicht ausdrücklich angegeben, dann nimmt man an, daß die Bestimmung bei 25° während 5 Sek. und unter 100 g Belastung ausgeführt worden ist.

Die Normalnadel von 50,8 mm Schaftlänge und 1,01 —1,02 mm Durchmesser besteht aus Stahldraht. Sie ist an einem Ende zu einem gleichmäßigen 6,35 mm hohen Kegel zugespitzt mit einem Winkel von 8° 40′ bis 9° 40′. Die Spitze ist zu einem stumpfen Kegel mit einem Kleinstdurchmesser von 0,14—0,16 mm abgeschliffen. Die fertige Nadel ist gehärtet und poliert.

Damit einwandfreie Ergebnisse erzielt werden, sind nur solche Nadeln zu verwenden, die den oben angegebenen Abmessungen genau entsprechen.

Wichtig ist, daß die Nadelführung keine merkliche Reibung zeigt.

Jeder Apparat, der die Nadel ohne merkbare Reibung eindringen läßt und so kalibriert ist, daß die erhaltenen Ergebnisse in Übereinstimmung mit der Definition der Eindringungstiefe sind, kann benutzt werden.

Versuchsausführung: Das vorbereitete Asphaltbitumen wird in eine offene, nahtlose Blechdose von 55 mm Durchmesser (23,76 cm² Oberfläche) und 35 mm Höhe etwa 15—25 mm hoch eingefüllt und diese Büchse in einem Trockenschrank während einer Stunde auf der Aufschmelztemperatur gehalten. Dadurch sollen beim Eingießen etwa eingeschlossene Luftblasen entfernt und eine tadellose Oberfläche für die Bestimmung erzielt werden. Die Dose, deren

Inhalt man gegen Eindringen von Staub usw. schützen muß, läßt man dann während einer Stunde auf Zimmertemperatur (aber nicht niedriger als 18°) abkühlen.

Dann wird die Blechdose mit dem Asphaltbitumen in ein größeres Blechgefäß gestellt, das mit Wasser so hoch gefüllt werden kann, daß es die Probe vollständig bedeckt. Dieses Blechgefäß soll einen absolut flachen Boden haben, um ein Schaukeln des Behälters während des Versuches zu verhüten. Darauf wird das Blechgefäß mit der kleinen Blechdose eine Stunde lang in einen Behälter mit Wasser gestellt, dessen Temperatur nicht mehr als 0,1° von 25° abweichen soll. Der Inhalt des Wasserbehälters soll mindestens 10 l betragen. Das Blechgefäß wird darin auf ein durchlochtes Blech gestellt, das mindestens 5 cm vom Boden entfernt ist. Das Muster soll dabei mit mindestens 10 cm Wasser überdeckt sein.

Aus dem Wasserbad wird dann das Blechgefäß mit der mit Asphaltbitumen gefüllten Dose auf das Objekttischchen des Apparates gestellt und nun die Normalnadel möglichst genau (oft mit Hilfe eines Spiegels) auf die Oberfläche des Asphaltbitumens aufgesetzt. Dies läßt sich am besten dadurch erreichen, daß man die Nadelspitze mit ihrem Spiegelbild auf der Bitumenfläche in Berührung bringt.

Jetzt wird die Stange, die die Bewegung der Nadel auf das Zifferblatt überträgt, auf die Nadelführung ausgesetzt und der Stand des Zeigers auf dem Zifferblatt vermerkt. Die Festhaltevorrichtung der Nadelführung wird 5 Sek. lang gelöst, wodurch die nun mit 100 g belastete Nadel in das Asphaltbitumen eindringen kann.

Nach Ablauf von 5 Sek., deren genaue Einhaltung durch einen Zeitmesser nachgeprüft wird, setzt man die Festhaltevorrichtung wieder in Tätigkeit, und es wird am Zifferblatt der Stand des Zeigers abgelesen. Der Unterschied zwischen der letzten und ersten Ablesung ergibt die Eindringungstiefe (Penetration) des Asphaltbitumens in Graden. Es ensprechen 10 Eindringungsgrade 1 mm Eindringungstiefe.

Gewöhnlich wird die Prüfung mindestens dreimal wiederholt. Die Einstiche müssen jedoch mindestens 1 cm voneinander und von der Behälterwand entfernt sein. Nach jedem Versuch wird die Dose mit dem kleinen Wasserbad in das große Bad zurückgestellt und eine neue Nadel eingesetzt. Die Nadeln werden mit Watte und Benzol gereinigt und in Vaseline aufbewahrt. Rostige Nadeln dürfen nicht gebraucht werden.

Der Durchschnitt aus mindestens drei Bestimmungen, die untereinander nicht mehr als untenstehend angegeben abweichen dürfen, ist dann die gesuchte Eindringungstiefe.

Die Genauigkeit der einzelnen Versuche soll sein: Bei Eindringungstiefe

	150	bis	200	keine größere Abweichung als	10 Grade,
	75	„	150	„ „ „ „	5 „
	25	„	75	„ „ „ „	2 „
unter	25			„ „ „ „	1 Grad zwischen dem kleinsten und dem

größten Wert.

Wenn erwünscht ist, Eindringungstiefen auch unter anderen Bedingungen zu bestimmen, werden folgende Messungen vorgeschlagen:

bei 0°, 200 g Belastung 60 Sek.,
bei 46°, 50 g Belastung 5 Sek.

7. Bestimmung der Streckbarkeit bei 25° (Duktilität). A.S.T.M. D 113—26 T.

Die Streckbarkeit eines Asphaltbitumens wird gemessen durch die Fadenlänge, bis zu der sich ein Asphaltbitumen bei 25° mit einer Geschwindigkeit von 2 cm in der Minute ausziehen läßt, ohne abzureißen.

Zur Ausführung des Versuches dient der Streckbarkeitsmesser von Dow. Es ist dies ein länglicher Trog, der mit Wasser von 25° gefüllt ist und eine Gewindevorrichtung zum Auseinanderziehen der genormten Bitumenformen (Probekörper) besitzt. Es kann jeder Apparat für das Ausziehen benutzt werden, wenn er nur so eingerichtet ist, daß der Probekörper während des Versuches ständig mit Wasser bedeckt ist und eine stets gleichmäßige Geschwindigkeit von 5 cm in der Minute erzielt wird.

Zur Herstellung der Probekörper dienen Messingformen, deren Abmessungen genau festgelegt sind (Abb. 205):

Ganze innere Länge	7,45 bis 7,55 cm,
Abstand zwischen den Endstücken	2,97 bis 3,06 cm,
Weite der Endstücke an der Öffnung	1,98 bis 2,02 cm,
Weite des Probekörpers an dem schmalsten Punkte	0,99 bis 1,01 cm,
Dicke des Probekörpers überall	0,99 bis 1,01 cm.

Versuchsausführung: Das zu untersuchende Asphaltbitumen wird, wie eingangs beschrieben, vorbereitet. Nach gutem Durchrühren wird es in die Form gefüllt, die auf einer mit einer Mischung von Glyzerin und Dextrin bestrichenen Messingplatte liegt und durch Anziehen der seitlichen Stellschraube zusammengehalten wird. Die Seitenstücke der Form müssen auch gut mit der vorgenannten Mischung bestrichen sein, um das Ankleben des Asphaltbitumens zu verhindern. Das Füllen der Form erfolgt in dünnem Strahl hin und her so weit, daß nach dem Kühlen noch ein Überschuß vorhanden ist. Man läßt hierauf auf Zimmertemperatur abkühlen, legt die Form 30 Minuten in ein Wasserbad von 25° und schneidet den Überschuß mit einem erwärmten Messer sauber ab.

Die Messingplatte wird mit der gefüllten Form in das Wasserbad gelegt und während einer Stunde auf der Versuchstemperatur von 25° (± 1°) gehalten. Der Inhalt des Wasserbades soll mindestens 10 l betragen. Das Muster liegt auf einem durchlochten Blech in 5 cm Entfernung vom Gefäßboden und soll mit mindestens 10 cm Wasser bedeckt sein. Hierauf wird der Probekörper von der Messingplatte abgenommen und in den Streckbarkeitsmesser eingesetzt. Die Ringe der Endstücke werden in die Haken der Maschine eingehängt, die Seitenstücke der Form entfernt und hierauf die beiden Endstücke mit einer Geschwindigkeit von 5 cm in der Minute (± 5 vH) auseinandergezogen. Während des Versuches soll mindestens 2½ cm Wasser über der Form stehen und das Wasser auf 25° (± 0,1°) konstant gehalten werden.

Das Asphaltbitumen wird allmählich zu einem dünnen Faden ausgezogen. Wenn er abreißt, wird der Abstand zwischen den beiden Backen der Messingform in Zentimetern gemessen und damit die Streckbarkeit gefunden. Der Durchschnitt aus 3 Versuchen gibt die gesuchte Streckbarkeit des vorliegenden Asphaltbitumens. Ein ganz aus der Reihe fallendes Ergebnis eines Versuches scheidet bei der Berechnung des Durchschnittes aus. Prüffehler: ± 10 vH.

8. Bestimmung des Aschegehaltes. Man wägt etwa 5 g des wie beschrieben vorbereiteten Asphaltbitumens genau in einem vorher gewogenen ausgeglühten Quarztiegel oder Platintiegel ab und stellt ihn auf ein starkes Eisenblech, das man einige Zentimeter von der Stelle entfernt, auf der der Tiegel steht, mit einer Bunsenflamme von unten erhitzt. Das Asphaltbitumen schmilzt und verdampft allmählich, schließlich verkokt es. Von da ab erhitzt man über offener Flamme bis aller Kohlenstoff verbrannt ist. Es empfiehlt sich, vor Beendigung des Erhitzens noch kurz etwa 5 Minuten über dem Gebläse zu glühen, um die letzten Spuren unverbrannten Kohlenstoffes zu beseitigen. Aus der Gewichtszunahme des Tiegels errechnet man die Asche, die man sodann auf ihre qualitative Zusammensetzung prüft. Bei Gegenwart von Kalk achte man auf Gewichtsbeständigkeit bei wiederholtem Glühen und Wägen. Prüffehler: ± 0,02 vH.

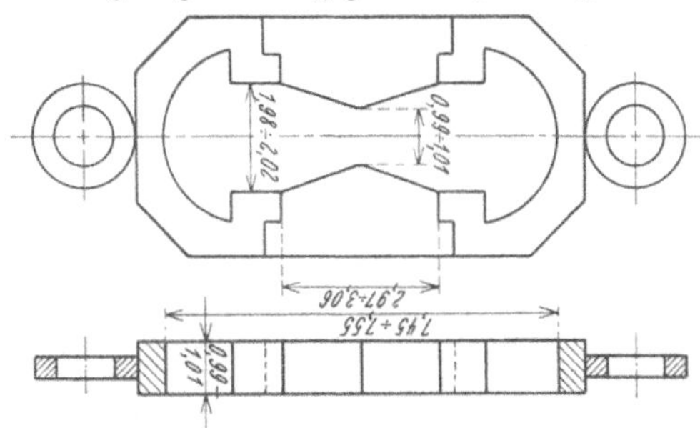

Abb. 205. Messingform für die Probekörper zur Messung der Streckbarkeit.

9. Bestimmung der Löslichkeit. *a) Löslichkeit in Schwefelkohlenstoff oder Chloroform.* 2 g des wie beschrieben vorbereiteten Asphaltbitumens werden in einem 150 cm³ Erlenmeyer-Kolben eingewogen und hierauf 100 cm³ chemisch reiner Schwefelkohlenstoff bzw. Chloroform nach und nach zugefügt.

Diese Mischung wird so lange geschüttelt, bis das Asphaltbitumen vollständig gelöst ist und nichts mehr an den Wänden des Kolbens haftet. Der Kolben wird dann verkorkt und beiseite gestellt.

Von hier ab kann die Bestimmung auf 2 Arten weitergeführt werden. Welche zu wählen ist, hängt von dem Gehalt des zu untersuchenden Asphaltbitumens an fein verteilten, unlöslichen Bestandteilen ab.

1. Arbeitsweise bei Vorhandensein von beträchtlichen Mengen fein verteilter unlöslicher Bestandteile.

Den Erlenmeyer-Kolben läßt man in diesem Falle 12 Stunden ruhig im Dunkeln stehen. Hierauf wird die klare überstehende Lösung so vollständig wie möglich und ohne den Rückstand aufzurühren in einen anderen sauberen und tarierten Kolben übergegossen. Der Inhalt des ersten Kolbens wird hierauf mit einer weiteren Menge des Lösungsmittels behandelt, wie vorher gut durchgeschüttelt und mit dem zweiten Kolben wieder 12 Stunden in das Dunkel gestellt. Die Lösungen von beiden Kolben werden nun vorsichtig durch ein 3 mm dickes Filter aus frisch geglühtem, langfaserigem Asbest in einen ausgewogenen Gooch-Tiegel abgegossen (dekantiert). Beim Filtrieren ist ein Luftunterdruck nicht notwendig, die Temperatur der Flüssigkeit soll zwischen 20°—25° gehalten werden.

Der Rückstand auf dem Filter wird hierauf gründlich mit Lösungsmittel ausgewaschen, bis das Filtrat farblos abläuft. Die Rückstände in den beiden Kolben werden noch einmal mit frischem Lösungsmittel geschüttelt und entweder für 24 Stunden stehengelassen oder so lange, bis die suspendierten unlöslichen Teilchen sich vollständig abgesetzt haben. Dann wird die Flüssigkeit durch das Filter abgegossen.

Zum Schluß werden die Rückstände in den beiden Kolben so lange ausgewaschen, bis die Waschflüssigkeit praktisch farblos ist. Diese wird stets durch den Gooch-Tiegel gefiltert.

Dieses Verfahren kann merklich gekürzt werden, indem man eine abgewogene Menge — ungefähr das doppelte Gewicht des zu untersuchenden Musters — frisch geglühten, langfaserigen Asbestes dem Inhalt des ersten Kolbens beifügt. Wird dieser dann mit dem Lösungsmittel geschüttelt, so absorbiert er die unlöslichen Bestandteile und verhindert somit, daß die Poren des Filters verstopft werden; dementsprechend wird auch die Filterungszeit verkürzt. Prüffehler: ± 0,1 vH.

2. Arbeitsweise bei Vorhandensein von geringen Mengen fein verteilter, unlöslicher Bestandteile.

Das Verfahren führt in solchen Fällen schnell zum Ziel, wo das zu untersuchende Asphaltbitumen unlösliche Bestandteile, die die Poren des Filters verstopfen können, nicht enthält. Nach dem Zufügen des Schwefelkohlenstoffes bzw. Chloroforms läßt man den Kolben 15 Minuten stehen und gießt die Lösung durch den abgewogenen Gooch-Tiegel. Es muß dies sorgfältig geschehen und das Übergießen sofort abgebrochen werden, wenn der Rückstand mit abzugehen droht. Der Rückstand wird dann mit frischem Lösungsmittel und, wenn notwendig, mit Hilfe eines Wischers aus dem Kolben auf das Filter gebracht. Der Rückstand auf dem Filter wird hierauf mit Lösungsmittel so lange ausgewaschen, bis die Waschflüssigkeit farblos erscheint.

Bei beiden Verfahren wird der Gooch-Tiegel nun äußerlich gereinigt. Der Tiegel nebst Inhalt und bei dem Verfahren 1 außerdem auch noch die beiden Kolben werden dann ½ Stunde auf 105° in einem Trockenschrank gehalten, in einem Exsikkator abgekühlt und gewogen. Die Differenz zwischen dem Gewicht des entwässerten ursprünglichen Materials und dem Gewicht des Rückstandes ergibt die Menge der in Schwefelkohlenstoff bzw. Chloroform löslichen Bestandteile. Sie wird in der Praxis stets in vH ausgedrückt. Prüffehler: ± 0,1 vH.

b) Löslichkeit in Tetrachlorkohlenstoff. Die Arbeitsweise ist die gleiche wie unter a) beschrieben, jedoch wird nur 1 g des entwässerten Asphaltbitumens gebraucht.

c) Löslichkeit in aromatenfreiem Benzin (60—80°).

Es findet die unter a) beschriebene Arbeitsweise Anwendung mit folgenden Abänderungen:

Es werden 1 g entwässertes Asphaltbitumen und 100 cm³ Benzin gebraucht.

Die Mischung aus Asphaltbitumen und Lösungsmittel soll in allen Fällen wenigstens 18 Stunden und höchstens 24 Stunden ruhig im Dunkel stehen.

10. Bestimmung des Paraffingehaltes. 20 g Asphalt werden in einem kleinen Kölbchen in 30 cm³ Benzol am Rückflußkühler gelöst und die Lösung ohne Rücksicht auf etwa Ungelöstes in 400 cm³ Normalbenzin eingegossen; das Kölbchen wird mit 40 cm³ Normalbenzin nachgespült. Nach dem Absetzen wird die Flüssigkeit von den ausgefallenen asphaltartigen Stoffen abgesaugt, mit Normalbenzin nachgewaschen und zur völligen Befreiung von Asphaltstoffen dreimal mit je 30 cm³ konzentrierter Schwefelsäure im Scheidetrichter geschüttelt. Die noch mit normaler alkoholischer Alkalilauge (Alkohol 50 vH) und dann einige Male mit Wasser bis zur neutralen Reaktion gegen Phenolphthalein gewaschene Normalbenzinlösung wird eingedampft und der Rückstand mehrfach je 10 Minuten im Trockenschrank bei 105° erwärmt, bis annähernde Gewichtsbeständigkeit erreicht ist. Das so ermittelte Gewicht des Öles wird auf aschefreie Ausgangsmasse umgerechnet.

Eine gewichtsmäßig genau festgestellte möglichst große Menge dieses Öles wird in einem Destillierkölbchen ohne Thermometer bis auf Koks destilliert, das Destillat gewogen. (Die Destillation soll hochmolekulare Öle, die die Paraffinbestimmung stören, zersetzen.) Das Destillat wird in 20—30 cm³ Ätheralkohol 1 : 1 (absol. Alkohol) gelöst und die Lösung in einem Reagenzglase auf —20° abgekühlt. Dann saugt man durch ein ebenso gekühltes Filter ab. Der Filterrückstand wird möglichst mit je 30 cm³ Alkoholäther von —20° dreimal nachgewaschen. Es soll dann nach dem Verdampfen von 5 cm³ der zuletzt aufgegebenen Waschflüssigkeit kein öliger Rückstand bleiben. Man löst dann in warmem Benzol, verdampft das Lösungsmittel, trocknet 15 Minuten bei 105° und wägt. Das Gewicht ist auf nichtdestilliertes Öl und auf die Ausgangsmasse zu beziehen. Von dem so erhaltenen Paraffin ist in jedem Falle der Schmelzpunkt am rotierenden Thermometer oder Kapillarrohr zu ermitteln und anzugeben. Prüffehler: ± 0,5 vH.

11. Bestimmung des Gewichtsverlustes und der Veränderlichkeit (Beständigkeitsprüfung). Man wägt 50 g des wie eingangs beschrieben vorbereiteten also wasserfreien Asphaltbitumens auf eine ebenfalls gewogene Schale aus Messing von 128 cm² Oberfläche (12,8 cm Durchmesser) und innerer Randhöhe von 1,5 cm genau auf und verteilt das Asphaltbitumen möglichst gleichmäßig durch vorsichtiges Erwärmen auf der Schale. Diese stellt man genau waagerecht auf einen starken Holzklotz in einen Heißlufttrockenschrank, dessen Temperatur mit 1° Genauigkeit auf 163° gehalten wird. Nach fünfstündiger Erhitzungsdauer wird die Schale aus dem Ofen genommen, auf Zimmertemperatur abgekühlt und gewogen. Es wird der Gewichtsverlust in Gew. vH angegeben, ferner werden, nachdem das Asphaltbitumen noch einmal aufgeschmolzen und gut durchgerührt worden ist, Tropf-, Erweichungs-, Brechpunkt, Eindringungstiefe und Streckbarkeit bei 25° noch einmal festgestellt. Die eingetretene Veränderung dieser physikalischen Eigenschaften in Verbindung mit dem Gewichtsverlust ergeben ein Maß für die mehr oder weniger große Beständigkeit des Asphaltbitumens. Zu beachten ist, daß die Ofentemperatur vor dem Einstellen der Proben bereits 163° beträgt, die Temperatur in der Höhe der mit Asphaltbitumen gefüllten Schale gemessen wird, daß sie auf

1° genau konstant zu halten ist und ferner, daß immer nur eine Probe in dem Trockenschrank der Prüfung unterworfen wird, da bei gleichzeitiger Erhitzung mehrerer Proben eine gegenseitige Beeinflussung stattfindet, die zu falschen Ergebnissen führt. Prüffehler: ± 10 vH.

2. Vorschriften für die Untersuchung von Straßenteer.

Reiner Straßenteer. U. 1. Äußere Beschaffenheit: Anzugeben ist, ob der Teer glatt und glänzend und völlig gleichmäßig ist oder rauh, matt, körnig und ungleichmäßig; ob flüssig, weich, knetbar oder fest und spröde bei Zimmertemperatur von 15—20°; ob Geruch vorhanden ist und welcher Art dieser Geruch ist.

U. 2. Viskosität nach dem Straßenteerkonsistometer (S. 218). Der gut durchgerührte Teer muß eine einheitliche Temperatur von 30° bzw. 40° haben. Dann erfolgt die Bestimmung der Viskosität durch genaue Ermittlung der Ausflußzeit von 50 cm³ Teer aus dem Meßgefäß.

U. 3. Destillat (Wasser, Destillate und Pechrückstand). In einem gläsernen Fraktionskolben von 500 cm³ Inhalt, dessen Ausmaße der Abbildung entsprechen müssen, und ohne besonderen Fraktionsaufsatz werden 250—300 g Straßenteer abgewogen (Abb. 206).

Der Kolben ist mit einem geeichten Thermometer bis mindestens 360° ausgestattet. Das obere Ende der Thermometerkugel reicht bis an den unteren Rand des seitlichen Ansatzrohres. Als Kühlrohr dient ein Glasrohr von 20 mm lichter Weite und 800 mm Länge, das so geneigt ist, daß der Auslauf sich 100 mm tiefer als der Eingang befindet. Die Destillation ist so zu leiten, daß in der Sekunde 2 Tropfen übergehen. Die einzelnen Fraktionen werden getrennt aufgefangen und gewogen. Der Wechsel der Vorlage erfolgt bei den vorgeschriebenen Temperaturgraden ohne Unterbrechung der Destillation.

Als Anthrazenöl gilt das Destillat von 300—350°. Der Destillationsrückstand wird auf seinen Erweichungspunkt hin untersucht. Der gefundene Erweichungspunkt ist auf 67° in der Weise umzurechnen, daß für je 1½°, um die der gefundene Erweichungspunkt über oder unter 67° liegt, 1 vH Pechgehalt zuzuzählen bzw. abzuziehen ist. In entsprechender Weise wird auch der tatsächliche Anthrazenölgehalt umgerechnet.

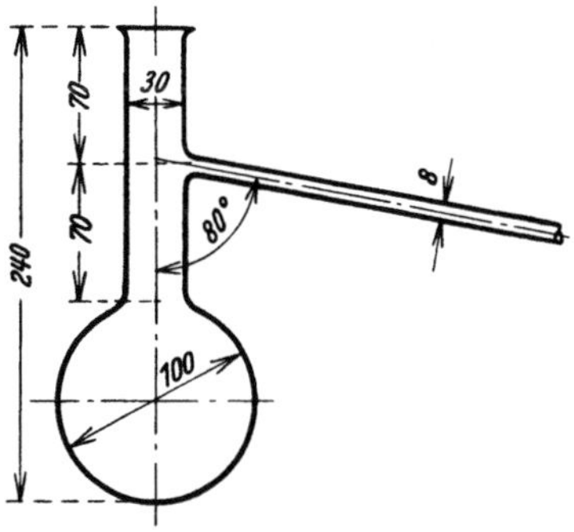

Abb. 206. Gläserner Fraktionskolben zum Destillieren des Teeres.

U. 4. Wassergehalt. Läßt das Ergebnis der Destillation erwarten, daß der vorgeschriebene Wassergehalt überschritten wird, so ist eine genaue Wasserbestimmung wie folgt vorzunehmen:

200 g Straßenteer werden unter Zusatz von 100 cm³ wassergesättigtem Xylol aus einem Metall- oder Glaskolben bis 180° destilliert. Das Destillat wird in einem — zweckmäßig unten verjüngten — Meßzylinder aufgefangen.

U. 5. Erweichungspunkt des Peches nach Krämer-Sarnow. In einem kleinen Blechgefäß mit ebenem Boden, das in einem Ölbade von ähnlicher Form hängt, schmilzt man bei ungefähr 150° soviel von dem zu untersuchenden Pech, daß die Höhe der geschmolzenen Menge im Blechgefäß 7 mm beträgt. In diese taucht man das Ende eines etwa 10 cm langen, an beiden Enden eben geschliffenen, offenen Glasröhrchens von 6 mm lichter Weite bis zum Boden ein, läßt es darin solange stehen, bis das an dem kalten Röhrchen anfangs erstarrte Pech wieder geschmolzen ist, schließt beim Herausnehmen die obere Öffnung mit dem Finger und setzt das mit Pech gefüllte Ende des Röhrchens auf eine kalte Glasplatte. Nach dem Erkalten entfernt man das an der äußeren Wand des Röhrchens haftende Pech und hat jetzt im Innern eine Pechschicht, deren Höhe 5 mm betragen muß.

Die Beschickung des Glasröhrchens mit genau 5 mm Pech kann auch mit Hilfe von Bartaröhrchen (Petroleum 1911/12, S. 158) geschehen. Ein an beiden Seiten abgeschliffenes Glasröhrchen von 6 mm lichter Weite und 5 mm Höhe wird auf eine Glasplatte gesetzt und das durch schwaches und vorsichtiges Erwärmen erweichte Pech so eingegossen oder eingedrückt, daß es ein wenig herausragt. Die Platte kommt mitsamt dem Röhrchen in einen Wärmeschrank, wo man das Pech zusammenschmelzen läßt. Man läßt nun erkalten und schneidet mit einem angewärmten Messer die etwa überstehende Kuppe ab. Das so vorbereitete gefüllte Röhrchen wird mit Hilfe eines Gummischlauchs an ein gleich weites 10 cm langes Röhrchen Glas an Glas angesetzt.

In das so mit Pech beschickte Glasrohr gibt man 5 g Quecksilber aus einer Flasche mit einem Hahnküken, dessen Ausbohrung genau 5 g Quecksilber faßt, und hängt dann das Proberohr in ein mit Wasser von 40° gefülltes Becherglas, das sich in einem zweiten weiteren mit Wasser der gleichen Temperatur gefüllten Becherglas befindet. In das innere Becherglas taucht man das Thermometer so ein, daß sein Quecksilbergefäß in gleicher Höhe mit der Pechschicht im Röhrchen liegt und erhitzt mit mäßiger Flamme derart, daß die Temperatur in der Minute um 1° steigt. Die Temperatur, bei der das Quecksilber die Pechschicht durchbricht, gilt als Erweichungspunkt des Peches.

Schiedsanalysen erfolgen mit Bartaröhrchen.

U. 6. Phenole. In einem Schüttelzylinder von 50 cm³ Inhalt mit ½ cm³ Einteilung werden genau 25 cm³ einer auf 50° vorgewärmten 10 vH-Natronlauge gegeben und bis auf 50 cm³ mit dem ebenfalls auf 50° vorgewärmten Mittelöl (Fraktion 170—270°) aufgefüllt. Dann wird 5 Minuten kräftig durchgeschüttelt und im Wärmeschrank bei 50° stehen gelassen, bis die Schichten sich klar getrennt haben, worauf die Menge der Phenolnatronlauge nach dem Abkühlen abgelesen wird. Die Berechnung des Phenolgehaltes des Teeres in Vol.-vH geschieht unter Berücksichtigung des spez. Gewichtes des Teeres und der für die Bestimmung angewendeten Mittelölmenge.

Sind 25 cm³ nicht vorhanden, so muß die Phenolbestimmung mit der vorhandenen kleineren Mittelölmenge durchgeführt werden.

U. 7. Naphthalin. Zur Bestimmung des Naphthalins wird die Fraktion zwischen 170—270° (Mittelöle) nach der Abscheidung der Phenole gewogen, genügend erwärmt, damit sich das ganze darin enthaltene Naphthalin auflöst, und gut geschüttelt. Man läßt auf 15° abkühlen und hält eine halbe Stunde lang auf dieser Temperatur. Das abgeschiedene Naphthalin wird dann mit der Saugpaumpe abgenutscht und auf einen porösen Tonteller aufgestrichen. Nachdem alles Öl vom Ton aufgenommen ist, wird das Naphthalin gewogen und sein Prozentgehalt aus dem Gewicht der angewandten Teermenge unter Berücksichtigung der angewandten Teilmenge des Mittelöls errechnet.

U. 8. Rohanthrazen. Die Fraktion von 300—350° (Anthrazenöl) wird auf nur 15° abgekühlt und eine halbe Stunde bei dieser Temperatur gehalten. Das ausgeschiedene Kristallisat wird abgesaugt und auf einen Tonteller mit einem Spatel aufgepreßt, bis die Kristalle vollkommen trocken sind. Der Rückstand wird gewogen und sein Prozentgehalt aus dem Gewicht der angewandten Teermenge unter Berücksichtigung der nach U. 3 errechten Anthrazenölmengen ermittelt.

U. 9. Freier Kohlenstoff. 2 g Straßenteer werden mit 50 cm³ kaltem Kristallbenzol in einem Erlenmeyerkolben gemischt. Nachdem sich der freie Kohlenstoff abgeschieden hat, wird das Benzol vorsichtig über ein gewogenes Filter (Filter Schleicher & Schüll, Nr. 597, 12 ½ cm Durchmesser) abgegossen. Der freie Kohlenstoff wird dann durch mehrmaliges Abgießen gewaschen, auf das Filter gebracht und mit 500 cm³ Kristallbenzol heiß ausgewaschen. Die gesamte Menge des für die Gewinnung des freien Kohlenstoffs benutzten Benzols soll mindestens 600 cm³ betragen. Das Filter mit dem darauf befindlichen Niederschlag wird bei 110° getrocknet und gewogen.

U. 10. Spezifisches Gewicht bei 25°. Für die Bestimmung wird das Aräometer oder Pyknometer benutzt. Der Umrechnungsfaktor auf 25° beträgt für jeden Grad 0,0007.

Straßenteer mit Zusatz von Asphaltbitumen. U. 11. Bestimmung des Gehaltes an Asphaltbitumen im Straßenteer. 3—4 g Straßenteer werden quantitativ in einem Erlenmeyerkolben abgewogen und mit etwa der zehnfachen Gewichtsmenge Chloroform oder Schwefelkohlenstoff eine Viertelstunde lang am Rückflußkühler gekocht. Man filtert vom freien Kohlenstoff ab und wäscht das Filter mit Chloroform oder Schwefelkohlenstoff bis zum praktisch farblosem Ablauf aus. Das Lösungsmittel wird abdestilliert; die letzten Reste werden durch Ausrühren auf dem Wasserbade entfernt. Der Rückstand wird in demselben Erlenmeyerkolben mit 6—6 cm³ konz. Schwefelsäure (doppelte Volumenmenge der Teereinwaage) ¾ Stunde lang im kochenden Wasserbade unter ständigem, innigem Umrühren mit einem Glasstabe sulfuriert. Nach Beendigung der Sulfurierung läßt man erkalten und spült die Masse mit Wasser in ein dickwandiges Becherglas. Die gebildeten Klumpen werden zerdrückt; das Sulfurierungsgemisch wird mit 500 cm³ Wasser verdünnt. Nach Verlauf von mindestens 2 Stunden wird durch ein gewogenes, einfaches Filter dekantiert, mit heißem Wasser unter Zerdrücken etwaiger Klumpen ausgewaschen, bis das Filtrat nicht mehr sauer reagiert. Der Rückstand wird bei 110° getrocknet und gewogen.

Die so gefundene Bitumenmenge entspricht dem Gehalt des Teers an Bitumen. Fehlergrenze in den vH-Zahlen nach unten —2, nach oben +5.

Um die tätsächliche Beimengung an Asphaltbitumen genau festzustellen, muß aus dem Originalzusatzbitumen und dem Straßenteer eine entsprechende Mischung im Laboratorium hergestellt und nach dem beschriebenen Verfahren analysiert werden. Es läßt sich dann der Faktor bestimmen, der bei der Verwendung dieses Bitumens den jeweilig gefundenen Werten zugezählt oder von ihnen abgezogen werden muß.

Im Untersuchungsbefund sind die einzelnen Anteile (Leichtöle usw.) auch umgerechnet auf die Teersubstanz anzugeben.

Untersuchung auf Eigenschaften des Straßenteers, die in den Vorschriften über die Beschaffenheit nicht festgelegt sind. Soweit aus besonderen Gründen Untersuchungen auf Tropfpunkt, Erstarrungspunkt, Fadenlänge, Eindringungstiefe, Beständigkeit, Streckbarkeit, Schwefelgehalt und Mineralstoffgehalt veranlaßt sind, sind diese Untersuchungen nach den Vorschriften für die Untersuchung von Asphaltbitumen durchzuführen.

3. Prüfung von Emulsionen.

Von der angelieferten Emulsion werden sofort nach der Anlieferung Proben, auf je 15 t eine Duchschnittsprobe von 2 l, entnommen. Bei Lieferung der Emulsion in Eisen- oder Holzfässern muß die Masse vorher mit einem kräftigen Stab gründlich durchgerührt werden. Die Probe wird in Patentblechdosen aus Schwarzblech von rd. 2 l Inhalt abgefüllt, die ungebraucht, entfettet und mit Emulsion vorher ausgespült sein müssen. Die Masse ist dann darauf zu prüfen, ob sich etwa abgeschiedene Bitumenteilchen darin befinden und ob diese sich durch Schütteln wieder in der Emulsionsflüssigkeit gleichmäßig verteilen lassen. Um ein Bild der Emulsion hinsichtlich Verteilung und Teilchengröße zu gewinnen, wird sie im Mikroskop bei 500facher Vergrößerung untersucht. Die Vorschriften für die Beschaffenheit der Emulsionen nebst den Untersuchungsverfahren sind in der DIN 1995/96 festgelegt. [Abhandlungen darüber s. (180)]

α) Vorschriften für die Beschaffenheit der Emulsionen.

	Eigenschaften	Untersuchungsverfahren
I. Äußere Erscheinung der Emulsion.		
1. Äußere Beschaffenheit	gleichmäßig	U. 1
2. Mikroskopisches Bild	s. Untersuchung	U. 2
II. Zusammensetzung der Emulsion.		
1. Wassergehalt	s. Untersuchung	U. 3
2. Gehalt an Asche, höchstens	2,5 vH[1]	U. 4
3. Gehalt an Trockensubstanz (abzüglich Asche), mindestens	50 Gew.-vH	U. 5
III. Zusammensetzung und Eigenschaften der Trockensubstanz.		
1. Asphaltbitumen: Bitumen I und Bitumen II	s. Untersuchung	U. 6
2. Straßenteer	„ „	U. 7
3. Mischungen von Asphaltbitumen und Straßenteer	„ „	U. 8
IV. Bewährungsproben.		
1. Lagerbeständigkeit, mindestens	8 Wochen	U. 9
2. Frostbeständigkeit	frostbeständig	U. 10
3. Klebeprobe	s. Untersuchung	U. 11
4. Brechung und Wasserlagerung	„ „	U. 12

[1] Emulsionen, deren Aschegehalt höher ist, können mit besonderen Angaben angeboten werden.

β) Vorschriften für die Untersuchung der Emulsionen.

U. 1. Äußere Beschaffenheit. Gleichmäßigkeit, Farbe, Geruch und Reaktion der Emulsion sind festzustellen. Nach Absetzen leicht aufrührbar. Gießbar flüssig; nicht entflammbar.

Wenn eine Prüfung auf Gleichmäßigkeit vorgenommen werden soll, werden 100 g der Emulsion durch ein Bronzesieb von 900 Maschen je cm² und 0,2 mm lichter Maschenweite gegossen, das mit einer zylindrischen Einfassung von 3,5 cm Durchmesser und 15 cm Höhe versehen ist. Das Sieb ist vor der Prüfung mit einer 2 vH-Kaliseifenlösung zu befeuchten, damit die Emulsion nicht bricht. Die Emulsion wird möglichst auf einmal auf das Sieb gegossen und nach dem Abfließen mit Seifenlösung und destilliertem Wasser nachgewaschen.

Der Rückstand auf dem bei Zimmertemperatur getrockneten Sieb soll nicht mehr als 0,5 vH betragen. Dickflüssige Emulsionen werden werden vor der Prüfung mit destilliertem Wasser auf etwa 50 vH Wassergehalt verdünnt[1].

U. 2. Mikroskopisches Bild: Die Untersuchung ist bei einer 500fachen Vergrößerung vorzunehmen, um ein allgemeines Bild zu gewinnen.

[1] Die Siebprobe ist aufgenommen worden, um die z. Zt. noch geringen Erfahrungen in bezug auf das Verhalten deutscher Emulsionen ihr gegenüber zu erweitern. Das Verhalten bei der Siebprobe, insbesondere eine Überschreitung der Rückstandsmenge von 5 vH, soll nicht ohne weiteres Anlaß zur Zurückweisung geben.

U. 3. Wassergehalt: Der Wassergehalt wird mit Hilfe des Xylolverfahrens bestimmt. 30 g Emulsion werden mit 150 cm³ wassergesättigtem Xylol in einem Apparat mit stehendem Kühler destilliert.

U. 4. Gehalt an Asche: 10 g Emulsion werden im Porzellan- oder Platintiegel verascht.

U. 5. Gehalt an Trockensubstanz (abzüglich Asche): Der Gehalt an Trockensubstanz ergibt sich aus der Differenz 100 — (Wassergehalt + Aschegehalt).

U. 6. Asphaltbitumen: a) Zur Prüfung des Asphaltbitumens werden etwa 15 g Emulsion 48 Stunden bei Zimmertemperatur auf einem Tonteller belassen. Der Erweichungspunkt nach Krämer-Sarnow des so gewonnenen Asphaltbitumens soll alsdann den Vorschriften für Bitumen I und II gemäß DIN 1995, DIN 1996 Heft 1 Ausgabe 1931 unter Zulassung einer Abweichung von 10 vH nach oben und unten entsprechen. Werden größere Abweichungen als ca. 10 vH festgestellt, so sind auch Erstarrungspunkt und Streckbarkeit zu bestimmen.

b) Die Bestimmung des Reinbitumens erfolgt nach Marcusson: Etwa 50 g Asphaltbitumen-Emulsion werden mit der 2½fachen Menge 96 proz. Alkohols unter Umschütteln allmählich versetzt. Durch den Alkohol wird das Asphaltbitumen ausgeflockt und ballt sich zusammen. Die alkoholische Lösung wird abgetrennt, hinterher wird mit Alkohol nachgewaschen. In der alkoholischen Lösung finden sich neben Emulgatoren geringe Mengen öliger, zum Asphaltbitumen gehörige Bestandteile. Um letztere der Bestimmung zugängig zu machen, versetzt man die vereinigten alkoholischen Auszüge mit Wasser und schüttelt mit Benzol oder Petroläther, bis 60° siedend, aus, wobei etwa auftretende Emulsion durch Alkohol geklärt wird. Die Lösung setzt man dem Asphaltbitumen hinzu, filtriert etwa unlöslich bleibende Anteile ab und verdampft das Lösungsmittel.

Die Ausscheidung des Reinbitumens nach Marcusson (176), frei von Emulgator, durch Ausfällung mit Alkohol, ist verhältnismäßig umständlich. Ein ganz sicheres Verfahren zur Befreiung des Emulgators von dem Bitumen ist noch nicht bekannt geworden. Außer dem Verfahren von Marcusson, das bei alkoholunlöslichen Emulgatoren nicht ganz zuverlässig ist, sind noch andere von Lange (176) und Weber (176) bekannt geworden.

U. 7. Straßenteer: Der Straßenteer wird aus der Emulsion durch Abdestillieren des Wassers gewonnen und zur Unterrichtung über seine Eigenschaften nach den Vorschriften für die Untersuchung von Straßenteer DIN 1995, DIN 1996 Heft 2 Ausgabe 1931 untersucht.

U. 8. Mischungen von Asphaltbitumen und Straßenteer: Aus der Emulsion wird das Bindemittel durch Abdestillieren des Wassers gewonnen.

a) Zur Bestimmung des Gehaltes an Asphaltbitumen werden 3—4 g des so erhaltenen Bindemittels quantitativ in einem Erlenmeyerkolben abgewogen und mit etwa der 10fachen Gewichtsmenge Chloroform oder Schwefelkohlenstoff ¼ Stunde am Rückflußkühler gekocht. Man filtriert vom freien Kohlenstoff ab und wäscht das Filter mit Chloroform oder Schwefelkohlenstoff bis zum praktisch farblosen Ablauf aus. Das Lösungsmittel wird abdestilliert, und die letzten Reste werden durch Ausrühren auf dem Wasserbade entfernt. Der Rückstand wird in demselben Erlenmeyerkolben mit 6—8 cm³ konz. Schwefelsäure (doppelte Volumenmenge der Bindemitteleinwaage) ¾ Stunden lang im kochenden Wasserbade unter ständigem innigen Umrühren mit einem Glasstabe sulfuriert. Nach Beendigung der Sulfurierung läßt man erkalten und spült die Masse mit Wasser in ein dickwandiges Becherglas. Die vorhandenen Klumpen werden zerdrückt; das Sulfurierungsgemisch wird mit 500 cm³ destilliertem Wasser verdünnt. Nach Verlauf von mindestens 2 Stunden wird durch ein gewogenes, einfaches Filter dekantiert und mit heißem Wasser unter Zerdrücken etwaiger Klumpen ausgewaschen, bis das Filtrat nicht mehr sauer reagiert. Der Rückstand wird bei 110° getrocknet und gewogen.

b) Weitere Prüfung des durch Abdestillieren des Wassers aus der Emulsion gewonnenen Bindemittels richtet sich sinngemäß nach der ermittelten prozentualen Zusammensetzung des Teer-Asphaltbitumengemisches.

U. 9. Lagerbeständigkeit: Die Prüfung erfolgt im verschlossenen Reagenzglase von 20 mm lichter Weite, gefüllt bis 5 mm unter dem Korken. Abzulesen in mm der hellen Schicht nach 3 Tagen für die vorläufige Prüfung. Alsdann Durchgießen durch ein Prüfsieb von 0,2 mm lichter Maschenweite gemäß U. 1. Falls erforderlich, Prüfung nach 8 Wochen in gleicher Weise.

U. 10. Frostbeständigkeit: Die Emulsion wird im Reagenzglase von 20 mm lichter Weite stufenweise auf — 8° C abgekühlt und 1 Stunde bei dieser Temperatur belassen. Nach dem langsamen Wiederauftauen soll die Emulsion den Anforderungen auf Gleichmäßigkeit nach U. 1 entsprechen.

U. 11. Klebeprobe: 100 g staubfreier, trockener Basaltsplitt, Körnung 3—6 mm, werden in einer Porzellan- oder Emailleschale mit flachem Boden und etwa 10 cm Bodendurchmesser mit 10 g Emulsion bis zur gleichmäßigen Umhüllung vorsichtig vermischt. Die Schichthöhe des getränkten Splittes beträgt dann etwa 1 cm. Der mit dem Bindemittel umhüllte Splitt soll bei Asphaltbitumen-Emulsionen nach höchstens 5 Stunden, bei Teer- und gemischten Emulsionen nach höchstens 10 Stunden eine zusammenhängende Masse bilden, d. h. aus der Masse sollen beim Senkrechtstellen der Schale (wenigstens 15 Sek.) keine umhüllten Splitteilchen herausfallen. Die Probe soll bei Zimmertemperatur, nicht im direkten Sonnenlicht vorgenommen werden.

Wird bei vorsichtigem Vermischen der Emulsion mit dem Splitt festgestellt, daß die Emulsion zu schnell bricht oder zu dickflüssig ist, so ist für einen neuen Versuch mit destilliertem Wasser angefeuchteter Splitt zu verwenden. Der Überschuß an Wasser ist vor dem Aufgießen der Emulsion zu entfernen.

U. 12. Brechung und Wasserlagerung: Man hängt einen Basaltwürfel mit einer Ecke nach unten auf und taucht ihn 1 Minute lang in die Emulsion, läßt ihn abtropfen und hängt ihn zum Trocknen auf. Nach 1 Stunde wird der Würfel in ein Becherglas mit 1 Liter destilliertem Wasser getaucht und mittels des Fadens 1 Minute lang im Wasser auf- und abbewegt. Das Wasser soll darnach keine Trübung aufweisen.

Ein zweiter wie vorbehandelter, jedoch 24 Stunden an der Luft bei Zimmertemperatur getrockneter Basaltwürfel wird 24 Stunden lang im destillierten Wasser gelagert. Die geschlossene Bindemittelhaut muß an den Steinflächen fest haften. Eine Trübung des Wassers darf nicht eintreten.

Neben diesen durch die DIN 1995/96 festgesetzten Prüfungsverfahren sind für die Untersuchung der Bindemittel die folgenden noch eingeführt:

4. Starrpunktsprüfer nach Höpfner-Metzger.

Das Gerät besteht aus (Abb. 207) (104):

1. Der Meßeinrichtung für die Eindringungstiefe des Stempels. Entsprechend der Anordnung bei den Einrichtungen zur Messung der Eindringungstiefe (S. 223)

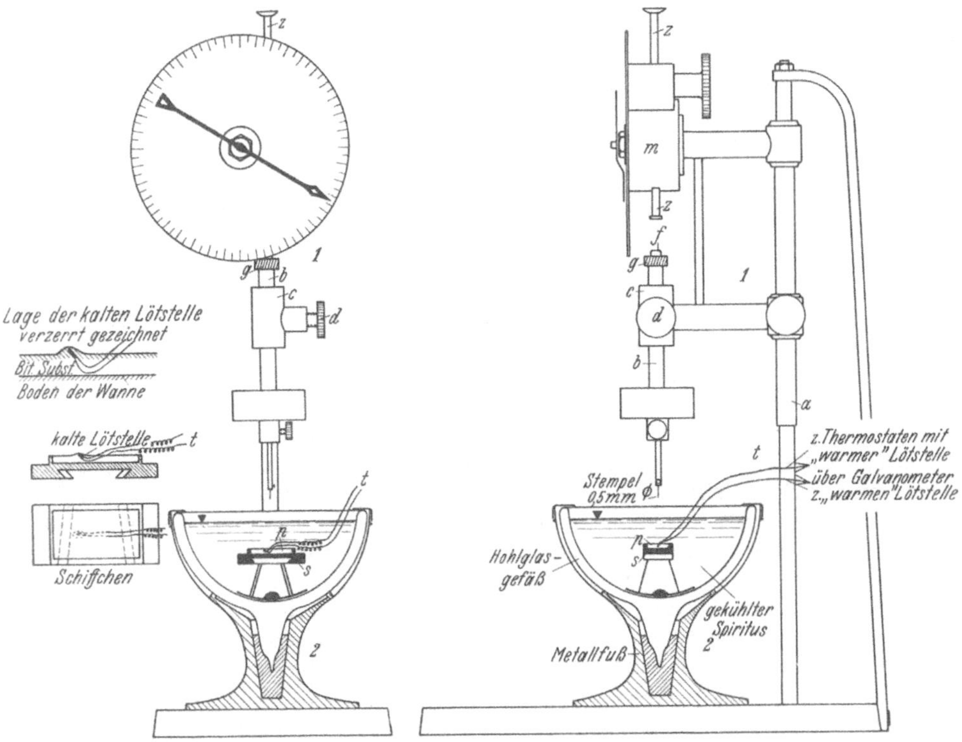

Abb. 207. Starrpunktprüfer nach Hoepfner-Metzger.

1 Penetrometer. *a* Stativ, *b* Schaft mit Stempel 450 g, *c* Führung des Schaftes, *d* Arretierungsschraube des Schaftes, *m* Meßwerk, *z* Zahnstange, *e* Handbetrieb zum Aufsetzen der Zahnstange auf den Kopf des Schaftes *f*. *2* Isoliergefäß mit Kühlflüssigkeit u. Prüfmasse *p*, *s* Schiffchen mit eingeschmolzener Masse, *t* Thermoelement.

ist auch hier ein Schaft vorhanden von 450 g Gewicht, dessen Senkung mit einer Zahnradübersetzung an einer drehbaren Skalascheibe ablesbar ist. Das Übersetzungsverhältnis ist so groß gewählt, daß $^1/_{100}$ mm genau abgelesen und

$^1/_{1000}$ mm noch geschätzt werden können. Mittels einer Schraube kann der Stempel festgehalten und gelöst werden.

2. Der Träger der Prüfmasse besteht aus einem Schiffchen von 3 cm Länge und 1,5 cm Breite, in das die zu prüfende Masse in rd. 2 mm Stärke eingeschmolzen wird. Er wird mittels zweier an seiner Unterseite befindlichen Leisten auf einen Fuß aufgeschoben, der in einem Dewargefäß genau waagerecht eingekittet ist. Das Dewargefäß ruht in einem Zinkfuß, das ganze auf einer Stativplatte.

3. Die Vorrichtung zur Messung der Temperatur im Augenblick des Eintretens des Starrpunktes besteht:

a) aus dem Eisenkonstanten-Drahtpaar, das an beiden Enden zusammengelötet ist,

b) einer mit Paraffin oder einer sonstigen Flüssigkeit gefüllten Thermosflasche, die ihrerseits wieder in einem zylindrischen Gefäß, das mit einer Hilfsflüssigkeit gefüllt ist, die auf einer gewünschten Temperatur genau gehalten wird. Die warme Lötstelle des Drahtpaares wird durch den Stopfen der Thermosflasche, deren Inhalt auf einer Arbeitstemperatur genau gehalten wird, eingeführt, desgleichen auch ein Thermometer, um die Arbeitstemperatur der Thermosflasche zu überwachen.

c) das Galvanometer, das in den durch die beiden Drähte gebildeten Stromkreis eingeschaltet ist und die Ströme angibt, die durch das Temperaturgefälle an den beiden Lötstellen hervorgerufen werden.

d) Die Eichkurve, aus der die Temperatur der kalten Lötstelle, welche die Temperatur der Kältemaße im Dewargefäß anzeigt, entnommen werden kann, die dem am Galvanometer abgelesenen Ausschlag entspricht.

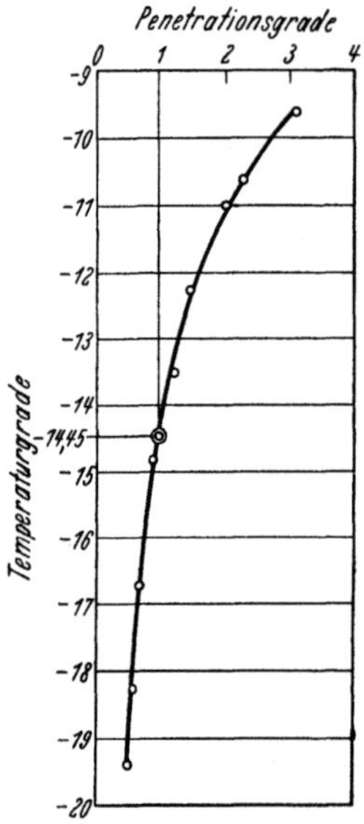

Abb. 208. Penetrationskurve (f. Erstarrungspunkt) von Standard Paving.

Die Prüfung erfolgt in der folgenden Weise:

Die kalte Lötstelle des Drahtpaares wird auf etwa 1 cm Länge in die zu prüfende Masse, die in dem Schiffchen eingeschmolzen ist, eingebettet. Schiffchen samt Inhalt mit dem eingeschmolzenen Ende des Drahtpaares werden auf den Fuß des Dewargefäßes geschoben, in das eine Kältelösung gebracht wird, am besten Alkohol, der durch Einwerfen von Kohlensäureschnee beliebig tief abgekühlt werden kann. Zuerst wird durch leises Aufsetzen des Schaftes auf der Oberfläche der zu messenden Masse die Skalascheibe auf Null eingestellt. Im übrigen wird jetzt genau so verfahren, wie bei der Messung der Eindringungstiefe. Die Kältemasse soll am Anfang etwa 10^0 unter derjenigen Temperatur abgekühlt werden, die schätzungsweise dem Starrpunkt entspricht. Es werden nun die Eindringungstiefen, die die Masse bei steigender Temperatur zeigt, abgelesen und zusammen mit den dazugehörenden Temperaturen in einem rechtwinkligen Ordinatenkreuz aufgetragen. Die Kurve steigt zunächst steil an. Auf ihr kann nun diejenige Temperatur abgelesen werden, die einer Eindringungstiefe von $^1/_{10}$ mm entspricht, da es nicht immer möglich sein wird, diesen Zustand unmittelbar zu messen. Die größere Wahrscheinlichkeit ist, daß man eine Eindringung, die unter und die nächste, die über dem Starrpunkt liegt, messen wird. Abb. 208 zeigt eine Kurve für Standard Paving.

5. Schwimmprobe.

(A.S.T.M.5—25.) (Abb. 209.) Die Schale von 37,9 g Gewicht aus Aluminium hat eine Öffnung am Boden, in die ein Halsstück mit konischer Öffnung hineingeschraubt wird. In die Hülse wird die zu prüfende Masse eingeschmolzen. Das

Gewicht der Schale mit Masse soll 53,2 g betragen. Die Masse in der Hülse wird in gekühltes Wasser von 5° C 15 Minuten lang gelegt. Dann wird die Hülse in die Schale eingeschraubt und in das Wasserbad gebracht, das auf der Temperatur genau gehalten wird, bei der die Probe vorgenommen werden soll. Bei dieser Temperatur wird die Masse weich, fließt aus der Hülse aus und die Schale füllt sich mit Wasser und sinkt unter. Es wird die Zeit von dem Einsetzen in das Bad bis zum Untersinken der Schale gemessen. Mit ihr wird die Weichheit von Teer (V. St. A.) und Naturasphalten (S. 221/230) gemessen.

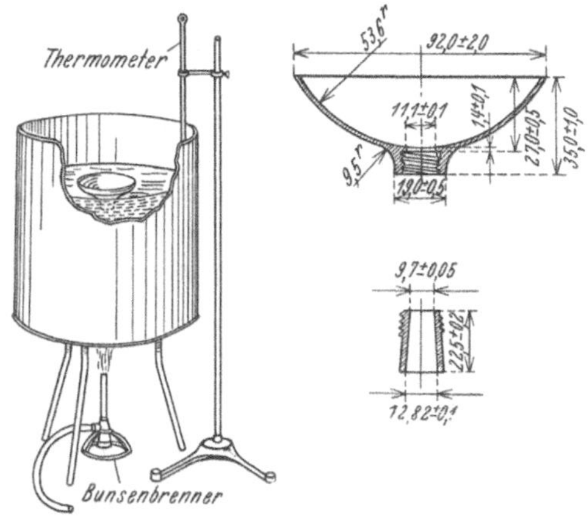

Abb. 209. Vorrichtung für die Schwimmprobe.

6. Prüfverfahren bei Mischungen aus Mineralstoffen mit Asphaltbitumen und Teer.

Hinsichtlich der Verfahren zur Prüfung der Mischungen aus Mineralstoffen mit Asphaltbitumen und Teer sind bereits Angaben im Abschnitt VI K d 6 ζ gemacht worden.

7. Prüfverfahren für Kaltteer

(nach den Vorschlägen des Deutschen Straßenbauverbandes).

Die Kaltteere werden nach folgenden Gesichtspunkten geprüft:

1. Äußere Beschaffenheit (U_1).
2. Die physikal. Eigenschaften und Zusammensetzung des Teeres (U_2—U_{10}) (s. Seite 365).
3. Bewährungsproben: Klebeprobe und Wasserlagerung entsprechend den Vorschriften für Asphalt- und Teeremulsionen (U_{11} u. U_{12}) sowie Verdunstungsprobe durch Feststellung des Gewichtsverlustes einer abgewogenen Menge bei bekannter Temperatur nach verschiedenen Zeiten.

8. Extraktion.

Um festzustellen, ob das in der Mischung enthaltene Asphaltbitumen in genügender Menge und richtiger Beschaffenheit vorhanden ist, muß es aus der Mischung ausgezogen werden. Das geschieht an Masse, die aus dem Mischer oder aus der Decke selbst entnommen ist. Bei der Extraktion darf das Asphaltbitumen nicht verändert werden. Als Lösungsmittel wird Schwefelkohlenstoff (CS_2) verwendet, wenn die Eigenschaften des Asphaltbitumens nachgeprüft werden sollen, da alle anderen Lösungsmittel wie Benzol, vor allem aber Chloroform und Trichloräthylen die Eigen-

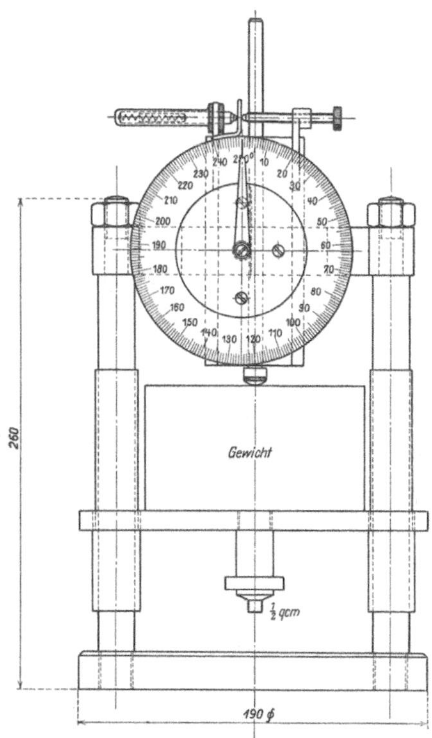

Abb. 210. Eindringungsmesser für Asphaltmischungen.

schaften des Asphaltbitumens stark verändern. Wenn nur der quantitative Gehalt an Asphaltbitumen bestimmt werden soll, wird CS_2 oder Chloroform zur Lösung genommen (DIN 1995 schreibt Chloroform vor).

Wenn nur die Mineralmasse untersucht werden soll, erfolgt die Trennung von Gestein und Bindemittel mit Benzol, schon aus Gründen der Sparsamkeit, weil für die Prüfung der Mineralmassen große Mengen (3 kg) aufgelöst werden müssen und daher viel Bindemittel benötigt wird, Benzol aber das billigste Lösungsmittel ist.

Für die Untersuchung der Eigenschaften des Asphaltbitumens ist noch zu beachten, daß längeres Aufrühren vermieden wird, die besten Ergebnisse werden erhalten, wenn die Masse bei ca. 160—170° C bis zum Glattwerden aufgeschmolzen wird.

Bei der Extraktion von Teer enthaltenden Massen ist zu berücksichtigen, daß durch die meisten Lösungsmittel (CS_2, CCl_4, Trichloräthylen usw.) die Eigenschaften des extrahierten Teeres nicht mehr denjenigen des Ausgangsteeres entsprechen, weil der freie Kohlenstoff sich nicht im Extrakt befindet und auch teilweise chemische Veränderungen der einzelnen Teerbestandteile (z. B. Phenol, Naphthalin, Anthrazen usw.) eintreten können. Außerdem findet eine Verschiebung der Teerfraktionen statt. Benzol als verhältnismäßig indifferenter Kohlenwasserstoff, scheint nach den Erfahrungen der Str. V. St. noch am besten zur Extraktion geeignet, wenn gewisse Eigenschaften des verwendeten Teeres nachgeprüft werden sollen. Bedenken bestehen gegen die Verwendung gechlorter Kohlenwasserstoffe CCl_4, (Chloroform). Auch CS_2 reagiert mit den Basen (Anilin usw.) des Teeres. Genormte Verfahren sind noch nicht aufgestellt.

9. Vorschriften für die Beschaffenheit und Untersuchung von Pflasterausgußmasse.

A. Vorschriften für die Beschaffenheit der Ausgußmasse.

Zu erfüllende Bedingungen		Untersuchungsverfahren
1. Gehalt an Bindemittel . .	50—70 vH. Von dieser Forderung kann abgesehen werden, wenn die Masse allen übrigen Anforderungen entspricht.	U. 1
2. Art des Bindemittels . . .	Soll aus Asphaltbitumen oder Teerweichpech bzw. deren Gemischen bestehen.	U. 2
3. Art der Mineralstoffe . . .	Gesteinsmehl von feinster Mahlung. Wasserlösliche oder wasserempfindliche Mineralstoffe wie Gips, Zement dürfen nicht verwendet werden.	U. 3
4. Feinmahlung der Mineralstoffe	Rückstand auf dem 900-Masch.-Sieb höchstens 1 vH, Rückstand auf dem 4900-Masch.-Sieb höchstens 20 vH.	U. 4
5. Beschaffenheit der Masse .		U. 5
a) Erweichungspunkt . . .	Bei Verwendung von Teer und Teerasphaltgemischen über 30° und unter 45°. Bei Verwendung von Asphaltbitumen über 40° und unter 60°.	a
b) Gießfähigkeit	Die Masse muß sich bei 100—120° in eine 5 mm breite Steinfuge bequem eingießen lassen.	b
c) Entmischbarkeit in flüssigem Zustande	Entmischung der 100—120° heißen Masse darf in 30 Minuten nicht eintreten.	c

A. Vorschriften für die Beschaffenheit der Ausgußmasse. (Fortsetzung.)

Zu erfüllende Bedingungen		Untersuchungsverfahren
d) Fließvermögen	Bei einer Prüftemperatur von 45° höchstens 50 mm bei Teer- und Teerasphaltgemisch, höchstens 10 mm bei Asphaltbitumen.	d
e) Frostbeständigkeit . . .	Die in Würfeln von 4 cm Kantenlänge geformte und auf 0° abgekühlte Masse soll beim Zerschlagen mit einem 0,5 kg schweren Hammer nicht splittern, sondern in einzelne größere Stücke zerfallen.	e

U 5b—e siehe DIN 1995 Ausgabe 1929.

C. Prüfbahnen.

Die Nachahmung der Wirkung von Verkehrskräften in der Versuchsanstalt am Probekörper mittels Druckpressen, Stempel und ähnlichen Einrichtungen ist mit Unzulänglichkeiten verbunden, da die dynamischen Einwirkungen fehlen. Um den Vorgängen auf der Straße näher zu kommen und die Straßenbaustoffe der Kraftwirkung der Räder unter verschiedenen Bedingungen unterwerfen zu können, sind Versuchsbahnen angelegt. Soweit diese als Straßen mit dem üblichen Straßenfahrzeug befahren worden sind, werden sie im folgenden Abschnitt D behandelt. An dieser Stelle soll auf die Prüfart hingewiesen werden, die in Form von Prüfbahnen in Materialprüfungsanstalten eingeführt ist und die statischen Prüfverfahren glücklich ergänzt. Die Materialprüfungsanstalt an der Technischen Hochschule Stuttgart (Professor Graf) hat eine solche Prüfbahn seit 5 Jahren in Betrieb (181). Die Maschine (Abb. 211a) ist in einem geschlossenen Raum untergebracht, weil alle Versuche unter möglichst gleichen Bedingungen ausgeführt werden sollen. Nur so ist die Einstellung der Temperatur, das Beregnen, die Bestrahlung, das Gefrieren und Auftauen dem Versuchsleiter in beliebiger Wiederholung in gewissen Grenzen möglich und auch mit Erfolg durchgeführt worden. Die Maschine besteht in einem kreuzförmigen Fahrgestell mit vier Armen. An zwei einander gegenüberstehenden Armen sind Lastwagentriebräder auf Federn angebracht, die unter Zwischenschaltung von Kette, Kettenrädern, Ausgleichgetriebe, Anlaufkuppelung usw. von einem 25-PS-Motor angetrieben werden. An den beiden anderen Armen laufen zwei Laufräder. Alle Teile sind die üblichen Kraftwagenteile und so eingebaut, daß sie jederzeit durch andere ersetzt werden können, namentlich wenn es sich um die Prüfung von Rädern, Bereifung usw. handelt. Das demnach ganz als Lastwagen gebaute Fahrgestell hat ein Gewicht von rd. 8500 kg, das noch durch Zusatzgewichte erhöht werden kann. Es dreht sich um einen Zapfen, der nicht in der Mitte festliegt, sondern seinerseits sich in einem Kreise von 300 mm um die Mitte bewegt. Infolgedessen laufen die Räder auf der von ihnen bestrichenen Kreisbahn nicht

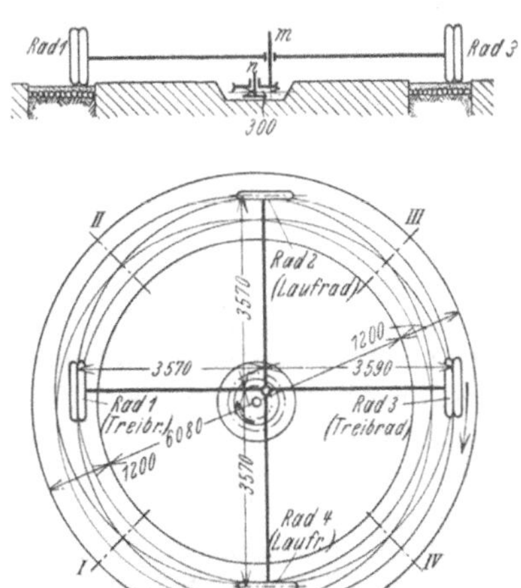

Abb. 211a. Prüfbahn für Straßenbeläge der Materialprüfungsanstalt der Technischen Hochschule Stuttgart.

in einer Spur, sondern über eine Kreisringfläche, deren innerer Durchmesser 6,08 m, und äußerer 7,28 m beträgt, so daß eine etwa 1,2 m breite Fahrbahn bestrichen wird. 60 cm ist die Exzentrizität und 60 cm die Breite der doppelt bereiften Triebräder. Die Kreisringfläche von etwa 26 m² Fläche kann mit Straßenbefestigungen belegt werden, die dann dem Angriff der Räder ausgesetzt werden. Das Fahrgestell kann in vier Geschwindigkeiten laufen, die höchste beträgt 22 km/h. Die Triebräder sind mit magnetischen Bremsen ausgestattet. Der Betrieb besteht einmal in dem Befahren der Kreisfläche ununterbrochen bis zu einer tkm-Leistung von solchem Ausmaß, wie sie etwa Verkehrsstraßen aufweisen. Außerdem ist eine Schalteinrichtung geschaffen, welche eine unterbrochene Fahrweise gestattet, z. B. einige Minuten Fahrt, dann Ausschalten des Stromes und scharfes Bremsen bis zum Anhalten, dann nach kurzer Zeit wieder Anfahren.

An dem Fahrgestell kann außerdem eine Vorrichtung angebracht werden, um die beim Bremsen auftretenden Kräfte zwischen Radumfang und Straßenoberfläche zu messen, auf die schon auf S. 30 Abb. 20 hingewiesen ist. Sie besteht in einem Kraftwagenrad, dessen Raddruck durch Gewichte verändert

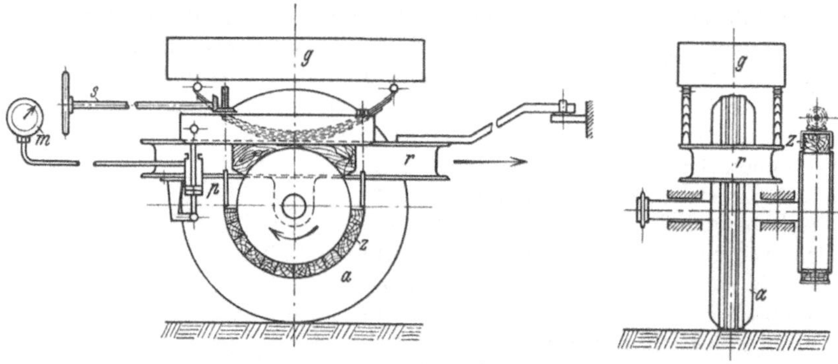

Abb. 211b. Bremsrad zur Messung der Reibungsbeiwerte.

werden kann (Abb. 211b). Auf der Achse sitzt eine Bremstrommel, die mit einem Pronyschen Zaum gebremst wird. Die Bremse wird durch einen Mitfahrer mittels einer Stange über ein Kegelgetriebe bedient. Die Bremskraft wird durch einen Preßzylinder mit anschließender Leitung auf ein Manometer übertragen, das auf einem der Fahrgeschwindigkeit entsprechend ablaufenden Papierstreifen die Bremsdrücke aufträgt. Ferner sind Einrichtungen vorgesehen, um den Schlupf zu bestimmen. Die mit dieser Einrichtung vorgenommenen Messungen über den Reibungsbeiwert von Groß- und Kleinpflaster im Vergleich mit Mansfelder Schlackensteinen und anderen Fahrbahnbelägen bei verschiedenen Zuständen, trocken, naß, mit Glibber bedeckt, haben wertvolle Aufschlüsse gegeben, mit deren Veröffentlichung in einiger Zeit gerechnet werden kann (174).

Die Technische Hochschule Karlsruhe hat eine ähnliche Maschine, deren Durchmesser aber größer ist, die auch im Freien steht und bei der jedes Rad unmittelbar angetrieben wird. Die englische Versuchsanstalt in Teddington hat eine solche Prüfeinrichtung schon seit etwa 15 Jahren, die aber noch viele Unvollkommenheiten aufweist und durch die beschriebenen Anlagen wohl überholt ist.

D. Versuchsstraßen.

Allgemeines.

Die ersten von Riedler vorgenommenen Versuche zur wissenschaftlichen Automobilwertung haben alsbald zu der Erkenntnis geführt, daß die größten Leistungsverluste am Antriebsrade entstehen, daß also am Berührungspunkt zwischen Straße und Rad die größten Kräfte auftreten. Riedler hat sich daher auch mit der Frage der Verminderung dieser Verluste durch richtige Bereifung befaßt und erkannt, daß bezüglich der Beziehungen zwischen Rad und Fahrbahn „zur Klärung der für die Zukunft durch den Kraftwagen neu belebten öffentlichen Verkehrsstraßen außerordentlich wichtigen Frage, planmäßige Versuche dringend erwünscht sind“ (182). Damit hat Riedler wohl die erste Anregung für Versuchsstraßen gegeben. Es hat aber noch einige Zeit gedauert, bis dieser Gedanke praktische Ausgestaltung erfahren hat. Es sind zwar eine Anzahl Versuchsstraßen im Auslande gebaut worden, sie haben aber immer das Ziel im Auge gehabt, die Bewährungen von Straßendecken unter dem Kraftwagenverkehr festzustellen. Die erste Bahn, auf der grundsätzlich die Beziehungen zwischen Reifenart und Fahrbahn untersucht worden sind, ist die Versuchsstraße des D. Str. B. V. in Braunschweig gewesen. Die anderen Versuchsstraßen haben mehr das Ziel im Auge gehabt, die mannigfachen Straßenbauweisen unter Kraftwagenverkehr zu erproben und technische und wirtschaftliche Gesichtspunkte für die Bewertung und Verbesserung der Fahrbahnbefestigung zu finden, Gesichtspunkte, die auch auf der Versuchsstraße in Braunschweig verfolgt worden sind. Die Versuchsstraßen sind etwa nach zwei verschiedenen Verfahren betrieben worden.

Beim ersten Verfahren wird eine vorhandene Straße für Versuche benutzt, beim zweiten wird eine besondere Straßenfahrbahn angelegt und durch besondere Versuchsanordnungen die Einwirkung der Verkehrslasten auf die Straße ermittelt. Die Versuche, um die es sich hierbei handelt, beziehen sich auf das Verhalten der verschiedenen Straßenbefestigungen unter den Einflüssen der Witterung und des Verkehres. Durch die Versuche soll ermittelt werden, wieweit die einzelnen Befestigungsarten den Anforderungen des Verkehres entsprechen, und welche Aufwendungen sie verursachen. Das erstgenannte Verfahren, unter Benutzung vorhandener Straßen, ist das natürliche und schon seit langem in Anwendung, aber vielen Zufälligkeiten ausgesetzt. Scharf betrachtet, ist jede Land- und Stadtstraße ein Versuch. Denn die Bedingungen, denen eine Straße unterworfen ist, sind nach der örtlichen Lage, Untergrund, Klima, Verkehr, so verschiedenartig, daß man sehr schwer die zutreffende Befestigung, die nach der technischen wie wirtschaftlichen Seite die einzig gegebene ist, mit unbedingter Sicherheit voraussagen kann. Man darf wohl behaupten, daß eine geordnete Straßenverwaltung sich dauernd im Zustande des Versuches befindet und zum mindesten ihre Hauptverkehrsstrecken als wertvolle Versuchsanlagen betrachtet. Schon die Rücksicht auf die Kosten und die Anforderungen des Verkehrs zwingen sie dazu.

Bekannt ist der erste englische Versuch auf der Straße von New Eltham nach Sidcup unter Beteiligung des englischen Wegebauamtes im Jahre 1911 (183). Diese Versuchsstraßen, die jetzt in großer Zahl in allen Ländern angelegt sind[1], sollen hier nicht weiter behandelt werden. In den V. St. A. hat man bereits im Jahre 1896 mit den ersten Versuchs- und Musterstraßen begonnen. Auf diesen Straßen wird gelegentlich zwar der Verkehr gezählt, aber er unterliegt nicht dem Einfluß derjenigen Verwaltung, die die Versuche vornimmt. Wissenschaftliche Versuche, bei denen alle Vorgänge vom Versuchsunternehmer bestimmt werden, und vor allem Versuche, bei denen das Ziel ist, im Wege der Zeitraffung schnell Ergebnisse zu erzielen, können nicht auf Straßen, die dem öffentlichen Verkehr ausgesetzt sind, vorgenommen werden. Solche Straßen müssen von der Umgebung losgelöst werden.

[1] In Dänemark ist im Jahre 1927 auf der Chaussee Kopenhagen—Roskilde eine Versuchsstrecke von rd. 600 m Länge eingebaut worden (Bautechn. 1929 S. 103. 1932 S. 15). In Schweden ist eine 5,5 km lange Straße bei Kalmar für Versuchszwecke angelegt worden. (Svenska Väginstitutet, Stockholm. Meddelande 29).

a) Ausländische Versuchsstraßen für Kraftwagenverkehr.

α) Versuchsstraßen in V. St. A.

Der Staat Illinois hat 1920 die Batesversuchsstraße erbaut, um die zweckmäßigste Deckenart für Kraftwagenverkehr zu erproben. Die Straße hat eine Länge von 3240 m und 5,5 m Breite ohne Krümmungen (184). Sechs Gruppen von Befestigungen, wie sie hauptsächlich im amerikanischen Straßenbau verwendet werden, auf die wieder insgesamt 71 Unterabschnitte von 30—75 m Länge verteilt waren, sind untersucht worden: 1. Klinkerdecken mit bituminösem Fugenausguß auf Makadamunterbau, 2. Asphaltbeton auf Makadamunterbau, 3. Asphaltbeton auf Betonunterbau, 4. Klinkerdecke mit bituminösem Fugenausguß auf Beton, 5. Klinker auf Beton in Zementmörtel, 6. Beton ohne und mit Eiseneinlagen.

Die einzelnen Deckenarten waren in ihrer Stärke gestaffelt, von der schwächsten Form, wie sie allenfalls bei geringem Verkehr noch technisch möglich ist, in Abschnitten übergehend zu den kräftigsten Deckenstärken, die auch die schwersten nach den Polizeiverordnungen zugelassenen Verkehrslasten tragen würden.

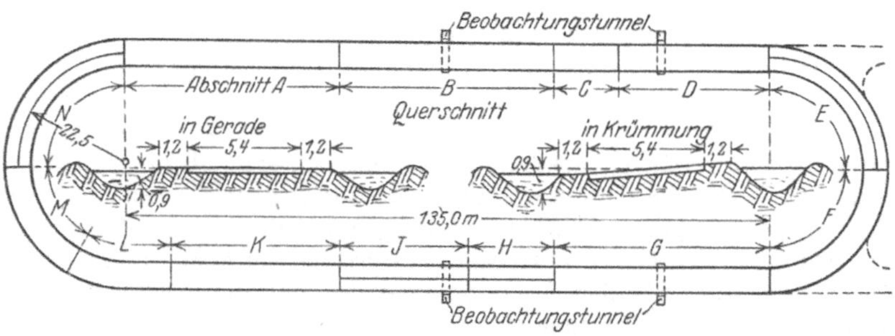

Abb. 212. Versuchsstraße in Pittsburg (Kal.).

Die Höchstbelastung hat 340000 t betragen. Die Belastung des Hinterrades ist stufenweise von 1135 kg auf 3632 kg gesteigert worden. Die Geschwindigkeit hat 19 km/h betragen. Unter den zahlreichen Ergebnissen dieses Versuches sind die folgenden für uns von Wert:

Zehn Beton- und zwei Asphaltdecken und eine Klinkerdecke in Asphalt haben die Versuche überdauert. Die Betondecken haben die größte Tragfähigkeit und Widerstandsfähigkeit, wenn sie am Rande verstärkt werden.

Die Versuche haben die Brauchbarkeit der Betonstraße erwiesen. Die konstruktiven Ergebnisse befinden sich im Abschnitt VI. D.

Die Versuchsstraße in Pittsburg (Kal.) 1921/1922 hat die Aufgabe gehabt, im einzelnen Aufschluß über die Vor- und Nachteile der verschiedenen möglichen Deckenausbildungen mit und ohne Eiseneinlagen zu geben und auch die Grundlagen von Berechnungsverfahren zu schaffen, nach denen der Ingenieur in die Lage versetzt werden soll, solche Decken zu berechnen (61). Die Anregung zur Anlage der Bahn hat die Columbia Steel Company gegeben, um die Zweckmäßigkeit der Eisenbewehrung in Betonquerschnitten festzustellen. Die Leitung der Versuche hat in den Händen behördlicher Ingenieure gelegen.

Die Bahn hat aus zwei Geraden von 135 m Länge bestanden, durch zwei Halbkreise von 22,5 m Halbmesser miteinander verbunden, Breite der Fahrbahn 5,4 m, beiderseits Bankette von 1,2 m Breite, dann 90 cm tiefe Gräben (Abb. 212). In der Geraden hat man den Querschnitt dachförmig, in der Krümmung mit einseitigem Quergefälle angelegt. 13 verschiedene Arten von Betondecken mit und ohne Eiseneinlagen sind verwendet worden, deren Form sich auf

Grund von Umfragen bei einer großen Zahl von Straßenbaubehörden ergeben hat. Die Aufgabe hat darin bestanden, die inneren Kräfte, die in den Betondecken auftreten, insbesondere die Biegungsspannungen zu untersuchen, und zwar nicht nur unter ruhender, sondern auch unter sich bewegender Last und unter Stößen. Da das aber nur möglich ist unter Beobachtung der Bewegungen der unteren Fläche der Betonplatten, sind an vier Stellen Tunnel unter der Fahrbahn angelegt worden, in denen die Bewegungen mit sehr feinfühligen Apparaten beobachtet worden sind. Bis 32 Lastkraftwagen sind auf der Strecke gefahren, die Hälfte immer auf einer Spur in entgegengesetzter Richtung. Es hat sich aber für einen so dichten Verkehr eine Breite von 5,4 m nicht als ausreichend erwiesen. Die Belastung der Wagen ist in Zwischenräumen und Abstufungen von 7,5 bis auf 10,11 und 12,2 t erhöht worden. Die Verteilung war 75 vH auf die Hinterachse, 25 vH auf Vorderachse. 7362000 t sind in verhältnismäßig sehr kurzer Zeit über die Bahn gefahren worden.

Die Ergebnisse sind die folgenden, soweit sie sich auf das Verhalten der verwendeten Betondecken erstrecken:

1. Der ohne besondere Oberflächenbehandlung hergestellte Beton hat allen Angriffen von Vollgummireifen widerstanden. Ein beschränkter Verkehr mit eisernen Reifen hat erkennen lassen, daß mit entsprechend schweren Lasten frühzeitig die Oberfläche beschädigt wurde.

2. Verkehr in der Morgenfrühe hat im Verhältnis die Betondecken stärker in Anspruch genommen, als der Verkehr am Tage.

3. Die beobachteten Durchbiegungen der Betondecke sind nahezu verhältnisgleich den Lasten.

4. Die Betonabschnitte, die Eiseneinlagen in solcher Lage haben, daß sie befähigt sind, die Zugspannungen von Biegungsmomenten aufzunehmen, haben eine größere Lebensdauer, als die von denselben Abmessungen, aber ohne Eiseneinlagen an entsprechender Stelle.

β) Die Versuchsstraße auf dem Colnbrook By Pass in England.

Das englische Wegebauamt hat eine neue Versuchsstraße jetzt auf dem Colnbrook By Pass bei Harmondsworth (Middlesex) in Benutzung genommen. Neben der öffentlichen Straße ist eine zweite Fahrbahn von 405 m Länge abgezweigt worden, über die während des Versuchsvorganges der gesamte Verkehr geleitet werden kann. Sobald die Versuche beendet sind, wird der Verkehr wieder auf die eigentliche Straße geführt. Neben der Versuchsfahrbahn ist ein Gebäude für die Ingenieure und zur Vornahme von Prüfungen errichtet. Die Durchführung der Versuche erfolgt unter eingehender wissenschaftlicher Überwachung. Die ersten Versuchsarbeiten sollen sich erstrecken auf 1. Verhalten des Untergrundes und seine Behandlung, 2. Unterbau, 3. Abnutzungsschichten, 4. Oberflächenbehandlung, 5. Widerstand der Decken gegen Gleitbewegungen und die auf den Widerstand wirkenden Einflüsse, 6. Stoßwirkungen und Erschütterungen. Bemerkenswert ist, daß der die Arbeit leitende Ausschuß sich aus allen am Straßenbau beteiligten Kreisen zusammensetzt, und daß für die Auswahl der Versuche die Vorschläge aller im Straßenbau tätigen Ingenieurverbände eingeholt sind. Über die ersten Ergebnisse ist Ausgangs des Jahres 1931 ein Bericht erschienen, der auch Mitteilungen über andere, auf öffentlichen Straßen errichtete Versuchsstrecken bringt (186).

γ) Die Versuchsstraße bei St. Vincennes in Frankreich.

Zum Zwecke der Erprobung der neuen Straßenbauweisen unter dem Kraftwagenverkehr hat die Stadt Paris zusammen mit dem französischen Staat und

Heeresverwaltung eine Versuchstraße bei St. Vincennes hergestellt. Nach der Ansicht der französischen Straßenbauingenieure hat sich die Anlage einer solchen Versuchstraße als unentbehrlich erwiesen, um die Ergebnisse der Untersuchungen in den Straßenbauversuchsanstalten in der Wirklichkeit zu erproben, zumal die zahlreichen Versuchstrecken auf den verschiedenen Straßen des Landes keine vergleichbaren Ergebnisse gezeitigt haben, weil die Bedingungen zu stark voneinander abweichen. Auf der neuen Versuchstraße bei St. Vincennes sollen die Versuche nunmehr systematisch und wissenschaftlich durchgeführt werden (185).

Die Bahn besteht aus mehreren Schleifen. Die Gesamtlänge beträgt 1969,7 m. Die Breite der Bahn in der geraden Strecke beträgt 10,5 m, davon ist die Fahrbahn 6,50, die Gehbahnen je 2 m breit. In den scharfen Kurven verbreitert sich die Bahn auf 13,50 m mit 9,50 m Fahrbahnausmaß, in den flacheren Kurven auf 12,5 m Breite. Das Profil in den geraden Strecken ist parabelförmig angelegt mit $^1/_{40}$ Pfeilhöhe, in den Kurven konkave Überhöhung mit parabolischem Übergangbogen. Dieser beginnt mit einem unendlich großen Krümmungshalbmesser 10 m vor dem Tangentenanfangspunkt der Geraden bis zum Halbmesser der Krümmung 10 m hinter dem Tangentenpunkt derart, daß die Überhöhungsrampe allmählich mit dem Anwachsen des Krümmungshalbmessers zunimmt. Das Wasser wird in Rinnen nach Schächten abgeführt.

Der Unterbau besteht aus Bruchsteinpacklage aus Oise-Kalkstein von 20 cm Stärke. Auf diesen Unterbau sind die Versuchsdecken aufgebracht. Die erste Versuchsreihe, mit der im Juli 1928 begonnen worden ist, benutzt nur die westliche Hälfte, dessen eine Strecke mit Sandsteinschotter, die andere mit Quarzit beschottert ist. Es ist also bemerkenswert, daß bei der französiscehn Versuchstraße wie bei derjenigen des D.Str.B.V. bei Braunschweig von der Steinschlagdecke ausgegangen ist, deren Verhalten unter dem Kraftwagenverkehr zuerst untersucht werden soll. Die Quarzitstrecke hat auf je 40 m einen Oberflächenanstrich von Colas, Bitumuls, Asphalt liquide, T I—I, Arcite, Sprayemulsion, Bitumuls, Emulsion L. B. und Vialit erhalten. 40 m sind unbehandelt geblieben. Die Versuchsfahrten werden mit 4 Lastwagen ausgeführt von 7,5 t Gewicht, von denen zwei mit Luft, die beiden andern mit Vollgummireifen versehen sind. Die Wagen mit Luftreifen benutzen die eine Straßenhälfte, die mit Vollgummireifen die andere. Ergebnisse können noch nicht mitgeteilt werden. Immerhin ist es wertvoll zu sehen, daß man auch außerhalb Deutschlands den Weg beschreitet, den der D.St.B.V. schon im Jahre 1925 eingeschlagen hat.

b) Versuchsstraße Braunschweig.

Andere Ziele sind mit dem Bau der Versuchsstraße in Braunschweig verfolgt worden, die vom D.Str.B.V. im Jahre 1925 erbaut und bis 1930 im Betrieb gewesen ist (187). In erster Linie sollte auf dieser Bahn der Einfluß der verschiedenen Kraftwagenbereifungen, des Gewichtes der Kraftwagen, der Geschwindigkeit und des Pferdeverkehres auf die üblichen Fahrbahndecken verfolgt werden. Die Untersuchungen galten besonders dem Verhalten der Steinschlagdecke als der im Landstraßenbau immer noch vorherrschenden Befestigung. Es sind aber auch noch andere neuzeitliche Decken eingebaut worden, z. B. Beton, Steinschlagasphalt, Kleinpflaster, Innenteerung u. a. wie aus Abb. 213 zu ersehen ist. Von Hektometer 3,3—4,5 sind im Jahre 1927 an Stelle der Chaussierung mit Bitumenüberzug Teerbeläge in der folgenden Reihenfolge verlegt worden: Teermischmakadam (Kalteinbau, 27 lfd. m, Teermakadam (Heißeinbau Ohl) 47 m, Termac (Kalteinbau) 44 m. Im Gegensatz zu den vorher betriebenen Versuchsstraßen sind die Fahrbahnen dauernd in fahrfähigem Zustand unterhalten worden, die Unterhaltungskosten aufnotiert und darüber die auf S. 386 abgedruckte

Wirtschaftlichkeit der Deckenarten ermittelt worden. Auch die Verkehrsleistungen sind fortlaufend festgestellt worden.

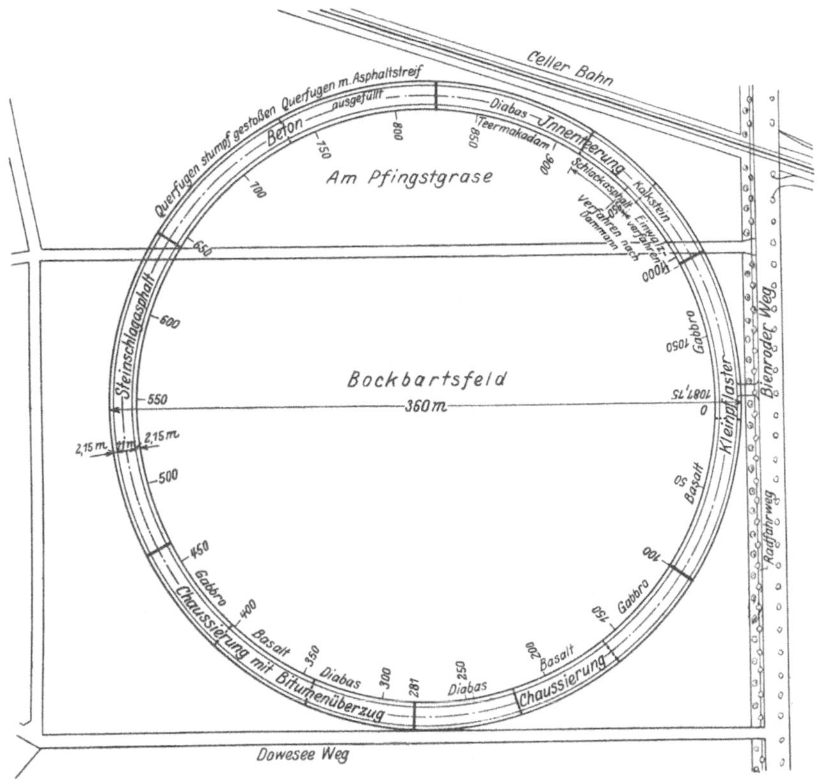

Abb. 213. Versuchsbahn des D.Str.B.V. bei Braunschweig.

Die gestellten Fragen und die im Laufe des Betriebes erhaltenen Ergebnisse sind in der folgenden Aufstellung zusammengefaßt.

I. Verkehr von Fahrzeugen mit Gummibereifung.

Fragestellung	Ergebnis
Ermittlung der Einwirkung	
1. von schweren Lastkraftwagen ungefähr gleichen Gewichts, aber verschiedener Bereifung und verschiedener Geschwindigkeit auf die Fahrbahn.	Bei Verkehr von schweren Lastkraftwagen mit Luftbereifung bei 30 und 45 km/h Fahrgeschwindigkeit und Hochelastikreifen bei 25 und 35 km/h Fahrgeschwindigkeit hat bei gleicher Straßenbelastung der Luftreifen die Straßendecke weniger angegriffen als der Hochelastikreifen. Auf den fugenlosen dichten Decken hat der Luftreifen trotz starker Belastung und hoher Geschwindigkeit die Fahrbahn nur wenig beschädigt; die Steinschlagdecke ist erheblich zerstört worden. Die Fahrversuche mit dem Vollgummireifen mit 20—25 km/h haben solche Zerstörungen an den Decken hervorgerufen, daß er durch K.V.O. vom 16. 3. 29 für den Verkehr nicht mehr zugelassen worden ist.
2. verschiedener Wagengewichte bei gleicher Bereifung und verschiedener Geschwindigkeit auf die Fahrbahn.	Bei hochelastischer Bereifung hat der 10 t schwere Lastkraftwagen mit 35 km/h Geschwindigkeit eine geringere Straßeninanspruchnahme als der 5-t-Wagen bei 45 km/h und als der 15-t-Wagen bei 25 km bewirkt.

Fragestellung	Ergebnis
Ermittlung der Einwirkung	
2. verschiedener Wagengewichte bei gleicher Bereifung und verschiedener Geschwindigkeit auf die Fahrbahn.	Bezüglich der Straßenbeanspruchung wird die Erhöhung der Fahrzeuggewichte von 5 auf 10 t durch Herabsetzung der Fahrgeschwindigkeit von 45 km/h auf 35 km/h nicht ausgeglichen. Die weitere Erhöhung des Gesamtgewichtes auf 15 t hat trotz gleichzeitiger Herabsetzung der Geschwindigkeit auf 25 km/h eine stärkere Straßeninanspruchnahme zur Folge gehabt.
3. der Geschwindigkeit bei etwa gleichem Gewicht und gleicher Bereifung auf die Fahrbahn.	Mit zunehmender Geschwindigkeit steigen die Unterhaltungskosten je qm und t nicht in gleichem Verhältnis, wie die Geschwindigkeiten, sondern stärker, dies tritt namentlich bei den leichten Decken und vornehmlich bei der wassergebundenen Steinschlagdecke in Erscheinung.
4. von schwerem gummibereiftem Lastkraftwagenverkehr mit und ohne Anhänger auf die Fahrbahn.	Die Unterhaltungskosten wachsen bei Mitführen der 6,5 t schweren Anhänger in viel höherem Maße, als die Zunahme der Belastung entspricht. Diese Erscheinung wird aber auf die Krümmung der Versuchsbahn und das dadurch vermehrte Schleudern der Anhänger erklärt.
5. von Schnellastwagen, die mit Niederdruckreifen versehen sind, auf die Fahrbahn (Fahrgeschwindigkeit 45 km/h).	Der Niederdruckreifen schont die Straße mehr als der Hochelastikreifen — mit Ausnahme der beiden Hauptbefestigungsarten der Landstraße, der gewöhnlichen Steinschlagdecke und derselben Decke mit Oberflächenbehandlung.
6. von gummibereiften Zugmaschinen mit gummibereiften Anhängern auf die Fahrbahn.	Keine nennenswerte Schädigung der Fahrbahn.

II. Verkehr von Fahrzeugen mit Eisenreifen.

Fragestellung	Ergebnis
1. des eisenbereiften Pferdefuhrwerks auf die Fahrbahn.	Die gewöhnliche Steinschlagdecke und die Steinschlagdecke mit Oberflächenbehandlung haben ganz ungewöhnlich stark gelitten, aber auch die bituminösen- und Teerdecken haben beachtliche Schäden erhalten. Als überaus schädlich hat sich der schwere Wagen mit einer Felgenbelastung von etwa 140—150 kg/cm erwiesen. Nach Versuchen hat sich hinsichtlich der Unterhaltungskosten ein Druck von 90 kg/cm Felge als zulässig ergeben.
2. des gummibereiften Zugmaschinenverkehres mit teils eisenbereiften, teils gummibereiften Anhängern auf die Fahrbahn.	Dieser gemischte Verkehr verursachte auch an den schweren Straßenbefestigungen deutliche Schäden. Als besonders schädlich erwies sich der Zugmaschinenverkehr mit eisenbereiften Anhängern bei einer Fahrgeschwindigkeit von 6 km/h und mehr.

III. Gemischter Verkehr.

Fragestellung	Ergebnis
Vergleich der Einwirkung	
1. reinem Gummiverkehr und reinem Eisenreifenverkehr auf die Fahrbahn (aus A. und B.).	Bei einer rd. 10,7fachen mittleren Tagesbelastung der Spur *II* gegenüber Spur *IV* ergab sich je beförderte Bruttotonne (einschl. Zugtiere) und je qm Fahrbahnfläche für die Spur *IV* das rd. 44fache an Unterhaltungskosten, woraus der überaus schädigende Einfluß des Eisenreifens von schwerem Pferdefuhrwerk zu erkennen ist.

Fragestellung	Ergebnis
Vergleich der Einwirkung	
2. des gummibereiften Zugmaschinenverkehres mit teils eisenbereiften, teils gummibereiften Anhängern auf die Fahrbahn.	Während der Nurgummiverkehr auf Spur *I* mit dem 10 t schweren Wagen bei 30 km/h Geschwindigkeit auf diesen Decken kaum Schäden verursacht hat und ebenso in der auf Spur *II* vorangegangenen Fahrperiode mit 12 t schweren Lastkraftwagen und mit 6,5 t schweren Anhängern nach rd. 1440000 t Belastung auf diesen Decken nur ganz geringfügige Schäden beobachtet worden sind, hat der nur 162000 t betragende Fahrversuch mit gemischtem Verkehr fast sämtliche Decken — zum Teil sehr schwer — in Mitleidenschaft gezogen. Die Schäden auf Spur *II* und damit die hohen Unterhaltungskosten sind offensichtlich durch das eisenbereifte von Pferden gezogene Fuhrwerk verursacht worden, das sich hauptsächlich auf den mittleren und schweren Befestigungsarten höchst ungünstig auswirkte.

Die Beobachtung und fortlaufende Unterhaltung der verschiedenen Deckenbefestigungen haben bemerkenswerte Einblicke über die Beziehungen zwischen Rad und Fahrbahn gegeben und gestatten Urteile über die Bewährung, Lebensdauer und Wirtschaftlichkeit. Die Ergebnisse sind im Abschnitt VIII wiedergegeben.

VIII. Wirtschaftlichkeit und Bewertung der Straßenbefestigungen.

Allgemeines.

Die Straßenbefestigungen werden nach vier Gesichtspunkten zu bewerten sein, erstens nach dem Umfang ihrer Verwendbarkeit, zweitens nach ihrer Wirtschaftlichkeit, drittens nach ihren hygienischen Eigenschaften, viertens nach ihrem Einfluß auf Zugkraft und Erleichterung des Verkehres.

1. Zum ersten Maßstab — Umfang der Verwendbarkeit — ist zu sagen, daß es für die einzelnen Befestigungsarten technische Grenzen der Verwendbarkeit gibt. Sie sind in den Eigenschaften der Decken selbst, aber auch in der Eigenart des Ortes, wo sie verlegt werden sollen, gegeben. Maßgebend für die Auswahl wird auch immermehr der Gesichtspunkt der Anpassungsfähigkeit der Decken sein, worüber im Abschnitt VI die erforderlichen Angaben gemacht sind. Eine Decke, die ermöglicht, mit geringen Kosten eine wesentliche Verstärkung vorzunehmen, wird gegenüber einer, die diese Möglichkeit nicht bietet, den Vorzug verdienen. Rauhigkeit der Oberfläche gestattet die Anwendung selbst bei starken Steigungen, während glatte Decken auf geringe Steigungen beschränkt bleiben, und Decken, die nicht bei allen Witterungsverhältnissen rauh und verkehrssicher sind, für Kraftwagenverkehr ausscheiden. Die meisten fugenlosen Decken wie Stampfashalt, Gußasphalt, die künstlichen Asphalt- und Teerdecken, Beton, und verwandte Arten können nur bis zu bestimmten Steigungen benutzt werden, ihre Anwendung ist daher mehr auf flache Gegenden beschränkt. Dieselben Decken verlangen auch einen tragfesten Untergrund, einzelne sind z. B. im Bergbausenkungsgebiet ausgeschlossen. Auch klimatische Verhältnisse und Besonderheiten des Verkehrs, z. B. Zugtiere mit scharfem Beschlag zwingen dazu, gewisse Deckenarten auszuscheiden. Unterlagen für die Beurteilung der Decken in dieser Hinsicht sind im Abschnitt VI bei allen Befestigungsarten gegeben.

2. Die Wirtschaftlichkeit der Decken ergibt sich aus ihren Anlagekosten, ihrer Lebensdauer und Unterhaltungskosten, aber auch aus den Zinssätzen, die für Verzinsung des Anlagekapitals und der Erneuerungsrücklage gerechnet werden müssen. Die Lebensdauer steht außerdem noch in Beziehungen zur Stärke und Art des Verkehres.

3. Unter hygienischen Eigenschaften der Decken ist zu verstehen: Staubarmut, Geräuschlosigkeit, Undurchlässigkeit, Fugenlosigkeit, Abtrocknungsfähigkeit, Möglichkeit der leichten Reinigung. Die einzelnen Decken werden daraufhin zu beurteilen sein, wieweit sie diesen Anforderungen entsprechen. Hinweise über die hygienischen Eigenschaften befinden sich bei der Abhandlung der einzelnen Deckenarten im Abschnitt VI.

4. Den vierten Maßstab — Einfluß auf Zugkraft und Erleichterung für den Verkehr und Ermäßigung der Beförderungskosten — kommt im Zeitalter des Kraftwagenverkehres eine besondere Bedeutung zu. Der Kraftwagen verlangt eine ebene, stoßfreie Oberfläche, die vor allem unter allen Witterungsverhältnissen genügend rauh ist und deren Benutzung zudem mit dem geringsten Aufwand an Treibstoff, geringstem Reifenverschleiß und Unterhaltungskosten verbunden ist. Diese Eigenschaften lassen sich zahlenmäßig bewerten, wenn der Verkehr auf der Straße bekannt ist und stehen vom volkswirtschaftlichen Standpunkte aus betrachtet in Beziehungen zu der Wirtschaftlichkeit der Decken. Beide Maßstäbe gehören zueinander, und man wird bei einer Straßenbefestigung ihre Wirtschaftlichkeit in Beziehung zu den Beförderungskosten, die auf ihr entstehen, setzen müssen und dahin streben, daß beide zusammen für bekannte oder angenommene Verkehrsstärken einen Geringstwert annehmen.

Während also die Maßstäbe zu zwei und vier sich zahlenmäßig ausdrücken lassen, werden die Eigenschaften zu drei mehr gefühlsmäßig bewertet werden können und außerdem noch von besonderen Umständen abhängig sein, z. B. ob es sich um eine Stadt- oder eine Landstraße handelt.

Es ist der Versuch gemacht worden, die einzelnen Eigenschaften mit Wertziffern zu versehen und aus der Summe der Wertziffern den Vergleichsmaßstab für die verschiedenen Pflasterarten zu gewinnen. Die höhere Wertziffer gibt die besseren Eigenschaften an. Dieses Verfahren hat sich als unbrauchbar erwiesen. Es muß beschränkt bleiben auf diejenigen Eigenschaften, die nicht durch Mark und Pfennig ausgedrückt, sondern nur abgeschätzt werden können, würde demnach nur auf die Beurteilung zu drei anzuwenden sein. Für den Vergleich werden von vornherein nur solche Deckenbefestigungen herangezogen werden können, die auf der betreffenden Straße, für die eine Entscheidung über die Befestigung gefällt werden soll, überhaupt in Frage kommen. Ein Gesichtspunkt darf dabei nicht aus dem Auge gelassen werden, das sind die Anforderungen, die an die Straße zu stellen sind. Sie werden ganz verschieden beurteilt werden von dem Fuhrwerksbesitzer, der noch mit Pferden sein Gewerbe ausübt, oder dem Kraftfahrer, dem Anwohner an einer Straße, der Polizeibehörde, die für die Sicherheit des Verkehres verantwortlich ist, dem Baubeamten, der gewohnt ist, seine Entscheidungen auf weite Sicht zu treffen, und dem Stadtverordneten oder Kreistagsmitglied, der die Mittel für die Straße bewilligen soll. Demnach können lediglich nach den bisherigen Erfahrungen Leitsätze aufgestellt werden, nach denen die Beurteilung erfolgen kann oder muß. Da die Anlagekosten noch immer erheblich schwanken, ebenso wie die Zinssätze und der Geldmarkt, so werden Zahlen und Preise nur als Beispiele gegeben werden.

A. Wirtschaftlichkeit.

a) Rechnungsgrundlagen.

Die Zeiten der Naturalwirtschaft sind vorüber, als die Straßen durch Hand- und Spanndienste gebaut und unterhalten worden sind. Die Straßen sind ein Glied am Wirtschaftskörper und dienen sowohl der Gütererzeugung wie dem Güteraustausch. An sie müssen daher dieselben Maßstäbe angelegt werden, deren sich die Wirtschaft bei ihren Anlagen bedient, d. h. es muß der Aufwand in Beziehung zum Ertrage stehen. Da die Straßen aber öffentliche Unternehmungen sind und ihre Benutzung unentgeltlich ist, so ist abgesehen von der Kraftfahrzeugsteuer und der Betriebsstoffsteuer, die aber nicht oder nur z. T. nach der Verkehrsleistung des Fahrzeuges, sondern nach anderen Merkmalen erhoben und den Straßen zugeleitet wird, ein in Geldwert auszudrückender Ertrag nicht vorhanden. Er beruht in volkswirtschaftlichen Werten. Die Einnahmeseite ist also nicht zu erfassen. Man kann beispielsweise lediglich zahlenmäßig errechnen, welche Ersparnis dem Verkehr durch eine Straßenverbesserung entsteht, eine Zahl, die meist den wirklichen Wert der Maßnahme nicht voll erfassen wird, weil Verkehrsverbesserungen stets Verkehrssteigerungen zur Folge haben. Aber es wäre ein großer Irrtum, deshalb, weil die Einnahmeseite in der Rechnung nicht zu erkennen ist, die Ausgabeseite willkürlich zu behandeln. Vielmehr gilt für sie das, was ein allgemeiner technischer Grundsatz ist, der die ganze Wirtschaft beherrscht oder beherrschen sollte, mit dem geringsten Aufwand die höchste Wirkung zu erzielen. Darunter ist zu verstehen, daß diejenigen Maßnahmen und Entscheidungen zu treffen sind, die für die Befriedigung eines bestimmten, klar festzulegenden Bedürfnisses den geringsten Aufwand an Mitteln erfordern. Die für die Linienführung der Straßen nach dieser Richtung hin geltenden Gesichtspunkte sind bereits im Abschnitt III B behandelt, sie sollen jetzt für die Straßenbefestigungen ermittelt werden, die erfahrungsgemäß einen erheblichen Teil der Kosten bei dem Bau neuer Straßen ausmachen, in der Gegenwart aber, wo es sich mehr um den Umbau des Straßennetzes ganzer Länder zur Anpassung an den Kraftwagenverkehr handelt, Aufwendungen von bisher nicht gekanntem Umfang erfordern. Sie werden für das deutsche Reich auf 5 Milliarden geschätzt.

Die Wirtschaftlichkeit einer Straßenbefestigung wird nach ihren erstmaligen Anlagekosten, ihrer Lebensdauer, ihren Unterhaltungskosten und späteren Erneuerungskosten zu beurteilen sein. Um die geldlichen Aufwendungen für verschiedene Deckenarten gegenüberstellen zu können, gibt es verschiedene Möglichkeiten. Die erste besteht darin, daß aus den Neubaukosten N und der Lebensdauer an Jahren n, sowie aus den jährlichen Unterhaltungskosten U (alles auf eine Einheit berechnet, am besten Quadratmeter, weil bei laufendem Meter Straße die Breite nicht in Erscheinung tritt) der Jahresaufwand ohne Berücksichtigung von Zinsen

$$R = \frac{N}{n} + U \tag{92}$$

ermittelt wird.

Die andere Möglichkeit besteht darin, statt des einzelnen Jahresaufwandes die gesamten Aufwendungen für einen längeren Zeitraum zusammenzuzählen und dann miteinander zu vergleichen. Es würden also die Anlagekosten N, die jährlichen Unterhaltungskosten multipliziert mit der Zahl der Jahre n, für die der Vergleich durchgeführt wird, die Wirtschaftlichkeit ergeben. $N + nU = W$. Diesen Berechnungsweisen haften erhebliche Mängel an. Die Bestimmung der Zahl der Jahre n ist willkürlich und kann zu Trugschlüssen führen, wenn am Ende der n Jahre z. B. die eine Befestigungsart völlig abgenutzt ist, und erneuert werden muß, was in der Summenbildung nicht mehr zum Ausdruck kommt, während die andere noch eine längere Lebensdauer hat, vielleicht auch deshalb, weil eine Erneuerung in der Spanne von n Jahren bereits enthalten ist, die zu einer Erhöhung der Endsumme geführt hat. Es würde also eine gemeinsame Vergleichsgrundlage überhaupt nicht vorhanden sein. Aber auch wirtschaftlich gesehen, ist das Verfahren nicht einwandfrei insofern, als die Mittel zu Straßenbauten aus vorhandenen Mitteln des im Umlauf befindlichen Geldes, das üblicherweise überall, wo es angelegt wird, verzinst wird, genommen werden. Das kommt bei der einfachen Summierung der Aufwendungen überhaupt nicht zum Ausdruck.

Dadurch müssen aber wesentliche Verschiebungen im Vergleichsbild entstehen, wenn z. B. eine Deckenart, die hohe Anlagekosten hat, die vom Anfang der angenommenen Jahre verzinst werden müssen, mit einer anderen verglichen wird, bei der das nicht der Fall ist. Das gleiche gilt von den in der Frist angenommenen Erneuerungskosten. Nicht ganz so liegen die Vergleichverhältnisse bei den Unterhaltungskosten, die erst im Laufe der Jahre entstehen und daher nicht gleich mit dem vollen Aufwand verzinst werden müssen. Aus dieser Überlegung ist nun zu entnehmen, daß das im Wirtschaftsleben übliche Verfahren, bei der Anlegung von Geldmitteln in anderen Werten auch im Straßenbau angewendet werden muß. Dagegen spricht nicht der Umstand, daß die öffentlichen Verwaltungen mit Wirtschaftsbetrieben nicht immer verglichen werden können, da sie einen Teil ihrer laufenden Ausgaben aus Steuern decken. Im Straßenbau ist bisher üblich gewesen, die Aufwendungen aus dem ordentlichen Haushalt zu bestreiten, soweit nicht in Städten die Anlieger auf Grund der Baugesetze die Anlage der Straßen und ihre Befestigungen getragen haben. Bei den Landstraßen zwingen aber die besonderen Umstände dazu, neben den Beiträgen aus den Steuern auch noch Anleihen aufzunehmen, denn auch die Anteile an der Kraftwagensteuer genügen nicht, um den ganzen Aufwand für den Neuaufbau der Straßen zu decken. Da aber Anleihen verzinst und getilgt werden müssen, so wird bei dem wirtschaftlichen Vergleich darauf Rücksicht zu nehmen sein.

Es wird der meistens wohl eintretende Fall angenommen, daß die Unterhaltung und Erneuerung der Decke aus den laufenden Mitteln des Haushaltes bestritten wird, während die Anlagekosten entweder aus Anleihen oder auch aus dem laufenden Haushalt genommen werden. In letzterem Falle ist es zweifelhaft, ob eine Verzinsung der Anlagekosten gerechtfertigt ist. Ein wirtschaftlicher Vergleich kann in der Weise geschehen, daß der Gegenwartswert am Herstellungstage ermittelt wird, oder der jährlich erforderliche Aufwand. Im ersten Falle wird die Geldsumme ermittelt, die notwendig ist, die Straße zu bauen — das Anlagekapital N —, das Kapital, das notwendig ist, um aus den Zinsen die jährlichen Unterhaltungen zu bestreiten und das Kapital, das auf Zinseszins gelegt werden muß, um damit die Erneuerung der Straßendecke, nachdem sie verbraucht ist, ausführen zu können, und zwar in immer wiederholtem Wechsel.

Dieser Gegenwartswert setzt sich also zusammen aus:

1. N dem Kapital für den Bau der Straße,
2. U den jährlichen Unterhaltungskosten,
3. N_e dem Kapital, dessen Zinsen die Erneuerung nach der Lebensdauer n ermöglichen, z bedeutet der Zinsfuß.

Bei der Erneuerung ist noch zu beachten, daß Altmaterial anfällt, das gelegentlich noch einen Wert hat. Dieser wird aber meistens vernachlässigt, weil bei der Erneuerung auch Aufbruch und Abfuhrkosten entstehen, die durch den Wert des Altmaterials als gedeckt angesehen werden.

Der Erneuerungswert R berechnet sich aus

$$N + N_e = N_e\left(1 + \frac{z}{100}\right)^n$$

$$N_e = \frac{N}{\left(1 + \frac{z}{100}\right)^n - 1}. \tag{93}$$

Der Gegenwartwert beträgt alsdann:

$$A = N + \frac{N}{\left(1 + \frac{z}{100}\right)^n - 1} + \frac{100 \cdot U}{z}. \tag{94}$$

Dieser Gegenwartwert kann auch als das Ablösungskapital bezeichnet werden, wenn die Straße von einer Behörde auf eine andere übergeht. Ist die Straße schon gebaut, so würden nur die beiden letzten Glieder der Gleichung zu benutzen sein. Ist die Straße schon vorhanden und wird ihre Lebensdauer auf m Jahre geschätzt, während die Erneuerungen nach Verlauf der ersten Periode von m Jahren alle n Jahre erfolgen soll, so errechnet sich das Ablösungskapital K_a zu

$$K_a = \frac{N + \dfrac{N}{\left(1 + \dfrac{z}{100}\right)^n - 1}}{\left(1 + \dfrac{z}{100}\right)^m} + 100\,\frac{U}{z} \tag{95}$$

Die Unterhaltungskosten können bei Neubaustrecken nur nach den Erfahrungen an anderen Stellen geschätzt werden. Sie werden auch von der Verkehrsbelastung der Straße abhängig sein, worüber im Abschnitt B nähere Angaben gemacht werden.

Der Vergleich auf Grund des Gegenwartwertes, der besonders bei Ablösungen brauchbar ist, wird praktisch von geringerer Bedeutung sein. Wenn der Aufwand aus Anleihen genommen wird, die verzinst und getilgt werden müssen, die Unterhaltungskosten sowie die periodische Erneuerung aus den laufenden Mitteln bestritten werden, ist das Verfahren des Feststellens der jährlichen Aufwendungen auch „ewige Rente“ genannt, mehr am Platze.

Die Jahreskosten berechnen sich dann

1. aus der Verzinsung des Anlagekapitals $Z = \frac{N \cdot z}{100}$

2. aus den jährlich aufzuwendenden Unterhaltungskosten U,

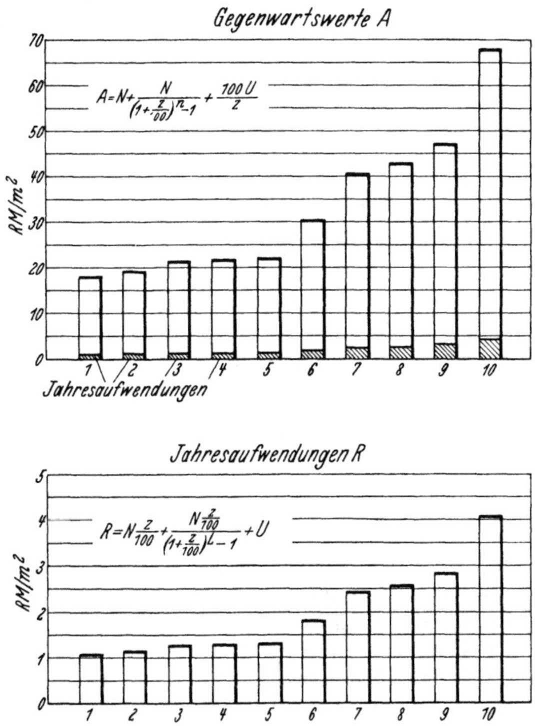

Abb. 214.

1 Termak, *2* Gabbrokleinpflaster, *3* Steinschlagasphalt, *4* Basaltkleinpflaster, *5* Bewehrter Basaltbeton, *6* Teermakadam, *7* Kaltasphaltinnentränkung, *8* Teermischmakadam, *9* Diabassteinschlagdecke mit Kaltasphaltbehandlung, *10* Gabbrosteinschlagdecke.

3. aus der jährlichen Rücklage, die nach n Jahren den Betrag für die Erneuerung (N_e) erreichen muß $\left(\frac{z}{100} = p,\ 1 + \frac{z}{100} = q\right)$.

$$Re = \frac{N_e \cdot p}{q^n - 1}. \tag{96}$$

Der Jahresaufwand ist dann:

$$R = \frac{N \cdot p}{100} + \frac{N_e \cdot p}{q^n - 1} + U. \tag{97}$$

Unter Anwendung dieser Berechnungsart wird man den tatsächlichen Verhältnissen beim Vergleich der Wirtschaftlichkeit verschiedener Befestigungsarten am nächsten kommen. Nach diesem Verfahren ist z. B. der Vergleich für die gebräuchlichen Straßenbefestigungen in der Denkschrift des Staates Bayern „Die bayrischen Staatsstraßen“ durchgeführt worden.

Für die Straßenbefestigungen der Stadt Stuttgart hat Baudirektor Dr.-Ing. Maier (135) auf Grund der ihm zur Verfügung stehenden Erfahrungen nach demselben Verfahren die Wirtschaftlichkeit unter Annahme eines mittleren Verkehres berechnet (Zusammenstellung 55).

Zusammenstellung 55. Jahreskosten verschiedener Straßenbeläge für 1 m^2 (ohne Reinigung) für eine Straße mit mittelstarkem Verkehr.

Art des Belags	Erstmalige Anlage auf vorhandenem Unterbau RM.	Belagdauer Jahre	Kosten der Erneuerung nach Ablauf der Belagdauer RM.	Jahreskosten pro m^2: Verzinsung 5 vH (von Spalte 2) RM.	Jahreskosten pro m^2: Rücklage für Ansammlung der Erneuerungskosten (Spalte 4) RM.	Jahreskosten pro m^2: Unterhaltung RM.	Jahreskosten pro m^2: Gesamtkosten (Spalt. 5—7) RM.
1	2	3	4	5	6	7	8
1. Walzdecke mit Hartschotter und Oberflächenteerung . .	3,40	4	3,40	0,16	0,79	0,81	1,77
2. Walzdecke mit Hartschotter und Asphalttränkung . . .	8,50	10	8,00	0,43	0,64	0,45	1,52
3. Asphaltbeton, 5 cm stark .	6,50	8	5,50	0,33	0,59	0,40	1,32
4. Walzasphalt, einschichtig, 5 cm stark.	9,00	12	8,00	0,45	0,50	0,40	1,35
5. Walzasphalt, zweischichtig, 7 cm stark.	10,00	18	9,00	0,50	0,32	0,35	1,17
6. Kleinpflaster aus Granit .	13,00	25	11,50	0,65	0,24	0,30	1,19
7. Großpflaster aus Granit. .	24,50	60	21,50	1,23	0,09	0,15	1,47
8. Gußasphalt, 5 cm stark auf Beton, 25 cm stark. . . .	24,00	20	14,00	1,20	0,44	0,40	2,04

Für die auf der Versuchsstraße der D. Str. V. eingebauten Befestigungen sind auf Grund der Anlagekosten, Unterhaltungskosten und der geschätzten Lebensdauer nach dem Zustande der Decken die Wirtschaftlichkeitswerte sowohl für den Gegenwartswert wie für die Jahresaufwendungen errechnet worden. Für 10 Deckenarten , die zu den üblichen im Landstraßenbau gehören, sind die Werte in der Abb. 214 wiedergegeben. Es ist aber zu beachten, daß fünf Beläge im Jahre 1925 eingebaut sind und daher 5 Jahre unter Verkehr und den Einflüssen der Witterung gelegen haben — Kleinpflaster aus Basalt und Gabbro, Steinschlagasphalt, Basaltbeton, Basaltchaussierung mit Teer-Spramexüberzug, wassergebundene Gabbrochaussierung —, während die anderen Beläge erst im Jahre 1927 aufgebracht und daher nur drei Jahre befahren worden sind. Auch kann diesen Werten eine allgemeine Bedeutung nicht zugemessen werden, weil die Verkehrsbeanspruchung sich in mancher Hinsicht vor der auf gewöhnlichen Straßen unterschieden hat. Nähere Angaben darüber befinden sich im Abschnitt VII Db.

b) Die Deckenkosten in Abhängigkeit vom Verkehr.

Die im Abschnitt a) gemachten Berechnungen gehen aber von unsicheren Annahmen aus, so daß sie nur mit Vorbehalt auf andere Verhältnisse übertragen werden können. Vor allem muß die Lebensdauer der Befestigung geschätzt werden, ebenso wie die Zeit, in der eine Erneuerung notwendig wird. Beide Annahmen unterliegen aber recht wechselnden Einflüssen, von denen die Größe des Verkehres, dem die Decke ausgesetzt ist, ausschlaggebend ist. Dieselbe Fahrbahndecke in einer Straße mit geringem Verkehr wird eine längere Lebensdauer haben und viel später einer Erneuerung bedürfen, als in einer Straße mit schwerem und dichtem Verkehr. Es muß demnach der vorhandene oder der zu erwartende Verkehr in die Wirtschaftlichkeitsberechnung mit eingeführt werden. Die Inanspruchnahme der Decke wird auch von der Breite der Straße abhängen. Es wird daher die Verkehrsstärke auf die Einheit der Fahrbahnbreite bezogen werden müssen. Straßenbahngleise, die in Straßen mit lebhaftem Verkehr von der Straßenbahn selbst in Anspruch genommen werden, müssen von der nutzbaren Fahrbahnbreite abgezogen werden. Wenn G die Größe der Verkehres in Tonnen in 24 Stunden in beiden Richtungen und B—b die Breite der Straße abzüglich des Straßenbahnkörpers ist, dann wird die reduzierte Fahrbahnbelastung (b = Breite des Straßenbahnkörpers).

$$g = \frac{G}{B - b} \text{ in 24 Stunden.}$$

Man geht darauf aus, die Beziehungen zwischen Lebensdauer und Verkehrsstärke allgemeiner zu fassen. Zu diesem Zweck wird jetzt die an sich im großen und ganzen zutreffende Annahme für die meisten Befestigungen gemacht, daß die Lebensdauer einer Straßenbefestigung sich umgekehrt verhält wie die reduzierte Fahrbahnbelastung

$$n : n_1 = g_1 : g, \tag{98}$$

$$n \cdot g = n_1 g_1,$$

oder in andere Form gekleidet, das Produkt aus Lebensdauer und reduzierten Fahrbahnbelastung ist für dieselbe Fahrbahnbefestigung ein Festwert.

$$n \cdot g = C. \tag{99}$$

Dieser Wert C kann nunmehr aus der Erfahrung ermittelt werden (188). Liegen jährliche Zählungen vor, so würde es zulässig sein, das arithmetische Mittel aus allen Zählungen zu nehmen. Sind dagegen die Zählungen in ungleichmäßigen Abständen vorgenommen worden, so muß diesem Umstande in der Weise Genüge geschehen, daß aus den beobachteten Zählungen eine Kurve aufgetragen, deren Inhalt ermittelt und durch die Zahl der Jahre, über die sich die Zählungen erstrecken, geteilt wird. Es gilt nun die Annahme, daß für einen anderen Verkehr g die Lebensdauer sich dann entsprechend ändern würde. Diese Berechnungsart ermöglicht die Beurteilung einer Deckenart für verschiedene Verkehrsverhältnisse. Der Wert des Verfahrens wird davon abhängen, ob genügend Unterlagen zur Ermittlung des Wertes C vorliegen. Es müssen Verkehrszählungen über einen langen Zeitraum vorhanden und die Lebensdauer und laufenden Unterhaltungskosten bekannt sein. Dabei werden die örtlichen Verhältnisse eine besondere Rolle spielen. Es wird kaum möglich sein, die Werte C für ein großes Wirtschaftsgebiet, z. B. das Deutsche Reich, zu ermitteln. Vielmehr werden die Werte C in jeder Stadt und in jedem Land für sich berechnet werden müssen. Denn die topographischen Verhältnisse, der Charakter der Stadt, die Art des Verkehres, Klima und Boden müssen den Wert C beeinflussen. Bei der Lebensdauer wird zu beachten sein, daß in Städten vielfach ein Pflaster beseitigt wird, nicht weil es abgenutzt ist, sondern weil es den Ansprüchen, die an die Straße gestellt werden müssen, nicht mehr genügt. Das sind Übergangszustände im Städtebau und Straßenbau, die stets auftreten werden und stets zu neuen Maßnahmen zwingen werden. In solchem Falle wird ohne weiteres das Lebensalter der Pflasterung als abgelaufen anzusehen sein.

Anders liegen die Verhältnisse auf den Landstraßen, wo allein die Verkehrsbelastung die Lebensdauer und Unterhaltungskosten bei der Entscheidung, ob eine Decke belassen werden kann oder nicht, den Ausschlag geben werden. In dieser Hinsicht wird ein Unterschied zwischen Land- und Stadtstraße bestehen, Es soll nun versucht werden, aus Erfahrungen Werte für C abzuleiten. Ob C für Stunden- oder Tagesverkehr berechnet wird, hängt davon ab, wie die Zählungen vorgenommen sind. Bei Vergleichen muß selbstverständlich einheitlich vorgegangen werden.

1. Stadtstraßen.

Steinpflaster. Die Angaben über das Lebensalter schwanken recht erheblich:

Dr.-Ing. Maier, Stuttgart	50 Jahre
Löschmann, Berlin	25 „
Stuttgart, Königstraße	34—37 Jahre
Chemnitz	11—33 „

Aus Chemnitz liegen Zählungen über die Zahl der Lastwagen für neun Großpflasterstraßen aus dem Jahre 1902 vor (189). Eine Umrechnung auf Tonnen, tägliche Verkehrsgröße und reduzierte Fahrbahnbreite gibt einen Wert von C, der zwischen 530—2200 liegt. Auffallenderweise stimmt der Wert C bei den Straßen mit kurzer Lebensdauer und schwerem Verkehr und langer Lebensdauer bei geringem Verkehr nahezu überein — etwa 2000 —. Dies läßt vermuten, daß die Decken mit langer Lebensdauer an der Grenze angelangt sind, dagegen die Lebensdauer der Decken der dazwischenliegenden Werte C noch nicht ihr Ende erreicht haben. Sie sollen daher ausgeschieden werden. Für Neubaukosten von 30 RM. für den Quadratmeter einschließlich Unterbettung (Preise von Berlin und Stuttgart), 15 RM. Erneuerungskosten und 0,15 RM. Unterhaltungskosten ist in der Abb. 215 die Kurve für Lebensdauer und Jahreskosten ermittelt. Als Zinssatz ist 5 vH zugrunde gelegt. Die Werte sind auf Verkehr in t/stdl bezogen.

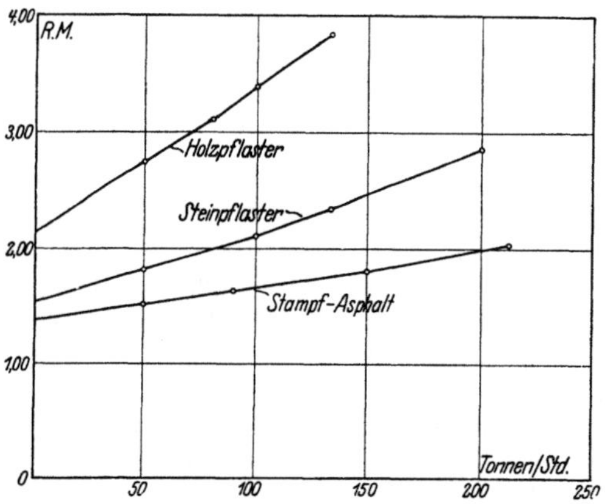

Abb. 215. Beziehung zwischen Verkehr und Lebensalter und Wirtschaftlichkeit.

Stampfasphalt. Es liegen Zählungen für die Nettelbeckstraße in Charlottenburg über 7 Jahre vor. Die im Jahre 1893 verlegte Asphaltdecke auf 20 cm Beton ist im Jahre 1922 durch eine neue auf 30 cm Beton ersetzt worden, Lebensdauer also rund 30 Jahre. Der Wert C ermittelt sich unter Zugrundelegung der Friedensverhältnisse zu 2250. Die Anlagekosten betragen nach Löschmann 1926 17,40 RM. für Asphalt einschließlich Betonunterbau, die Unterhaltungskosten veranschlagt Verfasser auf Grund einer eingehenden Untersuchung der gegenwärtigen Verhältnisse in Berlin auf 0,63 RM. Erneuerung kommt nur bezüglich des Betonunterbaues nach 30 Jahren in Frage, da in dem Unterhaltungspreis die fortlaufende Umlegung des Asphaltes enthalten ist. Nach diesen Werten ist für 5 vH Verzinsung die Kurve für Lebensdauer und Jahreskosten in der Abb. 215 ermittelt.

Holzpflaster. Für steyrische Lärche, eine Holzart, die in deutschen Städten viel verwendet ist, liegen Beobachtungen über eine Strecke auf der Charlottenburger Brücke vor, die im Jahre 1907 verlegt, 1922 aber ersetzt worden ist, also etwa 15 Jahre gehalten hat. Auf Grund von fünf Verkehrszählungen in den Jahren 1910 bis 1914 errechnet sich $C = 2000$, also etwa ebenso hoch wie Granitpflaster und Asphalt. Dies Ergebnis hat viel Wahrscheinlichkeit, denn tatsächlich sind Stampfasphalt, Großpflaster und Holzpflaster die einzigen Fahrbahnbeläge, die in städtischen Verkehrsstraßen sich gehalten haben. Ihr Unterschied liegt in der Wirtschaftlichkeit. Die Kosten einer 30 cm starken Unterbettung werden zu 9,9 RM. veranschlagt, die Holzpflasterdecke zu 30 RM., die

Unterhaltungskosten nach Erfahrungen in Charlottenburg zu etwa 50 Pfg. für den Quadratmeter. Die Beziehungen zwischen Lebensdauer und Verkehr sind in der Abb. 215 eingetragen.

Es zeigt sich, daß bei hoher Verkehrsbelastung der Stampfasphalt am günstigsten abschneidet, wie schon auf S. 239 nachgewiesen ist. Bei geringer Verkehrsbelastung und hoher Lebensdauer gleichen sich die Unterschiede etwas aus. Diese Berechnung soll nur ein Beispiel sein. Wieweit es auch auf andere Verhältnisse paßt, muß von Fall zu Fall untersucht werden. Es liegt daher in der Natur der Sache, wenn die Decken der Verkehrsstraßen der heutigen Großstädte aus diesen Befestigungsarten bestehen, da sie allein dem schweren Verkehr widerstehen, dabei staub- und geräuscharm sind. Mit Zunahme des Kraftwagenverkehres und Abnahme der Pferdefuhrwerke werden sich vielleicht die Werte verändern. Es ist aber nicht anzunehmen, daß das Verhältnis der Befestigungsarten zueinander, wie es die Abb. 215 angibt, sich wesentlich verschieben wird.

Bisher ist bei dem Jahresaufwand angenommen worden, daß die jährlichen Unterhaltungskosten dieselben bleiben. In diesem Falle nimmt die Kurve der

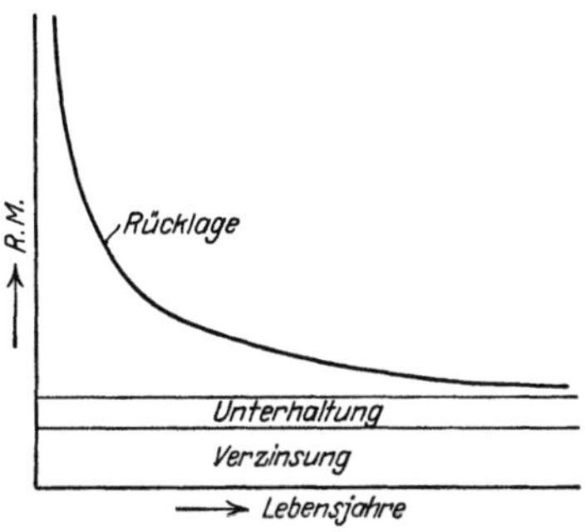

Abb. 216a.

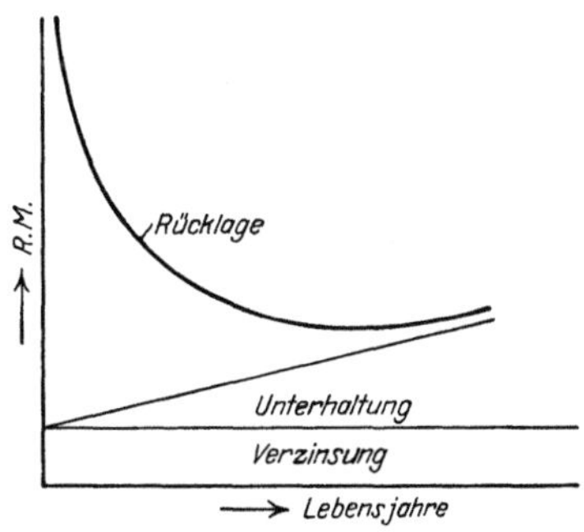

Abb. 216b.

Jahreskosten für die verschiedenen Lebensdauern eine hyperbolische Form an, wie Abb. 216a erkennen läßt. Denn die Verzinsung und Unterhaltung bleiben gleich groß, liegen demnach parallel zur Abszissenachse, nur die Beiträge der Erneuerungskosten verlaufen in einer Kurve. Es muß aber damit gerechnet werden, daß die Unterhaltungskosten im Laufe der Jahre steigen und diese Zunahme soll geradlinig angenommen werden. Dann ergibt sich für ein bestimmtes Lebensalter ein Kleinstwert der Jahreskosten (Abb. 216b). Das bedeutet: Es kann durch jährliche Vermehrung des Unterhaltungsaufwandes zwar die Lebensdauer einer Pflasterdecke vergrößert werden, aber es gibt eine Grenze, über die die Vermehrung der Unterhaltungskosten hinaus unwirtschaftlich wird, indem die jährlichen Aufwendungen trotz der Vergrößerung der Lebensdauer der Decke nicht abnehmen, sondern wachsen. Die Zunahme der Unterhaltung kann linear vor sich gehen, indem sie jährlich um den gleichen Betrag wächst, aber auch in Form einer Kurve, deren Exponent größer oder kleiner als 1 sein kann. Dieser Fall der kurvenförmigen Zunahme möge bei der weiteren Betrachtung ausgeschaltet werden, weil er zu verwickelten mathematischen Formeln führt.

Bei gleichmäßigem Anwachsen der jährlichen Unterhaltungskosten wird der Endwert des Unterhaltungssatzes, wenn A der Anfangswert und $A \cdot m$ der Zuwachs in $n - 1$ Jahren ist, $A + Am$. Die Überlegung sagt, daß der Geringstwert an der Stelle liegen muß, wo der Rücklagewert gleich der jährlichen Erhöhung der Unterhaltungskosten wird. Denn mit Zunahme des Lebensalters nimmt der jährliche Rücklagewert ab, der Unterhaltungskostenzuwachs wächst aber stets um den gleichen Betrag, so daß die Summe beider jenseits der angegebenen Grenze wieder steigen wird, die Kurve also ihren Tiefstpunkt überschritten hat (Abb. 216a und b). Es muß also sein

$$\frac{Ne \cdot p}{q^x - 1} = \frac{A \cdot m \cdot (n-1)}{n}. \tag{100}$$

$$\frac{Ne \cdot p \cdot n}{m\,A\,(n-1)} + 1 = q^x,$$

$$\frac{Ne \cdot p \cdot n}{m\,A\,(n-1)} + 1 = b,$$

$$b = q^x,$$

$$\log b = x \cdot \log q,$$

$$x = \frac{\log b}{\log q}. \tag{101}$$

Bei der Lösung dieser Aufgabe muß von einem angenommenen Lebensalter ausgegangen werden. Die Durchrechnung an praktischen Beispielen hat aber ergeben, daß nur für sehr hohe Werte von m, die weit über das praktische Maß hinausgehen, der Wert x innerhalb der tatsächlichen Lebensdauer der Befestigung bleibt. Es ist daher davon abgesehen, diesen Gedanken, der auch von Ingenieuren in den V. St. A. behandelt ist, weiter zu verfolgen.

2. Landstraßen.

Bei dem Übergangszustand, in dem sich die Landstraßen heute befinden, wird es schwer sein, zutreffende Angaben über Lebensdauer und Unterhaltungs- und über die Wirtschaftlichkeit zu erhalten. Für ausgesprochenen Kraftwagenverkehr bieten die Ergebnisse der Versuchsstraße in Braunschweig einige Unterlagen, die im folgenden ausgewertet werden sollen unter Bezugnahme auf die Denkschriften des D.Str.B.V. und die Abb. 214. Die tägliche Verkehrsstärke hat etwa 1000 t für den Meter Breite betragen. Für die Anlagekosten und Unterhaltung liegen genaue Aufzeichnungen vor (187, s. a. Abb. 216). Die Lebensdauer ist nach dem Zustande bei Beendigung der Versuche beurteilt worden. Aus diesen Ergebnissen der Versuchsstraße ist die Wirtschaftlichkeit für die drei Deckenarten ermittelt, die sich im Landstraßenbau bei schwerem Verkehr im Wettbewerb gegenüberstehen. Steinschlagasphalt, Beton, Kleinpflaster.

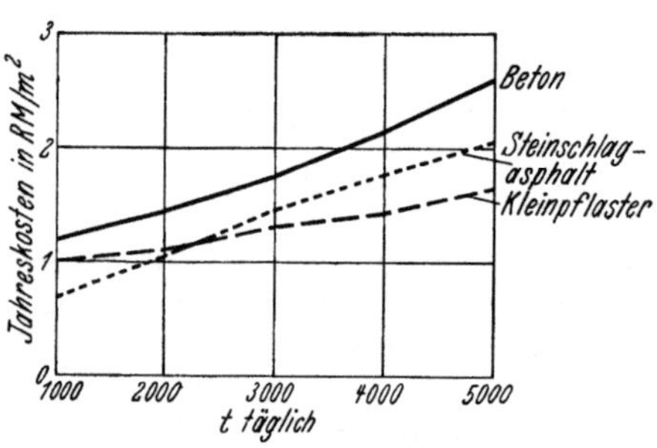

Abb. 217. Beziehungen zwischen Verkehr, Lebensalter und Wirtschaftlichkeit.

Für die Werte C sind dann die Jahreskosten bei 8 vH Verzinsung errechnet und in der Abb. 217 für die drei Decken zum Vergleich aufgetragen. Es zeigt sich, daß Steinschlagasphalt bei geringer Verkehrsbelastung wirtschaftlicher ist, daß aber bei schwererem Verkehr dem Kleinpflaster die größere Bedeutung zukommt. Die bisherige Anschauung wird damit bestätigt, daß Kleinpflaster erst bei sehr schwerem Verkehr wirtschaftlich gerechtfertigt ist, daß es zwischen der Steinschlagdecke und Kleinpflaster noch eine Anzahl Abstufungen gibt. Es wird ausdrücklich bemerkt, daß mit dem Ergebnis der Abb. 217 keine ein für allemal gültige Bewertung der einzelnen Befestigungsarten gegeben werden soll, sondern daß nur der Versuch gemacht ist, an Hand der Erfahrungen der Versuchsstraße in Braunschweig das Verfahren, wie die Wirtschaftlichkeit in Beziehungen zum Verkehr gebracht werden kann, zu erläutern.

c) Die Deckenkosten in Beziehung zu den Beförderungskosten.

1. Fahrwiderstand und Betriebsstoffverbrauch.

Die Wirtschaft wird Wert darauf legen, die Güterbeförderung auf Kraftwagen mit dem geringsten Kraft- und Kostenaufwand durchzuführen. Auf S. 66 ist bereits darauf hingewiesen, daß die Betriebskosten eines Kraftwagens sich aus zwei Größen zusammensetzen, aus den festen Kosten wie Verzinsung, Tilgung, den beweglichen Kosten wie Fahrer, Steuern, Versicherung, Unterhaltung, Reifen, Betriebsstoff, Schmier- und Putzmittel. Die letztgenannten sind von der Fahrleistung abhängig, werden daher auch vom Zustande der Wege beeinflußt. Ganz einwandfrei lassen sie sich aber auch nicht erfassen. Z. B. ist der Verbrauch an Betriebsstoff auch von dem Verhalten des Fahrers abhängig, ob die Fahrt mit oder ohne Unterbrechung oder mit veränderten Fahrgeschwindigkeiten durchgeführt wird. Auch die Behandlung und Zustand des Motors, Einstellung der Zündung, Zündungsstörung und falsche Vergaserdüsen bringen Schwankungen in den Verbrauch. Soweit der Betriebstoffverbrauch in Beziehung zur Zugleistung steht, sind bereits Angaben über den Rollwiderstand der einzelnen Fahrbahnbefestigungen auf S. 28 angegeben. (Abschnitt II C c). An dieser Stelle soll nur der Betriebsstoffverbrauch behandelt werden.

Für eine mittlere Geschwindigkeit und für Luftbereifung hat die Universität Columbia folgende Zugkraftgrößen und dabei auch gleich die Fahrstrecke ermittelt, die für einen Nutztonnenkilometer mit einem Liter Betriebsstoff gefahren werden kann.

Zusammenstellung 56 der Widerstandswerte k und des Betriebsstoffverbrauches[1].

	kg $f \cdot 1\,t$	Zahl der Nutz-t/km auf 1 l Benzin	Neuer Versuch der Am. Road Build. Ass.	
			kg $f \cdot 1$ t	l Benzin f. 24 km
Beton ohne Oberflächenbehandlung	14,7	2,5	35	3,78
Beton mit Oberflächenteerung und Begrusung	25		—	—
Gute Kleinschlagdecke	33		51	4,54
4 cm Topeka (Asphaltfeinbeton) auf Zementbeton	35		—	—
Kiesstraße geebnet	40	1,5	—	—
Gute Klinkerstraße	—	2,4	—	
Asphaltmakadam	—	2,0	—	—
Unbefestigter Erdweg	—	—	79	5,67

Der Benzinverbrauch ist an fünf Zweitonnenlastwagen aus dem Durchschnitt der Ergebnisse ermittelt. Die Unterschiede zwischen den Ergebnissen der Universität Columbia und der Am. Road. Build. Ass. sind wohl auf Abweichungen der Versuche zurückzuführen, z. B. verschiedene Geschwindigkeit. Das Kentucky Higwhay Departement hat die Ersparnis an Betriebsstoff bei Fahrten auf guter Fahrbahn gegenüber schlechten auf 26 vH ermittelt.

Zusammenstellung 57.

Fahrbahnbefestigung	Zahl der Nutz-tkm auf 1 l Benzin	Bezogen auf Kiesbahn vH
Kiesbahn	1,6	100
Asphaltmakadam	2,0	80
Klinkerbahn	2,1	76
Gute Klinkerbahn	2,45	65
Beton	2,5	64

[1] Diese Widerstandswerte k decken sich nicht mit denjenigen, die auf der Versuchsstraße bei Braunschweig gefunden sind (S. 29).

Die Straßenlänge, die mit 1 l Betriebsstoff zurückgelegt werden kann, ist durch Untersuchungen der Portland-Zement-Association 1918 an einem Zweitonnenlastwagen festgestellt worden (s. Zusammenstellung 57, S. 391).

Es ist aber zu beachten, daß die amerikanischen Motore infolge der besonderen Steuerformel mehr Betriebsstoff verbrauchen als die deutschen. Die Angaben der Zusammenstellungen 56 und 57 können daher nur vergleichsweise herangezogen werden.

2. Reifenverschleiß und Betriebskosten.

Auch die Reifenart, ob Vollgummi, Kissen- oder Luftreifen, beeinflußt den Verbrauch an Betriebsstoff. Die schweizerische Postverwaltung hat bei denjenigen Wagenkursen, die das gleiche Wagenmaterial aufweisen, durch Übergang vom Vollgummireifen zum Luftreifen eine durchschnittliche Ersparnis von 18,4 vH erzielt, bei Sommer- und Winterbetrieb. Professor Dr.-Ing. Becker (12) gibt die Ersparnis beim Übergang zum Riesenluftreifen zu 17 vH an.

Eine zusammenhängende Untersuchung über Betriebsstoffverbrauch und Reifenverschleiß sind vom State College von Washington V. St. A. an einem 4 Zylinder-Personenwagen gemacht worden[1]:

1. Der Reifenverschleiß hängt ab: von der Fahrgeschwindigkeit, Luftwärme und Straßenbeschaffenheit.
2. Die Kosten des Betriebsstoffverbrauches steigen auf 111,3 auf guter und 150,7 auf schlechter Steinschlagdecke, wenn sie auf Beton für die gleiche Strecke mit 100 angenommen werden (vgl. die Übereinstimmung mit der Zusammenstellung 56 auf S. 391).
3. Wird der Reifenverschleiß auf der Betondecke mit 1 angesetzt, dann steigt er auf guter Steinschlagbahn auf 17 und auf sehr schlechter auf 57,5.

Man wird die amerikanischen Ergebnisse nicht ohne weiteres auf die deutschen Verhältnisse übertragen dürfen, weil zur Zeit der Durchführung der Versuche die amerikanischen Landstraßen recht schlecht waren und mit unseren meist mit Steinschlag befestigten und gut unterhaltenen Straßen nicht verglichen werden können. Den europäischen Verhältnissen entsprechen am besten wohl die Ergebnisse, die die schweizerische Postverwaltung durch 9monatige Versuchsfahrten auf zwei Straßen erzielt hat (190). Die eine Straße hatte eine Steinschlagdecke, die in der üblichen Weise unterhalten worden ist, die andere Straße wurde vor dem Beginn der Versuche gewalzt und geteert und mit großer Sorgfalt unterhalten. Die Versuchswagen waren von derselben Bauart und im gleichen Bauzustand, sie haben beide etwa 22000 km zurückgelegt. Der Mehraufwand an Betriebsstoff wird zu 25 vH auf der schlechten Straße angegeben. Bei den Reifen hat sich sogar ein Mehraufwand von 83 vH auf der schlechten Straße ergeben. Die Unterhaltungskosten waren für den auf der schlechten Straße gefahrenen Wagen um 20 vH höher, und die Unkosten für die Überholung beider Wagen stellten sich bei dem auf der schlechten Straße gefahrenen um 30 vH höher als bei dem auf der guten Straße. Bezogen auf die Unkosten des Wagens, der die schlechte Straße benutzt hat, ergeben sich die Ersparnisse für den Verkehr auf der guten Straße zu:

Betriebsstoff . . .	20 vH	Unterhaltung . . .	17 vH
Reifen	45 vH	Überholung	23 vH

[1] Bei Versuchsfahrten mit Phönix-Cordreifen auf dem Nürburgring hat bei einer Geschwindigkeit von 90—92 km/h die Reifenabnutzung bei einem Auflagedruck von 7,3 kg/cm im Mittel von 100 km 4,6 mm und bei 53 km/h und 5,6 kg/cm 0,31 mm betragen. Der Einfluß der Fahrbahndecke ergibt sich aus folgender Gegenüberstellung — Abnutzung bei

Basaltschotter	im Mittel	128 g	auf	100 km
Betonpflaster	„ „	23 g	„	100 „

Nach Erfahrungssätzen kann für einen 1,5 t-Wagen der Anteil an den Gesamtbetriebskosten für

Betriebsstoff . .	zu	23 vH
Reifen	„	14 vH
Unterhaltung . .	„	14 vH

angenommen werden. Dann ergibt sich die Gesamtersparnis für die drei genannten Betriebsgrößen zu 13 vH. Unter Berücksichtigung des besseren Zustandes desjenigen Wagens, der auf der guten Straße gefahren ist — festgestellt bei der Überholung — kann die Gesamtersparnis zu höchstens 20 vH angenommen werden.

Theoretische Untersuchungen von Eickner (191) für Lastkraftverkehr haben für die beweglichen Kosten (Betriebsstoff, Reifen, Unterhaltung) eine Ermäßigung der Beförderungskosten von 16 vH ergeben. Da mit einer Schonung der Fahrzeuge auch eine längere Lebensdauer und erhöhte Betriebsleistungen verbunden sind, errechnet Eickner noch 6 vH Ersparnisse an den festen Kosten, so daß er auf eine Gesamtersparnis von 22 vH kommt.

Der Leiter des B.P.R. berechnet die Ersparnisse in den Betriebskosten durch Verbesserung der Straßen zu 1,5 cts f. d. Meile (192). Aus verschiedenen dem Verfasser zur Verfügung stehenden Unterlagen können die Gesamtbetriebskosten f. d. Meile von Lastkraftwagen mittleren Gewichtes auf 12 cts berechnet werden. Dann würde die Ersparnis 12,5 vH ausmachen. Für Personenkraftwagen hat die Ingenieurversuchsanstalt des Jowa State College (V. St. A.) die Betriebskosten für drei verschiedene Arten von Wegebefestigungen ermittelt, die in der Zusammenstellung 58 in Cents wiedergegeben sind. Die Ersparnis würde demnach zwischen der schlechtesten und besten Straße 27,5 vH betragen. Es wird aber zu beachten sein, daß die schlechtesten Straßen in Deutschland, das sind die Steinschlagstraßen, immer noch besser sind, als die schlechtesten Straßen in V.St.A., die meist nur Erdwege sind.

Zusammenstellung 58. Betriebskosten eines Wagens von durchschnittlicher Größe in Cts/f. d. Meile.

Einzelkosten	Schwere Decken	Leichte Decken	Schlechte Straßen
Betriebsstoff	1,31	1,53	1,83
Reifen	0,29	0,64	0,84
Unterhaltung	1,43	1,72	2,11
Abschreibung	1,26	1,39	1,57
Feste Kosten:			
Steuer, Garage, Versicherung, Zinsen	1,15	1,15	1,15
Zusammen:	5,44	6,43	7,50

Dieselbe Anstalt hat auch die Betriebskosten der Kraftwagen mit den Deckenkosten, die sich aus Verzinsung des Anlagekapitals, den Rücklagen für Erneuerung und den Aufwendungen für Unterhaltung zusammensetzen, in Verbindung gebracht und dabei schon bei geringem Verkehr eine größere Wirtschaftlichkeit für die beste Deckenart — Beton — errechnet. Zusammenstellung 59. Da nach den Kurven auf S. 390, Abb. 217 die Asphaltdecke in Deutschland wirtschaftlicher als Beton ist und die Fahrkosten auf Asphalt sich von denen auf Beton nicht wesentlich unterscheiden, so kann man ohne weiteres annehmen, daß schon

Zusammenstellung 59. Jährliche Transportkosten für 1 Meile in $.

Anzahl der Fahrzeuge tägl.	250	500	750	1000	1500	2500
Betonstraßen	11190	20670	30160	39680	58630	96510
Klinkerstraßen	12230	22390	32530	42690	62980	103430
Teer- u. Asphalttränkmakadam	13270	24100	34920	47730	69180	109970
Kies-Lehmstraße in gutem Zustand.	11780	22800	33800	44900	66950	110980

bei geringen Verkehrsstärken nach den amerikanischen Feststellungen sich eine Straßenverbesserung in Ersparnissen der Betriebskosten bemerkbar macht, die weit über die Aufwendungen zur Verbesserung der Straßendecken hinausgehen.

IX. Die Maschinen des Straßenbaues.

Allgemeines.

Der neuzeitliche Straßenbau findet seinen Ausdruck nicht nur in der Anlage und Befestigung der Straßen, sondern auch in der Art der Hilfsmittel, die beim Straßenbau verwendet werden. Beim Bau des Straßenkörpers, wie in der Aufbereitung der Baustoffe und ihrer Verlegung herrscht das Bestreben vor, die Menschenkraft durch die Maschine zu ersetzen, mit dem Ziel, auf diesem Wege die Herstellung zu verbilligen, zu beschleunigen und die Güte der Ausführung zu erhöhen. Das Beispiel der Straßenherstellung in den V. St. A. zeigt, daß die Technik auf diesem Gebiete schon weit voran geschritten ist und dem Erfindungsgeist keine Schranken gesetzt sind. Die V. St. A. haben zum maschinellen Straßenbau übergehen müssen, da es ihnen an Arbeitskräften gemangelt hat, besonders in den vielfach dünn besiedelten Gebieten, die jetzt mit Straßen erschlossen werden. In Europa könnten große Scharen Erwerbsloser im Straßenbau beschäftigt werden. Dennoch werden auch hier die Anwendung neuzeitlicher Bauweisen und die Wirtschaftlichkeit fordern, sich der Maschinen zu bedienen und Menschenkraft nur da einzusetzen, wo sie nicht zu umgehen ist. Das mag im ersten Augenblick unzozial erscheinen, volkswirtschaftlich dürfte es aber das Richtige sein. Bei Bauten im Auslande und in den Kolonien wird man auf maschinellen Straßenbau nicht verzichten können. Auch im Straßenbau werden, wie im ganzen Bauwesen, drei Ziele verfolgt:

1. Zunehmende Mechanisierung des Baubetriebes für Erzielung höherer Leistungen, gerade im Straßenbau besonders wichtig zur Abkürzung der Verkehrssperren.
2. Wirtschaftlichere Gestaltung der Einzelarbeitsvorgänge.
3. Zusammenfassung der Arbeiten an einer Stelle.

Vier Gruppen von Maschinen werden in der Gegenwart beim Straßenbau verwendet.

1. Geräte und Maschinen zur Herstellung des Wegkörpers, Bodenaushubs und Bodenbeförderung, Einebenen des Untergrundes, die für alle Bauarten von Straßen gleich und nur durch die Bodenart beeinflußt sind. Solche Maschinen werden auch im Eisenbahn-, Kanal- und Erdbau benützt. Sie sollen daher an dieser Stelle nicht weiter behandelt werden. Die besonders für den Straßenbau ausgebildeten und eingeführten Maschinen sind schon im Abschnitt V C S. 108 beschrieben.

2. Geräte und Maschinen zur Herstellung der Straßenbefestigung, von denen einzelne durch die Art der Befestigung beeinflußt sind. Sie sind bei den einzelnen Deckenarten selbst beschrieben. Soweit sie für alle oder mehrere Deckenarten in Frage kommen, sollen sie im folgenden behandelt werden.

a) Geräte zum Aufbereiten der Baustoffe: Steinbrecher, Siebanlagen, Schroter, Quetschen, Wascheinrichtungen, Trockner und Mischmaschinen.

b) Geräte zum Einbringen der Baustoffe: Schüttvorrichtungen, Tank- und Sprengwagen.

c) Geräte zum Verlegen und Befestigen der Decke: Dampfwalzen, Rammen.

3. Geräte zur Unterhaltung der Straßen: Aufreißer, Wegehobel, Straßentrockner.

4. Geräte zur Schneebeseitigung auf Straßen.

5. Geräte, die bei verschiedenen Arbeiten verwendet werden: Preßluftwerkzeuge.

A. Geräte und Maschinen zur Herstellung der Straßenbefestigung.

a) Geräte zum Aufbereiten der Baustoffe.

1. Steinbrecher.

Die Steinbrecher sollen das aus dem Steinbruch kommende Rohmaterial zerkleinern und dabei ein Endprodukt von verschiedenen Korngrößen, wie es gerade dem Verwendungszweck entspricht, liefern. Bei den für die Straßenbauzwecke notwendigen Körnungen wie Fein-, Mittel- und Grobschlag ist besonders darauf zu achten, daß der Brecher möglichst gleichartiges und vor allen Dingen möglichst würfelförmiges Material liefert. Natürlich hängt die gelieferte Menge und Form des Endproduktes sehr von der Natur des zu brechenden Steines ab und ändert sich je nach dem Gefüge, der Härte und Zähigkeit des Bruchsteines einerseits und der Bauart des Steinbrechers andrerseits.

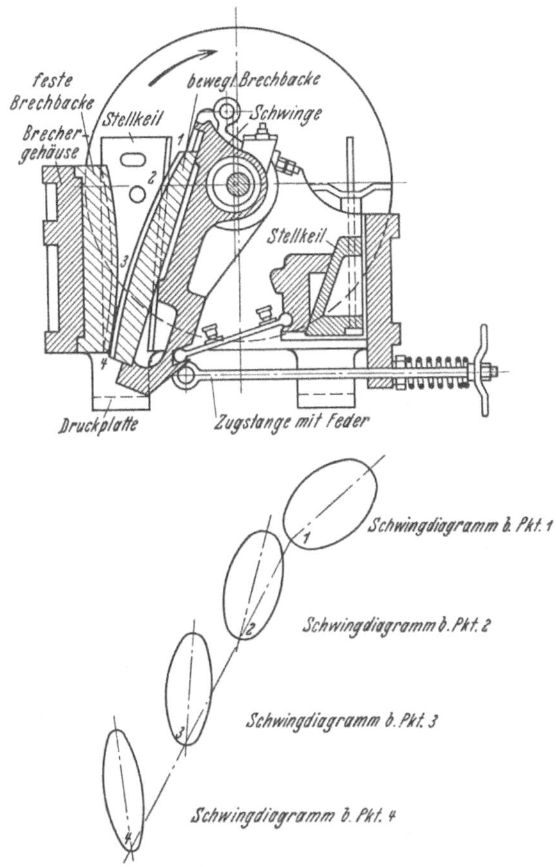

Abb. 218. Einschwingenbrecher mit Schwingbild der beweglichen Backe.

Bei der Zerkleinerung der Bruchstücke fällt neben der gewünschten Korngröße noch feineres Gut wie Splitt, Grus und Mehl an, bisweilen auch Stücke, die über die verlangte Größe hinausgehen. Je nach dem Verhältnis der Menge dieses Abfalles zur Menge des Anfalles an der gebrauchten Korngröße wird man die Brauchbarkeit des Steinbrechers einschätzen. Die Trennung in die einzelnen Korngrößen erfolgt durch Siebanlagen, die später beschrieben werden. Es liegen noch keine grundlegenden Ergebnisse darüber vor, durch welche Brecherart die Anforderungen am besten erfüllt werden können. Im allgemeinen muß durch besondere Untersuchungen mit dem zu brechenden Gestein die zweckmäßige Bauart des Brechers festgestellt werden.

Maßgebend für die Größe des Brechers ist die Größe des aus dem Steinbruch kommenden Gesteins. Ist dieses sehr groß, muß ein Brecher mit großer Maulweite genommen werden. Da es aber nur möglich ist, durch Einstellung der Spaltweite eine Verkleinerung im Verhältnis von etwa 1 : 5 bis 1 : 8 zu erreichen, muß u. U. ein zweiter Brecher mit kleinerer Maulweite angeschlossen werden.

Es werden hauptsächlich zwei Arten von Steinbrechern hergestellt:

1. die Backenbrecher,
2. die Kreiselbrecher.

Bei beiden Arten besteht die Arbeitsweise darin, daß ein beweglicher Teil sich einem unbeweglichen nähert und entfernt und dabei das zu brechende Material zerkleinert. Bei Backenbrechern ist die Bewegung eine absatzweise, bei Kreiselbrechern eine ununterbrochene.

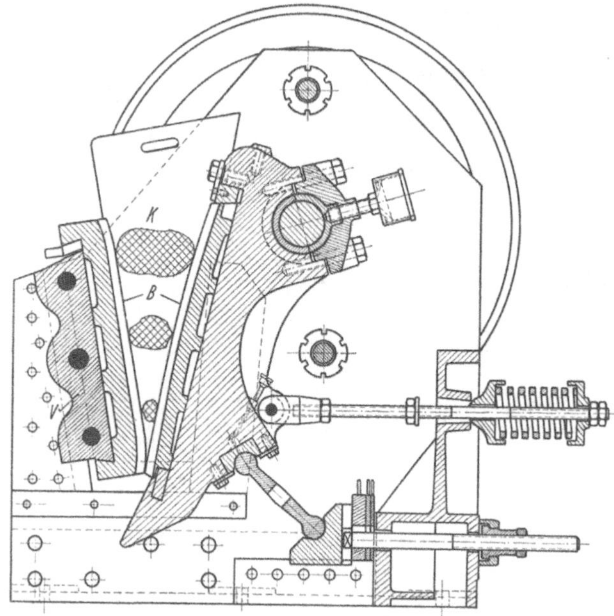

Abb. 219a. Einschwingenbrecher des Hüttenamtes Sonthofen.

α) Backenbrecher.

Im Backenbrecher findet ein Zerdrücken des Brechgutes zwischen zwei, einen keilförmigen Raum bildenden Brechbacken aus Hartstahl statt, von denen die eine lose und schwingend aufgehängte Backe sich der zweiten festen Backe abwechselnd nähert und entfernt, so daß gewissermaßen eine Kaubewegung entsteht. Diese wird durch Exzenter erzeugt. Die Größe und Art des gebrochenen Gutes sowie der Kraftbedarf hängen von der Bewegung der Backe ab.

Beim Einschwingenbrecher wird die bewegliche Backe, auch Schwinge genannt, durch den Exzenter unmittelbar bewegt. Die Backe ist am Fuß durch eine beweglich gelagerte Druckplatte gestützt und wird durch eine Zugstange mit Feder festgehalten. Alle Brecher verlangen ein Glied, das so schwach ausgebildet ist, daß es zerstört wird, wenn Körper von ungewöhnlicher Härte (Eisenstücke u. a.) in das Brechmaul geraten, damit die ganze Maschine vor Zerstörungen geschützt wird. Bei dem Einschwingenbrecher ist die Druckplatte der schwache Teil. Beim Einschwingenbrecher durchlaufen alle Punkte der Schwinge eine Ellipse, die an der Einwurföffnung des Brechers sich der Kreisform nähert. Die Abb. 218 stellt einen Einschwingenbrecher dar, darunter ist das Schwingbild von vier Punkten der beweglichen Brechbacke gezeichnet. Die nach unten gerichtete Bewegung übt zugleich eine einziehende Bewegung aus, die die Leistung des Brechers erhöht, weil das Gestein nur kurze Zeit im Brechmaul ist. Bei dem Einschwingenbrecher des Hüttenamtes Sonthofen ist die bewegliche Backe nach unten unterstützt (Abb. 219a). Dann ergeben sich verschiedene Bewegungsvorgänge der oberen, mittleren und unteren Schwingungspunkte, die durch die Kurven der Abb. 220 gekennzeichnet sind. Es wird für Grob- und Feinbruch je eine gesonderte Stütze verwendet. Die Brechrichtung ist gleichmäßig vor- und abwärts. Das Gut wird in das Brechmaul hineingezogen, die Brechwirkung ist schlagartig, das Gut fällt im Brechmaul abwärts, wodurch erreicht wird, daß die Leistung bei geringem Kraftbedarf größer wird. Das gebrochene Gut soll viel gleichmäßiger

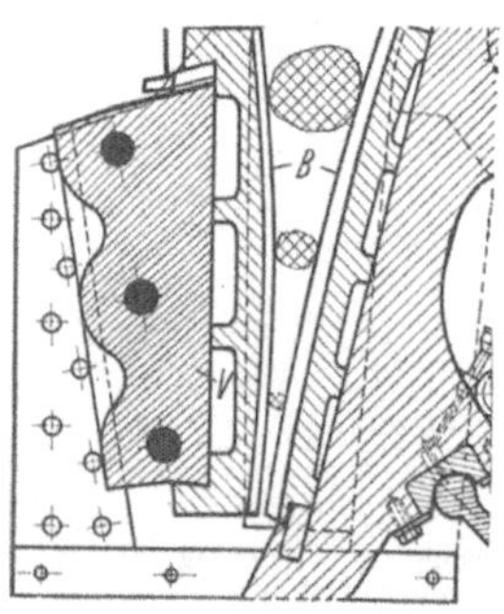

Abb. 219b. Einsatz für Splittbruch.

und würfelförmiger sein und weniger Feinmaterial liefern. Die Brecher werden in vier Größen hergestellt mit Brechmaulabmessungen 200/150—500/300 mm. Der Kraftbedarf liegt zwischen 4—18 PS und die Leistung zwischen 2—14 m³ stündlich (mittlere Werte bei mittelhartem Gestein und Grobbruch 80—40 mm und Spaltweite 60 mm).

Durch Einbau einer anderen Kopfwand, die in kleinerem Winkel zur Schwingenaufhängung steht, kann dieser Brecher auch für Splittgewinnung benutzt werden. (Abb. 219b).

Das Brechgut wird dem Backenbrecher durch die obere Öffnung des Brechmaules, deren Weite für die Größe der aufzugebenden Stücke maßgebend ist, mechanisch oder mit Hand zugeführt. Die Austragung erfolgt durch den unteren Austrittspalt, von dessen Weite wieder die Korngröße der Brecherzeugnisse abhängt. Die Feinheit des erzeugten Kornes kann auch während des Betriebes durch Erweiterung oder Verengung des Austrittspaltes geändert werden. Je nach

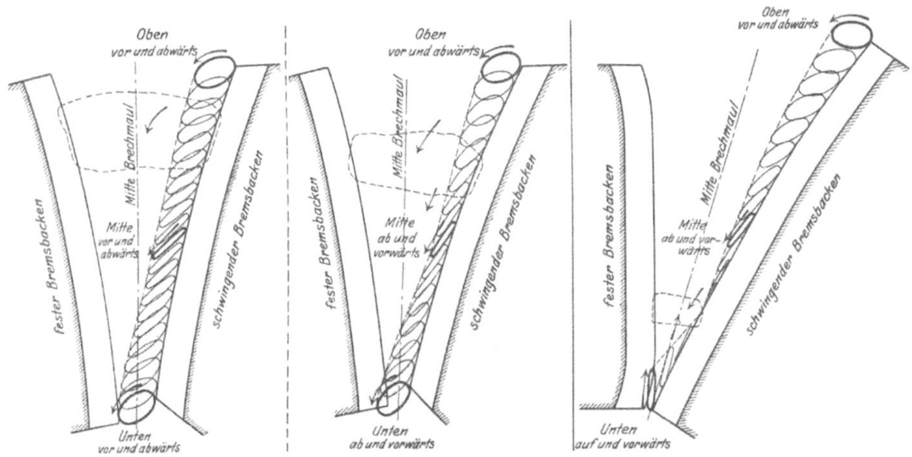

Abb. 220. Bild der Bewegung der beweglichen Backe des Sonthofener Einschwingenbrechers.

Bauart und Größe des Brechers und der jeweils eingestellten Weite des Austrittspaltes wird das Aufgabegut in der Regel von einer der Brechmaulweite entsprechenden Stückgröße bis herunter auf Faust- oder Nullgröße zerkleinert. — Dabei ergibt sich auch eine gewisse Menge kleinerer Stücke und feiner Splitter.

Der große Bedarf an Feinbruch (Splitt und Grus) erfordert besonders eingerichtete Brecher. Die Ibag (Internationale Baumaschinenfabrik A.-G., Neustadt a. d. Haardt) liefert Feinbrecher von hoher Leistungsfähigkeit. Durch neuartige Stellung der Druckplatte und Erhöhung der Tourenzahl ist die Leistung bei einem Brecher 1000/120 mm auf 12—14 m³/h Granit oder Basalt gebracht worden. Die Zusammensetzung des mit dem Feinbrecher 800/150 gebrochenen Materials wird wie vorstehend angegeben.

Spaltweite 10 mm		Spaltweite 20 mm Anteil	Feinbrecher 1000/120
Korngröße mm	Anteil		
0—3	25 vH	15 vH	15 vH
3—5	15 vH	10	6 vH
5—8	15	12 vH	10 vH
8—12	30 vH	24 vH	20 vH
12—15	12 vH	25 vH	18 vH
15—20	3 vH	14 vH	22 vH
20—30	—	—	9 vH

Beim Doppelschwingenbrecher wird die bewegliche Backe *1* durch die hin- und hergehende Hubstange *2* vermittels der Druckplatten *3* (Abb. 221), die ein Kniehebelsystem bilden, der festen Backe *4* genähert und entfernt. Wenn die Hubstange *2* sich durch den Exzenter nach oben bewegt, wird Brecharbeit geleistet, bei der Abwärtsbewegung öffnet sich der Spalt, so daß das zerkleinerte Gut frei ausfällt, zugleich aber oben neues Gut eingezogen wird. Die Spaltgröße kann durch die Stellkeile *6* und *7* eingestellt werden. Die Seitenkeile sind herausnehmbar und dienen zum Festhalten der festen Brechbacke im Gehäuse. Die Punkte der beweglichen Backe legen eine nur schwach nach unten gekrümmte Bahn zurück, entsprechend der Pendelbewegung.

Auf Grund der angegebenen Vorteile soll der Einschwingenbrecher bei nicht allzuhartem Gestein den Doppelschwingenbrecher an Leistung bei geringer Abnutzung übertreffen. Bei sehr hartem Gestein soll dagegen die Verwendung von Doppelschwingenbrechern zu empfehlen sein.

Bei dem Splittbrecher von Kleemanns Vereinigte Fabriken Stuttgart-Obertürkheim wird die Spaltweite auf 15 mm gehalten. Die anfallenden Körnungen bewegen sich zwischen 0 und 15 —20 mm. Der weitaus größte Anfall liegt innerhalb der eigentlichen Splittkörnung von 5—15 mm, während der Anteil an Korn gröber als 15 mm und kleiner als 5 mm äußerst gering ist. Der Antrieb des Splittbrechers erfolgt durch Doppelexzenter, die auf einer Welle sitzen und von denen

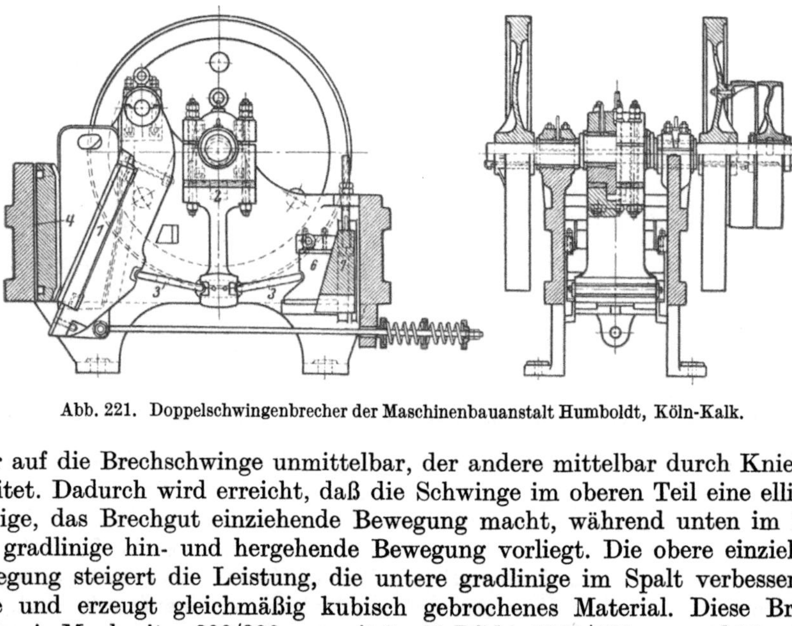

Abb. 221. Doppelschwingenbrecher der Maschinenbauanstalt Humboldt, Köln-Kalk.

einer auf die Brechschwinge unmittelbar, der andere mittelbar durch Kniehebel arbeitet. Dadurch wird erreicht, daß die Schwinge im oberen Teil eine ellipsenförmige, das Brechgut einziehende Bewegung macht, während unten im Spalt eine gradlinige hin- und hergehende Bewegung vorliegt. Die obere einziehende Bewegung steigert die Leistung, die untere gradlinige im Spalt verbessert die Güte und erzeugt gleichmäßig kubisch gebrochenes Material. Diese Brecher werden in Maulweiten 300/200 mm mit 8—11 PS bis 1000/175 mm und 35—40 PS Kraftbedarf geliefert.

β) Kreiselbrecher.

Die Kreiselbrecher bestehen aus einem auf einer senkrechten Welle befestigten, an seiner Oberfläche mit Rippen versehenen oder auch glatten Kegel, der innerhalb eines gleichfalls gerippten oder glatten Hohlkegels oder Zylinders steht. Der innere Kegel sitzt auf einer senkrechten Welle, die bei der Drehung um die Achse sich auf der einen Seite von dem äußeren Kegel entfernt, damit das Brechgut nachstürzen kann, während er sich auf der anderen Seite dem Hohlkegel nähert und dadurch die Quetschwirkung ausübt (Abb. 222). Die kleineren Stücke werden durch Druck und die größeren durch Druck und Biegung zerquetscht. Da bei dem Kreiselbrecher der Brechraum eine Ringform bildet und die Brechachse eine Bewegung ausführt, die dem Mantel eines Kegels entspricht, so findet eine ununterbrochene Zerkleinerungsarbeit statt, während bei dem Backenbrecher nur Brecharbeit geleistet wird, wenn sich die schwingende Backe der festen nähert, also nur während der halben Betriebszeit. Kreiselbrecher sind demnach bei demselben Kraftbedarf leistungsfähiger als Backenbrecher. Bei dem Kreiselbrecher der Maschinenbauanstalt Humboldt (Abb. 223) wird die in einer Kugelpfanne allseitig beweglich aufgehängte Brecherachse durch das Getriebe mit exzentrischem Zylinderring kreisend geschwenkt, so daß ihre Mittellinie einen Kegelmantel beschreibt. Infolgedessen bewegt sich der Brecherkegel so, daß jeder Punkt der Brechkegeloberfläche Kreislinien durchläuft und sich in steter Folge dem inneren Umfang des Brechmantels nähert oder sich von ihm entfernt, d. h. die Orte kleinsten Abstandes und größten Druckes durchlaufen stetig fortschreitend die Brechkegelfläche bzw. die Brechringinnenfläche. Da eine Drehbewegung des Brechkegels um seine Achse nicht stattfindet, wird das Mahlgut nicht zwischen Brechkegel und -mantel zermahlen oder zerrieben, sondern nur zerdrückt. Der Kreiselbrecher liefert deshalb ein scharfkantiges Erzeugnis von kubischer Kornform unter nur geringem Anfall von Feingrus. In der Abb. 223 sind:

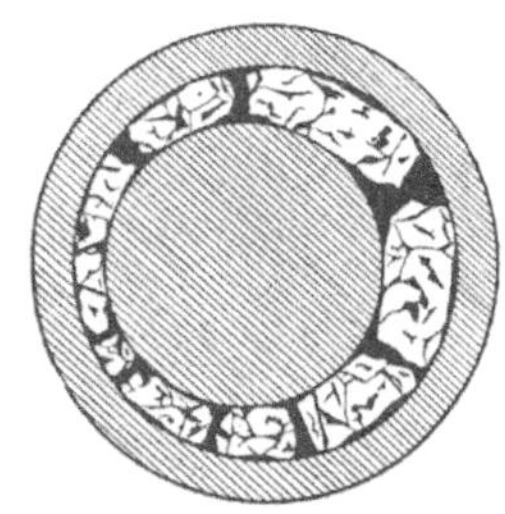

Abb. 222. Querschnitt durch einen Kreiselbrecher.

a das Brecherunterteil,
b der Brechermantel mit Innenpanzerung durch Brechringe,
c das Einlaufstück mit Brecherachsen-Aufhängung,
d die Brecherachse mit dem Brechkegel,
e das Getriebe mit Vorgelegwelle, Antriebsriemenscheibe und exzentrisch gelagertem Zylinderring,
f das Bodenstück mit Deckel und Ölfilter.

Die Zerkleinerung des Aufgabegutes geschieht je nach der Brecherbauart von Blockgröße, entsprechend der Größe der Einwurföffnung, auf Faust- oder Nußgröße und von etwa Faustgröße auf Korn von 15—30 mm. Die Riffelung des Brechkegels und der Brechringe wird verschieden ausgeführt und ist bedingt durch die Natur des Brechgutes und die gewünschte Korngröße. Letztere ist für den Ausschlag der Exzenterbewegung maßgebend, die durch Einsetzen entsprechender Zylinderringe in den Laufzylinder verändert werden kann.

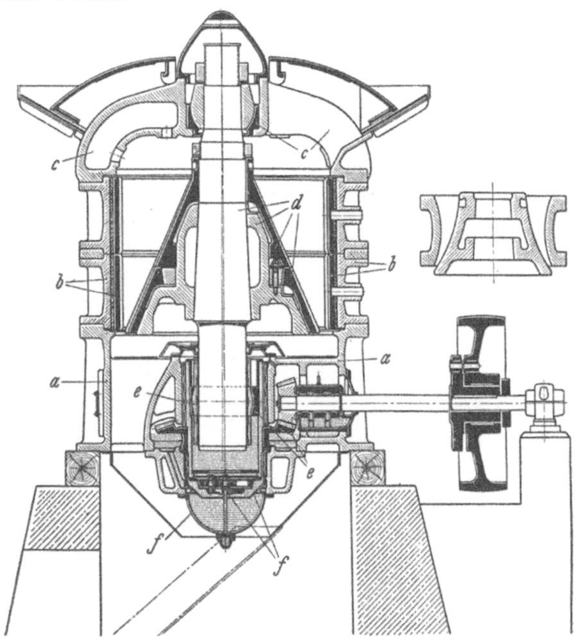

Abb. 223. Kreiselbrecher der Maschinenbauanstalt Humboldt.

Welche Art von Brechern zu wählen ist, wird davon abhängen, welcher Art das Brechgut ist, wie groß die Rohmasse, ihre Härte u. a. m. Bei der Beschaffung stelle man den Maschinenbauanstalten Brechgut zur Verfügung und lasse sich über Größe des gebrochenen Kornes, Leistung und Kraftbedarf Gewähr geben. Dann kann man bald unter den verschiedenen Preisangeboten das wirtschaftlichste ermitteln. Bei der starken Abnutzung wird aber besonderes Augenmerk auf die technische Durchbildung, daß alle Teile bis aufs äußerste ausgenutzt und dann leicht ersetzt werden können, zu richten sein, und zumeist wird die kostspielige Anlage durch Ersparnisse in der Unterhaltung die vorteilhafteste sein. Im Brechereibetrieb ist jedoch stets darauf zu achten, daß keine zu großen Stücke in den Brecher aufgegeben werden, da hierdurch leicht ein Verstopfen des Zwischenraums zwischen dem festen und beweglichen Brechteil eintritt und dadurch die Brecherleistung sinkt. Zu große Stücke sind entweder von Hand oder mit Preßluftwerkzeugen zu zerkleinern.

Brecheranlagen in Form von Backenbrechern werden auch fahrbar geliefert. Sie haben besonders für den Straßenbau praktische Bedeutung. Mit dem Brecher ist meist auch eine Siebanlage verbunden.

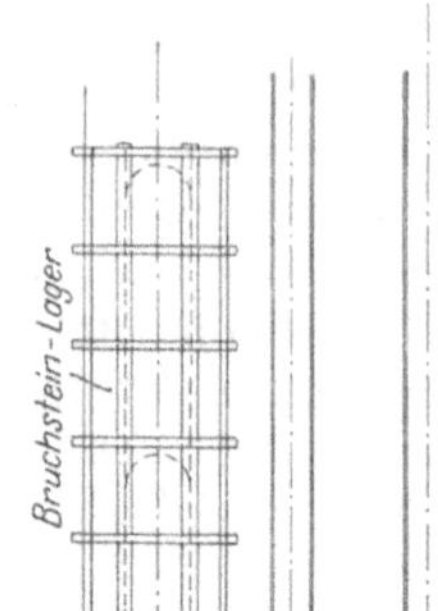
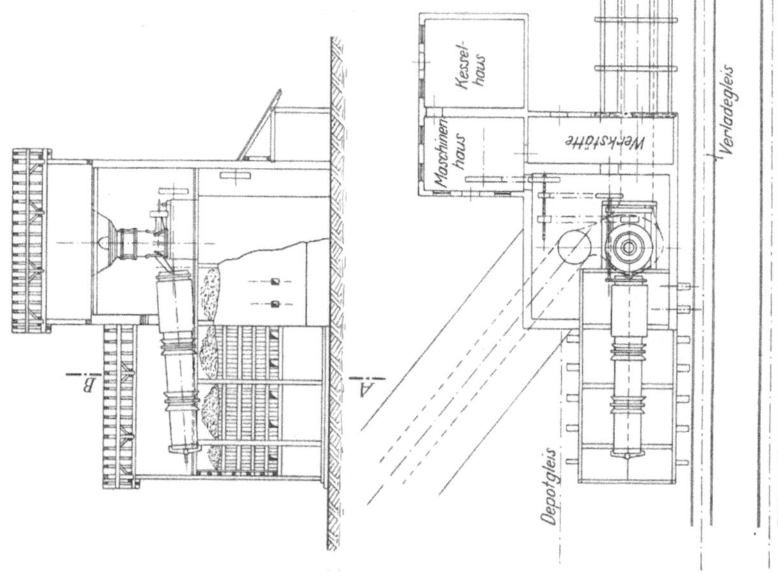

Abb. 224. Maschinelles Schotterwerk nach Entwurf der Maschinenbauanstalt Humboldt.

2. Siebanlagen.

Das aus den Brechern fallende Gut besteht aus sehr verschiedenen Korngrößen, so daß es für Zwecke des Straßenbaues und Eisenbahnbaues als Schotter noch nicht verwendet werden kann. Es muß erst durch ein Sieb gehen, damit das ungleichmäßig zusammengesetzte Haufenwerk nach einzelnen Korngrößen getrennt wird. Zur Trennung der einzelnen Korngrößen, die jetzt durch die DIN 1171 (S. 353) festgelegt sind, werden Siebtrommeln verwendet, deren Mantel aus gelochtem Blech besteht. Die Trommel setzt sich aus mehreren Rohrschüssen zusammen, die verschiedene Lochgrößen haben. Auf der Seite, wo das Brechgut eintritt, befindet sich der Rohrschuß mit der feinsten Sieblochung (etwa Grus), daran schließt sich der zweite mit größerer

Sieblochung (Splitt), es folgt dann die Lochung für Feinschlag und dann für Grobschlag. Je nach der Größe und Länge der Trommeln läßt sich die Aussiebung bei den kleinsten nach zwei, bei den größten bis zu acht Korngrößen vornehmen. Gesteinsstücke, die auch durch die größte Sieblochung nicht hindurchgefallen sind, durchlaufen die Siebtrommel und wandern vermittels Becherwerk und Transportbändern noch einmal in den Brecher. Bei Schotterwerken mit ortsfesten Anlagen sind unter jeder Sieblochung Taschen als Vorratsbehälter angeordnet, die die Steine gleicher Körnung aufnehmen, aus denen dann unten die Masse entnommen werden kann. Der Mantel der Trommel aus starkem Eisenblech ist an einem aus Winkeleisen zusammengesetzten Rahmen befestigt, damit die Trommel sich nicht durchbiegen kann. Der Mantel hat an den Enden Bordringe, die zugleich Laufringe sind und die auf breiten Rollen aufruhen, durch die die Trommel in Bewegung gesetzt wird. Sie ist nach der Ausfallseite schwach geneigt, so daß das vorgebrochene Gut langsam die Trommel durchwandert und dabei durch die Siebe fallen kann.

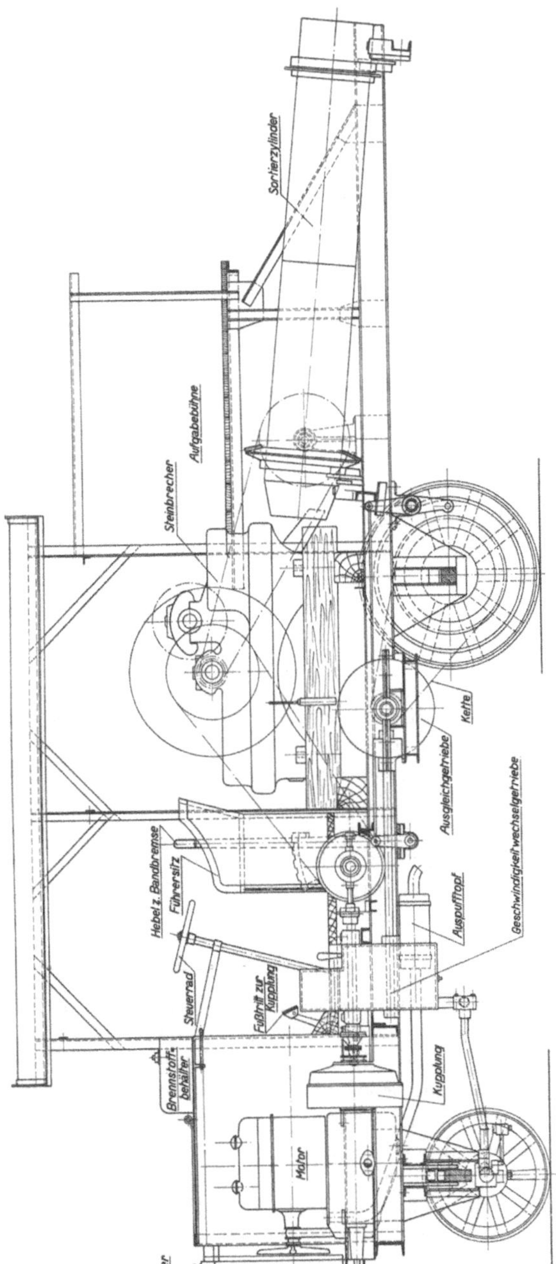

Abb. 225. Fahrbare Schotter- und Siebanlage der Maschinenfabrik M. Friederichs & Co.

Neuzeitliche Schotteranlagen werden nur mit Maschinen unter möglichster Ausschaltung menschlicher Arbeitskraft betrieben. Es wird auf der einen Seite das Gestein, wie es aus dem Bruch kommt, aufgegeben, auf der anderen Seite die verschiedenen Kornarten abgegeben. Ein Beispiel einer solchen Anlage nach Ausführung der Maschinenbauanstalt Humboldt, Köln-Kalk zeigt die Abb. 224. Das Rohgestein wird oben vom Bruch zugeführt und wandert dann selbsttätig durch Brecher und Siebtrommel und wird nach Größen aufgespeichert.

Bei fahrbaren Anlagen fallen die einzelnen Korngrößen in Karren oder zu Boden.

Es wird darauf ankommen, zur Verbilligung des Straßenbaues Gestein nicht immer von großen Schotteranlagen zu beziehen, die vielfach sehr weit von den Straßenbaustellen abliegen, sondern das in der Nähe der Baustelle anstehende Gestein, groben Kies, Flußschotter und ähnliches zu verwenden. Für diesen

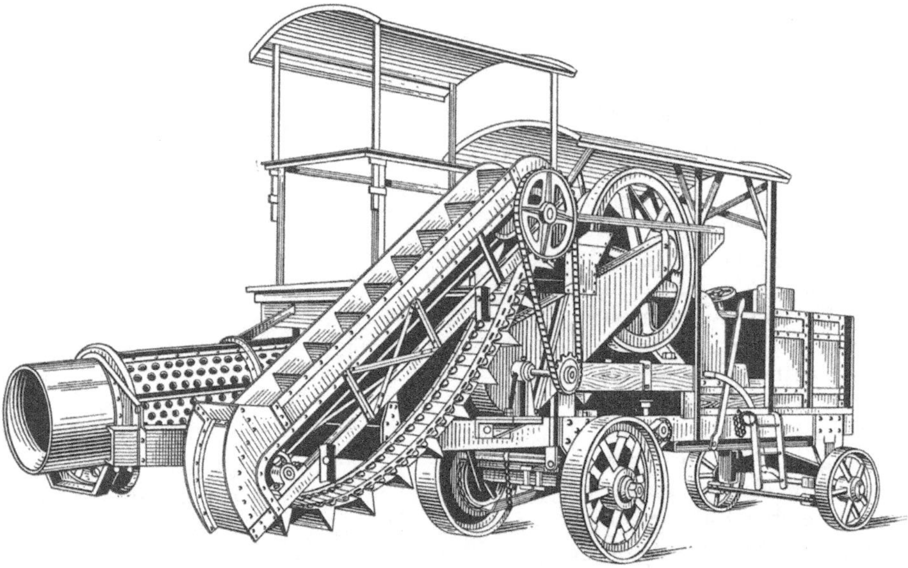

Abb. 226. Fahrbare Schotter- und Siebanlage.

Zweck sind fahrbare Brech- und Schotteranlagen mit Antrieb durch Verbrennungsmotoren, bevorzugt werden kompressorlose Dieselmotoren, gebaut worden. Eine solche Anlage der Maschinenfabrik Max Friedrich & Co., Leipzig-Plagwitz, gibt Abb. 225 in geometrischer Übersichtszeichnung und Abb. 226 in der Gesamtansicht wieder. In der Abb. 225 ist das Becherwerk fortgelassen, um Brecher und Siebtrommel besser darstellen zu können. Der Motor dient dazu, die ganze Anlage fortzubewegen und bei Stillstand den Brecher, die Siebtrommel und das Becherwerk anzutreiben. Die Siebschüsse können ausgewechselt werden.

3. Walzwerke.

Die neuzeitlichen Bauweisen verlangen Sand besonderer Zusammensetzung, der nicht immer am Ort des Straßenbaues zu haben ist, aber aus dem gebrochenen Gestein und dem Grus durch weitere Zerkleinerung in der gewünschten Korngröße gewonnen werden kann. Das Erzeugnis wird mit Quetschsand bezeichnet. Die dazu verwandten Maschinen bestehen vornehmlich in zwei sich gegeneinander drehenden Walzen, die den Grus einziehen und zerquetschen.

Die eine Walze ruht in schweren, festen Lagern, während die andere in Gleitlagern verschiebbar angeordnet ist. Diese bewegliche Walze wird durch starke Pufferfedern, die auf Zugstangen unter der Walzenachse sitzen, gegen die zwischen den Lagern befindlichen Widerlager gepreßt, so daß auch ein dauernd richtiger Parallellauf beider Walzenachsen gesichert ist (Abb. 227). Die Walzen bestehen aus je einem Ring, der durch Keilringe zweiseitig auf den Walzenkern so aufgespannt ist, daß er in seiner Mittellage festgehalten wird und leicht ausgewechselt werden kann. Zu beiden Seiten des Walzenspaltes sind auswechselbare Seitenstücke federnd angebracht, deren muldenförmig vertiefte Innenflächen den Walzenspalt schließen, ohne an den Walzen fest anzuliegen. Diese

Seitenstücke verhindern das seitliche Herausfallen des ungemahlenen Gutes. Die Walzwerke erhalten meist eine mechanisch arbeitende Aufgabevorrichtung. Da das Einziehen des Mahlgutes zwischen die Walzen durch Reibung bewirkt wird, hängt die Sicherheit des Erfassens der Aufgabestücke von dem Verhältnis der Stückgröße zum Walzendurchmesser ab. Mit Sicherheit werden nur diejenigen Stücke erfaßt, deren Durchmesser höchstens ein Fünfzehntel des Walzendurchmessers beträgt. Je nach der Walzengröße können nur Stücke von etwa 10 bis

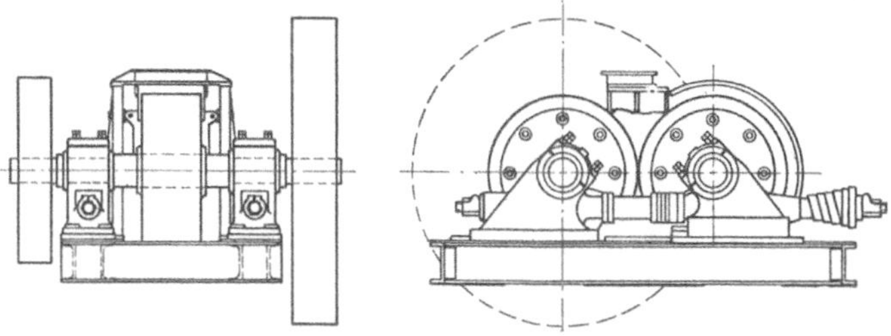

Abb. 227. Walzwerk zur Erzeugung von Quetschsand.

70 mm unmittelbar aufgegeben werden, im Betrieb sind die Walzen in einem bestimmten Abstand voneinander gehalten, der sogenannten Spaltweite, die durch Einlegplatten oder durch Schraubenstellvorrichtung schnell und leicht verändert werden kann. Da bei Gleichlauf der Walzen der Kraftverbrauch und der Walzenringverschleiß ungünstiger sind, läßt man die bewegliche Walze etwas langsamer laufen als die feste. Um vollständiges Aufschließen des Mahlgutes zu erreichen, wird in größeren Betrieben die Aufstellung von Grob-, Mittel- und Feinwalzwerken erforderlich.

4. Mahlmühlen.

Soll der Sand noch feiner zu Mehl verarbeitet werden, z. B. als Füllstoff zu künstlichen Asphaltstraßen, so kann das nur in besonderen Einrichtungen erfolgen, in Schlag- oder Schleudermühlen. Zur Mahlung der Straßenbaustoffe wird die Schleudermühle (Desintegrator) verwendet (Abb. 228). Sie besteht aus zwei Körben, die sich aus zwei oder drei Trommeln zusammensetzen. Diese werden aus Stahlstäben gebildet, die zwischen schmiedeeisernen Scheiben und Ringen konzentrisch befestigt sind. Die Trommeln des einen Korbes greifen in die ringförmigen Zwischenräume der gegenüberliegenden Trommel ein. Die Körbe drehen sich in dem Mahlgehäuse mit großer Geschwindigkeit in entgegengesetztem Sinne. Die nach derselben Richtung sich drehenden Trommeln sitzen auf einer Welle und werden durch Riemen angetrieben. Jeder Desintegrator hat demnach zwei Riemenantriebe. Seitlich befindet sich eine trichterförmige Einschüttöffnung. Das Gut tritt durch diese in die Trommel und wird von dort infolge der Fliehkraft nach außen geschleudert, wobei es bei der großen Geschwindigkeit, mit der sich die Trommeln gegeneinander bewegen, einer großen Anzahl von Schlägen durch die Stäbe ausgesetzt ist und dabei sehr fein vermahlen wird. Das Enderzeugnis ist, je nach der Sprödigkeit des Mahlgutes, ein mehr oder weniger grießiges Mehl. Die Feinheit des Mehles und die Leistung richten sich ganz nach der Mahlfähigkeit und Größe der aufgegebenen Stücke sowie nach der Umlaufgeschwindigkeit der Körbe.

Nach Art der Schleudermühlen wirken auch die Schlagkreuzmühlen, bei denen die zerkleinernden Werkzeuge aus einer Anzahl (4—6) von Armen, die zu einem Schlägerkreuz zusammengesetzt und auf einer rasch umlaufenden Welle befestigt sind. Der Boden der Mahlkammer ist mit Rosten belegt, deren Abstand von der verlangten Zerkleinerung abhängt. Die Schlagkreuze wirken durch ihre schlagende und scherende Arbeit so lange auf die Masse ein, bis sie so fein ge-

26*

worden ist, daß sie durch die Roste durchfällt. Sie eignen sich besonders für die Zerkleinerung von Stampfasphalt.

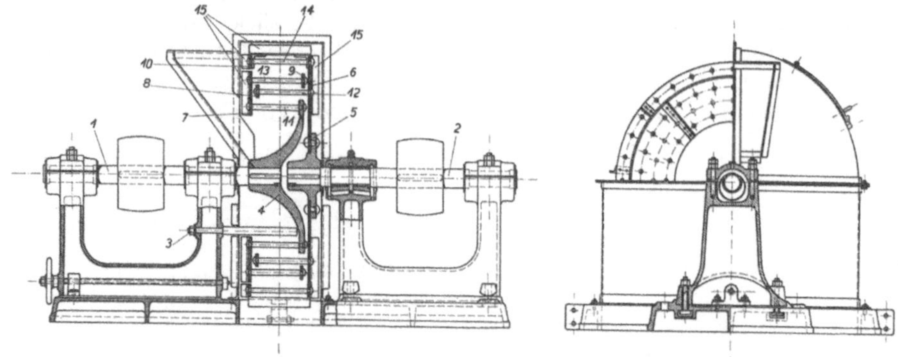

Abb. 228. Schleudermühle der Maschinenfabrik M. Friedrich & Co.
1 Welle für geschweifte Korbnabe, *2* Welle für gerade Korbnabe, *3* Vorbrecher mit Mutter, *4* geschweifte Korbnabe, *5* gerade Korbnabe, *6* große Scheibe, *7* kleine Scheibe, *8* Ring für 2. Korbreihe, *9* Ring für 3. Korbreihe, *10* Ring für 4. Korbreihe, *11* Stäbe für 1. Korbreihe, *12* Stäbe für 2. Korbreihe, *13* Stäbe für 3. Korbreihe, *14* Stäbe, für 4. Korbreihe, *15* Abstreicher.

Sehr feine Mahlung, wie sie z. B. zur Herstellung der Füllermehle erforderlich ist, erfolgt in Mahlgängen und Kugelmühlen, wie sie in der Zementerzeugung gebraucht werden.

5. Waschmaschinen für Kies und Sand.

Das im Teer- und Asphaltstraßenbau wie auch im Betonbau verwendete Gestein muß frei von Staub und Schmutz sein und darf vor allen Dingen nicht durch Ton und Lehm verunreinigt sein. Da aber das Rohmaterial aus der Kiesgrube oder dem Brecher diesen Anforderungen nicht immer entspricht, muß es vor seiner Verwendung gereinigt werden, was in Waschmaschinen geschieht. Man unterscheidet zwei verschiedene Gruppen von Waschmaschinen, nämlich die Trommelwaschmaschinen und die Trogwaschmaschinen.

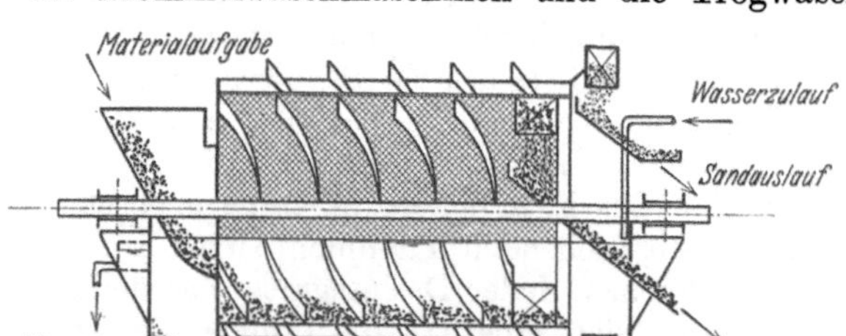

Abb. 229. Waschmaschine der Excelsior Maschinenbau Ges. Stuttgart.

Bei der ersteren Gruppe durchläuft das zu waschende Material eine auf starken Laufringen und -rollen gelagerte, sich langsam drehende Waschtrommel, wobei es entweder durch Abspritzen aus einem im Innern der Trommel liegenden Wasserrohr oder aber in einem Wasserbad gereinigt wird. Am Auslaufende der Waschtrommel befindet sich meistens eine Siebvorrichtung, die eine Ausscheidung des gewaschenen Materials nach verschiedenen Korngrößen ermöglicht. Zum gründlichen Waschen von feinem Material — Splitt usw. — werden hauptsächlich die Trogwaschmaschinen verwendet, bei denen das Waschgut unter ständiger Bewegung durch ein Wasserbad geführt wird. Für eine durchgreifende Waschung ist zu beachten, ob es sich bei den Verunreinigungen um Stoffe handelt, die sich leicht ablösen und auswaschen lassen, oder um tonige und lehmige Stoffe, die der Abschwemmung Widerstand entgegensetzen. Für den ersten Fall ist eine Siebtrommel oder Waschtrommel zweckmäßig, die in einem Wasserbade liegt, mit inneren und äußeren Schneckengängen, die das Gut unter Wasser axial fortschieben und am Ende austragen. Die Waschung erfolgt durch die Bewegung des Gesteinskornes unter Wasser. Das grobe Gut — Kies — bleibt in der Trommel, der Sand geht durch die Trommel hindurch, setzt sich im Wasserbade ab und wird am Ende gesondert ausgetragen. Eine schematische Darstellung des Arbeitsvorganges gibt Abb. 229 der Excelsior Maschinenbau-Gesellschaft Stuttgart. Mit dem Waschvorgang kann zugleich eine Aussiebung nach verschiedenen Korngrößen vereinigt werden. In der Abb. 230, die eine leistungsfähige Sieb- und Waschanlage darstellt, wird die Korngröße > 50 mm als Überlauf aus dem Sieb *1* dem Brecher wieder zugeführt. Die Korngröße 0—7 wird im Wasserbade als Durchgang durch Sieb *2*, 7—25 als Durchgang durch Sieb *3* und 25—50 als Überlauf aus Sieb *3* ausgesondert. Das Schmutzwasser läuft aus der Trommel sandfrei ab.

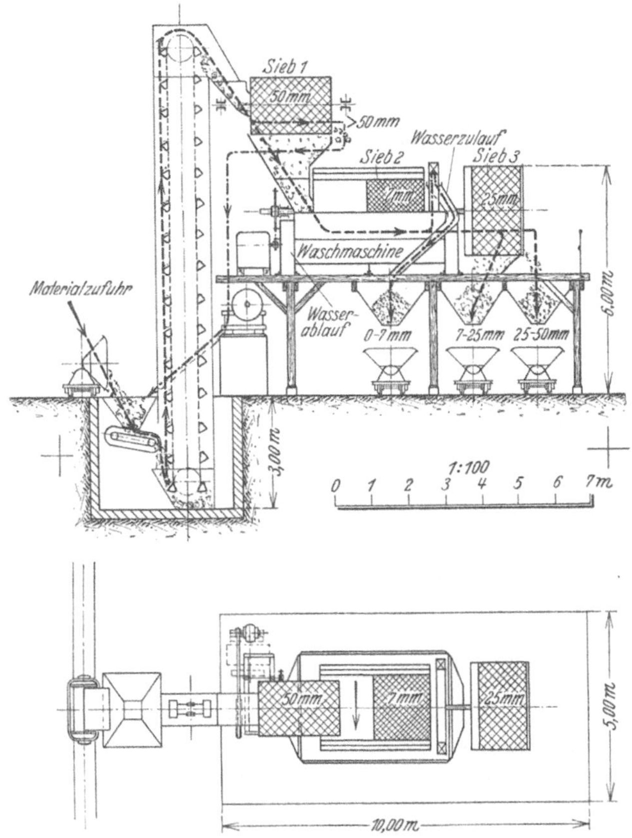

Abb. 230. Wasch- und Siebanlage der Excelsior Maschinenbau Ges. in Stuttgart.

Bei tonigen und lehmigen Beimengungen genügt die Bewegung der Körner untereinander nicht, um den Ton oder Lehm, der am Kies haftet oder auch in Knollen sich zwischen dem Waschgut befindet, zu zerreißen, daß er abgeschwemmt werden kann. Das Waschgut wird durch Schwertauflöser nach Abb. 231 der

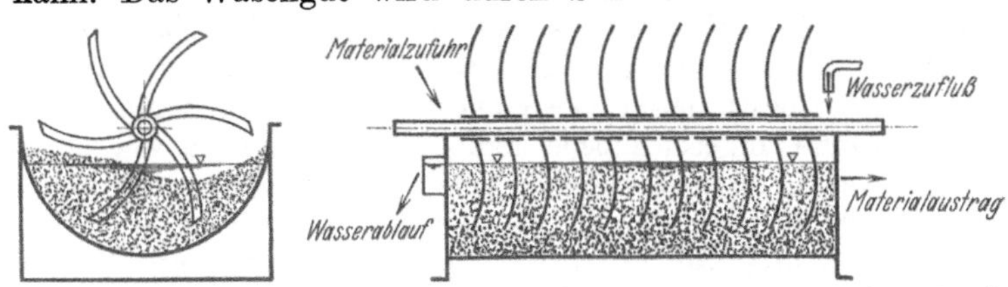

Abb. 231. Schwertauflöser zum Waschen mit Ton und Lehm verschmutzter Zuschläge der Excelsior Maschinenbau Ges. Stuttgart.

Excelsior Maschinenbau Ges. Stuttgart in Bewegung gebracht; der Sand soll die Lehm- und Tonschicht auf den Körnern und die Lehm- und Tonknollen zerreiben und dadurch die Aufschlämmung und Abführung ermöglichen.

6. Trockner.

Im Teer- und Asphaltstraßenbau ist bereits auf diejenigen Maschinen hingewiesen, mit denen die Trocknung und Erwärmung des Zuschlages und seine

Umhüllung mit Teer und Asphaltbitumen erfolgt. Diese Anlagen sollen im einzelnen besprochen werden. Die Trocknung wird in Anlagen vorgenommen, die entweder nach dem Gegenstrom- oder Gleichstromverfahren arbeiten. Wenn die Trocknung im Gegenstromverfahren erfolgt, ziehen die Heizgase durch eine liegende Trommel in der entgegengesetzten Richtung, wie das Trockengut läuft, damit eine langsame und allmähliche Erwärmung erfolgt und nicht durch zu schnelle Erhitzung sich Dampfblasen bilden und das Gestein reißen kann. Beim Gleichstromverfahren erhält das feuchte und kalte Gestein an der Aufgabestelle die größte Hitze. Da die Verdampfung der Feuchtigkeit eine erhebliche Menge der zugeführten Wärme verbraucht, wird das Gestein selbst nicht sofort große Wärmemengen aufnehmen. Eine Überhitzung des Gesteins, wie beim Gegenstromverfahren, wenn die bereits getrocknete Masse am Endpunkt der Trommel in die Zone der höchsten Temperatur gelangt, soll beim Gleichstrom nicht möglich sein. Die Zweckmäßigkeit des einen oder anderen Verfahrens ist von den besonderen Umständen — Feuchtigkeitsgehalt, Gesteinsart und Behandlung — abhängig.

Die liegende zylinderförmige Trockentrommel besteht bei allen Ausführungen aus starkem Eisenblech. Sie lagert auf Laufrollen und an einem Ende auf einem Zahnkranz, in den ein von der Kraftanlage angetriebenes Ritzel eingreift, so daß die Trommel um ihre Achse gedreht wird. Am äußeren Ende befindet sich die Einschüttöffnung, am inneren die Auslauföffnung. Die großen und die ortsfesten Anlagen liegen so hoch, daß für die Aufgabe des Gesteinsstoffes Becherwerke oder Aufzugkübel benutzt werden müssen, die mit einem eisernen Trog auf dem Boden ruhen und oben durch einen Fülltrichter das Gut in den Trockner werfen. Die Becherwerke bewirken eine gleichmäßige Stoffaufgabe und in solcher Menge, wie sie die Trockentrommel verarbeiten kann. Die schwach geneigt liegende Trommel hat im Inneren Schaufeln, Becher, Schneckengänge, Hebebleche und ähnliche Vorrichtungen, um das Gut anzuheben und durch den Trommelraum fallen zu lassen, daß es mit den Heizgasen in innige Berührung kommt und zugleich nach dem Auslaufende bewegt wird. Die Leistung der Trommel hängt zu einem bedeutenden Teil davon ab, ob die Ausstreuung des Gutes so reichlich und gleichmäßig erfolgt, daß die Heizgase voll ausgenutzt werden. Die Wärmemengen, die notwendig sind, um eine bestimmte Menge Gestein, Kies oder Sand mit einem Feuchtigkeitsgehalt von 3—5 vH von Luftwärme auf 200° bei Asphaltbitumen und etwa 130° bei Teer zu erhitzen, und die, die durch Ausstrahlung der Trommel verloren gehen, können berechnet und danach die Trommel und die Heizquelle in ihren Abmessungen festgelegt werden. Die Länge und der Durchmesser der Trockentrommel, ihre Umdrehungsgeschwindigkeit und damit auch die Aufenthaltdauer des Gutes in ihr und die aufzuwendende Wärmemenge müssen miteinander abgestimmt werden, wenn die verlangte Leistung — Erwärmung einer bestimmten Gesteinsmenge von angenommenem Feuchtigkeitsgehalt auf eine vorgeschriebene Temperatur — erreicht werden soll. Daraus ergibt sich, daß die Leistung auf nahe beieinanderliegenden Grenzen beschränkt ist und nur geringe Schwankungen in der Menge und vor allem im Feuchtigkeitsgehalt des Gutes auftreten dürfen. Ist die Leistung der Wärmequelle gleichmäßig, dann kann sehr feuchtes Gestein nur dann völlig getrocknet werden, wenn sich die Trommel entweder langsamer dreht, also die Aufenthaltsdauer des Gutes länger ist, oder entsprechend weniger Masse aufgegeben wird. Es muß dann der Trommelantrieb mit einem Vorgelege versehen werden, was den Aufbau der Maschine erschwert. Eine Möglichkeit zur Leistungssteigerung liegt in der Vermehrung der Heizwirkung, die sich am leichtesten bei Ölfeuerung erzielen läßt.

Bisher sind feste — Kohle, Koks, Braunkohlenbrikett — und flüssige Brennstoffe benützt worden. Bei festen Brennstoffen steht die Wärmeabgabe in Beziehungen zur Größe der Rostfläche, die fest begrenzt ist. Eine Vermehrung der Wärmemengen in wirkungsvoller Weise ist durch Öffnung der Feuertüren und Ausübung eines stärkeren Zuges durch das Gebläse möglich. Leichter läßt sich mit flüssigem Brennstoff die Wärmemenge erhöhen, wenn eine regelbare Düse benützt wird, so daß mehr Brennstoff und mehr Luft zugeführt werden. Eine solche Möglichkeit der Regelung ist besonders erwünscht, um die Unterschiede in der äußeren Luftwärme auszugleichen. Wenn die Trommel keinen Wärmeschutz hat, unterliegt ihr Wärmeverbrauch stark der Höhe der Luftwärme. Es ist auch eine Vereinigung der Verwendung von festem und flüssigem Brennstoff in der Weise möglich, daß die Kohlenfeuerung als Grundfeuerung und die Ölfeuerung als Zusatz dient, um die Schwankungen in dem Feuchtigkeitsgehalt des Gesteines und der Luftwärme auszugleichen. Die wirtschaftlichste und sicherste Betriebsweise einer Trockentrommel ist immer die, wenn sie mit soviel Material von solcher Beschaffenheit, insbesondere Feuchtigkeit, beschickt wird, für die sie berechnet und gebaut ist. Wenn das Gestein nach starkem Regen eine höhere Feuchtigkeit als 3—5 vH angenommen hat, muß das Gut dann zweimal durch die Trommel geschickt werden, das erstemal zur Vortrocknung. Die Ölfeuerung wird gegenüber der Feuerung mit festen Brennstoffen bevorzugt, da sie gewisse Vorteile hat. Durch Fortfall des ausgemauerten Feuerungsraumes wird erheblich an Gewicht gespart. Ein Heizer ist nicht erforderlich, denn eine Ölfeuerung braucht nur eine geringe Wartung, da die Einstellung der Öl- und Luftzufuhr einfach zu regeln ist. Der Brennstoff läßt sich leichter anfahren und sicher vor Verlust aufbewahren, da er in Fässern geliefert wird. Es fällt die Belästigung der Umgebung durch Geruch und Rauch fort. Ob Steinkohlenteeröle oder Gasöle benutzt werden ist eine Betriebs- und Wirtschaftlichkeitsfrage, die von Fall zu Fall zu entscheiden sein wird. Teeröl hat gegenüber Steinkohle, Koks oder Braunkohle einen wesentlich höheren Heizwert. Es läßt sich genau die für die Verbrennung nötige Luftmenge zuführen, was bei Kohlenfeuerung nur in beschränktem Maße möglich ist. Bei der Ölfeuerung wird also der Brennstoff besser ausgenützt. Die Maschine ist in kürzerer Zeit arbeitsbereit, da Kohlenfeuerung längeres Anheizen erfordert. Schlacke und Asche entstehen nicht. Die Teeröle sind zähflüssig und vergasen erst bei 80^{0} C, Gasöl schon bei niedrigerer Temperatur. Gasöl wird daher bei der Inbetriebsetzung verwendet. Wenn die Anlage sich angewärmt hat, wird auch das Teeröl im Behälter leichtflüssiger und es kann nunmehr die Heizung mit Teeröl aufgenommen werden. An Stelle von flüssigen Ölen kommt auch Leuchtgas in Frage (Mischanlage des städtischen Tiefbauamtes Stuttgart), allerdings nur bei ortsfesten Anlagen oder Naturgas wie in den V. St. A.

Mit der Ölfeuerung sind, wenn sie unmittelbar ist, gewisse Gefahren verknüpft. Beim Anheizen muß die Trommel erst erwärmt werden. Wird der richtige Zeitpunkt hier nicht abgepaßt und die Trommel zu stark erhitzt, so kann die erste Stoffaufgabe leicht überhitzt werden. Es erfordert also die Inbetriebnahme Erfahrung. Ferner kann die Heizflamme Ruß bilden und die Gesteine und Sand damit überziehen, wenn die etwa mit 1800—2000^{0} brennende Flamme mit dem kalten Gestein zusammentrifft. Selbst eine sehr gut eingestellte Düse, die volle Verbrennung annehmen läßt, wird rußen können. Der feine Ruß magert aber den Bitumenzusatz erheblich und entzieht ihm die Gesteinsumhüllung. Verbrannte und nicht genügend mit Asphaltbitumen überzogene Zuschläge können keine feste Decke geben. Bei ungenügender Verbrennung kann auch eine Verölung der Zuschläge eintreten, wodurch dann das Asphaltbitumen erweicht wird und solche Stellen sich nachher in der Decke als nachgiebig und nicht genügend standfähig bei Wärme erweisen. Es hat demnach wohl seine guten Gründe, wenn die mittelbare Feuerung mit festen Brennstoffen noch nicht ganz aufgegeben ist. Die Nachteile der Ölfeuerung sind durch die mittelbare Anordnung der Heizquelle, so daß das Gestein mit der Flamme selbst nicht in Berührung kommt, behoben.

Mit der Trocknung findet zugleich eine Entstaubung statt. Das Gebläse, das die Heizgase durch die Trommel saugt, nimmt dabei die Feuchtigkeit und die staubartigen Bestandteile mit. Diese schlagen sich in einem Staubabscheider nieder, damit sie nicht in die Luft geblasen werden und Belästigungen hervorrufen. Der angefallene Staub kann als Füller verwendet werden.

Es kann nur das Gestein, Kies oder Sand getrocknet werden. Die dem Asphaltbeton und Sandasphalt zuzusetzenden Füllstoffe sind so fein, daß sie von dem Gebläse abgesaugt werden würden. Sie müssen kalt dem warmen Gestein zugesetzt werden. Um das Mineralgemisch auf der notwendigen Wärme von 180° zu erhalten, das einen Teil seiner Wärme an die Füllmasse abgeben wird, muß die Gesteinsmasse etwas höher erwärmt werden. Bei der Ölfeuerung soll die Möglichkeit bestehen, auch die Füllmasse durch den Trockner zu senden und zu erwärmen. Vielfach ist schon die Erwärmung des Füllers in besonderen Anlagen für sich vorgenommen worden.

Aus dem Trockner fällt die Masse in das Heißbecherwerk, von dem es in einen Vorratsbehälter geschüttet wird. Wenn die Masse gleich in dem vorgeschriebenen Mischverhältnis in die Trockentrommel gegeben wird, kann die Aussiebung und Zusammensetzung der einzelnen Kornsorten nach der Trocknung und vor dem Einfüllen in den Mischer unterbleiben. Allerdings ist dann das Mischverhältnis nicht genau einzuhalten, da die verschiedenen Gemengteile sehr verschiedenen Feuchtigkeitsgehalt haben. Der übliche Feuchtigkeitsgehalt bei Hartgesteinen beträgt etwa 0,5 vH, bei Sand und Kies etwa 2 vH und kann bei Sandstein bis 7 vH steigen. Vor der Trocknung kann durch Unterschiede in der Feuchtigkeit das Mischverhältnis stark beeinflußt werden. Wenn auch die Maschinen durch Einbau von Siebvorrichtungen nach dem Heißbecherwerk schwerer werden, so werden doch die meisten Maschinen mit Sieben verschiedener Lochungen ausgeführt, um eine genaue Einhaltung des Mischverhältnisses zu gewährleisten. Unter den einzelnen Siebfeldern befinden sich Taschen, von denen das Material dann in die Waage über dem Mischer abgelassen werden kann.

7. Mischer.

Von der Waage, die auch bei Maschinen vorhanden ist, die das heiße Gut nur in einem Vorratsbehälter aufspeichern, fällt es in den Mischer. Dieser muß ein Zwangsmischer sein, denn es handelt sich um innige Vermischung von Massen sehr verschiedenartiger Beschaffenheit — nämlich staubfeinen Füller, groben Sand, schwer beweglichen Feinschlag und zähflüssiges Bindemittel.

Der Mischer kann als Muldenmischer mit einer oder zwei Mischwellen, oder aber als Teller-Flachmischer ausgeführt sein. Die richtige Stellung der Rührarme und -schaufeln ist bei beiden Mischerarten von größter Bedeutung für eine ausgiebige und gründliche Durchmischung des Materials. Außerdem ist es sehr wichtig, daß die Masse auch am Umfang des Mischgefäßes gut durchgearbeitet wird. Eine zu enge Einstellung der Mischarme ist aber auf jeden Fall zu vermeiden, um Brüche der Mischarme zu verhindern, wenn sich gröbere Stücke zwischen den Rührschaufeln festsetzen. Eine vollkommene Mischung wird nur erzielt, wenn die Mischarme an ihrem äußeren Ende Mischschaufeln tragen oder wenigstens entsprechend verbreitert sind. Wichtig ist weiter ein richtiger Achsenabstand der beiden Mischwellen bei Zweiflügelmischern, da ein zu geringer Abstand unverhältnismäßig großen Kraftaufwand erfordert und eine allzugroße Entfernung eine ungenügende Mischung zur Folge hat. Die Mischschaufeln sollen namentlich für gröbere Zuschlagstoffe nachstellbar sein, um Verklemmungen zu vermeiden, da bei größerem Abstande zwischen Mischerkante und Trommelwand leicht sich Spritzstücke einklemmen können.

Um ohne Veränderung an den Mischflügeln grobe und feine Zuschläge zu mischen, haben manche Anlagen zwei Mischer (Millars-Krupp) oder es kann im Mischerantrieb ein Geschwindigkeitswechsel eingebaut werden, wobei bei grobem Material die Rührflügel langsam, bei feinem Material schneller mischen. Auf diese Weise erübrigt sich das Auswechseln der Rührflügel bei verschiedenem Material. (Ausführung U. Ammann, Langenthal.)

Die Mischer haben eine Bodenklappe, aus der die fertige Masse in Fuhrwerke abgelassen wird. Die Größe des Mischers und der Trockentrommel muß so miteinander abgestimmt sein, daß in der Zeit, in der der Mischer eine Füllung verarbeitet, die Trommel eine neue vorgetrocknet hat, daß also ununterbrochener Betrieb stattfindet, der nur dann nicht eingehalten werden kann, wenn wegen hohen Feuchtigkeitsgehaltes nur geringe Mengen aufgegeben werden können.

Für die Erwärmung des Teeres oder Asphaltbitumens sind besondere Kessel aufgestellt, die mit Kohle oder Öl geheizt werden, aus denen das Bindemittel geschöpft wird. Bei Zuführung des Bindemittels durch eine Pumpe ist zu be-

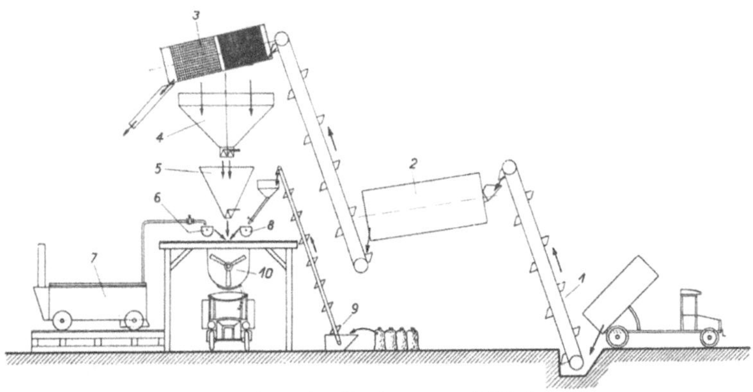

Abb. 232. Darstellung des Trocknungs- und Mischvorganges.
1 Becherwerk, *2* Trockentrommel, *3* Sortiertrommel, *4* Bunker, *5* Waage für Sand und Steinschlag, *6* Waage für Bitumen, *7* Bitumenkocher, *8* Meßgefäß für Füllstoff, *9* Becherwerk für Füllstoff, *10* Mischer.

achten, daß die erwärmte Masse im Umlauf bleiben muß. Gebräuchlich sind jetzt Zahnräderpumpen, Preßluft u. a.

Die Mischung soll mindestens 1½ Minuten dauern. Die Mischer liegen bei großen Maschinen so hoch, daß Lastkraftwagen darunter fahren können, in die die Masse aus dem Mischer fällt. Bei dieser Bauweise erhalten die Maschinen einen sehr hohen Aufbau, 7—8 m, so daß sie weder auf der Eisenbahn befördert, noch auf den Straßen gefahren werden können. Das Heißbecherwerk und der Vorratsbehälter sind deshalb abnehmbar ausgebildet. Maschinen mit geringerer Leistungsfähigkeit sind niedriger gebaut, indem sie die Masse nur in Karren oder Rollwagen abwerfen. Besonders die Teermischanlagen haben diese Form. Die großen Maschinen werden zumeist nicht auf der Baustelle selbst aufgestellt, sondern an den Stellen, wo das Gestein angeliefert wird, z. B. in der Nähe von Güterbahnhöfen. Da fertige Asphaltmischung erfahrungsgemäß bis auf 40 km befördert werden kann, sind mit der Aufstellung an einem Mittelpunkt mit günstigen Arbeitsbedingungen — Güterbahnhof, Steinbruch u. a. — manche Vorteile verbunden. Die großen Maschinen sind zudem sehr schwer, sie haben voll aufgebaut bis 20 t Gewicht, so daß sie bei ihrer Beförderung auf Land- und Stadtstraßen Beschädigungen des Pflasters hervorrufen können. Kleinere Maschinen lassen sich besonders im Teerstraßenbau an der Baustelle selbst aufstellen. Das ist dann zweckmäßig, wenn die Gesteine, Kies und Sand, in der Nähe der Baustelle selbst gewonnen und nur mittlere Leistungen verlangt werden. Da die Aufbereitung der Mischdecken in einem bestimmten Arbeitsgang erfolgen muß, ist es erklärlich, wenn der allgemeine Aufbau bei allen Maschinen derselbe ist. Er entspricht etwa der schematischen Darstellung auf der Abb. 232, die für ortsfeste Anlagen gilt. Bei fahrbaren Maschinen sind die einzelnen Maschinengruppen stärker zusammengedrängt. Die Erzeugnisse der verschiedenen Fabriken weichen nur in Besonderheiten ab, wie aus der folgenden Beschreibung einiger Anlagen zu entnehmen ist.

b) Mischmaschinen für den Asphalt- und Teerstraßenbau.

Hermey-Makadam-Maschine der Firma Hermann Meyer, Maschinen- und Apparatebau, Ballenstedt (Abb. 233): Die Maschine wird in 2 Größen hergestellt und ist für die Verarbeitung von Asphaltbitumen und Teer als Bindemittel geeignet:

Zusammenstellung 60.

Größe	I	II
Leistungsfähigkeit in t bei Verarbeitung von Asphaltbitumen . .	5	10
Leistungsfähigkeit in t bei Verarbeitung von Teer	8	15
Gewicht der Maschine in t	11	20
Kraftbedarf in PS	25	32

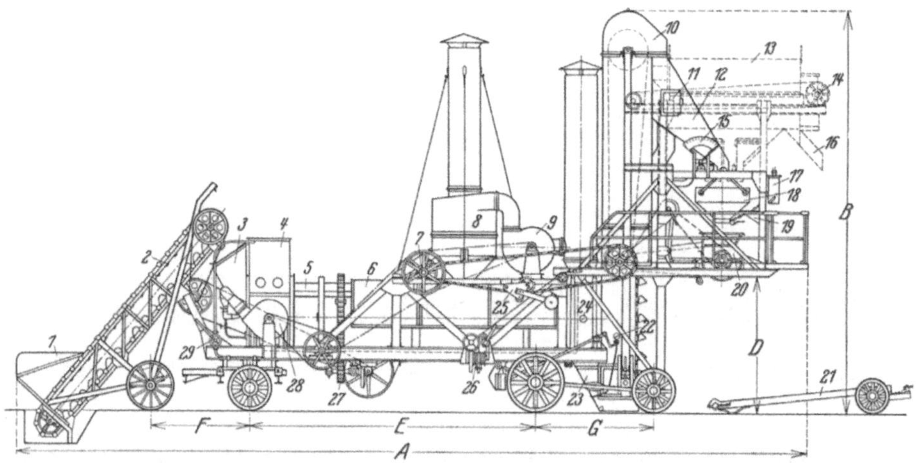

Abb. 233. Mischmaschine für Asphaltbitumendecken der Maschinenfabrik Hermann Meyer, Ballenstedt. Hermey-Maschine.

1 Einschütt-Trichter für Schotter, *2* Schotterelevator, *3* Einschütt-Trichter, *4* Tank für Heizöl, *5* Trockentrommel, *6* Wärmeschutzmantel, *7* Haupttransmissionswelle, *8* Staubsammler, *9* Exhaustor, *10* Trockenschotterelevator, *11* Schau- und Reinigungsklappe, *12* Vorratsbehälter für Trockenschotter, *13* Projekt. Sortiermaschine, *14* Antrieb zur Sortiermaschine, *15* Schotterwaage, *16* Überlauf für zu große Steine, *17* Bitumenausgleichgefäß, *18* Meßbehälter für Schotter, 19 Meßbehälter für Bitumen, *20* Mischer schwenkbar, *21* Vorderwagen abnehmbar, *22* Fernthermometer, *23* Fußstück vom Trockenschotterelevator, *24* Pyrometer, *25* Stoßabfänger, *26* Aufzugswinde zum Mischergerüst, *27* Trockentrommelantrieb, *28* Ventilator, *29* Füllpumpe für Heizöl. Abmessungen: Größe *II*, Leistung p. Std. 8—15 t, Gewicht ca. 21000 kg, Kraftbedarf 32 PS; $A = 14675$, $B = 7200$, Breite $C = 2850$, $D = 2465$, $E = 5315$, $F = 1850$, $G = 2185$ mm.

Die Leistung ist bei Verarbeitung von Teer höher, weil das Gestein nur auf 50—130° C zu erhitzen ist, bei Asphaltbitumen dagegen 180—200° verlangt werden.

Die Trocknung erfolgt im Gleichstromverfahren in der liegenden drehbaren Trockentrommel. Das Gut wird durch ein Gelenkbecherwerk in die Trommel gegeben. Durch Veränderung der Schrägstellung kann der Füllungsgrad der Becher verändert und damit die Förderleistung der Einrichtung genau geregelt werden. Das Becherwerk ist nicht mit der Trockenanlage fest verbunden, sondern besonders verfahrbar für die Bahnbeförderung. Die Heizanlage besteht je nach der Größe der Maschine aus 2—3 Ölbrennern, deren Leistung abgestuft ist, so daß die Wärmeabgabe an das zu trocknende Gut genau eingestellt und keine Verschwendung und Überhitzung getrieben wird. Überhitzung der Maschinenteile an der Feuerungsstelle wird dadurch vermieden, daß die zur Verbrennung nötigen Luftmengen an diesen Teilen zwangsläufig entlang geführt werden und infolgedessen mit der Vorerhitzung der Verbrennungsluft eine Kühlung der Teile verbunden ist. Im Innern der Trommel ist eine Gußmuffel aus feuerfester Masse angebracht, die verschieblich ist und beliebig weit innerhalb der Trommel geführt werden kann, um die Heizgase an der gewünschten Stelle mit dem zu erhitzenden Gestein zusammenzuführen. Auf der der Feuerung gegenüberliegenden Seite der Trockentrommel ist eine Kammer angeordnet, durch die Dämpfe, Gase und Staub durch ein Gebläse abgesaugt werden. Die Entstaubung kann durch Abstellen des Gebläses fortfallen, die Trommel arbeitet dann nur mit dem natürlichen Zug. Auf möglichst gute Verteilung des Trockengutes in der Trommel und gute Streuung des Gesteins ist durch Streu- und Rieselbleche hingewirkt. Damit ist eine gute Wärmeausnutzung, aber auch geringster Widerstand und Kraftbedarf erreicht. Selbsttätig wirkende Füll- und Ablaßklappen

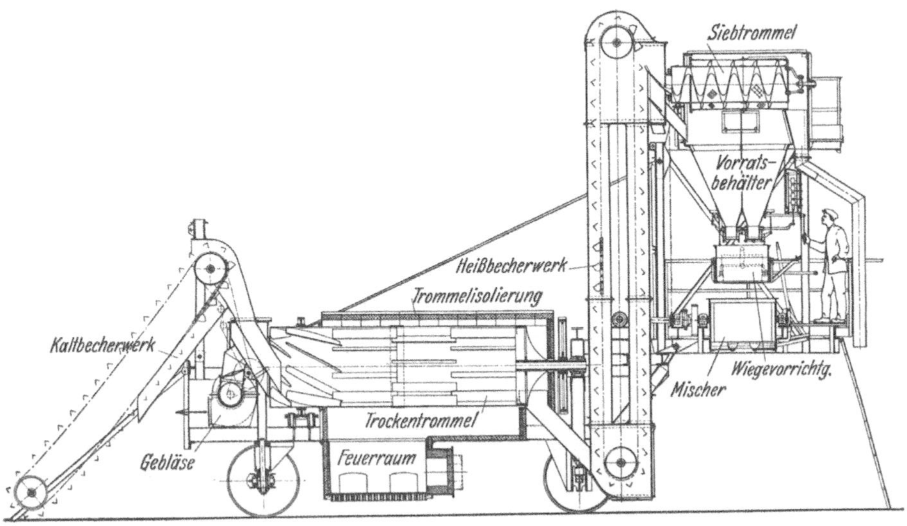

Abb. 234. Mischmaschine des Krupp-Grusonwerkes A. G.

vermeiden das Eindringen kalter Luft in die Trommel, die zum Schutz gegen Wärmeverluste mit einem Wärmeschutzmantel versehen ist.

Das getrocknete und erhitzte Gut wird mit einem gegen Wärmeverluste umschlossenen Becherwerk auf einen Vorratsbehälter gehoben. Dieses Becherwerk ist mit dem Mischer und Mischbühne zu einem abkuppelbaren und fahrbaren Gerüst vereinigt, das besonders befördert werden kann. Es kann daher auch die Trockentrommel ohne Mischer z. B. zur Anwärmung und Entstaubung von Absplittgestein für Oberflächenbehandlung benutzt werden.

Der Mischer arbeitet absatzweise. Er wird aus dem Vorratsbehälter nach Abwiegen der Zuschläge beschickt. Wenn ein Aussieben nach verschiedenen Korngrößen gewünscht wird, können ein Sieb und Vorratstaschen angebracht werden (in der Abb. 233 gestrichelt). Die Maschine wird entweder mit dem üblichen Doppeltrogmischer geliefert, oder mit einem Eintrogmischer, der für jede Gesteinsgröße geeignet ist. Er hat eine Bodenklappe, kann aber auch durch Umkippen entleert werden. Die Mischanlage liegt so hoch, daß Kraftwagen darunter durchfahren können. Die Hermey-Maschine, deren Einzelheiten aus der Abb. 233 mit den Bezeichnungen zu entnehmen sind, wird in vielen Stücken in Deutschland benutzt. Mit ihr sind im praktischen Betriebe vielfach weit höhere Leistungen als in der Zusammenstellung 60 angeführt erreicht worden.

Nach dem Muster der englischen Millarsmaschine ist die Asphaltstraßenbaumaschine der Firma Fried. Krupp Grusonwerk A.-G. durchgebildet (Abb. 234). Sie hat eine stündliche Leistung von 10 t Sandasphalt. Die Trockentrommel dreht sich langsam über einem Heizraum, der für flüssige und feste

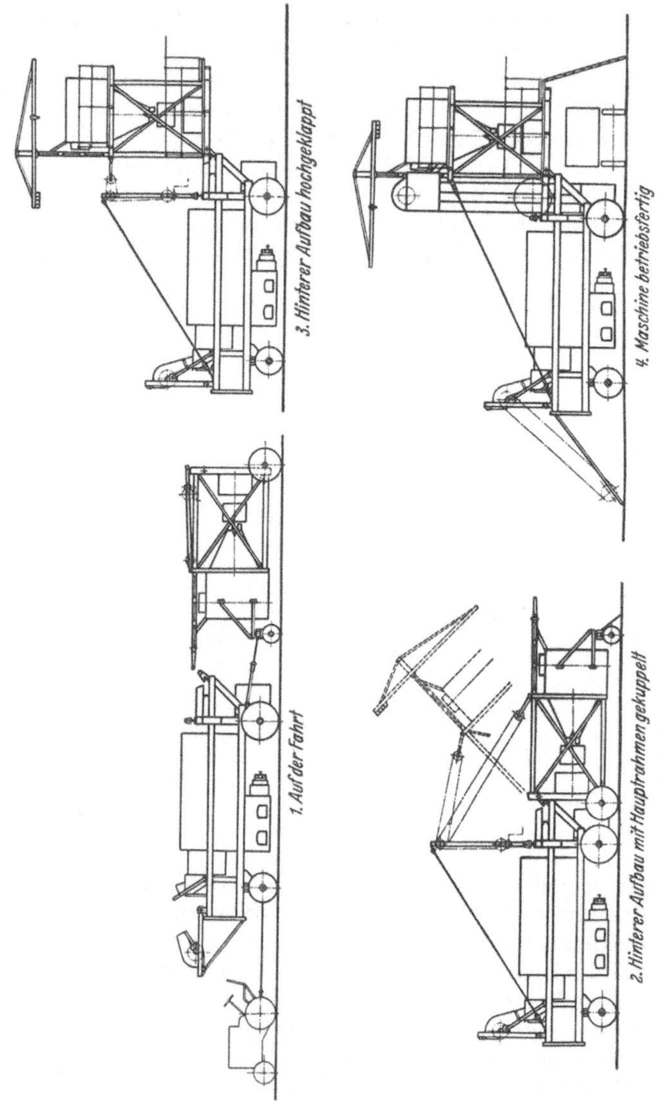

Abb. 235. Aufbau der Mischmaschine des Krupp-Grusonwerkes.

Brennstoffe eingerichtet ist. Die durch ein Gebläse angesaugten Heizgase ziehen außerdem im Gegenstrom durch die Trommel. Das getrocknete und erhitzte Gut wird von einem umkleideten Becherwerk zu Ableitschurren gehoben und läuft von dort entweder in eine Siebtrommel oder in einen Vorratsbehälter. Es kann auch im Falle der Vortrocknung neben der Maschine ausgeschüttet werden. Die Siebtrommel zerlegt das Gut in 2 Korngrößen, die in zwei Vorratsbehältern gesammelt werden. Aus den Behältern wird das Gut in den Wiegetrichter abgefüllt, der an einer Hebelwaage über den Mischern angebracht ist. Eine zweite

Wiegevorrichtung dient zum Abwiegen des heißen Asphaltbitumens, das aus den Schmelzkesseln durch Preßluft zugeführt wird. Die Mischung erfolgt bei grobem Gut — Asphaltbinderschicht — in einem Mischer mit einer Welle mit entsprechend ausgebildeten Schaufeln, bei feinem Gut in einem Mischer mit zwei Wellen. Aus den Mischern wird die Masse durch einen Schieber in die Wagen abgelassen. Die Bedienung der ganzen Maschine erfolgt von einer Stelle der Mischbühne aus. Der Kraftbedarf ist 20 PS, der von einem Traktor, Lokomobile, Motor u. ä. geliefert wird. Die Maschine kann von beiden Seiten angetrieben und geheizt werden. Das Gewicht und die Größe der Maschine verlangen eine Zerlegung beim Transport. Um Auf- und Abbau zu erleichtern, ist der hintere Aufbau, bestehend aus Siebtrommel, Wiegevorrichtung und Mischer, als ein Stück ausgebildet und mit Drehgestell und Rädern fahrbar ausgerüstet, und kann als Anhänger der Maschine befördert werden. Der Aufbau erfolgt durch einen Montagemast, mit dem der hintere Teil hochgezogen wird (Abb. 235). Viele

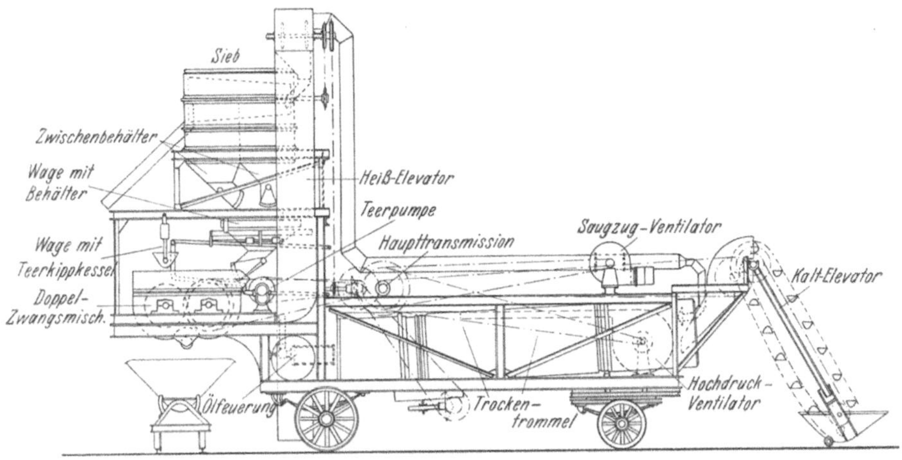

Abb. 236. Fahrbare Trocken- und Mischmaschine für Asphaltbeton und Asphaltmakadam der Maschinenfabrik Albrecht Reiser.

Maschinenteile sind gleichartig ausgeführt, so daß der Ersatz leicht zu bewerkstelligen ist, die stark dem Verschleiß ausgesetzten Teile sind auswechselbar.

Die Fabrik für Asphalt- und Teerstraßenbaumaschinen Albrecht Reiser, baut eine Mischmaschine in 2 Größen, für 5—6 t und 10—12 t stdl. Leistung. (Abb. 236.) Die Trockentrommel ist besonders lang gebaut, um die Heizgase möglichst auszunutzen. Die Trocknung erfolgt im Gegenstrom. Der Heißaufzug ist ein umlaufendes Becherwerk, in das das Trockengut hineinrieselt. Zwischen Heißaufzug und Vorratsbunker ist ein Sieb eingeschaltet, das nach 2 Korngrößen absiebt und die groben Stücke ausscheidet. Die Gesteinswaage ist als Gattierungswaage ausgebildet. Das Asphaltbitumen wird gleichfalls durch eine Waage zugemessen. Am Zwischenbunker ist eine Meßeinrichtung zur Feststellung der Temperatur des getrockneten Gesteins angebracht, die die Temperatur selbsttätig aufzeichnet, um Überhitzungen zu vermeiden. Die Trockentrommel hat ein Vorgelege, so daß trockenes Gut durch größere Umlaufgeschwindigkeit schneller durchgesetzt werden kann, als feuchtes.

Der Asphaltstraßenbau in den V. St. A. ist durch den Übergang zu Höchstleistungsanlagen gekennzeichnet. An Stelle der leicht beweglichen Anlagen, die gelegentlich an der Gesteingewinnungstelle aufgestellt worden sind, findet man jetzt schwere Mischanlagen für Tagesleistungen bis zu 1300 t Asphaltbeton. Diese sind in einzelne Teile aufgelöst; in den Trockner, der in 1,0—2 m ∅ und

2,4—9 m Länge gebaut wird, den Heißaufzug, die Siebtrommel, die aus 2 Siebmänteln besteht und bis zu 4 Korngrößen aussieben kann (Abb. 237), die Vorratsbehälter mit darunter befindlicher Waage und den Mischer. Diese werden

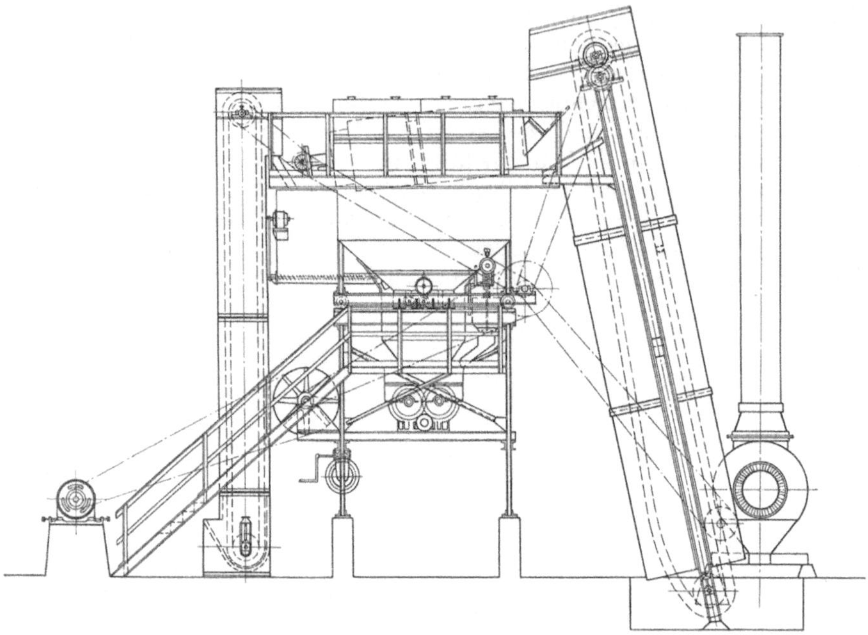

Abb. 237. Amerikanische Hochleistungs-Trockner- und Mischanlage.

in Größen von 230—1400 kg Fassung für eine Mischung gebaut. Die Mischer haben keinen Schieber, sondern drehen sich bei der Entleerung um die eine

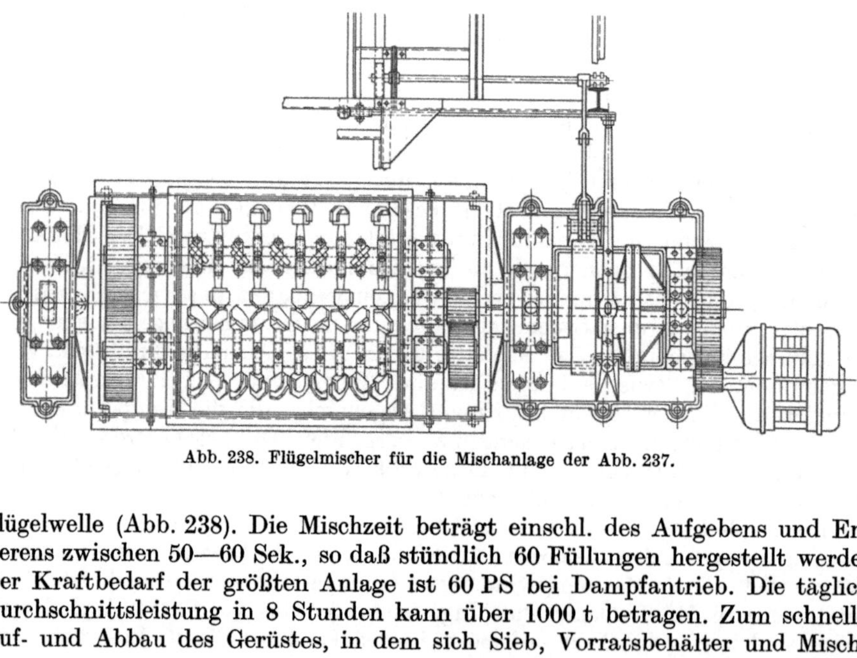

Abb. 238. Flügelmischer für die Mischanlage der Abb. 237.

Flügelwelle (Abb. 238). Die Mischzeit beträgt einschl. des Aufgebens und Entleerens zwischen 50—60 Sek., so daß stündlich 60 Füllungen hergestellt werden. Der Kraftbedarf der größten Anlage ist 60 PS bei Dampfantrieb. Die tägliche Durchschnittsleistung in 8 Stunden kann über 1000 t betragen. Zum schnellen Auf- und Abbau des Gerüstes, in dem sich Sieb, Vorratsbehälter und Mischer befinden, ist es in zwei Teile geteilt, der untere besteht aus Mischer und Wiegetrichter, der obere aus Sieb und Vorratsbehälter. Er erhält Rollen und wird auf einer aus U-Eisen bestehenden Ebene heraufgezogen und heruntergelassen. Der Aufbau erfordert für einen Mann sechs, der Abbau eine Stunde.

Zur Herstellung von Teerbeton werden die gleichen Trockner und Mischer verwendet, wie bei den vorbeschriebenen Asphaltmaschinen. Für die Teerbeton-

Abb. 239. Teerbetonmaschinenanlage der Maschinenfabrik Albrecht Reiser, Berlin N. Trockentrommel und Mischer sind getrennt.

decke der Avus und andere Ausführungen ist eine Aufbereitungsanlage der Maschinenfabrik Albrecht Reiser benutzt worden, die aus zwei getrennten Anlagen besteht. Die Trockentrommel hat 7 m Länge bei 950 mm ∅, sie ist luftisoliert, mit Laufringen und Laufrollen versehen und hat einen Rieseleinbau. Die Gesteinsmasse wird der Trommel unter Benutzung von Becherwerken zugeführt. Die Erhitzung erfolgt durch Ölbrenner mit Ventilator, mit Verbrennungsmuschel (Abb. 239). Der Staub wird durch ein Gebläse mit Abscheidetrommel abgezogen. Das Gestell ist selbstfahrend, so daß die Anlage mit dem Baufortschritt vorrücken kann. Zum Antrieb dient ein 14-PS-Zweizylinder-Dieselmotor. Gesamtgewicht rd. 9800 kg. Die Mischmaschine ist ein eigenes Fahrzeug. Das aus der Auslaufschurre der Trockentrommel kommende Gestein fällt in einen Kübel, der wie bei einer Betonmischmaschine angehoben und in den Zwischenbehälter entleert wird. Aus diesem fällt die Masse über eine Gesteinswaage in den Mischer. Der Teer, der durch eine besondere Zahnradpumpe zugeführt wird, wird in einer Teerwaage mit Kippkübel abgemessen. Der Mischer ist ein Zweiwellenzwangsmischer mit auswechselbaren Stahlgußmischarmen, mit Mischblättern aus Manganhartstahl. Der gesamte Trog ist mit einem Stahlverschlußschutz versehen. Trog und Mischwerk sind so angepaßt, daß auch beim Mischen von grober Masse ein Klemmen nicht vorkommen kann. Auch die Mischanlage ist fahrbar. Der Antrieb besteht aus einem 20—25-PS-Zweizylinder-Dieselmotor. Gesamtgewicht 9500 kg. Die stündliche Leistung beträgt 10—12 t Masse.

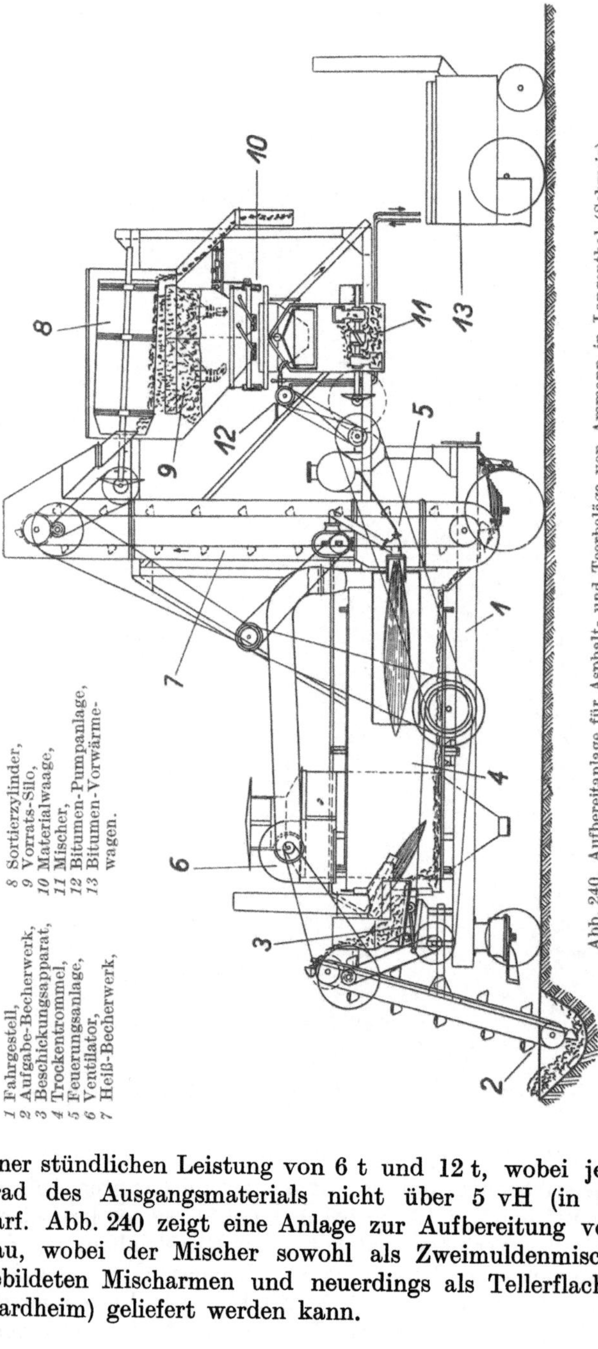

1 Fahrgestell, 2 Aufgabe-Becherwerk, 3 Beschickungsapparat, 4 Trockentrommel, 5 Feuerungsanlage, 6 Ventilator, 7 Heiß-Becherwerk, 8 Sortierzylinder, 9 Vorrats-Silo, 10 Materialwaage, 11 Mischer, 12 Bitumen-Pumpanlage, 13 Bitumen-Vorwärmewagen.

Abb. 240. Aufbereitanlage für Asphalt- und Teerbeläge von Ammann in Langenthal (Schweiz)

Maschinen zur Herstellung von Kunstasphaltdecken und von Teermischmakadam und Teerbeton werden auch von der Firma U. Ammann A.-G., Langenthal (Schweiz) hergestellt. Die Maschinen zur Walzasphaltaufbereitung werden in 2 Größen gebaut mit einer stündlichen Leistung von 6 t und 12 t, wobei jedoch der Feuchtigkeitsgrad des Ausgangsmaterials nicht über 5 vH (in Gewichtsteilen) betragen darf. Abb. 240 zeigt eine Anlage zur Aufbereitung von Walzasphalt im Aufbau, wobei der Mischer sowohl als Zweimuldenmischer mit sorgfältig ausgebildeten Mischarmen und neuerdings als Tellerflachmischer (Bauart Eirich, Hardheim) geliefert werden kann.

B. Maschinen für die Verlegung und Befestigung der Decken.

a) Straßenwalzen.

Die Walze als Hilfsmittel zur Befestigung der Decken ist schon seit langem im Gebrauch. Die leichte aber schwerfällige Pferdewalze ist mit der Entwicklung der Dampfmaschine bald in die Dampfwalze (Ende der sechziger Jahre als eine Erfindung des Ingenieurs Thomas Aveling in Rochester) umgebildet worden, deren Vorzüge sind, daß sie mehr leistet, weil sie schwerer ist und schneller fährt und nicht zu wenden braucht, und daß sie auf steilen Straßen arbeiten kann.

Die Straßenwalzen sind entweder Vierradwalzen mit zwei großen Triebrädern und zwei kleineren Lenkwalzen oder Tandemwalzen mit einer ungeteilten Antriebswalze und einer gleichgroßen geteilten Lenkwalze oder auch Einradwalzen. Sie werden durch Dampfmaschine oder Verbrennungsmotor angetrieben.

Bei den Steinschlagstraßen verwendet man die ganz schweren Walzen bis zu 20 t Dienstgewicht als Vierradwalzen bei Hartgestein, bei Weichgestein müssen leichtere Walzen angesetzt werden. Die Lauffläche der großen Triebräder ist bisweilen konisch, damit die Walzen das meist mit starker Querneigung angelegte Profil der Steinschlagstraßen herstellen können.

Hinsichtlich des Antriebes, Gewichts, Gewichtsverteilung und der Bauart der Walzen ist zu beachten, daß sie im neuzeitlichen Straßenbau besonders für Teer- und Asphaltstraßen benutzt werden und somit ein plastisches Material verdichten müssen. Bei diesen Massen besteht aber die Gefahr der Wellenbildung, wenn die Walze schiebt oder Eindrücke hervorruft, die zu einem Wandern der Decke führen können. Die neuen Anforderungen, die der Straßenbauingenieur an die Walzen für Teer- und Asphaltstraßenbau stellt, sind die folgenden (158):

1. Die Walzenräder sollen nicht zu klein sein. Darauf hat schon der Landesbaurat Dreiling der Rheinprovinz vor 40 Jahren hingewiesen, daß die Räder mit kleinem Durchmesser schieben müssen und die schiebende Wirkung auf den losen Schüttungsmassen mit der Vergrößerung des Walzendurchmessers abnimmt. Er hat Dreiradwalzen mit gleichgroßen Rädern in Form einer Lokomotive für seinen Bezirk bauen lassen (193), das Gewicht ist auf die beiden Achsen gleichmäßig verteilt. Professor Genzmer berichtet in seiner Schrift „Die städtischen Straßen“, Stuttgart 1897, über sehr gute Erfolge mit diesen Walzen auf Steinschlagstraßen.

2. Die Umsteuerung aus einer Fahrtrichtung in die entgegengesetzte muß ohne Rucken und Stillstand erfolgen, damit die Decke nicht Eindrücke erhält, von denen aus die Wellenbildung sich fortsetzen kann.

3. Die Antriebsachse muß ein Ausgleichsgetriebe haben, damit die Walze scharfe Wendungen machen kann, ohne daß das Rad, um das die Drehung erfolgt, Schlupf hat, der das Deckenmaterial verschiebt.

4. Die Radfelgen müssen sich dem Straßenprofil anpassen. Früher sind die Mäntel der Antriebsräder konisch nach innen verjüngt gewesen. Die neuzeitlichen Straßendecken haben kein parabelförmiges Querprofil mehr wie die früheren. Die Querneigung ist eben und flachgeneigt (S. 78) angelegt, nur die Dammkrone ist etwa auf 2 m Breite ausgerundet. Deshalb müssen die Räder zylindrische Mäntel haben. Damit aber diese beim Walzen in der Deckenmitte nicht auf einer Kante fahren, liegen die Hinterachsen jetzt in einstellbaren Lagern, so daß sie sich dem Straßenprofil von selbst anpassen können. Das gilt auch für die geteilte Vorderwalze, die zweckmäßig mit einer Schneckenradlenkung auf den Drehzapfen gesteuert wird, damit die Lenkung völlig spielfrei ist.

Zylindrische Mäntel sind auch nötig, um die Kurven, die bei einem Halbmesser unter 150 m einseitig angelegt werden, walzen zu können.

5. Der Führerstand muß so gelegt sein, daß der Walzenführer nicht nur die Betriebseinrichtung leicht übersehen und handhaben, sondern auch beim Rückwärtsgang die Arbeit der Hinterwalze und die Walzenkanten überwachen kann.

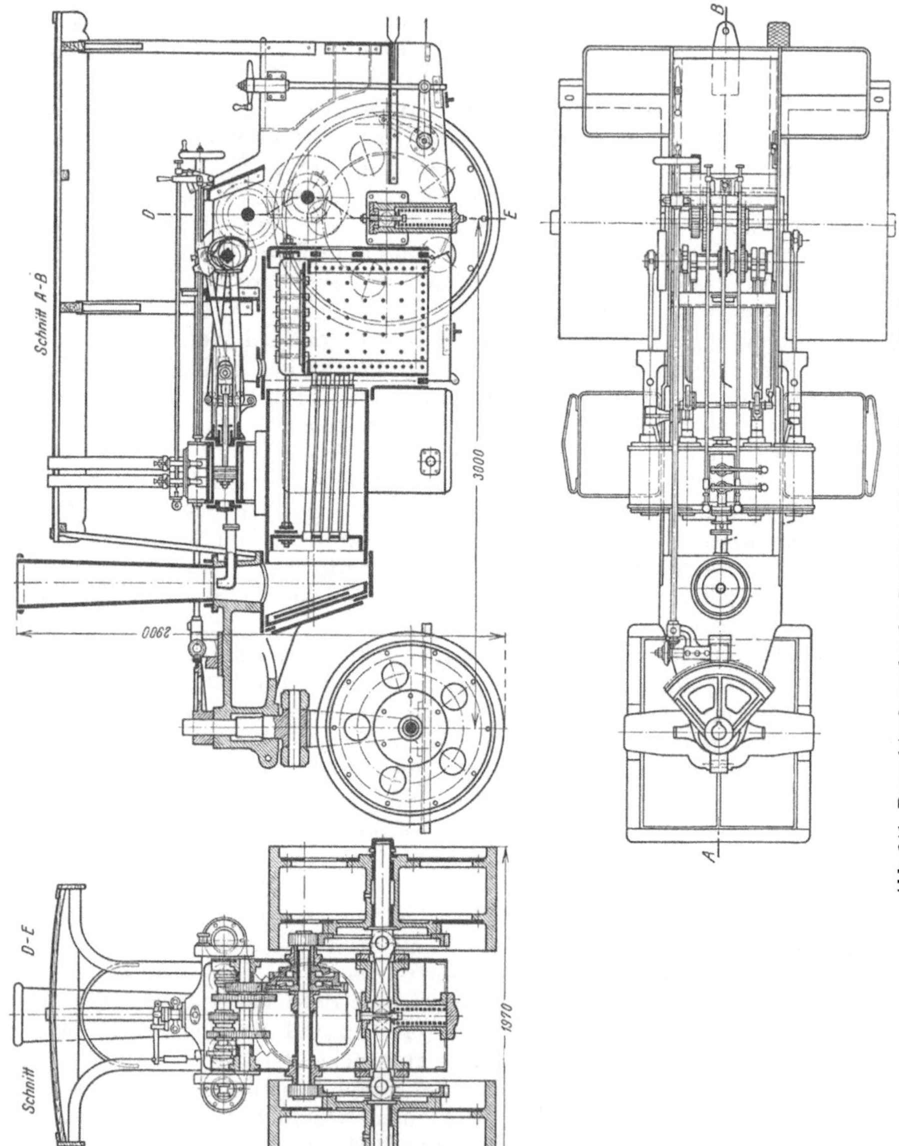

Abb. 241. Dampfstraßenwalze der Maschinenfabrik Ruthemeyer Soest.

6. Damit Asphaltbitumen und Teer nicht an den Walzen ankleben kann, sind über den Walzenrädern Düsen angebracht, aus denen die Walzen mit Wasser leicht benetzt werden.

7. Die Walzen werden im neuzeitlichen Straßenbau auch viel in den Städten verwendet. Darum müssen sie so betrieben werden, daß sie möglichst wenig Lärm und Rauch erzeugen.

8. Die von den Vorder- und Hinterwalzen geleisteten Arbeitsstreifen müssen eine große Überdeckung haben, damit beim Arbeiten in Kurven keine unbearbeiteten Streifen stehen bleiben.

Im folgenden sollen einige Straßenwalzen für die verschiedenen Verwendungsmöglichkeiten beschrieben werden.

1. Dampfstraßenwalzen.

Eine Straßenwalze, die die genannten Anforderungen erfüllt, wird von der Maschinenfabrik Ruthemeyer, Soest, hergestellt. Es ist eine Dampfwalze mit Zwillingsmaschine und entlasteter Kolbenschiebersteuerung (Abb. 241). Infolgedessen kann das Schwungrad fortfallen, wodurch zugleich erreicht wird, daß die Maschine ohne Stillstand in die entgegengesetzte Fahrtrichtung umgesteuert werden kann. Der Antrieb geht über eine Zwischenwelle, die geteilt ist und ein Ausgleichsgetriebe hat, so daß beim Wenden die Antriebsräder verschieden große Wege zurücklegen können. Der Schwerpunkt der Walze, deren Lenkräder 1135 mm und Antriebsräder 1360 mm Durchmesser haben, also nahezu gleich-

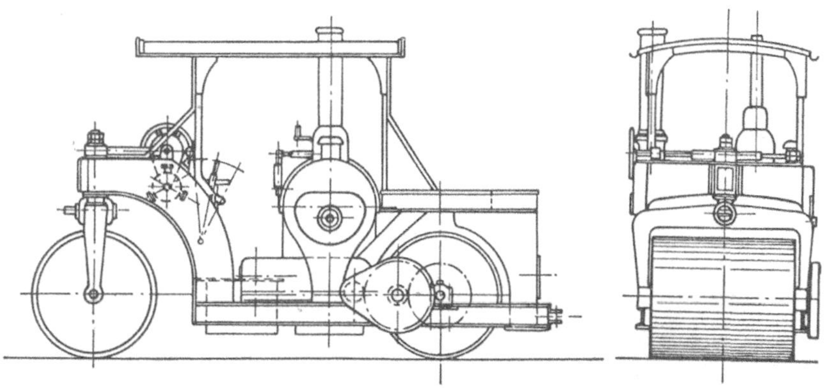

Abb. 242. Dampf-Tandem-Walze der Krauß-Maffei A.-G., München.

groß sind, liegt tief, um ein Schwanken der Maschine und damit ein seitliches Schieben der Deckenstoffe zu vermeiden. Das Dienstgewicht von 11 t ist auf die vordere und Hinterachse derart verteilt, daß der Einheitsdruck für 1 cm Walzenbreite gleichgroß ist. Die Hinterachse ist geteilt und gelenkig gelagert, so daß die zylindrischen Hinterräder sich dem Straßenprofil anpassen können. Auch die Vorderwalze ist geteilt und beweglich gelagert. Beide Walzen können aber auch durch eine im Vorderwalzenbügel angebrachte Verriegelung festgestellt werden. Die Lenkung erfolgt durch ein auf dem Bügelzapfen der Lenkwalze angebrachtes Schneckenrad, das mit einem Schneckengetriebe vom Führerstand betätigt wird. Die Räder haben, um ein Anhaften der Teer- oder Asphaltmassen zu verhindern, eine Berieselungseinrichtung. Diese Walze erfüllt also alle Anforderungen die zuvor gestellt sind. Die Fahrgeschwindigkeit im Arbeitsgang beträgt 3,6 km/h.

Bei den Dampf-Tandemwalzen, die hauptsächlich zum Bau von Teer- und Asphaltstraßen Verwendung finden, kommt es vor allen Dingen darauf an, daß sie einen ruhigen, erschütterungsfreien Gang, große Wendigkeit und schnelle, stoßfreie Umsteuerung besitzen. Alle diese Maschinen sind aus diesem Grunde mit Zwillingsdampfmaschinen mit Kolbenschiebersteuerung und Dampflenkung in Verbindung mit einem direkt auf den Lenkzapfen wirkenden Schneckengetriebe ausgerüstet. Abb. 242 zeigt die Dampftandemwalze der Firma Krauß-Maffei A.-G., München, von 8,5 t Dienstgewicht.

2. Motorwalzen.

Eine Weiterentwicklung im Bau von Straßenwalzen stellt der Bau der Motorwalzen dar. Im Gegensatz zu den Dampfwalzen, die stets eine längere Anheizzeit vor dem Arbeitsbeginn benötigen, ist die Motorwalze sofort betriebsbereit. Außerdem fällt hier der ständige umständliche Transport der Betriebsstoffe — Kohle und Wasser — der Dampfwalze ganz weg, da die meisten Maschinen einen Brennstoffbehälter von einem Fassungsvermögen haben, das für mindestens einen Tag ausreicht. Nachdem in der ersten Zeit hauptsächlich Benzinmotoren

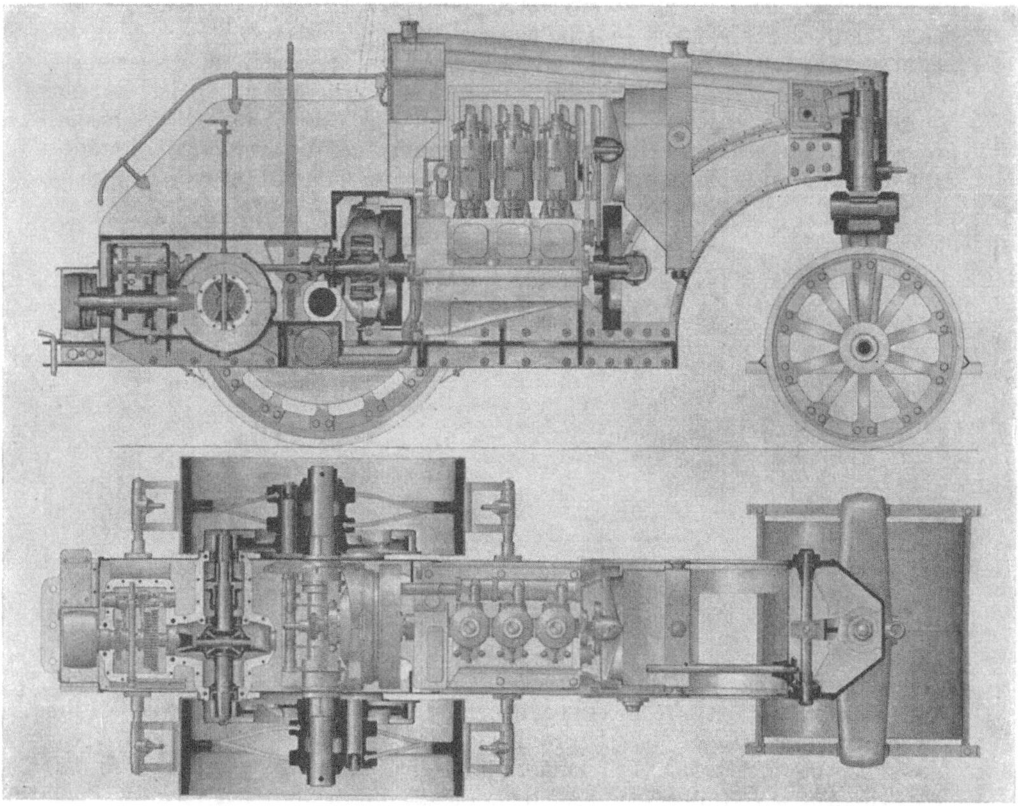

Abb. 243. Motorwalze von 8 t Gewicht der Krauss-Maffei A. G. München.

zum Antrieb der Motorwalze verwendet wurden, werden heute fast ausschließlich kompressorlose Dieselmotoren eingebaut. Diese Motoren haben vor dem Benzinmotor neben dem einfacheren Aufbau den großen Vorteil, daß sie im Betrieb bedeutend billiger und auch von den meist ungeschulten Maschinenführern leichter zu bedienen sind.

Auch die Dreiradwalzen mit Dieselmotoren müssen ein Ausgleichgetriebe haben und die Umsteuerung muß schnell und stoßfrei erfolgen, was durch Verwendung entsprechender Kupplungen oder Umlaufgetriebe zu erreichen ist. Auch die Lenkung kann hier durch Motorkraft geschehen.

Über die bei Motorwalzen benötigten Motorenleistungen gehen die Ansichten der verschiedenen Firmen ziemlich stark auseinander. Auf jeden Fall ist aber streng darauf zu achten, daß eine Walze soviel Kraftreserve besitzt, daß sie auch auf Steigungen einwandfrei arbeitet und daß sie — wenigstens die

Walzen über 6 t Dienstgewicht — zum Aufreißen von alten Straßendecken verwendet werden kann.

Die Arbeits- und Marschgeschwindigkeit einer Motorwalze läßt sich in kleinen Grenzen durch die Veränderung der Motordrehzahl und in Stufen durch Wechseln der Übersetzungen im Getriebekasten verändern. Im allgemeinen rechnet man mit 3 Geschwindigkeiten, von denen die beiden ersten von etwa 0,5 m/sec und 0,75 m/sec als Arbeits- und die dritte von 1,4 m/sec etwa als Transportgeschwindigkeit zu betrachten sind. Zum Walzen von Asphalt- und Teerdecken sind allerdings größere Geschwindigkeiten erwünscht und zulässig. Für Walzen über 6 t sind beide Walzenarten — Dampf- oder Motorwalze gleichwertig, bei Walzen geringeren Gewichtes sind die Motorwalzen vorteilhafter.

Motorwalzen von 6—8 t und 10 t mit kompressorlosem Dieselmotorantrieb bauen die Krauß-Maffei-Werke, München. Die Walze hat als Umkehrgetriebe ein im Ölbad laufendes Umlaufgetriebe, das in Verbindung mit einer groß-

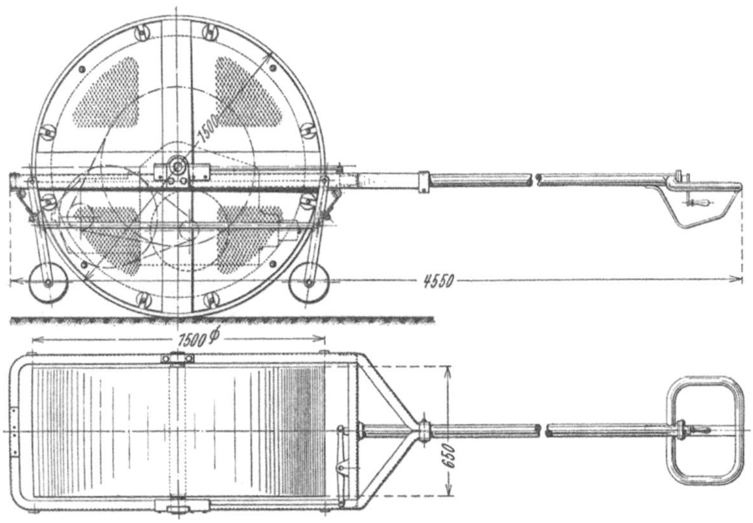

Abb. 244. Einradwalze der Berliner Maschinenbau A.-G. Schwartzkopff.

bemessenen Reibungskupplung ein sanftes und schnelles Umkehren der Fahrtrichtung gestattet. Vorder- und Hinterwalze überdecken sich ausreichend (Abb. 243).

Vergleichsrechnungen über die Wirtschaftlichkeit von Dampfwalzen einerseits und Motorwalzen andererseits können nur von Fall zu Fall aufgestellt werden, da sie von der vollen Ausnutzung der Maschine und den Arbeitsbedingungen sehr erheblich abhängen. Der richtige Maßstab für die Wirtschaftlichkeit von Walzen sind nicht die Betriebskosten für 1 h Arbeitszeit und für 1 m^2 gewalzte Fläche, sondern für 1 m^3 eingewalzten Steinschlag oder 1 m^3 Teer- oder Asphaltbetonmischungen. Darum werden Walzarbeiten am besten nur nach m^3-Leistung vergeben.

Der unter 1. genannten Anforderung nach großem Walzendurchmesser entspricht die Einradwalze, bei der nur das angetriebene Rad walzt und die sonst bei Mehrradwalzen vorhandenen angetriebenen Räder, die schiebend wirken, fortfallen. Infolgedessen drückt die Einradwalze auch nur an. Bei der geringen Krümmung des Walzenmantels ist die Einheitsbelastung sehr gering (vgl. S. 22), infolgedessen die Einsenktiefe gleichfalls gering; eine Verschiebung auch leicht beweglicher Massen tritt nicht ein. Mit steigender Festigkeit der Masse vermindert sich die Berührungsfläche und der Einheitsdruck steigt an. Die Einradwalze erweist sich für solche Beläge als besonders brauchbar, die anfangs keinen starken Druck erhalten dürfen, z. B. für Dammann-Asphaltbeläge, Oberflächenbehandlungen im Heiß- und Kaltverfahren, Gehbahnen, Radfahrwege, Sportplätze und zum Andrücken von Flickarbeiten.

Die Einradwalze der Berliner Maschinenbau A.-G. Schwartzkopff von 1,4 t Gewicht (Abb. 244) hat sich schnell eingeführt. Der Durchmesser der Walze

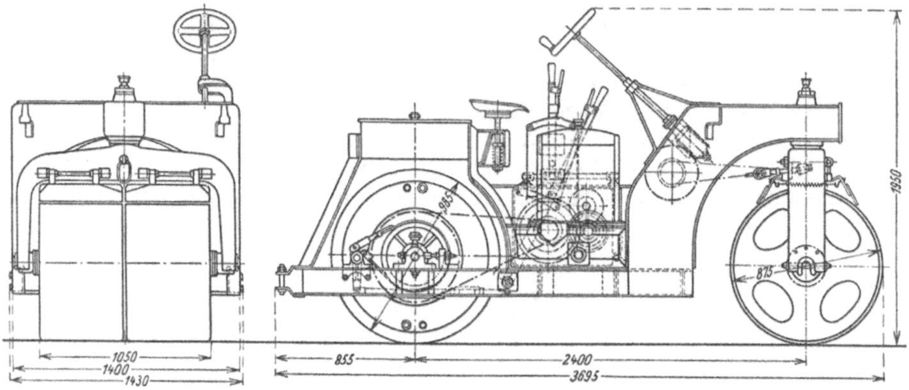

Abb. 245. Motortandem-Walze von 3,5—4,5 t Gewicht der Maschinenbau A.-G. Schwartzkopff, Berlin N.

beträgt 1,5 m, die Leistung des Einzylinder-Viertaktmotors Deutz 4 PS. Die anderen Abmessungen sind aus der Abb. 244 zu entnehmen. Die Lenkung erfolgt durch die Deichsel, von der aus auch der Walzenführer das Ein- und Ausschalten und den sofortigen Wechsel der Fahrtrichtung durch eine an der Deichsel be-

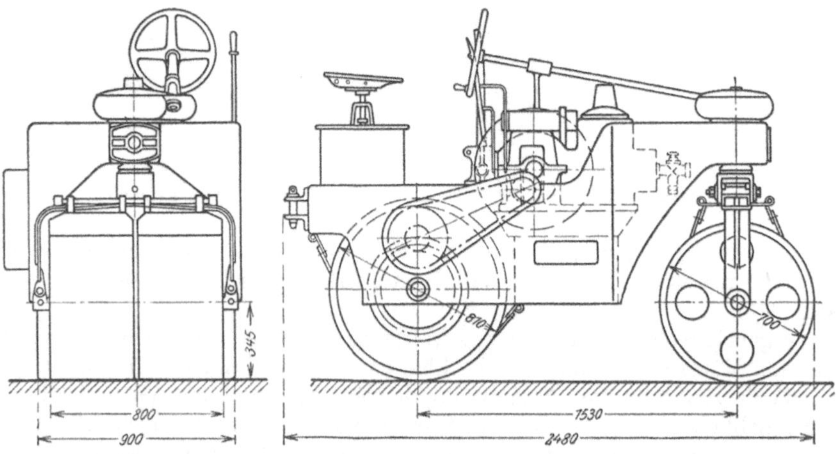

Abb. 246. Motortandem-Walze von 2,2—2,5 t Gewicht der Maschinenbau A.-G. Schwartzkopff, Berlin N.

findliche Handkurbel, die in dem einen oder andern Sinne gedreht wird, betätigt. Der Motor ist auf der Achse aufgehängt. Infolgedessen liegt der Schwerpunkt tief, die Standsicherheit ist daher günstig. Beiderseits des Walzenrades ist in entsprechendem Abstand vom Boden je eine kleine Bremswalze angeordnet. Diese Walzen hängen freibeweglich an einem Gestänge am Walzenrahmen, ohne die Decke zu berühren. In starkem Gefälle dienen sie als Bremse, wenn der Führer die Lenkdeichsel nach oben oder unten drückt, so daß die in der Fahrtrichtung vorausgehende Bremswalze die Fahrbahn berührt, auf ihr abrollt und sich mit ihrer Fläche reibend gegen den Mantel des Walzenrades preßt. Bei der Walzarbeit findet keine Berührung der Sicherheitswalzen mit der einzuwalzenden Masse statt. Für noch geringere Drücke sind entsprechend kleinere Einradwalzen gebaut worden, z. B. von der Maschinenfabrik Ammann in Langenthal (Schweiz), die einen Walzendurchmesser von 63 cm, eine Walzenbreite von 80 cm und etwa 600 kg Gewicht hat.

Die angeführten Walzen sollen nur Beispiele geben, durch welche Formen und Bauweisen den Anforderungen des heutigen Straßenbaues entsprochen wird, und welche Gesichtspunkte für die Beurteilung der Walzen vom Standpunkte des Straßenbaues maßgebend sein können. Außer den schon genannten liefern Dampfstraßen- und Motorwalzen eine ganze Anzahl weiterer Firmen. Die Zettelmeyer A.-G., Conz bei Trier baut z. B. Motorwalzen von 3—5 t Gewicht mit Benz-Dieselmotor 10 PS Leistung, mit Dreigang- und Ausgleichgetriebe, Lenkung mit Schneckengetriebe und von 10—14 t Gewicht mit 28 PS, Daimler-Benz-Dieselmotor mit drei Gängen als Walze für alle Straßenbauarbeiten.

Leistungsfähig im Bau von Dampf- und Motorwalzen sind die Firmen Kälble (Backnang, Württemberg), Henschel (Kassel) und Lamprecht (Jena), Heilbronner Maschinenbau A.-G., Iberg (Neustadt a. d. Haardt), u. a.

Die Maschinenbau A.-G. vorm. Schwartzkopff, Berlin N, stellt außer ihren Dampfwalzen mit Überhitzer, durch den etwa 20 vH Kohlen erspart werden, jetzt auch Motortandemwalzen von 3,5—4,5 und 2,2—2,5 t Betriebsgewicht her, die erstere hat Einzylinder-Viertaktmotor von Deutz, die andere Kämpermotor (Abb. 245 und 246). Diese Walzen sind mit Aufreiß- und Wegeschälgerät ausgerüstet und werden für den Bau und Unterhaltung von Parkwegen, Sportplätzen und Rasenflächen mit Vorteil verwendet. Es liegt eine Wirtschaftlichkeitsberechnung der Gartenverwaltung Köln vor, wonach die Kosten des Aufreißens von Wegen mit Hand 8,15 RM f.d.Hektar und das Einwalzen mit Handwalzen 2,15 RM gekostet hätte, dieselben Arbeiten mit der 2,5 t-Motortandemwalze aber nur 48 und 7,6 RPfg erfordert haben. Außerdem liefert die Maschinenbau A.-G. vorm. Schwartzkopff auch eine 8,5 t-Dieselmotor-Dreiradwalze für allgemeine Straßenbauzwecke.

b) Tank- und Sprengwagen.

Zum Aufbringen im Heißverfahren gehört in erster Linie eine Anlage zur Erhitzung der Massen, was in besonderen Kochkesseln geschieht. Für das Aussprengen, das anfangs nur mit Gießkannen vorgenommen worden ist, sind alsbald Sprengmaschinen eingeführt worden. Einige Maschinen vereinigen das Erhitzen und Aussprengen in einer Anlage (Abb. 247). Die Vorkochkessel sind ortsfest, meist aber fahrbar und haben zwischen 250—1500 l Inhalt mit Feuerungsanlage und Abfüllhahn. Zum Umfüllen sind sie mit einer Pumpe versehen, der zur Zurückhaltung von Schmutzstoffen ein Sieb vorgeschaltet ist. Die Pumpe, Windkessel, Dreiwegehähne sind in einem Heizschrank untergebracht, wo sie von den Heizgasen umspielt werden, so daß Verstopfen und Verkleben ausgeschlossen ist. Die Pumpe kann auch zum Aussprengen benützt werden. Solche Ausführungen liefern Streicher (Stuttgart), W. u. J. Scheid (Limburg a. d. Lahn), Mayer (Ballenstedt) u. a. Die Pumpen werden mit Hand bedient, sie haben 4—6 at Druck. Zum Auffüllen der Kessel werden Faßaufzüge oder Schrotleitern angewendet, auf denen die Teerfässer über den Kessel gerollt werden, um sich unter dem Wärmeeinfluß des Kessels zu entleeren. Leichtflüssige Teere und Emulsionen können mit einer Saugpumpe aus den Fässern umgefüllt werden.

Bei den ersten Sprengwagen ist die Tränkmasse mit natürlichem Gefälle auf die Decke aufgebracht worden. Der Sprengwagen von Lassailly, der auf dem I.I.Str.K.in Paris vorgeführt und in den folgenden Jahren viel verwendet ist,

ist nach dieser Form gebaut. In den neuen Maschinen wird das Bindemittel mit Druck von 3—6 kg/cm² auf die Straßenoberfläche aufgespritzt. Beim Tränkverfahren wird dadurch ein tieferes Eindringen in die Decke bewirkt und bei der Oberflächenbehandlung ein festeres Anhaften der Masse an der Decke, da durch den Aufpralldruck auch noch die Staubteilchen aus der Decke fortgeblasen werden. Voraussetzung ist allerdings, daß die Masse genügend erwärmt ist, denn beim Durchstreichen durch die Luft kühlt sie sich sehr stark ab und trifft dann nicht mehr genügend warm und flüssig auf der Decke auf.

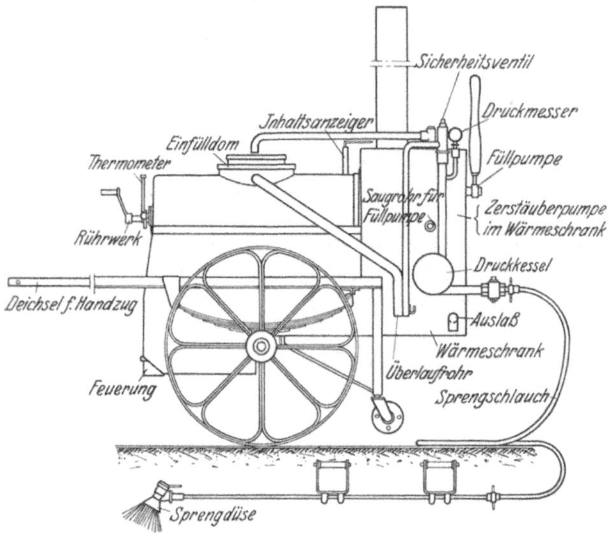

Abb. 247. Handsprengwagen von Linnhoff.

Größere Sprengwagen bis zu 1500 l Inhalt werden von Pferden gezogen. Sie haben besondere Feuerungen, um die Masse heiß und flüssig zu halten.

Viel benutzt werden jetzt besonders handliche Sprengwagen, die aus einem fahrbaren Vorkocher aufgefüllt werden und häufig mit Preßluft arbeiten, weil dann das Bindemittel mit der Pumpe gar nicht in Berührung kommt und das gefürchtete Verkleben der Ventile und dgl. vermieden wird. Mit der Preßluft kann man auch die Sprengleitung und Düse nach Bedarf durchblasen und reinigen.

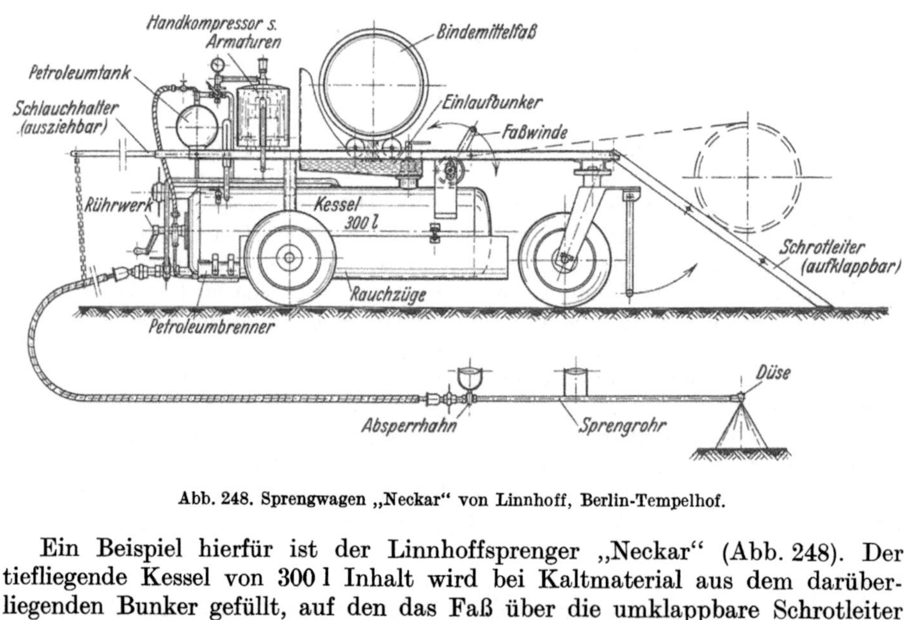

Abb. 248. Sprengwagen „Neckar“ von Linnhoff, Berlin-Tempelhof.

Ein Beispiel hierfür ist der Linnhoffsprenger „Neckar“ (Abb. 248). Der tiefliegende Kessel von 300 l Inhalt wird bei Kaltmaterial aus dem darüberliegenden Bunker gefüllt, auf den das Faß über die umklappbare Schrotleiter aufgewunden wird. Heißmaterial rinnt aus dem Vorwärmer durch einen Füllschlauch mit natürlichem Gefälle über. Ein Bedienungsmann erzeugt im Handkompressor den Sprengdruck von 2—3 at. Bei Bedarf kann der Kesselinhalt durch eine Petroleumfeuerung erwärmt werden, was nur in besonderen Fällen notwendig ist, da die Masse bei der Geschwindigkeit, mit der sie verarbeitet wird, nicht abkühlt. Notwendige Armaturen wie Sicherheitsventil, Rührwerk, Thermometer usw. vervollständigen die Maschine, die zur Schonung gefedert und gummibereift ist. Das Gewicht beträgt ca. 450 kg. Der Kesselinhalt ist in 15—20 Minuten ausgespritzt. Es werden Stundenleistungen von 600—800 kg erzielt. Für größere Leistungen wurden Typen entwickelt, bei denen der Kompressor durch einen eigenen Benzinmotor von 2—3 PS angetrieben wird. Der Linnhoff-Motorsprenger „Pleiße" hat z. B. zwei voneinander unabhängige Kessel von je 300 l Inhalt, von denen aus dem einen gesprengt werden kann,

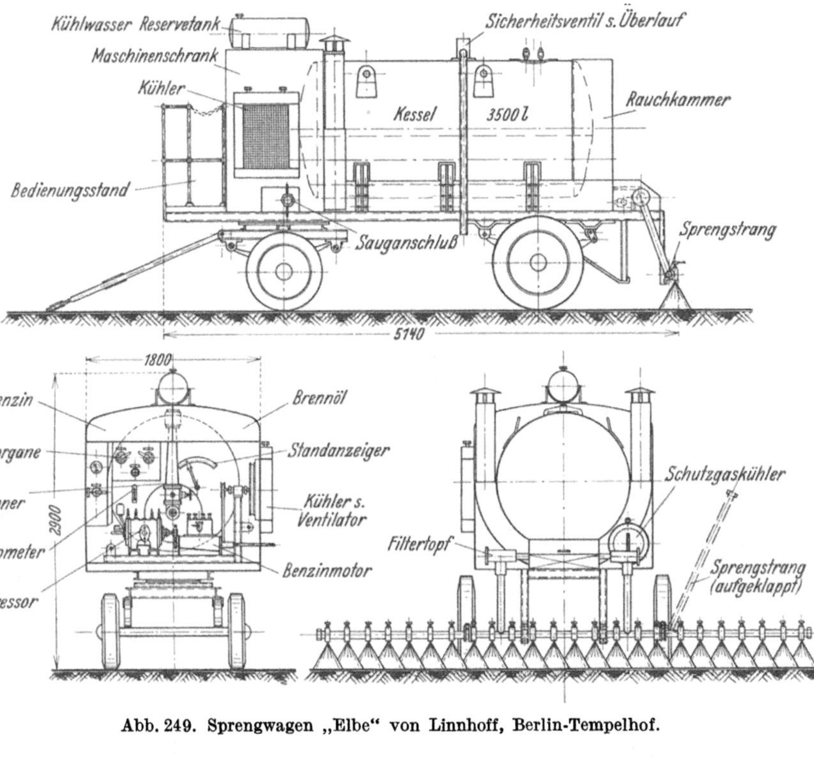

Abb. 249. Sprengwagen „Elbe" von Linnhoff, Berlin-Tempelhof.

während der andere gefüllt wird. Die Leistung eines solchen Gerätes ist rund doppelt so hoch, als die eines Handsprengers.

Für höhere Leistungen müssen Wagen mit größerer Fassung verwendet werden, die nicht mehr mit der Hand oder mit Pferden gezogen werden können, sondern die entweder selbst mit Kraftantrieb versehen sind oder von Kraftwagen oder Motorschleppern gezogen werden. Der Druck wird von einem Motorenkompressor erzeugt. Amerikanische Maschinen haben keine Heizung, sondern die Kessel sind mit Wärmeschutz umgeben und die Masse wird heiß übergepumpt.

Ein außerordentlich leistungsfähiges Gerät ist der Linnhoff-Automobil-Sprengwagen, Kennwort „Elbe", der hauptsächlich für die Verarbeitung von Bindemitteln aus Eisenbahntankwagen, gleichgültig ob Heiß- oder Kaltmaterial, bestimmt ist (Abb. 249). Die Wirkungsweise ist folgende:

Die „Elbe" fährt an den Tankwagen, erzeugt in dem Bindemittelkessel ein Vakuum und saugt diesen in 6—8 Minuten voll. Wenn es sich um Heißmaterial handelt, so wird während der Fahrt zur Baustelle durch eine außerordentlich wirksame in einem Flammrohr liegende Ölfeuerung der Inhalt angewärmt. In

30—45 Minuten ist auch dieser Arbeitsvorgang beendet. Auf der Baustelle kann das Ausspritzen des Kesselinhaltes von ca. 3500 kg mit Handsprengschläuchen, besser aber mit dem Breitsprengstrang erfolgen, der 5—6 m breite Straßen in einem Zuge gleichmäßig bespritzt. Die Zerstäuberdüsen des Sprengstranges sind einzeln abstellbar, wodurch die Sprengbreite geändert werden kann. Die Maschine kann für Oberflächenanstriche und für Tränkung benutzt werden. Der Kessel ist in 10—15 Minuten ausgespritzt und holt dann neues Material von der Bahn. Die Auftragsstärke ist regelbar. Mit nur zwei Bedienungsleuten werden Tagesleistungen bis 30000 kg erreicht, wenn für die Auffüllung nicht zu weite Fahrten gemacht werden müssen. Der Sprengaufbau von ca. 3500 kg Eigengewicht kann auf Lastwagen und auf Anhänger montiert werden. Er besitzt zur größeren Unabhängigkeit ein eigenes Maschinenaggregat, 14 PS Benzinmotor, Rotationskompressor und die nötigen Hilfseinrichtungen. Alle Schaltungen können von dem sehr übersichtlichen Bedienungsstand aus erfolgen. Zum Ausspritzen dient Preßluft von 2—3 at, mit dieser können auch die Sprengorgane jederzeit gründlich gereinigt werden. Wesentlich ist auch die patentierte Schutzgasanlage. Beim Hochheizen von Bitumen spalten sich leichtentzündliche Kohlenwasserstoffe ab, die mit Preßluft ein explosives Gemisch geben. Zur Vermeidung dieser Gefahr erfolgt das Ausdrücken mittels der sauerstoffreien Abgase des Motors.

Abb. 250. Splittstreumaschine von Linnhoff, Berlin-Tempelhof

Auf Grund vorliegender Erfahrungen werden die Teer- und Asphaltbitumensprengwagen folgenden Anforderungen entsprechen müssen:

1. Ausreichende Heizvorrichtungen, damit auch bei niedriger Luftwärme die Masse noch leicht aus den Düsen ausläuft und sie nicht verstopft. Das Aussprengen mit Preßluft auf die Fahrbahn scheint am wirkungsvollsten und wirtschaftlichsten zu sein.

2. Die Wagen dürfen nicht so schwer gebaut sein oder müssen auf breiten Felgen laufen, damit sie nicht die Decken, die mit Oberflächenanstrich versehen werden sollen, beschädigen.

Sprengwagen werden sich besonders zweckmäßig erweisen beim Aufbringen der Emulsionen. Hier fällt die Erwärmung der Masse fort. Das Fehlen der Heizanlagen verringert das Wagengewicht und diese Ersparnis kann für die Vergrößerung des Fassungsraumes ausgenutzt werden. Ein für diese Zwecke gebauter Sprengwagen der Celos Kaltasphalt G. m. b. H. ist auf S. 269 abgebildet (Abb. 160).

Bei Handsprengwagen wird die Masse bisweilen etwas angewärmt, etwa 30—40° C, damit die Pumpe nicht verstopft wird. Die Absplittung der Decke wird gleich nach der Auftragung vorgenommen, solange die Masse noch warm ist.

Bei richtiger Einteilung ist Handarbeit auch bei großen Leistungen gut durchführbar. Zur Absplittung sind aber auch eine Anzahl von Streumaschinen gebaut worden, die aus einem Vorratsbehälter den Splitt durch eine Einrichtung, wie sie bei Sämaschinen und Düngerstreumaschinen angewendet wird, gleichmäßig auf die Straße verteilen. Jedoch liegt die Schwierigkeit in dem Beladen, da die Behälter schnell entleert sind und zur Auffüllung viele Leerfahrten gemacht werden müssen, sodaß stets mehrere Streuer vorhanden sein müssen. Wenn ein Splittstreuer mit einem Lastkraftwagen gekoppelt ist, wird die Leistung eine größere. Einen großen Fortschritt bedeuten die neuen Splittstreuer der Firma Linnhoff, bei denen namentlich für rasches Beladen vorgesorgt ist. Die Abb. 250 zeigt eine kleinere Ausführung, die aus einem einfachen Streukasten besteht, der mittels einer kräftigen Schiebekupplung von den auf jeder Baustelle vorhandenen Straßenwalzen bewegt werden kann. Der Splitt fällt in einem breiten Schleier zu Boden und wird durch die nachfolgende Straßenwalze gleich eingepreßt, was straßenbaulich große Vorteile bringt. Zweckmäßig werden für jede Walze zwei der Schiebekästen verwendet, wovon einer beladen werden kann, während der andere streut und somit ein ununterbrochener Betrieb möglich wird.

C. Maschinen für die Unterhaltung der Straßen.

Den Bestrebungen, die Wege möglichst mit Maschinen herzustellen, haben solche folgen müssen, auch die Wegeunterhaltung unter möglichster Einschränkung der menschlichen Arbeitskraft mit Maschinen auszuführen, zumal die neuen Verkehrsmittel hierin auch noch besondere Anforderungen stellen. Da die neuzeitlichen Straßendecken von vornherein unter dem Gesichtspunkt entstanden sind, daß sie keine oder nur geringe Unterhaltung erfordern — Betondecken z. B. —, damit den hohen Baukosten entsprechend geringere Unterhaltungskosten gegenüberstehen und damit die Wirtschaftlichkeit der Decken gewährleistet ist, werden maschinelle Einrichtungen zur Unterhaltung nur bei den leichten Straßenbefestigungen angebracht sein, die dauernde Unterhaltung erfordern, dies sind die Kies-, Lehm- und Steinschlagbahnen; letztere soweit sie ungeschützt sind. Besonders in Ländern mit dünner Bevölkerung wird die maschinelle Wegeunterhaltung erwünscht sein. Solche Länder besitzen in den meisten Fällen auch noch viele Straßen mit geringwertig befestigten Decken, deren Unterhaltung besondere Maßnahmen erfordert. Ein Beispiel dafür geben die V. St. A., deren Straßennetz noch heute zu $^{4}/_{5}$ aus Sand-, Lehm- und Kiesstraßen besteht. Diese werden von den Witterungsverhältnissen der einzelnen Jahreszeiten besonders mitgenommen und müssen dann auf ihre ganze Länge instand gesetzt werden. Hierzu hat man sich einfacher Hilfsmittel bedient. Um nach starkem Regen oder nach Aufgang des Frostes die aufgeweichten Straßen einzuebnen, werden sie mit einer Egge, aber ohne Zähne abgestrichen. Die Egge (Abb. 251) wird geneigt zur Straßenachse gezogen, so daß die Stoffe an der Kante entlang wandern, die Löcher dabei ausfüllen und nach dem hinteren Endpunkte der Abstrichkanten wandern und dort einen Strich bilden. Die Egge ebnet die mit Gleisen und Eselsrücken versehene Straße ein und bringt sie wieder in die richtige Form. Diese noch recht behelfsmäßige Arbeit wird jetzt mit besonderen Wegehobeln ausgeführt. Diese Maschine beruht auf derselben Bauart,

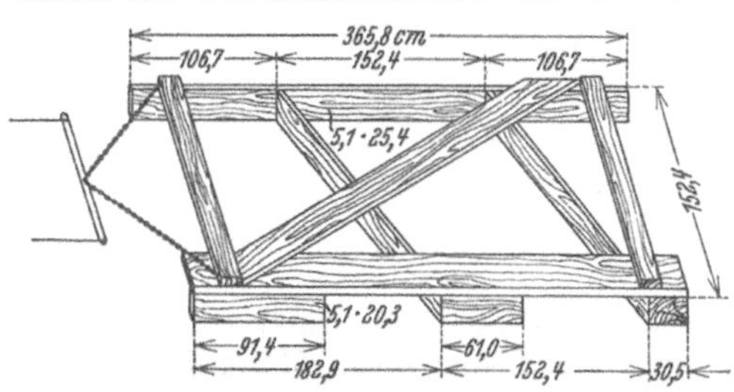

Abb. 251. Wegeegge zum Einebnen von Kies-Lehmstraßen.

wie der im Abschnitt V C beschriebene Grader (Abb. 252). Sie besteht aus einer Schneide, die gegen die Straßenachse geneigt ist und die Masse nach der einen Seite trimmt. Bei dem größeren Gewicht und der größeren Fahrgeschwindigkeit (7—8 km) ist die Leistung entsprechend groß, und die Arbeit eine bessere als mit der Holzegge. Der Wegehobel von 2,4 m Breite hängt an einem steifen Eisenrahmen, der auf vier Rädern ruht. Die Hinterachse wird von einem Fordsonmotor angetrieben. Der Hobel selbst kann in seiner Neigung und Höhenlage zur Straßenfläche durch die Kurbeln *b* eingestellt werden. Er greift weit über die Radspur hinaus, so daß die Räder auf der Straße bleiben können. Die Räder sind mit Gummireifen versehen. Die Hinterräder haben eine erhebliche Schubkraft auszuüben und müssen daher schwer und breit sein (Doppelreifen). Die Vorderräder werden, um die aus der Schräglage der Schneide erzeugte Seiten-

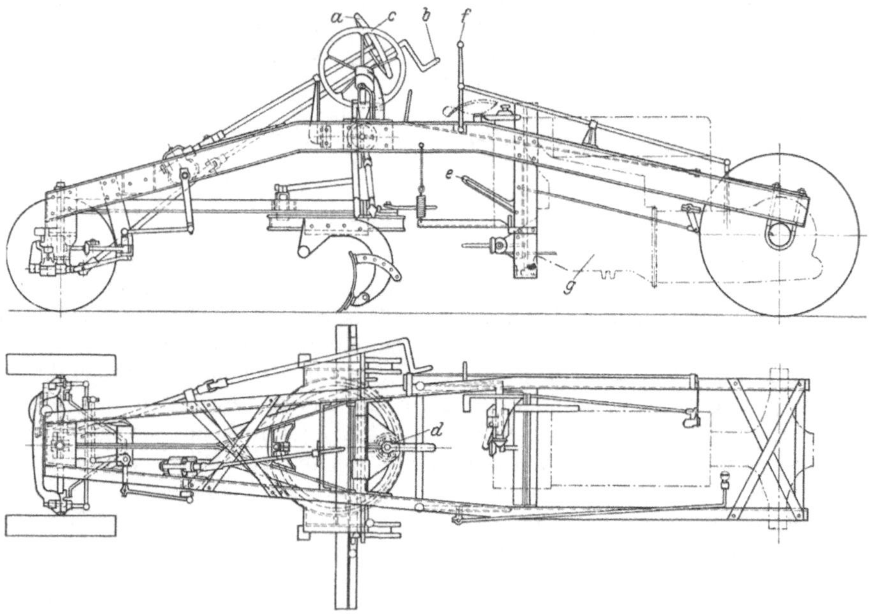

Abb. 252. Wegehobel.

kraft aufzunehmen, schief gegen die Lotrechte gestellt (Kurbel *b*). Der Wegehobel wird von einem Mann bedient.

Es werden folgende Arbeiten mit ihm ausgeführt: Einebnen des Wegekörpers nach dem angelegten Profil, Beseitigung der Spuren und Schlaglöcher, Reinigung der Wegekanten von Gras zur Verbesserung des Wasserabflusses, Reinigung der Straßen im Winter von Eis und Schnee.

In Schweden hat der Wegehobel sich sehr schnell eingeführt, weil dort die Wegeunterhaltung noch durch die Gutsbesitzer im Hand- und Spanndienst zu leisten ist. Die Beteiligten haben sich zu Verbänden zusammengeschlossen und Wegehobel beschafft. Mit diesem Gerät ist auch eine veränderte Unterhaltung der Steinschlagstraßen aufgenommen, in der Weise, daß auf die Steinschlagbahn eine 2—3 cm starke Schutzschicht aus Kiessand von 2—20 mm Korngröße aufgebracht wird. Diese Schicht wird von den Rädern der Wagen beiseite geschleudert und sammelt sich am Rande an. Damit diese Schicht ihre Wirkung nicht verfehlt, wird sie durch den Wegehobel in kurzen Abständen wieder gleichmäßig über die Decke verteilt. Der Kies fährt sich zudem in die Decke ein und dichtet sie, so daß Schlaglöcher nicht entstehen können. Bekiesung der Steinschlagdecken ist auch in Deutschland als Mittel zu ihrer Erhaltung bekannt.

Aber es ist damit erhebliche Staubgefahr verbunden. Der abgebildete Wegehobel wird von der A/B. Vägmaskiner in Stockholm gebaut, der Fordson-Traktor aus Nordamerika eingeführt.

Auch in Rußland werden die Wegehobel viel angewendet.

Die Unterhaltung der Steinschlagstraßen besteht beim Decksystem (s. S. 117) darin, daß auf größere Länge die beschädigte Decke aufgenommen wird und eine neue Schotterlage erhält. Da die Handarbeit nur langsam vonstatten geht und teuer ist, werden dazu Aufreißer benutzt, die entweder nach einer Ausführung der Krauß-Maffei A.-G., München, unmittelbar an die Dampfwalze angehängt (Abb. 253), oder am Tender der Walze angeschraubt werden. Der zum Aufbrechen der Straßendecke erforderliche Zug wird durch eine Verstärkungsplatte am Tender und durch seitliche Verbindungsstreben unmittelbar auf die Hinterachse übertragen. Die feste Verbindung mit der Dampfwalze verhindert das Herausspringen aus der Steinschlagdecke. Durch ein Handrad mit Zahntrieb kann die Tiefe der Aufreißstähle auch während des Betriebes

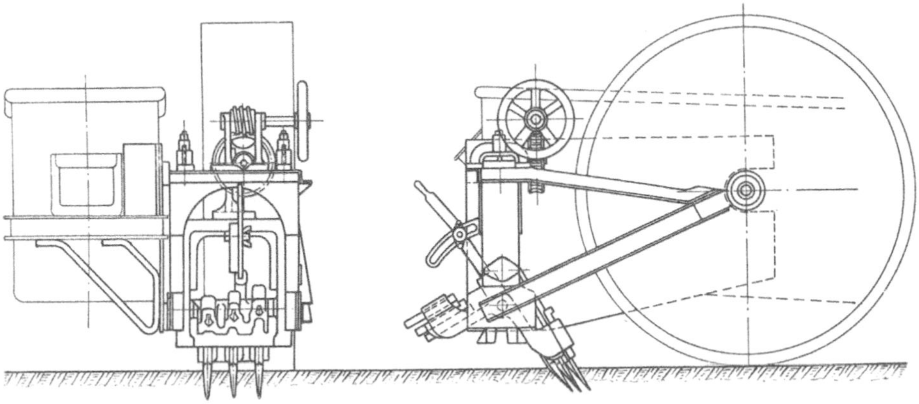

Abb. 253. Aufreißer am Tender der Walze.

eingestellt werden. Damit die Dampfwalze beim Hinundherfahren nicht zu wenden braucht, sind zwei Stahlbündel vorgesehen, von denen stets nur das eine im stumpfen Winkel zur Fahrtrichtung eingestellte Bündel in Tätigkeit gesetzt wird. Aufreißer ähnlicher Art liefern die meisten Fabriken für Dampfwalzen, z. B. Henschel & Sohn, A.-G., Kassel, Hubert Zettelmeyer, Conz bei Trier und andere.

Die an der Walze befestigten Aufreißer üben durch die Stöße, die sie erleiden und auf die Walze übertragen, schädliche Wirkungen auf Tender und Kessel aus, so daß fahrbare Aufreißer, bei denen die Walze nur als Zugkraft benutzt, im Betriebe günstiger sind. Der zweirädrige Aufreißer des Werkes Krauß-Maffei A.-G., München (Abb. 254), wird von der Walze mit einer besonderen Zugvorrichtung, die unmittelbar an der Hinterachse angreift, gezogen. Beim Anfahren dreht sich der Stahlträger selbsttätig in die Arbeitsstellung, während durch Zurückstoßen der Walze die Stähle aus der Decke herausgehoben und in dieser Stellung für das Überfahren von Hindernissen (z. B. Einbauten der Versorgungsleitungen) oder für die An- und Abfuhr festgestellt werden können. Die Aufreißtiefe und die Neigung der Stähle ist verstellbar. Zweirädrig ist auch der fahrbare Aufreißer von Henschel & Sohn, Kassel. In der Ruhelage werden durch Gegengewichte die Stähle über die Straßenoberfläche gehoben, beim Zug durch Drehung um die Radachse in den Boden gedrückt. Die A.-G. Zettelmeyer und andere Firmen bauen zweiachsige Aufreißer, bei denen die Vorderachse als Lenkachse ausgebildet ist und durch ein hinten angebrachtes Handrad gelenkt wird, so daß der Lauf des Aufreißers unabhängig von der Dampfwalze wird. Da beim einachsigen Aufreißer das ganze Gewicht für die Reißarbeit nutzbar ist, muß der zweiachsige Aufreißer schwerer gebaut werden.

Die Aufreißer sollen etwa die folgenden Anforderungen erfüllen:

1. In gleicher Weise für schwere und tiefe, wie für leichte Aufreißerarbeit geeignet sein.
2. Für jede Walzenart geeignet sein.
3. Durch Zugvorrichtung zwangläufig mit der Walze verbunden sein, so daß kein Ausweichen möglich und die Lenkung bei Vor- und Rückwärtsfahrt sicher und leicht ist.
4. Selbstwirkende Einrichtung, daß Stähle in der Arbeit- und Ruhestellung

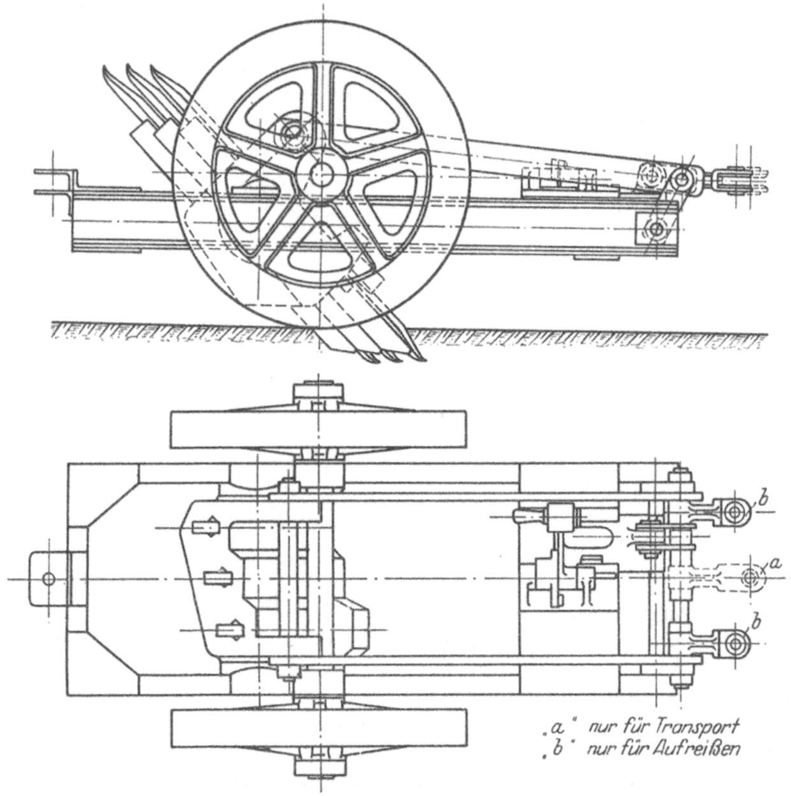

Abb. 254. Aufreißer der Maffei-Werke.

ein- und ausgerückt werden, so daß keine Bedienung erforderlich ist; Stahlträger muß in jeder Endstellung festgelegt werden können.

5. Stähle müssen möglichst weit in Stützschienen lagern, damit sie sich nicht verbiegen können.

Bei der Unterhaltung der Steinschlagbahnen handelt es sich gegenwärtig in großem Maße um Beseitigung der Schlaglöcher, die durch die Kraftwagen hervorgerufen werden. Schon im Abschnitt VI A ist darauf hingewiesen, daß solche Arbeiten im Flicksystem in der üblichen Form unter Verwendung von Steinschlag, Splitt und Kies unter dem Kraftwagenverkehr nicht halten. Dauerhafter lassen sich solche vorübergehenden Instandsetzungen mit bituminösen Stoffen machen, wie Teer- und Asphaltbeton, Essener Asphalt und ähnliche Mischungen. Die Voraussetzung ist, daß die Decke trocken ist. Das läßt sich aber bei ungünstigen Witterungsverhältnissen nicht immer abwarten. In diesem Falle wird ein Straßentrockner (Abb. 255) benutzt, mit dem die betreffende Stelle getrocknet wird.

Ebenso lassen sich mit Asphalt oder Teer gebundene Decken bei Feuchtigkeit nicht instand setzen, da die erwärmte Teer- oder Asphaltmasse nicht anbindet. Auch hier wird der Straßentrockner mit Erfolg verwendet.

Das fahrbare Gestell trägt einen Petroleumdruckkessel von 45 l Inhalt und den Ölbrenner, der mit einer Haube versehen ist. Der Petroleumkessel wird durch Druckpumpe unter Druck gesetzt. Lufthahn und Druckmesser sind angebracht. Die Flammenstärke ist einstellbar. Der Brenner kann herausgenommen und auch für andere Zwecke, z. B. Erwärmen von Teerfässern, benutzt werden. Der Ölverbrauch soll etwa 7—12 l/h betragen. Die Leistung des Trockners wird von der Größe und Feuchtigkeit der Schlaglöcher abhängen.

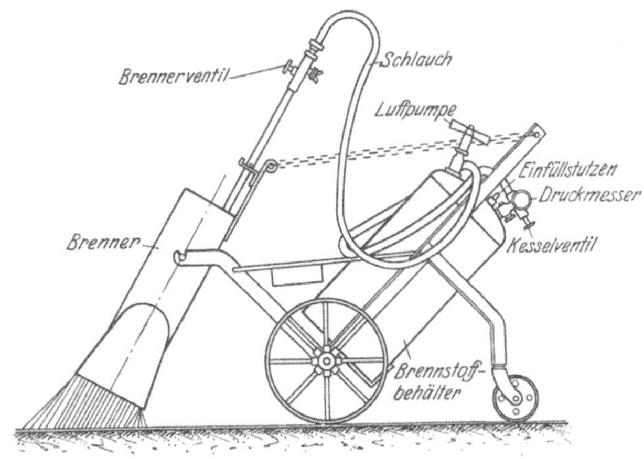

Abb. 255. Straßentrockner von Linnhoff.

Für den Asphaltstraßenbau ist um 1915 in V. St. A. eine Heißluftmaschine eingeführt, die besonders für die Erneuerung abgefahrener Decken und für Asphaltüberzüge auf anderen Pflasterdecken geeignet ist, die Grecomaschine (vgl. S. 241, 318). Sie besteht aus einem Fahrgestell, einem Öltank für 600 l, Ventilator und Preßluftpumpe für die Ölfeuerung. Durch die Ölfeuerung wird in einer Verbrennungskammer Hitze erzeugt, durch die die mit dem Ventilator angesaugte Luft auf 200 bis 250° erhitzt wird. Die Heißluft wird unter einen flachen, dicht über der Pflasterfläche liegenden Trichter von etwa 6,5 m² Fläche geführt. Der Ölverbrauch für die Erwärmung eines Quadratmeters, bis er genügend erweicht ist, beträgt 1,5 kg. Mit dieser Maschine sind nach amerikanischen Berichten bei der Erneuerung von Sandasphaltdecken bis zu 1000 m² täglich geleistet worden.

D) Geräte zur Beseitigung des Schnees von den Straßen.

Die Beseitigung der Schneemassen auf den Straßen ist die Voraussetzung für die Aufrechterhaltung des Verkehrs im Winter. Früher hat es genügt, den Schnee mit dem von Pferden gezogenen Schneepflug oder durch Handarbeit von der Fahrbahn an die Straßenseiten zu räumen. Diese Aufgabe liegt meist den Gemeinden ob. Bei dem bisher geringen Verkehr im Winter hat eine einfache Schneeräumung genügt, zumal auf Landwegen Schlitten benützt werden können. Für den Kraftwagenverkehr, der auch im Winter nur unbedeutende Unterbrechung erleidet, genügt diese Schneeräumung nicht mehr, vor allem geht sie bei starkem Schneefall zu langsam vor sich. Als Übergangszustand kann man die Einrichtung ansehen, wo der bisherige Schneepflug statt von Pferden, von einem Motorlastwagen mit starkem Motor und Luftbereifung gezogen wird. Der gezogene Pflug versagt, wenn die Schneemassen zu hoch liegen (Gebirge). Man ist daher zum sog. Stoßpflug übergegangen, der dem Lastwagen vorgebaut und vom Führersitz gelenkt wird und das Fahrzeug in der bereits gepflügten Bahn fahren läßt. Man unterscheidet hierbei doppelseitig räumende (Spitzpflüge) und einseitig räumende (Schaufelpflüge), letztere besonders für enge Straßen und städtischen Verkehr. Die Spannweite des Pflugs ist regulierbar, ebenso in vertikaler Richtung die Höhe der wegzunehmenden Schneeschicht. Bei großen Schneemassen oder mehrmaligem Schneefall lassen sich die anfallenden Schneemassen nicht mehr seitlich auftürmen; in diesem Falle verwendet man Schneeschleudermaschinen. Sie sind meistens als Traktor auf Raupen ausgebildet und in Drehung befindliche Schaufeln werfen den Schnee seitlich weit hinaus.

Das reine Pflügen der Straßen genügt aber im allgemeinen nicht, um Verkehrsstraßen in einen verkehrssicheren Zustand zu versetzen. Die nach dem Pflügen vorhandene Schneestärke ist im allgemeinen noch zu groß und uneben, und der Verkehr hinterläßt alsbald Rillen, die bei Frost gefrieren. Aus diesem Grunde bearbeitet man die gepflügte Straße anschließend noch mit einem Schneehobel, der die Schneedecke auf 6 bis 7 cm Stärke als feste glatte Decke herstellt. Die Hobelmesser sind in Höhe und Breite verstellbar und können ausgewechselt werden.

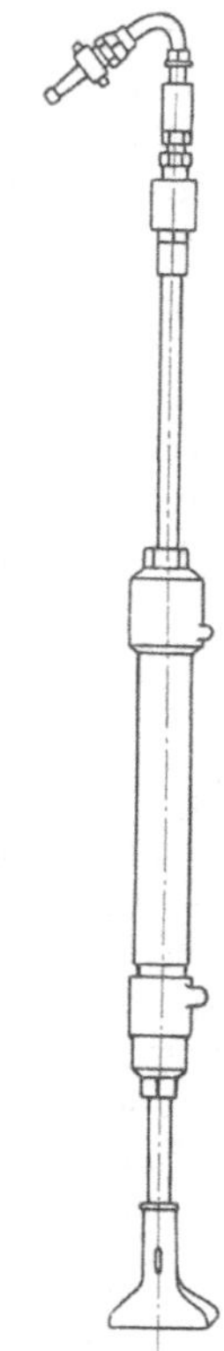

Die in Stadtgebieten versuchsweise eingeführte Schneeverbrennung ist nur beschränkt leistungsfähig und ziemlich kostspielig. Der Schnee wird in einen mit Öl geheizten Behälter geworfen und als Wasser in die Rinnenschächte abgeleitet. Erfahrungen auf dem Gebiete der Schneeräumung hat man in der Schweiz und in den nördlichen Staaten der V. St. A. gewonnen, in denen auch die zuvor beschriebenen Schneeräumungsmaschinen durchgebildet und erprobt worden sind.

E. Hilfsgeräte.

Hierzu rechnen die Druckluftgeräte, die zu sehr vielen Arbeitsvorgängen im Straßenbau verwendet werden können. Das Aufreißen alter Packlage, alten Pflasters und Beton läßt sich mit Druckluft-Aufreißhammer viel schneller als mit Handwerkzeugen bewerkstelligen. Drei ungeübte Arbeiter können mit je einem Aufreißhammer Tagesleistungen bis zu 85 m² Betonunterbau bewältigen, während eine Kolonne von 4 Zuschlägern an einem Tage nur höchstens 10 m² leistet. Das Werkzeug besteht in Pack- oder Keileisen nach der Abb. 256. Zum Ausstemmen von Schlaglöchern, Aufbrüchen und Ausbeserung dient ein Druckluftmeiselhammer, der besonders handlich ist.

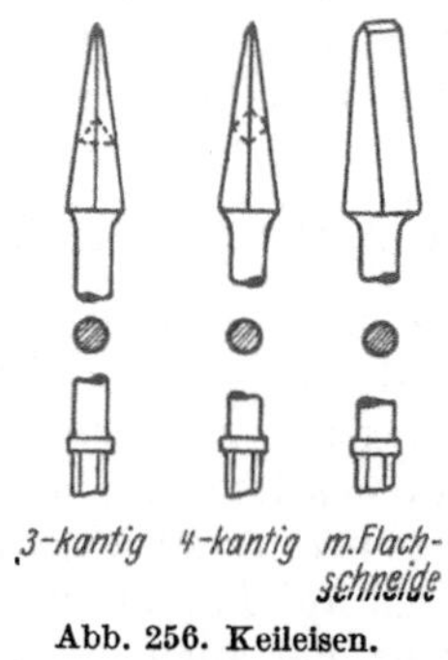

Abb. 256. Keileisen.

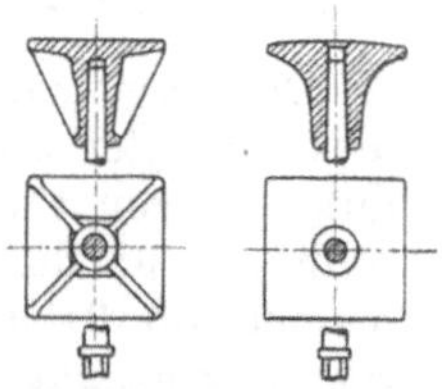

Abb. 257. Stampfschuhe.

Einsteckwerkzeuge für Aufreißhämmer.

Beim Stampfen von Boden oder Beton wird gleichfalls Druckluft verwendet. Die Druckluftwerkzeuge werden zu diesem Zweck mit besonderen Stampfschuhen versehen (s. Abb. 257). Die Kraftanlage besteht bei allen diesen Arbeiten in einer Kompressoranlage, die mit Verbrennungsmotoren — z. B. Dieselmotoren — oder aber auch Elektromotoren angetrieben und in der Nähe der Baustelle aufgestellt wird. Die Werkzeuge werden mit 5 at Druckluft betrieben.

X. Verkehr und Verkehrsregelung.

Allgemeines.

Verkehr äußert sich durch Bewegungsvorgänge, deren Erfassung und Meisterung Kenntnisse der Mechanik voraussetzt. Die Verkehrsmittel sind, ursprünglich in einfacherer Form, heute technische Hilfsmittel mit bedeutenden mechanischen Kräften ausgestattet, deren Erfassung technische Kenntnisse verlangt. Die Regelung des Verkehres erfordert die Kenntnis der Mechanik und der Technik in hohem Maße, wenn der Verkehr gefördert und nicht behindert werden soll. Die Regelung des Verkehres sollte daher restlos dem Ingenieur überlassen werden. Er gibt diejenigen Vorrichtungen an, die an den Fahrzeugen vorhanden sein müssen, damit sie im Verkehr untereinander bei sachgemäßer Behandlung keinen Schaden erzeugen und erleiden, und schafft diejenigen Bahnen, auf denen die Verkehrsmittel sich bewegen können, so daß sie auf der einen Seite ihre Leistungsfähigkeit ausnutzen, auf der andern Seite aber auch so geführt werden, daß sie ihre eigene Sicherheit und die der andern Verkehrsmittel und Verkehrsarten nicht gefährden. Eine vollkommene Lösung wäre die, daß dabei alle Vorschriften entbehrt werden können, indem jede Maßnahme aus der technischen Einrichtung und Anordnung sich von selbst ergibt.

Was die Sicherungsanlagen an den Fahrzeugen selbst anbelangt, so ist auf diese im Abschnitt II C hingewiesen. An dieser Stelle sollen die Maßnahmen behandelt werden, die die Regelung des Verkehres betreffen. Die angedeutete vollkommene Lösung ist wohl denkbar. Bei der Eisenbahn ist sie in hohem Maße erreicht. Im Straßenverkehr würde sie so weitgreifende technische Anlagen erfordern, daß sie wirtschaftlich nicht durchführbar ist. Vor allen Dingen würden solche Anordnungen auch dort zu treffen sein, wo der geringe Umfang des Verkehres sie noch keineswegs erfordert. Also wirtschaftliche Rücksichten sind es, wenn auf die vollkommene Lösung an den meisten Stellen verzichtet wird. Aber Stellen, wie z. B. die Übergangsbahnhöfe auf Kraftwagenbahnen, wie sie im Abschnitt III A b behandelt sind, kommen der erstrebten vollkommenen Lösung bereits sehr nahe.

Wo die einzelnen Verkehrsmittel miteinander in Berührung kommen, müssen bestimmte Grundsätze für ihr Verhalten aufgestellt werden, die im wesentlichen sich von selbst verstehen, aber, da auch mit unverständigen und böswilligen Menschen gerechnet werden muß, behördlich festgesetzt und ihre Durchführung behördlich überwacht werden muß. Hier schaltet sich in die Regelung des Verkehrs die Polizei lediglich als Notbehelf ein, die nur in der Zusammenarbeit mit dem Ingenieur etwas Ersprießliches leisten kann. Denn noch immer muß nach amerikanischen Berichten 30 v.H. aller Straßenunfälle auf die Unvollkommenheit der Straßenanlage zurückgeführt werden. (194).

Diesen Gesichtspunkt hat der VI. Int. Str. K. in Washington in seinen Leitsätzen zu Frage 6 „Verkehrsregelung“ mit den folgenden Worten hervorgehoben:

„Der Kongreß erkennt an, daß der Entwurf von Vorschriften und Regelungen zur Erleichterung des Verkehrs in verkehrsüberlasteten Stadtteilen ein Problem von wachsender Schwierigkeit ist, und daß besondere Regelungen nach sachverständigem Studium der örtlichen Verhältnisse durch Fachbeamte und im Zusammenwirken mit dem betreffenden Interessenten getroffen werden sollten.“

A. Regelung des Verkehrs durch richtige Anlage des Straßennetzes.

a) Anforderungen.

Wie bei allen technischen Maßnahmen wird man auch hier von den Bedürfnissen ausgehen müssen und den Umfang des Verkehres und seine Eigenarten festzustellen haben, um ihnen die Straße nach Breite, Linienführung, Befestigung und Beleuchtung anzupassen. Die Bedürfnisse können einmal durch Verkehrszählungen festgestellt werden, wie sie auf Landstraßen und Stadtstraßen vorgenommen werden. Auch die Verkehrsunfälle werden statistisch erfaßt werden müssen, da sie eine Grundlage für die Beurteilung bieten können, wie weit die getroffenen Maßnahmen vollkommen oder verbesserungsbedürftig sind. Ferner wird man bei Neuanlagen Schätzungen vorzunehmen haben, für die Grundlagen auszubilden sind. Die Aufgabe ist dann noch getrennt zu behandeln erstens für die Landstraßen, zweitens für die Stadtstraßen, und zwar für die vorhandenen Straßen, die innerhalb der Städte wenig oder gar nicht abgeändert werden können, und für die neuen Straßen, die man dem Bedürfnis anpassen kann und soll.

b) Verkehrszählungen.

1. Landstraßen.

Zählungen sind in größeren Zeitabschnitten in den Ländern Württemberg, Sachsen und Baden vorgenommen. Auf die Entwicklung des Kraftwagenverkehrs ist zurückzuführen, daß in allen Staaten solche Zählungen eingeführt worden sind, die als Unterlagen für die technischen Entscheidungen dienen. So hat der D. Str. V. vom 1. X. 1924 bis 30. IX. 1925 und 1. X. 1928 bis 30. IX. 1929 in ganz Deutschland auf den Landstraßen Zählungen vorgenommen.

Aus dem Freistaat Sachsen liegen für den durchschnittlichen Tagesverkehr folgende Ergebnise vor:

Zusammenstellung 61. Durchschnittlicher Tagesverkehr in Sachsen.

Jahr	Zugtiere	Kraftwagen		Gesamtlast in t	Im ganzen Jahr geleistete tkm 10^6
		Krafträder u. Personenwagen	Lastwagen		
1909	221 (89,5 vH)	—	7 (10,5 vH)	335,5	438
1924/25	81 (37,5 vH)[1]	98 (30,6 vH)	23 (31,9 vH)	474	610
1928/29	64 (16,5 vH)	265 (68 vH)	60 (15,5 vH)	878	1909

Eine Übersicht über die Verkehrsentwicklung geben auch die Zählungen in dem Freistaat Baden aus den letzten Jahrzehnten. Die Zahlen entsprechen dem Durchschnitt des ganzen Straßennetzes für einen Tag.

Zusammenstellung 62. Durchschnittlicher Tagesverkehr in Baden.

Jahr	Zugtiere Anzahl	Personenwagen t	Lastkraftwagen t	Mittl. tägl. Verkehr des ges. Straßennetzes t	Im ganzen Jahr geleistete tkm in Millionen
1907	160	3,5	0,3	—	—
1913	130	11,4	2,6	—	—
1923	98	18,7	18,9	—	—
1924/25	66[1]	61	19	328	514
1928/29	47	133	31	493	1041

[1] Bespannte Fahrzeuge.

Für das gesamte Deutsche Reich einschließlich Danzig haben die Zählungen des Jahres 1928/29 auf 132601 km Staats-, Provinzial- und Kreisstraßen eine tägliche Durchschnittsbelastung von 65 bespannten Fahrzeugen (Gewicht 135 t), 124 Krafträder und Personenwagen (178 t) und 27 Lastkraftwagen und außergewöhnliche Lasten (171 t) ergeben. Der tägliche Gesamtverkehr des Zählungsjahres ist zu 64098466 tkm berechnet.

Gegenüber der Zählung 1924/25 ist eine außerordentliche Verkehrszunahme festzustellen, die bei den Krafträdern und Personenwagen das rd. zweieinhalbfache und bei den Lastwagen fast das doppelte beträgt.

Der Rückgang der bespannten Fahrzeuge ist am größten in den Industriegebieten von Sachsen und der Rheinprovinz, am geringsten in den Gebieten mit überwiegend landwirtschaftlichem Charakter.

In Deutschland ist der höhere Anteil der Kraftwagen in den Städten beheimatet, der geringere auf dem Lande. Die große Verkehrsleistung auf den Landstraßen ist nur so denkbar, daß die aus den Städten stammenden Kraftwagen die Landstraßen benutzt haben. Eine Zählung fehlt darüber noch. Nach amerikanischen Feststellungen stammen 80—90 vH der am Landstraßenverkehr beteiligten Fahrzeuge und der Hauptteil der schweren Lastkraftwagen aus den Städten.

2. Stadtstraßen.

Die Verkehrsdichte ist bisher nicht einheitlich und auch nicht fortlaufend gezählt worden. Es sind eigentlich nur an den belebtesten Stellen Stichproben genommen worden. Die Stadt Charlottenburg hat als einzige alljährlich einmal auf Straßen ganz verschiedenen Verkehrswertes über 24 Stunden gezählt.

Soweit solche Zählungen Höchstwerte darstellen und zur Beurteilung der Leistungsfähigkeit der Straßen beitragen können, sollen einige Angaben darüber folgen:

Zusammenstellung 63. Höchstwerte von Verkehrszählungen.

Zähljahr	Ort	Fahrzeuge/tgl.	Höchstzahl/h
1928/29	Berlin, Augusta-Viktoria-Platz	41000	4110
	„ Potsdamer Platz.	33000	3300
	„ Brandenburger Tor	46000	4600
—	London, Trafalgar Square	42500	4251
Juli 1930	Hamburg, Lombardsbrücke	30858	3704
	„ an der Alster	23135	4060
	„ Steintordamm	27679	2055
1923	Michigan Avenue-Chicago-Brücke	54100	in 17 Stunden

In Straßen mit Straßenbahnkörper wird die Leistungsfähigkeit der Straßen von der Belastung auf den Bahngleisen beeinflußt. Denn bei dichtem Verkehr

Zusammenstellung 64. Belastung einzelner Straßen mit Straßenbahnen.

Ort	Zahl der Züge täglich	Zahl der Wagen täglich	Höchstbelastung in 1 Std.: Züge	Höchstbelastung in 1 Std.: Wagen 7—8 h	Bemerkungen
Berlin:					
Leipziger Straße an der Wilhelmstraße.	3382	5507	217	405	Zählungen Okt. 1929
Potsdamerstraße, Ecke Kurfürstenstraße.	3198	5241	209	396	Zählungen Okt. 1929
Gertraudenstraße an der Breiten Straße.	3258	5690	211	430	Zählungen Okt. 1929
Hamburg:					
Steintordamm	—	5036	—	319	Juli 1930

stehen die Straßenbahngleise dem übrigen Verkehr nicht zur Verfügung, an den Haltestellen erleidet der Wagenverkehr zum Schutze der ein- und aussteigenden Fahrgäste Aufenthalte. Angaben über die durch Straßenbahn am stärksten belasteten Straßen gibt Zusammenstellung 64 für vier Stellen in Berlin. Neben den Straßenbahnen beanspruchen außerdem noch die Omnibusse die Straßenfläche, z. B. verkehren auf der Gertraudenstraße in Berlin 914 Omnibusse täglich, im Maximum etwa 60 Wagen/h.

Für die Entwurfsbearbeitung von Straßen und Plätzen hinsichtlich ihrer zukünftigen Verkehrsbelastung werden folgende Unterlagen dienen können.

1. Verkehrszählungen nach Zahl und Art der Fahrzeuge und ihre Auftragung[1],
2. Studium der Bevölkerung und ihrer Verteilung[1],
3. Verteilung der Fahrzeuge örtlich und nach Einwohnerzahl[1],
4. Zählung und Untersuchung der Verkehrsunfälle.

Über die Breitenbemessung und Einteilung der Straßen sind die grundlegenden Angaben im Abschnitt IV gemacht worden.

Die Beziehungen zwischen Breite der Fahrbahnen und Verkehr sollen einmal rechnerisch betrachtet werden.

c) Berechnung der Leistungsfähigkeit der Straßen.

1. Verkehr ohne Unterbrechung.

Die Zahl der Fahrzeuge (C), die in der Zeiteinheit, z. B. einer Stunde, auf einer Fahrspur an einem Punkte die Straße durchfahren können, hängt von der Fahrgeschwindigkeit (V km/h) und dem Abstande der Wagen untereinander ab, der mindestens der größten Wagenlänge (p) entsprechen muß. Die Leistungsfähigkeit einer Fahrspur ist

$$C = \frac{V \cdot 1000}{p}\, h. \tag{102}$$

Bei langsamer Fahrt können die Wagen nahezu ganz aufgeschlossen fahren. Beim Schnellverkehr erfordert die Verkehrssicherheit einen solchen Abstand der Wagen, daß der nachfolgende Wagen noch eine ausreichende Bremsstrecke vor sich hat, wenn der vorfahrende zum Halten gezwungen ist.

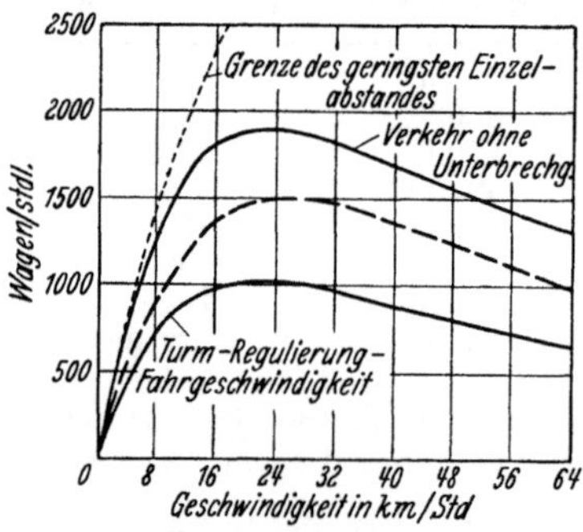

Abb. 258. Leistungsfähigkeit einer Fahrspur.

Der Abstand, den zwei Wagen einhalten müssen, ist mitbestimmt durch die Annahme, daß der räumliche Abstand der Wagenschwerpunkte beim Halten größer als eine Wagenlänge ist, und daß der zweite Wagen das Haltezeichen etwas später wahrnimmt als der erste. Maßgebend ist die Bremsstrecke der beiden Wagen. Unter der Annahme, daß die Reaktionszeit von der Wahrnehmung des Haltzeichens bis zum Beginn der Bremswirkung für beide Wagen 1 Sekunde beträgt, der Bremsverzögerungswert für beide Wagen der gleiche ist, errechnet sich der einzuhaltende Abstand

$$A = b_2 - b_1 + a + \frac{V_2}{3{,}6} \cdot t_a + \frac{V_2 - V_1}{3{,}6} \cdot t_b. \tag{103}$$

In dieser Gleichung ist

b_1 die Bremsstrecke des ersten Wagens b_2 ,, ,, ,, zweiten ,,	hinsichtlich Berechnung der Bremsstrecke ist auf Abschnitt III A a 5 verwiesen,

[1] Aus den Zählungen des D. Str. B. V. hat Dr. Ing. Schlums Untersuchungen über die Verkehrsgrößen, Fahrzeuge und Straßennetz und deren Beziehungen zueinander in einer Schrift (Diss. Dresden 1929) angestellt und brauchbare Ergebnisse erzielt.

a der Abstand der beiden Wagenschwerpunkte beim Halten,
V_1 die Fahrgeschwindigkeit des ersten Wagens in km/h,
V_2 „ „ „ zweiten „ „ „ ,
t_a = ½ Sekunde,
t_b = 1 Sekunde Reaktionszeit für beide Wagen.

Für diese Annahme hat Professor Dr.-Ing. Müller die Kleinstabstände für verschiedene Fahrgeschwindigkeiten, Reibungsbeiwerte und Bremsarten berechnet. Die gestrichelte Linie in Abb. 258 ist auf Grund der Kleinstabstände nach Gl. (103) berechnet ($f = 0{,}18$, $t_b = 1$ sec, $t_a = ½$ sec, vorderer Wagen mit Vierradbremse, nachfolgender Wagen gewöhnliche Bremse).

Die Berechnung der Kleinstabstände für amerikanische Verhältnisse ist bei Untersuchungen über die Leistungsfähigkeit der Straßen nach der Formel vorgenommen:

$$A_m = \text{Wagenlänge } (L) + \frac{V}{3{,}6} \cdot t_a + 0{,}00867\, V^2\, (V \text{ km/h}). \tag{104}$$

Der Aufbau der Formel entspricht vollständig derjenigen von Dr.-Ing. Müller. Der Reibungsbeiwert ist zu 0,24 angenommen.

Die Leistungsfähigkeit einer Straße ist dann für eine Spur und $t_a = ½$ sec:

$$C = \frac{1000\, V}{L + 0{,}148\, V + 0{,}00867\, V^2} \tag{105}$$

Nach der Abb. 258 errechnet sich die Leistungsfähigkeit für Verkehr ohne Unterbrechung maximal zu 1820 Wagen/h bei einer Fahrgeschwindigkeit von 24 km/h.

Nach deutschen Beobachtungen wird die Leistungsfähigkeit (195) bei einer Fahrgeschwindigkeit v (m/sec)

$$C = \frac{3600 \cdot v}{L + 0{,}50\, v + 0{,}166\, v^2} \text{ Fahrzeuge/h} \tag{106}$$

angegeben. Bei einer Geschwindigkeit von 20 km/h und einer Bremsverzögerung von $p = 3$ m/sec², ½ sec. Reaktionszeit ergibt sich eine Leistungsfähigkeit von 1500 Wagen/h. Die Wirksamkeit der Bremsen beeinflußt daher die Leistungsfähigkeit der Fahrspuren.

Der Staat Kalifornien hat ein Gesetz erlassen, nachdem jeder Kraftwagen Bremsen besitzen muß, mit denen die folgenden Bremswege nicht überschritten werden dürfen:

Fahrgeschwindigkeit	16 km/h	2,85 m
„	24 „	6,25 m
„	32 „	11,30 m
„	40 „	17,40 m
„	48 „	25,00 m

Die Bremswege entsprechen sehr hohen Bremsverzögerungen. Der Zustand der Bremsen wird durch die Polizei durch fliegende Staffeln auf den Straßen, wie Verfasser selbst mehrmals erlebt hat, dauernd kontrolliert. Besitzer von Wagen, deren Bremsen in schlechtem Zustand sind, werden aufgefordert, innerhalb kurzer Zeit ihren Wagen der Verkehrspolizei zur Prüfung vorzuführen (siehe Abschn. III A 5 u. II C a 5).

2. Das Verkehrsbild an Straßenkreuzungen.

Der Ablauf des Straßenverkehrs wird durch die Straßenkreuzungen unterbrochen. Die an dieser Stelle ein- und ausbiegenden und die sich kreuzenden Fahrzeuge behindern sich gegenseitig, sobald der Verkehr eine solche Dichte annimmt, daß die Fahrzeuge sich nicht mehr in die Lücken untereinander einschieben können. Die dann auftretenden Zustände können sehr verwickelt werden und zu Verkehrshemmungen führen. Das soll an Beispielen behandelt und daraus die Folgerungen gezogen werden.

Für die Vorgänge wird angenommen, daß jede Fahrrichtung durch eine Fahrlinie dargestellt wird, wobei die Zahl der Fahrspuren, die auf dieselbe Fahrlinie entfallen, offen gelassen wird. Die aus der Kreuzung der Straßen sich ergebenden Verkehrsvorgänge werden zu unterscheiden sein nach Trennung und Vereinigung der Fahrlinien und die Stellen, wo diese Vorgänge sich vollziehen, werden als Trennungs- und Vereinigungspunkte bezeichnet. Die Stellen, an denen sich die Fahrlinien überschneiden, werden Überschneidungspunkte und die Stellen, an denen sich Fahrlinien verschiedener Fahrtrichtung begegnen, Begegnungspunkte genannt. Alle drei Vorgänge bringen Gefahren für den Verkehr mit sich, die allerdings verschieden zu bewerten sein werden. Die Verkehrsbehinderung und Gefährdung durch Zusammenführung verschiedener Straßen wird nach der Zahl dieser Gefahrpunkte zu beurteilen sein. Der Umfang der Gefahren wird sich mit der Zahl der Straßen, die zusammengeführt werden sollen, steigern, in welchem Umfange, zeigt folgende Betrachtung (196).

Ein Straßenknotenpunkt, in dem sich die Achsen von n Straßen mit je zwei entgegengesetzten Verkehrsrichtungen schneiden, die ineinander übergehen können, werde ein Straßen-n-Eck genannt. Mündet eine Straße in eine andere, so entsteht ein Straßendreieck, schneiden sich zwei Straßen, so entsteht ein Viereck usf. Die durchgehenden sollen als Hauptfahrlinien bezeichnet werden, diejenigen, die von einer Richtung in die andere abbiegen, als Übergangsfahrlinien. Eine einfache Betrachtung ergibt dann, daß in einem n-Eck

$2 \cdot n$ Hauptfahrlinien,

I. $n(n-1)$ Übergangsfahrlinien,

II. $n \cdot (n-2)$ Trennungspunkte,

III. $n \cdot (n-2)$ Vereinigungspunkte,

IV. $\frac{n^2}{6}(n-1) \cdot (n-2)$ Überschneidungspunkte und

V. $\frac{n}{6}(2n^3 - 6n^2 + n + 9)$ Begegnungen vorhanden sind.

Für verschiedene n-Ecke ist die Zahl der Gefahrpunkte in der folgenden Zusammenstellung zusammengestellt:

Zusammenstellung 65.

1	2	3	4	5
n-Eck	Übergangs-fahrlinien (Formel I)	Trennungspunkte bzw. Vereinigungs-punkte (Formel II und III)	Begegnungen (Formel V)	Über-schneidungs-punkte (Formel IV)
3	5	3	6	3
4	12	8	30	16
5	20	15	95	50
6	30	24	231	120

Unter der Annahme, daß auf allen einmündenden Straßen derselbe Verkehr herrscht, ergeben sich nach diesen Zahlen Gefahrpunkte in einem solchen Ausmaß, daß eine ordnungsgemäße Verkehrsabwicklung nicht mehr denkbar ist. Diese Verhältnisse werden noch verwickelter, wenn bei starkem Verkehr eine Fahrrichtung sich aus mehreren Fahrspuren zusammensetzt und außerdem noch Straßenbahngleise vorhanden sind. Ist den Fahrzeugen außerdem die Möglichkeit gegeben, von der Fahrlinie abzuweichen, z. B. Krümmungen zu schneiden, so können sie noch die Zahl der Überschneidungspunkte durch weiteres Schneiden von Übergangsfahrlinien erhöhen und auch die Begegnung zu Gefahrenpunkten machen.

Bei diesen Überlegungen ist noch nicht der Fußgängerverkehr berücksichtigt worden, der eines besonderen Schutzes gegenüber dem Fahrverkehr bedarf. Je verwickelter die Verkehrsführung auf einer Straßenkreuzung ist, um so stärker ist der Fußgängerverkehr behindert oder gefährdet. Selbst dort, wo der Wagenverkehr auf dem Fahrdamm sich noch abwickeln läßt, bringt die Rücksicht auf den Fußgänger die Schwierigkeit für die Lösung der reibungslosen Führung aller Verkehrsarten. Die Unbeholfenheit des Fußgängers zwingt dazu, ihm die Überschreitung der Fahrdämme zu erleichtern in der Weise, daß ihm zwangläufig die Wege gewiesen werden, damit er verhindert wird, um Wege abzukürzen, sich durch die Wagenreihen durchzuwinden.

Die aus den Straßenkreuzungen und Überschneidungen sich ergebenden Schwierigkeiten können kurzerhand dadurch gelöst werden, daß ein fortlaufender Verkehr in allen Richtungen nicht mehr zugelassen wird, sondern nur abwechselnd in der einen oder anderen Richtung. Dann fallen alle Überschneidungen von Fahrlinien fort, die Zahl der Trennungs- und Vereinigungspunkte und der Begegnungen wird auf das geringste Maß eingeschränkt. Diese Regelung, als Fahr- und Haltverkehr bezeichnet, erfolgt durch Zeichen, und zwar entweder durch einen Verkehrsbeamten, der mit seinem Arm oder Stab die eine Richtung frei gibt und der anderen damit Halt gebietet, oder durch Lichtsignale. Das erstgenannte Verfahren hat den Vorteil der Beweglichkeit, d. h. es ist dem Belieben des Beamten überlassen, dem Verkehr bei geringer Stärke ohne Abstoppen die Wege freizugeben, oder bei starkem Verkehr die Richtung mit dem starken Andrang die Durchfahrt länger freizugeben, die andere dafür länger zu sperren. Diese Form eignet sich für Straßenkreuzungen, die keinen platzähnlichen Charakter haben, weil hier die Zeichen des Verkehrsbeamten von allen Stellen leicht zu erkennen sind. Sie wird in allen Ländern in gleichem Maße angewendet und kann auch noch durch Hörsignale unterstützt werden.

Auf großen oder unübersichtlichen Plätzen muß der Arm des Verkehrsbeamten durch Flügel- oder Lichtsignale ersetzt werden. Die Farben bedeuten:

Grün = freie Fahrt,
Rot = Halt,
Gelb = Achtung (nur in Deutschland üblich).

Statt des Verkehrsturmes sind an solchen Stellen, wo es am Platz dafür mangelt, die Signale im Schnittpunkt der Straßen aufgehängt.

Beim Flügelzeichen geben stets die Flügel die Richtung an, die befahren werden darf. In dieser Richtung können auch die Fußgänger die Dämme der gesperrten Straßen kreuzen, da die Fahrzeuge in diesen Straßen vor den durch Schutzlinien gekennzeichneten Fußgängerüberwegen halten müssen.

Eine besondere Regelung bedarf noch das Ein- und Ausbiegen aus den Hauptfahrlinien. In Ländern, in denen rechts gefahren wird, dürfen die nach rechts in eine gesperrte Straße einbiegenden Wagen die kurze Biegung in Schrittgeschwindigkeit ausführen. Wo links gefahren wird (England) gilt das gleiche für das Einbiegen nach links. Schwierig ist nur das Einbiegen nach links. Darüber wird auf S. 442 noch einiges gesagt werden.

Die Unterbrechung an den Straßenkreuzungen muß die Leistungsfähigkeit der Straßen einschränken. Das ergibt die Rechnung zweifelsfrei. Bei der Fahrt zwischen zwei aufeinanderfolgenden Punkten, an denen der Verkehr zum Halten gebracht wird, damit der Querverkehr durchfahren kann, durchläuft ein Kraftwagen drei Bewegungszustände, zuerst einen Zustand der beschleunigten Bewegung, dann einen Zustand der gleichmäßigen, zuletzt der verzögerten Bewegung. Die Gesamtzahl von Fahrzeugen auf eine Spurbreite und Stunde für Fahr- und Haltverkehr an Straßenkreuzungen beträgt:

$$C = \frac{3600 \cdot d_m}{(t_r + t_u)\, p}. \tag{107}$$

Hierbei bedeutet d_m den Abstand der Straßenkreuzungen, t_r die Freigabezeit in Sekunden, t_u die Stoppzeit in Sekunden, p Abstand der Fahrzeuge.

Tatsächliche Beobachtungen, die auf der 5. Avenue in New York angestellt worden sind, haben ergeben, daß unter solchen Verkehrsbedingungen der durchschnittliche Beschleunigungswert zu 1,8 m/sec² und der entsprechende Durchschnittswert der Bremsverzögerung zu 2,4 m/sec² angenommen werden können. Daraus folgt für die Entfernung p der Wert

$$p = v \cdot t_r - \frac{7}{14,4} v^2. \tag{108}$$

Unter Zugrundelegung der Gleichung 104 ist die Leistungsfähigkeit für eine Wagenlänge von 4,5 m bei verschiedenen Geschwindigkeiten berechnet und in der (Abb. 258 S. 436) — untere Kurve — dargestellt. Die Höchstleistung ist 1020 Wagen/h bei 20 km Fahrgeschwindigkeit, welche einer Reisegeschwindigkeit von 17,5 km/h entspricht. Wenn kein Fließverkehr möglich ist, wird die Reisegeschwindigkeit auch durch den Abstand der Querstraßen beeinflußt. Bei neuen Bebauungsplänen sollte auf diesen Umstand Rücksicht genommen werden und die Querstraßen einen möglichst großen Abstand erhalten. Die Leistungsfähigkeit einer Straße ist also von der Fahrgeschwindigkeit der Fahrzeuge abhängig. Wie die Abb. 258 zeigt, kann nur bis zu einer bestimmten Fahrgeschwindigkeit eine Erhöhung der Leistung erreicht werden. Tatsächlich liegt aber die kritische Fahrgeschwindigkeit, über die hinaus eine Vermehrung der Leistung der Straße nicht zu erzielen ist, etwas höher als die Berechnung ergibt, die mit größter Sicherheit und vollen Bremsabständen rechnet. Die Fahrpraxis läßt ein gewisses Risiko zu. Nach Erfahrungen in Los Angeles ist die größte Fahrgeschwindigkeit zu 35 km/h festgestellt worden. Sie erfordert aber eine große Fahrsicherheit der Wagenlenker, die noch nicht in allen Ländern vorhanden ist. Für die 5. Avenue mit 4 Fahrspuren in New York, deren Fahr- und Halteverkehr mit 120 Sek. in der N-S-Richtung und 50 Sek. in der Ost-West-Richtung und 10 Sek. Aufenthalt geregelt ist, wird eine stündliche Leistungsfähigkeit von 1150 Wagen insgesamt in der Straßenrichtung und 450 in der Querrichtung geschätzt. Die übliche Belastung ist ²/₃ davon. Der Verkehr ist zwar niemals in beiden Richtungen gleich stark, dennoch ergibt sich nach Feststellungen des Verfassers im Jahre 1930 in den Stunden der Hochflut eine völlige Verkehrslähmung. Die Reisegeschwindigkeit eines Omnibus hat 6 km/h betragen. Die ungleiche Verteilung des Verkehrs auf beiden Richtungen wird insofern ausgenützt, als auf manchen Straßen eine mittlere Fahrspur jeweils in der Richtung des stärksten Verkehrs benützt werden darf, morgens zur Stadt hinein, abends heraus (197).

Die Kurven der Abb. 258 stellen Bedingungen für eine übliche Stadtstraße dar, deren Fahrdamm frei ist von irgendwelchen Einbauten. Wenn Straßenbahngleise verlegt worden sind, wird die Leistungsfähigkeit bis zu 50 vH herabgesetzt, etwa in dem Verhältnis, wie es durch die nachfolgende Zusammenstellung erläutert wird:

Straße mit Kraftomnibus und Verkehrsregelung	750 Wagen/h	für eine Fahrspur
Straße mit Hochbahnviadukt.	700 „	
Straße aus drei Wagenspuren ohne Verkehrsregelung	700 „	
Straße mit vier Wagenspuren und Straßenbahn	600 „	
Straße mit drei Wagenspuren und Straßenbahn	475 „	
Straße mit Straßenbahn und Hochbahnviadukt	400 „	

Die Regelung an den Straßenkreuzungen muß außerdem in der Weise erfolgen, daß die Fahrzeuge möglichst nicht an jeder Straßenkreuzung halten müssen, sondern eine größere Strecke ohne Halten durchmessen können. So bedient auf dem Michigan Boulevard in Chicago ein Verkehrsturm zugleich die Signaltürme an acht anschließenden Straßenkreuzungen in der Weise, daß alle neun Signale (einschließlich des Betriebsturmes) zu gleicher Zeit dieselbe Farbe zeigen. Beträgt die Strecke innerhalb der neun Straßenkreuzungen etwa 500 m und die Signalzeit 1 Minute, so kann ein Fahrzeug in dieser Frist eine Reisegeschwindigkeit von etwa 30 km erreichen. Nach Abzug der Zeitverluste für die Anfahrbeschleunigung und Bremsverzögerung wird die eigentliche Fahrgeschwindigkeit aber höher. Aber dagegen ist nichts einzuwenden, weil die Fahrstraße völlig frei liegt und alle Fahrzeuge in derselben Richtung fahren.

Eine Verbesserung kann in der Weise erfolgen, daß nach dem Fließsystem auf langen Straßen die Zeichen nacheinander wechseln in einem Abstande, der der zulässigen Fahrgeschwindigkeit entspricht.

Die Aufgabe, in welchen Abständen die Lichtzeichen an den einzelnen Straßenkreuzungen wechseln müssen, damit ein durchlaufender Verkehr auf der Durchgangsstraße möglich ist, kann zeichnerisch in einer Zeitweg-Kurve (Abb. 259)

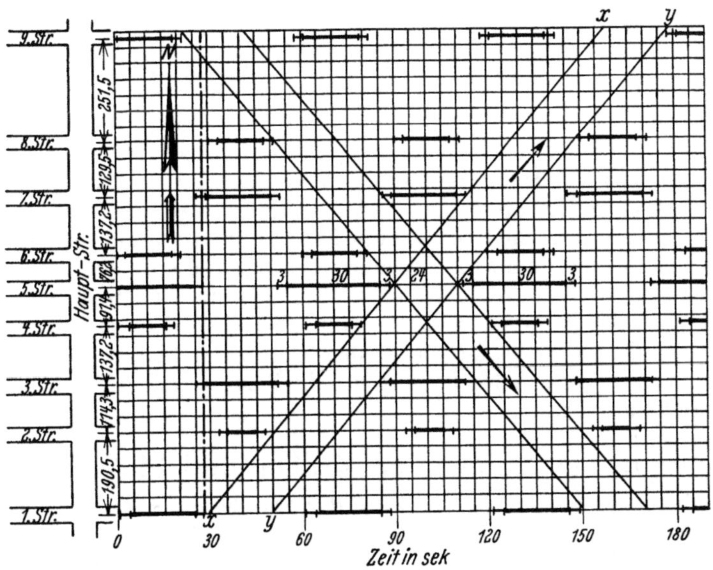

1	2	3	4	5	6
Anteil des Hauptstraßenverkehrs am Gesamtverkehr an der Kreuzung in %	Freie Durchfahrt in sek: Haupt-Str.	Gelb	Quer-Str.	Gelb	Zeitverschiebung
60	36	3	18	3	54
65	39	3	15	3	23
55	33	3	21	3	25
65	39	3	15	3	53
40	24	3	30	3	60
70	42	3	12	3	51
50	30	3	24	3	27
75	45	3	9	3	20
55	33	3	21	3	0

Abb. 259. Zeichnerische Darstellung der Durchfahrtzeiten an einer Kreuzung.

gelöst werden. Links ist der Lageplan aufgetragen. Es sei angenommen, daß der Verkehr auf der Haupt- und den Querstraßen gezählt worden ist. Er ist an den einzelnen Querstraßen durchaus verschieden, am größten an der Straße Nr. 5. Infolgedessen wird hier die Hauptstraße auf 30 Sek. gesperrt. An den anderen Querstraßen ist die Sperrung zugunsten der Hauptstraße geringer. Das Verhältnis in vH des Verkehres der Hauptstraße zum Gesamtverkehr an der Kreuzungsstelle ist in der Zusammenstellung rechts in Spalte 1 angegeben. Danach richtet sich die Zeit der Verkehrsöffnung. Die Dauer der einzelnen Signale geben die Spalten 2—5 und die Zeitverschiebung an den einzelnen Signallampen zur 1. Straße die Spalte 6 an. Durch Schaltungen und Automaten ist es möglich und wird auch oft angewendet, die Zeiten je nach der Stärke und Richtung des Verkehres im Laufe des Tages zu ändern; z. B. ist die fließende Regelung in der 16. Straße in Washington so getroffen, daß auf der ganzen Straße an den verkehrsarmen Tagesstunden eine Reisegeschwindigkeit von 35 km/h und 29 km/h in den Zeiten des Spitzenverkehres möglich ist (s. Abb. 264). In der gleichen Weise ist jetzt auch der Verkehr in der Leipziger Straße in Berlin geregelt. Sie ist in einzelne Blockabschnitte eingeteilt, die durch in Straßenmitte aufgehängte Signallampen kenntlich gemacht sind. Der Lichtwechsel zwischen Rot—Gelb—Grün—Gelb—Rot ist so abgestimmt, daß auf der Strecke zwischen Leipziger Platz und Spittelmarkt eine Reisegeschwindigkeit von 18 km/h möglich ist.

Schwierig gestaltet sich an den Straßenkreuzungen das Einbiegen nach links (bei Rechtsfahren) und nach rechts (bei Linksfahren), weil dann eine Überschneidung einer Hauptfahrlinie mit einer Übergangslinie stattfindet (S. 438). In den V. St. A. ist überhaupt das Ausbiegen nach links in den Hauptverkehrsstraßen verboten. Wer nach links fahren will, kann das nur in der Weise, daß er nach rechts ausbiegt und einen Häuserblock im Sinne des Uhrzeigers umfährt, in eine Straße mit geringerem Verkehr, und dann die Straße, aus der er gekommen ist, rechtwinklig kreuzt. Es muß also ein Umweg gemacht werden, der sich auf einige hundert Meter belaufen kann. Diese einfache Lösung ist nur dadurch möglich, weil das städtische Straßennetz in den V. St. A. nach dem Schachbrettsystem angelegt ist. Wo Abweichungen davon bestehen, wie z. B. an Parkanlagen, wird die Regelung sehr verwickelt. Eine Lösung ist in Deutschland in der Weise angestrebt, daß zwischen den beiden Zeichen, die die eine und dann die andere Verkehrsrichtung freigeben, ein drittes Zeichen eingeschaltet wird, das als Achtungszeichen bezeichnet wird. Bei Flügelsignalen besteht es in gelben Flügeln, die aufgeklappt werden. Bei Lichtsignalen wird zwischen die beiden Hauptlichtzeichen Rot und Grün oder Grün und Rot ein gelbes Lichtzeichen eingeschaltet. Dieses bedeutet Achtung und soll den Verkehr auf den Zeichenwechsel aufmerksam machen. Es ermöglicht denjenigen Fahrzeugen, die sich zum Einbiegen nach links aufgestellt haben, diese Bewegung zu vollziehen, ehe das grüne Zeichen erscheint und damit die Verkehrsrichtung, in die sie einbiegen wollen, freie Fahrt hat. Es wird auf diese Weise die Vereinigung der Übergangsfahrlinie mit der Hauptfahrlinie erleichtert. Es kann aber diese Regelung nur ein Notbehelf sein, wie z. B. die Beobachtung auf dem Potsdamer Platz in Berlin erkennen läßt. Außerdem wird der Verkehr noch um die Zeit des gelben Signals, die etwa 6 Sek. beträgt, aufgehalten.

d) Maßnahmen in der Anlage der Straßen und Plätze.

Die Verkehrsregelung kann wohl die Leistung der Straßen verbessern. Die Sicherheit und Flüssigkeit des Verkehres wird aber in erster Linie durch die Anlage der Straßen beeinflußt. Bei bestehenden Straßen werden besondere Maßnahmen getroffen werden müssen. Der Entwurf neuer Straßen wird schon im Bebauungsplan so zu erfolgen haben, daß für alle Vorgänge ein zwangloser Verkehrsablauf vorhanden ist.

1. Maßnahmen für den Fußgänger.

Der Fußgänger soll sich auf möglichst kurzen Wegen über die Fahrdämme bewegen.

Er soll die Fahrdämme möglichst senkrecht schneiden, damit er den Verkehr von beiden Seiten beobachten kann.

Bei starkem Verkehr muß die Überschreitung der Fahrdämme so angeordnet werden, daß der Fußgänger jeweils nur eine Verkehrsrichtung zu kreuzen braucht und einen Ruhepunkt findet, ehe er die nächste Verkehrsrichtung kreuzen muß.

Für das Kreuzen von Straßenbahngleisen und Besteigen und Verlassen der Straßenbahnwagen sind besondere Schutzanlagen zu schaffen.

Wo die Freihaltung der Fahrbahnen für den Personenverkehr die Leistungsfähigkeit der Straßen unzulässig einschränkt, müssen Unter- oder Überführungen für die Fußgänger angelegt werden. Eine solche Überführung in San Franzisco zeigt Abb. 49 (S. 63). Unterführungen werden jetzt vielfach in Verbindung mit Untergrundbahnen hergestellt (Berlin: Leipziger Platz, London u. a. O.).

2. Maßnahmen für den Wagenverkehr.

Um die aus der Kreuzung mehrerer Straßen sich ergebenden Gefahren von vornherein auszuschließen, ist das beste Mittel, an einem Punkte möglichst wenig Straßen zusammenzuführen. Bei Aufstellung neuer Bebauungspläne ist das möglich. Die früher beliebten Sternplätze und Verkehrsplätze dürfen in neuzeitlichen Bebauungsplänen nicht erscheinen. Der Verkehrsplatz hat keine Daseinsberechtigung mehr.

Es ist anzustreben, die Trennungs- und Vereinigungspunkte etwas einzuschränken, indem die Zerlegung und Zusammenführung der Hauptfahrlinien gestaffelt wird in der Weise, daß erst nach zwei Fahrlinien getrennt wird, aus denen dann nacheinander die anderen abzweigen. Der Hauptwert muß aber darauf gelegt werden, die Überschneidungspunkte einzuschränken, da sie die Verkehrsabwicklung am meisten erschweren. Das kann dadurch geschehen, daß die Übergangsfahrlinien schon vor der eigentlichen Platzkreuzung angelegt werden, oder die einfachste Form, daß aus dem Viereck zwei Dreiecke gemacht werden (Abb. 260). Dadurch wird die Zahl der Überschneidungen von sechzehn auf sechs ermäßigt. Diese Anordnung hat eine Rolle im Städtebau gespielt und wird empfohlen, um Nebenstraßen in die Hauptstraßen einzuführen, wobei der Abschluß der Nebenstraße vom architektonischen Standpunkte betont wird. Der Nachteil dieser Maßnahme besteht darin, daß der Verkehr gewissermaßen in Schlangenlinien geführt wird.

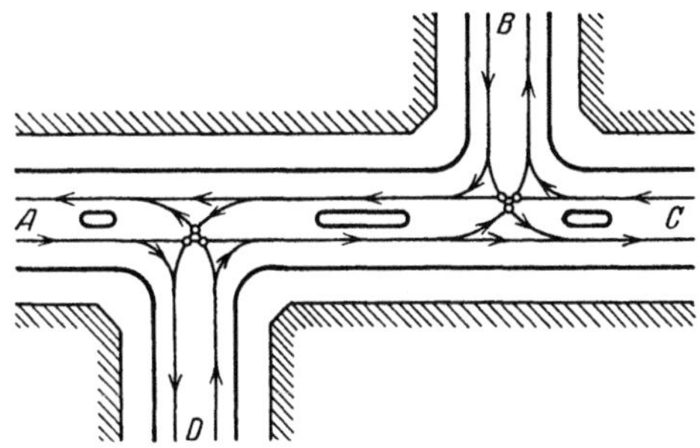

Abb. 260. Versetzen einer Straßenkreuzung.

Der Vorteil der Anlage nach Abb. 260 ist nur scheinbar und wird durch die Erfahrung nicht bestätigt, wenn es sich um die Zusammenführung zweier verkehrsreicher Straßen handelt. Der Grund dafür ist, daß die Zahl der nach links einbiegenden Wagen bei der Aus- und Einfahrt in die Anschlußstraße einen viel höheren Anteil haben wird, als bei einer Straßenkreuzung von zwei Straßen. Die Fahrt im großen Bogen kann nur mit geringerer Geschwindigkeit vor sich gehen, als bei einer einfachen Straßenkreuzung. Die Durchgangsstraße muß also zur Bewältigung der gleichen Zahl Wagen bei Einmündung einer Anschlußstraße länger gesperrt bleiben als bei einer Straßenkreuzung.

Bei Zusammenführung von fünf Straßen in einem Punkte wird die fünfte Straße vor der Kreuzung mit einer der neben ihr liegenden Straßen zusammengeführt und dadurch eine einfache Kreuzung geschaffen. Das wird grundsätzlich für neue Bebauungspläne zu beachten sein.

In vorhandenen Stadtanlagen kann an der Straßeneinführung nichts geändert werden. Das Schwergewicht der technischen Maßnahmen wird in diesem Falle in der richtigen Führung des Verkehres liegen. Die technischen Maßnahmen zur richtigen Verkehrsführung erstrecken sich alsdann auf die folgenden:

1. Alle Fahrlinien sind so übersichtlich als möglich anzuordnen, daß auch ein mit den örtlichen Verhältnissen nicht vertrauter Fahrer nicht nur den eigenen, sondern auch die übrigen Übergangswege möglichst weit übersehen kann und ohne weiteres den richtigen Weg findet.

2. Jede Fahrlinie soll möglichst eindeutig und scharf durch erhöhte Bordkanten der Gehwege und durch Schutzinseln festgelegt werden und damit dem Fahrer der Weg genau vorgeschrieben sein. Die Fahrlinie soll nicht breiter sein, als die Verkehrsverhältnisse es verlangen. Große Fahrdammflächen sind vom Übel, sie verleiten zu willkürlichem Fahren und Überholen, sie sind durch Platz-

inseln einzuschränken. Die Lage der Fahrlinien kann auch durch Farblinien auf dem Fahrdamm oder durch Führungstafeln und Laternen gekennzeichnet werden.

3. Alle Schutzinseln sind so zu legen, daß die Fußgänger auf dem kürzesten Wege die Fahrdämme überschreiten können, die Bürgersteige sind so weit, als es der Verkehr erlaubt, vorzuziehen.

4. Die Bordkanten an den Straßenecken sind mit großem Halbmesser abzurunden, damit auch lange Fahrzeuge einbiegen können, ohne die entgegengesetzte Fahrlinie zu berühren.

5. Durch Schranken, die auf den Bordkanten errichtet werden, sind die Fußgänger auf die Furten zu verweisen, auf denen sie ungefährdet die Dämme überschreiten können. Durch die eindeutige Festlegung dieser Furten kann auch der Wagenverkehr durch Ermäßigung seiner Geschwindigkeit an diesen Stellen zur Sicherung des Verkehres beitragen.

3. Einbahnstraßen.

Straßen, deren Fahrdämme nicht breit genug sind, um den Verkehr beider Richtungen aufzunehmen, werden zu Einbahnstraßen gemacht, in denen nur in einer Richtung gefahren werden darf. Sie dienen auch vielfach zur Entlastung parallel-laufender Hauptverkehrsstraßen. Da kein Gegenverkehr vorhanden ist, kann auch eine höhere Fahrgeschwindigkeit erreicht werden. Die Anordnung einer Einbahnstraße hat zur Voraussetzung, daß zwei Parallelstraßen bestehen, damit beide Fahrrichtungen in gleichem Maße berücksichtigt werden können; Rechtsverkehr ist dabei einzuhalten. Durch solche Einbahnstraßen wird auch die Zahl der Gefahrpunkte ermäßigt, wie die Abb. 261 zeigt. Es treten nur fünf Überschneidungen auf. Nimmt die Stelle des Baublockes bei *A* eine Promenade ein, so ist ersichtlich, welche Vorteile eine Straße mit Mittelpromenade hat, deren beide Fahrdämme nur in einer Richtung befahren werden dürfen. In großem Maße ist das Einbahnstraßensystem in den amerikanischen Großstädten durchgeführt. Die Straßen mit geraden Nummern dürfen nur in der einen Richtung, die mit ungeraden nur in der anderen Richtung befahren werden. Mit dieser Anordnung sind gleichfalls Umwege für den Verkehr verbunden, er muß sie aber auf sich nehmen, zumal bei der Fahrgeschwindigkeit der Kraftwagen die Umwege schnell überwunden sind und durch Fortfall von Haltezeiten an den Kreuzungen eingespart werden können.

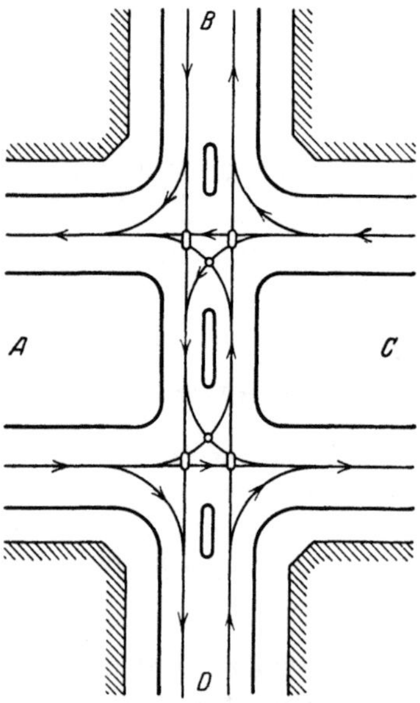

Abb. 261. Straße mit Mittelpromenade, Einbahnstraßen.

Auf Verkehrsplätzen mit Zusammenführung mehrerer Straßen empfiehlt es sich, zur Verringerung der Hauptfahrlinien die Straßen mit geringerer Verkehrsbedeutung zu Einbahnstraßen zu machen.

4. Kreisverkehr.

Bei Straßenkreuzungen mit mehr als vier Straßeneinmündungen ist die Regelung durch Halt- und Fahrverkehr schwer durchzuführen. Das Einbiegen nach links kann hier schwer unterbunden werden. Als Lösung für solche Stellen, die meist die Form eines Sternplatzes haben, und aus früheren Zeiten des Städtebaues stammen, gilt die Führung des Verkehres im Kreise. Es wird eine Mittelinsel angelegt, um die im entgegengesetzten Sinne des Uhrzeigers (bei Rechtsfahren) der gesamte Verkehr geführt wird. Um die Mittelinsel läuft eine Fahrlinie, in die alle anderen Fahrlinien eingeführt werden. Die aus der Straße auf den Platz einfahrenden Fahrzeuge fädeln sich in den Kreisverkehr ein und lösen sich aus ihm, wenn sie in eine andere Straße übergehen.

Der Nachteil dieser Verkehrsführung besteht darin, daß bei einer Fahrrichtung entgegengesetzt dem Sinne des Uhrzeigers die Wagen, die nach links ausbiegen wollen, um in die benachbarte Straße zu gelangen, den ganzen Platz (Abb. 262) umfahren und damit Umwege machen müssen. Es wird in diesem Falle das unmittelbare Einbiegen nach links verhindert. Die ganze Kreuzung ist jetzt in eine Anzahl von Trennungs- und Vereinigungspunkte aufgelöst. Um Begegnungen zu vermeiden, werden an den Straßeneinmündungen Schutzinseln angelegt, die zugleich den Fußgängern das Überschreiten des Fahrdammes erleichtern.

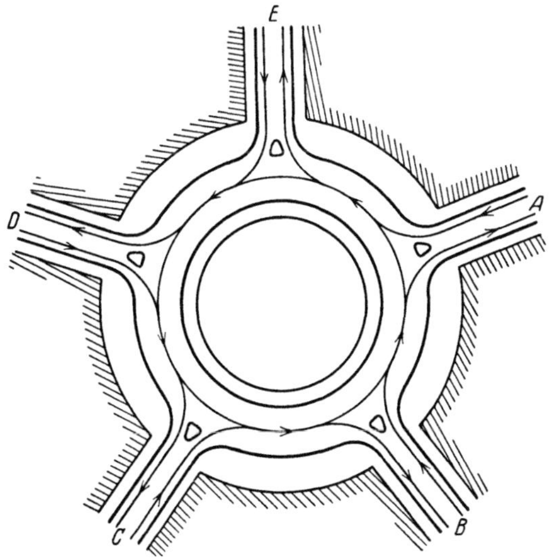

Abb. 262. Kreisverkehr.

Je größer der Durchmesser des Platzes ist, um so mehr Straßen können einmünden. Ist der Abstand der Straßen voneinander wegen des geringen Durchmessers des Platzes zu gering, d. h. der Winkel zwischen zwei benachbarten Straßen sehr spitz, dann wird das Bogenstück der äußeren Bordschwelle zwischen zwei Straßen sehr kurz und das Einfädeln und Auslösen der Fahrzeuge geht nicht störungsfrei vor sich. Nach amerikanischen Untersuchungen soll der innere Durchmesser der Insel mindestens 20 m betragen. Nach deutschen Erfahrungen muß er mindestens 30 m haben, sonst können größere Lastzüge mit mehreren Anhängern und Wagen mit Gerüststangen oder Leitern ihn nicht befahren. Kleine Platzdurchmesser erschweren auch die Fahrdammausbildung. Zweckmäßig läßt man das Quergefälle des Fahrdammes von außen nach der Mitte fallen, um Schleudern der Fahrzeuge zu verhüten. Je größer der Durchmesser des Platzes ist, um so flacher kann das Quergefälle gehalten werden, desto besser lassen sich auch die Fahrdämme der einmündenden Straßen an den Kreisfahrdamm anschließen. Bei kleinen Platzdurchmessern ergeben sich häßliche windschiefe Dammflächen, die auch für den Verkehr ungünstig sind.

Der Kreisverkehr nach Abb. 262 ist zweifellos für Plätze mit mehr als 4 einmündenden Straßen ($4 + n$ Eck) die einzige Möglichkeit der Regelung ohne Verkehrsschutzmann. Hiergegen wird eingewendet, daß er nicht genügend leistungsfähig sei. Wie schon zuvor berechnet, kann die Leistung e i n e r Fahrspur ohne Unterbrechung auf 1500 Wagen geschätzt werden. Da theoretisch der Kreisverkehr sich nur in einer Fahrlinie bewegen kann — bei zwei und mehr Fahrspuren lassen sich beim Ausfahren von der inneren Spur in die Radialstraße Überschneidungen und Verkehrsbehinderungen nicht vermeiden — würde die Leistungsfähigkeit im Kreisverkehr auf 1500 Wagen/stdl. beschränkt sein. Schon aus diesem Grunde kommt Kreisverkehr bei einer gewöhnlichen Straßenkreuzung nicht in Frage. Denn hier läßt sich selbst bei Regelung mit Fahr- und Haltverkehr bei zwei Spuren in jeder Richtung nach Abb. 258 eine Leistungsfähigkeit von 2000 Wagen erreichen. Es wäre also verfehlt, in solchem Falle, dem Verkehr die Unbequemlichkeit des Kreisverkehres zuzumuten. Indessen steht die auf dem Wege der Überlegung gefundene Leistungsfähigkeit mit der Erfahrung im Widerspruch. Es gibt Plätze mit Kreisverkehr, die einen höheren Verkehr bewältigen — z. B. Columbus Circle in Newyork, Place d'Etoile, Place de la Concorde in Paris. Es wird dort mit mehreren Fahrspuren gefahren. Gegen den Kreisverkehr wird auch eingewendet, daß der Fußgängerverkehr an den einmündenden Straßen gefährdet ist, und daß die Verkehrsbewältigung eingeschränkt wird, wenn an diesen Stellen, um den Fußgänger zu schützen, abgestoppt wird. Tatsächlich soll an solchen Einmündungen die Unfallgefahr verhältnismäßig groß sein. Inzwischen ist aber auch an Plätzen mit Kreisverkehr die Regelung mit Signallichtern eingeführt worden. Das ist deshalb möglich gewesen, weil auf solchen Sternplätzen nicht alle Straßen den gleichen Verkehr

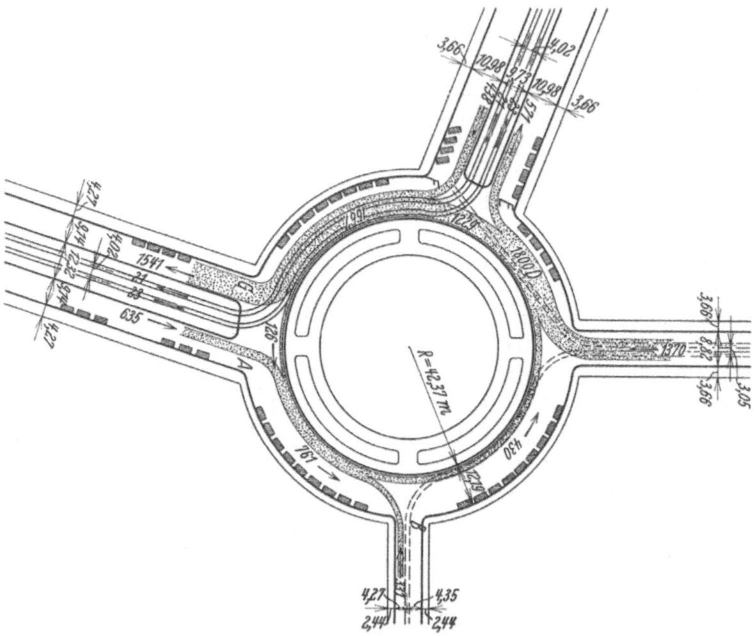

Abb. 263. Lee Circle in New Orleans.

haben, sondern zumeist zwei Durchgangsstraßen sich kreuzen, die anderen Straßen nur nebensächlich sind. Das gilt für viele Plätze mit Kreisverkehr, z. B. auch für den Lee Circle in New Orleans (Abb. 263), auf dem in der einen Richtung 1800 Wagen/h gezählt worden sind, und auch noch auf dem Kreisabschnitt mit Straßenbahngleisen 1667 Fahrzeuge haben bewältigt werden können. Ein bemerkenswertes Beispiel ist der Scott Circle in Washington. Hier hat man geglaubt, auch im Kreisverkehr 2 Fahrlinien schaffen zu können, indem die beiden Hälften des Fahrdammes in der Richtung des Hauptverkehres durch Schutzinseln aufgeteilt sind (vgl. Abb. 264). Der Hauptverkehr geht im Zuge der 16. Straße und im Zuge der Mass. Avenue und im Übergang von der Mass. Avenue nach der 16. Straße. Die Rhode Island Avenue ist eine peripherische Straße ohne Verkehr. Die innere Fahrbahn dient dem Durchgangsverkehr der 16. Straße, die äußere dem Übergang in die anderen Straßen. Aber auch hier ist wegen des starken Verkehres morgens und abends die Regelung mit Signalen eingeführt worden. Einmal werden die beiden Fahrtrichtungen im Zuge der 16. Straße freigegeben. Dieser Zustand ist als ein reiner Kreuzungsverkehr anzusehen. Die andere Phase gestattet einen Kreisverkehr auf der äußeren Kreisfahrbahn, der sich aber glatt vollziehen kann, weil er von dem sehr starken Verkehr der 16. Straße entlastet ist. Die Schutzinseln gestatten übrigens dem Fußgängerverkehr ein gefahrloses Kreuzen des Platzes. Es ist also hier ein Kreuzungsverkehr mit einem Kreisverkehr vereinigt. Da für die meisten Sternplätze gilt, daß der Verkehr nur in wenigen Richtungen ausgeprägt ist, so wird der Kreisverkehr die beste Lösung sein. Straßenbahnen sollen in möglichst gestreckter Form über den Platz geführt werden. Fußgängerverkehr ist von der Mittelinsel fern zu halten, auch Eingänge zu Untergrundbahnhaltestellen dürfen auf dem Platz nicht angelegt werden.

Aus den Angaben auf S. 440 ist bereits zu entnehmen, daß das Vorhandensein von Straßenbahnen die Leistungsfähigkeit eines Fahrdammes herabsetzt. Da in den bebauten Stadtgebieten die Straßenbreite festliegt, hat der Gedanke nahegelegen, die Straßenbahnen zu beseitigen und ihren Raum dem übrigen Verkehr freizugeben. In dieser Hinsicht stehen sich zwei Ansichten gegenüber. Die eine verlangt, die Straßenbahnen wegen der Behinderung des übrigen Verkehres aus den Städten zu entfernen und nur dem beweglichen Fahrzeug — Personenwagen und Omnibus — den Straßenraum zu überlassen. Die andere vertritt den Standpunkt, daß in den Großstädten die bestehenden Straßen in erster Linie denjenigen Verkehrsmitteln überlassen werden, die in der Lage sind, die größte Anzahl Personen zu bewältigen, das sind die Straßenbahnen und Omnibusse (198). Soweit der übrige Verkehr keinen Platz mehr findet, soll er aus den Hauptverkehrsstraßen beseitigt und durch andere Straßen gelenkt werden. Es ist übereinstimmend in Deutschland wie in Nordamerika festgestellt worden, daß ein Straßenbahnzug für die Beförderung eines Fahrgastes 0,44 m², ein Kraftomnibus 0,81 m² und ein Personenkraftwagen 9,75 m² beanspruchen, d. h., daß sich die Leistungsfähigkeit bezogen auf die Straßenfläche von Straßenbahn zu Omnibus zu Personenkraftwagen wie 1 : 1,6 : 19,5 verhält.

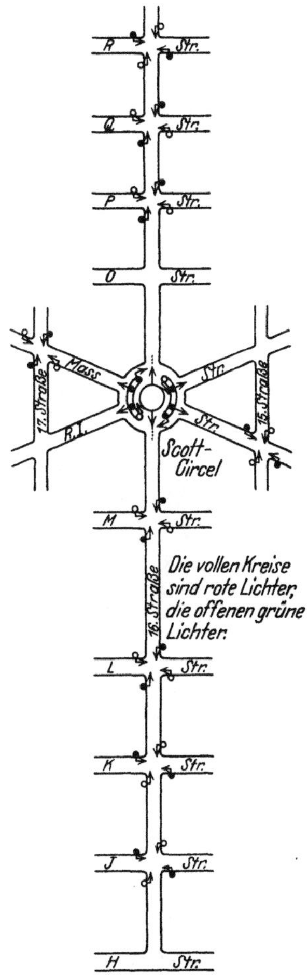

Abb. 264. Fahrregelung auf der Scott-Circel mit 16. Straße, Washington (V.St.A.).

Es genügt daher schon, daß ein geringer Anteil der Bevölkerung vom öffentlichen Verkehrsmittel auf den Kraftwagen abwandert, um eine Überfüllung der Straßen herbeizuführen. Denn für eine solche Verkehrsbelastung bietet das städtische Straßennetz nicht mehr Raum genug. Die letzte Ansicht nimmt daher die öffentlichen Belange am meisten wahr und dürfte allein Aussicht auf Berücksichtigung haben. Wo allerdings die Straßenfläche auch die öffentlichen Verkehrsmittel nicht mehr aufnehmen kann, muß durch Untergrundbahnen eine Entlastung des Oberflächenverkehres angestrebt werden.

An Straßenkreuzungen mit geringem Verkehr ist eine selbsttätige Signalgebung in der Weise neuerdings geschaffen, daß in der Straßenkreuzung eine Signallampe aufgehängt ist, die das rote Warnungssignal aufleuchten läßt, wenn ein Fahrzeug einen Kontakt überfährt, der in genügendem Abstand vor der Kreuzung (Bremsabstand) im Straßenpflaster eingebaut ist. Auch werden Gummitafeln im Fahrdamm vor Kreuzungen befestigt, die zur Vorsicht mahnen; sie legen sich um, wenn sie vom Wagen überfahren werden.

Wenn in bebauten Stadtgebieten durch Verbesserung der Straßenanlage oder durch Regelung ein Erfolg nicht mehr erzielt werden kann, dann muß der Verkehr durch Öffnung neuer Verkehrswege mittels Straßendurchbrüche, Bauen von zweigeschossigen bahnfreien Kreuzungen oder besonderen Bahnen neue Auswege erhalten. Darüber befinden sich Angaben im Abschnitt III Ac.

B. Regelung des Verkehrs durch feste Zeichen.

Die festen Zeichen werden unterschieden nach:

a) Richtungsschilder,

b) Gefahrentafeln,

c) Gebots- und Verkehrstafeln,

d) sonstige Einrichtungen, die der Sicherheit und Leichtigkeit des Verkehres dienen.

Zu a). Richtungsschilder. Die Schilder sind Ortsschilder und Wegweiser. Für sie ist die Form der Abb. 265 angenommen. Der Grund ist gelb und die Buchstaben und die Umrandung schwarz.

Zu b). Gefahrentafeln. Nach Art. 7 der Reichsverfassung hat das Reich nur die Gesetzgebung über den Verkehr mit Kraftfahrzeugen. Die Regelung des allgemeinen Verkehres und die Durchführung der reichsgesetzlichen Maßnahmen liegt bei den Landesregierungen. Um innerhalb des Reiches zu einer einheitlichen Verkehrsregelung zu kommen, haben Reich und Länder die sogenannte Reichsstraßenverkehrsordnung, die den Fuhrwerk-, Rad- und Fußgängerverkehr regelt, vereinbart. Darüber hinaus wird auch eine internationale Regelung z. B. hinsichtlich des Rechtsfahrens, der Gefahrentafeln, Geschwindigkeitsangaben und ähnliches angestrebt. In Preußen enthält das Polizeikostengesetz die Richtlinien für die gleichmäßige Gestaltung aller Verkehrszeichen und Signalanlagen.

Abb. 265. Richtungsbezeichnung im Landgebiet.

Die Aufstellung von Gefahrentafeln beruht auf § 5a des Gesetzes über den Verkehr mit Kraftfahrzeugen vom 21. Juli 1923. Gefährliche Wegstrecken sollen an den Straßen, die für den Durchgangsverkehr dienen, durch Warnungstafeln gekennzeichnet werden. Nach der Verordnung über Warnungstafeln (Gefahrentafeln) für den Kraftfahrzeugverkehr vom 8. Juli 1927 bestimmen die Landesbehörden nach Anhörung von Sachverständigen aus den am Kraftfahrzeugverkehr beteiligten Kreisen, welche Wegstrecken dem Durchgangsverkehr dienend anzusehen sind. Solche Warnungszeichen werden von den Wegebaubehörden aufgestellt. Sie sind durch das Abkommen in Paris international geregelt. Ihre Form ist in der Abb. 266 wiedergegeben. Seitenlänge der Dreiecke 90 cm, bei Tafel „Achtung“ bis 60 cm. Breite des Randes, der eine rote Farbe erhält, 7 cm. Die Zeichen im weißen Feld sind schwarz.

Die Tafeln sind 150—250 m vor der gefährlichen Stelle anzubringen. Wo das wegen der örtlichen Verhältnisse nicht möglich ist, muß die Entfernung bis zur Gefahrstelle auf einer viereckigen weißen Tafel unter dem Zeichen angegeben werden. Um bei Dunkelheit auf Gefahren und Verkehrshindernisse aufmerksam zu machen, werden Ausstrahler (Katzenaugen) aufgestellt, die durch die Rückstrahlung des Scheinwerferlichtes die Fahrer zur Vorsicht mahnen. Vortrittssignale kommen zur Anwendung, wenn der Verkehr auf der Hauptstraße gegenüber demjenigen auf der Nebenstraße das Vorrecht hat. Das Zeichen ist auf der Nebenstraße aufzustellen.

Zu c). Da die Gebots- und Verbotstafeln weniger mit den technischen Anlagen der Straßen in Beziehung stehen und in die Zuständigkeit der Polizei fallen, sollen sie hier nicht behandelt werden.

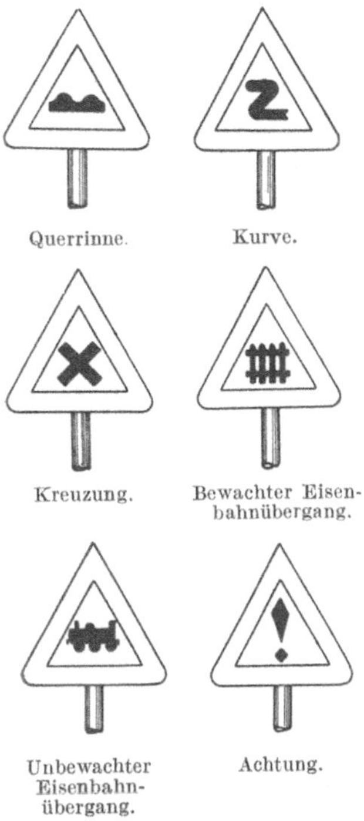

Abb. 266. Warnungstafeln.

Zu d). Sonstige Einrichtungen für die Erleichterung des Verkehrs. Zu den Einrichtungen, die den Verkehr sichern und erleichtern, gehören Verkehrssäulen, die mit Blinklichtern versehen sind, die an solchen Stellen stehen, an denen der Platz zur Anlage einer Schutzinsel nicht ausreicht. Sie sollen das nach links einbiegende Fahrzeug zwingen, den vorgeschriebenen großen Bogen einzuhalten. An Stelle solcher Pfosten hat man bei sehr beschränktem Raum auch Pfosten aus Gummi errichtet, die bei einem Anprall nachgeben. Auch im Fahrdamm eingebaute Lampen, die mit einem Schutzgitter überdeckt sind, dienen demselben Zweck, sogenannte Schildkröten (Abb. 267). Solche Lichtzeichen oder Pfosten werden auch aufgestellt, um die Mittellinie der Straße zu bezeichnen und die beiden Fahrrichtungen oder bei sehr breiten Fahrdämmen auch die einzelnen Spuren zu trennen oder auch die äußere Begrenzung von Schutzinseln oder Straßenbahnhaltestellen anzudeuten.

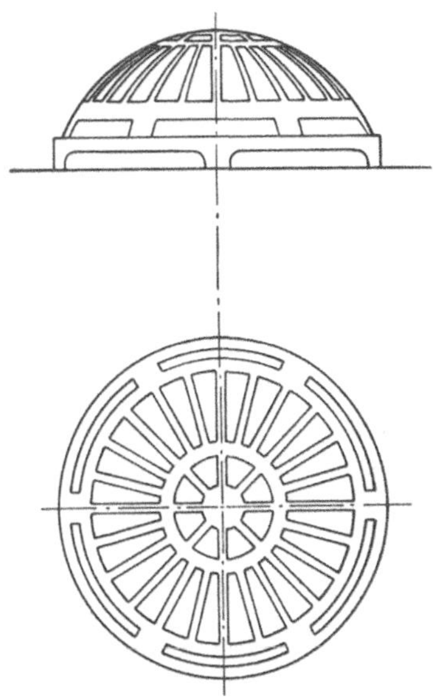
Abb. 267. Schildkröte

Auf Landstraßen werden die Fahrrichtungen durch einen Strich in der Mittelachse der Straße bezeichnet, bisweilen auf die ganze Länge, vielfach nur bei Krümmungen und bei Buckeln. Diese Striche sind farbig, bei Betonstraßen schwarz, bei Asphaltstraßen weiß oder gelb. An Stelle solcher farbigen Striche werden in Asphaltstraßen Nägel mit breiten Köpfen eingesetzt von etwa 100 mm ∅ (Abb. 268). Die Nägel haben eine gewölbte Oberfläche, um das Licht in allen Richtungen bei Beleuchtung zu reflektieren. Der Nagelschaft hat eine Einkerbung, durch die er in dem Asphalt festgehalten wird. Weiße Linien oder Nägel dienen auch dazu, die Fußwegübergänge an Straßenkreuzungen zu bezeichnen. Das englische Verkehrsministerium hat im Jahre 1921 eine Anweisung über die Benutzung solcher „Weißen Linien“ herausgegeben, die unter Übertragung auf deutsche Verhältnisse auszugsweise wiedergegeben werden sollen, z. T. sind sie in Deutschland selbst schon eingeführt. Diese weißen Linien sollen allein für sich dazu dienen, den Verkehr zu regeln, das gilt vor allem auf Landstraßen,

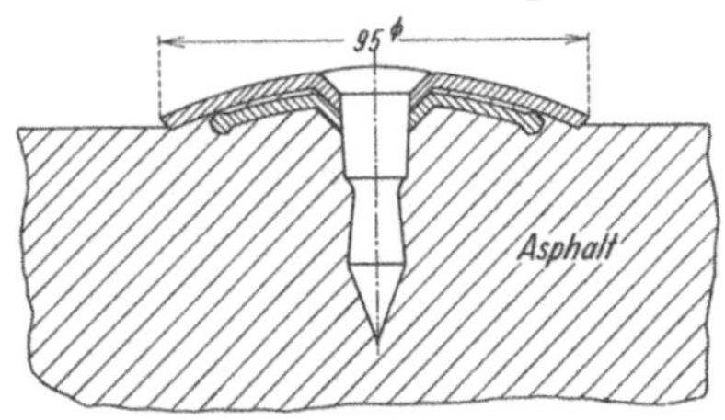

Abb. 268. Nägel im Asphalt zur Begrenzung der Fahrspuren.

zugleich aber auch in städtischen Straßen die polizeiliche Regelung unterstützen. Um in den Krümmungen der Landstraßen das Schneiden zu verhindern, wird für die volle Länge der Krümmung und etwa 15 m vor dem Anfang in Fahrdammmitte eine weiße Linie aufgemalt. Bei Krümmungen mit Verbreiterung wird die „weiße Linie" näher an die Innenkante gerückt. Besonders angebracht ist die „weiße Linie" bei Gegenkrümmungen und bei Buckeln mit geringer Sichtweite (s. Abschnitt III A u. B).

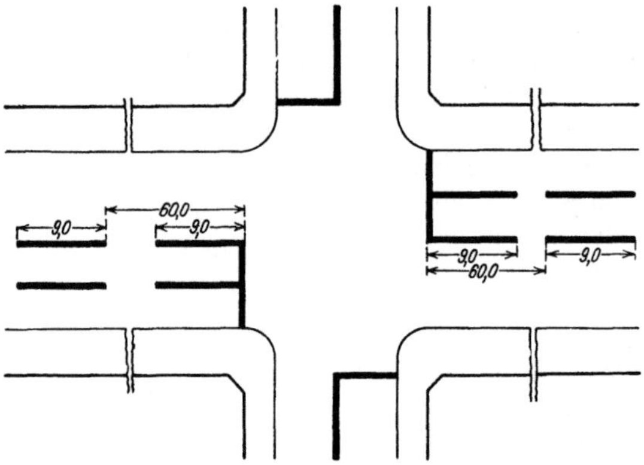

Abb. 269. „Weiße Linien" an Straßenkreuzungen mit Verkehrsregelung.

In städtischen Straßen trennen die „weißen Linien" die Fahrtrichtungen, sie werden aber auch benutzt, um die Grenzen zu bezeichnen, hinter denen die Wagen an den Straßenkreuzungen halten müssen, um die Fußgängerfurten frei zu lassen. An Kreuzungen, bei denen auch das Einbiegen nach rechts nicht zugelassen ist, werden die „weißen Linien" in der Form der Abb. 269 angebracht. Diese Anordnung gilt für Kreuzungen mit polizeilicher Verkehrsregelung. Die zwei Spuren in der breiteren von den beiden

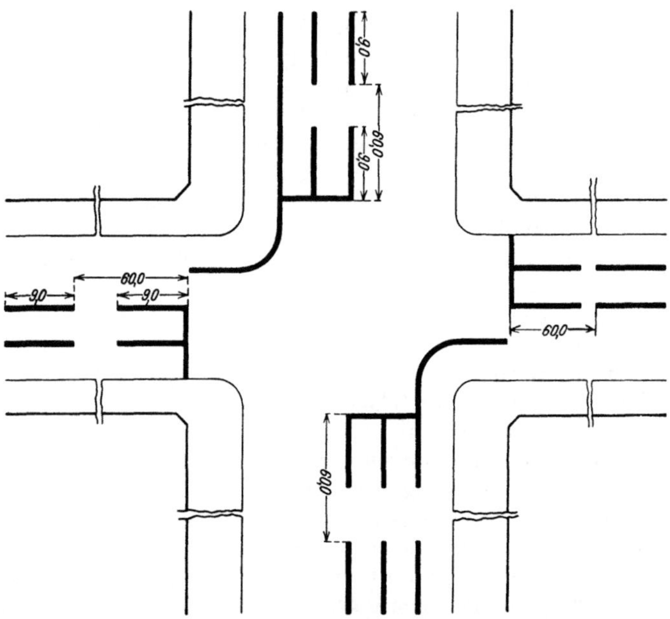

Abb. 270. Weiße Linien an Straßenkreuzungen mit Übergang.

Straßen sollen bewirken, daß die Wagenreihen sich dicht zusammenschließen, und daß die Wagen, die nach rechts einbiegen wollen, darauf hingewiesen werden, die Spur an der Bordkante aufzusuchen, um ohne Kreuzung der Hauptfahrlinie einbiegen zu können. Wo das Einbiegen nach rechts zugelassen werden kann, werden die „weißen Linien" nach der Form der Abb. 270 angebracht. In Hamburg sind zur Abgrenzung der ersten Spur von der daneben liegenden Poller eingesetzt. Die „weißen Linien“ können nur auf glatten Fahrbahnen aufgetragen werden. Auf Steinschlagdecken verschwinden sie sofort. Schwierigkeiten haben sich in der Aufbringung der Linien in dauerhafter Form ergeben. Durch Witterungseinflüsse und Verkehr werden sie sehr schnell verwischt.

Zur Kennzeichnung der Verkehrsbedeutung der Straßen in den Städten sind drei Weiser eingeführt.

1. Ein auf die Spitze gestelltes Quadrat für Verkehrsstraßen I. Ordnung (Abb. 271).

2. Ein auf die Spitze gestelltes Doppelquadrat für Verkehrsstraßen II. Ordnung (Abb. 272).

Auf Straßen I. und II. Ordnung hat der Durchgangsverkehr das Recht, an der Kreuzung mit anderen Straßen vorzufahren, und die aus den Nebenstraßen ausfahrenden Fahrzeuge müssen an der Kreuzung halten und dürfen erst die Straße kreuzen oder einbiegen, wenn eine Lücke in der Fahrzeugreihe der Hauptstraße vorhanden ist. Ferner dürfen sich gleichartige Fahrzeuge nicht überholen. Nur das schneller fahrende z. B. ein Personenwagen darf einen Lastkraftwagen überholen. Auch dürfen Personenfahrzeuge nicht länger halten, als das Ein- und Aussteigen erfordert.

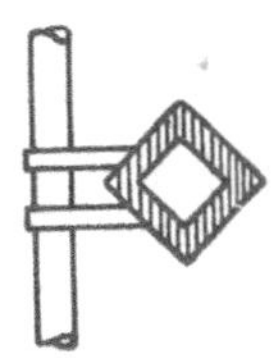

Abb. 271. Verkehrsstraße I. Ordnung.

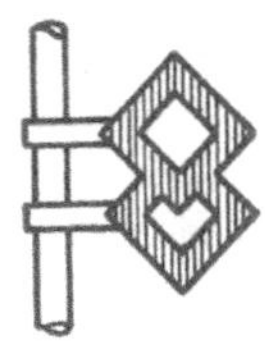

Abb. 272. Verkehrsstraße II. Ordnung.

3. Ein Pfeil mit der Aufschrift Einbahnstraße (Abb. 273). Die Pfeilspitze gibt an, in welcher Richtung die Straße befahren werden darf.

Um Flächen auf den Fahrdämmen abzugrenzen, die dem Fußgängerverkehr vorbehalten bleiben sollen oder zur Aufstellung von Kraftwagen bestimmt sind, werden Ständer benutzt. *P* bedeutet Platz zum Aufstellen von Wagen (Parken).

Abb. 273. Einbahnstraße.

Zur Verkehrsregelung gehören auch die Tafeln, die die Fahrgeschwindigkeit dort einschränken, wo sie unterhalb derjenigen Grenze bleiben muß, die an sich durch die K.V.O. zugelassen ist. Da die Fahrgeschwindigkeit innerhalb geschlossener Ortsteile niedriger liegt als außerhalb, so ist die Aufstellung von Tafeln, die die Geschwindigkeit bestimmen, gewissermaßen als Hinweis anzusehen, wo der geschlossene Ortsteil beginnt. Auch diese Zeichen sind einheitlich geregelt.

Bei Straßensperrungen wird die Richtung der Umfahrt durch einen schwarzen Pfeil auf gelbem Grund angegeben. Bei Landstraßen soll der Weg der Umfahrt durch eine Zeichnung in solchem Maßstabe, daß sie auch vom Kraftwagen aus gelesen werden kann, mit Namensangabe der berührten Ortschaften und die Länge des Umweges angegeben werden.

C. Beleuchtung der Straßen.

Stadtstraßen sind gewöhnlich beleuchtet. In diesem Falle ist den Kraftwagen verboten, ihre Scheinwerfer zu benützen. Die Straßen müssen aber so beleuchtet sein, daß der Verkehr sich sicher fühlt. Es muß die Beleuchtung genügend hell sein, sie darf aber nicht blenden. Straßen mit glänzender Oberfläche, z. B. nasse Stampfasphaltstraßen, blenden in hohem Maße. Für die Sehleistung des Auges ist nicht die Beleuchtungsstärke, sondern die Leuchtdichte der Straßendecke maßgebend.

Die Werte schwanken je nach dem Straßenzustand zwischen 6—40 vH. Betonstraßen werden durch Tropföl, Schmutz und Gummi dunkler, Asphaltstraßen heller. Vom beleuchtungstechnischen Standpunkte sollten Straßenbaustoffe, die ein Reflexionsvermögen unter 10 vH besitzen, weil sie zuviel Licht verschlucken,

Zusammenstellung 66. Reflexionsvermögen verschiedener Straßendecken in vH.

	trocken	naß
Beton rauh	37,5	23
„ glatt	37	15,5
Granitpflaster befahren	20	—
Kleinpflaster „	9,5	—
Stampfasphalt befahren	10,0	5
„ 30 Jahre alt	6,7	4,5
Hartgußasphalt befahren	11	4,6
Walzasphalt	6,5	3,2
Traßmakadam mit Splitteinwurf	30	—
Teerstraßen	10—25	—

und solche, die wegen der glänzenden Oberfläche blenden, nicht verwendet werden. Aber nicht nur die Straßenfläche, sondern auch die Gegenstände, soweit sie selbst nicht durch Lichter — Schlußlichter, Begrenzungslichter — kenntlich sind, müssen auf der Straße erkennbar sein; sie müssen sich von einem hellen Hintergrund abheben. Das Erkennen vollzieht sich daher an dem Unterschied der Leuchtdichte der senkrechten Flächen des Gegenstandes gegen die Leuchtdichte der horizontalen Fläche der Straßendecke. Das wird nur dann der Fall sein, wenn eine genügend gleichmäßig beleuchtete Straßenoberfläche vorhanden ist. Nur dann sind auch Gegenstände von geringerer Höhe, wie Bordkanten, Schutzinseln, spielende Kinder, Tiere, Schlaglöcher u. a. zu erkennen. Eine ungleichmäßige fleckenartige Straßenbeleuchtung ist auch für den Fahrer störend, da er den Überblick über die Straße verliert.

Bei der Anordnung der Leuchtquellen wird ihre Leuchtwirkung mit den Kosten in Einklang zu bringen sein. Als Beleuchtungskörper kommen nur Tiefstrahler in Frage. Scheinwerfer, die in der Richtung der Straßenachse leuchten, haben dieselben Nachteile wie die Scheinwerfer an den Kraftwagen. Die Glühlampen mit ihrer großen Leuchtdichte müssen abgeschirmt oder durch Opalglasglocken verdeckt sein. Die Schirmleuchten sind die wirtschaftlicheren, weil der ganze Lichtstrom auf die Straßenoberfläche geworfen wird. Dann sind aber die Hausfronten unbeleuchtet. Deshalb werden jetzt Spiegelbreitstrahler verwendet, die noch die Hausfronten treffen. Zu wählen ist noch zwischen Mittelaufhängung und Seitenanordnung der Lampen und ihr Abstand zu bestimmen. Die erstgenannte Anordnung ist die wirtschaftlichere und in nicht zu breiten Stadtstraßen, bei denen die Hausfronten z. B. durch die Leuchtquellen der Läden eigenes Licht haben, auch ausreichend. Die Aufhängehöhe sollte nicht unter 5 m und der Abstand der Leuchten nicht größer als das 4—5½fache der Aufhängehöhe sein. Für die Beleuchtungsstärken hat die Deutsche Beleuchtungstechnische Gesellschaft (DBG) Leitsätze aufgestellt (199).

Kraftwagenstraßen. Wenn auf solchen Straßen den Kraftwagen die volle Ausnützung ihrer Geschwindigkeit gestattet sein soll, muß die Benützung von Scheinwerfern untersagt sein, um die Blendung entgegenkommender Fahrzeuge zu verhüten. Werden die beiden Fahrtrichtungen getrennt und Wände zwischen ihnen errichtet, um die Scheinwerferstrahlen abzuhalten, wie auf S. 459 behandelt, ist die Benützung von Scheinwerfern möglich. Dies erfordert eine große Breite der Straße und hohe Anlagekosten. Ist nur ein Fahrdamm vorhanden, wird die Beleuchtung stark befahrener Kraftwagenstraßen zweckmäßig oder sogar notwendig sein. Sie unterscheiden sich von den Landstraßen darin, daß die seitlichen Begrenzungen als Häuserfronten nicht vorhanden sind, die Leuchtquellen so zu wählen sind, daß möglichst wenig Licht neben die Fahrbahn fällt. Indessen ist die Leuchtdichteverteilung in solchem Falle ungünstig, da gerade die Seitenspuren, auf denen gefahren wird, ungünstig beleuchtet sind. Dies gilt besonders bei glatten glänzenden und nassen Decken, weil die diffuse Reflexion zum größten Teil verschwindet und nur noch spiegelnde Reflexion vorhanden ist. Bei rauhen Decken tritt diese störende Erscheinung nicht auf. Als Lampen kommen hier Tiefstrahler mit einem Ausstrahlungswinkel 2×70^0 in Frage. Die günstigste Entfernung wird auf Grund von Modellversuchen zwischen 10—20 m liegen. Zur Erzielung der voraussichtlich notwendigen Beleuchtungsstärken kommen Glühlampen mit 60—150 Watt in Frage. Erfahrung mit Beleuchtung liegt nur bei der Kraftwagenstraße Rom—Ostia vor, die wegen ihres starken Verkehres beleuchtet worden ist. Die Lampen sind seitlich und wechselständig in 16 m Abstand angebracht (200).

XI. Fernstraßennetze und Kraftwagenbahnen.

A. Fernstraßennetze.

Die durch den Kraftwagen hervorgerufenen Bedürfnisse des Straßenverkehres können durch zwei Maßnahmen erfüllt werden. Durch Ausbau des vorhandenen Straßennetzes in Verbindung mit Neubaustrecken zu einem Kraftwagen- und Fernstraßennetz und durch besondere neu zu schaffende wege- und kreuzungsfreie Kraftwagenbahnen, auf denen nur Kraftwagen zugelassen sind. Im ersten Falle wird der Ausbau des vorhandenen Netzes in Umgehungsstraßen um enge Ortskerne, in Verbreiterung und Umlegung scharfer und unübersichtlicher Krümmungen, Verbesserungen im Längsgefälle und im Umbau von Plankreuzungen in schienenfreie und manchen anderen aus der Örtlichkeit sich ergebenden Maßnahmen bestehen. Dort, wo auf diesem Wege eine durchgreifende Verbesserung nicht zu erreichen ist, wird man zu besonderen Kraftwagenbahnen übergehen müssen, wenn der Umfang des Verkehres es verlangt.

a) Deutschland.

In Deutschland wird in erster Linie das Ziel verfolgt, durch den Aus- und Umbau des vorhandenen Straßennetzes den Bedürfnissen des Kraftwagenverkehres zu genügen. Im Reichsverkehrministerium ist ein Plan für ein Fernstraßennetz ausgearbeitet worden, für das die folgenden Gesichtspunkte maßgebend gewesen sind: Schaffung durchgehender Verbindungen der großen Städte, Berücksichtigung der Stätten von Gewinnung und Verarbeitung der Rohstoffe der Industrie, der landwirtschaftlichen Erzeugnisse und der Verbrauchsstellen für beide, Anschluß an die Ein- und Ausfuhrhäfen und an die außerdeutschen Länder, Beachtung des Fremdenverkehres nach den Gebirgen, Bädern und Kurorten. Der Plan erstreckt sich auf 138 Verkehrswege, die nach der Anweisung des Reichsverkehrsministeriums als Fernverkehrsstraßen auszubauen sind. Die hierfür aufgestellten Richtlinien sind in den Abschnitten III und IV mehrfach erwähnt (S. 47, 55, 82). Es hat sich aber schon jetzt herausgestellt, daß in den dichtbesiedelten Gebieten die Aufgabe nicht unter Beibehaltung der bestehenden Straßen allein gelöst werden kann. In solchen Gebieten müssen Entlastungsstraßen angelegt werden, durch die eine Trennung des Verkehres erfolgt, indem auf der vorhandenen Straße jede Verkehrsart zugelassen ist, auf der Entlastungsstraße nur Kraftwagenverkehr. Eine solche Entlastungsstraße hat sich beispielsweise in der Rheinprovinz in der Nordsüdrichtung als notwendig erwiesen; sie soll vom Industriegebiet über Köln nach Bonn führen. Die Strecke Köln—Bonn ist bereits fertig. Weitere Angaben bringt der folgende Abschnitt.

Die Entscheidung, wie der Ausbau einer bestehenden Landstraße zu erfolgen hat, bedarf schon aus wirtschaftlichen Gründen sehr eingehender Überlegungen. Für die Beurteilung im Hinblick auf die wirtschaftliche Linienführung sind bereits Angaben im Abschnitt III B, S. 64 gemacht. Es kommen aber außerdem noch andere Gesichtspunkte in Frage. In beachtenswerter Weise hat die Landesplanungsstelle des Provinzialverbandes Rheinland die Frage, ob die rechts- oder linksrheinische Durchgangsstraße zwischen Köln und Koblenz ausgebaut werden soll, zu entscheiden versucht. Es sind die siedlungs- und verkehrstechnischen Grundlagen, zu denen die geologisch-geographischen Beziehungen, Landwirtschaft und Industrie im berührten Gebiet, Siedlung und Bevölkerung, Fremdenverkehr u. a. rechnen, geklärt worden. Dann sind die vorhandenen Straßenzüge selbst nach ihrer verkehrspolitischen Bedeutung, ihrem gegenwärtigen Zustande, nach den Anforderungen des Verkehres und der Höhe der Baukosten untersucht worden mit dem Ergebnis, daß der Ausbau der linksrheinischen Uferstraße zu einer leistungsfähigen Hauptdurchgangsstraße in der Nordsüdrichtung sich empfiehlt (201). Die Ausflugsgebiete des Siebengebirges sollen durch eine bereits geplante Rheinbrücke bei Neuwied angeschlossen und rechtsrheinisch müssen einige Anschlußstraßen verbessert werden.

b) England.

In England und Wales werden die Straßen von den Grafschaften gebaut und unterhalten. Die Landesregierung, vertreten durch das Verkehrministerium (Ministry of Transport), veranlaßt die Verbesserung der Landstraßen, soweit sie von nationaler Bedeutung sind, vielfach in Form von Umgehungsstraßen und verwaltet den Straßenbaufonds, aus dem es die Beihilfen an die Wegeunterhaltungspflichtigen zahlt. Es werden die Straßen nach solchen I. Klasse — gegenwärtig 41750 km —, II. Klasse — 25600 km — und nach den lokalen Straßen — 221000 km — unterschieden. Die Beihilfen haben bisher bei den Straßen I. Klasse 50 vH der Baukosten, bei den der II. Klasse 33 vH betragen; sie werden aber jetzt auf 60 und 50 vH erhöht werden und auch die lokalen Straßen werden einen Zuschuß von 30 vH erhalten. Im Jahre 1928/29 sind 355000000 M. aus dem Wegebaufonds an Beihilfen gezahlt worden.

Außer den Grafschaften bestehen noch 83 County Boroughs, Stadtkreise, die sowohl für ihre Durchgangs- wie Lokalstraßen allein wegebaupflichtig sind (202). Die ländlichen Gemeinden — als Non-County Boroughs bezeichnet — haben nur ihre örtlichen Straßen wie z. B. Wohnstraßen zu unterhalten. Die Beiträge für die Straßen werden aus Steuern der Lokalbehörden, die nach dem Vermögen erhoben werden, und aus den schon genannten Beihilfen des Staates aufgebracht. Zu den genannten Stadtkreisen rechnet London nicht, das eine Sonderstellung einnimmt. Der Staat ist auch bei einzelnen Straßen selbst als Unternehmer aufgetreten. Neun von London ausstrahlende Straßen und die Verbindungsstraßen zwischen Liverpool und Hull und zwischen Glasgow und Edinburg mit einer Gesamtlänge von 3150 km werden als Hauptgüterstraßen (Trunk Lines) unter Benutzung der vorhandenen Landstraßen ausgebildet. Alle drei Jahre werden abwechselnd auf den Straßen I. und II. Klasse Verkehrszählungen veranstaltet. Der Anteil des Pferdeverkehres geht immer mehr zurück. Er beträgt auf den Straßen I. Klasse nur noch wenige vH und ist auch auf den Straßen II. Klasse nach der letzten Zählung von 1929/30 zumeist unter 10 vH gesunken.

c) Frankreich.

In Frankreich bestehen nach dem Stande vom Jahre 1929 40130 km Staatsstraßen (routes nationales), von denen am 1.1.1929 nur 23000 km den Anforderungen des Verkehrs entsprechend unterhalten wurden. Im Jahre 1928 sind 425 Mill. Fr. für diese Gruppe aufgewendet worden, während für den Rest von 14800 km nur 38 Mill. Fr. zur Verfügung standen. 10000 km sind als „les Grands

Itinéraires“ ausgewiesen worden, das sind im wesentlichen Straßen von besonderer Bedeutung in der Umgebung von Paris und Verbindungen mit den industriellen Mittelpunkten.

d) Schweiz.

Die Straßen der Schweiz befinden sich in der Verwaltung der Kantone. Es gibt in den Kantonen insgesamt 14922 km Straßen, von denen 3275 der I. Klasse und 3130 der II. Klasse angehören. Im Jahre 1929 sind für die Unterhaltung und Verbesserung 66000000 Fr. ausgegeben worden.

e) Österreich.

Die österreichische Bundesregierung unterhält etwa 3841 km Bundesstraßen (ohne den Bezirk Wien). Von diesen sind 1500 km in die I. Klasse als Hauptdurchgangsstraßen eingereiht, von denen bis zum Jahre 1931 etwa 500 km mit einem Aufwande von 44000000 S ausgebaut worden sind. Die acht österreichischen Länder unterhalten außerdem noch rd. 10060 km Straßen (203).

f) Italien.

Die Landstraßen werden von einem selbständigen Straßenbauamt unterhalten, das dem Ministerium der öffentlichen Arbeiten unterstellt ist, und die folgenden Aufgaben hat: Straßenunterhaltung, außerordentliche Ausbesserung und Umbau. Das Netz umfaßt 20623 km ohne die Durchgangsstraßen in den Gemeinden über 20000 Einwohner. Ein über 15 Jahre sich erstreckendes Ausbauprogramm sieht jährlich an Verbesserungen etwa 1500 km vor. In den beiden ersten Jahren 1928/29 und 1929/30 sind über 853 Millionen L. aufgewendet. Die Mittel werden aus staatlichen Überweisungen, der Kraftfahrzeugsteuer und andern Einnahmen gedeckt. Eine Anleihe von 320 Millionen L. ist von dem Straßenbauamt (Agienda autonoma Statale della Strada) aufgenommen.

g) Die Vereinigten Staaten von Nordamerika.

Die amerikanische Bundesregierung verfügt über Landstraßen nicht, sie unterhält nur die Straßen in den Nationalparks und hat hierfür besondere Bauämter in San Franzisko, Denver und anderen Orten eingerichtet. Die Landstraßen befinden sich in der Verwaltung der Einzelstaaten, der Kreise und Gemeinden. Seit 1913 hat die Bundesregierung zur Förderung des Kraftwagenverkehres die Ausgestaltung des Wegegesetzes in ihre Fürsorge genommen, indem sie aus den Einnahmen der Kraftwagensteuer und Zuschüssen den wegeunterhaltungspflichtigen Verbänden Beihilfen zum Umbau ihrer Straßen gegeben hat, wobei der Ausbau nach einheitlichen von der Zentralverwaltung genehmigten Plänen erfolgt.

Die amerikanische Bundesregierung — Staatssekretariat für Landwirtschaft, Abteilung Straßenbau (Bureau of Public Roads) — hat auf Grund der von den Staaten vorgelegten Pläne 4800000 km Straßen genehmigt, davon sind rd. 471000 km Staatsstraßen, der Rest Kreis- und Gemeindestraßen. 7 vH des Gesamtnetzes können mit Beihilfen der Bundesregierung bedacht werden (rd. 336000 km) — Federal Aid System. Davon sind 155000 km United States Highways, die das Fernstraßennetz bilden und einheitlich durch das ganze Land numeriert sind. Es sind das die Straßen, die auch den Hauptverkehr tragen. In Pennsylvanien z. B. verteilt sich 43,5 vH des Verkehres auf die Fernstraßen, die nur 4,2 vH des gesamten Netzes ausmachen, 24,8 vH des Verkehres auf die Straßen II. Ordnung, deren Anteil am ganzen Netz 6,8 vH beträgt, und der Rest 31,7 vH auf die Kommunalwege mit dem Anteil von 89 vH. Für die Jahre 1931 bis 1933 hat der Bund je 125 Millionen $ für das Straßenwesen ausgeworfen, die als Federal Aid den Staaten zugewiesen werden. Der Beitrag ist auf 50 vH der Baukosten bemessen. Die Verteilung auf die Staaten erfolgt nach dem folgenden Schlüssel: 1. Verhältnis des Gebietsumfanges des Staates zu dem des Bundes, 2. verhältnismäßiger Anteil der Bevölkerung des Staates an der Gesamtbevölkerung, 3. das Verhältnis der bestehenden Straßenlänge zu der des ganzen Bundes. Insgesamt sind im Jahre 1929 für den Straßenbau 1718 Millionen $ ausgegeben worden, davon 910 für Staats-, 808 für Gemeindestraßen.

B. Kraftwagenbahnen.

a) Verwaltungstechnische Grundlagen.

Verwaltungstechnisch wird jede Kraftwagenbahn, obwohl sie nicht dem öffentlichen Verkehr dient, allen denjenigen Anforderungen zu entsprechen haben, die an solche Straßen gestellt werden müssen. Sie wird der landespolizeilichen und wegepolizeilichen Aufsicht unterstehen, besonders wenn solche Straßen von Privatunternehmungen gebaut werden. Die Landespolizei wird die Belange des von der Straße berührten Gebietes wahrzunehmen haben. Hierzu wird auch eine Prüfung der Wirtschaftlichkeit gehören, ob das Unternehmen an sich auf gesunder Grundlage ruht und auch lebensfähig ist. Wenn die Gesellschaft schon zusammenbricht, ehe die Straße fertiggestellt ist — man erinnere sich der Zeit der Eisenbahngründungen —, so daß die Straße unfertig liegenbleibt, oder wenn die Straße mangels genügender Einnahmen nicht ordnungsgemäß unterhalten wird, so wird die Allgemeinheit alsdann einspringen müssen und u. U. erhebliche Lasten übernehmen müssen. Auch die Aufsicht über solche Straßen wird sich die Polizei vorbehalten müssen. Einmal in der Weise, daß sie Unberufene mit polizeilicher Gewalt fernhält, andererseits dafür sorgt, daß die Straße stets allen verkehrlichen Ansprüchen genügt und die Benutzer nicht gefährdet sind. Ob bei der Anlage solcher Bahnen auch der Staat zu prüfen hat, wieweit eine solche Straße anderen Verkehrsmitteln schädlichen Wettbewerb macht, wird verschieden beurteilt. Das wird auch davon abhängen, ob die anderen Verkehrsmittel dem Staate gehören oder nicht. In Amerika hat die Bundesverwaltung es abgelehnt, in den freien Wettbewerb zwischen Eisenbahn- und Kraftwagenverkehr einzugreifen (204). Die Genehmigung wird sich einfacher gestalten, wenn diejenige Behörde, die für das Straßenwesen selbst zu sorgen hat, z. B. in Preußen die Provinzen oder die Länder, den Bau solcher Straßen betreibt. Dabei wird aber zu beachten sein, daß Kraftwagenbahnen Fernverkehr vermitteln, der heute bereits die Grenzen eines Landes längst überschreitet. Damit von vornherein die großen Verkehrslinien eingehalten werden, muß in einem Bundesstaate, wie ihn Deutschland und die V. St. A. darstellen, eine übergeordnete Stelle vorhanden sein, die das Netz dieser Linien festlegt und seine Einhaltung überwacht. In Deutschland ist das Reichsverkehrsministerium dafür zuständig. In den V. St. A. übt die Bundesbehörde, diese Aufsicht in der im vorhergehenden Abschnitt beschriebenen Weise aus.

Als Entgelt für die Unterwerfung unter die staatliche Aufsicht wird den Unternehmungen für Kraftwagenbahnen das Recht der Enteignung des Grund und Bodens zuerkannt werden müssen. Bei der Genehmigung solcher Unternehmungen, wenn sie auf privatwirtschaftlicher Grundlage beruhen, wird der Staat sich ein Mitbeteiligungs- und u. U. ein Heimfallrecht sichern müssen, wie das z. B. in Italien geschehen ist. Die Mitbeteiligung wird darin bestehen, daß das Unternehmen über eine gewisse übliche Verzinsung hinaus einen Teil seiner Mehrerträge an den Staat abführen muß, oder daß eine gemischt-wirtschaftliche

Unternehmung gebildet wird. Zusammenfassend muß festgestellt werden, daß die Kraftwagenbahnen, auch wenn sie von Privatunternehmungen betrieben werden, der staatlichen Aufsicht unterstehen und der Staat sich ein Recht der Mitwirkung sichern muß.

b) Wirtschaftliche Grundlagen.

Die Wegegelder und Mauten sind im Laufe der letzten Jahrzehnte wohl in allen zivilisierten Ländern aufgehoben worden. Das ist als eine Erleichterung und als ein Fortschritt im Verkehrswesen angesehen worden. Die Kraftwagenbahnen, die nicht von den Wegebaupflichtigen sondern Unternehmungen gebaut werden, sind aber nur durchführbar, wenn für ihre Benutzung ein Entgeld erhoben wird.

Unter den gegenwärtigen Verhältnissen sieht man davon ab, die Wirtschaftlichkeit der vorhandenen Straßen nachzuprüfen, vielmehr wird den gegenwärtig hohen Ausgaben, die allein für die Unterhaltung aufgewendet werden müssen, der volkswirtschaftliche Wert guter Straßen gegenübergestellt, weil damit Güteraustausch und Personenverkehr erleichtert und gefördert werden. Durch § 13 des Finanzausgleichsgesetzes ist im Deutschen Reich die Erhebung besonderer Wegeabgaben überhaupt untersagt. Das Gesetz geht von der Voraussetzung aus, daß der Schaden, den die Kraftwagen den Straßen zufügen, und daß die Aufwendungen, die zur Anpassung der Straßen an den Kraftwagenverkehr notwendig sind, durch die Kraftfahrzeugsteuer abgegolten sind. Die Kraftwagenbenutzer, sowie Handel und Verkehr widersprechen daher mit einer gewissen Berechtigung der Erhebung von Gebühren auf Kraftwagenbahnen. Bei der gegenwärtig geltenden Gesetzgebung und den herrschenden Anschauungen ist daher der Bau besonderer Kraftwagenbahnen durch private Unternehmungen undurchführbar.

Die Gebührenerhebung auf Kraftwagenbahnen wird auch von dem Gesichtspunkte zu beurteilen sein, ob mit den Vorteilen für den Kraftwagenverkehr noch andere Belange gefördert werden. Hierunter wären z. B. die Vorteile für die Allgemeinheit zu rechnen, die sich ergeben, wenn durch die neue Bahn, die eng bebaute Städte und Ortschaften umgeht, die allgemeinen Verkehrsverhältnisse verbessert werden. Der Bau solcher Umgehungsstraßen hat sich an vielen Stellen als notwendig erwiesen; er verursacht aber erhebliche Kosten, die durch Gebühren nicht gedeckt werden können; denn die Benutzung solcher Straßen muß völlig gebührenfrei bleiben. Eine Kraftwagenbahn kann aber solche Umgehungsstraßen überhaupt überflüssig machen. Es werden dann die von der Allgemeinheit aufzubringenden Beträge für diese Umgehungsstraßen gespart. Dann ist es aber nur gerecht und billig, diese Beträge der Kraftwagenbahn zur Verfügung zu zu stellen. Es ist dann nicht begründet, die Verzinsung und Tilgung der gesamten Strecke den Benutzern aufzubürden, vielmehr sollte nur der Anteil von ihnen verlangt werden, der dem besonderen Nutzen, den sie aus der Bahn haben, entspricht. Bei der Berechnung dieses Wertes darf nicht unberücksichtigt bleiben, daß die anderen öffentlichen Straßen eine wesentliche Entlastung erfahren, wenn der Kraftwagenverkehr nahezu völlig von ihnen abgelenkt wird und ihre Unterhaltungskosten sich dadurch ermäßigen. Die Trennung der beiden unterschiedlichen Verkehrsarten — Pferde und Kraftwagenverkehr und Überweisung an besondere Bahnen — auf den Linien des Hauptverkehres kann wirtschaftliche Vorteile haben. Damit ist die Grundlage gewonnen, von der aus die Zweckmäßigkeit und Bauwürdigkeit einer besonderen Kraftwagenbahn zu betrachten ist. Überall dort, wo mit der Anlage neben Ersparnissen auch eine Verbilligung der Erzeugung zu erwarten ist — zu den Ersparnissen kann man z. B. auch Schonung der Häuser in engen Stadtstraßen rechnen —, ist eine

Kraftwagenbahn am Platze. Sie müssen dann selbstverständlich gebührenfrei bleiben. Wo das Verkehrsbedürfnis die Bahn noch nicht dringend verlangt, soll man nur die Flächen für die spätere Anlage gegebenenfalls auf dem Wege der Landesplanung freihalten.

c) Technische Ausgestaltung.

1. Linienführung.

Kraftwagenbahnen werden die besiedelten Gebiete nur berühren, aber nicht durchschneiden dürfen. Hinsichtlich der Linienführung ergibt sich dabei eine eigenartige Entwicklung. Die Verkehrswege sind im Laufe der Zeit von den Höhen in die Täler gewandert. Die Täler waren im Altertum und Mittelalter zumeist versumpft und unwegsam. Die Ränder an den Höhen gaben eine sichere Straße, auch strategisch. Mit der Zunahme des Massenverkehres suchen die Verkehrswege immer mehr die tieferen Gebiete auf. Als Beispiel kann dafür die Führung der Verkehrswege im Laufe der Jahrhunderte in der norddeutschen Tiefebene angesehen werden, die vom Rande der Gebirge sich immer mehr in die Täler gezogen haben. Die für Massengüter leistungsfähigste Verkehrsstraße, der Schiffahrtkanal, muß schließlich die flachsten Gebiete aufsuchen (Mittellandkanal) (205). Aus dieser Entwicklung der Verkehrswege sind die großen Siedlungsmittelpunkte im Tal entstanden, während die Besiedlung der Randgebiete zurückgeblieben ist. Die dichte Besiedlung im Tal gestattet eine Entwicklung von Kraftwagenbahnen nicht mehr. Sie müssen wieder an die Ränder zurückgelegt werden. Ein Beispiel ist die Kraftwagenbahn Bonn—Köln, die linksrheinisch auf der Strecke Bonn—Köln vom Rhein fortgelegt ist. Der Kraftwagenverkehr dient nicht dem Massengut; er kann daher wieder die Höhen aufsuchen, zumal er für Steigungen unempfindlich ist. In Gegenden mit gebirgigem Charakter ist er sogar dazu genötigt. Die geplante Kraftwagenbahn Frankfurt—Basel (Hafraba) wird daher besser auf den Höhen des Schwarzwaldes geführt, da das Rheintal zu dicht besiedelt ist. Verfasser hat in einem Vorentwurf für eine Landesplanung Umgehungsstraßen um Stuttgart vorgesehen, die wegen der völligen Verbauung des Neckartales auf die den Neckar begrenzenden Höhen gelegt werden müssen; die nördliche fällt dabei in die Linie einer alten Römerstraße, die noch heute vorhanden ist. An der Riviera wird eine Entlastungsstraße geplant, die auch wegen völliger Verbauung des Meeresufers mit Eisenbahn und Siedlung auf den Höhen geführt werden soll. In den Hochgebirgen erhalten die alten Pässe wieder eine Verkehrsbedeutung. Bei Schaffung neuer Kraftverkehrswege über die Alpen folgt man den alten Römerstraßen, wie die neue Linienführung der Großglocknerstraße von Salzburg nach Kärnten zeigt (206). Solche Kraftwagenbahnen werden zweckmäßig in Verbindung mit Landesplanungen durchgeführt werden müssen.

2. Verkehrstechnische Anordnung.

Da die Kraftwagenbahnen sowohl den schnellen Personenwagen- wie den langsamen Lastwagenverkehr übernehmen sollen, wird eine mindestens dreispurige Breite mit einer Spur in der Mitte für die Überholung vorzusehen sein. Noch besser ist eine vierspurige Anlage, zwei innere Spuren für den Schnellverkehr und zwei äußere für den Lastwagenverkehr. Eine solche Breite empfiehlt der amerikanische Bericht 50 zum V.I.Str.K. unter der Voraussetzung, daß der stündliche Verkehr 2000 Wagen überschreitet, oder daß infolge des Vorhandenseins von vielen langsam fahrenden Wagen die Geschwindigkeit des Verkehres beträchtlich herabgesetzt wird. Nach diesen Grundsätzen hat die Kraftwagenbahn Köln—Bonn eine vierspurige Bahn von 12 m Breite erhalten, weil damit gerechnet wird, daß ein Drittel der Fahrzeuge Lastkraftwagen mit geringer Fahrgeschwindigkeit sein werden.

Unter Umständen können die einzelnen Richtungen auf getrennten Straßenkörpern geführt werden. Wo das nicht der Fall ist, erscheint es notwendig, die beiden Richtungen zu trennen sowohl zur Sicherung des Verkehres wie zum Schutze gegen Blendung durch die Scheinwerfer bei Nacht, indem ein Zwischenbankett zwischen den beiden Fahrbahnen angeordnet wird, das in seiner Mitte den Blendschutz trägt, der am besten in einer etwa 1,5 m hohen Hecke besteht, die die Scheinwerferstrahlen abfängt, aber den Blick vom Wagen aus nicht behindert. Die Hecken sind quer zur Fahrtrichtung anzulegen und haben etwa 1,5 m Breite, so daß bei einem Sicherheitsstreifen von etwa 0,75 m auf beiden Seiten sich eine Breite des Trennungsstreifens von 3 m ergibt. Die Bahn jeder Fahrtrichtung hat einseitiges Quergefälle nach außen, das möglichst flach zu halten ist.

Alle Kreuzungen mit anderen Verkehrslinien müssen bahnfrei erfolgen. Die besonderen Anlagen für den Anschluß an die öffentlichen Straßen und die Zusammenführung und Kreuzung von Kraftwagenbahnen sind nach den Angaben im Abschnitt III A b in besonderen Bahnhöfen anzuordnen, die zugleich ein Wenden ermöglichen, das auf freier Strecke selbst wegen der Verkehrsgefahr verboten ist. Damit die Verkehrsrichtung streng eingehalten wird, dort, wo ein Mittelstreifen fehlt, ist die Mittellinie der Bahn durch Farbstriche, Nägel u. a. (Weiße Linien, S. 450) oder bei Betonstraßen durch Längsfuge zu bezeichnen (S. 147).

An den Bahnhöfen wird Platz für Tankstellen und zum Aussetzen nicht betriebsfähiger Wagen vorzusehen sein. Damit Fußgänger fern gehalten werden, muß ein Zaun die Kraftwagenbahn auf der ganzen Länge einfassen.

3. Bautechnische Ausgestaltung.

Es sind alle die Grundsätze zu beachten, die in den vorbehandelten Abschnitten festgelegt sind, mit der Besonderheit, daß Ausnahmen, die bei Kraftwagenstraßen mit Rücksicht auf vorhandene Zustände zugelassen werden können, ausscheiden. Geringere Krümmungshalbmesser als 300 m dürfen bei Kraftwagenbahnen nicht angewendet werden. Da Zugtierverkehr nicht stattfindet, können die Krümmungen Überhöhungen erhalten von solcher Neigung, wie sie Halbmesser, Zustand der Bahn und Fahrgeschwindigkeit von etwa 100—120 km/h erheischen. Zur Erleichterung des Verkehres sollen die Steigungen nicht zu stark sein. Sie werden sich nach dem Charakter des Geländes richten. Das Gefälle der italienischen Kraftwagenstraßen ist nicht über 3 vH genommen. Der amerikanische Bericht 50 V. I. Str. K. schlägt als Höchststeigung 3½ vH vor (vgl. S. 70). Die Fahrbahnbefestigung muß mit besonderer Sorgfalt ausgewählt und hergestellt werden. Es kommen nur völlig ebene und möglichst fugenlose Decken in Frage, also Beton- und Asphalt- oder Teerdecken.

d) Vorhandene und geplante Kraftwagenbahnen.

Kraftwagenbahnen im Sinne der vorstehenden Ausführungen sind:

1. Deutsche Bahnen.

α) Avusbahn, Automobil-Übungs- und Verkehrsstraße (207).

Sie ist von einer Unternehmung in den Jahren 1913—1921 erbaut worden, dient mit Ausnahme derjenigen Zeit, wenn Rennen abgehalten werden, dem Kraftwagenverkehr zwischen Nicolassee und Charlottenburg. Sie hat zwei Fahrbahnen von je 8 m Breite, die an den Endpunkten durch je eine Schleife verbunden sind. Ihre Länge zwischen Charlottenburg und Nicolassee beträgt 10 km. Sie ist auf der größeren Länge mit Beton und Teerbeton befestigt (Abb. 274).

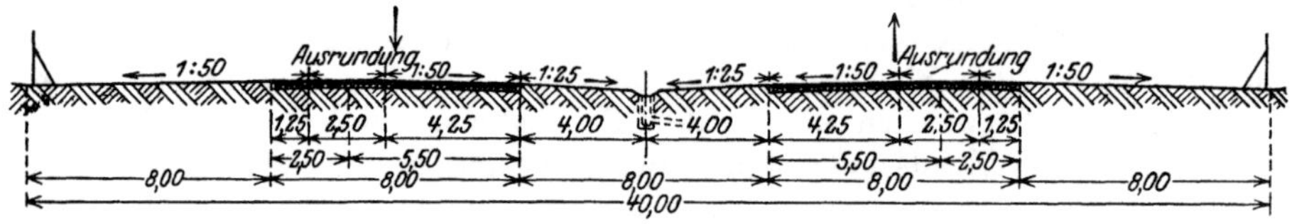

Abb. 274. Querschnitt der Avusbahn Berlin.

β) Bonn—Köln—Düsseldorf.

Die Straße wird vom Provinzialverband der Provinz Rheinland geplant.

Die am stärksten belasteten Strecken in der Rheinprovinz sind die Straßen von Bonn nach Köln und Köln nach Düsseldorf. Auf der erstgenannten Strecke besteht ein Verkehr von 40000 Fahrzeugen (nach den Zählungen des D. Str.B.V. 1929/30 13523 t) täglich und eine Spitzenbelastung von 4000 Wagen stündlich. Die Untersuchung hat ergeben, daß es wirtschaftlicher und vorteilhafter ist, eine besondere Kraftwagenbahn zu bauen, als die bestehende Straße mit ihren Plankreuzungen und Ortsdurchfahrten zu verbreitern und auszubauen. Die Aufrechterhaltung des Verkehres während der Bauzeit hätte zudem große Mehraufwendungen erfordert. Der Grunderwerb ist in Verbindung mit dem Kulturbauamt vorgenommen, das zugleich Zusammenlegungen im durchschnittenen Gebiet vorgenommen hat. Der Straßenkörper hat im Auftrag und Einschnitt 16 m Breite, davon 12 m befestigte Fahrbahn. Der kleinste Halbmesser beträgt 1000 m, eine Überhöhung ist infolgedessen nicht vorgesehen. Die stärkste Neigung ist 2 vH. Auf gute Übersicht ist besonderer Wert gelegt.

γ) Halle—Leipzig.

Auch zwischen diesen beiden Städten herrscht ein so lebhafter Kraftwagenverkehr, daß die Schaffung einer Kraftwagenbahn ein Bedürfnis sein soll. Nach einem Entwurf soll die Bahn 27 km lang werden.

δ) Hamburg—Basel, über Hannover—Kassel—Frankfurt a. M. (Hafraba).

Es ist kein Gesamtausbau beabsichtigt, sondern es sollen nur Teilstrecken, die sich vorerst als bauwürdig erweisen, hergerichtet werden. Das Zeitmaß der Ausführung wird durch die Zunahme des Verkehres und das Bedürfnis bestimmt werden. Strecken wie Hamburg—Hannover mit einem Anschluß nach Braunschweig und dem Harzzugang erscheinen schon durchaus spruchreif zu sein.

Auch die Strecke Frankfurt a. M.—Basel, die die Zufahrt zur Schweiz schafft, muß aus besonderen Gründen als notwendig angesehen werden. Gegenwärtig verbindet die badische Staatsstraße Nr. 1 die Städte Frankfurt a. M. über Weinheim—Heidelberg—Durlach—Karlsruhe—Offenburg—Freiburg mit Basel. Diese Straße am Ostrande der Rheinebene am Fuße des Oden- und Schwarzwaldes überschreitet zahlreiche Vorhügel dieses Gebirges mit starken Steigungen und engen Krümmungen. An den Seitentälern in geringen Entfernungen liegen Ortschaften oder Städte, durch die sich die Straße mit zahlreichen Windungen und starken Knicken durchzwängt.

Umgehungsstraßen können nur nach der Talseite hin gelegt werden, dort aber haben sich die Erweiterungen der Siedlungen schon festgesetzt, die bis an die Hauptbahn Frankfurt—Basel reichen. Die neue Kraftwagenbahn neben die Eisenbahn zu legen, ist unmöglich, weil die Eisenbahnanlagen, Güterbahnhöfe es verbieten. Es sind zwei Lösungen möglich, eine Lage weiter westlich der Bahn in der Rheinebene, die andere auf den Höhen des Schwarzwaldes. Die Gesamtlänge der Straße Hamburg—Basel beträgt 830 km. Ihre Kosten werden auf 250 Millionen RM. veranschlagt.

ε) Mannheim—Heidelberg.

Diese Straße hat mehr die Bedeutung einer zwischenstädtischen Verbindung, Heidelberg ist ein Wohnvorort von Mannheim geworden.

ζ) München—Passau.

Diese Bahn soll an die Stelle einer Kleinbahn treten, die zur Erschließung des Vilstales schon seit Jahren geplant worden ist. Die Straße benutzt auf der Strecke München—Erdingen und Vilshofen—Passau vorhandene Straßen. Nur die Strecke Erdingen—Vilshofen muß als Kraftwagenbahn neu erbaut werden. Die jetzt 180 km lange Strecke wird dadurch auf 160 km verkürzt. Die Kosten sind auf 20,5 Millionen RM. geschätzt.

2. Ausländische Kraftwagenbahnen.

α) Die italienischen Kraftwagenbahnen.

1. Das oberitalienische Netz Mailand-Seen.

Die Straße verläuft von Mailand in NW-Richtung und verzweigt sich nach Gallarate, Como, Varese und Sesto Calenda, insgesamt 84 km.

2. Mailand—Bergamo	48 km
3. Neapel—Pompeji	21 „
4. Rom—Ostia	23 „
5. Bergamo-Brescia	45 „

Im Bau sind die folgenden Strecken:

6. Florenz—Meer	83 km
7. Padua—Mestre	24 „
8. Turin—Mailand	126 „

Außerdem sind für 10 weitere Strecken die Entwürfe aufgestellt.

Die Strecken 2., 6., 7. und 8. sind Teile der zukünftigen großen West-Oststraße Turin—Triest. Mit Ausnahme der Straße Rom—Ostia sind alle Straßen von Unternehmungen gebaut, die für die Benutzung Abgaben erheben. Der Staat hat entweder Kapital zugeschossen oder Zinsgewähr übernommen. Ein Heimfallrecht an den Staat ist für später vorgesehen. Eine angemessene Verzinsung der Straßen ist noch nicht erreicht. Auf dem seit 1927 bestehendem Netz Mailand—Seen ist eine merkbare Verkehrszunahme nicht mehr zu verzeichnen. Der Tagesdurchschnitt war im Jahre 1929 1550 Wagen (208).

β) Die Kraftwagenbahnen in den V.St.A.

1. Kraftwagenparkstraße auf Long Island (Staat New York).

Im Jahr 1904 für Vanderbilt Cup-Racol-Rennen von einer Privatgesellschaft gebaut. Länge 68 km, frei von allen Straßenkreuzungen. Die Straße kann gegen Gebühr von jedem Kraftwagen befahren werden, als Höchstgeschwindigkeit sind 64 km/stdl. zugelassen.

2. Die vom Hudsontunnel nach Westen im Staate New Yersey führende Straße über den Hackensack.

Die Kreuzung dieser Straße mit der in nördlicher Richtung verlaufenden bei Raway ist auf Abb. 46 S. 61 dargestellt.

3. Städtische Kraftwagenbahnen.

Innerstädtische Straßen, die stark belastet sind, müssen für Pferdeverkehr ganz oder zeitweilig gesperrt werden. Damit sind diese Straßen noch keine Kraftwagenbahnen im Sinne der zuvor genannten, zumal sie nicht kreuzungsfrei sind. Bisweilen gestatten aber die örtlichen Verhältnisse auch städtische Straßen zu Kraftwagenbahnen ohne Kreuzung zu machen. Ein Beispiel ist die Cannstatter Straße in Stuttgart, die längs einer langgestreckten öffentlichen Grünanlage verläuft, in die nur an der einen bebauten Seite Querstraßen einmünden. Diese 12 m breite Straße, auf der ein sehr lebhafter Durchgangsverkehr zwischen Stuttgart und Cannstatt stattfindet, darf nur mit Kraftwagen befahren werden, auch ist das Einfahren aus den Querstraßen in diese Straße, soweit damit ein Kreuzen der einen Fahrrichtung verbunden ist, verboten. So günstige Verhältnisse wird man nicht immer antreffen. In anderen Fällen werden die kreuzungsfreien Bahnen in Städten nur als Hochbahnen oder Tunnelbahnen möglich sein. Die erste Bahn dieser Art ist wohl die auf einen Viadukt geführte Kraftwagenbahn im Zuge der 10. Avenue in New York, die im Oktober 1930 dem Verkehr übergeben worden ist. Die kreuzungsfreie Führung von Stadtstraßen an einzelnen besonders belasteten Punkten ist schon im Abschnitt IIIa, b behandelt. Parkstraßen sind vielfach kreuzungsfrei geführt, z. B. in Chicago und im Westchester County (Staat New York), Detroit und anderen Stellen.

Verzeichnis der auf dem Gebiete des Straßenbaues herausgegebenen Normenblätter des deutschen Normenausschusses.

DIN	105	Mauersteine (Klinkersteine).
„	457/58	Kabelformstücke.
„	481	Kleinpflastersteine, Mosaikpflastersteine.
„	482	Bordschwellen aus Naturstein.
„	483	Bordschwellen aus Beton.
„	484	Bürgersteigplatten aus Naturstein.
„	485	„ „ Beton.
„	487	Grenzsteine.
„	593, 1207, 1209, 1210, 1214/1227	Straßenabläufe und Schachtabdeckungen.
„	1071	Straßenbrückenabmessungen.
„	1170	Rundlochprüfsiebe.
„	1171	Drahtgewebe für Prüfsiebe (Maschensiebe).
„	1179	Körnungen für Sand, Kies und zerkleinerte Stoffe (Entwurf).
„	1201	Kanalisationsrohre aus Beton.
„	1202	Brunnenringe aus Beton.
„	1203/06	Steinzeugrohre.
„	1962	Erdarbeiten. (Technische Vorschriften für Bauleistungen: Reichsverdingungsordnung.)
„	1966	Asphalt- und Dichtungsarbeiten.
„	1984	Steinsetzerarbeiten (Pflasterer).
„	1991	Grundsätze für die Herstellung und Unterhaltung von Asphaltstraßen.
„	1992	Sondervorschriften für Stampfasphalt- u. Hartgußasphaltstraßen.
„	1995 Teil I Ausgabe 1929,	Vorschriften für die Prüfung von Asphalt und Teer. (S. a. Neubearbeitung.)
„	1995 Teil II Ausgabe 1929,	Vorschriften für die Prüfung von Asphalt und Teer enthaltenden Massen (Neubearbeitung in Vorbereitung).
„	1996 Ausgabe 1929	Vorschriften für die Lieferung von Asphalt und Teer sowie von Asphalt und Teer enthaltenden Massen.
„	1995/96 Neubearbeitung	
	Heft 1	Vorschriften für die Beschaffenheit und Untersuchung von Asphaltbitumen.
	„ 2	Vorschriften für die Beschaffenheit und Untersuchung von Straßenteer.
	„ 3	Vorschriften für die Beschaffenheit und Untersuchung von Asphalt- und Teeremulsionen.
	„ 4	Vorschriften für die Beschaffenheit und Untersuchung von Pflasterausgußmassen.

Vorschriften des Deutschen Straßenbauverbandes . . Die Vorschriften des Deutschen Straßenbauverbandes decken sich inhaltlich mit den DIN-Vorschriften 1995/96 Heft 1/3, außerdem hat der Deutsche Straßenbauverband noch Vorschriften für die Beschaffenheit von Kaltteeren erlassen.

DIN 1998. . . . . Richtlinien für die Einordnung und Behandlung der Gas-, Wasser-, Kabel- und sonstigen Leitungen und Einbauten bei der Planung öffentlicher Straßen.

Prüfverfahren für natürliche Gesteine:

DIN DVM 2102. . . . . . . Raumgewicht, Spez. Gewicht, Dichtigkeitsgrad.

„ „ 2103. . . . . . . Wasseraufnahme, Wasserabgabe.

„ „ 2104. . . . . . . Frostbeständigkeit.

„ „ 2105. . . . . . . Druckfestigkeit.

„ „ 2107. . . . . . . Schlagfestigkeit an Würfeln (Zähigkeit).

„ „ 2108. . . . . . . Abnutzbarkeit durch Schleifen.

Schrifttumverzeichnis

(Abkürzungen s. S. XII; H. = Heft Nr.)

1. Neumann: V. T. 1921 H. 15/16.
2. Luther: Der städtische Immobiliarkredit. Mitt. d. Zentralstelle d. Deutschen Städtetages Bd. 5 H. 7/8.
3. Neumann: Str. B. 1930 S. 369.
4. Denkschrift des Reichsverbandes der Deutschen Automobilindustrie.
5. Bobeth: Die Leistungsverluste und die Abfederung von Kraftwagen. Berlin 1913.
6. Becker: Automobilreifen. Berlin 1927.
7. Langer: Z. V. D. I. Bd. 74 (1930) H. 20.
8. Marquard: Technische Mechanik und Thermodynamik, 1930 H. 6.
9. Becker: Motorschlepper. Berlin 1926.
10. Mitteilungen des Instituts für Kraftfahrwesen, T. H. Dresden, Sammelband I. Berlin 1923.
11. Langer: Z. V. D. I. 1926 H. 5.
12. Becker: Daag-Schnell-Lastwagen.
13. Risch u. Kauffmann: V. T. 1926 H. 32.
14. Kriemler: B. T. 1930 S. 292.
15. Kamm: Z. V. D. I. 1931 H. 50; Müller: V. T. 1931 H. 19/20.
16. Engineering experimental Station, Jowa State College, U. S. A., Jowa. Bulletin 88.
17. Schaar: Die Beanspruchung der Straßen durch die Kraftfahrzeuge. Diss. Danzig.
18. P. R. Bd. 7 H. 4; Bd. 5 H. 10.
19. Langer-Thomé: Automob.-Rdsch. 1927 H. 21/23.
20. Langer-Thomé: Str. B. 1928 H. 21/22.
21. Thomé: Str. B. 1930 H. 11.
22. Langer-Thomé: Z. V. D. I. Bd. 72 (1928) H. 44.
23. Wittig: Z. d. B. 1926 S. 262.
24. Risch: Str. B. 1927 S. 397.
25. Zeller: Z. Bauw. Jg. 80 (1930). Bauing. 1931 S. 586.
26. Mitteilungen Stufa 1930 H. 9.
27. Launhardt: Z. d. Architekten- u. Ingenieurvereins Hannover 1867 S. 198.
28. Hohl: Luftbereifung der Schweizer Postautomobile. Berlin 1925.
29. Kornmesser: Str. B. 1928 S. 207.
30. Förster: Taschenbuch für Bauingenieure.
31. Merkblatt 3 für die Ausführung von Verbandsstraßen des Ruhrsiedlungsverbandes.
32. IV. I. Str. K. Sevilla.
33. Neumann: V. T. 1924 S. 586.
34. Neumann: Str. B. 1927 S. 386 und 616.
35. Neumann: Kritische Betrachtungen über den gegenwärtigen Stand des Straßenwesens in den V. St. A. Berlin 1926.
36. Neumann: B. T. 1930 H. 20 S. 294.
37. Sighartner: Str. B. 1930 H. 17 S. 273.
38. Sighartner: Österr. Z. Straßenw. 1930 H. 6.
39. Scheuermann: A. T. 1928 H. 27.
40. v. Glasser: Str. B. 1928 H. 25 S. 411.
41. Österr. Z. Straßenw. 1930 H. 9. V. T. Stra. 1930 H. 46.
42. Bredtschneider u. Kunitz: III. I. Str. K. Ber. 46.
43. Giese: V. T. 1924 S. 575.
44. Cassinone: V. T. 1924 S. 145.
45. Scheuermann: V. T. 1925 S. 346.
46. Stufa, Reise nach der Schweiz zum Studium des Teerstraßenbaues.
47. Blanchard: American Highway Engineers Handbook.
48. Wörnle: Geräte und Maschinen des Nordamerikanischen Landstraßenbaues. Zementverlag 1926.
49. Hirschwald: Bautechnische Gesteinskunde H. 5.
50. Fuchs: Mitteilungen über die Instandhaltung von Landstraßen im Großherzogtum Baden 1907.

51. Vorläufige Anweisung für den Bau von Traßdecken in der Rheinprovinz. V. T. Stra. 1930 H. 24.
52. Preslicka: Die Silikatstraße. Halle 1930.
53. Annales des Ponts et Chaussées 1927 IV.
54. Knapp u. Schwiete: Verwertung von Kalkstein im neuzeitlichen Straßenbau.
55. Neumann: B. T. 1923 H. 30 S. 301.
56. P. R. Bd. 7 H. 2 S. 301.
57. Leitz: B. T. 1926 H. 44 S. 647.
58. Probst u. Brandt: Probleme des Betonstraßenbaues. Zementverlag.
59. Jahrbuch für Straßenbau 1929 S. 269.
60. Betonstraßenbau in Deutschland 1929. Zementverlag.
61. Report of Highway Research at Pittsburg (Cal.) 1921/22.
62. Schütte: Die Betonstraße 1930 H. 1.
63. Bredtschneider: T. G. 1914 H. 3 u. 4; 1915 H. 7 u. 8; 1919 H. 16/17; 1922 H. 12.
64. v. Glasser: Bauing. 1927 H. 41.
65. Eng. News Rec. Bd. 98 (1927) H. 1.
66. Departement of Agriculture U. S. A. Bulletin 532 U. 5 S. 6/7.
67. Eng. News Rec. Bd. 99 H. 1 und B. T. 1928 H. 11.
68. Graf: Der Aufbau des Mörtels im Beton. Berlin 1929.
69. Otzen: Beton im Straßenbau. Zementverlag 1928.
70. Abrams: Bulletin Structural Materials Research Laboratory Design of Concrete Mixtures.
71. Jung: B. T. 1926 H. 38.
72. Rütt: Betonstraße 1928 H. 3.
73. Betonstraße 1930 H. 7.
74. Abrams: Bulletin 13 Calcium Chlorid as an Admixture of Concrete.
75. Graf: Zement 1927 S. 771.
76. Harrison: Management and methods in Concrete Highway construction. New-York 1927.
77. Graf: Z. V. D. I. Bd. 73 (1929) S. 72.
78. Denkschrift über die Versuchsstraße Braunschweig Nr. 1—8.
79. Petry: Str. B. 1929 H. 20.
80. P. R. Bd. 5 (1928) Curing Concrete.
81. Das oberitalienische Automobilstraßennetz. Zementverlag 1925.
82. Speck: B. T. 1925 S. 514.
83. Scheuermann: St. T. 1924 S. 68.
84. Marx: Str. B. 1926 S. 208.
85. P. R. Bd. 7 1926.
86. Klose: Str. B. 1926 S. 175 u. 618. V. T. 1926 S. 726.
87. Freese: Das Holzpflaster in London. Jena 1924.
88. Vespermann: Über die Verwendung des Holzes zu Pflasterzwecken in den Großstädten Europas und Australiens. Leipzig 1912.
89. Neumann: Z. f. T. u. Str. 1912 S. 678.
90. Henneking: Z. d. B. 1911.
91. Freese: T. G. 1926 H. 1/2.
92. Mallison: Teer, Pech, Bitumen und Asphalt. Halle 1926.
93. Abraham: Asphalt and Allied Substances New York 1920. Z. Teer 1926 H. 30.
94. Gräfe: A. T. 1931 S. 877 und Bitumen 1931 H. 6.
95. Mallison: A. T. 1930 S. 1039.
96. Holde: Kohlenwasserstofföle und Fette. Berlin 1924.
97. Nellensteyn: VI. I. Str. K. 1930 Ber. 30. Road and Roads construction 1930 H. 2.
98. Nellensteyn: A. T. 1929 S. 506.
99. Kosetscheck: Österr. Z. Straßenw. 1930 H. 9.
100. Mallison: Str. B. 1928 S. 143, 544; 1929 S. 94; Gas- u. Wasserfach 1929 S. 1215.
101. Marcusson: Die natürlichen und künstlichen Asphalte. Leipzig 1931; Chem.-Ztg. 1930 S. 795.
102. Schläpfer: Schw. Z. f. Str. 1931.
103. Lüer: Beiträge für Teerstraßenbauforschung. Berlin 1928; A. T. 1930 H. 11.
104. Metzger: Diss. Danzig 1930; Hoepfner-Metzger: Wass.- u. Wegebau-Z. 1930 H. 12/14
105. Mallison: Str. B. 1930 S. 65.
106. Mitt. d. Auskunfts- u. Beratungsstelle für Teerstraßenbau Essen H. 1 u. 2.
107. V. I. Str. K. Mailand. Die Verwendung des Trinidad lake Asphaltes.
108. Z. f. A. T. Tätigkeitsbericht für das Jahr 1925.
109. Kröhnke: Synthetische Asphaltkalksteine.
110. Herrmann: Bauing. 1923 H. 1.
111. VI. I. Str. K. 1930 Bericht 23.

112. Nellensteyn: A. T. 1930 H. 27.
113. Löschmann: B. u.. G. 1929 H. 25.
114. Frost: B. T. 1931 H. 9.
115. VI. I. Str. K. 1930 Bericht 24.
116. A. T. 1931 S. 831.
117. Wilhelmi: A. T. 1931 S. 303.
118. Suida u. Kamptner: A. T. 1931 S. 669.
119. Wilhelmi: Str. B. 1931 S. 237.
120. Temme: Bitumen 1931 H. 1.
121. Flachs: A. T. 1929 S. 1252.
122. Macht: A. T. 1931 S. 325; Bitumen 1931 S. 73.
123. Klinkmann: Mitteilung Nr. 1 aus der Untersuchungsanstalt für bituminöse Baustoffe T. H. Karlsruhe.
124. Neumann: Jahrbuch für Straßenbau 1931.
125. VI. I. Str. K. 1930 Bericht 33.
126. Großjohann: V. T. 1929 S. 143; Wass.-u. Wegebau-Z. 1931 H. 12.
127. Wilhelmi: A. T. 1932 H. 1.
128. Kurz: Str. B. 1930 S. 436.
129. Brix: Str. B. 1927 S. 476.
130. Z. f. A. T. Tätigkeitsbericht 1928.
131. Guttmann: Stahl u. Eisen 1926 H. 42.
132. Stufa, Mitteilungen 1931 H. 14.
133. V. T. Stra. 1931 S. 152.
134. Dönig: Wass.- u. Wegebau-Z. 1929 H. 16.
135. Städt. Tiefbauamt Stuttgart: Die Straßen der Stadt Stuttgart 1930.
136. Staubbekämpfungsversuche auf den sächs. Staatsstraßen in den Jahren 1911/13.
137. Grulich: I. Str. K. 1930 Ber. 17.
138. Bitumen 1932 H. 1.
139. Maier, E.: Bztg. 1926 H. 37.
140. Dammann: Fortschritte im Städte- und Straßenbau Bd. 6, Berlin.
141. Jahrbuch für Straßenbau 1929 S. 350.
142. Lüer: Teerstraßenbau. Berlin 1931.
143. Lüer: Teerbeton. Essen 1931.
144. Gölz: Str. B. 1931 H. 8/12.
145. Goedicke: Wass. u. Wegebau-Z. 1931 S. 244; P. R. 1931.
146. Kerkhoff: Asphalt- und Teerstraßen. Berlin 1929.
147. Pöpel: Der moderne Asphaltstraßenbau. Diss. Stuttgart. (Mitt. Str. V. St. Nr. 2).
148. Z. f. A. T. Tätigkeitsbericht 1929.
149. Mitt. Str. V. St. Nr. 4; Bitumen 1931 H. 2/4.
150. Mitt. Str. V. St. Nr. 1; Z. V. D. I. 1928 H. 19.
151. Johannson: Fortschritte im Städte- u. Straßenbau Bd. 3, Berlin.
152. Temme: Str. B. 1929 S. 86.
153. Sohler: Str. B. 1929 S. 429, 558.
154. Neumann: Z. f. T. u. Str. 1912 H. 28 S. 676.
155. Eng. News Rec. 1928 S. 511.
156. Jahrbuch für Straßenbau 1929 S. 352.
157. Bré: A. T. 1930 H. 2.
158. Neumann: Z. V. D. I. 1930 S. 511.
159. Maier, E.: T. G. 1928 H. 14.
160. Z. f. A. T. Tätigkeitsbericht 1927 S. 11.
161. Jahrbuch für Straßenbau 1930/31 S. 130.
162. Bierhalter: A. T. 1930 S. 691, 931.
163. Maier, E.: Bitumen 1931 H. 3.
164. Drück: A. T. 1931 S. 220.
165. Neumann: Z. V. D. I. 1926 H. 42 und 44.
166. Hirschwald: Bautechn. Gesteinskunde. Berlin 1912.
167. Grengg: Über zweckmäßige Prüfungsverfahren von Gesteinen für Straßenzwecke. Berlin 1927.
168. Hoeffgen: Prüfung von Straßenbaugesteinen. Halle 1930.
169. Schw. Z. f Str. 1927 H. 6; III. I. Str. K. London Ber. 75.
170. Gaber u. Hoeffgen: Z. V. D. I. 1931 S. 1390.
171. Neumann: Z. V. D. I. Bd. 72 (1928) H. 19.
172. Zelter: Petrographische Untersuchung über die Eignung von Graniten als Straßenbaumaterial. Halle 1927.
173. Bauing. 1928 S. 24.
174. Orthaus: Str. B. 1930 S. 241.
175. Mitt. 38 der Staten Provningsanstalt Stockholm 1928.

176. Burchartz: Die Verfahren zur Prüfung von Straßenbau- und Gleisbettungsstoffen auf Widerstandsfähigkeit gegen statische und dynamische Beanspruchungen. N. I.V.M. Zürich 1931.
177. Mitt. Str. V. St. Nr. 3; Neumann: V. T. Stra. 1930 H. 15.
178. Andreasen: I. K. Materialprüfung der Technik Zürich.
179. Neumann: V. T. 1927 H. 38.
180. Marcusson: A. T. 1929 S. 510; Langer: A. T. 1928 S. 673; Weber: A. T. 1929 S. 871.
181. Graf: Str. B. 1928 S. 228; 1930 S. 133.
182. Riedler: Wissenschaftl. Automobilwertung.
183. III. I. Str. K. London Ber. 22.
184. V. T. 1922 S. 66.
185. Neumann: B. T. 1930 H. 7.
186. Technical Advisory Committee on Experimental works 1931.
187. Denkschrift über die Versuchsstraße Braunschweig Nr. VII.
188. Häberle: Verkehr auf städtischen Straßen. Diss. Stuttgart 1920.
189. Harms: T. G. 1910 S. 11.
190. Schw. Z. f. Str. 1926 H. 4/5.
191. Eickner: Wirtschaftlichkeit und Produktivität des Ausbaues der Straßen für den Kraftwagenverkehr in der Provinz Hannover. Diss. 1927.
192. VI. I. Str. K. 1930 Ber. 52.
193. Garbotz: Wass.- u. Wegebau-Z. 1930 H. 18/19.
194. Hinkle: Proc. Amer. Soc. civ. Engr. Bd. 227 S. 2089.
195. Weninger: V. T. 1929 S. 169.
196. Roth: Ein Beitrag zur Anlage städtischer Straßenkreuzungen im Verkehrsinteresse. Diss. Berlin 1913.
197. Highway Traffic problem in New York and its environs.
198. Giese: Polizei und Verkehr. Berlin 1928.
199. Neumann: V. T. 1931 H. 38 S. 463.
200. B. T. 1930 H. 7; Licht 1931 H. 11/12; Motorwelt 1930 H. 20.
201. Denkschrift über den Ausbau der rechts- und linksrheinischen Durchgangsstraßen zwischen Köln und Koblenz. Landeshauptmann der Rheinprovinz.
202. I. Str. K. 1930 Ber. 21.
203. Österr. Z. Straßenw. Okt. 1929 und Juli 1931.
204. V. T. 1927 S. 186.
205. Dempwolf: Verlagerung von Verkehrswegen. Diss. Hannover.
206. Bitumen 1931 H. 5.
207. Bredtschneider: V. T. 1922 H. 6.
208. Neumann: B. T. 1930 S. 90.

Sachverzeichnis.